Alexander Steireif

Magento 2

Das umfassende Handbuch

Rheinwerk
Computing

Liebe Leserin, lieber Leser,

Magento 2 ist eine leistungsfähige, quelloffene E-Commerce-Plattform, mit dem Sie auch anspruchsvolle Lösungen realisieren können. Die Neuentwicklung enthält viele Verbesserungen für Händler und Programmierer, auch der Funktionsumfang wurde noch einmal erweitert. Doch die vielen Möglichkeiten machen die Einrichtung nicht gerade einfacher, und auch die technischen Betriebsvoraussetzungen sind nicht trivial.

Hier kommt Alexander Steireif ins Spiel. Der E-Commerce-Experte kann auf jahrelange Agenturerfahrung mit Magento zurückblicken und erklärt Ihnen in einfachen Worten, was es bei der Installation und Konfiguration Ihres Online-Shops zu beachten gilt. Dabei erfahren Sie auch, wie Sie Ihr System aktualisieren und um ausgewählte Funktionen ergänzen. Somit haben Sie alles an der Hand, was Sie für den Betrieb Ihres Webshops wissen müssen. Und falls Sie später einmal auf ein Thema oder eine Frage zurückkommen möchten, schlagen Sie einfach nach. Denn dafür haben Sie das *umfassende Handbuch*.

Das Buch wurde mit großer Sorgfalt lektoriert und produziert. Sollten Sie dennoch Fehler finden oder inhaltliche Anregungen haben, scheuen Sie sich nicht, mit uns Kontakt aufzunehmen. Ihre Fragen und Änderungswünsche sind uns jederzeit willkommen.

Viel Vergnügen beim Lesen!

Ihr Stephan Mattescheck
Lektorat Rheinwerk Computing

stephan.mattescheck@rheinwerk-verlag.de
www.rheinwerk-verlag.de
Rheinwerk Verlag · Rheinwerkallee 4 · 53227 Bonn

Auf einen Blick

Wir hoffen, dass Sie Freude an diesem Buch haben und sich Ihre Erwartungen erfüllen. Ihre Anregungen und Kommentare sind uns jederzeit willkommen. Bitte bewerten Sie doch das Buch auf unserer Website unter **www.rheinwerk-verlag.de/feedback**.

An diesem Buch haben viele mitgewirkt, insbesondere:

Lektorat Stephan Mattescheck, Roman Lehnhof
Korrektorat Petra Schomburg, Hilter
Herstellung Jessica Boyken
Typografie und Layout Vera Brauner
Einbandgestaltung Daniel Kratzke
Coverbild istock: 59763276 © Yury Velikanov
Satz SatzPro, Krefeld
Druck C.H.Beck, Nördlingen

Dieses Buch wurde gesetzt aus der TheAntiquaB (9,35/13,7 pt) in FrameMaker.
Gedruckt wurde es auf chlorfrei gebleichtem Offsetpapier (90 g/m²).
Hergestellt in Deutschland.

Bibliografische Information der Deutschen Nationalbibliothek:
Die Deutsche Nationalbibliothek verzeichnet diese Publikation in der Deutschen Nationalbibliografie; detaillierte bibliografische Daten sind im Internet über *http://dnb.d-nb.de* abrufbar.

ISBN 978-3-8362-4231-8

1. Auflage 2018

Informationen zu unserem Verlag und Kontaktmöglichkeiten finden Sie auf unserer Verlagswebsite **www.rheinwerk-verlag.de**. Dort können Sie sich auch umfassend über unser aktuelles Programm informieren und unsere Bücher und E-Books bestellen.

Inhalt

Danke

Meiner Meinung nach gehört das Schreiben eines Buches zu den mit Abstand spannendsten Tätigkeiten in meiner Branche, da durch ein umfangreiches Werk enorm viel Wissen vermittelt werden kann, das anderen Menschen weiterhilft. Aber so schön die Arbeit an einem Buch auch ist, so stressig ist sie auch auf der anderen Seite.

Daher möchte ich diese Gelegenheit nutzen, um speziell meiner Frau Martina zu danken. Sie hat es mir nie übel genommen, wenn aus einem gemeinsamen Wochenende dann doch spontan ein Arbeitswochenende wurde, an dem ich mich dem Schreiben gewidmet habe. Dadurch hat auch sie einen großen Teil dazu beigetragen, dass ich dieses Buch auf den Weg bringen konnte. Es ist nicht selbstverständlich, seinem Partner so viel Zeit und Freiraum einzuräumen und ihn dadurch bei seiner Arbeit so zu unterstützen.

Ein großer Dank gilt auch Stephan Mattescheck für seine wertvolle Unterstützung und fast nie enden wollende Geduld sowie Roman Lehnhof für die gute gemeinschaftliche Zusammenarbeit. Auch möchte ich mich bei allen Mitarbeitern des Rheinwerk Verlags bedanken, die an diesem Buch mit viel Herzblut mitgewirkt haben.

Alexander Steireif

Kapitel 1
E-Commerce als Bestandteil unseres Alltags

Ganz egal, ob Sie privat Kleidung oder Möbel kaufen bzw. beruflich Ersatzteile für Ihre Maschinen oder Büromaterial bestellen – mit hoher Wahrscheinlichkeit greifen Sie zur Tastatur und bestellen online. E-Commerce ist ein fester Bestandteil unseres privaten wie beruflichen Alltags – und das ist auch gut so!

Wohl kaum eine technologische Entwicklung hat unser Leben in den letzten Jahren so stark verändert wie der elektronische Handel von Waren und Dienstleistungen. Vielen Menschen, vor allem auch denjenigen, die sich nicht als »Computerfreak« bezeichnen oder zur »Generation Smartphone« zählen, ist jedoch gar nicht bewusst, wie sehr E-Commerce mittlerweile in unserem Alltag angekommen ist und unser Leben erleichtert hat.

Sie kennen sicherlich die Situation, wenn Sie plötzlich feststellen, dass Sie ein Produkt ganz dringend benötigen, aber keine Zeit haben, sich um den Einkauf zu kümmern. Mir ging es vor einigen Tagen exakt so. Ich kam abends nach einem langen Arbeitstag nach Hause und im Hausflur standen drei riesengroße, schwere Pakete. Nicht einmal zwei Wochen nach meiner Bestellung hat eine Spedition meine sechs – natürlich online bestellten – Stühle geliefert. Ich musste in diesem Moment nur noch die Kartons in die Wohnung tragen und die Stühle zusammenbauen. Die schwere Schlepperei hatte die Spedition bereits für mich übernommen, und bei der Auswahl der Stühle hatte ich aufgrund des sehr übersichtlichen Online-Shops alle nötigen Informationen auf einen Blick vorgefunden. Dank der einfachen Preisrecherche über das Internet konnte ich mir auch sicher sein, die Stühle zum mit Abstand besten Preis zu erhalten. Ich war daher froh, über das Internet bestellt zu haben, einfach aufgrund der hohen Transparenz und der einfachen Abwicklung und Anlieferung.

Beim Aufbauen der Stühle merkte ich aber direkt, dass der mitgelieferte Inbusschlüssel zwar brauchbar war, aber eigentlich ein Akkuschrauber die bessere Option gewesen wäre. Natürlich hatte ich keinen Akkuschrauber im Haus, und die nächsten Tage sahen beim flüchtigen Blick in den Kalender auch nicht danach aus, als ob ich einen Abstecher in einen Baumarkt machen könnte. Am nächsten Tag auf dem Weg zur Arbeit öffnete ich dann in einer ruhigen Minute die Amazon App auf meinem iPhone, bestellte nach einer dreiminütigen Recherche den Akkuschrauber mit den besten Kundenbewertungen, und bereits am Tag darauf wurde mir die Sendung zugestellt. Noch am Abend desselben Tages konnte ich die Stühle zusammenschrauben, und mein Esszimmer erstrahlte in neuem Glanz.

Mit dieser kurzen Geschichte möchte ich Ihnen ansatzweise aufzeigen, wie selbstverständlich der E-Commerce doch mittlerweile ist. Verbraucher, die sich für ein Produkt interessieren, zücken selbst in einer Filiale des stationären Handels das Smartphone und prüfen zunächst auf Amazon die Kundenbewertungen. Abends sitzen sie am Computer und durchstöbern Online-Shops nach neuen Möbelstücken, und auch während einer Bahnfahrt hält sie nichts davon ab, per Smartphone oder Tablet Werkzeuge und so simple Dinge wie Batterien zu bestellen. Dank des E-Commerce besteht mittlerweile die Möglichkeit, rund um die Uhr Produkte zu bestellen, die in der Regel schon am darauffolgenden Tag angeliefert werden. Der E-Commerce erleichtert das Leben und spielt aus diesem Grund eine immer wichtigere und prägendere Rolle.

Zu Beginn dieses Buches möchte ich Ihnen im Detail erklären, was E-Commerce eigentlich ist, welche Vor- und Nachteile existieren und inwiefern es sinnvoll ist, selbst einen Online-Shop zu entwickeln und in den elektronischen Handel von Waren und Dienstleistungen einzusteigen.

1.1 Definition E-Commerce

Was genau ist eigentlich *E-Commerce*? Wenn Sie in Ihrem Bekanntenkreis fragen, werden Sie sicherlich von jeder Person etwas anderes hören. Die häufigste Erklärung, die zumindest mir zu Ohren kommt, ist der Einkauf mittels Computer über das Internet in einem Online-Shop. Das mag stimmen, doch E-Commerce ist wesentlich mehr. Auch die elektronische Beschaffung von Materialien im B2B-Umfeld – ein Ablauf, der ganz ohne klassischen Online-Shop erfolgen kann – zählt zum E-Commerce.

Der Umfang des E-Commerce lässt sich meiner Meinung nach am besten anhand der Definition von Patrick Stähler ermessen:[1]

> *Unter E-Commerce verstehe ich die Verwendung von elektronischen Medien bei Transaktionen von Gütern, Informationen oder Dienstleistungen zwischen Geschäftspartnern und Kunden.*

Es ist also vollkommen egal, mit welchem elektronischen Gerät (z. B. einem Smartphone, Tablet, Notebook, Desktop-PC oder Terminal) Sie ein Produkt, eine Dienstleis-

1 Patrick Stähler (2001): Geschäftsmodelle in der digitalen Ökonomie: Merkmale, Strategien und Auswirkungen. Josef Eul Verlag, Lohmar, S. 54. Weiterführende Informationen finden Sie auch unter *http://www.business-model-innovation.com/definitionen/ebusiness.htm*.

tung oder Information kaufen bzw. verkaufen. Auch ist es irrelevant, ob diese Transaktion über das Internet oder ein privates bzw. geschlossenes Netzwerk stattfindet. Sobald es sich um einen elektronisch gestützten Verkaufs- oder Einkaufsprozess handelt, spricht man von E-Commerce.

Die verbreitetste Form ist aber sicherlich immer noch der Einkauf am heimischen Computer in einem Online-Shop wie Amazon[2]. Aufgrund der starken Verbreitung von Smartphones und Tablets in den letzten Jahren und der darauf befindlichen Apps werden immer mehr Einkäufe mit mobilen Endgeräten und mithilfe von Apps durchgeführt. Doch auch wenn bislang Endkunden den E-Commerce populär gemacht und Unternehmen fantastische Umsatzzahlen beschert haben, spielt speziell in Deutschland der B2B-E-Commerce eine immer größere und wichtigere Rolle.

Worin liegen nun genau die Unterschiede zwischen B2C- und B2B-E-Commerce? Lassen Sie uns hierfür etwas tiefer in die Details des E-Commerce einsteigen.

1.2 Unterschiede zwischen B2C- & B2B-E-Commerce

Vereinfacht gesagt, unterteilt sich der E-Commerce in zwei große Blöcke. Auf der einen Seite gibt es den *B2C-E-Commerce* (*Business to Consumer*), auf der anderen Seite den *B2B-E-Commerce* (*Business to Business*). Wer von E-Commerce spricht, meint aber häufig speziell nur Ersteres, nämlich B2C. Das liegt meiner Meinung nach vor allem an der historischen Entwicklung, denn der B2C-E-Commerce hat sich zuerst etabliert und dominiert auch heute den E-Commerce, obwohl der B2B-E-Commerce vor allem in Deutschland in den letzten Jahren richtig in Schwung gekommen ist und dort immer höhere Umsätze erzielt werden.

Je nachdem ob Waren und Dienstleistungen an Endkunden (B2C) oder Unternehmen (B2B) verkauft werden, ergeben sich daraus ganz unterschiedliche Anforderungen und Vorgehensweisen. Im Folgenden gebe ich deshalb einen kurzen Überblick über beides und hebe die Unterschiede zwischen B2C und B2B hervor.

1.2.1 B2C-E-Commerce

Im *B2C-E-Commerce* geht es darum, Produkte und Dienstleistungen direkt an Endkunden zu verkaufen. Das Produktsortiment kann hierbei relativ groß sein, denn alles, was im stationären Handel verkauft wird, kann auch über das Internet vertrieben werden: Kleidung, Möbel und Wohnaccessoires, Elektronik, Computer etc. Ein klassisches Beispiel für den B2C-E-Commerce ist Zalando. Innerhalb weniger Jahre hat

---

2 Obwohl es neben Amazon viele großartige und erfolgreiche Online-Shops gibt, nehme ich als Beispiel und aus Gründen der Einfachheit im Folgenden oft das Urgestein des E-Commerce.

Zalando die gesamte Fashion-Branche umgekrempelt und zählt mittlerweile zu den größten E-Commerce-Unternehmen in Deutschland.

Sobald Sie Produkte und Dienstleistungen an Endkunden verkaufen – das kennen Sie sicherlich auch vom stationären Handel –, geht es vor allem darum, über Emotionen und eine gute Beratung zu verkaufen. Kunden benötigen oftmals die gekauften Artikel nicht zwangsläufig. Über eine emotionale Ansprache können Sie es aber dennoch schaffen, einen Verkauf zu erzielen. Hierbei stehen der Spaß am Einkaufen und das Wecken von Bedarf im Vordergrund. Genau dieser Anspruch spiegelt sich auch im B2C-E-Commerce wider. Wenn Sie sich den in Abbildung 1.1 dargestellten Online-Shop im Detail anschauen, werden Sie die emotionale Ansprache, unter anderem durch die großen Bilder bzw. die Bildsprache, erkennen. Die Lust am Einkaufen wird zusätzlich durch Rabatte und Aktionen geweckt.

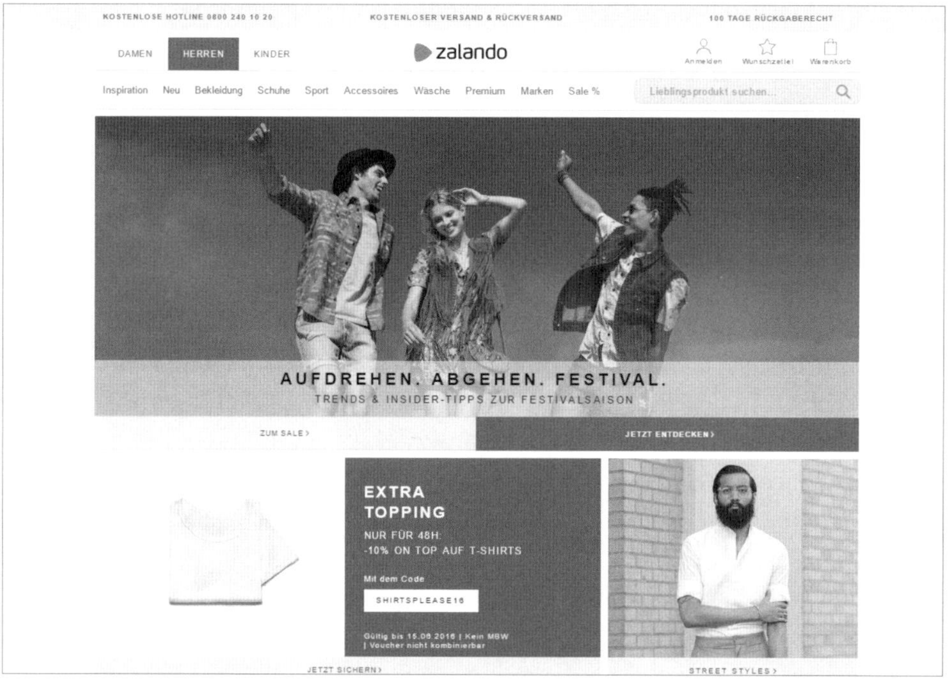

Abbildung 1.1 Zalando verkauft Damen- und Herrenmode.

1.2.2 B2B-E-Commerce

Im *B2B-E-Commerce* spielt die Lust am Einkaufen hingegen eine untergeordnete Rolle. Stellen Sie sich vor, Sie sind Geschäftsführer einer kleinen Werbeagentur. Ihr Unternehmen wird aufgrund der Geschäftstätigkeit grundsätzlich gewisse Produkte und Dienstleistungen benötigen, vom Druckerpapier über Notebooks bzw. Computer für Ihre Angestellten bis hin zu Softwarelizenzen. Der Bedarf hierfür ergibt sich durch die tägliche Arbeit. Wenn Sie so viele Angebote und Rechnungen ausdrucken, dass dadurch kein Papier mehr verfügbar ist, dann müssen Sie Druckerpapier bestellen, ansonsten können Sie nicht weiterarbeiten.

Im B2B-E-Commerce geht es daher speziell darum, den vorhandenen Bedarf eines Unternehmens effizient zu decken. Emotionen spielen hier beim Einkaufen nur eine untergeordnete Rolle, wichtig ist vor allem der schnelle und einfache Bestellprozess. Unternehmen bzw. die im Unternehmen für den Einkauf verantwortlichen Angestellten sehen die B2B-Online-Shops oftmals als reine Beschaffungs-Tools, die sich dadurch auch optisch sehr stark von Online-Shops für Endkunden unterscheiden. Hierbei gibt es jedoch auch Ausnahmen, wie Sie in Abbildung 1.2 erkennen können. Auch wenn Otto Office primär Geschäftskunden anspricht, ist dieser Online-Shop vom Aussehen und der Handhabung her auch endkundentauglich.

Abbildung 1.2 Otto Office hat sich auf Büromaterial für Unternehmen spezialisiert.

Zusammengefasst lässt sich sagen, dass im B2C-E-Commerce die Lust am Einkaufen geweckt bzw. stimuliert werden muss, wohingegen im B2B-E-Commerce auf möglichst einfache und schnelle Weise ein Bedarf gedeckt werden soll. Darüber hinaus existieren natürlich noch weitere Unterschiede, speziell in Hinblick auf die rechtlichen Rahmenbedingungen. Wenn Sie sich für weitere Details hierzu interessieren, kann ich Ihnen das »Handbuch Online-Shop«[3] empfehlen, das ebenfalls im Rheinwerk Verlag erschienen ist.

1.3 Die bisherige Entwicklung des E-Commerce

Wie Sie in Abbildung 1.3 sehen, hat sich der E-Commerce in den vergangenen Jahren speziell in Deutschland rasend schnell entwickelt. Wurden im Jahr 2006 noch Umsätze in Höhe von 15,7 Milliarden Euro dem E-Commerce zugeschrieben, so waren es 2015 bereits 41,7 Milliarden Euro. Für 2016 wird nach einem prognostizierten Wachstum von knapp 11 % ein Gesamtvolumen von knapp 46 Milliarden Euro erwartet. Der E-Commerce wächst kontinuierlich seit über zehn Jahren, und ein Stopp des Wachstums ist vorerst nicht in Sicht. Ganz im Gegenteil: Trends und Entwicklungen wie mobiles Einkaufen sorgen für zukünftiges Wachstum.

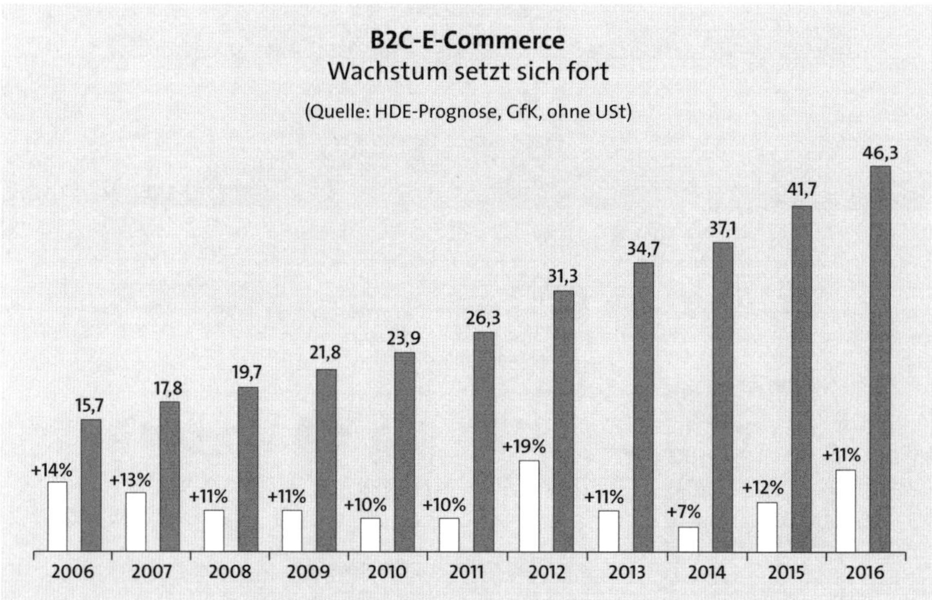

Abbildung 1.3 Entwicklung der B2C-Umsätze seit 2006

Ungeachtet dieser harten Zahlen und Fakten, ist die stetige Entwicklung des E-Commerce auch im Alltag offensichtlich. Oder kennen Sie starke Unternehmen, die weiterhin ausschließlich im stationären Handel Produkte und Dienstleistungen vertreiben? Die großen Player des Handels, seien es Otto im Fashion-Bereich, Media Markt inklusive Schwesterunternehmen wie Saturn in Sachen Elektronik- und Multimedia-

3 Alexander Steireif, Rouven Rieker, Markus Bückle: Handbuch Online-Shop. Strategien, Erfolgsrezepte, Lösungen. 1. Auflage 2015

produkte oder gar Lebensmittelkonzerne wie Rewe, vertreiben ein eingeschränktes oder sogar das komplette Sortiment mittlerweile online. In Abbildung 1.4 können Sie erkennen, wie groß speziell in den Top-3-Warengruppen mittlerweile das Umsatzvolumen im E-Commerce ist und warum Unternehmen wie Otto oder Media Markt den Schritt in den E-Commerce gewagt haben.

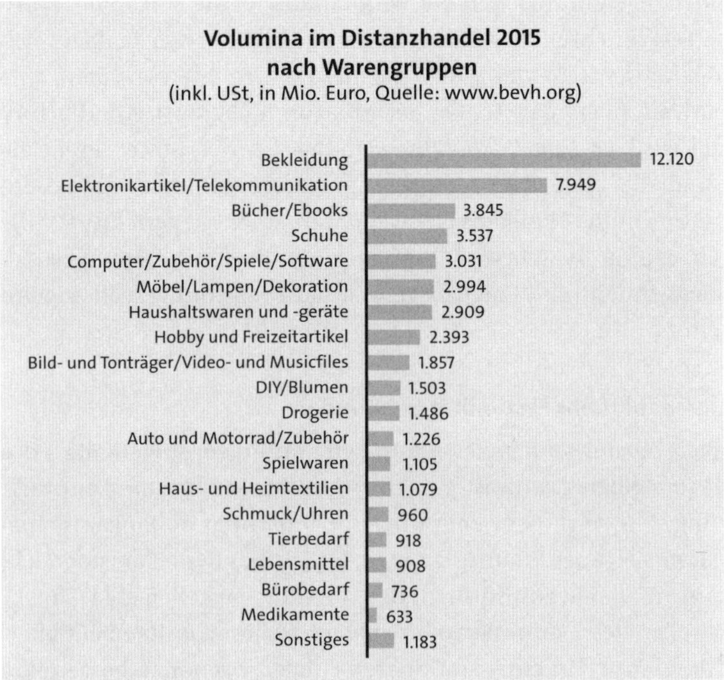

Abbildung 1.4 Besonders beliebt sind Artikel aus den Bereichen Bekleidung, Elektronikartikel und Bücher.

Der E-Commerce als zusätzlicher bzw. bei Pure Playern als reiner Vertriebskanal hat sich über die letzten Jahre hinweg fest etabliert, und Unternehmen, die online nicht aktiv sind, werden meines Erachtens in Zukunft vor Problemen stehen.

1.4 Aktuelle Trends und zukünftige Potenziale

Die Entwicklung des E-Commerce, speziell in Bezug auf den Umsatz, war rasant, wie Sie auf den vorherigen Seiten erkennen konnten. Zweistelliges Wachstum, ein immer größeres Handelsvolumen – der E-Commerce hat sich prächtig entwickelt. Dennoch gibt es keinen Stillstand, und es ergeben sich laufend neue Trends und Entwicklungen, die direkten oder indirekten Einfluss auf den elektronischen Handel haben. An dieser Stelle möchte ich Ihnen daher einen Einblick in die Veränderungen und Trends geben, wobei kein Anspruch auf Vollständigkeit besteht.

Die Kundenloyalität nimmt drastisch ab

Sie kennen das sicherlich aus dem stationären Handel: Wenn Sie in den letzten Jahren immer bei Ihrem lokalen Elektronikhändler eingekauft haben und zufrieden waren, werden Sie auch zukünftig bei ihm einkaufen. Warum auch nicht, schließlich waren Sie ja zufrieden. Dieses Einkaufsverhalten wird, bezogen auf den E-Commerce, immer seltener. Kunden legen immer weniger Wert darauf, wo sie einkaufen. Preisportale, unabhängige Testberichte und Kundenmeinungen helfen den Kunden, sich im Vorfeld, d. h. vor der Kaufentscheidung, umfassend zu informieren und dann eine Kaufentscheidung zu treffen. Ob der Artikel bei Amazon, Cyberport, Mindfactory oder Alternate bestellt wird, ist egal. Der Online-Händler, der den besten Preis, die kürzeste Lieferfrist und die einfachste Abwicklung bietet, gewinnt. Aus diesem Grund müssen zukünftig Online-Händler verstärkt daran arbeiten, perfekte, auf die Kunden individuell abgestimmte Mehrwerte zu bieten, um diese als Kunden zu halten. Über das Produktsortiment und langjährige Geschäftsbeziehungen allein wird dies nicht möglich sein.

Omnichannel Commerce für mehr Flexibilität bei Kunden

Der Einkaufskanal spielt bei der Kaufentscheidung eine untergeordnete Rolle – das wird auch in Zukunft so bleiben. Damit ist gemeint, dass der Kunde zum Zeitpunkt der Bedarfsentwicklung den zu diesem Zeitpunkt für ihn »besten« Einkaufskanal auswählt. Ich kann das aus eigener Erfahrung sagen, als ich an einem Samstagnachmittag auf die Idee kam, mir einen Lotusgrill für den Abend zu bestellen. Da ich nicht warten wollte, aber ein Fan des E-Commerce bin, habe ich diesen online bei Cyberport bestellt, aber offline, sprich in einer stationären Filiale, abgeholt. Eine perfekte Verbindung von offline und online. Auch kann es vorkommen, dass ein Kunde auf eBay oder Amazon unterwegs ist, weil er Druckerpapier benötigt. In diesem Moment kommt der Kunde auf die Idee, einen Lotusgrill zu kaufen. Ist man zu diesem Zeitpunkt mit seinem Produktsortiment auf eBay bzw. Amazon aktiv, kann man einen Verkauf generieren. Dasselbe gilt für die Technik des Online-Shops: Da Kunden auch per Smartphone einkaufen, benötigt man für dieses Endgerät ein passendes Interface. Zukünftig werden sich Kunden nicht mehr gezielt an den Computer setzen, einen Online-Shop aufrufen und dort einkaufen. Wichtiger ist es, den Kunden auf seiner Customer Journey an den passenden Stellen abzuholen und dort die Produkte zu vertreiben.

Mobile Commerce wird immer wichtiger

Selbst wenn bereits seit Jahren von Mobile Commerce gesprochen wird, ist ein Ende dieses Trends nicht in Sicht. Die Umsätze werden sich auch in den kommenden Jahren in Richtung Mobile Commerce verlagern. Das bedeutet für Online-Händler, eine für mobile Endgeräte optimierte Einkaufsmöglichkeit bereitzustellen. Ist dies nicht der Fall, droht ein Großteil der möglichen Umsätze nicht erzielt zu werden.

Das Potenzial sehen Sie in Abbildung 1.5. Mittlerweile werden knapp 34 % der Umsätze mit mobilen Endgeräten erzeugt, Tendenz steigend. Deutschland befindet sich mit knapp 30 % im Mittelfeld, in Japan und Südkorea liegt der Wert bei knapp 50 %. Meiner Meinung nach könnte dies auch in Deutschland perspektivisch eine vernünftige Verteilung sein: Die eine Hälfte der Umsätze wird auf mobilen Endgeräten generiert, die andere auf den klassischen Desktop-Computern bzw. Notebooks. Für Sie bedeutet dies in Konsequenz auch in den nächsten Jahren einen steigenden Anteil an mobilen Endgeräten bzw. Usern und eine gewisse Umsatzverschiebung in Bezug auf die Endgeräte.

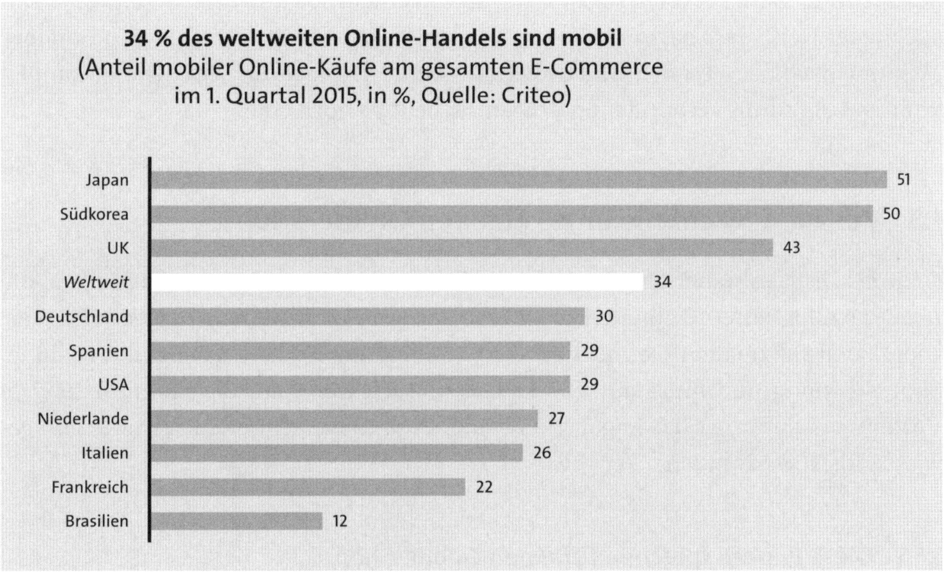

Abbildung 1.5 Mobile Endgeräte spielen eine immer wichtigere Rolle.

Die Renaissance der Marktplätze

War es in der Anfangszeit des E-Commerce ganz normal, Produkte und Dienstleistungen auf Marktplätzen zu vertreiben, ging der Trend doch recht fix zum eigenen Online-Shop. Das Problem in der heutigen Zeit ist jedoch, dass es neue Online-Shops enorm schwierig haben, sich zu etablieren. Viele Branchen sind bereits perfekt besetzt bzw. überbesetzt, und auch Nischen werden immer seltener. Die Konsequenz daraus: steigende Werbekosten, speziell in Sachen SEO (Search Engine Optimization) und SEA (Search Engine Advertising). Es wird daher immer schwieriger und teurer, einen Online-Shop zu bewerben, und die Werbung ist sozusagen die halbe Miete. Auch müssen Online-Shops immer mehr Funktionen und Möglichkeiten bieten, was wiederum in einen hohen technischen Aufwand und gewisse Entwicklungskosten mündet. Gründet man heute einen Online-Shop, steht man vor einer Vielzahl von Herausforderungen und Problemen. Genau diese führen zur Renaissance der Marktplätze, denn plötzlich wird es wieder attraktiv, auf Amazon und eBay die eigenen Produkte zu vertreiben. Warum auch nicht? Hier sind unzählige kauflustige Besucher aktiv, und man muss nur noch mit seinen Produkten und Preisen überzeugen.

Zustellung am selben Tag

Amazon arbeitet bereits daran und bietet diesen Service in einigen Städten in Deutschland. Gemeint ist *Same Day Delivery*, also die Zustellung von Bestellungen am selben Tag. Was so einfach klingt, stellt enorm hohe Anforderungen an die eigene Logistik, das Lager, den Versanddienstleister und alle dem Versand zuzuschreibenden Prozesse. Daher tut sich selbst Amazon mit einem solchen Service schwer, wenn auch jeder weiß, dass darin die Zukunft liegt. Kleinere Online-Händler sind meiner Meinung nach bei diesem Trend und dieser Entwicklung außen vor, da die Komplexität und die damit verbundenen Kosten schlicht zu hoch sind.

1.5 Vor- und Nachteile eines eigenen Online-Shops

Natürlich liegt es nahe, unabhängig von den Produkten und Dienstleistungen, die man vertreibt, einen Online-Shop zu erstellen und damit einen zusätzlichen Vertriebskanal aufzubauen. Dennoch ist die Entscheidung für bzw. gegen einen Online-Shop schwierig und muss gut überlegt sein. Auch wenn auf der einen Seite viele Vorteile existieren, ist das Engagement im E-Commerce immer auch mit einem gewissen Risiko verbunden.

1.5.1 Diese Punkte sprechen für einen Online-Shop

Lassen Sie mich mit den Vorteilen bzw. positiven Effekten eines Online-Shops starten. Hierzu zählen mehr Kunden und ein größeres Einzugsgebiet, mögliche Kostensenkungen, zufriedenere Kunden, umfangreichere Analysemöglichkeiten sowie ein modernes Image.

Mehr Kunden und ein größeres Einzugsgebiet

Der meiner Meinung nach größte Vorteil des E-Commerce besteht darin, von heute auf morgen theoretisch die ganze Welt beliefern zu können. Wenn Sie heute ein Ladengeschäft in der Fußgängerzone betreiben, dann haben Sie ein definiertes Einzugsgebiet. Sie sprechen die Einwohner Ihrer Stadt an, gegebenenfalls noch einige Einwohner aus Nachbarstädten. Doch wenn Sie beispielsweise in München ein Geschäft betreiben, werden Sie nie Kunden aus Berlin gewinnen. Der E-Commerce durchbricht diese Barriere: Denn plötzlich können potenzielle Kunden aus der ganzen Welt auf Ihr Produktsortiment zugreifen und eventuell sogar bestellen. Zumindest können Sie, denkt man am Anfang klein, Kunden aus der gesamten Bundesrepublik beliefern. Sie erweitern damit den Kreis Ihrer potenziellen Kundschaft enorm.

Kostensenkungen sind möglich

Von Kostensenkungen profitieren Sie vor allem dann, wenn Sie bereits ein laufendes Unternehmen haben und Ihre Produkte über Kanäle wie das Telefon, Kataloge oder mithilfe eines Außendienstes vertreiben. Ein Online-Shop ermöglicht Ihnen in sehr vielen Fällen eine Prozesskostensenkung. Mithilfe eines Online-Shops müssen Fax-Bestellungen nicht mehr manuell in ein ERP-System (Enterprise Resource Planning) übertragen werden. Auch benötigen Sie nicht mehr so viel Personal, das am Telefon Bestellungen entgegennimmt. Der Online-Shop bedeutet für Sie einen einfachen und kostengünstigen Bestellprozess.

Zufriedenere Kunden

Kunden erwarten heutzutage die Möglichkeit, rund um die Uhr und an sieben Tagen die Woche bestellen zu können – ob es der Handwerker ist, der morgens um sechs Uhr, bevor er zu seiner Baustelle fährt, eine Bestellung tätigen möchte, oder der Geschäftsführer, der nach einem harten Arbeitstag abends um 22 Uhr noch dringend benötigte Büromaterialen bestellen möchte. Es ist einfach nicht mehr zeitgemäß, sich an Hotline-Zeiten zu halten und Bestellungen in einem bestimmten Zeitfenster abzugeben. Ein Online-Shop ermöglicht Ihren Kunden daher eine mittlerweile notwendige Flexibilität.

Umfangreichere Analysemöglichkeiten

In einem Ladengeschäft wissen Sie gegebenenfalls, wie viele Kunden durch die Eingangstür marschiert sind. Welche Produkte angesehen, in den Einkaufswagen gelegt und schlussendlich wieder zurückgegeben wurden, erfahren Sie aber vermutlich nicht. Ein Online-Shop hat aufgrund des technologischen Backgrounds jedoch eine Vielzahl von Analysemöglichkeiten, die so wichtig und gut sind, dass Sie hiermit Ihr Produktsortiment, Ihre Preisstrategie und Ihr gesamtes Marketing optimieren können. Durch die Vielzahl von Datenerfassungsmöglichkeiten wissen Sie genau, über welchen Marketingkanal bei welchem Marketingbudget welcher Umsatz erzielt wurde. Auch wissen Sie, welche Produkte häufig angesehen, aber leider nie gekauft werden. Richtig realisiert, ist der Online-Shop ein riesiger Datenkrake, was in diesem Kontext positiv gemeint ist. Die gewonnenen Daten erlauben Ihnen Rückschlüsse darauf, wie Sie das Einkaufserlebnis Ihrer Kunden verbessern können, gleichzeitig können Sie Ihre Kosten senken bzw. Budgets für die Entwicklung des Marketings sinnvoller einsetzen. Letztendlich profitieren also nicht nur Sie als Shop-Betreiber, sondern auch Ihre Kunden.

E-Commerce verleiht ein modernes Image

Zu guter Letzt, auch wenn es unzählige weitere Gründe für einen Online-Shop gibt, verleiht das Engagement im E-Commerce Ihrem Unternehmen auch ein gewisses zeitgemäßes bzw. modernes Image. E-Commerce bedeutet, »State of the Art« zu sein. Dieses Kriterium spielt sicherlich bei potenziellen Kunden, die sich zwischen vielen Händlern entscheiden müssen, auch eine gewisse Rolle.

1.5.2 Diese Punkte machen E-Commerce so schwierig

An dieser Stelle zu behaupten, E-Commerce sei die ultimative Waffe und könne jede Art von Problemen lösen, würde nicht der Wahrheit entsprechen. In der Tat wird es von Jahr zu Jahr schwieriger, eine erfolgreiche E-Commerce-Strategie zu realisieren. Dies liegt unter anderem an den hohen Ansprüchen der Kunden, die technisch komplexe Systeme erfordern, an den erforderlichen USPs, an den Anforderungen an die Sicherheit und das Marketing sowie an dem benötigten Know-how in vielen anderen Bereichen.

Hohe Anforderungen münden in technisch komplexen Systemen

Kunden werden immer anspruchsvoller. Das ist leider eine Tatsache und vor allem so perfekten E-Commerce-Plattformen wie der von Amazon geschuldet. Diese hohen Anforderungen werden auch Ihre Kunden an Sie stellen. Ein »primitiver« Online-Shop wird in der heutigen Zeit wohl nicht erfolgreich am Markt bestehen können. Die nahtlose Integration in Ihre bestehende IT-Infrastruktur, beispielsweise das ERP- und CRM-System, erfordert einen hohen Entwicklungsaufwand in Bezug auf die Schnittstellen. Durch die extrem schnelle Etablierung der mobilen Endgeräte reicht es auch nicht mehr aus, wenn Ihr Online-Shop auf einem Desktop-Computer funktioniert. Der Online-Shop muss auch auf Tablets und Smartphones perfekt verwendbar sein. Zusätzlich steigen die Anforderungen an die Online-Shops selbst, sprich die Möglichkeiten innerhalb eines Online-Shops, rasend. Das führt auf Ihrer Seite zu hohen Entwicklungsaufwänden. Zwar gibt es genug »Basissysteme«, die von Haus aus eine Menge an Funktionen und Möglichkeiten haben, der Grad der Individualisierung nimmt aber immer zu. Das sieht man beispielsweise auch anhand der Etablierung von E-Commerce-Lösungen wie Spryker, die nur noch eine Basis bereitstellen und bei denen jede Funktion individuell konzeptioniert und entwickelt werden muss.

Erfolgreiche Online-Shops benötigen USPs

Den 100. Online-Shop für Schuhe zu gründen wird in einem recht kurzen und verlustreichen Ausflug in den E-Commerce enden. Wie eingangs erwähnt, ist ein großes Problem der heutigen Zeit die Tatsache, dass schon so viele Branchen dominiert werden und Nischen besetzt sind. Das macht den Erfolg im E-Commerce zwar nicht unmöglich, aber bedeutend schwieriger. Ein wichtiges Kriterium für den Erfolg sind daher die *Unique Selling Propositions* (USPs) oder auch Alleinstellungsmerkmale. Gibt es keine Alleinstellungsmerkmale, werden Sie Probleme bei der E-Commerce-Strategie haben. Diese USPs zu identifizieren bzw. herauszuarbeiten ist schwieriger und komplexer, als man im ersten Moment vermutet.

Sicherheit muss gewährleistet sein

E-Commerce ist eine sicherheitskritische Angelegenheit. In Ihrem Online-Shop werden Kundendaten hinterlegt, Zahlungen durchgeführt und sensible Informationen gespeichert, verwaltet oder zumindest weitergeleitet. An diesen Stellen darf nichts passieren, denn gibt es zu irgendeinem Zeitpunkt Probleme mit der Sicherheit in Ihrem System, ist dies ein enormer Imageschaden, der Vertrauen zerstört und Kunden kostet. Dementsprechend muss ein großes Augenmerk auch auf dieses Thema gelegt werden.

Kreatives Marketing ist eine wichtige Voraussetzung

Aufgrund der Vielzahl von Unternehmen, die im E-Commerce agieren, sind viele Marketingkanäle bereits besetzt, und eine Teilnahme ist nur mit hohen Budgets möglich. Doch speziell diese hohen Budgets stehen Startups bzw. E-Commerce-Neulingen in der Regel nicht zur Verfügung. Dementsprechend muss das Marketing besonders kreativ sein, um auch mit alternativen Marketingkanälen und Methoden die kritische Masse an Besuchern, die Sie zum Überleben brauchen, zu generieren.

Unternehmen brauchen Know-how in vielen Bereichen

Durch die hohe Komplexität wird in Ihrem Unternehmen auf vielen Gebieten ein gewisses Know-how benötigt, um tatsächlich erfolgreich im E-Commerce agieren zu können. Denn heute installiert man nicht »einfach so« einen Online-Shop und fängt anschließend mit dem Zählen der Bestellungen an. Auch wenn Sie sicherlich viele Tätigkeiten an Dienstleister auslagern werden, so muss doch ein gewisses Grundverständnis für die Technik, das Marketing, das Produktsortiment und die After-Sales-Prozesse vorhanden sein. Denn nur, wenn Sie in Ihrem Unternehmen Profis für diese Bereiche haben, können Sie vernünftig die beteiligten Dienstleister steuern.

1.5.3 Ein Online-Shop erfordert hohe Investitionen

Losgelöst von der Frage, welche Vor- und Nachteile das Engagement im E-Commerce mit sich bringt, möchte ich an dieser Stelle nochmals gesondert auf das Thema Investitionen eingehen. Im Kontext des E-Commerce vermeide ich persönlich gern das Wort *Kosten*, denn meiner Meinung nach handelt es sich bei Kosten um Ausgaben, denen nichts gegenübersteht, um genau diese Kosten auszugleichen und einen Gewinn zu erzielen. Ein neues Paar Sneakers kostet beispielsweise Geld, denn ich erhalte für den Kaufpreis die besagten Sneakers. Bei einem Online-Shop ist das ein wenig anders. Denn wenn Sie 100.000 € für einen Online-Shop ausgeben, dann muss nach einem gewissen Zeitraum nicht nur die Summe von 100.000 € erwirtschaftet worden sein, sondern auch zusätzlich ein gewisser Gewinn. Beim E-Commerce investieren Sie daher Geld mit der Absicht, nach einem bestimmten Zeitraum mehr Geld zurückzuerhalten. Diese Denkweise ist, werfe ich einen Blick in die Praxis, leider nicht bei vielen Unternehmen gegeben. Der Online-Shop wird als Kostentreiber gesehen, weswegen auch nur ein in der Praxis meist zu knappes Budget bereitgestellt wird. Aber ein Online-Shop ist kein Kostentreiber, sondern ein »Investitionsobjekt«, das Ihnen beim Geldverdienen hilft.

Dennoch ist die Summe an notwendigen Investitionen in den letzten Jahren stark gestiegen. Konnte man vor einigen Jahren noch für einen überschaubaren Betrag von wenigen Tausend Euro einen Online-Shop realisieren, so ist dies heutzutage nicht mehr möglich. Dafür gibt es viel zu viele Dinge, in die sie investieren müssen. Damit Sie sich davon ein Bild machen können, möchte ich Ihnen exemplarisch zeigen, was bei der Realisierung eines Online-Shops an Aufgaben anfällt und wofür somit Investitionen notwendig werden:

- Konzeption und Planung
- Entwicklung von Wireframes und eines Designkonzepts
- technische Realisierung der E-Commerce-Plattform
- Anbindung von existierenden Systemen, z. B. ERP, PIM und CRM
- Aufnahme von Produktbildern
- Planung und Entwicklung von Marketingkampagnen

Zusätzlich existieren konstant laufende Investitionen, beispielsweise für das Hosting, die technische Weiterentwicklung, Ihr Personal und für das Marketing.

Unterschätzen Sie daher nicht die Aufgaben, Investitionen und Bereiche, um die Sie sich kümmern müssen, wenn Sie den Schritt in den E-Commerce wagen möchten. In diesem Buch gehe ich primär auf die Arbeit mit dem E-Commerce-System Magento in der Version 2 ein. Das wird Ihnen vermutlich suggerieren, dass ein Hauptteil der Aufgabe im E-Commerce aufseiten der Technik, in diesem Fall Magento, entsteht. Damit Sie sich von diesem Eindruck lösen, möchte ich dieses Thema an dieser Stelle ansprechen. Als ergänzende Lektüre kann ich Ihnen ein weiteres Buch von mir namens »Handbuch Online-Shop. Strategien, Erfolgsrezepte, Lösungen«[4] empfehlen. In die-

4 Sie können das Buch direkt beim Rheinwerk Verlag unter *https://www.rheinwerk-verlag.de/handbuch-online-shop_3626/* bestellen.

sem Handbuch wird das Thema E-Commerce wesentlich breiter beleuchtet, weil darin nicht der Umgang mit einer bestimmten Software im Vordergrund steht, sondern die diversen Bestandteile des E-Commerce.

1.6 Fazit

Das schnelle Wachstum im E-Commerce hält ungehindert an, und für Sie als Unternehmer bzw. E-Commerce-Verantwortlicher ergeben sich viele Chancen, aber auch Herausforderungen. In diesem 1. Kapitel wollte ich Ihnen daher einen groben Überblick über genau diese Chancen und Herausforderungen bieten.

Um im E-Commerce erfolgreich zu sein, brauchen Sie vor allem ein gutes Konzept sowie eine Strategie, die Sie strikt verfolgen. Finden Sie idealerweise Antworten auf die nun folgenden Fragen. Denn wenn Sie diese beantworten können, haben Sie bereits eine gute Basis für Ihr geplantes E-Commerce-Engagement:

- Ist der Online-Shop ein zusätzlicher oder der alleinige Vertriebskanal? Inwiefern ergänzt der zusätzliche Vertriebskanal Ihre bestehenden?
- Was unterscheidet Sie von Ihren Konkurrenten, in welchen Punkten sind Sie stark, in welchen ist Ihre Konkurrenz besser?
- Eignen sich die Produkte überhaupt für den Vertrieb über das Internet?
- Welche Vorteile bietet Ihre Konkurrenz den Kunden? Was bewegt die Kunden, dort einzukaufen? Ist es primär der Preis, die einfache Abwicklung oder bietet der Online-Shop Erleichterungen?
- Haben Sie in Ihrem Unternehmen genügend Know-how, um bei einem E-Commerce-Projekt die jeweiligen Dienstleister zu steuern und zu verstehen?
- Welche Rolle nimmt der Online-Shop in der Gesamtstrategie Ihres Unternehmens ein?

Versuchen Sie möglichst konkrete Antworten auf diese Fragen zu finden, und entwickeln Sie gegebenenfalls eigene Fragestellungen, die Ihnen bei der Planung und Durchführung einer E-Commerce-Strategie helfen.

Im nun folgenden Kapitel 2, »Magento als State-of-the-Art-E-Commerce-Lösung«, tauche ich direkt in die E-Commerce-Lösung Magento ein. Dafür starte ich mit Informationen zu der historischen Entwicklung von Magento, den Hintergründen und Ereignissen wie der Übernahme und den Verkauf durch eBay und den von Magento angebotenen Produkten. Ich möchte das folgende Kapitel auch nutzen, um Ihnen zu erklären, warum Magento in den letzten Jahren so erfolgreich war und weshalb Magento auch zukünftig erfolgreich sein wird. Abschließend erhalten Sie einen Vergleich zwischen Magento und weiteren etablierten E-Commerce-Lösungen.

Kapitel 2
Magento als State-of-the-Art-E-Commerce-Lösung

Magento hat einen regelrechten Siegeszug hinter sich. Die Popularität nahm in den letzten Jahren sprunghaft zu, weshalb eBay das Unternehmen 2011 übernahm, sich aber 2015 wieder von ihm trennte. Mit Magento 2 steht nun eine komplette Neuentwicklung bereit, die an den Erfolg der letzten Jahre anschließen möchte.

Nachdem ich Ihnen in Kapitel 1, »E-Commerce als Bestandteil unseres Alltags«, einen kurzen Einblick in das Thema E-Commerce gegeben habe, geht es in diesem 2. Kapitel direkt mit der E-Commerce-Lösung los, derentwegen Sie vermutlich primär dieses Buch erworben haben. Magento ist eine der umfangreichsten, komplexesten und erfolgreichsten Open-Source-E-Commerce-Lösungen der letzten Jahre. Aber nicht nur die enorm umfangreiche Software hat für den Erfolg von Magento gesorgt. Die Veröffentlichung einer so mächtigen Software unter einer Open-Source-Lizenz ohne jegliche Lizenzgebühren hat auch dazu geführt, dass weitere Lösungen wie Shopware und OXID eSales sich geöffnet und das eigene Preismodell überdacht haben. Magento hat daher meiner Meinung nach auch zur Verbreitung und Professionalisierung des E-Commerce in Deutschland beigetragen. Doch wie genau ist es hierzu gekommen? Lassen Sie uns einen Blick in die Historie und Entwicklung von Magento werfen.

2.1 Begriffsdefinition: Magento oder Magento Open Source?

Bevor ich auf die Historie und die Entwicklung von Magento eingehe, möchte ich ein paar Worte zum Namen verlieren, damit auf den folgenden Seiten und Kapiteln keine Irritation entsteht. Ursprünglich wurde ausschließlich die Software als Magento bezeichnet, da das Unternehmen hinter Magento zur Anfangszeit Varien hieß. Aufgrund des Erfolgs hat sich Varien in Magento umbenannt, wodurch das Unternehmen denselben Namen wie die Lösung trug. Das ging so lange gut, bis neue Produkte neben der eigentlichen Magento-Lösung eingeführt wurden. Daraufhin wurde die Software mehrmals umbenannt, aktuell wird die kostenfreie Software Magento als Magento Open Source bezeichnet. Die kostenpflichtigen Editionen tragen den Namen Magento Enterprise Edition bzw. Magento B2B Edition. Daneben bestehen Produkte wie Magento Social, Magento Shipping etc. Wenn ich in diesem Buch von Magento spreche, meine ich in erster Linie die Edition Magento Open Source, d. h. die kostenfreie Variante, die auch in diesem Buch primär verwendet wird. Sehen Sie es mir daher bitte nach, wenn ich nicht immer den kompletten Namen »Magento Open Source« ausschreibe, sondern auf die Abkürzung und meiner Meinung nach auch gängige Bezeichnung »Magento« zurückgreife.

2.2 Die Entwicklung von Magento in den letzten Jahren

Die erste Version von Magento wurde offiziell am 31. März 2008 veröffentlicht. Die Arbeit und Entwicklung an Magento startete aber schon wesentlich früher, nämlich im Jahr 2007. Bereits im August 2007 gab es erste Preview-Versionen von Magento, die der Öffentlichkeit zur Verfügung gestellt wurden. Schon zu diesem Zeitpunkt konnte man den möglichen Erfolg von Magento erahnen. Waren im Jahr 2007 bzw. 2008 E-Commerce-Lösungen wie xt:Commerce oder osCommerce populär und zählten zum Standard, hatte man mit Magento plötzlich eine, rein bezogen auf die Softwarearchitektur und Funktionsvielfalt, um Welten bessere und ausgereiftere Lösung, die sich im Vergleich zu den zu diesem Zeitpunkt etablierten Lösungen wie ein Stück Software aus der Zukunft anfühlte. An den Technologien, auf denen Magento basiert, hat sich seit der Version 1.0 nichts geändert. Als Skriptsprache wurde und wird PHP verwendet, als Datenbanktechnologie setzt Magento auf MySQL. Das Zend Framework, das ebenfalls auf diesen beiden Technologien basiert, dient seit der ersten Entwicklung von Magento als Unterbau. Präferiert wird der Einsatz von Linux, wobei Magento auch mit einigen Kniffen unter Windows lauffähig ist.

Magento setzt auf einen klassischen LAMP Stack

Von einem *LAMP Stack* spricht man immer dann, wenn als Schlüsseltechnologie Linux (Betriebssystem), PHP (Skriptsprache), MySQL (Datenbanktechnologie) und Apache (Webserver-Software) zum Einsatz kommen. Da diese Technologien optimal aufeinander abgestimmt sind, finden sie in der Praxis häufig exakt in dieser Konstellation Verwendung. Magento setzt dabei genau auf dieses eingespielte Technologie-Setup, was sich in den letzten acht Jahren auch nicht geändert hat.

Die treibende Kraft hinter der Entwicklung von Magento war das Unternehmen *Varien*, weswegen speziell im Quellcode und in einigen Ordnerstrukturen der Version 1.x von Magento häufig das Wort »Varien« auftaucht. Bei Varien handelte es sich ursprünglich um eine reine Internetagentur aus den USA, die sich irgendwann um 2006/2007 vorgenommen hatte, eine eigene Online-Shop-Software zu entwickeln und zu vertreiben. Der Anstoß zur Entwicklung von Magento resultierte daher aus einer gewissen Unzufriedenheit einer Internetagentur mit den zum damaligen Zeitpunkt verfügbaren E-Commerce-Lösungen. Es galt, mit Magento diese Defizite zu eliminieren.

Die Veröffentlichung der ersten Version am 31. März 2008 war letztendlich der Start einer sehr raschen und kontinuierlichen Weiterentwicklung. Im Juli 2008 wurde bereits die Version 1.1 veröffentlicht, und im Dezember desselben Jahres veröffentlichte Varien Magento 1.2. Im darauffolgenden Jahr 2009 wurde mit Magento 1.3 ein weiteres Update bereitgestellt, anschließend gab es in jedem der darauffolgenden Jahre eine weitere große Version, bis im Jahr 2014 der 1.9er-Branch erreicht und letztendlich aufgrund der parallelen Entwicklung von Magento 2 nicht mehr verlassen wurde.

Alle Magento-Versionen im Überblick

- Magento 1.0 (31. März 2008)
- Magento 1.1.x (24. Juli 2008)
- Magento 1.2.x (29. Dezember 2008)
- Magento 1.3.x (30. März 2009)
- Magento 1.4.x (12. Februar 2010)
- Magento 1.5.x (9. Februar 2011)
- Magento 1.6.x (18. August 2011)
- Magento 1.7.x (24. April 2012)
- Magento 1.8.x (25. September 2013)
- Magento 1.9.x (13. Mai 2014)

Geprägt durch die rasche Weiterentwicklung – erkennbar an den unzähligen Releases und deren kurzen Zeitabständen – hatte sich das Unternehmen Varien im Jahr 2010 konsequenterweise in Magento umbenannt, um damit auch die Fokussierung auf die E-Commerce-Lösung Magento zu verdeutlichen. Varien war sich zu diesem Zeitpunkt des Stellenwertes der Marke Magento durchaus bewusst, liefen doch schon unzählige Online-Shops auf Basis von Magento. Der nächste große Schritt in der Geschichte wurde dann im Jahr 2011 beschritten, als eBay das Unternehmen zu 100 % übernahm. Dieser Schritt war aber bereits im Jahr 2010 vorhersehbar, als sich eBay 49 % der Firmenanteile für eine Kaufsumme von 22,5 Millionen US-Dollar sicherte. Durch die vollständige Übernahme im Jahr 2011 kam es zudem zu einer vollständigen Eingliederung in den eBay-Konzern, besser gesagt in die x.commerce Division. Der Eigentümerwechsel hatte, das ist zumindest meine Meinung als Magento-Dienstleister, vor allem eine Professionalisierung zur Folge, die zwar auf der einen Seite zu strukturierten Prozessen führte, aber auf der anderen Seite auch die Dynamik des Unternehmens stark reduzierte. Denn man war plötzlich Bestandteil eines Konzerns, und Konzerne sind für alles bekannt, nur nicht für herausragende Geschwindigkeit und Dynamik. Die Dauer der Ehe mit eBay war jedoch überschaubar, denn im Jahr 2015 trennte sich eBay von den Magento–Anteilen, und der Finanzinvestor Permira wurde der neue Magento-Eigentümer. Das Unternehmen wurde ausgegliedert und ist seit diesem Zeitpunkt wieder komplett selbstständig.

Abseits des organisatorischen Geplänkels und der veränderten Eigentümerstrukturen, war speziell in den letzten Jahren die Weiterentwicklung »Magento 2« das größte Thema innerhalb der Magento-Community. Das lag vor allem daran, dass die Entwicklung von Magento 2 alles andere als normal ablief. Denn die Verspätung, mit der Magento 2 gestartet ist, war enorm; an der Software wurde mehrere Jahre gearbeitet, und zum Teil wurden die Nutzer unsicher, ob diese weiterentwickelte Version jemals erscheinen wird. Die mehrjährige Wartezeit hatte aber Ende 2015 ein Ende, und Magento 2 wurde der Öffentlichkeit vorgestellt und zum Download angeboten. Mit Magento 2 hat man einen harten Schnitt zum Vorgänger vollzogen. Extensions, sprich individuell entwickelte Modifikationen, sind nicht ohne größere Entwicklungsleistungen kompatibel, und komplett neue Technologien haben Einzug gefunden. Auf die genauen Unterschiede und Änderungen möchte ich in Abschnitt 2.3, »Vergleich von Magento 1.x und Magento 2.x«, gesondert eingehen, da sich einiges getan hat und viele Unterschiede zwischen den beiden Versionen bestehen.

Der Popularität der Lösung haben aber weder der Eigentümerwechsel noch die verzögerte Entwicklung und Veröffentlichung von Magento 2 geschadet, wie Sie in Abbildung 2.1 erkennen können. Das Interesse an Magento und die Nachfrage danach sind weiterhin beachtlich hoch, was definitiv für die Software bzw. deren Potenzial spricht.

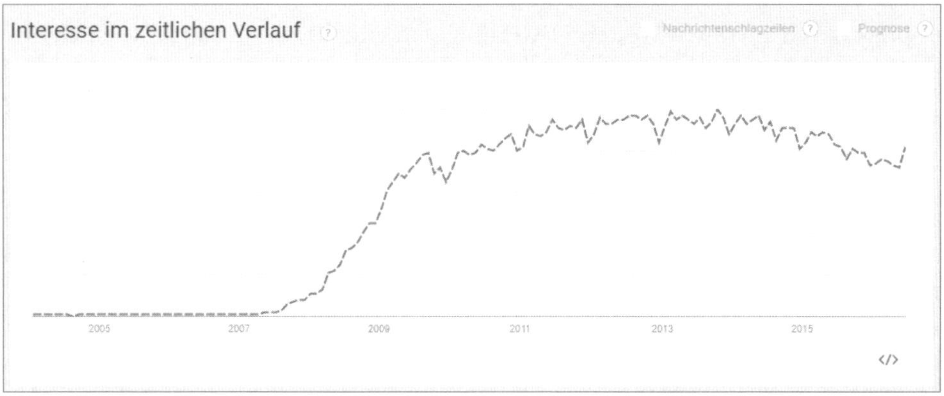

Abbildung 2.1 Visualisierung der Nachfrage nach Magento auf Basis von Google Trends

Betrachtet man die aktuelle Verbreitung der verschiedenen E-Commerce-Lösungen, zeigt sich ebenfalls die weiterhin vorhandene Popularität von Magento. Rechnet man die Marktanteile von Magento Enterprise Edition sowie Magento Open Source (ehemals Community Edition) zusammen, kommt Magento in Summe auf einen

Marktanteil von knapp 30 % im Jahr 2015. Eine detaillierte Aufschlüsselung der Verbreitung nach Systemen sehen Sie in Abbildung 2.2. Es handelt sich dabei um eine Statistik, die von der Firma Aheadworks erstellt und veröffentlicht wurde.[1] Der Marktanteil von Magento blieb dabei im Jahr 2015 zwar konstant, was aber unter anderem der vorhandenen Unsicherheit bezüglich des Release von Version 2 geschuldet war.

Zusammengefasst lässt sich daher an dieser Stelle sagen, dass Magento in den letzten Jahren sicherlich gewisse Höhen und Tiefen hatte.

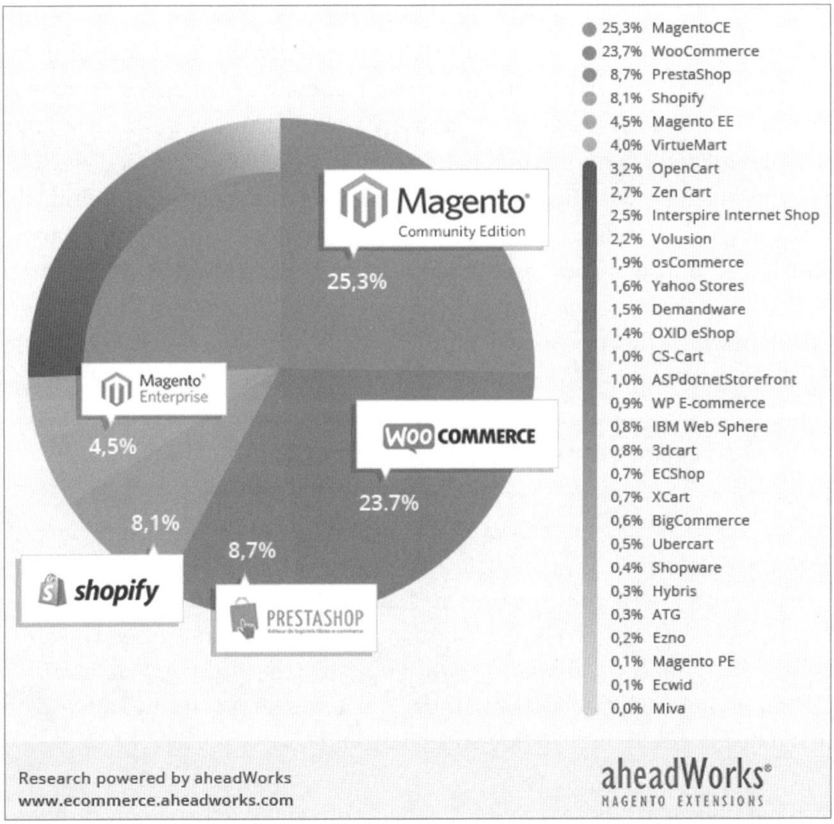

Abbildung 2.2 Verbreitung der verschiedenen E-Commerce-Lösungen im Jahr 2015

Der Aufstieg zu einer der populärsten E-Commerce-Lösungen erfolgte recht schnell, die Eingliederung in den eBay-Konzern hat zumindest für etwas Stillstand gesorgt, aber durch den erneuten Eigentümerwechsel im Jahr 2015 und die im gleichen Jahr veröffentlichte Version 2 besitzt Magento die besten Voraussetzungen, um auch in

1 Weitere Details und Informationen zur Erhebung der Statistik finden Sie unter *https://blog.aheadworks.com/2015/05/ecommerce-platforms-popularity-may-2015-two-platforms-take-half/*.

den nächsten Jahren an die bisher erzielten Erfolge anzuknüpfen und eine der populärsten E-Commerce-Lösungen weltweit zu bleiben.

2.3 Vergleich von Magento 1.x und Magento 2.x

Nach heutigem Stand (August 2017) existieren von Magento zwei grundlegend unterschiedliche Versionen. Es gibt die aus dem Jahre 2008 stammende und bislang kontinuierlich weiterentwickelte Version 1 (aktuellste Version 1.9.3.4) sowie Version 2 (aktuellste Version 2.2.0), die Ende 2015 veröffentlicht wurde. Seit der Veröffentlichung von Magento 2, wird Version 1 nicht mehr weiterentwickelt. Ausgenommen hiervon ist die Behebung von schweren Sicherheitslücken. Werden also in Version 1 sicherheitskritische Probleme festgestellt, werden auch hierfür weiterhin Updates bereitgestellt. Dies gilt jedoch nur für einen Zeitraum von drei Jahren, sprich, das »offizielle Ende« von Magento wird Ende 2018 eingeläutet. Die Zeitspanne von drei Jahren ermöglicht allen Unternehmen, die bislang die Version 1.x im Einsatz haben, einen strukturierten und gut planbaren Upgrade-Prozess auf Magento 2. Es muss also nicht unter Zeitdruck irgendeine Upgrade-Lösung zusammengeschustert werden. Unternehmen wurde bewusst ein vernünftiger Zeitraum eingeräumt, in dem sie das Upgrade auf Magento 2 planen und durchführen können.

Magento 1 wird bis Ende 2018 mit Updates versorgt

Magento räumt den Nutzern von Magento 1.x einen Zeitraum von drei Jahren ein, um auf Version 2.x zu aktualisieren bzw. in diesem Zuge ein Relaunch der E-Commerce-Plattform durchzuführen. Innerhalb dieses Zeitraums werden sicherheitskritische Lücken geschlossen und Updates angeboten. Es erfolgt jedoch keine Weiterentwicklung hinsichtlich des Funktionsumfangs. Als Enterprise-Edition-Nutzer haben Sie jedoch noch den Ausweg, gegen eine gewisse Summe Updates für Magento 1.x zu erwerben. Es handelt sich aber nur um eine Notlösung, die ausschließlich Kunden der Enterprise Edition angeboten wird.

Grundsätzlich handelt es sich bei Magento 2 weniger um eine Weiterentwicklung im klassischen Sinne. Version 2 ist im Prinzip eine komplett neue Software, die einzig den Namen mit ihrem Vorgänger gemein hat. Die Vielzahl der technischen Änderungen und Neuentwicklungen ist jedoch für den Shop-Betreiber oder Endkunden im ersten Moment nicht ersichtlich. »Unter der Haube«, wie es so schön heißt, hat sich die Vielzahl der Änderungen abgespielt. Das ist so ähnlich, wie wenn Sie bei Ihrem Auto den Motor tauschen. Optisch wird sich an Ihrem Gefährt nichts ändern, aber Sie haben plötzlich wesentlich mehr Leistung und im Idealfall einen geringeren Verbrauch. Genau dieser Punkt stand für Magento bei der Neuentwicklung im Vordergrund. Es war nie beabsichtigt, speziell in Sachen Usability, Nutzerführung und Oberfläche eine komplett neue Software zu konzipieren und zu veröffentlichen. Denn diese harten optischen und prozessualen Änderungen würden zwangsläufig zu Irritationen und immensen Schulungs- bzw. Umschulungsaufwänden bei den Shop-Betreibern und Nutzern führen. Stattdessen hat man sich bei Magento darauf fokussiert, die technologische Basis zu aktualisieren und damit Magento für die nächsten Jahre zu wappnen.

Um es an dieser Stelle nicht unnötig kompliziert zu machen (denn mit hoher Wahrscheinlichkeit zählen Sie sich nicht zu den Profi-Magento-Entwicklern), lassen Sie mich im Folgenden nur die wichtigsten Technologien und Frameworks von Magento 2 erwähnen. Abbildung 2.3 gibt Ihnen bereits einen guten Überblick über die verwendeten Komponenten – hier sehen Sie gegebenenfalls schon, welche neuen Technologien bzw. Änderungen Einzug gefunden haben.

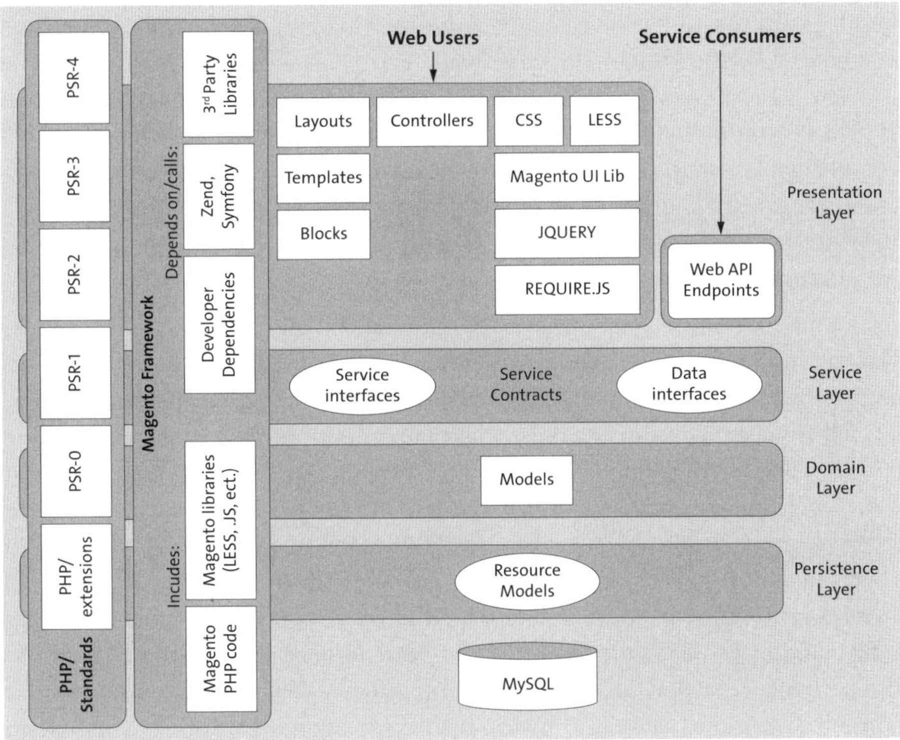

Abbildung 2.3 Ein Überblick über die in Magento 2 verwendeten Technologien

2.3.1 Gemeinsamkeiten

Wie Magento 1 setzt auch der Nachfolger Magento 2 auf die Skriptsprache PHP. PHP ist aber nicht gleich PHP, denn hier gibt es bei der Kompatibilität zu den jeweiligen Versionen Unterschiede. Magento 1 benötigt mindestens PHP in der Version 5.4.x und unterstützt zugleich offiziell die Version 5.5.x. Magento 2 hingegen benötigt mindestens PHP in der Version 5.5.22 oder PHP 7. Speziell die Unterstützung von PHP 7 verschafft Magento 2 enorme Performancesteigerungen. Abgesehen von PHP, hat sich in Sachen Datenbanktechnologie ebenfalls nichts geändert. MySQL wird wiederum als Technologie verwendet, bei beiden Versionen von Magento ist MySQL in der Version 5.6 die Grundvoraussetzung. Ebenfalls verwendet wird sowohl in der Version 1 als auch in der Version 2 das Zend Framework. An der grundlegenden Logik des MVC-Konzepts, d. h. der Trennung nach Modell, View und Controller, hat sich ebenfalls in der Basis nichts geändert.

2.3.2 Unterschiede

Auch wenn Magento 2 viele Gemeinsamkeiten mit seinem Vorgänger aufweist, so haben doch viele Neuerungen Einzug in diese Version gehalten. Neben dem Zend Framework wird nun stellenweise auch Symfony, ein ebenfalls durchaus populäres und etabliertes PHP-Framework, verwendet. Die JavaScript-Bibliothek Prototype wurde durch jQuery ersetzt, was speziell Frontend- und JavaScript-Entwickler freuen dürfte. Bei Prototype hat vor allem die aktive Weiterentwicklung gefehlt, die bei jQuery und den konstant neuen Versionen gegeben ist. In Sachen Frontend-Entwicklung setzt Magento 2 zudem auf LESS, was die Arbeit in Sachen CSS (Cascading Style Sheets) stark erleichtert. Ebenfalls hinzugekommen sind die Technologien RequireJS sowie Composer.

Ungeachtet der neu hinzugekommenen Technologien, haben in Magento 2 weitere interessante und wichtigere Neuerungen Einzug gehalten. Im Gegensatz zum Vorgänger ist Magento 2, insbesondere für Entwickler, wesentlich besser dokumentiert und durch Anpassungen im architektonischen Aufbau der Software mithilfe von Unit-Tests sehr gut zu testen. Die fehlende automatisierte Testbarkeit des Systems auf Basis von Unit-Tests wurde in der Vergangenheit immer bemängelt, da diese Vorgehensweise mittlerweile doch bei allen professionellen Agenturen etabliert ist. Mithilfe eines neu hinzugekommenen Kommandozeilen-Tools, auf das ich in Kapitel 19 im Detail eingehe, können darüber hinaus viele Einstellungen und Aktionen direkt in der Kommandozeile ausgeführt werden. Das spart in der Praxis häufig viel Zeit, da Sie, um beispielsweise den Cache zu leeren, nur einen Befehl in der Kommandozeile ausführen müssen und sich die Umwege über das Magento-Backend sparen. Wenn Sie erst einmal mit der Kommandozeile und den Möglichkeiten, die Magento 2 bietet, vertraut sind, werden Sie diese lieben.

Eine Verbesserung, die an dieser Stelle auf jeden Fall nicht unerwähnt bleiben sollte, ist die beachtliche Performancesteigerung, die mit Magento 2 ermöglicht wurde. Ein weiterer großer Unterschied, der jedem Backend- und Frontend-Nutzer auffallen wird, ist die neu gestaltete Benutzeroberfläche für den Administrationsbereich sowie das neu gestaltete Magento Frontend Theme. Magento ist es jedoch gelungen, die

Konzepte, die Art der Konfiguration und die Navigationswege im Backend beizubehalten. Die neu entwickelte Optik des Magento-Backends sehen Sie in Abbildung 2.4. Wenn Sie mit Version 1 vertraut sind, werden Sie sich recht schnell in Magento 2 zurechtfinden, auch wenn es auf den ersten Blick ungewohnt bzw. anders aussieht.

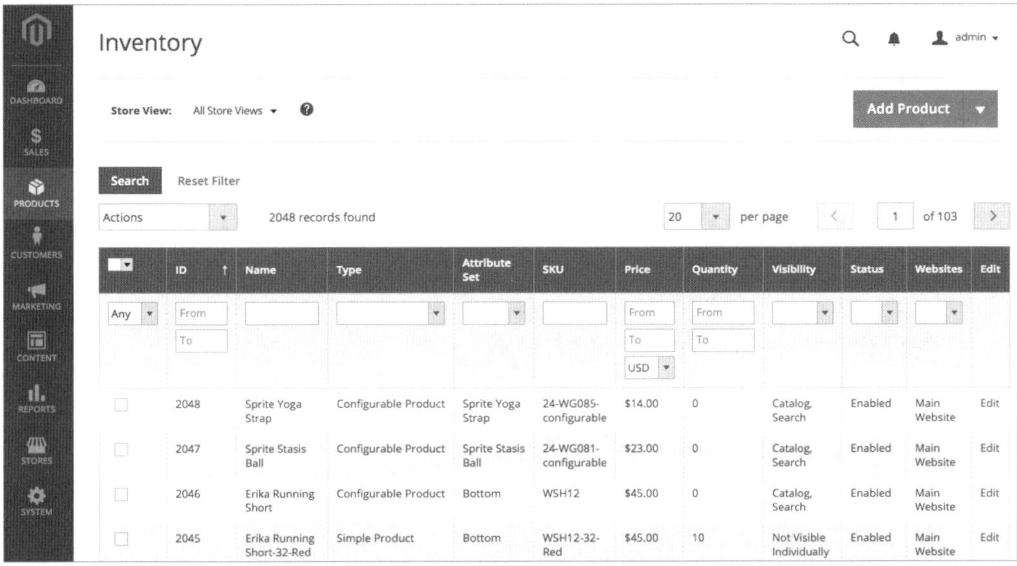

Abbildung 2.4 Die Hauptnavigation ist nach links gewandert, auch ansonsten macht das Backend einen aufgeräumten Eindruck.

Dadurch ist der Spagat zwischen einem neuen, frischen und zeitgemäßen Design sowie dem Erhalt der erlernten Wege und Navigationspfade gelungen. Parallel zum Backend wurde zudem das Frontend Theme, mit dem Magento standardmäßig ausgeliefert wird, komplett überarbeitet. Das ist in der Praxis jedoch weniger relevant, da 99 % der Shop-Betreiber das Frontend-Design sowieso komplett an die eigenen Vorgaben und Vorstellungen anpassen, d. h. ein eigenes Design entwickeln.

2.3.3 Evolution statt Revolution

Magento 2 besitzt viele Gemeinsamkeiten mit seinem Vorgänger, führt aber an der einen oder anderen Stelle einen harten Bruch durch. Meiner Meinung nach hat Magento mit der Version 2 dennoch primär auf eine Evolution und nicht auf eine Revolution gesetzt. So entspricht der Funktionsumfang der neuen Version im Prinzip exakt dem der bisherigen 1.9.xer-Version. Magento 2 bietet daher erst einmal keine neuen Features und Möglichkeiten. Diese sind selbstverständlich geplant, aber erst für spätere Releases. Die Art der Bedingung, gemeint sind Navigationswege und Nutzungskonzepte, ist größtenteils unverändert geblieben. Das spielt vor allem Backend-Nutzern, d. h. Shop-Betreibern und E-Commerce-Verantwortlichen, in die Karten, da diese sich nach einer Umstellung nicht großartig umgewöhnen müssen. In diesen Bereichen wurde eine sanfte Weiterentwicklung und Optimierung vorgenommen. »Unter der Haube« gab es jedoch eine kleine Revolution. Neue Technologien wie jQuery und LESS wurden eingeführt, neue technologische Konzepte implementiert und der grundlegende Aufbau der Software stark überarbeitet, wodurch beispielsweise die Testbarkeit gewährleistet wird. Allerdings hat man aber auch hier den ganz harten Bruch vermieden. Magento 2 setzt, ähnlich wie sein Vorgänger, auf das Zend Framework in der Version 1, und auch das EAV-Datenbankmodell (*Entity Attribute Value*), oftmals ein Kritikpunkt, wurde beibehalten.

In Summe führen die vorgenommenen Änderungen zu einer stark verbesserten neuen Version, die auch die bisherigen Magento-Nutzer abholt und nicht zu stark aufgrund neuer Features und einer komplett überarbeiteten Software verprellt. Es herrschen daher ideale Voraussetzungen, und Magento hat mit der Version 2 vieles, wenn auch nicht alles, richtig gemacht.

2.4 Magento-Editionen im Überblick

Magento bietet, je nach Einsatzzweck und Zielgruppe, verschiedene Editionen seiner E-Commerce-Lösung an. Egal, für welche Lösung Sie sich entscheiden, die Basis darunter ist immer identisch. Dennoch unterscheiden sich die verschiedenen Versionen grundlegend. Lassen Sie uns daher an dieser Stelle einen Blick auf die Eigenheiten der jeweiligen Version werfen, damit Sie sich ein Bild davon machen können, welche der Editionen am besten zu Ihren Bedürfnissen passt.

2.4.1 Magento Open Source (ehemals »Community Edition«)

Magento Open Source ist letztendlich diejenige Version, mit der Magento populär wurde und die größtenteils von den Online-Shop-Betreibern verwendet wird. Magento Open Source wird komplett kostenfrei, d. h. ohne jegliche Lizenzkosten oder weitere Kosten vertrieben und ist ein reines Open-Source-Produkt. Jeder hat die Möglichkeit, diese Version herunterzuladen, die Software zu installieren und damit einen Online-Shop aufzubauen. Betrachtet man den immensen Funktionsumfang und die Lizenzkostenfreiheit dieser Lösung, ist die sehr hohe Popularität nicht verwunderlich.

Da Sie für die Nutzung von Magento Open Source keine Lizenzgebühren bezahlen, erhalten Sie auch keinen offiziellen Support von Magento, und im Fall eines schwerwiegenden Fehlers haben Sie zudem keinerlei Anrecht auf eine schnelle Lösung. Magento vertreibt diese Edition so, wie sie ist, und kümmert sich zudem um die konstante Weiterentwicklung, aber da Sie kein Geld für die Nutzung bezahlen, existieren

Sie aus der Sicht von Magento nicht als Kunde. Das mag hart klingen, ist jedoch die logische Konsequenz. Denn Magento kümmert sich primär um die zahlende Kundschaft.

Zum Start in den E-Commerce ist die kostenfreie Edition jedoch eine gute Möglichkeit, da Sie auf der einen Seite kein Budget für die Lizenzkosten einplanen müssen, auf der anderen Seite jedoch im späteren Verlauf Ihres E-Commerce-Engagements immer noch auf die Enterprise Edition upgraden können.

2.4.2 Magento Enterprise Edition

Bei der Magento Enterprise Edition handelt es sich um die kommerzielle, d. h. mit Kosten verbundene Edition von Magento. Diese basiert auf exakt derselben Basis wie Magento Open Source, erweitert jedoch den Funktionsumfang um viele nützliche Funktionen. Die Aufzählung aller zusätzlichen Funktionen würde an dieser Stelle sicherlich den Rahmen sprengen; wenn Sie eine exakte Auflistung einsehen möchten, empfehle ich Ihnen die offizielle Website unter *https://magento.com/products/enterprise-edition*. Was für mich persönlich eine wichtige Rolle spielt und die Enterprise Edition so interessant macht, sind Funktionen wie Bonuspunkte, Private Sale, das erweiterte Content-Management-System und das Retouren-Management.

Bonuspunkte

Sie haben die Möglichkeit, ein Bonuspunktesystem in Ihrem Online-Shop zu etablieren. Kunden kaufen Produkte, erhalten im Gegenzug Punkte und können diese später einlösen, beispielsweise beim nächsten Einkauf. Bonuspunkte »wirken« immer und regen die Kauflust der Kunden an.

Private Sale

Nutzen Sie einen per Login geschützten Bereich, um exklusive Verkäufe bzw. Aktionen durchzuführen, und steigern Sie auf diese Weise die Conversion Rate in Ihrem Online-Shop. Was E-Commerce-Plattformen wie Brands4Friends oder VentePrivee vormachen, können Sie auf Basis der Magento Enterprise Edition umsetzen. Private Sales sind aktuell sehr im Trend und können, wenn sie richtig genutzt und eingesetzt werden, definitiv den Erfolg Ihres Online-Shops steigern.

Erweitertes Content-Management-System

Das in Magento von Haus aus vorhandene Content-Management-System (CMS) verfügt, positiv formuliert, über eine rudimentäre Funktionsweise. Die Enterprise Edition erweitert das bereits vorhandene CMS um nützliche Funktionen wie eine Hierarchie und Versionierung. Beide Features sind definitiv für Online-Shops mit umfangreichen Content-Bereichen interessant.

Retouren-Management

Auch wenn ich Ihnen als Shop-Betreiber möglichst wenige Retouren wünsche, in der Praxis werden Sie sich mit diesem Thema beschäftigen müssen. Je nach Branche sind die Retourenquoten drastisch hoch oder verschwindend gering. Magento Open Source beinhaltet leider keinerlei Möglichkeiten, Retouren anzunehmen und diese zu verwalten. Hier setzt die Enterprise Edition mit einem umfangreichen Retouren-Management-Modul an und unterstützt Sie als Shop-Betreiber bei dem Retouren-Management.

Ungeachtet dieser Besonderheiten, bestehen in der Magento Enterprise Edition viele weitere zusätzliche Funktionen und Möglichkeiten. Die Enterprise Edition setzt an der einen oder anderen Stelle auch auf zusätzliche bzw. alternative Technologien. Ebenso erhalten Sie als Enterprise-Edition-Kunde umfangreichen Support und Unterstützung von Magento. Sollte es bei Ihnen zu Problemen kommen, können Sie direkt in Kontakt mit dem Hersteller treten und gemeinsam mit Magento an einer Problemlösung arbeiten. Sie kaufen mit der Enterprise Edition daher nicht nur einen größeren Funktionsumfang, sondern auch den Support und die Gewährleistung beim Hersteller.

Lizenzkosten Magento Enterprise Edition

Die exakten Lizenzkosten der Magento Enterprise Edition hängen von vielen Faktoren wie beispielsweise der Laufzeit der Lizenzen ab. Die Listenpreise werden in der Regel in einem gemeinsamen Gespräch mit Magento und Ihrer Agentur verhandelt, aus diesem Grund kann ich Ihnen an dieser Stelle keine exakten Informationen zu den Kosten liefern.

Grundsätzlich errechnen sich die Lizenzkosten auf Basis Ihres Jahresumsatzes, bei dem die kleinste Einordnung die Stufe bis 1 Million Euro/Jahr ist und die »günstigste« Lizenz bei ca. 22.000 US-Dollar/Jahr liegt.

Wie bereits erwähnt, ist es grundsätzlich kein Problem, wenn Sie zu einem späteren Zeitpunkt auf die Enterprise Edition migrieren. Das ist zwar nicht per Knopfdruck möglich, sondern entspricht einem etwas umfangreicheren Update, Sie verbauen sich aber mit dem Start auf Basis der kostenfreien Edition nichts.

2.4.3 Magento Enterprise Cloud Edition

Bei der Magento Enterprise Cloud Edition handelt es sich weniger um eine erweiterte Software als vielmehr um die Art und Weise, wie Magento betrieben wird. Bei der Magento Enterprise Cloud Edition, die erst seit kurzem existiert, also ein sehr frisches und neues Produkt innerhalb der Magento-Familie ist, handelt es sich um eine Magento Enterprise Edition, die komplett in der Cloud betrieben wird. Sie müssen sich daher nicht um das Hosting bzw. die IT-Infrastruktur kümmern, sondern können auf ein von Magento vorgegebenes Setup setzen. Magento übernimmt jedoch nicht selbst den technischen Betrieb, sondern setzt gezielt auf etablierte Cloud-Dienstleister und bündelt deren Leistungen. Werfen Sie dazu einen Blick auf Abbildung 2.5.

Abbildung 2.5 Das technische Zusammenspiel bei der Magento Enterprise Cloud Edition

Als Basis dienen ein 24/7-Support-Konzept sowie die Amazon Webservices *aws*. Wenn Sie Amazon bislang nur als Versandhändler, der sich auf Bücher, DVDs und Elektronikartikel konzentriert hat, wahrgenommen haben so sollten Sie Ihre Vorstellungen an dieser Stelle revidieren. Denn Amazon gehört mit den Amazon Webservices zu einem der größten und erfolgreichen Cloud-Dienstleister. Magento nutzt genau diese Services für den technischen Betrieb. Vereinfacht könnte man sagen, Amazon stellt virtuelle Systeme bereit, aber in der Praxis ist dies weitaus komplexer und weitreichender. Denn Amazon kümmert sich ebenfalls um die Skalierung und Bereitstellung weiterer Services, auf die Magento zurückgreift. Zusätzlich zu den Amazon Webservices werden weitere Management-Tools bereitgestellt. Zwecks Monitoring und Optimierung wird New Relic bzw. blackfire.io verwendet. Speziell bei New Relic handelt es sich um ein sehr umfangreiches und empfehlenswertes Tool, um die Performance einer Anwendung zu analysieren und auf Basis der gewonnenen Ergebnisse Optimierungsvorschläge abzuleiten. Zur perfekten Auslieferung von Inhalten ist schlussendlich noch fastly als Content Delivery Network (CDN) ein Bestandteil der Magento Enterprise Cloud Edition.

Der Technologie- und Anbietermix ist meiner Meinung nach sehr gut abgestimmt und reduziert bei den Shop-Betreibern die Komplexität in Sachen Hosting, da von Magento eine skalierbare Infrastruktur bereitgestellt wird. Interessant wird diese Lösung für Sie aber erst dann, wenn Sie sich bereits für die Enterprise Edition entschieden haben, sich bei der technischen Infrastruktur aber unsicher sind und ein bereits definiertes Setup bevorzugen.

2.4.4 Magento B2B Edition

Hat man sich im E-Commerce in den letzten Jahren vor allem um den Endkunden gekümmert, so wird speziell in Deutschland der B2B-E-Commerce immer wichtiger. Die Herausforderung besteht nun darin, auf den B2B-E-Commerce zu reagieren, denn die Anforderungen an die technische Plattform sowie die Möglichkeiten und Funktionen unterscheiden sich grundlegend von denen des B2C-E-Commerce.

Magento hat die Wichtigkeit des B2B erkannt und auch direkt eine Lösung entwickelt, die auf die damit verbundenen Anforderungen reagiert. Magento for B2B basiert wie die Enterprise Edition auf Magento Open Source, erweitert jedoch den Funktionsumfang um für den B2B-E-Commerce wichtige Bestandteile. Hierzu zählt unter anderem ein erweitertes Benutzermanagement, bestehend aus Firmen (Accounts) und Benutzern (Subaccounts). Dadurch kann ein Unternehmen mit einem Benutzer-Account individuell Unterkonten anlegen, über die wiederum im Online-Shop Bestellungen durchgeführt werden können. Ebenso werden mehrere Lager unterstützt; ein Artikel kann also aus unterschiedlichen Lagern versandt werden und hat dementsprechend auch unterschiedliche Lagerbestände. Darüber hinaus gibt es viele weitere, wenn auch kleinere Funktionen, wie beispielsweise eine Schnellbestellliste.

Der Weg, der mit der Magento B2B Edition gegangen wird, ist grundsätzlich sehr gut und macht speziell in Deutschland aufgrund des enormen Potenzials des B2B-E-Commerce Sinn. Jedoch, das hängt vor allem damit zusammen, dass die Magento B2B Edition offiziell im Laufe des Jahres 2017 veröffentlicht wird, ist der momentan vorhandene Funktionsumfang noch sehr überschaubar. Die B2B Edition ist ein perspektivisch betrachtet überaus interessantes Produkt, das aber noch einige Zeit benötigt, um einen ähnlich interessanten Funktionsumfang wie reine B2B-E-Commerce-Lösungen, beispielsweise OroCommerce, aufweisen zu können.

Die genauen Funktionen und Möglichkeiten der B2B Edition werden Sie, übrigens genau wie die der Enterprise Edition, gegen Ende des Buches in den dafür eigens geschriebenen Kapitel 23, »Magento Enterprise Edition«, bzw. Kapitel 24, »Magento B2B Edition«, im Detail kennenlernen.

2.5 Weitere Produkte von Magento

Wenn ein Unternehmen denselben Namen wie sein Hauptprodukt trägt, besteht die Gefahr, dass das Unternehmen auch nur mit diesem Produkt assoziiert wird. Ich bin davon überzeugt, dass Sie das Programm TeamViewer zur Fernwartung kennen, aber ist Ihnen das gesamte Produktportfolio des Unternehmens TeamViewer bekannt? Mir war das auch nicht geläufig, bis ich im Rahmen eines Projekts mit diesem Unternehmen zu tun hatte.

Bei Magento ist die Situation ähnlich. Spricht man von Magento, redet man in der Regel von der E-Commerce-Lösung. Magento ist aber zeitgleich auch der Name des Unternehmens, das auch noch eine weitere Lösung anbietet. Neben der E-Commerce-Lösung, der Einfachheit halber Online-Shop-Software genannt, bietet Magento seit 2015 auch eine Software namens »Commerce Order Management« an (siehe Abbildung 2.6).

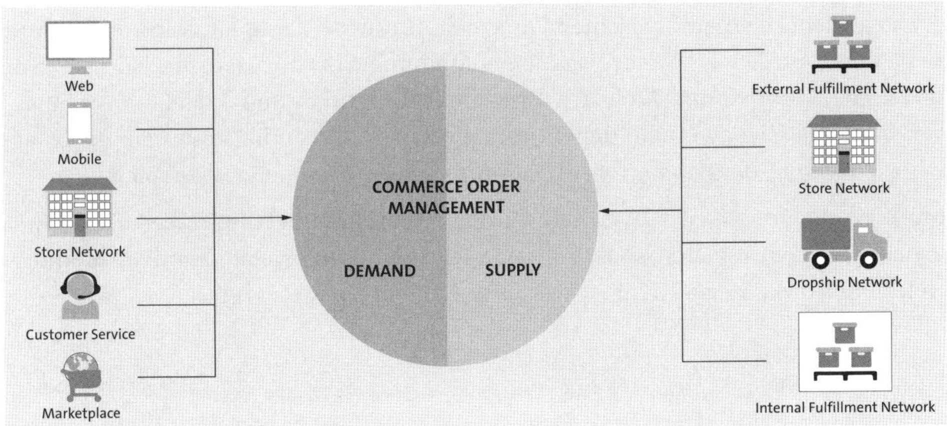

Abbildung 2.6 Commerce Order Management vereint Verkaufskanäle und Lagerhaltung.

Der Zweck dieser Software besteht darin, auf der einen Seite Bestellungen aus verschiedenen Verkaufskanälen zu sammeln. Beispielsweise kann eine Bestellung über einen Marktplatz, das Smartphone oder in einer stationären Filiale aufgegeben werden. Auf der anderen Seite gibt es jedoch verschiedene Lager. Ein Lager muss nicht immer ein Zentrallager darstellen, sondern kann auch eine Filiale sein. Wenn Sie einer Media-Markt-Filiale einen Besucht abstatten, werden Sie das sehen können. Zum Teil müssen Produkte beim Zentrallager bestellt werden, zum Teil können Sie die Ware aber direkt mitnehmen. Die Magento-Lösung »Commerce Order Management« kümmert sich nun darum, bei einer Bestellung aus einem beliebigen Verkaufskanal die perfekte Logistik für die Auslieferung der Ware zu identifizieren und sich um das Handling zu kümmern. Denn es kann unter Umständen der Fall sein, dass eine Bestellung im Zentrallager kostengünstiger als der Verkauf eines in der Filiale vorrätigen Artikels ist.

Zugegebenermaßen handelt es sich hierbei jedoch um eine abstraktere Lösung, die sich auch erst einmal beweisen muss. Im Vergleich zur E-Commerce-Lösung ist das Commerce-Order-Management-Tool nur als Cloud-Dienst, sprich Software-as-a-Service-Lösung, verfügbar. Insgesamt handelt es sich jedoch um eine spannende Lösung, die man in den nächsten Jahren im Auge behalten muss.

2.6 Magento 2 und seine Stärken und Schwächen

Seit der ersten Version schafft es Magento zu polarisieren. Die einen lieben Magento und schwören auf diese Lösung, der andere Teil der Nutzer hält es für einen überfrachteten Koloss. Fakt ist: Magento ist nicht die eierlegende Wollmilchsau des E-Commerce, und Magento passt nicht zu jeder Anforderung. Wenn Sie einen Nagel in die Wand schlagen möchten, greifen Sie zum Hammer. Das macht aber die Wasserwaage nicht zu einem schlechten Werkzeug, es wäre in dieser Situation einfach nur unpassend. Ähnlich verhält es sich meiner Meinung nach mit Magento. Nutzt man es im falschen Kontext bzw. Projekt, wird schnell Frust aufkommen. Setzt man es hingegen in den Bereichen ein, in denen Magento seine Stärken hat, ist es ein unschlagbares Werkzeug, das beim Erfolg im E-Commerce eine tragende Rolle spielt.

Im Folgenden möchte ich Ihnen einen groben Überblick über die Stärken und Schwächen von Magento bieten, sodass Sie sich selbst ein Bild machen können, ob und in welchem Projekt Magento für Sie das passende Werkzeug darstellt.

2.6.1 Stärken

Lassen Sie mich an dieser Stelle mit den vielen Stärken von Magento 2 beginnen. Hierzu zählen:

- Lizenzmodell und Lizenzkosten
- Softwarearchitektur und Aktualität der technologischen Basis

- Multistore-Fähigkeit und Internationalisierung
- umfangreicher und vollständiger Funktionsumfang
- Marketing-Fokussierung
- Flexibilität im Produktmanagement
- Erweiterbarkeit der Software
- Open Source und transparente Entwicklung

Lizenzmodell und Lizenzkosten

Magento bietet Ihnen aufgrund des Lizenzmodells einen lizenzkostenfreien Start in den E-Commerce. Sie können zunächst mit der kostenfreien Edition starten und, wenn sich Ihr E-Commerce erfolgreich entwickelt, anschließend auf die kommerzielle Enterprise Edition aktualisieren. Da beide Versionen auf der derselben Basis aufbauen, haben Sie mit der kostenfreien Edition auch nicht eine komplett abgespeckte oder im Vergleich zur Enterprise Edition andere Software. Der Kern ist identisch, und Magento stellt Ihnen genau diesen Kern kostenfrei zur Verfügung. Das ist ein großer Vorteil gegenüber anderen Lösungen, beispielsweise Hybris oder Intershop, bei denen immer Lizenzkosten anfallen. Zusätzlich richtet sich das Preismodell von Magento, haben Sie sich erst einmal für die Enterprise Edition entschieden, nach dem Erfolg Ihres E-Commerce. Wenn Sie einen hohen Umsatz machen und somit erfolgreich sind, zahlen Sie höhere Lizenzkosten, als wenn Sie erst im E-Commerce starten und noch überschaubare Umsätze generieren. Das ist meiner Meinung nach eine faire Preisstrategie, denn wenn Sie erfolgreich sind, haben Sie auch die Möglichkeit, mehr Geld für Lizenzen und die Weiterentwicklung Ihrer E-Commerce-Plattform zu investieren.

Softwarearchitektur und Aktualität der technologischen Basis

Mit Magento 2 verfügt Magento über einen vergleichsweise aktuellen Technologiemix. Im Unterschied zu alternativen Online-Shop-Lösungen hat Magento mit der Neuentwicklung an der einen oder anderen Stelle einen harten Schnitt gewagt und die Abwärtskompatibilität verworfen, um damit neuen Technologien und Vorgehensweisen gerecht zu werden.

Multistore-Fähigkeit und Internationalisierung

Gerade wenn Sie in mehreren Ländern aktiv werden und auf Basis einer Instanz mehrere Online-Shops betreiben möchten sowie gegebenenfalls mit Markenshops arbeiten, die Bestandteil Ihrer E-Commerce-Plattform sind, spielt Magento seine große Stärke aus. Magento ist wie geschaffen für internationale, mehrsprachige Projekte, bei denen mithilfe verschiedenster Währungen in Ihrem Online-Shop eingekauft wird. Basis hierfür ist die Unterteilung einer Magento-Instanz bzw. einer Installation von Magento in Store Views, Stores und Websites. Werfen Sie hierzu einen Blick auf Abbildung 2.7.

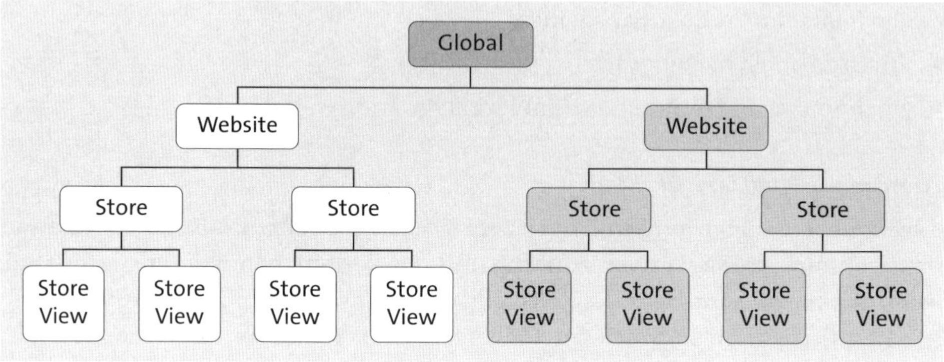

Abbildung 2.7 Magento unterscheidet zwischen Websites, Stores und Store Views.

Wenn Sie in Magento einen Online-Shop aufbauen, besteht dieser mindestens aus einer Website, der ein Store zugeordnet wird, dem wiederum ein sogenannter *Store View* untergeordnet ist. Der Store View entspricht dabei der Sprache Ihres Online-Shops. Aus diesem Grund kann ein Store auch mehrere Store Views beinhalten, da Sie Ihren Online-Shop letztendlich in mehreren Sprachen anbieten können. Auch wenn der Store View anderweitig zweckentfremdet werden kann, wird er in der Praxis zur Abbildung einer Sprache genutzt. Der bzw. die Store Views sind wiederum einem Store zugewiesen. Der Store stellt sozusagen den Produktkatalog zur Verfügung. Jedem Store wird ein Kategoriebaum Ihres Warensortiments zugewiesen und bildet diesen ab. Auch hier gilt, dass jede Website mindestens einen Store besitzen muss, aber auch mehrere Stores beinhalten kann. In der Praxis wird der Store häufig genutzt, um Shops in Shops abzubilden. Wenn Sie Modeartikel verkaufen, können Sie für jeden Hersteller einen »Untershop« anlegen, der sich optisch nur minimal von Ihrem eigentlichen Online-Shop unterscheidet, aber eine alternative Kategoriestruktur in Bezug auf den Produktkatalog aufweist. Übergeordnet zum Store gibt es die höchste Ebene namens Website. In Magento können innerhalb einer Installation mehrere Websites existieren. Die Website wird dazu genutzt, um Shops inhaltlich zu trennen. Verkaufen Sie auf Basis einer Magento-Installation Elektronikartikel und Outdoor-Bekleidung, wäre es ratsam, zwei Websites anzulegen.

Am Ende des Tages handelt es sich bei den Store Views, Stores und Websites um Konfigurationsebenen. Sie können beispielsweise bei der Systemkonfiguration Werte auf Store-View- bzw. Website-Ebene hinterlegen. Durch diese Flexibilität benötigen Sie nicht mehrere Magento-Installationen, sondern letztendlich nur eine, innerhalb derer Sie Unterkonfigurationen hinterlegen können.

Umfangreicher und vollständiger Funktionsumfang

Mit dem umfangreichen und vollständigen Funktionsumfang ist die Tatsache gemeint, dass Sie zusätzlich zu Magento keine weiteren Software-Lösungen brauchen, um Bestellungen zu generieren und diese zu verarbeiten. Magento bietet von Haus aus alle nötigen Funktionen und Möglichkeiten, um bei einer generierten Bestellung eine Rechnung, einen Lieferschein und, falls notwendig, eine Gutschrift zu erzeugen. Dadurch haben Sie als Shop-Betreiber alle relevanten Funktionen in Magento inkludiert. In der Praxis kommt es jedoch häufig vor, dass Magento an ein externes ERP- oder PIM-System angebunden wird (zur Erinnerung: »ERP« steht für *Enterprise Resource Planning*, »PIM« für *Product Information Management*). Das hängt aber viel mehr mit der Optimierung von Prozessen und weniger mit dem Magento-Funktionsumfang zusammen.

Marketing-Fokussierung

Amerikaner lieben den Verkauf und gutes Marketing. Das spürt man bei Magento, schaut man sich die Funktionen aus diesem Bereich etwas genauer an. Mit Magento haben Sie enorm umfangreiche Möglichkeiten, um den Verkauf Ihrer Produkte zu fördern: automatisierte Preisregeln, Gutscheincodes, Rabatte und Sonderangebote. Darüber hinaus kann mit einem gezielten Up- und Cross-Selling sowie dem Verkauf von Zubehör der durchschnittliche Warenkorbwert gesteigert werden. Die Enterprise Edition setzt in diesem Bereich sogar noch Funktionalität oben drauf und erlaubt die Segmentierung von Kundengruppen, auf dieser Basis kann der Abverkauf von ähnlichen oder »besseren« Artikeln noch stärker gefördert werden.

Flexibilität im Produktmanagement

Egal, welche Artikel Sie verkaufen möchten, Magento hat die passende Antwort auf Ihre Anforderung. Unterstützt wird unter anderem der Verkauf von virtuellen Artikeln (z. B. eine Garantieleistung), Download-Artikeln (z. B. ein E-Book), einfachen Produkten, in Magento Simple Products genannt (z. B. ein Glas), konfigurierbaren Produkten (z. B. ein T-Shirt in verschiedenen Größen und Farben), Produkt-Bundles (z. B. ein iPhone 6 samt Ladekabel und Soundstation) und gruppierten Produkten (z. B. ein Desktop-Computer, der wiederum aus vielen verschiedenen Einzelteilen wie CPU, RAM und Festplatte besteht). Dadurch haben Sie als Shop-Betreiber eine hohe Flexibilität, da Sie in der Regel out of the box Ihre Produkte, die Sie verkaufen möchten, mithilfe eines der beschriebenen Produkttypen in Magento abbilden können.

Abgesehen von den Produkttypen, bietet Magento durch die Nutzung von Attributsets und Attributen eine Flexibilität, die ihresgleichen sucht. Auf die Attribute und Attributsets werde ich im späteren Verlauf dieses Buches in Abschnitt 7.2, »Attribute pflegen und in Attributsets gruppieren«, gezielt eingehen, möchte an dieser Stelle aber eine kurze Erklärung vorwegnehmen: Ein Attribut ist letztendlich eine Produkteigenschaft, beispielsweise eine Farbe oder Größe. Attributsets fassen beliebig viele Attribute zu einer Produktart, beispielsweise einem T-Shirt, zusammen. Dank einer grafischen Oberfläche innerhalb des Magento-Backends können Sie sowohl Attribute als auch Attributsets vollkommen frei und individuell definieren und verwalten.

Erweiterbarkeit der Software

Für Magento 1 gab es mehrere Tausend zum Teil qualitativ enorm hochwertige und sinnvolle Erweiterungen, mit denen Sie den Funktionsumfang Ihres Online-Shops recht stark und einfach erweitern konnten. Aufgrund der jungen Vergangenheit von Magento 2 hält sich die Auswahl an Erweiterungen noch in Grenzen, perspektivisch gesehen wird es jedoch auch bei Magento 2 viele Extensions geben, mit denen Sie den Funktionsumfang von Magento stark erweitern können. Aufgrund der starken internationalen Verbreitung von Magento arbeiten Unternehmen auf der ganzen Welt an Magento-Extensions und bieten diese, sowohl kostenpflichtig als auch kostenfrei, zum Download an. Durch diese starke Gemeinschaft und internationale Präsenz wird ein enormer Pool an Erweiterungsmöglichkeiten zur Auswahl stehen, und Sie müssen nicht jede Anforderung selbst entwickeln lassen.

Open Source und transparente Entwicklung

Gerade bei Magento 1 wurde die mangelnde Transparenz in der Entwicklung oftmals kritisiert. Das System war zudem schlecht dokumentiert, und Entwickler wussten nicht so recht, woran Magento gerade arbeitet und wie der Stand ist. Mit Magento 2 hat sich dies zu einem guten Teil verbessert, da die Entwicklung und der damit verbundene Fortschritt auf GitHub eingesehen werden kann. Sollten Sie sich daher für die kontinuierliche Weiterentwicklung von Magento 2 interessieren und hierbei am Ball bleiben wollen, können Sie dies auf GitHub unter *https://github.com/magento/magento2* tun.

2.6.2 Schwächen

Es ist selbstverständlich, dass Magento neben all den beschriebenen Vorteilen und Stärken auch Schwächen besitzt, denn keine E-Commerce-Software bzw. Software im Allgemeinen ist perfekt. Die meiner Meinung nach größten Schwächen resultieren aus der Komplexität der Software, den Anforderungen an das Hosting, der rudimentären Entwicklung bestimmter Software-Bestandteile und der mangelnden Anpassung an die rechtlichen Rahmenbedingungen in Deutschland.

Komplexität der Software

Magento, insbesondere Magento 2, ist eine Enterprise-E-Commerce-Lösung und nicht nur ein simples Shop-System. Deshalb besitzt Magento eine gewisse Komplexität, die viele Bereiche der Software betrifft. Die Entwicklung von Modulen und Themes ist im Vergleich zu anderen Lösungen weitaus komplexer und zeitintensiver. Aber auch die Installation, der Betrieb der Software und die Aktualisierung von Magento 2 sind allesamt Punkte, die aufgrund des Enterprise-Anspruches aus guten Gründen deutlich komplexer sind als bei »einfachen« Lösungen wie xt:Commerce. Aus diesem Grund kann man bei Magento auch nicht »eben mal« einen Shop installieren und loslegen. Die Einführung eines Magento-Systems ist ein umfangreiches und komplexes Projekt, das ich Ihnen in diesem Buch im Detail erklären möchte.

Anforderungen an das Hosting

Die Voraussetzungen für einen optimalen Betrieb von Magento sind relativ hoch – diese werde ich Ihnen in Kapitel 3, »Magento installieren«, detailliert aufschlüsseln. Magento 2 lässt sich im Vergleich zu anderen Lösungen nämlich nicht einfach auf einem Shared Hosting Webspace installieren, sondern erfordert aufgrund der Anforderungen an die Ressourcen und Möglichkeiten des Systems, beispielsweise ein Shell-Zugriff, virtualisierte bzw. dedizierte Server. Zusätzlich gibt es spezielle Anforderungen an Server-Software und Server-Dienste, die installiert bzw. konfiguriert werden müssen. Das Thema Hosting ist, wie Sie nun vermutlich ahnen, daher etwas komplexer. Aber lassen Sie sich an diesem Punkt davon nicht abschrecken. Ich werde Ihnen im späteren Verlauf Tipps geben, wie Sie auch mit einem begrenzten Budget eine gute Hosting-Infrastruktur aufbauen können.

Rudimentäre Bestandteile

So umfangreich Magento 2 in einigen Funktionsbereichen ist, so rudimentär sind gewisse andere Bestandteile der Software realisiert. Magento spricht seit jeher davon, dass es sich um eine E-Commerce-Lösung handelt und ausschließlich E-Commerce-Funktionen stark ausgeprägt sind. Dennoch gibt es weitere Bestandteile und Funktionen, die für Sie als Shop-Betreiber auch wichtig sind. Ich greife hierbei nur das Content-Management-System und das Reporting heraus. Das sind zwei Paradebeispiele für unterentwickelte Funktionen in Magento. Gemäß der Magento-Aussage, man kümmere sich nur um E-Commerce-relevante Funktionsbereiche, ist das letztendlich nachvollziehbar, für Sie als Kunden aber unbefriedigend. Was ich Ihnen damit sagen möchte: Auch wenn Magento sehr umfangreich und stark entwickelt ist, gilt das nicht für alle Bereiche, und gegebenenfalls müssen Sie dadurch an der einen oder anderen Stelle zu Erweiterungen greifen oder weitere Systeme an Magento andocken.

Anpassung an rechtliche Rahmenbedingungen

Als amerikanisches Software-Unternehmen erfüllt Magento im Prinzip keine einzige rechtliche Rahmenbedingung, die von Shop-Betreibern in Deutschland erfüllt werden müssen. Sind E-Commerce-Lösungen heimischer Hersteller wie Shopware auf den deutschen Markt abgestimmt, ist das bei Magento nicht der Fall. Das bedeutet jedoch nicht, dass man Magento in Deutschland nicht einsetzen kann. Vielmehr resultiert daraus ein erhöhter Customizing-Aufwand, um die in Deutschland geltenden Bedingungen zu erfüllen.

MageSetup für Magento 2

Bei MageSetup von FireGento[2] handelt es sich um eine von der Community entwickelte Magento-Erweiterung, die Magento für gewisse Märkte vorkonfiguriert. Unterstützt wird unter anderem Deutschland, weswegen sich für die Erfüllung der rechtlichen Rahmenbedingungen die Installation von MageSetup empfiehlt. Mehr Informationen zu MageSetup erhalten Sie auf GitHub: *https://github.com/firegento/firegento-magesetup2*.

2.6.3 Fazit

Ist Magento 2 denn nun gut oder schlecht? Es kommt darauf an. Eine pauschale Aussage, ob die Vorteile von Magento die Nachteile überwiegen oder ob Magento aufgrund der vorhandenen Nachteile nicht eingesetzt werden soll, kann immer nur von Fall zu Fall, also ganz konkret in einem bestimmten Projekt entschieden werden. Was Sie beim Einsatz von Magento 2 jedoch definitiv beachten müssen, sind die veränderte Zielgruppe und der veränderte Fokus. Magento ist erwachsener geworden und orientiert sich mit der Version 2 tendenziell am Enterprise-Segment und dem Enterprise-Markt. Gerade bei großen, internationalen Projekten mit einem gewissen Projektvolumen kann Magento die eigenen Stärken ausspielen. Magento ist aufgrund der neuen Version aber definitiv keine Lösung für Hobbyprojekte oder ganz kleine Online-Shops. Hierfür gibt es weitaus interessantere und bessere Lösungen.

2.7 Magento im Vergleich mit anderen E-Commerce-Lösungen

Im Folgenden gebe ich Ihnen einen kurzen Überblick über alternative E-Commerce-Lösungen. Dieser Überblick soll Ihnen primär dabei helfen, Magento im Vergleich zu

2 Weitere Informationen zu dieser vor Idealismus strotzenden Magento-Open-Source-Bewegung finden Sie unter *https://firegento.com*.

den anderen Lösungen einzuordnen. Gegebenenfalls finden Sie dabei sogar heraus, dass die eine oder andere Alternative für Sie ebenfalls interessant sein und evaluiert werden könnte.

Sicherlich ist es an dieser Stelle und im Rahmen dieses Buches nicht möglich, alle E-Commerce-Lösungen, die am Markt verfügbar sind, miteinander zu vergleichen. Aus diesem Grund habe ich in der folgenden Auflistung in erster Linie E-Commerce-Lösungen, die in Deutschland eine hohe Verbreitung haben, berücksichtigt, aber auch die Erfahrungen, die ich in den letzten Jahren in unzähligen E-Commerce-Projekten gewonnen habe, einfließen lassen. Mein Fokus lag zudem primär auf Open-Source- Lösungen, was eine weitere Eingrenzung zur Folge hatte. Verglichen wurden letztlich die folgenden E-Commerce-Lösungen:

- Magento
- Shopware
- OXID eSales
- PrestaShop
- WooCommerce
- Xt:Commerce
- osCommerce

Dabei werden die einzelnen Lösungen unter den Aspekten Kosten & Lizenzmodell, Zugang zu Informationen, Zielgruppe, Lokalisierung und Funktionsumfang betrachtet, bevor in Abschnitt 2.7.8 eine tabellarische Zusammenfassung mit Gewichtung der einzelnen Kriterien erfolgt.

2.7.1 Magento

Kosten und Lizenzmodell

Neben einer kostenfreien Edition bietet Magento mit der Enterprise Edition zusätzlich eine kostenpflichtige Variante seiner E-Commerce-Lösung an. Diese enthält zusätzliche Features sowie einen inkludierten Support. Bei der kostenfreien Edition (Magento Open Source) fallen keinerlei Lizenzgebühren an, bei der Enterprise Edition beginnt die jährlich anfallende Gebühr bei ca. 20.000 US$.

Zugang zu Informationen

Mit magento.com steht eine ausgeprägte Plattform bereit, die neben technischen Informationen und Dokumentationen auch ein Community-Forum beinhaltet. Der Entwicklungsprozess wird auf der offiziellen Website ebenfalls offen kommuniziert, und im Blog auf magento.com werden regelmäßig Informationen bereitgestellt. Neben der offiziellen Präsenz gibt es eine Vielzahl von Blogs und Seiten rund um das Thema Magento, weswegen Informationen in vielen Sprachen problemlos zur Verfügung stehen.

Zielgruppe

Primär richtet sich Magento 2 an Enterprise-Projekte bzw. Enterprise-Kunden, auch wenn Sie Magento theoretisch natürlich für jede Art von Projekt einsetzen könnten. Magento spielt seine Vorteile in erster Linie in großen und komplexen Projekten aus, bei denen Magento als Plattform stark modifiziert und an die Anforderungen des Kunden angepasst wird.

Lokalisierung

Aufgrund der Tatsache, dass Magento 2 recht neu am Markt ist, stehen noch nicht allzu viele Übersetzungen zur Verfügung. An der deutschen Übersetzung wird momentan gearbeitet, und meiner Meinung nach wird diese zeitnah in einer guten Qualität bereitstehen. Dadurch können Sie auch Magento problemlos in der deutschen Sprache installieren und nutzen.

Funktionsumfang

Alle Funktionen, die Sie als Shop-Betreiber benötigen, deckt Magento von Haus aus ab. Sie brauchen keine externe bzw. weitere Software, um Verkäufe in Ihrem Online-Shop zu generieren und zu bearbeiten, auch wenn die Anbindung von ERP-, PIM- oder CRM-Systemen natürlich möglich ist. Der Funktionsumfang von Magento, dies bezieht sich auch auf die kostenfreie Edition, ist respektabel und lässt speziell am Anfang eines E-Commerce-Projekts keine Wünsche offen.

2.7.2 Shopware

Kosten und Lizenzmodell

Es werden insgesamt vier Editionen angeboten, aus denen Sie als Kunde auswählen können (siehe Abbildung 2.8). Die kostenfreie Edition ist, ähnlich wie bei Magento, absolut kostenfrei. Zusätzlich bietet Shopware eine Professional-, Professional-Plus- und Enterprise-Edition. Bei Letzterer ist der Preis nicht bekannt und muss individuell im Rahmen eines Projekts mit Shopware verhandelt werden. Professional sowie Professional Plus schlägt mit einmaligen Kosten von 1.295 € bzw. 5.995 € zu Buche.

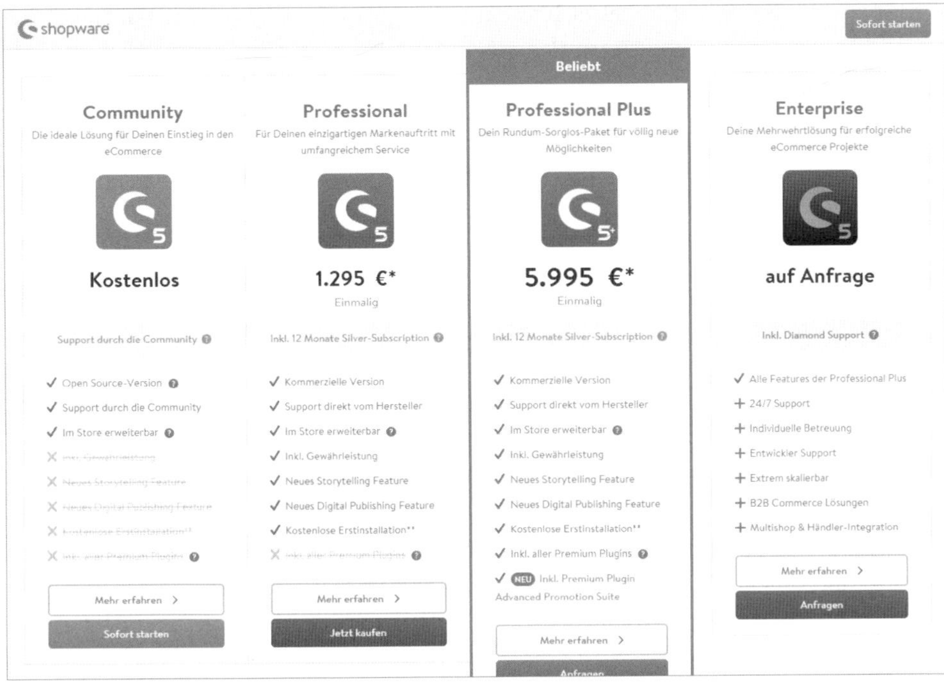

Abbildung 2.8 Shopware bietet einen ähnlichen Mix aus kostenfreier und kostenpflichtiger Version wie Magento.

Zugang zu Informationen

Die Community und der Austausch sind bei Shopware bislang immer ein sehr wichtiges und priorisiertes Thema gewesen. Auf *shopware.com* finden Sie ein Community-Forum, in dem Sie mit Shopware-Enthusiasten diskutieren und Lösungsstrategien erarbeiten können. Ebenso werden technische Dokumentationen, Tutorials und How-tos auf shopware.com veröffentlicht. Shopware gibt sich daher meiner Meinung nach recht viel Mühe, alle relevanten Informationen transparent auf der eigenen Plattform bereitzustellen. Einziger kleiner Nachteil: Die Community, gekennzeichnet durch externe Blogs, Sites und Plattformen, ist im Vergleich zur Magento-Community deutlich kleiner.

Zielgruppe

Auch wenn Shopware das sicherlich etwas anders sieht und den Enterprise-Anspruch mit der Enterprise-Edition untermauern möchte, ist diese Lösung meiner Meinung nach vor allem für mittelgroße Online-Shops sehr interessant. Für kleine E-Commerce-Startups ist Shopware mittlerweile sicherlich auch zu mächtig und komplex; in der ganz großen Liga wie Magento und Hybris spielt Shopware jedoch (noch) nicht mit. Shopware ist aktuell in Deutschland die flexibelste Lösung, wenn man klein startet und über einen gewissen Zeitraum wächst.

Lokalisierung

Da Shopware eine in Deutschland entwickelte Lösung ist, liegt der primäre Fokus auch auf dem deutschen Markt. Dadurch haben Sie keinerlei Probleme in Sachen Lokalisierung, und auch die Anpassungen an die in unserem Land geltenden rechtlichen Rahmenbedingungen sind mit Shopware problemlos möglich.

Funktionsumfang

Über die letzten Jahre ist Shopware immer mächtiger und umfangreicher geworden. Der Fokus liegt bei Shopware auch auf Themen wie Content-Management, der Erstellung von Landingpages und der Verwaltung von Inhalten, was sich im Funktionsumfang widerspiegelt. Hier ist Shopware unter anderem aufgrund der grafischen Editoren im Backend sehr gut aufgestellt. Auch die Produktverwaltung ist ausgeprägt, wobei Magento hier definitiv aufgrund der verschiedenen Produkttypen und der Flexibilität in Sachen Attribute die Nase vorn hat.

2.7.3 OXID eSales

Kosten und Lizenzmodell

Ähnlich wie bei den beiden bereits angesprochenen E-Commerce-Lösungen bietet OXID einen Mix aus kostenfreier und kostenpflichtiger Version an. Interessanterweise wird die kostenfreie Edition von OXID eSales jedoch mittlerweile recht versteckt dargestellt. Der Fokus liegt bei OXID auf der Enterprise- bzw. Professional-Version, die beide kostenpflichtig sind. Die Kosten beginnen bei knapp 3.000 € (einmalig), müssen aber bei der Enterprise-Edition im Rahmen eines Projekts zuerst genau ermittelt und definiert werden.

Zugang zu Informationen

Zum einen bietet OXID auf der eigenen Plattform einen Community-Bereich, der für Diskussionen genutzt werden kann. Zum anderen existieren im Internet einige Seiten und Blogs, die Erweiterungen und Informationen zu OXID anbieten und Hilfestellung zur E-Commerce-Lösung leisten.

Zielgruppe

Aufgrund der starken Verbreitung von OXID in den vergangenen Jahren, die aber durch Magento und Shopware definitiv zurückgedrängt wurde, existieren aktuell sehr kleine, aber auch sehr große und umfangreiche Online-Shops, die auf OXID basieren. Dementsprechend kann man OXID sicherlich ähnlich wie Shopware charakterisieren und einordnen. Wenn auch in der Vergangenheit gezielt mit Versionen und Editionen, die sich an das Enterprise-Segment richten, versucht wird, in diesen Bereich vorzustoßen, eignet sich OXID in der Praxis tendenziell eher für mittelgroße E-Commerce-Projekte.

Lokalisierung

Eine komplette Lokalisierung für den deutschen Markt ist bei OXID gegeben, da es sich ebenfalls um ein komplett deutsches Produkt handelt, das primär für den deutschen Markt entwickelt wurde. Dementsprechend können Sie OXID problemlos in deutscher Sprache und unter Berücksichtigung der rechtlichen Rahmenbedingungen in Deutschland einsetzen.

Funktionsumfang

Der im Standard enthaltene Funktionsumfang ist überschaubar, wenn auch ausreichend. Bei OXID merkt man noch am ehesten, dass die Lösung über die letzten Jahre historisch gewachsen ist und an der einen oder anderen Stelle ein harter Schnitt, ähnlich wie bei Magento von Version 1 auf Version 2, notwendig gewesen wäre, um sich von unnötigen Altlasten zu trennen.

> **Zukunft ungewiss**
>
> Die weitere Entwicklung von OXID eSales ist nach heutigem Stand eher kritisch zu betrachten. Direkte Konkurrenten wie Shopware und Magento haben die Latte recht hoch gelegt, und es ist fraglich, ob OXID in den nächsten Jahren durch sehr starke und umfangreiche Änderungen an der Software zu den Marktbegleitern aufschließen kann. Bei OXID ist der größte Handlungsbedarf für eine umfangreiche Überarbeitung der Software vorhanden.

2.7.4 PrestaShop

Kosten und Lizenzmodell

Bei PrestaShop existiert keinerlei kommerzielle Version der Open-Source-E-Commerce-Lösung. Dadurch können Sie PrestaShop vollständig herunterladen und ohne jegliche Lizenzkosten einsetzen.

Zugang zu Informationen

Die auf der Website angebotenen Informationen sind, bezogen auf die technische Dokumentation oder gegebenenfalls ein vorhandenes Benutzerhandbuch, eher überschaubar. Abgesehen davon verfügt PrestaShop aber über eine recht starke und aktive Community. Das PrestaShop-Forum verzeichnet im Jahr 2017 mehr als eine Million Mitglieder und umfasst mehr als zwei Millionen Beiträge. Ein Großteil der Informationsbeschaffung findet daher bei PrestaShop über das angebotene Forum statt. Abgesehen vom Forum gibt es einen offiziellen Blog, über den offizielle Nachrichten und Ankündigungen veröffentlicht werden.

Zielgruppe

PrestaShop eignet sich vor allem dann, wenn man »mal kurz« einen Online-Shop aufbauen möchte. So wird beim Download unter anderem damit geworben, PrestaShop bei 1&1 innerhalb weniger Minuten installieren zu können, was letztendlich auf kleine und überschaubare Projekte abzielt. Hat man daher nur eine Handvoll Produkte, ein überschaubares Bestellaufkommen und stellt nicht sonderlich viele Anforderungen an individuelles Customizing, dann ist PrestaShop sicherlich eine interessante Lösung.

Lokalisierung

Ursprünglich kommt PrestaShop aus Frankreich, weswegen der primäre Zielmarkt in diesem Fall auch unser Nachbarland ist. Dennoch gibt es mittlerweile Übersetzungen und Modifikationen, um PrestaShop auch in Deutschland nutzen zu können.

Funktionsumfang

Da es sich um eine kleine und schlanke Lösung handelt, kann der Funktionsumfang von PrestaShop sicherlich im direkten Vergleich mit großen Lösungen wie Magento nicht direkt mithalten. Dafür gibt es bei PrestaShop aber auch die Möglichkeit, benötigte Funktionen in Form von Modulen, also Erweiterungen, zu ergänzen. Dadurch können Sie den Funktionsumfang entsprechend erweitern und die eine oder andere Schwäche ausgleichen.

> **Offizielles Hosting von 1&1**
>
> Sollten Sie sich für den Einsatz von PrestaShop interessieren, können Sie beim offiziellen Hoster 1&1 für eine geringe monatliche Gebühr recht schnell ein PrestaShop-System aufsetzen und betreiben. Weitere Informationen hierzu finden Sie unter *https://hosting.1und1.de/prestashop-hosting*.

2.7.5 WooCommerce

Kosten und Lizenzmodell

Genau wie PrestaShop können Sie WooCommerce komplett kostenfrei herunterladen und ohne anfallende Lizenzgebühren nutzen. Bei WooCommerce sei noch erwähnt, dass es sich letztendlich um ein Plugin für das sehr beliebte Blogging-System Wordpress handelt. WooCommerce ist daher keine eigenständige Software, sondern erfordert ein installiertes Wordpress. Das ist jedoch nicht weiter tragisch, denn für Wordpress fallen ebenfalls keinerlei Lizenzkosten an.

Zugang zu Informationen

Da es sich bei WooCommerce um eine der populärsten E-Commerce-Lösungen weltweit handelt, haben Sie viele mögliche Anlaufstellen für Informationen. Die offizielle Website enthält eine Dokumentation und nützliche Tipps und Tricks. Zusätzlich gibt es viele externe Seiten im Netz, die sich mit WooCommerce und der Erweiterung des Systems beschäftigen und Informationen bereitstellen.

Zielgruppe

Auch hier spricht man tendenziell kleine Shops bzw. Shop-Betreiber an, die relativ schnell und ohne großes und komplexes Projekt eine E-Commerce-Plattform aufsetzen möchten. Ich kenne das aus eigener Erfahrung. Wenn man auf Wordpress-Basis einen Blog betreiben und zusätzlich noch ein paar Bücher oder wichtige Tools über diese Plattform verkaufen möchte, nutzt man WooCommerce. Es ist schnell installiert und kann schnell angepasst werden, und man kommt äußerst fix ans Ziel. Einen Online-Shop wie den von Zalando oder Otto werden Sie damit aber sicherlich nicht entwickeln können.

Lokalisierung

Die Community rund um WooCommerce hat sich die Mühe gemacht und mit *germanized*[3] eine Erweiterung entwickelt, die WooCommerce fit für den deutschen Markt macht. Eine Lokalisierung ist daher kein Problem, auch wenn diese über externe Erweiterungen hinzugefügt werden muss.

Funktionsumfang

Ein überschaubarer Funktionsumfang ermöglicht Ihnen den Verkauf von digitalen und normalen Produkten. Zusätzlich kann die Funktionalität über viele Erweiterungen nachgerüstet werden. Interessant ist die Tatsache, dass WooCommerce auf Wordpress basiert, denn das hat letztendlich auch eine Auswirkung auf den Funktionsumfang. Dadurch haben Sie ein sehr leistungsstarkes Content-Management-System und eine eher rudimentäre E-Commerce-Lösung. Je nach Geschäftsmodell ist diese Kombination aber gar nicht mal so schlecht. Grundsätzlich gilt bei WooCom-

3 Weitere Informationen hierzu finden Sie unter *https://de.wordpress.org/plugins/woocommerce-germanized/*.

merce die Tatsache, möglichst viele Funktionen über Erweiterungen nachrüsten zu können.

2.7.6 xt:Commerce

Kosten und Lizenzmodell

Bei xt:Commerce setzt der Hersteller ebenfalls auf ein Lizenzmodell, das sich aus einer kostenfreien und kostenpflichtigen Versionen zusammensetzt. Bei den kostenpflichtigen Versionen, bei denen es sich um die Professional+- sowie die Multishop-Version handelt, sind die Kosten, speziell im Vergleich zu Magento, jedoch sehr überschaubar. Die kleinere der beiden kostenpflichtigen Versionen kostet einmalig 399 €, die Multishop-Edition 599 €.

Zugang zu Informationen

Eine Dokumentation sowie ein Community-Forum werden offiziell vom Hersteller bereitgestellt. Dadurch haben Sie als Kunde die Möglichkeit, zum einen den Austausch mit anderen xt:Commerce-Nutzern zu suchen, zum anderen eine Online-Dokumentation einzusehen.

Zielgruppe

Wenn Sie schnell und kostengünstig ein überschaubares E-Commerce-Projekt realisieren möchten, könnte xt:Commerce gegebenenfalls die für Sie richtige Lösung sein. Auch hier, der Hersteller möge mir dies an dieser Stelle verzeihen, richtet sich die Software eher an die Hobby-Shop-Betreiber und sehr kleinen Projekte. Umfangreiche und komplexe E-Commerce-Projekte sollten mit xt:Commerce eher nicht realisiert werden.

Lokalisierung

Eine deutschsprachige sowie eine auf rechtliche Rahmenbedingungen in Deutschland optimierte Version steht bei xt:Commerce out of the box zur Verfügung, da es sich um eine in Deutschland entwickelte Lösung handelt und Deutschland somit auch der primäre Absatzmarkt ist.

Funktionsumfang

Aufgrund der langen Historie, vor einigen Jahren war speziell die Version 3 von xt:Commerce doch sehr stark verbreitet, sind Funktionen in den Bereichen Payment, gemeint sind Zahlungsmodule, sowie Anbindungen an externe Systeme recht weit ausgebaut. Im Prinzip haben Sie mit xt:Commerce alle Funktionen zur Hand, um Produkte zu verkaufen und Bestellungen zu verarbeiten.

2.7.7 osCommerce

Kosten und Lizenzmodell

Das Urgestein der E-Commerce-Lösungen ist weiterhin komplett kostenfrei verfügbar. Sollten Sie auf osCommerce setzen, werden für Sie keinerlei Lizenzkosten anfallen.

Zugang zu Informationen

Wenn eine der aktuell noch verfügbaren E-Commerce-Lösungen den Spitznamen »Methusalem« verdient hat, dann ist es osCommerce. Mittlerweile ist osCommerce seit über 16 Jahren am Markt vertreten, auch wenn die Entwicklung in den letzten Jahren gelinde gesagt suboptimal verlaufen ist. Vom einst dominierenden E-Commerce-System ist nichts mehr übriggeblieben, obschon auch unregelmäßig neue Versionen veröffentlicht werden. Durch die lange Marktpräsenz gibt es jedoch eine Vielzahl von Informationen, Blogs, Dokumentationen und Erweiterungen, auf die Sie zugreifen können.

Zielgruppe

Aufgrund der ungewissen Zukunft und schleichenden Entwicklung der letzten Jahre sollte man meiner Meinung nach osCommerce nicht für kritische und komplexe E-Commerce-Projekte verwenden. Die Entwicklung des Projekts ist offen, rein technologisch kann osCommerce mit aktuell verbreiteten Lösungen eigentlich nicht mehr mithalten, und dementsprechend ist das Einsatzszenario recht begrenzt.

Lokalisierung

Eine deutschsprachige Version der Software ist verfügbar, weswegen Sie osCommerce theoretisch auch in Deutschland einsetzen können.

Funktionsumfang

Der Funktionsumfang ist zweckmäßig und ausreichend, kann aber nicht mit Lösungen wie Shopware oder Magento mithalten.

2.7.8 Zusammenfassung

Für eine bessere Übersichtlichkeit möchte ich Ihnen in der folgenden Tabelle eine kurze Zusammenfassung der jeweiligen Kriterien und E-Commerce-Lösungen aufzeigen und die jeweiligen Punkte nochmals gewichten.

	Magento	Shopware	OXID	PrestaShop	WooCommerce	xt:Commerce	osCommerce
Kosten und Lizenzmodell	+	0	0	+	+	+	+
Zugang zu Informationen	+	0	–	–	+	0	+
Zielgruppe	0	+	+	–	–	–	–
Lokalisierung	–	+	+	0	0	+	0
Funktionsumfang	+	+	0	0	0	–	–

Was bedeutet diese Einschätzung konkret für Magento? Zum einen hakt es aktuell noch in der Lokalisierung, das ist Magento 2 geschuldet. Hier gibt es erste Ansätze, die neben dem deutschen Sprachpaket auch für die Anpassung an rechtliche Rahmenbedingungen sorgen, komplett ausgereift ist diese Lösung jedoch noch nicht. Im Funktionsumfang punktet Magento ganz klar im direkten Vergleich aller aufgezählten Lösungen. Ebenfalls ist der Zugang zu Informationen bei Magento sehr stark ausgeprägt, da nicht nur von Magento selbst Informationen bereitgestellt werden, sondern auch viele freiwillige Helfer, d. h. Personen aus der Community, Wissen teilen.

Beim Lizenzmodell bekommt Magento bei mir eine positive Bewertung, da Magento Open Source, d. h. die kostenfreie Edition, im Kern schon so viele Funktionen bietet, dass ein Upgrade in vielen Fällen nicht zwangsläufig notwendig ist, bezieht man diese Entscheidung rein auf den Funktionsumfang. Dafür ist die Zielgruppe bei Magento eingeschränkter als beispielsweise bei Shopware, da sich Magento 2 verstärkt in Richtung Enterprise-Lösungen entwickelt.

2.8 Ein Blick in die Zukunft von Magento

Die Wahl der geeigneten E-Commerce-Software hängt in erster Linie sicherlich vom bereitgestellten Funktionsumfang und den Kosten ab. Denn warum sollten Sie auf eine Lösung setzen, die viel Geld kostet und nichts bietet? Es gibt jedoch auch weiche Faktoren, die Sie bei der Auswahl einer geeigneten E-Commerce-Software betrachten müssen, und hierzu zählt unter anderem die zukünftige Entwicklung der Software. Wenn Sie heute ein E-Commerce-Projekt, das 50.000 bis 150.000 € kostet, ein mittlerweile recht normaler Kostenrahmen für ein Projekt, auf einer Software basieren, die in zwei oder drei Jahren nicht mehr weiterentwickelt wird, haben Sie ein Problem. Denn dann wären Sie in einem Entwicklungsstand gefangen, erhalten gegebenenfalls keine Sicherheitsupdates und müssen sich schon wieder mit dem Thema Umstieg auf eine andere E-Commerce-Lösung beschäftigen. Dementsprechend ist die Wahl eines zukunftssicheren Systems fast genauso wichtig wie die Berücksichtigung des Funktionsumfangs.

Die Zukunftssicherheit ist meiner Meinung nach ein Punkt, der speziell für Magento spricht. Denn nachdem Magento durch die Loslösung von eBay wieder ein eigenständiges und global agierendes Unternehmen ist, muss Magento nun durch eigene Lösungen und die Weiterentwicklung der Software erfolgreich bleiben. Das Unternehmen kann sich nicht mehr ausruhen und auf die Konzernmutter vertrauen, sondern muss schnellstmöglich die Dynamik, die in der Anfangszeit zwischen 2007 und 2009 bestand, zurückerlangen. Aktuell sieht es danach aus, dass sich Magento wieder auf seinen agilen und flexiblen Ursprung zurückbesinnt und durch eine qualitativ hochwertige E-Commerce-Software Marktanteile erobert und langfristig am Markt besteht. Alle Anzeichen deuten darauf hin, dass die Magento-Erfolgsstory in den kommenden Jahren fortgeschrieben wird.

2.9 Fazit

In diesem Kapitel habe ich Ihnen etwas über die Hintergründe von Magento und die Stärken und Schwächen dieser E-Commerce-Lösung berichtet. Zudem bin ich kurz auf verschiedene alternative Lösungen eingegangen. Das habe ich nicht gemacht, um Sie auf eine andere Lösung zu stupsen, sondern um vorab deutlich zu machen, dass es sich bei Magento um eine Lösung mit Vor- und Nachteilen handelt. Magento ist nicht der Messias des E-Commerce und löst Ihnen auch nicht über Nacht jedes Problem. Wenn Sie auf Magento setzen, müssen Sie sich im Vorfeld bewusst sein, was Sie sich mit dieser Lösung ins Haus holen und ob der Einsatz dieser Lösung für Ihr Projekt sinnvoll ist oder nicht.

Ich für meinen Teil bin von Magento und speziell von Version 2 nach wie vor sehr überzeugt, und das sage ich nicht nur, weil ich dieses Buch schreibe. Neben Magento habe ich in den letzten Jahren mit vielen Lösungen zu tun gehabt, angefangen von xt:Commerce bis hin zu OXID und Shopware. Magento macht dabei den ausgereiftesten und rundesten Eindruck und ist daher für mich die favorisierte E-Commerce-Lösung.

Aber lassen Sie es damit in diesem Buch genug der trockenen Theorie sein. Im folgenden 3. Kapitel, »Magento installieren«, geht es direkt mit der Installation und Konfiguration von Magento 2 los.

Kapitel 3

Magento installieren

Genug der grauen Theorie! Nachdem Sie nun jede Menge Hintergrundinformationen zu Magento erhalten haben, geht es in diesem Kapitel um das praktische »Doing«. In diesem Kapitel erfahren Sie, wie und auf welche Arten Sie Magento installieren können.

Endlich ist es so weit! Dieses 3. Kapitel, »Magento installieren«, gibt den Startschuss für den praktischen Teil dieses Buches. Nachdem Sie in den ersten beiden Kapiteln allgemeine Informationen zum Thema E-Commerce erhalten sowie die Stärken und Schwächen von Magento 2 kennengelernt haben, steht ab sofort die Software Magento im Mittelpunkt. In den nächsten Kapiteln beleuchte ich alle Bestandteile der Software im Detail und zeige Ihnen, wie Sie einen vollständigen und umfangreichen Online-Shop auf Basis von Magento 2 erstellen. Dies erfolgt anhand eines fiktiven Beispiels, um Ihnen die jeweiligen Features möglichst praxisnah erläutern zu können. Diese Vorgehensweise gibt Ihnen zusätzlich die Möglichkeit, den Aufbau am heimischen Rechner zu begleiten und bei der Realisierung des Online-Shops Schritt für Schritt zu folgen.

Fiktiver Online-Shop »foodbaer.de«

Als Basis für die weiteren Kapitel wird der fiktive Online-Shop *www.foodbaer.de* dienen. Dieser Online-Shop hat sich auf den Verkauf von Küchenzubehör wie Töpfe, Pfannen und Messer, aber auch ergänzende Produkte wie Kochbücher spezialisiert. Dadurch deckt der Online-Shop ein recht großes Spektrum an zum Teil komplett unterschiedlichen Produkten ab. Bei der Zielgruppe ist der Online-Shop ebenfalls sehr breit aufgestellt. Dies bedeutet, dass sowohl Tablets als auch Smartphones und klassische Desktop-Computer als Endgeräte unterstützt werden müssen. Ansonsten bietet foodbaer.de alle klassischen Möglichkeiten innerhalb des Online-Shops an, die in der heutigen Zeit vorausgesetzt werden.

3.1 Aufbau einer Magento-Umgebung

Wenn Sie eine professionelle Magento-Umgebung aufbauen möchten, benötigen Sie in der Praxis unterschiedlichste Systeme. Zuallererst ist die Einrichtung einer lokalen

Entwicklungsumgebung notwendig. Innerhalb dieser lokalen Entwicklungsumgebung können Sie auf Ihrem heimischen Computer Änderungen vornehmen, das System mit Inhalten erweitern, Module entwickeln und ein Design umsetzen. Solche Änderungen werden in der Praxis immer auf der lokalen Entwicklungsumgebung durchgeführt, da Sie hierbei den schnellsten und umfangreichsten Zugriff auf die gesamte Magento-Installation haben. Zusätzlich zur lokalen Entwicklungsumgebung empfiehlt sich die Einrichtung eines Testsystems. Das Testsystem ist in der Regel über das Internet erreichbar, jedoch geschützt. Sobald Sie lokal Änderungen vorgenommen haben und diese auch von anderen Personen testen lassen möchten, werden diese Änderungen von der lokalen Umgebung auf das Testsystem übertragen. Änderungen, die auf dem Testsystem erfolgreich getestet wurden, kommen anschließend auf die Produktivumgebung, sprich auf das Live-System. Ergänzend hierzu kann es in der Praxis auch mehrere Testsysteme geben, das ist jedoch in unserem Fall nicht notwendig.

Daraus ergibt sich die Anforderung an mindestens drei Systeme, die Sie für den Betrieb bzw. die Weiterentwicklung von Magento benötigen:

- lokale Entwicklungsumgebung
- Testsystem, das geschützt, aber über das Internet erreichbar ist
- Live-Umgebung, auf der Ihre Kunden später einkaufen

An dieser Stelle möchte ich aber auch erwähnen, dass es sich hierbei ausschließlich um eine Empfehlung handelt. Theoretisch könnten Sie, auch wenn hiervon in jedem Fall abzuraten ist, ausschließlich eine Live-Umgebung betreiben und alle Änderungen und Anpassungen direkt in der Live-Umgebung durchführen. Stellen Sie sich aber vor, Sie haben einige Kunden in Ihrem Online-Shop, die sich Produkte anschauen und Bestellungen aufgeben möchten. Wenn Sie in diesem Moment eine fehlerhafte und nicht getestete Änderung einspielen, würden Sie relativ viel Umsatz vernichten. Zum einen erwarten Kunden funktionsfähige Systeme und wechseln auch bei kleinen Fehlern den Shop hin zur Konkurrenz, zum anderen muss die technische Funktionalität aller Bestandteile im Online-Shop, wie eben der Checkout, permanent gewährleistet sein. Aus genau diesem Grund hat sich eine Umgebung bestehend aus mindestens diesen drei Systemen in der Praxis etabliert.

3.2 Setup einer lokalen Entwicklungsumgebung

Als Basis dient, wie bereits erwähnt, immer eine lokale Entwicklungsumgebung, die ich im Folgenden gemeinsam mit Ihnen aufsetze. Ich gehe an dieser Stelle davon aus, dass Sie nicht über eine lauffähige Webserver-Umgebung bestehend aus Apache, PHP und MySQL verfügen. Wenn Sie sich bereits eine lokale Webserver-Umgebung eingerichtet haben, können Sie die entsprechenden Stellen in diesem Kapitel überfliegen und bei der Installation von Magento einsetzen.

3.2.1 XAMPP für Windows

Windows-Nutzer erfahren in diesem Abschnitt im Detail, wie sie eine vollständige Webserver-Umgebung installieren, die zum Betrieb von Magento benötigt wird. Als Basis dafür dient das Serverpaket XAMPP. Es sei an dieser Stelle erwähnt, dass es unzählige Möglichkeiten gibt, den Apache-Webserver in Kombination mit PHP und der Datenbanksoftware unter Windows zu installieren. Ich habe mich in diesem Buch explizit für die Variante mit XAMPP entschieden, da es mit Abstand die einfachste, schnellste und fehlerfreiste Art des Setups darstellt. Auch benötigen Sie als Leser dadurch keine tieferen Kenntnisse in Sachen Systemadministration, was meiner Meinung nach ebenso einen Vorteil darstellt. Ich gehe im Übrigen von der Nutzung der aktuellsten Version von Microsoft Windows aus. Zu diesem Zeitpunkt ist das Windows 10. Sollten Sie eine ältere Version einsetzen, können Sie XAMPP dennoch nutzen und auch dieser Anleitung folgen. Der Installationsprozess wird relativ ähnlich ablaufen, auch wenn es die eine oder andere kleinere Abweichung geben kann. Das wird Sie aber sicherlich nicht von der fehlerfreien und problemlosen Installation von XAMPP abhalten.

Informationen zu XAMPP

Bei XAMPP handelt es sich um eine bereits konfigurierte und einfach zu installierende Webserver-Umgebung. Diese ist für eine Vielzahl von Betriebssystemen bzw. Betriebssystemversionen verfügbar und ermöglicht das einfache Setup von Apache, PHP und MariaDB bzw. MySQL. Weitere Informationen zu XAMPP, nützliche Tipps und Tricks, Downloads sowie eine Dokumentation finden Sie unter *www.apachefriends.org*.

XAMPP unter Windows installieren

Rufen Sie zunächst die Website des XAMPP-Projekts unter *https://www.apachefriends.org* auf, und klicken Sie in der oberen Navigationsleiste auf DOWNLOAD. Sie gelangen anschließend zur Downloadseite und erhalten einen Überblick über die verschiedenen Versionen von XAMPP für Windows, Linux und OS X bzw. macOS. Laden Sie sich nun die Windows-Version für XAMPP in der Version 7.0.8 herunter. Die XAMPP-Version gibt einen Rückschluss auf die verwendete PHP-Version. Während der Arbeit an diesem Buch gab es insgesamt drei XAMPP-Versionen: 5.5.37, 5.6.23 und 7.0.8 (siehe Abbildung 3.1). Die vergebene Versionsnummer ist in allen Fällen deckungsgleich mit der verwendeten PHP-Version, und da Magento 2 am performantesten auf Basis von PHP 7 läuft, ist XAMPP in der Version 7.0.8 an dieser Stelle genau die richtige Edition.

Klicken Sie nun auf den Button DOWNLOAD (32 BIT) bei der 7er-Version von XAMPP, woraufhin der Download der knapp 120 MB großen Datei beginnt.

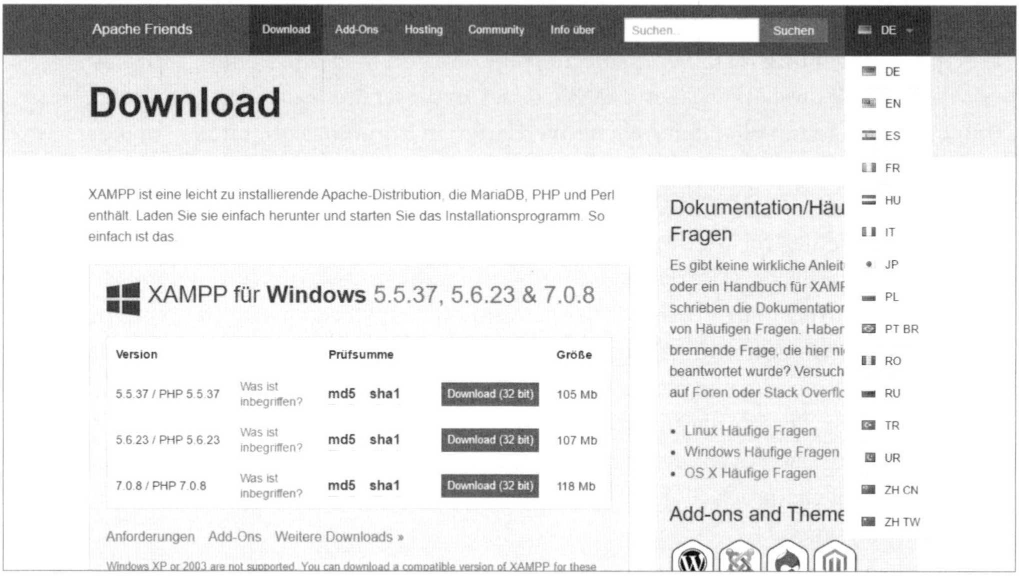

Abbildung 3.1 XAMPP gibt es insgesamt in drei Versionen, diese unterscheiden sich maßgeblich durch die verwendete PHP-Version.

Ist der Download abgeschlossen, können Sie den Installationsprozess durch einen Doppelklick auf die soeben heruntergeladene *Exe*-Datei starten. Anschließend müssten bei Ihnen, abhängig von Ihrer Systemkonfiguration, zwei Statusmeldungen erscheinen. Zum einen warnt XAMPP davor, dass bei einer installierten Antivirussoftware XAMPP etwas träge und langsam sein kann. Eine Tatsache, mit der man sich anfreunden muss, denn auf eine Antivirussoftware sollten Sie nicht verzichten. Die zweite Statusmeldung, die anschließend erscheint, informiert Sie darüber, dass XAMPP aufgrund der Benutzerberechtigungen unter Windows idealerweise nicht unter *C:\Program Files (x86)* installiert werden soll. Sie könnten das zwar theoretisch machen, müssten dann aber auf der anderen Seite entsprechend Berechtigungen nachziehen, was den Aufwand nicht rechtfertigen würde. Bestätigen Sie beide Statusmeldungen, und Sie gelangen in den eigentlichen Installationsprozess.

Klicken Sie in der ersten Bildschirmansicht auf NEXT, daraufhin erhalten Sie eine Ansicht mit den Diensten und Tools, die Sie installieren können (siehe Abbildung 3.2).

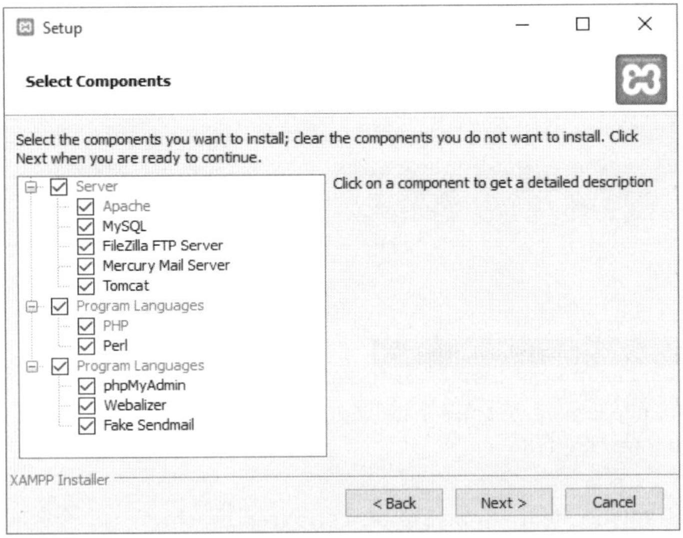

Abbildung 3.2 XAMPP bietet verschiedene Dienste und Tools zur Installation an.

Standardmäßig sind alle Dienste und Tools angehakt. Belassen Sie diese Auswahl so, wie sie ist, installiert Ihnen XAMPP den Apache-Webserver, MySQL als Datenbank, einen FTP- und Mail-Server sowie Apache Tomcat. Tomcat benötigen Sie für die Ausführung von JavaServer Pages, ist also in unserem Fall nicht relevant. Auch benötigen Sie nicht zwangsläufig einen FTP-Server. Ich überlasse es Ihnen, aber ich entferne in meinem Fall die Haken bei Tomcat sowie beim FTP-Server und installiere nur Apache, MySQL und Mercury.

Bei den Programmiersprachen ist PHP im Standard angehakt, und diese Auswahl kann auch nicht entfernt werden. Zusätzlich steht Perl zur Verfügung, wobei in diesem Szenario Perl nicht benötigt wird, weswegen ich den Haken entferne. Abschließend haben Sie noch die Möglichkeit, verschiedene Anwendungen zu installieren. Bei phpMyAdmin handelt es sich um eine Anwendung, um Datenbanken zu administrieren, Webalizer erzeugt Statistiken und Reportings zur Nutzung einer Website, und Fake Sendmail erlaubt uns den Umgang mit lokal erzeugten E-Mails. Sie können ruhig alle drei Programme installieren, besonders wichtig ist jedoch nur phpMyAdmin, da dies im späteren Verlauf noch benötigt wird.

Klicken Sie wieder auf NEXT, um zum nächsten Punkt zu gelangen. Wie Sie in Abbildung 3.3 erkennen können, haben Sie jetzt die Möglichkeit, den Installationsordner für XAMPP auszuwählen. Im Standard wird XAMPP unter *C:\xampp* installiert, ich empfehle Ihnen, dieses Verzeichnis ebenfalls auszuwählen und mit NEXT zum nächsten Schritt zu springen.

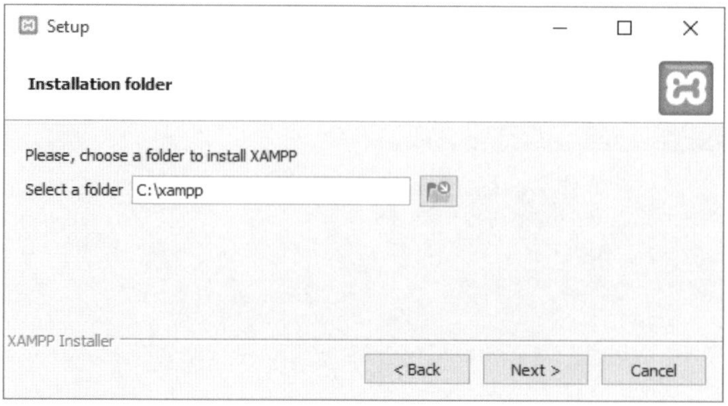

Abbildung 3.3 XAMPP kann in jedem Verzeichnis installiert werden, mit Ausnahme von »C:\Program Files (x86)«.

Daraufhin werden Sie gefragt, ob Sie mehr zu Bitnami erfahren möchten, was Sie an dieser Stelle verneinen. Entfernen Sie den Haken, und klicken Sie erneut auf NEXT. Das Setup ist nun vorbereitet, und Sie müssen erneut auf NEXT klicken, um mit dem Installationsprozess zu starten. Jetzt startet XAMPP mit der Installation auf Ihrem heimischen Computer. Nachdem Sie die erste kleine Hürde genommen haben, haben Sie jetzt die Möglichkeit, sich mit einem Kaffee zu belohnen, da die Installation, abhängig vom jeweiligen Computer, ein paar Minuten dauert. Sobald die Installation abgeschlossen ist, erhalten Sie eine entsprechende Meldung und werden gefragt, ob Sie das Control Panel starten möchten. Bestätigen Sie dies, indem Sie auf FINISH klicken. Nun erscheint eine Sprachauswahl in Form von zwei Flaggen, einer amerikanischen sowie einer deutschen. Bitte wählen Sie die deutsche Flagge, und klicken Sie auf SPEICHERN.

Einführung in das XAMPP Control Panel

Die Installation von XAMPP haben Sie problemlos gemeistert. Bevor es an die Installation von Magento geht, möchte ich Ihnen an dieser Stelle die Möglichkeiten und Funktionen von XAMPP in einem kurzen Überblick erläutern. Denn XAMPP installiert nicht nur eine Webserver-Umgebung, sondern liefert auch ein Administrations-Tool mit aus. Hierbei handelt es sich um das sogenannte *Control Panel*. Nach der Installation startet sich das Control Panel automatisch und befindet sich als Icon innerhalb der Symbole in der Taskleiste in der Nähe der Systemuhr. Starten Sie nun das Control Panel, das bei Ihnen wie in Abbildung 3.4 aussehen müsste.

Lassen Sie mich Ihnen nun die wichtigsten Funktionen und Möglichkeiten des Control Panels vorstellen. Um Dienste zu starten bzw. diese zu beenden, haben Sie direkt neben dem Dienstnamen einen entsprechenden Button. Klicken Sie bei Apache und MySQL daher auf den Button STARTEN, um die beiden Dienste zu starten.

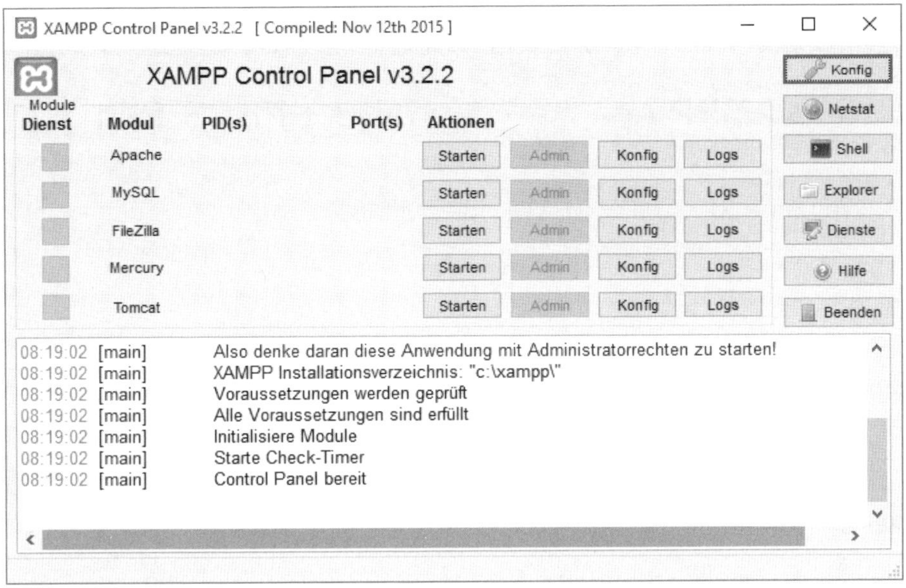

Abbildung 3.4 Das XAMPP Control Panel ermöglicht die Konfiguration und Verwaltung aller installierten Komponenten.

Probleme beim Starten des Apache-Webservers in Verbindung mit Skype

Sicherlich kann es unterschiedlichste Gründe geben, warum beim Start des Apache-Webservers eine Fehlermeldung zurückgegeben wird. Ein Klassiker (und nur deshalb sei dieses Problem hier erwähnt) entsteht durch die Nutzung von Skype. Die von Skype verwendeten Ports (80 bzw. 443) überschneiden sich zum Teil mit denen, die XAMPP nutzt. Wenn Sie daher zuerst Skype starten und dann innerhalb von XAMPP den Webserver, erhalten Sie womöglich eine Fehlermeldung. Die Lösung besteht darin, die vom Apache verwendeten Ports zu ändern. Aus Gründen der Einfachheit möchte ich Sie an dieser Stelle aber bitten, in diesem Fall Skype zu beenden. Dadurch können Sie den Apache-Webserver problemlos starten.

Anschließend werden Sie bei den Diensten ein grünes Rechteck sehen und haben darüber hinaus die Möglichkeit, die gestarteten Dienste auch wieder zu stoppen.

Zusätzlich, d. h., nachdem Sie die beiden Dienste gestartet haben, wird ein weiterer Button namens ADMIN aktiviert. Wenn Sie auf diesen Button klicken, gelangen Sie zur Administrationsoberfläche des Apache-Webservers bzw. der MySQL-Datenbank. Beim Apache-Webserver ist diese Oberfläche aber recht unspektakulär, werden doch ausschließlich wichtige Links und ein paar Informationen angezeigt, wie Sie in Abbildung 3.5 erkennen können. Einstellungen können Sie jedoch innerhalb dieser Admin-Oberfläche nicht abändern.

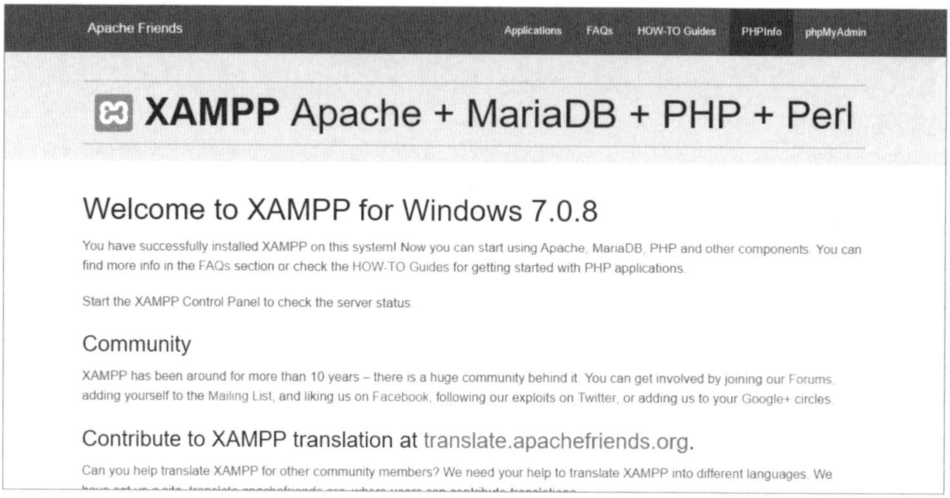

Abbildung 3.5 Die Administrationsoberfläche für den Apache-Webserver

Interessanter wird es, wenn Sie bei MySQL auf den Button ADMIN klicken. Denn dadurch gelangen Sie zu phpMyAdmin, der Anwendung, um Datenbanken anzulegen bzw. zu verwalten und SQL Queries (Anweisungen) auszuführen. Dieses Tool, das Sie in Abbildung 3.6 sehen können, wird Ihnen im Laufe dieses Buches noch das eine oder andere Mal über den Weg laufen und benötigt werden. Merken Sie sich daher bitte an dieser Stelle, wie Sie phpMyAdmin aufrufen können, und fügen Sie die URL gegebenenfalls Ihren Bookmarks hinzu.

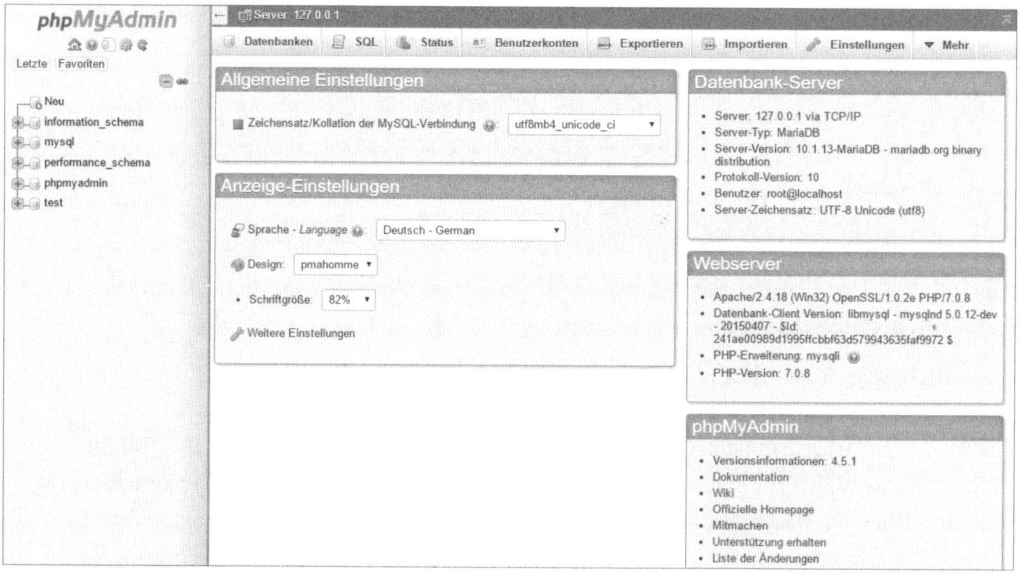

Abbildung 3.6 Mit phpMyAdmin können Sie bestehende Datenbanken verwalten, neue hinzufügen und SQL Querys ausführen.

Direkt neben dem ADMIN-Button finden Sie einen KONFIG-Button vor. Dieser Button ermöglicht Ihnen die Konfiguration des Apache-Webservers sowie die Anpassung von PHP bzw. MySQL. Hierfür steht Ihnen keine grafische Oberfläche zur Verfügung, letztendlich können Sie aber die entsprechenden Konfigurationsdateien per Knopfdruck aufrufen und die von Ihnen gewünschten Einstellungen direkt in der Konfigurationsdatei vornehmen. Diese Funktionalität wird im späteren Verlauf dieses Kapitels noch benötigt. Behalten Sie diese Funktion daher bitte im Hinterkopf.

PHP-Konfiguration einsehen

Sie können die aktuelle PHP-Konfiguration sowie aktivierte Module einsehen, indem Sie die URL *http://localhost/dashboard/phpinfo.php* in Ihrem Browser öffnen. Anschließend erhalten Sie alle zu PHP vorliegenden Informationen.

Zusätzlich haben Sie mit dem letzten Button in der Reihe noch die Möglichkeit, Logs, also Protokolle, einzusehen. Beim Apache-Webserver ist das beispielsweise das Access- sowie Error-Log. Logs benötigen Sie immer dann, wenn Sie schwerwiegende Fehler in der Anwendung haben und diesen Fehlern etwas genauer auf den Grund gehen möchten. Denn in den Logs werden detaillierte Fehlermeldungen bzw. Fehlerbeschreibungen gepflegt, die zum Teil enorm aufschlussreich sein können.

Auf der rechten Seite des XAMPP Control Panels finden Sie zudem weitere Möglichkeiten und Buttons. In diesem Bereich können Sie allgemeine Einstellungen von XAMPP ändern, darunter befindet sich der favorisierte Texteditor, um die Log- und Konfigurationsdateien zu öffnen. Auch können Sie sich weitere Informationen zu den laufenden Diensten geben lassen und den Hilfebereich öffnen. Diese Möglichkeiten sollen uns an dieser Stelle aber nicht ablenken. Sie können sich gern die XAMPP-Anwendung im Detail ansehen und auch ein wenig mit den möglichen Optionen experimentieren. An dieser Stelle bin ich hingegen mit der kurzen Einführung in das Control Panel fertig und widme mich nun der Konfiguration bzw. Anpassung von benötigten Einstellungen.

Konfigurationsanpassungen für Windows

Magento setzt gewisse PHP-Konfigurationsparameter und -Module voraus. Bevor Sie mit der Installation von Magento beginnen können, muss im ersten Schritt die PHP-Konfiguration angepasst werden. Würden Sie diesen Schritt überspringen, würden Sie anschließend im Installationsprozess von Magento eine entsprechende Fehlermeldung erhalten und könnten die Installation erst gar nicht starten. Magento lässt sich also nur auf Systemumgebungen installieren, bei denen die minimalen Konfigurationsparameter auch tatsächlich eingehalten werden.

Begeben Sie sich in das XAMPP Control Panel, klicken Sie bei Apache auf KONFIG, und wählen Sie anschließend PHP (PHP.INI) aus. Jetzt öffnet sich bei Ihnen ein Editor, beispielsweise der klassische in Windows integrierte Editor. Suchen Sie zuerst die Zeile

```
;extension=php_intl.dll
```

und entfernen Sie das vorangestellte Semikolon. Wiederholen Sie diesen Vorgang bei folgender Zeile:

```
;extension=php_xsl.dll
```

Sie haben mit diesen Änderungen nichts weiter gemacht, als die PHP-Erweiterungen INTL bzw. XSL zu aktivieren, die von Magento 2 vorausgesetzt werden. Starten Sie anschließend den Apache-Webserver neu, indem Sie auf STOPPEN und daraufhin auf STARTEN klicken. Haben Sie diese Änderungen durchgeführt, sind die grundlegenden Voraussetzungen für Magento erfüllt, und das System ließe sich installieren. Gehen Sie an dieser Stelle aber bitte noch einmal in die *php.ini*-Datei, und passen Sie zwei Einstellungen an. Suchen Sie die Zeile

```
memory_limit = 128M
```

und ersetzen Sie die 128 durch eine 512. Anschließend suchen Sie die Zeile

```
max_execution_time = 30
```

und ersetzen die 30 durch eine 360. Durch diese Änderungen haben Sie dem PHP-Prozess etwas mehr RAM zugewiesen, was für Magento definitiv nötig ist. Auch ist der Wert der maximalen Ausführungszeit nun höher. Das kommt Ihnen speziell bei Prozessen, die etwas länger laufen, zugute. Wenn Magento beispielsweise für eine Operation mehr als 30 Sekunden benötigen würde, würden Sie bei den Standard-*php.ini*-Einstellungen einfach eine Fehlermeldung erhalten. Wenn Sie diesen Wert aber hochsetzen, darf eine Operation auch ein wenig länger laufen, ohne dass direkt ein Fehler erzeugt wird.

Haben Sie diese Änderungen durchgeführt, haben Sie alle notwendigen Einstellungen und Konfigurationsparameter angepasst, um Magento 2 erfolgreich installieren zu können. Gratulation! Die nächste größere Hürde auf dem Weg zum eigenen Online-Shop auf Basis von Magento 2 haben Sie hiermit genommen.

3.2.2 XAMPP für Linux-Systeme

Sie verwenden anstelle von Windows eine Linux-Distribution? Kein Problem, denn unter Linux ist XAMPP ebenfalls verfügbar. Sofern Sie Linux verwenden, haben Sie zwar im direkten Vergleich zu Windows zusätzliche und zum Teil auch sehr einfache alternative Möglichkeiten, eine Webserver-Umgebung aufzusetzen. Aufgrund der Einfachheit lege ich Ihnen an dieser Stelle jedoch den Einsatz von XAMPP ans Herz.

Mögliche Unterschiede aufgrund der Linux-Distribution

Bei Linux ist die Systemvielfalt wesentlich größer als unter Windows. Daher sind pauschale Aussagen zur Installation kompliziert, denn je nach Linux-Distribution können sich der Installationsprozess und die gegebenenfalls auftretenden Probleme stark unterscheiden. Sollten Sie Probleme bei der Installation von XAMPP unter Linux haben, kann ich Ihnen die Webseite und ganz speziell das Diskussionsforum von XAMPP empfehlen. Hier sollten Sie bei auftretenden Problemen fündig werden.

Bei der nun folgenden Installationsanleitung gehe ich von einem auf Debian basierenden System aus. Ich selbst verwende die aktuellste Version von Debian, die Sie kostenlos unter *https://www.debian.org/* herunterladen können.

XAMPP unter Linux installieren

Um XAMPP unter Linux zu installieren, gehen Sie zuerst auf die Website von XAMPP, indem Sie die URL *http://www.apachefriends.org* in Ihrem Browser öffnen. In der oberen Navigationsleiste befindet sich der Link DOWNLOADS, auf den Sie nun klicken. Alternativ können Sie an dieser Stelle auch direkt die URL *https://www.apachefriends.org/de/download.html* aufrufen und gelangen direkt zur Download-Seite. Scrollen Sie ein wenig nach unten, bis Sie die Überschrift »XAMPP für Linux« finden.

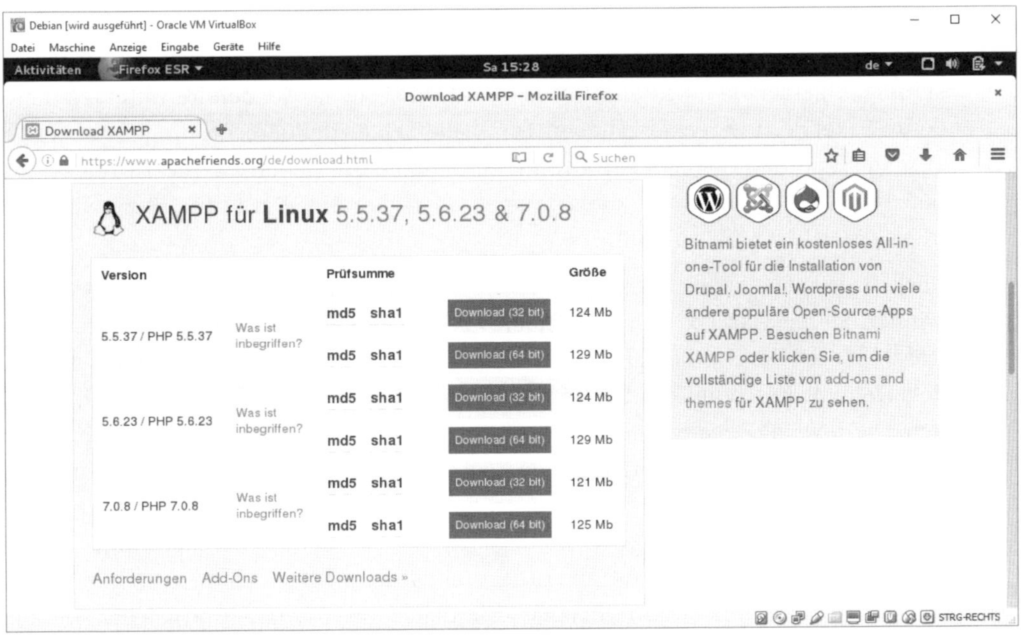

Abbildung 3.7 Auch für Linux stehen unterschiedliche XAMPP-Versionen zur Verfügung, die sich durch die inkludierte PHP-Version unterscheiden.

Exakt wie bei der XAMPP-Version für Windows existieren auch für Linux verschiedene Versionen. Der Unterschied bei den Versionen liegt in der inkludierten PHP-Version. Wenn Sie XAMPP 5.3.7 herunterladen, wird dieses Paket mit der PHP-Version 5.3.7 ausgelöst. Bei 5.6.23 ist die entsprechende PHP-Version inkludiert, und bei XAMPP 7.0.8 erhalten Sie die aktuellste Version von PHP, nämlich 7.0.8. Da Magento 2 perfekt auf PHP 7 abgestimmt ist, bitte ich Sie an dieser Stelle, diese Version herunterzuladen. Sie müssen hierzu nur auf den Button DOWNLOAD (64 BIT) klicken. Sie sollten exakt dieselbe Ansicht wie in Abbildung 3.7 haben, bei der sich auf der rechten Seite der erwähnte DOWNLOAD-Button befindet.

Sobald der Download bei Ihnen abgeschlossen ist, können Sie im nächsten Schritt mit dem Installationsprozess beginnen. Öffnen Sie hierzu das Terminal, und wechseln Sie in den Root-User, indem Sie in die Konsole `su` eingeben. Daraufhin werden Sie nach einem Passwort gefragt, das Sie an dieser Stelle eingeben. Bei alternativen Linux-Distributionen wie z. B. Ubuntu ist es nicht nötig bzw. möglich, an dieser Stelle per `su` den Benutzer zu wechseln. Im Fall von Ubuntu müssten Sie beim nächsten Befehl, den Sie ein paar Zeilen weiter finden, ein `sudo` davorstellen. Das Prinzip und das Ziel sind in beiden Fällen identisch. Um XAMPP installieren zu können, müssen Sie sich als Administrator bzw. Benutzer mit Root-Rechten anmelden, da Sie die Installation ansonsten nicht durchführen können. Sobald Sie sich als Benutzer mit Root-Rechten angemeldet haben, führen Sie bitte folgenden Befehl aus: `chmod 755 xampp-linux-*-installer.run`, wobei Sie das * durch die entsprechende Version von XAMPP ersetzen müssen. Den Pfad zu dieser Datei müssen Sie an dieser Stelle ebenso selbstständig anpassen, je nachdem in welchen Ordner Sie das soeben heruntergeladene Setup-Paket heruntergeladen haben. Durch das Setzen der Berechtigungen haben Sie anschließend die Möglichkeit, XAMPP zu installieren. Geben Sie hierzu folgenden Befehl in die Konsole ein: `./xampp-linux-*-installer.run`. Daraufhin öffnet sich der Installer (siehe Abbildung 3.8).

Klicken Sie auf NEXT, um den Installationsprozess fortzuführen. Im nächsten Schritt können Sie auswählen, welche Dateien bzw. Pakete Sie installieren möchten. Die XAMPP Core Files müssen Sie installieren, da es sich um die Basis von XAMPP handelt. Dementsprechend kann dieser Punkt an dieser Stelle auch nicht abgewählt werden. Die XAMPP Developer Files, bestehend aus Dokumentationen und weiterführenden Informationen, können Sie zwar abwählen, ich würde Ihnen die Installation aber empfehlen. Der Speicherplatzbedarf hält sich in Grenzen, und Sie haben durch die Installation keinerlei Nachteile. Gegebenenfalls möchten Sie zukünftig auf die eine oder andere Dokumentation zurückgreifen, weswegen sich die Installation der Developer Files lohnen kann. Belassen Sie daher die Auswahl, und klicken Sie auf NEXT. In der nächsten Bildschirmansicht erhalten Sie eine Information darüber, dass XAMPP unter */opt/lampp* installiert wird, wobei Sie an dieser Stelle keine Möglichkeit haben, das Verzeichnis abzuändern. Es bleibt Ihnen auch an dieser Stelle nur der

Klick auf NEXT als Option übrig. Daraufhin erhalten Sie, ähnlich wie bei der Windows-Version, weiterführende Informationen zu Bitnami, wobei Sie an dieser Stelle den Haken entfernen und auf NEXT klicken können, vorausgesetzt, Sie interessieren sich zu diesem Zeitpunkt nicht für Bitnami.

Abbildung 3.8 Die Installation von XAMPP unter Linux erfolgt mit einem grafischen Installer.

Was ist Bitnami?

Bitnami stellt für verschiedene Projekte, z. B. Wordpress oder Magento, fertig konfigurierte, leicht zu installierende Anwendungspakete zum Download bereit. Die Pakete sind teilweise kostenlos, zum Teil aber auch kostenpflichtig. Bei den kostenpflichtigen Paketen erhalten Sie unter anderem einen Support. Wenn Sie mehr über Bitnami erfahren möchten, können Sie weiterführende Informationen auf der Website *https://bitnami.com* einsehen.

Anschließend beginnt XAMPP mit der Installation der Pakete, wobei der Installationsprozess in der Regel nur wenige Minuten dauert. Sobald die Installation abgeschlossen ist, erhalten Sie eine Meldung, wie sie in Abbildung 3.9 zu sehen ist, und Sie können auf den Button FINISH klicken.

Glückwunsch! Sie haben XAMPP für Linux erfolgreich installiert und damit die Basis für die Installation von Magento geschaffen. Nach der Installation wird XAMPP standardmäßig gestartet, und die installierten Dienste stehen Ihnen zur Verfügung. Sie haben aber natürlich die Möglichkeit, XAMPP manuell zu stoppen bzw. manuell zu starten. Hierfür sind folgende Konsolenbefehle notwendig:

XAMPP starten: `/opt/lampp/lampp start`

XAMPP stoppen: `/opt/lampp/lampp stop`

Die Befehle müssen Sie als Administrator ausführen, ansonsten erhalten Sie eine Fehlermeldung wie »You need to be root to perform this action«.

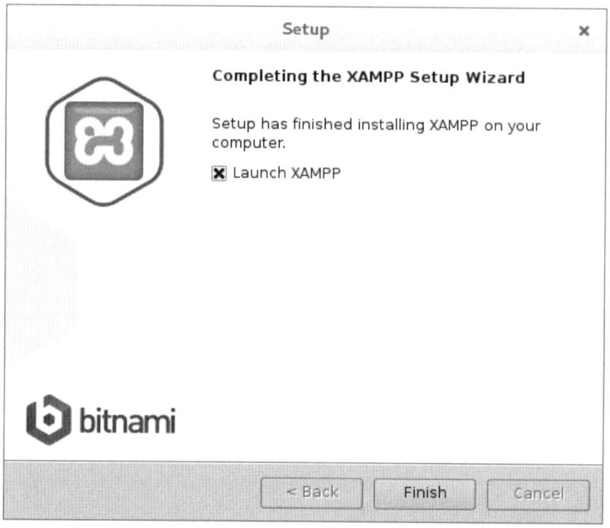

Abbildung 3.9 Glückwunsch, Sie haben XAMPP für Linux erfolgreich installiert.

Sollten Sie daher aktuell nicht mehr als Administrator angemeldet sein, was beispielsweise nach einem Neustart der Fall ist, können Sie durch den Befehl `su` in den Administrationsmodus gelangen. Sie werden anschließend nur noch nach dem Passwort für den Root-Benutzer gefragt und können durch Eingabe dieses Kennworts den Benutzer wechseln.

Wie auch unter Windows gibt es bei der Linux-Edition von XAMPP ein Control Panel, mit dem Sie XAMPP administrieren können.

Einführung in das XAMPP Control Panel

Auch wenn unter Linux viel über die Shell läuft, so bietet XAMPP doch ein grafisches Interface für die Administration an. Um dieses Interface zu starten, führen Sie zuerst folgenden Befehl in der Shell aus:

```
cd /opt/lampp
```

Damit wechseln Sie direkt in das Hauptverzeichnis, in das XAMPP installiert wurde. Wechseln Sie nun wieder in den Benutzer mit Root-Rechten, indem Sie `su` in die Konsole eingeben und den Benutzerwechsel mit der Eingabe des Passworts bestätigen. Haben Sie erfolgreich den Benutzer gewechselt, können Sie das XAMPP Control Panel starten, indem Sie folgenden Befehl in der Shell eingeben: `./manager-linux-x64.run`. Daraufhin öffnet sich die Anwendung, siehe Abbildung 3.10.

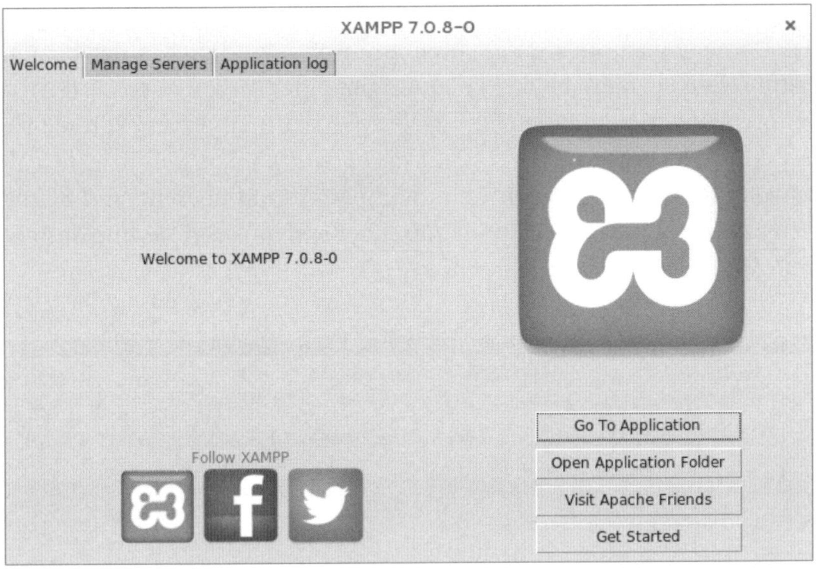

Abbildung 3.10 Das XAMPP Control Panel unter Linux

Im Gegensatz zur Windows-Edition von XAMPP sind die Möglichkeiten und Einstellungsoptionen unter Linux sehr stark begrenzt. Das bedeutet jedoch nicht, dass XAMPP unter Linux einen eingeschränkten Funktionsumfang hat, ganz im Gegenteil. Jedoch wird unter Linux relativ selten mit grafischen Oberflächen gearbeitet, speziell im Bereich der Administration von Serverdiensten. Aus diesem Grund ist auch das XAMPP Control Panel in einer doch eher reduzierten Variante verfügbar.

Nachdem Sie das XAMPP Control Panel gestartet haben, sehen Sie am oberen Rand der Anwendung insgesamt drei Reiter. Der erste Reiter zeigt Ihnen den Willkommensbildschirm an, der einen Shortcut zum Anwendungsverzeichnis hat. Im nächsten Reiter namens MANAGE SERVERS sehen Sie die installierten Dienste und den jeweiligen Status. Bei jedem Dienst haben Sie die Möglichkeit, diesen zu starten, zu stoppen und zu konfigurieren. Sollten Sie auf die Konfiguration klicken, werden Sie im nächsten Fenster auf die Konfigurationsdateien verwiesen. Diese müssen Sie in einem Texteditor bearbeiten, eine grafische Oberfläche ist nicht vorhanden. Wenn Sie sich in diesem Reiter befinden, können Sie direkt den MySQL-Server starten, da dies Voraussetzung für eine erfolgreiche Installation von Magento 2 ist. Der dritte und letzte Reiter namens APPLICATION LOG zeigt Ihnen die aktuellen Loginformationen an, beispielsweise wenn ein Dienst gestartet wurde oder Probleme aufweist.

Starten Sie nun einen Webbrowser, beispielsweise den Firefox, und rufen Sie die URL *http://127.0.0.1* auf. Durch den Aufruf dieser URL gelangen Sie auf die Startseite von XAMPP. An und für sich ist diese Startseite recht unspektakulär und bringt Ihnen in Bezug auf die Magento-Installation keinen Mehrwert. Dennoch ist die Startseite für

Sie interessant, denn über diese Startseite erreichen Sie die PHP-Systeminformationen sowie das Datenbankadministrationsprogramm phpMyAdmin. In der oberen Bildschirmhälfte sehen Sie diese beiden Links. Es gibt einen Link namens PHPINFO und einen weiteren Link mit der Bezeichnung PHPMYADMIN. Alternativ können Sie die beiden Seiten direkt unter *http://127.0.0.1/dashboard/phpinfo.php* bzw. *http://127.0.0.1/phpmyadmin/* aufrufen. Rufen Sie nun phpMyAdmin über die Verlinkung im Kopfbereich bzw. direkt über die URL auf. Anschließend müssten Sie eine Ansicht wie in Abbildung 3.11 sehen.

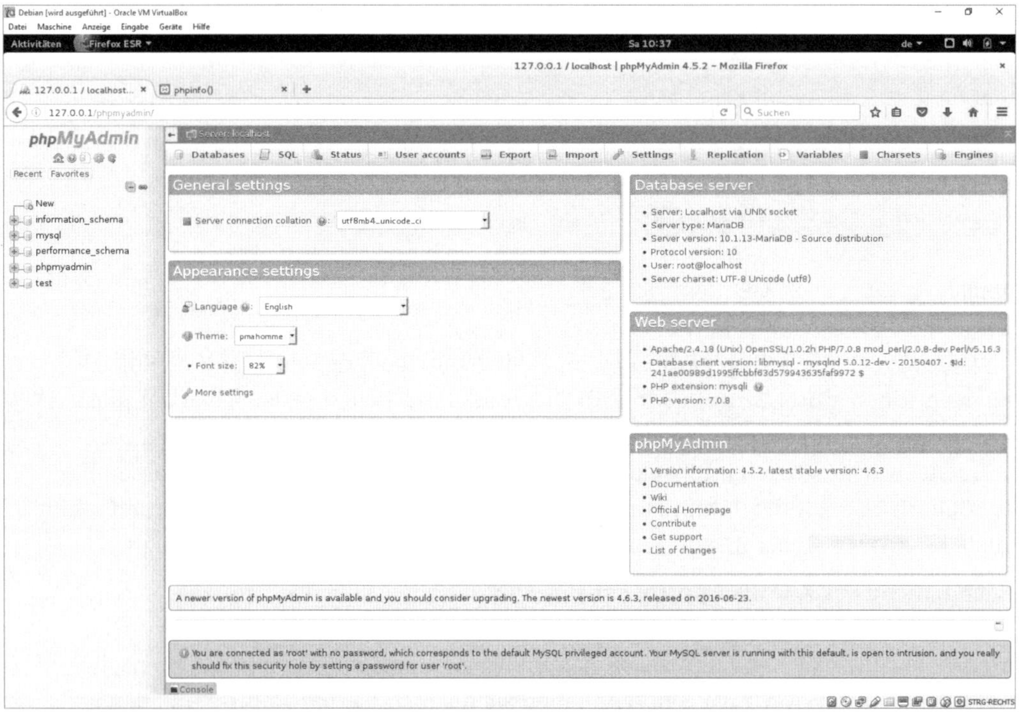

Abbildung 3.11 Mithilfe von phpMyAdmin können Sie unter Linux Datenbanken anlegen und verwalten.

Für den späteren Verlauf ist phpMyAdmin noch von großer Bedeutung, da Sie eine bzw. mehrere Datenbanken für die Installation von Magento anlegen müssen. Merken Sie sich daher diese URL, bzw. legen Sie in Ihrem Browser ein entsprechendes Bookmark an.

Wie Sie nun gesehen haben, liefert Ihnen XAMPP unter Linux grundsätzlich eine solide Basis, bestehend aus einem rudimentären Control Panel sowie einer vorinstallierten und vorkonfigurierten Version von phpMyAdmin. Sie haben damit optimale Voraussetzungen für die Installation von Magento.

Konfigurationsanpassungen für Linux

Sollten Sie den XAMPP-Installationsteil für Windows überflogen haben, wird Ihnen sicherlich der Abschnitt hinsichtlich der Konfigurationsanpassungen aufgefallen sein. Bei der Windows-Variante von XAMPP fehlen einige PHP-Module bzw. -Extensions, die für den reibungslosen Betrieb von Magento vorausgesetzt werden. Glücklicherweise ist dies bei der Linux-Variante von XAMPP nicht der Fall. Sprich, Sie können nach der Installation von XAMPP unter Linux Magento 2 problemlos installieren, ohne weitere Eingriffe in die Konfiguration tätigen zu müssen. Dennoch empfehle ich Ihnen an dieser Stelle die Modifikation von zwei Parametern innerhalb der PHP-Konfiguration. Diese sind zwar nicht zwangsläufig notwendig, aber empfehlenswert, da sie die Performance von Magento steigern.

Öffnen Sie zuerst das Terminal, und wechseln Sie durch die Eingabe von `su` den Benutzer, um Root-Rechte zu erlangen. Sobald Sie dies erledigt haben, geben Sie folgenden Befehl in das Terminal ein:

```
vim /opt/lampp/etc/php.ini
```

Bitte beachten Sie, dass Sie für die Ausführung dieses Befehls das Programm Vim installiert haben müssen. Alternativ können Sie aber jeden beliebigen Editor für die Bearbeitung der *php.ini*-Datei verwenden, z. B. vi oder nano. Wenn Ihnen das Terminal nicht liegt, können Sie die Bearbeitung der Datei ebenfalls mithilfe eines grafischen Editors vornehmen. Wichtig ist letztendlich nur, dass Sie die Bearbeitung mit Root-Rechten durchführen, da Sie die Datei ansonsten nicht speichern können.

Sobald Sie die Datei geöffnet haben, nehmen Sie folgende Anpassungen vor. Suchen Sie die Zeile `memory_limit = 128M`, und ändern Sie diese in `memory_limit = 512M` ab. Anschließend suchen Sie die Zeile `max_execution_time = 30` und ändern diese in `max_execution_time = 360`. Speichern Sie anschließend die Datei, und starten Sie den Webserver neu, indem Sie im Terminal die Befehle `/opt/lampp/lampp start` sowie `/opt/lampp/lampp stop` ausführen. Durch die beiden getätigten Anpassungen haben Sie zum einen das Speicherlimit erhöht, denn Magento läuft mit »nur« 128 MB etwas unrund. Zum anderen haben Sie die Scriptlaufzeit von 30 Sekunden auf sechs Minuten erhöht. Dadurch gewähren Sie Magento eine längere Ausführungszeit, was an der einen oder anderen Stelle zu einer Fehlervermeidung innerhalb des Systems führt.

Linux-Benutzer haben in der Regel ein sehr gutes Systemwissen

Verzeihen Sie mir an der einen oder anderen Stelle die inhaltliche Abkürzung bei der Installation und Konfiguration von XAMPP unter Linux. Sofern es sich bei Ihnen um einen Linux-Benutzer handelt, unterstelle ich Ihnen in diesem Buch ein gewisses Systemwissen, wodurch ich auf Installationsanweisungen und Nutzungshinweise zu beispielsweise Vim verzichte. Aufgrund der Vielfältigkeit und der unterschiedlichen Distributionen von Linux würde eine Detailerklärung den Rahmen dieses Buches sprengen. Sollten Sie vor größeren Problemen beim Setup unter Linux stehen, kann ich Ihnen alternativ die Nutzung der MageVM empfehlen, die im Verlauf dieses Kapitels im Detail beschrieben wird.

Glückwunsch, Sie haben mit dieser letzten Konfigurationsanpassung den Grundstein für die Installation von Magento 2 auf Ihrem System gelegt und sind somit ideal vorbereitet. Technische Hürden dürften Ihnen somit nicht mehr im Weg stehen.

3.2.3 MAMP für macOS-Systeme

Das Betriebssystem macOS von Apple erfreut sich mittlerweile speziell im Bereich der Webentwicklung und bei den Internetagenturen sehr großer Beliebtheit. Aus diesem Grund dürften die Chancen, dass Sie dieses Betriebssystem verwenden, gar nicht so gering sein. Leider gibt es ganz im Gegensatz zu Windows und Linux mit XAMPP unter macOS speziell in der Verbindung zu Magento einige Probleme. Würden Sie auf XAMPP setzen, müssten Sie eine Vielzahl von Konfigurationsparametern anpassen und Module nachinstallieren. Da ich Ihnen diese Arbeit an dieser Stelle ersparen möchte, empfehle ich Ihnen als macOS-Benutzer die Verwendung von MAMP. Hierbei handelt es sich, ganz wie bei XAMPP, um ein vorkonfiguriertes Setup bestehend aus Webserver und MySQL-Datenbankserver, auf dessen Basis Sie relativ einfach eine Magento-Instanz aufsetzen können.

Um MAMP für macOS zu installieren, rufen Sie im ersten Schritt die Website des XAMPP-Projekts unter *https://www.mamp.info* auf und klicken anschließend in der oberen Navigationsleiste auf DOWNLOADS. Anschließend erhalten Sie eine Auflistung der verschiedenen MAMP-Versionen für die Betriebssysteme Windows und macOS bzw. OS X. Neben den bisher veröffentlichten Versionen können Sie direkt die aktuelle Version von MAMP herunterladen. Zum Zeitpunkt, als ich dieses Kapitel verfasst habe, handelte es sich um die Version 3.5.2, die mit PHP 7 ausgeliefert wird. Klicken Sie jetzt auf DOWNLOAD, um MAMP herunterzuladen.

MAMP und MAMP PRO

Insgesamt existieren zwei Varianten von MAMP. Zum einen gibt es das klassische MAMP, das vollkommen kostenfrei verwendet werden kann. Zum anderen existiert eine Pro-Version, die mit Kosten verbunden ist. Die kostenpflichtige Version hat einen sehr interessanten und ansprechenden Funktionsumfang, der zusätzliche Kosten rechtfertigt. In Ihrem Fall reicht die kostenfreie Version jedoch aus. Sie müssen daher nicht die Befürchtung haben, dass im späteren Verlauf gegebenenfalls Kosten entstehen. Alle Übungen dieses Buches können problemlos mit der kostenfreien Version durchgeführt werden.

Nachdem Sie das knapp 250 MB große Installationspaket heruntergeladen haben, starten Sie den Installationsprozess, indem Sie die soeben heruntergeladene *.pkg*-Datei per Doppelklick öffnen. In der ersten Ansicht können Sie recht wenig machen und haben nur die Möglichkeit, die Installation abzubrechen oder fortzuführen. Klicken Sie auf den Button FORTFAHREN, um die Installation fortzusetzen. In der nächsten Ansicht werden Sie darauf hingewiesen, dass MAMP zwei Verzeichnisse anlegt, eines für die kostenfreie sowie eines für die kostenpflichtige Version. An dieser Tatsache können Sie relativ wenig ändern, weswegen Sie auf FORTFAHREN klicken, um den nächsten Schritt der Installation zu erreichen. Akzeptieren Sie im darauffolgenden Dialog den Lizenzvertrag, indem Sie auf den Button FORTFAHREN klicken und den darauffolgenden Dialog ebenfalls bestätigen. Nun müssen Sie das Zielvolumen auswählen. Hier wird Ihre Festplatte erscheinen, wie Sie in Abbildung 3.12 erkennen können, die Sie bitte auswählen, bevor Sie dann auf FORTFAHREN klicken.

Abbildung 3.12 Auswahl des Installationsvolumens

Im nächsten Schritt müssen Sie den Speicherort für die Installation bestimmen. Ich empfehle Ihnen, die Auswahl unverändert zu lassen und die Installation durch den Klick auf INSTALLIEREN einzuleiten. Nach wenigen Sekunden, maximal ein paar Minuten, sollte bei Ihnen die Installation abgeschlossen sein, und Sie können den Installationsprozess verlassen, indem Sie auf SCHLIESSEN klicken. Damit haben Sie MAMP erfolgreich installiert!

Bevor Sie nun mit der Konfiguration von MAMP beginnen können, empfehle ich Ihnen die Deinstallation von MAMP Pro. Die kostenpflichtige Version ist zwar als 14-tägige Demo beigefügt, aber letztendlich benötigen Sie dieses Programm nicht. Öffnen

Sie den Finder, und wechseln Sie zu PROGRAMME. Gehen Sie in den Ordner MAMP PRO, starten Sie das darin befindliche Programm MAMP PRO Uninstaller, und klicken Sie anschließend auf UNINSTALL. Damit haben Sie MAMP Pro deinstalliert und verfügen über eine saubere Basis für die Installation von Magento.

Einführung in MAMP

Zur Administration von MAMP steht, ähnlich wie bei XAMPP, eine Anwendung bereit. Öffnen Sie den Finder, und wechseln Sie zu PROGRAMME. Öffnen Sie das Verzeichnis MAMP, und starten Sie die Anwendung MAMP. Daraufhin öffnet sich ein Fenster, wie in Abbildung 3.13 zu sehen.

Abbildung 3.13 Die Verwaltungsoberfläche von MAMP

Klicken Sie auf SERVER STARTEN, um den Webserver zu starten. Nachdem Sie den Server gestartet haben, können Sie diesen über einen Button, der sich an der identischen Stelle befindet, übrigens auch wieder herunterfahren bzw. neu starten.

Nachdem Sie den Server gestartet haben, klicken Sie bitte auf EINSTELLUNGEN. Innerhalb der Einstellungen, die Sie an dieser Stelle im Prinzip ignorieren können, haben Sie die Möglichkeit, verschiedenste Dinge von MAMP zu konfigurieren. Unter anderem, ob der Server mit dem Start des Systems gestartet werden soll, aber auch, welche PHP-Version Sie verwenden möchten und auf welchen Ports die jeweiligen Dienste laufen. Schauen Sie sich die Konfigurationseinstellungen gern in einer ruhigen Minute im Detail an, die gute Nachricht ist jedoch, dass Sie für die Installation von Magento an dieser Stelle nichts anpassen müssen. Schließen Sie die Einstellungen, und klicken Sie auf WEBSTART ÖFFNEN. Daraufhin öffnet sich Ihr Standard-Browser, und Sie erhalten eine Art Dashboard. Neben aktuellen Informationen zu MAMP in Form von News und aggregierten Informationen, beispielsweise MySQL-Zugangsdaten, ist vor allem die obere Navigationsleiste, die Sie in Abbildung 3.14 sehen, von Bedeutung.

Abbildung 3.14 Das Dashboard von MAMP

Über diese Navigation haben Sie die Möglichkeit, die PHP-Konfiguration einzusehen; für die Administration der Datenbank steht ebenso das Tool *phpMyAdmin* bereit, das über diese Navigation erreicht werden kann. Da Sie im Verlauf des Buches einige Datenbanken erstellen und gegebenenfalls auch löschen müssen, sollten Sie sich diesen Link einprägen bzw. aufrufen und anschließend zu den Bookmarks hinzufügen.

Konfigurationsanpassungen für macOS

Bevor Sie später mit der Installation von Magento beginnen können, sollten Sie im Vorfeld noch Konfigurationsanpassungen an PHP vornehmen. Dabei handelt es sich um zwei Parameter, die ich aus Gründen der Performance anpassen würde, die aber nicht zwangsläufig angepasst werden müssen. Magento könnten Sie auch ohne diese Konfigurationsanpassungen installieren, letztendlich geht es nur darum, dass Magento noch besser und geschmeidiger ausgeführt werden kann.

Begeben Sie sich erneut in den Finder, und öffnen Sie den Reiter PROGRAMME. Gehen Sie anschließend in das Verzeichnis *MAMP/bin/php/php7.0.8/conf*, und öffnen Sie die Datei *php.ini* mit einem Texteditor Ihrer Wahl. Sollten Sie keinen speziellen Texteditor installiert haben, kann ich Ihnen die Verwendung von Textedit empfehlen. Dieser Editor wird standardmäßig mit macOS ausgeliefert und erfüllt seine Aufgabe perfekt.

Suchen Sie nun die Zeile `memory_limit = 128M` und ersetzen Sie `128M` durch `1024M`. Dadurch erhält Magento bzw. der PHP-Prozess mehr Arbeitsspeicher, was an der einen oder anderen Stelle förderlich sein wird. Daraufhin suchen Sie die Zeile `max_execution_time = 30` und ersetzen die `30` durch eine `360`. Sollte ein PHP-Prozess länger als

30 Sekunden laufen, wird er nun nicht mehr abgebrochen, sondern erhält einfach mehr Zeit. Auch das wird Ihnen an der einen oder anderen Stelle helfen, Probleme zu vermeiden.

Speichern Sie nach diesen beiden Änderungen die Datei, und starten Sie den Webserver über die MAMP-Anwendung neu. Anschließend greifen Ihre Konfigurationseinstellungen, die Sie soeben gesetzt haben.

Unterschiede zu XAMPP

Bitte berücksichtigen Sie, dass es, speziell wenn es um die Installation von Magento geht, zwischen MAMP und XAMPP ein paar Unterschiede gibt. Unter MAMP lautet zum einen Ihre lokale Domain nicht *http://localhost*, sondern *http://localhost:8888*, zum anderen verfügt der MySQL-Benutzer unter MAMP über ein Passwort namens *root*. Sieht man von diesen beiden Besonderheiten ab, auch wenn es zusätzlich noch weitere gibt, die Sie aber nicht betreffen, gibt es keine speziellen Punkte, die Sie bei der Nutzung von MAMP beachten müssten. Sollten Sie dennoch Fragen haben oder vor Problemen stehen, empfehle ich einen Besuch der offiziellen Website unter *https://www.mamp.info*. Neben einer Dokumentation können Sie über die Website auch Kontakt zu Gleichgesinnten aufnehmen, die bei Fragen oder Problemen zur Verfügung stehen. Diese tummeln sich primär auf der Plattform *Stackoverflow*, die auf der offiziellen Website von MAMP entsprechend verlinkt ist.

3.3 Installation von Magento

Unabhängig davon, welches Betriebssystem Sie verwenden, sollten Sie an diesem Punkt eine lauffähige und vorkonfigurierte Webserver-Umgebung haben, um Magento installieren zu können. Da sich Magento auf unterschiedlichste Arten installieren lässt, möchte ich Ihnen die populärsten Varianten an dieser Stelle im Detail vorstellen. Welche Sie letztendlich bei sich lokal verwenden, bleibt Ihnen überlassen, und Sie können die Installationsroutine nehmen, die für Sie am einfachsten bzw. am schnellsten ist.

3.3.1 Grundvoraussetzung Datenbank

Bevor ich mit Ihnen an dieser Stelle die jeweiligen Installationsmöglichkeiten von Magento durchgehe, möchte ich das Thema Installation von Magento kurz verlassen und mich der Verwaltung der Datenbanken samt dem Tool phpMyAdmin widmen. Für die Installation von Magento benötigen Sie eine Datenbank. Wenn Sie mit den verschiedenen Installationsmöglichkeiten etwas experimentieren, sind mehrere Datenbanken notwendig. Da Magento innerhalb des Installationsprozesses keine

Datenbank automatisch anlegt, müssen Sie dies im Vorfeld machen. Damit Sie bei der Anlage der Datenbanken nicht in die Tiefen von MySQL auf Basis der Kommandozeile abtauchen oder eine weitere Software installieren müssen, steht Ihnen das Werkzeug *phpMyAdmin* zur Verfügung. Dieses wird Ihnen, wie Sie auf den vorherigen Seiten bereits erfahren haben, mit XAMPP von Haus aus ausgeliefert.

Um phpMyAdmin zu starten, öffnen Sie den Webbrowser Ihrer Wahl und rufen die URL *http://127.0.0.1/phpmyadmin* auf. Sie erhalten anschließend eine Ansicht wie in Abbildung 3.15.

Auf der linken Seite sehen Sie alle bereits angelegten Datenbanken. Hier können Sie per Klick auf die jeweilige Datenbank eine auswählen und erhalten anschließend eine Auflistung aller Tabellen. Bei den jeweiligen Tabellen können Sie die Einträge einsehen, die Struktur editieren oder grundsätzlich SQL Queries ausführen.

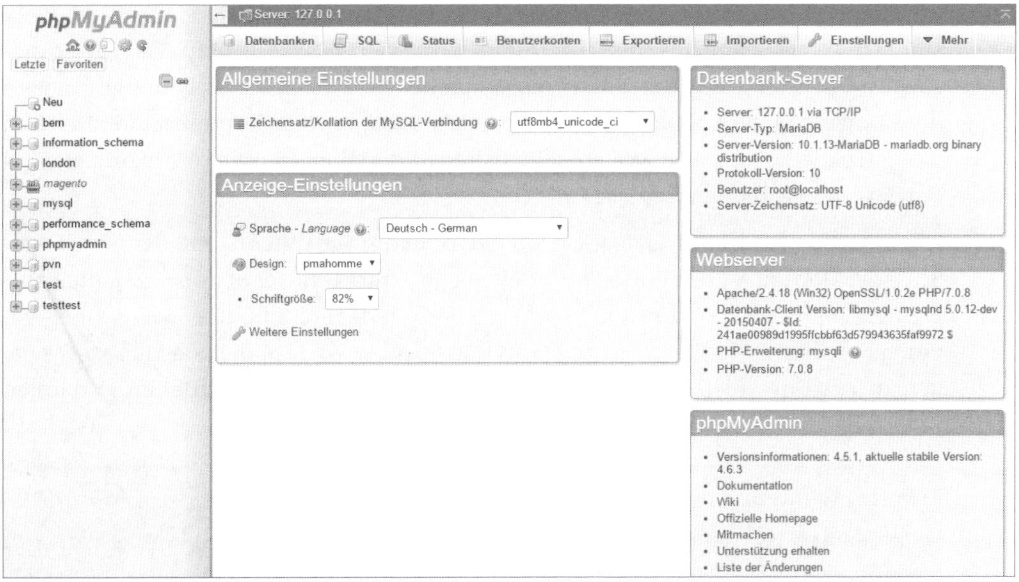

Abbildung 3.15 phpMyAdmin ist das Tool schlechthin, wenn es um die Verwaltung von Datenbanken geht.

Um eine weitere Datenbank anzulegen, klicken Sie in der linken Navigationsleiste, in der Sie alle bereits angelegten Datenbanken sehen, auf NEU. Sie werden zu einer neuen Maske weitergeleitet, in der Sie einen Datenbanknamen eingeben können. Zudem können Sie die Kollation auswählen, wobei Sie an dieser Stelle keine Änderung vornehmen möchten. Legen Sie jetzt eine neue Datenbank namens *magento* an, indem Sie den Datenbanknamen eingeben und auf ANLEGEN klicken. Daraufhin erhalten Sie von phpMyAdmin eine Erfolgsmeldung, und Sie haben die neue Datenbank problemlos angelegt.

Bitte haben Sie an dieser Stelle Verständnis, dass eine ausführliche Erklärung dieses umfangreichen Datenbankadministrationswerkzeugs zu weit ginge. Die wichtigste Funktion, um den Anleitungen dieses Buches folgen zu können, ist die Anlage neuer Datenbanken. Wenn Sie Probleme beim Umgang mit phpMyAdmin haben oder sich die verschiedenen Möglichkeiten der Software anschauen möchten, empfehle ich Ihnen die offizielle Dokumentation, die Sie unter *https://www.phpmyadmin.net/docs/* einsehen können. Dank dieser Dokumentation dürften bei Ihnen keine Fragen offenbleiben.

3.3.2 Klassische Installation per Weboberfläche

Die einfachste Installationsvariante taufe ich spontan die *klassische Installation*. Hierbei laden Sie sich das komplette Magento-Installationsarchiv herunter und installieren die Software. Rufen Sie, um Magento herunterzuladen, zuerst die Website *http://www.magento.com* auf. In einer ruhigen Minute sollten Sie sich grundsätzlich ein wenig mit der offiziellen Magento-Website beschäftigen, denn neben dem Download der Software finden Sie hier die Magento-Dokumentation und auch das offizielle Forum. Die Magento-Website sollte daher Ihre erste Anlaufstelle bei Fragen oder Problemen sein.

Klicken Sie in der Hauptnavigation auf PRODUCTS & SOLUTIONS und dann auf OPEN SOURCE. Alternativ können Sie diese Seite ebenso direkt unter *https://magento.com/products/open-source* aufrufen. Im oberen Bereich der Seite finden Sie anschließend einen Button mit der Beschriftung DOWNLOAD NOW vor, auf den Sie klicken. Sie gelangen zur Download-Seite von Magento, die Ihnen die verschiedenen Versionen und Updates zu Magento anbietet.

Magento mit und ohne Dummy-Daten

Unabhängig von der jeweiligen Magento-Version steht jede Version in zwei Varianten zur Verfügung. Sie können Magento mit, aber auch ohne Dummy-Daten, auch Sample Data genannt, herunterladen. Die Variante ohne Dummy-Daten entspricht einer »nackten« Magento-Installation. Laden Sie die Variante mit Dummy-Daten herunter, werden Sie bereits Produkte, Kategorien und Kundendaten vorfinden.

Wählen Sie jetzt bei der aktuellsten Version von Magento (zum Zeitpunkt der Manuskripterstellung ist das die Version 2.1.7) den Full Release ohne Dummy-Daten (Sample Data) aus. Es stehen Ihnen drei Download-Varianten zur Verfügung, unterschieden nach der Art der Kompression. Ich wähle in meinem Fall das Zip-Archiv und klicke anschließend auf DOWNLOAD.

Der Download von Magento ist nur möglich, wenn Sie über ein Benutzerkonto verfügen und angemeldet sind, Sie sehen den entsprechenden Dialog in Abbildung 3.16.

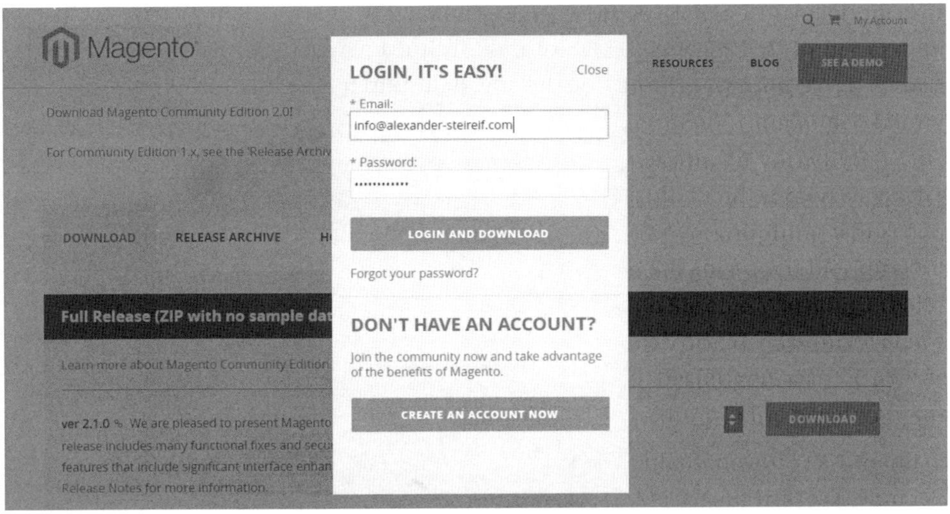

Abbildung 3.16 Ein Download von Magento ist nur im angemeldeten Zustand möglich.

Sollten Sie noch kein Benutzerkonto auf magento.com angelegt haben, können Sie dies nun erledigen, indem Sie auf CREATE AN ACCOUNT NOW klicken. Die Erstellung ist innerhalb weniger Minuten erledigt und für Sie mit keinerlei Kosten verbunden. Sie können daher das Benutzerkonto bedenkenlos registrieren. Damit haben Sie übrigens später auch die Möglichkeit, im Magento-Diskussionsforum aktiv zu werden und Fragen zu stellen sowie anderen Nutzern bei deren Problemen zu helfen. Für den Fall, dass Sie bereits über ein Benutzerkonto verfügen, können Sie sich an dieser Stelle mit Ihren Benutzerkontodaten anmelden, um den Download zu starten. Nachdem Sie das Installationsarchiv heruntergeladen haben, müssen Sie dies anschließend in Ihren *htdocs*-Ordner in einem Ordner, den Sie frei benennen können, extrahieren. Der *htdocs*-Ordner befindet sich bei Ihnen je nach gewähltem Betriebssystem und Installationsoption an unterschiedlichen Stellen. Sollten Sie sich an diesem Punkt nicht sicher sein, werfen Sie bitte nochmals einen Blick in die beschriebene Installationsanleitung von XAMPP für Ihr Betriebssystem, denn aus der Anleitung geht der *htdocs*-Ordner hervor. Innerhalb des *htdocs*-Ordners empfehle ich Ihnen die Anlage eines Verzeichnisses namens *magento*, in das Sie alle Dateien extrahieren. Ihr Verzeichnis und dessen Inhalte sollten anschließend aussehen wie in Abbildung 3.17.

Rufen Sie anschließend über Ihren Browser die Magento- Installationsroutine auf, indem Sie die URL *http://127.0.0.1/magento* verwenden. Haben Sie den Ordner mit dem Magento-Archiv anders benannt, müssen Sie die URL entsprechend anpassen. Haben Sie die richtige URL aufgerufen, werden Sie den Magento-Installationsprozess vorfinden. Um diesen zu starten, müssen Sie als Nächstes auf AGREE AND SETUP MAGENTO klicken. Im ersten Schritt des Installationsprozesses prüft Magento die technischen Voraussetzungen. Diese sollten Sie unabhängig vom verwendeten Betriebssystem erfüllen, wenn Sie XAMPP gemäß Anleitung installiert haben. Klicken Sie auf START READINESS CHECK, um die technischen Voraussetzungen für die Installation von Magento zu prüfen. Im Idealfall sollten Sie eine Ansicht wie in Abbildung 3.18 erhalten.

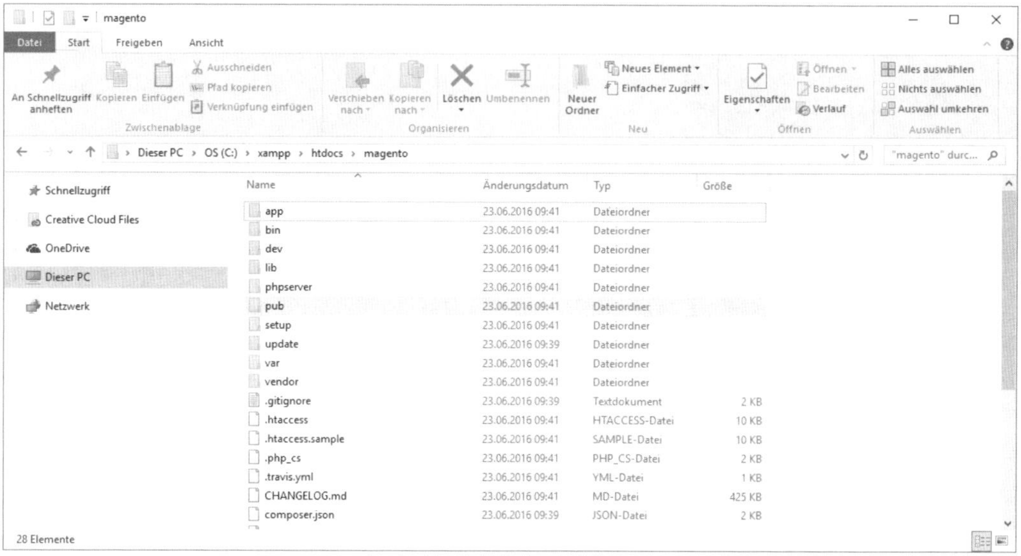

Abbildung 3.17 Verzeichnisstruktur für die Installation von Magento

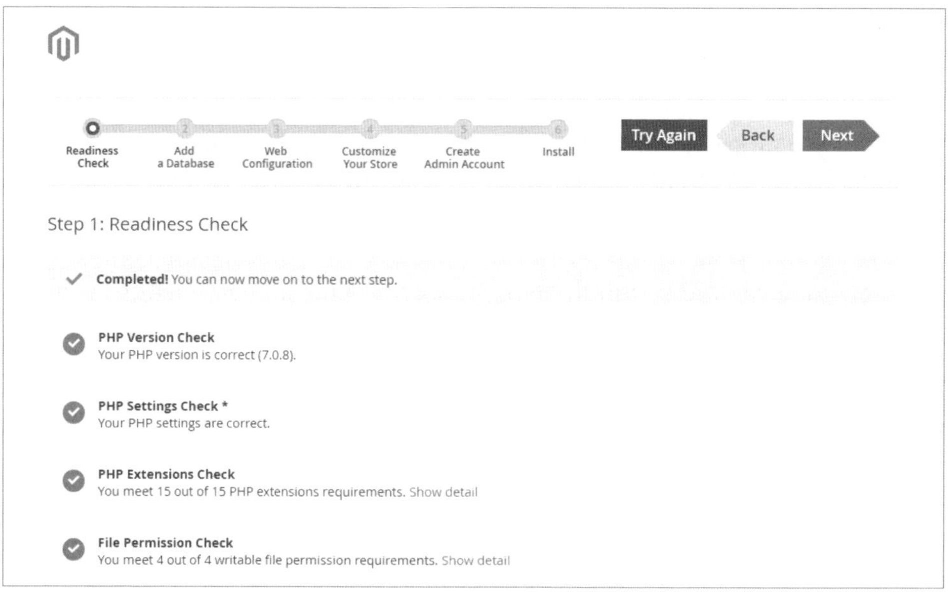

Abbildung 3.18 Die Magento-Installationsroutine prüft die technischen Voraussetzungen.

Da in meinen Fall alle Haken grün eingefärbt sind, kann ich mit der Installation fortfahren. Sie sollten exakt dieselbe Darstellung vorfinden. Sollte es, aus welchen Gründen auch immer, bei Ihnen zu Problemen kommen, zeigt Ihnen Magento exakt das Problem an. Ein häufig auftretendes Problem ist eine zu alte PHP-Version, aber auch fehlende PHP-Erweiterungen können Probleme verursachen. Sollte dies bei Ihnen auch der Fall sein, beispielsweise, wenn Sie nicht XAMPP, sondern ein anderes Setup verwenden, müssen Sie an dieser Stelle eingreifen.

Magento zeigt Ihnen jedenfalls eine so detaillierte Fehlermeldung wie möglich an. Klicken Sie auf NEXT, um mit der Installation fortzufahren. In der darauffolgenden Ansicht müssen Sie im zweiten Schritt die Zugangsdaten zur Datenbank hinterlegen. Hierfür können Sie folgende Einstellungen verwenden:

- Database Server Host: localhost bzw. 127.0.01
- Database Server Username: root
- Database Server Password: leer lassen, da XAMPP im Standard kein Passwort für den MySQL-root-Benutzer hinterlegt
- Database Name: der von Ihnen definierte Datenbankname, z. B. magento
- Table prefix: leer lassen

Im Prinzip müssen Sie nur den Datenbanknamen abändern, je nachdem welchen Namen Sie bei der Anlage der Datenbank in phpMyAdmin hinterlegt haben. Nachdem Sie das Formular ausgefüllt haben, klicken Sie auf NEXT.

Im dritten Konfigurationsschritt können Sie die URL Ihres Magento-Shops sowie des Magento-Backends definieren. Das Backend ist der Administrationsbereich, mit dessen Hilfe Sie später Magento verwalten können. Die vorausgefüllten Einstellungen können Sie an dieser Stelle belassen, wie sie sind.

Merken Sie sich die Magento-Admin-Adresse

In Version 1 war das Magento-Backend immer unter */admin* aufrufbar. Aus Sicherheitsgründen erzeugt Magento 2 bei der Installation eine individuelle Backend-URL, z. B. */admin_4abg1s*. Diese können Sie bei der Installation selbst editieren, der Grundgedanke einer komplett individuellen URL für das Backend ist jedoch richtig. Notieren Sie sich daher bei der Installation die definierte Backend-URL, bzw. legen Sie ein entsprechendes Bookmark an.

Neben den URLs können Sie zudem weitere Einstellungen vornehmen. Diese befinden sich im Punkt ADVANCED OPTIONS, den Sie durch einen Klick öffnen können, wie Sie in Abbildung 3.19 sehen.

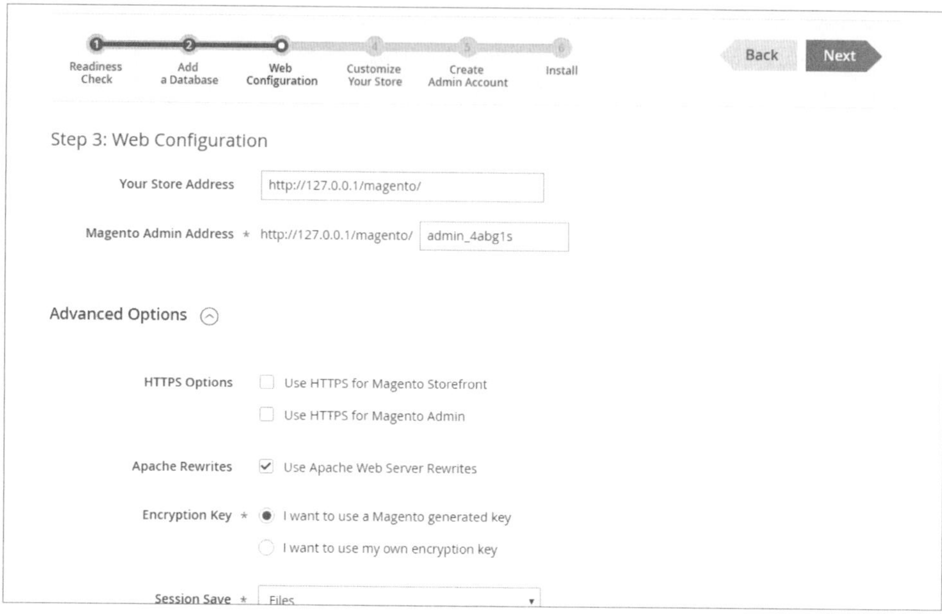

Abbildung 3.19 Erweiterte Einstellungen lassen sich im Konfigurationsschritt drei durch Aufklappen der »Advanced Options« hinterlegen.

Bei den HTTPS OPTIONS können Sie durch einen Haken bei der Storefront (Frontend) bzw. Admin (Backend) definieren, ob Sie SSL verwenden möchten. Haben Sie beispielsweise bei Ihrem Webhoster ein SSL-Zertifikat, das gesicherte Verbindungen ermöglicht, muss bei den URLs anstelle von http das Protokoll https verwendet werden. Sollte Ihnen bei der Installation ein solches SSL-Zertifikat bereits zur Verfügung stehen, was im Fall von XAMPP jedoch nicht zutrifft, können Sie dies an dieser Stelle entsprechend vermerken. Bei den APACHE REWRITES handelt es sich um suchmaschinenfreundliche URLs. Magento hat zwei Methoden, um URLs zu erzeugen; diejenige, die über die Apache Rewrites läuft, ist die bessere. Aus diesem Grund ist diese Option bereits vorausgewählt. Eine Abwahl der Option würde nur sinnvoll sein, wenn Sie nicht auf die Apache Rewrites zurückgreifen können, z. B. wenn Sie einen anderen Webserver als den IIS unter Windows verwenden würden. Der ENCRYPTION KEY dient zur Verschlüsselung der Passwörter. Magento kann einen Encryption Key erzeugen; wenn Sie bereits einen haben, könnten Sie diesen an dieser Stelle hinterlegen, indem Sie die Option I WANT TO USE MY OWN ENCRYPTION KEY auswählen. Auch diese Option soll Sie an dieser Stelle nicht stören; belassen Sie die Auswahl bitte bei I WANT TO USE A MAGENTO GENERATED KEY. Bei der letzten Option können Sie den Speicherort der Session-Dateien definieren. Zur Auswahl stehen das Dateisystem und die Datenbank. Welche Option besser ist, kann pauschal nicht beantwortet werden. Es hängt immer vom Hosting-Setup, der Performance der Server aber auch von der gesamten Infrastruktur ab. Belassen Sie bei der lokalen Installation ruhig die Option bei Files, beim lokalen Setup würden Sie keine Unterschiede zwischen beiden Optionen feststellen. Klicken Sie auf Next, um den nächsten Installationsschritt zu initialisieren.

Der vierte Schritt dreht sich primär um Lokalisierungsoptionen. Treffen Sie hierfür folgende Einstellungen:

- Store Default Time Zone: Central European Standard Time (Europe/Berlin)
- Store Default Currency: Euro (EUR)
- Store Default Language: German (Germany)

Neben den Lokalisierungsoptionen können Sie innerhalb dieses Schrittes beim Punkt Advanced Modules Configurations definieren, welche Magento-Module Sie installieren möchten. Mit Version 2 hat Magento einen noch modulareren Aufbau erhalten. Dieser modulare Aufbau ermöglicht die gezielte Installation von einzelnen Komponenten und bietet zudem die Möglichkeit, einzelne Komponenten auszutauschen, ohne gleich die gesamte Software modifizieren zu müssen. Belassen Sie hier die Vorauswahl, die alle Magento-Komponenten installiert, und klicken Sie auf Next.

Die Installation neigt sich mit dem fünften Schritt dem Ende zu; hier müssen Sie einen Administrations-Account anlegen (siehe Abbildung 3.20).

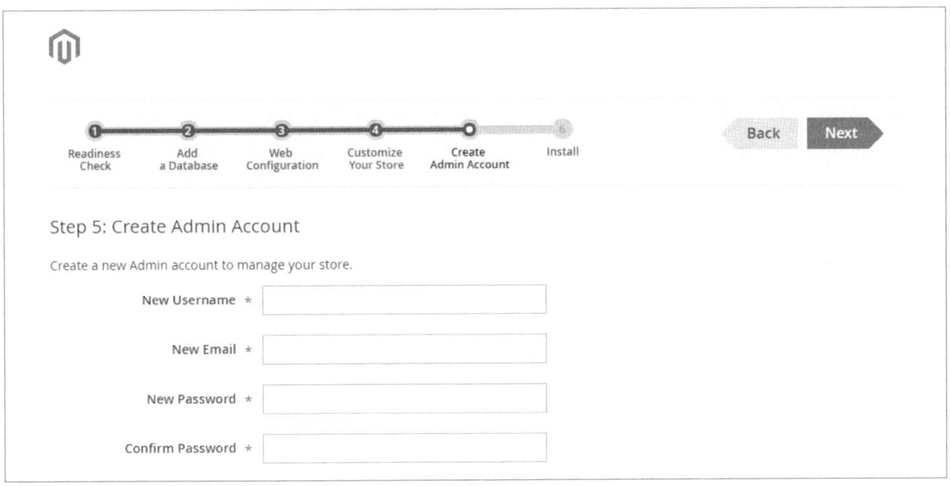

Abbildung 3.20 Die Anlage eines Administrations-Accounts

Dazu sind ein Benutzername, eine E-Mail sowie ein Passwort notwendig. Füllen Sie die dargestellten Formularfelder aus, und klicken Sie auf Next. Sie gelangen zum sechsten Schritt, der aus dem Button Install now besteht, den Sie bestätigen, um schließlich die Installation von Magento zu starten. Magento beginnt nun mit der Installation des Systems, was einige Zeit in Anspruch nehmen kann. Sie sehen zu jedem Zeitpunkt, mit welchen Tätigkeiten die Installationsroutine beschäftigt ist (siehe Abbildung 3.21).

Abbildung 3.21 Der Installationsfortschritt von Magento wird unter anderem in einem Log ausgegeben.

Sobald Magento mit dem Installationsprozess fertig ist, sehen Sie eine neue Seite samt Erfolgsmeldung. Auf dieser Seite erhalten Sie nochmals eine Zusammenfassung wichtiger Daten. Neben Ihrem Benutzernamen zeigt Magento die Frontend- und Backend-URL an, zudem erhalten Sie den Encryption Key. Es kann durchaus sinnvoll sein, diese Seite in Form einer PDF-Datei zu speichern bzw. sich die wichtigsten Informationen zu notieren. Besonders wichtig ist an dieser Stelle, wie eingangs erwähnt, die Backend-URL, da diese bei jeder Magento-Installation individuell erzeugt wird.

Bevor ich Ihnen nun zur Installation von Magento 2 gratulieren kann, müssen Sie abschließend noch eine weitere Anpassung vornehmen. Da Magento während der Nutzung relativ viele dynamische Dateien erzeugt, benötigt es entsprechende Schreibrechte. Sie müssen daher dem Hauptverzeichnis von Magento erweiterte Rechte zuweisen. Öffnen Sie hierfür das *htdocs*-Verzeichnis, klicken Sie mit der rechten Maustaste auf das Verzeichnis MAGENTO, und wählen Sie den Menüpunkt EIGENSCHAFTEN. Entfernen Sie bei Attribute den Haken SCHREIBGESCHÜTZT (BETRIFFT NUR DATEIEN IM ORDNER), und bestätigen Sie mit OK.

Berechtigungen unter macOS und Linux

Für den Fall, dass Sie macOS bzw. Linux einsetzen, müssen Sie die Berechtigungen des Verzeichnisses ebenfalls anpassen. Der einfachste Weg bei beiden Systemen führt über das Terminal. Rufen Sie dieses auf, und führen Sie den folgenden Befehl aus, bei dem Sie aber noch den Verzeichnispfad Ihrer Magento-Installation entsprechend anpassen müssen:

```
chmod -R 777 /pfad/zu/htdocs/magento
```

Nachdem Sie die Schreibrechte angepasst haben, müssen Sie anschließend noch die statischen Dateien erzeugen.

Starten Sie hierfür unter Windows die Eingabeaufforderung, und navigieren Sie in das Hauptverzeichnis Ihrer Magento-Installation. In meinem Fall befindet sich dieses unter *C:/xampp/htdocs/magento*, weswegen ich mit dem Befehl `cd C:/xampp/htdocs/magento` direkt in dieses Verzeichnis wechseln kann. Innerhalb dieses Verzeichnisses müssen Sie den Befehl `php bin/magento setup:static-content:deploy de_DE` ausführen.[1] Mit diesem Befehl starten Sie eine in Magento enthaltene Konsolenanwendung, die Sie im späteren Verlauf dieses Buches noch genauer kennenlernen werden. Diese Konsolenanwendung benötigen Sie in diesem Schritt für die Erzeugung der statischen Dateien. Für den Fall, dass Sie nicht Windows, sondern Linux oder macOS verwenden, ist die Vorgehensweise übrigens identisch. Einzig die Verzeichnisstruktur wird sich bei Ihnen geringfügig unterscheiden. Durch den Aufruf des oben aufgeführten Befehls erzeugt Magento nun die für den Betrieb benötigten statischen Dateien. Dabei handelt es sich primär um Grafiken, aber speziell die JavaScript- und CSS-Dateien sind elementar für den Betrieb von Magento. Würden Sie diesen Befehl nicht ausführen, würden Sie beim Aufruf des Frontends bzw. Backends eine recht zerstörte Darstellung erhalten, da Magento ohne Stylesheets und JavaScript-Funktionen geladen wird. Dieser Schritt ist also zwingend notwendig für die Installation von Magento.

Nachdem Sie diesen Schritt durchgeführt haben, haben Sie erfolgreich Magento installiert, und einer Nutzung des Systems steht nichts mehr im Weg. Gratulation, den ersten wichtigen Schritt für den Aufbau Ihres Online-Shops haben Sie somit gelegt!

3.3.3 Klassische Installation per Kommandozeile

Im vorherigen Abschnitt habe ich Ihnen gezeigt, wie Sie das heruntergeladene Installationspaket von Magento mittels der Weboberfläche, also mithilfe Ihres Browsers, installieren können. Alternativ hierzu gibt es jedoch noch eine weitere Möglichkeit

1 Weiterführende Informationen zu diesem Befehl erhalten Sie unter *http://devdocs.magento.com/guides/v2.1/config-guide/cli/config-cli-subcommands-static-view.html*.

zur Installation. Denn Sie können Magento auch mittels Terminal, sprich über die Konsole, installieren.

Legen Sie mithilfe von phpMyAdmin eine weitere Datenbank an, und laden Sie sich, sofern Sie das Zip-Archiv gelöscht haben, die aktuellste Version von Magento herunter. Die Vorgehensweise für diese beiden Aufgaben finden Sie in Abschnitt 3.3.1, »Grundvoraussetzung Datenbank«, und Abschnitt 3.3.2, »Klassische Installation per Weboberfläche«, weshalb ich an dieser Stelle auf eine Doppelung des Inhalts verzichte. Sobald Sie das Magento-Installationsarchiv heruntergeladen haben, entpacken Sie den gesamten Inhalt in ein beliebiges Verzeichnis in Ihrem *htdocs*-Ordner. Ich habe für dieses Beispiel ein weiteres Verzeichnis namens *magento_terminal* angelegt, das sich in meinem *htdocs*-Ordner befindet, d. h., die Verzeichnisstruktur auf meinem Computer lautet *htdocs/magento_terminal*. Sie können Ihre Verzeichnisstruktur mit der in Abbildung 3.22 ersichtlichen Struktur abgleichen, Ihre sollte, abgesehen vom Verzeichnisnamen, den Sie frei wählen können, identisch aussehen.

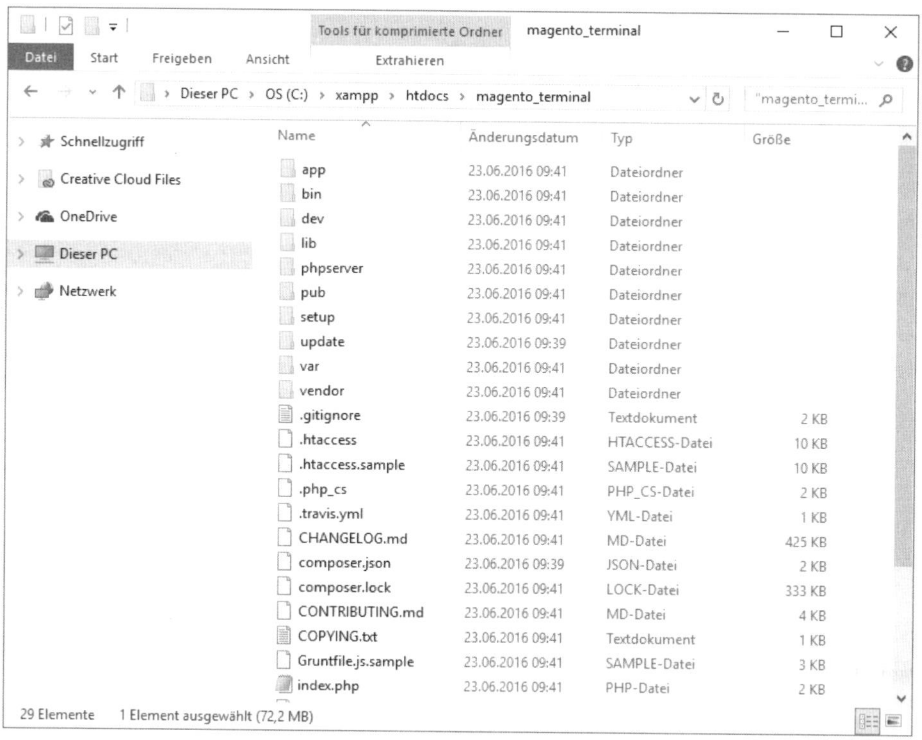

Abbildung 3.22 Verzeichnisstruktur von Magento

Öffnen Sie nach dem Extrahieren das Terminal. Unter Windows handelt es sich um die Eingabeaufforderung, unter macOS um das Terminal und unter Linux um die Shell. Navigieren Sie zu dem Verzeichnis, in das Sie Magento extrahiert haben. In meinem Fall erreiche ich den Verzeichniswechsel mit dem Befehl `cd C:\xampp\`

htdocs\magento_terminal. Im Magento-Verzeichnis angekommen, können Sie mit dem Befehl php bin/magento die Magento-Konsolenanwendung aufrufen.

Auf die Konsolenanwendung und die Vielzahl von Möglichkeiten werde ich im späteren Verlauf des Buches gesondert eingehen, da der Umfang dieser Anwendung wirklich sehr groß ist. An dieser Stelle möchte ich mich auf eine Funktion beschränken, nämlich auf die Installation.

Innerhalb der Magento-Konsolenanwendung können Sie mit dem Parameter setup:install Magento installieren. Der reine Befehl reicht an dieser Stelle jedoch nicht aus, da Sie weitere Parameter benötigen, um die Installation zu konkretisieren. Dazu zählen unter anderem Datenbankverbindungsdaten, aber auch der Magento-Backend-Benutzer. Mit folgendem Befehl, der die Magento-Konsolenanwendung aufruft und darin den Installationsprozess anstößt, können Sie Magento gänzlich ohne Weboberfläche installieren:

```
php bin/magento setup:install --base-url=http://127.0.0.1/magento_terminal/
--db-host=localhost --db-name=magento_terminal --db-user=root --db-password=
--admin-firstname=Alexander --admin-lastname=Steireif --admin-email=
info@alexander-steireif.com --admin-user=asteireif --admin-password=admin12345
--language=de_DE --currency=EUR --timezone=Europe/Berlin --use-rewrites=1
```

Aller Voraussicht nach müssen Sie die Parameter auf Ihre Bedürfnisse anpassen, aus diesem Grund möchte ich Ihnen diese im Folgenden im Detail erklären:

- base-url: die URL, unter der Sie Ihre Magento-Instanz aufrufen. Beachten Sie hierfür den *htdocs*-Unterordner, den Sie gewählt haben.
- db-host: Domain bzw. IP Ihres Datenbankservers. In unserem Fall ist localhost korrekt.
- db-name: der Name der Datenbank, die Sie für diese neue Magento-Instanz angelegt haben
- db-user: im Fall vom XAMPP root
- db-password: kann im Fall von XAMPP freigelassen werden
- admin-firstname: Ihr Vorname
- admin-lastname: Ihr Nachname
- admin-user: Benutzername Ihres Benutzers
- admin-password: Ihr gewünschtes Passwort
- language: die für Ihre Magento-Installation gewünschte Sprache
- currency: die Währung für Ihren Online-Shop
- timezone: die Zeitzone, die Sie verwenden möchten
- use-rewrites: ob Sie suchmaschinenfreundliche URLs verwenden möchten, was ich Ihnen empfehle

Überblick über alle Installationsparameter

Einen detaillierten und übersichtlichen Überblick über alle vorhandenen Installationsparameter erhalten Sie unter *http://devdocs.magento.com/guides/v2.0/install-gde/install/cli/install-cli-install.html*. Diese Seite empfehle ich Ihnen zusätzlich als Nachschlagewerk, auch wenn Sie bei den möglichen Werten für die Parameter unsicher sind. Magento hat sich speziell auf dieser Seite viel Mühe gegeben, alle möglichen offenen Fragen zu klären und Ihnen als Benutzer einen einfachen Einstieg zu ermöglichen.

Sobald Sie den Befehl in der Eingabeaufforderung, im Terminal bzw. der Shell ausgeführt haben, werden Sie eine Erfolgsmeldung erhalten, wie in Abbildung 3.23 zu sehen ist. An dieser Stelle ist speziell die Admin-URL sehr wichtig. Wie Sie vielleicht erkennen können, ist diese nicht in den Installationsparametern enthalten. Da Magento bei jeder Installation eine neue und individuelle Admin-URL erzeugt, wird diese zum Ende der Installation angezeigt. Notieren Sie sich diese, damit Sie später keine Probleme beim Zugriff auf das Backend haben.

Nachdem die Installation erfolgreich abgeschlossen wurde, müssen Sie auch in diesem Fall die nachgelagerten Aufgaben erledigen, damit Sie ohne Probleme und Einschränkungen Magento benutzen können. Werfen Sie hierfür bitte einen Blick in Abschnitt 3.2.1, »XAMPP für Windows«, und beachten Sie die Anmerkungen, die nach dem Installationsprozess aufgeführt werden. An dieser Stelle müssen noch die Verzeichnisberechtigungen vergeben und die statischen Dateien erzeugt werden.

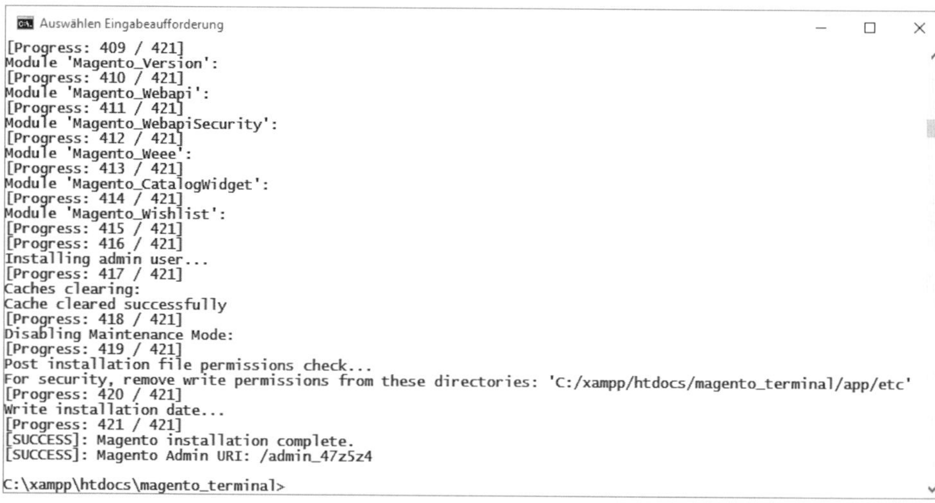

Abbildung 3.23 Erfolgsmeldung bei der Magento-Installation via Terminal

Sobald Sie sich um diese beiden Aufgaben gekümmert haben, können Sie die soeben installierte Magento-Instanz problemlos nutzen.

Glückwunsch, Sie haben neben der Installation per Weboberfläche Magento nun auch über das Terminal installiert. Falls Sie beide Installationsprozesse durchlaufen haben, wird Ihnen aufgefallen sein, dass die Installation per Terminal wesentlich schneller und einfacher ist. Sie müssen zwar etwas Vorarbeit leisten, indem Sie sich mit den verschiedenen Installationsparametern vertraut machen, wenn Sie diese aber kennen, können Sie Magento wesentlich schneller und einfacher installieren. Die Installation per Terminal lohnt sich vor allem dann, wenn Sie täglich mehrere Magento-Instanzen aufsetzen und Zeit sparen möchten. Daher werden speziell Entwickler, die doch ab und an Test- und Entwicklungssysteme aufsetzen müssen, mit dieser Art der Installation sehr glücklich sein.

3.3.4 Composer

Mit der Installation mittels Composer steht Ihnen eine weitere und alternative Installationsmöglichkeit zur Verfügung. Bei Composer handelt es sich um einen sogenannten Dependency Manager, d. h. um eine Applikation, die in der Lage ist, Abhängigkeiten innerhalb einer Software aufzulösen und entsprechend benötigte Komponenten herunterzuladen bzw. zu installieren. Da Webanwendungen wie auch in diesem Fall Magento 2 immer größer und komplexer werden, hat man sich in den letzten Jahren Gedanken über die Verteilung bzw. Auslieferung solcher komplexen und großen Webanwendungen gemacht. Um nicht immer Hunderte Megabyte große Zip-Archive durch die Gegend schicken zu müssen, haben sich Lösungen wie Composer ergeben. Mittels einer Datei kann man Abhängigkeiten und Relationen zu Komponenten definieren, und basierend auf dieser Datei löst Composer diese auf. Zugegebenermaßen handelt es sich hierbei um eine Lösung, die primär im Bereich der Entwicklung eingesetzt wird und Akzeptanz findet. Aus diesem Grund können Sie, wie in Abschnitt 3.2.1, »XAMPP für Windows«, beschrieben, Magento auch weiterhin als großes Zip-Archiv herunterladen und installieren. Aus Gründen der Vollständigkeit möchte ich Ihnen an dieser Stelle jedoch auch einen Einblick geben, wie die Installation mittels Composer abläuft.

Grundvoraussetzung für die Nutzung ist die Installation von Composer. Das Installationspaket können Sie sich vollkommen kostenlos und ohne jegliche Einschränkung direkt auf der offiziellen Website unter *https://getcomposer.org/* herunterladen. Das Betriebssystem spielt auch bei Composer eine untergeordnete Rolle, denn Composer ist für Windows, Linux sowie macOS verfügbar. Sobald Sie Composer installiert haben, steht Ihnen das Tool über die Kommandozeile zur Verfügung, und Sie haben jetzt die Möglichkeit, Magento mittels Composer zu installieren.

Weitere Informationen zu Composer

Verzeihen Sie mir an dieser Stelle die schnelle Abhandlung von Composer. Da diese Installationsvariante für voraussichtlich die Minderheit der Leser dieses Buches relevant ist, möchte ich diesen Teil so kurz wie möglich, aber so ausführlich wie nötig halten. Wenn Sie sich für Composer interessieren, Probleme mit der Installation oder sonstige Fragen haben, kann ich Ihnen die offizielle Website unter *https://getcomposer.org* empfehlen. Zusätzlich finden Sie in Google eine Menge nützlicher Infos zu Composer, da aufgrund der sehr hohen Verbreitung von Composer mittlerweile sehr viele Blogeinträge, Artikel und Informationsquellen verfügbar sind.

Wechseln Sie nun in die Eingabeaufforderung, das Terminal bzw. die Shell, und navigieren Sie zu Ihrem *htdocs*-Verzeichnis. Sobald Sie in diesem Verzeichnis angekommen sind, führen Sie folgenden Befehl aus:

```
composer create-project magento/community-edition magento_composer -s dev
--prefer-dist
```

Daraufhin fängt Composer an, die aktuellste Version der Magento Community Edition bzw. Magento Open Source herunterzuladen und vorhandene Abhängigkeiten aufzulösen, sprich Ihnen den gesamten Umfang der für die Installation benötigten Dateien bereitzustellen. Sie müssen an dieser Stelle nichts weiter tun, als zu warten, bis der Download abgeschlossen ist. Die Nutzung von Composer hat grundsätzlich viele Vorteile, die auch komplett unabhängig von Magento zu betrachten sind. Letztendlich hilft Ihnen Composer auch dabei, Teilkomponenten einfach zu aktualisieren und Ihr System bzw. die darin verwendeten Komponenten aktuell zu halten. In diesem konkreten Beispiel sehen Sie jedoch auch, dass Composer für die initiale Installation von Magento praktisch ist, da Sie Zeit sparen. Sie müssen sich nicht durch die Magento-Website klicken, das Zip-Archiv mit knapp 100 MB herunterladen und lokal entpacken. Letztendlich können Sie mithilfe eines Konsolenbefehls den Download der benötigten Dateien starten und damit die Installation von Magento vorbereiten (siehe Abbildung 3.24).

Nachdem Composer seine Aufgabe erledigt hat, steht Ihnen im Verzeichnis *magento_composer*, sollten Sie meiner Namensgebung gefolgt sein, ein aktuelles Magento-Installationsarchiv zur Verfügung. Da Composer sich ausschließlich um den Download und die Aktualisierung von Komponenten kümmert, müssen Sie im nächsten Schritt noch die Magento-Installation durchführen. Diese können Sie mittels Weboberfläche, aber auch via Terminal starten und durchführen. Werfen Sie hierfür bitte einen Blick in Abschnitt 3.2.1, »XAMPP für Windows«, und Abschnitt 3.2.2, »XAMPP für Linux-Systeme«. In diesen Abschnitten ist der Installationsprozess, also die Tätigkeit, die nach der Bereitstellung des Magento-Installationsarchivs folgt, im Detail beschrieben. Änderungen und Besonderheiten aufgrund der Nutzung von Composer existieren nicht, für den Magento-Installationsprozess ist es letztendlich irrelevant, ob die benötigten Dateien als Zip-Archiv heruntergeladen oder mittels Composer bereitgestellt wurden.

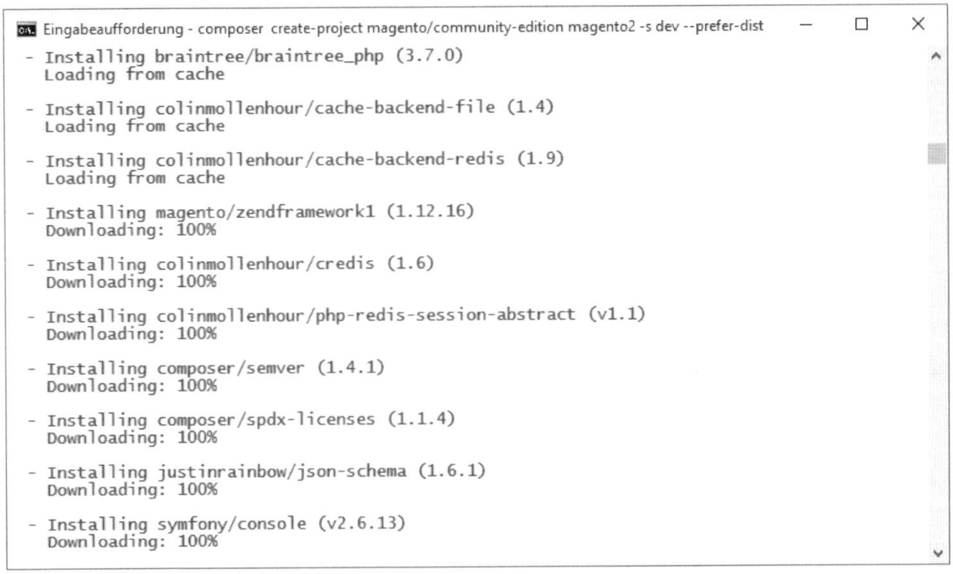

Abbildung 3.24 Composer kümmert sich um den Download aller benötigten Dateien.

3.3.5 Magerun

Die mit Abstand schnellste, unkomplizierteste, aber auch »nerdigste« Art der Magento-Installation erzielen Sie mit Magerun. Bei Magerun handelt es sich um ein Community-Projekt meines geschätzten Kollegen Christian Münch, der bereits zu Zeiten von Magento 1 begonnen hat, mit Magerun eine Konsolenanwendung für Magento bereitzustellen, die Anwender und speziell Entwickler im Alltag unterstützt. Diese Konsolenanwendung hat das Ziel, möglichst schnell und einfach Konfigurationseinstellungen von Magento zu ändern, aber auch Aktionen durchzuführen. Dadurch sparen Sie sich die oftmals zeitintensive und umständliche Nutzung der Benutzeroberfläche. Über die Konsole können Sie innerhalb weniger Sekunden eine Vielzahl von Befehlen abfeuern und kommen somit schneller ans Ziel. Wohlgemerkt handelt es sich bei der Zielgruppe, die auf Magerun schwört, vorwiegend um Entwickler und Profinutzer. Da es sich bei Magerun definitiv um ein interessantes und empfehlenswertes Werkzeug handelt (Magerun selbst bezeichnet sich als *Swiss Army Knife*), möchte ich in Kapitel 19 im Detail auf Magerun eingehen. An dieser Stelle beschränke ich mich ausschließlich auf die Installation von Magento mittels Magerun. Wenn es Sie aber jetzt schon in den Fingern juckt, können Sie selbstverständlich schon einen Abstecher auf die Magerun-Seite machen und sich das Tool im Detail anschauen. Die offizielle Magerun-Website finden Sie unter *http://magerun.net* samt vieler interessanter Informationen, Videos und eines Wikis.

Probleme von Magerun unter Windows

Speziell bei der Installation von Magerun hatte ich unter Windows einige Probleme, weswegen ich an dieser Stelle bei der Erklärung von Magerun zu Linux wechsle. Möglicherweise sind die Probleme während der Arbeit an diesem Buch behoben, weswegen Sie Magerun auch unter Windows einsetzen können. Da mir das zum jetzigen Zeitpunkt jedoch nicht möglich ist, sehen Sie mir nach, dass ich an dieser Stelle temporär aus der Windows-Welt ausbreche.

Bevor ich mit der Installation von Magento starte, installiere ich auf meinem Linux-Betriebssystem zuallererst Composer. Sofern Sie die Möglichkeit haben, mittels `apt-get` Software zu installieren, wie das beispielsweise unter Debian und Ubuntu der Fall ist, können Sie Composer relativ einfach mit folgendem Befehl über die Shell installieren: `sudo apt-get install composer`. Sollten Sie auf Ihrem System nicht die Möglichkeit haben, Composer über den beschriebenen Weg zu installieren, erhalten Sie unter *https://getcomposer.org/* weiterführende Informationen, wie Sie Composer auf Ihrem System einrichten können.

Nachdem Composer auf dem System bereitsteht, gilt es im nächsten Schritt, Magerun herunterzuladen. Hierfür stehen zwei Varianten zur Verfügung. Sie haben die Wahl zwischen `wget` und `curl`, je nach Möglichkeit und persönlicher Präferenz.

Installation mithilfe von `wget`:

```
wget https://files.magerun.net/n98-magerun2.phar
chmod +x ./n98-magerun2.phar
```

Installation mithilfe von `curl`:

```
curl -sS -O https://files.magerun.net/n98-magerun2.phar
chmod +x ./n98-magerun2.phar
```

Nachdem Sie Magerun heruntergeladen haben, erstellen Sie ein neues Unterverzeichnis innerhalb Ihres *htdocs*-Ordners, dessen Namen Sie frei wählen können. Ich wähle in diesem konkreten Beispiel den Namen *magento_magerun*. Verschieben Sie in dieses Verzeichnis die soeben heruntergeladene Datei *n98-magerun2.phar*. Sobald Sie diesen Schritt erledigt haben, sind alle Installationsvoraussetzungen erfüllt, und Sie können mit der Installation von Magento 2 mithilfe von Magerun beginnen.

Starten Sie jetzt die Shell bzw. das Terminal, und navigieren Sie zu Ihrem soeben angelegten Verzeichnisses innerhalb des Ordners *htdocs*. Innerhalb dieses Verzeichnisses können Sie nun den Konsolenbefehl `./n98-magerun2.phar` eingeben. Dadurch starten Sie Magerun und erhalten daraufhin eine Auflistung der Möglichkeiten und Funktionen, wie Sie in Abbildung 3.25 sehen können.

```
        ___ ___                                  ___
 _ _/ _ ( _ )___ _ __   __ _ __ _ ___ _ _ _  _ _ _|_  )
| ' \_, / _ \___| '  \/ _` / _` / -_) '_| || | ' \ / /
|_||_/_/\___/   |_|_|_\__,_\__, \___|_|  \_,_|_||_/___|
                           |___/
n98-magerun2 version 1.6.0 by netz98 GmbH

Usage:
 command [options] [arguments]

Options:
 --help (-h)              Display this help message
 --quiet (-q)             Do not output any message
 --verbose (-v|vv|vvv)    Increase the verbosity of messages: 1 for normal output, 2 for more verbose output and 3 for debug
 --version (-V)           Display this application version
 --ansi                   Force ANSI output
 --no-ansi                Disable ANSI output
 --no-interaction (-n)    Do not ask any interactive question
 --root-dir               Force magento root dir. No auto detection
 --skip-config            Do not load any custom config.
 --skip-root-check        Do not check if n98-magerun runs as root
 --skip-core-commands     Do not include Magento 2 core commands

Available commands:
 help                               Displays help for a command
 install                            Install magento
 list                               Lists commands
 mysql-client                       Opens mysql client by database config from env.php
 open-browser                       Open current project in browser (experimental)
 script                             Runs multiple n98-magerun commands
 self-update                        Updates n98-magerun.phar to the latest version.
 selfupdate                         Updates n98-magerun.phar to the latest version.
 shell                              Runs n98-magerun as shell
admin
 admin:notifications                Toggles admin notifications
 admin:user:change-password         Changes the password of a adminhtml user.
 admin:user:create                  Creates an administrator
 admin:user:delete                  Delete the account of a adminhtml user.
 admin:user:list                    List admin users.
 admin:user:unlock                  Unlock Admin Account
app
 app:config:dump                    Create dump of application
```

Abbildung 3.25 Magerun bietet einen Strauß an Funktionen, um noch besser mit Magento arbeiten zu können.

Nun können Sie mit der Installation von Magento beginnen. Hierzu müssen Sie im ersten Schritt etwas Vorarbeit leisten, denn Sie benötigen den Private und den Public Key Ihres Benutzerkontos von magento.com. Öffnen Sie den Browser Ihrer Wahl, und gehen Sie auf die offizielle Website von Magento, indem Sie die URL *http://www.magento.com* aufrufen. Klicken Sie im oberen Bereich der Seite auf My Account, und melden Sie sich mit Ihren Zugangsdaten an. Sollten Sie zu diesem Zeitpunkt noch nicht über ein Benutzerkonto verfügen, legen Sie sich ein neues Benutzerkonto an. Dieses werden Sie, unabhängig von der Nutzung von Magerun, zukünftig definitiv benötigen, um auf die gesamten Angebote der Magento-Plattform zugreifen zu können. Im Benutzerkonto angekommen, klicken Sie auf den Reiter Connect und innerhalb dieser Ansicht auf den Menüpunkt Secure Keys, den Sie auf der linken Seite finden. Alternativ hierzu können Sie direkt die URL *https://www.magentocommerce.com/magento-connect/customerdata/accessKeys/list/* aufrufen. Geben Sie innerhalb dieser Ansicht einen beliebigen Namen ein, z. B. Magento, und klicken Sie auf Generate New. Daraufhin werden ein Public und ein Private Key für Sie generiert. Erstellen Sie nun eine neue Datei namens *auth.json*, und speichern Sie diese in dem Composer-Verzeichnis ab. In meinem konkreten Fall befindet sich dieses unter */home/benutzername/.composer*, je nach Betriebssystem bzw. Linux-Distribution kann sich der Pfad jedoch unterscheiden. Die Datei *auth.json* muss dabei wie folgt aufgebaut sein und folgenden Inhalt haben:

```
{
    "http-basic": {
        "repo.magento.com": {
            "username": "publickey",
            "password": "privatekey"
        }
    }
}
```

Tragen Sie beim Username bitte Ihren Public Key ein, beim Passwort hinterlegen Sie Ihren Private Key. Speichern Sie nun die Datei unter dem besagten Namen *auth.json* ab. Durch diese Datei erhält Magerun letztendlich die Möglichkeit, die jeweiligen Magento-Installationspakete herunterzuladen, was für die Installation von Magento unerlässlich ist.

Wechseln Sie nun wieder in die Shell bzw. das Terminal, und rufen Sie in dem von Ihnen in den vorherigen Schritten angelegten Verzeichnis folgenden Konsolenbefehl auf, um den Installationsprozess von Magento mittels Magerun zu starten:

```
./n98-magerun2.phar install
```

Nachdem Sie diesen Befehl eingegeben haben, startet Magerun die Installationsroutine. Sie werden zuerst gefragt, welche Version von Magento Sie installieren möchten. Das ist ein ziemlich geniales Feature, da Sie mit Magerun nicht zwangsläufig die neuste und aktuellste Version von Magento installieren müssen, sondern die Auswahl zwischen allen Magento 2-Versionen haben. Ich gehe an dieser Stelle davon aus, dass Sie genau wie ich die aktuellste Version installieren möchten. Geben Sie daher die 1 ein, und drücken Sie [↵]. Magerun fragt Sie anschließend, in welchem Verzeichnis Sie Magento installieren möchten. Den Verzeichnisnamen können Sie frei wählen, ich verwende in diesem Beispiel den Namen *magento21*, da ich die aktuellste Version von Magento installieren möchte und das aus diesem Grund eine für mich logische Benennung ist. Wie Sie das Verzeichnis jedoch nennen, bleibt Ihnen überlassen. Nachdem Sie das Verzeichnis angegeben haben, werden Sie nach dem Host der Datenbank gefragt. Geben Sie *localhost* ein, und bestätigen Sie die Eingabe mittels [↵]. Beim Port der Datenbank, das ist die nächste Abfrage, können Sie den Standardwert 3306 eingeben bzw. einfach [↵] drücken. Wenn Sie keine Eingabe tätigen, wird immer der dargestellte Standardwert verwendet. Daraufhin werden Sie nach den Datenbankverbindungsdaten gefragt, wofür Sie den Benutzernamen des MySQL-Benutzers und dessen Passwort sowie eine Datenbank hinterlegen müssen. Beim Benutzernamen verwenden Sie *root*. Wenn Sie auf XAMPP setzen, können Sie das Passwort freilassen, verwenden Sie MAMP, geben Sie beim Passwort *root* ein. Was die Datenbank betrifft, so müssen Sie diese im Vorfeld über phpMyAdmin anlegen und den entsprechend gewählten Datenbanknamen an dieser Stelle eingeben.

Abschließend müssen Sie noch die Base-URL, also die Adresse, unter der die Magento-Installation erreichbar ist, eingeben. Wenn Sie, wie von mir erwähnt, ein Unterverzeichnis magento_magerun angelegt haben und die Magento-Installation im Verzeichnis *magento21* ausführen möchten, dann lautet die korrekte Base-URL *http://127.0.0.1/magento_magerun/magento21*. Passen Sie die Base-URL daher basierend auf Ihren Eingaben in Magerun und der Verzeichnisstruktur Ihres *htdocs*-Ordner entsprechend an.

Zu guter Letzt können Sie in Magerun noch entscheiden, ob Sie Demo-Daten installieren möchten, die Auswahl überlasse ich Ihnen. Nachdem Sie sich für bzw. gegen die Demo-Daten entschieden haben, stößt Magerun den Aufbau der Indizes an und Magento ist erfolgreich installiert. Sie erhalten eine Meldung, wie Sie sie auch in Abbildung 3.26 sehen können.

Abbildung 3.26 Magerun meldet die erfolgreiche Installation der Magento-Instanz.

Wie eingangs erwähnt, bietet Magerun wesentlich mehr Möglichleiten als die reine Installation von Magento, weswegen ich Ihnen dieses Tool in Kapitel 19 noch im Detail vorstellen werde. Wie Sie auf den vorherigen Seiten gesehen haben, können Sie auch mit den Magento-Hausmitteln eine Installation über die Eingabeaufforderung bzw. die Shell oder das Terminal durchführen. Magerun ergänzt den Funktionsumfang aber ein Stück weit, da auch der komplette Download der frei wählbaren Magento-Version über Magerun abgedeckt wird. Sie müssen sich also nicht einmal Magento herunterladen, Magerun kümmert sich auch um diesen Part. Auch Magerun eignet sich vor allem für Entwickler, die schnell und häufig Magento-Installationen aufsetzen und hierbei Zeit sparen möchten. Lassen Sie sich aber noch von den weiteren Funktionen und Möglichkeiten dieses Tools überraschen!

3.4 MageVM auf Basis von VirtualBox

Alternativ zum Setup eines eigenen Web- und Datenbankservers auf dem heimischen Computer haben Sie zudem die Möglichkeit, Magento mithilfe einer virtuellen Maschine lokal zu betreiben. Der Vorteil dieser Lösung besteht primär in der Einfachheit. Sie müssen keinen eigenen Web- und Datenbankserver installieren und konfigurieren. Zudem müssen Sie sich auch nicht um die Installation von Magento kümmern. Dank der virtuellen Maschine benötigen Sie ausschließlich die Anwendung VirtualBox sowie die MageVM und können anschließend innerhalb weniger Minuten loslegen.

Der Vorteil der Einfachheit hat auf der anderen Seite, wie sollte es anders sein, aber auch einen Nachteil. Bei einer virtuellen Maschine wird auf Ihrem Computer ein komplettes Betriebssystem, im Fall der MageVM eine Linux-Distribution emuliert. Eine virtuelle Maschine ist also ein Betriebssystem in Ihrem Betriebssystem. Dieses Konzept geht in der Regel zu Lasten der Performance, da die Emulation eines kompletten Betriebssystems, wie Sie sich sicherlich vorstellen können, eine gewisse CPU-Power und auch Arbeitsspeicher voraussetzt. Aus diesem Grund sollten Sie diese Option nur ins Auge fassen, wenn Sie einen halbwegs aktuellen Computer haben, der über mindestens 4 GB Arbeitsspeicher verfügt. Ansonsten könnten Sie zwar die Installation von VirtualBox durchführen und die virtuelle Maschine betreiben. Es wäre aber voraussichtlich ein enorm langsames Arbeiten, das Ihnen sicherlich keine Freude bereiten würde.

3.4.1 Installation von VirtualBox

Für den Betrieb der MageVM benötigen Sie als Basis die Software VirtualBox. Bei VirtualBox handelt es sich um eine kostenfreie Anwendung, auf deren Basis Sie virtualisierte Systeme betreiben können. Ihnen ist gegebenenfalls die Anwendung VMware geläufig, die im Prinzip dieselbe Funktionsweise wie VirtualBox aufweist. Der große Vorteil von VirtualBox ist meiner Meinung nach die einfache Bedienung, aber auch die Tatsache, dass Sie die Software kostenlos nutzen können. Zudem steht VirtualBox für alle gängigen Betriebssysteme zur Verfügung. Es spielt also keine Rolle, ob Sie als Leser Windows, Linux oder macOS nutzen. Die Software steht für alle diese Plattformen bereit und besitzt ebenso übergreifend eine identische Benutzeroberfläche. Auch wenn ich im Folgenden Windows verwende, so ist doch die Vorgehensweise unter Linux bzw. macOS komplett identisch.

Um nun zu starten, müssen Sie im ersten Schritt die Anwendung VirtualBox herunterladen. Gehen Sie hierfür im Browser Ihrer Wahl auf *http://www.virtualbox.org*, und klicken Sie im linken Navigationsbereich auf »Downloads«. Anschließend müssen Sie die Plattform wählen, sprich unter welchem Betriebssystem Sie VirtualBox installieren möchten. Ich wähle in meinem Fall Windows, da mein verwendetes Betriebssystem Windows ist. Wie erwähnt, kann VirtualBox neben Windows auch unter Linux, macOS und sogar Solaris betrieben werden. Wählen Sie Ihre Plattform, und klicken Sie anschließend auf den verlinkten Bereich, den Sie auch in Abbildung 3.27 sehen, hinter dem gewählten Betriebssystem, um den Download zu starten.

Installation der VirtualBox unter Windows

Aus Gründen der Einfachheit beschreibe ich Ihnen im Folgenden die Installation der VirtualBox unter Microsoft Windows 10. Der Installationsprozess unterscheidet sich speziell in Bezug auf Linux bzw. macOS an einigen Stellen. Wenn Sie eine ausführliche Installationsanleitung für Ihr Betriebssystem benötigen, kann ich Ihnen folgenden Link ans Herz legen: *https://www.virtualbox.org/manual/ch02.html*.

Unter dieser URL finden Sie eine ausführliche Dokumentation und Beschreibung des Installationsprozesses für Linux, Windows und macOS, die Ihnen bei Problemen sicherlich weiterhelfen wird.

Anschließend startet der knapp 100 MB große Download und ist bei Ihnen je nach Internetverbindung innerhalb weniger Sekunden oder Minuten abgeschlossen. Nachdem Sie die Installationsdatei erfolgreich heruntergeladen haben, starten Sie diese durch einen Doppelklick.

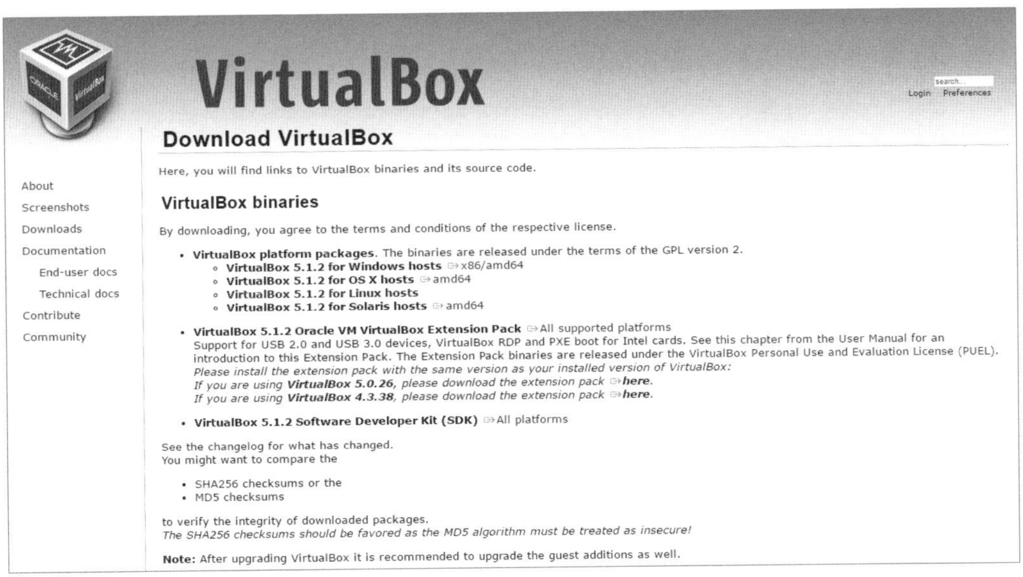

Abbildung 3.27 Die VirtualBox steht für verschiedenste Betriebssysteme zum Download zur Verfügung.

Daraufhin öffnet sich der Installationsprozess. Klicken Sie, nachdem sich der Installationsprozess geöffnet hat, in der ersten Maske auf NEXT, um die Installation zu beginnen. Daraufhin werden Sie zu einer Maske geführt, in der Sie verschiedene Installationskomponenten auswählen können. Innerhalb dieser Ansicht müssen Sie jedoch keine Anpassungen vornehmen, sondern können durch einen Klick auf NEXT fortfahren. Abschließend werden Sie noch gefragt, ob Sie einen Eintrag im Startmenü bzw. eine Desktopverknüpfung wünschen. Diese Auswahl überlasse ich Ihnen, im Prinzip können Sie aber auch hier direkt ohne weitere Änderung auf NEXT klicken. Daraufhin sollten Sie eine Warnung erhalten, die Sie in Abbildung 3.28 sehen. VirtualBox warnt Sie im Vorfeld, dass Ihre Netzwerkverbindung kurzzeitig deaktiviert wird. Dies müssen Sie bestätigen, was Sie aber letztendlich bedenkenlos machen können, da diese Entscheidung keine negativen Auswirkungen hat.

Klicken Sie anschließend auf YES, um mit der Installation fortzufahren, und in der darauffolgenden Maske auf INSTALL. Nun ist der Zeitpunkt gekommen, zu dem der eigentliche Installationsprozess startet und VirtualBox auf Ihrem Computer installiert wird.

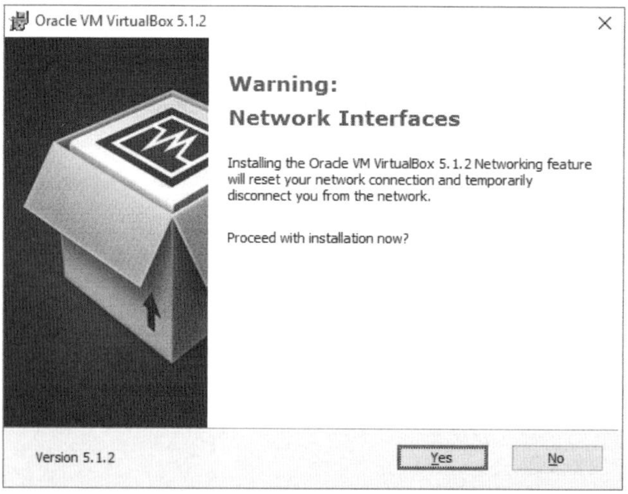

Abbildung 3.28 VirtualBox warnt innerhalb des Installationsprozesses vor einer kurzfristigen Deaktivierung der Netzwerkverbindung.

Sollte während der Installation nochmals ein Dialogfenster erscheinen, was unter anderem von Ihrer verwendeten Windows-Version abhängig ist, können Sie dieses bedenkenlos bestätigen. Andernfalls würde der Installationsprozess nicht fortgeführt werden. Nach einigen Minuten ist der Installationsprozess abgeschlossen, und Sie haben VirtualBox erfolgreich installiert!

Auch wenn Sie VirtualBox nun erfolgreich installiert haben, empfehle ich Ihnen zusätzlich die Installation des VirtualBox Extension Packs. Es handelt sich hierbei um ein Add-on zu VirtualBox, das die Performance der virtuellen Maschine, aber auch deren Funktionsumfang erweitert. Auch hierbei fallen für Sie keinerlei Kosten an, weswegen es auch keinen Grund gibt, die Erweiterung nicht zu installieren. Rufen Sie in Ihrem Browser erneut die Download-Seite von VirtualBox auf, die Sie direkt unter *https://www.virtualbox.org/wiki/Downloads* erreichen. Scrollen Sie nun herunter bis zum Eintrag VIRTUALBOX 5.1.2 ORACLE VM VIRTUALBOX EXTENSION PACK. Bitte beachten Sie, dass sich die Version während der Arbeit an diesem Buch geändert haben kann, gegebenenfalls steht daher eine neue Version zum Download bereit. Ungeachtet dessen, klicken Sie nun auf den Link ALL SUPPORTED PLATFORMS, um den Download des Extension Packs zu starten. Haben Sie die Datei erfolgreich heruntergeladen, öffnen Sie diese durch einen Doppelklick. VirtualBox fragt Sie anschließend, ob Sie das Extension Pack installieren möchten, was Sie bestätigen.

Nach der Installation des Extension Packs sind Sie mit dem Setup von VirtualBox fertig, und dem Betrieb der MageVM steht nichts mehr im Weg.

3.4.2 Installation von MageVM

Bei der MageVM handelt es sich um eine auf Linux basierende virtuelle Maschine, die über einen vorkonfigurierten Web- und Datenbankserver verfügt und darüber hinaus alle Magento 2-Versionen beinhaltet. Damit stellt die MageVM den mit Abstand einfachsten Weg dar, um ohne technisches Wissen an eine lokale Magento-Installation zu kommen. Zudem fallen für die Nutzung von MageVM keinerlei Kosten an, weswegen die MageVM von jedermann, selbst für kommerzielle Zwecke, eingesetzt werden kann.

Damit Sie die MageVM betreiben können, müssen Sie diese zuerst herunterladen. Rufen Sie hierfür die URL *http://www.alexander-steireif.com/portfolio/magevm-magento-2-virtuelle-maschine/* auf. Auf dieser Seite finden Sie alle für das System benötigten Zugangsdaten, den Download sowie eine kurze Installationsanleitung. Scrollen Sie etwas nach unten, und klicken Sie auf den Button JETZT KOSTENLOS HERUNTERLADEN, um den Download zu beginnen. Da es sich um eine knapp 6 GB große Datei handelt, wird der Download bei Ihnen voraussichtlich ein paar Minuten bis hin zu einer Stunde dauern. Sie haben also jetzt die Möglichkeit, sich einen Kaffee zu holen und eine kurze Verschnaufpause einzulegen. ;)

MageVM enthält alle Magento 2-Versionen

Ein großer Vorteil der MageVM besteht unter anderem darin, dass Sie Zugriff auf alle Versionen von Magento 2 haben. Diese sind sowohl mit den Dummy-Daten als auch jeweils ohne Dummy-Daten bereits vorinstalliert. In der aktuellen Version der MageVM können Sie dadurch auf alle Magento-Versionen von 2.0.0 bis 2.1.7 zugreifen.

Nachdem Sie die MageVM heruntergeladen haben, müssen Sie diese entpacken. Die MageVM wird, um die Download-Größe zu minimieren, als gepacktes Zip-Archiv ausgeliefert. Dementsprechend benötigen Sie ein Programm, um dieses Zip-Archiv zu entpacken. Unabhängig von Ihrem gewählten Betriebssystem sollte ein solches Programm von Haus aus in Ihrem Betriebssystem enthalten sein. Sollte dies nicht der Fall sein, kann ich Ihnen zumindest unter Windows die kostenfreie Anwendung 7-Zip empfehlen, die Sie unter *http://www.7-zip.de/* herunterladen können. Sobald Sie die MageVM entpackt haben, öffnen Sie bitte die VirtualBox, und klicken Sie auf DATEI • APPLIANCE IMPORTIEREN, wie in Abbildung 3.29 zu sehen.

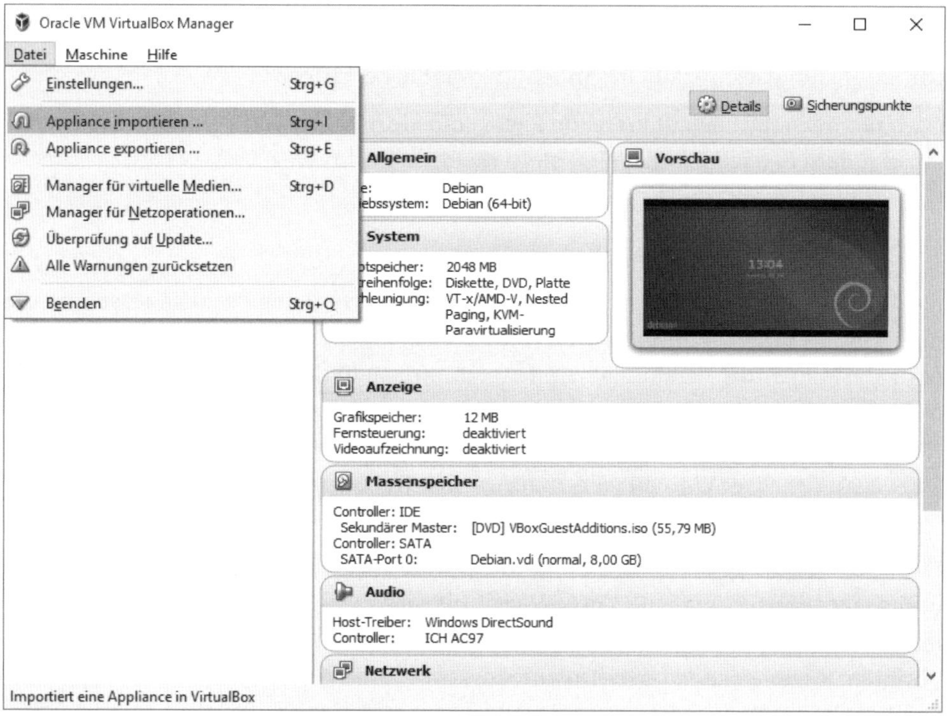

Abbildung 3.29 Zuerst müssen Sie die MageVM in Ihre VirtualBox importieren.

Daraufhin öffnet sich ein Dialogfenster, in dem Sie nach einer Datei gefragt werden. Wählen Sie anschließend die Datei *MageVM-2-1-0.ova* aus, die durch das Entpacken der MageVM zur Verfügung steht. Klicken Sie anschließend auf WEITER. Im nächsten Dialogfeld haben Sie die Möglichkeit, Appliance-Einstellungen zu ändern. Diesen Dialog können Sie getrost ignorieren, Sie müssen keine Anpassungen bei den Einstellungen vornehmen. Um den Importprozess zu starten, klicken Sie bitte auf IMPORTIEREN. VirtualBox importiert jetzt die MageVM, Sie sehen das in Abbildung 3.30. Dieser Vorgang kann je nach Hardware Ihres Computers bis zu 30 Minuten dauern.

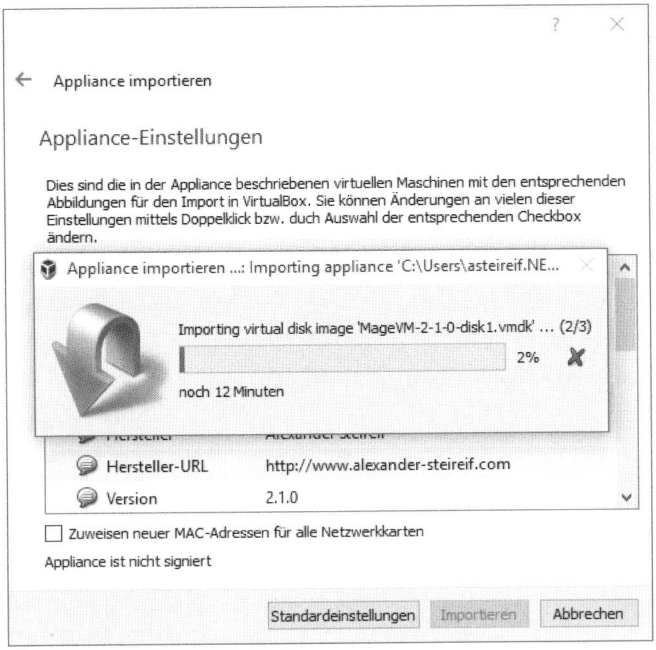

Abbildung 3.30 Importvorgang der MageVM

Sobald der Importvorgang erfolgreich abgeschlossen wurde, sehen Sie in Ihrer VirtualBox-Anwendung auf der linken Seite die MageVM. Wählen Sie diese aus, und klicken Sie auf den Button STARTEN. Daraufhin wird das Betriebssystem der MageVM gestartet.

Die Zugangsdaten im Überblick

Für die Nutzung der MageVM benötigen Sie folgende Zugangsdaten:

Linux

- Benutzername: root
- Passwort: magevm
- Benutzername: magevm
- Passwort: magevm

MySQL

- Benutzername: root
- Passwort: magevm

Magento-Backend

- Benutzername: magevm
- Passwort: magevm123

Sobald der Start der MageVM abgeschlossen ist, sehen Sie einen Desktop bzw. das Betriebssystem. Auf dem Desktop befindet sich in der oberen linken Ecke eine gut sichtbare Verknüpfung namens START, die Sie nun durch einen Doppelklick starten. Damit starten Sie den Mozilla-Firefox-Browser, bei dem als Startseite die aktuellste Magento-Installation hinterlegt ist. Darüber hinaus haben Sie innerhalb des Mozilla Firefox unter der Browserleiste eine Favoritenleiste, in der Sie alle Links zu allen installierten Magento-Instanzen vorfinden. Sie können dies in Abbildung 3.31 sehen. Zusätzlich stehen Ihnen weitere Tools wie phpMyAdmin, aber auch Eclipse als Entwicklungsumgebung sowie MySQL Workbench zur Verfügung. Mit der MageVM haben Sie also ein sehr rundes Programm bestehend aus Betriebssystem, Web- und Datenbankserver, Magento-Instanzen sowie Hilfsprogrammen.

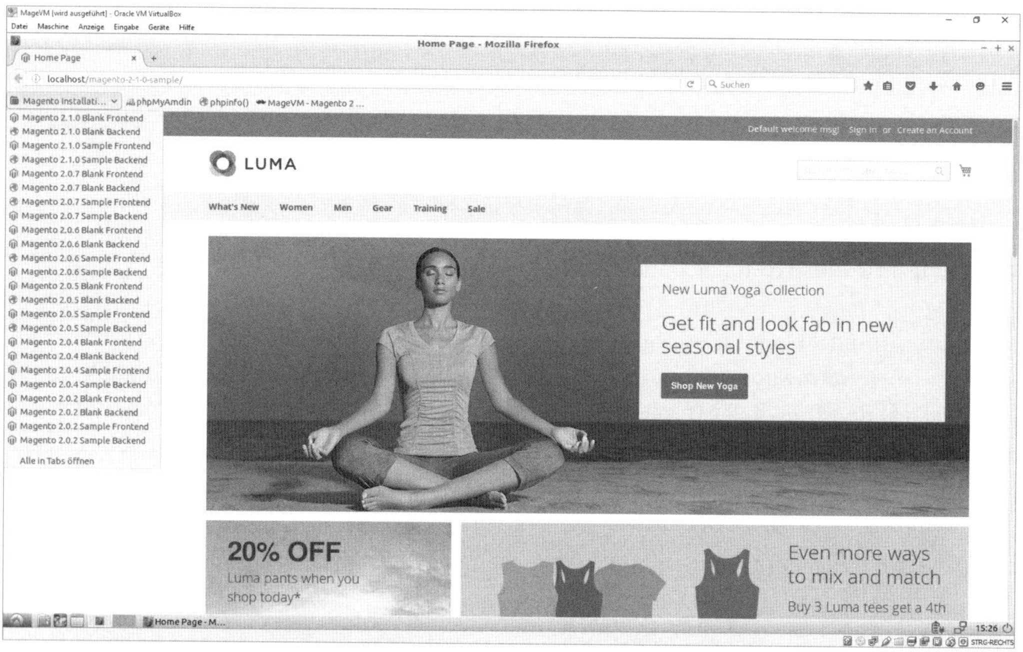

Abbildung 3.31 Die MageVM beinhaltet alle bereits veröffentlichten Versionen von Magento 2.

Sollten Sie noch Fragen zur Nutzung oder gar technische Probleme mit der MageVM haben, können Sie diese übrigens direkt unter *http://www.alexander-steireif.com/portfolio/magevm-magento-2-virtuelle-maschine/* kundtun.

3.5 Fazit und Ausblick

In diesem 3. Kapitel haben Sie gelernt, auf welche verschiedenen Arten Sie Magento installieren können, und damit die Basis für die weiteren Kapitel geschaffen. Denn nach diesem Kapitel verfügen Sie über eine lauffähige Webserver- und Datenbankserver-Umgebung auf Ihrem heimischen Rechner oder benutzen alternativ die MageVM. Für welchen Weg Sie sich auch entschieden haben, Sie verfügen nun über die notwendige Basis, um in den nächsten Kapiteln Ihren eigenen Online-Shop auf Basis von Magento aufzubauen und zu administrieren.

Im folgenden 4. Kapitel, »Einstieg und Konfiguration von Magento«, steige ich direkt in das Magento-Backend ein und gebe Ihnen einen Überblick über die verschiedenen Funktionen und Möglichkeiten. Dabei wird vor allem die Konfiguration von Magento einen großen Stellenwert einnehmen. Auch werde ich Ihnen zeigen, wie Sie das deutsche Sprachpaket installieren können, um somit über eine lokalisierte Version von Magento verfügen. Es wird also praxisnah und spannend, da Sie ab jetzt direkt in Magento arbeiten, nachdem alle vorbereitenden Tätigkeiten erfolgreich abgeschlossen wurden.

Kapitel 4

Einstieg und Konfiguration von Magento

Nachdem Sie Magento erfolgreich installiert haben, erhalten Sie in diesem Kapitel einen ersten Einstieg und Einblick. Was für Möglichkeiten bietet Magento, welche Funktionen verbergen sich wo, und wie können Sie diese konfigurieren und anpassen? Auf all diese Fragen möchte ich Ihnen nun entsprechende Antworten liefern.

Die Basis für den weiteren Verlauf dieses Buches haben Sie im vorherigen Kapitel 3, »Magento installieren«, geschaffen. Ihnen steht jetzt eine vollfunktionsfähige Magento-Instanz bereit, die nur darauf wartet, von Ihnen mit Leben gefüllt und modifiziert zu werden. Grob gesprochen, besteht Magento aus zwei großen Bestandteilen. Auf der einen Seite gibt es das sogenannte Frontend. Dabei handelt es sich um denjenigen Bereich, den Ihre Kunden sehen. Das Frontend ist die Oberfläche, mit der Ihre Kunden in Kontakt kommen, auf welcher der Produktkatalog betrachtet wird und Einkäufe durchgeführt werden. Auf der anderen Seite gibt es das Backend. Das Backend ist die Verwaltungsoberfläche von Magento. Mithilfe des Backends können Shop-Betreiber Produkte anlegen, Konfigurationseinstellungen anpassen oder auch Bestellungen bearbeiten. Alle Auswertungs- und Konfigurationsmöglichkeiten sowie die gesamte Inhaltspflege befinden sich im Backend.

In diesem Kapitel zeige ich Ihnen bewusst zuerst die gesamten Funktionen und Möglichkeiten des Backends, sprich diejenigen Möglichkeiten und Funktionen, die für Sie als Shop-Betreiber relevant und notwendig sind, auch wenn natürlich an der einen oder anderen Stelle Querverweise auf das Frontend gesetzt werden. Denn wenn Sie sich erst einmal perfekt mit dem administrativen Bereich von Magento auskennen, fällt es Ihnen wesentlich einfacher, gewisse Funktionen und Abläufe im Frontend nachzuvollziehen.

4.1 Installation des deutschen Sprachpakets

Auch wenn Sie bei der Installation von Magento bei der Lokalisierung, also der Sprache, Deutsch ausgewählt haben, werden Sie nach der Installation kein deutschsprachiges Backend oder Frontend vorfinden. Magento unterstützt zwar eine Vielzahl von Sprachen, Sie haben das bei der Installation ebenfalls in dem entsprechenden Dropdown-Menü gefunden, ausgeliefert wird die Software jedoch nur auf Englisch.

Doch nicht jeder spricht perfekt Englisch, und um Ihnen die Nutzung der Software etwas zu vereinfachen, möchte ich Ihnen zeigen, wie Sie das deutsche Sprachpaket installieren. Dadurch werden alle Magento-Komponenten und -Bestandteile übersetzt. Unmittelbar im Anschluss werfen Sie dann einen ersten Blick in das Magento-Backend.

Magento selbst bietet keine Sprachpakete bzw. Übersetzungen an

Magento erfreut sich in vielen Ländern großer Beliebtheit. Dennoch vermeidet es Magento, selbst Sprachpakete zu erstellen und diese herauszugeben. Für Magento 2 gibt es mittlerweile zwar eine Handvoll Sprachpakete, diese stammen aber allesamt aus der Community. Agenturen, Freelancer und Magento-Anwender haben diese in ihrer Freizeit erstellt und bieten sie kostenlos zum Download an. Deshalb können Sie auch keine Perfektion erwarten und müssen gegebenenfalls selbst Hand anlegen. Mehr hierzu in Abschnitt 14.2.3, »Ein eigenes Sprachpaket erstellen«.

Eine Lokalisierung umfasst weitaus mehr als die Installation einer Sprache. Hierzu zählen ebenfalls die Anpassung der Steuerkonfiguration sowie die Anpassung des Gesamtsystems an einen jeweiligen Zielmarkt. Ich möchte mich im Folgenden ausschließlich auf die Basics konzentrieren, sodass Sie schnell die deutsche Sprache installiert bekommen. weiterführende Informationen zum Thema Lokalisierung erhalten Sie in den Kapiteln 13 und 14.

Rufen Sie im ersten Schritt in Ihrem Browser die Website von Magenerds auf, die Sie unter *http://www.magenerds.com* erreichen. Bei Magenerds handelt es sich um ein Projekt, bei dem kostenfreie Magento 2-Erweiterungen und -Anpassungen bereitgestellt werden. Es ist eines dieser Community-Projekte, die Magento zu dem gemacht haben, was es ist, da sich eine große Anzahl an Personen unentgeltlich für die Weiterentwicklung der Software durch Extensions und Themes einsetzt. Auf der Magenerds-Seite angekommen, klicken Sie im oberen Bereich auf MAGENTO 2 EXTENSIONS. Anschließend scrollen Sie bitte bis zum Eintrag GERMAN LANGUAGE PACK und öffnen Sie das Element durch einen Klick. Alternativ hierzu können Sie gern auch direkt die URL *http://www.magenerds.com/magento-2-extensions/german-language-pack/* aufrufen, die Sie zum deutschen Sprachpaket führt. Auf dieser Seite angekommen, starten Sie den Download, indem Sie auf DOWNLOAD FOR FREE klicken. Daraufhin erhalten Sie ein Zip-Archiv, das Sie entpacken. Das Zip-Archiv selbst besteht insgesamt nur aus fünf Dateien:

- *composer.json*
- *de_DE.csv*
- *language.xml*
- *LICENSE.txt*
- *registration.php*

Die CSV-Datei ist der primäre Bestandteil der Übersetzung, denn hierin wird jeder im System vorhandene englische Begriff durch einen deutschen Begriff ergänzt. Bei den weiteren Dateien handelt es sich in erster Linie um für Magento notwendige Dateien zum Laden und Installieren des Sprachpakets.

Nachdem Sie das Zip-Archiv heruntergeladen und entpackt haben, erstellen Sie in Ihrer Magento-Instanz ein neues Verzeichnis namens *code* im Verzeichnis */app* und innerhalb dieses Verzeichnisses ein weiteres namens *Magenerds* mit dem Unterverzeichnis *de_De*, in das Sie die Inhalte der extrahierten Zip-Datei verschieben. Als Ergebnis haben Sie ein neues Verzeichnis namens *app/code/Magenerds/de_DE* mit den Dateien des Sprachpakets.

Im zweiten Schritt muss dieses neue Sprachpaket installiert werden. Starten Sie hierfür, je nach Betriebssystem, die Eingabeaufforderung bzw. das Terminal oder die Shell, und navigieren Sie in Ihr Magento-Hauptverzeichnis. Dort angelangt, führen Sie den folgenden Befehl aus: `php bin/magento setup:upgrade`.

Durch die Ausführung dieses Befehls prüft Magento, ob es neue Erweiterungen oder Modifikationen gibt, die installiert werden müssen. Sollte dies zutreffen, führt Magento eine Installationsroutine aus. Sie haben durch den neuen Ordner *code/Magenerds/de_DE Magento* die Information gegeben, dass »etwas Neues« vorhanden ist, die darin enthaltenen Dateien haben sich sozusagen um den Rest, nämlich die gesamten Detailinformationen, gekümmert und somit die Installation ermöglicht. Hat alles geklappt, sollten Sie eine Ausgabe wie in Abbildung 4.1 erhalten.

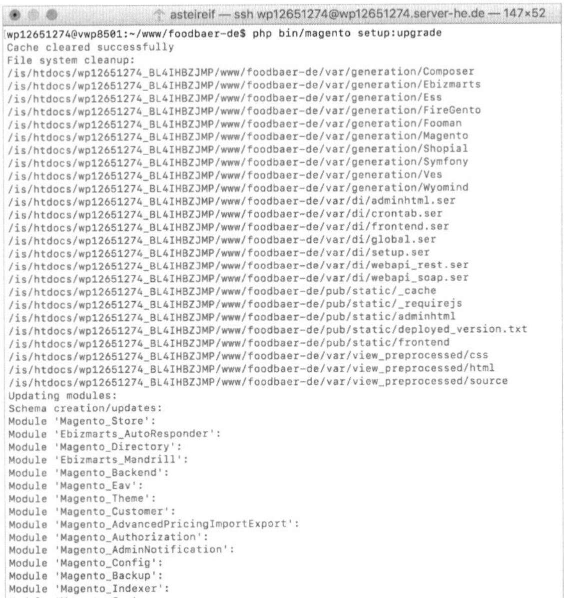

Abbildung 4.1 Der Magento-Installationsprozess gibt während der Installation konstant einen Status zurück.

Daraufhin ist das Sprachpaket erfolgreich installiert, und Sie müssen sich um nichts weiter kümmern.

4.2 Das Magento-Backend im Überblick

Nachdem Sie an dieser Stelle genau wie ich über eine Magento-Instanz inklusive deutschem Sprachpaket verfügen, möchte ich Ihnen im Folgenden einen Ein- und Überblick über das Magento-Backend geben. Rufen Sie hierfür zuallererst das Magento-Backend auf. Sie erinnern sich sicherlich an den Installationsprozess und die dort vermerkte Admin-URL. Entweder haben Sie auf die von Magento generierte URL gesetzt oder eine eigene namens *admin* hinterlegt. Am Ende des Installationsprozesses wurde diese URL übrigens nochmals aufgeführt. Rufen Sie nun die hinterlegte Backend-URL auf. Da ich ab sofort zu dem im Buch thematisierten Demo-Shop wechsle, handelt es sich in meinem Fall um die URL *http://www.foodbaer.de/admin*. Durch den Zusatz */admin* komme ich vom Frontend ins Backend und werde zuerst nach dem Benutzernamen und Passwort gefragt, wie Sie in Abbildung 4.2 sehen.

Abbildung 4.2 Um in das Magento-Backend zu gelangen, müssen Sie sich im ersten Schritt mit Ihrem Benutzernamen und Passwort anmelden.

Geben Sie die im Installationsprozess vermerkten Zugangsdaten bestehend aus einem Benutzernamen und Passwort ein, und klicken Sie auf ANMELDEN. Sollten Sie Ihre Zugangsdaten vergessen haben, was zu einem späteren Zeitpunkt sicherlich passieren kann, können Sie auf den Link HABEN SIE IHR PASSWORT VERGESSEN? klicken.

Anschließend können Sie Ihre E-Mail-Adresse hinterlegen, um ein neues Passwort anzufordern. Beachten Sie bitte, dass Sie für diese Funktion einen funktionierenden und lokal installierten Mail-Server benötigen. Sollten Sie aus irgendeinem Grund keine E-Mail erhalten, wenn Sie ein neues Passwort anfordern, ist der nicht existente bzw. fehlerhaft arbeitende Mail-Server in der Regel die Problemquelle Nummer eins.

Zugangsdaten für www.foodbaer.de

Sollten Sie keine lokale Installation von Magento aufsetzen können bzw. dürfen und falls VirtualBox samt MageVM für Sie ebenfalls keine Option darstellt, können Sie alle Änderungen ebenso in dem Demo-System *www.foodbaer.de* nachvollziehen. Es handelt sich um eine Magento-Installation, die alle zwei Stunden zurückgesetzt wird; innerhalb der zwei Stunden haben Sie aber die Möglichkeit, alles zu editieren und nachzuvollziehen.

- Frontend: *http://www.foodbaer.de*
- Backend: *http://www.foodbaer.de/admin*
- Benutzername: magentobuch
- Passwort: magento123!

Sobald Sie sich erfolgreich mit Ihrem Benutzernamen und Passwort angemeldet haben, landen Sie direkt im Magento-Backend. Standardmäßig ist als Startseite das Dashboard hinterlegt, in dem Sie sich nun befinden. Wenn Sie sich die Elemente des Backends nun im Detail ansehen, werden Sie relativ schnell feststellen, dass alle Begriffe weiterhin auf Englisch ausgegeben werden. Sie haben zwar, genau wie ich, bei der Installation die Sprache auf Deutsch gestellt, diese Einstellung bezieht sich aber nur auf das Frontend. Würden Sie an dieser Stelle in das Frontend springen, würden Sie eine vollständig auf Deutsch erscheinende Oberfläche vorfinden. Für das Backend hingegen müssen Sie, um die Sprache zu wechseln, zuerst in Ihr Benutzerkonto gehen.

Klicken Sie hierfür in der oberen rechten Ecke auf Ihren Benutzernamen, worauf sich ein neues Menü öffnet. Wählen Sie den ersten Menüpunkt namens ACCOUNT SETTING. Über diesen Link landen Sie in Ihren persönlichen Kontoeinstellungen. Innerhalb dieser Ansicht können Sie folgende Informationen bearbeiten:

- User Name
- First Name
- Last Name
- Email
- Password
- Interface Locale

Kurz gesagt, haben Sie in dieser Maske die Möglichkeit, Ihren Namen, Ihre E-Mail-Adresse, Ihren Benutzernamen und Ihr Kennwort abzuändern. Zudem können Sie auch die Sprache des Backends ändern, diese Einstellung bezieht sich exklusiv auf Ihr Benutzerkonto. Wählen Sie beim Punkt INTERFACE LOCALE den Eintrag DEUTSCH (DEUTSCHLAND) / GERMAN (GERMANY) aus, geben Sie zur Bestätigung der Änderung Ihr Kennwort im Feld YOUR PASSWORD ein, und klicken Sie auf SAVE ACCOUNT. Zur besseren Orientierung können Sie einen Blick auf Abbildung 4.3 werfen, in der Sie das entsprechende Dropdown-Feld und auch den Button zum Speichern erkennen können.

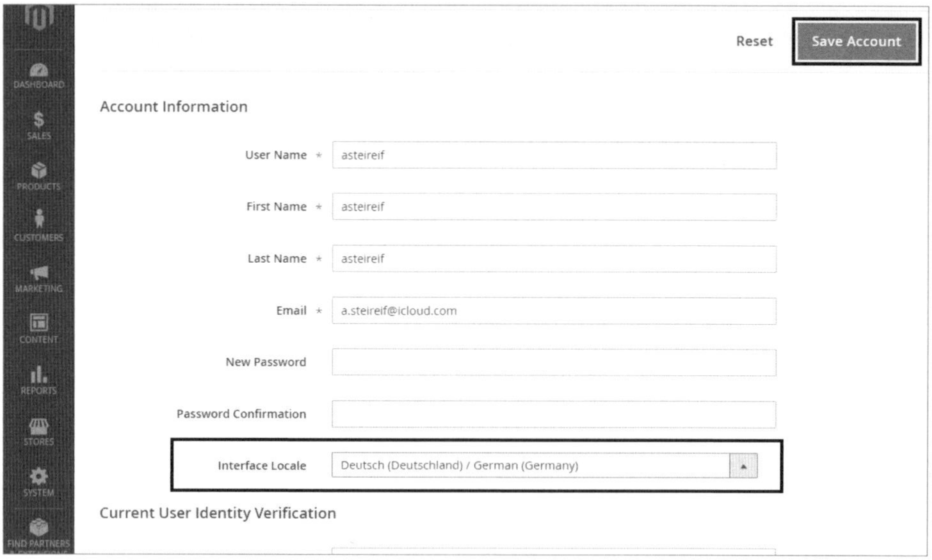

Abbildung 4.3 In Ihrem Benutzerkonto können Sie die Sprache, aber auch persönliche Daten abändern.

Nachdem Sie auf SAVE ACCOUNT geklickt haben, werden die Änderungen gespeichert, und das Backend ist anschließend in deutscher Sprache verfügbar. Bitte beachten Sie, dass Sie grundsätzlich für Änderungen in Ihrem Benutzerkonto immer Ihr Passwort als Bestätigung eingeben müssen. Sollten Sie das nicht tun, wird Sie Magento mit einem entsprechenden Hinweis darauf aufmerksam machen.

Klicken Sie nun auf den Link DASHBOARD, der sich in der linken Navigationsleiste ganz oben befindet. Da sich das Dashboard immer direkt nach einem erfolgreichen Login öffnet, möchte ich an dieser Stelle mit dieser Ansicht starten und Ihnen den Sinn und Zweck des Dashboards erklären. Das Magento, Ihre im Standard definierte Startseite, zeigt Ihnen alle wichtigen Kennzahlen und Informationen Ihres Online-Shops auf einen Blick an. Dashboard bedeutet, wörtlich übersetzt, Armaturenbrett, und genau als solches dient das Magento Dashboard. Aus diesem Grund ist das Dashboard zudem die ideale Startseite, da Sie nach jedem Login einen schnellen und übersichtlichen Überblick darüber erhalten, was in Ihrem Online-Shop passiert. Wie Sie in Abbildung 4.4 erkennen können, unterteilt sich das Dashboard, vereinfacht gesagt, in zwei Informationsbereiche.

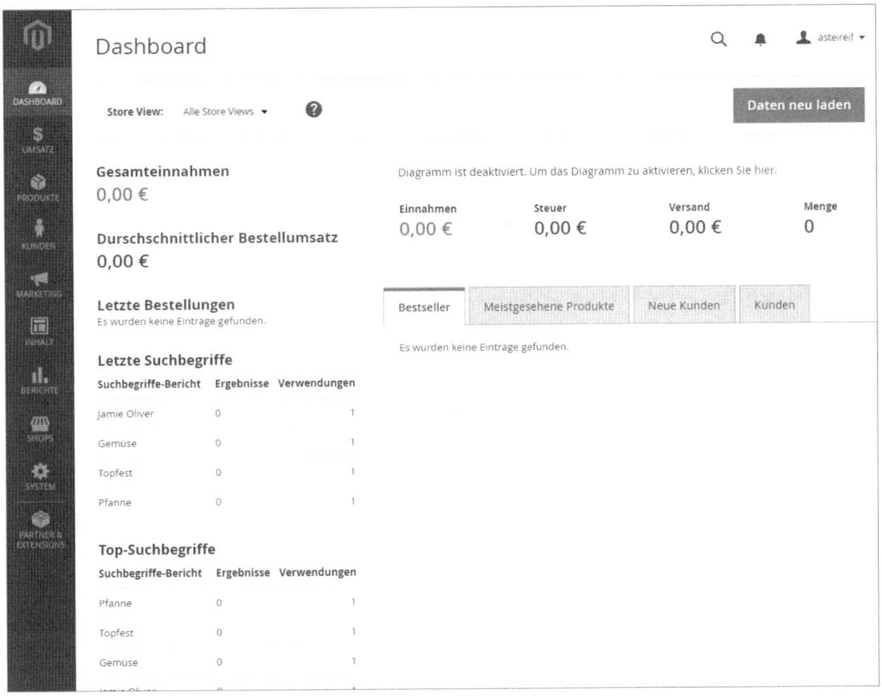

Abbildung 4.4 Das Magento Dashboard, das zeitgleich als Startseite fungiert

Im linken Bereich des Dashboards erhalten Sie folgende Informationen bzw. Kennzahlen:

- **Gesamteinnahmen**
  Gesamtumsatz, d. h. die Summe aller Bestellungen, die der Online-Shop seit Beginn generiert hat
- **Durchschnittlicher Bestellumsatz**
  die durchschnittliche Höhe einer Bestellung
- **Letzte Bestellungen**
  einen kurzen Überblick über die zuletzt getätigten Bestellungen
- **Letzte Suchbegriffe**
  die zuletzt im Frontend verwendeten Suchbegriffe
- **Top-Suchbegriffe**
  die beliebtesten Suchbegriffe Ihrer Kunden und Besucher

Diese Kennzahlen ermöglichen Ihnen in der Praxis nur einen groben Überblick. Der durchschnittliche Bestellumsatz ist in der Tat eine relativ wichtige Kennzahl, und im

Dashboard können Sie diese sehr gut überwachen. Die restlichen Kennzahlen an dieser Stelle sind jedoch begrenzt interessant, da Sie daraus nicht wirklich Handlungen und Aktionen ableiten können, beispielsweise bei den letzten Suchbegriffen.

Der rechte Bereich des Magento Dashboards hat hingegen einen etwas stärkeren Detaillierungsgrad, denn Sie können folgende Informationen entnehmen:

- **Einnahmen**
  Höhe der an diesem Tag generierten Umsätze
- **Steuer**
  Höhe der an diesem Tag fakturierten Steuer
- **Versand**
  Höhe der an diesem Tag fakturierten Versandkosten
- **Menge**
  Anzahl der Artikel, die an diesem Tag verkauft wurden
- **Bestseller**
  Auflistung der am häufigsten verkauften Produkte
- **Meistgesehene Produkte**
  Auflistung der am häufigsten angesehenen Produkte
- **Neue Kunden**
  Auflistung der neuen Kunden
- **Kunden**
  Auflistung der Kunden

Der rechte Bereich innerhalb des Dashboards zielt auf eine etwas detailliertere Auswertung der Kennzahlen ab. So sehen Sie eine Auflistung der aktuellen Bestseller oder auch neuen Kunden. Zudem erhalten Sie gezielte Informationen zu den generierten Umsätzen des laufenden Tages. In der Praxis wird Sie speziell diese Information interessieren, nämlich wie viel Umsatz am jeweiligen Tag generiert wurde.

Neben der reinen Darstellung von Zahlen können Sie zusätzlich ein Diagramm aktivieren. Unter dem Button DATEN NEU LADEN, mit dessen Hilfe Sie durch einen Klick die Kennzahlen des Dashboards aktualisieren können, befindet sich ein Link mit der Bezeichnung DIAGRAMM IST DEAKTIVIERT. UM DAS DIAGRAMM ZU AKTIVIEREN, KLICKEN SIE HIER. Klicken Sie an dieser Stelle auf das Wort HIER, worauf Sie in eine Konfigurationsmaske geleitet werden. Innerhalb dieser Maske ist der Reiter DASHBOARD aufgeklappt, der die Option TABELLEN AKTIVIEREN enthält. Aktivieren Sie diese Option, indem Sie bei der Checkbox USE SYSTEM VALUE den Haken entfernen, um dadurch bei dem Dropdown-Feld die Option JA auswählen zu können. Speichern Sie bitte anschließend die Konfiguration, indem Sie auf den Button KONFIGURATION SPEICHERN klicken. Gehen Sie daraufhin wieder in das Dashboard, in dem der Satz DIAGRAMM IST DEAKTIVIERT. UM DAS DIAGRAMM ZU AKTIVIEREN, KLICKEN SIE

HIER nun nicht mehr sichtbar ist. An dieser Stelle sehen Sie jetzt zwei Reiter namens BESTELLUNGEN und BETRÄGE, die Ihnen, sofern Daten vorliegen, entsprechende Diagramme darstellen. Werfen Sie hierfür einen Blick auf Abbildung 4.5, die Ihnen genau diese Reiter anzeigt.

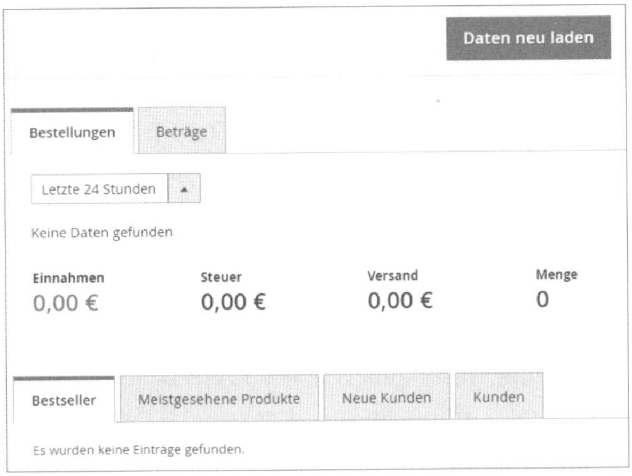

Abbildung 4.5 Nach Aktivierung der Diagramme erscheinen neue Reiter sowie eine Einschränkung des Zeitraums.

Sobald Sie im späteren Verlauf dieses Buches Bestellungen erzeugen, Produkte anlegen und mit dem Online-Shop arbeiten, können Sie sich selbst ein Bild von dem Magento Dashboard machen. Denn wie Sie sehen ist es zum jetzigen Zeitpunkt doch noch relativ leer, es werden keine Diagramme dargestellt, und für viele Kennzahlen gibt es keine Informationen. Aktuell fehlt Ihrem Online-Shop noch etwas Leben, was sich jedoch von Kapitel zu Kapitel immer mehr ändern wird.

4.3 Die Struktur des Magento-Backends

Nach dieser Darstellung des Dashboards möchte ich Ihnen zunächst einen Überblick über die verschiedenen Navigationspunkte innerhalb des Magento-Backends geben, bevor ich Ihnen die Konfiguration von Magento im Detail vorstellen werde. Die primäre Navigation innerhalb des Magento-Backends befindet sich an dem linken Bildschirmrand und ist von jeder Ansicht aus ersichtlich. Jeder Hauptunkt enthält Unterpunkte, die nach einem Klick auf den Hauptpunkt ersichtlich werden. Ganz grob lassen sich die Hauptpunkte wie folgt definieren und erklären.

Dashboard

Das Dashboard dient zum einen als Startseite bzw. zentraler Einstiegspunkt nach einem Login im Magento-Backend. Zudem ist es der erste Navigationspunkt. Weitere

Untergliederungen sind nicht vorhanden, und das Dashboard dient, wie auf den vorherigen Seiten erwähnt, als Informationsquelle, die Ihnen relevante Kennzahlen bereitstellt.

Umsatz

Unter dem Punkt UMSATZ finden Sie alle Optionen und Möglichkeiten, um Bestellungen zu bearbeiten. Neben der Möglichkeit, Bestellungen einzusehen, zu editieren und neue Bestellungen anzulegen, haben Sie zudem die Möglichkeit, Rechnungen, Lieferscheine und Gutschriften zu erstellen. Kurz gesagt, befindet sich im Bereich UMSATZ alles, um eine Bestellung zu verarbeiten.

Produkte

Im Bereich PRODUKTE geht es um die Anlage und Verwaltung der Kategorien und Produkte. Sie können neue Produkte anlegen, bestehende Produkte editieren oder löschen. Alle Möglichkeiten und Funktionen für die Produktsortimentspflege sind in diesem Abschnitt enthalten.

Kunden

Verfolgen Sie, welcher Kunde aktuell online ist, und sehen Sie Details von Bestandskunden ein – in diesem Abschnitt finden Sie alle notwendigen Möglichkeiten, um an Informationen über Ihre Kunden zu kommen und neue Kunden anzulegen.

Marketing

Der Abschnitt MARKETING ist für Sie als Shop-Betreiber besonders wichtig, denn hier finden Sie Möglichkeiten, um die Umsätze und Verkaufszahlen anzukurbeln. Neben der Anlage von Preisregeln können Sie im Bereich MARKETING Kundenbewertungen einsehen und freischalten, die Suchfunktion optimieren und Newsletter planen sowie versenden.

Inhalt

Magento verfügt über verschiedene Content-Management-System-Funktionalitäten, die im Abschnitt INHALT gruppiert sind. Zudem können Sie in diesem Bereich das verwendete Design konfigurieren und zeitlich gesteuert neue Designs aktivieren.

Berichte

Auch wenn das Dashboard bereits einige Kennzahlen anbietet, so kann Ihnen Magento zudem detaillierte Berichte erstellen, die Ihnen noch mehr Informationen liefen. Diese finden Sie im Abschnitt BERICHTE.

Shops

Dieser Bereich ist in der deutschen Übersetzung nicht ganz perfekt benannt, denn hier finden Sie die Systemkonfiguration. Alle Einstellungen, angefangen von den Attributen bis hin zu Steuerregeln und der grundlegenden Systemkonfiguration finden Sie im Bereich SHOPS.

System

Bei dem Abschnitt SYSTEM handelt es sich um eine Art Sammelbecken von verschiedenen Funktionen, die in keinen anderen Bereich gepasst haben. Neben umfangreichen Import- und Export-Möglichkeiten, die Sie in diesem Bereich haben, können Sie hier den Cache leeren, Benutzer samt Berechtigungen verwalten und Backups erstellen.

Starke Orientierung an Magento

Sofern Sie bereits mit Magento 1.x arbeiten, wird Ihnen die doch sehr ähnliche Navigationsstruktur in Magento 2 auffallen. Dies ist meiner Meinung nach positiv, denn die Strukturierung in Magento 1.x hat sich meiner Meinung nach bewährt, und warum hätte Magento diese in der Version 2.x ändern sollen. Einzig der Bereich SYSTEM wurde aufgebrochen und in Magento 2.x in die Bereiche SHOPS und SYSTEM aufgeteilt.

Partner & Extensions

Wenn Sie diesen Bereich öffnen, haben Sie die Möglichkeit, zum Magento Marketplace zu wechseln. Außerdem haben Sie die Gelegenheit, sich über Magento-Partner zu informieren.

Auch wenn es sich bei Magento um eine enorm umfangreiche, mächtige und komplexe Software handelt, so ist das Backend meiner Meinung nach enorm einfach und übersichtlich strukturiert, wodurch Sie sich als Neuling sehr schnell zurechtfinden werden. Die Navigation ist auf die wesentlichen Bereiche heruntergebrochen und orientiert sich inhaltlich ganz stark an der täglichen Arbeit eines Shop-Betreibers. Die Konfiguration und damit die Masken und Funktionen, die Sie im Alltag selten benötigen, sind in den beiden Punkten SHOPS und SYSTEM zusammengefasst. Die weiteren Navigationspunkte untergliedern sich im Prinzip nach der alltäglichen Arbeit, die aus der Bearbeitung von Bestellungen, dem Produkt- bzw. Sortimentsmanagement, der Kundenverwaltung und der Planung und Durchführung von verkaufsfördernden Maßnahmen besteht.

Nachdem ich Ihnen einen groben Überblick über die Oberpunkte bzw. Bereiche von Magento gegeben habe, möchte ich nun das große Thema *Konfiguration* angehen.

Diese befindet sich, wie erwähnt, im Bereich SHOPS und enthält alle Möglichkeiten, mit denen Sie Magento an Ihre Bedürfnisse anpassen können.

4.4 Magento an die eigenen Bedürfnisse anpassen

Eine sehr große Stärke von Magento besteht in den umfangreichen Konfigurationsmöglichkeiten. Je konfigurierbarer eine Software ist, desto mehr Aufwand sparen Sie sich bei der Entwicklung. Sollte ein Anpassungswunsch auftreten, können Sie diesen über die Oberfläche, sprich das Backend, erfüllen und müssen nicht immer zur Entwicklung greifen. Diese Eigenschaft ist bei Magento seit Beginn der Version 1.x enorm ausgeprägt, denn äußerst viele Dinge lassen sich über das Backend einstellen und konfigurieren. Das erzeugt jedoch auch eine gewisse Komplexität, da man sich in der Vielzahl von Konfigurationsmasken und den Hunderten Einstellungsmöglichkeiten verlieren kann. Damit dies nicht passiert, möchte ich mit Ihnen die Basiskonfiguration Schritt für Schritt durchgehen und Ihnen bei den verschiedenen Möglichkeiten zudem die Best-Practice-Einstellungen mit an die Hand geben.

Klicken Sie im Backend auf den Menüpunkt SHOPS, woraufhin sich, wie in Abbildung 4.6 zu sehen, ein Untermenü mit verschiedenen Konfigurationseinstellungen und Möglichkeiten öffnet.

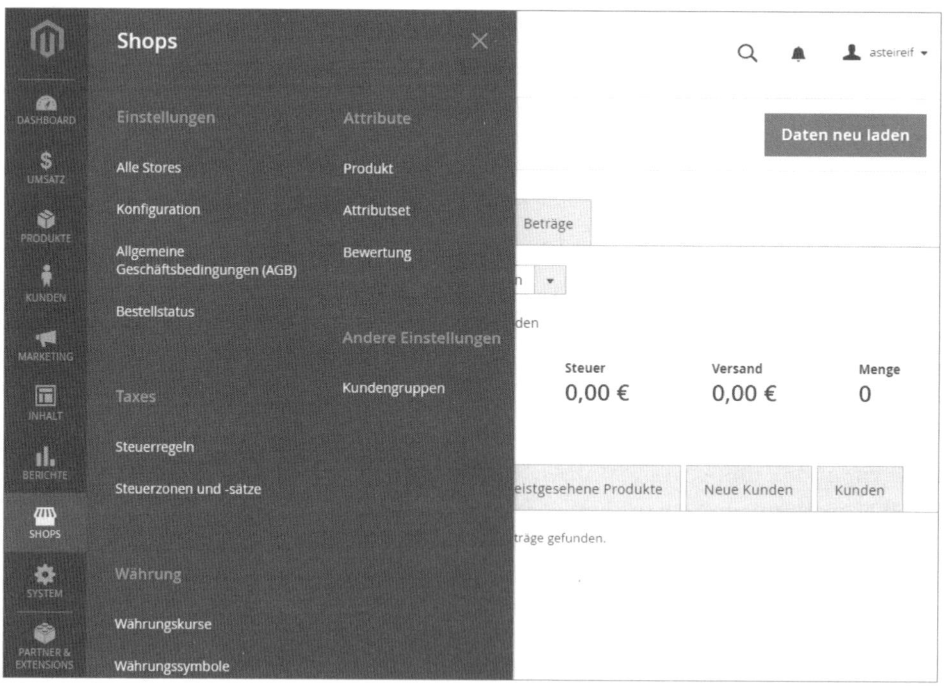

Abbildung 4.6 Der Menüpunkt »Shops« beinhaltet alle relevanten Konfigurationseinstellungen und Optionen.

Dieses Untermenü besteht insgesamt aus fünf unterschiedlichen Bereichen:

- Einstellungen
- Taxes
- Währungen
- Attribute
- Andere Einstellungen

Innerhalb des Bereiches *Einstellungen* befinden sich die Magento-Systemkonfiguration, die Verwaltung der Bestellbedingungen und Bestellstatus sowie die Multistore-Konfiguration. Bei den *Taxes* – leider ist dieser Begriff aktuell noch nicht übersetzt – können Sie die Steuerkonfiguration Ihres Magento-Online-Shops vornehmen und verschiedene Steuerklassen und Regeln je nach Land definieren. Der Punkt *Währungen* ermöglicht das Hinterlegen von Wechselkursen sowie Währungszeichen und wird speziell dann relevant, wenn Sie in Ihrem Online-Shop mehrere Währungen zur Auswahl anbieten. Bei den *Attributen* haben Sie die Möglichkeit, Attributsets, Artikelattribute und Bewertungsattribute zu hinterlegen. Attribute sind letztendlich Eigenschaften, die das Speichern von Werten ermöglichen. Im letzten Punkt namens *Andere Einstellungen* können Sie zudem Kundengruppen anlegen und diese verwalten.

Wie Sie sehen, haben Sie im Bereich SHOPS unterschiedlichste Möglichkeiten, angefangen von der allgemeinen Systemkonfiguration bis hin zur Verwaltung und Konfiguration von Währungen, Steuern, Kundengruppen und Attributen. In diesem 4. Kapitel, »Einstieg und Konfiguration von Magento«, möchte ich Ihnen die allgemeine Systemkonfiguration, also den Menüpunkt SHOPS • EINSTELLUNGEN • KONFIGURATION, im Detail vorstellen. Alle weiteren Menüpunkte im Bereich SHOPS werden Sie im Verlauf dieses Buches in den jeweiligen Kapiteln kennenlernen, immer dann, wenn es thematisch am sinnvollsten ist. Klicken Sie innerhalb des Magento-Backends bitte auf SHOPS • EINSTELLUNGEN • KONFIGURATION, um die allgemeine Systemkonfiguration zu öffnen. Daraufhin zeigt sich eine neue Ansicht, die bei Ihnen wie in Abbildung 4.7 aussieht. Aufgrund der Komplexität und der Vielzahl von Möglichkeiten ist die Konfiguration wiederum in Ober- und Unterpunkte untergliedert. Sie finden im linken Bereich des Bildschirms ein Navigationselement, ähnlich wie Tabs bzw. Reiter, mit dessen Hilfe Sie die jeweiligen Oberpunkte öffnen und anschließend alle Unterpunkte betrachten können. Im rechten Bereich finden Sie hingegen die Konfigurationsoptionen bzw. entsprechende Masken, um Einstellungen zu ändern. Insgesamt existieren in dieser Ansicht folgende sechs Oberpunkte:

- Allgemein
- Katalog
- Kunden
- Umsatz
- Services
- Erweitert

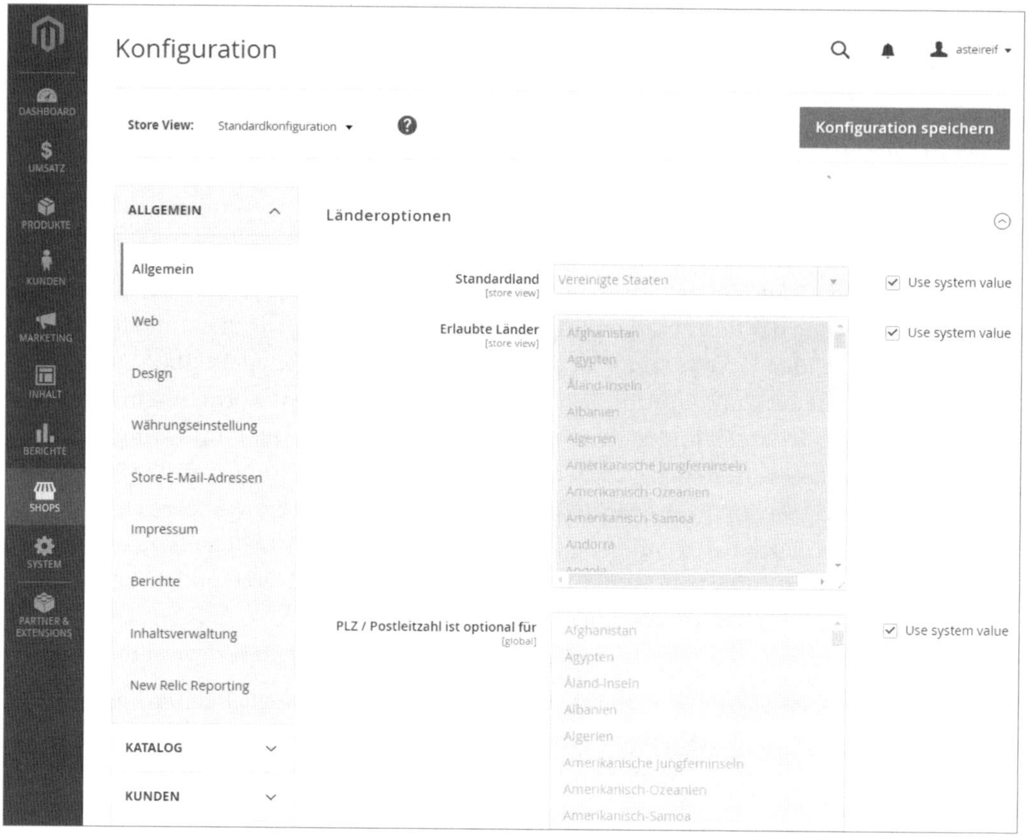

Abbildung 4.7 Die Magento-Systemkonfiguration

Die darin enthaltenen Konfigurationsmöglichkeiten unterscheiden sich je nach Bereich relativ stark. Innerhalb des Menüpunktes *Katalog* können Sie recht viele Anpassungen vornehmen, weswegen zehn Unterpunkte mit Einstellungsmöglichkeiten bereitstehen und Ihnen eine Hülle und Fülle an Anpassungsmöglichkeiten erlauben. Bei den Services hingegen haben Sie nicht allzu viele Möglichkeiten, Anpassungen vorzunehmen, weswegen dieser Punkt recht kompakt mit zwei Unterpunkten ausgestattet ist.

Wenn Sie die Konfiguration aufrufen, was Sie auf der vorherigen Seite bereits getan haben, landen Sie automatisch im Punkt ALLGEMEIN • ALLGEMEIN. Aus diesem Grund ist dieser Menüpunkt entsprechend farblich gekennzeichnet und hinterlegt, wie Sie ebenfalls Abbildung 4.7 entnehmen können. Die in der Systemkonfiguration enthaltenen Oberpunkte gruppieren übrigens ausschließlich Unterpunkte, enthalten selbst jedoch keine Konfigurationsmöglichkeiten und Eingabemasken. Aus diesem Grund sind Sie auch direkt im ersten Unterpunkt im Bereich ALLGEMEIN gelandet, der zufälligerweise auch ALLGEMEIN heißt.

4.4.1 Allgemein

Grundsätzlich beinhaltet der Konfigurationsabschnitt ALLGEMEIN, wie der Name impliziert, allgemeine und systemübergreifende Einstellungsmöglichkeiten. Damit meine ich speziell Informationen und Konfigurationsoptionen wie die im Frontend verwendete Sprache, erlaubte Länder, die oder mehrere Währungen, aber auch Informationen, die für das Impressum relevant sind.

Allgemein

Im Punkt ALLGEMEIN • ALLGEMEIN angelangt, finden Sie als erste Konfigurationsoption das Standardland vor. Dieses steht per Default auf *Vereinigte Staaten*, wobei diese Einstellung keinen direkten Einfluss auf die im Frontend oder Backend verwendete Sprache hat. Bei der Konfiguration von Steuerregeln oder Versandmethoden kann das Standardland jedoch eine Auswirkung haben, da es als Basis für Berechnungen genutzt werden kann. Auch fungiert das Standardland bei der Erstellung einer Rechnungs- bzw. Lieferadresse als vorausgefüllte Option. Wählen Sie nun an dieser Stelle beim Standardland *Deutschland* aus.

Use system value – so überschreiben Sie den Standardwert

Bei vielen Konfigurationsoptionen können Sie direkt keine Änderung vornehmen, da das jeweilige Text- bzw. Dropdown-Feld ausgegraut ist. Sie müssen zuerst den Haken bei der Checkbox USE SYSTEM VALUE entfernen. Dadurch haben Sie die Möglichkeit, den Standard-Konfigurationswert, der vom System vorgegeben wird, zu überschreiben.

Neben dem Standardland können Sie zudem die im System erlaubten Länder definieren. Hierbei handelt es sich um eine Liste von 245 Ländern, von denen jedes in der Standardkonfiguration von Magento freigeschaltet ist. Die erlaubten Länder haben zunächst einmal keinen Einfluss, beispielsweise auf den Bestellprozess. Denn es kann ein Land erlaubt sein, für das aber keine Versandmethode vorliegt, wodurch eine Bestellung bzw. Lieferung in dieses Land letztendlich unmöglich ist. Die erlaubten Länder spielen aber bei der Anlage einer Rechnungs- bzw. Lieferadresse eine Rolle. Grenzen Sie die erlaubten Länder im Vorfeld nicht ein, können Ihre Kunden aus diesen 245 Ländern jedes beliebige Land auswählen. Da es sich hierbei um ein Dropdown-Feld handelt, wird die Auswahl doch sehr unübersichtlich. Je länger die Liste ist, desto schwieriger wird es auch, letztendlich sein gesuchtes Land zu finden. Werfen Sie, um dies ein wenig besser nachvollziehen zu können, einen Blick auf Abbildung 4.8, welche die Anlage einer Rechnungs- bzw. Lieferadresse im Frontend abbildet. Innerhalb dieser Abbildung können Sie ein Dropdown-Feld erkennen, das alle erlaubten Länder darstellt. Wie Sie sich vorstellen können, ist die Übersichtlichkeit mäßig, da auch keine spezielle Suchfunktion innerhalb des Dropdown-Felds vorhanden ist.

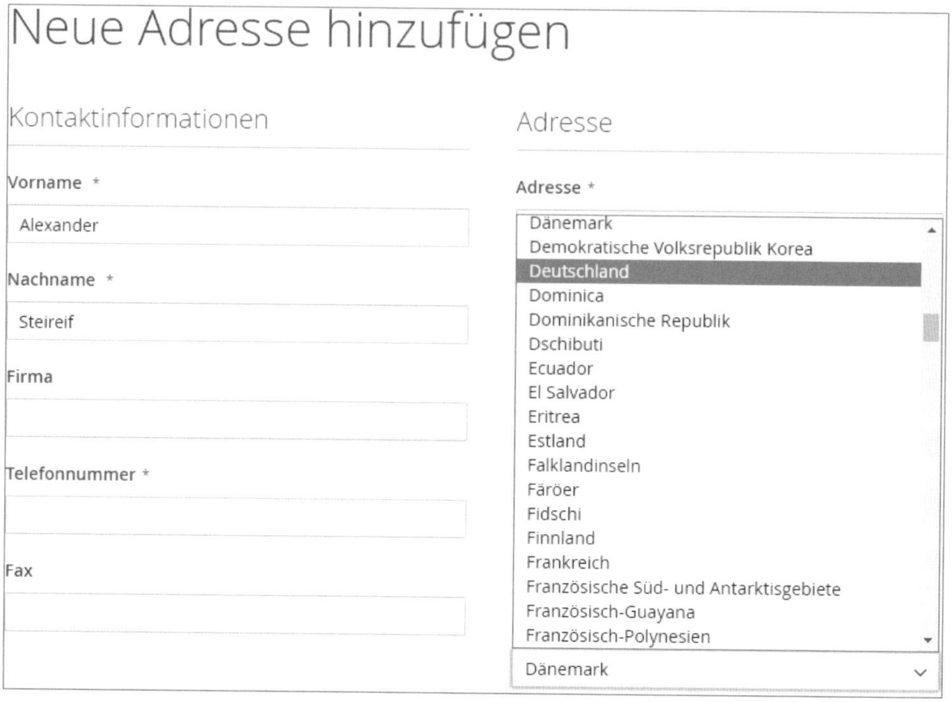

Abbildung 4.8 Bei der Anlage einer Adresse stehen alle erlaubten Länder zur Auswahl zur Verfügung.

Entfernen Sie bitte den Haken bei USE SYSTEM VALUE, und wählen Sie bei den erlaubten Ländern Deutschland, Österreich, das Vereinigte Königreich und die Schweiz aus. Auf diese Länder werden Sie im späteren Verlauf des Buches noch öfter treffen, an dieser Stelle können Sie hierfür bereits den Grundstein legen. Nachdem Sie die erlaubten Länder definiert haben, fragt Sie Magento nach Ländern, für welche die Postleitzahl optional ist. Im Frontend – es geht hierbei wieder um die Anlage der Rechnungs- bzw. Lieferadresse – gibt es bei der Eingabe der Anschrift ein Feld namens Postleitzahl (PLZ). Dabei handelt es sich in der Regel um ein Pflichtfeld. Bei der Konfigurationsoption PLZ / POSTLEITZAHL IST OPTIONAL FÜR können Sie konfigurieren, für welche Länder die Postleitzahl ein Pflichtfeld ist und für welche nicht. Würden Sie in dieser Option beispielsweise nur Deutschland auswählen, müssten Ihre Kunden bei der Eingabe einer deutschen Adresse keine Postleitzahl eingeben, wäre die Adresse in Österreich, der Schweiz oder dem Vereinigten Königreich, hingegen schon. Erfahrungsgemäß benötigen Sie, speziell in Europa, bei jeder Adresse zwingend eine Postleitzahl, weswegen Sie an dieser Konfigurationsoption keine Anpassung vornehmen müssen. Denn wenn Sie Ihren Kunden später ohne Probleme die Ware bzw. Rechnung zusenden möchten, ist das Vorhandensein einer Postleitzahl und die damit verbundene Pflichtangabe notwendig.

Auch die nächste Konfigurationsoption hat etwas mit Ländern zu tun. Sie können innerhalb von Magento die der EU zugehörigen Länder definieren. Diese Option hat im ersten Schritt keinerlei Auswirkung auf Ihre Kunden. Speziell bei der Modulentwicklung kann es aber vorkommen, dass Sie gewisse Funktionen nur für EU-Länder freischalten möchten, weswegen eine Liste, welche die EU-Länder definiert, definitiv sinnvoll ist. Betrachten Sie diese Option daher im ersten Schritt als Definitionsliste, auf die bei Bedarf von Erweiterungen zurückgegriffen werden kann. Eine Anpassung der Konfiguration müssen Sie an dieser Stelle aber nicht durchführen, die im Standard konfigurierten EU-Länder sind so weit in Ordnung. Ähnlich wie mit den EU-Ländern verhält sich die folgende Option namens TOP-ZIELE. Es handelt sich ebenfalls um eine Liste von Ländern, die Sie frei definieren können. Im Frontend bzw. Backend hat diese Option erst einmal keine Auswirkung, wenn Erweiterungen entwickelt werden, kann aber auf den Wert Top-Ziele zurückgegriffen werden. Dies ist denkbar, wenn Sie gegebenenfalls Kunden, die aus einem Top-Ziel kommen, einen gewissen Rabatt oder einen kostenfreien Artikel einräumen möchten. Die Ideen und Möglichkeiten hierfür sind vielfältig, im Standard ist aber keine entsprechende Funktionalität integriert, weswegen Sie diese Option an dieser Stelle getrost ignorieren können.

Im nächsten Konfigurationsabschnitt verlassen Sie die Länderkonfiguration und gelangen zu den Bundesländern. Wenn Sie in der Konfigurationsoption BUNDESLAND IST ERFORDERLICH FÜR ein Land auswählen, wird für dieses Land bei der Anlage bzw. Bearbeitung einer Adresse im Frontend automatisch das Bundesland abgefragt. Würden Sie an dieser Stelle beispielsweise Deutschland auswählen, müssten Ihre Kunden bei der Anlage einer Rechnungs- bzw. Lieferadresse in Deutschland zwangsläufig auch ein Bundesland auswählen. In Deutschland ist diese Auswahl aber unnötig, da zum einen von der Postleitzahl auf das Bundesland geschlossen werden kann, zum anderen hilft Ihnen die Information des Bundeslandes nicht weiter. Denn Warensendungen und Rechnungen können problemlos ohne Angabe eines Bundeslandes zugestellt werden. Im Gegenteil, die Abfrage des Bundeslandes ist eher schädlich, denn Eingabemasken sollten möglichst einfach und kompakt gehalten werden, d. h., Sie sollten Ihre Kunden auch nur nach den Informationen fragen, die Sie unbedingt benötigen. Da Sie das Bundesland aber nicht zwangsläufig benötigen, sollten Sie es in Ihrem Online-Shop auch nicht abfragen. Sie können die Abfrage des Bundeslandes deaktivieren, indem Sie das entsprechende Land bei der Option BUNDESLAND IST ERFORDERLICH FÜR abwählen. Sobald Sie das entsprechende Bundesland an dieser Stelle abgewählt haben – Deutschland ist beispielsweise von Haus aus abgewählt –, ist die Angabe des Bundeslandes zwar keine Pflichtangabe mehr, aber Ihre Kunden und Besucher werden dennoch nach dem Bundesland gefragt. Dieses Verhalten können Sie unterdrücken, indem Sie die nächste Option namens BUNDESLANDAUSWAHL ERLAUBEN, WENN ES OPTIONAL FÜR DAS LAND IST auf NEIN stellen. Diese Option bewirkt, dass die Auswahl des Bundeslandes tatsächlich nur dann angezeigt wird, sobald das Bundesland ein Pflichtfeld ist. Ist für ein ausgewähltes Land die Eingabe des Bundeslandes nicht notwendig, fragt Magento erst gar nicht nach dem Bundesland, und Ihre Kunden bzw. Besucher müssen im Frontend eine Information weniger hinterlegen.

Direkt nach den beiden Einstellungsmöglichkeiten hinsichtlich der Bundesländer gelangen Sie zu den REGIONALEN OPTIONEN, die Sie in Abbildung 4.9 sehen.

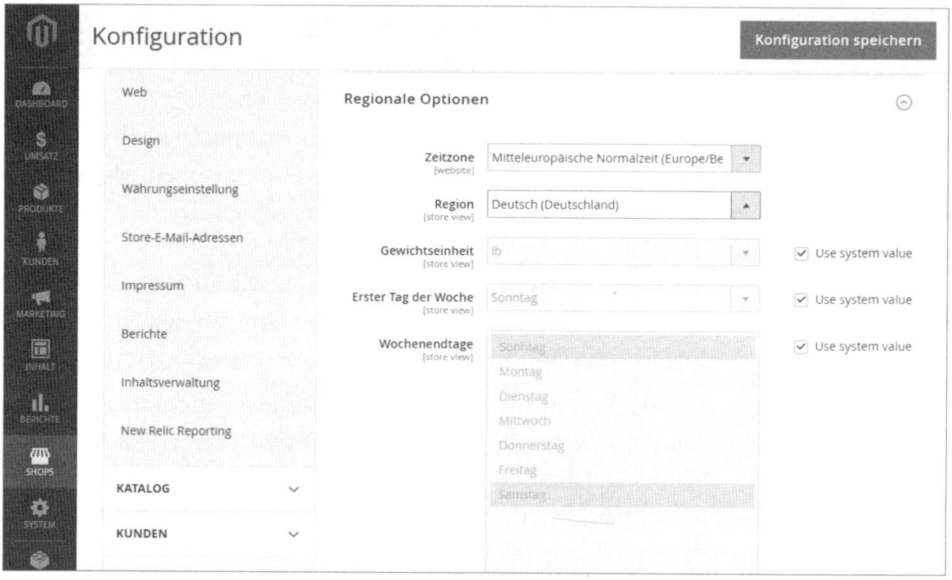

Abbildung 4.9 Bei den »Regionalen Optionen« können Sie beispielsweise die Zeitzone, aber auch die Gewichtseinheit definieren.

Bei der ZEITZONE handelt sich um die erste Konfigurationsoption, die Sie bereits bei der Installation hinterlegt haben. Sollten Sie, aus welchen Gründen auch immer, bei der Installation von Magento eine falsche Zeitzone ausgewählt haben, können Sie diese an dieser Stelle entsprechend anpassen. Die Zeitzone ist für die korrekte Ausgabe von Zeiten und Daten, beispielsweise die Uhrzeit und das Datum einer Bestellung, wichtig. Wählen Sie daher an dieser Stelle bitte die korrekte Zeitzone aus. Sollte sich Ihr Online-Shop in Deutschland befinden, ist die Option MITTELEUROPÄISCHE NORMALZEIT (EUROPE/BERLIN) für Sie die richtige. Sollten Sie mit Ihrem Online-Shop im Ausland aktiv sein, müssen Sie die Zeitzone entsprechend anpassen. Die nächste Option namens REGION hat eine direkte Auswirkung auf die im Frontend verwendete Sprache. Belassen Sie die Einstellung an dieser Stelle bei der Option DEUTSCH (DEUTSCHLAND).

Als Nächstes können Sie die GEWICHTSEINHEIT Ihres Online-Shops definieren. Diese Information wird an verschiedenen Stellen ausgegeben, letztendlich handelt es sich hierbei aber nur um eine rein textliche Information. Es erfolgt keine Umrechnung zwischen Gewichtseinheiten, betrachten Sie diese Information daher wie ein Label. Im Standard verwendet Magento die Gewichtseinheit Pounds, abgekürzt durch *lb*. Wählen Sie bitte anstelle von LB die Option KG, damit Sie zukünftig das Gewicht in Kilogramm angeben können. Bei der nächsten Konfigurationsoption ERSTER TAG DER WOCHE wählen Sie anstelle des Sonntags den Montag aus. Auch diese Einstellung hat im Prinzip keine direkte Auswirkung auf den Online-Shop, kann aber als Konfigurationsparameter von Erweiterungen ausgelesen und genutzt werden. Dementsprechend sollten Sie an dieser Stelle einfach den korrekten Tag hinterlegen, auch wenn vermutlich auf diese Information in Ihrem Online-Shop nie zurückgegriffen wird. Die WOCHENENDTAGE sind im Standard korrekt hinterlegt, nämlich der Samstag und Sonntag, und wie beim ersten Tag der Woche hat diese Konfigurationseinstellung keine direkte Auswirkung auf das Frontend und das Backend. Die Konfiguration der Wochenendtage bildet zudem den Abschuss der Regionalen Optionen, weitere Einstellungen können Sie an dieser Stelle nicht vornehmen.

Beim nächsten Konfigurationsabschnitt namens SHOPINFORMATIONEN handelt es sich weniger um einen Konfigurationsbereich, da Sie keine Einstellungen ändern bzw. hinterlegen können. In diesem Bereich können Sie jedoch Unternehmensinformationen hinterlegen, die anschließend im Frontend ausgegeben werden. Die erste Information, die Sie hinterlegen können, ist der Name des Shops. Ich gebe an dieser Stelle den Namen »foodbaer.de« ein, wobei Sie an dieser Stelle selbstverständlich jede Bezeichnung, ob Fantasiename oder Firmierung, verwenden können. Nach dem Namen des Online-Shops werden Sie nach der Telefonnummer und den Geschäftszeiten gefragt. Diese Informationen können Sie anschließend im Frontend ausgeben, um Ihren Kunden eine Kontaktmöglichkeit zu bieten und gleichzeitig auf die Geschäftszeiten zu verweisen. In beiden Fällen wähle ich einen erfundenen Wert. Bei der Telefonnummer hinterlege ich die 07022 12345678 und bei den Geschäftszeiten 09:00–18:00 Uhr. Die nächsten Felder betreffen die Adresse Ihres Online-Shops. Wählen Sie zuerst ein Land aus, in meinem Fall Deutschland, hinterlegen Sie bei Bedarf ein Bundesland, eine Postleitzahl sowie eine Stadt und Adresse. Bei der Postleitzahl verwende ich die 72622 und als Adresse die Fakestreet 12 in Nürtingen. Zusätzlich hinterlege ich als Bundesland Baden-Württemberg, auch wenn diese Information nicht zwangsläufig benötigt wird. Neben diesen erwähnten Informationen können Sie zudem eine weitere Adresszeile hinterlegen, beispielsweise wenn Sie nicht nur eine Straße und Hausnummer angeben möchten, sondern weiterführende Informationen wie eine Etage, ein Gebäude oder schlicht und einfach weitere Details, um Ihre Adresse zu beschreiben. Ergänzend zu den Adressdetails können Sie auch eine UMSATZSTEUER-IDENTIFIKATIONSNUMMER eingeben und diese durch einen Klick auf den Button UMSATZSTEUERNUMMER VALIDIEREN direkt prüfen. Bei der Umsatzsteuervalidierung wird in der Tat direkt ein Webservice angesprochen, der Ihnen zurückliefert, ob die eingegebene Umsatzsteuernummer korrekt ist. Diese Möglichkeit steht nicht nur Ihnen im Backend, sondern auch den Kunden im Frontend zur Verfügung. Auf Basis der im Frontend bei der Kundenregistrierung eingegebenen Umsatzsteuernummer können Sie direkt prüfen, ob es sich bei dem Kunden um ein Unternehmen mit valider Umsatzsteuernummer handelt. Trifft dies zu, können Sie den Kunden direkt in eine entsprechende Kundengruppe verschieben. Auch können Sie durch diesen Mechanismus Aktionen bei einer fehlerhaften Umsatzsteuernummer auslösen. Daher handelt es sich bei dieser Prüfung um ein äußerst nützliches Feature, jedoch primär für das Frontend. Die Validierung im Backend spielt meiner Meinung nach keine sehr große Rolle, letztendlich können Sie an dieser Stelle diejenige Information hinterlegen, die Sie hinterlegen möchten.

Die nächste und letzte Konfigurationsmöglichkeit im Bereich *Allgemein* ist die Frage, ob Sie den SINGLE STORE-MODUS AKTIVIEREN möchten. Hierzu müssen Sie wissen, dass Magento Multistore-fähig ist. Das heißt, Sie können auf Basis einer Magento-Installation eine Vielzahl von Online-Shops betreiben, die sich sowohl in der Darstellung als auch hinsichtlich des Produktkatalogs grundsätzlich unterscheiden können, auch wenn sie das nicht unbedingt müssen. Die Multistore-Fähigkeit ist ein sehr großer USP von Magento, der Ihnen eine Vielzahl von Möglichkeiten bietet. Aufgrund der damit verbundenen Komplexität werde ich auf die Multistore-Fähigkeit in Kapitel 17 detailliert eingehen und Ihnen Schritt für Schritt die Funktionsweise und Vorzüge erläutern. Die Konfigurationsoption an dieser Stelle ermöglicht die Deaktivierung dieser Multistore-Fähigkeit. Da die Frage an dieser Stelle jedoch noch ein wenig zu früh kommt, möchte ich Sie bitten, diese Option entsprechend vorerst zu ignorieren, bis Sie in Kapitel 17, »Magento-Multistore-Funktionalität konfigurieren und nutzen«, angelangt sind.

Speichern Sie jetzt bitte, sofern Sie das nicht bereits gemacht haben, die Einstellungen und Änderungen, die Sie in dieser Ansicht vorgenommen haben, und klicken Sie im linken Navigationsmenü auf den nächsten Konfigurationsabschnitt namens WEB.

Web

Im Gegensatz zum vorherigen Bereich befinden sich im Konfigurationsabschnitt WEB vor allem technische Konfigurationsoptionen, die von Ihren Besuchern und Kunden optisch nicht direkt wahrgenommen werden, aber sehr wohl das Handling und das Einkaufsverhalten in Ihrem Online-Shop beeinflussen können. Die erste Konfigurationsoption betrifft die URL-Struktur Ihres Online-Shops. Bei dem Punkt STORE CODE DEN URLS HINZUFÜGEN haben Sie die Wahl, ob Sie den sogenannten Store Code zu der URL hinzufügen möchten. Wenn Sie einen Magento-Shop in zwei Sprachen betreiben und jede Sprache als Store Code den eigenen Ländercode nutzt, z. B. *de* für Deutschland und *uk* für das Vereinigte Königreich, so könnten Sie diesen Code mit in die URL aufnehmen. Dadurch ändert sich die Basis-URL des Shops von

z. B. *http://www.foodbaer.de* in *http://www.foodbaer.de/de* sowie *http://www.foodbaer.de/uk*.

Dieses Verhalten hat Vor- und Nachteile. Laut Aussage von Magento kann dieser Store Code zu Problemen bei den Schnittstellen von Drittanwendungen führen, unter anderem PayPal. Aus diesem Grund ist diese Option standardmäßig ausgeschaltet. Allerdings können Sie Sprachversionen besser über die URL identifizieren und auch auf die verschiedenen Sprachversionen einfacher verweisen, sollten Sub- oder lokalisierte Domainnamen nicht zur Verfügung stehen. Für diesen Einsatzzweck gibt es jedoch auch alternative Ansätze. Sollten Sie einen Magento-Shop in mehreren Sprachen betreiben, ist für den Betrieb nämlich ein Store Code in den URLs nicht zwingend notwendig. Mehr hierzu erfahren Sie in Kapitel 17, »Magento-Multistore-Funktionalität konfigurieren und nutzen«. Lassen Sie daher an dieser Stelle bitte die Store-Code-Option deaktiviert.

In der nächsten Einstellung namens AUTOMATISCHE UMLEITUNG AUF DIE BASIS-URL können Sie definieren, wie Magento reagieren soll, wenn Sie bei der Eingabe der Domain im Browser das www vergessen, d. h. statt *http://www.foodbaer.de* nur *http://foodbaer.de* eingeben. Im Standard würden Sie auf die www-Version weitergeleitet werden. Diese Weiterleitung erfolgt mit einem sogenannten 302 Statuscode, alternativ können Sie auch eine Weiterleitung mit einem 301 Statuscode oder gar keine Weiterleitung hinterlegen.

HTTP-Statuscode

301: Die aufgerufene Seite bzw. Ressource ist nicht länger unter der eingegebenen URL erreichbar.

302: Die aufgerufene Seite bzw. Ressource ist vorübergehend unter der neuen URL erreichbar.

Der Unterschied bei den beiden Statuscodes liegt primär in der zeitlichen Eingrenzung. Bei Code 301 handelt es sich um eine permanente Weiterleitung, bei 302 um eine zeitlich begrenzte Weiterleitung.

Weitere Informationen hierzu finden Sie unter *https://de.onpage.org/wiki/HTTP_Status_Code*.

Ich persönlich verwende an dieser Stelle den Statuscode 301, da es sich für mein Empfinden um eine konstante, d. h. permanente Weiterleitung handelt. Eine Weiterleitung, egal ob 301 oder 302, sollten Sie aber auf jeden Fall einstellen. Ansonsten müssen Sie über die Webserver-Konfiguration eine Weiterleitung erstellen. In jedem Fall sollten Ihre Besucher und Kunden in Ihrem Online-Shop landen, ganz egal, ob die Domain mit oder ohne www eingegeben wird. Der darauffolgende Konfigurationspunkt betrifft direkt das Thema Suchmaschinenoptimierung. Als Shop-Betreiber haben Sie ein begründetes Interesse, mit Ihrem Online-Shop bei Google gute Positionen im organischen Ranking zu erzielen. Durch eine höhere Sichtbarkeit und bessere Platzierungen generieren Sie mehr Traffic und daraus abgeleitet mehr Umsatz. Bei der Suchmaschinenoptimierung spielen Hunderte Faktoren eine Rolle, es gibt (leider) nicht den einen Hebel, den Sie umlegen können, um erfolgreich zu sein. Einer dieser Bausteine ist die URL-Struktur, die Sie im Folgenden beeinflussen können. Sie können definieren, ob Sie Webserver Rewrites verwenden möchten oder auch nicht.

Lassen Sie mich Ihnen die Auswirkung an einem konkreten Beispiel erläutern. Angenommen, Sie haben einen Artikel namens »Testprodukt« im System angelegt, dann lässt sich dieser Artikel mit aktivierten Webserver Rewrites unter der URL *http://www.foodbaer.de/testprodukt.html* aufrufen. Es handelt sich um eine sprechende URL, in dem Fall ist der Artikelname in der URL inkludiert. Wie Sie später sehen werden, können noch weitere Keywords bzw. Begrifflichkeiten in der URL auftauchen. Hier sind Sie relativ frei und ungebunden und können sich frei ausleben. Sind die Webserver Rewrites hingegen nicht aktiv, lautet die URL für denselben Artikel *http://www.foodbaer.de/catalog/product/view/id/1*. Ganz im Gegensatz zur sprechenden URL handelt es sich nun um eine URL, die Parameter und Informationen enthält, mit denen der Besucher nichts anfangen kann. Das Ergebnis ist in beiden Fällen identisch, Sie landen beim Aufruf der URL auf der Produktdetailseite. Der Unterschied besteht jedoch darin, dass bei der sprechenden URL Google Informationen aus der URL herausziehen kann und die URL ebenso für Ihre Kunden leichter verständlich, merkbar und klar ist. Aus diesem Grund sollten Sie die Webserver Rewrites aktiviert lassen, da diese Option zusammengefasst viele Vorteile und keine Nachteile bringt. Der einzige Grund, diese Option zu deaktivieren, besteht meiner Ansicht nach darin, dass die Voraussetzung hierfür, aktiviertes *mod_rewrite* bei Ihrem Apache-Webserver, nicht zur Verfügung steht und die Option daher nicht genutzt werden kann. Das ist jedoch das einzige Szenario, warum Sie diese Option deaktivieren sollten.

Der nächste Konfigurationsabschnitt mit dem Titel Basis-URLs, den Sie in Abbildung 4.10 sehen, behandelt allgemeine Konfigurationseinstellungen in Bezug auf die von Ihnen verwendete Domain. Bei der Domain handelt es sich um die Adresse, unter der Ihr Online-Shop im Netz erreichbar ist. In meinem Fall handelt es sich bei der Domain um *http://www.foodbaer.de*, aktuell dürfte an dieser Stelle bei Ihnen im Entwicklungssystem eine lokale URL wie *http://127.0.0.1/magento* hinterlegt sein.

Die Basis-URL ist speziell für Magento selbst von großer Bedeutung, da auf dieser Basis Links und Verweise auf JavaScript- und CSS-Dateien sowie Bilder erstellt werden. Sollte an dieser Stelle eine falsche URL hinterlegt sein bzw. hinterlegt werden, wird Ihr Magento-System zu großen Teilen unbrauchbar und es muss eine Rettungsaktion direkt über die Datenbank erfolgen. Ändern Sie daher die Basis-URL nie ab, außer es ist aufgrund eines System- bzw. Domainumzugs notwendig.

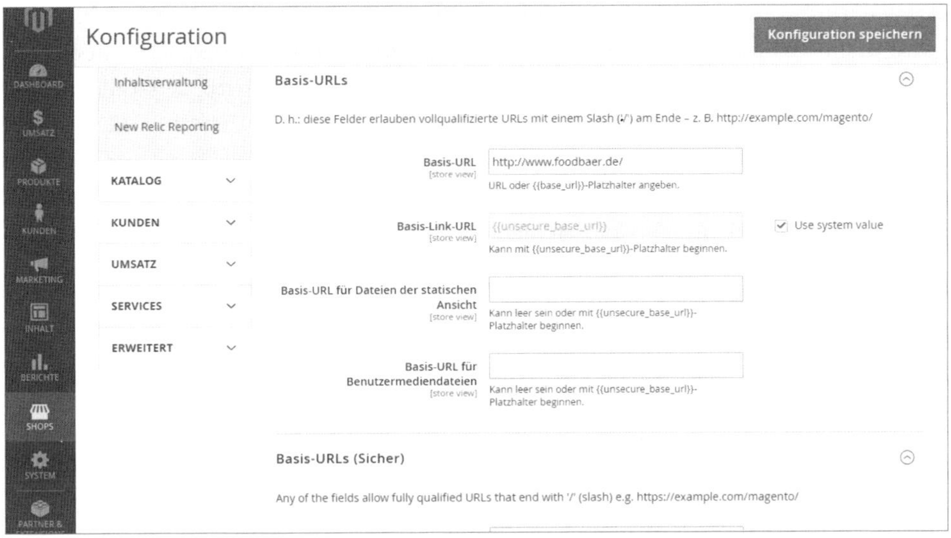

Abbildung 4.10 Die Konfiguration der sicheren bzw. unsicheren Basis-URLs

Basis-URL direkt über die Datenbank zurücksetzen

Sollten Sie aus Versehen im Magento-Backend eine fehlerhafte Basis-URL hinterlegen und damit Ihren Online-Shop »zerstören«, können Sie diese direkt über die Datenbank editieren, da Ihnen das Magento-Backend nach Eingabe einer fehlerhaften Basis-URL nicht mehr zur Verfügung stehen wird. Nutzen Sie in einem solchen Fall phpMyAdmin oder ein alternatives Administrations-Tool und öffnen Sie die Tabelle *core_config_data*. In dieser Tabelle müssen Sie die Werte bei *web/unsecure/base_url* bzw. *web/secure/base_url* abändern, um die Basis-URL zu ändern.

Neben der Basis-URL gibt es eine sogenannte Basis-Link-URL. Der hier hinterlegte Wert ist primär für die Erzeugung der Links in Ihrem Online-Shop verantwortlich, beispielsweise zu Produkten oder Kategorien. Ihnen wird sicherlich auffallen, dass der dort hinterlegte Wert etwas merkwürdig aussieht. Magento hinterlegt an dieser Stelle eine Variable, also eine Art Platzhalter, der auf die Basis-URL verweist. Die dort hinterlegte Variable `{{unsecure_base_url}}` sorgt letztendlich dafür, dass die Basis-URL geladen wird.

Ähnlich verhält es sich, wobei im Standard keine Werte hinterlegt sind, bei den folgenden zwei Optionen namens Basis-URL für Dateien der statischen Ansicht und Basis-URL für Benutzermediendateien. Sie können für die Bereitstellung von statischen Dateien, gemeint sind JavaScript- und CSS-Dateien, sowie Grafiken unterschiedliche URLs hinterlegen. Statische Dateien könnten beispielsweise über *http://static.foodbaer.de* und Grafiken über *http://img.foodbaer.de* geladen werden.

Die Aufteilung der Inhaltselemente auf verschiedene Domains bzw. Subdomains hatte ursprünglich den Sinn und Zweck, die Ladezeit einer Seite zu optimieren, da Browser-Dateien aus unterschiedlichen Domains bzw. Subdomains parallel laden, wobei dieser Effekt in den letzten Jahren etwas eingeschränkt wurde. Magento erlaubt es Ihnen an dieser Stelle aber dennoch und unterscheidet bei den Domains zwischen einer Basis-Link-URL, welche die Erzeugung der Links auf Seiten im Frontend regelt, der Basis-URL für statische Ansichten, die JavaScript- und CSS-Dateien lädt, sowie einer Basis-URL für Benutzermediendateien, die für Produkt- und Kategoriebilder verantwortlich ist. Belassen Sie an dieser Stelle ruhig die bereits vorhandenen Einstellungen; Anpassungen müssen an dieser Stelle nicht durchgeführt werden.

Der nächste Konfigurationsabschnitt namens BASIS-URLS (SICHER) enthält zum großen Teil nochmals identische Optionen. Der Unterschied besteht hier schlicht darin, dass Sie die sichere URL konfigurieren können. Magento unterscheidet zwischen einer unsicheren und sicheren URL. Die unsichere URL wird in weiten Teilen des Online-Shops genutzt, immer dann, wenn keine Formulareingaben getätigt, Passwörter übermittelt oder Logins durchgeführt werden. Wenn Sie sich im Frontend nur ein Produkt anschauen, muss dies nicht über eine sichere URL geschehen. Für alle kritischen Bereiche, in denen persönliche Daten abgefragt bzw. übermittelt werden, unterstützt Magento sichere URLs. Eine sichere URL ist in der Regel eine URL, bei der ein SSL-Zertifikat zur Verfügung steht. Sie kennen dies sicherlich von Online-Shops, in denen Sie Einkäufe getätigt haben, z. B. Zalando (siehe Abbildung 4.11). Sobald Sie in den Checkout-Prozess gehen oder in das Benutzerkonto navigieren, leuchtet im Browserfenster bei der Adressleiste ein grünes Symbol auf und anstelle von *http://* wird *https://* verwendet. Dieses Verhalten zeigt Ihnen als Besucher, dass die Verbindung nun verschlüsselt und sicher ist. Dadurch können eingegebene Informationen wie Kreditkartendaten oder Passwörter nicht abgefangen werden.

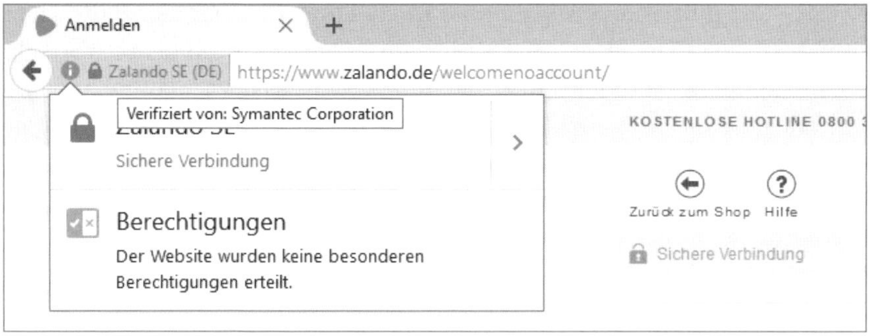

Abbildung 4.11 Kritische Bereiche innerhalb eines Online-Shops verwenden anstelle von HTTP das HTTPS-Protokoll.

In Magento können Sie an dieser Stelle konfigurieren, wie Ihre sichere URL lautet. Bei mir ist per Default *https://www.foodbaer.de/* hinterlegt. Theoretisch könnte die sichere URL jedoch auch *https://www.foodbaer-sicher.de* heißen oder einen komplett anderen Namen tragen. Da dies technisch alles denkbar wäre, erlaubt Ihnen Magento die freie Eingabe einer URL. Exakt wie die unsichere URL bezieht sich die sichere URL wiederum auf drei Bereiche: die Basis-Link-URL, die Basis-URL für statische Inhalte sowie eine Basis-URL für Benutzermediendateien. Zudem haben Sie, gefolgt von diesen Eingabeoptionen, die Möglichkeit, die sicheren URLs für das Frontend und das Backend zu aktivieren bzw. zu deaktivieren. Da Sie lokal kein SSL-Zertifikat haben und dadurch keine HTTPS-URLs verwenden können, ist die Deaktivierung beider Optionen an dieser Stelle sinnvoll. Sobald Sie mit Ihrem Online-Shop jedoch live gehen und ein SSL-Zertifikat zur Verfügung steht, sollten Sie diese Konfigurationsoptionen anpassen und sowohl das Backend als auch das Frontend absichern, indem Sie auf sichere URLs zurückgreifen. Abschließend haben Sie zudem die Möglichkeit, den OFFLOADER-HEADER zu definieren. Im Standard ist der Eintrag X-FORWARDED-PROTO hinterlegt, dabei handelt es sich um eine Art Standard zur Identifizierung des ursprünglichen Protokolls einer HTTP-Anforderung. Diese Option können Sie getrost ignorieren und überspringen, da dies für Sie höchstens interessant werden könnte, wenn es zu Problemen mit Ihrer verschlüsselten HTTPS-Verbindung kommen sollte.

Nachdem Sie die sicheren bzw. unsicheren Basis-URLs konfiguriert haben, wobei Sie an dieser Stelle eigentlich keine Einstellungen vornehmen mussten, können Sie im folgenden Abschnitt die von Magento verwendeten Standardseiten definieren. Bei den Standardseiten handelt es sich um Seiten aus dem Content-Management-System, die Sie selbstständig in Magento pflegen und verwalten können. Wichtige Standardseiten sind hierbei:

- CMS-Startseite
- CMS-Seite ohne Route
- CMS-Seite ohne Cookies

Bei der CMS-Startseite geht es schlussendlich darum, welche Seite geladen wird, wenn ein Besucher Ihren Online-Shop besucht und auf der Startseite landet, also nicht direkt eine Kategorie oder Produktseite aufruft. In diesem Fall können Sie definieren, welche der im Content-Management-System angelegten Seiten als Startseite fungiert. Sobald Sie eine URL aufrufen bzw. einen Link anklicken, der zu einer nicht existenten Seite führt, wird immer die CMS-Seite ohne Route geöffnet. Auf dieser Seite können Sie Ihrem Besucher dann eine entsprechende Fehlermeldung zurückliefern, z. B. dass die von ihm aufgerufene Seite nicht gefunden wurde. Bei der CMS-Seite ohne Cookies wird, sollte Ihr Besucher Cookies im Browser deaktiviert haben, eine Weiterleitung zu genau dieser Seite erfolgen. Mithilfe dieser Seite können Sie Ihrem Besucher anschließend mitteilen, dass für die fehlerfreie Nutzung des Online-Shops Cookies notwendig sind und diese akzeptiert werden müssen.

Warum Cookies wichtig sind

Cookies sind Informationen, die lokal auf dem Computer des Nutzers gespeichert werden. Beispielsweise kann eine Session-ID in einem Cookie auf dem Computer des Nutzers gespeichert werden, damit der Online-Shop den Inhalt des Warenkorbs dem Nutzer zuordnen kann. Sollten Cookies im Browser deaktiviert sein, Magento also wichtige Informationen nicht auf dem Computer des Besuchers ablegen können, treten Fehler und Probleme auf, und der Magento-Shop wird für den Besucher stellenweise unbrauchbar. Aus diesem Grund hat Magento eine entsprechende Warnfunktion implementiert, die den Besucher auf die Wichtigkeit von Cookies aufmerksam macht.

Zusätzlich zur Definition der CMS-Standard-Seiten können Sie darüber hinaus noch weitere Einstellungen an dieser Stelle vornehmen. Hierzu zählt die Festlegung von zwei URLs, einmal für den Standard-Web-Aufruf und zum zweiten für die No-Route-Seite. Beide Optionen können und sollten Sie wie im Standard belassen, d. h., Sie müssen an dieser Stelle keine Änderungen vornehmen. Zudem können Sie noch entscheiden, ob Sie auf den CMS-Seiten eine Breadcrumb-Navigation möchten oder nicht. Die Breadcrumb-Navigation hilft Ihren Besuchern dabei, sich in Ihrem Online-Shop zu orientieren, da über diese Navigation ein Rücksprung zur Startseite recht einfach möglich ist. Sie sehen die Breadcrumb-Navigation in Abbildung 4.12 am oberen Bildschirmrand, direkt zwischen Logo und Seitenüberschrift.

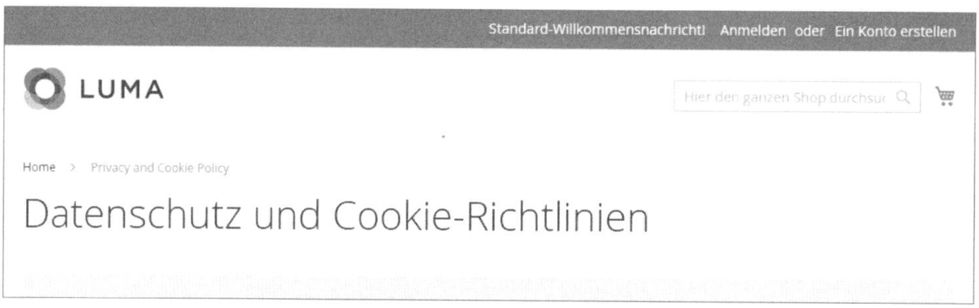

Abbildung 4.12 Die Breadcrumb-Navigation kann für CMS-Seiten aktiviert bzw. deaktiviert werden.

Auch hier können Sie auf Änderungen verzichten, da eine aktivierte Breadcrumb-Navigation meiner Meinung nach einen Vorteil für die Besucher darstellt.

Der nächste Konfigurationsabschnitt enthält alle relevanten Einstellungsmöglichkeiten und Optionen in Bezug auf Cookies. Cookies sind, wie bereits auf den vorherigen Seiten erwähnt, essenziell für die Funktionsfähigkeit des Magento-Systems.

Denn Cookies erlauben Magento, gewisse Informationen bzw. Informationsfetzen auf dem Computer des Besuchers zu speichern. Diese Funktionalität wird für viele Bereiche innerhalb von Magento benötigt, beispielsweise für das Benutzerkonto oder den Checkout-Prozess. Im Konfigurationsabschnitt STANDARD-COOKIE-EINSTELLUNGEN haben Sie jetzt die Möglichkeit, gewisse Einstellungen und Verhaltensweisen anzupassen. Die Cookie-Lebensdauer, das ist die erste Option in diesem Konfigurationsabschnitt, erlaubt Ihnen, die Konfiguration der Lebensdauer, also den Zeitraum, in dem ein Cookie auf dem Computer des Besuchers gespeichert wird, zu definieren. Im Standard ist hier ein Wert von 3600 eingestellt. Hierbei handelt es sich um Sekunden, d. h., ein Cookie »lebt« exakt 60 Minuten. Der Cookie-Pfad und die Cookie-Domain sind Informationen, die beim Cookie selbst gespeichert werden. Interessant sind diese beiden Werte speziell dann, wenn Sie auf Basis Ihrer Magento-Instanz mehrere Online-Shops mit mehreren Domains betreiben. Dann kann es passieren, dass Sie für alle Online-Shops mit den jeweiligen Domains eine Hauptdomain für das Cookie festlegen müssen. Was an dieser Stelle hinterlegt werden kann bzw. muss, kommt jedoch immer auf die jeweilige Situation bzw. Anforderung an. Im Standard können Sie die beiden Felder, wie bereits vorgegeben, leerlassen. Die nächste Konfigurationsoption namens NUR HTTP VERWENDEN ist aufgrund der Wichtigkeit extra mit einer Warnmeldung ausgestattet, die Sie in Abbildung 4.13 sehen.

Abbildung 4.13 Diese Option hat direkten Einfluss auf die Sicherheit in Ihrem Online-Shop.

Sie sollten diese Option bei JA belassen, da ansonsten Skriptsprachen wie beispielsweise JavaScript unter Umständen Zugriff auf Cookies haben. Gegebenenfalls kann dieser Zugriff durch Skriptsprachen in einem Projekt notwendig werden, stellt dann aber letztendlich eine gewisse Sicherheitslücke dar. Daher sollten Sie an dieser Stelle sehr gut evaluieren, ob diese Option auf NEIN gesetzt werden muss. Falls Sie sich unsicher sind, belassen Sie es bei der Standardeinstellung und führen an dieser Stelle keine Änderung durch. Die letzte Option, bezogen auf Einstellungen rund um das Thema Cookies, nennt sich COOKIE-BESCHRÄNKUNGSMODUS. Im Standard steht das Dropdown-Feld auf NEIN, ist diese Option aktiviert, wird im Frontend eine Nachricht ausgegeben, die Sie in Abbildung 4.14 sehen.

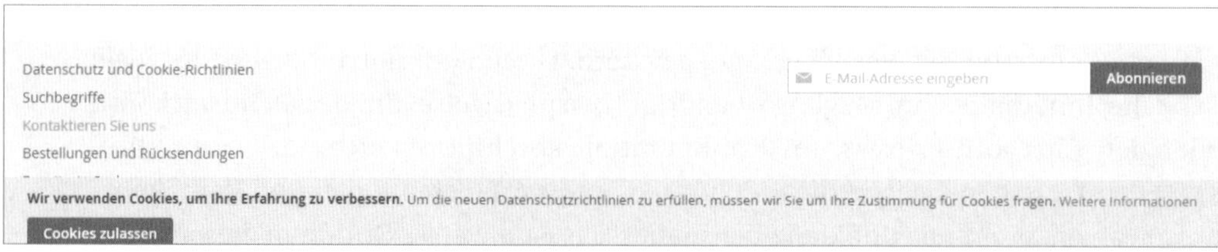

Abbildung 4.14 Magento informiert den Besucher über die Nutzung von Cookies.

Diese Nachricht informiert die Besucher im Frontend über die Verwendung von Cookies. Ist das für den Besucher in Ordnung, kann dieser durch einen Klick auf den Button COOKIES ZULASSEN zustimmen. Sie fragen Ihre Besucher, ob die Verwendung von Cookies in Ordnung ist und holen sich dann die Zustimmung ein. Dieses Verhalten hat primär datenschutzrechtliche Gründe, die aus einer EU-Richtlinie resultieren.[1] Mittlerweile sind diese Cookie-Meldungen mit der verbundenen Zustimmung ganz normal, und Sie haben bestimmt schon auf anderen Seiten bzw. in anderen Online-Shops eine ähnliche Meldung gesehen. Aktivieren Sie daher an dieser Stelle bitte die Option, auch wenn es natürlich für die lokale Nutzung von Magento keine wichtige Option ist. Sie sind ja letztendlich der einzige Besucher Ihres lokalen Online-Shops.

Rechtlichen Cookie-Hinweis modifizieren

Die am unteren Bildschirmrand befindliche Meldung bezüglich der Akzeptanz von Cookies verweist, sollte der Besucher auf den Link klicken, auf eine CMS-Seite, die weitere Informationen zur Nutzung und zum Handling der Cookies beinhaltet. Hierbei handelt es sich um eine ganz normale Seite, die Sie innerhalb des Content-Management-Systems anpassen und erweitern können. Editieren Sie hierfür einfach die Seite »Datenschutz und Cookie-Richtlinien«. Wie das im Detail funktioniert, erfahren Sie in Kapitel 11, »Content Management mit Magento«.

Nachdem Sie sich durch die Cookie-Einstellungen geklickt haben, wird es wieder ein wenig technischer. Im Konfigurationsabschnitt SESSION-PRÜF-EINSTELLUNGEN können Sie verschiedene Einstellungen anpassen, die Einfluss auf das Verhalten der Sessions haben. Sollten Sie den Begriff Session bislang noch nicht gehört haben, hier eine kurze Erklärung. Eine Session ist eine Art Sitzung, die beim Aufruf des Online-Shops durch den Besucher gestartet wird. Durch die Session wird ein Besucher konstant im Online-Shop identifiziert und wiedererkannt. Das ist notwendig, wenn der Besucher sich von Seite zu Seite klickt, in den Checkout geht und sich im Warenkorb aufhält. Die Session-Information wird dabei unter anderem im Cookie gespeichert.

1 Weitere Informationen hierzu finden Sie z. B. unter *https://www.e-recht24.de/artikel/datenschutz/8451-hinweispflicht-fuer-cookies.html.*

Belassen Sie bitte an dieser Stelle die Einstellungen im Standard, es ist nicht notwendig, etwas abzuändern. Falls doch, ist dieser Bereich vor allem für Entwickler interessant, da die Optionen und Auswirkungen auf einem technischen Level zu diskutieren sind. Aus diesem Grund möchte ich Sie an dieser Stelle auch nicht weiter mit Details zu diesen Optionen überfrachten.

Lassen Sie mich Ihnen abschließend den letzten Konfigurationsabschnitt im Konfigurationsbereich WEB vorstellen. Es handelt sich hierbei um Einstellungen hinsichtlich der BROWSERFUNKTIONSERKENNUNG. In der ersten Konfigurationsoption können Sie entscheiden, ob Magento den Besucher auf eine CMS-Seite weiterleiten soll, wenn die Cookies beschädigt sind. Das ist durchaus sinnvoll, denn mit fehlerhaften oder nicht existenten Cookies gibt es Probleme im Frontend, und nicht alle Funktionen und Möglichkeiten können problemlos genutzt werden. Neben der Möglichkeit, Cookies zu nutzen, setzt Magento darüber hinaus stark auf die Skriptsprache JavaScript. Ohne JavaScript können das Frontend und das Backend ebenfalls nicht genutzt werden. Es kann jedoch vorkommen, dass JavaScript im Browser deaktiviert ist. Das kommt speziell bei Computern bzw. Browsern in größeren Unternehmen vor. Hier deaktiviert die IT-Abteilung ganz gern aus Sicherheitsgründen die JavaScript-Funktionalität im Browser. Keine Sorge, ein aktiviertes JavaScript, was in jedem gängigen Browser der Normalfall ist, stellt keinesfalls eine Sicherheitslücke da. Aber IT-Abteilungen ticken in solchen Fällen oftmals etwas anders. Sollte jedoch JavaScript deaktiviert sein, haben Sie die Möglichkeit, Magento mitzuteilen, dass in diesem Fall eine entsprechende Nachricht im Frontend ausgegeben werden soll, und genau dieses Verhalten steuert die Option BENACHRICHTIGUNG ANZEIGEN, WENN JAVASCRIPT BESCHÄDIGT IST. Zum guten Schluss können Sie zudem einstellen, ob eine Nachricht bzw. Warnung ausgegeben werden soll, wenn der lokale Speicher beschädigt ist oder, anders gesagt, keine Möglichkeit besteht, lokal Daten abzulegen. In allen drei Fällen können Sie die Standardeinstellungen beibehalten, da sich diese in der Praxis bewährt haben und Ihnen Magento an dieser Stelle bereits die perfekte Konfiguration vorgibt.

Design

Navigieren Sie nun mithilfe des linken Navigationsmenüs in den nächsten Konfigurationsbereich namens DESIGN. Sollten Sie bereits mit Magento 1 gearbeitet haben, werden Sie sich an dieser Stelle sicherlich etwas wundern. In der Vorgängerversion von Magento 2 war dieser Bereich nämlich recht stark ausgeprägt, und es gab eine Fülle an verschiedenen Optionen. In Magento 2 wurde jedoch genau dieser Konfigurationsbereich verschoben und befindet sich im Menüpunkt INHALT • DESIGN • KONFIGURATION. Ich stelle Ihnen diesen Punkt in Kapitel 14 aber noch im Detail vor, nämlich dann, wenn es um die Entwicklung und die Anpassung des Designs geht. Ungeachtet der Möglichkeiten, die in Magento 1 verfügbar waren, bietet Ihnen der Konfigurationsbereich DESIGN einige wichtige Funktionen.

Die erste Option namens STANDARD-ROBOTER gibt Ihnen die Möglichkeit, das Verhalten von Google bzw. des Google Bot zu beeinflussen. Im Standard ist die Option INDEX, FOLLOW ausgewählt. Ist diese Option gewählt, indiziert der Google Bot alle Seiten des Online-Shops und folgt den darauf enthaltenen Links. Wenn Sie über Google gefunden werden möchten, sollten Sie diese Option beibehalten. Alternativ hierzu können Sie auch NOINDEX, NOFOLLOW auswählen. Diese Option eignet sich hervorragend für Testsysteme, die über das Internet erreichbar sind, aber nicht im Google-Index landen sollen. Speziell beim Aufbau eines Online-Shops bzw. des Testsystems möchten Sie letztendlich vermeiden, dass unvollständige, fehlerhafte und unter einer internen Domain publizierte Inhalte von Google aufgenommen werden. Zudem gibt es noch die verschiedenen Kombinationsmöglichkeiten aus den Optionen index, noindex, follow sowie nofollow. Bei Ihrem lokalen Testsystem ist diese Auswahl im Prinzip egal, da dieses nicht von Google aufgerufen werden kann. Dementsprechend können Sie die im Standard definierte Option an dieser Stelle belassen.

Direkt unter dieser Option können Sie individuelle Inhalte für die *robots.txt*-Datei hinterlegen. Die *robots.txt* ist wiederum für Suchmaschinen eine sehr hilfreiche und nützliche Datei. Innerhalb dieser Datei wird beispielsweise der Link zur Sitemap definiert, man kann darüber hinaus aber auch definieren, welche Inhalte von Suchmaschinen durchsucht und in den Index aufgenommen dürfen und welche nicht. Hierüber können Sie also gezielt Dateien vom Crawling ausschließen. Klicken Sie jetzt bitte auf den Button AUF STANDARDEINSTELLUNGEN ZURÜCKSETZEN, der sich direkt unter dem Eingabefeld für die *robots.txt*-Datei befindet. Daraufhin füllt Magento den erwähnten Textbereich mit folgenden Anweisungen aus:

```
User-agent: *
Disallow: /index.php/
Disallow: /*?
Disallow: /checkout/
Disallow: /app/
Disallow: /lib/
Disallow: /*.php$
Disallow: /pkginfo/
Disallow: /report/
Disallow: /var/
Disallow: /catalog/
Disallow: /customer/
Disallow: /sendfriend/
Disallow: /review/
Disallow: /*SID=
```

Listing 4.1 Vom Crawling ausgeschlossene Ordner

Ohne an dieser Stelle zu sehr ins Detail zu gehen: Mit diesem Inhalt für die *robots.txt* verbieten Sie allen Suchmaschinen bzw. Crawlern die Indizierung der darunter aufgeführten Ordner bzw. Dateien. Hierbei handelt es sich um Verzeichnisse bzw. URLs, die sowieso keinen Mehrwehrt durch eine Auffindbarkeit in Suchmaschinen bieten würden. So werden unter anderem der Checkout-Bereich, das Benutzerkonto, aber auch interne Verzeichnisse wie das Report-Verzeichnis vom Crawling ausgeschlossen. Als Basis ist dieser Vorschlag auf jeden Fall sehr gut und kann, beispielsweise durch Hinzufügen der Sitemap-URL, verfeinert werden. Speichern Sie die Konfiguration idealerweise mit den im Standard erzeugten Anweisungen für die *robots.txt*.

Währungseinstellung

Nachdem Sie im Bereich DESIGN relativ wenige Einstellungsmöglichkeiten vorgefunden haben, wird der nächste Bereich namens WÄHRUNGSEINSTELLUNG wieder etwas interessanter. Wenn Sie diesen Konfigurationsbereich geöffnet haben, finden Sie zuallererst allgemeine Währungseinstellungen. Sie können definieren, welche Basiswährung im Online-Shop verwendet werden soll. Auch können Sie die Standardwährung bei der Darstellung definieren. Da in Ihrem Online-Shop theoretisch mehrere Währungen existieren könnten, legen Sie nun über die Option STANDARD-ANZEIGEWÄHRUNG fest, welche Währung ohne vorherige Auswahl dargestellt wird. Zusätzlich haben Sie bei der nächsten Option die Möglichkeit, die im Online-Shop erlaubten Währungen auszuwählen. Sie können aus einer Liste mit allen auf der Welt verfügbaren Währungen beliebig viele auswählen. Eine direkte Auswirkung auf das Frontend hat diese Auswahl aber noch nicht. An dieser Stelle definieren Sie tatsächlich nur, welche Währungen überhaupt im System zur Verfügung stehen sollen.

Mit der bloßen Verfügbarkeit einer Währung hat es sich allerdings noch nicht getan. Unter anderem spielen Umrechnungskurse eine große und wichtige Rolle. In den folgenden drei Abschnitten namens YAHOO FINANCE EXCHANGE, FIXER.IO und WEBSERVICEX geht es exakt um die Festlegung der Umrechnungskurse. Bei diesen drei Diensten handelt es sich um solche, die Ihrem Magento-System tagesaktuelle Umrechnungskurse zurückliefern. Sie können – das erfolgt an späterer Stelle – sich für einen dieser drei Webservices entscheiden, der daraufhin als Datenlieferant fungiert. In diesem Konfigurationsbereich können Sie den Timeout, gemessen in Sekunden, bei der Abfrage der Währungskurse einstellen. Der Standardwert von 100 Sekunden ist mehr als in Ordnung, Änderungen in diesem Bereich müssen Sie also nicht vornehmen.

Bei dem letzten Bereich namens EINSTELLUNGEN FÜR GEPLANTE IMPORTS, Sie sehen diesen in Abbildung 4.15, können Sie den zeitlich terminierten Abruf der Wechselkurse konfigurieren.

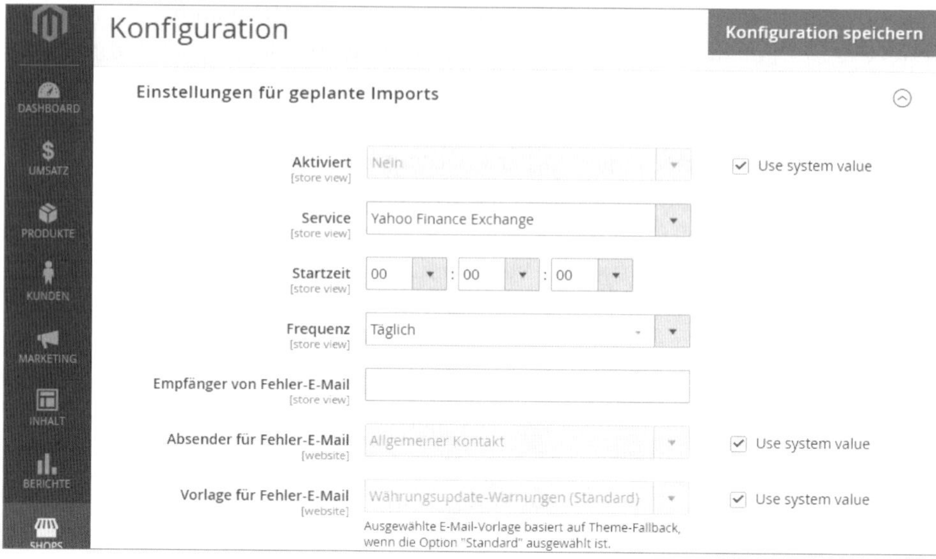

Abbildung 4.15 Sie können für den Abruf der Wechselkurse einen Automatismus aktivieren, wodurch die Kurse täglich abgerufen werden.

Grundsätzlich haben Sie die Möglichkeit, diese Funktion zu aktivieren bzw. zu deaktivieren. Gegebenenfalls ist es in Ihrem Fall nicht von Vorteil, tagesaktuelle Währungskurse im Online-Shop abzubilden. In der Praxis wird dies in der Tat in den seltensten Fällen gemacht. Würden Sie jeden Tag die Währungskurse abrufen, hätten Ihre Kunden jeden Tag unterschiedliche Preise. Um genau diesen Effekt zu vermeiden, ist diese Funktion in Magento häufig deaktiviert. An dieser Stelle wissen Sie jedoch, dass es theoretisch möglich wäre, automatisiert und einmal am Tag die Währungskurse abzufragen. Wenn Sie diese Funktion aktivieren, können Sie im nächsten Schritt den Webservice festlegen, beispielsweise Yahoo Finance Exchange. Bei der STARTZEIT, das ist die nächste Konfigurationsoption, geht es um den Start der Währungskursabfrage. Wenn Sie 05:30:00 auswählen, würden jeden Morgen um 5:30 Uhr die Umrechnungskurse für die Währungen abgefragt werden. Bislang sprach ich immer von einer täglichen Abfrage, weil diese der Standard ist. Bei der FREQUENZ können Sie alternativ zudem auf wöchentlich oder monatlich wechseln. Je nach Option werden die Währungskurse entweder täglich, wöchentlich oder monatlich abgefragt.

Die letzten drei Optionen betreffen den E-Mail-Versand im Fall eines Fehlers. Sie können definieren, an welche E-Mail-Adresse eine Fehlermeldung versendet werden soll, wenn es bei der Abfrage der Währungskurse zu einem Problem gekommen ist. Zudem haben Sie die Möglichkeit, den Absender dieser E-Mail sowie den E-Mail-Inhalt zu definieren. An dieser Stelle müssen Sie in Bezug auf die Währungen noch keine

Anpassungen und Einstellungen vornehmen. Kapitel 13, »Magento für den deutschen Markt vorbereiten«, werde ich Ihnen jedoch die verschiedenen Möglichkeiten von Magento im Detail vorstellen und Ihnen den Aufbau mehrerer Währungen in Ihrem Online-Shop im Detail erläutern.

Store-E-Mail-Adressen

Öffnen Sie bitte im nächsten Schritt den Menüpunkt STORE-E-MAIL-ADRESSEN. Magento versendet im täglichen Gebrauch eine Vielzahl von E-Mails, seien es Bestellbestätigungen, Rechnungen, Lieferscheine, Informationen zur Wiederherstellung des Passworts oder auch Begrüßungsmails für neue Kunden. Bei jeder der sogenannten Transaktions-E-Mails können Sie neben dem Inhalt auch den Absendernamen und die Absender-E-Mail-Adresse definieren. Damit Sie aber nicht bei jeder Transaktions-E-Mail dieselben Informationen hinterlegen und eintragen müssen, gruppiert Magento in dem Konfigurationsbereich STORE-E-MAIL-ADRESSEN diese Informationen. Ihnen stehen insgesamt fünf verschiedene Absender zur Verfügung, die jeweils aus einem Absendernamen und einer Absender-E-Mail bestehen. Innerhalb dieses Konfigurationsbereiches können Sie die Informationen entsprechend hinterlegen und, das sehen Sie im späteren Verlauf dieses Kapitels, bei der jeweiligen Transaktions-E-Mail einen aus diesen fünf Absendern auswählen.

Impressum

Die Verhaltensweise aus dem Bereich STORE-E-MAIL-ADRESSEN kann ich Ihnen direkt anhand des nächsten Konfigurationsbereiches erklären. Klicken Sie auf den Link IMPRESSUM im linken Navigationsmenü. Auch wenn der Name impliziert, dass Sie an dieser Stelle Einstellungen für das Impressum vornehmen können, muss ich Sie diesbezüglich enttäuschen. Im Menüpunkt Impressum können Sie zuallererst das Kontaktformular im Frontend aktivieren bzw. deaktivieren. Das Kontaktformular, das im Frontend über die URL */contact/* erreicht werden kann, sehen Sie in Abbildung 4.16.

Wenn Sie das Kontaktformular aktivieren, das ist in diesem Fall die Standardeinstellung, müssen Sie im Folgenden definieren, an welche Adresse die über das Formular erzeugten Nachrichten versendet werden sollen. Hier können Sie eine beliebige E-Mail hinterlegen. Im nächsten Schritt können Sie dann den Absender auswählen. Hierbei handelt es sich um die fünf möglichen Absender, die Sie im Bereich STORE-E-MAIL-ADRESSEN konfigurieren können. Abschließend können Sie zudem eine E-Mail-Vorlage auswählen. Die E-Mail-Vorlage ist für den eigentlichen Inhalt der E-Mail verantwortlich, was Sie im späteren Verlauf dieses Buches noch sehen werden. Belassen Sie an dieser Stelle ruhig alle Einstellungen beim Standard.

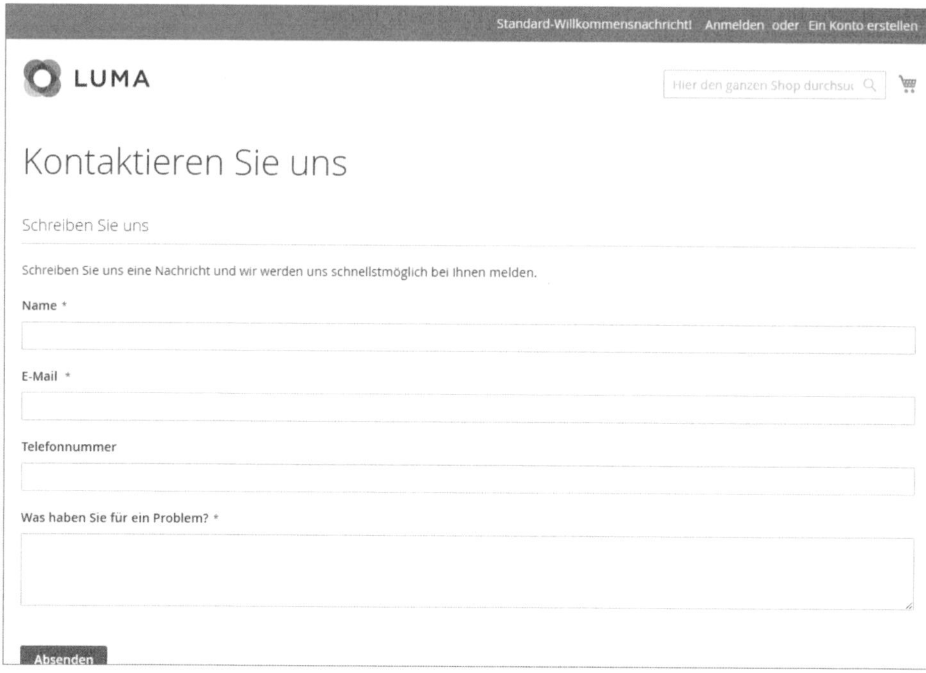

Abbildung 4.16 Das im Frontend befindliche Kontaktformular, mit dessen Hilfe Ihre Besucher mit Ihnen in Kontakt treten können

Berichte

Besuchen Sie nun bitte den nächsten Bereich, den Sie im linken Navigationsmenü finden. Es handelt sich hierbei um den Konfigurationsbereich BERICHTE. Dieser Bereich ist ähnlich wie DESIGN doch recht überschaubar. Sie können in diesem Konfigurationsbereich die Rahmenparameter für die Statistiken im Dashboard definieren. Darunter fallen der Monat und der Tag, ab dem die Statistiken beginnen, aber auch der Tag, an dem die Statistiken des aktuellen Monats starten. Das bedeutet konkret, dass Sie bei der ersten Option beispielsweise den 20.3. als Startdatum für alle Statistiken auswählen können. Bei der zweiten Option, die sich wie erwähnt ausschließlich auf den aktuellen Monat bezieht, wählen Sie beispielsweise die Zahl 10, was bedeutet, dass die Statistiken des aktuellen Monats immer ab dem 10. Tag beginnen. In der Regel macht eine Verschiebung der Startdaten keinen Sinn. Sie können daher die Voreinstellungen belassen. Gegebenenfalls würde eine Verschiebung bei Ihnen sinnvoll sein, wenn Ihr Geschäftsjahr nicht immer pünktlich zum 1.1., sondern zu einem alternativen Datum startet.

Inhaltsverwaltung

In diesem nächsten Konfigurationsbereich, den Sie erreichen, indem Sie auf INHALTSVERWALTUNG klicken, können Sie den WYSIWYG-Editor, der im Backend verwendet wird, deaktivieren bzw. aktivieren. Für den Fall, dass Sie sich unter dem WYSIWYG-Editor nichts vorstellen können, sehen Sie diesen in Abbildung 4.17. Es handelt sich um eine Formatierungsmöglichkeit bei der Eingabe und der Bearbeitung von Texten, ähnlich wie Microsoft Word. Der WYSIWYG-Editor steht Ihnen dabei in den verschiedensten Bereichen in Magento zur Verfügung. Sowohl bei der Produktanlage als auch bei der Pflege von Kategorien oder der Bearbeitung von Seiten und statischen Blöcken im Content-Management-System. Der WYSIWYG-Editor ist dabei recht funktionsreich und bietet Ihnen verschiedenste Formatierungsmöglichkeiten. Aufgrund dieser Komplexität eignet er sich jedoch auch hervorragend, das Online-Shop-Design zu zerstören. Es reicht eine unbedachte Eingabe, die Integration von Tabellen oder komplexen HTML-Elementen, und schon wird das Design beeinträchtigt. Genau aus diesem Grund gibt es an dieser Stelle die Möglichkeit, den WYSIWYG-Editor zu deaktivieren.

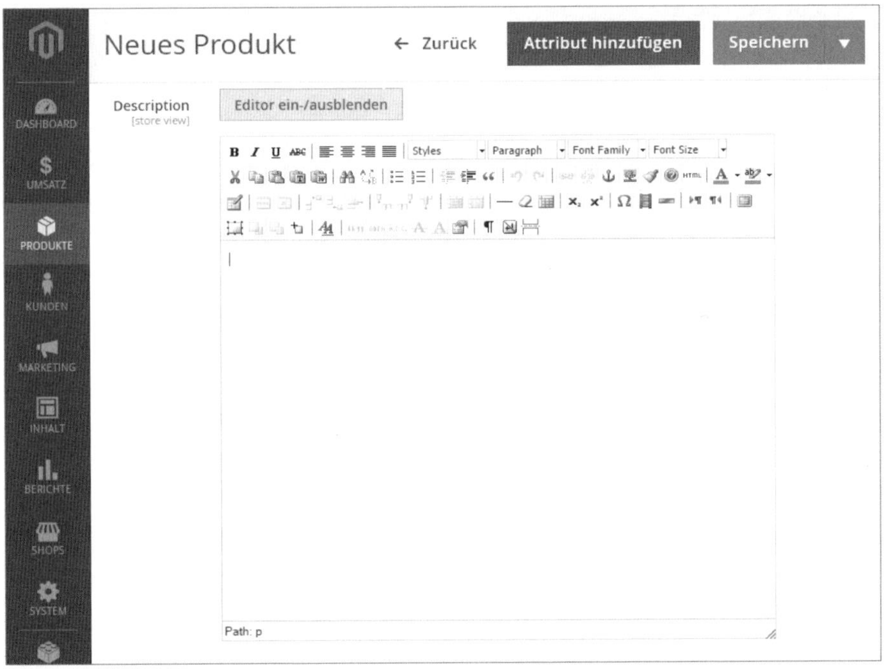

Abbildung 4.17 Der WYSIWYG-Editor vereinfacht die Formatierung von Texten.

Wenn Sie ihn an dieser Stelle deaktivieren, steht er automatisch bei der Bearbeitung und der Anlage von Inhalten nicht mehr zur Verfügung. Alternativ können Sie ihn auch nur standardmäßig deaktivieren. Dann wird bei der Bearbeitung der Inhalte der Editor zwar nicht dargestellt, kann jedoch per Knopfdruck aktiviert werden.

Neben dieser Option gibt es in der Inhaltsverwaltung eine weitere mit der Bezeichnung Statische URLs für Medieninhalte in WYSIWYG verwenden. Diese Option ist im Standard deaktiviert, d. h., es werden keine statischen URLs verwendet.

Wenn Sie mit dieser Einstellung nun ein Bild, beispielsweise innerhalb der Produktbeschreibung, einfügen, wird eine URL wie folgt erzeugt und hinterlegt:

http://www.foodbaer.de/admin/cms/wysiwyg/directive/___directive/e3ttZWRpYSB1cmw9Ind5c2l3eWcvYWJiaWxkdW5nLTQtMTQuUE5HIn19/key/cd50e1d8910042b8886f4209bb826e1dfdfce6927bad0dab9604d19ea337730b/

Diese URL ist sehr kryptisch und kaum aufschlussreich. Aktivieren Sie hingegen statische URLs für Medieninhalte, würde derselbe Verweis auf die Grafik wie folgt aussehen:

http://www.foodbaer.de/pub/media/wysiwyg/abbildung-4-14.PNG

Mir persönlich sagen die statischen URLs etwas mehr zu, aus diesem Grund aktiviere ich diese Option. Sie kommen aber letztendlich mit beiden Einstellungen zum Ziel, denn am Ende des Tages wird ein Bild integriert. Entweder mit einer dynamischen oder einer statischen URL.

New Relic Reporting

Im letzten Punkt des Bereichs *Allgemein* angelangt, landen Sie in der Konfiguration von New Relic. New Relic ist selbst kein Bestandteil von Magento, sondern eine externe Application-Monitoring-Software. Diese benötigen Sie, um beispielsweise Performanceprobleme in Ihrem Online-Shop zu identifizieren oder schlicht um die Uptime und Performance Ihres Online-Shops zu messen. Die Tatsache, dass New Relic über Konfigurationsparameter aktiviert werden kann, ist sehr begrüßenswert. Denn für die Nutzung von New Relic, auch wenn es sich hierbei um eine Software-as-a-Service-Lösung handelt, müssen in dem System, das überwacht werden soll, Anpassungen vorgenommen werden. Bei Magento 2 ist die Integration jedoch deutlich einfacher, da New Relic bereits im System vorhanden ist. Weitere Informationen zur Nutzung und Funktionsweise von New Relic erhalten Sie direkt beim Hersteller, wenn Sie sich für einen Account anmelden und diesen mit Magento verknüpfen möchten. In den vorhandenen Hilfebereichen ist dieser Vorgang gut beschrieben – speziell, wie Sie Daten in Magento übernehmen und hinterlegen.

4.4.2 Katalog

Die allgemeinen Konfigurationseinstellungen haben Sie auf den vergangenen Seiten kennengelernt. Es ging, wie der Name verrät, primär um ganz allgemeine Konfigurationsoptionen, die Ihren Online-Shop betreffen. Der nun folgende Punkt namens KATALOG behandelt in erster Linie Konfigurationsoptionen, die sich auf die Darstellung und das Verhalten des Produktkatalogs im Frontend sowie Backend beziehen. Es dreht sich in diesem Punkt daher primär um die Artikel und Kategorien, die Ihren Online-Shop mit Leben füllen.

Katalog

Lassen Sie uns an dieser Stelle direkt mit der Konfiguration des Katalogs beginnen. Öffnen Sie hierfür bitte den Konfigurationsbereich KATALOG, der sich im Hauptpunkt KATALOG befindet. Anschließend sehen Sie, wie in Abbildung 4.18 dargestellt, eine Vielzahl von Konfigurationsoptionen, die recht granular untergliedert sind. Insgesamt untergliedert sich die Ansicht in folgende Abschnitte:

- Produktfelder-Auto-Generierung
- Produktbewertungen
- Frontend
- Produktwarnungen
- Produktalarm-Einstellungen
- Produktbild-Platzhalter
- Vor kurzem angesehene/verglichene Produkte
- Produktvideo
- Preis
- Filternavigation
- Katalogsuche
- Suchmaschinenoptimierung
- Kategorie-Top-Navigation
- Herunterladbare Produktoptionen
- Benutzerdefinierte Optionen für Datum & Zeit

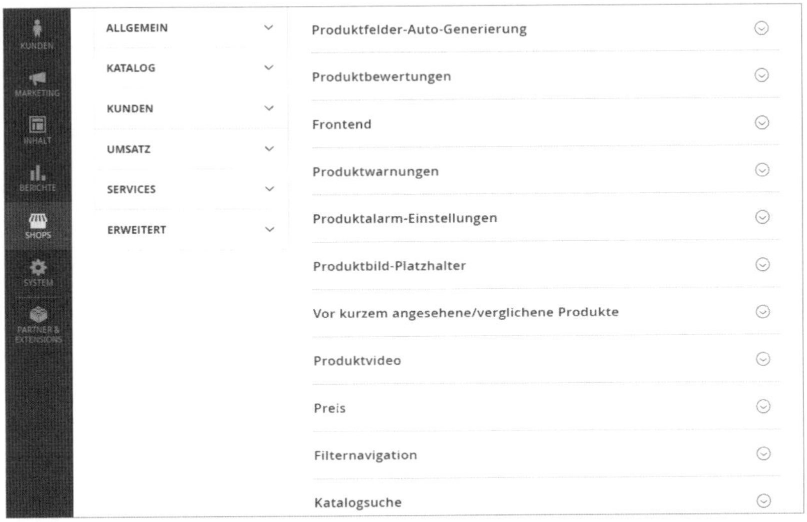

Abbildung 4.18 Der Konfigurationsbereich »Katalog« enthält eine Vielzahl von Konfigurationsmöglichkeiten.

In der Tat beinhaltet dieser Konfigurationsbereich eine Vielzahl von Möglichkeiten und Konfigurationsoptionen. Lassen Sie sich von der Fülle an Möglichkeiten aber nicht abschrecken. Ich gehe mit Ihnen im Folgenden alle Optionen und Einstellungen im Detail durch und gebe Ihnen einen entsprechenden Hinweis, welche Einstellungen Sie anpassen sollten.

Der erste Konfigurationsabschnitt trägt den Namen Produktfelder-Auto-Generierung und besteht aus den Eingabemasken Maske für SKU, Maske für Meta-Titel, Maske für Meta-Schlüsselworte, Maske für Meta-Beschreibung. An dieser Stelle ist die deutsche Übersetzung doch etwas verwirrend. Alle vier Eingabemasken beziehen sich auf Produkteigenschaften. Wenn Sie einen neuen Artikel anlegen, können Sie eine SKU, d. h. eine Artikelnummer, einen Meta-Titel, Meta-Schlüsselworte und eine Meta-Beschreibung angeben. Die Frage ist aber, was passiert, wenn Sie diese Felder nicht ausfüllen. In diesem Fall würden diese von Magento dennoch mit Daten ergänzt werden, nämlich basierend auf der hier getroffenen Konfigurationsoption. Sie können für alle vier Informationen an dieser Stelle Platzhalter definieren. Die Platzhalter werden bei der Anlage des Produktes anschließend automatisch ausgefüllt. Werfen Sie an dieser Stelle bitte einen Blick auf Abbildung 4.19.

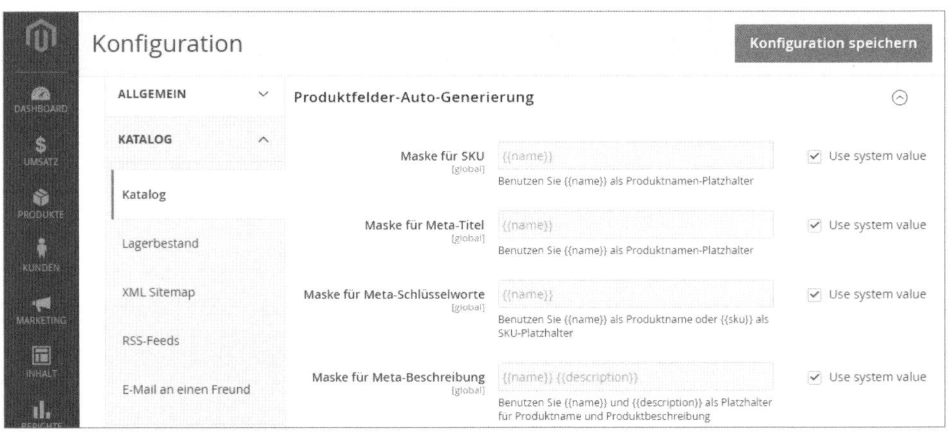

Abbildung 4.19 Definierte Platzhalter für verschiedene Produkteigenschaften

Bei der Maske für SKU ist der Platzhalter `{{name}}` hinterlegt. Das bedeutet, dass auf das Produktattribut *Name* zurückgegriffen wird. Sie können an dieser Stelle Produktattribute ansprechen, indem Sie den Attributnamen in zwei geschweifte Klammern schreiben. Würden Sie jetzt einen Artikel anlegen und keine SKU hinterlegen, würde als SKU automatisch der Produktname verwendet werden. Würden Sie als Platzhalter `{{name}} {{status}}` definieren, würde Magento bei einer fehlenden SKU automatisch den Namen und den Status heranziehen und daraus eine SKU erstellen. Neben der SKU können Sie ein solches Muster ebenfalls für den Meta-Titel, die Meta-Schlüsselworte und die Meta-Beschreibung definieren. Speziell bei den Meta-Informationen ist diese Vorgehensweise sehr praktisch, da Sie diese auf Basis von zu definierenden Attributen definieren können und sich bei der Produktanlage viel Zeit sparen.

Produktattribute

Attribute, hierbei handelt es sich im Prinzip um Produkteigenschaften, nehmen in Magento einen hohen Stellenwert ein. Die Attribute sind die Basis jedes Artikels und bieten enorm viele Möglichkeiten. Eine exakte und detaillierte Beschreibung, was es mit den Attributen auf sich hat, finden Sie in Kapitel 7, »Aufbau und Verwaltung des Produktsortiments«.

An dieser Stelle ist eine Anpassung der verwendeten Attribute aber eigentlich noch nicht sinnvoll. Sinn und Zweck der Attribute besteht darin, ein Produkt möglichst genau zu beschreiben und benötigte Produkteigenschaften abzubilden. An diesem Punkt sind Sie aber momentan noch gar nicht, weswegen Sie höchstens auf im Standard vorhandene Attribute zurückgreifen könnten. Kehren Sie am besten in diesen Konfigurationsbereich zurück, nachdem Sie die ersten Attribute, Attributsets und Produkte angelegt haben.

Im nächsten Abschnitt können Sie einstellen, ob Gäste Produktbewertungen abgeben dürfen. Produktbewertungen können im Frontend zu einem Produkt hinterlegt werden. Neben einem Text haben Ihre Besucher und Kunden die Möglichkeit, verschiedene Kriterien eines Produktes zu bewerten. Die Konfigurationsoption steuert letztendlich, ob Sie Gästen diese Möglichkeit erlauben möchten oder ob Produktbewertungen nur durch registrierte Kunden durchgeführt werden können. Aufgrund meiner Erfahrung, die ich in den letzten Jahren gesammelt habe, rate ich tendenziell zu Bewertungen durch Gäste ab. Das Risiko, sich viele Spam-Nachrichten einzufangen und diese täglich zu säubern, ist enorm hoch. Wenn nur registrierte Kunden Bewertungen schreiben können, besteht zumindest eine Hürde durch die Account-Registrierung. Gäste hingegen könnten einfach, wenn sie ein Produkt aufrufen, eine Bewertung absenden. Ein solches Verhalten öffnet Spammern Tür und Tor.

Der auf diesen Konfigurationsabschnitt folgende Punkt FRONTEND betrifft direkt die Darstellung des Produktkatalogs im Frontend. Magento unterstützt mehrere Darstellungsformen des Produktkatalogs. Neben einer Listendarstellung kann alternativ oder zusätzlich eine Rasterdarstellung gewählt werden. Im Punkt LISTENMODUS können Sie festlegen, ob Sie Ihren Besuchern die Wahl der Darstellung überlassen möchten oder ob Sie den Listen- bzw. Rastermodus festlegen.

Raster oder Liste

Letztendlich hängt die Form der Darstellung immer vom gewählten bzw. erstellten Design ab. Der Unterschied zwischen dem Raster- bzw. Listenmodus besteht aber letztendlich darin, dass bei der Rasterdarstellung drei oder vier Artikel nebeneinander dargestellt werden. Bei der Liste gibt es pro Zeile nur einen Artikel, der dafür etwas mehr Detailinformationen enthält. Die Rasterdarstellung eignet sich vor allem dann, wenn Sie eine Vielzahl von Artikeln in übersichtlicher Form auf einen Blick abbilden möchten. Die Listendarstellung ist immer dann empfehlenswert, wenn es sich um erklärungsbedürftige Artikel handelt und Sie schon innerhalb der Kategorieseite mehr Informationen zu einem Artikel bereitstellen müssen.

Sie haben in diesem Konfigurationspunkt folgende Auswahlmöglichkeiten:

- Nur Raster
- Nur Liste
- Raster (Standard)/Liste
- Liste (Standard) Raster

Die auf die Darstellungskonfiguration folgenden Optionen beziehen sich auf die Anzahl der im Frontend darzustellenden Artikel. Bei der Option ZULÄSSIGE WERTE FÜR ARTIKEL PRO SEITE ALS RASTER können Sie durch die kommagetrennte Eingabe von Werten festlegen, wie viele Artikel pro Kategorie sich Ihre Besucher im Frontend anzeigen lassen können. Im Standard sind die Werte 9, 15 sowie 30 hinterlegt. Das heißt, auf einer Kategorieseite, bei der als Darstellungsform das Raster gewählt ist, werden mindestens 9 und maximal 30 Artikel angezeigt. Sind der Kategorie mehr als 30 Artikel zugewiesen, muss geblättert werden. An dieser Stelle können Sie beliebig viele Werte ergänzen. Wenn Sie nach der 30 noch den Wert 100 hinzufügen, könnten im Frontend maximal 100 Artikel dargestellt werden usw.

Zeigen Sie nicht zu viele Artikel pro Seite an

Es ist an dieser Stelle durchaus sinnvoll, ein Limit von 30 oder 40 Artikeln pro Seite zu setzen. Stellen Sie sich vor, was für ein Chaos gegebenenfalls herrscht, wenn auf einer Kategorieseite 200 oder 300 Artikel auf einmal dargestellt werden. Neben der Übersichtlichkeit spielt aber auch die Performance eine Rolle. Je mehr Artikel innerhalb einer Kategorie geladen werden müssen, desto stärker beansprucht dies die Server. Letztendlich hängt dies auch immer von Ihrer Hosting-Infrastruktur ab, aber seien Sie an dieser Stelle vorsichtig und verwenden Sie nicht zu hohe Werte.

Nachdem Sie die zulässigen Werte definiert haben – an dieser Stelle müssen Sie vorerst keine Änderungen vornehmen –, werden Sie nach dem STANDARDWERT ARTIKEL PRO SEITE ALS RASTER gefragt. Hier können Sie nicht einfach nur eine Zahl hinterlegen. Die hier verwendete Zahl muss aus den zulässigen Werten stammen. Dementsprechend könnten Sie an dieser Stelle beispielsweise nicht eine 10 oder 20 hinterlegen, da Sie bei den zulässigen Werten 9, 15 sowie 30 hinterlegt haben. Im

Standard ist die Zahl 9 hinterlegt, was dazu führt, dass im Frontend im Standard immer 9 Artikel pro Kategorie dargestellt werden. Haben Sie die zulässigen Werte sowie den Standardwert für die Rasteransicht definiert, können Sie dies in den folgenden zwei Optionen ebenso für die Listenansicht tun. Werfen Sie hierfür bitte einen Blick auf Abbildung 4.20.

Das Prinzip dahinter ist identisch, einzig die Werte unterscheiden sich. Bei der Rasteransicht geht man im Standard von 3 Artikeln pro Zeile aus, weswegen bei den zulässigen Werten ungerade Zahlen verwendet werden. Bei der Listenansicht spielt es letztendlich keine Rolle, ob die Zahlen gerade oder ungerade sind, da hier kein Raster beeinflusst wird, sondern die Liste nur etwas länger oder eben kürzer ausfällt.

Abbildung 4.20 Definieren Sie, wie viele Artikel in der Listenansicht bzw. Rasteransicht dargestellt werden.

Unabhängig von der gewählten Ansicht, können Sie ebenso definieren, ob alle Artikel einer Kategorie dargestellt werden sollen. Die Option Alle Artikel pro Seite erlauben ist im Standard deaktiviert, da Sie sich hierbei in Sachen Performance ein Ei ins Nest legen könnten. Denn wenn Sie in einer Kategorie einige Hundert Artikel haben und ein Besucher im Frontend sich alle Artikel einer Kategorie anzeigen lassen möchte, kann das System gut und gern, abhängig von der Hosting-Infrastruktur, in die Knie gehen. Aus Sicherheitsgründen ist diese Option daher deaktiviert, und es wird im Frontend unterbunden, alle Artikel einer Kategorie darzustellen. Ich empfehle Ihnen an dieser Stelle daher, diese Option deaktiviert zu lassen, außer Sie haben ein sehr überschaubares Produktportfolio und pro Kategorie nur eine Handvoll Artikel. Mit der nächsten Option Artikellisting sortieren nach können Sie Einfluss auf die Standard-Sortierreihenfolge im Frontend nehmen. Wenn ein Besucher eine Kategorie in Ihrem Online-Shop aufruft, wird auf den hier eingestellten Wert zurückgegriffen. Als Wert steht hier unter anderem der Name oder der Preis zur Verfügung. Wie Sie später jedoch sehen werden, können Sie jedes selbst angelegte Attribut an dieser Stelle verwenden und dadurch auch eine Sortierreihenfolge anhand einer von Ihnen erstellten Produkteigenschaft abbilden. Hier bietet Ihnen Magento, wie an so vielen anderen Stellen im System, eine enorme Flexibilität und weitreichende Möglichkeiten.

Die nächsten beiden Konfigurationsoptionen (siehe Abbildung 4.21) sind relativ spannend und haben weitreichende Auswirkungen.

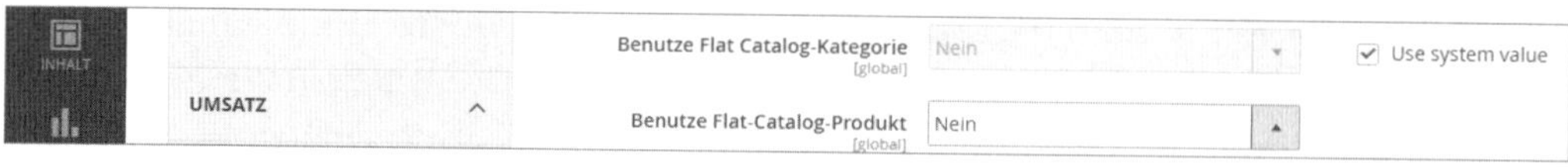

Abbildung 4.21 Der Flat Catalog führt zu spürbaren Verbesserungen der Performance.

Wenn Sie Benutze Flat Catalog-Kategorie sowie Benutze Flat-Catalog-Produkt aktivieren, hat dies auf die Darstellung im Frontend oder im Backend keinerlei Auswirkung. Dennoch passiert im Hintergrund einiges. Magento verfügt über eine enorm komplexe Datenbankstruktur. Wenn beispielsweise eine Kategorie oder auch ein Produkt im Frontend dargestellt wird, kommen die hierzu benötigten Werte nicht aus einer Tabelle, sondern werden zum Teil über 20 bis 30 Tabellen verknüpft abgefragt. Dadurch ist die Abfrage von Informationen recht komplex und aufwendig. Das schlägt sich letztendlich in der Performance nieder, was durch Caching-Strategien abgefangen wird. Die Flat Catalogs umgehen das Problem mit der komplexen Datenbankstruktur ein wenig, indem alle Produkt- und Kategorie-Informationen jeweils in nur eine Tabelle geschrieben werden. Die Flat Catalogs verhalten sich wie eine Art Zwischenspeicher, indem in zeitlichen Abständen durch den Aufbau von Indizes aggregierte Informationen hinterlegt werden. Im Frontend wird beim Auslesen der Kategorie- bzw. Produktinformationen anschließend auf diese aggregierten Daten zurückgegriffen und keine Abfrage über 20 bis 30 Tabellen erzeugt. Dadurch spielt die im Hintergrund liegende komplexe Datenbankstruktur erst einmal keine Rolle mehr, und Magento kommt wesentlich schneller und einfach an die benötigten Daten. Da es sich um eine Art Zwischenspeicher handelt, werden getätigte Änderungen jedoch nicht sofort sichtbar. Sobald etwas an einem Produkt geändert wird, müssen die Daten zuerst aggregiert und anschließend in den Flat Catalog geschrieben werden. Speziell auf dem Produktivsystem kann die Aktivierung dieser Option sinnvoll sein. Sie müssen an dieser Stelle nur aufpassen, dass Erweiterungen von Drittanbietern mit dieser aktivierten Option funktionieren. Bei Magento 1 kam es hier häufiger zu Problemen, da Dritterweiterungen oftmals inkompatibel mit den Flat Catalogs waren. An dieser Stelle empfehle ich Ihnen, diese Option deaktiviert zu lassen, denn dann ersparen Sie sich im späteren Verlauf des Buches das ständige Neuaufbauen dieser beiden Indizes, sobald Sie Produktdaten ändern.

Die Option Dynamische Medien-URLs in Produkten und Kategorien erlaubt Ihnen die Nutzung von Variablen bei der Integration von Grafiken. Sie müssen, wenn diese Option aktiviert ist, nicht immer die komplette URL, z. B. *http://www.foodbaer.de/pub/static/frontend/Magento/luma/de_DE/images/logo.svg*, hinterlegen, sobald Sie bei einem Produkt oder innerhalb einer Kategorie eine Grafik hinzufügen möchten. Stattdessen haben Sie die Möglichkeit, mithilfe von Variablen eine Grafik einzubinden, z. B. `{{media url="path/to/image.jpg"}}`. Die Nutzung von Variablen ist besonders dann hilfreich, wenn Sie die URL Ihres Online-Shops ändern. Sie haben auf

Ihrem Testsystem z. B. eine vollständige lokale URL. Wenn Sie aber später mit diesem Online-Shop live gehen und ihn unter *www.irgendeinname.de* betreiben, müssten Sie alle Verweise auf Grafiken aktualisieren. Nutzen Sie Variablen, haben Sie dieses Problem nicht, da keine vollständige URL hinterlegt wird, sondern nur der Verweis auf die Ordner und die Datei selbst. Auch wenn sich später die URL Ihres Online-Shops nochmals ändert, kann Magento die Verweise aufgrund der Variablen problemlos auflösen. Abschließend können Sie in der nächsten Option definieren, wie viele Farbfelder pro Produkt im Standard dargestellt werden sollen. Was es mit den Farbfeldern auf sich hat, möchte ich Ihnen später noch bei der Produktanlage im Detail erklären.

Scrollen Sie bitte zum nächsten Konfigurationsabschnitt namens PRODUKTWARNUNGEN. Dieser Abschnitt beschäftigt sich mit der automatisierten Benachrichtigung Ihrer Kunden, sobald mit einem Produkt etwas passiert. Insgesamt gibt es zwei Fälle, die eintreten können. Magento stellt eine Benachrichtigung bei einer Preisänderung sowie eine Benachrichtigung beim Lagerbestand zur Verfügung. Wenn Sie die erste Option ALARM BEI PRODUKTPREISÄNDERUNG ERLAUBEN aktivieren, steht Ihren Besuchern im Frontend eine neue und zusätzliche Funktionalität bereit, die Sie in Abbildung 4.22 sehen können.

Abbildung 4.22 Besucher werden bei Änderungen des Preises und des Lagerbestandes automatisch informiert.

Direkt unter dem Produktpreis erscheint ein neuer Link namens NOTIFY ME WHEN THE PRICE DROPS. Dieses Feature ist nur für registrierte Kunden verfügbar, nicht für Gäste. Registrierte Kunden können sich durch einen Klick auf diesen Link informieren lassen, wenn der Artikel günstiger wird. Tritt dieser Fall ein, sendet Magento automatisch an die jeweiligen Kunden eine E-Mail. Diese Option gibt es, wie erwähnt, neben dem Preis auch für den Lagerbestand. In meinem Beispiel (siehe Abbildung 4.22) ist der Artikel zudem nicht verfügbar, da der Lagerbestand 0 beträgt. Magento stellt in diesem Fall einen weiteren Link namens NOTIFY ME WHEN THIS PRODUCT IS IN STOCK zur Verfügung. Diese Funktion ist, ähnlich wie beim Preis, nur für registrierte Kunden verfügbar. Sie können sich als Kunde auf eine Liste setzen lassen, und sobald das Produkt wieder auf Lager ist, sendet Magento automatisch eine E-Mail. Diese Funktion ist in der Praxis enorm hilfreich, denn es kann immer wieder vorkommen, dass ein Artikel bei Ihnen kurzzeitig vergriffen ist. Als Kunde kann man sich aber recht schnell und einfach informieren lassen, sobald der Artikel wieder auf Lager ist, und diesen anschließend kaufen. Bei der automatisierten Benachrichtigung hinsichtlich der Verfügbarkeit handelt es sich um eine Option, die Sie definitiv aktivieren sollten. Anders ist es bei der automatisierten Benachrichtigung hinsichtlich des Preises, denn eine Preisreduktion für einen bestimmten Artikel kommt zwar vor, ist aber selten,

Benachrichtigung bei einem günstigeren Preis

Ich persönlich bin kein Fan der Benachrichtigung im Falle eines günstigeren Preises. Denn der Link bzw. Button impliziert doch letztendlich, dass der Artikel irgendwann günstiger werden muss. Warum sollten Sie sonst einen Link oder Button darstellen, der über einen günstigeren Preis bei diesem Artikel informiert? Und aus diesem Grund werden die Besucher vermutlich beim Kauf eher abwarten und zögern, eben um einen günstigeren Preis abzuwarten. Dieses Verhalten möchten Sie aber exakt nicht haben, denn sobald ein Besucher bei Ihnen auf Ihrem Online-Shop aktiv ist, soll dieser so schnell wie möglich zu einem Kunden konvertieren und einen Einkauf tätigen.

Wie auch bei anderen Einstellungen für Transaktions-E-Mails können Sie bei den Produktwarnungen wiederum eine E-Mail-Vorlage sowie einen Absender auswählen. Beim Absender stehen Ihnen die im Punkt ALLGEMEIN • STORE-E-MAIL-ADRESSEN konfigurierten Absender zur Verfügung, aus denen Sie sich per Dropdown-Menü einen Absender auswählen können. Zudem könnten Sie, falls Sie an dieser Stelle ein weiteres E-Mail-Template angelegt hätten, ein alternatives E-Mail-Template auswählen. Wie Sie weitere E-Mail-Templates anlegen, werden Sie noch im Verlauf dieses Buches erfahren. Der nächste Abschnitt namens PRODUKTALARM-EINSTELLUNGEN, den Sie direkt nach den Produktwarnungen finden, regelt den zeitlich terminierten Versand der »Produktalarm«-E-Mails. Hier können Sie also definieren, zu welchem Zeitpunkt Ihre Kunden informiert werden, wenn beispielsweise ein Artikel wieder auf Lager ist.

Sollte ein Artikel wieder verfügbar sein, versendet Magento nicht direkt eine E-Mail an die hinterlegten Kunden. Das hat zum Teil Gründe hinsichtlich der Performance, würde aber auch in der Praxis zu Problemen führen. Wenn Sie beispielsweise ein ERP-

System an Magento angebunden haben und immer nachts die Lagerbestände übertragen werden, würden die Produktalarm-E-Mails ebenfalls nachts versendet werden. Das ist für eine E-Mail aber nicht unbedingt der perfekte Zeitpunkt. Vermutlich möchten Sie Ihre Kunden in der Mittagspause informieren, nämlich dann, wenn man am Computer sitzt, im Internet surft und auch Zeit für etwas Online-Shopping hat. Aus diesem Grund bietet Ihnen Magento die Möglichkeit, den Versandzeitpunkt der E-Mails zu konfigurieren. Im ersten Schritt können Sie eine Frequenz auswählen, bei der im Standard *täglich* hinterlegt ist. Bei dieser Konfigurationsoption würden also einmal am Tag entsprechende E-Mails versendet werden. Alternativ können Sie die Optionen *monatlich* bzw. *wöchentlich* auswählen. Für meinen Geschmack sind diese Alternativen jedoch uninteressant, da sich innerhalb einer Woche bzw. eines Monats bezogen auf ein Produkt viel tun kann. Auch wenn der Artikel nach einem Tag wieder auf Lager wäre, könnte dieser nach vier Tagen bereits wieder ausverkauft sein. Daher ist es definitiv sinnvoll, den Kunden so früh wie möglich zu informieren. Die Frequenz *täglich* ist daher an dieser Stelle auch meine Empfehlung.

Neben der Frequenz können Sie den Startzeitpunkt des Mailversands festlegen. Definieren Sie die Stunde, Minute und sogar Sekunde, wann die E-Mails versendet werden sollen. Letztendlich hängt die an dieser Stelle richtige Konfiguration von Ihrem Geschäftsmodell und Ihren Kunden ab. Pauschale Ratschläge sind an dieser Stelle schwierig, wie eingangs erwähnt habe ich jedoch sehr gute Erfahrungen mit Mailings zwischen 11:30 und 13:30 Uhr gemacht. Hier können und müssen Sie aber letztendlich selbst Erfahrungen sammeln; konfiguriert und angepasst ist der Versandzeitpunkt recht schnell.

Es kann immer zu einem Fehler kommen, daher haben Sie zu guter Letzt die Möglichkeit, einen Empfänger, Absender sowie eine Vorlage für Fehler-E-Mails zu hinterlegen. Sollte beim Mailversand ein Problem auftauchen, kann Magento eine Person darüber informieren. Die hier hinterlegte E-Mail-Adresse würde bei einem Problem daher einen Report bzw. eine Information enthalten und wüsste dadurch zudem, dass der E-Mail-Versand nicht reibungslos funktioniert hat. Idealerweise hinterlegen Sie an dieser Stelle Ihre E-Mail-Adresse oder alternativ einen E-Mail-Verteiler, wodurch auch Ihre Kollegen die Fehlermeldung zugesendet bekommen. Wie bei jeder Transaktions-E-Mail-Konfiguration in Magento können Sie zudem noch ein E-Mail-Template sowie einen Absender auswählen.

Lassen Sie uns an dieser Stelle aber die Fehler bzw. Warnungen vergessen und zum nächsten Konfigurationsabschnitt namens PRODUKTBILD-PLATZHALTER fortschreiten. Bilder sind im E-Commerce das A und O. Aus diesem Grund haben Sie, das werden Sie in Kapitel 7, »Aufbau und Verwaltung des Produktsortiments«, sehen, in Magento die Möglichkeit, verschiedene Bilder für einen Artikel hochzuladen und zu verwenden. Magento arbeitet für die Differenzierung der Produktbilder mit einer

Kategorisierung, die definiert, wofür das Produktbild verwendet wird. Diese Kategorisierungen lauten:

- Base
- Klein
- Farbfeld
- Thumbnail

Der Unterschied bzw. die Auswirkung der Kategorisierung besteht im Platz bzw. Ort, an dem das Bild verwendet wird. Das Base-Bild wird immer als Hauptbild beim Laden der Produktansicht ausgegeben, das Thumbnail hingegen ist nur ein kleines Vorschaubild innerhalb der Kategorieseite. Wo welche Bildkategorie aber tatsächlich zum Einsatz kommt, hängt letztendlich auch immer vom Magento-Template ab, da das Template den Verwendungsort definiert. In dem Konfigurationsabschnitt, in dem Sie sich aktuell befinden, können Sie für die verschiedenen Kategorien Platzhalter hochladen, die immer dann zum Einsatz kommen, wenn das Produkt selbst nicht über ein Bild der jeweiligen Kategorie verfügt. Legen Sie ein Produkt ohne Bild an, würde Magento im Zweifelsfall ein eigenes Platzhalterbild anzeigen, was Ihnen eventuell aber optisch nicht zusagt. Wenn Sie mit Platzhaltern arbeiten möchten, können Sie die Bilder an dieser Stelle hochladen.

Sinnhaftigkeit von Produktbild-Platzhaltern

Auch wenn es immer auf die Produkte und die Zielgruppe ankommt, so nehmen Bilder im E-Commerce einen hohen Stellenwert ein. Denn Ihre Kunden haben leider, was im stationären Handel ein gewisser Vorteil ist, nicht die Möglichkeit, ein Produkt anzufassen und von allen Seiten bzw. aus allen Blickwinkeln optisch zu erfassen. Daher sind gute Produktbilder eigentlich eine Selbstverständlichkeit. Platzhalter sind aus meiner Sicht daher wenig sinnvoll, denn wenn Sie ein Produkt anlegen und dafür keine Bilder haben, sollten Sie das Produkt gar nicht erst freischalten. Es gibt tatsächlich nur ganz wenige Fälle, in denen ein Produkt gekauft werden kann, ohne ein entsprechend gutes Bild davon zu haben. Die Platzhalter-Funktion von Magento ist daher zwar praktisch, in der Praxis aber wenig sinnvoll. Sie würden ja letztendlich auch keine Produkte komplett ohne Text bzw. Informationen online stellen. Warum sollten Sie es dann ohne Bilder tun?

Ich verzichte an dieser Stelle auf entsprechende Platzhalter, sofern Sie aber gegebenenfalls Platzhalter für Produktbilder hochgeladen haben, scrollen Sie daraufhin bitte etwas nach unten, bis Sie zum Konfigurationsabschnitt VOR KURZEM ANGESEHENE/VERGLICHENE PRODUKTE gelangen. Wenn Sie als Besucher im Frontend unterwegs sind, haben Sie die Möglichkeit, Produkte auf eine Vergleichsliste zu setzen. Das ermöglicht Ihnen den schnellen und einfachen Vergleich gewisser Produkteigenschaften, die Sie selbstverständlich selbst definieren können. Auch wenn mein Produktkatalog an dieser Stelle noch sehr rudimentär ist, möchte ich Ihnen dennoch mit Abbildung 4.23 einen kleinen Einblick in diese Funktion geben.

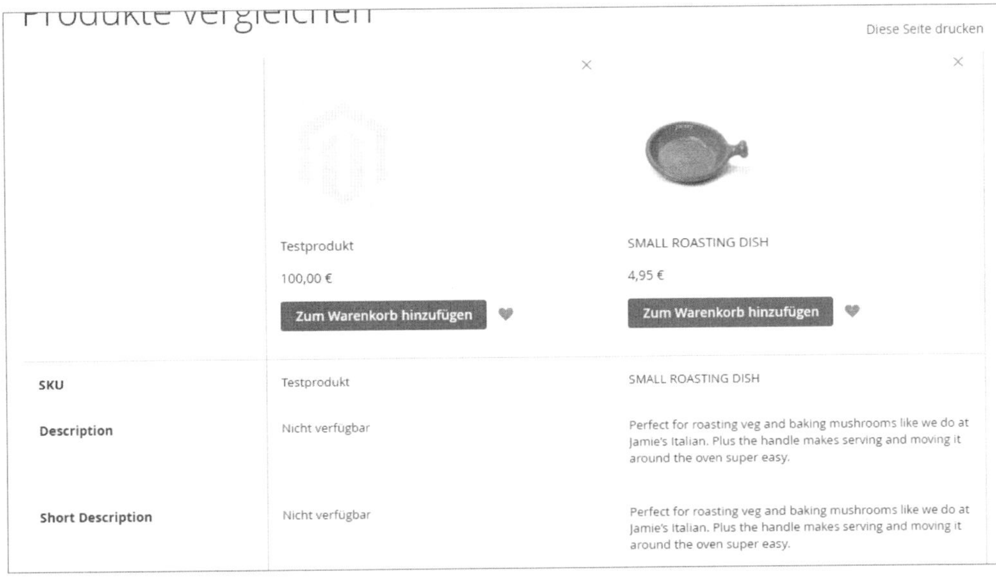

Abbildung 4.23 Die Vergleichsfunktion ermöglicht einen übersichtlichen Vergleich von Produkteigenschaften.

Abgesehen von der Vergleichsfunktion, bei der Sie bzw. Ihre Besucher und Kunden im Frontend proaktiv etwas unternehmen müssen, merkt sich Magento darüber hinaus, welche Produkte man sich angesehen hat. Wenn ein Besucher sich im Frontend beispielsweise zehn verschiedene Produktdetailseiten und damit Produkte ansieht, wird das in Magento entsprechend protokolliert. Dadurch weiß Magento, welche Produkte ein Besucher bzw. Kunde zuletzt angesehen bzw. verglichen hat. Diese Information kann wiederum im Frontend dargestellt werden, beispielsweise in einer Seitenleiste im Benutzerkonto oder auf einer Kategorieseite. In diesem Konfigurationsabschnitt können Sie im ersten Schritt die Anzahl der anzuzeigenden Produkte in Bezug auf die zuletzt verglichenen sowie zuletzt angesehenen Produkte festlegen. Wenn Sie an dieser Stelle die Zahl 3 hinterlegen, werden eben nur die drei zuletzt angesehenen bzw. die drei zuletzt verglichenen Produkte angezeigt. Zudem können Sie den Geltungsbereich festlegen. Dieser hat etwas mit dem Magento-Multistore-Setup zu tun, über das Sie in Kapitel 17 mehr erfahren. Grob gesagt geht es darum, dass Sie auf Basis einer Magento-Installation mehrere Online-Shops aufbauen können. Diese können wiederum Subshops haben, denen Sprachversionen zugewiesen sind.

Bei der Option Zeigen für derzeitige geht es nun um die Einschränkung des Konfigurationsbereiches. Wenn Sie diesen auf »Store View« setzen, erfolgt eine Differenzierung, wenn ein und derselbe Besucher sich in der französischen Sprachversion und in der englischen Sprachversion Produkte anschaut. Dann werden in der jeweiligen Sprache auch nur die in dieser Sprache angesehenen bzw. verglichenen Produkte dargestellt. Die Option Shop ist nochmals übergreifender, an oberster Stelle folgt dann die Website. Ohne Sie an dieser Stelle verwirren zu wollen, würde ich Ihnen empfehlen, die Konfigurationsoption an dieser Stelle wie im Standard vorhanden zu belassen. Nachdem Sie Kapitel 17, »Magento-Multistore-Funktionalität konfigurieren und nutzen« durchgelesen haben, werden Sie auch diese Option definitiv etwas besser verstehen, da Ihnen dann die ganzen Hintergründe bekannt sind.

Bei Magento 2 spielen Produktvideos eine größere Rolle, wofür eine neue Funktion eingeführt wird. Im Konfigurationsabschnitt PRODUKTVIDEO können Sie diese Funktion gezielt konfigurieren. Als Videoplattform setzt Magento auf YouTube, wofür Sie an dieser Stelle zuerst einen API-Schlüssel benötigen. Voraussetzung für die Erstellung eines YouTube-API-Schlüssels ist ein Google-Benutzerkonto. Sollten Sie noch nicht über ein Benutzerkonto bei Google verfügen, legen Sie bitte im ersten Schritt ein entsprechendes Konto an. Dieses Konto ist vollkommen kostenfrei, Sie können es daher bedenkenlos anlegen. Rufen Sie *https://accounts.google.com/SignUp* auf, und folgen Sie einfach dem Assistenten, der Sie durch die Anlage des Benutzerkontos führt. Sie sollten innerhalb weniger Minuten über ein entsprechendes Konto verfügen; Probleme dürften bei der Anlage nicht auftreten. Sobald Sie ein Google-Konto besitzen, können Sie unter *https://console.developers.google.com/* auf eine von Google bereitgestellte zentrale API-Verwaltung namens *API Manager* zugreifen.

Klicken Sie nach einem erfolgreichen Login auf den Link API AKTIVIEREN, der sich am oberen Bildschirmrand befindet. Sie gelangen dadurch zu einer Auswahl an APIs, bei der Sie sich bitte für die YOUTUBE DATA API entscheiden, die Sie in Abbildung 4.24 sehen.

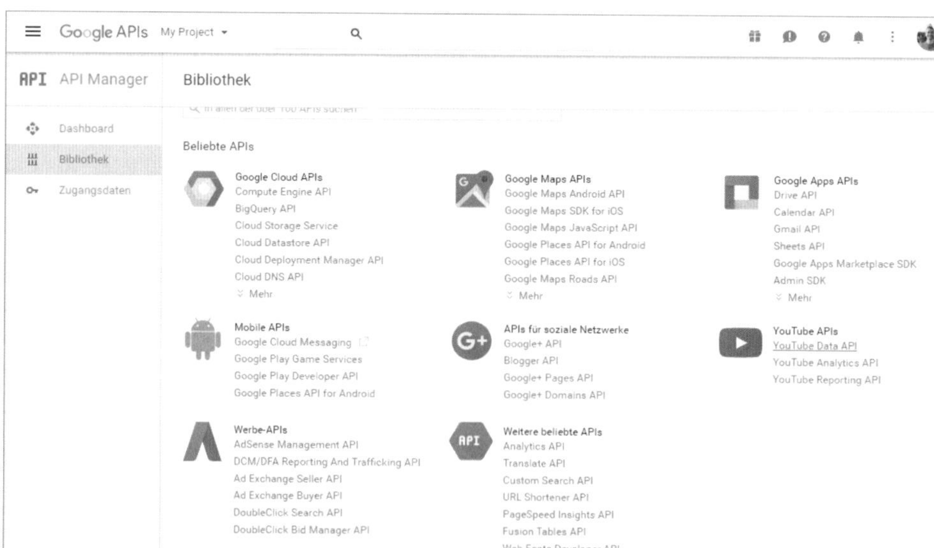

Abbildung 4.24 Aktivierung der YouTube Data API über den API Manager

Sobald Sie auf diesen Link geklickt haben, werden Sie zu einer neuen Ansicht weitergeleitet, auf der Ihnen weiterführende Informationen zur API bereitgestellt werden. Klicken Sie an dieser Stelle bitte auf AKTIVIEREN, einen Button, der sich wieder am oberen Rand Ihres Bildschirms befindet. Klicken Sie daraufhin im linken Navigationsmenü auf ZUGANGSDATEN und anschließend auf ANMELDEDATEN ERSTELLEN. Sie erhalten anschließend einen API-Schlüssel (siehe Abbildung 4.25). Schließen Sie das Fenster und klicken Sie anschließend auf den neu angelegten Eintrag in der nun sichtbaren Tabelle

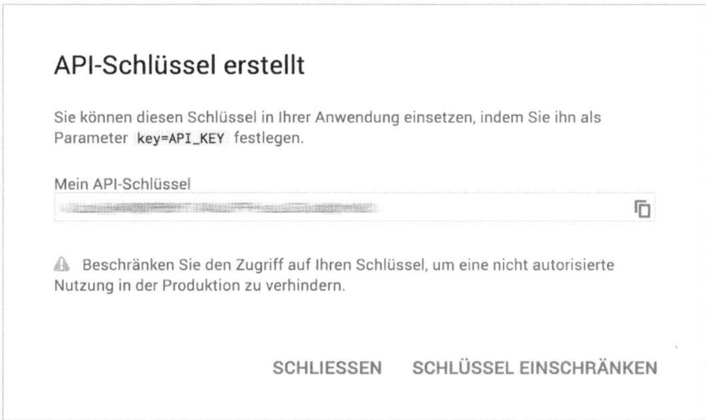

Abbildung 4.25 Nachdem die YouTube Data API aktiviert ist, muss anschließend noch ein API-Schlüssel erstellt werden.

Sie gelangen daraufhin zu einer Oberfläche mit einer Eingabemaske, in der Sie einen Namen und eine IP-Adresse hinterlegen müssen. Beim Namen können Sie einen beliebigen Wert hinterlegen, beispielsweise Magento. Bei der IP-Adresse hinterlegen Sie bitte Ihre IP-Adresse, die Sie beispielsweise unter *http://www.wieistmeineip.de/* auslesen können. Bei einer lokalen Entwicklungsumgebung ist dieser Weg zugegebenermaßen nicht ganz ideal, da sich Ihre IP-Adresse alle 24 Stunden ändert, außer Sie verfügen über eine Standleitung. An dieser Stelle gehe ich jedoch von dem Szenario aus, dass Sie den YouTube API Key später für das Live-System erzeugen. Das Live-System wird auf einem Server installiert werden, der über eine konstante IP-Adresse verfügt, sodass Sie aus diesem Grund nur initial die IP-Adresse an dieser Stelle hinterlegen müssen. Sobald Sie die IP-Adresse und einen Namen hinterlegt und auf ERSTELLEN geklickt haben, erhalten Sie einen API-Schlüssel, den Sie bitte kopieren und innerhalb von Magento bei der Option YOUTUBE API SCHLÜSSEL einfügen.

Neben dem API-Schlüssel können Sie zudem definieren, ob das implementierte Video direkt gestartet werden soll. Auch können ähnliche Videos direkt angezeigt werden, wenn Sie die Standardoption von NEIN auf JA abändern. Zu guter Letzt haben Sie zudem die Möglichkeit, das erneute Starten eines Videos zu aktivieren. Zugegebenermaßen sind die Optionen an dieser Stelle noch recht unspektakulär. In Kapitel 7, »Aufbau und Verwaltung des Produktsortiments«, werde ich Ihnen zeigen, wie Sie bei einem Produkt ein YouTube-Video hinzufügen können. Wenn Sie dann eine Produktdetailseite samt YouTube-Video im Frontend sehen, können Sie an dieser Stelle auch eher abschätzen, welche Optionen Sie aktivieren bzw. deaktivieren sollten.

Der folgende Konfigurationsabschnitt namens PREIS besteht nur aus einer Option, bei der Sie den Geltungsbereich der Preise festlegen können. Auch diese Option hat wiederum etwas mit der bereits erwähnten Multistore-Funktionalität von Magento zu tun. Im Standard steht die Option auf *Global*. Das bedeutet, dass ein Artikel, unabhängig, auf welcher Website sich dieser innerhalb der Magento-Instanz befindet, immer gleich viel kostet. Wenn Sie auf Basis einer Magento-Instanz daher zwei Online-Shops aufbauen, einer verkauft IT-Produkte, der andere ist rein auf Apple-Hardware spezialisiert, können Sie ein und dasselbe Produkt, beispielsweise ein iPhone 6s, nur für einen global festgelegten Preis verkaufen. Stellen Sie die Option hingegen auf *Website*, kann das Produkt in dem auf Apple-Produkte spezialisierten Shop günstiger oder teurer sein als in Ihrem allgemein aufgestellten Shop für IT-Produkte. In der Praxis ist diese Option sehr wichtig, wenn komplexere E-Commerce-Plattformen bestehend aus einer Vielzahl von Websites, Stores und Store Views aufgebaut werden. Auch an dieser Stelle möchte ich erneut auf Kapitel 17, »Magento-Multistore-Funktionalität konfigurieren und nutzen«, verweisen, da in diesem Kapitel die Basics hierzu erklärt werden.

Wenn Sie etwas nach unten scrollen, gelangen Sie zum nächsten Konfigurationsabschnitt namens FILTERNAVIGATION. Die Filternavigation wird im Magento-Frontend innerhalb einer Kategorieseite dargestellt und ermöglicht Ihren Besuchern und Kunden die Eingrenzung der dargestellten Produkte. Die Filter beziehen sich dabei auf die Produktattribute. So können beispielsweise Produkteigenschaften wie Farbe, Größe oder Preis gefiltert werden, wodurch sich die Anzahl der dargestellten Produkte automatisch reduziert. Sie sehen diese Verhaltensweise in Abbildung 4.26. Wenn Sie im späteren Verlauf dieses Buches selbst Produkte und Attribute anlegen, werden Sie noch etwas mehr über die Möglichkeiten und die Verhaltensweisen der Filternavigation erfahren. Innerhalb des Konfigurationsabschnittes können Sie definieren, ob die Anzahl der Produkte in Bezug auf ein Filterkriterium dargestellt werden soll. In Abbildung 4.26 sehen Sie beispielsweise das Filterkriterium CLIMATE. Bei den möglichen Optionen erhalten Sie direkt eine Information darüber, wie viele Produkte sich hinter der jeweiligen Option verbergen. Würden Sie nach WINDY filtern, sehen Sie direkt, dass durch diese Eingrenzung noch neun Produkte übrigbleiben würden.

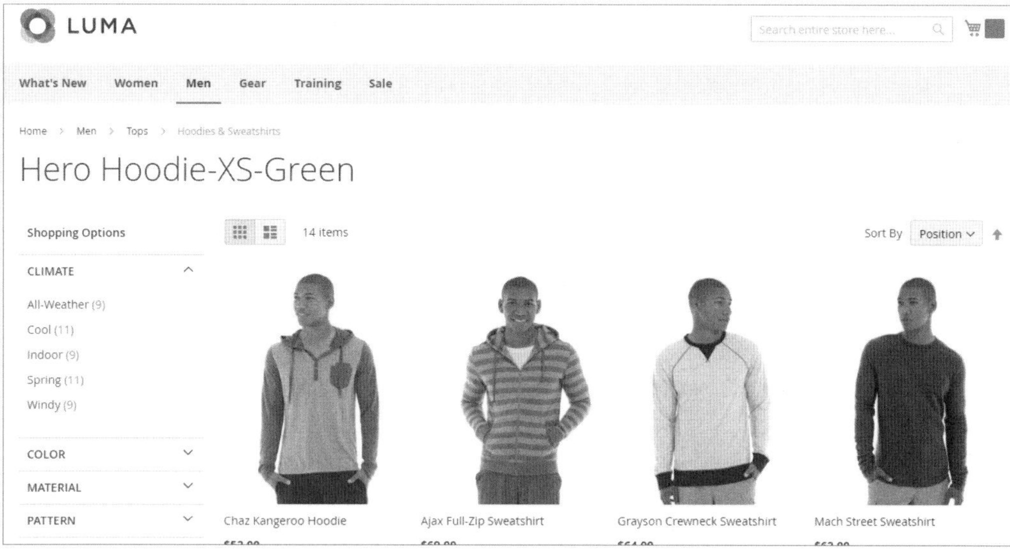

Abbildung 4.26 Produkte können auf Basis der angelegten Attribute gefiltert werden.

An dieser Stelle können Sie jetzt jedoch diese Verhaltensweise deaktivieren, wodurch keine Anzahl dargestellt werden würde. Eine weitere interessante Konfigurationsoption ist zudem die Preisnavigationsschritt-Berechnung. Neben der Filterung von selbst definieren Attributen können Kunden auch anhand des Preises filtern. Magento setzt an dieser Stelle auf einen Automatismus, um die Preis-Range zu ermitteln. Im Standard können Sie nämlich nicht einen Von-bis-Preis manuell im Frontend eingeben, sondern nur Preisbereiche auswählen, beispielsweise von 200 bis 400 €, von 400 bis 800 € etc. Die Preisbereiche errechnet Magento automatisch, was jedoch teilweise zu nicht ganz so brauchbaren Preisbereichen führt. Sie können daher alternativ zwei weitere Optionen an dieser Stelle auswählen, die zugegebenermaßen von der Namensgebung der Übersetzung etwas irreführend sind. Neben der Option Automatisch (Preisklassen angleichen), die im Standard ausgewählt ist, gibt es zudem Automatisch (Produktanzahlen angleichen) sowie Handbuch. Bei der zweiten Option wird ebenfalls eine automatisierte Preisbereichserrechnung durchgeführt. Wenn Sie merken, dass die erste Option zu keinen sinnvollen Ergebnissen führt, können Sie die zweite Option testen, die auf einen anderen Algorithmus setzt. In der Praxis müssen Sie das Verhalten einfach einmal testen, um zu wissen, mit welcher Einstellung Sie die besseren Ergebnisse erzielen. Die Option Handbuch hingegen ist die manuelle Festlegung des Preisbereiches. Das Wort Handbuch an dieser Stelle ist letztendlich ein Übersetzungsfehler des englischen Originalwortes *Manual*. Sobald Sie diese letzte Option auswählen, können Sie den Preisnavigationsschritt sowie die maximale Anzahl an Intervallen festlegen. Wenn Sie bei der Schrittfolge 50 hinterlegen, wird der Preisbereich immer in 50er-Schritten ausgegeben. Die Anzahl der Intervalle legt letztendlich fest, wie viele Preisbereiche dargestellt werden. Je nachdem welche Produkte Sie verkaufen und in welchem Preissegment diese beheimatet sind, müssen Sie eine entsprechende Schrittfolge wählen. Vorerst können Sie die im Standard hinterlegte automatische Ermittlung belassen. Erst wenn Sie später anhand der Produktdaten merken, dass die Preisfilterung nicht sinnvoll bzw. nicht optimal ist, sollten Sie an dieser Stelle nachbessern.

Springen Sie nun zum Konfigurationsabschnitt KATALOGSUCHE. Magento verfügt von Haus aus über eine rudimentär integrierte Suchfunktion. Je nachdem wie komplex Ihre Produkte sind, können diese über die Suche gut oder weniger gut gefunden werden. Hintergrund ist die Tatsache, dass Magento Open Source rein auf eine Suche auf Basis der MySQL-Datenbank setzt. Dadurch kann keine fehlertolerante Suche oder Ähnliches abgebildet werden. Aufgrund der rudimentären Funktionsweise finden Sie an dieser Stelle auch nur eine Handvoll Konfigurationsmöglichkeiten. Die minimale und maximale Abfragelänge definiert, wie kurz bzw. lang die Sucheingabe sein darf. Im Standard ist bei der minimalen Länge 1 hinterlegt, d. h., eine Suchanfrage muss aus mindestens einem Buchstaben bestehen. Die maximale Länge von 128 schränkt die Suchanfrage auf 128 Zeilen ein. Bei der Suchmaschine ist im Standard MySQL ausgewählt, in der kostenfreien Edition können Sie an dieser Stelle zudem keine alternative Option auswählen.

Im Gegensatz zur Konfiguration der KATALOGSUCHE können Sie im Konfigurationsabschnitt SUCHMASCHINENOPTIMIERUNG, den Sie in Abbildung 4.27 sehen, dafür umso mehr Einstellungen hinterlegen.

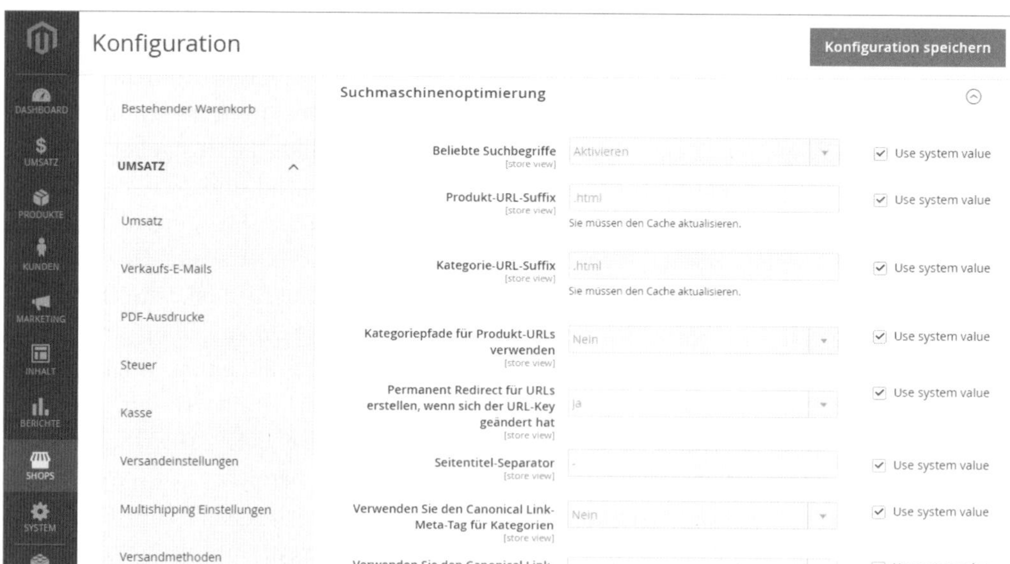

Abbildung 4.27 Magento bietet viele Möglichkeiten, das System in Bezug auf die Suchmaschinen zu optimieren.

Mit der ersten Option können Sie festlegen, ob *beliebte Suchbegriffe* im Frontend dargestellt werden sollen. Hierfür stellt Magento eine separate Seite bereit, die Sie über eine Verlinkung im Footer bzw. die URL */search/term/popular/* erreichen. Sie sehen ein Beispiel dieser Seite in Abbildung 4.28.

Abbildung 4.28 Populäre Suchbegriffe können auf einer separaten Seite eingesehen werden.

Letztendlich handelt es sich, das ist zumindest meine Meinung, bei dieser Funktion um eine reine Spielerei, weswegen Ihnen Magento die Deaktivierung dieser Funktionalität über das Backend erlaubt. Eventuell gibt es tatsächlich Online-Shops, bei denen eine Auflistung der beliebten Suchbegriffe einen gewissen Mehrwert bietet, in der Praxis stellen diese aber die Ausnahme und nicht die Regel dar. Die Bedeutung in Bezug auf die Suchmaschinenoptimierung hat zudem abgenommen. Vor einiger Zeit hat die Verschlagwortung sowie deren Darstellung einen positiven Effekt auf die Suchmaschinenoptimierung gehabt – Sie können sich bestimmt noch an die Tag-Clouds erinnern, die auf einer Vielzahl von Websites integriert waren. Dieser Ansatz hat aktuell jedoch an Beliebtheit eingebüßt, da dadurch keine allzu großen positiven Effekte erzielt werden. Dementsprechend können Sie, das ist jedoch nur meine Meinung und muss auch von Projekt zu Projekt individuell entschieden werden, diese Option deaktivieren.

Die beiden nächsten Optionen haben Auswirkung auf die URL in Ihrem Online-Shop. Sowohl bei einer Kategorie- als auch einer Produktdetailseite wird in der URL die Endung *.html* hinzugefügt. Wenn Sie eine andere Endung wünschen, können Sie diese in den folgenden zwei Konfigurationseinstellungen hinterlegen. Ihnen sind hierbei keine Grenzen gesetzt. Auch können Sie die Endung komplett entfernen, indem Sie das Wort *.html* löschen. Anschließend können Sie die Kategorie- bzw. Produktseite ohne Endung aufrufen. Auch diese Option ist meiner Meinung nach wieder eine gewisse Spielerei, da die Endung an sich keine große Auswirkung auf die organischen Rankings innerhalb von Google hat. Dafür hat die darauffolgende Option namens KATEGORIEPFADE FÜR PRODUKT-URLS VERWENDEN eine recht große Auswirkung auf Ihren Online-Shop. Im Standard ist diese Option deaktiviert, was bedeutet, dass Sie eine Produkt-URL ohne Kategoriepfad aufrufen können und Magento die Produktlinks ohne Kategoriepfad generiert. Dadurch ergeben sich URLs wie beispielsweise *http://www.foodbaer.de/small-roasting-dish.html*. Auch wenn das Produkt

»Small Roasting Dish« der Kategorie »Teller & Schüsseln« zugewiesen ist, finden Sie in der URL nicht den Kategorienamen. Das hat einen großen Vorteil. Wenn Sie diesen Artikel mehreren Kategorien zuweisen, was in Magento möglich ist und in der Praxis auch häufig passiert, können Sie den Artikel über unterschiedliche URLs aufrufen. Weisen Sie den Artikel beispielsweise zehn Kategorien zu, hat der Artikel zehn URLs, über die er aufgerufen werden kann, da pro Kategorie eine individuelle URL generiert wird. Dieses Verhalten findet jedoch Google nicht gut und bestraft Duplicate Content. Duplicate Content entsteht immer dann, wenn ein identischer Inhalt unter mehreren URLs aufrufbar ist. Genau diesen Effekt hätten Sie, wenn Sie die Option KATEGORIEPFADE FÜR PRODUKT-URLS VERWENDEN aktivieren. Die Aktivierung dieser Option hat jedoch auch einen positiven Effekt. Die URL würde um den Namen der Kategorie ergänzt werden, wodurch weitere Keywords, nämlich die Kategorie Bezeichnung, zur URL hinzugefügt werden. Dies kann tatsächlich einen positiven Effekt auf das Ranking der Produktseite innerhalb des Google-Indexes haben.

Entscheiden Sie sich für eine Aktivierung der Option, wodurch ein Produkt mehrere URLs besitzen kann, sollten Sie auf jeden Fall die weiter unten aufgeführte Option VERWENDEN SIE DEN CANONICAL LINK-META-TAG FÜR PRODUKTE aktivieren. Ein Canonical Tag ist eine Information, die im Quellcode vorhanden, für den Benutzer im Frontend aber nicht ersichtlich ist. Das Canonical Tag verweist im Quellcode, sollte eine Seite unter mehreren URLs aufrufbar sein, immer auf die Hauptseite. Dadurch wird Google mitgeteilt, dass zwar mehrere URLs für ein und denselben Inhalt existieren, dies jedoch bekannt und bewusst so gehalten ist. Zugleich erhält Google die Information, welche der vielen URLs sozusagen die führende URL ist. Diese Verhaltensweise verhindert die Duplicate-Content-Problematik, die ich bereits angesprochen habe.

Weshalb der Kategoriename in URLs mehr Probleme als Vorteile bringt

Neben der genannten Duplicate-Content-Thematik hat der Name der Kategorie in den URLs einen weiteren Nachteil. Wenn für einen Artikel je nach zugewiesener Kategorie eine URL erzeugt wird, kann bei einer Vielzahl von Produkten und Kategorien eine recht große Anzahl an Produkt-URLs entstehen, die Magento in der Datenbank speichert. In der Praxis ist es schon oft vorgekommen, dass dadurch ein URL-Index mit mehreren Millionen Einträgen entsteht, der im Hinblick auf die Performance nicht förderlich ist. Sollten in Ihrem konkreten Fall keine stichhaltigen Argumente für die Nutzung des Kategorienamens in den Produkt-URLs bestehen, rate ich von der Aktivierung dieser Option ab.

Da sich die Produkt- oder auch Kategorie-URL immer aus dem Namen oder einem frei definierten Begriff zusammensetzt, kann es bei Änderungen eines Produktes oder eine Kategorie ebenso zu einer Änderung der URL kommen. Magento legt in diesem Fall automatisch eine neue URL an, wie Sie später sehen werden, wenn Sie Produkte und Kategorien anlegen. Wenn Sie die Option PERMANENT REDIRECT FÜR URLS ERSTELLEN, WENN SICH DER URL-KEY GEÄNDERT HAT aktiviert lassen, wird zudem automatisch eine Weiterleitung von der veralteten URL auf die neue URL angelegt. Diese Option ist äußerst sinnvoll, denn wenn ein Produkt oder eine Kategorie im Google-Index gut gefunden wird, möchten Sie letztendlich dem Besucher keine Fehlerseite anzeigen, nur weil sich bei Ihnen aufgrund einer Umbenennung die URL geändert hat. Zu guter Letzt können Sie zudem den SEITENTITEL-SEPARATOR, d. h. das Trennzeichen beim Meta-Titel, definieren. Der Meta-Titel wird neben der reinen Ausgabe im Quellcode zudem immer in der Browserleiste angezeigt. Der Bindestrich ist an sich in Ordnung, weshalb Sie diese Option nicht unbedingt ändern müssen. Abgeschlossen wird die Konfiguration durch die Option der Canonical Tags für Produkte bzw. Kategorien, die Sie je nach Einstellung der Kategoriepfade aktivieren sollten.

Beim nächsten Konfigurationsbereich können Sie in Summe nur eine Einstellung vornehmen. Bei der KATEGORIE-TOP-NAVIGATION handelt es sich um die Hauptnavigation, die im Frontend dargestellt wird.

Wie Sie im späteren Verlauf dieses Buches sehen werden, kann eine Kategorie beliebig viele Unterkategorien haben. Magento setzt Ihnen hierbei keine Grenzen. Bei der Darstellung im Frontend, die Sie exemplarisch in Abbildung 4.29 sehen, kann es aber definitiv sinnvoll sein, die dargestellten Ebenen zu limitieren, da die Navigation ansonsten sehr unübersichtlich ist, worunter die Usability in Ihrem Online-Shop leidet. Behalten Sie den Standardwert 0 bei, gibt es keine Limitierung in der Darstellung.

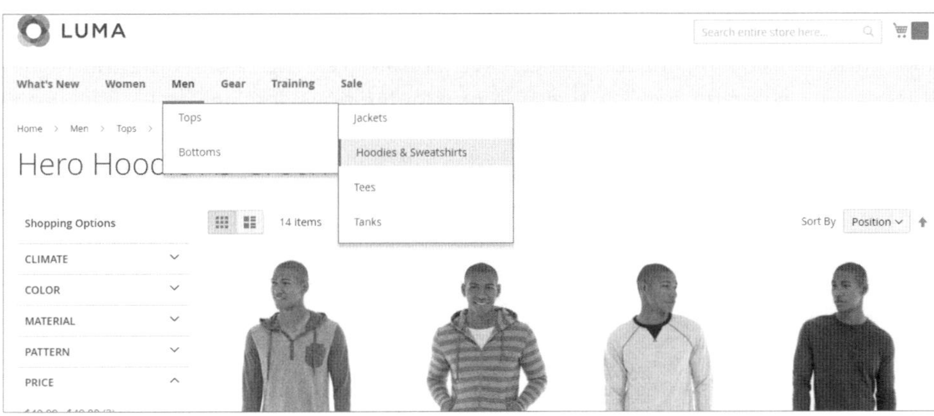

Abbildung 4.29 Die Top-Navigation im Frontend bei der Darstellung von untergeordneten Kategorien

In HERUNTERLADBARE PRODUKTOPTIONEN, dem nächsten Konfigurationsbereich, können Sie Einstellungen in Bezug auf downloadbare Produkte vornehmen. Magento kann nämlich neben physikalischen zusätzlich mit herunterladbaren Produkten umgehen. Da das Verhalten im Online-Shop auf downloadbare Produkte abgestimmt werden muss, haben Sie an dieser Stelle einen separaten Konfigurationsbereich hierfür. Bei der ersten Option ARTIKELBESTELLSTATUS UM DOWNLOADS ZU ERMÖGLICHEN können Sie definieren, zu welchem Zeitpunkt die bestellten Dateien heruntergeladen werden können. Der Zeitpunkt ist dabei direkt an den Bestellstatus geknüpft. Wählen Sie AUSSTEHEND, kann direkt nach der Bestellung der Download gestartet werden. Wählen Sie IN RECHNUNG GESTELLT, was gleichzeitig die Standardoption ist, kann der Download erst nach einer ausgestellten Rechnung gestartet werden. Als Nächstes können Sie einstellen, wie oft die Dateien heruntergeladen werden können. Hinterlegen Sie eine 0, so existiert de facto keine Limitierung. Der Kunde kann die gekaufte Datei bzw. Dateien beliebig oft herunterladen. Speziell wenn Sie große Dateien zum Download anbieten, ist eine Limitierung aufgrund des möglichen Datenvolumens (Traffic) definitiv sinnvoll. Wenn Ihre Dateien hingegen eine eher überschaubare Dateigröße haben, müssen Sie die Anzahl der möglichen Downloads nicht zwangsläufig eingrenzen. Wählen Sie an dieser Stelle einfach die Option, die für Ihren Online-Shop bzw. Ihr Geschäftsmodell am sinnvollsten ist, ich bleibe an diesem Punkt bei dem hinterlegten Standardwert, wodurch die Kunden eine Datei beliebig oft herunterladen können. Wenn Sie den oder die Downloads GEMEINSAM NUTZBAR machen möchten, können Sie diese Option aktivieren. Sobald ein Kunde einen herunterladbaren Artikel gekauft hat, kann er bei aktivierter Option theoretisch den Link einem Bekannten oder Freund senden und dieser könnte die Datei ebenfalls herunterladen. Ist diese Option deaktiviert, ist ein Download nur mit den Benutzerdaten des Käufers möglich. Meiner Meinung nach sollten Sie daher diese Option deaktiviert lassen, um ein reges Tauschen von gekauften Downloadartikeln zumindest zu erschweren. Mithilfe der beiden nächsten Optionen können Sie Standardwerte definieren, zum einen für den Beispieltitel, zum anderen für den Linktitel. Was dies im Detail bedeutet, werden Sie in Abschnitt 7.3.2 bei der Anlage eines Downloadartikels aber noch im Detail sehen. Soll sich der Download in einem neuen Fenster öffnen, können Sie dies über die OPTION ÖFFNET LINKS IN NEUEM FENSTER festlegen. Mithilfe der Option INHALTS-ANORDNUNG BENUTZEN können Sie zudem die Darstellung der Downloads ein wenig modifizieren. Bei diesen beiden Optionen müssen Sie keine Änderungen vornehmen, da Sie mit der Standardkonfiguration problemlos arbeiten können. Abschließend haben Sie die Möglichkeit, den Checkout beim Kauf eines downloadbaren Artikels für einen Gast, d. h. eine Person, die nicht angemeldet ist und nicht über ein Benutzerkonto verfügt, zu unterbinden. Dadurch können downloadbare Artikel nur von angemeldeten bzw. registrierten Kunden gekauft werden. Diese Option ergibt definitiv Sinn, da beispielsweise über das Benutzerkonto die Download-Links ersichtlich sind. Da ein Gast nicht über ein Benutzerkonto verfügt, müssten Sie ihm dann gegebenenfalls manuell Download-Links zukommen lassen. Auch existiert die Koppelung des Downloads an ein Benutzerkonto, was bei einem

Gast zu Problemen führen würde. Belassen Sie daher ruhig an dieser Stelle die Standardeinstellung, die Gästen den Kauf von downloadbaren Artikeln nicht ermöglicht.

Der nächste und letzte Konfigurationsabschnitt steuert die Darstellung der Datumseingabe. So können Sie einstellen, ob ein JavaScript-Kalender für die Datumseingabe verwendet werden soll. Auch können Sie die Reihenfolge der Datumsfelder, das Zeitformat und einen Jahresbereich festlegen. Ein aktivierter JavaScript-Kalender erhöht die Usability im Frontend, wodurch für Ihre Besucher und Kunden ein Mehrwert entsteht. Aus diesem Grund ist die Aktivierung dieser Option definitiv sinnvoll, auch wenn sie zu diesem Zeitpunkt nicht ausschlaggebend ist.

Lagerbestand

Nachdem Sie einen Einblick in den äußerst umfangreichen Konfigurationsbereich für den Katalog erhalten haben, klicken Sie im linken Navigationsmenü bitte auf den nächsten Unterpunkt namens LAGERBESTAND. Innerhalb dieses Punktes finden Sie diverse Einstellungen rund um den Lagerbestand und die Behandlung der Bestände (siehe Abbildung 4.30).

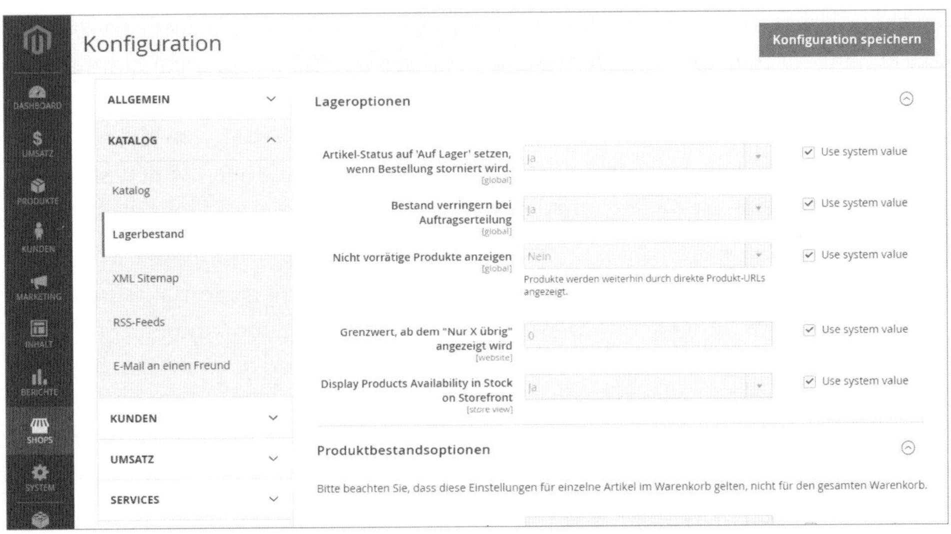

Abbildung 4.30 Magento bietet eine umfangreiche Konfiguration in Sachen Lagerbestände.

Im ersten Konfigurationsbereich LAGEROPTIONEN können Sie direkt einstellen, was passiert, wenn eine Bestellung storniert wird. Soll in diesem Moment der Lagerbestand der gekauften Artikel wieder erhöht werden, oder hat die Stornierung keinen Einfluss auf den Lagerbestand? Auch wenn in der deutschen Übersetzung die Wortwahl nicht ganz sauber ist, können Sie mit der ersten Option den von mir beschriebenen Fall steuern.[2] Bei der nächsten Option geht es ebenfalls um die Zählung des Lagerbestandes. Wenn SIE BESTAND VERRINGERN BEI AUFTRAGSERTEILUNG aktivieren, wird der Lagerbestand der Artikel direkt nach der Bestellung verringert. Da dies in der Regel die gewünschte Funktionalität ist, ist diese Option im Standard aktiviert. In der Praxis kann es vorkommen, dass gewisse Artikel temporär nicht auf Lager und damit nicht verfügbar sind. Mit der nächsten Option können Sie definieren, ob Magento die nicht verfügbaren Produkte dennoch im Produktkatalog anzeigen soll oder nicht. Wenn nicht verfügbare Artikel nicht angezeigt werden, können diese über die Kategorien bzw. Suche nicht gefunden oder aufgerufen werden. Ein direkter Aufruf über die Produkt-URL wäre aber dennoch möglich. Wenn Sie auf der Produktdetailseite eine Meldung wie »Nur noch 5 Stück verfügbar« anzeigen möchten, die beispielsweise auch Amazon nutzt, obwohl Amazon nicht auf Magento setzt, können Sie dies mithilfe der Option GRENZWERT, AB DEM »NUR X ÜBRIG« ANGEZEIGT WIRD konfigurieren. Hinterlegen Sie an dieser Stelle beispielsweise die Zahl 5, wird ab einem Lagerbestand von 5 Artikeln immer die Nachricht »nur noch x Stück verfügbar« dargestellt. Abschließend, das ist die nächste Option, haben Sie grundsätzlich die Möglichkeit, die Verfügbarkeit darzustellen, im Sinne von der Artikel ist verfügbar oder nicht verfügbar. Sie könnten Magento dahingehend konfigurieren, dass diese Information im Frontend gar nicht dargestellt wird, was ich Ihnen aber nicht empfehle. Es ist durchaus sinnvoll, Ihren Besuchern bzw. Kunden die Information, ob ein Artikel verfügbar ist oder nicht, bereitzustellen. Grundsätzlich können Sie, das ist meine persönliche Empfehlung, die besprochenen Konfigurationsoptionen bei den Standardeinstellungen belassen, da Magento von Haus aus eine sehr gute Standardkonfiguration besitzt.

Scrollen Sie bitte ein wenig nach unten, bis Sie zum Konfigurationsabschnitt PRODUKTBESTANDSOPTIONEN kommen. Mithilfe der ersten Option können Sie die Verwaltung der Lagerbestände global aktivieren bzw. deaktivieren. Wenn Sie die Lagerverwaltung grundsätzlich definieren, können alle Produkte in Ihrem Online-Shop in jeder Menge gekauft werden. Magento errechnet keine Verfügbarkeit, und jedes Produkt ist zu jedem Zeitpunkt verfügbar. In seltenen Fällen kann die Deaktivierung der Lagerbestände tatsächlich sinnvoll sein. Wenn Sie als Unternehmen im Prinzip jeden Artikel innerhalb von 24 Stunden produzieren bzw. beschaffen können, müssen Sie im Online-Shop nicht unbedingt mit Lagerbeständen arbeiten, da Sie sowieso zu jedem Zeitpunkt lieferfähig sind. Für gewöhnlich stellt diese Situation aber die Ausnahme und nicht die Regel dar.

---

2 Laut Magento-Benutzerhandbuch wird die erste Konfigurationsoption wie folgt definiert: *To return items to stock if an order is cancelled, Set Items Status to be in Stock When Order in Cancelled to «Yes.«*. Weitere Informationen finden Sie auf *http://docs.magento.com/m2/2.0/ee/user_guide/catalog/inventory-stock-options.html*.

Wenn Sie Rückstände, also negative Lagerbestände, akzeptieren möchten, können Sie die Option RÜCKSTÄNDE dahingehend konfigurieren. Im Standard sind negative Lagerbestände nicht möglich. Wenn ein Artikel ausverkauft ist, ist dieser ausverkauft und nicht verfügbar. An dieser Stelle können Sie jedoch auch Bestellungen von Artikeln mit einem Lagerbestand von 0 erlauben und haben darüber hinaus sogar die Möglichkeit, dem Kunden direkt mitzuteilen, dass die Bestellung möglich ist.

Die ERLAUBTE MAXIMALMENGE IM EINKAUFSWAGEN definiert, wie der Name der Option bereits impliziert, die maximale Menge der im Einkaufswagen befindlichen Produkte. Von Haus aus ist in Magento ein abstrus großer Wert hinterlegt, was letztendlich in der Praxis nie zu einer Limitierung führt. Auch kenne ich persönlich aus der Praxis kein Szenario, in dem die Menge der Artikel im Einkaufswagen limitiert wird. Je mehr Ihre Kunden kaufen, desto besser ist das in der Regel für Ihr Geschäft. Dennoch haben Sie an dieser Stelle die Möglichkeit, eine Limitierung einzustellen. Bei der nächsten Option »NICHT AUF LAGER«-GRENZE können Sie hinterlegen, ab welchem Lagerbestand Ihren Besuchern und Kunden die Information angezeigt wird, dass der Artikel nicht auf Lager ist. Im Standard wird die Meldung in Magento bei einem Lagerbestand von 0 ausgegeben, theoretisch können Sie aber auch einen höheren Wert hinterlegen, wenn Sie selbst bei jedem Artikel noch mit einem gewissen Notbestand rechnen möchten. Neben einer maximalen Menge an Artikeln im Warenkorb können Sie im Folgenden zudem eine minimale Menge definieren. Diese Option kommt in der Praxis schon häufiger vor, da sie ähnlich wie ein Mindestbestellwert eingesetzt werden kann. Im Gegensatz zur maximalen Menge kann bei der minimalen Menge an Artikeln eine Differenzierung in Bezug auf die Kundengruppe vorgenommen werden. So können Sie für jede Kundengruppe einen anderen Wert hinterlegen und gezielt für die jeweilige Kundengruppe eine optimale Einstellung hinterlegen.

Mithilfe der nächsten Option BENACHRICHTIGEN BEI MENGE UNTER können Sie definieren, ab welcher Menge über einen geringen Lagerbestand informiert werden soll. Im Standard ist die Zahl 1 hinterlegt, d. h., sobald der Lagerbestand bei 0 steht, gibt es eine Information von Magento. Die darauffolgende Option MENGENZUNAHMEN AKTIVIEREN ist wiederum eine äußerst praktische und auch in der Praxis hilfreiche Funktion. Werfen Sie hierfür bitte einen Blick auf Abbildung 4.31.

Wenn Sie diese Option aktivieren, erscheint ein weiteres Eingabefeld namens MENGENZUNAHMEN mit dem Standardwert 1. Dieser Wert bedeutet, dass Ihre Kunden immer in 1er-Schritten Produkte kaufen können, also 1, 2, 3, 4 etc. Stück pro Produkt. Hinterlegen Sie an dieser Stelle beispielsweise die Zahl 6, dann können Ihre Kunden bzw. Besucher die Produkte nur in 6er-Schritten kaufen also 6, 12, 18 usw. Je nach Geschäftsmodell kann dies eine äußerst nützliche Funktion sein, beispielsweise, wenn Sie aufgrund der Verpackungen immer nur Produkte in gewissen Stückzahlen vertreiben können. Abschließend haben Sie mit der Option GUTSCHRIFT-ARTIKEL

AUTOMATISCH ZUM BESTAND ZURÜCKGEBEN noch die Möglichkeit, Artikel automatisch wieder ins Lager zurückzubuchen, wenn Sie bei einer Bestellung eine Gutschrift erstellt haben, wodurch sich der Lagerbestand entsprechend erhöht. Diese Option sollten Sie bei den Standardeinstellungen auf NEIN belassen und immer situativ prüfen, ob ein gutgeschriebener Artikel tatsächlich erneut verkauft werden kann oder nicht. Würden Sie die Option JA wählen, würde eine Gutschrift immer die Erhöhung des Lagerbestandes bewirken, was in der Praxis zu falschen Lagerbeständen führen könnte. Denn ob der Artikel tatsächlich erneut verkauft werden kann, hängt letztendlich von dem Retourengrund und der Qualität der zurückgesendeten Ware ab. Weitere Optionen in Bezug auf den Lagerbestand haben Sie an dieser Stelle nicht, weswegen ich Ihnen nun den nächsten Konfigurationspunkt zeigen kann.

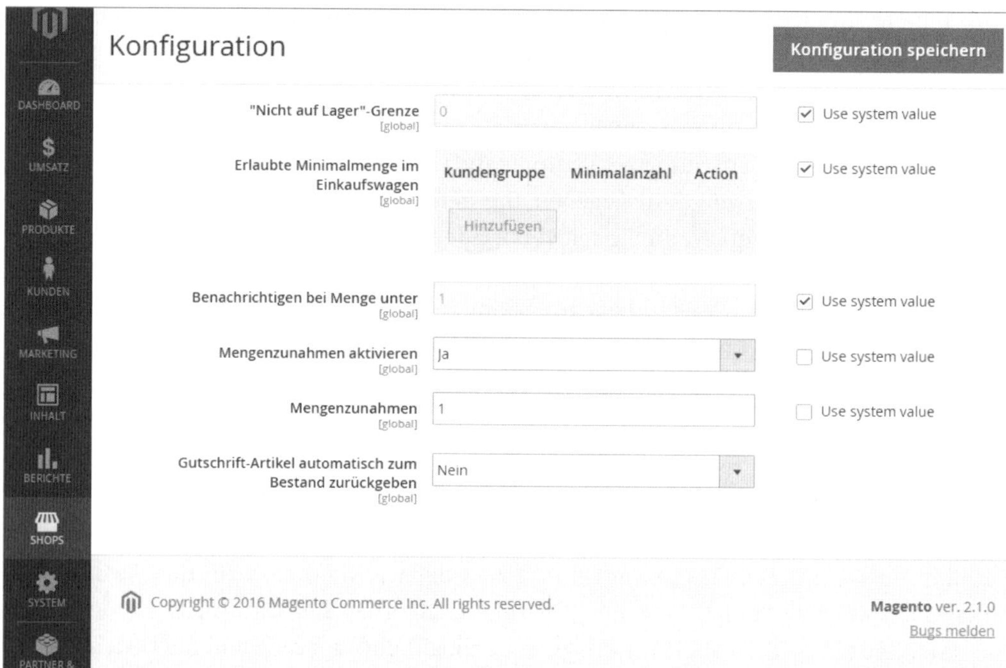

Abbildung 4.31 Mit der Option »Mengenzunahmen aktivieren« können Sie die zu kaufenden Mengen definieren.

Überschreiben der Lagerbestandseinstellungen pro Artikel möglich

Wie Sie in Kapitel 14 noch sehen werden, können die Lagerbestandseinstellungen individuell pro Artikel überschrieben werden, wenn Sie Artikel anlegen. An dieser Stelle definieren Sie letztendlich nur die allgemeine und globale Lagerbestandskonfiguration. Möchten Sie gezielt z. B. den Lagerbestand für einen Artikel komplett deaktivieren, so ist dies auch möglich. Magento besitzt diesbezüglich eine enorme Flexibilität, die Ihnen im Alltag zugutekommt.

XML Sitemap

Klicken Sie bitte im linken Navigationsmenü auf den nächsten Konfigurationsbereich namens XML SITEMAP. Bei der XML Sitemap handelt es sich, wie der Name bereits verrät, um eine XML-Datei, die Links und Informationen zu den in Magento enthaltenen Seiten erzeugt. Dazu zählen Produktdetailseiten, aber auch Kategorie- und CMS-Seiten. Der Vorteil einer solchen XML Sitemap ist die Lesbarkeit für Suchmaschinen.

Wenn Sie Google eine XML Sitemap bereitstellen, kann Google wesentlich schneller und einfacher die gesamten URLs Ihres Magento-Systems erfassen, durchsuchen und in den Index aufnehmen. Ohne XML Sitemap müsste sich Google letztendlich alle Informationen selbst zusammensuchen. Hierbei besteht die Gefahr, dass manche URLs nicht oder erst sehr spät entdeckt werden. Die Nutzung einer XML Sitemap ist daher äußerst sinnvoll, und Magento hat diesbezüglich out of the box auch bereits eine sehr gute Standardkonfiguration.

In den ersten drei Konfigurationsabschnitten können Sie im Prinzip dieselben Einstellungen vornehmen, die sich dann jeweils nur auf Kategorien, Produkte oder CMS-Seiten beziehen. Bei der Frequenz haben Sie die Auswahl zwischen:

- Immer
- Stündlich
- Täglich
- Wöchentlich
- Monatlich
- Jährlich
- Niemals

Die hier ausgewählte Frequenz wird in der *XML*-Datei jeweils bei den Produkt-, Kategorie- und CMS-Seiten hinterlegt. Im Standard verwendet Magento den Wert TÄGLICH, der in der Praxis sicherlich gut geeignet ist. Neben der Frequenz wird zudem noch eine sogenannte Priorität angegeben, d. h. wie wichtig eine Kategorie-, Produkt- oder CMS-Seite ist. Magento stuft die Produktdetailseite als am wichtigsten und CMS-Seiten als am unwichtigsten ein. Diese Verteilung wird sicherlich bei Ihnen ähnlich sein. Denn Ihr Ziel muss darin bestehen, dass eine Produktseite in Google gute Platzierungen erhält, da diese die Vorstufe zum Kauf darstellt. Eine CMS-Seite hingegen, beispielsweise das Impressum, muss nicht zwangsläufig eine gute Platzierung aufweisen. Wenn Sie darüber gefunden werden sollten, kann nicht direkt ein Einkauf eingeleitet werden. Der einzige Unterschied in der Konfiguration der Produkt-, Kategorie- und CMS-Seiten besteht in der Möglichkeit, bei den Produktseiten noch Bilder hinzuzufügen. Wenn diese Option aktiviert ist, werden neben dem Produktnamen und der URL noch das Hauptbild, alternativ alle Bilder, in der Sitemap aufgeführt. Da zu viele Informationen in diesem Kontext nicht schaden, belassen Sie diese Option bitte bei dem Wert ALLE.

Scrollen Sie nun ein wenig nach unten, um zu den GENERATIONSEINSTELLUNGEN zu gelangen. Aktivieren Sie bitte an dieser Stelle die Generierung der Sitemap, und geben Sie, ähnlich wie bei dem Versand der Warn-E-Mails, eine Startzeit bestehend aus der Stunde, Minute und Sekunde an. Neben der Startzeit können Sie die Frequenz definieren, d. h., wie oft die Sitemap generiert werden soll. Ein sehr guter Wert ist an dieser Stelle TÄGLICH. Dadurch können Sie Google oder alternativen Suchmaschinen täglich den aktuellen Stand in Sachen URLs übermitteln.

Zudem haben Sie wiederum die Möglichkeit, eine E-Mail-Adresse zu hinterlegen, an die eine E-Mail gesendet wird, wenn Fehler bei der Generierung der XML Sitemap auftreten sollten. Neben dem Empfänger können Sie zudem einen Absender dieser Fehler-E-Mail definieren sowie eine E-Mail-Vorlage auswählen. Wie Sie an dieser Stelle sehen, haben Sie bei der Konfiguration der zu versendenden E-Mails immer die identischen Optionen bestehend aus Empfänger, Versender und E-Mail-Vorlage.

Abschließend gibt es in Bezug auf die Konfiguration der Sitemap noch zwei weitere Abschnitte namens SITEMAP DATEI-LIMITS und SUCHMASCHINEN-EINSTELLUNGEN. Im Abschnitt SITEMAP DATEI-LIMITS können Sie festlegen, wie viele URLs in einer einzigen Sitemap-Datei enthalten sein können und wie groß die maximale Dateigröße sein darf. Diese Limits spielen primär für die Generierung der Sitemap XML-Datei eine wichtige Rolle. Wenn Sie mehrere Hundert Millionen URLs in Magento hätten und diese alle in eine Datei müssten, gäbe es sicherlich bei der Generierung dieser dann sehr großen Datei ein Problem. Aus diesem Grund lässt sich ein Limit einstellen. Im Zweifelsfall würden dann mehrere XML-Dateien erstellt werden. Im Abschnitt SUCHMASCHINEN-EINSTELLUNGEN ist die letzte Option AKTIVIERE VORLAGE AN ROBOTS.TXT ist ebenso recht wichtig, weshalb ich Sie an dieser Stelle bitte, diese zu aktivieren. Dadurch wird die URL Ihrer Sitemap automatisch zur *robots.txt*-Datei hinzugefügt, die von den Suchmaschinen durchsucht wird. Dadurch können Sie den Suchmaschinen direkt die URL zur XML Sitemap Ihres Online-Shops mitteilen.

Als Ergebnis erhalten Sie, nachdem Sie die Sitemap konfiguriert haben, eine XML-Datei, die wie in Abbildung 4.32 aussieht.

Bitte beachten Sie an dieser Stelle, dass Sie vor der automatischen Generierung der Sitemap zuerst manuell eine Sitemap erstellen und hierbei unter anderem den Dateinamen definieren müssen. Wie das im Detail funktioniert, erfahren Sie in Kapitel 10, »Marketingmaßnahmen planen und durchführen«.

Abbildung 4.32 Magento generiert automatisch eine Sitemap bestehend aus Kategorie-, Produkt- und CMS-Seiten.

RSS-Feeds

Nachdem ich Ihnen die Möglichkeiten der XML-Sitemap-Funktion gezeigt habe, bleibe ich thematisch bei XML-Dateien. Klicken Sie bitte auf den nächsten Konfigurationsbereich namens RSS-FEEDS, den Sie im linken Navigationsmenü direkt unter dem Punkt XML SITEMAP finden. Bei RSS-Feeds handelt es sich um automatisch erzeugte XML-Dateien, die in der Regel dynamische Inhalte enthalten. RSS-Feeds spielen speziell bei Blogs eine große Rolle. Sobald ein neuer Beitrag veröffentlicht wird, wird dieser zudem in den RSS-Feeds hinzugefügt. Der RSS-Feed selbst lässt sich mithilfe von speziellen Programmen, unter Windows beispielsweise Nextgen Reader, abonnieren. Das Programm informiert Sie direkt über neue Einträge, und Sie sehen auf einen Blick den neu erstellen Beitrag. Diese Verhaltensweise ist recht praktisch, wenn Sie täglich auf vielen verschiedenen Nachrichtenseiten bzw. Blogs aktiv sein möchten, diese aus zeitlichen Gründen aber nicht direkt aufrufen. Sie fügen nur die jeweiligen RSS-Feeds Ihrem RSS-Reader-Programm hinzu und erhalten in diesem Programm zentral alle Informationen aus den verschiedensten Quellen.

Magento ist ebenfalls in der Lage, solche RSS-Feeds zu generieren. Zu Demonstrationszwecken bitte ich Sie daher, an dieser Stelle alle Optionen in dem Konfigurationsbereich RSS-FEEDS zu aktivieren und die Konfiguration zu speichern. Dadurch erscheint im Frontend automatisch ein Link zu der neu erstellten Ansicht *RSS-Feeds*, die Sie in Abbildung 4.33 sehen.

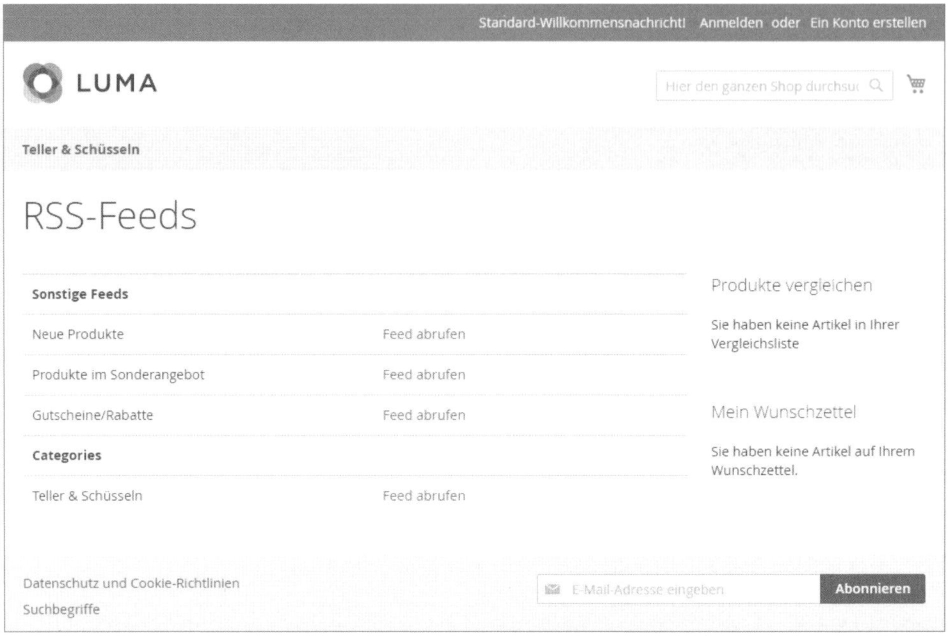

Abbildung 4.33 Im Frontend haben Ihre Besucher und Kunden die Möglichkeit, alle verfügbaren RSS-Feeds einzusehen.

In dieser Ansicht werden alle aktivierten RSS-Feeds aufgelistet, beispielsweise NEUE PRODUKTE. Klicken Sie auf FEED ABRUFEN, gelangen Sie direkt zur XML-Datei, die an dieser Stelle jedoch noch etwas leer und einsam sein dürfte. Im Verlauf des Buches, wenn Sie Produkte und Rabatte anlegen, werden Sie diese Funktionsweise besser nachvollziehen können, da dann Daten geladen und dargestellt werden. In der Praxis findet diese Funktion relativ wenig Zuspruch. Das liegt weniger an der technischen Umsetzung von Magento, sondern viel mehr an der Sinnhaftigkeit. Warum sollten Kunden einen RSS-Feed abonnieren, der sie über neue Produkte oder Kategorien informiert? Bei Nachrichtenseiten und Blogs ist es wichtig, immer aktuelle Inhalte zu erhalten, ohne gezielt die jeweiligen Seiten im Browser abzuklappern. Im E-Commerce sieht dies meiner Meinung nach etwas anders aus. Denn hier gehe ich nicht jeden Tag gezielt auf einen Shop und schaue mir die neuen Produkte an. Im E-Commerce bin ich als Kunde tendenziell »bedarfgetrieben«, wodurch ich nicht täglichen Input in Form von RSS-Feeds benötige. Aber auch dies ist wieder eine pauschale Aussage. Gegebenenfalls ergibt es in Ihrem Geschäftsmodell ja tatsächlich Sinn und Ihre Besucher und Kunden fordern eine entsprechende Funktionalität. In diesem Fall ist Magento gerüstet und bietet Ihnen die Bereitstellung von RSS-Feeds. Falls nicht, können Sie diese Funktion im Backend jedoch wieder getrost deaktivieren.

E-Mail an einen Freund

Bei dem nächsten Konfigurationsbereich handelt es sich um die standardmäßig aktivierte Funktion E-MAIL AN EINEN FREUND. Sie befindet sich auf der Produktdetailseite im Frontend und leitet bei einem Klick auf eine separate Ansicht weiter (siehe Abbildung 4.34).

Abbildung 4.34 Produktempfehlungen lassen sich direkt von der Produktdetailseite aus starten.

Mithilfe dieser Funktion können die Besucher und Kunden im Frontend relativ schnell und unkompliziert einen Artikel einem oder mehreren Freunden empfehlen. Zusätzlich besteht die Möglichkeit, eine Nachricht hinzuzufügen, die ebenfalls in der Empfehlungs-E-Mail inkludiert ist.

Im Magento-Backend haben Sie an dieser Stelle die Möglichkeit, die Funktion grundsätzlich zu aktivieren bzw. zu deaktivieren. Wenn die Funktion aktiviert ist, haben Sie wiederum die Option, eine E-Mail-Vorlage auszuwählen, die den Rahmen und Inhalt der Empfehlungs-E-Mail definiert. Ob die Funktion zudem von Gästen oder nur von registrierten Kunden verwendet werden kann, können Sie in der folgenden Option einstellen. Um E-Mail-Missbrauch und Spam zu vermeiden, richten Sie die folgenden und letzten Konfigurationsparameter der Anzahl der Empfänger, der Anzahl an Empfehlungs-E-Mails pro Stunde und Nutzer sowie die Zählweise ein. Bei der Zählweise haben Sie die Wahl zwischen der IP-Adresse und Cookies. Cookies sind etwas unsicherer, beziehen sich dafür aber direkt auf den Browser bzw. Nutzer selbst. Bei der IP-Adresse ist dies ein wenig schwerer. Wenn Sie nämlich in Ihrem Geschäft aktiv sind, haben Sie und Ihre Kollegen nach außen dieselbe IP-Adresse. Versendet ein Kollege von Ihnen fünf Produktempfehlungen, können Sie keine versenden, da von Ihrer IP-

Adresse aus schon die maximale Anzahl erreicht wurde. Aus diesem Grund ist die Wahl des Cookies zwar etwas unsicherer, aber in der Praxis die sinnvollere Lösung.

4.4.3 Kunden

Neben der allgemeinen Magento-Systemkonfiguration sowie den geballten Konfigurationsoptionen in Bezug auf den Produktkatalog bzw. das Warensortiment steht mit der Kundenkonfiguration der nächste größere Konfigurationsbereich zur Verfügung. Dieser dreht sich, wie der Name verrät, um Kunden, die Benutzerkonten und den Warenkorb.

Newsletter

Magento bietet sowohl die Möglichkeit, Newsletter-Empfänger zu sammeln und zu speichern, als auch Newsletter zu versenden. Klicken Sie bitte im linken Navigationsmenü auf den Punkt NEWSLETTER, der sich direkt unter dem Hauptpunkt KUNDEN befindet.

Der Konfigurationspunkt NEWSLETTER mit seinem Konfigurationsbereich ABONNEMENT-OPTIONEN bezieht sich an dieser Stelle rein auf die Newsletter-Anmeldung durch Kunden, nicht aber auf den Versand der Newsletter. Der Versand, das werde ich Ihnen aber in Abschnitt 10.1 noch aufzeigen, sollte grundsätzlich über einen externen Dienstleister erfolgen, da Magento im Standard nur sehr rudimentäre Funktionen in Bezug auf den Versand von Newslettern bietet.

Versenden Sie Newsletter über Tools wie Mailchimp, Cleverreach & Co.

Magento hat Schwächen beim Versand von Newslettern, wodurch E-Mails nach einer gewissen Zeit bei den Empfängern als Spam gekennzeichnet werden. Darüber hinaus sind die Gestaltung und das nachträgliche Reporting einer Mailing-Kampagne praktisch nicht möglich. Nutzen Sie aus diesen Gründen daher spezialisierte Dienstleister wie beispielsweise Mailchimp oder Cleverreach. Diese verfügen über Integrationen für Magento und lassen sich somit auf einfache Art und Weise integrieren.

Die erste Konfigurationsoption namens VORLAGE FÜR ERFOLGS-E-MAIL erlaubt Ihnen die Auswahl eines E-Mail-Templates, das nach der erfolgreichen Anmeldung am Newsletter versendet wird. Im ersten Schritt meldet sich Ihr Besucher innerhalb des Frontends nämlich für Ihren Newsletter an. Als Bestätigung, dass die Anmeldung erfolgreich war, versendet Magento anschließend eine E-Mail an den besagten Besucher. Den Inhalt bzw. die Vorlage für diese Auswahl können Sie daher an dieser Stelle definieren. Neben dem eigentlichen Inhalt können Sie zudem einen Absender definieren. Interessanterweise können Sie dies aber nicht über die nächste Konfigurationsoption steuern, sondern müssen ein wenig nach unten zum Punkt ABSENDER FÜR ERFOLGS-E-MAIL scrollen. Vermutlich ist Magento an dieser Stelle selbst ein wenig mit der Reihenfolge der Konfigurationsoptionen durcheinandergekommen.

Neben einer E-Mail-Bestätigung für die erfolgreiche Anmeldung am Newsletter können Sie im nächsten Schritt die Vorlage und den Absender für die Abmeldung definieren. Rein rechtlich müssen Sie Ihren Kunden und Besuchern die Möglichkeit bieten, sich schnell und einfach von Ihrem Newsletter abzumelden. Erfolgt eine Abmeldung, versendet Magento anschließend eine Bestätigung, sodass Ihr Besucher bzw. Kunde direkt eine Rückmeldung erhält. Die Konfiguration der Abmeldungsbestätigung können Sie in den Punkten ABSENDER FÜR ABBESTELLUNGS-E-MAIL bzw. VORLAGE FÜR ABBESTELLUNGS-E-MAIL vornehmen. Grundsätzlich müssen Sie meiner Meinung nach an diesen Stellen erst einmal nicht eingreifen und keine Anpassungen vornehmen. Jedoch sollten Sie definitiv den Inhalt der beiden angesprochenen E-Mail-Vorlagen prüfen und gegebenenfalls erweitern bzw. modifizieren. Von Haus aus ist der in den Magento-Transaktions-E-Mails verwendete Text in Ordnung, und eine solche E-Mail kann problemlos versendet werden. Eine Anpassung an Ihr Unternehmen ergibt jedoch inhaltlich wie optisch in der Regel Sinn. Immerhin möchten Sie in den E-Mails eine persönliche und individuelle Note setzen.

Die nächsten beiden Konfigurationsoptionen sind wieder etwas spannender, da Sie nicht nur die Vorlage und den Absender einer E-Mail definieren, sondern einen Workflow. Wenn Sie etwas nach unten scrollen, werden Sie die beiden Konfigurationsoptionen namens VORLAGE FÜR BESTÄTIGUNG-E-MAIL und MUSS BESTÄTIGT WERDEN vorfinden. Die Letztere der beiden Optionen definiert, ob Ihr Besucher bzw. Kunde nach der Anmeldung am Newsletter diese Anmeldung bestätigen muss. Dieses Double-Opt-in-Verfahren ist in Deutschland gesetzlich vorgeschrieben. In der Praxis bedeutet dies, dass nach einer Anmeldung am Newsletter an diese E-Mail-Adresse eine E-Mail gesendet wird, die einen Bestätigungslink enthält. Erst wenn man auf diesen Bestätigungslink innerhalb der E-Mail klickt, wird man für den Newsletter freigeschaltet. Der Hintergrund dieser Regelung besteht letztendlich darin, dass nicht einfach irgendwelche Personen an Newsletter angemeldet werden können, die diese vermutlich gar nicht empfangen möchten. Man greift hier also einem gewissen Missbrauch vor, da der Empfänger des Newsletters per E-Mail informiert wird und die Eintragung manuell bestätigen muss. Innerhalb von Magento ist diese Option standardmäßig aber deaktiviert, denn in den USA ist diese besagte Bestätigung nicht notwendig. Aktivieren Sie an dieser Stelle bitte die Option MUSS BESTÄTIGT WERDEN, die Sie in Abbildung 4.35 sehen, um rechtlich sauber zu agieren.

Sofern Sie die Bestätigung aktivieren, können Sie im zweiten Schritt eine Vorlage sowie einen Absender für diese Bestätigungsmail definieren. Die hierfür relevanten Optionen finden Sie unter VORLAGE FÜR BESTÄTIGUNGS-E-MAIL sowie ABSENDER FÜR BESTÄTIGUNGS-EMAIL.

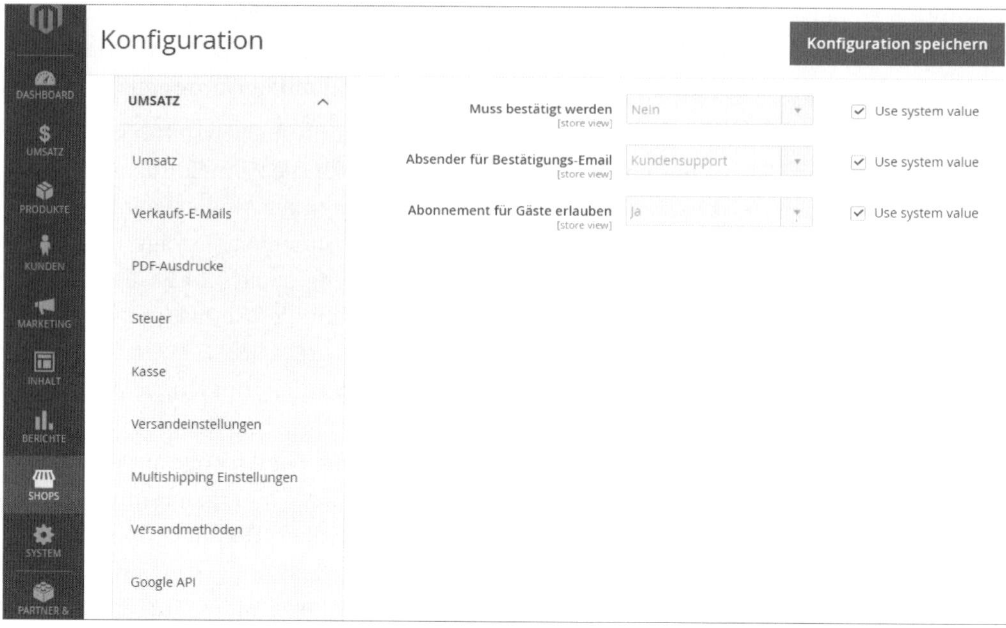

Abbildung 4.35 Im Magento-Backend kann das Double-Opt-in-Verfahren für den Newsletter per Klick aktiviert werden.

Abschließend können Sie in der letzten Option dieses Bereiches die Newsletter-Anmeldung für Gäste aktivieren bzw. deaktivieren. Standardmäßig ist die Option ABONNEMENT FÜR GÄSTE ERLAUBEN aktiviert, gegebenenfalls möchten Sie aber Gästen die Anmeldung verbieten, um so die Registrierung eines Benutzer-Accounts zu forcieren.

Kunden-Konfiguration

Bei dem Konfigurationsabschnitt KUNDEN-KONFIGURATION im linken Navigationsmenü direkt unter dem Navigationspunkt NEWSLETTER handelt es sich um das Herzstück der Kundenkonfiguration. Ihnen steht eine Vielzahl von Konfigurationsmöglichkeiten zur Verfügung, die ich Ihnen nun im Detail erklären möchte. Klicken Sie aus diesem Grund bitte auf den Navigationseintrag KUNDEN-KONFIGURATION, um diesen Bereich zu öffnen.

Der erste Konfigurationsabschnitt ONLINE-KUNDENOPTIONEN enthält nur eine Option namens ONLINE-MINUTEN-INTERVALL, bei der Sie keinerlei Anpassungen vornehmen müssen. Innerhalb dieser Option können Sie nämlich definieren, in welchem Zeitraum ein Kunde als online eingestuft wird. Der Standardwert hierfür beträgt 15 Minuten, wobei der Standardwert immer dann greift, wenn diese Konfigurationsoption leergelassen wird. Sie werden sich nun sicherlich fragen, was diese Option im Detail bewirkt. Sie haben im Magento-Backend im Punkt KUNDEN • JETZT

ONLINE die Möglichkeit, alle Kunden anzeigen zu lassen, die aktuell online sind. Nun kommt es aber vor, dass ein Kunde oder Besucher für einige Minuten keine Aktion ausführt. Vielleicht ist der Kunde, nachdem er auf einer Produktdetailseite war, kurz auf die Toilette verschwunden und denkt dort über den Kauf nach. Ab einem gewissen Punkt muss Magento diesen Besucher bzw. Kunden jedoch als »offline« kennzeichnen, und dieses Zeitintervall zwischen der letzten Aktion und der zu diesem Zeitpunkt ermittelten Zeit wird in dieser Option definiert. Im Standard würde ein Besucher bzw. Kunde nach einer Inaktivität von 15 Minuten als offline gekennzeichnet werden, wodurch er aus der Liste unter dem Punkt KUNDEN • JETZT ONLINE herausfällt. Da ich persönlich recht wenig Magento-Nutzer kenne, die überhaupt einen Blick in die Liste der aktiven Gäste bzw. Kunden werfen, finde ich diese Konfigurationsoption bzw. die Funktionalität als solche eher überflüssig, weswegen Sie zum einen nichts anpassen müssen und zum anderen zum nächsten Punkt springen können.

Sofern Sie auf Basis einer Magento-Instanz mehrere Stores betreiben und diese Stores unterschiedliche übergeordnete Websites besitzen, ist die nachfolgende Option für Sie relevant. KUNDENKONTEN TEILEN definiert, ob ein Kundenkonto pro Website limitiert ist oder global genutzt werden kann. Angenommen, Sie nutzen die Magento-Multistore-Funktionalität und verkaufen auf Basis einer Magento-Installation Apple-Produkte und Frauenhandtaschen. Aufgrund dieser komplett unterschiedlichen Produktarten legen Sie zwei Websites an, die jeweils einen Store und einen Store View besitzen. Wenn Sie nun das Kundenkonto pro Website limitieren, müsste ein Kunde, der bei Ihnen im ersten Shop ein iPhone gekauft hat, sich im zweiten Shop, wenn er für seine Freundin eine Handtasche kaufen möchte, erneut registrieren. Der Kunde müsste daher zwei Kunden-Accounts anlegen, die an sich vollkommen autark funktionieren und keine Überschneidungen aufweisen. Würden Sie jedoch die Limitierung pro Website aufheben und die Option GLOBAL wählen, könnte ein Kunde das Benutzerkonto, das er im ersten Shop mit den Apple-Produkten angelegt hat, zudem im zweiten Shop, der Handtaschen verkauft, nutzen. Dem Kunden wird also ein Registrierungsprozess erspart, und er verfügt über ein übergreifendes Benutzerkonto. Sie sehen also, bei dieser Option gibt es kein richtig oder falsch bzw. gut oder schlecht. Es kommt in erster Linie auf die Rahmenbedingungen in Ihrem Online-Shop an. Wenn Sie mehrere Websites nutzen, die Produkte aber recht ähnlich sind, kann ein globales Konto sinnvoll sein. Wenn Sie hingegen mit völlig autarken Online-Shops arbeiten, diese nichts miteinander zu tun haben und für Ihre Besucher bzw. Kunden eine Relation nicht ersichtlich ist, ergibt ein globales Kundenkonto wenig Sinn.

Magento-Multistore-Fähigkeiten verstehen und nutzen

Ich habe an dieser Stelle aufgrund der Konfigurationsoption mit den geteilten Benutzerkonten ein wenig vorgegriffen und die Magento-Multistore-Fähigkeit erwähnt.

Hierbei handelt es sich um eine komplexe und äußerst umfangreiche Funktionalität innerhalb von Magento. Aus diesem Grund wurde dieser Funktionalität ein eigenes Kapitel gewidmet. In Kapitel 17, »Magento-Multistore-Funktionalität konfigurieren und nutzen«, erhalten Sie initial zudem einführende Informationen, die Ihnen auch die Zusammenhänge zwischen Websites, Stores und Store Views erklären.

Scrollen Sie an dieser Stelle etwas weiter nach unten, bis Sie zum Konfigurationsabschnitt NEUE KONTOOPTIONEN ERSTELLEN kommen. Dieser Abschnitt hat es bezüglich der Konfigurationsmöglichkeiten in sich, und Sie können eine Vielzahl von Anpassungen vornehmen. Stellen Sie im ersten Schritt die Option AKTIVIEREN DER AUTOMATISCHEN ZUORDNUNG ZUR KUNDENGRUPPE, die Sie in Abbildung 4.36 sehen, auf JA. Daraufhin öffnen sich nämlich weitere Einstellungsmöglichkeiten, die ich Ihnen gern näher erklären möchte.

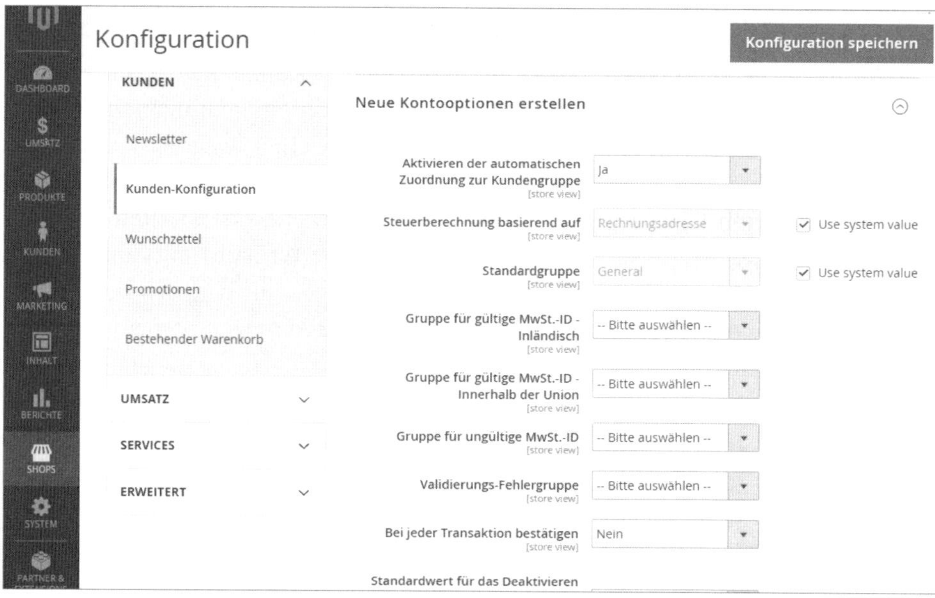

Abbildung 4.36 Basierend auf der Steuerkalkulation können Kunden automatisch in Kundengruppen verschoben werden.

Magento bietet Ihnen an dieser Stelle die Möglichkeit, Kunden automatisch in Kundengruppen einzuordnen. Im ersten Schritt wird ein Kunde nach einer erfolgreichen Registrierung immer in die Standardkundengruppe eingeordnet. Diese Standardkundengruppe können Sie an dieser Stelle über die Option STANDARDGRUPPE festlegen. Ohne jegliche Anpassung landet der Kunde in der Kundengruppe GENERAL. Dies ist im ersten Schritt auch in Ordnung, Anpassungen müssen Sie an dieser Stelle nicht vornehmen. Aktivieren Sie jedoch die automatische Zuordnung zur Kundengruppe, landet ein Kunde nicht immer automatisch in der Standardkundengruppe General, sondern wird basierend auf den Steuereinstellungen in eine alternative Kundengruppe verschoben. Diese Verschiebung basiert letztendlich auf der Prüfung der Umsatzsteueridentifikationsnummer. Registriert sich ein Kunde, kann er eine Umsatzsteueridentifikationsnummer angeben, die direkt mit einem Webservice geprüft wird. Anhand dieser Prüfung wird Magento zurückgemeldet, ob diese Nummer valide ist und, falls ja, ob es sich um ein europäisches bzw. deutsches Unternehmen handelt. Diese Rückmeldung kann nun an dieser Stelle dazu verwendet werden, diesen Kunden direkt in eine entsprechende Kundengruppe zu verschieben. Aus diesem Grund haben Sie innerhalb dieses Konfigurationsabschnittes die folgenden Optionen:

- Standardgruppe
- Gruppe für gültige MwSt.-ID – Inländisch
- Gruppe für gültige MwSt.-ID – Innerhalb der Union
- Gruppe für ungültige MwSt.-ID
- Validierungs-Fehlergruppe

Sie können also fünf Kundengruppen definieren und basierend auf der Prüfung der Umsatzsteueridentifikationsnummer ordnet Magento automatisch den Kunden der richtigen Kundengruppe zu. Interessant ist dieser Mechanismus, da sich die Steuerkalkulation unter anderem anhand der Kundengruppe ergibt. Dementsprechend ist es notwendig, Kunden entsprechend zu kategorisieren, um die korrekte Steuersumme anzeigen und errechnen zu können.

Validierungs-Fehlergruppe

Die Validierungs-Fehlergruppe greift immer dann, wenn keine Rückmeldung oder eine fehlerhafte Rückmeldung bei der Validierung der Umsatzsteueridentifikationsnummer erfolgt. Magento verschiebt diesen Kunden dann nicht in die Standardgruppe, sondern in die Validierungs-Fehlergruppe. Anhand der dort enthaltenen Kunden können Sie zudem recht einfach prüfen, wie viele fehlerhafte Validierungen vorliegen, und dann gezielt auf diese Kunden zugehen.

Speziell wenn Sie international tätig sind und sowohl End- als auch Geschäftskunden beliefern, werden Sie diese Option aller Wahrscheinlichkeit nach benötigen. Pro Auswahl können Sie nun eine entsprechende Kundengruppe wählen. Da im Standard nicht allzu viele Kundengruppen vorhanden sind, müssen Sie in der Praxis zuerst die Kundengruppen anlegen. Wie dies im Detail erfolgt, erfahren Sie im weiteren Verlauf dieses Buches. Kapitel 9, »Kundenkonto und Kundenverwaltung«, widmet sich ausschließlich dem Umgang mit Kunden sowie Kundengruppen.

Neben der Auswahl der jeweiligen Kundengruppen haben Sie an dieser Stelle zudem weitere Einstellungsmöglichkeiten. Mit der Option STEUERBERECHNUNG BASIEREND

AUF können Sie definieren, ob die Steuern anhand der Rechnungs- oder Versandadresse errechnet werden sollen. Das spielt dann eine Rolle, wenn Sie beispielsweise eine Bestellung erhalten, bei der die Rechnung nach Deutschland gesendet, die Ware jedoch nach Frankreich geliefert wird. Hier müssen Sie definieren, ob die Steuern basierend auf der Rechnungs- oder der Versandadresse berechnet werden sollen. Etwas weiter unten im Punkt BEI JEDER TRANSAKTION BESTÄTIGEN geht es um die Häufigkeit der Umsatzsteueridentifikationsnummer-Prüfung. Sie können diese entweder initial bei der Registrierung oder tatsächlich bei jeder vom Kunden durchgeführten Transaktion, sprich Bestellung, validieren. In der Regel sollte sich in diesem Punkt bei Ihren Kunden nicht häufig etwas ändern, weshalb eine Prüfung bei jeder Transaktion meiner Meinung nach zu viel des Guten ist. Interessant wird es letztendlich nur in den Fällen, in denen Unternehmen die Geschäftstätigkeit einstellen, Ihnen das aber nicht mitteilen. Magento würde den Kunden dann immer noch als Unternehmen behandeln, auch wenn der Kunde zu diesem Zeitpunkt kein Unternehmen mehr betreiben würde. Prüfen Sie die Umsatzsteueridentifikationsnummer bei jeder Transaktion, würde diese neue Situation umgehend auffallen und der Kunde würde automatisch einer anderen Kundengruppe zugeordnet werden. Bei der nächsten Option, die in der deutschen Übersetzung leider etwas irreführend ist, können Sie die automatische Kundengruppenzuweisung bei Registrierungen deaktivieren. Hinterlegen Sie hierfür bei der Option STANDARDWERT FÜR DAS DEAKTIVIEREN DER AUTOMATISCHEN GRUPPEN-ÄNDERUNGEN AUF GRUNDLAGE DER MWST.-ID den Wert NEIN, dadurch wird der Kunde bei einer Registrierung nicht automatisch einer Kundengruppe zugeordnet. Ob die Umsatzsteueridentifikationsnummer übrigens im Benutzerkonto angezeigt wird, können Sie mithilfe der nun folgenden Option namens ZEIGE MWST.-NUMMER IM STOREFRONT festlegen. Falls Sie die Option aktivieren, wird im Benutzerkonto, wie in Abbildung 4.37 zu sehen ist, die Identifikationsnummer bei den angelegten Adressen angezeigt.

Abbildung 4.37 Die Umsatzsteueridentifikationsnummer wird bei den Adressen dargestellt.

Neben der Zuweisung von Kundengruppen auf Basis einer gültigen bzw. ungültigen Umsatzsteueridentifikationsnummer erlauben Ihnen die nachfolgenden Optionen, Einfluss auf die zu versendenden E-Mails innerhalb des Registrierungsprozesses zu nehmen. Nach einer erfolgreichen Registrierung versendet Magento eine Willkommens-E-Mail. Diese E-Mail dient dazu, den Kunden zu begrüßen und die Registrierung zu bestätigen. Nutzen Sie diese E-Mail ruhig, um weiterführende Informationen zu Ihrem Online-Shop bzw. der E-Commerce-Plattform bereitzustellen. Wie auch bei den vorherigen Transaktions-E-Mails können Sie an dieser Stelle wieder den Absender sowie die E-Mail-Vorlage auswählen. Zudem können Sie die Standard-E-Mail-Domain anpassen. Tragen Sie an dieser Stelle die Domain Ihres Online-Shops ein, ich verwende in meinem Fall die Domain »foodbaer.com« bei dieser Option. Ähnlich wie beim Newsletter können Sie die Registrierung mit bzw. ohne Bestätigung durch den Kunden durchführen. Im Standard ist die Option ERFORDERT E-MAIL-BESTÄTIGUNG deaktiviert, wodurch ein Kunde nach der Registrierung direkt angemeldet ist und die Registrierung auch nicht bestätigen muss. Wie bei der Newsletter-Anmeldung ist diese Vorgehensweise in Deutschland mit Vorsicht zu genießen, weswegen ich Ihnen empfehle, die E-Mail-Bestätigung zu aktivieren. Wenn Sie diese Option aktivieren, wird nach der Registrierung zuerst eine Bestätigungs-E-Mail versendet. Die Option BESTÄTIGUNGSLINK-E-MAIL definiert dabei die Vorlage, die in diesem Fall versendet wird. Schauen Sie sich an dieser Stelle ruhig die verschiedenen Transaktions-E-Mails im Detail an, die bei der Registrierung versendet werden können. Magento unterscheidet an dieser Stelle zudem, ob eine Transaktions-E-Mail mit bzw. ohne Passwort versendet wird.

Auf den ersten Blick erscheinen, das ist zumindest meine Meinung, die verschiedenen Optionen hinsichtlich der Vorlagen etwas irreführend, letztendlich deckt Magento aber auch nur die ganzen verschiedenen Fälle ab, die bei der Registrierung eines Benutzerkontos eintreten können. Als letzte und abschließende Option in diesem Bereich gibt es noch eine Option namens LESEFREUNDLICHE KUNDENNUMMER GENERIEREN, die leider nicht das tut, was der Name impliziert. Es handelt sich hierbei um eine Einstellung, deren Auswirkung primär »unter der Haube« von Magento abläuft und nach außen keine Auswirkung hat. Magento würde in diesem Fall einfach etwas anders bei der Generierung der Kundennummern vorgehen. Ignorieren Sie an dieser Stelle ruhig diese Option, da sie Ihnen letztendlich keinen Nutzen bzw. Vorteil bringt.

Scrollen Sie weiter nach unten, bis Sie zum Abschnitt PASSWORTOPTIONEN gelangen, den Sie in Abbildung 4.38 sehen. Magento bietet Ihnen viele Möglichkeiten, um Einfluss auf Verhaltensweisen bei der Passworterstellung bzw. Passwortanforderung zu nehmen.

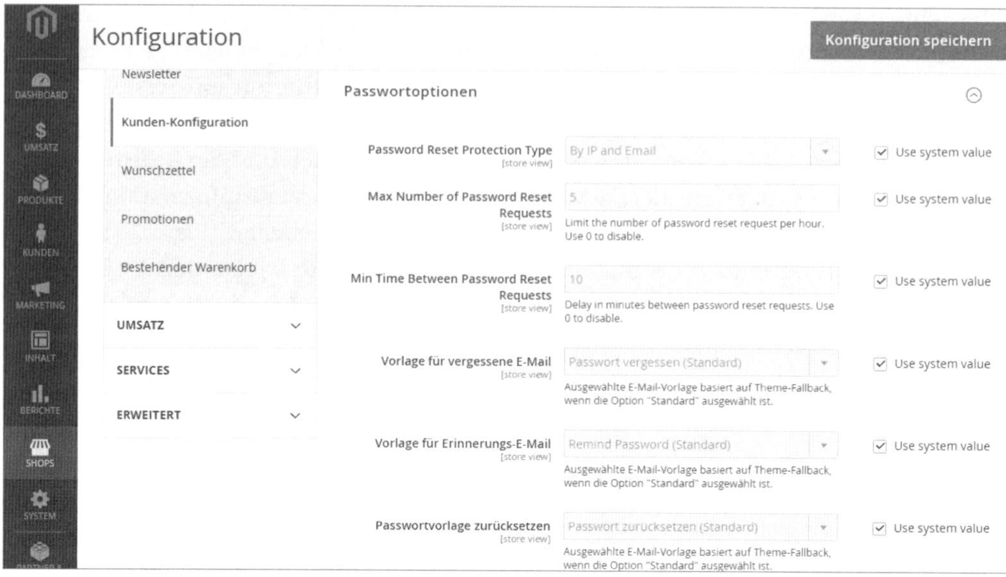

Abbildung 4.38 Im Umgang mit den Passwörtern der Kunden bietet Magento eine Vielzahl von Möglichkeiten und Konfigurationsoptionen.

Wenn ein Kunde sein Passwort vergisst, kann er dieses über das Frontend, genauer gesagt bei der Login-Maske anfordern. Die Anforderung eines Passworts kann in der Theorie jedoch auch mit einer bösartigen Absicht von einer anderen Person als dem Kontoinhaber erfolgen. Dementsprechend ist die Funktion *Passwort vergessen* mit gewissen Rahmenparametern zu schützen. So können Sie mit der Option MAX NUMBER OF PASSWORD RESET REQUESTS einstellen, wie oft pro Stunde ein Passwort angefordert werden kann.

Standardmäßig ist der Wert 5 hinterlegt, d. h., Sie können pro Stunde fünfmal ein Passwort für einen bestimmten Account anfordern. Doch wie überprüft Magento, wie oft welche Person ein Passwort für einen bestimmten Account anfordert? Die darüber liegende Konfigurationsoption namens PASSWORD RESET PROTECTION TYPE definiert die Zählweise der Versuche. Im Standard ist die Prüfung per IP-Adresse und E-Mail hinterlegt. Magento würde im Fall eines Passwort-Resets sowohl die IP-Adresse des Besuchers prüfen, der diese Aktion anstößt, als auch die E-Mail-Adresse, die beim Kunden-Account, für den das Passwort angefordert werden soll, hinterlegt wurde.

Alternativ kann die Prüfung auch nur anhand der IP-Adresse oder nur anhand der E-Mail erfolgen. Im schlimmsten Fall wählen Sie an dieser Stelle die Option KEINE, d. h., es gibt de facto keine Limitierung. In der Regel können Sie die vorausgewählte Option beibehalten, denn diese ist die sicherste. Eine reine Prüfung auf Basis der IP-

Adresse würde ich Ihnen nicht empfehlen, denn gerade in größeren Netzwerken, beispielsweise innerhalb eines Unternehmens, haben alle Nutzer nach außen hin dieselbe IP-Adresse. Wenn ein Nutzer dieses Netzwerks innerhalb einer Stunde fünfmal sein Passwort anfordern würde, könnte ein anderer Nutzer aus diesem Netzwerk kein Passwort für seinen Benutzer-Account anfordern, da aus diesem Netzwerk bereits fünf Anfragen erfolgten. Dementsprechend ist die Standardoption, die letztendlich nicht nur die IP-Adresse, sondern auch die E-Mail-Adresse berücksichtigt, wesentlich sinnvoller. Neben der Limitierung pro Stunde können Sie zudem die Abstände gemessen in Minuten zwischen einem Passwort-Reset definieren, das ist mithilfe der nächsten Option möglich. Von Haus aus ist in dieser Option namens MIN TIME BETWEEN PASSWORD RESET REQUESTS der Wert 10 hinterlegt, d. h., nach der Anforderung eines Passworts muss man 10 Minuten warten, um erneut ein Passwort anfordern zu können. Sie können jedoch einen beliebigen Wert hinterlegen und mit dem Wert 0 diese Sicherheitsfunktion sogar gänzlich deaktivieren. Belassen Sie ruhig den Standardwert, denn eigentlich müssen Sie an dieser Einstellung keine Anpassung vornehmen.

Wenn ein neues Passwort angefordert wird, gibt es, wie könnte es in Magento auch anders sein, wieder E-Mails, die versendet werden. Daher drehen sich die nächsten Konfigurationseinstellungen um die Definition der E-Mail-Templates. Seien Sie an dieser Stelle aufmerksam, da die deutsche Übersetzung stellenweise etwas irreführend ist. Die Option VORLAGE FÜR VERGESSENE E-MAIL dreht sich nämlich nicht, wie man aufgrund des Namens vermuten könnte, um eine vergessene E-Mail-Adresse. Vielmehr wird diese E-Mail versendet, wenn der Kunde initial ein neues Passwort anfordert. Daraufhin erhält der Nutzer zuerst per E-Mail einen Passwort-Reset-Link. Genau diese E-Mail versendet diese Informationen und erlaubt es dem Kunden, ein neues Passwort zu setzen. Zusätzlich können Sie eine E-Mail-Vorlage definieren, die bei der Erinnerung eines Nutzers bezüglich seines Passwort-Resets versendet wird. Die Option hierfür lautet VORLAGE FÜR ERINNERUNGS-E-MAIL und wird durch eine weitere Vorlage namens PASSWORTVORLAGE ZURÜCKSETZEN ergänzt. Neben der eigentlichen Auswahl der E-Mail-Vorlagen können Sie etwas weiter unten den E-Mail-Absender definieren, wobei hier im Standard der Kundensupport ausgewählt ist. Bei Bedarf können Sie diese Option ändern, je nachdem welche Kontaktdaten Sie bei der E-Mail-Konfiguration im Bereich KUNDEN-KONFIGURATION hinterlegt haben. Da Magento seit geraumer Zeit bei einem Passwort-Reset nur einen Reset-Link und nicht das neue Passwort im Klartext versendet, haben Sie zudem die Möglichkeit, die Lebenszeit des Passwort-Reset-Links zu setzen. Der hinterlegte Wert entspricht der Einheit Stunden, d. h., im Standard ist der Passwort-Reset-Link 2 Stunden gültig. Klickt der Nutzer später auf diesen per E-Mail zugesendeten Link, erhält er eine Fehlermeldung und muss das Passwort erneut anfordern.

Die nächsten Optionen befassen sich mit dem grundsätzlichen Aufbau eines Passworts und dem Verhalten beim Login. Mit der Option NUMBER OF REQUIRED CHARACTER CLASSES definieren Sie die Komplexität des Passworts. Die Komplexität ergibt sich aus der Notwendigkeit, Kleinbuchstaben, Großbuchstaben, Zahlen sowie Sonderzeichen nutzen zu müssen. Ergänzend hierzu kann zudem die minimale Passwortlänge festlegt werden, die Sie über die Option MINIMUM PASSWORD LENGTH definieren. Für den Fall, dass sich ein Kunde mehrmals fehlerhaft anmeldet, kann Magento das Kundenkonto sperren. Im Standard passiert dies nach 10 fehlerhaften Anmeldeversuchen. Die Anzahl lässt sich jedoch mithilfe der Option MAXIMALE ANMELDEFEHLER BIS ZUR SPERRUNG DES KONTOS beliebig definieren. Gekoppelt daran ist die Option SPERRZEIT (MINUTEN), die definiert, nach wie vielen Minuten das gesperrte Benutzerkonto wieder aktiv ist. Abgesehen von den Inhalten der Transaktions-E-Mails, d. h. der immer möglichen Individualisierung der Optik und Texte, müssen Sie bei den soeben erläuterten Optionen normalerweise, außer Sie haben eine sehr spezielle Anforderung, keine Änderungen vornehmen und können sich ganz auf den Magento-Standard verlassen.

Vergessen Sie jetzt die komplexen und zum Teil aufgrund der deutschen Übersetzung etwas irreführenden Einstellungsmöglichkeiten, und navigieren Sie zum Bereich NAMENS- UND ADRESS-OPTIONEN, der sich direkt unter dem Bereich PASSWORTOPTIONEN, den Sie soeben kennengelernt haben, befindet. Mithilfe dieser Konfigurationsoptionen können Sie verschiedenste Verhaltensweisen bei der Anlage von Adressen und Kundendaten beeinflussen. Die erste Option ANZAHL AN ZEILEN IN EINER STRASSE definiert beispielsweise, wie viele Zeilen bei der Eingabe der Straße dargestellt werden. Werfen Sie hierfür einen Blick auf Abbildung 4.39, welche die Adresseingabe innerhalb des Checkout-Prozesses darstellt. Wie Sie sehen, werden insgesamt zwei Zeilen bei der Eingabe der Straße dargestellt. Die Anzahl der Zeilen lässt sich direkt über die erwähnte Konfigurationsoption innerhalb des Backends definieren. In der Praxis, gefühlt ist dies in 90 % aller Projekte der Fall, wird anstelle der 2 eine 1 hinterlegt, da in Deutschland normalerweise einzeilige Straßenangaben ausreichend sind. Ändern Sie an dieser Stelle daher ruhig den besagten Wert ab, und speichern Sie die Konfiguration.

Direkt nach dieser Einstellung haben Sie die Möglichkeit, das Präfix zu aktivieren und als optional bzw. erforderlich zu kennzeichnen. Beim Präfix handelt es sich um die Anrede, die Sie gezielt innerhalb des Shops bei der Registrierung abfragen können. Standardmäßig ist diese Option deaktiviert, weshalb Sie nur nach einem Vornamen und Nachnamen, aber nie nach einer Anrede gefragt werden. Entscheiden Sie sich für das Präfix, müssen Sie im Punkt PRÄFIX DROPDOWN-OPTIONEN die Auswahloptionen, getrennt durch ein Semikolon, hinterlegen. Werfen Sie hierfür einen Blick auf Abbildung 4.40, denn ich habe dies einmal exemplarisch für Sie vorbereitet.

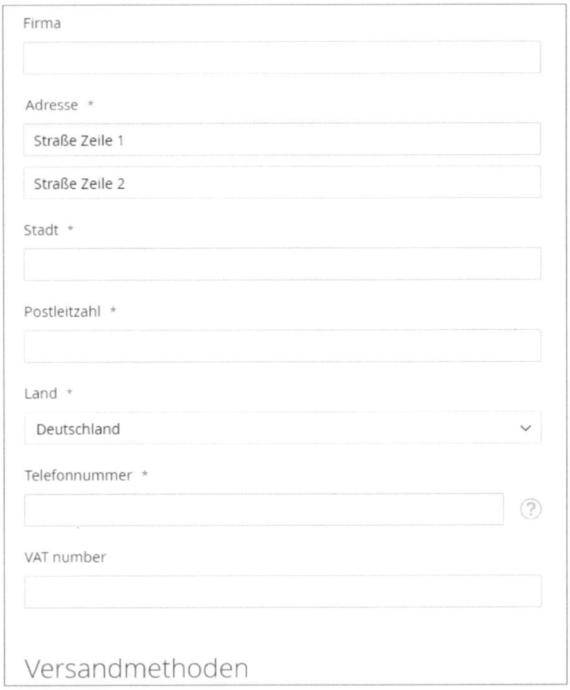

Abbildung 4.39 Die Anzahl der Zeilen für die Adresse lässt sich bequem über das Magento-Backend definieren.

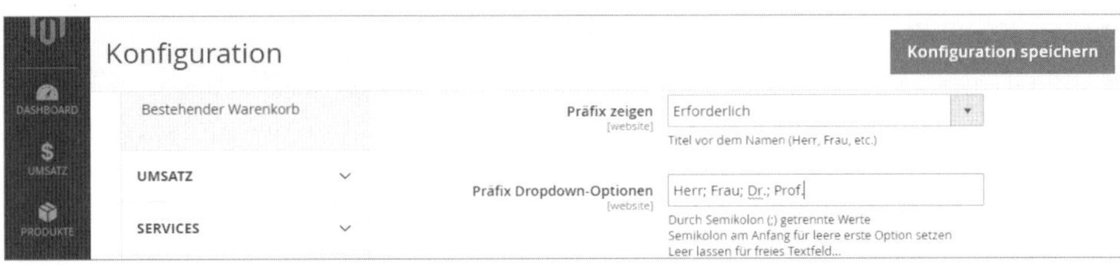

Abbildung 4.40 Sofern man das Präfix aktiviert, muss man eine Auswahl an Optionen definieren.

Definieren Sie keine Auswahloptionen, zeigt Magento als Alternative einfach ein leeres Textfeld an. In diesem Fall laufen Sie jedoch Gefahr, dass Ihre Besucher irgendwelche Informationen hinterlegen und Sie somit eine schlechte Datenqualität in Ihrem Magento-System provozieren. Neben dem Präfix haben Sie die Möglichkeit, den zweiten Vornamen der Kunden darzustellen. Setzen Sie hierfür in der Option ZWEITEN VORNAMEN ANZEIGEN (ANFANGSBUCHSTABE) einfach den entsprechenden Wert. Neben dem Präfix gibt es zudem ein Suffix, sprich eine dem Namen nachgestellte Information. In Deutschland ist dies zugegebenermaßen eher selten, zumindest ist mir noch kein Max Müller jr. oder Karl Heinz Mustermann sr. begegnet.

Wenn Sie diese Möglichkeit jedoch in Ihrem Online-Shop brauchen, eventuell weil Sie in den USA aktiv sind, können Sie das Suffix aktivieren und genau wie beim Präfix mögliche Auswahloptionen hinterlegen. Verantwortlich für diese Optionen sind die Punkte SUFFIX ZEIGEN sowie SUFFIX DROP DOWN-OPTIONEN. Zu guter Letzt haben Sie mit den Konfigurationsoptionen GEBURTSDATUM ZEIGEN, STEUERNUMMER/UST-IDNR. ANZEIGEN sowie GESCHLECHT ANZEIGEN die Möglichkeit, besagte Informationen innerhalb des Benutzerkontos anzeigen zu lassen. Diese Punkte sind eigentlich selbsterklärend und können relativ problemlos angepasst werden. Im Standard verzichtet Magento auf die Darstellung dieser Informationen, was ich persönlich aus Gründen der Übersichtlichkeit gut finde.

Der nächste Punkt LOGIN-OPTIONEN ist relativ schnell erklärt, da er nur aus einer einzigen Option namens KUNDEN NACH DEM LOGIN ZUM KONTO-DASHBOARD WEITERLEITEN besteht, die zudem recht treffend beschrieben ist. Entscheiden Sie, welche Seite Ihr Kunde nach einem erfolgreichen Login sieht. Standardmäßig wird der Kunde zum Benutzerkonto weitergeleitet, wenn Sie diese Einstellung jedoch auf NEIN stellen, wird der Kunde zu der Seite zurückgeleitet, von der aus er zum Login gegangen ist. Dadurch bleibt ein Kunde beispielsweise auf der Produktdetailseite. Es kommt zwar ein wenig auf die Usability und die Benutzerführung Ihres Online-Shops an, aber oftmals ist es für Kunden umständlich, wenn man nach dem Login zum Benutzerkonto geleitet wird, dort aber gar nichts möchte und sich wieder mit mehreren Klicks zu seiner ursprünglichen Seite zurückklicken muss. Tendenziell sollten Sie daher diese Option auf NEIN setzen, d. h. eine Änderung an dieser Einstellung vornehmen.

Bei den ADRESS-VORLAGEN, das ist der nächste Konfigurationsabschnitt, handelt es sich um eine zugegebenermaßen etwas komplexe Deklaration des Aufbaus der Kundenadressen. Der Konfigurationsabschnitt untergliedert sich in die Punkte TEXT, TEXT ONE LINE, HTML sowie PDF, wobei der Inhalt dieser Textfelder recht ähnlich aussieht. Beispielsweise steht im Textfeld PDF folgender Inhalt:

```
{{depend prefix}}{{var prefix}} {{/
depend}}{{var firstname}} {{depend middlename}}{{var middlename}} {{/
depend}}{{var lastname}}{{depend suffix}} {{var suffix}}{{/depend}}|
{{depend company}}{{var company}}|{{/depend}}
{{if street1}}{{var street1}}
{{/if}}
{{depend street2}}{{var street2}}|{{/depend}}
{{depend street3}}{{var street3}}|{{/depend}}
{{depend street4}}{{var street4}}|{{/depend}}
{{if city}}{{var city}},|{{/if}}
{{if region}}{{var region}}, {{/if}}{{if postcode}}{{var postcode}}{{/if}}|
{{var country}}|
```

```
{{depend telephone}}T: {{var telephone}}{{/depend}}|
{{depend fax}}<br/>F: {{var fax}}{{/depend}}|
{{depend vat_id}}<br/>VAT: {{var vat_id}}{{/depend}}|
```

Listing 4.2 Definition der Adresse, die auf den PDF-Dokumenten ausgegeben wird

Der Inhalt, den Sie im abgebildeten Listing vorfinden, definiert den Aufbau der Adresse, die innerhalb von PDF-Dokumenten ausgegeben wird. Letztendlich können Sie hierüber den kompletten Aufbau, d. h. die bei einer Adresse ausgegebenen Informationen sowie stellenweise die Formatierung, steuern. Magento unterstützt dabei sogar »Abhängigkeiten«, Sie sehen diese direkt in der ersten Zeile. Sofern ein Präfix vorliegt, wird die Variable Präfix ausgegeben. Hat ein Kunde ein Präfix, ist dies die erste Ausgabe. Anschließend wird der Vorname ausgegeben, wobei hier keine Abhängigkeit besteht, da ein Vorname immer vorhanden sein muss. Nach dem Vornamen folgt die Prüfung, ob ein zweiter Vorname vorliegt, falls ja, wird dieser ausgegeben.

Wenn Sie das Listing durchgehen, werden Sie auch Informationen wie die Telefonnummer, die Faxnummer oder die Umsatzsteueridentifikationsnummer vorfinden. Wenn Sie aber eine dieser Informationen nicht innerhalb eines PDF-Dokuments, beispielsweise der Rechnung oder dem Lieferschein, haben möchten, können Sie den Aufbau der Adresse an dieser Stelle beeinflussen. Das ist letztendlich der ganze Sinn und Zweck dieses Konfigurationsabschnittes. Da es jedoch unterschiedliche Adressformate geben kann, beispielsweise ist die Adresse auf dem PDF etwas kürzer gefasst als bei der HTML-Ausgabe im Frontend, unterscheidet Magento nochmals nach den Ausgabeformaten Text, Texte One Line, HTML sowie PDF. Belassen Sie an dieser Stelle jedoch ruhig die Standardkonfiguration, und behalten Sie einfach im Hinterkopf, dass grundsätzlich der Aufbau der dargestellten Adressen leicht konfigurierbar ist.

Der letzte Abschnitt im Bereich KUNDEN-KONFIGURATION enthält wieder nur eine Konfigurationsoption namens CAPTCHA IM FRONTEND AKTIVIEREN. Standardmäßig sind Captchas, d. h. visuelle Prüfungen, ob es sich bei dem Nutzer um einen Menschen handelt, deaktiviert. Magento bietet jedoch die Nutzung von Captchas an. Sofern Sie Captchas in diesem Punkt aktivieren, werden Sie weitere Konfigurationsoptionen sehen, die aber recht selbsterklärend sind. Sie können eine Schriftart auswählen und die Nutzung der Captchas nur für bestimmte Formulare freischalten. Auch haben Sie die Möglichkeit, Captchas nur nach einer bestimmten Anzahl von fehlgeschlagenen Login-Versuchen darzustellen, da dies oftmals auf einen Bot hindeutet, der versucht sich anzumelden. Sofern Sie die Captchas aktivieren, werden diese unterhalb der Eingabeformulare dargestellt. In Abbildung 4.41 sehen Sie dies beispielsweise anhand der Kundenkontoregistrierung.

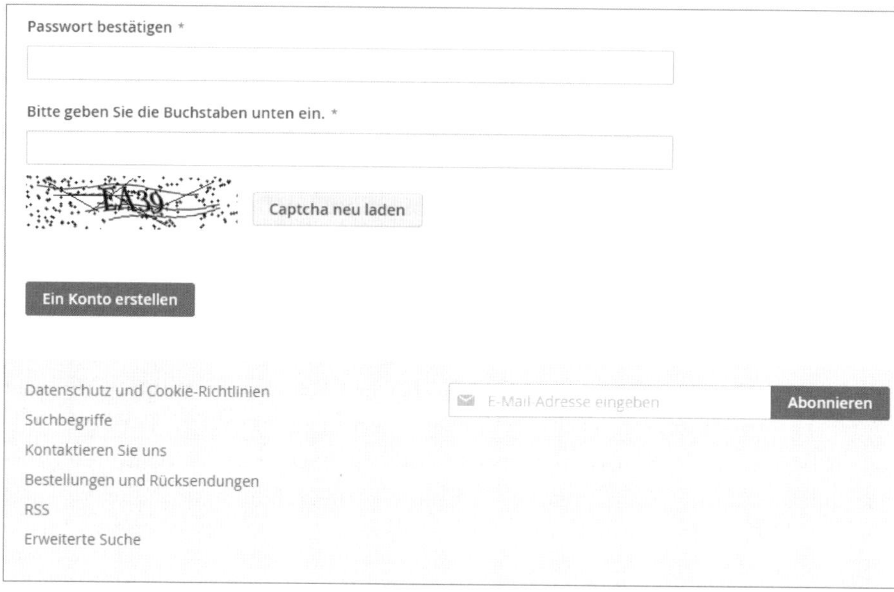

Abbildung 4.41 Captchas helfen im Kampf gegen Bots und bieten zusätzlichen Schutz.

Captchas dienen dazu, Systeme gegen Bots zu schützen. Theoretisch können Bots durch das wahllose Absenden von Formularen Systeme zumüllen, aber auch versuchen, Benutzerkonten zu übernehmen, da Kombinationen aus Passwörtern und E-Mail-Adressen getestet werden. Dementsprechend ist der Kampf gegen Bots mithilfe von Captchas lobenswert, und sie helfen auch tatsächlich zu identifizieren, ob es sich bei dem Nutzer um einen Bot oder einen Menschen handelt. Auf der anderen Seite nerven Captchas. Denn oftmals sind sie unleserlich, und Menschen haben Probleme bei der Registrierung bzw. dem Absenden von Formularen, da der Inhalt, der zur Verifizierung eingegeben werden muss, schlicht unleserlich ist. Ich persönlich verzichte daher tendenziell auf diesen zusätzlichen Schutz gegen Bots, um auf der anderen Seite eine bessere Usability innerhalb des Online-Shops zu gewährleisten. Denn wenn Ihre Besucher erst mehrmals das Captcha »erraten« müssen, um sich zu registrieren, entsteht nur unnötiger Frust, und die Akzeptanz des Online-Shops nimmt ab.

Wunschzettel

Wenn Sie, genau wie ich, zu den glücklichen und zufriedenen Amazon-Nutzern gehören, werden Sie bestimmt den Amazon-Wunschzettel kennen. Ehrlich gesagt, nutze ich in keinem Online-Shop einen Wunschzettel, mit Ausnahme von Amazon. Dementsprechend finde ich es persönlich schwierig, wenn gefühlt jeder Online-Shop diese Funktionalität anbietet, denn, Hand aufs Herz: Kein Kunde wird in mehreren Online-Shops einen Wunschzettel pflegen. Ungeachtet dessen, bietet jedoch Magento auch genau eine solche Wunschzettel-Funktionalität an. Klicken Sie im linken Navigationsmenü auf den Punkt WUNSCHZETTEL, um diesen Konfigurationsabschnitt zu öffnen.

Im Bereich ALLGEMEINE OPTIONEN können Sie die Nutzung dieses Features grundsätzlich aktivieren bzw. deaktivieren. Im Standard ist der Wunschzettel bei Magento aktiviert und steht den Besuchern innerhalb des Frontends zur Verfügung. Dadurch können beliebig viele Produkte auf den Wunschzettel geklickt werden. Zudem hat man noch die Möglichkeit, Kommentare hinzuzufügen. Sollten Sie die Funktion aktiviert lassen, können Sie im Folgenden noch ein paar wenige Anpassungen vornehmen. Im Bereich TEILEN-OPTIONEN haben Sie die Möglichkeit, eine E-Mail-Vorlage sowie einen Absender zu hinterlegen. Diese beiden Punkte spielen eine Rolle, da Kunden im Frontend den angelegten Wunschzettel teilen und somit weiteren Benutzern zur Verfügung stellen können. In diesem Fall wird eine E-Mail versendet, weswegen Sie an dieser Stelle eine Vorlage und einen Absender definieren können. Zudem können Sie die Anzahl der Empfänger bzw. der versendeten E-Mails und die Länge des E-Mail-Textes, der beim Teilen des Wunschzettels hinterlegt werden kann, anpassen. Die letzte Konfigurationsoption im Bereich WUNSCHZETTEL hat zudem noch einen Einfluss auf die Darstellung, denn Sie können entscheiden, ob die Artikelmenge bzw. die Anzahl der Elemente dargestellt werden soll. Meiner Meinung nach können Sie hier, abgesehen von der Tatsache, dass Sie den Wunschzettel deaktivieren möchten, alle weiteren Einstellungen bei den Standardoptionen belassen, d. h., ein weiteres Zutun Ihrerseits ist nicht notwendig.

Promotionen

Navigieren Sie bitte mithilfe des linken Navigationsmenüs zum nächsten Punkt namens PROMOTIONEN. Dieser übersichtlich gehaltene Konfigurationsabschnitt erlaubt Ihnen die Konfiguration der automatisch erzeugten Gutscheincodes. Wie Sie in Kapitel 10, »Marketingmaßnahmen planen und durchführen«, noch erfahren werden, bietet Magento verschiedenste verkaufsfördernde Maßnahmen. Eine davon ist die Rabattierung des Warenkorbs mithilfe eines Gutscheincodes, wobei Sie die Wahl zwischen einem individuellen und einem allgemeingültigen Gutscheincode haben. Entscheiden Sie sich für einen individuellen Gutscheincode, generiert Magento eine beliebige Anzahl an Codes, die Sie dann wiederum Ihren Kunden zukommen lassen können. Innerhalb dieses Konfigurationsabschnittes haben Sie nun die Möglichkeit, das Format dieser automatisch generierten Codes zu definieren.

Mit der CODELÄNGE können Sie die Anzahl der Buchstaben bzw. Zahlen definieren und somit direkt die Länge der Gutscheincodes vorgeben. Denken Sie daran, je kürzer ein Code ist, umso besser kann er gemerkt bzw. eingetippt werden. Dementsprechend sollten Sie auf zu lange Gutscheincodes verzichten, der Standardwert von 12 ist meiner Meinung nach eine ganz gute und passende Einstellung. Neben der Länge ist zudem das CODE-FORMAT eine sehr wichtige Option, denn Sie haben hier die Wahl zwischen ALPHANUMERISCH, ALPHABETISCH sowie NUMERISCH. Dadurch können Sie sehr gut steuern, ob Sie nur Zahlen, Buchstaben oder eine Mischung von beidem innerhalb der generierten Codes wünschen. Zudem haben Sie die Möglichkeit, ein Präfix sowie Suffix zu definieren. Hinterlegen Sie beispielsweise als Präfix das Wort »aktion«, als Suffix das Wort »code« und haben Sie einen alphanumerischen Code mit einer Zeichenlänge von 12, könnte ein Gutscheincode wie folgt aussehen: *aktion-k4b6iy1aqe32-code*. Sofern Ihnen ein solcher Code zu unübersichtlich ist, können Sie einen Bindestrich nach einer zu definierenden Anzahl an Zeichen automatisch einfügen lassen. Hinterlegen Sie bei der Option BINDESTRICH ALLE X ZEICHEN die Zahl 3, würde der oben aufgeführte beispielhafte Gutscheincode plötzlich wie folgt aussehen: *aktion-k4b-6iy-1aq-e32-code*. Oftmals hilft der automatisiert eingefügte Bindestrich tatsächlich, die Lesbarkeit des Gutscheincodes zu erhöhen, speziell dann, wenn Sie relativ lange Gutscheincodes verwenden.

Bestehender Warenkorb

Der letzte Konfigurationsbereich innerhalb des Oberpunktes KUNDEN lautet auf den Namen BESTEHENDER WARENKORB und ermöglicht Ihnen, Einfluss auf die Verhaltensweise des Warenkorbs zu nehmen. Öffnen Sie daher, nachdem Sie sich gerade noch durch den Aufbau der Gutscheincodes geklickt haben, diesen nächsten und letzten Konfigurationsbereich.

Magento bietet Ihnen an dieser Stelle die Möglichkeit, die Persistenz zu aktivieren, was Sie auch tun sollten. Wenn Sie diese Option aktivieren, erweitert sich der Funktionsumfang des in Magento vorhandenen Warenkorbs ein wenig. Was im Deutschen mit *bestehender Warenkorb* übersetzt wurde, bedeutet in der englischen Originalausgabe *persistent cart*. Die *persistent-cart*-Option soll dafür sorgen, Warenkorbabbrüche zu minimieren, da die im Warenkorb befindlichen Artikel wesentlich länger an den Nutzer geknüpft werden. Das heißt, ein Benutzer behält die Artikel auch im Warenkorb, wenn er sich von einem anderen Endgerät am System anmeldet. So können Sie beispielsweise mittels Ihres iPhones einen Artikel zum Warenkorb hinzufügen, später am Tag mit einem Tablet den Warenkorb vervollständigen und am nächsten Morgen mit Ihrem Desktop-Computer diesen Warenkorb kaufen. Voraussetzung hierfür sind letztendlich ein Benutzerkonto und der angemeldete Zustand. Würden Sie DIE OPTION PERSISTENZ AKTIVIEREN deaktiviert lassen, wäre die gemeinsame Nutzung des Warenkorbs über verschiedenste Endgeräte hinweg nicht möglich. Zudem laufen Sie bei einer Aktivierung der Persistenz nicht Gefahr, dass der Warenkorb plötzlich leer ist, wenn die Sessions bzw. Cookies in Ihrem Browser gelöscht werden, da diese Informationen auf eine andere Art und Weise gespeichert bzw. hinterlegt werden.

Nachdem Sie die Persistenz aktiviert haben, Sie sehen dies in Abbildung 4.42, haben Sie zudem weitere Konfigurationsmöglichkeiten.

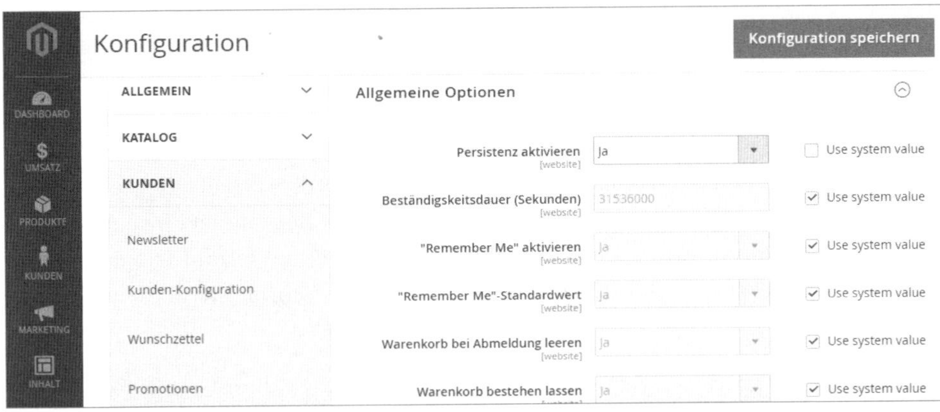

Abbildung 4.42 Erweitern Sie den Funktionsumfang des Warenkorbs durch die Aktivierung der Persistenz.

Im ersten Schritt können Sie eine Lebenszeit für den Warenkorb hinterlegen, die Sie in Sekunden angeben können. Im Standard ist ein Wert von 31536000 hinterlegt, das entspricht einer Lebenszeit von 365 Tagen. Der Warenkorb der Nutzer wird also ein ganzes Jahr gespeichert und geht in diesem Zeitraum nicht verloren. Die Funktion Remember Me sorgt für die Ausgabe einer weiteren Checkbox beim Login. Wählen Sie diese Option, sind Sie beim nächsten Aufruf des Online-Shops automatisch angemeldet. Dies ist für Sie als Shop-Betreiber praktisch, da dadurch der Benutzer direkt identifiziert werden kann. Für den Nutzer entsteht zudem ein Bequemlichkeitsvorteil, da er sich nicht manuell am System anmelden muss. Dementsprechend ist dies eine Option, von der sowohl Sie als Shop-Betreiber als auch Ihre Besucher und Kunden profitieren. Die reine Ausgabe der Checkbox ist in diesem Kontext jedoch nicht die einzige Konfigurationsoption. Mittels der Option »Remember Me«-Standardwert geben Sie vor, ob die Checkbox im Frontend standardmäßig angehakt bzw. nicht angehakt ist. Zum Schluss können Sie zudem noch definieren, ob der Warenkorb bei einem Logout geleert werden soll, wofür die Option Warenkorb bei Abmeldung leeren zur Verfügung steht. Zudem können Sie mit der Option Warenkorb bestehen lassen den Erhalt des Warenkorbs aktivieren.

Abschließend möchte ich an dieser Stelle erwähnen, dass die Aktivierung der Persistenz sowie der Erhalt des *Warenkorbs* meiner Meinung nach zwei wichtige Funktionen sind, die genutzt werden sollten. Letztendlich hängt es immer ein wenig von Ihren Produkten und der Branche ab, oftmals werden Kaufentscheidungen aber nicht sofort getroffen, sondern der Warenkorb dient als eine Art »Merkliste«. Dementsprechend ist es besonders ärgerlich, wenn man mühevoll Produkte auf diese Merkliste klickt und diese dann nicht mehr zur Verfügung steht und man von Neuem beginnen muss. Dementsprechend rate ich Ihnen zur Aktivierung der besagten Optionen, da sowohl für Sie als Shop-Betreiber als auch für Ihre Kunden und Besucher Vorteile entstehen.

4.4.4 Umsatz

Auf den vorherigen Seiten haben Sie bereits einen weitreichenden Einblick in die Konfigurationsbereiche ALLGEMEIN, KATALOG und KUNDEN erhalten, einen äußerst wichtigen Konfigurationsbereich aber noch gar nicht zu Gesicht bekommen. Im nun folgenden Konfigurationsbereich UMSATZ können Sie eine Vielzahl von Einstellungen, die einen direkten oder indirekten Bezug zum Verkauf der Artikel haben, vornehmen.

Umsatz

Lassen Sie uns mit dem ersten Unterpunkt beginnen, der ebenfalls den Namen »Umsatz« trägt. Sie erreichen den Link über das linke Navigationsmenü, wobei Sie gegebenenfalls auf den Oberpunkt UMSATZ klicken müssen, um die zugewiesenen Navigationseinträge aufzuklappen. Anschließend gelangen Sie in den Konfigurationsbereich UMSATZ, der sich in die Unterpunkte ALLGEMEIN, BESTELLSUMMEN-SORTIERREIHENFOLGE, NACHBESTELLEN, RECHNUNGS- UND LIEFERSCHEIN-DESIGN, MINDESTBESTELLMENGE, DASHBOARD, BESTELLUNGS-CRON-EINSTELLUNGEN, GESCHENKOPTIONEN sowie MINIMALER ANGEZEIGTER VERKAUFSPREIS untergliedert.

Der erste Konfigurationsabschnitt ALLGEMEIN beinhaltet in Summe nur eine Option, welche die Anzeige der IP-Adresse der Kunden regelt. Wenn ein Kunde eine Bestellung tätigt und Sie als Shop-Betreiber diese im Backend bearbeiten, wird in der zugehörigen Maske im Standard die IP-Adresse des Kunden dargestellt. Sie sehen dieses Verhalten in Abbildung 4.43, welche die Detailansicht einer Bestellung innerhalb des Magento-Backends zeigt.

Die IP-Adresse wird zudem in den weiteren Ansichten RECHNUNGEN, GUTSCHRIFTEN und SENDUNGEN dargestellt. Wenn Sie dies nicht wünschen, müssen Sie die Option KUNDEN-IP VERBERGEN auf JA setzen und die Konfiguration speichern. Daraufhin stellt Magento die IP-Adresse nicht mehr dar. Tendenziell ist die Aktivierung dieser Option empfehlenswert, da es in Deutschland datenschutzrechtlich etwas heikel sein kann, es kommt ganz darauf an, welchen und wie vielen Personen Sie zudem Zugang zum Magento-Backend gehen, wenn IP-Adressen von Kunden eingesehen werden können.[3]

---

3 An sich ist es in Deutschland bereits problematisch, wenn ein System die komplette IP-Adresse eines Kunden aufzeichnet. Da ich Ihnen an dieser Stelle aber keine rechtlichen Empfehlungen geben kann und möchte, sei an dieser Stelle nur erwähnt, dass das Thema mit der IP-Adressen-Speicherung und -Darstellung etwas heikel ist.

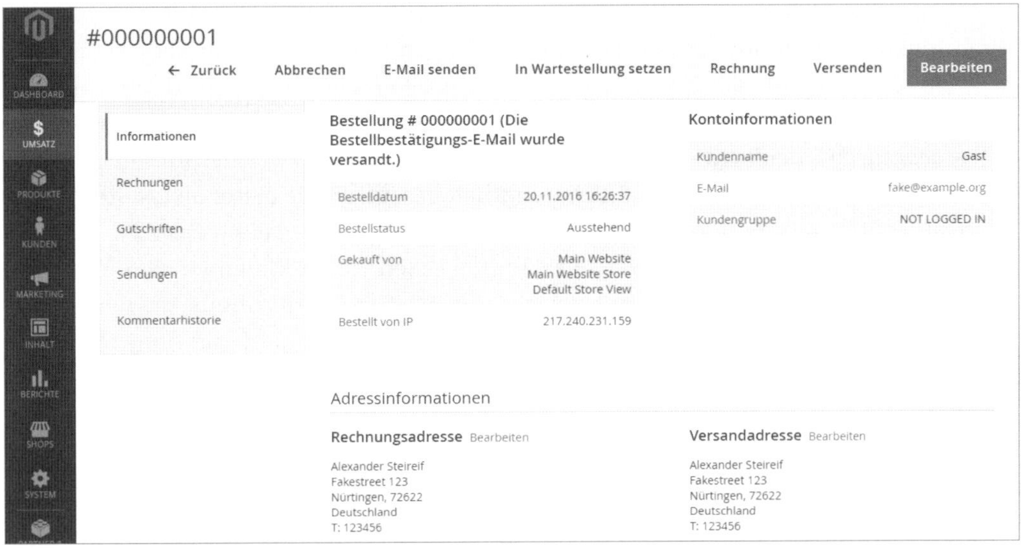

Abbildung 4.43 Von Haus aus zeigt Magento die IP-Adresse eines Kunden in verschiedenen Ansichten an.

Lassen Sie diesen Konfigurationsabschnitt hinter sich, und scrollen Sie bitte etwas nach unten, bis Sie zur Überschrift BESTELLSUMMEN-SORTIERREIHENFOLGE gelangen. Stellen Sie sich schon einmal darauf ein, dass Sie an dieser Stelle keine Änderungen vornehmen müssen, da die Standardkonfiguration vollkommen in Ordnung ist. Innerhalb dieses Abschnittes können Sie nämlich die Reihenfolge der auf der Rechnung bzw. im Warenkorb aufgeführten Bestandteile modifizieren. Hierzu zählen die Zwischensumme, Rabatt, Versandkosten, Steuer, feste Produktsteuer und Gesamtsumme. Um die Auswirkung ein wenig besser zu verstehen, werfen Sie bitte einen Blick auf Abbildung 4.44.

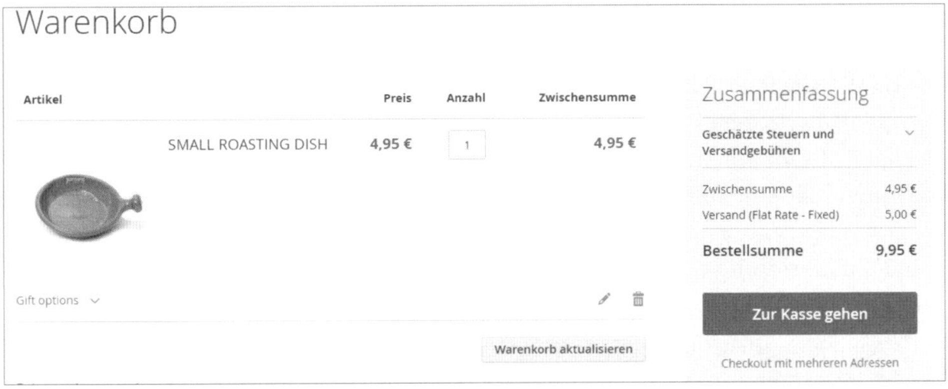

Abbildung 4.44 Auf der rechten Seite werden alle für die Rechnung relevanten Bestandteile aufgeschlüsselt.

Aktuell sind noch keine Steuerregeln konfiguriert, weswegen die Auflistung der Warenkorbsumme auf der rechten Seite zwar inhaltlich noch nicht ganz korrekt ist, aber für die Erklärung der Bestellsummen-Sortierreihenfolge ausreichend sein sollte. Da die Zwischensumme bei der Konfiguration den Wert 10 zugewiesen bekommen hat, der zugleich der kleinste Wert ist, wird im Warenkorb die Zwischensumme als erster Posten aufgeführt. Würde ein Rabatt enthalten sein, würde dieser als zweiter Posten aufgeführt werden, da er im Backend die Zahl 20, d. h. die zweitgrößte Zahl, zugewiesen bekommen hat. Als letzten Bestandteil sehen Sie die Gesamtstumme bzw. Bestellsumme, in diesem Fall existieren für denselben Begriff unterschiedliche Übersetzungen für das Frontend und Backend, da dieser in der Konfiguration die höchste Zahl, nämlich die 100, zugewiesen wurde. Innerhalb des Backends haben Sie daher die Möglichkeit, die Reihenfolge der Bestandteile der Gesamtstumme anzupassen. In der Theorie ist dies eine interessante Möglichkeit, die in der Praxis jedoch eher seltener verwendet wird.

Der nun folgende Punkt NACHBESTELLEN ist wieder etwas einfacher gehalten, da nur eine Option zur Verfügung steht. Magento erlaubt das sogenannte Nachbestellen einer Bestellung. Sie können sich im Frontend in Ihrem Benutzerkonto anmelden, eine getätigte Bestellung auswählen und diese nachbestellen. Das hilft letztendlich bei der regelmäßigen Bestellung von bestimmten Produkten, da Sie sich die Navigation durch den Shop ersparen. Sie müssen Ihren Kunden diese Funktion jedoch nicht anbieten und können diese an dieser Stelle im Backend deaktivieren. Anschließend ist das Nachbestellen von Produkten nicht möglich. In der Praxis spricht aber nichts gegen diese Option, daher können Sie meiner Meinung nach den Standardwert beibehalten, wodurch Kunden innerhalb des Benutzerkontos Artikel nachbestellen können.

Einstellungen und Anpassungen bei den PDF-Dokumenten wie Rechnungen und Lieferscheinen können Sie im nächsten Konfigurationsabschnitt namens RECHNUNGS- UND LIEFERSCHEIN-DESIGN vornehmen. Die hier möglichen Anpassungsmöglichkeiten sind jedoch sehr rudimentär, denn Sie können an dieser Stelle nur ein Logo für die HTML- sowie PDF-Ansicht sowie eine Adresse hinterlegen, die anschließend auf dem PDF bzw. in der HTML-Ansicht abgebildet wird. Weitere Anpassungsmöglichkeiten der PDF-Dokumente können Sie im Abschnitt PDF-AUSDRUCKE vornehmen, den ich Ihnen später noch im Detail erläutern werde.

Individualisierung der PDF-Dokumente in der Praxis

Speziell in komplexeren Projekten ist Magento in der Regel nicht für die Dokumentengenerierung zuständig. Die Erzeugung von Rechnungen und Lieferscheinen erfolgt schlussendlich über das angedockte ERP-System. Sollten Sie jedoch die Dokumentengenerierung über Magento abbilden wollen, müssen Sie sich auf einen gewissen Individualisierungsaufwand einstellen. Auch wenn das Magento-Backend die eine oder andere Konfiguration bei den PDF-Dokumenten erlaubt, müssen Sie an der einen oder anderen Stelle Hand anlegen (lassen), damit die Dokumente auch den rechtlichen Vorschriften in Deutschland entsprechen.

Scrollen Sie nun wieder etwas nach unten, bis Sie zum nächsten Punkt namens MINDESTBESTELLMENGE gelangen. Im Standard existiert keine Mindestbestellmenge, d. h., wenn Sie Produkte für 1 € oder 2 € verkaufen, könnte sich ein Kunde ausschließlich für ein solch günstiges Produkt entscheiden und dieses einkaufen. Oftmals werden jedoch gewisse Mindestwarenkorbwerte benötigt, um profitabel arbeiten zu können, und genau diese Mindestbestellwerte können Sie in dem aktuellen Konfigurationsabschnitt setzen. Die erste Option erlaubt Ihnen die grundsätzliche Aktivierung bzw. Deaktivierung dieser Funktionalität. Aktivieren Sie die Mindestbestellmenge, indem Sie die Option AKTIVIEREN auf JA setzen. Die erste Einschränkung, hierbei handelt es sich direkt um die nächste Konfigurationsoption, erlaubt Ihnen nun die Festlegung eines Mindestbestellwerts. Hinterlegen Sie beim MINDESTBETRAG bitte die Zahl 50. Somit sind ausschließlich Einkäufe ab einem Wert von 50, in diesem Fall €, möglich. Ob es sich um 50 € inklusive oder zuzüglich Mehrwertsteuer handelt, definieren Sie in der darauffolgenden Option mit dem Namen BERÜCKSICHTIGE STEUERN IM BETRAG. Steht diese Option auf JA, das ist die Standardkonfiguration, ist ein Einkauf ab 50 € inklusive Mehrwertsteuer möglich. In der Regel können Sie diese Einstellung entsprechend beim Standardwert belassen. Sollten Sie einen B2B-Online-Shop betreiben wollen und ausschließlich an Geschäftskunden verkaufen, wäre hingegen ein Netto-Mindestbestellwert unter Umständen sinnvoller, da dann im Online-Shop grundsätzlich Netto-Preise dargestellt und mit Netto-Preisen gerechnet wird. Mit der BESCHREIBUNGSMELDUNG sowie dem Feld FEHLER IM EINKAUFSWAGEN ANZEIGEN können Sie direkt Meldungen hinterlegen, die im Warenkorb ausgegeben werden. Die Beschreibungsmeldung wird dann angezeigt, wenn der Mindestbestellwert unterschritten ist. Die Fehlermeldung wird hingegen ausschließlich bei Problemen dargestellt.

Die nächsten drei Konfigurationsoptionen sind für Sie nun wieder spannend, da diese direkt an einer besonderen Magento-Funktionalität »hängen«. Magento unterstützt einen Checkout mit mehreren Adressen. Das bedeutet, Sie können als Kunde einen Warenkorb befüllen, die Produkte aber an unterschiedliche Adressen liefern lassen. Für Kunden kann dies eine äußerst hilfreiche und nützliche Funktion sein, für Shop-Betreiber zieht sie aber einen Rattenschwanz an Problemen nach sich. Mehrere Sendungen, sprich Pakete, bedeuten auch immer zusätzliche Versandkosten, höhere Prozesskosten und, wie in diesem Fall auch, eine Auswirkung auf den Mindestbestellwert. Denn diesen setzen Sie gegebenenfalls, da eine Sendung einen gewissen Wert haben muss, damit Sie am Ende des Tages einen Profit erwirtschaften. Zurück zur aktuellen Konfigurationsansicht, denn diese beschäftigt sich genau mit dieser letzten

Frage. Wenn Sie die Option JEDE ADRESSE IM MULTI-ADRESSEN-CHECKOUT EINZELN BESTÄTIGEN auf JA setzen, wird der Mindestbestellwert bei jeder Adresse geprüft. Belassen Sie den Wert auf NEIN, dann wird der Mindestbestellwert nur für den gesamten Warenkorbwert geprüft. Abschließend können Sie zudem wieder eine Beschreibung und eine Fehlermeldung definieren, diese haben Sie etwas weiter oben bereits kennengelernt, und es bedarf an dieser Stelle daher keiner gesonderten Erklärung.

Kalkulieren Sie den durchschnittlich benötigten Warenkorbwert

Unabhängig vom Einsatz von Magento als E-Commerce-Lösung, kann ich Ihnen an dieser Stelle nur die Empfehlung geben, im Vorfeld ganz exakt den benötigten Mindestwarenkorbwert zu kalkulieren. Berücksichtigen Sie dabei die Transaktionskosten, Kosten für die Werbung des Kunden (beispielsweise über AdWords) und alle ansonsten anfallenden Kosten. Die Erfahrung zeigt, dass die Generierung eines Neukunden 5 bis 10 € kostet, auch dieser Wert muss beim Mindestbestellwert einfließen.

Der nächste Punkt namens DASHBOARD ist übersichtlich, denn er besteht nur aus der Option USE AGGREGATED DATA. Die Option bezieht sich auf die Ausgabe der Umsatzzahlen im Dashboard, d. h. derjenigen Ansicht, die Sie direkt nach dem Login sehen. Wenn Sie die Aggregation der Daten aktivieren, haben Sie eine wesentlich bessere Performance, da die Werte aus der Statistik im Voraus errechnet und abgespeichert werden. Dadurch erhalten Sie zwar nicht komplett aktuelle Zahlen, aber dafür schonen Sie das Magento-System und den eingesetzten Server. Der Effekt entfaltet sich jedoch erst bei großen Datenmengen. Wenn Sie wenige Hundert Bestellungen im System haben, werden Sie vermutlich keinen großen Unterschied spüren. Gerade aus diesem Grund können Sie daher die Option wie im Standard belassen.

Ähnlich technisch wird es im nächsten Abschnitt. In dem Bereich BESTELLUNGS-CRON-EINSTELLUNGEN können Sie einen Wert in Form von Minuten für die Einstellung LAUFZEIT DES AUSSTEHENDEN ZAHLUNGSAUFTRAGS (MINUTEN) setzen. Hierbei geht es darum, wie lange eine ausstehende Zahlung als ausstehend belassen wird. Im Standard wird die Information nach 8 Stunden gelöscht, daher ist der Wert 480 hinterlegt.

Um Ihren Kunden ein besseres Einkaufserlebnis zu ermöglichen, erlaubt Magento die Eingabe von Geschenknachrichten. Im Bereich GESCHENKOPTIONEN haben Sie die Wahl, Geschenknachrichten sowohl auf Auftrags- als auch auf Artikel-Ebene zu erlauben. Im Standard sind Geschenknachrichten deaktiviert, lassen sich aber an dieser Stelle recht einfach freischalten.

Zu guter Letzt gibt es im Bereich UMSATZ zudem noch den Abschnitt MINIMALER ANGEZEIGTER VERKAUFSPREIS. Bei dieser Option, die auch in Magento 1 existiert und meiner Meinung nach eigentlich noch nie richtig rund lief, können Sie die Anzeige eines Herstellerpreises aktivieren. Korrekterweise müsste man an dieser Stelle vom Unverbindlichen Verkaufspreis (UVP) sprechen, scheinbar hat an dieser Stelle die Magento-Übersetzung wieder ein wenig gelitten. Wenn Sie den UVP aktivieren, was Sie über die Option MAP AKTIVIEREN erledigen können, haben Sie nachgelagert noch die Möglichkeit, den Ort der Darstellung zu bestimmen. Auch können Sie weitere Beschreibungstexte hinterlegen.

Verkaufs-E-Mails

Nachdem Sie jetzt allerlei Konfigurationseinstellungen und Paramater aus dem Unterpunkt `Umsatz` kennengelernt haben, navigieren Sie bitte über das linke Navigationsmenü zum zweiten Konfigurationspunkt namens VERKAUFS-E-MAILS. In diesem Abschnitt dreht sich alles um den Versand von E-Mails, die in Relation zu einer Bestellung stehen.

Im ersten Schritt können Sie sich für den zeitlichen Versand der E-Mails entscheiden, d. h., ob dieser synchron oder asynchron erfolgt. Gemeint ist hierbei, ob eine E-Mail sofort dann versendet werden soll, wenn sie ausgelöst wird, beispielsweise am Ende einer Bestellung. Bei einer asynchronen Abarbeitung werden hingegen E-Mails erst einmal gesammelt und anschließend in einem gewissen Rhythmus abgearbeitet und versendet. Im Standard ist der asynchrone Versand aktiv, letztendlich spricht auch nichts gegen diese Einstellung.

Keine E-Mails ohne eingerichteten CronJob

Viele Magento-Shop-Betreiber wundern sich anfangs ganz gern über nicht versendete Transaktions-E-Mails. Ist der asynchrone Versand aktiviert, wird zwingend ein eingerichteter Magento CronJob vorausgesetzt. Ansonsten gibt es keinen »Trigger« für den zeitlich versetzten Versand der Transaktions-E-Mails. Sollten Sie sich daher wundern, dass Sie keine E-Mails erhalten, prüfen Sie im ersten Schritt die Konfiguration des CronJobs.

Nach den ALLGEMEINEN EINSTELLUNGEN, zu denen der asynchrone Versand zählt, folgen viele Masken, die sich aber letztendlich alle gleich und identisch verhalten. Im Folgenden können Sie Anpassungen für die verschiedenen Transaktions-E-Mails vornehmen. Hierzu zählen folgende E-Mail-Typen:

- Bestellung
- Bestellkommentare
- Rechnung
- Rechnungskommentare
- Versandmethode kann nicht aktualisiert werden
- Versandkommentare

- Gutschrift
- Gutschriftkommentare

Lassen Sie sich an dieser Stelle bitte nicht von der stümperhaften Übersetzung irreführen. Mit VERSANDMETHODE KANN NICHT AKTUALISIERT WERDEN ist nichts anderes als der Versand gemeint. Magento versendet also E-Mails, wenn eine Bestellung eingeht, ein Bestellkommentar über das Magento-Backend hinzugefügt wird, eine Rechnung erstellt wird, im Backend zu einer Rechnung ein Rechnungskommentar ergänzt wird, die Bestellung versendet wird, im Backend ein Versandkommentar zur Sendung ergänzt wird, der Shop-Betreiber eine Gutschrift erstellt sowie bei einer Gutschrift ein Kommentar hinzugefügt wird. Bei all diesen Aktionen bzw. Ereignissen wird eine E-Mail versendet, weshalb Sie im Folgenden für jede E-Mail gewisse Einstellungen vornehmen können. Da sich die Einstellungen jeweils pro E-Mail-Typ wiederholen, möchte ich Ihnen die Einstellungen exemplarisch an dem E-Mail-Typ »Bestellung« erklären.

Zuerst können Sie definieren, ob tatsächlich eine E-Mail versendet werden soll. Dies geschieht über die Option AKTIVIERT, die im Standard auf JA steht. Das ist meiner Meinung nach so weit auch in Ordnung und sollte entsprechend belassen werden, da Sie sicherlich Ihren Kunden eine E-Mail bei den jeweiligen Optionen zukommen lassen möchten. Denn Sie wissen ja, wenn ein Kunde sich informiert fühlt, verleiht ihm dies ein gutes Gefühl. In der Option E-MAIL ABSENDER FÜR EINE NEUE BESTELLBESTÄTIGUNG können Sie definieren, wer die jeweilige E-Mail versendet. Im Standard ist es der Verkaufsvertreter. Informationen zu den jeweiligen Absendern können Sie, wie bereits im Detail vorgestellt, in der Konfiguration im Punkt ALLGEMEIN • STORE-E-MAIL-ADRESSEN verwalten. Bei dem eigentlichen E-Mail-Inhalt gibt es in Magento eine Unterscheidung zwischen registrierten Kunden und Gästen. Aus diesem Grund existieren die beiden Optionen VORLAGE FÜR EINE NEUE BESTELLBESTÄTIGUNG sowie VORLAGE FÜR EINE NEUE BESTELLBESTÄTIGUNG ALS GAST. Sie können separat für einen Kunden bzw. Gast eine unterschiedliche Vorlage auswählen, die den Inhalt der E-Mail bestimmt. Wie Sie den eigentlichen Inhalt der Vorlage editieren, werden Sie übrigens noch im Verlauf des Buches kennenlernen. An dieser Stelle sei nur gesagt, dass es verschiedene Vorlagen, auch Templates genannt, gibt, die Sie zentral verwalten und bei der Konfiguration einer E-Mail auswählen können. Zusätzlich können Sie jede E-Mail, die versendet wird, an weitere E-Mail-Adressen senden. Im Feld SENDE BESTELLUNGS-E-MAIL IN KOPIE AN haben Sie die Möglichkeit, verschiedenste E-Mail-Adressen getrennt durch ein Komma zu hinterlegen. Gern wird speziell bei der Bestellung die eigene E-Mail-Adresse bzw. die E-Mail-Adresse des Shop-Betreibers hinterlegt, damit bei einem Bestelleingang nicht nur der Kunde eine Information hierzu erhält, sondern auch der Shop-Betreiber. Zudem haben Sie dann die Wahl, ob diese zusätzliche E-Mail-Kopie als BCC oder separate E-Mail versendet werden soll. Interessanterweise habe ich selbst bei der Methode BCC öfters Fehler festgestellt und

E-Mail-Kopien nicht erhalten. Mein Favorit ist daher die Option SEPARATE E-MAIL, bei der Magento tatsächlich eine zusätzliche E-Mail an die im Feld SENDE BESTELLUNGS-E-MAIL IN KOPIE AN hinterlegten E-Mail-Adressen sendet.

Wenn Sie jetzt einen Blick auf Abbildung 4.45 werfen, sehen Sie, dass die Konfigurationseinstellung bei den weiteren E-Mail-Typen absolut identisch ist. Letztendlich können Sie immer festlegen, ob der E-Mail-Versand aktiviert bzw. deaktiviert ist. Zudem lassen sich zwei E-Mail-Vorlagen auswählen, einmal für die registrierten Kunden und einmal für die Gäste. Ebenso erlaubt Magento, unabhängig vom E-Mail-Typ, das Hinterlegen von E-Mail-Adressen, die beim Versand ebenfalls diese E-Mail erhalten. Auch wenn Sie nicht zwingend eine Einstellung verändern müssen, empfehle ich Ihnen an dieser Stelle die Überprüfung des Absenders, der pro E-Mail-Typ hinterlegt ist. Sie sollten sicherstellen, dass wenn ein Kunde oder Gast auf eine E-Mail, beispielsweise die Rechnungs-E-Mail, antwortet, die Antwort auch gelesen oder empfangen werden kann. Gerade aus diesem Grund erlaubt Magento die Verwaltung verschiedenster Absender. Abgesehen von dieser Option müssen Sie aber nicht zwingend Anpassungen an dieser Stelle des Magento-Backends vornehmen.

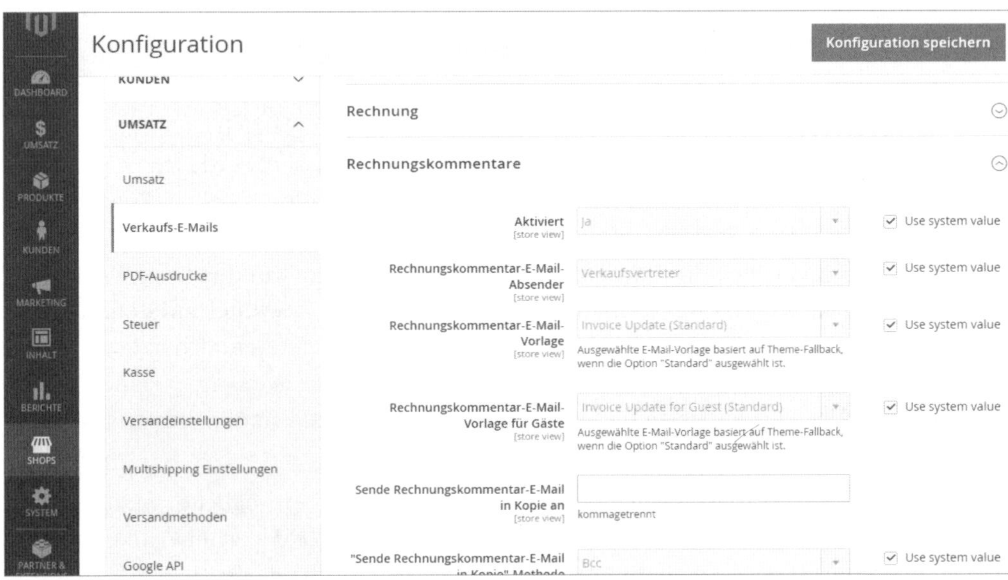

Abbildung 4.45 Die Konfiguration der Transaktions-E-Mails ist bei allen E-Mail-Typen identisch.

PDF-Ausdrucke

Auf den vorherigen Seiten haben Sie bereits erste Erfahrungen mit den PDF-Dokumenten in Magento gemacht. Zu den bereits aufgezeigten Konfigurationsmöglichkeiten gibt es zudem einen zusätzlichen Menüpunkt. Wählen Sie daher jetzt im linken Navigationsmenü bitte den Eintrag PDF-AUSDRUCKE aus, und öffnen Sie diesen.

Sie sehen daraufhin drei Konfigurationsabschnitte, die wiederum eine Konfigurationseinstellung enthalten. Es handelt sich hierbei in allen drei Fällen um die identische Konfigurationseinstellung, die Sie hier vornehmen können. Bezogen auf das Rechnungs-PDF, Lieferschein-PDF und Gutschrifts-PDF können Sie in diesem Abschnitt entscheiden, ob die Bestellnummer im Dokumentenkopf angezeigt werden soll oder nicht. Ist die Option aktiviert – im Standard trifft dies auf alle drei PDF-Dokumente zu –, wird die Bestellnummer auf den PDF-Dokumenten ergänzt. An dieser Stelle müssen Sie meiner Meinung nach keine Änderungen vornehmen und können somit zum nächsten Konfigurationspunkt springen.

Steuer

Die Steuerkonfiguration in Magento ist an und für sich ein komplexes und erklärungsbedürftiges Thema. Aus diesem Grund erfahren Sie in Kapitel 6 im Detail, wie Sie bei der Konfiguration von Steuersätzen und Steuerregeln vorgehen müssen. Hierfür sind in Magento zudem verschiedene Konfigurationsbereiche notwendig, der jetzt folgende Bereich STEUER deckt nur einen kleinen Teil der gesamten Steuerkonfiguration ab. Lassen Sie uns dennoch an dieser Stelle einen Blick in den Bereich STEUER werfen, den Sie über das Navigationsmenü auf der linken Seite mit einem Klick erreichen.

Im ersten Konfigurationsabschnitt können Sie die Steuerklasse für den Versand, Artikel und Kunden hinterlegen. Auf das Thema Steuerklassen werde ich in Kapitel 6, »Steuerregeln und Währungen«, im Detail eingehen. An dieser Stelle müssen Sie nur wissen, dass Sie in Magento verschiedene Steuerklassen anlegen können. Die Steuerklassen können beliebige Namen wie Versand, Artikel oder Kunden tragen. An dieser Stelle der Konfiguration können Sie nun die von Ihnen definierten Steuerklassen dem Versand, den Produkten und den Kunden zuweisen. Letztendlich handelt es sich hierbei um eine initiale Konfigurationseinstellung, an die Sie nie mehr Hand anlegen müssen. Überfliegen Sie an dieser Stelle diesen Punkt, und scrollen Sie etwas weiter nach unten.

Die BERECHNUNG, der nächste Konfigurationsabschnitt, ermöglicht Ihnen, Einfluss auf die Berechnung der Mehrwertsteuer zu nehmen. Im Feld STEUERBERECHNUNGSMETHODE BASIERT AUF haben Sie insgesamt drei Optionen, aus denen Sie wählen können. Wenn Sie sich für EINZELPREIS entscheiden, errechnet Magento die Mehrwertsteuer für jeden einzelnen Artikel im Warenkorb. Stellen Sie sich dabei einen klassischen Warenkorb wie beispielsweise bei Zalando vor. Wenn Sie also 15 Artikel im Warenkorb haben, greift Magento auf den Einzelpreis aller 15 Artikel zu und errechnet dann die Mehrwertsteuer. Wenn Sie sich für die zweite Option namens ZEILENSUMME entscheiden, berücksichtigt Magento nicht jeden einzelnen Artikel, sondern die Zeilensumme. Haben Sie 15 Artikel im Warenkorb, darunter sind aber nur 5 unterschiedliche Produkte und Sie haben jeweils die Menge 3 hinterlegt, greift

Magento auf die 5 Zeilensummen zu und errechnet auf dieser Basis die Mehrwertsteuer. Als dritte und letzte Option gibt es noch die GESAMTSUMME. Hierbei berücksichtigt Magento die einzelnen Produktpreise nicht und errechnet die Mehrwertsteuer auf Basis der Warenkorbsumme. Sie fragen sich nun an dieser Stelle berechtigterweise, warum es drei unterschiedliche Berechnungsmechanismen in Magento gibt. Grundsätzlich ist in Magento die Steuerberechnung ein wenig tricky, und speziell die Version 1 von Magento hatte immer damit zu kämpfen, dass oftmals die Mehrwertsteuer zu einer Gesamtpreisverschiebung von 1 Cent geführt hat, sprich Magento hat eigentlich falsch gerechnet. Dadurch wurden Warenkorbwerte verfälscht. Das Problem rührt daher, dass Magento die Mehrwertsteuer mit vier Stellen nach dem Komma rechnet. Diese Vorgehensweise kann dazu beitragen, dass, je nach gewählter Berechnungsmethodik, die oben beschrieben wurde, die gesamte Mehrwertsteuer bzw. die Gesamtsumme des Warenkorbs um einen Cent variiert. Dieser Effekt tritt speziell dann auf, wenn sich eine Vielzahl von Produkten im Warenkorb befindet. Lassen Sie sich an dieser Stelle davon aber nicht irritieren, und belassen Sie die Einstellung wie im Standard angegeben, vermutlich wird das in Ihrem Szenario zu einer korrekten Errechnung der Steuer führen.

Neben der Berechnungsmethodik können und sollten Sie im nächsten Schritt die Basis für die Steuerberechnung festlegen. Im Punkt STEUERBERECHNUNG BASIEREND AUF haben Sie die Wahl zwischen Versandadresse, Rechnungsadresse und Herkunft. Wenn Sie die Herkunft auswählen, zählt der Steuersatz des Landes, in dem sich Ihr Online-Shop befindet. Vermutlich wird es sich hierbei um Deutschland handeln. Das führt also dazu, dass eine Bestellung aus Italien ebenso mit 19 % Mehrwertsteuer besteuert werden würde, da Sie den Steuersatz Ihres Landes verwenden wollen. Alternativ dazu können Sie das Land aus der Liefer- bzw. Rechnungsadresse wählen. Kauft ein Kunde also aus Italien ein und lässt die Produkte nach Italien liefern, würde der italienische Mehrwertsteuersatz fällig werden. Bei dieser Konfigurationsoption kommt es letztendlich auf die Rahmenparameter Ihres Geschäfts an bzw. darauf, von wo Sie die Ware versenden und geschäftlich aktiv sind.

Ob Sie die Preise im Magento-Backend netto oder brutto erfassen, definieren Sie im nächsten Punkt namens KATALOGPREISE. Hier können Sie angeben, ob Sie Ihre Produkte ohne Steuern bzw. mit Steuern einpflegen. Erfahrungsgemäß ist es in Magento etwas angenehmer, die Produkte inklusive Mehrwertsteuer zu hinterlegen, aber auch dies kann von Fall zu Fall unterschiedlich sein. Wenn Sie beispielsweise mit unterschiedlichen Umsatzsteuerbeträgen fakturieren, würde bei Brutto-Preisen im Backend gegebenenfalls Ihre Marge schrumpfen, denn Magento wüsste ja nur, dass der Artikel für beispielsweise 50 € inklusive Steuer verkauft werden soll. Wenn Sie diesen Artikel nach Deutschland liefern (19 %), wäre Ihre Marge höher, als wenn Sie diesen in Italien verkaufen (21 %). Hinterlegen Sie in einem solchen Fall die Preise netto, d. h. exklusive Steuer, dann würde sich hingegen der Verkaufspreis in Italien im Vergleich zu dem in Deutschland höher darstellen.

Die Steuerkonfiguration für den Versand können Sie im folgenden Punkt namens VERSANDKOSTEN definieren. Geben Sie an dieser Stelle an, ob Sie die in Magento hinterlegten Versandkosten ohne oder mit Mehrwertsteuer hinterlegt haben. Hierbei handelt es sich im Prinzip um das Äquivalent zu den Katalogpreisen, nur, dass sich die Option eben auf den Versandpreis bezieht.

Einen weiteren Einfluss auf die Berechnung der Steuer hat die Konfigurationsoption VERWENDE KUNDENSTEUERKLASSE. Im Prinzip geht es hier darum, ob die Steuerberechnung vor oder nach der Anwendung eines Rabattes durchgeführt werden soll. Lassen Sie diese Option wie im Standard, da hier keinerlei Anpassung notwendig ist. Ähnlich sieht es mit der nächsten Konfigurationsoption WENDE RABATT AUF PREISE AN aus. Auch hier kann es in der Praxis zu Differenzen kommen, wenn der Rabatt auf den Netto- oder Brutto-Preis angewandt wird. Belassen Sie jedoch auch diese Option auf dem Standardwert, außer Sie stellen Unregelmäßigkeiten bei der Errechnung der Rabatte und damit verbunden bei den Steuern fest. Die beiden weiteren Punkte STEUER ANWENDEN AUF sowie GRENZÜBERSCHREITENDEN HANDEL AKTIVIEREN möchte ich Ihnen aufgrund ihrer Komplexität erst in Kapitel 6, »Steuerregeln und Währungen«, erläutern.

Scrollen Sie nun ein wenig nach unten, bis Sie zum Abschnitt STANDARDZIEL FÜR STEUERBERECHNUNG gelangen. In den dort dargestellten Feldern haben Sie die Möglichkeit, eine Adresse zu hinterlegen. Diese Adresse wird dazu verwendet, die Steuern im Standard zu kalkulieren. Letztendlich weiß Magento beim Aufruf des Online-Shops nicht, ob der Kunde die Ware nach Deutschland, Italien oder in die USA geliefert bekommen möchte. Daher benötigt Magento irgendein »Standardziel«, für das die Steuer errechnet werden kann. Idealerweise hinterlegen Sie beim Land DEUTSCHLAND und geben Ihre Postleitzahl ein, wobei diese ehrlich gesagt bei der Berechnung keine Rolle spielt.

Im nächsten Konfigurationsabschnitt PREIS-ANZEIGEEINSTELLUNGEN definieren Sie die Darstellung der Preise im Frontend. Dabei untergliedert sich dieser Punkt in die Darstellung der Produktpreise sowie die Darstellung der Versandkosten. Sie können jeweils einstellen, ob die Preise inklusive, exklusive sowie inklusive und exklusive Mehrwertsteuer dargestellt werden sollen. Richten Sie sich an Endkunden, müssen Sie an dieser Stelle die Option INKLUSIVE STEUER wählen. Beim Vertrieb der Produkte an Geschäftskunden empfiehlt die Praxis die Darstellung der Preise exklusive Steuer. Theoretisch können Sie Ihren Kunden dann aber den Brutto- und Netto-Preis in einer Ansicht liefern. Bedenken Sie an dieser Stelle nur, dass im klassischen B2C-E-Commerce Preise immer ausschließlich brutto ausgegeben werden müssen.

Die Darstellung der Steuer ist in Magento recht fein steuerbar, aus diesem Grund sehen Sie im nächsten Schritt (Abbildung 4.46) eine spezielle Konfiguration, die sich dann auch ausschließlich auf den Warenkorb bezieht. Im Bereich WARENKORB-ANZEIGEEINSTELLUNGEN können Sie das Verhalten der Steuerdarstellung rein in Bezug auf den Warenkorb granular steuern. Im ersten Schritt haben Sie die Möglichkeit zu definieren, wie die Produktpreise dargestellt werden sollen. Hierfür können Sie in der Konfigurationsoption PREISE ANZEIGEN wieder exklusive Steuern, inklusive Steuern sowie inklusive und exklusive Steuern wählen. Die Auswahl, die Sie an dieser Stelle treffen, betrifft dabei ausschließlich die Produktpreise innerhalb des Warenkorbs, jedoch nicht die Bestellsumme.

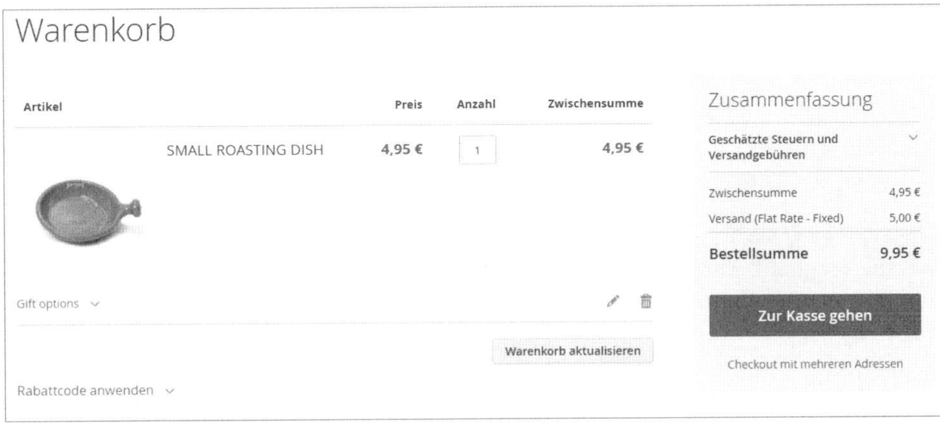

Abbildung 4.46 Darstellung der Produktpreise im Warenkorb

Neben der Darstellung der Produktpreise können Sie zudem definieren, ob die Zwischensumme Steuern enthält oder nicht. Bei der Zwischensumme handelt es sich um die Addition der Summe aller im Warenkorb befindlichen Artikel exklusive der Versandkosten. Da die Versandkosten hierbei exkludiert sind, können Sie in der nächsten Option festlegen, ob die Versandkosten im Warenkorb brutto bzw. netto dargestellt werden sollen. Selbiges gilt für die Gesamtsumme, d. h. die Addition der Produkte und Versandkosten. Auch bei der Gesamtsumme haben Sie die Wahl, diese inklusive, exklusive bzw. in einer gemischten Darstellung der Steuer darzustellen.

Steuerdarstellung in Magento

Magento bietet Ihnen über die Systemkonfiguration die Möglichkeit, bei der Ausgabe eines Preises zu wählen, ob der Preis inklusive, exklusive oder inklusive sowie exklusive Steuer dargestellt werden soll. Diese Option haben Sie sowohl für die Produktpreise innerhalb der Katalogansicht als auch für die Preisdarstellung innerhalb des Warenkorb- bzw. Checkout-Prozesses sowie bei der Ausgabe von Preisinformationen auf Dokumenten wie der Rechnung oder Gutschrift.

Gehen Sie an dieser Stelle ruhig den Schritt, und stellen Sie bei der Preisanzeige alle Optionen auf »Inklusive Steuer«. In meinem Fall treffe ich diese Auswahl, da der Online-Shop, der parallel zu diesem Buch aufgebaut wird, sich primär an Endkunden richtet. Da Sie im B2C verpflichtet sind, Brutto-Preise auszugeben, ist die Wahl der

Darstellung in diesem Szenario vom Gesetzgeber vorgegeben und Sie müssen die Preise inklusive Steuer darstellen. Ein nun sehr interessanter weiterer Konfigurationspunkt nennt sich STEUERN VOLLSTÄNDIG ANZEIGEN. In der Praxis kann es, abhängig von Ihrem Produktsortiment, vorkommen, dass in Ihrem Online-Shop Produkte mit unterschiedlichen Mehrwertsteuersätzen vertrieben werden. In Deutschland trifft dies beispielsweise auf Bücher bzw. Lebensmittel zu, die mit 7 % besteuert werden. Bei einem gemischten Warenkorb, der Produkte mit dem vollen sowie dem verminderten Steuersatz enthält, ist eine Untergliederung der Steuersumme in die verschiedenen Steuersätze sinnvoll. Aktivieren Sie daher die Option STEUERN VOLLSTÄNDIG ANZEIGEN, um Ihren Kunden aufzuschlüsseln, wie sich die Steuersumme im Detail zusammensetzt. Abschließend können Sie zudem definieren, ob Steuern ausgegeben werden sollen, falls die Steuersumme 0 € beträgt.

Das trifft dann zu, wenn Sie kostenfreie Produkte anbieten. In diesem Moment stellt sich die Frage, ob Sie Ihren Kunden kommunizieren möchten, dass die Mehrwertsteuer 0 € beträgt, oder ob Sie diese Position im Warenkorb bzw. im Checkout-Prozess gänzlich streichen möchten. Aktivieren Sie die Steuerdarstellung bei einer Zwischensumme von 0,00 €, erhalten Sie ein Ergebnis, wie in Abbildung 4.47 zu sehen ist. Magento listet die Steuersumme von 0,00 € auf, alternativ können Sie diese Zeile aber durch die Deaktivierung der besagten Option eliminieren.

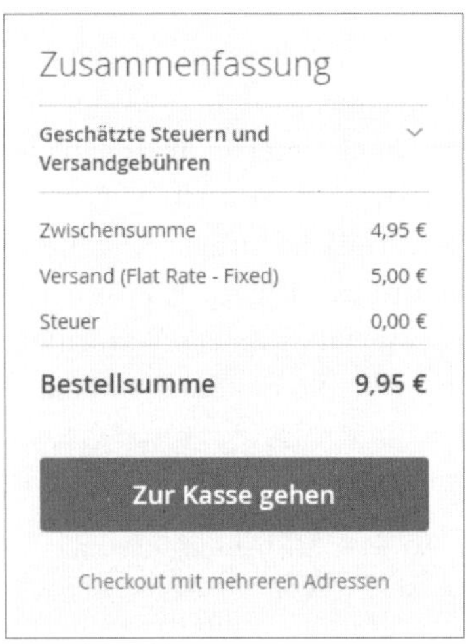

Abbildung 4.47 Magento kann bei einer Steuersumme von 0,00 € die Zeile komplett ausblenden.

Was für den Warenkorb gilt, können Sie, wenn Sie ein wenig nach unten scrollen, zudem auch für die in Magento generierten Dokumente definieren. Letztendlich haben Sie auf einer Rechnung oder Gutschrift die identischen Informationen wie im Warenkorb bzw. Checkout-Prozess. Neben der Auflistung der Produkte samt Produktpreisen werden eine Zwischensumme, die Steuersumme, die Versandkosten und eine

Endsumme ausgegeben. Magento bietet Ihnen jetzt die Möglichkeit, die Darstellung der Preise rein auf den PDF-Dokumenten anders als innerhalb des Warenkorbs bzw. Checkout-Prozesses zu konfigurieren. Die Optionen im Abschnitt ANZEIGEEINSTELLUNGEN FÜR BESTELLUNGEN, RECHNUNGEN, GUTSCHRIFTEN sind dabei deckungsgleich mit denen im bereits vorgestellten Abschnitt WARENKORB-ANZEIGEEINSTELLUNGEN, weswegen ich an dieser Stelle auf eine erneute Ausführung verzichte. Ich empfehle Ihnen an dieser Stelle – ich bleibe gedanklich bei meinem B2C-Online-Shop – die Einstellung »Inklusive Steuern«, da ich den Kunden im Frontend Brutto-Preise darstellen möchte bzw. muss.

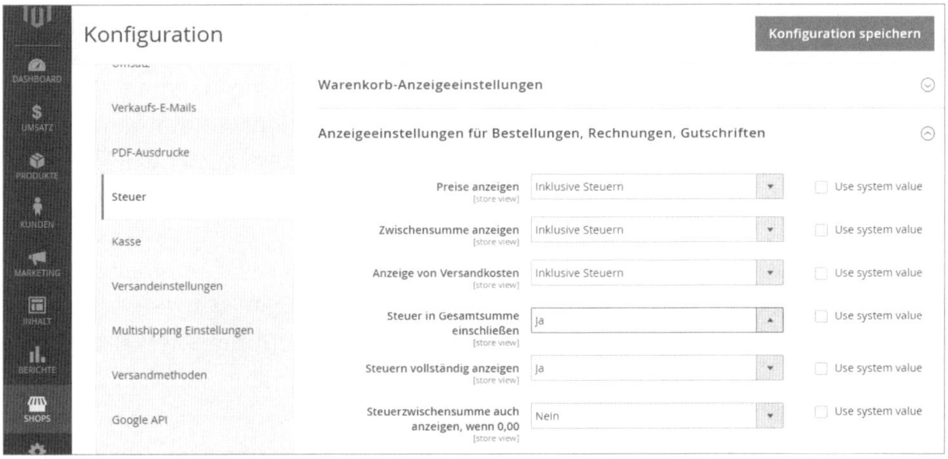

Abbildung 4.48 Aktivieren Sie auch im nächsten Konfigurationsabschnitt die Option »Inklusive Steuern«.

Scrollen Sie abschließend weiter nach unten, bis Sie zum letzten Bereich namens FESTE PRODUKTSTEUERN gelangen. Vermutlich wird dieser Bereich für Sie eine geringe Relevanz haben, weswegen ich ihn auch nicht ganz so ausführlich wie die anderen Bereiche behandeln möchte. Magento erlaubt die Aktivierung einer zusätzlichen »Produktsteuer«, das ist letztendlich über den Konfigurationsbereich möglich, in dem Sie sich aktuell befinden. Wenn Sie die FPT (Feste Produktsteuer) aktivieren, können Sie im nachgelagerten Schritt ein zusätzliches Produktattribut anlegen, das einer zusätzlichen Steuer entspricht. Tatsächlich gibt es, ganz international betrachtet, hierfür Anforderungen. Beispielsweise existieren neben der klassischen Mehrwertsteuer noch folgende zusätzliche Besteuerungsarten, die Sie über Magento mit dieser Funktionalität abbilden können:

- California Recycling Fee
- Gasoline Environmental Taxes
- Tariffs on Cigarettes
- Tariffs on Sugary Drinks

Dementsprechend hilft Ihnen diese Option dann weiter, wenn Sie parallel zur gesetzlichen Mehrwertsteuer eine zusätzliche Steuer auf bestimmte Produkte abbilden möchten.

Kasse

Nach dem meiner Meinung nach etwas trockenem Abschnitt mit der Steuerkonfiguration steht als Nächstes die Konfiguration des Checkouts an. Da Sie Ihren Kunden ein optimales Einkaufserlebnis bieten möchten und der Bezahlvorgang hierbei ein elementares Element ist, sollten Sie sich diesen Punkt auch im Detail anschauen. Klicken Sie hierzu zuerst im linken Navigationsmenü auf KASSE. Sie gelangen anschließend zum ersten Konfigurationsabschnitt namens CHECKOUT-OPTIONEN. Innerhalb der Checkout-Optionen haben Sie die Möglichkeit, den sogenannten Onepage-Checkout zu deaktivieren. Tun Sie dies, ist der klassische Einkauf in Ihrem Online-Shop nicht mehr möglich. Aus diesem Grund empfiehlt es sich auch nicht, diese Option zu deaktivieren, da Sie am Ende des Tages Umsätze generieren möchten, wofür ein aktivierter Checkout notwendig ist. Neben der kompletten Deaktivierung des Onepage-Checkouts haben Sie zudem die Möglichkeit, den Bezahlvorgang für Gäste zu aktivieren bzw. zu deaktivieren. Im Standard können Gäste, d. h. Personen ohne Benutzerkonto, in Ihrem Online-Shop Bestellungen durchführen. Dies ist auch ratsam, da Kunden heutzutage nicht zwangsläufig in jedem Online-Shop ein Konto eröffnen möchten. Im Fokus steht der schnelle und unkomplizierte Einkauf, und dieser erfolgt oftmals als Gast. Lassen Sie daher diese Option entsprechend unangerührt. Ebenso können Sie an dieser Stelle AGB aktivieren, wobei diese Option nicht direkt die Darstellung der AGB auslöst. Hierfür müssen Sie zuerst Bestellbedingungen anlegen, die anschließend in Kombination mit dieser Option zur Darstellung der AGB im Checkout-Prozess führen. Weiterführende Informationen zu den AGB und ihrer Aktivierung im Checkout-Vorgang erhalten Sie in den weiteren Kapiteln dieses Buches.

Abgesehen von der Aktivierung bzw. Einschränkung des Onepage-Checkouts, können Sie im nächsten Abschnitt das Verhalten des Warenkorbs beeinflussen. Dabei beeinflusst die Option ANGEBOTSDAUER (TAGE) den Zeitraum, in dem der Warenkorb eines Nutzers gespeichert und erhalten wird. Die deutsche Übersetzung ist hier wieder ein wenig unsauber, hat die Option doch letztendlich nichts mit einem Angebot zu tun. Konkret geht es um die Lebensdauer eines Warenkorbs. Wenn ein Kunde ein Produkt zum Warenkorb hinzufügt, landet er im Standard wieder auf der Produktdetailseite. Wenn Sie den Kunden hingegen direkt zum Warenkorb weiterleiten möchten, können Sie dies tun, indem Sie die Option NACH HINZUFÜGEN EINES ARTIKELS ZUM WARENKORB WEITERLEITEN auf JA setzen. Die zwei nächsten und letzten Punkte in diesem Abschnitt beziehen sich auf die Darstellung des Produktbildes im Warenkorb. Wie Sie später sehen werden, unterstützt Magento verschiedene Produkttypen. Hierbei gibt es auch sogenannte Rumpfprodukte, die im Warenkorb landen. Die beiden nächsten Optionen definieren, welches Produktbild in einem solchen Fall, sprich bei einem Rumpfprodukt, im Warenkorb dargestellt werden soll. Belassen Sie diese beiden Optionen ruhig bei der Standardeinstellung.

Scrollen Sie nach unten, bis Sie zur nächsten Option Einkaufswagen-Zusammenfassung anzeigen gelangen. Im Standard-Frontend von Magento sehen Sie auf der oberen Bildschirmhälfte einen Warenkorb, der Ihnen zudem anzeigt, wie viele Produkte sich aktuell im Warenkorb befinden. Werfen Sie hierzu kurz einen Blick auf Abbildung 4.49.

Abbildung 4.49 Magento zeigt dem Kunden im Frontend direkt die Anzahl der Artikel im Warenkorb an.

Die Zählweise der Artikel im Warenkorb können Sie schlussendlich mit der erwähnten Konfigurationsoption beeinflussen. Magento unterscheidet zwischen der Anzahl der Artikel und der Artikelmenge. Wenn Sie einen Artikel mit der Menge 4 im Warenkorb haben, würde bei der ersten Option die Zahl 1 ausgegeben werden. Bei der Option 2 würde hingegen die Zahl 4 ausgegeben. Sie haben also die Wahl zwischen der Artikelmenge und der Artikelanzahl.

Etwas unspektakulärer wird es bei der Einkaufswagen-Sidebar, denn diese können Sie aktivieren bzw. deaktivieren und gleichzeitig angeben, wie viele Artikel in dieser Sidebar dargestellt werden sollen.

Während des Bezahlprozesses kann es immer zu Fehlern und Problemen kommen. Sollte dies der Fall sein, speziell bei der Bezahlung, können Sie sich als Shop-Betreiber darüber informieren lassen. Die notwendigen Konfigurationsoptionen finden Sie im Abschnitt E-Mails zu fehlgeschlagener Zahlung. Ähnlich wie bei der Konfiguration anderer E-Mails, denken Sie an die Verkaufs-E-Mails, können Sie auch an diesem Punkt wieder einen Absender, einen Empfänger und eine Vorlage für die E-Mails definieren. Darüber hinaus erlaubt Magento an dieser Stelle den Versand an weitere Empfänger, entweder als BCC oder als separate E-Mail. An dieser Stelle empfiehlt sich die Konfiguration der jeweiligen Punkte, einfach damit Sie bei Fehlern bei der Bezahlung umgehend informiert werden.

Versandeinstellungen

Ganz einfach und übersichtlich gestaltet sich der nächste Navigationspunkt im linken Navigationsmenü. Klicken Sie bitte auf VERSANDEINSTELLUNGEN, anschließend sehen Sie ein Formular wie in Abbildung 4.50.

Abbildung 4.50 Innerhalb der Versandeinstellungen können und sollten Sie Ihre Adresse hinterlegen.

Da das Formular und Eingabefelder recht selbsterklärend sind, möchte ich an dieser Stelle nicht im Detail auf die jeweiligen Optionen eingehen. Gehen Sie aber bitte das Formular von oben nach unten durch, und hinterlegen Sie Ihre entsprechende Versandanschrift, d. h. die Adresse Ihres Unternehmenssitzes. Ergänzend zu Ihrer Unternehmensanschrift können Sie zudem im Punkt BENUTZERDEFINIERTE VERSANDBEDINGUNGEN ANWENDEN zusätzliche Versandbedingungen in Form eines Freitextes definieren. Diese Informationen können Sie anschließend im Checkout-Prozess bzw. in den Transaktions-E-Mails ausgeben. Lassen Sie sich an dieser Stelle davon aber nicht irritieren, und speichern Sie die Konfiguration, nachdem Sie Ihre Unternehmensadresse hinterlegt haben.

Multishipping-Einstellungen

Gehen Sie jetzt zum nächsten Konfigurationspunkt mit dem Titel MULTISHIPPING EINSTELLUNGEN. Sie erreichen die Einstellungen wie gewohnt über das Navigationsmenü auf der linken Seite. Magento unterstützt neben dem klassischen Checkout-Prozess, auch Onepage-Checkout genannt, den Einkauf mit mehreren Lieferadressen. Als Kunde können Sie beispielsweise 10 Artikel im Warenkorb haben und innerhalb des Checkout-Prozesses 10 unterschiedliche Lieferadressen definieren. Funktionieren tut dies letztendlich nur dann, wenn Sie die Lieferung an mehrere Adressen aktivieren, wobei diese Option im Standard aktiviert ist. Anschließend können Ihre Kunden im Frontend über den Checkout mit mehreren Adressen Produkte bestellen. Wenn Sie sich für die Darstellung interessieren, werfen Sie einen Blick auf Abbildung 4.51, da diese einen Checkout-Prozess mit 10 Artikeln darstellt.

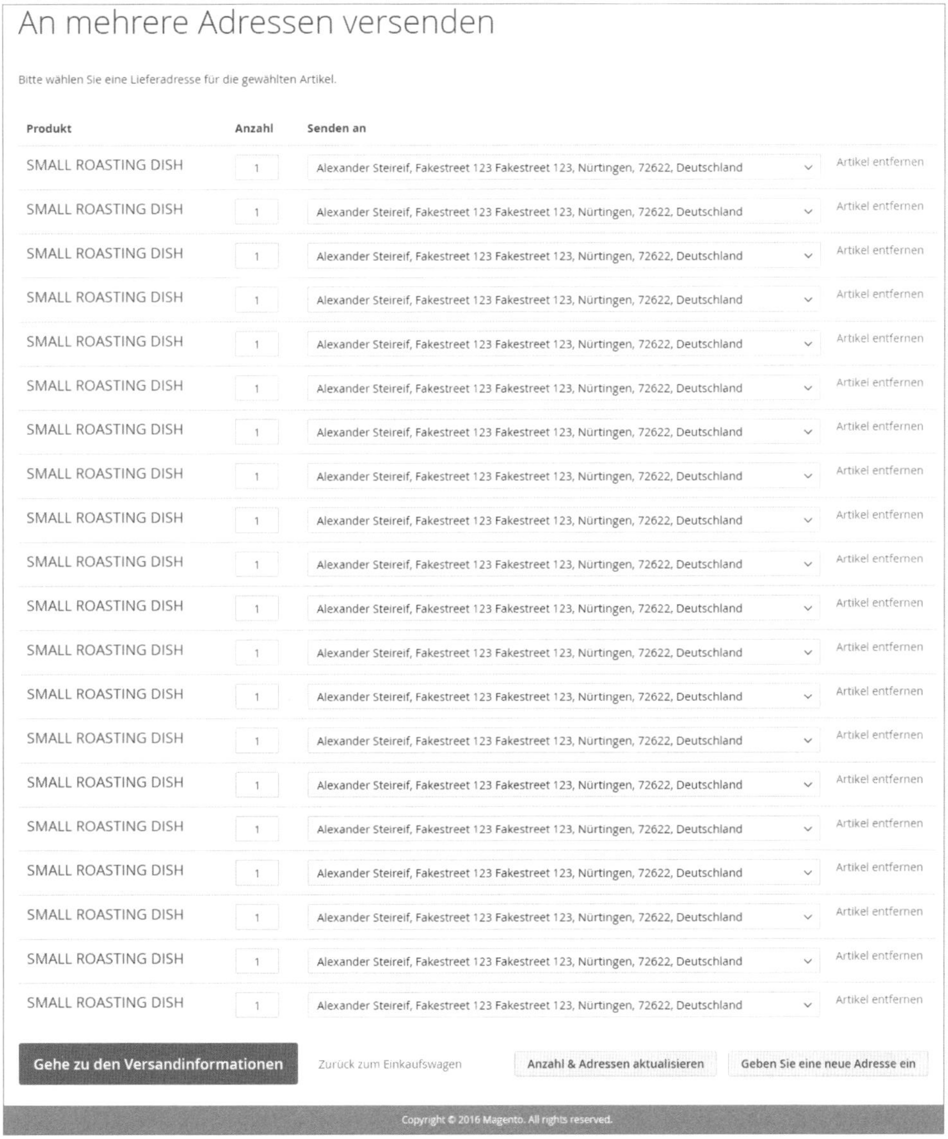

Abbildung 4.51 Pro Artikel kann eine separate Lieferadresse definiert werden.

Wie Sie anhand der Abbildung erkennen können, ermöglicht der Checkout mit mehreren Adressen die Definition der Lieferadresse pro Position und bietet Ihren Kunden dadurch eine sehr große Flexibilität.

Kostentreiber Versandkosten

Als Shop-Betreiber möchten und müssen Sie versuchen, die Versand- und Prozesskosten möglichst gering zu halten. Der Checkout mit mehreren Lieferadressen würde Ihnen hierbei einen Strich durch die Rechnung machen, da pro Lieferadresse ein Paket gepackt werden muss und jeweils Versandkosten bezahlt werden müssen. Überlegen Sie sich daher gut, ob Sie die Option in Ihrem Online-Shop anbieten und aktiviert lassen oder ob Sie den Versand an mehrere Lieferadressen nicht ermöglichen.

Abgesehen von der Aktivierung dieser Option, können Sie im nächsten Schritt zudem einstellen, wie viele Produkte insgesamt an verschiedene Lieferadressen gesendet werden dürfen. Hierfür müssen Sie letztendlich nur die Zahl, im Standard ist 100 hinterlegt, bei der Option MAXIMAL ERLAUBTE MENGE FÜR VERSAND AN MEHRERE ADRESSEN anpassen.

Versandmethoden

Der nächste Konfigurationsabschnitt innerhalb der Systemkonfiguration ist der Punkt Versandmethoden. Da es sich bei der Konfiguration der Versandarten jedoch um ein äußerst wichtiges und komplexes Thema handelt, möchte ich Ihnen dieses Thema in Kapitel 5, »Versandmethoden und Zahlungsarten«, gesondert vorstellen.

Google API

Das Thema Google Analytics und Google AdWords wird für Shop-Betreiber immer wichtiger. Zum einen möchte man genaue Daten aus dem Bereich der Web-Analyse mit Google Analytics aufzeichnen und auswerten. Zum anderen wird in der Regel bei der Bewerbung des Systems auf Google AdWords gesetzt. Sowohl Analytics als auch Google AdWords sind im Standard integriert und müssen nur freigeschaltet werden. Eine detailliertere Anleitung hierzu liefere ich Ihnen in Kapitel 12, »Berichte auswerten & Google-Dienste anbinden«.

Zahlungsarten

Ebenso wie bei den Versandmethoden wurde den Zahlungsarten aufgrund der Wichtigkeit ein separates Kapitel gewidmet. Merken Sie sich daher an dieser Stelle nur den Konfigurationsort, weitere Details zu der Konfiguration der Zahlungsarten finden Sie in Kapitel 5 »Versandmethoden und Zahlarten«.

4.4.5 Services

Unter dem Punkt `Services` gruppiert Magento zwei Konfigurationsbereiche namens MAGENTO WEB API sowie OAUTH. Beide Punkte sind aus Sicht eines Shop-Betreibers weniger relevant, da Sie an dieser Stelle Zugangsdaten und Verbindungsinformationen hinterlegen können, wenn per Webservice auf Magento bzw. von Magento aus zugegriffen werden soll. Die beiden Themenbereiche sind speziell für Entwickler, die komplexe Schnittstellenanbindungen auf Basis von Webservices planen, relevant und interessant, aus diesem Grund überspringe ich sie an dieser Stelle auch. Sie müssen sich meiner Meinung nach daher an dieser Stelle nicht mit diesen beiden Punkten beschäftigen, auch wenn Sie sich natürlich gern an dieser Stelle durch die Konfigurationsmasken klicken können. Schaden tun Sie dem System damit sicherlich nicht.

4.4.6 Erweitert

Im letzten großen Konfigurationsbereich von Magento haben Sie weiterführende Konfigurationseinstellungen, die nicht einem direkten Themengebiet zuzuordnen sind. Vielmehr handelt es sich um ein Sammelsurium an Optionen, die sich speziell an Profis und Magento-Power-User richten. In Kapitel 14, »Magento erweitern und an die eigenen Bedürfnisse und Anforderungen anpassen«, werden Sie diesen Bereich im Detail kennenlernen, da Sie unter anderem die Frontline-Übersetzung aktivieren, aber auch Einstellungen bei der Bündelung von CSS und JS-Dateien vornehmen können. Zum aktuellen Zeitpunkt finden sich innerhalb dieses Punktes keine Anpassungen, die Sie unbedingt treffen müssen. Lassen Sie mich daher in besagtem Kapitel darauf zurückkommen.

4.5 Fazit und Ausblick

In diesem 4. Kapitel haben Sie einen umfassenden Einblick in die Konfigurationsmöglichkeiten und Einstellungen von Magento erhalten. Auch wenn es sicherlich an der einen oder anderen Stelle etwas trocken gewirkt haben muss, wissen Sie nun, welche Einstellungen Sie definitiv anpassen müssen und welche Einstellungen Sie im ersten Schritt ignorieren können. Mir war es innerhalb dieses Kapitels wichtig, dass Sie ein möglichst umfassendes Bild von der Systemkonfiguration erhalten und schlussendlich wissen, an welcher Stelle Sie zukünftig bei einer Anpassung ansetzen müssen.

Aufgrund der Komplexität des Themas habe ich an dieser Stelle bewusst die beiden Konfigurationsbereiche Zahlungsarten und Versandmethoden in ein separates Kapitel ausgelagert. Denn beide Themen sind zu wichtig, als dass sie in diesem umfangreichen 4. Kapitel einfach untergehen sollten.

Lassen Sie uns daher im folgenden Kapitel 5, »Versandmethoden und Zahlungsarten«, einen Blick in die Konfiguration dieser beiden Bereiche werfen und dadurch die Konfiguration Ihres Magento-Shops vervollständigen.

Kapitel 5
Versandmethoden und Zahlungsarten

5

An keiner anderen Stelle innerhalb eines Online-Shops können Sie Ihre Kunden so leicht verschrecken und damit Umsätze vernichten wie im Checkout. Speziell die Versandmethoden und Zahlungsarten spielen in diesem Prozess eine wichtige Rolle, weswegen ich sie in diesem Kapitel im Detail vorstellen möchte.

Innerhalb des Checkout-Prozesses ist die Auswahl der geeigneten Zahlungsart und Versandmethoden für jeden Kunden ein äußerst wichtiger und heikler Schritt. Immerhin möchte man sicher, schnell und unkompliziert bezahlen. Bei der Versandmethode spielen hingegen andere Themen eine übergeordnete Rolle, beispielsweise das Angebote eines Express-Versands oder gegebenenfalls anfallende Zusatzkosten bei einem alternativen Paketdienstleister. Die Präferenzen unterscheiden sich von Kunde zu Kunde, weshalb das Angebot an Versandmethoden und Zahlungsarten ein möglichst breites Spektrum abdecken sollte. Nur wenn Sie es schaffen, möglichst vielen Kunden eine geeignete Bezahl- und Versandmethode anzubieten, können Sie den Umsatz generieren und den Besucher in einen Kunden konvertieren. Magento ist in dieser Hinsicht zum Glück sehr breit aufgestellt und bietet im Bereich Bezahlung und Versand von Haus aus unterschiedlichste Features und Konfigurationsoptionen. Welche Möglichkeiten Magento Ihnen als Shop-Betreiber bietet, möchte ich Ihnen im Folgenden im Detail zeigen.

5.1 Versandmethoden

Melden Sie sich im ersten Schritt mit Ihren Zugangsdaten im Magento-Backend an, und öffnen Sie die Systemkonfiguration. Sie erreichen diese über die Navigation im linken Bereich, indem Sie auf SHOPS • KONFIGURATION klicken. Aus dem vorherigen Kapitel müsste Ihnen diese Konfigurationsansicht bekannt sein, daher sollten Sie an dieser Stelle vor keine allzu großen Herausforderungen gestellt werden. Scrollen Sie anschließend ein wenig nach unten, bis Sie zum Punkt UMSATZ gelangen, und klicken Sie auf VERSANDMETHODEN. Daraufhin erhalten Sie eine Übersicht, die bei

Ihnen wie in Abbildung 5.1 aussehen müsste, über alle im System vorhandenen Versandmethoden:

- Einheitspreis
- Kostenloser Versand
- Tabellenkurse
- UPS
- USPS
- FedEx
- DHL

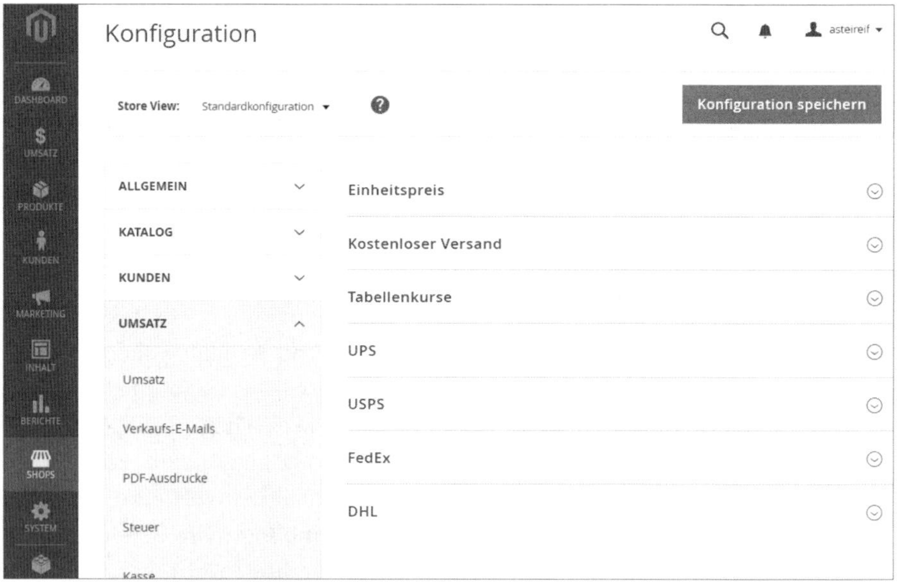

Abbildung 5.1 Magento verfügt von Haus aus über eine Vielzahl von Versandmethoden.

Auch wenn Magento grundsätzlich die Möglichkeit bietet, neue Versandmethoden hinzuzufügen und diese über Erweiterungen zu ergänzen, ist die von Haus aus vorhandene Auswahl in vielen Fällen ausreichend und hilft Ihnen, alle notwendigen und geforderten Versandmethoden abzubilden.

5.1.1 Einheitspreis

Scrollen Sie nun bitte zur ersten Versandmethode namens EINHEITSPREIS. Wie auch in anderen Teilen des Systems ist die Übersetzung an dieser Stelle nicht ganz glücklich gewählt. Es handelt sich weniger um einen Einheitspreis als um einen pauschalen Versandkostenbetrag. Dementsprechend passt inhaltlich die originale Bezeichnung namens Flat Rate ein wenig besser, lassen Sie sich aber von der Namensgebung an dieser Stelle nicht irritieren. Im Standard ist diese Versandmethode bereits aktiviert. Möchten Sie diese Versandmethode deaktivieren, können Sie dies mithilfe der Konfigurationsoption AKTIVIERT tun. Die beiden nächsten Eingabefelder haben direkte Auswirkung auf die Ausgabe im Frontend. Jede Zahlungsmethode verfügt in Magento über einen TITEL sowie METHODENNAMEN. In beiden Feldern können Sie eine beliebige Bezeichnung verwenden, beachten Sie aber die Ausgabe im Frontend. Ich hinterlege, an dieser Stelle aber nur als Beispiel, beim Titel den Wert »DHL« und beim Methodennamen »Lieferung innerhalb von 24 Stunden«. Basierend auf diesen Werten erhalten Sie eine Darstellung innerhalb des Checkout-Prozesses, wie in Abbildung 5.2 zu sehen ist.

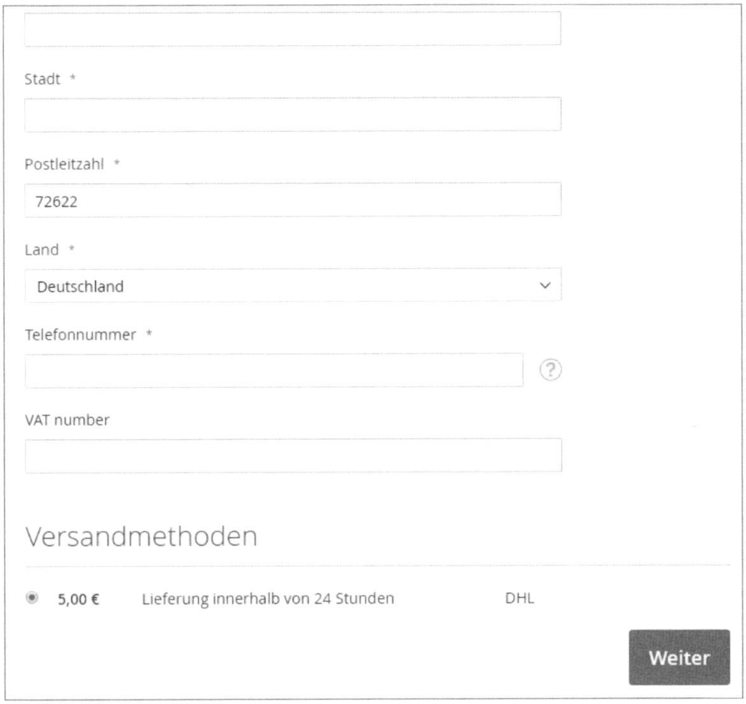

Abbildung 5.2 Der Titel und der Methodenname werden innerhalb des Bezahlvorgangs ausgegeben.

Vorangestellt wird der Methodenname, danach folgt der Titel, wobei Sie in beiden Feldern, wie erwähnt, beliebige Texte hinterlegen können.

Als Nächstes können Sie für die Berechnung einen sogenannten TYP definieren. In dieser Versandmethode stehen Ihnen drei Typen zur Verfügung. Hierbei handelt es sich um die Optionen KEINE, PRO ARTIKEL sowie PRO BESTELLUNG. Magento möchte an dieser Stelle letztendlich wissen, wie die Kosten für den Versand errechnet werden sollen. Wählen Sie die Option KEINE, werden keinerlei Kosten berechnet. Bei der Option PRO ARTIKEL errechnet Magento die Versandkosten je Artikel, und bei der

Option PRO BESTELLUNG werden die Versandkosten für die gesamte Bestellung definiert. Die Kosten an sich können Sie in der darauffolgenden Konfigurationsoption namens PREIS definieren. Wählen Sie, dies nur als kleines Beispiel, beim TYP die Option PRO ARTIKEL, und definieren Sie einen Preis von 5,00, wird für jeden Artikel im Warenkorb des Kunden ein Versandkostenbetrag von 5 € fällig. Bei 10 Artikeln im Warenkorb würde das Versandkosten in Höhe von 50 € entsprechen. Alternativ hierzu können Sie beim TYP die Option PRO BESTELLUNG und als Preis 5,00 wählen. Dann würden, unabhängig von der Anzahl der Artikel im Warenkorb, Versandkosten in Höhe von 5 € für die gesamte Bestellung fällig werden.

Ergänzen können Sie diese errechneten Versandkosten um eine Bearbeitungsgebühr. Bei der Bearbeitungsgebühr kann es sich um einen festen, also pauschalen, oder prozentualen Wert handeln. Die Bearbeitungsgebühr an sich können Sie in der Konfigurationsoption BEARBEITUNGSGEBÜHR definieren. Angenommen, Sie haben Versandkosten in Höhe von 50 € und hinterlegen bei der Bearbeitungsgebühr die Option PROZENT sowie eine Bearbeitungsgebühr von 10, würde nochmals ein Aufschlag von 5 € erfolgen, wodurch die finalen Versandkosten 55 € betragen würden.

Bestrafen Sie den Kunden nicht für eine hohe Anzahl an Artikeln!

Tatsächlich wird die Versandmethode Einheitspreis in der Praxis häufig und gern verwendet. Denken Sie aber daran, Ihre Kunden nicht für den Kauf einer hohen Anzahl an Artikeln zu bestrafen. Dies würden Sie tun, wenn Sie mittels der Versandmethode Einheitspreis beim Typ auf »Pro Artikel« gehen und tatsächlich für jeden Artikel in Warenkorb Versandkosten errechnen. Dies würde ein wenig der Logik widersprechen, dass Sie möglichst viele Produkte verkaufen und einen hohen Umsatz erzielen möchten.

Neben der Bearbeitungsgebühr können Sie, hierbei handelt es sich um den nächsten Punkt, zudem eine Fehlermeldung definieren. Diese würde immer dann ausgegeben werden, wenn die Versandmethode nicht verfügbar ist, aber dennoch angezeigt wird. Normalerweise sollte dies aber nicht zutreffen, da Magento nur verfügbare Versandmethoden innerhalb des Checkout-Prozesses darstellt. Darüber hinaus können Sie diese Versandmethode für bestimmte Länder aktivieren bzw. einschränken. Wählen Sie hierfür im Punkt VERSAND IN ANWENDBARE LÄNDER die Option BESTIMMTE LÄNDER, und markieren Sie in der direkt darunter befindlichen Multi-Select-Box die gewünschten Länder. Anschließend kann diese Versandmethode auch nur dann genutzt werden, wenn das Lieferland, das im Checkout durch den Kunden definiert wird, den in dieser Ansicht freigeschalteten Ländern entspricht.

Sofern Sie die Versandmethode innerhalb des Checkouts darstellen möchten, auch wenn der Kunde diese beispielsweise aufgrund der Länderbeschränkung nicht nutzen darf, können Sie dies im Punkt METHODE ANZEIGEN, WENN NICHT ANWENDBAR konfigurieren. In diesem Fall würde zudem die Fehlermeldung, die ich im vorherigen Absatz erwähnt habe, angezeigt werden.

Als letzte Option können Sie eine Sortierreihenfolge hinterlegen. Wenn Sie bei jeder Versandmethode eine Zahl hinterlegen, stellt Magento im Checkout-Prozess alle Versandmethoden aufsteigend anhand dieser Zahl dar. Dadurch wird die Versandmethode mit der kleinsten Zahl zuerst und die Versandmethode mit der höchsten Zahl am Ende dargestellt.

5.1.2 Kostenloser Versand

Die nächste Versandmethode, scrollen Sie an dieser Stelle bitte ein wenig nach unten, wird durch den eigenen Titel schon recht gut beschrieben. Die Versandmethode KOSTENLOSER VERSAND bietet Ihren Kunden die Möglichkeit einer kostenfreien Lieferung. Exakt wie bei der vorherigen Versandmethode können Sie zuerst definieren, ob die Versandmethode aktiviert bzw. deaktiviert ist. Zusätzlich haben Sie wiederum die Möglichkeit, einen Titel und Methodennamen zu definieren. Dieser wird, exakt wie beim Einheitspreis, wiederum im Checkout-Prozess ausgelesen und dargestellt.

Eine Besonderheit dieser Zahlungsart, bei es sich um die nächste Konfigurationsoption handelt, ist die Mindestbestellmenge. Mithilfe dieses Feldes können Sie definieren, ab welchem Bestellwert der kostenfreie Versand angeboten wird. Tragen Sie in diesem Punkt beispielsweise die Zahl 200 ein, wird der kostenfreie Versand erst ab einer Zwischensumme von 200 € und höher aktiviert. Dadurch können Sie fein eingrenzen, für welchen Kunden bzw. Warenkorb diese Versandmethode zur Verfügung steht und für welchen nicht.

Weiterführend haben Sie zudem die Möglichkeit, eine Fehlermeldung zu hinterlegen und die Versandmethode auf bestimmte Länder einzugrenzen. Speziell beim kostenlosen Versand ist diese Eingrenzung sinnvoll, wenn Sie beispielsweise innerhalb von Deutschland ab 200 € versandkostenfrei liefern können, dies aber im Umkehrschluss nicht für Versandadressen in den USA gilt. Mithilfe der Sortierreihenfolge können Sie abschließend noch die Position der Versandmethode im Checkout-Prozess definieren.

5.1.3 Tabellenkurse

Bei der nächsten Versandmethode handelt es sich definitiv um die mächtigste, die Magento von Haus aus anbietet. Auch hier ist der Name »Tabellenkurse« nicht ganz korrekt gewählt, im Englischen wird diese Versandmethode mit dem Begriff Table Rates beschrieben. Der große Pluspunkt dieser Versandmethode besteht darin, in Form einer Tabelle gestaffelte Versandkosten abzubilden. Die Staffelung kann dabei auf Basis unterschiedlicher Faktoren aufgebaut werden, letztendlich haben Sie damit die Möglichkeit, die Berechnung der Versandkosten recht fein durchzuführen. Scrollen Sie daher an dieser Stelle zur Versandmethode TABELLENKURSE und öffnen Sie, falls notwendig, den Konfigurationsbereich, indem Sie auf das Pfeil-Symbol am rechten Bildschirmrand klicken. Daraufhin sollte Ihre Ansicht wie in Abbildung 5.3 aussehen.

Wie auch bei den vorherigen Versandmethoden haben Sie zuerst die Möglichkeit, die Methode zu aktivieren bzw. zu deaktivieren. In diesem Fall können Sie die Versandmethode ruhig aktivieren, damit Sie im späteren Verlauf mit den Versandkosten ein wenig experimentieren können.

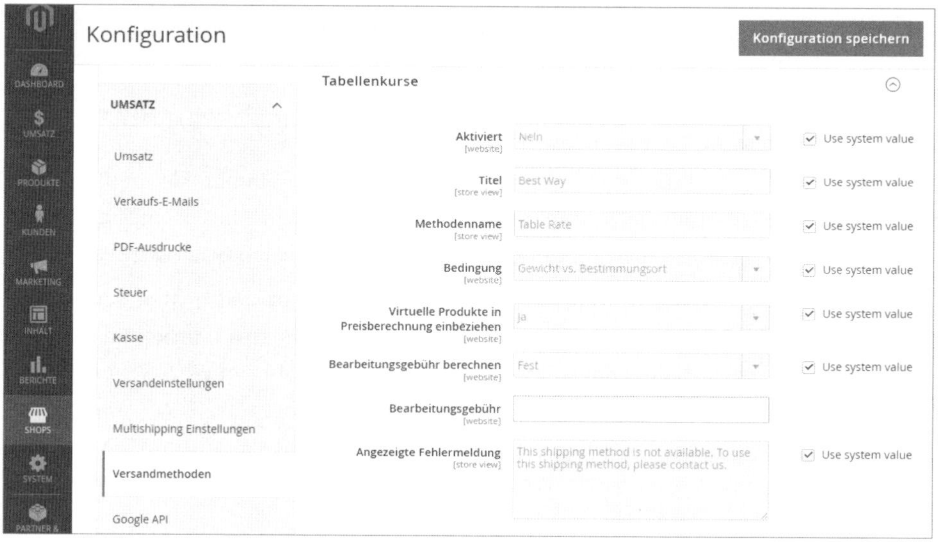

Abbildung 5.3 Die Konfiguration der Tabellenkurse ist in Magento etwas tricky gelöst.

Ebenso können Sie einen Titel und Methodennamen definieren, diese werden identisch mit den vorherigen Methoden im Checkout-Prozess bzw. nachgelagert in den Transaktions-E-Mails ausgegeben.

Richtig interessant wird es in der nun ersichtlichen Konfigurationsoption namens BEDINGUNG. Mithilfe der Bedingung können Sie bestimmen, auf welcher Basis die Versandkostenstaffel aufbaut. Zur Auswahl stehen dabei folgende Optionen:

- Gewicht vs. Bestimmungsort
- Preis vs. Bestimmungsort
- # von Artikel vs. Bestimmungsort

Um es an dieser Stelle nicht komplizierter als nötig zu machen: Sie können definieren, ob sich die Staffel anhand des Warenkorbgewichts, des Warenkorbwertes oder der Anzahl der Artikel im Warenkorb bestimmt. Ich wähle in meinem Fall die Option PREIS VS. BESTIMMUNGSORT, da ich die Versandkosten gern auf Basis des Warenkorbwertes staffeln möchte. Da Magento neben physischen Produkten auch virtuelle Produkte vertreiben kann, können Sie in der nächsten Konfigurationsoption definieren, inwiefern digitale Produkte einen Einfluss auf die Versandkostenberechnung haben. Im Standard werden diese ebenfalls in die Versandkostenberechnung einbezogen, Sie können virtuelle Produkte jedoch auch komplett von der Berechnungslogik ausschließen.

Zu den eigentlichen Versandkosten können Sie auch bei dieser Versandmethode eine Bearbeitungsgebühr definieren. Sie haben die Wahl zwischen einem pauschalen und einem prozentualen Betrag, den Sie anschließend im Feld Bearbeitungsgebühr hinterlegen können. Außerdem können Sie, äquivalent zu den vorherigen Versandmethoden, eine Fehlermeldung hinterlegen und die Versandmethode für bestimmte Länder eingrenzen. Auch haben Sie die Wahl, die Methode anzuzeigen, falls diese gar nicht für den Kunden verfügbar sein sollte, und die Sortierreihenfolge lässt sich ebenfalls definieren.

An dieser Stelle müssten Sie nun ein wenig ins Grübeln kommen, denn Sie sind am Ende der Konfiguration dieser Versandmethode angelangt, haben aber noch keinerlei Preisstaffel bzw. Versandkosten hinterlegt. In der Tat ist die Art und Weise, wie bei dieser Versandmethode die Kosten hinterlegt werden, etwas tricky und meiner Meinung nach umständlich gelöst. Scrollen Sie bitte wieder bis zum oberen Ende der Seite, klicken Sie bei Store View auf das Dropdown-Feld mit dem Wert Standardkonfiguration, und wählen Sie die Option Main Website aus. Den anschließend aufpoppenden Dialog können Sie getrost bestätigen. Sie können das Dropdown-Feld und die zu tätigende Auswahl in Abbildung 5.4 sehen.

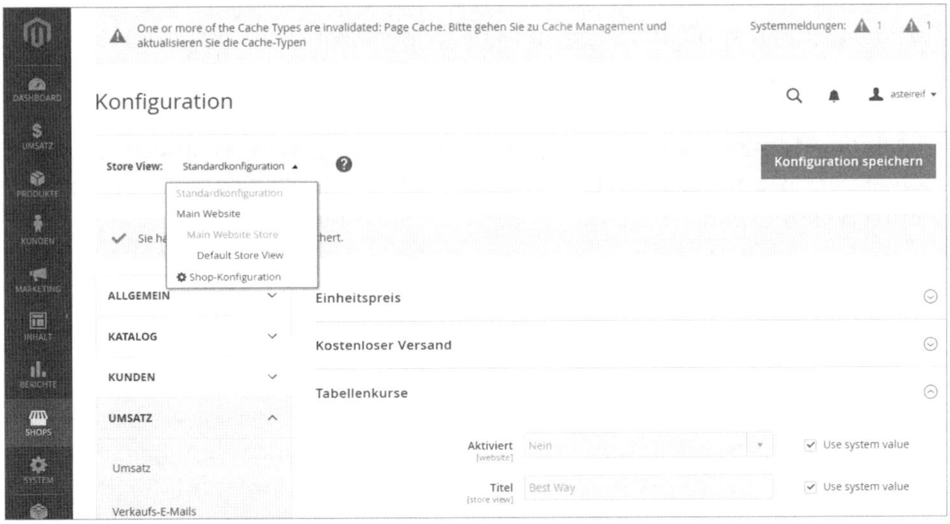

Abbildung 5.4 Um die Tabellenkurse zu hinterlegen, müssen Sie zuerst den Konfigurationsbereich wechseln.

Was Sie gerade im Schnelldurchlauf gemacht haben, werde ich Ihnen in Kapitel 17, »Magento-Multistore-Funktionalität konfigurieren und nutzen«, noch im Detail erklären. Letztendlich haben Sie mit dieser Auswahl den aktuellen Konfigurationsbereich gewechselt, da die benötigte Konfigurationsoption nicht auf der höchsten Ebene zur Verfügung steht. Wenn Sie jetzt erneut nach unten zur Versandmethode TABELLENKURSE scrollen, werden Sie plötzlich eine veränderte Konfigurationsmaske vorfinden, wie Sie zudem in Abbildung 5.5 erkennen können.

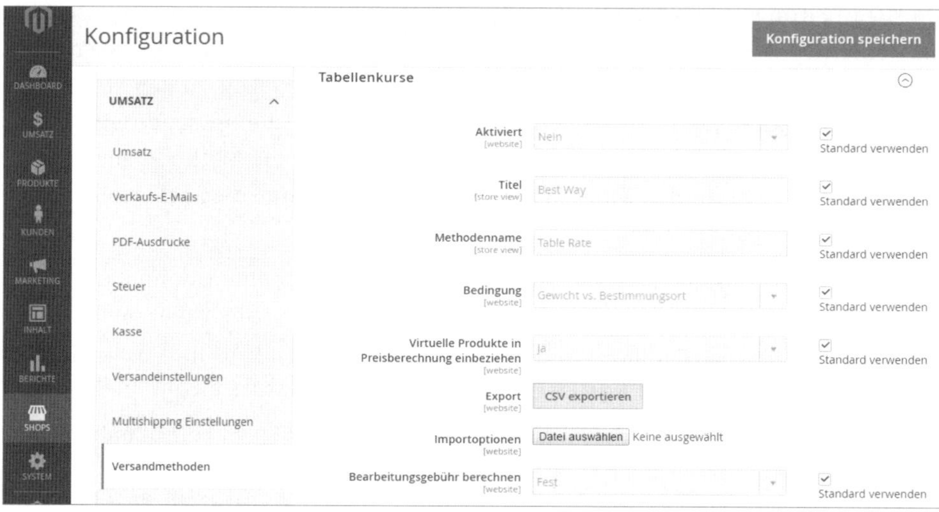

Abbildung 5.5 Nachdem Sie den Konfigurationsbereich gewechselt haben, können Sie die »tablerates.csv« importieren.

Nachdem Sie den Konfigurationsbereich gewechselt haben, können Sie bei der Versandmethode eine CSV-Datei importieren sowie exportieren. Da an dieser Stelle keine grafische Oberfläche für die Definition der Versandkosten bereitsteht, wird zur Verwaltung der Versandkosten eine CSV-Datei genutzt. Auch wenn dies im ersten Moment etwas umständlich klingt, handelt es sich mit ein wenig Übung um eine sehr schnelle und einfache Methodik, um Versandkosten festzulegen.

Klicken Sie im ersten Schritt auf CSV EXPORTIEREN, um einen Export der aktuellen Versandkosten zu erhalten. Zum aktuellen Zeitpunkt sind zwar keine Versandkosten definiert, die CSV-Datei enthält jedoch den benötigten Aufbau, d. h. die Struktur, in der Sie die Versandkosten hinterlegen müssen. Nachdem Sie die CSV-Datei heruntergeladen haben, können Sie diese in einem beliebigen Editor wie beispielsweise Notepad++ öffnen und bearbeiten. Alternativ hierzu haben Sie auch die Möglichkeit, mittels Microsoft Excel die Datei zu verwalten; hier müssen Sie jedoch höllisch beim Speichern der CSV-Datei aufpassen, da Excel gern Feldtrenner und umschließende Werte innerhalb einer CSV-Datei ändert. In einem Texteditor sehen Sie folgenden Aufbau der *tablerates.csv*-Datei:

```
Land,Region/Bundesland,Postleitzahl,"Bestellungs-
Zwischensumme (und höher)",Versandkosten
```

Listing 5.1 Die Tabellenkurse lassen sich in Magento ausschließlich per CSV-Datei steuern.

Um Versandkosten zu ergänzen, können Sie an dieser Stelle beliebig viele weitere Zeilen hinzufügen und damit eine Staffelung erzeugen. Lassen Sie mich Ihnen dies am folgenden Beispiel verdeutlichen:


```
Land,Region/Bundesland,Postleitzahl,"Bestellungs-
Zwischensumme (und höher)",Versandkosten
DEU,*,*,0.0000,3.9500
DEU,*,*,100.0000,1,9500
DEU,*,*,200.0000,0.0000
AUT,*,*,0.0000,6.9500
```

Listing 5.2 Beispielhafter Aufbau der Versandkosten, die sowohl Deutschland als auch Österreich abdecken

Bei der ersten Information handelt es sich um das Versandland, in meinem Beispiel habe ich hier sowohl Deutschland (DEU) als auch Österreich (AUT) definiert. An dieser Stelle können Sie jedes beliebige Land hinterlegen, beachten Sie jedoch, dass Sie als Länderkennung diejenige bestehend aus drei Buchstaben verwenden müssen. Wenn Sie bei Deutschland hingegen DE hinterlegen würden, so könnte Magento keine Versandkosten errechnen. Zudem haben Sie Möglichkeit, als Wert * zu hinterlegen. Sobald Sie bei einem Eintrag innerhalb der Tabellenkurse den Wert * hinterlegen, gilt dieser Eintrag immer ohne jegliche Limitierung. Würden Sie beim Land daher * hinterlegen, würde diese Zeile innerhalb der Tabellenkurse für alle Länder gelten. Sie sehen dies bei meiner beispielhaft aufgebauten Datei im vorherigen Listing bei den beiden Feldern Region sowie Postleitzahl. In Deutschland ist es eher unüblich, die Versandkosten anhand des Bundeslandes bzw. der Postleitzahl zu ermitteln, auch wenn dies speziell bei Lieferungen auf die deutschen Inseln sinnvoll wäre. Immerhin haben Sie hier als Händler auch höhere Versandkosten, die in der Praxis jedoch in einer Mischkalkulation untergehen. Damit Sie nun nicht für jedes Bundesland und jede Postleitzahl einen Eintrag in der CSV-Datei erstellen müssen, können Sie bei diesen beiden Feldern einfach den Wert * hinterlegen. Dadurch greift die Zeile unabhängig von dem in der Lieferadresse hinterlegten Bundesland bzw. der Postleitzahl.

Die nächste Spalte definiert die Bestellsumme, ab der die Versandkosten gelten, und die letzte Spalte an sich definiert die Versandkosten. Bezogen auf mein Beispiel sagt die erste Zeile daher aus, dass bei einer Lieferung nach Deutschland ab einem Warenkorbwert von 0 € Versandkosten in Höhe von 3,95 € anfallen. Ist der Warenkorbwert höher als 100 € und geht die Lieferung ebenfalls nach Deutschland, so werden nur noch Versandkosten in Höhe von 1,95 € fällig. Ab einem Warenkorbwert von 200 € ist der Versand innerhalb von Deutschland sogar versandkostenfrei, und Lieferungen nach Österreich kosten pauschal immer 6,95 €, unabhängig vom Warenkorbwert.

Nachdem Sie die CSV-Datei entsprechend angepasst haben, müssen Sie diese im nächsten Schritt hochladen. Mithilfe des Feldes IMPORTOPTIONEN können Sie den Upload ganz einfach durchführen, und Magento prüft in diesem Moment ebenfalls, ob die Struktur der Datei weiterhin in Ordnung ist. Achten Sie an dieser Stelle, speziell, wenn Sie Microsoft Excel einsetzen, darauf, dass innerhalb der CSV-Datei als Feldtrenner immer ein Komma verwendet wird und auf umschließende Werte wie doppelte Anführungszeichen verzichtet wird. Am Ende des Tages, ganz unabhängig davon, mit welchem Programm Sie arbeiten, muss die CSV-Datei exakt wie in Listing 5.1 aufgebaut sein. Nachdem Sie die Datei ausgewählt haben, müssen Sie letztendlich nur noch die Konfiguration speichern, und schon haben Sie die Versandkostenregeln in Ihrem System.

5.1.4 UPS, USPS, FedEx, DHL

Abschließend verfügt Magento über weitere Versandmethoden, die Sie als Händler in Deutschland jedoch nicht nutzen können und daher für Sie vermutlich weniger interessant sind. Wenn Sie, nachdem Sie sich durch die Konfiguration der Tabellenkurse geklickt haben, etwas nach unten scrollen, werden Sie die Versandmethoden UPS, USPS, FedEx und DHL vorfinden. Diese vier Versandmethoden bilden zudem den Abschluss. Alle diese Methoden haben eine Gemeinsamkeit, und das ist die direkte Anbindung an den Paketdienstleister. Leider gilt diese direkte Anbindung nur für die USA. Würden Sie Ihren Magento-Shop in den USA betreiben, könnten Sie mithilfe der Versandmethode FedEx beispielsweise direkt diesen Paketdienstleister per Schnittstelle anbinden. Selbiges gilt für DHL, UPS sowie USPS. Leider, das hat sich seit Version 1 von Magento auch nicht geändert, wird diese »US-only«-Einstellung in der nahen Zukunft nicht angepasst werden. Sie können daher getrost über diese Versandmethoden samt allen Konfigurationseinstellungen hinwegblättern und müssen sich an dieser Stelle nicht damit beschäftigen.

5.1.5 Erweiterung der Versandmethoden

Wie eingangs erwähnt, besteht grundsätzlich die Möglichkeit, zusätzliche Versandmethoden in Form von sogenannten Extensions, also Erweiterungen für Magento, zu ergänzen. Wie Sie Extensions installieren und woher Sie Extensions beziehen können, werden Sie noch im weiteren Verlauf dieses Buches erfahren. An dieser Stelle möchte ich Ihnen letztendlich auch nur eine äußerst interessante Erweiterung in Bezug auf die Versandmethoden vorstellen, die Ihnen gegebenenfalls das eine oder andere Problem bei der Versandkostenberechnung lösen könnte.

Der in der Magento-Szene bekannte Modulhersteller Amasty hat mit der Extension SHIPPING RULES FOR MAGENTO 2 eine umfangreiche Erweiterung entwickelt, die zusätzliche Funktionen im Bereich der Versandkostenberechnung liefert. Unter anderem können Sie basierend auf Produktattributen individuelle Versandkosten festlegen und errechnen. Zudem bietet die Erweiterung eine grafische Oberfläche, um Versandkostenregeln anzulegen und zu verwalten, der Umweg über CSV-Dateien entfällt daher komplett.

Tatsächlich kommt es in der Praxis, speziell im B2B-Umfeld, recht häufig vor, dass Versandkosten durch das gekaufte Produkt beeinflusst werden. Wenn ein Artikel recht sperrig ist und dadurch per Spedition ausgeliefert werden muss, sind logischerweise auch die Versandkosten höher als bei einem kleinen und leichten Artikel, der per DHL versendet werden kann. Wenn Sie Versandkosten auf der Basis von Produkten definieren müssen, ist diese Erweiterung der einfachste Weg, um ans Ziel zu kommen.

Weiterführende Informationen zu dieser Magento-Erweiterung finden Sie direkt bei Amasty unter *https://amasty.com/shipping-rules-for-magento-2.html*. Sollten Sie Probleme bei der Installation und Konfiguration haben, hilft Amasty übrigens gern in Form eines Installation Service weiter.

5.2 Zahlungsarten

Neben dem Versand ist die Bezahlung das zweite elementare Thema in einem Checkout-Prozess. Magento bietet, ähnlich wie bei den Versandmethoden, von Haus aus einen großen Strauß an Bezahloptionen, die ich Ihnen im Folgenden im Detail vorstellen möchte. Begeben Sie sich daher bitte erneut in das Magento-Backend, und öffnen Sie die Systemkonfiguration. Zur Systemkonfiguration gelangen Sie, indem Sie auf SHOPS • KONFIGURATION klicken. Scrollen Sie anschließend nach unten, und öffnen Sie den Punkt ZAHLUNGSARTEN, der im Bereich UMSATZ angesiedelt ist.

Als erste Konfigurationseinstellung – diese ist komplett unabhängig von den aktivierten Zahlungsarten – können und sollten Sie das Händlerland auswählen. Unter Umständen greift eine Zahlungsart auf diese Information zu und benötigt diese für die korrekte Abwicklung der Zahlung. Da im Standard das Land nicht ausgewählt ist, wählen Sie an dieser Stelle Deutschland als Händlerland aus, und speichern Sie die Konfiguration.

5.2.1 Braintree

Möchten Sie als Händler in Ihrem Magento-System Kreditkartenzahlungen abwickeln, benötigen Sie zwingend einen Payment-Service-Provider. Kritische Daten wie Kreditkarteninformationen dürfen unter keinen Umständen im eigenen System gespeichert werden, außer man erfüllt gewisse Kriterien und durchläuft einen aufwendigen Prüfprozess. Da dies in der Praxis für Online-Händler kein gangbarer Weg ist, da die Hürden und Anforderungen einfach zu hoch und zu komplex sind, wird ein sogenannter Payment-Service-Provider mit der Durchführung und Abwicklung von Transaktionen, beispielsweise Kreditkartenzahlungen, beauftragt. In diesem Fall werden alle kritischen Informationen direkt durch den Payment-Service-Provider verarbeitet, und Sie als Shop-Betreiber sind aus dem Schneider, da die hohen und komplexen Anforderungen bei der Verarbeitung der Zahlungsinformationen an den Payment-Service-Provider und nicht an Sie gestellt werden.

Bei Braintree, der ersten Zahlungsart in der Magento-Konfigurationsansicht, handelt es sich um einen solchen Payment-Service-Provider. Braintree ist daher per Definition keine Zahlungsart, sondern ein Unternehmen, das Ihnen bei der Abwicklung von Zahlungstransaktionen hilft. Mithilfe von Braintree können Sie Kreditkarten- aber auch PayPal-Zahlungen abwickeln und sicher verarbeiten. Voraussetzung hierfür sind ein Braintree-Benutzerkonto sowie ein aktivierter Account.

Benutzerkonto bei Braintree anlegen

Wenn Sie Braintree als Payment-Service-Provider integrieren möchten, benötigen Sie im ersten Schritt ein Benutzerkonto. Dieses können Sie direkt unter *https://apply.braintreegateway.com/signup/us* anlegen. Klicken Sie sich Schritt für Schritt durch die Konfigurationsmaske, und hinterlegen Sie die benötigten Informationen. Informationen zur Preisgestaltung finden Sie unter *https://www.braintreepayments.com/braintree-pricing*. Im Vergleich zu anderen Payment-Service-Providern hat Braintree ein recht einfaches Preismodell, denn Sie zahlen bei Kreditkartentransaktionen immer eine Gebühr von 1,9 % der Transaktionssumme sowie 0,30 € als fixe Gebühr pro Transaktion.

Vorausgesetzt, Sie verfügen über ein Benutzerkonto bei Braintree, können Sie durch einen Klick auf den Button KONFIGURIEREN die notwendigen Verbindungs- und Zugangsdaten hinterlegen. Nachdem Sie auf den Button geklickt haben, sehen Sie den aufgehenden Konfigurationsbereich, der sich in die Unterpunkte GRUNDLEGENDE BRAINTREE-EINSTELLUNGEN, ERWEITERTE BRAINTREE-EINSTELLUNGEN, LÄNDERSPEZIFISCHE EINSTELLUNGEN, PAYPAL ÜBER BRAINTREE und EINSTELLUNGEN DER 3D SECURE-VERIFIZIERUNG unterteilt.

Bei den *grundlegenden Einstellungen* haben Sie die Möglichkeit, die Zahlungsart zu aktivieren. Dadurch können Sie zukünftig Kreditkartenzahlungen direkt in Ihrem

Online-Shop anbieten und abwickeln. Da Braintree zudem Ihre PayPal-Transaktionen verarbeiten könnte, existiert hierfür ebenfalls eine Option. Magento verfügt jedoch von Haus aus ebenfalls über die Möglichkeit, PayPal-Transaktionen zu verarbeiten, mehr hierzu erfahren Sie auf den nächsten Seiten. Neben der Aktivierung von Braintree können Sie zudem einen Titel definieren sowie die Verbindungsdaten zu Braintree hinterlegen. Auch lässt sich der Modus an dieser Stelle festlegen. Wenn Sie die Zahlungsart zuerst innerhalb einer Testumgebung testen möchten, steht der sogenannte *Sandbox Modus* zur Verfügung. Dieser erlaubt das Experimentieren, es wird kein direkter Geldfluss erzeugt, und Sie haben die Möglichkeit, unterschiedliche Tests durchzuführen.

Zugangsdaten werden direkt von Braintree bereitgestellt

Die zu hinterlegenden Verbindungsdaten wie die Händler-ID oder den öffentlichen Schlüssel erhalten Sie direkt von Braintree, nachdem Sie dort ein Konto eröffnet und eine Bestätigung erhalten haben.

Innerhalb der *erweiterten Einstellungen* können Sie in erster Linie definieren, welche Kreditkarten Sie akzeptieren. Hierfür steht ein Auswahlbereich zur Verfügung, den Sie in Abbildung 5.6 sehen.

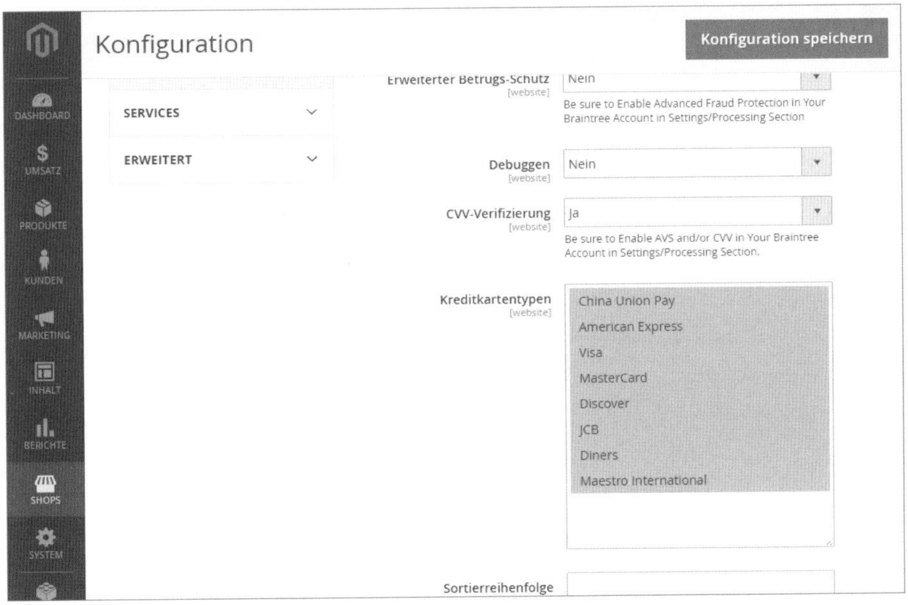

Abbildung 5.6 Braintree kann eine Vielzahl von Kreditkarten akzeptieren und verarbeiten.

Darüber hinaus haben Sie weiterführende Konfigurationsmöglichkeiten, beispielsweise können Sie den Debug-Modus aktivieren und die CVV-Verifizierung aktivieren oder deaktivieren.

Innerhalb des nächsten Konfigurationsabschnittes namens LÄNDERSPEZIFISCHE EINSTELLUNGEN können Sie bestimmte Kreditkarten für bestimmte Länder ausschließen sowie grundsätzlich definieren, in welchen Ländern Sie die von Braintree angebotenen Zahlungsarten anbieten möchten. Die Konfiguration dieser länderspezifischen Optionen ist ähnlich wie bei den Versandmethoden. Über ein Multi-Select-Feld haben Sie die Möglichkeit, beliebig viele Länder zu markieren; anschließend ist Braintree bei einem Checkout in den folgenden Ländern aktiv. Beachten Sie, dass Magento dies immer an der Rechnungsadresse und nicht an der Lieferadresse festmacht.

Innerhalb des nächsten Menüpunktes PAYPAL ÜBER BRAINTREE können Sie PayPal-Transaktionen direkt über Braintree abwickeln. Hierfür stehen Ihnen wiederum einige Konfigurationsparameter zur Verfügung, wodurch Sie beispielsweise den PayPal-Checkout bereits im Einkaufswagen anbieten können. Auch PayPal lässt sich als Zahlungsart auf gewisse Länder beschränken und eingrenzen, wie Sie in Abbildung 5.7 sehen.

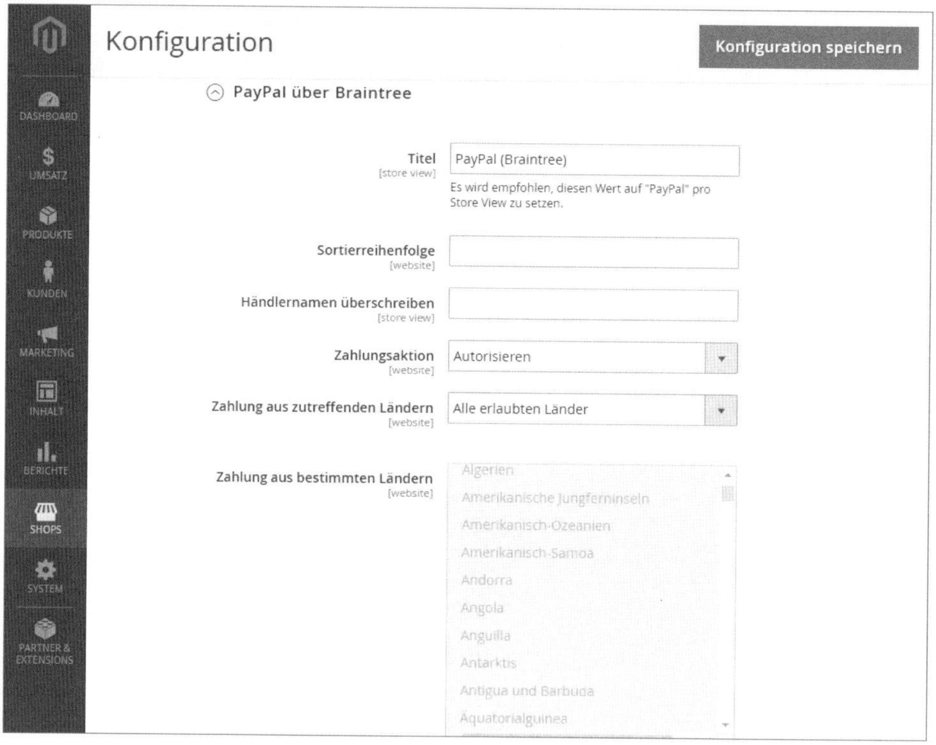

Abbildung 5.7 Braintree erlaubt die separate Konfiguration der Zahlungsart »PayPal«.

Als letzten Konfigurationsbereich haben Sie noch die *3D Secure Verifizierung*. Bei 3D Secure handelt es sich um einen erweiterten Sicherheitsmechanismus bei der Bezahlung per Kreditkarte. Diesen Mechanismus können, müssen Sie jedoch nicht aktivieren. Sollten Sie sich für 3D Secure entscheiden, können Sie innerhalb dieses Abschnitts entsprechende Einstellungen vornehmen.

5.2.2 PayPal Payment Solutions

Eine Zahlungsart, um die Sie als Shop-Betreiber definitiv nicht herumkommen, auch wenn es sicherlich die eine oder andere Ausnahme geben wird, welche die Regel bestätigt, ist PayPal. Teilweise sind mir in den vergangenen Jahren Online-Shops untergekommen, bei denen knapp die Hälfte der Transaktionen mittels PayPal bezahlt wurde. Dabei ist PayPal kein rein amerikanisches oder deutsches Phänomen. International betrachtet hat PayPal einen sehr guten Marktanteil und muss daher so gut wie in jeden Online-Shop integriert werden. Genau aus diesem Grund bietet Magento eine von Haus aus exzellente PayPal-Integration, die sich äußerst schnell aktivieren lässt. Scrollen Sie innerhalb der Konfigurationsansicht ZAHLUNGSARTEN ein wenig nach unten, bis Sie zum Punkt PAYPAL PAYMENT SOLUTIONS gelangen. Öffnen Sie anschließend den Bereich ERFORDERLICHE PAYPAL-EINSTELLUNGEN, wodurch Sie eine Konfigurationsmaske wie in Abbildung 5.8 zu sehen bekommen.

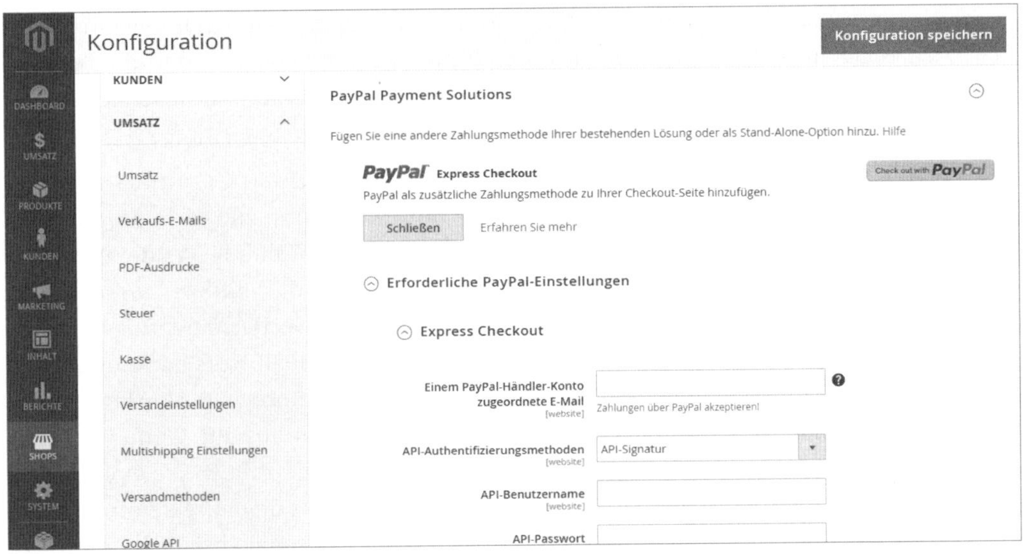

Abbildung 5.8 PayPal lässt sich innerhalb von Magento mit wenigen Klicks aktivieren.

Die Aktivierung und Nutzung von PayPal ist deshalb so einfach, weil Magento alle Daten von Ihrem PayPal-Account abfragen kann. Vorausgesetzt, Sie haben bereits einen PayPal-Geschäftskunden-Account, klicken Sie bitte auf den Button ANMELDEINFORMATIONEN VON PAYPAL BEKOMMEN. Daraufhin öffnet sich ein Popup-Fenster, in dem Sie sich mit Ihren PayPal-Zugangsdaten anmelden können. Klicken Sie sich einfach durch den Dialog, den Sie innerhalb des Popup-Fensters sehen. Als Ergebnis erhalten Sie alle wichtigen und relevanten Verbindungsdaten wie den API-Benutzernamen, API-Passwort sowie die API-Signatur. Diese Werte müssen Sie nur noch in die Konfigurationsmaske in Magento übertragen und die Konfiguration speichern. Daraufhin können Sie PayPal direkt in Magento nutzen und Transaktionen über diese Zahlungsmethode abwickeln. Für den Fall, dass Sie innerhalb einer Testumgebung erst noch ein wenig experimentieren möchten, können Sie zudem den Sandbox-Modus aktivieren. Der Sandbox-Modus ist letztendlich nichts anderes als ein Testmodus, in dem Sie problemlos Transaktionen durchführen können, ohne dass tatsächlich ein Geldfluss entsteht.

Sobald Sie die API-Verbindungsdaten hinterlegt haben, können Sie etwas weiter unten in der Konfigurationsansicht PayPal aktivieren. Sobald PayPal aktiviert ist, haben die Besucher und Kunden Ihres Online-Shops die Möglichkeit, bei der Bezahlung PayPal zu verwenden. Um ein noch besseres Einkaufserlebnis zu gewährleisten, können Sie zudem die *In-Context Checkout Experience* aktivieren. Ist diese Option aktiviert, verlässt der Kunde beim Kauf per PayPal nicht den eigentlichen Online-Shop, sondern führt die Transaktion direkt innerhalb des Online-Shops durch. Da es sich hierbei um eine äußerst interessante Funktionalität handelt, die ebenfalls zur Steigerung der Conversion Rate in Ihrem System beitragen kann, empfehle ich Ihnen einen kurzen Blick auf die PayPal-Website unter *https://developer.paypal.com/docs/classic/express-checkout/*, die nochmals alle wichtigen Funktionen und Möglichkeiten dieser Funktionalität zusammenfasst.

Scrollen Sie erneut ein Stück nach unten, bis Sie zum Abschnitt GRUNDEINSTELLUNGEN - PAYPAL EXPRESS CHECKOUT gelangen. Mithilfe der dort zur Verfügung stehenden Optionen können Sie unter anderem den Namen der Zahlungsart, der im Frontend innerhalb des Checkout-Prozesses ausgegeben wird, definieren. Ändern Sie hierfür letztendlich nur den Wert im Feld TITEL. Bei der Sortierreihenfolge können Sie direkten Einfluss auf die Position der Zahlungsart innerhalb des Checkout-Prozesses nehmen. Auch hier gilt, exakt wie bei den Versandmethoden, dass Magento zuerst die Zahlungsarten mit der kleinsten Sortierreihenfolge ausgibt. Wenn PayPal an erster Stelle erscheinen soll, hinterlegen Sie am besten die Zahl 0. Die Option Zahlungsaktion definiert, ob bei einem Kauf mittels PayPal das Geld direkt vom Kunden eingezogen werden soll oder ob Sie den Geldeinzug nochmals manuell bestätigen möchten. Insgesamt stehen hierfür drei unterschiedliche Optionen zur Verfügung, die bis ins kleinste Detail unter *https://www.paypal-knowledge.com/infocenter/index?page=content&widgetview=true&id=FAQ1501* erklärt werden, weshalb ich mir an dieser Stelle ausschweifende Erklärungen spare. Last, but not least können Sie in der nächsten Option einstellen, ob Ihre Kunden direkt von der Produktdetailseite in den PayPal-Checkout springen können oder nicht. Falls ja, spart sich der Kunde theoretisch den Weg durch den Warenkorb, die Wahrscheinlichkeit, dass der Kunde aber auch mehrere Produkte zuerst in den Warenkorb füllt, sinkt.

Aufgrund der sehr umfangreichen und komplexen Integration von PayPal innerhalb von Magento stehen noch weitaus mehr Konfigurationsoptionen als die besagten zur Verfügung. Klicken Sie hierfür auf die Überschrift ERWEITERTE EINSTELLUNGEN, wie in Abbildung 5.9 zu sehen ist.

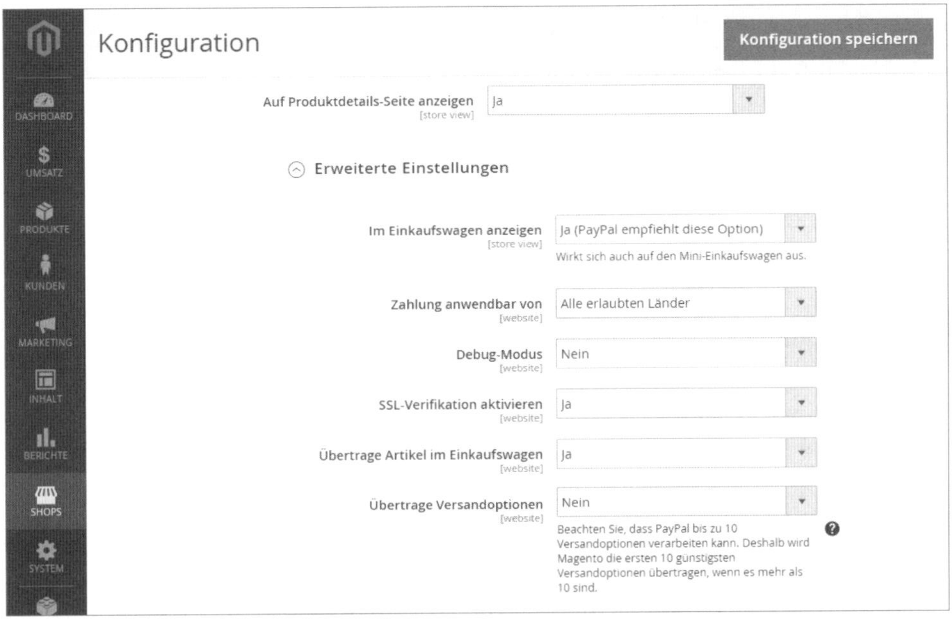

Abbildung 5.9 Innerhalb von Magento können Sie eine Vielzahl von PayPal-Konfigurationsoptionen anpassen.

Die erweiterten PayPal-Einstellungen untergliedern sich wiederum in folgende zusätzliche Unterpunkte:

- PayPal-Abrechnungsvereinbarungeinstellungen
- Abwicklungs-Bericht-Einstellungen
- Frontenderfahrungs-Einstellungen

Grundsätzlich müssen Sie innerhalb der erweiterten Einstellungen keinerlei Anpassungen vornehmen, um PayPal ohne Einschränkungen nutzen zu können. Vielmehr handelt es sich bei diesen Konfigurationsoptionen um feine Details, die Sie modifizieren können. Aufgrund der Vielzahl von Konfigurationsmöglichkeiten und der fehlenden Notwendigkeit von Anpassungen möchte ich Ihnen daher diesen Bereich nicht im Detail aufzeigen, auch wenn Sie sich selbstverständlich gern durch die Tiefen der Konfigurationseinstellungen klicken können. Die Wahrscheinlichkeit, dass Sie Hand an diese Einstellungen anlegen müssen, ist jedoch äußerst gering.

Wie Sie sehen, können Sie PayPal relativ einfach aktivieren und innerhalb von Magento freischalten. Nachdem Sie sich bei PayPal angemeldet haben, müssen Sie letztendlich nur ein paar wenige API-Verbindungsdaten innerhalb des Magento-Backends hinterlegen, und anschließend können Sie mit der Nutzung dieser Zahlungsart beginnen.

5.2.3 Rechnung/Geld-Bestellung

Die nächste Zahlungsart im bunten Strauß der Möglichkeiten von Magento lautet auf den meiner Meinung nach unpassenden Namen *Rechnung/Geld-Bestellung*. Vergessen Sie am besten die komplette Bezeichnung und diese Zahlungsart, da der Name den Kauf auf Rechnung suggeriert, wie ich Ihnen aber gleich zeigen werde, dies nicht ganz sauber mit dieser Zahlungsart abgebildet werden kann.

Sie haben mithilfe dieser Payment-Methode die Möglichkeit, Ihren Kunden den Kauf ohne Eingabe von Daten wie beispielsweise eine Kontoverbindung anzubieten. Die Zahlungsart unterstützt jedoch die Möglichkeit, Informationen darzustellen, die für die Bezahlung letztendlich relevant sind. Im Gegensatz zu PayPal handelt es sich hierbei jedoch um keine Zahlungsart, die eine direkte Verbindung mit einem Payment-Service-Provider oder Dienstleister hat. Vielmehr geht es bei dieser Zahlungsart darum, dem Kunden bei der Bezahlung eine Option, der Name hierfür kann frei definiert werden, anzubieten, die daraus generierten Bestelldaten werden jedoch nicht von einem weiteren Dienstleister weiterverarbeitet.

Im ersten Schritt haben Sie die Möglichkeit, die Zahlungsart zu aktivieren bzw. zu deaktivieren. Im Standard ist diese Zahlungsart aktiviert, zu Testzwecken können Sie diese Zahlungsart gern aktiviert lassen. Beim Titel können Sie wiederum einen beliebigen Titel für diese Zahlungsart wählen. Ich nutze in meinem Fall den Titel »Kauf auf Rechnung«, wobei Sie an dieser Stelle wie gesagt jeden beliebigen Namen verwenden können.

Mit der nächsten Option NEUER BESTELLSTATUS definieren Sie den Bestellstatus, falls ein Kunde auf diese Zahlungsart zurückgreift. Wie Sie im späteren Verlauf des Buches noch erfahren, unterstützt Magento innerhalb einer Bestellung mehrere Status. Der Status ist wichtig, um sowohl dem Kunden als auch dem Shop-Administrator darzulegen, in welchem Status sich die Bestellung befindet. Beim Status stehen beispielsweise Optionen wie VERARBEITUNG, ABGESCHLOSSEN oder OFFEN zur Verfügung. Je nachdem, wie Sie Ihren Bestellprozess definiert haben, könnte es Sinn ergeben, bei einem Kauf auf Rechnung einen bestimmten Bestellstatus zu setzen, da Sie in diesem Fall gar nicht auf den Zahlungseingang warten müssen, sondern die Ware direkt versenden. Fürs Erste reicht es aber vollkommen aus, wenn Sie diese Option unberührt lassen. Exakt wie bei den Versandmethoden können Sie diese Zahlungsart für bestimmte Länder zulassen bzw. für bestimmte Länder ausschließen. Um dieses Verhalten zu regeln, stehen Ihnen die Optionen ZAHLUNG AUS ZUTREFFENDEN LÄNDERN bzw. ZAHLUNG AUS BESTIMMTEN LÄNDERN zur Verfügung.

Interessant wird es jetzt mit den zwei folgenden Optionen. Sie haben die Möglichkeit, weiterführende Informationen zu hinterlegen, die sowohl im Checkout-Prozess als auch in den Transaktions-E-Mails dargestellt werden. Das heißt. die Informationen, die Sie bei der Option RECHNUNG AUSSTELLEN AUF sowie bei SENDE SCHECK AN hinterlegen, werden direkt im Checkout-Prozess ausgegeben. Aus diesem Grund würde ich mit dieser Zahlungsart auch nicht den Kauf auf Rechnung abbilden, denn bei einem Rechnungskauf müssen Sie Ihrem Kunden diese beiden Informationen nicht mitgeben und die Darstellung im Checkout verwirrt mehr, als dass sie hilft. Werfen Sie einen Blick auf Abbildung 5.10, um im Detail zu verstehen, was ich meine.

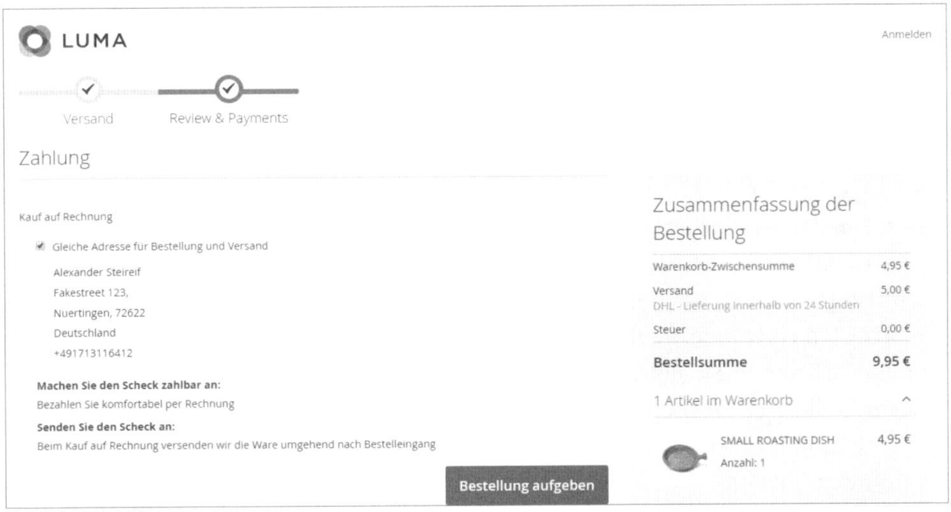

Abbildung 5.10 Der Rechnungskauf sollte innerhalb von Magento mit einer anderen Zahlungsart abgebildet werden.

Benennt man diese Zahlungsart »Kauf auf Rechnung«, wie Sie in Abbildung 5.10 sehen, verwirren die beiden unten aufgeführten Textpassagen »Machen Sie den Scheck zahlbar an« sowie »Senden Sie den Scheck an« Ihre Kunden. Ursprünglich wird diese Zahlungsart für Scheckzahlungen in den USA verwendet. Bei der Zahlung per Scheck ist es durchaus sinnvoll, dem Kunden Informationen zum Empfänger innerhalb des Checkout-Prozesses zu übermitteln. Da die Zahlung per Scheck in Deutschland aber kein gängiges Mittel ist, wurde bei der Übersetzung ins Deutsche kurzerhand aus der Zahlung per Scheck die Zahlung per Rechnung gemacht. Dementsprechend entsteht dieses Missverständnis bei dieser Zahlungsmethode aus einem Übersetzungsfehler. Korrekterweise müsste man die Zahlungsart »Scheck« und nicht »Rechnung« nennen, dann würden auch die beiden aufgeführten Informationen und Textpassagen einen gewissen Sinn ergeben.

Unabhängig von der Namensgebung dieser Zahlungsart können Sie zudem einen Mindest- und einen Höchstbetrag definieren und somit festlegen, innerhalb welcher

Betragsgrenzen diese Zahlungsart ausgewählt werden kann. Dadurch können Sie die Zahlungsart für extrem geringe oder extrem hohe Warenkorbsummen deaktivieren, wodurch innerhalb des Checkout-Prozesses die Zahlungsart erst gar nicht dargestellt wird. Wie bei PayPal und Braintree können Sie zudem abschließend die Sortierreihenfolge festlegen, sprich die Position der Zahlungsart innerhalb des Checkout-Prozesses bestimmen.

5.2.4 Zahlung per Banküberweisung

Zugegebenermaßen ist die klassische Überweisung eine tendenziell tote Zahlungsart im E-Commerce. Zu aufwendig ist es für den Kunden, einen Überweisungsauftrag auszufüllen und schlussendlich noch zwei bis drei Werktage zu warten, bis das Geld auf dem Konto des Händlers verbucht werden kann. Ungeachtet der immer stärker abnehmenden Popularität dieser Zahlungsart, können Sie innerhalb von Magento jedoch problemlos die Bezahlung per Überweisung anbieten.

Äquivalent zu den vorherigen Zahlungsarten können Sie im ersten Schritt diese Zahlungsart aktivieren oder deaktivieren. Zudem haben Sie die Möglichkeit, einen beliebigen Titel zu definieren, der im Checkout und in den Transaktions-E-Mails ausgegeben wird. Ich verwende an dieser Stelle den Titel »Überweisung«, fühlen Sie sich aber frei und definieren Sie gern einen für Sie passenderen Titel. Neben der Festlegung eines Bestellstatus können Sie auch bei dieser Zahlungsart die Verwendung auf bestimmte Länder beschränken oder unabhängig vom gewählten Land diese Zahlungsart immer anbieten.

Im Feld ANLEITUNGEN können Sie einen beliebigen Freitext hinterlegen. Das Feld eignet sich perfekt, um Informationen zur Überweisung zu speichern, beispielsweise auf welches Konto das Geld überwiesen werden soll und wie der Empfänger der Überweisung heißt. Da es sich um ein Freitextfeld handelt, können Sie darüber hinaus noch ergänzende Informationen speichern wie eine durchschnittliche Bearbeitungszeit der Bestellung, sofern per Überweisung bezahlt wird.

Exakt wie bei den vorherigen Zahlungsarten haben Sie abschließend die Möglichkeit, eine Mindestbestellsumme sowie eine maximale Bestellsumme und eine Sortierreihenfolge zu definieren. Diese Optionen sollten Sie bereits aus den vorherigen Zahlungsarten kennen, weshalb an dieser Stelle nicht nochmals gesondert darauf eingegangen werden muss.

5.2.5 Zahlung per Nachnahme

Bei der nächsten in Magento vorhandenen Zahlungsart handelt es sich um die Zahlung per Nachnahme. Diese Zahlungsart ist relativ »einfach«, da innerhalb des Bestellprozesses keinerlei Daten abgefragt werden müssen. Als Händler erhalten Sie letztendlich die Versandadresse und senden die Ware umgehend an diese Adresse. Der Paketdienstleister kümmert sich anschließend bei der Auslieferung der Ware um die Bezahlung und zieht direkt vom Empfänger das Geld ein. Sie als Online-Shop-Betreiber erhalten anschließend die Summe vom Versanddienstleister. Technologisch betrachtet, handelt es sich aus Sicht von Magento daher um eine recht einfach abzubildende Zahlungsart. Das scheint sich wohl auch Magento gedacht zu haben und stellt als Konfigurationsoptionen, Sie sehen diese in Abbildung 5.11, exakt dieselben wie bei der vorherigen Zahlungsmethode ZAHLUNG PER BANKÜBERWEISUNG zur Verfügung.

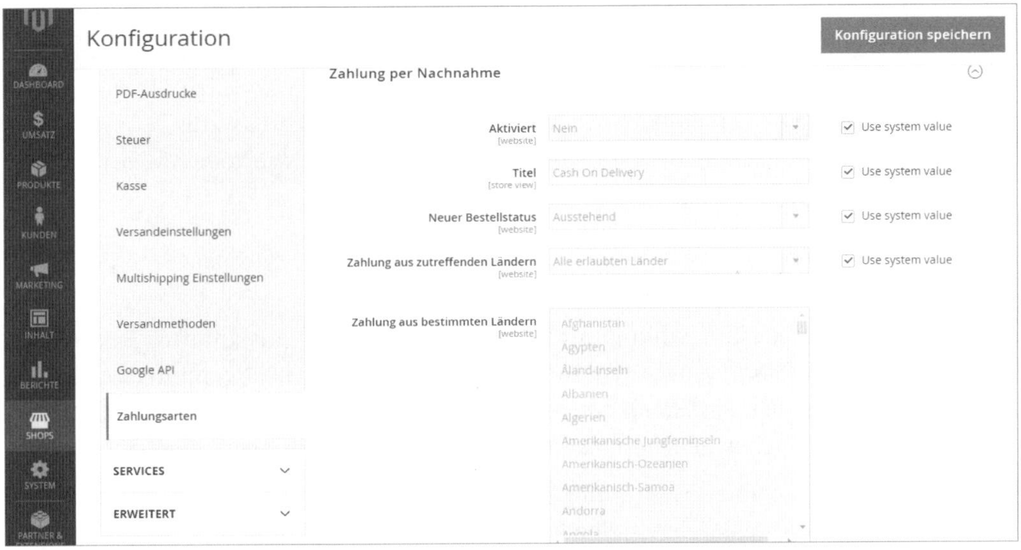

Abbildung 5.11 Die Zahlung per Nachnahme lässt sich wie die Zahlung per Banküberweisung konfigurieren.

Aufgrund der absolut identischen Konfigurationsoptionen möchte ich Sie an dieser Stelle nicht nochmals mit denselben Informationen langweilen. Einen Tipp kann ich Ihnen jedoch an dieser Stelle mitgeben. Da bei der Bezahlung per Nachnahme immer noch eine zusätzliche Gebühr für den Versanddienstleister anfällt, sollten Sie diese Tatsache auf jeden Fall im Freitextfeld ANLEITUNGEN vermerken. Ansonsten wundert sich gegebenenfalls der eine oder andere Kunde über die zusätzliche Gebühr, die er bei der Bezahlung entrichten muss.

5.2.6 Zwischensumme Kasse Null

Auch die nächste Zahlungsart trägt einen fragwürdigen Titel, der aufgrund der Übersetzung zustande kommt. Um genau zu sein, ist diese Zahlungsart eigentlich gar keine Zahlungsart, da sie nur greift, wenn der Warenkorb 0 € beträgt.

Angenommen, Sie bieten Gutscheine an, und ein Kunde kommt aufgrund eines eingelösten Gutscheins auf einen Warenkorbwert von 0 €, d. h., er muss für den Einkauf nicht bezahlen. Dann wäre es merkwürdig, wenn dieser Kunde innerhalb des Checkout-Prozesses eine Zahlungsart wie Überweisung oder Rechnung wählen müsste. Immerhin erhält er die Ware kostenfrei und muss dementsprechend keine Überweisung tätigen oder Rechnung begleichen. Für diese Fälle gibt es die Zahlungsart ZWISCHENSUMME KASSE NULL, denn sobald der Warenkorbwert auf 0 € springt, kann diese vom Kunden im Checkout-Prozess ausgewählt werden. Da Sie den Titel individuell definieren können, haben Sie hier auch die Möglichkeit, einen aussagekräftigen Titel wie »Keine Zahlung notwendig – kostenfreie Lieferung« oder Ähnliches zu hinterlegen.

Die Konfigurationsoptionen dieser Zahlungsart sind ähnlich wie bei den vorherigen Methoden. Selbstverständlich können Sie den gesetzten Bestellstatus definieren und die Auswahl auf Länder beschränken. Auch lässt sich die Sortierreihenfolge bei dieser Zahlungsart festlegen.

5.2.7 Bestellung durchführen

Mithilfe der nächsten Zahlungsart können Sie den bereits diskutierten Rechnungskauf nun endlich in einer vernünftigen Form abbilden. Auch wenn man sicherlich unter dem Namen *Bestellung durchführen* nicht den klassischen Rechnungskauf vermuten sollte, eignet sich diese Zahlungsart dennoch hervorragend hierfür.

Wie gewohnt, können Sie mithilfe der ersten Option die Zahlungsart grundsätzlich aktivieren bzw. deaktivieren. Ebenfalls lässt sich der Titel frei definieren, weswegen ich an dieser Stelle als Titel »Kauf auf Rechnung« hinterlege. Die Definition des Bestellstatus sowie die Eingrenzung auf Länder unterstützt diese Zahlungsart genauso wie die bereits vorgestellten Methoden. Abschließend lassen sich noch ein Mindest- und Höchstbestellwert sowie eine Sortierreihenfolge definieren.

Genau diese Optionen sind letztendlich ausreichend für den Kauf auf Rechnung, natürlich immer vorausgesetzt, Sie müssen die Daten nicht an einen Dienstleister weiterreichen, denn Magento wird mithilfe dieser Zahlungsart ausschließlich eine textliche Information im Checkout-Prozess darstellen. In diesem Fall gibt Magento daher die Zahlungsart »Kauf auf Rechnung« aus und führt diese Informationen sowohl innerhalb der Transaktions-E-Mails als auch im Benutzerkonto.

Einschränkungen auf Basis von Benutzergruppen nicht möglich

Der Kauf auf Rechnung wird gern eingeschränkt und nur speziellen Benutzergruppen oder Benutzern erlaubt. Von Haus aus ist dies leider mit dieser Zahlungsart in

Magento nicht möglich. Die Zahlungsart kann ausschließlich in Bezug auf den Warenkorbwert und das gewünschte Land eingeschränkt werden, weitere Eingrenzungen sind nur durch Modifikationen möglich.

5.2.8 Authorize.net

Last, but not least gibt es eine weitere direkte Integration eines Payment-Service-Providers. Sollten Sie über einen Account von Authorize.net verfügen, können Sie den Service direkt mit den Magento-Bordmitteln nutzen. Genau wie bei Braintree müssen Sie Verbindungsdaten hinterlegen und haben zudem die Möglichkeit, gewisse Parameter anzupassen. Aufgrund der mangelnden Popularität dieses Service in Deutschland erspare ich Ihnen an dieser Stelle weitere Infos. Sollten Sie Kunde von Authorize.net sein, hilft Ihnen der Support gern bei der Konfiguration und Integration in Magento. Weitere Informationen finden Sie direkt auf der Website des Unternehmens unter *https://www.authorize.net*.

5.3 Payment-Service-Provider

Es gibt nur sehr wenige Fälle, in denen Sie als Online-Shop-Betreiber ganz ohne Payment-Service-Provider auskommen. Mithilfe des Payment-Service-Providers können Sie Zahlungsarten wie Kreditkarte, aber auch Sofortüberweisung, den Kauf auf Rechnung, Lastschrift, Postfinance und noch viele weitere Methoden abbilden. Der Payment-Service-Provider klinkt sich dabei in die Kommunikation zwischen Ihnen als Händler und Ihrem Kunden ein und verarbeitet den Zahlungsprozess. Innerhalb dieses Prozesses kommuniziert der Payment-Service-Provider sowohl mit Banken als auch mit Acquirern. Sie können diese Konstellation grob in Abbildung 5.12 erkennen.

Dabei kümmert sich der Payment-Service-Provider nicht nur um die Durchführung der Transaktion und stellt sicher, dass Sie als Online-Shop-Betreiber die Zahlung erhalten. Auch nachgelagerte Services wie die Rechnungsstellung, Risikomanagement und Forderungsmanagement werden von einem Payment-Service-Provider angeboten. Für Sie als Online-Shop-Betreiber ist dies praktisch ein Rundum-sorglos-Paket in Sachen Zahlung, da Sie sich selbst um nichts mehr kümmern müssen. Weiterführende Informationen zum Dienstleistungsspektrum und Gründe, warum auch Sie gegebenenfalls auf einen Payment-Service-Provider setzen sollten, finden Sie unter *https://www.fuer-gruender.de/wissen/unternehmen-fuehren/e-commerce/payment-service-provider/*. An dieser Stelle möchte ich nämlich gar nicht die Diskussion bezüglich eines Payment-Service-Providers starten und mit Ihnen in die Details eintauchen, sondern eine Empfehlung in Hinblick auf Magento 2 aussprechen.

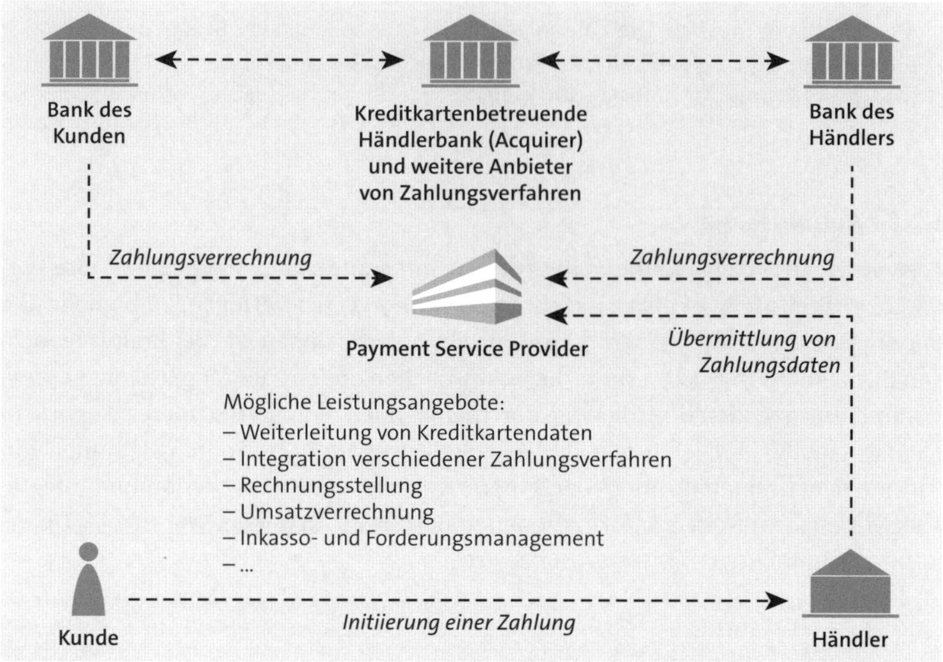

Abbildung 5.12 Der Payment-Service-Provider kümmert sich um die Sicherstellung des Zahlungsflusses.

Ein wichtiges Thema bei der Auswahl eines geeigneten Payment-Service-Providers ist immer die technische Integration. Da bei der Nutzung eines Payment-Service-Providers die Zahlungsarten über diesen abgebildet werden, müssen Sie diesen in den Magento-Checkout-Prozess integrieren. Da die manuelle Integration ein enorm komplexes und kostenintensives Unterfangen ist, werden unter anderen fertige Extensions für Magento 2 angeboten. Aus eigener Erfahrung weiß ich jedoch, dass zum heutigen Stand viele Payment-Service-Provider noch über keine wirklich qualitativ hochwertigen Magento 2-Extensions verfügen. Das liegt unter anderem an der noch jungen Geschichte von Magento 2, aber auch an der aktuellen Verbreitung dieses Systems. Wenn Sie mit dem Gedanken spielen, einen Payment-Service-Provider zu nutzen, achten Sie daher auch auf die Magento 2-Integration und fragen Sie im Vorfeld nach, ob bereits eine lauffähige und getestete Erweiterung vorliegt.

Aus den Erfahrungen heraus, die ich in den letzten Monaten in diversen Projekten gewonnen habe, kann ich Ihnen guten Gewissens folgende Payment-Service-Provider empfehlen, da diese sowohl über eine lauffähige Magento 2-Extension verfügen als auch ansonsten ein preislich faires und umfangreiches Leistungsspektrum anbieten:

- PAYONE – *https://www.payone.de*
- heidelpay – *http://www.heidelpay.de*
- Wirecard – *https://www.wirecard.de*

Mit der Wahl einer dieser drei Unternehmen machen Sie in der Regel keinen Fehler, auch wenn Sie von Fall zu Fall die Anforderungen und das Leistungsangebot prüfen und bewerten müssen. Die von diesen Unternehmen angebotene Magento 2-Integration ist jedenfalls nutzbar und ermöglicht Ihnen ohne eigenes Customizing die Implementierung der Zahlungsarten in den Checkout-Prozess.

5.4 Eingrenzung von Zahlungsarten auf Basis von Attributen

Abschließend möchte ich Ihnen an dieser Stelle noch eine interessante Erweiterung vorstellen, die Sie vermutlich auch in Ihrem Online-Shop gut gebrauchen können. Es handelt sich hierbei um die von Amasty entwickelte Erweiterung namens *Payment Restrictions*.

In der Praxis kommt es nicht selten vor, dass ein Online-Shop-Betreiber nicht jedem Kunden jede Zahlungsart anbietet. Beispielsweise erhalten nur Stammkunden die Option *auf Rechnung* zu kaufen, und bei digitalen Inhalten wird nur eine Instant-Payment-Methode wie z. B. Sofortüberweisung erlaubt. Es kommt also immer darauf, welche Person gerade welches Produkt kauft. Auf dieser Basis entscheidet der Online-Shop, mit welchen Zahlungsarten eingekauft werden darf oder auch nicht. Leider ist genau diese Entscheidung und diese Logik im Standard von Magento nicht erhalten, Sie können aber mithilfe der Magento Extensions Payment Restrictions genau diese Logik nachrüsten.

Innerhalb der Extension haben Sie die Möglichkeit, verschiedene Regeln anzulegen. Bei den Regeln können Sie sowohl auf Kunden- als auch auf Produktattribute zurückgreifen. Auch lässt sich eine zeitliche Einschränkung definieren, sprich manche Zahlungsarten sind nur zu bestimmten Uhrzeiten oder an bestimmten Wochentagen auswählbar. Jeder Regel sind zudem Zahlungsarten zugewiesen, wodurch bei der Erfüllung der Regel bzw. von deren Bedingungen die zugewiesenen Zahlungsarten »aktiviert« werden. Die grafische Oberfläche, die Sie in Abbildung 5.13 sehen, sorgt dafür, dass Sie die Regeln recht unkompliziert und schnell erstellen können.

Alles in allem handelt es sich bei dieser Erweiterung, die Sie unter *https://amasty.com/payment-restrictions-for-magento-2.html* für 199 US$ kaufen können, um eine äußerst sinnvolle Erweiterung, die sicherlich auch für Ihren Online-Shop interessant sein könnte.

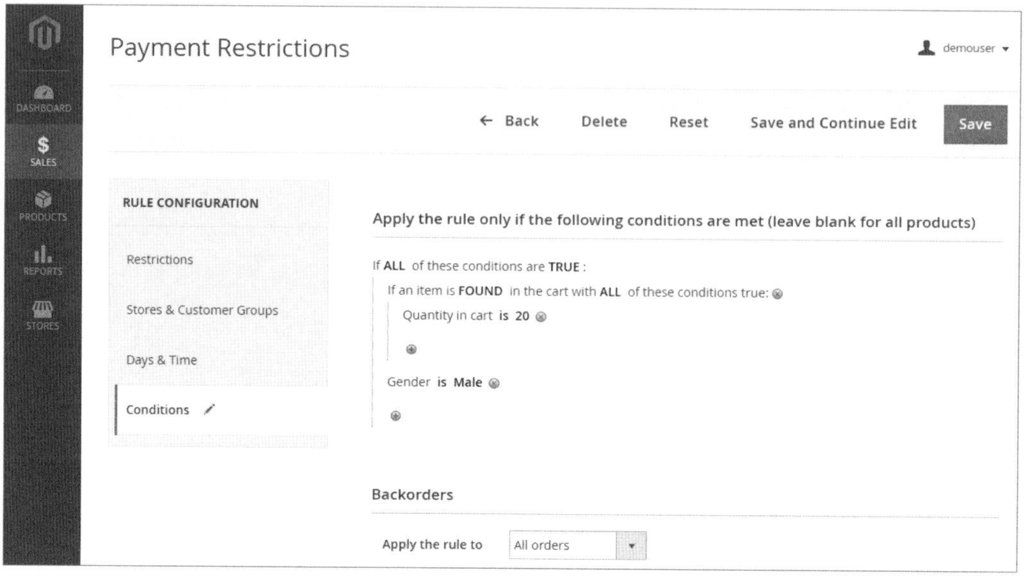

Abbildung 5.13 Die Regeln zur Eingrenzung von Zahlungsarten lassen sich komfortabel über eine grafische Oberfläche erstellen.

5.5 Fazit und Ausblick

An keiner anderen Stelle in Ihrem Online-Shop können Sie Ihre Kunden so einfach verschrecken wie innerhalb des Checkout-Prozesses. Wenn es um die Themen Versand und Zahlung geht, haben viele Kunden unterschiedlichste Ansprüche und Vorstellungen. Auf den vorherigen Seiten haben Sie gelernt, welche Versandmethoden und Zahlungsarten Magento 2 im Standard unterstützt, wie Sie diese konfigurieren und aktivieren. Damit haben Sie einen sehr guten Überblick erlangt und wissen, was möglich ist und was Ihnen Magento bietet.

Das folgende Kapitel 6, »Steuerregeln und Währungen«, beschäftigt sich mit der Frage, wie Sie Währungen und Steuern in Magento verwalten, die in Deutschland rechtlich notwendigen Steuersätze konfigurieren und damit die Basis für die ersten Verkäufe in Ihrem Online-Shop schaffen.

Kapitel 6
Steuerregeln und Währungen

Als weltweit verbreitete E-Commerce-Lösung beherrscht Magento den Umgang mit verschiedensten Steuerregeln und Währungen so gut wie kein anderes System. Diese enorme Flexibilität führt jedoch zwangsläufig zu einer gewissen Komplexität. Lassen Sie uns daher diese beiden Themen im Folgenden im Detail beleuchten.

Mit Magento verfügen Sie über die ideale technologische Basis, um weltweit Produkte und Dienstleistungen zu vertreiben. Denn Magento beherrscht sowohl den Umgang mit verschiedenen Währungen als auch mit verschiedensten Steuerregeln. Speziell die Steuerberechnung ist ein äußerst wichtiges Thema, denn Sie müssen in den meisten Ländern Ihren Kunden innerhalb des Online-Shops detaillierte Informationen darüber bereitstellen, welcher Steuersatz in welcher Höhe geltend gemacht wird. Je nach Land unterscheidet sich dabei der Steuersatz, und Ihr Online-Shop muss abhängig vom gewählten Land die korrekten Steuerinformationen errechnen.

Im internationalen Handelt spielen zudem Währungen eine immer wichtigere Rolle. Es ist mittlerweile nicht ungewöhnlich, Produkte direkt in Online-Shops aus Großbritannien oder den USA zu bestellen. Im Umkehrschluss bestellen natürlich auch Personen aus diesen Ländern in deutschen Online-Shops. Umso wichtiger ist es in einem solchen Fall, den Kunden direkt Preise in der heimischen Währung anzuzeigen.

Magento beherrscht beide Disziplinen in Perfektion. Im Folgenden erfahren Sie, welche Konfigurationsschritte notwendig sind, wie Sie die deutschen Steuerregeln konfigurieren und zusätzliche Währungen hinzufügen.

6.1 Steuerregeln

Nach der Installation von Magento, sprich an dem Punkt, an dem Sie sich gerade befinden, hat Magento noch keinerlei Informationen darüber, wie Steuern berechnet werden sollen. Dementsprechend geht Magento von keinerlei Steuer auf Produkte und Dienstleistungen aus und verzichtet auf jegliche Berechnung. Damit können Sie faktisch keine Produkte oder Dienstleistungen vertreiben, da keine Steuern errechnet und dargestellt werden, wodurch Sie die gesetzlichen Anforderungen in diesem Bereich nicht erfüllen.

Lassen Sie uns daher mit der Konfiguration der in Deutschland existenten Mehrwertsteuer beginnen und nachgelagert noch eine Steuerregel für das europäische Ausland definieren. Anhand dieser beiden konkreten Beispiele werden Sie in der Lage sein, jede erdenkliche Steuerregel, die Sie benötigen, anzulegen und zu konfigurieren.

6.1.1 Steuerzonen und -sätze

Falls Sie aktuell nicht im Magento-Backend angemeldet sind, melden Sie sich bitte mit Ihren Zugangsdaten im Administrationsbereich an. Klicken Sie daraufhin in der linken Navigationsleiste auf den Punkt SHOPS und anschließend auf STEUERZONEN UND -SÄTZE. Daraufhin werden Sie eine Ansicht wie in Abbildung 6.1 vorfinden, in der Sie bereits zwei vorkonfigurierte Steuerzonen bzw. Steuersätze finden.

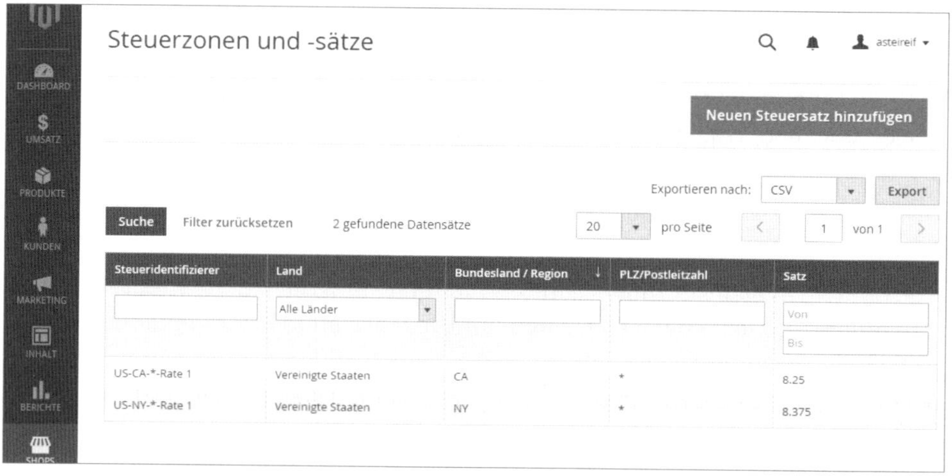

Abbildung 6.1 Out of the box verfügt Magento über zwei Steuerzonen und Steuersätze, die sich auf die USA beziehen.

Die bereits im System vorhandenen Steuerzonen bzw. -sätze können Sie an dieser Stelle ignorieren, da diese sich ausschließlich auf die USA beziehen und Ihnen daher an dieser Stelle nicht weiterhelfen. Theoretisch können Sie die beiden Einträge auch ohne negative Auswirkungen löschen, müssen dies jedoch nicht tun.

Klicken Sie nun auf den großen orangefarbenen Button NEUEN STEUERSATZ HINZUFÜGEN. Daraufhin gelangen Sie zu einer neuen Eingabemaske, in der Sie steuersatzbezogene Informationen hinterlegen können. Das erste Eingabefeld namens STEUERIDENTIFIZIERER speichert einen Freitext. Sie können theoretisch irgendeine Bezeichnung eingeben, es empfiehlt sich jedoch, eine möglichst genaue Beschreibung der definierten Steuer zu hinterlegen. Ich empfehle Ihnen an dieser Stelle die Bezeichnung »19 % MwSt. Deutschland« zu verwenden. Nach der Eingabe des Steueridentifizierers möchte Magento wissen, ob Sie einen PLZ-Bereich hinterlegen möchten. Das würde dann sinnvoll sein, wenn sich die Mehrwertsteuer je nach Postleitzahl unterscheidet. In Deutschland existiert eine solche Situation nicht, in den USA kann es hingegen vorkommen, da die Mehrwertsteuer von den jeweiligen Bundesstaaten definiert wird und sich daher innerhalb der USA unterscheidet. Diese Komplexität besteht zum Glück in Deutschland nicht, da die Mehrwertsteuersätze bundesweit identisch sind. Setzen Sie dementsprechend bei dieser Checkbox keinen Haken.

Nachgelagert können Sie definieren, für welche Postleitzahl, wohlgemerkt nicht für einen Bereich an Postleitzahlen, der Steuersatz gilt. Hinterlegen Sie an dieser Stelle bitte den Wert *. Das Zeichen * bedeutet, dass der Steuersatz für alle Postleitzahlen gilt und keine Einschränkung vorgenommen wird. Selbigen Wert können Sie bei der Auswahl des Bundeslandes hinterlegen, da Sie an dieser Stelle ebenfalls keine Eingrenzung vornehmen müssen. Ganz egal, ob Baden-Württemberg, Bayern oder Berlin, die Mehrwertsteuer ist in jedem Bundesland identisch.

Bei der vorletzten Option LAND wählen Sie Deutschland aus, und bei der PROZENTRATE hinterlegen Sie den Wert 19. Daraufhin sollte der Steuersatz bei Ihnen genau wie in Abbildung 6.2 dargestellt aussehen. Speichern Sie anschließend den Steuersatz, indem Sie auf den Button SATZ SPEICHERN klicken, der sich am rechten oberen Bildschirmrand befindet.

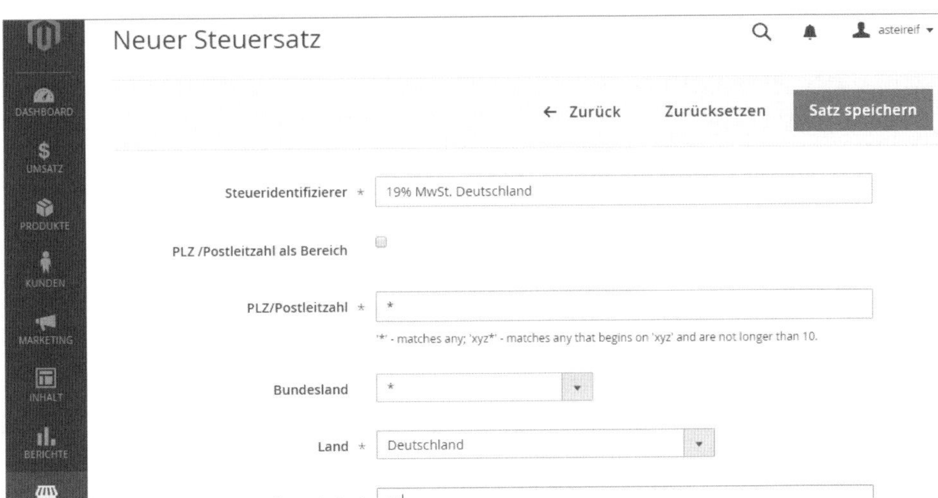

Abbildung 6.2 Im ersten Schritt wird ein Mehrwertsteuersatz von 19 % angelegt.

Dadurch haben Sie den ersten Steuersatz in Höhe von 19 % für das Land Deutschland angelegt, auch wenn dies aktuell noch keinerlei Einfluss auf die Steuerberechnung hat. Zu jedem Steuersatz benötigen Sie noch eine entsprechende Steuerregel, die Sie gleich noch anlegen werden. Bevor ich mich jedoch dem Thema Steuerregeln widme, bitte ich Sie an dieser Stelle, noch weitere Steuersätze anzulegen, da Sie diese im Verlauf des Kapitels noch benötigen werden. Legen Sie daher folgende Datensätze äquivalent zum gerade angelegten Steuersatz an.

- 7 % MwSt. in Deutschland
  - Steueridentifizierer: 7 % MwSt. Deutschland
  - PLZ/Postleitzahl als Bereich: nicht angehakt
  - PLZ/Postleitzahl: *
  - Bundesland: *
  - Land: Deutschland
  - Prozentrate: 7
- 20 % MwSt. Vereinigtes Königreich
  - Steueridentifizierer: 20 % MwSt. Vereinigtes Königreich
  - PLZ /Postleitzahl als Bereich: nicht angehakt
  - PLZ/Postleitzahl: *
  - Bundesland: kann nicht ausgewählt werden
  - Land: Vereinigtes Königreich
  - Prozentrate: 20
- 5 % MwSt. Vereinigtes Königreich
  - Steueridentifizierer: 5 % MwSt. Vereinigtes Königreich
  - PLZ/Postleitzahl als Bereich: nicht angehakt
  - PLZ/Postleitzahl: *
  - Bundesland: kann nicht ausgewählt werden
  - Land: Vereinigtes Königreich
  - Prozentrate: 5

Als Ergebnis sollten Sie insgesamt vier Steuersätze für zwei Länder angelegt haben. Sie haben sowohl für Deutschland als auch für Großbritannien (Vereinigtes Königreich) zwei Steuersätze angelegt. Hierbei handelt es sich um den vollen sowie den reduzierten Mehrwertsteuersatz. Anhand von Abbildung 6.3 können Sie das Ergebnis nochmals prüfen, denn die Ansicht sollte bei Ihnen nun genauso aussehen.

Nachdem Sie die vier Steuersätze angelegt haben, greifen diese noch nicht innerhalb von Magento, wie ich bereits angedeutet hatte. Im Prinzip hat Magento zum aktuellen Zeitpunkt nur die Information, dass es in zwei Ländern zwei unterschiedliche Steuersätze geben kann. Damit Magento aber tatsächlich den korrekten Mehrwertsteuerbetrag errechnen kann, müssen Sie noch eine sogenannte Steuerregel anlegen.

Abbildung 6.3 Die Auflistung der Steuersätze sollte bei Ihnen nun identisch aussehen.

6.1.2 Steuerregeln

Klicken Sie innerhalb des Magento-Backends in der linken Navigationsleiste auf SHOPS und anschließend auf STEUERREGELN. Sie gelangen daraufhin zu einer Ansicht, die keinen Eintrag enthält. Magento besitzt von Haus aus keinerlei Steuerregeln und kann aus diesem Grund auch zum jetzigen Zeitpunkt keine Mehrwertsteuer ausgeben, geschweige denn errechnen.

Am oberen Bildschirmrand befindet sich der Button NEUE STEUERREGEL HINZUFÜGEN, auf den Sie an dieser Stelle klicken. Daraufhin gelangen Sie zu einer Konfigurationsmaske wie in Abbildung 6.4.

Damit Ihr Magento-System im Frontend bzw. Backend mit den Steuersätzen umgehen kann, müssen Sie abschließend eine korrekte Regel anlegen. Hinterlegen Sie im Feld NAMEN den Wert »Vollbesteuerte Artikel«. Sie haben die Möglichkeit, einen beliebigen Wert als Namen zu hinterlegen, wie Sie jedoch ein wenig später sehen werden, ergibt der von mir gewählte Begriff Sinn.

Im nächsten Multi-Select-Feld erhalten Sie eine Auflistung aller im System befindlichen Steuersätze. Wenn Sie die zwei amerikanischen Steuersätze nicht gelöscht haben, werden Sie an dieser Stelle insgesamt sechs Elemente sehen. Wählen Sie nun die beiden Steuersätze »19 % MwSt. Deutschland« bzw. »20 % MwSt. Vereinigtes Königreich« aus. Ich gruppiere an dieser Stelle bewusst die beiden Mehrwertsteuersätze, die sich auf vollbesteuerte Artikel beziehen, da ich für alle vollbesteuerten Artikel eine Steuerregel anlegen möchte.

Wenn Sie jetzt ein wenig nach unten scrollen, gelangen Sie zum Konfigurationsabschnitt ZUSÄTZLICHE EINSTELLUNGEN, den Sie an dieser Stelle gern öffnen können. Innerhalb dieses Bereiches können Sie eine neue Kundensteuerklasse hinzufügen bzw. die bestehende mit dem Namen RETAIL CUSTOMER editieren. Kundensteuerklassen sind an dieser Stelle eher uninteressant, auch wenn ich Ihnen gern den Zusammenhang erkläre. Jeder Kundengruppe kann eine Steuerklasse zugewiesen werden (das Thema Kundengruppen wird in Kapitel 9, »Kundenkonto und Kundenverwaltung«, behandelt). Dadurch haben Sie die Möglichkeit, auf Basis der Kundengruppe unterschiedliche Mehrwertsteuersätze errechnen zu lassen. Damit löst sich die Steuerberechnung stellenweise vom Zielland, da plötzlich Kundeninformationen ebenfalls eine Rolle spielen. Relevant wird dieses Thema dann, wenn Sie sowohl im B2C- als auch im B2B-Commerce aktiv sind und Unternehmen und Privatpersonen im Ausland beliefern. An dieser Stelle müssen Sie jedoch nur im Hinterkopf behalten, dass jeder Steuerregel auch eine Kundensteuerklasse zugewiesen werden kann und diese bei der Kundengruppe gespeichert wird.

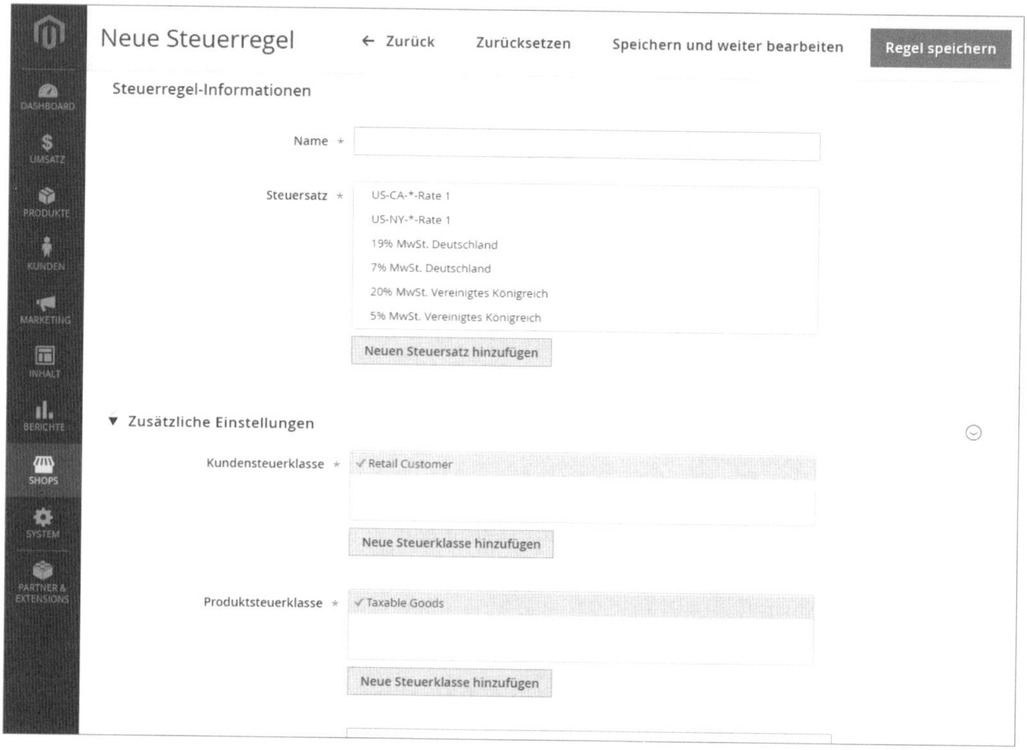

Abbildung 6.4 Bei der Anlage einer Steuerregel müssen die unterschiedlichsten Informationen ausgefüllt werden.

Die Produktsteuerklasse, der nächste Punkt, ist dabei schon ein wenig wichtiger. Legen Sie eine neue Steuerklasse an, indem Sie auf NEUE STEUERKLASSE HINZUFÜGEN klicken. Als Namen verwenden Sie bitte den Begriff »Vollbesteuerte Artikel«. In diesem Zuge können Sie zudem die Produktsteuerklasse »Minderbesteuerte Artikel« anlegen. Achten Sie nun darauf, in dem Multi-Select-Feld nur den Eintrag »Vollbesteuerte Artikel« anzuwählen, bzw. wählen Sie die restlichen Optionen ab.

Bei der Priorität können Sie eine Priorisierung bei der Anwendung der Steuerregeln festlegen. Eine Priorisierung ergibt Sinn, wenn Sie mehrere zutreffende Steuerregeln haben, sprich ein Produkt mehrfach besteuert werden würde. Diese Konstellation gibt es jedoch in Deutschland bzw. in der Europäischen Union nicht, weswegen Sie die Priorität bei 0 belassen können. Auch die nächste Option namens BERECHNE NUR ZWISCHENSUMME können Sie getrost überspringen. Haken Sie diese Option an, würde die gesamte Steuerberechnung auf Basis der Warenkorb-Zwischensumme durchgeführt werden und nicht auf Basis der einzelnen Produkte.

Am Ende der Konfigurationsmaske haben Sie zudem die Möglichkeit, Steuerregeln zu exportieren und zu importieren. Diese Funktionalität kann praktisch sein, wenn Sie für Kunden umfangreiche und komplexe Steuerregeln angelegt haben und diese auf verschiedenen Systemen wie einem Testsystem ausrollen möchten. Dadurch ersparen Sie sich den manuellen Anlageprozess und greifen letztendlich nur auf die exportierte Steuerregel-Datei zurück.

Klicken Sie jetzt auf REGEL SPEICHERN, um die soeben definierte Steuerregel im System zu hinterlegen. Da Sie jetzt ausschließlich die Regel für vollbesteuerte Artikel angelegt haben, müssen Sie eine weitere Steuerregel hinzufügen. Bei dieser neuen Steuerregel verwenden Sie bitte folgende Parameter:

- Name: Minderbesteuerte Artikel
- Steuersatz: 7 % MwSt. Deutschland, 5 % MwSt. Vereinigtes Königreich
- Kundensteuerklasse: Retail Customer
- Produktsteuerklasse: Minderbesteuerte Artikel

Sie können anhand von Abbildung 6.5 überprüfen, ob Ihre Einstellungen den Vorgaben entsprechen, und bei Bedarf die bestehenden Steuerregeln editieren.

Abbildung 6.5 Für eine korrekt funktionierende Steuerberechnung benötigen Sie in Magento in Summe zwei Steuerregeln.

Nachdem Sie die zweite Steuerregel angelegt haben, ist Magento in der Lage, korrekt die Mehrwertsteuer zu errechnen. Dabei deckt Magento sogar voll- sowie minderbesteuerte Artikel ab. Auch die Berechnung für die Mehrwertsteuer bei einem Verkauf in das Vereinigte Königreich ist angelegt.

Das Steuersystem in Magento ist, ganz nüchtern betrachtet, weit weniger komplex, als es am Anfang den Anschein hat. Im ersten Schritt müssen Sie die verschiedenen Steuersätze für die jeweiligen Länder anlegen. Das war letztendlich auch der erste Schritt, den Sie unternommen haben. Wenn Sie in weiteren Ländern verkaufen möchten, müssen Sie einfach weitere Steuersätze definieren. Hierfür reicht die Definition eines beliebigen Namens sowie eines Steuersatzes und Landes. Mithilfe der Steuerregel definieren Sie daraufhin, welcher Steuersatz beim Kauf von Produkten mit einer bestimmten Produktsteuerklasse angewendet werden soll.

Steuerklasse bei einem Artikel hinterlegen

Wie Sie die Steuerklasse bei einem Produkt hinterlegen, erfahren Sie in Kapitel 7, »Aufbau und Verwaltung des Produktsortiments«, das den Aufbau des Produktkatalogs behandelt. In diesem nächsten Kapitel zeige ich Ihnen die genaue Stelle innerhalb der Produktdatenverwaltung und die Auswahloption der Produktsteuerklasse.

Diese Informationen reichen Magento, um den korrekten Mehrwertsteuersatz zu ermitteln.

6.1.3 Import/Export Steuersätze

Bei der Konfiguration der Steuerregeln haben Sie die Möglichkeit eines Exportes bzw. Importes der Datensätze bereits kennengelernt. Was bei den Steuerregeln möglich war, fehlte leider bei der Anlage der Steuersätze. Die Möglichkeit, Steuersätze zu exportieren bzw. importieren, existiert aber grundsätzlich. Diese befindet sich einfach an einer anderen Stelle und kann nicht im Kontext der Verwaltung der Steuersätze aufgerufen werden.

Wenn Sie innerhalb des Magento-Backends auf SYSTEM und anschließend auf IMPORT/EXPORT STEUERSÄTZE klicken, gelangen Sie zu einer speziellen Oberfläche, die sich ausschließlich mit dem Import sowie Export der Steuersätze beschäftigt. Über diese spezielle Ansicht können Sie per Knopfdruck die im System hinterlegten Steuersätze exportieren und selbstverständlich erneut importieren. Die Optionen und Möglichkeiten, die Ihnen an dieser Stelle zur Verfügung stehen, sind relativ selbsterklärend, weswegen ich Sie an dieser Stelle nicht mit ausschweifenden Ausführungen langweilen möchte. Merken Sie sich an dieser Stelle nur, dass Steuerregeln direkt bei der Verwaltung der Steuerregeln exportiert und importiert werden können. Möchten Sie hingegen Steuersätze exportieren bzw. importieren, ist dies nicht innerhalb der Verwaltung der Steuersätze möglich, sondern muss über diese speziell geschaffene Ansicht realisiert werden, die Sie im Hauptnavigationspunkt SYSTEM vorfinden.

6.1.4 Steuer

Sie stellen sich an dieser Stelle sicherlich die Frage, auf Basis welcher Information Magento den Steuersatz des Vereinigten Königreiches bzw. anderer Länder anwendet. Theoretisch gibt es hierfür mehrere Ansätze, so könnte die Rechnungs- oder Lieferadresse dafür ausschlaggebend sein. Öffnen Sie hierfür die bereits bekannte Systemkonfiguration, indem Sie innerhalb des Magento-Backends auf SHOPS und im Anschluss auf KONFIGURATION klicken. Innerhalb der Tab-Navigation auf der linken Seite klicken Sie auf den Punkt STEUER, um die Steuerkonfiguration zu öffnen.

Die allgemeine Steuerkonfiguration von Magento haben Sie bereits in Abschnitt 4.4. kennengelernt. Nun möchte ich Ihnen zeigen, wie Sie die passenden Regeln anlegen. Im ersten Konfigurationsabschnitt haben Sie die Möglichkeit, Steuerklassen zu definieren. Wie Sie vorhin gesehen haben, existieren in Magento jetzt verschiedene Steuerklassen. Zum einen gibt es vollbesteuerte Artikel, zum anderen minderbesteuerte Artikel. Im ersten Fall würden in Deutschland 19 % MwSt. fällig werden, im letzten Fall nur 7 % MwSt. Hinterlegen Sie nun sowohl bei der Steuerklasse für den Versand als auch bei der Artikelsteuerklasse die Steuerklasse »Vollbesteuerte Artikel«, es sei denn, es gibt in Ihrem konkreten Fall eine Abweichung. Die Kundensteuerklasse können Sie bei der Standardeinstellung belassen, da hier keinerlei Änderungen durchgeführt wurden.

Scrollen Sie weiter nach unten zum Konfigurationsabschnitt BERECHNUNG, denn diese Optionen sind nun in der Tat für Sie äußerst relevant. Mit der Option STEUERBERECHNUNG BASIEREND AUF können Sie nun definieren, auf welcher Basis der Mehrwertsteuersatz angewandt wird. Wählen Sie die VERSANDADRESSE, zählt immer das Land der Lieferanschrift. Tätigt ein Kunde eine Bestellung und gibt bei der Rechnungsanschrift eine deutsche Adresse, bei der Versandanschrift eine Adresse im Vereinigten Königreich an, gibt Magento den Steuersatz des Vereinigten Königreiches aus. Alternativ hierzu können Sie die Option RECHNUNGSADRESSE wählen. Beim oben genannten Beispiel würde dann der deutsche Mehrwertsteuersatz gelten, selbst wenn die Ware in das Vereinigte Königreich geliefert wird. Bei der dritten Option VERSANDHERKUNFT zählt immer die Mehrwertsteuer des Landes, in dem sich der Online-Shop-Betreiber befindet, ganz gleich, in welches Land die Lieferung bzw. Rechnungsstellung erfolgt. Welche dieser Optionen für Sie die richtige ist, hängt ganz von Ihrem Unternehmen und der individuellen Situation ab. Wenn Sie ausschließlich aus Deutschland geschäftstätig werden, die Ware aus Deutschland versenden und auch die Rechnungsstellung über ein deutsches Unternehmen läuft, können Sie Waren ins Ausland mit dem deutschen Mehrwertsteuersatz fakturieren. Die Situation ändert sich dann, wenn Sie im Ausland Niederlassungen betreiben. Es hängt also ganz von Ihrer individuellen Situation ab, in den meisten Fällen ist jedoch die Option VERSANDHERKUNFT korrekt, wenn der Online-Shop-Betreiber keine Niederlassungen bzw. Firmen im Ausland unterhält.

Die nachgelagerten Optionen befassen sich primär mit der Darstellung der Steuer bzw. der Produktpreise, wie Sie in Abbildung 6.6 erkennen können.

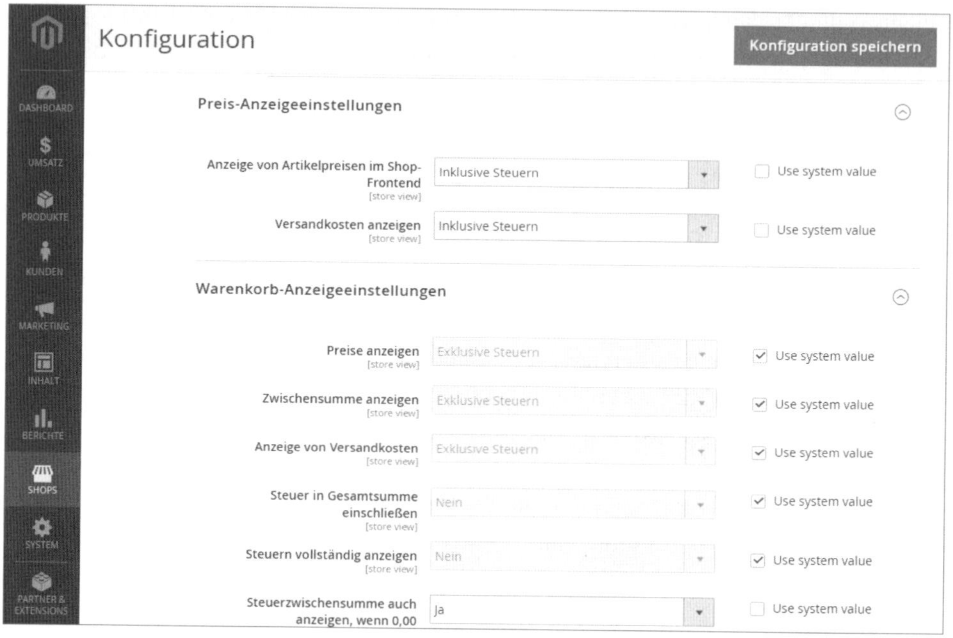

Abbildung 6.6 Ob Ihre Produktpreise inklusive oder exklusive Steuer angezeigt werden, definieren Sie in den nachgelagerten Konfigurationsoptionen.

Geschafft! Sie haben die in Deutschland relevanten Mehrwertsteuersätze in Form von Steuerregeln definiert und zudem gesehen, wie Sie Steuersätze aus anderen Ländern abbilden können. Sie haben damit den Grundstein für den Verkauf Ihrer Produkte und Dienstleistungen gelegt, da Magento ab sofort korrekt mit Steuern umgehen und diese errechnen kann.

6.2 Währungen

Ein weiteres wichtiges Thema neben den Steuersätzen sind die Währungen. Magento unterstützt alle auf der Welt verfügbaren Währungen, wodurch Sie Ihre Produkte und Dienstleistungen im Handumdrehen in allen Währungen anbieten können. Währungen können Sie dabei, ganz ohne großen Aufwand, direkt über das Magento-Backend verwalten und steuern. Lassen Sie mich Ihnen anhand eines konkreten Beispiels zeigen, wie Sie in Magento mit den verschiedensten Währungen und Umrechnungskursen umgehen können. Das Ziel besteht darin, neben dem Euro noch Britische Pfund, US-Dollar und Schweizer Franken zum System hinzuzufügen.

6.2.1 Währungseinstellungen

Öffnen Sie zuerst das Magento-Backend, und melden Sie sich im Anschluss mit Ihren Zugangsdaten an. Klicken Sie dann im linken Menü auf SHOPS und anschließend auf den Punkt KONFIGURATION. Die Systemkonfiguration haben Sie bereits in Abschnitt 4.4 kennengelernt (Bereich »Währungseinstellungen«), und diese dient auch bei der Konfiguration der Währungen als Basis. Nachdem Sie die Systemkonfiguration geöffnet haben, rufen Sie im linken Navigationsmenü den Punkt WÄHRUNGSEINSTELLUNGEN auf. Im Anschluss erhalten Sie die Konfigurationsübersicht wie in Abbildung 6.7.

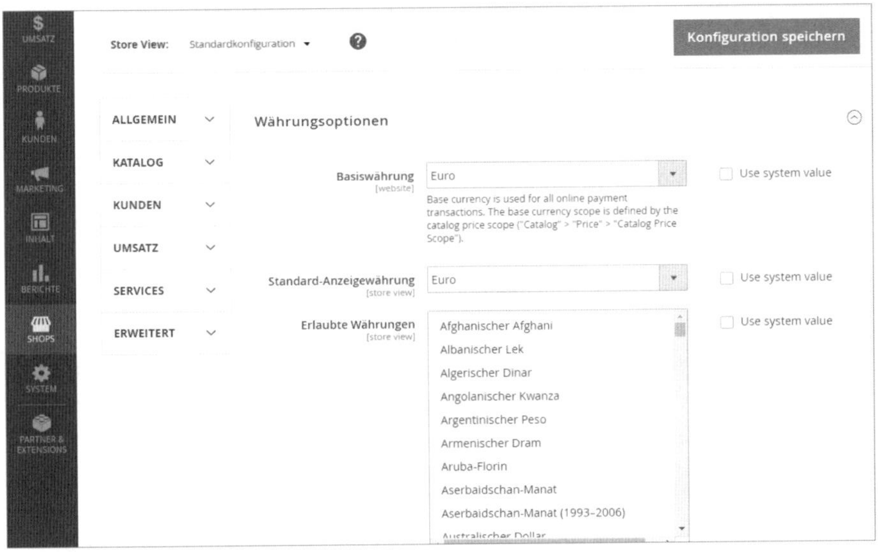

Abbildung 6.7 Die Aktivierung der verschiedenen Währungen erfolgt über die Mehrfachauswahl »Erlaubte Währungen«.

Bei der BASISWÄHRUNG sollte bei Ihnen genau wie bei der STANDARD-ANZEIGEWÄHRUNG Euro hinterlegt sein. Sollten Sie in Ihrem Online-Shop nicht in Euro verkaufen, können Sie diese beiden Konfigurationsoptionen gern anpassen. Diese bilden, wie der Name bereits suggeriert, die Standardwährung bzw. -anzeige innerhalb des Online-Shops.

Über das Multi-Select-Feld ERLAUBTE WÄHRUNGEN können Sie jetzt die zusätzlichen Währungen aktivieren. Wählen Sie in diesem Feld neben dem Euro bitte noch die Einträge Britisches Pfund Sterling, Schweizer Franken sowie US-Dollar aus. Damit die Änderungen im System hinterlegt werden können, bestätigen Sie die Auswahl, indem Sie auf den Button KONFIGURATION SPEICHERN klicken. Damit haben Sie den Grundstein dafür gelegt, dass Magento mit mehreren Währungen umgehen kann, da Sie über diese Konfigurationsoption Magento mitteilen, welche Währungen grundsätzlich erlaubt sind.

Wenn Sie ein wenig nach unten scrollen, werden Sie über die Konfigurationsbereiche Yahoo Finance Exchange, Fixer.io sowie WebserviceX stolpern. Einstellungen müssen Sie bei diesen Bereichen nicht anpassen, grundsätzlich wird hier nur der Timeout in Sekunden hinterlegt. Es handelt sich bei diesen Konfigurationsabschnitten um Webservices, die aktuelle Umrechnungskurse liefern. Auch wenn Sie Umrechnungskurse manuell hinterlegen können, aus irgendeiner Quelle müssen automatisiert die Währungsumrechnungskurse bereitgestellt werden. In Magento haben Sie die Wahl zwischen Yahoo Finance Exchange, WebserviceX bzw. Fixer.io Webservice. Große Unterschiede zwischen den verschiedenen Webservices gibt es letztendlich nicht, greifen Sie einfach zu demjenigen, der Sie am ehesten anspricht.

Im letzten Konfigurationsabschnitt auf dieser Seite mit dem Titel EINSTELLUNGEN FÜR GEPLANTE IMPORTS können Sie Einstellungen für den automatisierten zeitlichen Import der Währungskurse festlegen. Zuerst haben Sie die Wahl, den zeitlichen Import der Währungskurse zu aktivieren bzw. diesen deaktiviert zu lassen. Ist der automatisierte Import der Währungskurse deaktiviert, können Sie diese an anderer Stelle manuell importieren oder auch manuell definieren. Wenn Sie den automatisierten Import aktivieren, können Sie im nächsten Schritt den Webservice auswählen, der Ihnen die Währungsumrechnungskurse bereitstellt. Ich für meinen Teil belasse diese Auswahl bei der Standardoption Yahoo Finance Exchange. Last, but not least können Sie die Startzeit und die Frequenz für den automatisierten Import definieren. Diese Optionen sind an sich selbsterklärend, bei Bedarf können Sie aber nochmals einen Blick in Abschnitt 6.1.3, »Import/Export Steuersätze«, werfen, der die Konfigurationsoptionen im Detail beschreibt.

6.2.2 Währungskurse

Nachdem Sie grundsätzlich die erlaubten Währungen definiert haben, müssen Sie im nächsten Schritt die Währungskurse hinterlegen. Klicken Sie hierfür im Magento-Backend auf den Menüeintrag SHOPS und dann auf den Eintrag WÄHRUNGSKURSE. Daraufhin erhalten Sie eine Darstellung wie in Abbildung 6.8.

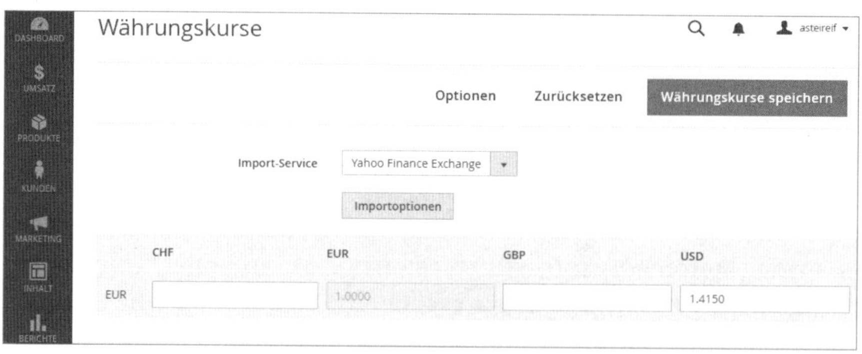

Abbildung 6.8 Aktuell sind noch keinerlei Umrechnungskurse hinterlegt.

Da die Basis-Währung bei Ihnen sowie bei mir der Euro ist, sehen Sie in der Tabelle mit den verschiedenen Währungen beim Euro nur den hinterlegten Wert 1.0000, den Sie auch nicht abändern können. Da der Euro die Basis ist, werden alle Umrechnungskurse aus Sicht des Euro definiert.

Neben dem Euro sehen Sie zudem den Schweizer Franken, das Britische Pfund und den US-Dollar. Beim Schweizer Franken und Britischen Pfund fehlt der Umrechnungsfaktor, beim US-Dollar ist bereits einer hinterlegt. Sie haben an dieser Stelle die Wahl, pro Währung einen Umrechnungsfaktor manuell zu hinterlegen oder die Werte mithilfe eines Webservice automatisiert abzufragen.

Wenn Sie Letzteres tun möchten, wählen Sie im Dropdown-Feld IMPORT-SERVICE einen Dienst aus, und klicken Sie auf IMPORTOPTIONEN. Auch wenn die Beschriftung des Buttons etwas irreführend ist, wird durch den Klick der Import der Währungsumrechnungskurse gestartet und diese direkt in die vorhandenen Textfelder geschrieben. Bestehende Umrechnungskurse, in diesem Fall der US-Dollar, werden entsprechend aktualisiert, fehlende Währungsumrechnungskurse werden ergänzt. Nach dem Import haben Sie zudem immer noch die Möglichkeit, manuell bei den Umrechnungsfaktoren einzugreifen und den manuell definierten Wert zu speichern.

Sofern Sie die Währungsumrechnungskurse importiert haben, klicken Sie auf KONFIGURATION SPEICHERN, um die Änderungen im System zu hinterlegen. Anschließend müssen Sie noch den Cache leeren, und die Änderungen werden auch im Frontend ersichtlich.

6.2.3 Währungssymbole

Abgesehen von den Währungsumrechnungskursen, können Sie in Magento auch die Währungssymbole über das Backend steuern. Klicken Sie hierfür innerhalb des Magento-Backends auf SHOPS und dann auf WÄHRUNGSSYMBOLE. Anschließend gelangen Sie zur Ansicht wie in Abbildung 6.9, und Sie haben die Möglichkeit, die Symbole jeder Währung abzuändern.

Wie Sie sehen, ist beim Euro beispielsweise das €-Zeichen hinterlegt. Alternativ können Sie jedoch auch den Wert EUR in das Textfeld schreiben. Selbiges gilt ebenfalls bei den anderen Währungen. Da der Schweizer Franken kein Symbol hat, ist hier direkt die Abkürzung CHF hinterlegt. Wenn Sie eine Anpassung vornehmen möchten, entfernen Sie bei der entsprechenden Position den Haken bei STANDARD VERWENDEN, editieren Sie den Inhalt des Textfeldes, und klicken Sie anschließend auf WÄHRUNGSSYMBOLE SPEICHERN. Denken Sie außerdem nach der Änderung daran, den Cache zu leeren, um innerhalb des Frontends ein aktuelles Ergebnis zu erhalten.

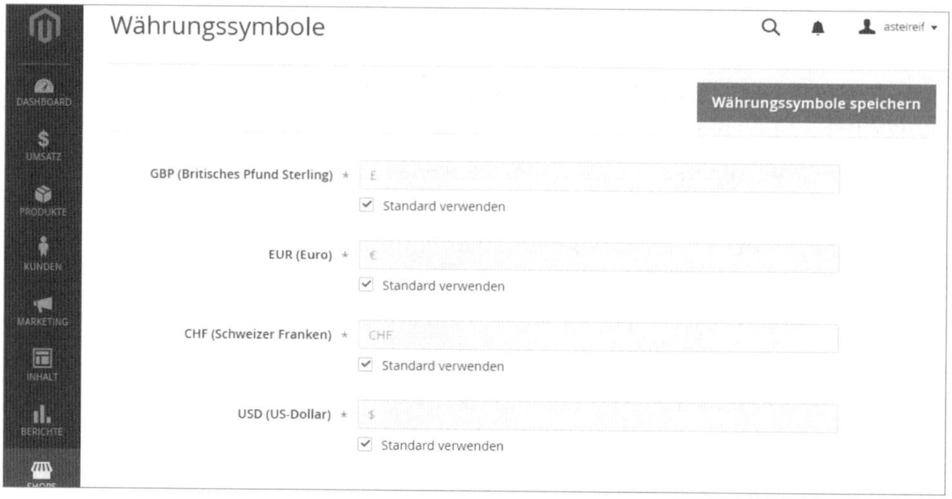

Abbildung 6.9 Bei jeder Währung lässt sich das Symbol beliebig editieren.

6.2.4 Darstellung der Währungen innerhalb des Online-Shops

Sie haben erfolgreich zusätzliche Währungen hinzugefügt, Währungsumrechnungskurse importiert und gegebenenfalls die Währungssymbole abgeändert. Nachdem Sie diese administrativen Tätigkeiten erledigt haben, steht jetzt im Frontend eine Währungsauswahl zur Verfügung. Die Darstellung dieser Option hängt vom gewählten Template bzw. individuellen Design ab, dennoch möchte ich Ihnen an dieser Stelle einen kurzen Einblick geben, wie ein Besucher oder Kunde im Frontend die Währung wechseln kann. In dem aktuell noch sehr leeren Demo-Shop haben Sie in der rechten oberen Ecke ab sofort ein Währungsauswahlfeld. Sie sehen dieses in Abbildung 6.10 im oberen rechten Bereich des Frontends.

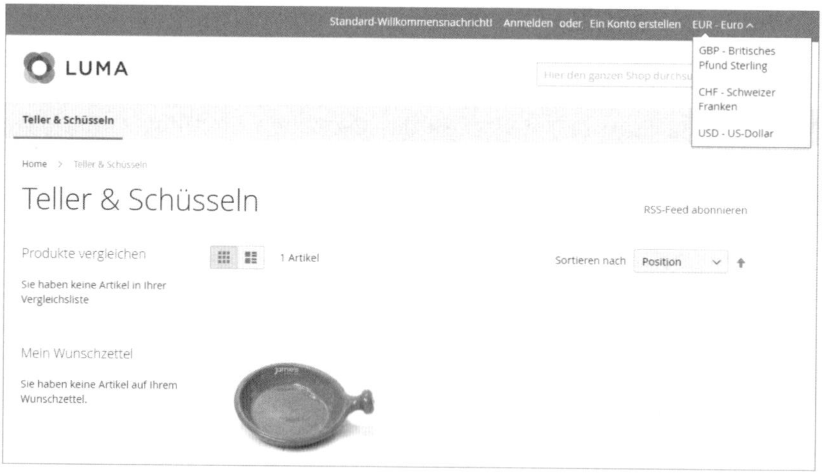

Abbildung 6.10 Der Wechsel der Währung erfolgt mithilfe eines Dropdown-Felds.

Dieser »Währungswechsler« steht den Kunden und Besuchern im Frontend auf jeder Seite zur Verfügung. Ganz egal, ob man sich auf der Startseite, im Warenkorb oder auf einer Produktdetailseite aufhält. Die Währung kann in Magento grundsätzlich an jedem Punkt geändert werden. Entscheidet man sich für den Wechsel der Währung, werden zudem alle Preise und Angaben ab diesem Zeitpunkt in der gewählten Währung angezeigt und selbstverständlich zum hinterlegten Kurs umgerechnet.

6.3 Fazit und Ausblick

Ohne eine korrekte Steuerberechnung können Sie keine Produkte und Dienstleistungen mit Ihrem Magento-Online-Shop vertreiben. Ähnlich schwierig gestaltet sich der Verkauf, wenn die hierfür benötigten Währungen fehlen oder Umrechnungskurse falsch definiert sind. In diesem Kapitel haben Sie daher gelernt, sowohl die Steuerregeln anzulegen als auch benötigte Währungen zu konfigurieren. Damit haben Sie den Grundstein für den Verkauf von Produkten und Dienstleistungen gelegt.

Nachdem Sie nun die Basis bestehend aus Konfiguration und Steuer-Setup geschaffen haben, erfahren Sie im folgenden 7. Kapitel, »Aufbau und Verwaltung des Produktsortiments«, wie Sie den Produktkatalog aufbauen, d. h. Kategorien anlegen und Artikel erstellen und verwalten.

Kapitel 7
Aufbau und Verwaltung des Produktsortiments

In Ihrem Online-Shop können Sie erst dann Umsätze erzielen, wenn Sie Produkte angelegt und diese mithilfe von Kategorien strukturiert haben. Welche Möglichkeiten Ihnen hierzu zur Verfügung stehen, erfahren Sie in diesem Kapitel.

Können Sie sich einen erfolgreichen Online-Shop ohne Kategorien und Produkte vorstellen? Vermutlich nicht, zumindest geht es mir so. Wenn es einen Bestandteil innerhalb eines Online-Shops gibt, auf den Sie in keinem Fall verzichten können, so sind es die angebotenen Produkte sowie die aufrufbaren Kategorien. Diese beiden Elemente bilden das Herzstück des Frontends, derjenigen Ansicht, die Ihre Kunden und Besucher zu sehen bekommen. Das Produktmanagement ist dementsprechend ein elementarer und nicht wegzudenkender Bereich innerhalb von Magento. Magento selbst sieht dies ähnlich, denn ein Großteil der in Magento integrierten Funktionen bezieht sich auf Produkte und Kategorien. Auch hat Magento nie den Schritt unternommen und versucht, notwendige Funktionen an externe Lösungen, beispielsweise ein Product-Information-Management-System (PIM) auszulagern[1]. Im Bereich Produktmanagement hat Magento den Schwerpunkt der Software gelegt und gibt Ihnen als Shop-Betreiber und Administrator zahlreiche Features und Möglichkeiten mit an die Hand, die Sie im Arbeitsalltag unterstützen werden.

In diesem Kapitel möchte ich Ihnen diese angesprochenen Möglichkeiten und Funktionen im Detail vorstellen. In den vorherigen Kapiteln haben Sie hierfür die Basis gelegt. Durch das Tätigen wichtiger Konfigurationseinstellungen, das allgemeine Setup von Magento und weitere Anpassungen haben Sie zum jetzigen Stand ein lauffähiges System, das nur darauf wartet, mit Produkten und Kategorien gefüttert zu werden. Wie auch in den vorherigen Kapiteln möchte ich Ihnen die Funktionen so praxisnah wie nur möglich vorstellen. Dies bedeutet wiederum, dass ich meinen buchbegleitenden Demo-Shop *www.foodbaer.de* in diesem Kapitel mit Produkten und Kategorien ausstatten werde und Sie dies entsprechend in Ihrem System nachmachen kön-

1 Damit meine ich übrigens nicht, dass ein PIM-System unnötig sei. In vielen Fällen kann die Nutzung eines PIM durchaus sinnvoll sein, Magento bietet jedoch allerlei Möglichkeiten, weswegen Sie nicht zwangsläufig ein PIM einsetzen müssen.

nen. Aufgrund der Komplexität des großen Themas »Produktsortiment« teile ich das Kapitel in zwei große Themenbereiche bzw. drei Abschnitte auf. Im ersten Schritt zeige ich Ihnen die vorhandenen Funktionen und Möglichkeiten in Bezug auf Kategorien, im zweiten Schritt geht es um die Produkte, wobei ich in Abschnitt 7.2, »Attribute pflegen und in Attributsets gruppieren«, die Voraussetzungen für das Thema Produkte darstelle und zu diesem überleite. Durch die inhaltliche Aufgliederung in Kategorien und Produkte werden Sie sich etwas einfacher zurechtfinden und können anschließend, sollten Rückfragen auftauchen, einfacher die jeweiligen Abschnitte finden.

Lassen Sie uns in diesem Kapitel durchstarten, Magento mit interessanten Inhalten in Form von Produkten und Kategorien füllen und den nächsten Schritt im Aufbau eines Online-Shops auf Basis von Magento 2 machen!

7.1 Kategorien erstellen und strukturieren

Innerhalb des Frontends werden in Magento die Kategorien zur Navigation benötigt. Für Sie im Backend sind Kategorien nicht zwangsläufig zur Strukturierung des Produktsortiments notwendig, und wie Sie auf den folgenden Seiten sehen werden, eignen sich Kategorien innerhalb des Backends eigentlich auch nicht für die Navigation. Dies ist beispielsweise ein großer Unterschied zu ERP-Systemen bzw. PIM-Lösungen, denn in solchen Systemen erfolgt die Produktpflege und Navigation oftmals primär auf Basis der Kategorien, bzw. wird in solchen Fällen eher von Warengruppen gesprochen. Diesen Stellenwert bzw. Nutzen haben die Kategorien in Magento jedoch nicht. Mithilfe der Kategorien bedienen Sie primär die Nutzer im Frontend, das sollten Sie bei der Anlage und Strukturierung der Kategorien immer im Hinterkopf behalten.

Melden Sie sich nun bitte an Ihrem Magento-Backend mit Ihren persönlichen Zugangsdaten an, und klicken Sie in der linken Navigationsleiste auf PRODUKTE • KATEGORIENAMEN. Mit dem Wort KATEGORIENAMEN sind an dieser Stelle Kategorien gemeint, die Übersetzung ist an dieser Stelle tendenziell verwirrend. Magento selbst versteht unter dem Wort *Catalog* Produkte und Kategorien, *Catalog* fungiert als Überbegriff. In der englischen Version von Magento werden daher die Kategorien bzw. der Navigationspunkt auch als *category* bzw. *categories* bezeichnet. Das in der deutschen Übersetzung verwendete Wort *Kategorienamen* resultiert hingegen vermutlich aus einer kontextunabhängigen Übersetzung einiger Begriffe. Lassen Sie sich an dieser Stelle jedoch nicht von dieser Unschärfe irritieren, und sehen Sie es mir nach, wenn ich im Folgenden von Kategorien und nicht von Kategorienamen spreche.

Wenn Sie die Kategorieansicht aufgerufen haben, werden Sie eine Ansicht wie in Abbildung 7.1 vorfinden, vorausgesetzt, Sie haben noch keine Kategorien angelegt. Vereinfacht ausgedrückt, unterteilt sich die dargestellte Ansicht in zwei Bereiche. Die linke Hälfte der Seite ist für die Darstellung des Kategorie-Baums, sprich der Struktur der Kategorien, zuständig. Wenn Sie eine neue Kategorie anlegen oder eine bestehende Kategorie editieren, können Sie die hierfür notwendigen Werte in der rechten Bildschirmhälfte hinterlegen. Links wählen Sie daher die Kategorien aus, die Sie ändern oder anlegen möchten, auf der rechten Seite hinterlegen Sie die entsprechenden Werte.

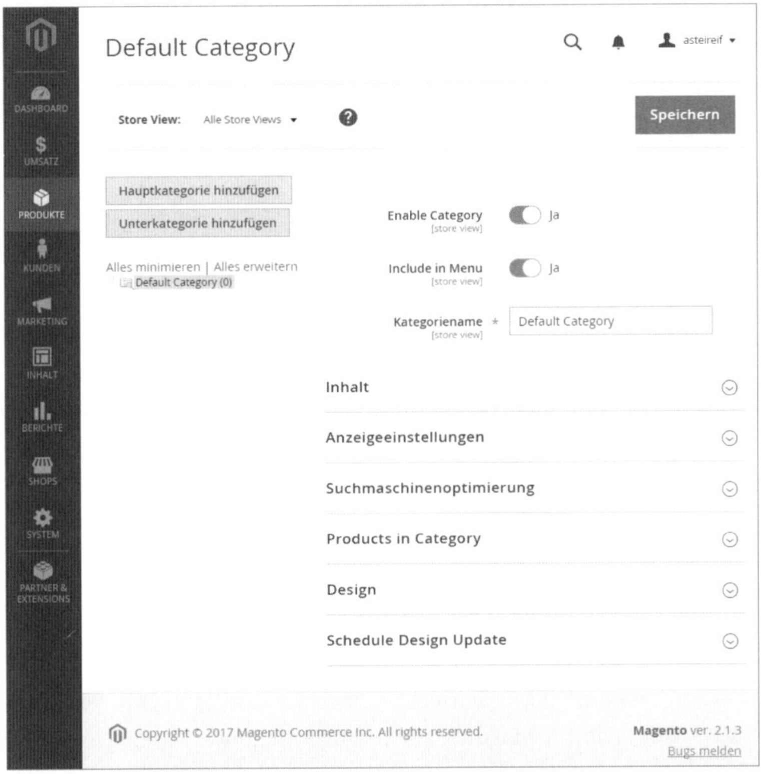

Abbildung 7.1 Innerhalb der Kategorieansicht können Sie neue Kategorien anlegen und bestehende Kategorien verwalten.

Wenn Sie die geöffnete Ansicht genauer studieren, werden Sie in der linken Bildschirmhälfte sicherlich über die bereits angelegte, im Frontend aber nicht dargestellte Kategorie *Default Category* stolpern. Diese Kategorie legt Magento direkt nach der Installation an, und Sie werden auch nicht in der Lage sein, diese Kategorie zu löschen. Magento benötigt für die Kategorien, die Sie später anlegen werden, eine Art »Oberkategorie« oder »Root-Kategorie«. Das heißt einen Eintrag auf der höchsten Ebene, unter der sich die angelegten Kategorien einordnen. Genau diese Funktion nimmt diese Default Category ein, und das ist auch die Begründung dafür, dass Sie diese Kategorie im Frontend nicht sehen können. Theoretisch haben Sie die Möglichkeit, den Namen und die Werte dieser Kategorie anzupassen, Sie können dies auch tun und die Änderungen speichern, Auswirkungen hat dies aber nicht.

Wie Sie in Kapitel 17, »Magento-Multistore-Funktionalität konfigurieren und nutzen«, noch sehen werden, kann es in Ihrem Magento-Shop mehrere Online-Shops geben, die sich durch die Darstellung, aber auch inhaltlich unterscheiden. Wenn Sie unterschiedliche Kategorie-Bäume verwenden möchten, brauchen Sie auch mehrere »Oberkategorien«. Magento bietet Ihnen die Möglichkeit, verschiedene Oberkategorien mit eigenen Strukturen anzulegen. Es muss daher später nicht bei der einen »Default Category« bleiben, es kann beliebig viele solcher Oberkategorien geben. Vermutlich wird bei Ihnen jetzt das eine oder andere Fragezeichen auftreten, Details dazu erfahren Sie aber wie gesagt in Kapitel 17.

Weiterführung des Demo-Systems www.foodbaer.de

Die in diesem Kapitel genannten Beispiele, sowohl Kategorien als auch Produkte, beziehen sich immer auf das Demo-System *www.foodbaer.de*, das Sie, sofern Sie nicht an einem eigenen System arbeiten, gern als Referenz immer aufrufen können. Sollte an der einen oder anderen Stelle aufgrund der rein textlichen Beschreibung etwas unklar sein, nutzen Sie die Möglichkeit, melden Sie sich an dem von mir aufgebauten Demo-System an und vollziehen Sie dort die Einstellungen und Änderungen direkt nach.

Lassen Sie uns jetzt die graue Theorie beiseitelegen und mit dem Aufbau der Kategorien starten!

7.1.1 Neue Kategorien anlegen

Wenn Sie eine neue Kategorie anlegen möchten, müssen Sie zuallererst eine übergeordnete Kategorie auswählen, damit Magento die dahinterliegende Kategorie-Struktur »versteht« und abbilden kann. Zum jetzigen Zeitpunkt haben Sie selbstverständlich noch keine Kategorien angelegt, daher müssen Sie, wie in Abbildung 7.1 zu sehen ist, die *Default Category* auswählen, da diese als übergeordnete Kategorie fungiert. Magento lädt daraufhin die Informationen auf der rechten Seite, beispielsweise den Kategorienamen, neu, indem ein Reload der Seite durchgeführt wird. Ist dies erledigt, klicken Sie im nächsten Schritt auf den Button UNTERKATEGORIE HINZUFÜGEN, der sich in der linken Bildschirmhälfte befindet.

Neben dem Button UNTERKATEGORIE HINZUFÜGEN existiert zudem der Button HAUPTKATEGORIE HINZUFÜGEN. Den letzteren Button benötigen Sie immer dann, wenn Sie eine »Oberkategorie« wie eben die *Default Category* hinzufügen möchten. Wenn dies nicht der Fall ist, müssen Sie hingegen immer auf den Button UNTERKA-

TEGORIE HINZUFÜGEN klicken, um eine weitere untergeordnete Kategorie hinzuzufügen. Nachdem Sie auf den besagten Button geklickt haben, führt Magento erneut einen Reload der Seite durch, und Sie werden feststellen, dass alle Eingabefelder auf der rechten Seite komplett leer sind und nur darauf warten, von Ihnen ausgefüllt zu werden. Bedenken Sie immer, wenn Sie in den Eingabefeldern auf der rechten Seite noch irgendwelche Informationen vorfinden, dann aktualisieren Sie eine bestehende Kategorie. Wenn alle Eingabefelder hingegen leer sind, dann legen Sie eine neue Kategorie an.

Allgemeine Kategorie Informationen

Bei der Anlage einer neuen Kategorie fragt Sie Magento im ersten Feld namens ENABLE CATEGORY zuerst, ob Sie die Kategorie aktiv schalten möchten. Deaktivierte Kategorien werden im Frontend nicht dargestellt, und es besteht keinerlei Möglichkeit, auf diese Kategorien zuzugreifen. Deaktivieren Sie daher eine Kategorie nur dann, wenn Sie wirklich jeden Zugriff verbieten möchten. Mit INCLUDE IN MENU steuern Sie hingegen, ob die Kategorie in der Navigation innerhalb des Frontends dargestellt werden soll. Werfen Sie einen Blick auf Abbildung 7.2, denn die Abbildung zeigt Ihnen die aktuelle Startseite des Foodbaer-Systems.

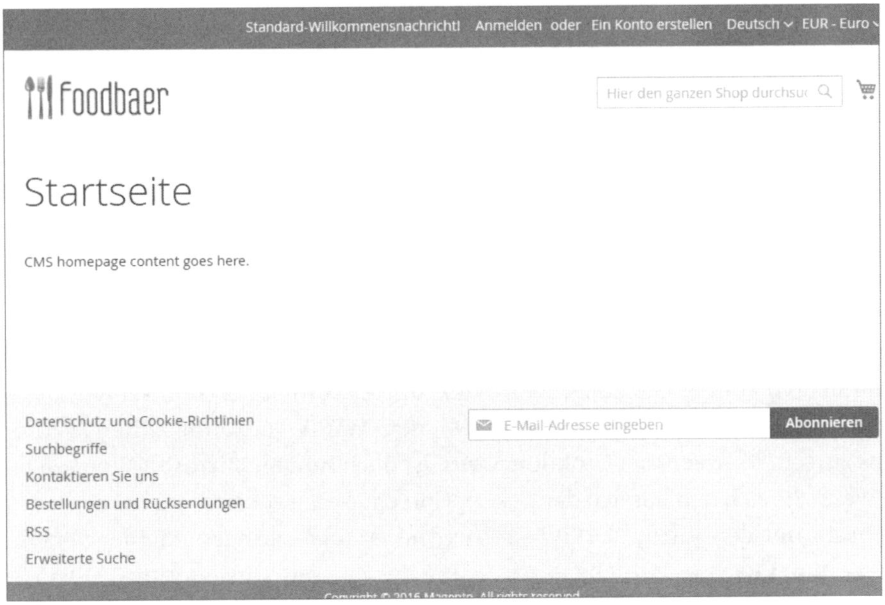

Abbildung 7.2 Aktuell ist das Frontend noch recht leer, Kategorien werden keine dargestellt.

Wie Sie in Abbildung 7.2 in der linken oberen Ecke sehen, zeigt Magento im Standard direkt unter dem Logo die Hauptnavigation an. In dieser Hauptnavigation werden ausschließlich Kategorien dargestellt. Wenn Sie jetzt jedoch nicht möchten, dass in dieser Hauptnavigation eine von Ihnen angelegte Kategorie auftaucht, so müssen Sie die Option INCLUDE IN MENU deaktivieren. Auch wenn eine Kategorie nicht in der Hauptnavigation auftaucht, so können Sie die Kategorie doch immer noch direkt über die URL aufrufen. Der Zugriff wird daher nicht eingeschränkt oder verboten, einzig die Darstellung in der Hauptnavigation entfällt.

Im nächsten Eingabefeld definieren Sie den Kategorienamen. Sie können einen beliebigen Namen wählen, Ihrer Fantasie sind an dieser Stelle keine Grenzen gesetzt. Da die Navigation innerhalb des Frontends auf den Kategorienamen beruht, sollten Sie jedoch aussagekräftige Bezeichnungen verwenden. Ich starte an dieser Stelle mit meiner ersten Kategorie namens »Töpfe« und hinterlege dementsprechend diese Bezeichnung beim Kategorienamen.

Inhalt

Im Abschnitt INHALT, den Sie sehen, wenn Sie ein wenig nach unten scrollen, können Sie zuallererst ein Kategorie-Bild hinterlegen. Je nach Template wird dieses Kategorie-Bild an unterschiedlichen Stellen innerhalb einer Kategorie dargestellt, wo genau, können Sie an dieser Stelle jedoch nicht beeinflussen. Die Hoheit der Positionierung des Kategorie-Bildes liegt voll und ganz beim Template. Klicken Sie nun auf Upload, und wählen Sie ein beliebiges Bild aus. Die Proportionen sind an dieser Stelle sekundär, ich möchte Ihnen primär zeigen, wo das Kategorie-Bild im Frontend dargestellt wird, bzw. wie sich das Bild in die Darstellung der Kategorie einfindet.

Nachdem Sie ein Kategorie-Bild ausgewählt haben, können und sollten Sie eine Beschreibung hinterlegen. Die Beschreibung, die an dieser Stelle nicht übersetzt wurde und daher DESCRIPTION als Name trägt, wird im Frontend direkt innerhalb der Kategorieseite ausgegeben. Bei dem Beschreibungstext unterliegen Sie keinen Einschränkungen, und Sie können einen beliebigen Freitext in einer von Ihnen gewünschten Länge hinterlegen. Durch die Integration des »What You See Is What You Get«-Editors (WYSIWYG) können Sie zudem Formatierungen vornehmen und sehen direkt, wie sich diese Formatierungen auswirken. Mit dem WYSIWYG-Editor sollten Sie problemlos zurechtkommen, die Funktionsweise ist doch sehr an Microsoft Word angelehnt. Wenn Sie sich den Bereich der Description ein wenig genauer anschauen, wird Ihnen bestimmt der Button WYSIWYG EDITOR ins Auge springen. Meiner persönlichen Meinung nach müsste die Beschriftung des Buttons »Erweiterter WYSIWYG-Editor« lauten, denn wenn Sie an dieser Stelle auf diesen Button klicken, wird sich ein neues Fenster öffnen. Dieses neue Fenster, Sie sehen es in Abbildung 7.3, gibt Ihnen zusätzliche Möglichkeiten bei der Formatierung, es wird ein weitaus komplexerer und umfangreicherer WYSIWYG-Editor geladen. Magento differenziert daher: Im einfachsten Fall können Sie die abgespeckte Variante des Editors nutzen, sollte Ihnen diese Variante jedoch nicht reichen, so können Sie auch die erweiterte Variante des

Editors starten. Klicken Sie sich gern durch die verschiedenen Buttons und Möglichkeiten; würde ich diese alle im Detail aufzählen, so könnte ich allein mit dem Funktionsumfang des Editors ein Kapitel füttern. Ich finde die Symbole verraten gerade aufgrund der Anlehnung an Word recht schnell, was sich hinter dem jeweiligen Button verbirgt und was Sie mit diesem Button bewirken können.

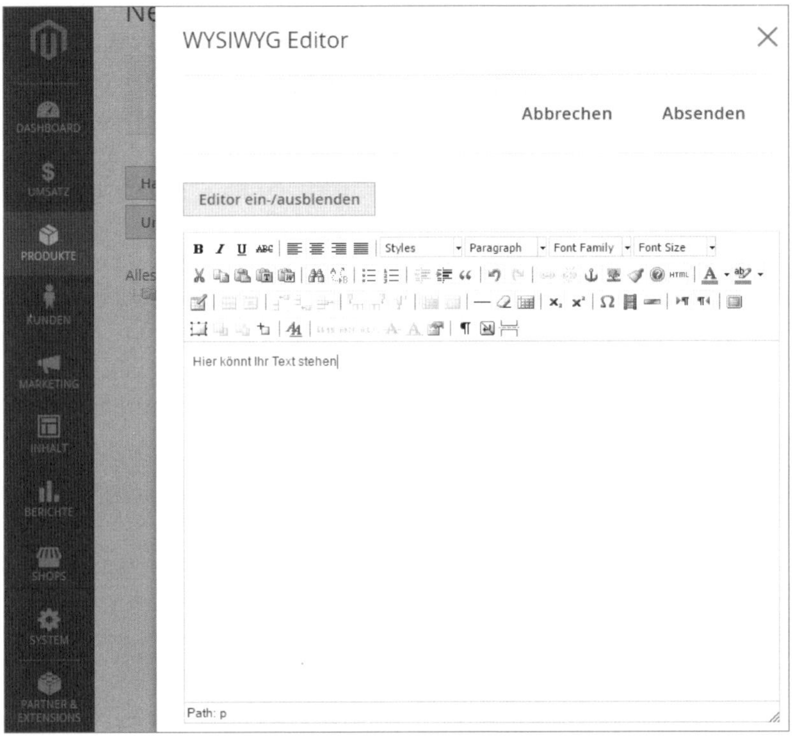

Abbildung 7.3 Neben einer einfachen Variante steht ein erweiterter grafischer Editor zur Verfügung.

Hinterlegen Sie, nachdem Sie sich ein wenig durch den Editor geklickt haben, einen beliebigen Text innerhalb des Felds DESCRIPTION.

Dummy-Text-Generator

Wenn Sie noch an der einen oder anderen Stelle Dummy-Content benötigen und selbst nicht kreativ werden möchten, kann ich Ihnen die Website *http://www.lorem-ipsum.de* ans Herz legen. Auf dieser Seite können Sie relativ schnell und einfach einen Dummy-Text in einer beliebigen Länge generieren lassen.

Sobald Sie die Description hinterlegt haben, scrollen Sie ein wenig nach unten, bis Sie zum Punkt ADD CMS BLOCK gelangen. Dieser Punkt ist zugegebenermaßen etwas tricky, da ich an dieser Stelle thematisch vorgreifen muss. Bei den statischen Blöcken,

Magento spricht gern von *Blocks* oder *static blocks*, handelt es sich um Einträge, die einen Inhalt speichern können. So kann der statische Block mit dem Namen »AGB« beispielsweise Ihre Allgemeinen Geschäftsbedingungen als formatierten Text speichern. Diese doch zugegebenermaßen verkürzte Erklärung soll Ihnen an dieser Stelle erst einmal weiterhelfen, die statischen Blöcke erkläre ich im Detail in Kapitel 11, »Content Management mit Magento«. Wenn Sie jetzt in der folgenden Option einen statischen Block auswählen können, bedeutet das nichts anderes als dass Magento in dieser Kategorie den Inhalt, den Sie in einem statischen Block gespeichert haben, an dieser Stelle darstellt. Das kann dann praktisch sein, wenn Sie einen statischen Block erstellt haben, der den Inhalt einer Marketingaktion bestehend aus Grafiken und Texten enthält. Möchten Sie diese Marketingaktion in vielen Kategorien darstellen, so reicht die Anlage eines statischen Blocks, und Sie brauchen in den jeweiligen Kategorien nur noch den entsprechenden statischen Block auszuwählen. So sparen Sie sich die redundante Pflege und Verwaltung von Inhalten. Da Sie an diesem Punkt genauso wie ich jedoch noch über keinen statischen Block verfügen, ist das Dropdown-Feld momentan noch leer. Lassen Sie uns daher zum nächsten Punkt gehen, denn grundsätzlich haben Sie an dieser Stelle nun alle Informationen, die zum Abschnitt Inhalt gehören, hinterlegt.

Anzeigeeinstellungen

Nachdem Sie im vorherigen Abschnitt primär Inhalte hinterlegt haben, beschäftigt sich dieser Abschnitt mit der Darstellung, der von Ihnen hinterlegten Inhalte. Zuerst fragt Sie Magento nach dem Display Mode, bei dem insgesamt drei Optionen zur Auswahl stehen:

- Nur Produkte
- Nur statische Blöcke
- Statische Blöcke und Produkte

Wenn Sie die erste Option Nur Produkte wählen, wird Magento innerhalb der Kategorie im Frontend ausschließlich Produkte darstellen. Selbst wenn Sie einen statischen Block auswählen, so hat diese Auswahl keine Auswirkung. Magento wird dies im Frontend komplett ignorieren und nur die der Kategorie zugewiesenen Produkte darstellen. Wählen Sie hingegen Nur statische Blöcke, so wird auch nur der ausgewählte statische Block dargestellt. Weisen Sie der Kategorie zudem Produkte zu, so wird die Ausgabe der Produkte im Frontend unterdrückt. Als dritte Option haben Sie die Möglichkeit, die beiden zuvor angesprochenen Optionen zu mixen. Dadurch zeigt Magento in der Kategorie innerhalb des Frontends sowohl Produkte als auch den ausgewählten statischen Block an. Da ich in diesem konkreten Fall keinen statischen Block ausgewählt habe – letztendlich existieren in meinem Magento-System noch keine statischen Blöcke –, wähle ich die Option Nur Produkte. Sie können mir dies gleichtun, außer Sie haben bereits einen statischen Block und möchten diesen darstellen.

Scrollen Sie ein wenig weiter, bis Sie zum Punkt ANCHOR gelangen. Die Option kann entweder aktiviert oder deaktiviert werden und entscheidet darüber, ob im Frontend die sogenannte *Layered Navigation* angezeigt wird. Die Layered Navigation ist eine Filternavigation, die Sie sicherlich auch von anderen Online-Shops wie z. B. Zalando kennen. Wenn Sie sich innerhalb einer Kategorie befinden, haben Sie in vielen Online-Shops die Möglichkeit, innerhalb der Kategorie zu filtern. In der Modebranche filtert man gern nach Farben, Größen oder auch dem Schnittmuster. Magento kann eine solche Filternavigation ebenfalls abbilden, da diese auf den Produktattributen beruht, die Sie im nächsten Abschnitt dieses Kapitels kennenlernen werden. Wenn Sie in einer Kategorie nun die Filternavigation aktivieren müssen, müssen Sie die Kategorie auf Anchor setzen, sprich die Anchor-Option aktivieren. Zugegebenermaßen finde ich schon seit Magento 1 das Naming an dieser Stelle etwas irreführend. Anstelle von Anchor hätte man diese Option auch Layered Navigation nennen können, die man aktivieren oder deaktivieren kann. Sei's drum, merken Sie sich an dieser Stelle, dass Anchor gleichzusetzen mit Filternavigation ist, und lassen Sie diese Option ruhig aktiviert.

Die nächsten beiden Optionen, die Sie in Abbildung 7.4 sehen, drehen sich um das Thema Produktsortierung.

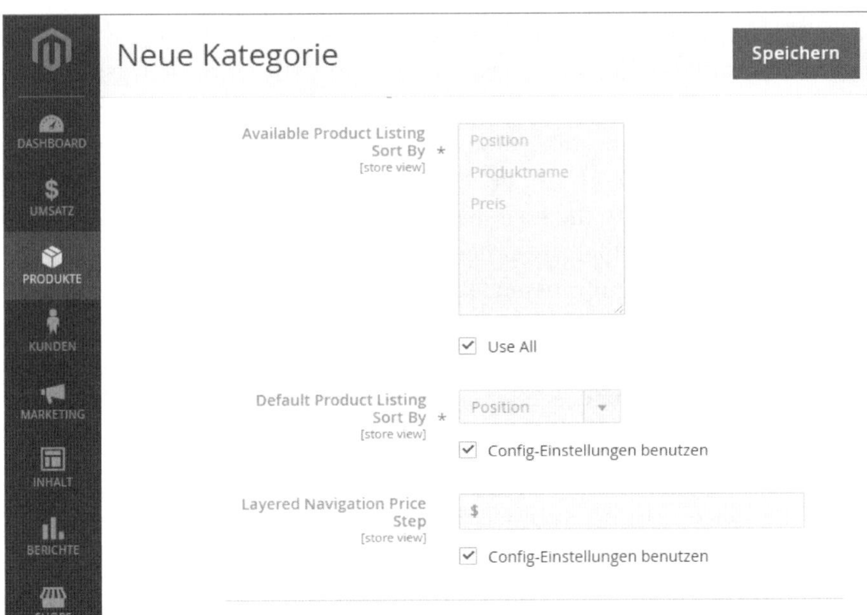

Abbildung 7.4 Pro Kategorie kann definiert werden, in welcher Reihenfolge die Produkte im Frontend ausgegeben werden und nach welchen Kriterien sich die Produkte sortieren lassen.

Mithilfe der Option AVAILABLE PRODUCT LISTING SORT BY definieren Sie die für diese Kategorie im Frontend vorhandenen Sortierkriterien. Im Standard stehen Ihnen Position, Produktname und Preis zur Verfügung. Die verfügbaren Sortierkriterien können Sie jedoch selbst bestimmen und erweitern. Mehr hierzu erfahren Sie in Abschnitt 7.2, »Attribute pflegen und in Attributsets gruppieren«, denn genau diese Produktattribute helfen Ihnen dabei, die vorhandenen Sortierkriterien zu erweitern. An dieser Stelle müssen Sie eigentlich auch keine Anpassung vornehmen, und Sie können die Sortierkriterien entsprechend dem Standard belassen. Bei der Option DEFAULT PRODUCT LISTING SORT BY definieren Sie nicht die möglichen Sortierkriterien, sondern das im Standard ausgewählte Sortierkriterium. Das heißt, immer wenn ein Nutzer im Frontend eine Kategorie aufruft, müssen die Produkte nach einem gewissen Kriterium sortiert und dargestellt werden. Dieses Sortierkriterium können Sie global innerhalb der Systemkonfiguration festlegen, aber zusätzlich pro Kategorie überschreiben. Um den Wert zu überschreiben, müssen Sie den Haken in der Checkbox CONFIG-EINSTELLUNGEN BENUTZEN entfernen. Daraufhin können Sie aus dem Dropdown-Menü ein beliebiges Sortierkriterium auswählen, das von da an als Standard für diese Kategorie gilt. Änderungen müssen Sie an dieser Stelle meiner Meinung nach aber vorerst nicht vornehmen.

Der letzte Punkt in diesem Abschnitt trägt den Namen LAYERED NAVIGATION PRICE STEP und ist an sich auch relativ einfach erklärt. Innerhalb der Filternavigation können die Nutzer im Frontend auch nach einem Preis, um genauer zu sein, nach der Preisspanne filtern. Magento würde im Standard auf Basis der Produkte, die der Kategorie zugewiesen wurden, sinnvolle Preisspannen ermitteln. Sinnvoll liegt dabei im Auge des Betrachters, denn wenn Sie 100 Produkte für unter 10 € zugewiesen haben, und nur 1 Artikel z. B. 1.000 € kostet, würde Magento wohl die Spanne kleiner als 10 € und größer als 10 € bilden. Das ist Ihnen vermutlich aber nicht fein genug, gegebenenfalls möchten Sie nicht nur die Preisspanne kleiner als 10 €, sondern 1–2 €, 2–4 € etc. festlegen. Um dieses Problem zu umgehen, können Sie pro Kategorie manuell Preisspannen festlegen. Hierfür müssen Sie einfach nur Werte wie 5–10; 15–50; 100–400 etc. hinterlegen. Aber auch an dieser Stelle müssen Sie vorerst keine Anpassung vornehmen, behalten Sie bitte nur im Hinterkopf, dass Sie die Preisspannen manuell definieren und anpassen können, es aber eigentlich nicht müssen.

Suchmaschinenoptimierung

Wie Sie sicherlich wissen, ist die Suchmaschinenoptimierung eines der wichtigsten Themen eines Online-Shop- bzw. Website-Betreibers. Aus diesem Grund bietet Magento im nächsten Abschnitt die Möglichkeit, relevante Suchmaschineninhalte bzw. Einstellungen pro Kategorie zu hinterlegen. Beim URL-Key, der ersten Option, können Sie die URL der Kategorie bestimmen. Wenn ich beispielsweise die Kategorie »Töpfe« nenne, kann ich beim URL-Key den Wert »topfe« hinterlegen. Dadurch lässt sich die Kategorie direkt unter der URL *http://www.foodbaer.de/topfe.html* aufrufen. Man könnte den URL-Key also mit »Dateinamen« gleichsetzen, das wäre aber nicht ganz korrekt, da der URL-Key auch einen Ordner darstellen kann, sofern Sie die Dateiendungen in der Systemkonfiguration deaktivieren. Mit dem URL-Key haben Sie jedenfalls Einfluss auf die URL der Seite und können innerhalb des URL-Keys auch beliebige Wörter bzw. Phrasen hinterlegen.

Dateiendungen werden in der Systemkonfiguration definiert

Ob die Kategorie- oder Produktseite auf *.html* oder *.htm* endet oder gar keine Endung hat, können Sie in der Systemkonfiguration hinterlegen. Springen Sie hierfür einfach im Backend in den Punkt SHOPS • KONFIGURATION • KATALOG • KATALOG, und scrollen Sie zum Abschnitt SUCHMASCHINENOPTIMIERUNG.

Hinterlegen Sie übrigens keinen URL-Key und speichern anschließend die Kategorie ab, so bestimmt Magento auf Basis des Namens einen URL-Key. Daher müssen Sie dieses Feld eigentlich nicht ausfüllen, können es aber tun. Den URL-Key können Sie übrigens nachträglich ändern, Magento würde in diesem Fall sogar eine Weiterleitung der alten URL auf die neue URL anlegen.

Abgesehen von dem URL-Key, können Sie im Abschnitt Suchmaschinenoptimierung den Meta-Title, Meta-Schlüsselwörter sowie die Meta-Beschreibung hinterlegen. Tun Sie das nicht, greift der Magento-Fallback, den Sie bereits in der Systemkonfiguration kennengelernt haben. Der Fallback ist jedoch ungünstig, da so mehrere Seiten dieselben Metainformationen haben können, was Google nicht so gern sieht. Daher sollten Sie zumindest die Schlüsselwörter und Beschreibung manuell ausfüllen, der Titel ergibt sich auch ohne hinterlegten Wert aus dem Produktnamen, der ja an und für sich eindeutig ist. Sollten Sie noch keine Erfahrungen mit Metainformationen gemacht haben, möchte ich Ihnen an dieser Stelle noch den Hinweis mitgeben, dass es sich ausschließlich um Informationen handelt, die im Quellcode der Seite auftauchen. Die hier eingegebenen Werte werden jedoch nicht in der Kategorie selbst ausgegeben. Für Nutzer sind Metainformationen nicht sichtbar, Metainformationen sprechen in erster Linie immer Suchmaschinen und Crawler an und können nur gelesen werden, wenn der Quellcode der Seite ausgewertet wird.

Wenn Sie möchten, können Sie an dieser Stelle sowohl einen URL-Key als auch die Metainformationen angeben. Zwingend notwendig ist dies aber nicht, da Ihr lokales Magento-System sowieso nicht von Suchmaschinen erfasst und durchsucht werden kann.

Products in Category

In Magento können Produkte auf zwei Wegen einer oder mehreren Kategorien zugewiesen werden. Wenn Sie ein Produkt anlegen, können Sie in diesem Zuge die Zuweisung zu den gewünschten Kategorien vornehmen. Genau dieses Verhalten werden Sie im Laufe dieses Kapitels noch im Detail sehen. Alternativ hierzu können Sie, wenn Sie eine Kategorie anlegen oder editieren, jedoch auch bestimmen, welche Produkte dieser Kategorie zugewiesen werden sollen. Das ist im Prinzip der umgekehrte Weg, der jedoch genauso gut wie Variante 1 zum Ziel führt. Da Sie aktuell noch keine Produkte vorliegen haben, möchte ich an dieser Stelle vorgreifen und Ihre Aufmerksamkeit auf Abbildung 7.5 lenken. Wie Sie dort erkennen, können Sie die Produktliste filtern bzw. sortieren, und bei Produkten, die Sie der Kategorie zuweisen möchten, einfach einen Haken setzen. Es handelt sich also um eine recht einfache und schnelle Möglichkeit, viele Produkte einer bestimmten Kategorie zuzuweisen.

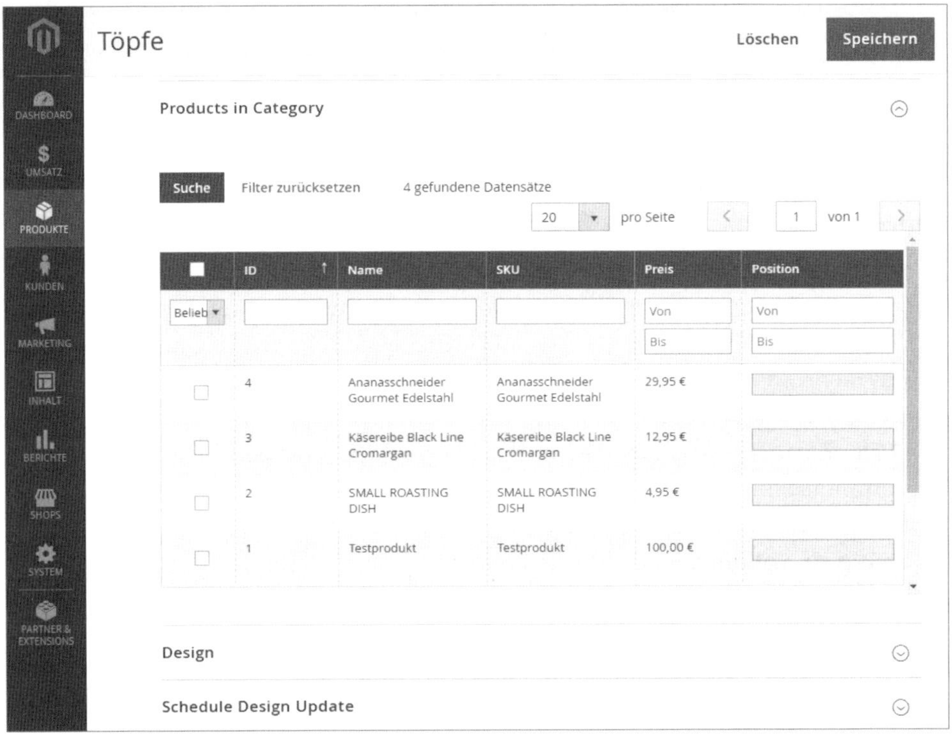

Abbildung 7.5 Wenn Sie eine Kategorie anlegen oder editieren, können Sie direkt die gewünschten Produkte dieser Kategorie zuweisen.

Neben der Zuweisung von Produkten zu der Kategorie können Sie natürlich auch zugewiesene Produkte aus der Kategorie entfernen, indem Sie den dann gesetzten Haken bei den Checkboxen der jeweiligen Produkte entfernen.

Design

Die Möglichkeiten in Bezug auf Designänderungen sind in Magento vielfältig. Sie haben, ohne an dieser Stelle zu weit in die Designentwicklung abzutauchen, pro Kategorie die Möglichkeit, Änderungen am Design vorzunehmen. Um dies zu tun, müssen Sie zuerst definieren, ob Sie das Design von der übergeordneten Kategorie erben wollen. Ist dies nicht der Fall, entfernen Sie bitte den Haken bei der Checkbox EINSTELLUNGEN DER ÜBERGEORDNETEN KATEGORIE NUTZEN. Damit teilen Sie Magento mit, dass die Einstellungen der übergeordneten Kategorie für diese Kategorie nicht gelten und individuelle Einstellungen für diese Kategorie gesetzt werden können.

Wenn Sie über mehrere Themes, also vollumfassende Designs verfügen, so können Sie im nächsten Dropdown-Menü ein entsprechendes Theme auswählen. Etwas schwächer ist die darauffolgende Auswahl des Layouts. So würden Sie, angenommen, Sie ändern das Theme nicht, nur das Layout ändern können. Beim Layout stehen wiederum verschiedene Optionen zur Auswahl:

- Keine Layout-Updates
- Empty
- 1 column
- 2 columns left bar
- 2 columns right bar
- 3 columns

Wenn Sie KEINE LAYOUT-UPDATES auswählen, dann geschieht nichts, wie Sie sich vermutlich vorstellen können. Diese Option wählen Sie daher, wenn Sie keine Änderungen am Layout vornehmen möchten. Die Option EMPTY blendet den kompletten Header und Footer aus, und es würde tatsächlich nur der Inhalt der Kategorie dargestellt werden, wie Sie in Abbildung 7.6 sehen können.

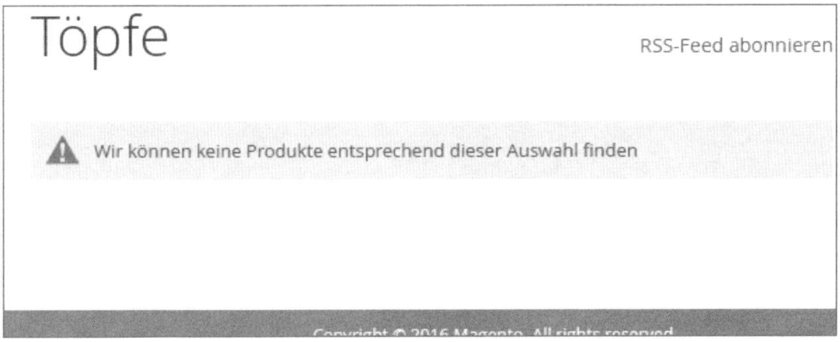

Abbildung 7.6 Bei der Auswahl der Layout-Option »Empty« fehlt der komplette Header und Footer.

Die nächsten Layout-Optionen unterscheiden sich primär in der Anzahl der Spalten. Wenn Sie das einspaltige Layout wählen, haben Sie weder rechts noch links eine Spalte, die beispielsweise eine weitere Navigation oder die Filter enthalten kann. Wenn Sie sich für ein zweispaltiges Layout entscheiden, müssen Sie definieren, ob Sie die kleinere Spalte, also diejenige mit Navigation bzw. Filter, links oder rechts haben möchten. Beim dreispaltigen Layout wird die mittlere Spalte recht viel Größe einbüßen, und Sie können dafür links und rechts vom eigentlichen Content Inhalte platzieren. Programmatisch können Sie grundsätzlich beliebig viele neue Layout-Optionen hinzufügen und dadurch bestimmten Kategorien einen individuellen Touch geben. Hierfür müssen Sie dann aber schon in die Entwicklung in Magento eintauchen.

Bei der nächsten Option müssten Sie ebenfalls in die Entwicklung eintauchen. Mithilfe des Eingabefelds LAYOUT XML AKTUALISIEREN haben Sie die Möglichkeit, auf Basis von XML das Layout der Kategorie komplett frei zu individualisieren. Bei der Auswahl des Layouts sind Sie, wie Sie gesehen haben, in gewissen Rahmenparametern gefangen und können aus den vorhandenen Layouts eins auswählen. Beim Feld LAYOUT XML AKTUALISIEREN hingegen können Sie einzelne Bereiche und sogar Elemente ansteuern, hinzufügen, entfernen oder die Verhaltensweise beeinflussen. Um dies zu tun, benötigen Sie jedoch ein recht ausgeprägtes Wissen in der Designentwicklung von Magento, daher ist diese Möglichkeit primär für Entwickler interessant.

Die letzte Option namens APPLY DESIGN TO PRODUCTS erlaubt Ihnen die Übertragung der getätigten Designanpassungen der Kategorie auf die zugewiesenen Produkte. Wählen Sie beispielsweise ein 3-Column-Layout aus, so würden auch die der Kategorie zugeordneten Produkte diese Layout-Einstellung erhalten. Sollten Sie dies nicht wünschen, entfernen Sie einfach den Haken in der Checkbox.

Schedule Design Update

Der letzte Abschnitt widmet sich der zeitlichen Steuerung der Designänderungen. Wenn Sie das Theme der Kategorie ändern, können Sie dies in diesem Abschnitt zeitlich terminieren. Wie Sie in Abbildung 7.7 sehen, müssen Sie nur ein Start- und Enddatum angeben.

Abbildung 7.7 Designänderungen lasen sich zeitlich terminieren.

Nachdem ich Ihnen die verschiedenen Optionen und deren Bedeutung vorgestellt habe, bitte ich Sie jetzt darum, ein paar Kategorien in Ihrem System anzulegen. Weisen Sie im ersten Schritt alle Kategorien der Default Category zu, eine andere Verschachtelung müssen Sie nicht vornehmen. Bei den Informationen, die Sie hinterlegen, haben Sie die Oberhand. Ich werde für meinen Foodbaer-Online-Shop die folgenden Kategorien hinterlegen:

- Töpfe
- Pfannen
- Woks
- Messer
- Bücher
- Gedruckte Bücher
- eBooks
- Sonstiges
- Angebote

Anschließend und sofern alles ohne Fehler und Probleme geklappt hat, sind die Kategorien im Frontend innerhalb der Hauptnavigation sichtbar, wie Sie in Abbildung 7.8 sehen können.

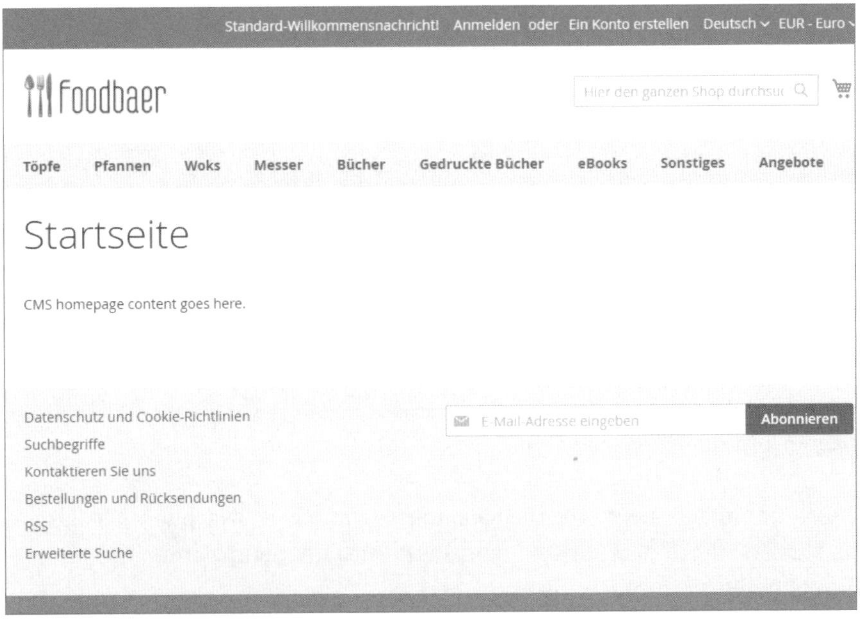

Abbildung 7.8 Nachdem Sie die Kategorien angelegt haben, werden diese im Frontend dargestellt.

Herzlichen Glückwunsch, Sie haben erfolgreich eine Handvoll Kategorien angelegt und damit die Basis geschaffen, im späteren Verlauf Produkte Kategorien zuweisen und im Frontend aufrufen zu können!

7.1.2 Bestehende Kategorien editieren

Neben der Möglichkeit, Kategorien anzulegen, haben Sie selbstverständlich zudem die Möglichkeit, existierende Kategorien zu bearbeiten. Klicken Sie hierfür die Kategorie, die Sie editieren möchten, innerhalb des Kategorie-Baumes an. Daraufhin haben Sie, wie Sie in Abbildung 7.9 sehen, in der rechten Bildschirmhälfte die Möglichkeit, die hinterlegten Informationen zu editieren.

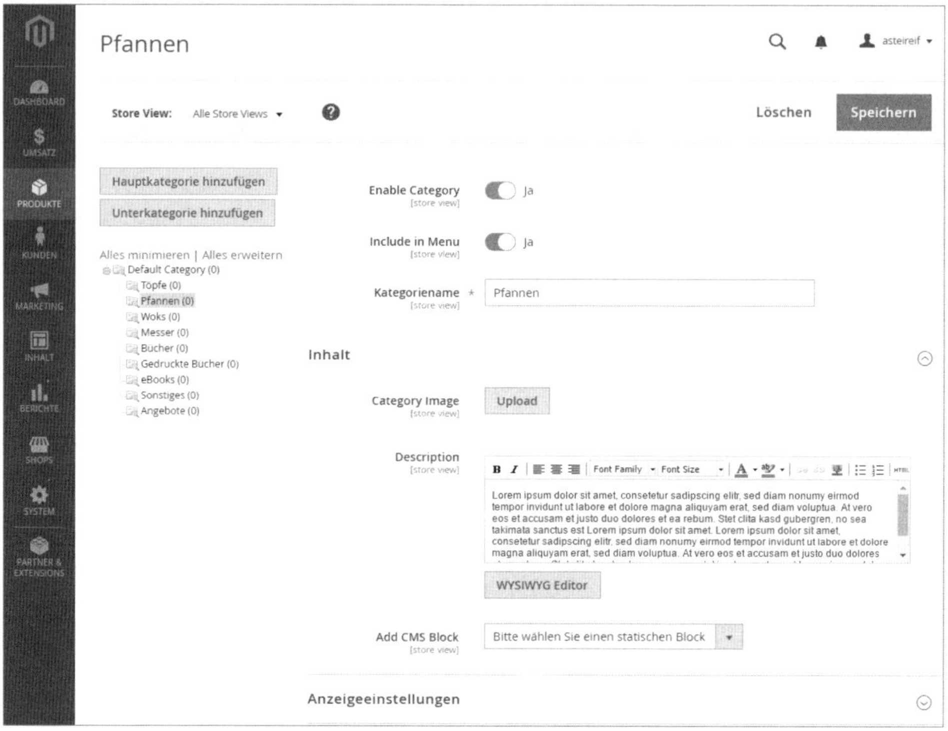

Abbildung 7.9 Nachdem Sie im linken Baum eine Kategorie ausgewählt haben, können Sie die hinterlegten Informationen abändern.

Ändern Sie dafür einfach die Werte, die Sie anpassen möchten. Nachdem Sie das getan haben, klicken Sie auf den Button SPEICHERN. Anschließend werden die getätigten Änderungen übernommen und gespeichert.

7.1.3 Kategorien strukturieren und verschieben

Neben der Möglichkeit, die vorhandenen Informationen zu ändern, können Sie zudem auch die Struktur der Kategorien bearbeiten. Wählen Sie hierfür in dem Kategorie-Baum eine Kategorie aus, und ziehen Sie diese an eine andere Stelle oder sogar in eine andere Kategorie. Ich möchte beispielsweise die Kategorie Woks als Unterkategorie von Pfannen haben. Um dies zu realisieren, ziehe ich die Kategorie Woks einfach auf den Eintrag Pfannen, daraus ergibt sich automatisch eine Unterkategorie. Selbiges mache ich mit den Kategorien Gedruckte Bücher sowie eBooks, die der Hauptkategorie Bücher untergeordnet werden. Wenn Sie dies ebenfalls gemacht haben, sollten Sie die Untergliederung in Ihrem Kategorie-Baum wie in Abbildung 7.10 abgebildet sehen.

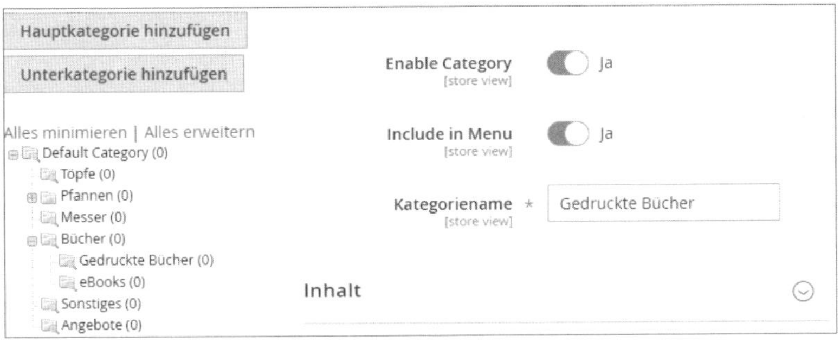

Abbildung 7.10 Die Struktur des Kategorie-Baums können Sie ganz einfach per Drag & Drop verändern.

Magento speichert übrigens die Änderung der Struktur direkt ab, wenn Sie die Kategorie per Drag & Drop verschieben. Die anschließend auftauchende Meldung, die gegebenenfalls auf Performanceprobleme hinweist, können Sie bestätigen. Die Performance kann dann ein Problem werden, wenn Sie Hunderte Kategorien, Tausende Produkte und viele Besucher auf Ihrem Shop haben. Wenn Sie anschließend im laufenden Betrieb die Struktur der Kategorien anpassen, kann sich das System schon etwas holprig verhalten. Auf Ihrer lokalen Testumgebung bereitet das Verschieben der Kategorien jedoch keine Probleme.

7.1.4 Kategorien löschen

Last, but not least können Sie natürlich auch bestehende Kategorien löschen. Wählen Sie hierfür die Kategorie, die Sie löschen möchten, im linken Navigationsmenü aus. Anschließend, Sie kennen das Verhalten, lädt Magento die Seite neu und zeigt im rechten Bereich des Bildschirms die Kategorie-Informationen an. Am oberen Bildschirmrand taucht zudem der Button LÖSCHEN auf. Wenn Sie auf diesen Button klicken, wird im Anschluss die Kategorie entfernt.

7.1.5 Zusammenfassung

Wie Sie sehen, erfolgt die Verwaltung von Kategorien auf eine recht einfache Art und Weise. Sie können problemlos neue Kategorien hinzufügen, die Struktur der Kategorien ändern, bestehende Kategorien bearbeiten und löschen. Magento bietet Ihnen an dieser Stelle viele Möglichkeiten. Sollten Sie im Verlauf der vorherigen Seiten noch keine Kategorien angelegt haben, bitte ich Sie, dies spätestens jetzt nachzuholen. Die Kategorien sind die Basis für die weiteren Seiten in diesem Kapitel und ermöglichen Ihnen später den Zugriff auf die erstellten Produkte.

7.2 Attribute pflegen und in Attributsets gruppieren

Bevor ich auf die Anlage der Produkte zu sprechen komme, muss ich Ihnen zuerst eine Einführung in die Attribute und Attributsets geben. Attribute und Attributsets bilden nämlich die Basis der Produkte, und ohne Attribute können Sie keine Produkte anlegen. Doch was genau hat es mit den Attributen und Attributsets auf sich?

7.2.1 Attribute

Bei den Attributen handelt es sich im Prinzip um nichts anderes als Produkteigenschaften. Attribute beschreiben ein Produkt und ermöglichen es Ihnen als Shop-Betreiber, bestimmte Werte bei einem Produkt zu speichern. Eine Produkteigenschaft kann beispielsweise die Farbe oder Größe sein. Attribute bilden aber auch Bilder, oder Downloads zu einem Produkt ab. Immer dann, wenn Sie bei einem Produkt eine Information speichern möchten, brauchen Sie ein Attribut. Magento bietet hierfür eine sehr mächtige und komfortable Oberfläche, die ich Ihnen im Detail vorstellen möchte. Sofern Sie das noch nicht getan haben, melden Sie sich bitte am Magento-Backend an, und klicken Sie auf SHOPS • ATTRIBUTE • PRODUKT. Daraufhin listet Magento alle im System vorhandenen Attribute auf; im Standard handelt es sich um knapp 50 Einträge, wie Sie in Abbildung 7.11 sehen können.

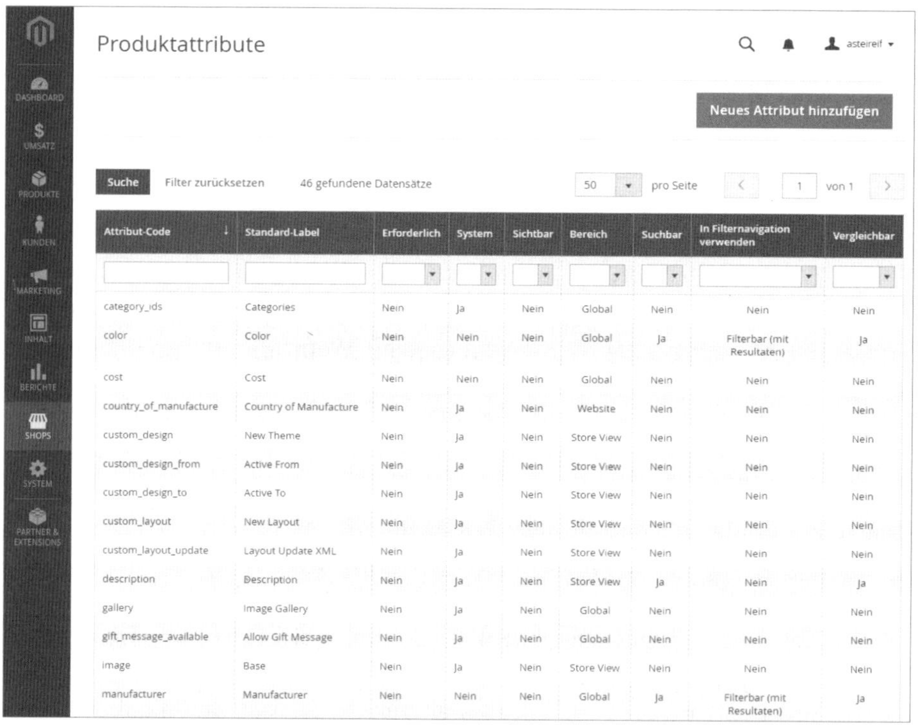

Attribut-Code	Standard-Label	Erforderlich	System	Sichtbar	Bereich	Suchbar	In Filternavigation verwenden	Vergleichbar
category_ids	Categories	Nein	Ja	Nein	Global	Nein	Nein	Nein
color	Color	Nein	Nein	Nein	Global	Ja	Filterbar (mit Resultaten)	Ja
cost	Cost	Nein	Nein	Nein	Global	Nein	Nein	Nein
country_of_manufacture	Country of Manufacture	Nein	Ja	Nein	Website	Nein	Nein	Nein
custom_design	New Theme	Nein	Ja	Nein	Store View	Nein	Nein	Nein
custom_design_from	Active From	Nein	Ja	Nein	Store View	Nein	Nein	Nein
custom_design_to	Active To	Nein	Ja	Nein	Store View	Nein	Nein	Nein
custom_layout	New Layout	Nein	Ja	Nein	Store View	Nein	Nein	Nein
custom_layout_update	Layout Update XML	Nein	Ja	Nein	Store View	Nein	Nein	Nein
description	Description	Nein	Ja	Nein	Store View	Ja	Nein	Ja
gallery	Image Gallery	Nein	Ja	Nein	Global	Nein	Nein	Nein
gift_message_available	Allow Gift Message	Nein	Ja	Nein	Global	Nein	Nein	Nein
image	Base	Nein	Ja	Nein	Store View	Nein	Nein	Nein
manufacturer	Manufacturer	Nein	Nein	Nein	Global	Ja	Filterbar (mit Resultaten)	Ja

Abbildung 7.11 Magento verfügt von Haus aus über knapp 50 Produktattribute.

Diese Attribute werden Sie nicht löschen und auch nur begrenzt bearbeiten können, da es sich um systemrelevante Attribute handelt. Diese benötigt Magento, vereinfacht gesagt, um korrekt zu funktionieren. Lassen Sie uns daher auch nicht die bereits existierenden Attribute im Detail durchkauen, sondern ein neues Attribut anlegen. Klicken Sie hierfür auf den Button NEUES ATTRIBUT HINZUFÜGEN. Daraufhin öffnet sich eine neue Eingabemaske (siehe Abbildung 7.12) mit einer Menge Optionen, auf die ich jetzt im Detail eingehe.

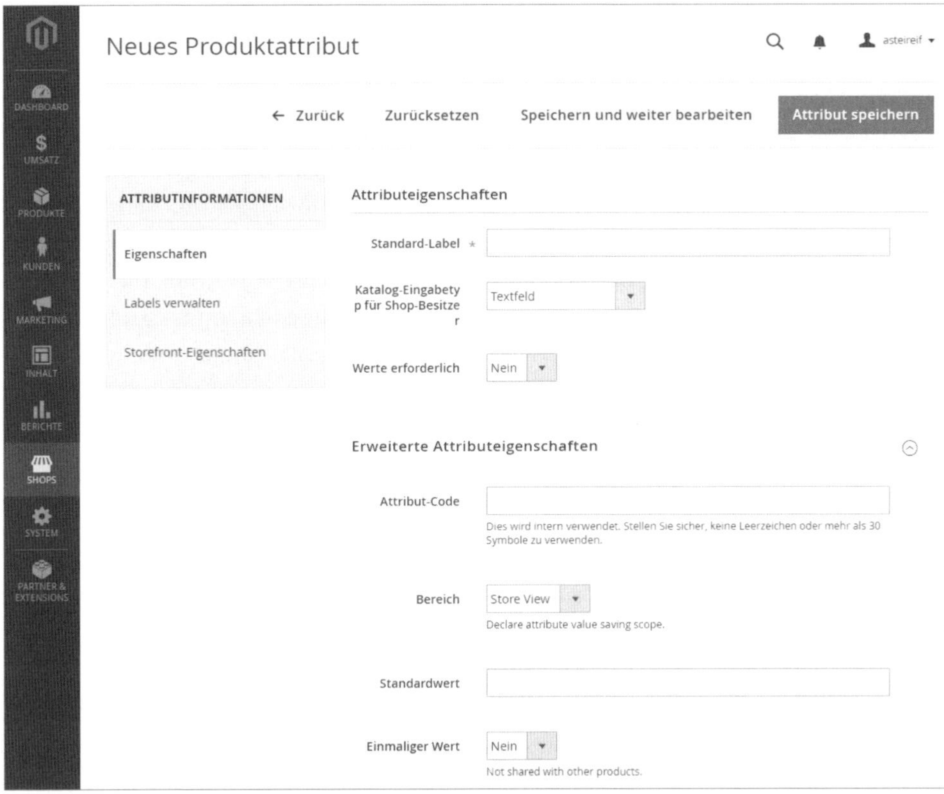

Abbildung 7.12 Bevor Sie ein Attribut speichern können, müssen Sie Informationen zum Verhalten und der Darstellung hinterlegen.

Als erste Information müssen Sie einen Namen für das Attribut hinterlegen. Die Eigenschaft STANDARD LABEL gibt Ihnen hierfür keine Einschränkungen und Limitierungen vor. Beachten Sie bei der Vergabe des Namens, dass es sich um eine externe Bezeichnung handelt, sprich, das Label wird nicht nur im Backend, sondern auch im Frontend ausgegeben. Wählen Sie aus diesem Grund eine aussagekräftige Bezeichnung für Ihr Attribut. Da später bei der Anlage der Produkte eine Eigenschaft, also ein Attribut, das Material sein wird, hinterlege ich an dieser Stelle bei dem Feld STANDARD LABEL den Wert *Material*.

Attribute sind gleichzusetzen mit Eigenschaften

Anstelle von *Attributen* könnte ich an dieser Stelle auch von *Produkteigenschaften* sprechen. Letztendlich sind mit Attributen auch nur Eigenschaften gemeint, die ein Produkt näher beschreiben. Je besser und genauer Sie dabei ein Produkt beschreiben, d. h. Informationen auch auf Attribute aufteilen, desto besser lassen sich die Produkte im Frontend filtern und durchsuchen. Aus diesem Grund ist es äußerst wichtig, sich im Vorfeld ausreichend Gedanken über die benötigten Attribute und deren Aufbau zu machen.

Nachdem Sie dem Attribut einen Namen gegeben haben, müssen Sie den Eingabetyp spezifizieren. Den Eingabetyp spezifizieren Sie im nächsten Feld mit dem Namen KATALOG-EINGABETYP FÜR SHOP-BESITZER. Zugegebenermaßen handelt es sich hierbei wieder um eine etwas kompliziertere Übersetzung, als nötig gewesen wäre. Den Zusatz »für Shop-Besitzer« können Sie sich gedanklich an dieser Stelle zumindest sparen. Der Eingabetyp ist relativ wichtig und sollte gut gewählt werden, da dieser das Verhalten und die Möglichkeiten des Attributs beeinflusst. Haben Sie zudem einen Eingabetyp gewählt und das Attribut gespeichert, werden Sie anschließend den Eingabetyp auch nicht mehr ändern können. Dies gilt übrigens auch für die Systemattribute. Ist der Eingabetyp gewählt, das Attribut gespeichert, so lässt sich eine nachträgliche Änderung des Eingabetyps nicht mehr vornehmen.

Magento lässt Ihnen die Wahl zwischen den folgenden Eingabetypen, die ich Ihnen gern im Detail erklären möchte.

Textfeld

Das Textfeld ist der einfachste und primitivste Eingabetyp. Angenommen, Sie legen das Attribut »Material« an und wählen den Eingabetyp Textfeld, dann können Sie später bei der Produktanlage bei jedem neuen oder bestehenden Produkt einfach einen simplen Text hinterlegen. Der Text kann beliebig sein, und Sie können bei dem einen Produkt z. B. Aluminium hinterlegen, bei dem nächsten Keramik usw.

Das Textfeld ermöglicht die simple Speicherung eines Textes. Aufgrund der Möglichkeit, bei jedem Produkt einen beliebigen Text zu speichern – ich muss an dieser Stelle kurz vorgreifen –, werden Sie bei diesem Eingabetyp keine Möglichkeit der Nutzung innerhalb der Layered Navigation haben.

Mit einem Textfeld kann man, wie Sie im Verlauf der nächsten Seiten noch sehen werden, recht schlecht arbeiten.

Textbereich

Der Eingabetyp Textbereich verhält sich exakt wie das Textfeld. Daher können Sie alle Eigenschaften, die ich beim Textfeld beschrieben habe, auch auf den Eingabetyp

Textbereich anwenden. Der Unterschied zwischen diesen beiden Eingabetypen besteht in der Textlänge. Mithilfe des Textbereichs können Sie lange und umfangreiche Texte bei einem Produkt hinterlegen, wie beispielsweise bei der Produktbeschreibung. Das Textfeld hingegen eignet sich für die Speicherung von kurzen Informationen bestehend aus wenigen Worten und Zahlen.

Datum

Sofern Sie bei einem Produkt ein zusätzliches Datum, z. B. den initialen Veröffentlichungstermin des Produktes speichern möchten, können Sie beim Eingabetyp den Eintrag DATUM wählen. Erstellen Sie anschließend ein Produkt und es existiert ein Attribut von diesem Typ, können Sie das Datum ganz einfach und bequem mithilfe eines so genannten Date Pickers auswählen. Falls Sie sich an dieser Stelle nicht genau vorstellen können, wie dieser Date Picker aussieht, werfen Sie einen kurzen Blick auf Abbildung 7.13.

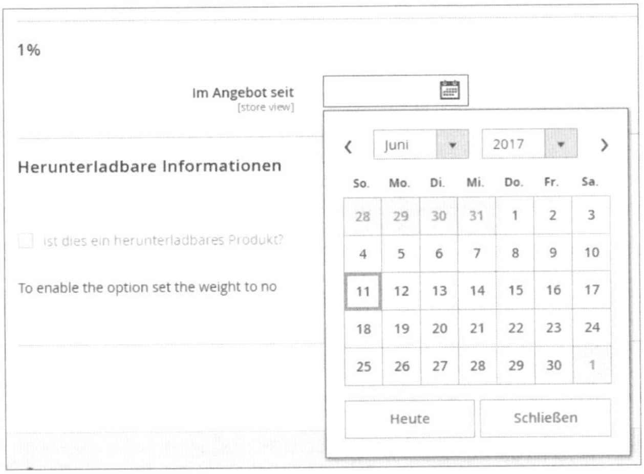

Abbildung 7.13 Mithilfe des Date Pickers können Sie bei der Produktanlage einfach und unkompliziert ein Datum auswählen.

Es ist also nicht nötig, per Freitexteinabe, wie beispielsweise beim Textbereich oder Textfeld, die Information zu hinterlegen. Magento stellt Ihnen für diesen Eingabetyp innerhalb der Maske schon das perfekte Eingabewerkzeug bereit.

Ja/Nein

Wie der Name des Eingabetyps bereits verrät, können Sie mit diesem den Wert Ja bzw. Nein bei einem Produkt speichern. Gerade für technische Produktinformationen kann dieser Eingabetyp sehr nützlich sein.

Wenn ich im späteren Verlauf des Kapitels ein Produkt anlege, beispielsweise eine Pfanne oder einen Teller, und es für den Nutzer bzw. potenziellen Kunden eine wichtige Information ist, ob das Produkt in der Spülmaschine gereinigt werden darf, so kann ich hierfür ein Attribut mit dem Eingabetyp Ja / Nein wählen, da sich diese Frage eben mit Ja oder Nein beantworten lässt.

Attribute von diesem Eingabetyp lassen sich zudem auch in der Layered Navigation nutzen, sprich, sie können gefiltert werden. Vermeiden Sie daher die Nutzung von Attributen vom Typ Textfeld, wenn Sie letztendlich nur eine Ja- bzw. Nein-Information hinterlegen wollen. Nutzen Sie stattdessen lieber direkt diesen Eingabetyp.

Mehrfachauswahl

Die Mehrfachauswahl ist neben der Dropdown-Liste der meiner Meinung nach stärkste Eingabetyp, der aber oftmals gar nicht genutzt wird. Wenn Sie den Eingabetyp Mehrfachauswahl anlegen, müssen Sie in diesem Zuge mögliche Auswahlwerte definieren.

Um dies an dieser Stelle etwas praxisnaher zu gestalten, bleibe ich bei meinem Beispiel und dem Attribut »Material«. Lege ich dieses Attribut an und wähle die Mehrfachauswahl, definiere ich im selben Schritt die später bei der Produktanlage auswählbaren Werte wie Aluminium, Keramik, Plastik, Silber. Wenn Sie ein Produkt anlegen, können Sie auch nur auf die im Vorfeld definierten Werte zurückgreifen. Merken Sie bei der Produktanlage, dass Sie einen weiteren Wert benötigen, beispielsweise Edelstahl, müssen Sie zuerst das Attribut editieren und den neuen Wert hinzufügen. Da es sich um eine Mehrfachauswahl handelt, können Sie bei der Produktanlage zudem mehrere Werte auswählen, d. h., das Produkt könnte aus Aluminium und Keramik bestehen, muss es aber nicht.

Die Definition der Werte im Vorfeld löst in der späteren Produktanlage und Produktverwaltung viele Probleme. Zum einen vermeiden Sie die unterschiedliche Schreibweise bzw. Definition von Werten. Wenn es eben nur definierte Materialen bei der Produktauswahl gibt, dann müssen Sie sich für ein Material entscheiden oder ein neues anlegen. Sie können an dieser Stelle aber nicht einfach irgendwelche beliebigen Werte hinterlegen. Auch vermeidet dieses Vorgehen die Fehleranfälligkeit, da Rechtschreibfehler oder unterschiedliche Schreibweisen ausgeschlossen werden. Die nachträgliche Übersetzung ist ebenso einfacher, da Sie diese an einer zentralen Stelle vornehmen können. Haben Sie hingegen 1.000 Produkte und verwenden für das Material den Eingabetyp Textfeld, so müssen Sie später bei einer neuen Sprache diese 1.000 Produkte editieren und manuell übersetzen. Beim Eingabetyp Mehrfachauswahl hingegen ändern Sie zentral die Übersetzung für die definierten Auswahloptionen und haben damit dieses Problem gelöst.

Im Gegensatz zum Textfeld und Textbereich lassen sich die Werte der Mehrfachauswahl zudem über die Layered Navigation auswählen. Bleibe ich bei meinem Beispiel mit dem Material, so können die Kunden im Frontend nach dem gewünschten Material, beispielsweise Keramik, filtern und sehen alle Produkte, die aus Keramik bestehen. Diese Verhaltensweise ist eben bei den Eingabetypen Textfeld und Textbereich nicht möglich.

Textfeld und Textbereich nur bei individuellen Werten verwenden

Oftmals sind Shop-Betreiber bei der Wahl des richtigen Eingabetyps ratlos oder wählen gar den vermutlich falschen Typ. Jedoch ist die Wahl des richtigen Eingabetyps gar nicht so schwer. Wenn Sie bei Produkten individuelle Informationen hinterlegen möchten, d. h. Werte, die wirklich nur bei einem Produkt vorkommen und nicht auf weitere Produkte zutreffen, wählen Sie als Eingabetyp Textfeld oder Textbereich. Sobald eine Information hingegen bei mehreren Produkten vorkommen kann, z. B. eine Farbe Rot, eine Größe L oder das Material Aluminium, wählen Sie bitte den Eingabetyp Mehrfachauswahl bzw. Dropdown-Liste.

Dropdown-Liste

Recht ähnlich wie die Mehrfachauswahl verhält sich der Eingabetyp Dropdown-Liste. Auch bei diesem Eingabetyp müssen Sie bei der Anlage des Attributs bereits im Vorfeld mögliche Werte definieren, die anschließend bei der Anlage eines Produktes ausgewählt werden können. Im Gegensatz zur Mehrfachauswahl können Sie bei der Produktanlage jedoch immer nur einen Wert auswählen. Legen Sie daher das Attribut namens »Material« an, würden Sie bei einem Produkt definieren müssen, ob das Produkt aus z. B. Aluminium oder Keramik ist, eine Mehrfachauswahl von Werten ist jedoch nicht möglich.

Die Dropdown-Liste kann sich zudem exakt wie die Mehrfachauswahl verhalten, die Werte sind filterbar, werden also von der Layered Navigation genutzt und können im Frontend zur Eingrenzung der Ergebnisse innerhalb einer Kategorieseite dienen.

Preis

Auch wenn dies in der Praxis eher selten vorkommt, können Sie mit dem Eingabetyp Preis zusätzliche Preisinformationen speichern. Sollte dieser Eingabetyp zum Einsatz kommen, so wird in der Regel noch der Einkaufspreis bei einem Produkt gespeichert, da Magento von Haus aus diese Möglichkeit nicht anbietet. Wenn Sie jedenfalls einen Preis speichern möchten, dann verwenden Sie beim Eingabetyp bitte diesen.

Medienbild

An dieser Stelle muss ich erneut vorgreifen. Wenn Sie in Magento ein Produkt anlegen, dann können Sie beliebig viele Bilder hochladen. Dadurch haben Sie die Möglichkeit, umfangreiche Bildergalerien pro Produkt aufzubauen. Neben der Möglichkeit, die Bilder hochzuladen, können Sie zudem den Bild-Typ, in der deutschen Übersetzung als ROLLE bezeichnet, definieren, wie Sie in Abbildung 7.14 sehen.

Abbildung 7.14 Die Rolle bzw. der Bild-Typ definiert die spätere Verwendung des Bildes.

Mithilfe des Bild-Typs können Sie bestimmen, welches Bild an welcher Stelle bzw. für welchen Zweck innerhalb des Systems genutzt werden soll. Magento erlaubt Ihnen beispielsweise innerhalb der Kategorieseite, ein anderes Produkt darzustellen als auf der Produktdetailseite. Diese Differenzierung erfolgt mittels des Bild-Typs.

Mit dem Eingabetyp Medienbild können Sie einen neuen Bild-Typ anlegen, dadurch erweitert sich automatisch die Auswahl der Rollen, die Sie in Abbildung 7.14 sehen. Zugegebenermaßen ist dies aber nur die Grundlage, denn wenn Sie ein neues Attribut von Typ Medienbild anlegen, hat dies nachgelagert noch keine Auswirkung. Die Auswirkung bzw. der Nutzen entsteht dann, wenn Sie ein individuelles Modul entwickeln bzw. eine Modifikation am Template vornehmen und auf diesen Wert zurückgreifen müssen. Im Gegensatz zu den bisher vorgestellten Eingabetypen ist daher der Eingabetyp Medienbild etwas spezieller, hat definitiv seine Existenzberechtigung, liefert aber speziell bei der Entwicklung eines eigenen Moduls einen Vorteil.

Medienbild bei der Multi-Channel-Distribution

In Kapitel 21, »Zusätzliche Absatzkanäle wie Google Shopping, Amazon und eBay nutzen«, werde ich Ihnen Tools vorstellen, mit denen Sie Ihre Produkte nicht nur in Ihrem Magento-Shop verkaufen können, sondern auch auf Marktplätzen wie Amazon und eBay. In der Praxis werden Sie zu eBay und Amazon alternative Produktbilder übertragen. Speziell für dieses Szenario ist der Eingabetyp Medienbild ein Segen. Warum und weshalb erfahren Sie aber in voller Ausführlichkeit in Kapitel 21.

Visuelles Farbfeld

Der Eingabetyp Visuelles Farbfeld dürfte Ihnen speziell dann gefallen, wenn Sie in der Modebranche tätig sind bzw. Ihre Produkte sich anhand einer Farbe konfigurieren lassen. Stellen Sie sich an dieser Stelle einen Produktkonfigurator innerhalb des Frontends vor. Als Kunde bzw. Besucher haben Sie ein T-Shirt ausgewählt und möchten nun die Farbe ändern. Wenn Sie in Magento die Dropdown-Liste für die Farbe verwendet haben, so kann bei einem konfigurierbaren Produkt – hierzu erfahren Sie mehr in Abschnitt 7.3, »Produkte zum Verkauf anbieten« – der Nutzer auch aus einer Dropdown-Liste die Farbe auswählen. Das ist zugegebenermaßen etwas unsexy, und ich möchte schon sagen langweilig. Schöner wäre es doch, wenn der Nutzer im Frontend eine rote Kachel angezeigt bekommt und einfach auf die rote Kachel klickt, um die rote Variante auszuwählen.

Genau um dies abzubilden, existiert in Magento der Eingabetyp VISUELLES FARBFELD. Ähnlich wie bei der Dropdown-Liste bzw. Mehrfachauswahl müssen Sie, nachdem Sie dem Attribut einen Namen gegeben haben, die möglichen Auswahloptionen definieren. Neben einem Text, z. B. rot, haben Sie jedoch die Möglichkeit, eine Grafik oder Farbe für die Option zu hinterlegen. Ich habe Ihnen in Abbildung 7.15 einen entsprechenden Screenshot beigefügt, in dem Sie zudem den Color Picker erkennen können. Mithilfe des Color Pickers können Sie einfach und unkompliziert den gewünschten Farbton auswählen und der Auswahloption hinzufügen.

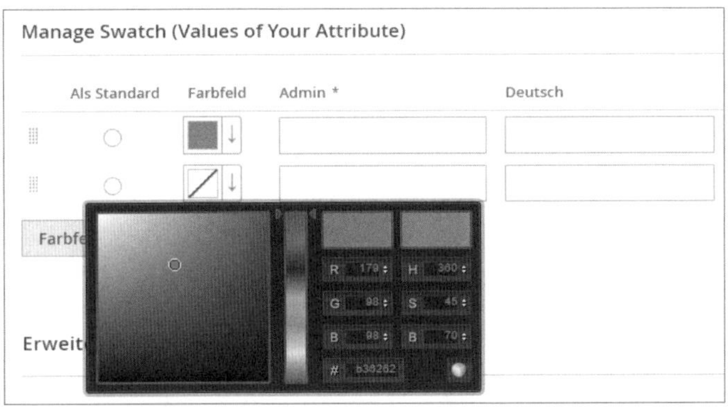

Abbildung 7.15 Bei der Auswahl des geeigneten Farbtons unterstützt ein Color Picker.

Neben der Auswahl des Farbtons per Color Picker haben Sie aber auch die Möglichkeit, eine Grafik hochzuladen. Wenn Sie einen Farbverlauf oder ein Muster abbilden möchten, so ergibt der Upload einer entsprechenden Grafik sicherlich Sinn, denn Sie wollen Ihren Kunden und Besuchern im Vorfeld bei der Auswahl ja einen möglichst authentischen und realen Eindruck wiedergeben.

An dieser Stelle möchte ich Ihnen noch den Tipp mitgeben, dass Sie diesen Eingabetypen nicht unbedingt nur für die Farbauswahl verwenden müssen. Im Prinzip können Sie diesen Eingabetypen immer dann verwenden, wenn Sie im Frontend bei der Konfiguration bzw. innerhalb der Produktdetailseite eine Grafik abbilden möchten. Sie könnten, da der Upload einer Grafik akzeptiert wird, theoretisch auch jeweils ein Icon für eine Größe, eine Kragenform oder einen Schnitt hochladen.

Text-Farbfeld

Beim nächsten Eingabetyp dürfte aufgrund des Namens zuerst eine gewisse Verwirrung entstehen. Die deutsche Übersetzung hat an dieser Stelle das Wort »Swatch« mit *Farbfeld* wiedergegeben. Gemeint ist an dieser Stelle jedoch nicht das Wort »Farbe«, sondern die Auswahloption innerhalb des Frontends, die über Kästchen mit Kürzeln funktioniert. Eine perfekte Übersetzung für das Wort *Swatches* kann ich Ihnen an dieser Stelle jedoch auch nicht liefern, lassen Sie uns daher bei der deutschen Übersetzung des Sprachpakets bleiben.

Im Gegensatz zu dem Eingabetyp »Visuelles Farbfeld« können Sie beim Text-Farbfeld keine Grafik bzw. Farbe definieren. Dafür haben Sie jedoch die Möglichkeit pro Listeneintrag, auch hier müssen Sie im Vorfeld vorab mögliche Auswahloptionen definieren, ein Kürzel bzw. eine Bezeichnung zu hinterlegen. Lassen Sie mich den Nutzen anhand eines konkreten Beispiels verdeutlichen. In meinem auf Küchenbedarf spezialisierten Online-Shop möchte ich Pfannen verkaufen. Jede Pfanne hat dabei einen Durchmesser, und ich möchte dem Nutzer im Frontend die Möglichkeit geben, zuerst ein Modell auszuwählen und anschließend auf der Produktdetailseite den Durchmesser der Pfanne zu bestimmen. In diesem Fall würde ich ein Attribut namens »Durchmesser« vom Typ »Text-Farbfeld« anlegen. Diesem Attribut gebe ich anschließend die Werte 24 cm, 28 cm, 30 cm. Sie sehen dies in Abbildung 7.16, für die ich die Werte entsprechend hinterlegt habe.

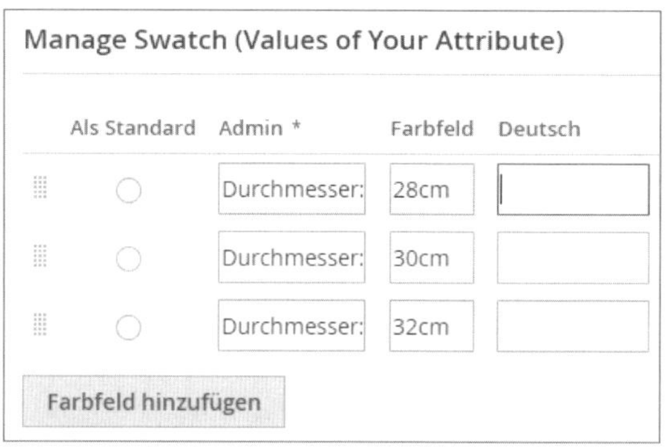

Abbildung 7.16 Die hinterlegten Optionen lassen sich später im Frontend auf der Produktdetailseite mithilfe von »Kästchen« auswählen.

Als Ergebnis werden Sie im Frontend eine optisch sehr ansprechende Auswahloption für den Durchmesser erhalten. An dieser Stelle muss ich Sie noch um etwas Geduld bitten, spätestens wenn es um die Anlage der Produkte geht – dies ist ab Abschnitt 7.3, »Produkte zum Verkauf anbieten«, geplant –, werden Sie letztendlich im Frontend sehen, wie die visuelle Aufbereitung des Text-Farbfelds funktioniert.

Feste Produktsteuer

Zu guter Letzt existiert noch ein Eingabetyp mit dem Namen »Feste Produktsteuer«. Dieser Eingabetyp spielt speziell bei Magento-Projekten in Deutschland keine wirklich wichtige Rolle. Letztendlich ermöglicht Ihnen dieser Eingabetyp die zusätzliche Erhebung einer Steuer, und zwar auf Produktebene. Sinnvoll nutzbar ist dieser Eingabetyp immer dann, wenn es in bestimmten Ländern bei bestimmten Produkten aufgrund der gesetzlichen Rahmenbedingungen notwendig ist, eine zusätzliche Abgabe zu erheben.

Seitdem ich mit Magento arbeite, ist es mir jedoch noch nie vorgekommen, dass dieser Eingabetyp verwendet werden musste. Daher möchte ich an dieser Stelle auch auf ausschweifende Details verzichten.

Nach dem kurzen Exkurs und den Details zu den verschiedenen Eingabetypen möchte ich Ihnen die weiteren Optionen und Möglichkeiten, die bei der Anlage eines Attributes bestehen, aufzeigen.

Nachdem Sie bei dem STANDARD LABEL den Wert »Material« und beim KATALOG-EINGABETYP FÜR SHOP-BESITZER Mehrfachauswahl hinterlegt bzw. ausgewählt haben, sehen Sie im nächsten Schritt die Option WERTE ERFORDERLICH. Standardmäßig steht diese Option auf NEIN, was dazu führt, dass Sie bei der Produktanlage dieses Attribut nicht mit einem Wert versehen müssen. Stellen Sie hingegen die Option auf JA, so müssen Sie bei der Produktanlage auch einen Wert bei dem Attribut hinterlegen, ansonsten können Sie das Produkt nicht speichern. Diese Option fungiert später als Check und hilft Ihnen definitiv bei der Fehlervermeidung, denn bei einigen Attributen wollen Sie sicherlich immer einen Wert hinterlegt haben. Ein Automatismus an dieser Stelle ist definitiv sinnvoll, denn im Alltag kann beim Produktmanagement schnell ein Wert vergessen werden.

Je nach gewähltem Eingabetyp haben Sie im nächsten Schritt die Möglichkeit, bestimmte Werte zu hinterlegen. Beim Eingabetyp Textfeld oder Textbereich fehlt diese Möglichkeit, denn hier werden Sie später bei jedem Produkt einen individuellen Wert hinterlegen können. Bei dem von mir gewählten Eingabetyp Mehrfachauswahl hingegen muss ich im nächsten Schritt Werte, die später bei der Anlage des Produkts als Auswahl bereitstehen, hinterlegen. Über den Button OPTIONEN HINZUFÜGEN können Sie beliebig viele Werte hinterlegen, eine Limitierung seitens Magento existiert nicht. Da ich bei meinem aktuellen Attribut das Material speichern möchte, hinterlege ich die folgenden Werte und erhalte dadurch eine Ansicht wie in Abbildung 7.17:

- Aluminium
- Edelstahl
- Keramik
- Porzellan
- Eisen
- Sonstiges

Hinterlegen Sie an dieser Stelle bitte exakt dieselben Werte, um meinem Beispiel zu folgen. Wenn Sie möchten, können Sie zudem eine Option als Standard markieren, dadurch wäre diese vorausgewählt. In diesem konkreten Beispiel ist das inhaltlich aber nicht sinnvoll, da das Material eines Produkts eben vom jeweiligen Produkt abhängt und nicht ein Großteil der Produkte aus demselben Material gefertigt ist, wodurch eine Standard-Auswahl sinnvoll wäre.

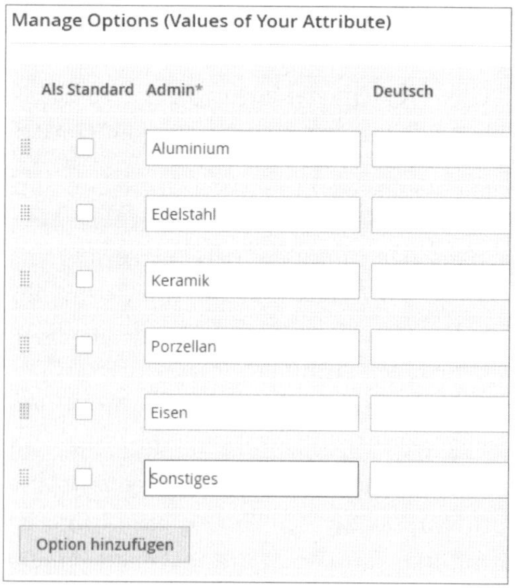

Abbildung 7.17 Für das Attribut »Material« hinterlege ich an dieser Stelle die verschiedenen Optionen, die später zur Auswahl angeboten werden sollen.

Haben Sie die Werte entsprechend hinterlegt, scrollen Sie weiter zum nächsten Abschnitt namens ERWEITERTE ATTRIBUTEIGENSCHAFTEN. In diesem Abschnitt müssen Sie zuerst einen ATTRIBUT-CODE definieren. Im Gegensatz zum Standard-Label wird der Attribut-Code ausschließlich intern verwendet und nie im Frontend dargestellt. Der Attribut-Code spielt daher primär für Entwickler eine große Rolle, da diese in Modulen ein Attribut immer nur über den Attribut-Code ansprechen. Das resultiert letztendlich daraus, dass Sie das Standard-Label immer anpassen können. Möchten Sie anstelle des Materials also das Produktmaterial definieren, können Sie einfach das Standard-Label editieren und Ihr Attribut hat einen neuen Namen. Der Attribut-Code hingegen wird initial vergeben und kann anschließend nicht mehr verändert werden. Abgesehen von einigen Sonderzeichen sowie dem Leerzeichen, können Sie beim Attribut-Code einen beliebigen Wert verwenden. Ich persönlich verwende immer den Namen des Attributs, schreibe diesen durchgehend klein und ersetze Leerzeichen durch einen Unterstrich. Daraus ergibt sich in meinem Beispiel als Attribut-Code der Wert »material«.

Mit der darauffolgenden Option, dem BEREICH, wird es etwas tricky. Denn der Bereich bezieht sich auf die Multistore-Fähigkeit von Magento, die ich Ihnen in Kapitel 17, »Magento-Multistore-Funktionalität konfigurieren und nutzen«, vorstelle. Mit Magento haben Sie die Möglichkeit, auf Basis einer Magento-Installation beliebig viele Online-Shops zu betreiben. So könnte ich neben meinem Demo-System *www.foodbaer.de* noch einen weiteren Online-Shop erstellen, der sich auf den Verkauf von Spirituosen spezialisiert. Dieser zweite Online-Shop kann, muss aber nicht, komplett unterschiedliche Produkte, ein alternatives Design und eine angepasste Systemkonfiguration haben. Im einfachsten Fall ergänze ich mein bestehendes System *www.foodbaer.de* jedoch nur um weitere Sprachen. In beiden Fällen würde ich die Multistore-Fähigkeit von Magento nutzen und mein bestehendes System erweitern. Wenn Sie diese Multistore-Fähigkeit nutzen, müssen Sie bei jedem Attribut den Geltungsbereich angeben, damit Sie später mit dem Attribut vernünftig arbeiten können. Der Geltungsbereich bestimmt letztendlich, ob das Attribut in den unterschiedlichen Stores unterschiedliche Werte haben darf. Wählen Sie als Option STORE VIEW, so kann der Wert des Attributs in jedem Store View unterschiedlich sein. Da der Store View die Sprache abbildet, können Sie also pro Sprache einen unterschiedlichen Wert hinterlegen. Verwechseln Sie dies an dieser Stelle aber nicht mit der Übersetzung, die Sie auch pro Store View festlegen können. Wähle ich in meinem aktuellen Beispiel den Store View als Bereich, so könnte einem Produkt je Store View ein unterschiedliches Material zugewiesen werden, was sicherlich nicht sinnvoll ist. Denn ein Produkt, beispielsweise eine Pfanne, ändert ja nicht aufgrund der Sprache des Online-Shops die Beschaffenheit und transformiert von Aluminium in Edelstahl. Wählen Sie im Bereich hingegen den Eintrag WEBSITES, so kann später der Wert des Attributs nur auf Website-Ebene geändert werden. Eine Abhängigkeit von der Sprache, dem Store View, existiert nicht mehr. Wenn Sie aber unterschiedliche Websites auf Basis einer Magento-Instanz betreiben, so kann der Wert pro Website unterschiedlich sein. In meinem Beispiel beim Material ergibt dies auch keinen Sinn, denn wenn ich die Pfanne zusätzlich in dem Spirituosen-Shop vertreiben würde, so wäre dort das Material identisch mit dem desselben Produkts auf *www.foodbaer.de*. Als dritte und letzte Option können Sie den Geltungsbereich auf GLOBAL stellen. Das bedeutet, dass der Wert des Attributs unabhängig vom Store View oder der Website immer identisch sein wird. Dadurch können Sie unter Berücksichtigung der Magento-Multistore-Fähigkeit beim Anlegen oder Editieren des Produkts den Wert nur zentral hinterlegen. Beim Material ergibt die Option Global den größten Sinn, da das bei einem Produkt hinterlegte Material unabhängig vom Store View bzw. der Website immer identisch ist.

Bereich »Store View« ergibt vor allem bei Textfeld/Textbereich Sinn

Wenn Sie Attribute vom Typ Textfeld bzw. Textbereich anlegen, sollten Sie den Bereich bis auf wenige Ausnahmen immer auf *Store View* stellen. Wenn Sie bei einem Produkt Fließtext hinterlegen – genau hierfür sind diese beiden Eingabetypen vorhanden – und diesen Text anschließend übersetzen wollen, dann müssen Sie auf die Store-View-Ebene wechseln. Stellen Sie den Bereich hingegen auf GLOBAL, können Sie auch nur einen globalen Text, d. .h. einen Text in einer Sprache, hinterlegen.

Wählen Sie an dieser Stelle den Wert GLOBAL aus, und scrollen Sie zum nächsten Feld.

Magento möchte nun wissen, ob es sich bei dem Wert um einen einmaligen Wert handelt. Dies bedeutet, der bei einem Produkt hinterlegte Wert für dieses Attribut darf nur einmal im gesamten Magento-System vorkommen. Würden Sie diese Option aktivieren, dürfte es in Ihrem gesamten Magento-System nur ein Produkt mit dem Material Aluminium, nur ein Produkt mit dem Material Keramik etc. geben. Letztendlich gibt es nur ein Szenario, in dem einmalige Werte sinnvoll sind. Hierbei handelt es sich um Identifikationsnummern wie eine Artikelnummer oder eine EAN (European Article Number). Würden Sie daher ein Attribut zum Speichern von EAN-Nummern anlegen, dann sollten Sie diese Option aktivieren. In allen anderen Fällen ist dies hingegen nicht sinnvoll, denn Sie wollen ja viele Produkte anlegen, die zum Teil über dieselben Eigenschaften verfügen können und werden.

Ein weiterer Mechanismus zur Fehlervermeidung kann durch die Option EINGABEÜBERPRÜFUNG FÜR SHOPBESITZER aktiviert werden, diese ist aber nur bei den Eingabetypen Textfeld bzw. Textbereich aktiviert. Sie haben die Möglichkeit, ein Muster auszuwählen, gegen das die Eingabe bei der Produktanlage oder der Bearbeitung eines Produktes geprüft wird. Zur Verfügung stehen folgende Optionen:

- Keine
- Dezimalzahl
- Integer-Nummer
- E-Mail
- URL
- Buchstaben
- Buchstaben oder Ziffern

Angenommen, Sie wählen das Muster URL aus, dann prüft Magento, ob Sie tatsächlich eine URL eingegeben haben. Wählen Sie hingegen die Option E-Mail-Adresse, so wird Ihre Eingabe dahingehend geprüft, ob es sich um eine E-Mail-Adresse handelt. Wie Sie in der aufgeführten Liste sehen, gibt es verschiedene Muster, die Magento prüfen kann. Für welches bzw. ob Sie sich für eine Prüfung entscheiden, obliegt Ihrer persönlichen Entscheidung. Zumindest bietet Magento die Möglichkeit der Fehlervermeidung, und diese sollte bei so vielen Attributen wie möglich genutzt werden.

Die letzten beiden Optionen in diesem Abschnitt regeln das Verhalten des Attributs innerhalb des Magento-Backends und haben somit keinen Einfluss auf die Darstellung oder das Verhalten im Frontend. Wenn Sie die Option SPALTENOPTIONEN HINZUFÜGEN auf JA setzen, können Sie Ihr neues Attribut in der Übersichtsseite aller im System vorhandenen Produkte als Spalte hinzufügen. Die Übersichtsseite werden Sie zwar erst auf den nächsten Seiten kennenlernen, Sie können an dieser Stelle aber einen Blick auf Abbildung 7.18 werfen.

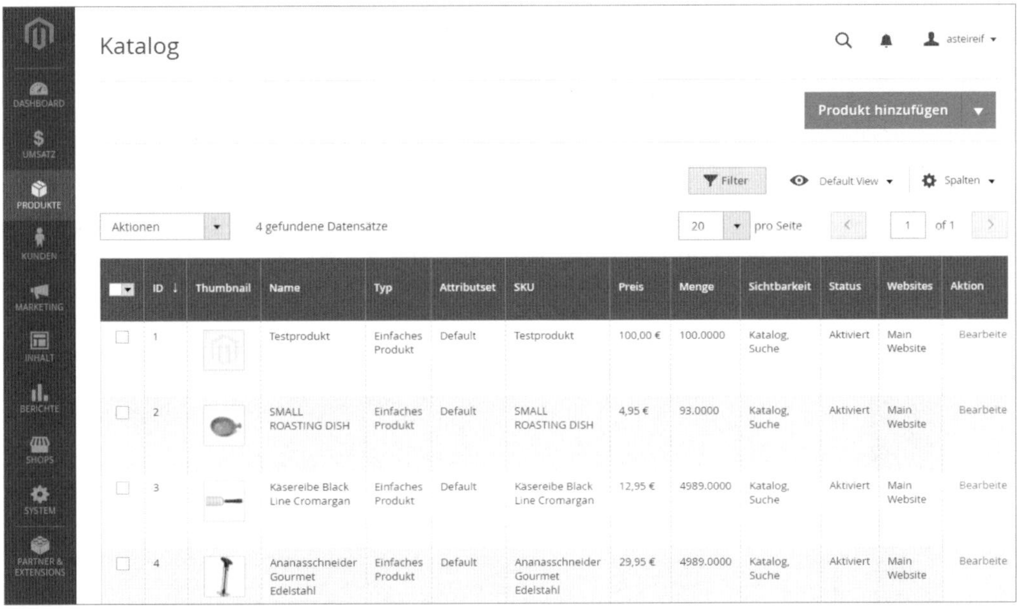

Abbildung 7.18 Auch selbst angelegte Attribute können als Spalten hinzugefügt werden.

Auch wenn aktuell noch nicht allzu viele Produkte in meinem System vorhanden sind, so sehen Sie dennoch in Abbildung 7.18 die verschiedenen Spalten wie Name, Typ, Preis, Menge etc. Wenn Sie Ihr neues Attribut, also das Material, dieser Übersicht hinzufügen möchten, müssen Sie im ersten Schritt die Option SPALTENOPTIONEN HINZUFÜGEN auf JA setzen. Mit der nächsten Option, IN FILTEROPTIONEN VERWENDEN, verhält es sich ähnlich. Sie können in der Übersichtsseite der Produkte einen Filter setzen. Für die Filterung stehen bestimmte Attribute zur Verfügung. Erstellen Sie ein eigenes Attribut und möchten dieses für den Filter freischalten, so müssen Sie die Option IN FILTEROPTIONEN VERWENDEN auf JA setzen. Durch das Setzen dieser beiden letzten Optionen haben Sie alle notwendigen Einstellungen im Reiter EIGENSCHAFTEN vorgenommen. Wie Ihnen sicherlich beim Lesen der vergangenen Seiten aufgefallen ist, definieren Sie in diesem Reiter grundlegende Eigenschaften eines Attributes, beispielsweise den Namen, den Attribut-Code sowie den Eingabetyp. Durch diese Einstellungen bestimmen Sie, wie später das Attribut angesprochen werden kann und auf welche Art und Weise bei der Produktanlage und Produktbearbeitung Informationen hinterlegt werden.

Auch wenn Sie einige Einstellungen an Ihrem neuen Attribut vorgenommen haben, sind Sie an dieser Stelle noch nicht fertig. Wechseln Sie bitte in der linken Tab-Navigation in den nächsten Reiter namens LABELS VERWALTEN. Wie eingangs erwähnt, wird das Standard-Label sowohl im Backend als auch im Frontend ausgegeben. Das heißt, die Nutzer und potenziellen Kunden sehen innerhalb des Online-Shops den dort hinterlegten Namen, Gleiches gilt aber auch für Ihre Kollegen, die innerhalb des Backends arbeiten. Sollten Sie in Ihrem Magento-Shop über mehrere Sprachen verfügen, so sollten Sie das Label übersetzen, sodass in jeder Sprachversion die korrekte Bezeichnung für das Attribut ausgegeben wird. Um das Label zu übersetzen, müssen Sie in den erwähnten Tab LABELS VERWALTEN wechseln, anschließend haben Sie die Möglichkeit, pro Sprache einen Wert für das Label zu hinterlegen. Da Sie zu diesem Zeitpunkt noch keine zusätzlichen Sprachen in Ihrem System angelegt haben, möchte ich Ihnen die Funktionsweise anhand von Abbildung 7.19 erklären.

Abbildung 7.19 Labels können pro Sprache definiert werden.

Wie Sie sehen, haben Sie je Sprache ein Textfeld, in dem Sie die jeweilige Übersetzung hinterlegen können. Magento erzeugt je Sprache eine Spalte, daher ist die Übersetzung an dieser Stelle auch recht einfach. Haben Sie zudem mehrere Websites, die jeweils über die Sprache »Deutsch« verfügen, so können Sie pro Website und Sprache eine Übersetzung hinterlegen. In Österreich muss Ihr Label also nicht genauso heißen wie in Deutschland oder in der Schweiz, auch wenn in allen diesen drei Ländern Deutsch gesprochen wird.

Fallback-Mechanismus für Labels

Wenn Sie in der in Abbildung 7.19 dargestellten Ansicht keine Übersetzungen hinterlegen, auch nicht für Ihren einzig vorhandenen Store View, so wird Magento schlicht und einfach den Wert aus dem Feld Standard-Label verwenden. Sie müssen daher im Tab LABELS VERWALTEN keine Werte hinterlegen.

Da Sie an dieser Stelle wie gesagt keine Übersetzung vornehmen müssen, wechseln Sie jetzt in den dritten und letzten Tab namens STOREFRONT-EIGENSCHAFTEN.

Im Tab Storefront-Eigenschaften geht es primär um das Verhalten des Attributs innerhalb des Frontends, d. h., wo es angezeigt wird und wie es sich verhält. So definieren Sie mithilfe der ersten Option namens IN SUCHE VERWENDEN, ob das Attribut bzw. besser gesagt der Inhalt des Attributs durchsucht werden darf. Magento bietet von Haus aus zwei Suchmöglichkeiten an. Zum einen handelt es sich um die *Schnellsuche*, also den Suchschlitz, der im Header dargestellt ist und den Sie in Abbildung 7.20 sehen.

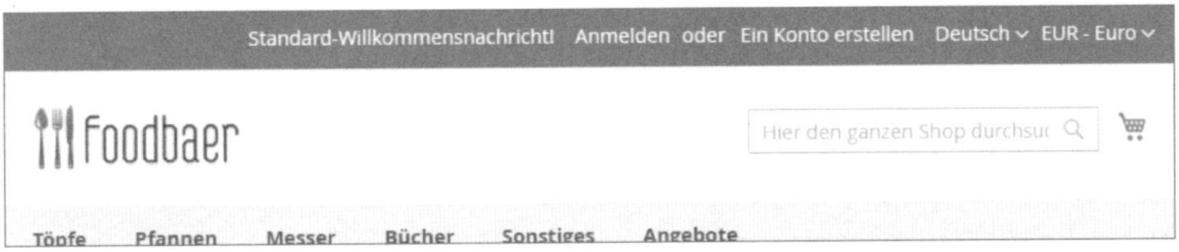

Abbildung 7.20 Je nach Konfiguration durchsucht die Schnellsuche alle möglichen Attribute.

Zum anderen existiert eine erweiterte Suchmöglichkeit, mit deren Hilfe der Nutzer im Frontend wesentlich gezielter und individueller suchen kann. Denn in der *Erweiterten Suche* (siehe Abbildung 7.21) können Sie direkt Attribute ansprechen und nach Werten suchen. Die Schnellsuche hingegen würde bei einer Suchanfrage alle erlaubten Attribute durchsuchen. Wenn Sie bei der erweiterten Suche jedoch nur das Attribut »Produktname« auswählen, so wird auch nur der Produktname durchsucht. Falls Sie nun möchten, dass auch Ihr neues Attribut namens Material in die Suche eingebunden wird, aktivieren Sie an dieser Stelle die Option IN SUCHE VERWENDEN. Daraufhin öffnen sich zwei weitere Konfigurationsoptionen namens SUCHE NACH GEWICHT sowie IN ERWEITERTER SUCHE SICHTBAR. Bei der ersten Konfigurationsoption, die in der deutschen Übersetzung einen etwas merkwürdigen Namen trägt, geht es um die Gewichtung. Sie haben die Möglichkeit, eine Zahl zwischen 1 und 10 auszuwählen. Bei einer Suchanfrage wird diese Gewichtung letztendlich beim Aufbau des Suchergebnisses berücksichtigt.

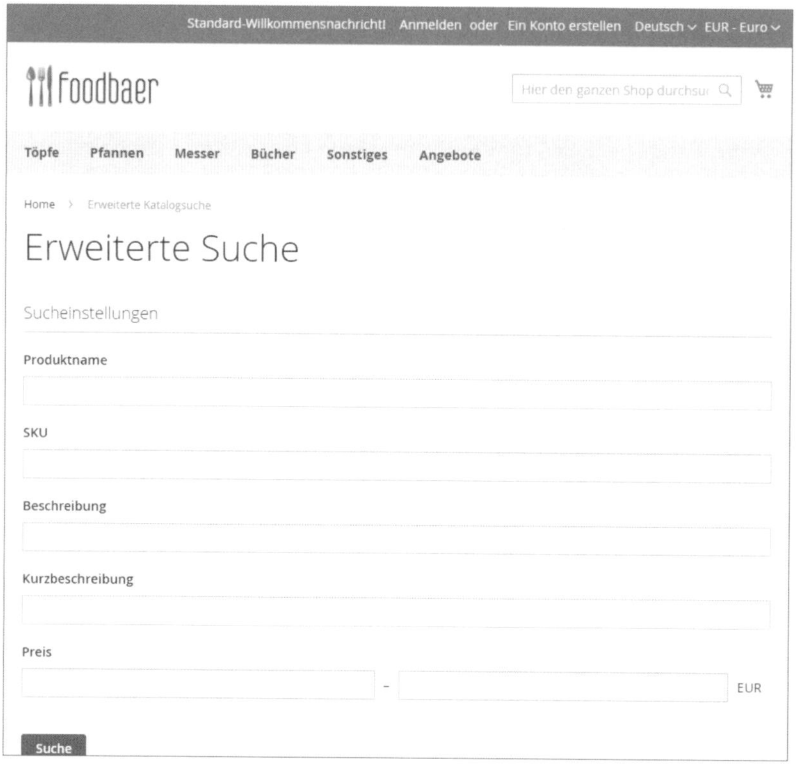

Abbildung 7.21 Die erweiterte Suche lässt das gezielte Suchen anhand von Attributen zu.

Magento erlaubt Ihnen daher, Abstufungen vorzunehmen. Wenn beispielsweise das Material wichtiger ist als der Produktname, so können Sie eine entsprechende Gewichtung hinterlegen. Aktivieren Sie die OPTION IN ERWEITERTER SUCHE SICHTBAR, taucht das Attribut in der erweiterten Suche auf, wie Sie sehen, wenn Sie erneut einen kurzen Blick auf Abbildung 7.21 werfen. Möchten Sie Ihr Attribut daher über die erweiterte Suche zugänglich machen, so müssen Sie zwangsläufig diese Option aktivieren.

Mithilfe der nächsten Option können Sie bestimmen, ob das Attribut in der Vergleichsliste dargestellt werden soll. Kunden und Besucher können innerhalb des Frontends mehrere Produkte auf die persönliche Vergleichsliste setzen. In der daraufhin generierten tabellarischen Darstellung werden alle Attribute, bei denen die Option IN STOREFRONT VERGLEICHBAR aktiviert ist, ausgegeben. Sie können daher recht granular definieren, welche Informationen Bestandteil des Produktvergleiches sein sollen und welche Attribute hiervon ausgeschlossen werden. Im Standard sind beispielsweise drei Attribute vergleichbar, wie Sie in Abbildung 7.22 sehen. Hierbei handelt es sich um die Artikelnummer (SKU), die Kurzbeschreibung (Short Description) sowie die Langbeschreibung (Description). Diese drei Attribute werden beim

Produktvergleich ausgegeben, und anhand dieser drei Attribute kann der Nutzer die Unterschiede zwischen den ausgewählten Produkten sehen.

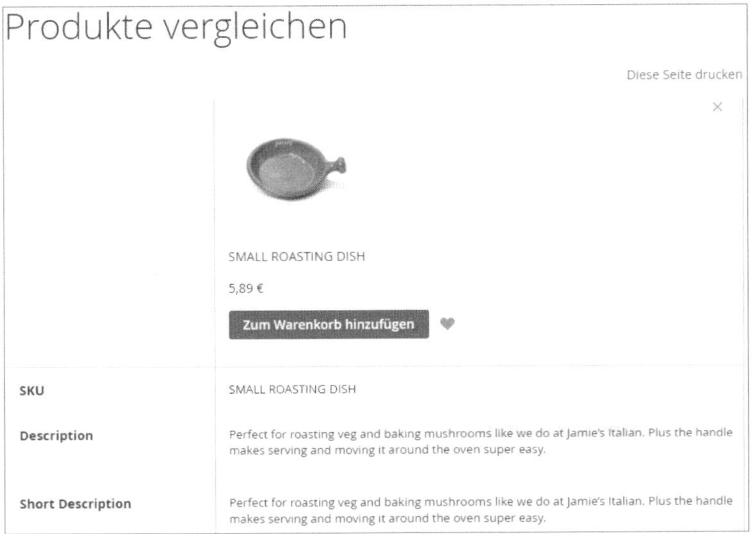

Abbildung 7.22 Sie können beliebig viele Attribute für die Vergleichsliste aktivieren.

In der Praxis würde man vermutlich die Kurz- sowie die Langbeschreibung nicht vergleichbar machen, da der Nutzer hier ausschließlich Freitexte miteinander vergleichen kann. Dadurch können Unterschiede nicht direkt erfasst werden. Beim Material würde hingegen ein Vergleich sinnvoll sein, da Sie sofort sehen, welches Produkt aus welchem Material besteht.

Auf den vorherigen Seiten hatte ich bereits die Layered Navigation, damit ist die Filternavigation im Frontend gemeint, erwähnt. Je nach Eingabetyp haben Sie im nächsten Schritt bei der Option In Filternavigation verwenden die Möglichkeit, das Attribut für die Filternavigation zu aktivieren. Möglich ist dies mit allen Eingabetypen, bei denen Sie keinen Freitext hinterlegen, sondern Werte im Vorfeld definieren. Das heißt, diese Option steht bei der Dropdown-Liste, der Mehrfachauswahl und dem Preis zur Verfügung. Da ich in diesem konkreten Beispiel als Eingabetyp die Mehrfachauswahl gewählt habe, kann ich also die Option In Filternavigation verwenden nutzen. Andernfalls wäre das Auswahlfeld an dieser Stelle ausgegraut, und Sie müssten gegebenenfalls den Eingabetyp ändern. Möchten Sie das Attribut für die Filternavigation freischalten, stehen Ihnen zwei Optionen zur Verfügung. Insgesamt enthält das Dropdown-Menü drei Einträge, aber der Eintrag Nein dürfte an dieser Stelle selbsterklärend sein, denn dieser würde letztendlich dafür sorgen, dass das Attribut nicht zur Filternavigation hinzugefügt wird. Wenn Sie hingegen das Attribut zur Filternavigation hinzufügen möchten, müssen sich zwischen diesen beiden Auswahloptionen entscheiden:

- Filterbar (mit Resultaten)
- Filterbar (keine Resultate)

Der Unterschied zwischen den beiden Optionen ist recht simpel. Wenn Sie die erste Option wählen, wird das Attribut samt aller Werte auch dann in der Filternavigation angezeigt, wenn in der Ergebnismenge, die sich rechts neben der Filternavigation befindet, kein Produkt vorhanden ist, auf das alle Werte zutreffen. Sprich, in meinem konkreten Fall würde die Filtermöglichkeit nach dem Material samt den zugewiesenen Materialen dargestellt werden, ganz egal, welche Eigenschaften die dargestellten Produkte enthalten. Bei der zweiten Option werden hingegen nur Auswahloptionen dargestellt, die in Produkten vorhanden sind. Existiert in der Kategorie kein Produkt mit dem Material Keramik, so wird mir im Filter auch nicht die Möglichkeit angeboten, Keramik anzuklicken. Sie müssen sich daher in dieser Auswahl entscheiden, ob Sie Ihren Kunden und Besuchern immer alle Auswahloptionen darstellen möchten oder nur diejenigen Werte, die auch den dargestellten Produkten zugewiesen sind. Gefühlt ergibt in der Regel die erste Option am meisten Sinn, denn ich möchte meinen Nutzern nur die Optionen innerhalb des Filters anbieten, die auch zu einem Ergebnis führen, letztendlich müssen Sie diese Entscheidung aber selbst treffen.

Magento trennt bei der Layered Navigation konsequent zwischen dem Filter, der innerhalb einer Kategorie dargestellt wird, und dem Filter, der auf der Suchergebnisseite ausgegeben wird. Gerade eben haben Sie das Verhalten des Attributs innerhalb der Filterung auf der Kategorieseite definiert, in der nächsten Option namens IN SUCHERGEBNISSEN DER FILTERNAVIGATION VERWENDEN können Sie nun das Verhalten des Attributs auf der Suchergebnisseite bestimmen. So haben Sie die Möglichkeit, das Attribut für die Filterung zu aktivieren bzw. zu deaktivieren. Magento erlaubt Ihnen bei Ihren Attributen daher auch eine Differenzierung: Nur weil Sie das Attribut innerhalb von Kategorien filterbar machen, müssen Sie dies nicht zwangsläufig auch auf der Suchergebnisseite tun.

Mit der nächsten Option, der POSITION, definieren Sie die Reihenfolge des Attributs in der Filternavigation. Magento zählt an dieser Stelle von der kleinsten Zahl zur größten, d. h., wenn Sie dem Attribut »Material« die Zahl 1 zuweisen und einem weiteren Attribut, beispielsweise dem Attribut »Durchmesser«, die 2, so wird in der Filternavigation zuerst die Auswahl des Materials dargestellt. Vermutlich wundern Sie sich, warum das Feld aktuell noch deaktiviert ist. Sie können die Positionsnummer erst eingeben, nachdem Sie das Attribut gespeichert haben. Daher können Sie die Eingabe der Position an dieser Stelle überspringen und später, nachdem das Attribut gespeichert wurde, nachholen. Die Eingabe der Position ist übrigens nicht zwingend notwendig, d. h., Sie können an dieser Stelle den Wert auch leer lassen.

Möchten Sie später in Ihrem Magento-Online-Shop Rabatte in Form von Preisregeln ermöglichen, so können Sie diese Rabatte an bestimmte Produktattribute knüpfen.

Um diese Verknüpfung herstellen zu können, muss das Attribut für die sogenannten Promo-Regeln aktiviert werden. Diese Aktivierung können Sie mithilfe der nächsten Option namens FÜR PROMO-REGELBEDINGUNGEN VERWENDEN vornehmen. Setzen Sie an dieser Stelle ruhig die Auswahl auf JA. In Abschnitt 10.3., »Sonderpreise und Rabatte erstellen«, dreht sich alles um das Thema Rabatte und Preisregeln – dort erfahren Sie im Detail, wie Sie das Attribut bei der Regelentwicklung einbeziehen können.

Scrollen Sie weiter, bis Sie zur Option HTML-TAGS IN STOREFRONT ERLAUBEN gelangen. Bei dieser Option, die Sie auf Ja bzw. Nein setzen können, definieren Sie, ob im Attribut HTML-Tags hinterlegt werden dürfen bzw. im Frontend ausgegeben werden. Speziell bei Freitexten kann es durchaus sinnvoll sein, wenn Sie HTML-Tags hinterlegen und dadurch z. B. einzelne Wörter fett markieren oder unterstreichen können. Wären HTML-Tags im Frontend hingegen nicht erlaubt, so würden alle Formatierungsinformationen entfernt werden und Magento würde nur den reinen Text darstellen.

Wenn Sie ein Attribut anlegen, dann gibt es meiner Meinung nach zwei mögliche Einsatzzwecke für dieses Attribut. Entweder Sie möchten einen internen und nicht öffentlichen Wert speichern, beispielsweise einen Einkaufspreis, oder Sie möchten einen Wert speichern und diese Information Ihren Kunden im Frontend mitteilen. Möchten Sie Letzteres, müssen Sie die nächste Option AUF KATALOGSEITEN IM STOREFRONT SICHTBAR aktivieren. Nur wenn diese Option aktiviert ist, stellt Magento das Attribut samt Wert im Frontend dar. Sie sehen diese Darstellung exemplarisch in Abbildung 7.23.

Abbildung 7.23 Eigene Attribute werden auf der Produktdetailseite im Tab »Mehr Informationen« dargestellt.

Alle Attribute, die Sie im Frontend dargestellt haben möchten, wandern in einen speziellen Tab und werden dort in tabellarischer Form dargestellt. Falls Sie das Attribut hingegen nicht für die Darstellung im Frontend aktivieren, können Sie zwar das Attribut bei jedem Produkt pflegen, aber Ihre Kunden würden den dort hinterlegten Wert im Frontend nie zu Gesicht bekommen.

Die nächste Option, bei der es sich um Im PRODUKT-LISTING VERWENDET handelt, geht in eine ähnliche Richtung. Aktivieren Sie diese Option, so können Sie das Attribut auch innerhalb der Kategorieseite verwenden. Beachten Sie aber an dieser Stelle, dass das Attribut nicht plötzlich innerhalb der Kategorieseite auftaucht, wie es beispielsweise auf der Produktdetailseite passiert. Die Option ermöglicht Ihnen an dieser Stelle nur den Zugriff auf dieses Attribut, daher richtet sich die Einstellung primär an Frontend-Entwickler. Das heißt, Sie definieren innerhalb der Einstellung nur die Möglichkeit, ob innerhalb des Templates auf das Attribut zugegriffen werden darf oder nicht, es erfolgt jedoch keine automatische Darstellung.

Abschließend haben Sie zudem die Möglichkeit, das Attribut für die Sortierung freizuschalten, indem Sie bei der Option WIRD FÜR DIE SORTIERUNG IM PRODUKT-LISTING VERWENDET den Wert JA hinterlegen. Tun Sie dies, haben Sie in der globalen Systemkonfiguration die Möglichkeit, das Attribut für die Sortierung freizuschalten, alternativ hierzu können Sie dies jedoch auch innerhalb einer bestimmten Kategorie tun.

Mit dieser letzten Einstellung haben Sie alle relevanten Informationen bei Ihrem Attribut hinterlegt und können dieses speichern. Glückwunsch hierzu! Denn das Attribut bzw. die Attribute sind die Grundlage für das Produktmanagement, um das es in Abschnitt 7.3, »Produkte zum Verkauf anbieten«, geht. Da Sie für den späteren Verlauf des Buches eine Handvoll Attribute benötigen, bitte ich Sie an dieser Stelle, die nachfolgend aufgelisteten Attribute anzulegen. Auf den vorherigen Seiten haben Sie einen Einblick in die verschiedenen Optionen und Möglichkeiten erhalten, diese Informationen sollten Ihnen als Basis für die Anlage der Attribute reichen. Falls Sie jedoch an der einen oder anderen Stelle eine gewisse Unsicherheit verspüren, melden Sie sich einfach auf *www.foodbaer.de* im Backend an und öffnen Sie dort die Attributs-Verwaltung. Letztendlich sind dort alle Attribute bereits angelegt, die Sie nun ebenfalls erstellen sollten. Sie haben also die Möglichkeit, schnell und unkompliziert nachzuprüfen, welche Einstellungen bzw. Werte ich hinterlegt habe, und können sich an diesen Einstellungen orientieren.

Bitte legen Sie jetzt folgende Attribute in Ihrem System an, die über die definierten Ausprägungen und Eigenschaften verfügen:

Standard-Label	Eingabetyp	Optionen	Bereich	In Filternavigation verwenden
Material	Mehrfachauswahl	Aluguss Plastik Edelstahl Keramik Aluminium Porzellan Bambus Sonstiges	Global	ja
Durchmesser	Dropdown	20 cm 24 cm 28 cm 32 cm	Global	ja
Garantie	Dropdown	12 Monate 24 Monate 36 Monate	Global	ja
Besonderheiten	Textfeld	–	Store View	–
Vorteile	Textbereich	–	Store View	–
ofenkompatibel	Ja/Nein	–	Global	–
Farbe	Dropdown	Blau Grün Rot Gelb Schwarz Weiß	Global	Ja
Ausstattung	Textbereich	–	Store View	–
Pfannenform	Textfeld	–	Store View	–
Länge	Dropdown	18 cm 20 cm 24 cm 28 cm 32 cm	Global	ja

Für die spätere Anlage der Produkte werden Sie diese zehn Attribute in den jeweiligen Ausprägungen benötigen, legen Sie die Attribute daher an dieser Stelle an. Bei Optionen wie z. B. dem Attribut-Code überlasse ich Ihnen die Wahl eines geeigneten Wertes. Meine Empfehlung, die für alle aufgeführten Attribute gilt, ist zudem, dass Sie folgende Werte im Abschnitt STOREFRONT- EIGENSCHAFTEN hinterlegen:

- In Suche verwenden = Ja
- In Storefront vergleichbar = Ja
- In Filternavigation verwenden = Ja (abhängig vom Eingabetyp des Attributs)
- In Suchergebnissen der Filternavigation verwenden = Ja (abhängig vom Eingabetyp des Attributs)
- Für Promo-Regelbedingungen verwenden = Ja
- Auf Katalogseiten im Storefront sichtbar = Ja

Diese Werte sind wichtig, da ich auch in den späteren Kapiteln nochmals auf das eine oder andere Attribut zurückgreifen werde, beispielsweise wenn es um die Warenkorb- bzw. Katalog-Preisregeln geht. Wenn Sie bei der Attributanlage schon die entsprechenden Werte setzen, ersparen Sie sich später viel Mühe und Aufwand, da Sie nicht nochmals in die Attributbearbeitung springen müssen.

Nun haben Sie es nach vielen Seiten voller Informationen endlich geschafft! Sie haben Ihre ersten individuellen Attribute angelegt und damit den Grundstein für die Anlage von Produkten geschaffen. Bevor Sie aber mit dem Produktmanagement starten können, müssen Sie die angelegten Attribute noch in Form von Attributsets gruppieren. Was es mit den Attributsets im Detail auf sich hat, erfahren Sie auf den folgenden Seiten.

7.2.2 Attributsets

Auch wenn Sie eine Vielzahl von Attributen angelegt haben, können Sie nach jetzigem Stand auf diese Attribute bei der Produktanlage noch nicht zugreifen. Momentan befinden sich die angelegten Attribute in einer Art Pool. Sie können die bestehenden Attribute aufrufen, bearbeiten, löschen sowie neue Attribute anlegen und dem Pool hinzufügen, aber eine direkte Verbindung der angelegten Attributen zu Produkten besteht aktuell noch nicht. Diese »Verbindung« erfolgt in Form von sogenannten *Attributsets*.

Ein Attributset definiert letztendlich nur, um was für eine Art Produkt es sich handelt. Damit ist nicht das Produkt als solches gemeint, sondern der Produkttyp bzw. die Produktart. Beispielsweise kann eine Pfanne oder Glas ein Attributset sein, niemals aber eine Endausprägung wie z. B. eine Edelstahlpfanne aus Edelstahl mit einem

Durchmesser von 32 cm. Beim Attributset befinden Sie sich auf der Metaebene, die eine Produktart beschreibt.

Der Nutzen eines Attributsets zeigt sich später beim Anlegen eines Produkts. Wählen Sie beim Attributset den Wert »Pfanne«, so wird Sie Magento auch nur nach den Produkteigenschaften (Attribute) fragen, die Sie dem Attributset »Pfanne« zugewiesen haben. Da sich eine Pfanne, bezogen auf die Produkteigenschaften, stark von z. B. einem Glas unterscheidet, werden Sie bei der Produktanlage daher auch nur nach den für das ausgewählte Attributset relevanten Informationen gefragt und können auch nur diese Werte auswählen und hinterlegen. Diese Vorgehensweise sorgt für eine gewisse Übersichtlichkeit beim Produktmanagement und erlaubt ein sauberes und strukturiertes Arbeiten. Genug der grauen Theorie, lassen Sie uns jetzt Attributsets anlegen, spätestens dann wird Ihnen sicherlich ein Licht bezüglich der Funktionsweise aufgehen und die letzten offenen Fragen werden geklärt.

Sofern Sie aktuell nicht mehr im Magento-Backend angemeldet sind, melden Sie sich bitte mit Ihren persönlichen Zugangsdaten an. Anschließend klicken Sie auf SHOPS • ATTRIBUTE • ATTRIBUTSET, daraufhin gelangen Sie zur Übersicht der im System hinterlegten Attributsets.

Magento besitzt von Haus aus ein Attributset namens Default, das Sie nicht löschen können. Das Default-Attributset enthält alle notwendigen Systemattribute, die für die Anlage eines Produktes relevant sind. Im Prinzip differenziert Magento zwischen Systemattributen und selbst angelegten Attributen. Die Systemattribute werden Sie nicht löschen bzw. aus einem Attributset entfernen können, da ein Produkt diese Attribute zwangsläufig braucht. Hierbei handelt es sich beispielsweise um die Artikelnummer. Ein Produkt ohne Artikelnummer werden Sie nicht anlegen können, daher ist dieses Attribut als Systemattribut definiert, wodurch Sie das Attribut nicht aus dem Attributset »Default« entfernen oder gar das Attribut als solches löschen können. Das Attributset »Default« besteht größtenteils aus diesen Systemattributen und kann theoretisch, auch wenn man dies in der Praxis nicht tut, um eigene Attribute erweitert werden.

Belassen Sie das Attributset »Default«, wie es ist, und nehmen Sie keine Anpassungen vor

Natürlich können Sie alle selbst angelegten Attribute dem Attributset »Standard« zuweisen und anschließend Produkte anlegen. Damit würden Sie die dahinterstehende Logik aber ad absurdum führen, da Sie die Attributsets zur Strukturierung Ihrer Produkttypen verwenden sollen. Werfen Sie aber alle Attribute in einen Topf, d. h. fügen Sie diese dem Attributset »Default« zu, haben Sie keine Strukturierung der Produkttypen, sondern nur ein Set, das alle möglichen Informationen enthält und speichern kann.

Damit Sie sehen, was ich Ihnen gerade beschrieben habe, öffnen Sie das Attributset DEFAULT, indem Sie auf den entsprechenden Tabelleneintrag klicken. Daraufhin werden Sie eine Darstellung des Attributsets wie in Abbildung 7.24 vorfinden.

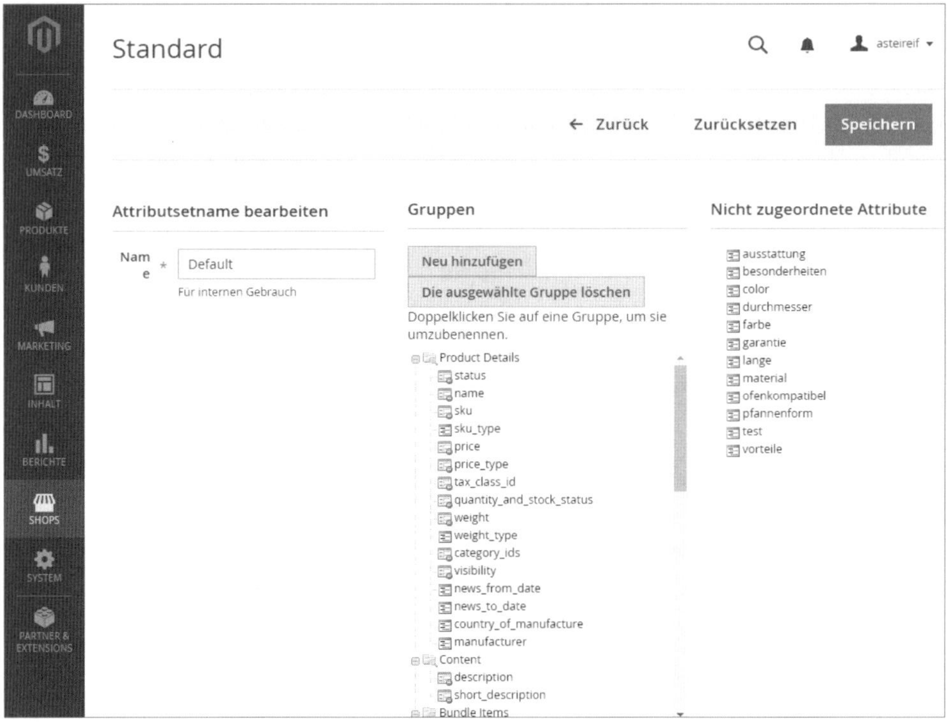

Abbildung 7.24 Beim Editieren eines Attributsets sehen Sie alle zugewiesenen und nicht zugewiesenen Attribute.

Die Attributset-Ansicht untergliedert sich in insgesamt drei Spalten. In der ersten Spalte, die Sie in Abbildung 7.24 sehen, wird der Name des Attributsets gespeichert. Öffnen Sie das Attributset »Default«, so wird an dieser Stelle der Wert *Default* ausgegeben. Ein Attributset muss immer aus einem Namen bestehen, auch wenn Sie bei der Namensgebung eine gewisse Flexibilität haben. Speichern bzw. aktualisieren können Sie das Attributset aber nur dann, wenn Sie das Feld NAME ausfüllen.

In der mittleren Spalte, die den Titel GRUPPEN trägt, werden alle dem Attributset zugewiesenen Attribute aufgelistet. Sie haben dabei die Möglichkeit – Magento greift im Standard ebenfalls darauf zurück –, die Attribute in Ordnern zu gruppieren. Die Ordner werden bei der Produktanlage später als Tabs dargestellt, dazu aber mehr in Abschnitt 7.3, »Produkte zum Verkauf anbieten«. Wenn Sie einen erneuten Blick auf die Abbildung oder in Ihr Magento System werfen, sehen Sie sowohl die Ordner, beispielsweise »Product Details« oder »Content«, als auch die Attribute. Ist ein Attribut mit einem roten Icon versehen, so handelt es sich um ein Systemattribut. Diese Attribute lassen sich, wie bereits erwähnt, nicht löschen oder entfernen.

Die dritte und letzte Spalte zeigt Ihnen alle im System vorhandenen, aber nicht dem Attributset zugewiesenen Attribute an. Wenn Sie ebenfalls die auf den vorherigen Seiten erwähnten Attribute angelegt haben, werden diese bei Ihnen, genau wie bei mir in der Abbildung zu sehen ist, in der dritten Spalte aufgelistet. Möchte ich nun beispielsweise bei Produkten, die das Attributset »Default« besitzen, zusätzlich eine Farbe speichern, so würde ich an dieser Stelle das Attribut »Farbe« aus der dritten Spalte einfach in die zweite Spalte ziehen und auf Speichern klicken. Anschließend steht beim Produktmanagement dieses neue Attribut zur Verfügung. Magento setzt an dieser Stelle auf ein recht einfaches »Drag & Drop-Interface«, d. h., Sie ziehen die Werte einfach in die Spalten oder aus den Spalten heraus. Dies geschieht recht intuitiv und ist meiner Meinung nach von Magento äußerst gut gelöst.

Wie gesagt, empfehle ich Ihnen, von Änderungen am Attributset Default abzusehen, da Sie ansonsten die eigentliche Logik und Möglichkeiten, mit mehreren Attributsets zu arbeiten, stellenweise umgehen. Springen Sie daher in die Übersichtsseite zurück, indem Sie in der oberen Navigationsleiste auf ZURÜCK klicken. In der Übersichtsseite angekommen, klicken Sie auf ATTRIBUTSET HINZUFÜGEN. Daraufhin fragt Sie Magento nach dem Namen des neuen Attributsets sowie nach dem Attributset, auf dem Ihr neues Attributset basieren soll. Da Sie immer die Systemattribute benötigen, wird jedes Ihrer Attributsets im Zweifel auf dem Attributset »Default« basieren. Das Attributset »Default« bietet aufgrund der zugewiesenen Attribute die minimale Basis, die Sie verwenden müssen. Später können Sie jedoch, wenn Sie weitere Attributsets angelegt haben, auch Ihre eigenen Attributsets als Basis verwenden, die jedoch wiederum in letzter Konsequenz auf dem Attributset »Default« basieren. Hinterlegen Sie bei NAME nun den Wert »Töpfe« und bei BASIEREND AUF »Default«, und klicken Sie auf den Button SPEICHERN. Daraufhin gelangen Sie zu einer Ansicht wie in Abbildung 7.24, abgesehen von dem Namen, der in der ersten Spalte nun »Töpfe« lautet.

Wie der Name impliziert, möchte ich ein Attributset anlegen, das ich später für Produkte, bei denen es sich um Töpfe handelt, verwenden möchte. Nach jetzigem Stand hätte ich nur die Möglichkeit, die Informationen in den bereits zugewiesenen Attributen zu speichern, was mir persönlich zu wenig ist. Daher weise ich im nächsten Schritt die relevanten Attribute dem Attributset zu. Um etwas Struktur zu wahren, lege ich eine neue Gruppe an. Wenn Sie mir an dieser Stelle in Ihrem Magento-System folgen, klicken Sie in der mittleren Spalte auf den Button NEU HINZUFÜGEN. Daraufhin öffnet sich ein Fenster, und Sie werden nach einem Namen gefragt. Geben Sie an dieser Stelle den Wert »Topf-Attribute« ein, und klicken Sie auf OK. Sie sind bei der Wahl des Namens natürlich komplett frei und können auch alternative Bezeichnungen hinterlegen. Da ich Ihnen an dieser Stelle primär das Verhalten demonstrieren möchte, eignet sich diese Bezeichnung, speziell für den späteren Verlauf des Buches. In der Praxis verwendet man bei den Gruppen jedoch spezifischere Werte wie »Technische Details«, »Dokumente«, »Auszeichnungen« etc. Nachdem Sie die neue Gruppe angelegt haben, wird Magento diese an das Ende der Liste packen, wie Sie in Abbildung 7.25 sehen.

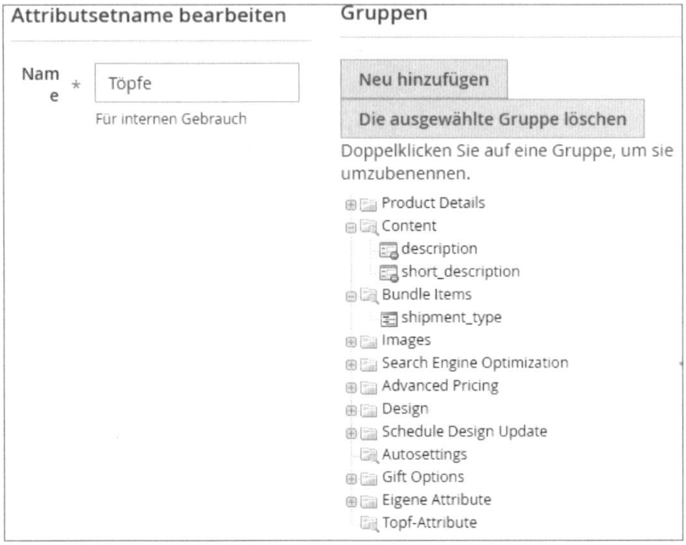

Abbildung 7.25 Neue Gruppen fügt Magento an das Ende der Liste an.

Da mich das später beim Produktmanagement jedoch stören wird, ziehe ich die Topf-Attribute per Drag & Drop unter die Gruppe Content. Beachten Sie an dieser Stelle, dass Magento ab und an etwas zickig sein kann und es vorkommt, dass das Element unten bleibt, obwohl Sie es nach oben gezogen haben. Zum Teil sind es Pixel, die darüber entscheiden, ob Magento Ihren Strukturänderungswunsch akzeptiert oder nicht. Gegebenenfalls müssen Sie daher das Element drei- bis viermal an die entsprechende Stelle ziehen, bis es klappt. Nachdem Sie jetzt die Gruppe verschoben haben, müssen im nächsten Schritt die relevanten Attribute dieser Gruppe zugewiesen werden. Sie können an dieser Stelle zwar frei agieren, aber meine Empfehlung ist die Zuweisung der folgenden Attribute:

- Ausstattung
- Besonderheiten
- Garantie
- Material
- Vorteile
- Durchmesser
- Farbe

Nachdem Sie die Attribute von der dritten in die mittlere Spalte gezogen haben, verschwinden diese automatisch aus der dritten Spalte, und Sie sehen die Änderungen wie in Abbildung 7.26.

Abbildung 7.26 Sobald Sie Attribute Ihrem Attributset zuweisen, werden diese aus der dritten und letzten Spalte entfernt.

Haben Sie die Attribute dem Set zugewiesen, klicken Sie bitte auf den Button SPEICHERN, um die Änderungen zu übernehmen. Glückwunsch, nachdem an dieser Stelle keine Fehler aufgetreten sind, wovon ich ausgehe, haben Sie Ihr erstes eigenes Attributset angelegt!

Da ich Ihnen im nächsten Abschnitt des Buches das Produktmanagement im Detail vorstellen möchte und hierbei auch wieder auf Beispiele zurückgreifen werden, müssen Sie noch weitere Attributsets anlegen. Ich bin mir jedoch sicher, dass Sie dies nun ohne Probleme tun können und Sie damit keine Schwierigkeiten haben werden. Falls es doch noch Ungereimtheiten geben sollte, können Sie auf *www.foodbaer.de* den Aufbau der Attributsets nachschlagen. Legen Sie jetzt noch folgende Attributsets mit diesen Attributen an:

Name	Basierend auf	Attribute
Pfannen	Default	Ausstattung, Besonderheiten, Durchmesser, Garantie, Material, ofenkompatibel, Pfannenform
Messer	Default	Garantie, Farbe, Länge, Vorteile

Name	Basierend auf	Attribute
Bücher	Default	Besonderheiten, Vorteile
Gläser	Default	Besonderheiten, Durchmesser, Farbe, Garantie

An dieser Stelle könnten Sie ruhig kreativ werden, bei den oben aufgeführten Attributen und Attributsets handelt es sich letztendlich nur um Vorschläge. Wenn Sie wie ich vorgehen, fällt es Ihnen auf den folgenden Seiten etwas leichter, meinen Beschreibungen zu folgen, natürlich können Sie den Attributsets zusätzliche Attribute hinzufügen, weitere Attributsets anlegen, mit unterschiedlichen Gruppen in den Attributsets arbeiten etc. Toben Sie sich daher an dieser Stelle gern aus, und tauchen Sie so weit wie möglich in das System und die Möglichkeiten ab. Die besten Ergebnisse erzielt man dann doch mit der altbewährten Trial-and-Error-Methode.

Auf den vorherigen Seiten haben Sie sowohl Kategorien als auch Attribute und Attributsets angelegt und zudem bereits Inhalte hinterlegt. Jetzt haben Sie die perfekte Basis, um mit der Anlage und der Verwaltung von Produkten durchzustarten. Welche Möglichkeiten Ihnen Magento bietet und wie Sie idealerweise beim Produktmanagement vorgehen. erfahren Sie im folgenden Abschnitt.

7.3 Produkte zum Verkauf anbieten

Zum jetzigen Zeitpunkt haben Sie alle Grundvoraussetzungen erfüllt, um Produkte anlegen und verkaufen zu können. Lassen Sie uns daher direkt in dieses Thema einsteigen und Ihren Online-Shop mit Leben füllen. Denn hierfür sind Produkte unabdingbar!

7.3.1 Produkttypen unterscheiden

Bevor ich mit Ihnen gemeinsam Produkte anlege, möchte ich Ihnen im Vorfeld etwas theoretisches Wissen vermitteln. Das wird Ihnen bei der Produktanlage zugutekommen, und Sie werden anschließend ohne gedankliche Fragezeichen verstehen, warum gewisse Optionen zur Verfügung stehen bzw. nicht zur Verfügung stehen.

Sobald Sie in Magento ein neues Produkt anlegen möchten, können und sollten Sie den passenden Produkttyp auswählen, ich habe Ihnen dies in Abbildung 7.27 dargestellt. Der Produkttyp definiert das Verhalten und die bei der Produktanlage benötigten Informationen. Im Vordergrund stehen aber tatsächlich das Verhalten innerhalb des Frontends und die dem Nutzer bzw. Kunden angebotenen Möglichkeiten.

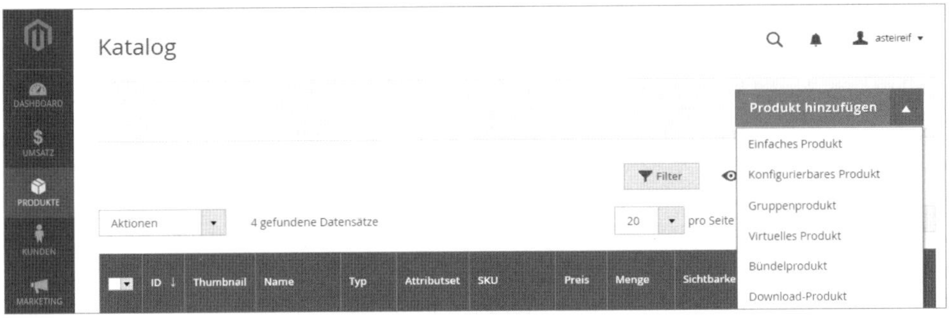

Abbildung 7.27 Bevor Sie ein Produkt anlegen, sollten Sie den passenden Produkttyp auswählen.

In Magento 1 war die Wahl des Produkttyps noch wesentlich wichtiger als in Magento 2, denn in der aktuellsten Version kann Magento bestehende Produkttypen konvertieren. Haben Sie also aus Versehen einen Fehler gemacht, müssen Sie nicht das gesamte Produkt löschen und neu anlegen. Das war leider die Konsequenz in Magento 1, weswegen sicherlich der eine oder andere Shop-Betreiber mehr Zeit in das Produktmanagement investiert hat, als eigentlich notwendig gewesen wäre.

Doch welche Produkttypen existieren überhaupt in Magento und wodurch unterscheiden sie sich? Das beschreibe ich Ihnen im Folgenden.

Einfaches Produkt (Simple Product)

Ein Produkt vom Typ *Einfaches Produkt* legen Sie immer dann an, wenn es sich, wie der Name bereits verrät, um ein einfaches Produkt handelt. Einfach bedeutet, das Produkt besitzt keine konfigurierbaren Ausprägungen oder Ähnliches. Beispielsweise könnte ein Rotweinglas ein einfaches Produkt sein. Sie kaufen es, genauso wie Sie es im Frontend sehen, haben aber nicht die Möglichkeit, die Größe oder ein Material auszuwählen. Vermutlich werden Sie zu 99 % diesen Produkttyp verwenden, da einfache Produkte immer die Basis bilden, auch wenn Sie beispielsweise ein konfigurierbares Produkt anlegen.

Konfigurierbares Produkt (Configurable Product)

Der Name *Konfigurierbares Produkt* ist an dieser Stelle schon recht aussagekräftig. Bei einem konfigurierbaren Produkt hat der Nutzer im Frontend die Möglichkeit, auf verschiedene Konfigurationsoptionen zuzugreifen. Beispielsweise wenn Sie eine Bratpfanne verkaufen und der Nutzer innerhalb des Frontends den Durchmesser und die Farbe des Griffes auswählen kann. Immer wenn Sie Ihren Besuchern bzw. Kunden die Möglichkeit zur Konfiguration geben möchten, müssen Sie ein konfigurierbares Produkt anlegen.

Interessant ist an dieser Stelle zudem, wie Magento mit einem konfigurierbaren Produkt umgeht. Das konfigurierbare Produkt selbst können Sie sich wie eine Hülle vorstellen. Der Hülle können Sie einen Namen, eine Beschreibung und auch Bilder zuweisen. Magento legt aber letztendlich für jede Ausprägung immer ein einfaches Produkt an. Haben Sie also eine Bratpfanne mit vier verschiedenen Durchmessern und jeweils drei Farben für den Griff, so legt Magento zwölf einfache Produkte, d. h. alle möglichen Konfigurationsvarianten, sowie das konfigurierbare Produkt als Hülle an. Das hat zur Konsequenz, dass Sie bei vielen konfigurierbaren Produkten mit vielen Ausprägungen natürlich eine enorme Datenmenge im System haben werden. Das ist per se nicht schlecht oder negativ, aber Sie werden eben sehr viele Produktdatensätze in Ihrem Magento-System haben.

Gruppenprodukt (Grouped Product)

Ähnlich wie beim konfigurierbaren Produkt ist das *Gruppenprodukt* an sich nur eine Hülle, die einfache Produkte zusammenfasst. Das heißt, wenn Sie ein Gruppenprodukt erstellen, hinterlegen Sie bei diesem Produkt selbst nur allgemeine Informationen wie einen Namen oder eine Beschreibung und verweisen anschließend auf die einfachen Produkte.

Im Frontend werden anschließend, sobald das Gruppenprodukt aufgerufen wurde, alle zugewiesenen Produkte in tabellarischer Form dargestellt. Der Nutzer hat die Möglichkeit, je Variante eine Menge zu hinterlegen, und kann somit alle Ausprägungen dieses Produkts auf einen Schlag in den Warenkorb legen. Speziell im B2B-Umfeld kann diese Produktdarstellung äußerst interessant sein. So würde, bleibe ich bei meinem Beispiel, die Bratpfanne in allen Größen und Farben aufgelistet werden, und als Nutzer kann man sich die benötigten Ausprägungen mit nur einem Klick zum Warenkorb hinzufügen. Immer dann, wenn Sie auf einen Schlag viele Ausprägungen der Produkte verkaufen möchten, sollten Sie zum Gruppenprodukt greifen.

Virtuelles Produkt (Virtual Product)

Beim *virtuellen Produkt* handelt es sich letztendlich um ein einfaches Produkt, das jedoch kein Gewicht besitzt. Das bedeutet, das virtuelle Produkt fungiert nicht als Hülle samt Zuweisung, sondern besteht ausschließlich aus einem Datensatz, wobei sich das virtuelle Produkt nur aufgrund des fehlenden Gewichts vom einfachen Produkt unterscheidet. Diesen Produkttyp sollten Sie immer dann verwenden, wenn Sie digitale Inhalte, jedoch keine Downloads, verkaufen. Hierzu zählen unter anderem Garantieverlängerungen, digitale Gutscheine etc.

Magento verwendet übrigens automatisch diesen Produkttyp, nämlich dann, wenn Sie ein einfaches Produkt anlegen und vermerken, dass das Produkt kein Gewicht besitzt. Umgekehrt wandelt Magento ein virtuelles Produkt wiederum in ein einfaches Produkt, sobald Sie bei diesem ein Gewicht hinterlegen.

Bündelprodukt (Bundle Product)

Oftmals unterschätzt, aber an sich sehr umfangreich und interessant ist das *Bündelprodukt*. Genau wie beim Gruppenprodukt erstellen Sie zuerst eine Hülle und weisen dieser Hülle allgemeine Informationen zum Produkt zu. Anschließend können Sie einfache Produkte mit dem Bündelprodukt verknüpfen, damit dieses anschließend kaufbar wird.

Mithilfe des Bündelprodukts können Sie dem Nutzer bzw. potenziellen Kunden ermöglichen, auf einen Schlag mehrere Produkte zu kaufen, und den Nutzer dabei zeitgleich durch eine Schritt-für-Schritt-Auswahl führen. So definieren Sie bei der Anlage des Bündelprodukts mehrere Schritte, bei jedem Schritt können Sie verschiedene einfache Produkte verknüpfen und zur Auswahl stellen. In meinem konkreten Beispiel könnte ich ein Bündelprodukt mit dem Namen »Küchenstarterset« anlegen. Im ersten Schritt kann der Nutzer eine Pfanne auswählen, im zweiten Schritt einen oder mehrere Töpfe und im dritten Schritt beliebig viele Küchenmesser. Klickt der Nutzer daraufhin auf den WARENKORB-Button, werden alle diese Produkte dem Warenkorb hinzugefügt. Im Vergleich zum Gruppenprodukt werfen Sie beim Bündelprodukt dem Nutzer nicht einfach beliebig viele Produkte hin und überlassen ihm die Auswahl, welche er kaufen möchte. Vielmehr führen Sie den Nutzer Schritt für Schritt durch mehrere Auswahlmasken und erlauben ihm dabei, eines oder auch beliebig viele Produkte auszuwählen und diese zu bestellen.

Richtig genutzt, können Sie mit diesem Produkttyp speziell »Sets« bzw. »Starterkits«, oder wie auch immer Sie die Bündelung nennen möchten, abbilden. Leider wird in der Praxis recht häufig auf die Nutzung von Bündelprodukten verzichten, auch wenn diese wirklich interessante Funktionen und Möglichkeiten bieten.

Download-Produkt (Downloadable Product)

Das *Download-Produkt* hat gewisse Ähnlichkeiten mit dem virtuellen Produkt. Auch das Download-Produkt ist keine Hülle, sondern ein eigenes und allein existierendes Produkt. Im Gegensatz zum virtuellen Produkt können Sie jedoch direkt Download-Dateien hinterlegen. Kauft ein Kunde anschließend das Produkt, natürlich vorausgesetzt die Bestellung ist bezahlt, stehen ihm direkt die gekauften Dateien zum Download bereit. Magento übernimmt also direkt die Auslieferung und das Management von digitalen Inhalten. Diesen Produkttyp können und sollten Sie immer dann verwenden, wenn Sie Ihrem Kunden nach dem Kauf Dateien, ganz egal ob es sich um PDF-Dateien oder andere Formate handelt, bereitstellen möchten. Das Management, wie häufig eine Datei heruntergeladen werden kann und wer überhaupt Zugriff auf die Dateien hat, übernimmt komplett Magento.

Mit diesen insgesamt sechs Produkttypen bietet Ihnen Magento eine ideale Basis zur Abbildung des eigenen Warensortiments. Die Produkttypen bieten eine enorme

Flexibilität und einen durchaus erstaunlichen Funktionsumfang, weshalb Sie so schnell nicht in die Lage kommen werden, dass ein komplett individueller Produkttyp entwickelt werden muss, auch wenn dies technisch problemlos möglich ist. Inwiefern sich die Produkttypen bei der Anlage eines Produkts unterscheiden, möchte ich Ihnen nun im Detail zeigen.

Entwicklung eigener Produkttypen möglich

In Magento 2 ist es relativ problemlos möglich, komplett eigene Produkttypen zu bauen, die sich ganz nach Ihren Anforderungen entwickeln lassen. Zugegebenermaßen müssen Sie dann tief in die Modulentwicklung einsteigen, an dieser Stelle möchte ich Ihnen aber ganz bewusst die Info mitgeben, dass Sie sich Ihren eigenen Produkttyp entwickeln lassen können bzw. selbst entwickeln können, sollte dies aufgrund Ihrer Anforderungen notwendig sein. Versuchen Sie aber, bevor Sie zur Eigenentwicklung greifen, so weit wie möglich Ihr Warensortiment mit den im Standard vorhandenen Möglichkeiten abzubilden.

7.3.2 Ein neues Produkt erstellen und veröffentlichen

Klicken Sie, um ein neues Produkt anzulegen, im Magento-Backend auf PRODUKTE • KATALOG. Sie gelangen daraufhin zur Auflistung aller im System befindlichen Produkte. Vermutlich wird Ihr System zum aktuellen Zeitpunkt noch keine Produkte enthalten, es sei denn, Sie sind selbst ein wenig auf Entdeckungsreise gegangen und haben bereits Produkte angelegt. Falls Sie später Produkte anlegen, das werden Sie auf den nächsten Seiten aber noch sehen, erhalten Sie an dieser Stelle eine Auflistung aller Produkte, wie in Abbildung 7.28 zu sehen ist. Lassen Sie uns an dieser Stelle direkt in die Produktanlage gehen, weshalb Sie bitte auf den Pfeil beim Button PRODUKT HINZUFÜGEN klicken. Wenn Sie direkt auf den Button klicken, verwendet Magento automatisch das einfache Produkt. Klicken Sie hingegen auf den Pfeil, können Sie einen bestimmten Produkttyp auswählen. Die verschiedenen Produkttypen habe ich Ihnen auf den vorherigen Seiten bereits im Detail vorgestellt, daher möchte ich Sie an dieser Stelle von einer erneuten Aufzählung und Erklärung verschonen.

Einfaches Produkt anlegen

Wählen Sie, um mit der Produktanlage zu starten, den Eintrag EINFACHES PRODUKT aus. Hierbei handelt es sich um den ersten Eintrag in dem soeben geöffneten Menü, das Sie übrigens auch in Abbildung 7.27 sehen.

Haben Sie auf den Eintrag geklickt, lädt Magento im nächsten Schritt die Eingabemaske für die Anlage eines Produkts vom Typ EINFACHES PRODUKT.

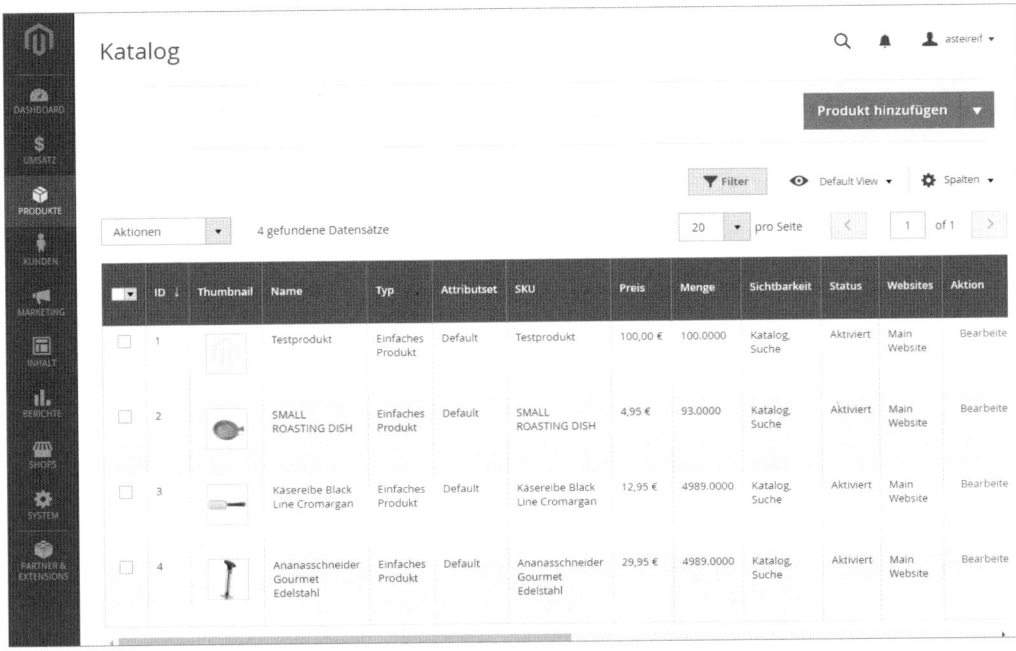

Abbildung 7.28 Im Punkt »Katalog« sehen Sie alle bereits angelegten Produkte, können diese editieren und neue Produkte hinzufügen.

Magento wird Ihnen daraufhin eine Vielzahl von Eingabefeldern darstellen, die Sie für die Anlage des Produkts korrekt ausfüllen müssen. Damit Sie verstehen, welcher Sinn und Zweck hinter jedem Eingabefeld steht, möchte ich diese mit Ihnen gemeinsam Schritt für Schritt durchgehen. Um die Produktanlage praxisnah zu gestalten, lege ich im Folgenden eine Pfanne an. Sie können aber natürlich auch ein anderes Produkt erstellen, an dieser Stelle möchte ich Sie diesbezüglich nicht einschränken.

Mithilfe der ersten Option namens ENABLE PRODUCT definieren Sie, ob das Produkt aktiviert ist. Ein deaktiviertes Produkt kann im Frontend nicht aufgerufen werden, ganz gleich, ob Sie über die Kategorie-Navigation oder direkt mittels der URL zugreifen wollen. Wenn der neue Artikel daher im Frontend auftauchen und kaufbar sein soll, müssen Sie diese Option aktiviert belassen. Im Standard ist ein Produkt immer aktiviert, Sie müssten also explizit das Produkt deaktivieren, wenn Sie dies nicht veröffentlichen möchten.

Der nächste Schritt besteht in der Auswahl des Attributsets, d. h., Sie müssen Magento mitteilen, was für ein Produkt Sie anlegen möchten. Aus diesem Grund war es so wichtig, dass Sie auf den vorherigen Seiten bereits Attributsets definiert haben, denn ansonsten könnten Sie im folgenden Schritt nur den Eintrag Default auswählen. Da ich, wie eingangs erwähnt, eine Pfanne anlegen möchte, wähle ich aus der Liste der Attributsets den Eintrag »Pfannen«, wie Sie in Abbildung 7.29 sehen können.

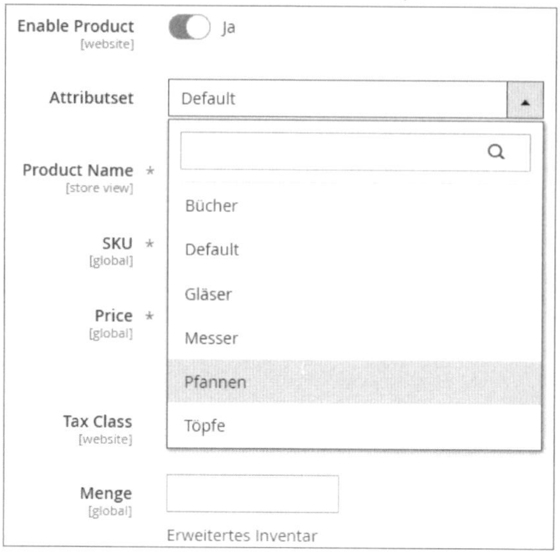

Abbildung 7.29 Je nach gewähltem Attributset stehen Ihnen bei der Produktanlage weitere Eingabefelder zur Verfügung.

Sobald Sie das Attributset gewählt haben, lädt Magento die dem Attributset zugewiesenen Felder nach. Sprich, Sie werden zusätzliche Möglichkeiten zur Eingabe von Produktinformationen haben, sobald Sie das Attributset gewählt haben. Da die neuen Eingabefelder jedoch erst weiter unten auftauchen, soll uns das an dieser Stelle egal sein. Wählen Sie jetzt das Attributset »Pfannen«, und scrollen Sie zum nächsten Feld.

Beim PRODUCT NAME, dieses Eingabefeld ist recht selbsterklärend, können Sie den Produktnamen hinterlegen. Neben den bekannten Buchstaben und Zahlen können Sie an dieser Stelle auch Sonderzeichen hinterlegen, d. h., Sie müssen sich über Limitierungen keine Gedanken machen. In meinem konkreten Beispiel hinterlege ich beim Produktnamen den Wert »Bratpfanne Martina«.

Neben dem Namen ist zudem die Artikelnummer essenziell für die Produktanlage. Diese hinterlegen Sie in der nächsten Option namens SKU. Ähnlich wie beim Namen existieren hier keine strikten Restriktionen, Sie können Buchstaben, Zahlen und Sonderzeichen für die Artikelnummer verwenden, auch wenn ich immer ein Freund von reinen zahlenbasierten Artikelnummern bin, weswegen ich den Wert »1812« wähle. Verwenden Sie aber, sofern Sie damit besser klarkommen, gern auch ein Artikelnummernsystem aus Buchstaben.

Komplexer als bei diesen beiden Versionen wird es anschließend beim Verkaufspreis, den Sie im Feld PRICE definieren. Im einfachsten Fall geben Sie jetzt einen Wert ein, beispielsweise 29.90. Beachten Sie bitte, dass Sie an dieser Stelle einen Punkt anstelle eines Kommas beim Verkaufspreis verwenden. Da dies in den USA die übliche

Notation ist und Magento ein US-amerikanisches Produkt ist, existiert an dieser Stelle diese besondere Eigenheit. Neben einem einfachen Verkaufspreis können Sie sich jedoch auch für eine komplexere Preisgestaltung entscheiden. Um dies zu tun, klicken Sie auf den Link ERWEITERTE PREISGESTALTUNG, der sich direkt unter dem Preis-Eingabefeld befindet. Daraufhin öffnet sich eine neue Ansicht mit zusätzlichen Möglichkeiten, wie Sie in Abbildung 7.30 sehen.

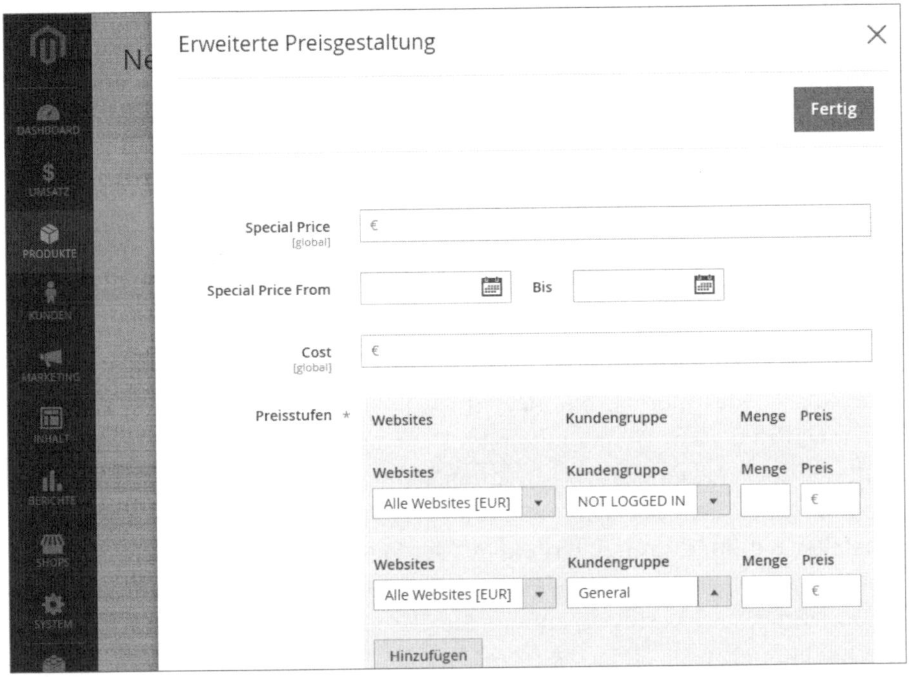

Abbildung 7.30 Mithilfe der erweiterten Preisgestaltung haben Sie die Möglichkeit, kundengruppenspezifische Preise zu definieren.

Zuallererst können Sie einen Sonderpreis hinterlegen, wofür die Option SPECIAL PRICE zur Verfügung steht. Ein Sonderpreis ist nichts anders als ein Streichpreis, d. h. Magento stellt den zuvor hinterlegten Verkaufspreis durchgestrichen dar, darunter folgt in der Darstellung anschließend der SPECIAL PRICE. Zu Demonstrationszwecken hinterlege ich an dieser Stelle den Sonderpreis 13.12, wodurch das Produkt mehr als die Hälfte rabattiert wird. Möchten Sie den Sonderpreis zeitlich begrenzen, was in der Praxis definitiv eine sinnvolle Einstellung ist, so können Sie dafür die beiden nächsten Date Picker im Punkt SPECIAL PRICE FROM nutzen. Beim Startdatum wähle ich den 01/01/2017 und beim Enddatum den 31/12/2017, d. h., mein Rabatt auf den Verkaufspreis hat insgesamt eine Gültigkeit von einem Jahr. Sie müssen übrigens das Datum an dieser Stelle, auch wenn Sie das sicherlich könnten, nicht direkt im amerikanischen Format in die beiden Eingabefelder schreiben. Der Date Picker, d. h. das Auswahlfenster, das erscheint, wenn Sie auf die Kalender-Icons klicken, übernimmt dies für Sie. Für den Fall, dass Sie einen Einkaufspreis speichern möchten, steht das nächste Feld namens COST zur Verfügung. Hierbei handelt es sich streng genommen jedoch nur um ein recht »einfaches« Attribut, d. h., Magento besitzt keine nachgelagerte Logik, wenn Sie bei Produkten Einkaufspreise hinterlegen. Auch auf das Reporting wird diese Information keinerlei Auswirkungen haben. Aus diesem Grund sehe ich an dieser Stelle von einem Einkaufspreis ab, da ich mit dieser Information in Magento selbst nicht weiterarbeiten könnte. Interessant ist an dieser Stelle jedoch die nächste und letzte Option namens PREISSTUFEN, die Sie auch in Abbildung 7.30 sehen. Preisstufen sind nichts anderes als Staffelpreise, d. h., Sie können den Verkaufspreis für eine bestimmte Menge des Produktes definieren und somit Staffeln abbilden. Interessant ist jedoch nicht nur die Staffelung des Verkaufspreises nach der Menge, denn Sie können an dieser Stelle auch noch die Kundengruppe einbeziehen. So erlaubt Ihnen Magento die Definition eines Verkaufspreises für eine bestimmte Menge und für eine bestimmte Kundengruppe. Dadurch bekommen Sie kundengruppenspezifische Preise abgebildet, ganz ohne zusätzlichen Customizing-Aufwand. Je nach Systemkonfiguration können Sie übrigens auch je Website einen unterschiedlichen Preis definieren. Bei der Website handelt es sich um die höchste Konfigurationsebene innerhalb der Magento-Multistore-Fähigkeit, wobei Sie weitere Informationen zu diesem Thema in Kapitel 17, »Magento-Multistore-Funktionalität konfigurieren und nutzen«, erhalten werden. Bei der Menge ist die Logik wie folgt: Hinterlegen Sie eine 1, kosten alle Produkte ab der Menge 1 den von Ihnen definierten Preis. Erstellen Sie einen zweiten Eintrag mit der Menge 10, so gilt dieser Preis ab der Stückzahl 10 usw. Wenn Sie übrigens kundenspezifische Preise nutzen möchten, aber über keine Staffelpreise verfügen, können Sie dies ebenfalls an dieser Stelle tun. Bei der Menge hinterlegen Sie einfach die 1 und wählen jeweils eine Kundengruppe und einen Preis. Damit haben Sie den Preis für 1 Stück je Kundengruppe definiert. In diesem Beispiel sehe ich von der Nutzung der Preisstaffeln ab, deswegen ergänze ich an dieser Stelle keine Werte und beschränke mich auf die Nutzung des Sonderpreises.

Schließen Sie das Fenster ERWEITERTE PREISGESTALTUNG, und scrollen Sie zum Punkt TAX CLASS. Mit dieser Option definieren Sie die Steuerklasse des Produkts, d. h. wenn Sie von einem Online-Shop in Deutschland ausgehen, ob das Produkt mit 19 % oder 7 % besteuert wird. Wählen Sie die Option VOLLBESTEUERTER ARTIKEL, da diese Steuerklasse in meinem bzw. Ihrem System die erwähnten 19 % in Deutschland widerspiegelt.

Genau wie bei der Preisgestaltung haben Sie bei der verfügbaren Menge, gemeint ist die nächste Option namens MENGE, eine einfache und eine etwas komplexere Ansicht. Hinterlegen Sie zuerst bei der Menge eine Lagermenge, ich verwende in diesem Beispiel 11016, da es sich hierbei um die zur Verfügung stehende Stückzahl handelt. Gegebenenfalls möchten Sie jedoch das Verhalten der Lagerbestandsverwaltung modifizieren, was Sie in der von mir als »komplexere Ansicht« bezeichneten Maske tun können. Klicken Sie hierzu auf den Link Erweitertes Inventar, der sich direkt unter dem Eingabefeld der Menge befindet. Daraufhin öffnet sich ein Fenster, wie Sie es in Abbildung 7.31 sehen.

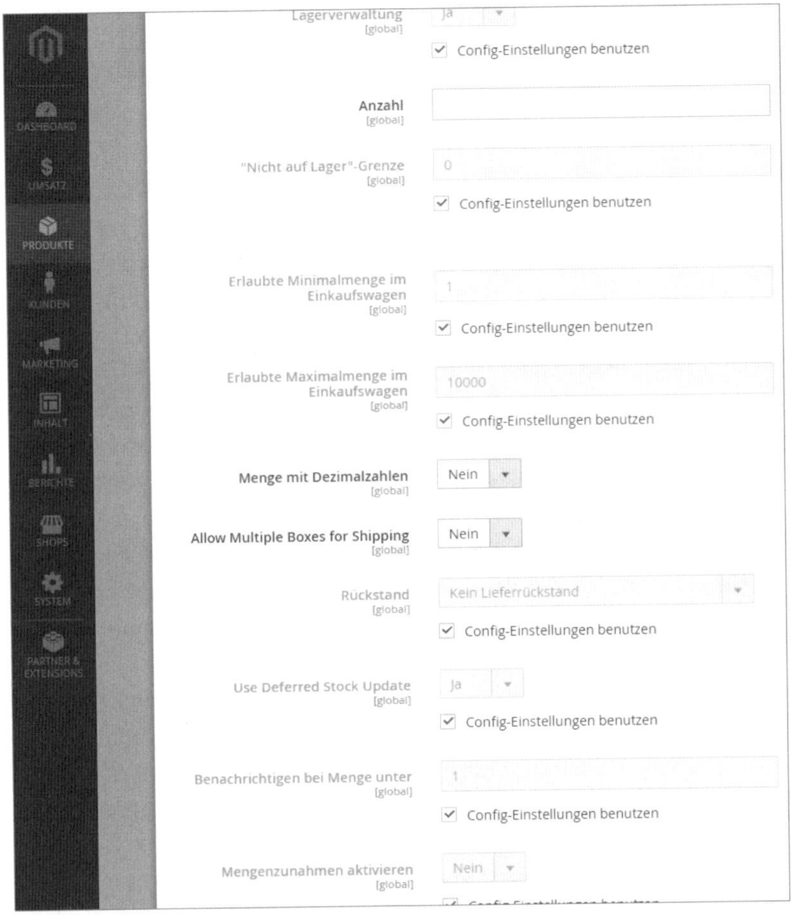

Abbildung 7.31 Das Verhalten der Lagerverwaltung können Sie größtenteils auf Produktebene anpassen.

In dieser Ansicht stehen Ihnen relativ viele Optionen zur Verfügung, die sich direkt auf das Verhalten der Lagerverwaltung auswirken. Sprich, Sie können an dieser Stelle nicht noch zusätzliche Lagerbestände hinterlegen, sondern die grundlegende Verhaltensweise bestimmen. Zuallererst haben Sie die Möglichkeit, die Lagerverwaltung ausschließlich für dieses Produkt zu deaktivieren. Hierfür müssen Sie die Option Lagerverwaltung auf Nein setzen und zuvor den Haken in der Checkbox bei Config-Einstellungen benutzen entfernen. Dies müssen Sie immer dann tun, wenn Sie eine grundlegende Systemkonfiguration überschreiben möchten. Sie Sie in Abbildung 7.31 sehen, ist diese Checkbox bei recht vielen Optionen in dieser Ansicht dargestellt. Die Deaktivierung der Lagerverwaltung auf Produktebene ergibt übrigens immer dann Sinn, wenn Sie sich selbst über den Lagerbestand dieses Produkts keine Gedanken machen müssen, beispielweise wenn der Hersteller selbst Sie immer und in unbegrenzter Stückzahl innerhalb von 24 Stunden beliefert. Bei der nächsten Option namens ANZAHL handelt es sich um eine Doppelung, da das Feld der Menge entspricht, die Sie bereits mit 11016 ausgefüllt haben. Magento übernimmt automatisch den Wert, den Sie bei der Menge hinterlegt haben, und zeigt diesen im Feld Anzahl an. Speziell in der deutschen Lokalisierung ist dies aufgrund der unterschiedlichen Übersetzungen zugegebenermaßen etwas verwirrend. Die Option »NICHT AUF LAGER«-GRENZE definiert, ab welcher Menge das Produkt als ausverkauft gilt. An dieser Stelle greift der globale Wert aus der Systemkonfiguration, den Sie jedoch auf Ebene des Produkts überschreiben können. Zu den ebenfalls in der Systemkonfiguration definierten globalen Werten zählen die zwei folgenden Optionen namens ERLAUBTE MINIMALMENGE IM EINKAUFSWAGEN sowie ERLAUBTE MAXIMALMENGE IM EINKAUFSWAGEN. Mithilfe dieser Optionen bestimmen Sie die Mindestmenge sowie die maximal erlaubte Stückzahl beim Kauf des Produkts. Wenn Sie beispielsweise Ihren Kunden vorgeben möchten, immer zwei Stück des Produkts zu bestellen, können Sie nur für dieses Produkt die Minimalmenge erhöhen. Bei der Maximalmenge hingegen schränken Sie die Stückzahl beim Kauf ein. Das ist immer dann hilfreich, wenn Sie eine Promo-Aktion fahren, d. h. das Produkt stark rabattiert ist und Sie vermeiden möchten, dass ein Kunde Ihnen das gesamte Lager leerräumt. Dementsprechend ergeben speziell diese beiden Optionen auf Produktebene definitiv Sinn. Neben dem Verkauf der Produkte in ganzen Stückzahlen, wobei es sich sicherlich um den wahrscheinlichsten Fall handelt, können Sie mithilfe der nächsten Option dezimale Stückzahlen aktivieren. Stellen Sie hierzu die Option MENGE MIT DEZIMALZAHLEN auf JA. Anschließend können die Nutzer und potenziellen Kunden beispielsweise 2.3 Stück oder 5.9 Stück des Produkts bestellen. Sofern Sie Lebensmittel verkaufen, ist es gar nicht so unwahrscheinlich, dass Sie auf dezimale Stückzahlen zurückgreifen werden. Beim Verkauf von Küchenzubehör, so wie es in diesem Buch behandelt wird, sind dezimale Stückzahlen jedoch nicht relevant. Scrollen Sie, ohne an dieser Stelle eine Änderung durchzuführen, zur nächsten Option namens ALLOW MULTIPLE BOXES FOR SHIPPING. Diese Option definiert, ob beim Kauf einer größeren Stückzahl die Bestellung in mehrere Sendungen aufgeteilt werden darf. Diese Option spielt an dieser Stelle keine wichtige Rolle, weswegen Sie diese beim Standardwert belassen können. Der RÜCKSTAND, die nächste Option, regelt den Verkauf des Produkts, selbst wenn der Lagerbestand auf 0 steht bzw. negativ ist. Da diese Einstellung doch recht weitreichende Auswirkungen hat, handelt es sich um eine globale Systemeinstellung, die Sie an dieser Stelle überschreiben können, aber nicht müssen. Wählen Sie KEIN LIEFERRÜCKSTAND, so kann das Produkt nur gekauft werden, wenn es auf Lager ist. Bei den zwei weiteren Optionen mit dem Namen MENGE UNTER 0 ERLAUBEN bzw. MENGE UNTER 0 ERLAUBEN UND KUNDEN BENACHRICHTIGEN, erlauben Sie einen Verkauf auch dann, wenn das Produkt nicht auf Lager ist. Bei letzterer Option wird der Kunde zudem entsprechend benachrichtigt bzw. informiert. Die nächste Option können Sie im Prinzip direkt überspringen, da es sich um einen Fehler in Magento Open Source handelt. Denn das Feature zur Option Use Deferred Stock Update steht in Magento Open Source überhaupt nicht zur Verfügung. Aus diesem Grund ergibt diese Option ausschließlich in der Magento Enterprise Edition Sinn, überspringen Sie diese daher an dieser Stelle. Sofern Sie sich über geringe Lagerbestände mittels RSS-Feed informieren lassen möchten, ist die nächste Option Benachrichtigen bei Menge unter hilfreich. In dieser Option definieren Sie die Menge, bei der ein Produkt in dem Feed mit den geringen Lagerbeständen auftaucht. Im Standard liegt der dazugehörige Wert bei 1, wobei dieser Wert global innerhalb der Systemkonfiguration oder eben auf Produktebene festgelegt werden kann. Interessant wird es jetzt bei der nächsten Option, die leider auch wie so viele andere Wörter der deutschen Übersetzung zum Opfer gefallen ist. Wenn Sie Mengenzunahmen aktivieren mit Ja bestätigen, so öffnet sich, wie Sie in Abbildung 7.32 sehen können, ein weiteres Eingabefeld namens Mengenzunahmen.

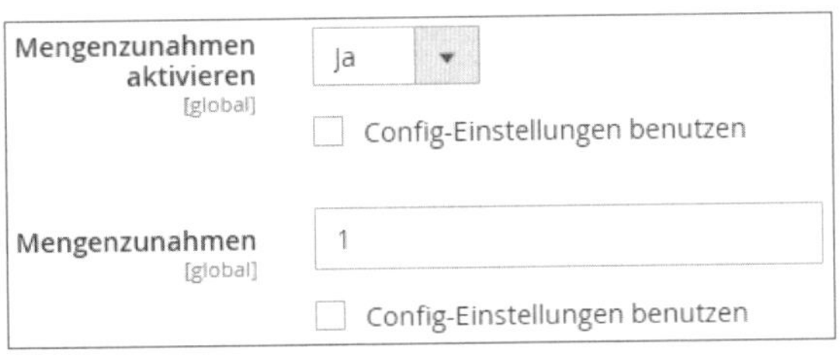

Abbildung 7.32 Wenn Sie nur bestimmte Mengen des Produkts verkaufen möchten, bietet Ihnen diese Option interessante Möglichkeiten.

Hinterlegen Sie bei der Mengenzunahme beispielsweise die Zahl 5, so kann das Produkt ausschließlich in 5er-Schritten gekauft werden, d. h. 5 Stück, 10 Stück, 15 Stück etc. So definieren Sie also die kaufbaren Mengen bzw. Schritte. Im B2B-Umfeld wird an dieser Stelle auch gern von Verpackungseinheiten gesprochen. Speziell im B2B-E-Commerce existieren oftmals Produkte, die Sie nur in bestimmten Mengen erwerben dürfen, da ansonsten die Logistikkosten explodieren würden. Mit genau dieser Option können Sie solche Verpackungsmengen abbilden. Und zu guter Letzt haben Sie mit der Option Stock Status die Möglichkeit, das Produkt auf den Wert Auf Lager bzw. Nicht auf Lager zu setzen. Da Sie ansonsten später im Frontend eine entsprechende Meldung erhalten werden, bitte ich Sie, den Wert Auf Lager auszuwählen und anschließend auf den Button Done zu klicken. Neben der Menge bzw. Anzahl und dem Stock Status können Sie die anderen Optionen bei dem jeweiligen Standardwert belassen und müssen somit keine Änderungen vornehmen.

Sobald Sie wieder in der Hauptansicht angekommen sind, scrollen Sie bitte zum nächsten Feld, das Ihnen direkt bekannt vorkommen dürfte. Denn Sie werden jetzt die Möglichkeit haben, den STOCK STATUS zu definieren, was Sie bereits in der Ansicht ERWEITERTES INVENTAR erledigt haben. Diesen Punkt können Sie daher getrost überspringen.

Nach dem Stock Status folgt das GEWICHT, das beispielsweise bei der Versandkostenberechnung eine Rolle spielt. Hinterlegen Sie bei einem Produkt übrigens kein Gewicht, indem Sie in dem Dropdown-Feld die Option THIS ITEM HAS NO WEIGHT wählen, konvertiert Magento das Produkt direkt in ein virtuelles Produkt. Was in Magento 1 nur durch zusätzliche Erweiterungen und Anpassungen möglich war, ist bei Magento 2 ein Standard-Feature: die dynamische Produkttypenkonvertierung. Hinterlegen Sie ein Gewicht, indem Sie eine beliebige Zahl eingeben, z. B. 1, und belassen Sie das Dropdown-Feld auf THIS ITEM HAS WEIGHT. Ihr Produkt hat anschließend als weitere Information ein Gewicht erhalten, das zudem je nach Konfiguration des Attributs im Frontend dargestellt werden kann.

Nachdem Sie das Gewicht hinterlegt haben, können und sollten Sie das Produkt einer oder mehreren Kategorien zuweisen. Auch das funktioniert auf einfachste Art und Weise, denn Magento bietet Ihnen die Möglichkeit, aus den bestehenden Kategorien per Checkbox Einträge auszuwählen, wie Sie in Abbildung 7.33 sehen.

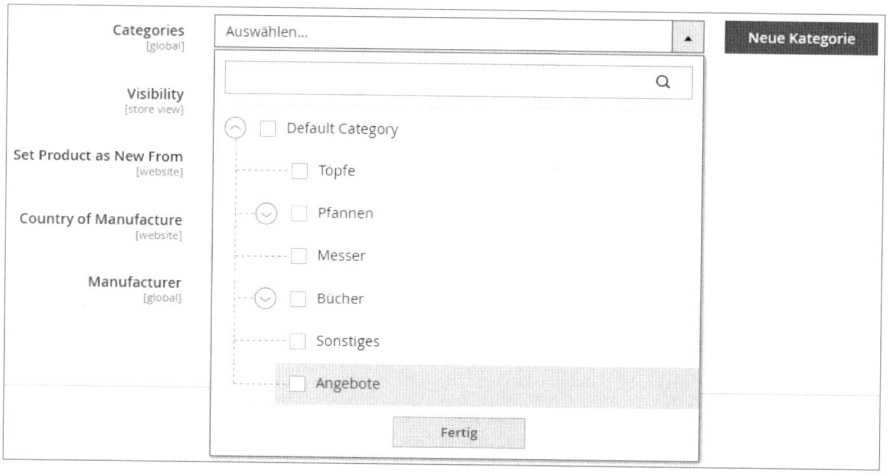

Abbildung 7.33 Magento stellt alle vorhandenen Kategorien in der hinterlegten Struktur dar und ermöglicht dadurch eine schnelle und einfache Auswahl.

Da es sich bei dem anzulegenden Produkt um eine Bratpfanne handelt, die zudem reduziert ist, wählen Sie an dieser Stelle die Kategorien *Pfannen* und *Angebote* aus und klicken Sie auf FERTIG. Sollten Sie an dieser Stelle eine Kategorie vermissen, können Sie übrigens direkt in der Produktanlage eine neue Kategorie hinzufügen. Klicken Sie hierzu auf den Button NEUE KATEGORIE, der sich direkt neben der Kategorie-Auswahl befindet. Daraufhin öffnet sich ein neues Fenster, wie Sie in Abbildung 7.34 sehen können.

Abbildung 7.34 Neue Kategorien können direkt während der Produktanlage erstellt werden.

Anschließend müssen Sie nur noch eine Hauptkategorie bzw. eine übergeordnete Kategorie auswählen und einen Namen hinterlegen. Die Möglichkeit, Kategorien innerhalb des Produktmanagements anzulegen, ist äußerst praktisch, denn Sie vermeiden unnötige Sprünge in die Kategorieverwaltung und können die notwendigen Anpassungen in einem Schritt vornehmen.

Sind die Kategorien ausgewählt, haben Sie die Möglichkeit der Sichtbarkeitseinschränkung. Ein Produkt kann in Magento in Sachen Auffindbarkeit eingeschränkt werden. Im Standard ist ein Produkt immer sowohl über Suchfunktion als auch über die Navigation aufrufbar. Letzteres natürlich nur dann, wenn Sie das Produkt einer oder mehreren Kategorien zuweisen. Sie können das Verhalten aber auch einschränken und das Produkt nur über die Suche oder ausschließlich über die Kategorie-Navigation zugänglich machen. Auch können Sie die Sichtbarkeit komplett einschränken, sodass das Produkt ausschließlich über die Produkt-URL aufgerufen werden kann. In der Praxis halte ich persönlich diese Optionen aber für wenig nützlich. Wenn Sie ausschließen möchten, dass ein Kunde auf ein Produkt über die Navigation stößt, dann weisen Sie diesem Produkt einfach keine Kategorien zu. Ein Produkt über die Suchfunktion nicht zugänglich zu machen, kommt im Prinzip auch nie vor, denn Sie möchten Ihre Produkte ja verkaufen. Falls also bei Ihnen nicht eine spezielle Anforderung vorliegt, die eine Nutzung der Optionen sinnvoll erscheinen lässt, mir aber vielleicht nicht bekannt ist, dann belassen Sie an dieser Stelle die Auswahl bitte bei KATALOG, SUCHE. Dadurch kann das Produkt im Frontend problemlos von Nutzern und potenziellen Kunden aufgerufen werden.

Sofern Sie das Produkt als neu kennzeichnen möchten, haben Sie im nächsten Schritt zwei Felder zur Verfügung, mit deren Hilfe Sie ein Start- und Enddatum definieren können. Wenn Sie bei SET PRODUCT AS NEW FROM auf die Kalender-Icons klicken, öffnet sich, wie Ihnen nun sicherlich bekannt ist, ein Date Picker, und Sie können sowohl ein Start- als auch ein Enddatum auswählen. Einen Einfluss auf die Produktdarstellung oder das Produktverhalten hat diese Auswahl an dieser Stelle übrigens nicht. Letztendlich handelt es sich »nur« um eine Information, die Sie an dieser Stelle hinterlegen können.

Ebenfalls um reine Informationen handelt es sich bei den folgenden beiden Eingabefeldern namens COUNTRY OF MANUFACTURE und MANUFACTURER. Diese beiden Attribute sind von Haus aus vorhanden, und Sie können, da es sich um Dropdown-Listen handelt, die möglichen Optionen in der Attributverwaltung editieren oder ergänzen. An dieser Stelle können Sie die beiden Felder gern leer lassen, da es für die Anlage des Produkts nicht relevant ist.

Haben Sie die Informationen und Werte wie von mir beschrieben hinterlegt, scrollen Sie bitte nach unten, bis Sie beim nächsten Abschnitt angelangen. Normalerweise haben die Abschnitte logische Namen und untergliedern die Produktanlage in ihrer Struktur. Aktuell hat sich aber in der deutschen Übersetzung ein Fehler eingeschlichen, weshalb anstelle der Überschriften einfach nur 1 % ausgegeben wird. Lassen Sie sich davon nicht irritieren, vermutlich liegt bereits eine neuere Übersetzung vor, wenn Sie dieses Buch in den Händen halten, und der Fehler ist dadurch eliminiert. Sind Sie beim nächsten Abschnitt angelangt, werden Sie zwei WYSIWYG-Editoren sehen, welche die grafische Eingabe von Texten erlauben. Zum einen handelt es sich um den Editor für die DESCRIPTION, zum anderen um den Editor für die SHORT DESCRIPTION. An welcher Stelle im Template die Kurzbeschreibung bzw. Beschreibung ausgegeben wird, hängt letztendlich von der Realisierung, also vom Template selbst ab. Im Standard wird die Kurzbeschreibung in der Nähe des Produktnamens auf der Produktdetailseite ausgegeben, die Beschreibung folgt hingegen im mittleren Bereich der Produktdetailseite. Auch wenn keine Limitierungen vorliegen, lautet die Faustregel, dass Sie bei der SHORT DESCRIPTION ein paar wenige Wörter, maximal drei Sätze hinterlegen und sich im vollen Umfang in der DESCRIPTION austauschen. Das wird Ihnen dann nicht die Darstellung zerschießen, wie Sie später sehen werden. Denn wenn die Short Description zu lang ist, kann das Layout im Frontend unschön aufbrechen. Wenn Sie sich an dieser Stelle keine Gedanken bezüglich der beiden Beschreibungstexte machen möchten, so geht es zumindest mir, schauen Sie einfach auf *http://www.loremipsum.de* vorbei und lassen Sie sich einen langen sowie einen kurzen Text für die beiden Freitextfelder generieren. Ich wähle für die Description einen Umfang von 400 Wörtern, bei der Short Description hingegen einen von 50 Wörtern.

Hinter das Thema der Produkttexte können Sie anschließend einen Haken machen und zum nächsten Abschnitt scrollen. Dieser Abschnitt ermöglicht das Erstellen eines konfigurierbaren Produktes. Da ich Ihnen das konfigurierbare Produkt später im Detail vorstellen möchte, überspringen Sie an dieser Stelle aber diesen Bereich.

Wenn Sie bei der Erstellung des Attributsets Ihre selbst erstellten Attribute an derselben Stelle wie ich platziert haben, so gelangen Sie anschließend zu dem Abschnitt, der Ihre Attribute beinhaltet. Diese werden, wie in Abbildung 7.35 zu sehen ist, untereinander aufgelistet, und je nach gewähltem Eingabetyp unterscheidet sich die Art und Weise, wie Sie die notwendigen Informationen hinterlegen können.

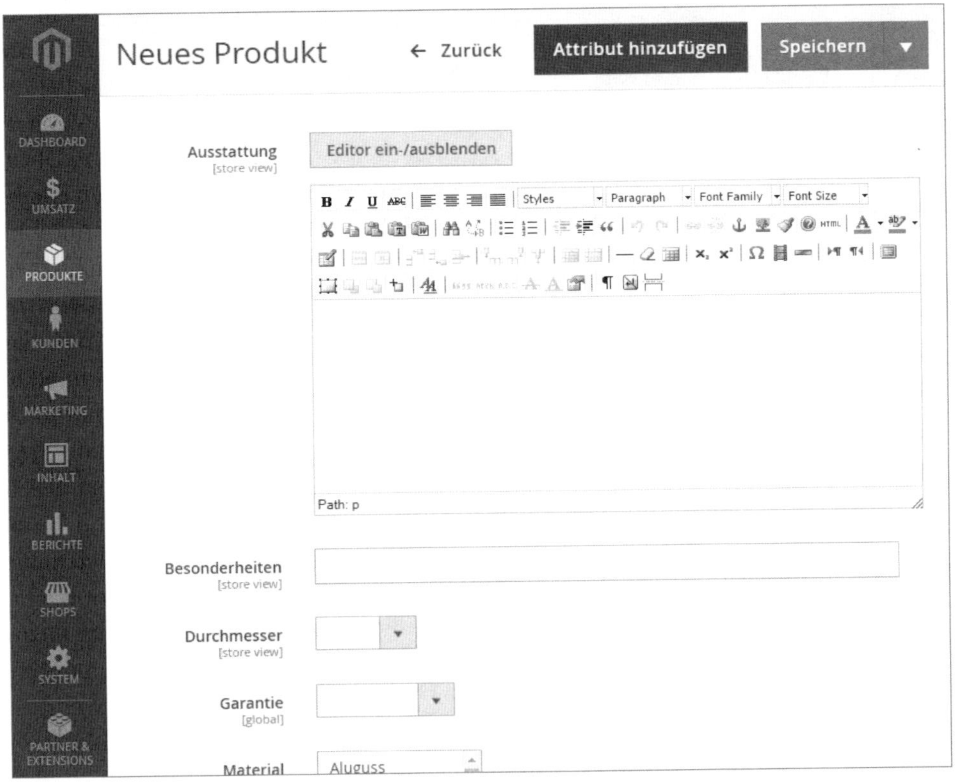

Abbildung 7.35 Attribute, die Sie selbst angelegt haben, erscheinen selbstverständlich ebenfalls bei der Produktanlage.

Hinterlegen Sie an dieser Stelle beliebige Werte bei dem jeweiligen Feld, und scrollen Sie zum Abschnitt IMAGES AND VIDEOS. Die Produktdetailseite lebt letztendlich von tollen Produktbildern, und seit Magento 2 können Sie zudem Videos hinterlegen. Das Hochladen von Bildern funktioniert recht einfach, klicken Sie einfach auf die Kachel mit der Beschriftung DATEIEN AUSWÄHLEN DURCHSUCHEN, UM EIN BILD ZU FINDEN UND ES HIERHIN ZU ZIEHEN. Anschließend öffnet sich ein Dialog, und Sie können direkt mehrere Dateien von Ihrer lokalen Festplatte auswählen. Wählen Sie, auch wenn Sie ein Produkt anlegen können, ohne diesem Bilder zugewiesen zu haben, jetzt Grafiken von Ihrer lokalen Festplatte aus, um sie dem Produkt zuzuweisen. Daraufhin beginnt Magento mit dem Datei-Upload und zeigt Ihnen anschließend die hochgeladenen Bilder an, wie Sie in Abbildung 7.36 sehen können.

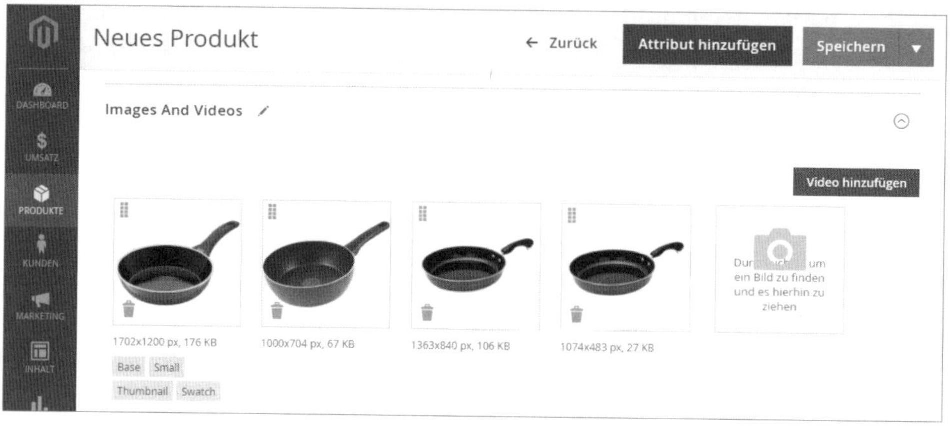

Abbildung 7.36 Beim Bild-Upload können Sie auf einen Schlag dem Produkt eine Vielzahl von Bildern hinzufügen.

Wie Sie in Abbildung 7.36 sehen können, wurden beim ersten Bild in der Reihe die Labels Base, Small, Thumbnail sowie Swatch hinzugefügt. Hierbei handelt es sich um die Rollen, die dem Bild zugewiesen wurden. Nach dem Upload werden alle verfügbaren Rollen immer dem ersten Bild zugeordnet. Bei den Rollen handelt es sich im Prinzip um die Einsatzzwecke, also an welcher Stelle das jeweilige Bild verwendet wird. Wenn Sie diese Rollen abändern möchten, klicken Sie auf das erste Bild in der Reihe. Daraufhin öffnet sich ein neues, wie Sie in Abbildung 7.37 sehen. In dieser neuen Maske haben Sie die Möglichkeit, einen Alt-Text zu hinterlegen. Der Alt-Text beschreibt immer ein Bild und wird primär von Suchmaschinen zum Verständnis, wobei es sich bei dem Bild handelt, verwendet.

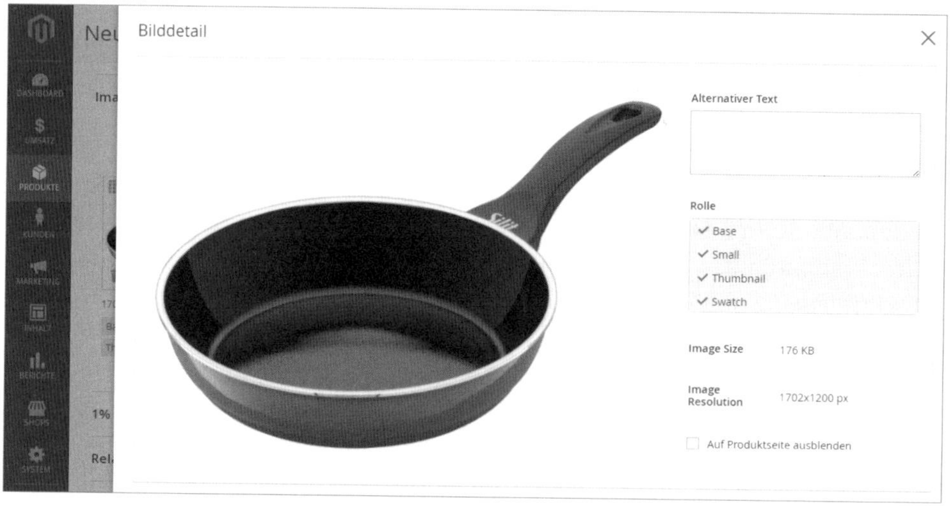

Abbildung 7.37 Wenn Sie ein Bild anklicken, können Sie die Rollen festlegen und einen Alt-Text hinterlegen.

Darauf folgend haben Sie die Möglichkeit, die vorhandenen Rollen abzuwählen. In meinem Fall kann ich jedoch die Rollen, wie entsprechend in Abbildung 7.37 zu sehen ist, belassen, da ich dieses Bild für alle möglichen Einsatzzwecke verwenden möchte. Zu guter Letzt haben Sie bei jedem Bild die Möglichkeit, dieses auf der Produktseite auszublenden. Setzen Sie hierfür den Haken einfach bei der Checkbox AUF PRODUKTSEITE AUSBLENDEN.

Schließen Sie nun die Bilddetails, in dem Sie auf das X-Icon in der rechten oberen Ecke klicken. Scrollen Sie zum nächsten Abschnitt, der sich primär mit den Metainformationen beschäftigt. In diesem Abschnitt werden Sie zunächst nach dem URL-Key gefragt. Diesen kennen Sie bereits von den Kategorien, und wie auch bei den Kategorien haben Sie die Möglichkeit, einen individuellen URL-Key anzugeben. Wenn Sie dies nicht tun, wird Magento auf Basis des Produktnamens einen URL-Key generieren. In den meisten Fällen ist dies vollkommen in Ordnung, weswegen ich dieses Feld leer lasse. Ebenfalls wie bei den Kategorien können Sie zudem einen Meta-Title, Meta-Keywords und eine Meta-Description hinterlegen. Bei allen drei Feldern handelt es sich speziell um Informationen, die für Suchmaschinen relevant sind, jedoch nicht im Frontend ausgegeben werden. Wenn Sie keinen Meta-Title hinterlegen, wird Magento im Frontend auf Basis des Produktnamens einen Meta-Title kreieren. Bei den Keywords und der Description sollten Sie hingegen manuell sinnvolle Inhalte hinterlegen, da ansonsten der Standardwert aus der Systemkonfiguration greift. Sofern mehrere Seiten aber dieselben Meta-Keywords bzw. dieselbe Meta-Description haben, wird Google dies entsprechend in den Google Webmaster Tools anmerken. Beachten Sie, dass Meta-Keywords und Meta-Descriptions daher immer individuell erstellt werden sollten, ganz egal, ob es sich um eine Kategorie, ein Produkt oder, wie Sie später noch sehen werden, um eine CMS-Seite handelt. An dieser Stelle müssen Sie jedoch die Informationen meiner Meinung nach nicht hinterlegen, da auf Ihrer lokalen Umgebung bzw. meinem Demo-System Google sowieso nicht vorbeischaut bzw. eine Indizierung irrelevant ist. Neben der Möglichkeit, Bilder hochzuladen, können Sie zudem auch ein Video hinzufügen, indem Sie auf den Button VIDEO HINZUFÜGEN klicken. Daraufhin öffnet sich eine Eingabemaske, in der Sie eine YouTube- oder Vimeo-URL, einen Titel sowie eine Beschreibung und ein Vorschaubild hinterlegen können. Auch steht die Möglichkeit der Auswahl einer Rolle, so wie Sie es von den Bildern kennen, zur Verfügung, und das Video kann selbstverständlich hinterlegt, jedoch auf der Produktdetailseite ausgeblendet werden. Die Funktionsweise bei dem Video ist eigentlich sehr ähnlich wie bei den Bildern. Der einzige Unterschied besteht darin, dass Sie nicht wirklich ein Video hochladen können, sondern auf ein YouTube- oder Vimeo-Video verweisen müssen. Das ist aber an und für sich eine gute und logische Entscheidung, denn wenn Sie das Video selbst hosten müssten, hätten Sie wesentlich höhere technische Hürden zu nehmen und müssten zudem mehr Geld in Ihre Hosting-Infrastruktur investieren. YouTube bzw. Vimeo als Videodienste sind daher eine gute Alternative, die an dieser Stelle definitiv sinnvoll ist.

Haben Sie die Eingabefelder, die Sie in Abbildung 7.38 sehen, ausgefüllt, können Sie das Video speichern, indem Sie auf den Button SPEICHERN klicken. Ich persönlich werde an dieser Stelle das Video überspringen, ich denke, die Funktionsweise ist so weit deutlich geworden, Sie können jedoch gern etwas experimentieren und bei Ihrem Produkt ein Video hinzufügen.

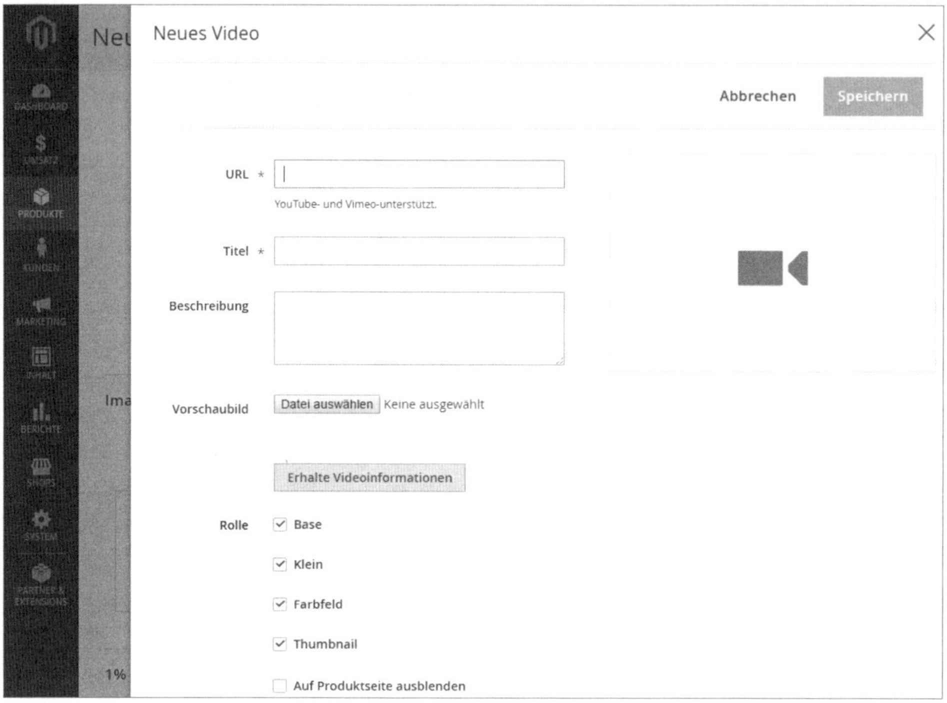

Abbildung 7.38 Neben Bildern kann einem Produkt auch ein Video hinzugefügt werden.

Fahren Sie nun fort, und scrollen Sie zum nächsten Punkt namens RELATED PRODUCTS, UP-SELLS, AND CROSS-SELLS. Diesen Bereich möchte ich Ihnen im späteren Verlauf des Kapitels noch im Detail vorstellen, da Sie hier auch erst dann agieren können, wenn Produkte vorhanden sind. Überspringen Sie an dieser Stelle gedanklich diesen Abschnitt, und scrollen Sie weiter nach unten, bis Sie bei CUSTOMIZABLE OPTIONS ankommen.

Dieser Bereich hat es tatsächlich in sich und bietet Ihnen bei Ihren Produkten nochmals ganz besondere Möglichkeiten. Wie eingangs erklärt, differenziert Magento zwischen verschiedenen Produkttypen, z. B. einfachen Produkten, konfigurierbaren Produkten etc. Die konfigurierbaren Produkte nutzen Sie immer dann, wenn Sie Ihren Nutzern im Frontend die Möglichkeit zur Konfiguration eines Produktes anbieten wollen. Bei einer Pfanne könnte so der Durchmesser oder auch die Farbe des Griffes ausgewählt werden. Als Ergebnis erhalten Sie, wenn Sie dieses Produkt im

Backend anlegen, neben dem konfigurierbaren Produkt zusätzlich alle möglichen Konfigurationsmöglichkeiten als einfaches Produkt. Das ist, im Schnelldurchlauf erklärt, die Funktionsweise der konfigurierbaren Produkte. Magento kennt jedoch eine zweite Möglichkeit, wie Konfigurationsoptionen abgebildet werden können, und hierbei handelt es sich um die CUSTOMIZABLE OPTIONS. Wenn Sie bei diesem Abschnitt angelangt sind, klicken Sie auf OPTION HINZUFÜGEN, worauf eine neue Zeile, wie in Abbildung 7.39 zu sehen ist, dargestellt wird.

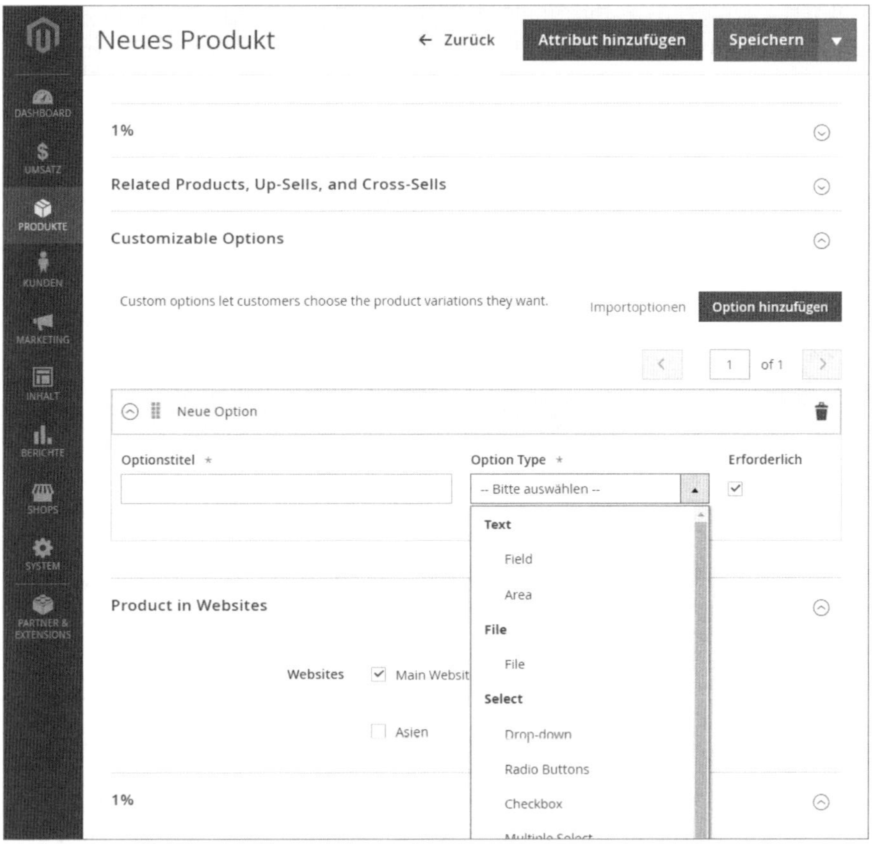

Abbildung 7.39 Die »Customizable Options« erlauben die Abbildung von Konfigurationsoptionen bei einfachen Produkten.

Wenn Sie eine neue Option hinzufügen – theoretisch können Sie unendlich viele Optionen hinzufügen –, müssen Sie dieser Option einen Namen geben. Beim Namen können Sie, da keine Limitierungen vorhanden sind, irgendeinen Freitext wählen, z. B. »Farbe«. Nachdem Sie den Namen definiert haben, müssen Sie einen OPTION TYPE auswählen. In Abbildung 7.39 sehen Sie einen Ausschnitt der Möglichkeiten. Der Option Type definiert, was für ein Element im Frontend beim Produkt dargestellt wird. Wählen Sie beispielsweise TEXT und als Unterpunkt FIELD, wird der Nutzer im

Frontend, bezogen auf das Beispiel mit der Farbe, nach der Farbe gefragt und kann diese in Form eines Textfelds hinterlegen. Wählen Sie hingegen FILE, kann der Nutzer bei der Farbe eine Datei hochladen. Wenn Sie nun DROP-DOWN wählen, können Sie bei diesem Option Type verschiedene auswählbare Werte hinterlegen, z. B. rot, grün, gelb etc.

Im Frontend würde der Nutzer anschließend die Farbe mittels Dropdown-Feld auswählen und so das Produkt konfigurieren können. Wie eingangs erwähnt, haben Sie keine Limitierungen bei den Optionen. Sie können daher beliebig viele anlegen und auch jeder Option einen unterschiedlichen Option Type geben, wobei Ihnen insgesamt folgende Typen zur Verfügung stehen:

- Textfield
- Textarea
- File
- Dropdown
- Radio Buttons
- Checkbox
- Multiple Select
- Date
- Date & Time
- Time

In der Praxis stellt sich immer die Frage, wann man konfigurierbare Produkte verwendet und wann Customizable Options sinnvoll sind. Auch hier gibt es eine Faustregel. Sobald Sie ein Produkt konfigurieren können und die verschiedenen Ausprägungen als physische Produkte existieren, d. h. eine eigene Artikelnummer haben und irgendwo in Ihrem Lager liegen, dann sollten Sie konfigurierbare Produkte nehmen. Denn hier wird der Lagerbestand pro Ausprägung erfasst und verarbeitet. Wenn Sie hingegen ein Grundprodukt haben und dieses individuell herstellen, so ergeben die Customizable Options Sinn. Beispielsweise wenn Sie ein T-Shirt zum Verkauf anbieten und man eine Grafik hochladen kann, die anschließend auf das T-Shirt gedruckt wird. Sie müssen nur den Lagerbestand für das Basisprodukt verwalten, der Druck der hochgeladenen Grafik erfolgt individuell und nachgelagert und hat dadurch auf den Lagerbestand keine Auswirkung. Wie immer im Leben gibt es auch hierbei sicherlich Ausnahmen, wenn Sie jedoch die Lagerbestände für Ihre Produkte verwalten möchten bzw. müssen, und damit meine ich speziell die verschiedenen Ausprägungen, sollten Sie immer zum konfigurierbaren Produkt greifen.

Relativ schnell überspringen können Sie den nächsten Abschnitt namens PRODUCT IN WEBSITES. Wenn Sie mehrere Websites anlegen (siehe Kapitel 17, »Magento-Multistore-Funktionalität konfigurieren und nutzen«), können Sie bei jedem Produkt die Zuweisung zur Website definieren. Sprich, nicht jedes Produkt muss zwangsläufig jeder Website zugewiesen werden. Durch diese Eingrenzung können Sie auf Produktebene festlegen, in welchen Websites das Produkt aufrufbar sowie kaufbar sein darf.

Wenn Sie wieder ein wenig nach unten scrollen, können Sie innerhalb des nächsten Abschnitts Einfluss auf die Darstellung der Produktdetailseite nehmen. Sie kennen diese Optionen bereits vom Kategorie-Management. Wie auch bei den Kategorien können Sie bei Produkten ein alternatives Layout wählen sowie in Form von XML-Statements individuellere Anpassungen an der Darstellung vornehmen. Da Sie diese beiden Optionen bereits in Hülle und Fülle im vorherigen Abschnitt, als es um die Kategorien ging, kennengelernt haben, möchte ich an dieser Stelle über diese beiden Punkte hinweggehen. Ein neuer und Ihnen unbekannter Punkt ist hingegen die Option DISPLAY PRODUCT OPTIONS IN. Letztendlich, das hängt ganz stark vom Design, also vom Template ab, haben Sie hier die Möglichkeit, die Position der Produktoptionen zu definieren. An sich ist dies aber eigentlich nicht relevant, daher müssen Sie an dieser Stelle auch keine Änderungen vornehmen.

Ebenfalls wie bei den Kategorien können Sie die Änderungen am Design zeitlich terminieren. Auch bei Produkten können Sie für einen definierbaren Zeitraum ein anderes Theme auswählen bzw. das Layout ändern. Sie sehen diese Optionen in Abbildung 7.40, die Funktions- und Verhaltensweise ist jedoch identisch mit derjenigen, die Sie bereits bei den Produkten kennengelernt haben.

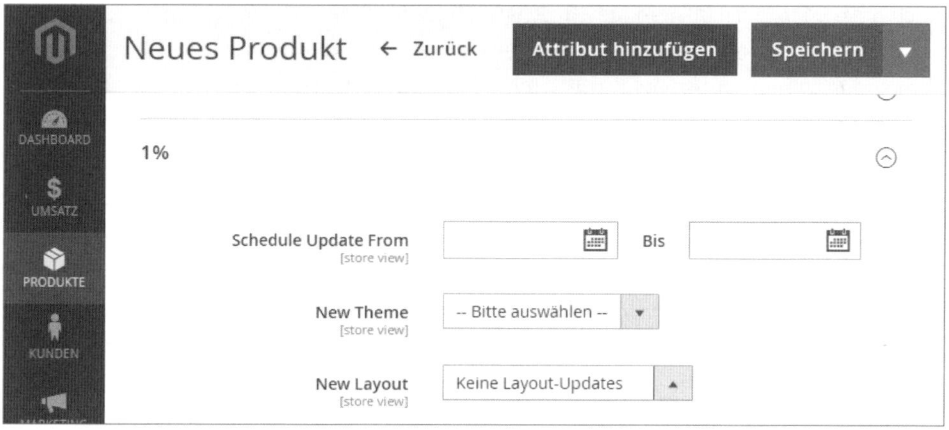

Abbildung 7.40 Auch bei Produkten können Sie zeitlich befristete Layout- und Design-Änderungen vornehmen.

Da die Layout- und Design-Änderungen, zumindest meiner Meinung nach, an dieser Stelle nicht relevant sind, können Sie diesen Bereich zum jetzigen Zeitpunkt überspringen.

Beim nächsten Abschnitt angelangt, können Sie für dieses Produkt die Gift Message, also Geschenknachricht, aktivieren bzw. deaktivieren. Grundsätzlich handelt es sich um einen globalen Wert, den Sie in der Systemkonfiguration definieren. Auf Produktebene lässt sich dieser Wert jedoch problemlos überschreiben, was Sie an dieser Stelle tun können. Ich sehe aktuell von Änderungen in diesem Bereich ab, wenn Sie möchten, können Sie die Gift Messages jedoch gern für dieses Produkt aktivieren.

Wie auch bei den Gift Messages enthält der nächste Abschnitt nur eine Option, Sie können nämlich hinterlegen, seit welchem Zeitpunkt das Produkt im Angebot ist. Es handelt sich ausschließlich um eine Information, die keine nachgelagerten Prozesse bzw. Funktionen auslöst.

Wenn Sie an dieser Stelle ein wenig nach unten scrollen, haben Sie last but not least im letzten Abschnitt die Möglichkeit HERUNTERLADBARE INFORMATIONEN zu hinterlegen. Dies geht jedoch nur, wenn es sich um ein Produkt vom Typ »downloadbares Produkt« handelt, und hierfür dürfen Sie kein Gewicht hinterlegen. Daher erscheint an dieser Stelle bei Ihnen die Warnung »To enable the option set the weight to no«. Was es mit den downloadbaren Produkten auf sich hat, werden Sie jedoch noch recht schnell auf den folgenden Seiten erfahren.

Sie sind jetzt ganz am Ende der Seite angekommen, haben, wenn Sie meinen Empfehlungen gefolgt sind, alle relevanten Informationen hinterlegt und können das neue Produkt anlegen. Klicken Sie hierzu auf den Button SPEICHERN. Sollte Magento Ihnen keine Fehler zurückmelden, wird Magento Ihr neues Produkt erfolgreich anlegen. Nach dem Speichern landen Sie automatisch in der Übersichtsseite der Produkte, die Sie aber bitte verlassen. Öffnen Sie in einem neuen Tab das Frontend Ihres Online-Shops, d. h. diejenige Ansicht, die auch Ihren Nutzern und Kunden angezeigt wird, und öffnen Sie die Kategorie »Pfannen«. Innerhalb der Kategorie »Pfannen« werden Sie jetzt das soeben angelegte Produkt vorfinden, das Sie mit einem Klick auf das Produktbild bzw. Namen öffnen können.

Weitere Möglichkeiten bei der Produktanlage

Innerhalb der Produktanlage haben Sie weitere Möglichkeiten, auf die Sie über die Buttons in der oberen Bildschirmhälfte zugreifen können. So können Sie direkt innerhalb der Produkterstellung neue Attribute anlegen und zu bestehenden Attributsets hinzufügen. Auch können Sie, anstelle von Speichern, auf den Pfeil neben diesem Button klicken. Daraufhin werden Ihnen weitere Optionen angeboten, beispielsweise Speichern und duplizieren oder Speichern und schließen.

Daraufhin gelangen Sie zur Produktdetailseite, die bei Ihnen wie in Abbildung 7.41 aussehen sollte. Sie haben somit Ihr erstes Produkt angelegt, das jetzt schon gekauft werden könnte. Gratulation, damit haben Sie einen weiteren Grundstein für den Aufbau Ihres Magento 2-Online-Shops gelegt!

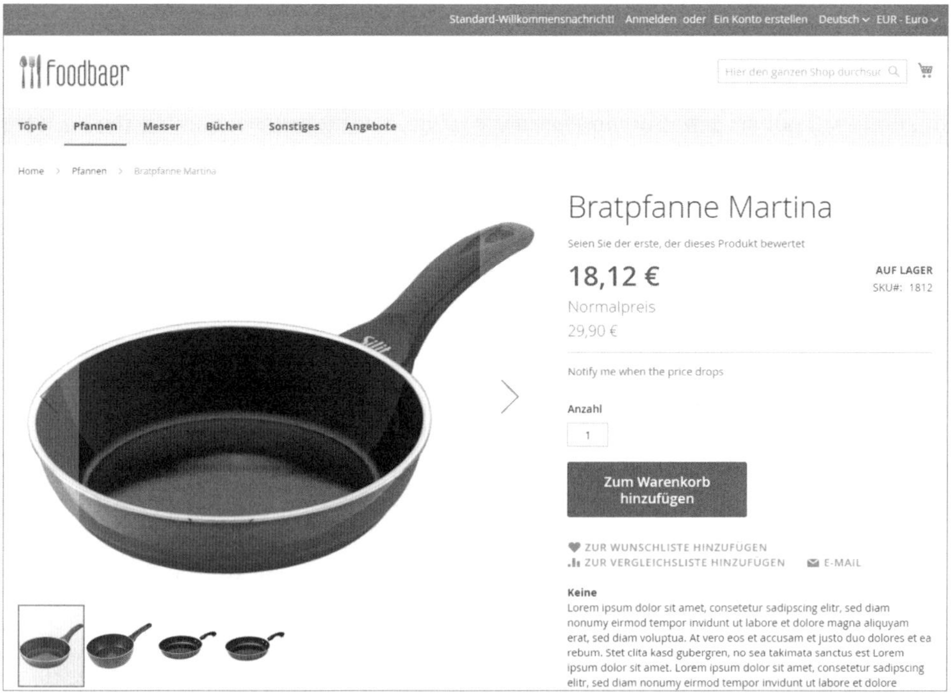

Abbildung 7.41 Das erfolgreich angelegte Produkt kann umgehend im Frontend aufgerufen werden.

Bevor ich an dieser Stelle mit den weiteren Produkttypen fortfahre, möchte ich Sie darum bitten, ein paar weitere Produkte vom Typ »einfaches Produkt« anzulegen. Diese weiteren Produkte sind später für die zu erklärenden Produkttypen relevant. Idealerweise, das sind zumindest meine nächsten Schritte in meinem Demo-System, legen Sie pro Attributset jeweils zwei einfache Produkte an. Da Sie die Inhalte, d. h. Bezeichnungen und ausgefüllten Attribute, selbst definieren können, verzichte ich an dieser Stelle auf ausschweifende Erklärungen. Sollten Sie Probleme bei der Anlage der Produkte bzw. Fragen haben, können Sie gern auf *www.foodbaer.de* im Backend die von mir angelegten Produkte mit den von Ihnen angelegten vergleichen.

Konfigurierbares Produkt

Wäre es nicht genial, wenn sich ein Nutzer und somit potenzieller Kunde im Frontend ein Produkt, beispielsweise einen Kochtopf, anschauen und in der Produktdetailansicht direkt die benötigte Größe auswählen könnte? Mit Magento können Sie genau diese Anforderung mithilfe von konfigurierbaren Produkten abbilden. Lassen Sie uns an dieser Stelle ein konfigurierbares Produkt Schritt für Schritt anlegen, sodass Sie einen tiefen Einblick in die Funktionsweise und Möglichkeiten erlangen.

Wechseln Sie erneut in die Produktauflistung innerhalb des Magento-Backends, d. h. in den Menüpunkt PRODUKTE • KATALOG. Diese Ansicht kennen Sie bereits, da Sie von dieser Stelle aus das einfache Produkt angelegt haben. Klicken Sie jetzt erneut auf den Pfeil neben dem Button PRODUKT HINZUFÜGEN, und wählen Sie den Eintrag KONFIGURIERBARES PRODUKT aus. Die Maske, die sich anschließend öffnet, kennen Sie bereits aus den vorherigen Seiten, auf denen Sie ein Produkt vom Typ EINFACHES PRODUKT angelegt haben. Die Anlagemaske ist unabhängig vom Produkttyp recht identisch, so können Sie einen Namen, eine Artikelnummer, Beschreibungstexte etc. hinterlegen. Füllen Sie an dieser Stelle nun alle vorhandenen Eingabefelder aus, Vorgaben zum Inhalt möchte und muss ich Ihnen an dieser Stelle nicht machen. Da ich persönlich, das nur als Hinweis vorweg, einen Kochtopf anlegen möchte, wähle ich beim Namen »Kochtopf Duchess« und beim Attributset den Eintrag KOCHTÖPFE.

Scrollen Sie, nachdem Sie die Eingabefelder entsprechend mit Werten versehen haben, bis zum Abschnitt KONFIGURATIONEN. An dieser Stelle haben Sie die Möglichkeit, die verschiedenen Ausprägungen für das aktuelle Produkt zu erstellen. Hierfür müssen Sie auf den Button KONFIGURATIONEN ERSTELLEN klicken, der sich ebenfalls in diesem Abschnitt befindet. Haben Sie auf den Button geklickt, öffnet sich ein neuer Dialog, in dem Sie verschiedene Attribute aufgelistet bekommen, aus denen Sie Attribute auswählen müssen. Magento zeigt Ihnen zu diesem Zeitpunkt, wie Sie in Abbildung 7.42 sehen, alle im System vorhandenen Attribute an, die für die Konfiguration von Produkten verwendet werden können. Hierbei handelt es sich um Attribute vom Eingabetyp Dropdown-Liste bzw. Visuelles Farbfeld oder Text-Farbfeld. Das heißt, wenn Sie ein Attribut für die Konfiguration verwenden möchten, müssen Sie einen dieser Eingabetypen verwenden. Die Konfiguration von Attributen des Typs Textfeld bzw. Textbereich ist hingegen nicht möglich.

Geltungsbereich muss global sein

Sollte ein von Ihnen angelegtes Attribut nicht in der besagten Auflistung auftauchen, prüfen Sie bitte den Geltungsbereich, d. h. die Eigenschaft »Bereich«. Nur wenn dieser Wert auf »Global« steht, kann das Attribut für die Konfiguration eines Produktes verwendet werden.

Wählen Sie, um die Konfiguration später etwas komplexer zu gestalten, die Attribute Durchmesser sowie Farbe, und klicken Sie auf WEITER.

Wie Sie in Abbildung 7.43 sehen, können Sie die zu verwendenden Optionen daraufhin einschränken. Sowohl dem Attribut »Durchmesser« als auch dem Attribut »Farbe« wurden bereits mögliche Werte hinterlegt. Jetzt müssen Sie entscheiden, welche Werte bei der Konfiguration eine Rolle spielen, d. h. mit welchen Ausprägungen das Produkt überhaupt existiert. In diesem Beispiel wähle ich sowohl bei der Farbe als auch beim Durchmesser alle vorhandenen Werte aus und klicke anschließend auf

WEITER. Sie hätten innerhalb dieser Ansicht übrigens auch die Möglichkeit, neue Werte zu erstellen, d. h., wenn eine Farbe fehlen sollte, so können Sie den Attributwert direkt hinzufügen.

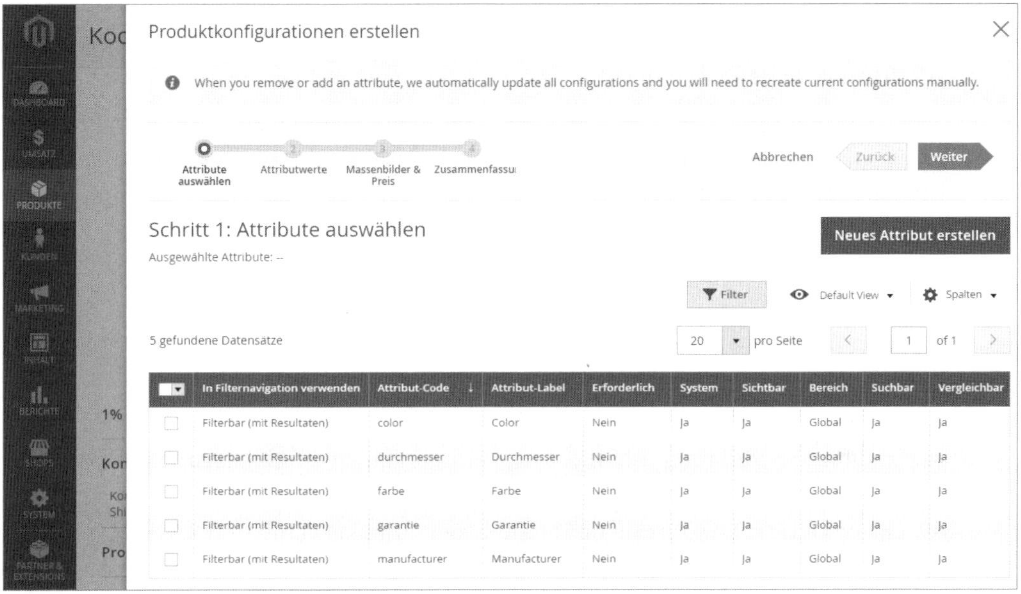

Abbildung 7.42 Sie müssen zuerst die für die Konfiguration zu verwendenden Attribute auswählen.

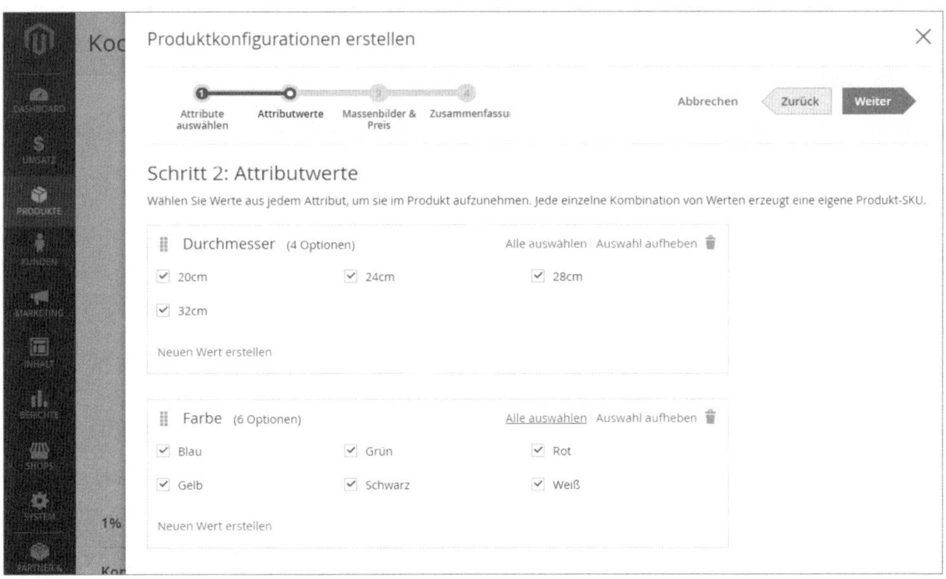

Abbildung 7.43 Definieren Sie, in welchen Ausprägungen das Produkt später erhältlich sein wird.

Zudem können Sie die Reihenfolge der Attribute verändern. In der jetzigen Konfiguration würde der Nutzer im Frontend zuerst nach dem Durchmesser und daraufhin nach der Farbe gefragt werden. In der Ansicht können Sie per Drag & Drop jedoch auch den Kasten Farbe nach oben ziehen, wodurch der Nutzer im Frontend zuerst nach der Farbe gefragt werden würde. Klicken Sie jetzt auf WEITER, um zum nächsten Schritt zu gelangen.

Da Magento für dieses konfigurierbare Produkt insgesamt 24 einfache Produkte anlegen wird, denn Sie haben vier Durchmesser und sechs Farben, können Sie in der nächsten Ansicht die Bilder, Preise und Lagerbestände der Varianten definieren. Dafür stehen Ihnen jeweils die folgenden Optionen zur Verfügung:

- Einzelnen Satz von Bildern auf alle SKUs anwenden
- Einzelne Bilder nach Attributen auf jede SKU anwenden
- Bild-Upload zu diesem Zeitpunkt überspringen

Wenn Sie erste Option wählen, so können Sie ein Bild, einen Preis bzw. einen Lagerbestand für alle Varianten definieren. Es erfolgt keine Differenzierung aufgrund der Ausprägungen, Sie hinterlegen einen allgemeingültigen Wert. Wählen Sie hingegen die zweite Option, können Sie in Abhängigkeit zum auswählbaren Attribut Informationen hinterlegen. Wenn Sie beispielsweise das Attribut »Durchmesser« wählen, können Sie pro Durchmesser einen Preis, ein Bild und einen Lagerbestand definieren. Die dritte und letzte Option ist recht selbsterklärend, denn wählen Sie diese, können Sie zu diesem Zeitpunkt keine Informationen herlegen. Der Einfachheit halber wähle ich in meinem Fall EINZELNEN SATZ VON BILDERN AUF ALLE SKUs ANWENDEN, wähle ein Bild aus und definiere einen Preis und Lagerbestand. Wenn Sie dies ebenfalls getan haben, klicken Sie anschließend auf WEITER.

Magento zeigt Ihnen als letzten Schritt eine Zusammenfassung der zu erstellenden Varianten inklusive Preis, Lagerbestand sowie Bild an. Dies müsste bei Ihnen wie in Abbildung 7.44 aussehen. Wie Sie bei mir erkennen können, können Sie in Magento in Summe 24 einfache Produkte anlegen, um das konfigurierbare Produkt abzubilden. Um dies zu bestätigen, klicken Sie auf den Button WEITER.

Daraufhin schließt sich der Dialog, und Sie kehren zur Produktanlageansicht zurück. Im Abschnitt KONFIGURATIONEN werden Ihnen alle zugeordneten Produktvarianten dargestellt, Sie müssen an dieser Stelle, sofern Sie alle weiteren Produktinformationen ausgefüllt haben, nur noch das Produkt speichern. Rufen Sie daraufhin das soeben erstellte Produkt im Frontend auf, werden Sie direkt die Konfigurationsmöglichkeiten sehen. So haben Sie die Möglichkeit, eine Farbe sowie einen Durchmesser auszuwählen, wofür Ihnen jeweils ein Dropdown-Menü zur Verfügung steht. Sollten Sie das Produkt in Ihrem System nicht angelegt haben, werfen Sie bitte einen kurzen Blick auf Abbildung 7.45, um das beschriebene Verhalten nachvollziehen zu können.

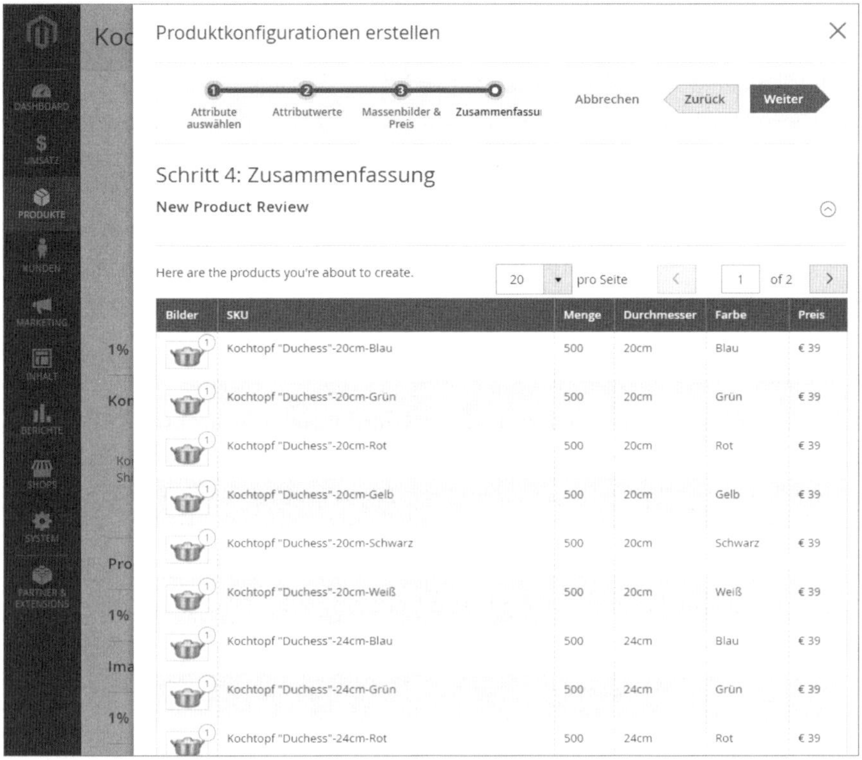

Abbildung 7.44 Magento generiert für jede Variante des konfigurierbaren Produkts ein einfaches Produkt.

Abbildung 7.45 Bei einem konfigurierbaren Produkt kann der Nutzer im Frontend mittels Dropdown-Menü die gewünschten Ausprägungen auswählen.

Nachdem Sie das Produkt angelegt haben, können Sie gern in die Produktübersichtsansicht innerhalb des Backends wechseln. In dieser Ansicht angelangt, werden Sie, aufgrund der Anlage des konfigurierbaren Produkts, die vielen einfachen Produkte vorfinden. Diese tragen den Namen des konfigurierbaren Produkts, ergänzt durch die Ausprägungen, wodurch die Bezeichnung beispielsweise »Kochtopf "Duchess"-32cm-Weiß« lautet. Da Magento für jede Ausprägung ein einfaches Produkt anlegt, können Sie zudem jede Ausprägung individuell anpassen und beispielsweise einen anderen Preis, ein anderes Bild oder auch eine andere Beschreibung hinterlegen. Der weiße Topf mit einem Durchmesser von 32 cm muss also nicht so viel kosten wie der schwarze Topf mit einem Durchmesser von 30 cm. Hier sind Sie, aufgrund der in Magento verankerten Systematik, sehr flexibel.

Durch die Anlage des konfigurierbaren Produkts sind Ihnen die Funktionsweise und die Möglichkeiten sicherlich bewusster geworden als durch das reine Studium des theoretischen Teils, den Sie auf den vergangenen Seiten vorgefunden haben. Konfigurierbare Produkte sind äußerst praktisch und ermöglichen Ihnen die Abbildung von komplexen Produktkonfigurationen. Behalten Sie jedoch auch immer im Hinterkopf, dass für jede Ausprägungskombination ein einfaches Produkt angelegt wird, wodurch die Datenbasis relativ schnell stark wachsen kann.

Gruppenprodukt

Nachdem Sie das konfigurierbare Produkt angelegt haben, können Sie an dieser Stelle zum nächsten Produkttyp übergehen. Rufen Sie erneut die Produktübersichtseite auf, die Sie unter PRODUKTE • KATALOG erreichen. Um das Gruppenprodukt anzulegen, klicken Sie auf das Pfeil-Icon, das sich direkt neben dem Button PRODUKT HINZUFÜGEN befindet. Nach dem Klick auf das Pfeil-Icon wählen Sie den Eintrag GRUPPENPRODUKT aus der aufgehenden Liste aus, daraufhin lädt die Produktanlagemaske.

Sinn und Zweck des Gruppenprodukts besteht darin, auf einer Produktdetailseite das Hinzufügen möglichst vieler Produkte oder Produktvarianten zu ermöglichen. Es werden daher mehrere Produkte gruppiert, und der Nutzer kann frei aus den gruppierten Produkten wählen und diese zum Warenkorb hinzufügen. Genau dieses Verhalten möchte ich Ihnen anhand eines praxisnahen Beispiels zeigen, das speziell im B2B-Umfeld häufig vorkommt. Geben Sie zuerst einen Produktnamen und eine Artikelnummer in die Eingabemaske ein. Ihnen wird, wenn Sie diese beiden Werte hinterlegt haben, sicherlich das Mengenfeld auffallen, denn dieses ist deaktiviert. Dass das Mengenfeld deaktiviert ist, ist nur logisch, da Sie gerade nur die Hülle anlegen und gleich auf die entsprechenden Produkte referenzieren werden. Füllen Sie bitte alle relevanten Informationen aus, und scrollen Sie anschließend zum Abschnitt GRUPPIERTE PRODUKTE. Dieser Bereich ermöglicht Ihnen jetzt das Hinzufügen von einfachen Produkten zu diesem Gruppenprodukt. Klicken Sie nun auf den Button

Artikel zur Gruppe hinzufügen, worauf sich ein neues Fenster wie in Abbildung 7.46 öffnet. In diesem Fenster sehen Sie nun eine Auflistung aller im System vorhandenen Produkte, wobei Magento Ihnen nur die einfachen Produkte darstellt. Die Aufgabe besteht jetzt darin, relevante Produkte auszuwählen und dadurch dem Gruppenprodukt zuzuweisen. Ich wähle aus Gründen der Einfachheit an dieser Stelle ein paar der einfachen Produkte, die bei der Anlage des konfigurierbaren Produkts angelegt wurden. Letztendlich müssen Sie bei den jeweiligen Produkten nur den Haken in der Checkbox, die sich in der ersten Spalte befindet, setzen und daraufhin auf den großen orangefarbenen Button namens Ausgewählte Produkte hinzufügen klicken. Sofern Sie auf den Button geklickt haben, landen Sie erneut in der Produktanlagemaske und sehen in dem Abschnitt Gruppierte Produkte die von Ihnen ausgewählten Produkte. Weitere Einstellungen und Änderungen müssen Sie an dieser Stelle nicht vornehmen, prüfen Sie aber, ob Sie alle relevanten Pflichtfelder ausgefüllt haben. Ist dies nicht der Fall, werden Sie beim Speichern des Produktes eine entsprechende Meldung erhalten und müssen die fehlenden Informationen nachtragen. Sobald Sie daher alle Felder geprüft und Informationen hinterlegt haben, klicken Sie auf den Button speichern.

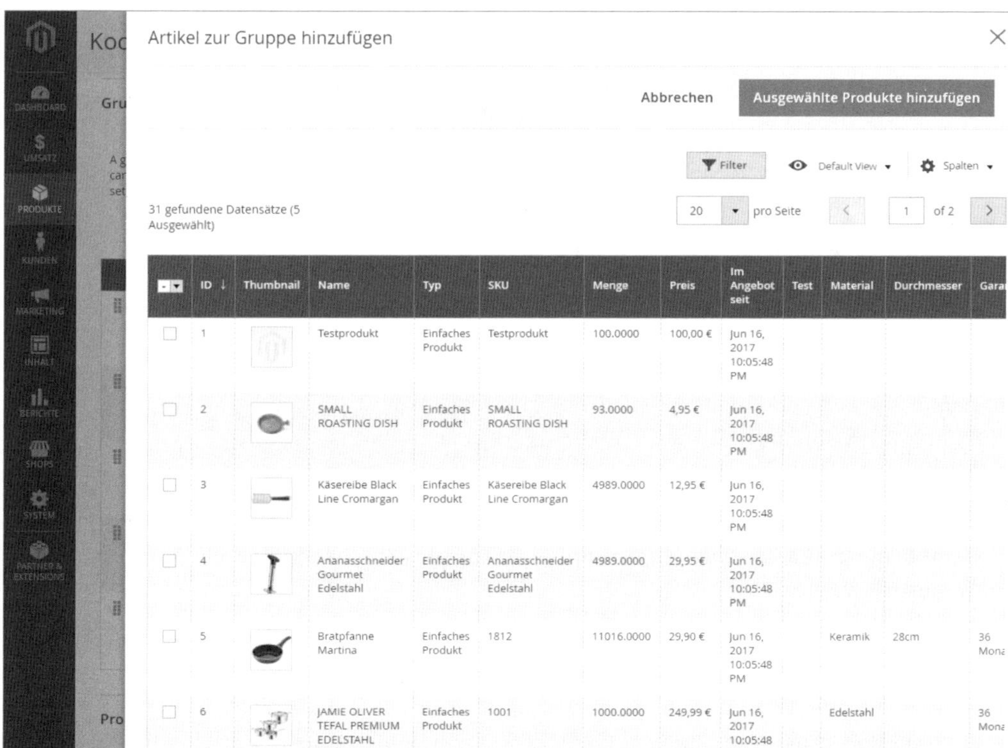

Abbildung 7.46 Mithilfe der übersichtlichen Oberfläche können Sie schnell und einfach Produkte zum Gruppenprodukt hinzufügen.

Magento speichert daraufhin das Produkt und stellt es im Frontend zur Verfügung. Wenn Sie sich jetzt fragen, wie denn das Gruppenprodukt im Detail aussieht, öffnen Sie bitte das Produkt im Frontend Ihres Systems, oder werfen Sie einen Blick auf Abbildung 7.47. Magento listet in der Produktdetailansicht nun alle zugewiesenen Produkte des Gruppenprodukts untereinander auf und ermöglicht dem Nutzer die unkomplizierte Bestellung mehrerer Varianten mit einem Klick. Der Nutzer bzw. potenzielle Kunde braucht nur bei der jeweiligen Variante die Anzahl zu definieren und kann daraufhin mit einem Klick auf den Button ZUM WARENKORB HINZUFÜGEN den Warenkorb direkt befüllen. Speziell im B2B-Umfeld, denken Sie an die Modebranche, ist diese Funktion recht praktisch, da oftmals in den Online-Shops auf einen Schlag mehrere Varianten eines Produktes bestellt werden.

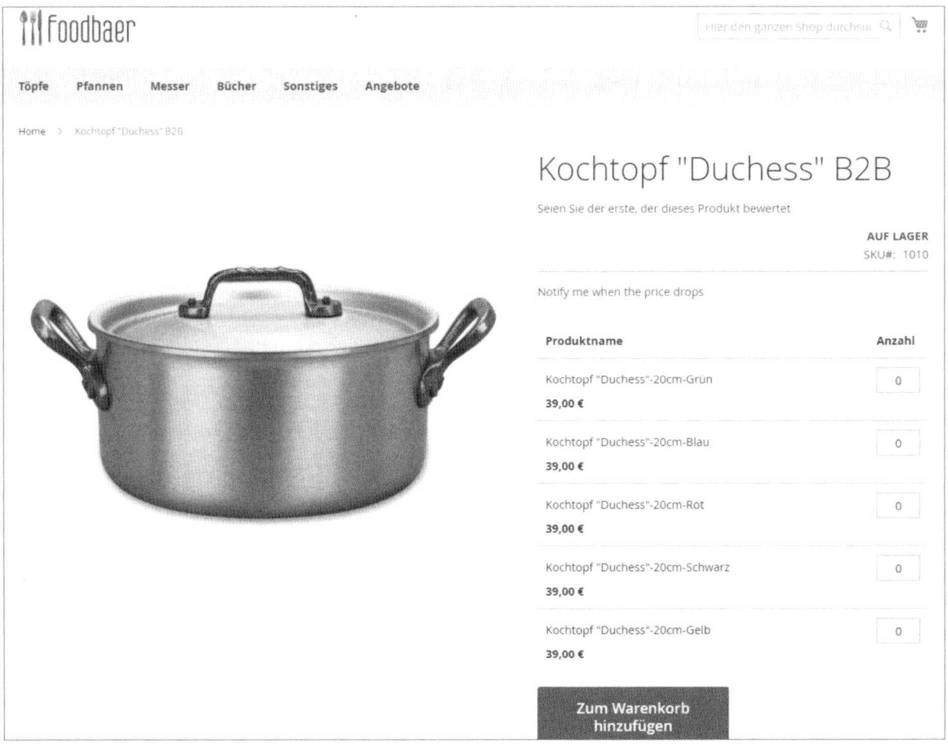

Abbildung 7.47 Bei einem Gruppenprodukt können auf einen Schlag alle Produktvarianten bestellt werden.

Virtuelles Produkt

Das virtuelle Produkt und dessen Funktionsweise sind relativ schnell erklärt, daher müssen Sie an dieser Stelle auch nicht unbedingt ein neues Produkt in Ihrem Online-Shop anlegen. Außer, Sie möchten ein wenig mit diesem neuen Produkttyp experimentieren, dann können Sie selbstverständlich in die Produktanlage springen.

Der tatsächlich einzige Unterschied zwischen dem virtuellen und dem einfachen Produkt besteht in dem fehlenden Gewicht des Produkts. Wenn Sie ein virtuelles Produkt anlegen, haben Sie, im Vergleich zum einfachen Produkt, abgesehen vom Gewicht keinerlei sonstige Unterschiede.

Das heißt, bei diesem Produkttyp steht die Option WEIGHT auf THIS ITEM HAS NO WEIGHT. Angenommen, Sie würden diese Einstellung ändern, dann würde Magento den Produkttyp in ein einfaches Produkt konvertieren. Bei allen anderen Optionen gibt es keine Abweichungen, d. h., Sie können auch CUSTOMIZABLE OPTIONS anlegen, Bilder und Videos hochladen, Beschreibungstexte hinterlegen etc. Der Produkttyp verhält sich absolut genauso wie das einfache Produkt.

Bündelprodukt

Interessanter wird es beim nächsten Produkttyp, dem Bündelprodukt. Vom Prinzip geht der Produkttyp in eine ähnliche Richtung wie das Gruppenprodukt, erweitert den Funktionsumfang und das Verhalten aber nochmals signifikant. Wechseln Sie bitte wieder in die Produktübersichtseite innerhalb des Magento-Backends, und klicken Sie auf das Pfeil-Icon, das sich neben dem Button PRODUKT HINZUFÜGEN befindet. Wählen Sie, um mit der Produktanlage zu starten, den Eintrag BÜNDELPRODUKT aus, daraufhin lädt Magento die Eingabemaske für die Produktanlage.

Hinterlegen Sie im ersten Schritt die notwendigen Informationen wie den Namen, die Artikelnummer, Produktbeschreibungen etc. Ich verwende, das nur als kleinen Tipp für Sie, diesen Produkttyp, um mein Produkt mit dem Namen »Starterset für Profiköche« abzubilden. Das Starterset hat den Sinn und Zweck, dem Nutzer eine geführte Auswahl durch die verschiedenen Küchenaccessoires zu bieten. Beim Attributset können Sie bei diesem Produkt übrigens Default wählen, da beim Bündelprodukt in diesem Fall keine weiterführenden Informationen wie z. B. eine Garantie gespeichert werden sollen. Denn die Produkteigenschaften hängen letztendlich an den Produkten, die Bestandteil des Bündelprodukts sind.

Sobald Sie alle relevanten Produktinformationen hinterlegt haben, scrollen Sie nach oben zum Punkt DYNAMIC SKU. Hierbei handelt es sich um eine neue Option, die in den vorherigen Produkttypen nicht vorhanden war. Wenn Sie für das Bündelprodukt eine Artikelnummer hinterlegen möchten, müssen Sie diese Option deaktivieren. Dann haben Sie, wie bei allen anderen Produkttypen auch, die Möglichkeit, manuell eine Artikelnummer zu definieren, die später im Checkout-Prozess bzw. auch in den Transaktions-E-Mails dargestellt wird. Aktivieren Sie hingegen die dynamische Artikelnummer, wird sich aufgrund der Zusammenstellung des Bündelprodukts im Warenkorb eine Artikelnummer ergeben. Im Prinzip ist diese Einstellung dann relevant, wenn Magento mit einem ERP-System zusammenspielt, in dem Ihre Produkte ebenfalls abgebildet sind. In einem solchen Fall müssen Sie sicherstellen, dass in beiden Systemen die Artikelnummern für die Bündelprodukte identisch sind. In der jetzigen

Konstellation, d. h. in diesem Beispiel, ist der Aufbau der Artikelnummer sekundär, lassen Sie ruhig zu Demonstrationswecken die dynamische Artikelnummer aktiviert.

So wie es eine dynamische Artikelnummer gibt, gibt es auch einen dynamischen Preis. Scrollen Sie weiter nach unten, bis Sie zum Punkt DYNAMIC PRICE gelangen. Sie haben die Möglichkeit, einen Preis für das Bündelprodukt zu definieren oder diesen dynamisch errechnen zu lassen. Dynamisch errechnen bedeutet, die Produkte, die der Kunde innerhalb des Bündels auswählt, führen zum Verkaufspreis. Ob diese Option sinnvoll ist, hängt immer von dem ganz konkreten Fall ab. Wenn Sie beispielsweise eine Bratpfanne und einen Topf »bündeln«, so können Sie dieses Bündel in einer Aktion sicherlich besser vermarkten, wenn Sie den Verkaufspreis, im Vergleich zum einzelnen Kauf der Produkte, senken. Nach dem Motto: Kaufen Sie die Pfanne und den Topf, und sparen Sie 20 %. Erstellen Sie jedoch ein recht umfangreiches Produktbündel und der Nutzer hat die Auswahl unter vielen verschiedenen Produkten, so lässt sich für das Bündel im Vorfeld schlecht ein bestimmter Verkaufspreis festlegen. Dann müssen Sie sicherlich zur dynamischen Preisberechnung greifen. Ich verwende an diesem Fall ebenfalls die dynamische Preisberechnung, einfach, um Ihnen die Verhaltensweise im Detail zu zeigen.

Die Berechnung des Gewichts spielt ebenfalls eine Rolle, denn abhängig vom Gewicht können Sie beispielsweise die Versandkosten errechnen lassen. Wie beim Preis und der Artikelnummer haben Sie auch beim Gewicht, innerhalb der Option DYNAMIC WEIGHT, die Wahl zwischen einer dynamischen Gewichtserrechnung und der fixen Definition eines Gewichts, sprich, ob Sie Magento auf Basis der Produkte des Bündels das Gewicht automatisch errechnen lassen möchten oder ob Sie selbst eine Zahl hinterlegen. Wie auch bei den vorherigen Optionen wähle ich an dieser Stelle die dynamische Variante.

Customizable Options stehen bei Bündelprodukten nicht zur Verfügung

Die Möglichkeiten und Optionen bei den Bündelprodukten gleichen denen bei einem einfachen Produkt. Der größte Unterschied ist sicherlich die fehlende Möglichkeit, »Customizable Options« zu erstellen. Dies können Sie bei Bündelprodukten nicht, da das Hüllenprodukt an sich keine Logik und Funktion beinhaltet und Sie letztendlich nur auf einfache Produkte verweisen.

Haben Sie diese Option hinterlegt, müssen Sie weiter nach unten scrollen, bis Sie zum Punkt SHIP BUNDLE ITEMS gelangen. Dieser Punkt definiert, ob die gekauften Produkte zusammen oder getrennt versendet werden dürfen. Auch hier müssen Sie letztendlich wieder den konkreten Fall beachten, um die richtige Option zu wählen. Verkaufen Sie ein Bündel bestehend aus einem iPhone und einem Ladekabel, so ergibt ein einzelner Versand der Produkte keinen Sinn, speziell wenn sich die Versandzeiten unterscheiden. In diesem Fall sollten Sie beide Produkte zusammen versenden, es wäre für den Kunden unbefriedigend, wenn er das Ladekabel ein paar Tage vor dem iPhone erhält; mit dem Ladekabel an sich wird er nichts anfangen können. Beim Küchenzubehör, also in diesem konkreten Beispiel, wäre es weniger tragisch, wenn der Kochtopf ein paar Tage vor der Bratpfanne ausgeliefert wird. Wie Sie dies aber letztendlich handhaben möchten, überlasse ich Ihnen. Ich wähle an dieser Stelle die Option ZUSAMMEN. Klicken Sie daraufhin auf den Button OPTION HINZUFÜGEN, dieser befindet sich rechts von der gerade eben angesprochenen Option. Daraufhin öffnet sich kein neues Dialogfenster, so wie es bei den vergangenen Produkttypen der Fall war, doch die Ansicht wird durch ein neues Element, die Option, ergänzt. Sie sehen dies in Abbildung 7.48. Vorweg sei erwähnt, dass Sie beliebig viele Optionen anlegen können, d. h., eine Limitierung besteht an dieser Stelle nicht. Die Option, die Sie nun anlegen, spiegelt das Auswahlmenü im Frontend wider. Aus diesem Grund müssen Sie einen Optionstitel und einen Eingabetyp definieren.

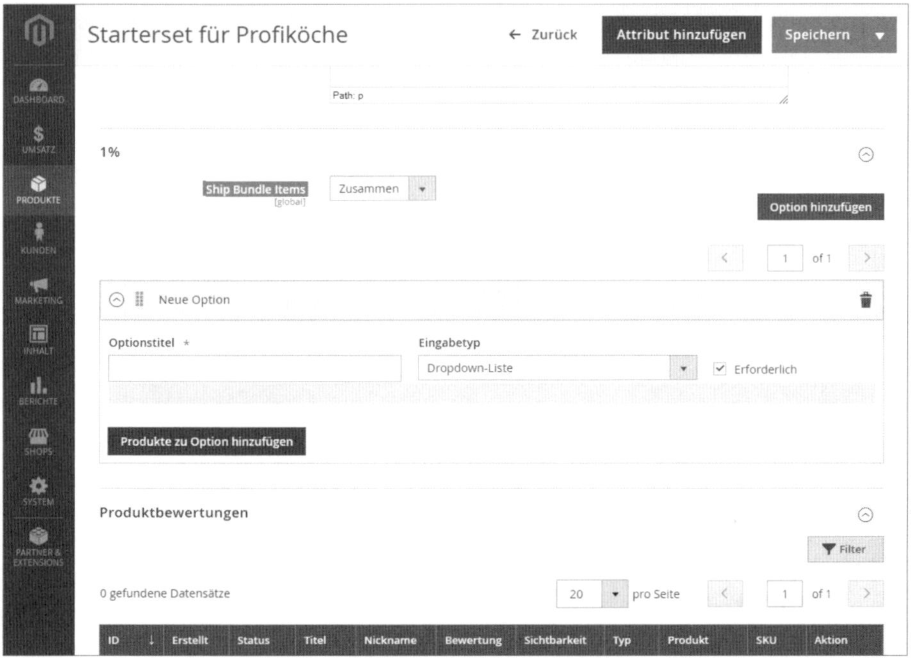

Abbildung 7.48 Bei einem Bündelprodukt können beliebig viele Optionen hinzugefügt werden.

Bei dieser ersten Option wähle ich als Titel »Topf« und beim Eingabetyp »Dropdown-Liste«. Mein Ziel besteht darin, dass der Kunde aus einer Liste genau einen Topf auswählen kann. Wenn ich den Haken bei der Checkbox ERFORDERLICH belasse, muss zudem der Nutzer im Frontend diese Auswahl ausfüllen. Um nun Produkte zu dieser Option hinzuzufügen, klicken Sie auf den Button PRODUKTE ZU OPTION HINZUFÜ-

GEN. Jetzt öffnet sich das Dialogfenster, das Sie von den vorherigen Produkttypen kennen. Wählen Sie in diesem Fenster nun ein paar der von Ihnen angelegten Töpfe aus, und klicken Sie anschließend auf AUSGEWÄHLTE PRODUKTE HINZUFÜGEN. Magento fügt daraufhin die Produkte zu der Option hinzu, und Sie können daraufhin eine Standardmenge bzw. die Standardauswahl definieren. Bei der Standardmenge hinterlegen Sie den Wert 1.

Im nächsten Schritt fügen Sie bitte eine weitere Option hinzu, wählen Sie an dieser Stelle den Optionstitel »Pfanne« und als Eingabetyp Mehrfachauswahl. Anschließend müssen Sie alle in Ihrem System befindlichen Pfannen dieser Option hinzufügen. An dieser Stelle können Sie gern Ihre künstlerische Freiheit nutzen und gegebenenfalls ein Produkt als Standard definieren oder auch eine Standardmenge hinterlegen.

Als dritte und letzte Option bitte ich Sie, die »Messer« anzulegen und hierbei den Eingabetyp Checkbox zu verwenden. Dadurch haben Sie insgesamt drei unterschiedliche Eingabetypen, und Sie sehen gleich im Frontend, wie sich die jeweiligen Eingabetypen auswirken. Haben Sie die Messer hinzugefügt, müsste Ihre Ansicht wie bei mir in Abbildung 7.49 aussehen.

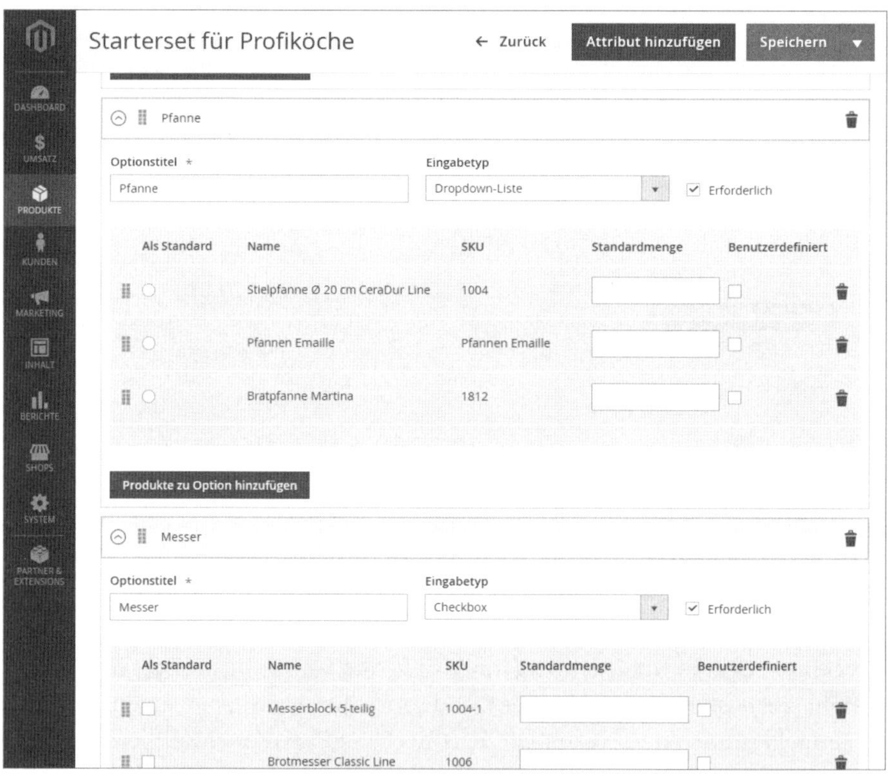

Abbildung 7.49 Sie können beliebig viele Optionen anlegen und jeweils unzählige Produkte zu einer Option hinzufügen.

Haben Sie dies getan, speichern Sie das Produkt. Sollte Magento an der einen oder anderen Stelle noch »meckern«, weil relevante Informationen fehlen, d. h. Pflichtfelder nicht ausgefüllt sind, kümmern Sie sich bitte um diese Felder, und tragen Sie die Informationen entsprechend nach. Sobald Sie das Produkt gespeichert haben, wechseln Sie in das Frontend. Ich habe als Kategorie »Sonstiges« gewählt, d. h., mein Bündelprodukt wird nun direkt in dieser Kategorie auftauchen.

Die Produktdarstellung im Frontend ist zugegebenermaßen etwas komplexer als bei den anderen Produkten. Magento gibt im ersten Schritt die Preisspanne des Produktes an. In meinem Fall kann das Bündel mindestens 67,07 €, maximal jedoch 157,45 € kosten, abhängig von Ihrer Auswahl bei der Produktauswahl. Um diese zu starten, klicken Sie auf den Button ANPASSEN UND IN DEN WARENKORB. Sobald Sie auf den Button geklickt haben, öffnet sich weiter unten auf der Produktdetailseite eine neue Ansicht, zu der Sie automatisch geleitet werden. Innerhalb dieser Ansicht haben Sie jetzt die Möglichkeit, einen Topf, mehrere Pfannen sowie mehrere Messer auszuwählen. Sie sehen diese Möglichkeiten in Abbildung 7.50, diese Abbildung spiegelt das soeben von mir angelegte Bündelprodukt wider.

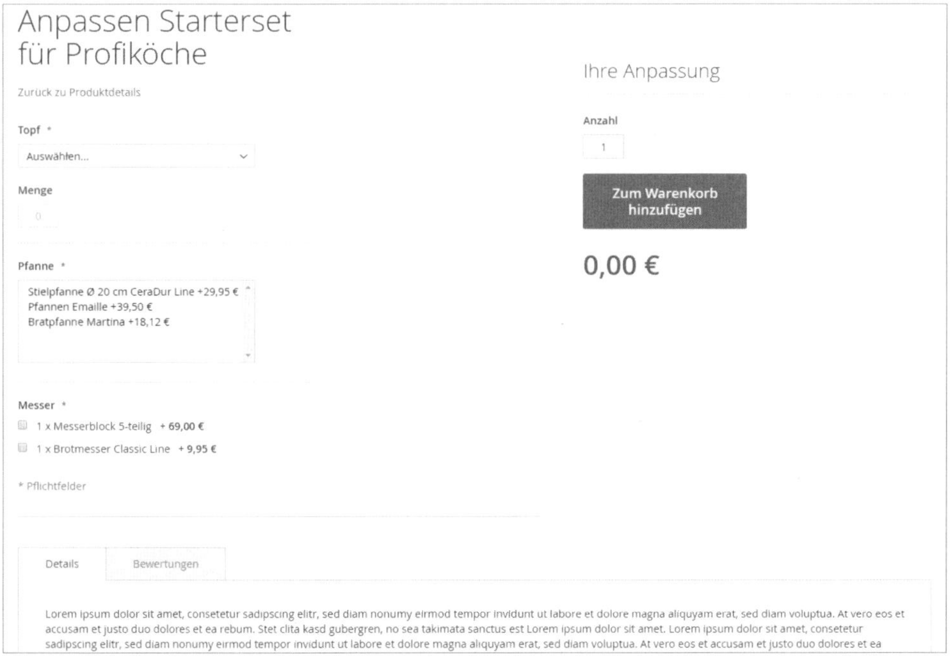

Abbildung 7.50 Für die Auswahl des Bündels stehen je nach Konfiguration unterschiedliche Eingabetypen zur Verfügung.

Sie sehen in der Abbildung bzw. in Ihrem Frontend zudem die verschiedenen Eingabetypen und Möglichkeit je Option. Beim Topf kann ich, aufgrund des Dropdown-Felds, nur ein Produkt auswählen. Bei der Pfanne habe ich als Nutzer hingegen die

Möglichkeit der Mehrfachauswahl, hier steht nämlich eine solche Mehrfachauswahl zur Verfügung. Messer kann ich ebenfalls auf einen Schlag mehrere in den Warenkorb legen, da ich nur beide Checkboxen aktivieren muss. Den Preis sehen Sie auf der rechten Seite. Je nach getätigter Auswahl wird Magento automatisch die Preisinformation aktualisieren, d. h., der Nutzer bekommt zu jedem Zeitpunkt angezeigt, wie teuer sein Bündelprodukt tatsächlich wird.

Wie Sie also sehen, handelt es sich bei dem Bündelprodukt um einen äußerst mächtigen und umfangreichen Produkttyp. Sie können entweder feste Bündel schnüren, bei denen der Nutzer keinerlei Auswahloptionen hat, dafür aber der Preis entsprechend rabattiert werden kann, oder Sie erstellen ein recht offenes Bündel und geben dem Nutzer die Möglichkeit, aus vielen verschiedenen Produkten die für ihn interessanten auszuwählen. Egal, welchen Weg Sie einschlagen möchten, das Bündelprodukt stellt Ihnen die hierfür notwendigen Funktionen und Möglichkeiten zur Verfügung.

Download-Produkt

Beim letzten Produkttyp handelt es sich um das Download-Produkt, das vom Grundgedanken in dieselbe Richtung wie das virtuelle Produkt geht. Sie haben jedoch noch die Möglichkeit, Dateien hinzuzufügen, die später von Ihren Kunden heruntergeladen werden können. Gehen Sie an dieser Stelle wieder in die Produktübersicht, und erstellen Sie ein neues Produkt, dabei wählen Sie als Produkttyp DOWNLOAD-PRODUKT aus. Wie Sie nun wissen, können Sie den Produkttyp bestimmen, wenn Sie neben dem Button PRODUKT HINZUFÜGEN auf den Pfeil klicken, der die Produkttypenauswahl öffnet.

Da es sich um ein virtuelles Produkt, genau genommen um einen Download, handelt, entschließe ich mich für die Erstellung eines Kochbuchs, das nur als digitaler Download bereitgestellt wird. Sie können mir von der Idee her gern folgen und entsprechend alle relevanten Produktinformationen ausfüllen. Achten Sie an dieser Stelle darauf, alle Pflichtfelder zu befüllen, da Sie ansonsten beim Speichern von Magento entsprechende Fehler zurückgeliefert bekommen.

Scrollen Sie anschließend bis zum unteren Ende der Ansicht, bis Sie zum Abschnitt HERUNTERLADBARE INFORMATIONEN gelangen. In diesem Bereich haben Sie jetzt die Möglichkeit, Dateien zum Produkt hinzuzufügen. Magento differenziert an dieser Stelle zwischen LINKS und SAMPLES. Samples sind Beispiele, die der Nutzer vor dem Kauf herunterladen kann. In meinem Beispiel könnten Sie also das Inhaltsverzeichnis als Sample hinzufügen. Der Nutzer hat daraufhin die Möglichkeit, das Inhaltsverzeichnis im Vorfeld herunterzuladen und sich auf Basis dieser Information für bzw. gegen einen Kauf zu entscheiden. Um ein Sample hinzuzufügen, klicken Sie auf den Button ADD LINK. Daraufhin fügt Magento eine weitere Zeile hinzu, in der Sie einen Titel, sprich einen Namen für die Datei, sowie die Datei selbst angeben können.

Um eine Datei anzugeben, haben Sie die Möglichkeit, diese hochzuladen bzw. eine URL zu hinterlegen. Im ersten Fall ist Magento für die Verwaltung und Auslieferung der Datei verantwortlich, geben Sie hingegen wie im zweiten Fall nur eine URL an, so wird die Datei beim Download von ebenjenem externen System ausgeliert, das Sie an dieser Stelle angegeben haben. Grundsätzlich haben Sie Möglichkeit, beliebig viele Samples anzugeben, d. h., Sie müssen sich nicht auf eine Datei beschränken. Wie erwähnt, gibt es neben den Samples noch den Bereich LINKS, in dem Sie die eigentlichen Downloads definieren. Dieser Bereich ist etwas komplexer aufgebaut, werfen Sie daher einen Blick auf Abbildung 7.51. Im ersten Schritt haben Sie die Möglichkeit, einen Titel zu definieren. Im Standard ist das Wort LINKS hinterlegt, Sie können an dieser Stelle aber jeden beliebigen Wert hinterlegen.

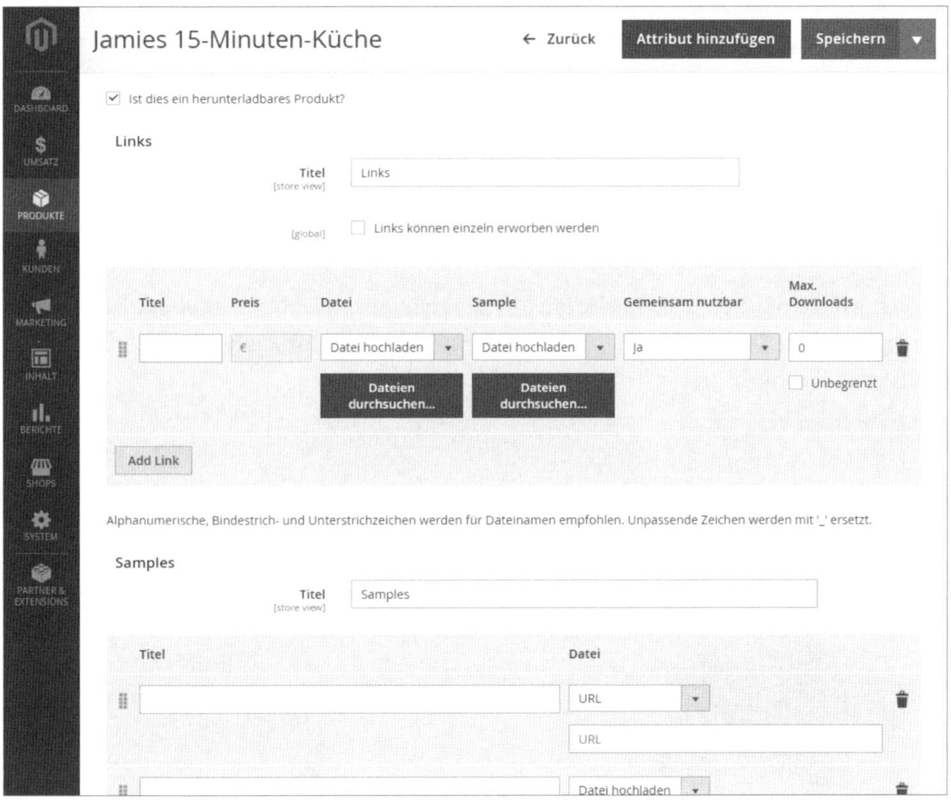

Abbildung 7.51 Bei einem Download-Produkt können Sie beliebig viele Dateien hinzufügen.

Neben dem Titel können Sie beliebig viele Links, sprich Dateien, hinzufügen. Auch hier können Sie pro Zeile einen Titel hinterlegen sowie eine Datei und ein Sample angeben. Das Sample doppelt sich an dieser Stelle etwas mit der bereits vorgestellten Möglichkeit zum Upload von Samples. Welche der beiden Varianten Sie an dieser Stelle verwenden, ist letztendlich Geschmackssache. Auch beim eigentlichen Download haben Sie wiederum die Möglichkeit, direkt eine Datei hochzuladen oder auf eine URL zu verweisen. Interessant ist zudem die Option LINKS KÖNNEN EINZELN ERWORBEN WERDEN. Angenommen, Sie verkaufen wie ich an dieser Stelle ein Kochbuch und laden jedes Kapitel als PDF hoch, dann können Sie Ihren Kunden ermöglichen, die Kapitel einzeln zu kaufen, wenn die Option LINKS KÖNNEN EINZELN ERWORBEN WERDEN angehakt ist. Der Kunde muss also nicht das gesamte Produkt erwerben, sondern kann sich die Teile raussuchen, die für ihn besonders relevant sind. In diesem Fall können Sie bei der Produktanlage an dieser Stelle pro Datei auch einen Einzelpreis angeben. Speziell für E-Books ist dies definitiv eine interessante Möglichkeit, denn hier kommt es öfters vor, dass Kunden nur bestimmte Kapitel und nicht das gesamte Produkt erwerben möchten. Abschließend haben Sie noch die Möglichkeit, die Anzahl der Downloads zu definieren, d. h. wie oft ein Kunde das gekaufte Produkt herunterladen darf. Belassen Sie den Wert bei 0, so existiert de facto keine Limitierung. Auch können Sie in der Option GEMEINSAM NUTZBAR definieren, ob das gekaufte Produkt geteilt werden darf, d. h., ob der Käufer einer anderen Person den Download-Link zusenden kann. Ist dies nicht der Fall, kann das Produkt nur von der Person heruntergeladen werden, die das Produkt auch tatsächlich gekauft hat. Diese Verknüpfung findet letztendlich über das Benutzerkonto statt, sodass tatsächlich nur der Käufer das Produkt herunterladen darf.

Speichern Sie das Produkt, nachdem Sie alle relevanten Daten hinterlegt haben, und springen Sie in das Frontend. Ihr Produkt müsste nun ähnlich wie meines aussehen (siehe Abbildung 7.52).

Abbildung 7.52 Bei einem Download-Produkt können sogenannte »Samples« vor dem Kauf heruntergeladen werden.

Wie Sie sehen, habe ich als Überschrift bei den Downloads das Wort *Kapitel* verwendet. Zu jedem Kapitel, das ich als Download angelegt habe, habe ich zudem ein Sample definiert. Diese Samples können durch den Nutzer nun vor dem Kauf heruntergeladen werden. Kauft ein Nutzer jetzt dieses Produkt, kann er in seinem Benutzerkonto anschließend die hinterlegten Dateien, d. h. je Kapitel ein PDF, herunterladen.

Sobald Sie digitale Inhalte verkaufen möchten, ganz gleich, ob es sich um PDF-Dateien, Programme oder Grafiken handelt, bietet Magento mit dem Produkttyp »Download-Produkt« die notwendigen Funktionen und Möglichkeiten. In der Praxis genügt dieser Produkttyp, um die gängigen Anforderungen im Bereich digitaler Downloads abzubilden.

7.3.3 Änderungen an bestehenden Produkten vornehmen

Auf den vorherigen Seiten haben Sie gesehen, wie einfach Sie neue Produkte anlegen können. In der Praxis kommt es jedoch auch vor, dass Sie bestehende Produkte abändern oder ergänzen müssen. Auch wenn dies in Magento sicherlich kein Hexenwerk ist, möchte ich Ihnen an dieser Stelle einen kurzen Einblick in die Funktionsweise geben.

Melden Sie sich, falls Sie das noch nicht getan haben, mit Ihren persönlichen Zugangsdaten am Magento-Backend an, und klicken Sie anschließend auf PRODUKTE • KATALOG. Daraufhin erhalten Sie von Magento eine Auflistung aller im System angelegten Produkte. Diese Ansicht dürfte bei Ihnen ähnlich wie in Abbildung 7.53 aussehen.

Interessant in dieser Ansicht ist speziell der Button FILTER, der sich in der oberen rechten Hälfte des Bildschirms befindet. Wenn Sie auf diesen Button klicken, öffnet sich ein neues Fenster, das eine Vielzahl von Produktattributen darstellt. Mithilfe dieser Attribute haben Sie jetzt die Möglichkeit, die passenden Produkte zu finden und die Ergebnismenge der Tabelle, die Sie bereits in Abbildung 7.53 gesehen haben, einzugrenzen. Die Filterung hilft Ihnen speziell dann, die gewünschten Produkte zu finden, wenn Sie mehrere Hundert oder Tausend Produkte in Ihrem System angelegt haben. Alternativ müssten Sie sich sonst in der Übersichtsseite Seite für Seite durch den Produktkatalog klicken. Ebenfalls interessant ist der Button SPALTEN, denn wenn Sie auf diesen klicken, können Sie die Spalten der Produkttabelle verwalten. Bei den Spalten handelt es sich letztendlich auch nur um Attribute, und Sie haben in Magento die Möglichkeit, eigene Spalten hinzuzufügen bzw. bestehende Spalten zu löschen.

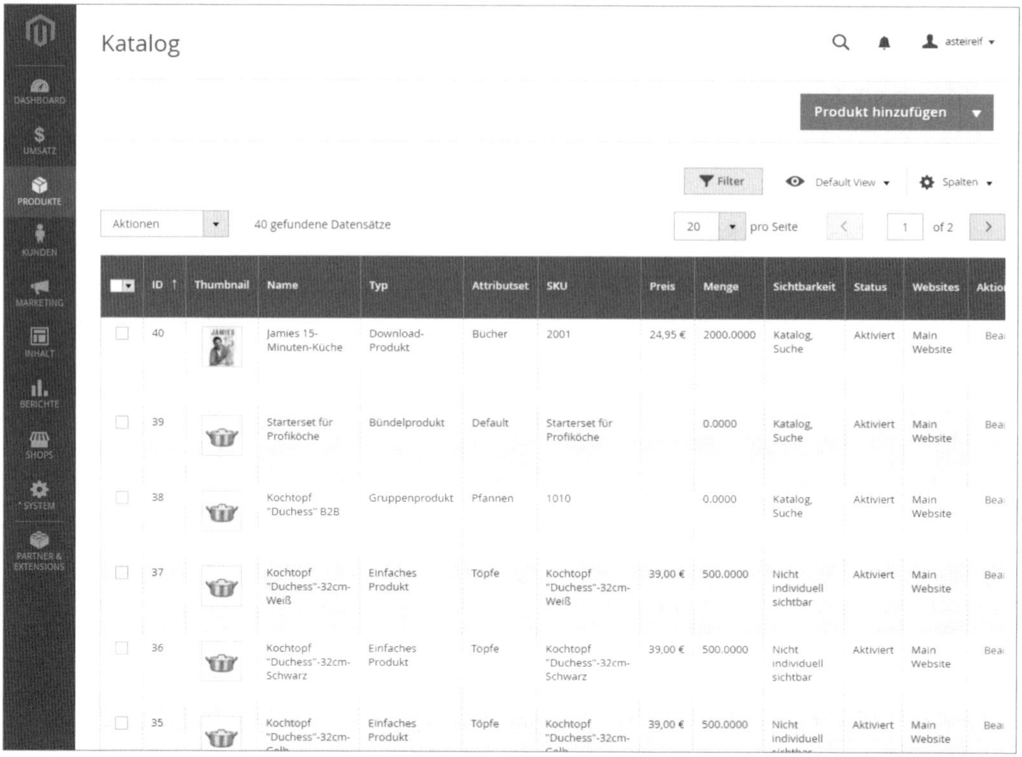

Abbildung 7.53 In der Ansicht »Katalog« können Sie alle vorhandenen Produkte einsehen und abändern.

Wenn Sie ein Produkt editieren möchten, klicken Sie entweder auf den Link BEARBEITEN, der sich am rechten äußeren Rand befindet oder auf die gesamte Zeile des Produkts. Daraufhin gelangen Sie zu der aus der Produktanlage bekannten Maske, und Sie können Änderungen am jeweiligen Artikel vornehmen. Je nach Produkttyp haben Sie die Möglichkeit, alle Informationen zu editieren, zum Teil existieren jedoch auch Limitierungen. Haben Sie beispielsweise beim Bündelprodukt bei der Anlage die Auswahl des Preises getroffen, d. h. ob dieser dynamisch oder fix ist, so lässt sich diese Einstellung nachträglich nicht mehr anpassen. Zugegebenermaßen handelt es sich hierbei jedoch um eine Ausnahme und nicht um die Regel. In Magento 2 haben Sie sogar die Möglichkeit, das Attributset bei einem bestehenden Produkt zu ändern. In Magento 1 war dies nicht im Ansatz möglich, obwohl es konstant von Shop-Betreibern gefordert wurde. Zusammengefasst haben Sie daher die Möglichkeit, einen Großteil, der bei einem Produkt hinterlegten Informationen, zu ändern und anzupassen.

Neben der Möglichkeit, einzelne Produkte zu editieren, haben Sie in Magento zudem die Möglichkeit der Massenbearbeitung. Wechseln Sie hierfür zurück in die Produktübersicht aus Abbildung 7.53. In dieser Übersicht angekommen, aktivieren Sie bei einigen Produkten die Checkbox, die sich in der ersten Spalte befindet. Klicken Sie daraufhin auf das Dropdown-Menü AKTIONEN, und wählen Sie den Eintrag ATTRIBUTE AKTUALISIEREN. Haben Sie diese Auswahl getroffen, öffnet Magento eine neue Maske, die etwas anders als die der bisher bekannten Produktanlage aussieht. Innerhalb dieser Eingabemaske (siehe Abbildung 7.54) haben Sie jetzt die Möglichkeit, Werte für Attribute zu definieren, die anschließend auf alle gerade eben ausgewählten Produkte angewendet werden. Ändern Sie also beispielsweise den Produktnamen, so wird dieser neue Produktname allen von Ihnen ausgewählten Produkten zugewiesen.

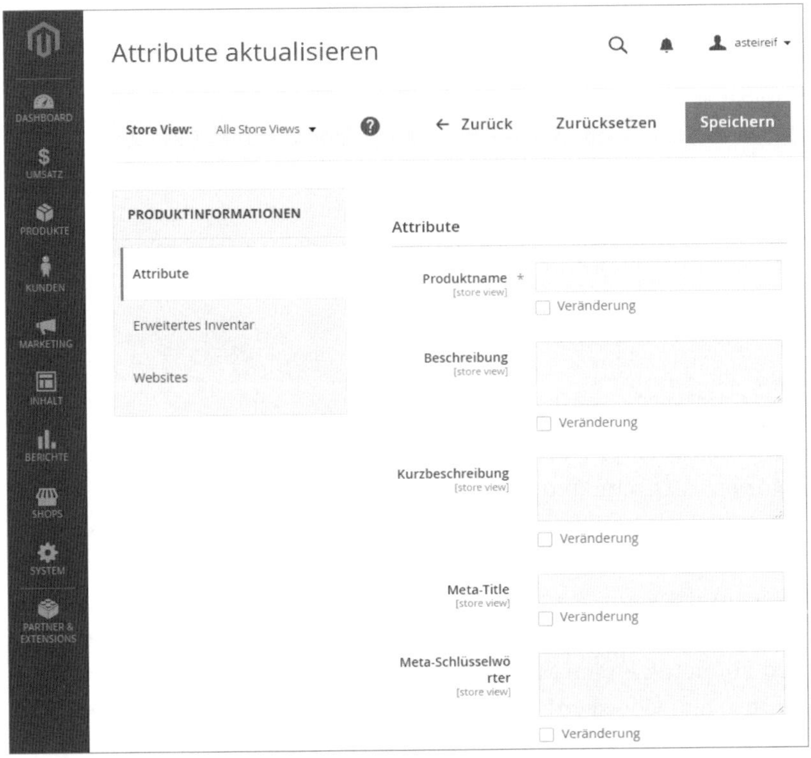

Abbildung 7.54 Dank der Massenbearbeitung können Sie Attribute für eine Vielzahl von Produkten auf einen Schlag abändern.

Besonders praktisch ist diese Massenbearbeitung z. B. bei dem Lagerbestand oder dem Preis. Denn Sie können beliebig viele Produkte auswählen und diese Informationen in einem Rutsch abändern. Bei dem Namen oder der Beschreibung ist die Massenbearbeitung in der Regel wenig sinnvoll, da Sie diese Informationen in der Praxis doch immer ganz speziell und individuell pro Produkt hinterlegen. Wie Sie es auch in der Praxis handhaben möchten, Magento bietet Ihnen jedenfalls die Möglichkeit der Massenbearbeitung für eine Vielzahl von Attributen an.

7.3.4 Ein bestehendes Produkt löschen

Es mag etwas verwirrend sein, aber wenn Sie ein Produkt editieren, können Sie es in dieser Ansicht nicht löschen. Sofern Sie ein Produkt löschen möchten, müssen Sie auf PRODUKTE • KATALOG klicken, um zur Produktübersicht zu gelangen. Anschließend setzen Sie einen Haken bei den Produkten, die Sie entfernen möchten. Hierfür steht in der ersten Spalte bei jedem Produkt eine Checkbox bereit. Haben Sie die Checkboxen angehakt, klicken Sie auf das Dropdown-Menü AKTIONEN und wählen dort den Eintrag LÖSCHEN. Daraufhin kann Magento die angehakten Produkte aus dem System entfernen.

In der Praxis, das möchte ich Ihnen an dieser Stelle nicht verschweigen, ist das Deaktivieren von Produkten der sinnvollere Weg. Letztendlich haben Kunden Ihre Produkte gekauft, diese befinden sich also in Bestellungen oder gar auf Merk- oder Vergleichslisten. Jedes Produkt kann daher, unabhängig von der Produktliste, in vielen Bereichen von Magento auftauchen. Wenn Sie ein Produkt löschen, könnte das theoretisch an der einen oder anderen Stelle zu Problemen führen. Daher geht man in der Praxis dazu über, Produkte einfach zu deaktivieren, aber nicht komplett aus dem System zu löschen.

7.4 Fazit und Ausblick

Wie Sie in diesem Kapitel gesehen haben, bietet Magento enorme Möglichkeiten in Bezug auf Kategorien, Attribute und Produkte. Es ist die ideale Basis, um das eigene Produktsortiment aufzubauen und zu verwalten. Ich würde gar behaupten, dass Magento im direkten Vergleich mit Lösungen wie Shopware oder OXID den definitiv größten Funktionsumfang im Standard mitbringt. Ein großer Funktionsumfang führt in der Regel immer zu einer großen Komplexität, aufgrund der einfachen Eingabemasken und unterstützenden Möglichkeiten versucht Magento jedoch, das Produktmanagement so einfach wie möglich zu gestalten, und wie ich finde, gelingt das Magento mit Erfolg!

Nachdem Sie in diesem Kapitel Ihren Produktkatalog aufgebaut haben, möchte ich Ihnen im nächsten Kapitel die verschiedenen Möglichkeiten zur Verarbeitung von Bestellungen im Detail zeigen. Denn wenn Sie erst einmal in Ihrem System Bestellungen sammeln, müssen Sie Rechnungen, Lieferscheine und gegebenenfalls auch Gutschriften erstellen und Ihren Kunden zukommen lassen. Wie das im Detail funktioniert, erfahren Sie im nächsten Kapitel!

Kapitel 8
Bestellungen aufgeben und verarbeiten

Je mehr Bestellungen in Ihrem Magento-Shop platziert werden, desto erfolgreicher sind Sie am Ende des Tages. Erfahren Sie in diesem Kapitel, auf welche Art und Weise Bestellungen aufgegeben werden können und wie Sie diese im Backend verarbeiten können.

Nachdem Sie im vorherigen Kapitel Kategorien und Produkte angelegt haben und daher über ein Produktsortiment verfügen, geht es auf den folgenden Seiten um die Bestellungen. Ein Online-Shop lebt von Bestellungen, und je mehr Bestellungen in Ihrem Online-Shop platziert werden – wobei dies zugegebenermaßen doch eine recht pauschale Aussage ist –, desto mehr Umsatz erzielen Sie, und desto erfolgreicher sind Sie. Dementsprechend ist es meiner Meinung nach enorm wichtig, dass Sie eine Vorstellung von allen Funktionen und Möglichkeiten in Bezug auf Bestellungen bekommen und den von Magento vorgegebenen Prozess zur Verarbeitung einer Bestellung im Detail kennenlernen. Anschließend werden Sie keinerlei Probleme damit haben, selbst Bestellungen aufzugeben und vorhandene Bestellungen zu verarbeiten.

8.1 Bestellungen aufgeben

Lassen Sie mich in diesem Kapitel wieder Schritt für Schritt vorgehen und den kompletten Prozess einer Bestellung exemplarisch durchspielen. Bevor Sie eine Bestellung verarbeiten können, müssen im ersten Schritt Bestellungen in Ihrem System vorliegen. Es gibt im Standard zwei Möglichkeiten, wie Bestellungen in Ihr System gelangen. Entweder legt ein Kunde, das ist der gängige Weg, im Frontend eine Bestellung an, oder Sie als Shop-Administrator erstellen direkt innerhalb des Magento-Backends eine Bestellung. Theoretisch könnten über die in Magento existenten Schnittstellen auch Bestellungen durch Drittsysteme, sprich direkt über die Schnittstellen, ausgelöst werden, aber diesen Fall können Sie an dieser Stelle ausblenden.

In der Praxis werden vermutlich 99 % aller Bestellungen direkt innerhalb des Frontends durch Kunden erzeugt werden, denn speziell in Magento 2 können Kunden spielend einfach selbst Bestellungen platzieren, da der komplette Checkout-Prozess im Vergleich zu Magento 1 in der Anzahl der notwendigen Schritte sehr stark gekürzt und die Nutzerführung vereinfacht wurde. Lassen Sie uns, auch wenn Bestellungen im Backend vermutlich seltener angelegt werden, auf den folgenden Seiten beide Vorgehensweisen und Möglichkeiten im Detail beleuchten.

Nutzen Sie »foodbaer.de« als Testsystem

Sollten Sie im vergangenen Kapitel keine Produkte angelegt bzw. auf den Aufbau einer eigenen Magento-Umgebung verzichtet haben, können Sie im Folgenden auf *www.foodbaer.de* Bestellungen samt Benutzerkonto anlegen. Das System ist nicht nur für Demonstrationszwecke gedacht, sondern kann gern auch von Ihnen genutzt werden.

8.1.1 Bestellungen im Frontend platzieren

In der Regel wird ein Großteil der Bestellungen direkt innerhalb des Frontends durch die Kunden selbst aufgegeben, d. h., Sie als Shop-Betreiber müssen an sich nichts weiter tun, als abzuwarten, bis Bestellungen in Ihrem Online-Shop eintrudeln. Wechseln Sie an dieser Stelle nun gedanklich in den Kundenmodus, und rufen Sie das Frontend Ihres Systems bzw. *http://www.foodbaer.de* auf. Um eine Bestellung zu platzieren, benötigen Sie im ersten Schritt einen befüllten Warenkorb.

An sich haben Sie jetzt die freie Wahl, welche Artikel Sie zu Ihrem Warenkorb hinzufügen. In meinem konkreten Fall öffne ich die Kategorie Angebote und lege mir die dort befindlichen Produkte, die Käsereibe und den Ananasschneider, jeweils in einer Menge von 5, in den Warenkorb. Die Produkte können Sie direkt von der Kategorieseite aus zu Ihrem Warenkorb hinzufügen, indem Sie mit der Maus über ein bestimmtes Produkt fahren und anschließend auf den Button ZUM WARENKORB HINZUFÜGEN klicken. Werfen Sie einen Blick auf die Darstellung des Buttons bzw. Hover-Verhaltens in Abbildung 8.1.

Fügen Sie ruhig mehrere Artikel in unterschiedlichen Stückzahlen zum Warenkorb hinzu, später werden Sie diese Varianz bei der Verarbeitung der Bestellung noch benötigen. Bei der Zusammenstellung des Warenkorbs sind Sie komplett frei und können auch inhaltlich anders als ich agieren.

Alternativ zu der eben beschriebenen Vorgehensweise können Sie zudem ein Produkt auch innerhalb der Produktdetailansicht zum Warenkorb hinzufügen. Klicken Sie, immer noch in der Kategorie Angebote, auf die Käsereibe, um die Produktdetailansicht zu öffnen. In der Produktdetailansicht haben Sie anschließend einen kaum zu übersehenden, Button namens ZUM WARENKORB HINZUFÜGEN, den Sie in Abbildung 8.2 sehen. Im Gegensatz zur Kategorieansicht besteht an dieser Stelle jedoch auch die Möglichkeit, die Stückzahl zu bearbeiten, d. h., anstelle von einem Stück können Sie direkt eine höhere Stückzahl zum Warenkorb hinzufügen.

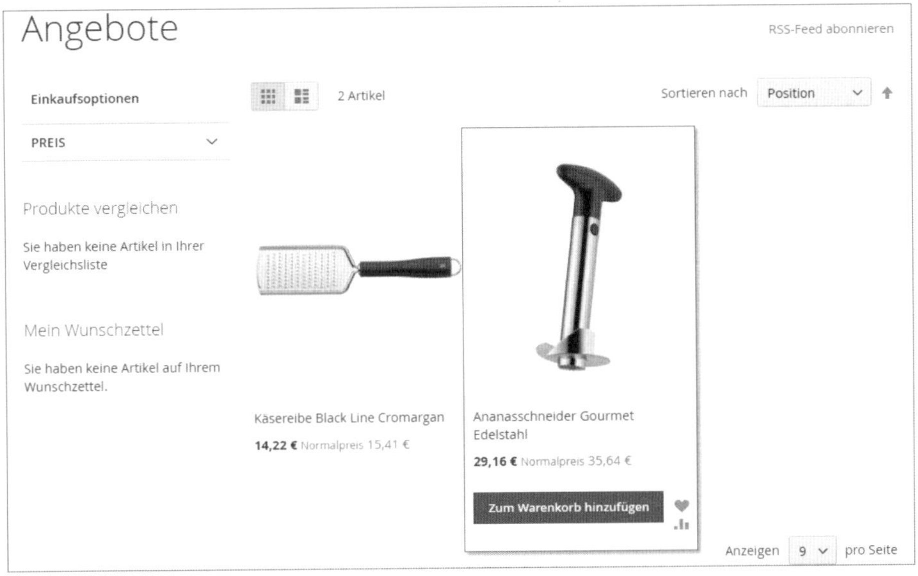

Abbildung 8.1 Produkte können direkt von der Kategorieseite aus zum Warenkorb hinzugefügt werden.

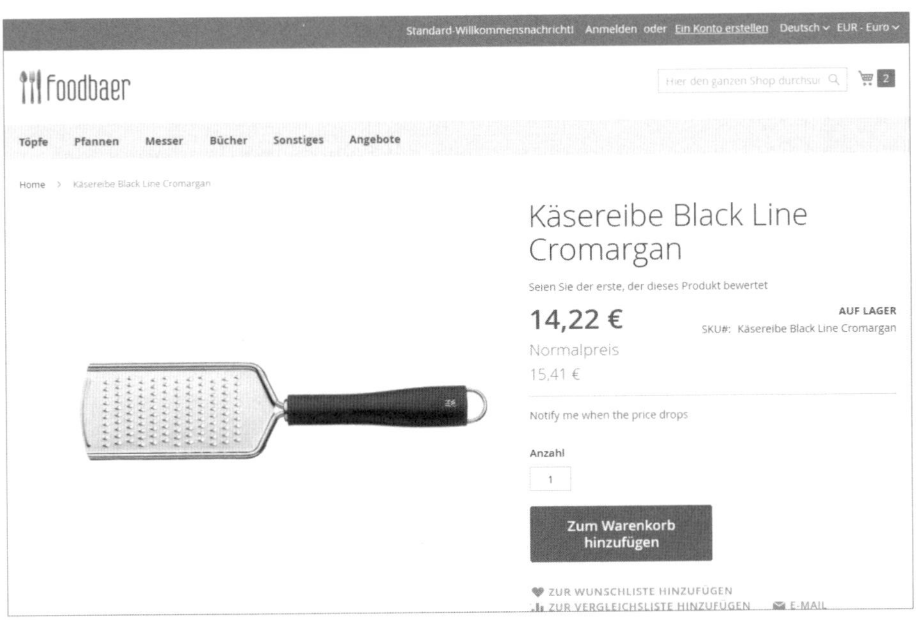

Abbildung 8.2 Innerhalb der Produktdetailansicht können Sie direkt eine größere Stückzahl des Produkts zum Warenkorb hinzufügen.

Haben Sie zwei oder mehr Produkte zum Warenkorb hinzugefügt, rufen Sie bitte den Warenkorb auf. Sie gelangen zum Warenkorb, indem Sie in der Header-Navigation auf das Warenkorb-Symbol klicken. Neben dem Warenkorb-Symbol wird zudem die Anzahl der dem Warenkorb hinzugefügten Produkte dargestellt. Die Anzahl springt dabei recht schnell ins Auge, da hierfür die Signalfarbe Orange verwendet wird und die Anzahl dadurch doch sehr prominent dargestellt ist. Wenn Sie auf das Warenkorb-Symbol bzw. die Anzahl der Produkte klicken, öffnet sich zunächst ein zusätzliches Menü, wie Sie in Abbildung 8.3 sehen können.

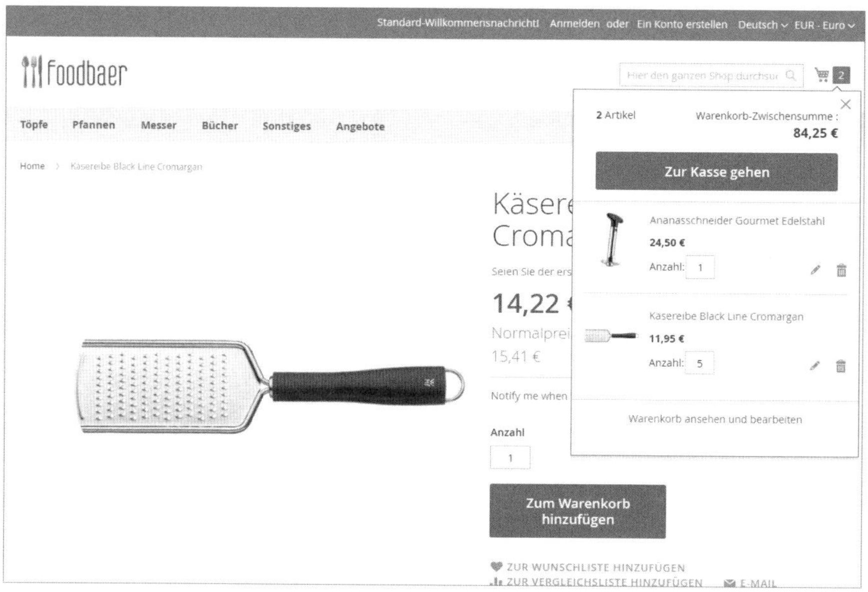

Abbildung 8.3 Das Hover-Menü erlaubt entweder den Sprung in den Warenkorb oder direkt in den Checkout-Prozess.

Das aufgehende Menü zeigt Ihnen einen Überblick über die im Warenkorb enthaltenen Produkte. Sie haben an dieser Stelle die Möglichkeit, die Produkte direkt aus dem Warenkorb zu löschen bzw. bei konfigurierbaren Produkten die Konfigurationsoptionen zu editieren. Hierfür stehen Ihnen Icons rechts neben dem Produktnamen zur Verfügung. Zudem können Sie innerhalb des Menüs die hinterlegten Stückzahlen anpassen.

Alternative zur Navigation über Kategorien vorhanden

Selbstverständlich haben Sie in Magento noch weitere Möglichkeiten, Produkte zum Warenkorb hinzuzufügen, und Sie müssen nicht zwangsläufig die passenden Produkte über die Kategorie-Navigation finden. Beispielsweise haben Sie die Möglichkeit, mithilfe der Systemsuche passende Produkte zu finden und diese anschließend zum Warenkorb hinzuzufügen.

Haben Sie Ihren Warenkorb so weit befüllt, klicken Sie in dem Menü, das Sie in Abbildung 8.3 sehen, auf den Link WARENKORB ANSEHEN UND BEARBEITEN, sodass Sie nicht direkt in den Checkout-Prozess springen. Nachdem Sie auf den Link geklickt haben, öffnet sich im nächsten Schritt der Warenkorb.

Innerhalb des Warenkorbs erhalten Sie eine übersichtliche Auflistung aller hinzugefügten Produkte. Sie sehen die Einzelpreise, die Gesamtsumme sowie die Stückzahlen. Auch können Sie, sofern Sie diese Option innerhalb der Systemkonfiguration aktiviert haben, eine Gift Message, sprich Geschenknachricht, auf Produktebene hinzufügen. Bei der Geschenknachricht können Sie den Empfänger, Absender sowie einen Freitext hinterlegen. In der unteren Bildschirmhälfte des Warenkorbs, Sie sehen dies auch in Abbildung 8.4, können Sie einen Gutscheincode einlösen. Was es mit Gutscheincodes auf sich hat und wie diese funktionieren, erfahren Sie übrigens in Kapitel 10, »Marketingmaßnahmen planen und durchführen«.

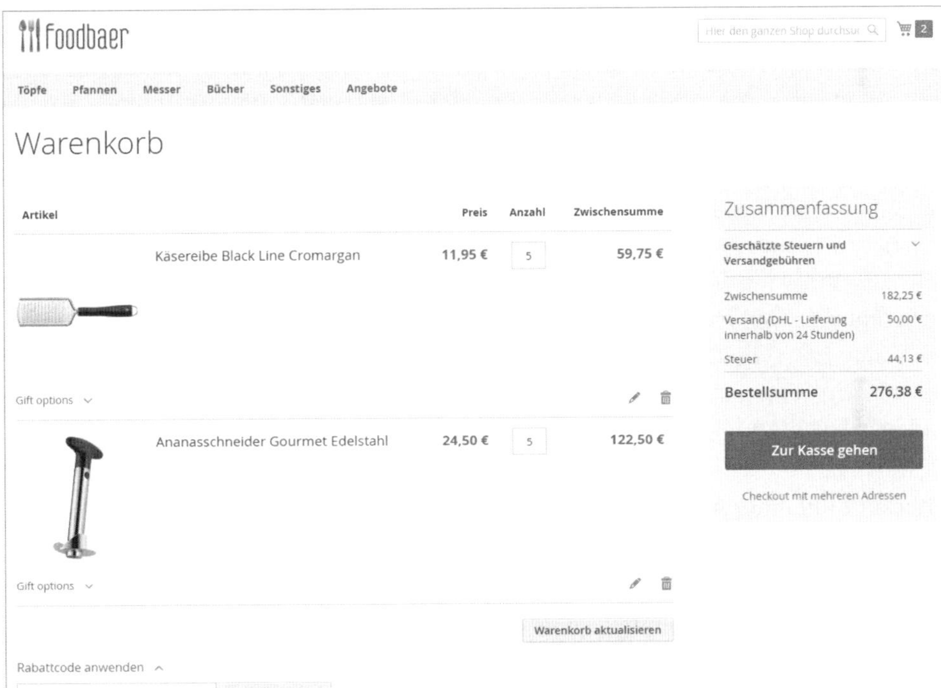

Abbildung 8.4 Die Warenkorbansicht erlaubt das Editieren der im Warenkorb befindlichen Produkte und zeigt zudem die Bestellsumme an.

Neben der reinen Darstellung der im Warenkorb vorhandenen Produkte sehen Sie in der rechten Bildschirmhälfte zudem eine Zusammenfassung, die sich auf die Bestellsumme bezieht. Innerhalb der Zusammenfassung erhalten Sie Informationen darüber, wie viel die einzelnen Produkte in Summe kosten, wie hoch der Anteil der Mehrwertsteuer ist und im Falle, dass nur eine Versandmethode vorliegt, wie hoch die

Versandkosten sein werden. Anhand dieser Übersicht sehen Kunden daher direkt, mit welchem Endbetrag zu rechnen ist, da dieser besagte Endbetrag recht prominent, d. h. in fetter Schrift, am unteren Ende der Zusammenfassung dargestellt wird.

Errechnung der möglichen Versandkosten nicht immer möglich

Magento zeigt die Höhe der Versandkosten im Warenkorb nur dann an, wenn ausschließlich eine mögliche Versandmethode vorliegt. Dies ist beispielsweise immer dann der Fall, wenn Sie keine länderabhängigen Versandkosten anbieten. Da Magento innerhalb des Warenkorbs nicht weiß, in welches Land bzw. welche Region die Bestellung versendet wird, kann bei länderabhängigen Versandkosten kein Wert ermittelt werden. Verwenden Sie hingegen einen pauschalen Versandkostenbetrag für alle Länder, kann dieser innerhalb des Warenkorbs problemlos ausgelesen und dargestellt werden.

Um den Checkout-Prozess zu starten, haben Sie jetzt zwei unterschiedliche Möglichkeiten. Entweder klicken Sie auf den großen blauen Button ZUR KASSE GEHEN oder auf den etwas kleineren Link darunter namens CHECKOUT MIT MEHREREN ADRESSEN. Der Unterschied besteht darin, dass Sie bei ersterer Variante keine unterschiedlichen Lieferadressen je Produkt wählen können, bei letzterer Variante hingegen schon. Letztere Variante kann jedoch auch direkt über die Systemkonfiguration deaktiviert und somit entfernt werden, da ein Checkout mit mehreren Adressen meistens von Shop-Betreibern nicht gewünscht ist. Denn in diesem Fall haben Sie mehrere Sendungen, höhere Lieferkosten und einen etwas komplexeren Versandprozess. Im Standard ist die Option jedoch vorhanden und kann von allen Kunden genutzt werden. Im Folgenden werde ich die beiden möglichen Checkout-Optionen nun im Detail beleuchten.

Checkout mit einer Adresse

Der Checkout mit einer Adresse ist die einfachere der beiden Varianten. Um dorthin zu gelangen, klicken Sie innerhalb der Warenkorbansicht jetzt auf den Button ZUR KASSE GEHEN, den Sie ebenfalls in Abbildung 8.4 sehen. Magento leitet Sie anschließend direkt zum Checkout-Prozess weiter. Wie Sie sehen, ändert sich auch das gesamte Design des Systems, sobald Sie sich im Checkout-Prozess befinden. Die Hauptnavigation ist verschwunden, und auch ansonsten wirkt das Design recht minimalistisch und auf das Wesentliche heruntergebrochen. Dieser Ansatz ist aktuell die Best Practice im E-Commerce, denn als Shop-Betreiber möchten Sie, dass der Kunde im Checkout-Prozess nicht abgelenkt wird und im Prinzip nur den Einkauf abschließen oder das Browserfenster schließen kann. Es soll jedoch keine Ablenkung durch unnötige Navigationsleisten oder sonstige Elemente entstehen. In der Version 2 verfolgt Magento exakt diesen Best-Practice-Ansatz. Wundern Sie sich daher an dieser Stelle nicht, Ihr System weist keinen Fehler auf, sondern verhält sich genauso, wie Magento es vorsieht.

Zuallererst müssen Sie im Checkout-Prozess Ihre E-Mail-Adresse eingeben (siehe Abbildung 8.5). Die E-Mail-Adresse wird nach der Eingabe direkt geprüft. Sollte es einen Kunden mit dieser E-Mail-Adresse in Ihrem System geben, können Sie sich im Checkout direkt anmelden. Existiert die E-Mail-Adresse noch nicht, wird an dieser Stelle keine besondere Meldung ausgegeben, Sie werden jedoch nach Abschluss des Checkout-Prozesses die Möglichkeit haben, ein Kundenkonto anzulegen.

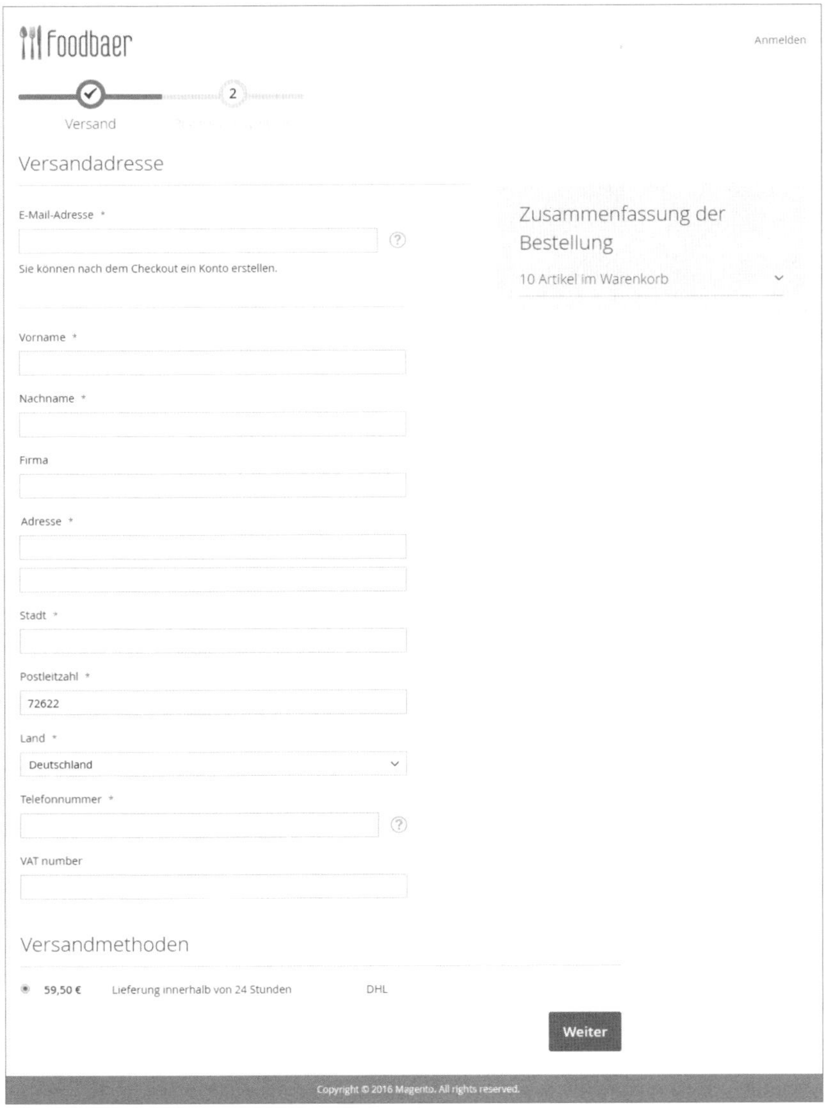

Abbildung 8.5 In Magento 2 wirkt der Checkout-Prozess recht minimalistisch und besteht aus nur zwei Schritten.

Füllen Sie nun bitte die Eingabemaske aus, die Felder sind dabei recht selbsterklärend. Beachten Sie an dieser Stelle, dass Sie im ersten Schritt des Checkout-Prozesses die Versandadresse hinterlegen. Die Daten, die Sie in der Maske aus Abbildung 8.5 eingeben, werden daher ausschließlich für den Versand genutzt.

Neben der Versandadresse können und müssen Sie am unteren Bildschirmende zudem eine Versandmethode auswählen. In meinem und vermutlich auch in Ihrem Fall steht nur eine Versandmethode zur Verfügung, wodurch diese bereits ausgewählt ist. Sollten mehrere Versandmethoden zur Verfügung stehen, können Sie an dieser Stelle einfach eine Auswahl treffen und den Radio-Button entsprechend anwählen. Klicken Sie jetzt auf den Button WEITER.

Bereits vorhandene Lieferadressen werden zur Auswahl angeboten

Angenommen, Sie verfügen über ein Kundenkonto und haben in diesem Kundenkonto bereits Adressen angelegt, so müssen Sie im ersten Schritt des Checkout-Prozesses nicht nochmals Ihre Adresse hinterlegen. In diesem Fall stellt Magento Ihnen die bereits vorhandenen Adressen dar, und Sie können aus diesen Adressen eine Adresse als Versandadresse auswählen. Alternativ haben Sie aber auch die Möglichkeit, eine komplett neue Adresse zu hinterlegen.

Im nächsten und letzten Schritt müssen Sie abschließend eine Zahlungsmethode auswählen sowie eine Rechnungsadresse definieren. Bei der Zahlungsmethode verhält es sich ähnlich wie bei der Versandmethode. Sofern nur eine Zahlungsmethode aktiv ist bzw. bei der Bestellung genutzt werden kann, wählt Magento diese automatisch aus. In meinem Fall steht, wie Sie in Abbildung 8.6 sehen, nur die Zahlung per Rechnung zur Verfügung, weswegen die Option entsprechend vorausgewählt ist.

Bei der Rechnungsadresse schlägt Magento Ihnen zuerst die bei der Lieferadresse hinterlegten Daten vor. Normalerweise sind Liefer- und Rechnungsadresse identisch, daher ergibt dieser Vorschlag tatsächlich Sinn und erspart den Kunden die erneute Eingabe der bereits hinterlegten Adressinformationen. Sollten Sie sich jedoch für eine andere Adresse entscheiden wollen, müssen Sie nur den Haken bei der Checkbox GLEICHE ADRESSE FÜR BESTELLUNG UND VERSAND entfernen. Daraufhin haben Sie die Möglichkeit, eine Adresse aus Ihrem Adressbuch auszuwählen oder eine komplett neue Adresse zu hinterlegen.

Haben Sie im Warenkorb keinen Gutschein-Code hinterlegt, können Sie dies noch im zweiten Schritt des Checkouts tun. Unterhalb des Buttons BESTELLUNG AUFGEBEN haben Sie dieselbe Eingabemöglichkeit für einen Gutscheincode wie auch im Warenkorb.

Werfen Sie abschließend einen Blick auf die rechte Bildschirmhälfte. Magento zeigt an dieser Stelle nochmals eine Zusammenfassung des Warenkorbs, und etwas weiter unten finden Sie zudem die gewählte Versandmethode und die hinterlegte Versandadresse. Wenn Sie möchten, können Sie diese beiden Informationen nochmals ändern, indem Sie auf das Editier-Icon klicken. Auch in dieser Ansicht ist eine gewisse Transparenz gewährleistet, da dem Kunden nochmals alle hinterlegten Daten sowie der komplette Warenkorb angezeigt wird.

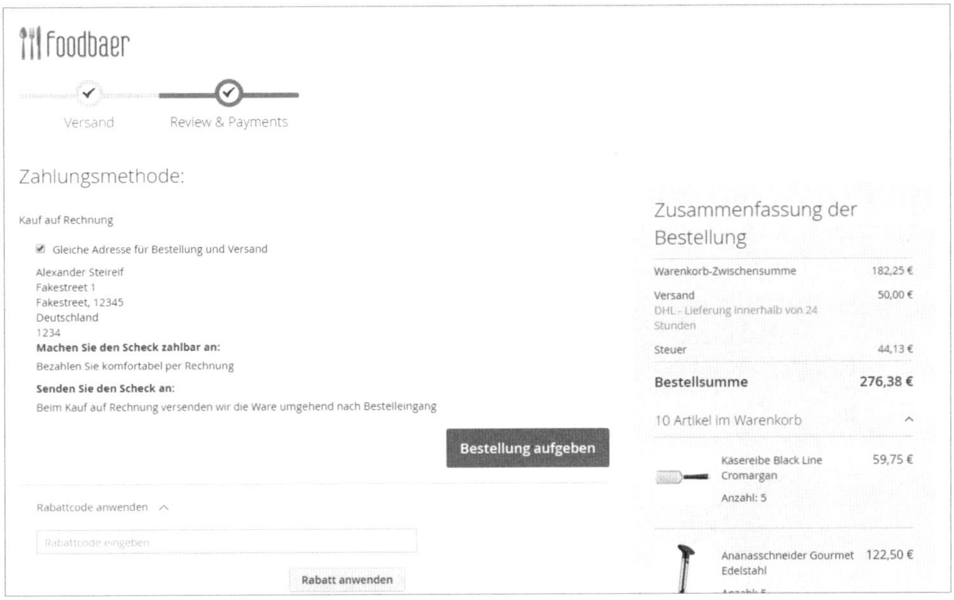

Abbildung 8.6 Im zweiten Checkout-Schritt können Sie eine Zahlungsmethode und eine Lieferadresse auswählen.

Platzieren Sie jetzt die Bestellung, indem Sie auf den Button BESTELLUNG AUFGEBEN klicken. Daraufhin sendet Magento die Bestellung ab, und Sie bekommen die Success Page, also Erfolgsseite, samt Bestellnummer angezeigt. Parallel sendet Ihnen Magento eine Bestellbestätigung per E-Mail zu, die ebenfalls alle relevanten Daten der Bestellung enthält.

Bestellbedingungen können über das Backend definiert werden

Ihnen ist sicherlich aufgefallen, dass Sie bei der Platzierung der Bestellung keine Allgemeinen Geschäftsbedingungen sowie das Widerrufsrecht bestätigen mussten. Sie kennen diese Pflichtfelder sicherlich aus anderen Online-Shops, da es sich hierbei um eine rechtliche Regelung handelt, die auch Sie einhalten müssen. Wie Sie diese Bestellbedingungen anlegen, erfahren Sie Schritt für Schritt in Kapitel 13, »Magento für den deutschen Markt vorbereiten«.

Durch den Erhalt der Bestellbestätigung per E-Mail und die Darstellung der Success Page hat Magento alles Notwendige getan, und Ihre Bestellung ist nun erfolgreich im System aufgegeben. Herzlichen Glückwunsch, wie Sie sehen, ermöglich Magento bereits im Standard einen enorm einfachen und schnellen Checkout-Prozess, wodurch hohe Conversion Rates erzielt werden können!

Checkout mit mehreren Adressen

Nachdem Sie gerade eben die Bestellung platziert haben, füllen Sie im nächsten Schritt bitte erneut Ihren Warenkorb. Die Auswahl der Produkte überlasse ich Ihnen, ich befülle meinen Warenkorb erneut mit den bereits auf den vorherigen Seiten erwähnten Produkten. Nachdem Sie den Warenkorb befüllt haben, öffnen Sie abermals die Warenkorbansicht wie in Abbildung 8.4. Klicken Sie jetzt aber nicht auf den Button ZUR KASSE GEHEN, sondern auf den darunter positionierten Link CHECKOUT MIT MEHREREN ADRESSEN. Sie landen anschließend im Checkout-Prozess, der sich aber optisch komplett von dem auf den vorherigen Seiten gezeigten Schritt 1 unterscheidet, wie Sie in Abbildung 8.7 erkennen können.

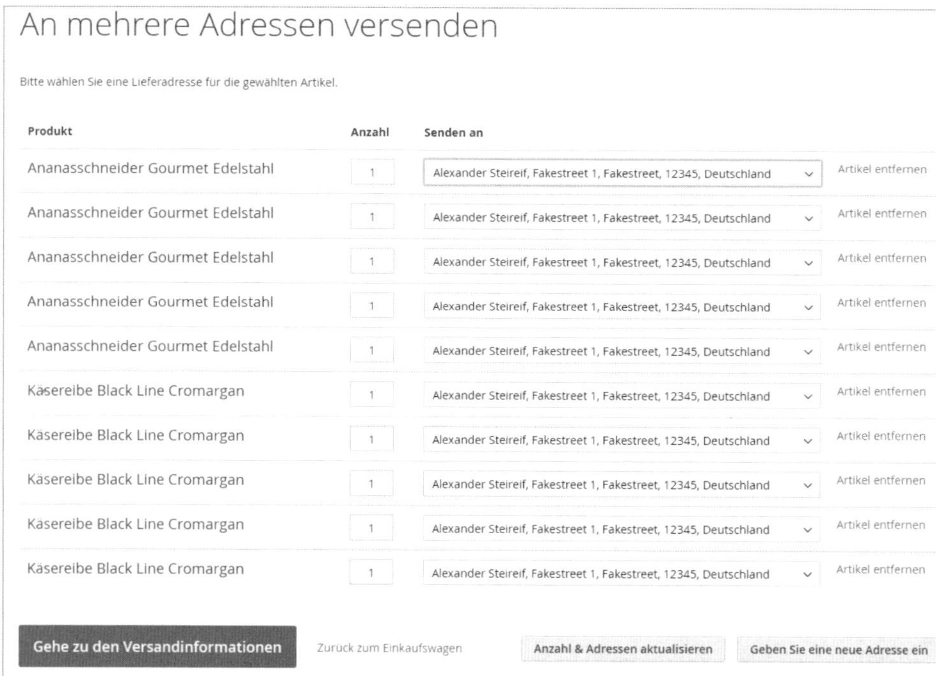

Abbildung 8.7 Beim Checkout mit mehreren Adressen können Sie die Lieferadresse auf Positionsebene bestimmen.

Sie erhalten nämlich im ersten Schritt eine tabellarische Auflistung aller Produkte, die Sie zum Warenkorb hinzugefügt haben. Die Produkte werden jedoch nicht anhand der Stückzahl gruppiert dargestellt, sondern jedes Stück wird einzeln aufgelistet. Daher sehen Sie bei mir in Abbildung 8.7 insgesamt 10 Zeilen, da ich zwei unterschiedliche Produkte mit jeweils 5 Stück zum Warenkorb hinzugefügt habe. Ähnlich wie beim Standard-Checkout verwendet Magento an dieser Stelle ein besonders minimalistisches und abgespecktes Design, das komplett ohne störende Elemente daherkommt.

Der Clou und Benefit dieser Checkout-Variante besteht nun darin, dass Sie auf Positionsebene eine Lieferadresse definieren können. In meinem Fall bin ich mit einem Kundenkonto angemeldet, daher bietet mir Magento die Auswahl einer Adresse aus dem Adressbuch an. Die Standard-Lieferadresse wird initial verwendet und bei jeder Position hinterlegt. Neben der Auswahl der Lieferadresse können Sie zudem jede Position auch an dieser Stelle aus dem Warenkorb entfernen. Hierfür müssen Sie nur auf den Link ARTIKEL ENTFERNEN klicken. Sollten Sie eine komplett neue Adresse, die nicht bereits in Ihrem Adressbuch hinterlegt ist, hinzufügen wollen, können Sie dies mittels des Buttons GEBEN SIE EINE NEUE ADRESSE EIN tun. Wenn Sie auf diesen Link klicken, was Sie an dieser Stelle gern machen können, öffnet sich eine neue Ansicht, in der Sie eine neue Adresse hinterlegen können, wie Sie in Abbildung 8.8 sehen.

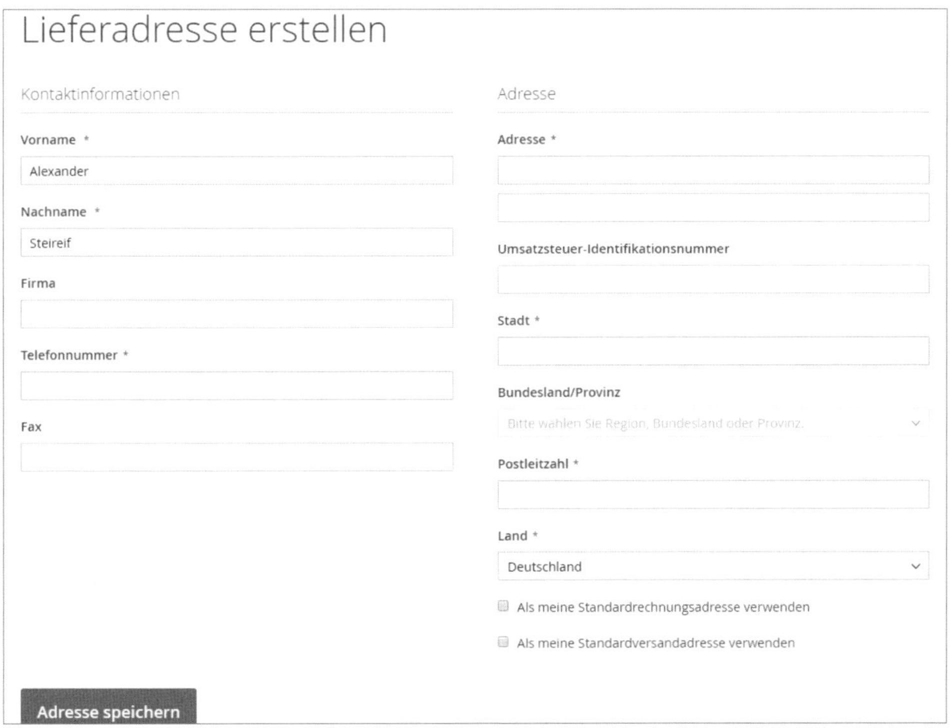

Abbildung 8.8 Während des Checkouts mit mehreren Adressen können Sie selbstverständlich neue Adressen zum Adressbuch hinzufügen.

Geben Sie nun eine neue Adresse ein, bei den zu hinterlegenden Informationen können Sie gern beliebige Beispielwerte verwenden. Um die Adresse anschließend zu speichern, klicken Sie auf den Button ADRESSE SPEICHERN, danach gelangen Sie wieder zur Übersichtsseite aus Abbildung 8.7. Hinterlegen Sie jetzt bei der Hälfte der Produkte die neu hinzugefügte Adresse, bei der anderen Hälfte der Produkte belassen Sie bitte die bereits vorausgewählte Adresse. Letztendlich möchte ich Ihnen in diesem Schritt nur aufzeigen, wie sich Magento verhält, wenn Sie unterschiedlichste Lieferadressen hinterlegen. Springen Sie daraufhin in den nächsten Schritt, indem Sie auf den Button GEHE ZU VERSANDINFORMATIONEN klicken.

In diesem nächsten Schritt gruppiert Magento die Lieferadressen und errechnet die jeweiligen Versandkosten, wie Sie in Abbildung 8.9 sehen.

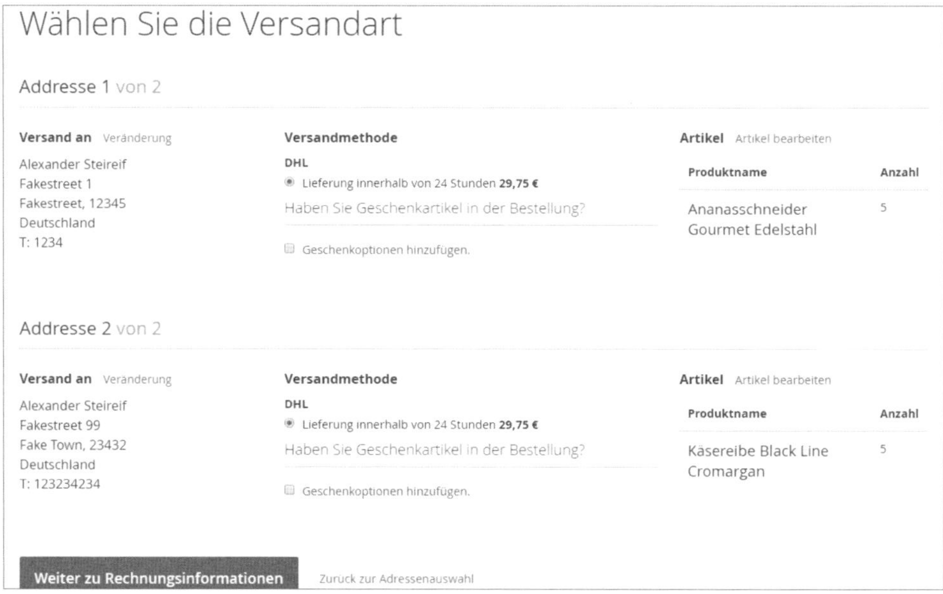

Abbildung 8.9 Nachdem Sie Magento mitgeteilt haben, welche Produkte wohin gesendet werden sollen, erfolgt die Auswahl der Versandmethoden.

In dieser Ansicht haben Sie zudem die Möglichkeit, für die jeweiligen Lieferadressen eine bestimmte Versandmethode auszuwählen. In meinem Fall existiert in Magento leider nur eine Versandmethode, weswegen ich keine Auswahl zwischen mehreren Methoden angeboten bekomme. Haben Sie jedoch verschiedene Versandmethoden hinterlegt, beispielsweise einen zusätzlichen Express-Versand, können Sie in dieser Ansicht je Lieferadresse auch unterschiedliche Versandmethoden auswählen. Wie Sie in Abbildung 8.9 sehen, errechnet Magento zudem automatisch pro Lieferung die korrekten Versandkosten. Darüber hinaus haben Sie die Möglichkeit, die Produkte erneut zu bearbeiten und dadurch nochmals zu definieren, welche Produkte an welche Adresse geschickt werden sollen. Ebenso können Sie eine Geschenkoption pro Lieferung aktivieren, wobei Sie das an dieser Stelle nicht irritieren soll. Behalten Sie nur im Hinterkopf, dass die Möglichkeit besteht, Sie müssen an dieser Stelle aber keine Geschenkoption hinzufügen. Im nächsten Schritt klicken Sie auf den Button WEI-

TER ZU RECHNUNGSINFORMATIONEN, um in den nächsten Schritt des Checkout-Prozesses zu wechseln.

Im nächsten Schritt können Sie eine Zahlart auswählen sowie die Rechnungsadresse definieren. Im Gegensatz zu den verschiedenen Lieferadressen erlaubt Magento nicht das Hinterlegen mehrerer Rechnungsadressen. Magento geht davon aus, dass eine Bestellung zwar an verschiedene Adressen geliefert werden kann, die Rechnungsstellung erfolgt aber zentral, weswegen Sie eine zentrale Rechnungsadresse, wie Sie in Abbildung 8.10 sehen, auswählen können.

Abbildung 8.10 Im nächsten Schritt des Checkouts müssen Sie eine Rechnungsadresse und eine Zahlungsmethode auswählen.

Wenn Sie möchten, können Sie eine alternative Rechnungsadresse wählen, ich behalte an dieser Stelle jedoch die Standard-Rechnungsadresse. Bei der Zahlungsmethode kann ich, da im System nur eine Zahlungsmethode konfiguriert ist, letztendlich auch keine Auswahl treffen, sehe jedoch die mir zur Verfügung stehende Methode samt aller Details. Klicken Sie, um in den folgenden und letzten Schritt des Checkout-Prozesses zu wechseln, auf den Button IHRE BESTELLUNG ÜBERPRÜFEN.

Magento zeigt Ihnen abschließend nochmals eine Übersicht aller hinterlegten Daten und Informationen an, wie Sie Abbildung 8.11 entnehmen können. So sehen Sie beispielsweise im oberen Bereich, welche Rechnungsadresse und Zahlungsmethode hinterlegt ist. Beides können Sie auch in diesem Schritt noch editieren, ohne den kompletten Checkout-Vorgang abbrechen zu müssen. Unter der Rechnungsadresse sowie Zahlungsmethode erfolgt die Auflistung der Lieferadressen samt Versandmethode, Versandkosten und Produkten. Sie sehen also nochmals recht übersichtlich, welche Produkte an welche Adresse geliefert werden, welche Liefermethode jeweils ausgewählt wurde und wie hoch die Versandkosten sind. Magento hat sich meiner Meinung nach sehr viel Mühe gegeben, diese doch etwas komplexere Informationslage sinnvoll und übersichtlich darzustellen, sodass jeder Benutzer innerhalb des

Frontends kein Problem mit dem Checkout-Prozess bekommt und alle Informationen ganz transparent dargestellt bekommt.

Um die Bestellung final zu platzieren, klicken Sie auf den Button BESTELLUNG AUFGEBEN, der sich am unteren Ende der Ansicht befindet.

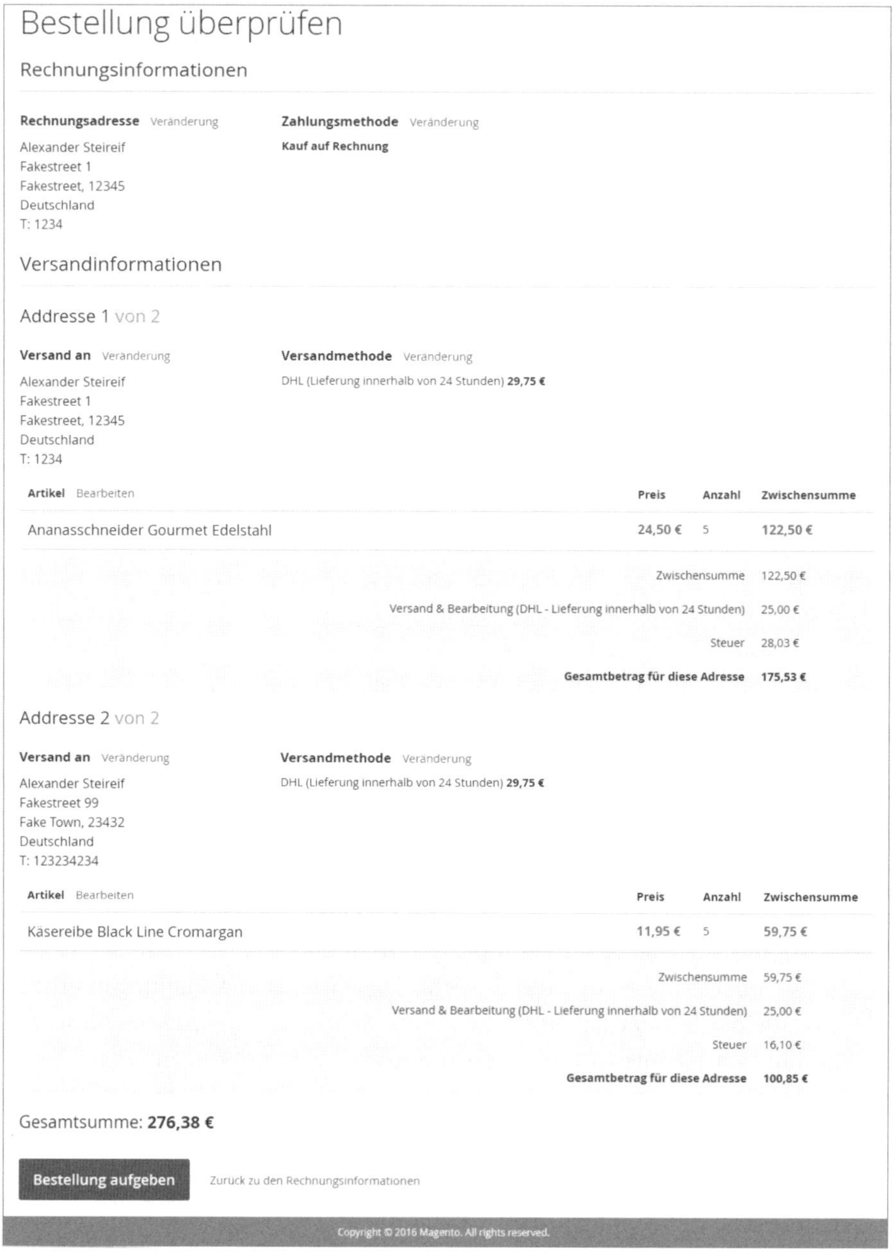

Abbildung 8.11 Bevor Sie die Bestellung abschicken, zeigt Ihnen Magento nochmals alle Details an.

Magento erstellt daraufhin neue Bestellungen und gibt Ihnen auf der Success Page die entsprechenden Bestellnummern zurück. Pro Lieferadresse generiert Magento eine Bestellung, weswegen ich in meinem konkreten Fall auch zwei Bestellnummern zurückgeliefert bekomme. Hätten Sie beispielsweise für die 10 Einträge 10 unterschiedliche Lieferadressen hinterlegt, hätte Magento Ihnen auch 10 Bestellungen erstellt. Auch bei der Bestellbestätigung wird pro Lieferadresse eine E-Mail versendet. Dementsprechend habe ich in diesem konkreten Fall auch zwei E-Mails erhalten.

Wie Sie sehen, ist auch der Checkout mit mehreren Adressen kein Hexenwerk. Die grundlegende Vorgehensweise ist identisch mit der beim Standard-Checkout, letztendlich wird der Checkout-Prozess durch zusätzliche Schritte ergänzt, und zusätzliche Funktionen wie die Definition mehrerer Lieferadressen stehen zur Verfügung. Sollten Sie in Ihrem Online-Shop, d. h. auf Basis Ihrer Produkte und Zielgruppe, das Gefühl haben, dass Ihre Kunden pro Bestellung unterschiedliche Lieferadressen hinterlegen möchten, sollten Sie den Checkout mit mehreren Adressen definitiv aktiviert lassen und sogar proaktiv Ihren Kunden anbieten.

8.1.2 Bestellungen im Backend anlegen

Auf den vorherigen Seiten habe ich Ihnen gezeigt, wie schnell und einfach Kunden Bestellungen im Frontend platzieren können. Sie haben alternativ hierzu als Shop-Betreiber jedoch auch die Möglichkeit, Bestellungen im Namen Ihrer Kunden anzulegen. Hierfür können Sie jedoch nicht das Frontend verwenden, da sich die gesamte Logik im Backend befindet. Lassen Sie uns daher durch die Brille eines Shop-Betreibers im Detail den Bestellprozess im Backend betrachten und durchspielen.

Melden Sie sich zuerst mit Ihren Zugangsdaten im Magento-Backend an, und klicken Sie anschließend auf UMSATZ • BESTELLUNGEN. Innerhalb dieser Ansicht erhalten Sie eine Auflistung aller im System eingegangenen Bestellungen, wobei Sie an dieser Stelle diese Bestellungen nicht interessieren sollen, d. h., Sie können die Datensätze vorerst ignorieren. Interessanter ist der im oberen Bereich platzierte Button namens NEUE BESTELLUNG ERSTELLEN, auf den Sie bitte klicken.

Magento zeigt Ihnen daraufhin eine Auflistung aller im System existenten Kunden an, aus der Sie einen bestimmten Kunden auswählen müssen. Dabei stehen Ihnen alle Filtermöglichkeiten zur Verfügung, die Sie bereits aus den vorherigen Kapiteln kennen, immer dann, wenn es um die tabellarische Darstellung der Datensätze geht. Greifen Sie daher ruhig auf die Filter zurück, und suchen Sie sich aus der Liste einen beliebigen Kunden aus. Alternativ dazu können Sie jedoch auch einen komplett neuen Kunden anlegen, klicken Sie hierfür einfach auf den Button NEUEN KUNDEN HINZUFÜGEN. In dieser anschließend dargestellten neuen Maske können Sie einen komplett neuen Kunden samt Adresse und Stammdaten hinterlegen. In meinem konkreten Fall lege ich jedoch keinen neuen Kunden an, sondern wähle einen existenten Kunden aus der Kundenliste aus. Im nächsten Schritt fragt Sie Magento, in welchem Store View Sie die Bestellung anlegen möchten. Mittels des Store Views bestimmen Sie schlussendlich die Sprache, die der Kunde ansonsten im Frontend ausgewählt hat, bzw. die Website, auf die der Kunde zugegriffen hätte. Weitere Informationen zum Thema Websites, Stores und Store Views erfahren Sie übrigens in Kapitel 17, »Magento-Multistore-Funktionalität konfigurieren und nutzen«. Zu diesem Zeitpunkt sollten Sie aktuell nur einen Eintrag bei den Store Views haben, wählen Sie daher diesen Eintrag aus. Nachdem Sie den Store View gewählt haben, öffnet Magento eine recht komplexe Ansicht, die ich Ihnen gern im Detail erklären möchte.

Im oberen Bereich, den Sie in Abbildung 8.12 sehen, haben Sie die Möglichkeit, Produkte zur Bestellung hinzuzufügen. Um ein Produkt hinzuzufügen, klicken Sie auf den Button ADD PRODUCTS, worauf sich eine tabellarische Auflistung aller im System verfügbaren Produkte öffnet.

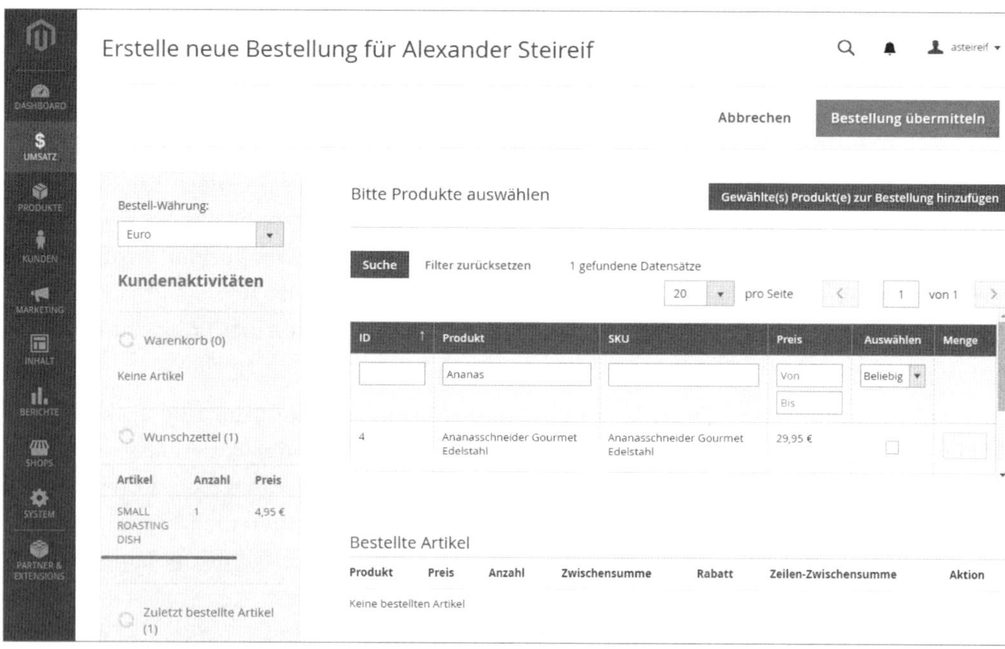

Abbildung 8.12 Zuallererst müssen Sie Produkte zur Bestellung hinzufügen.

Innerhalb der tabellarischen Auflistung haben Sie wiederum die Möglichkeit, nach bestimmten Produktmerkmalen zu suchen und die Tabelle dadurch zu filtern. Die Artikel, die Sie hinzufügen möchten, wählen Sie durch das Anhaken der Checkbox in der Spalte AUSWÄHLEN aus. Wenn Sie die Checkbox bei einem oder mehreren Produkten ausgewählt haben – ich wähle an dieser Stelle erneut meinen Ananasschneider sowie die Käsereibe –, klicken Sie bitte auf den Button GEWÄHLTE(S) PRODUKT(E)

ZUR BESTELLUNG HINZUFÜGEN. Magento fügt daraufhin die ausgewählten Produkte zur Bestellung hinzu.

Alternativ zur manuellen Auswahl bestimmter Produkte können Sie über die Spalte auf der linken Seite direkt auf Produkte zurückgreifen, die dem ausgewählten Kunden gefallen können. Hierfür stehen Ihnen folgende Optionen und Möglichkeiten zur Verfügung:

- Produkte, die sich aktuell im Warenkorb befinden
- Produkte aus dem Wunschzettel
- Zuletzt bestellte Produkte
- Produkte, die auf der Vergleichsliste enthalten sind
- Zuletzt angesehene Produkte

Sofern ein Kunde daher seinen Warenkorb, Wunschzettel bzw. Vergleichsliste befüllt hat, können Sie in dieser Maske diese Produkte direkt zur Bestellung hinzufügen. Zudem können Sie auf Bewegungsdaten, d .h. zuletzt angesehene Produkte, zurückgreifen. Auch haben Sie die Möglichkeit, bereits bestellte Produkte erneut zur Bestellung hinzuzufügen.

Nachdem Sie, die Art und Weise überlasse ich Ihnen, Produkte zur Bestellung hinzugefügt haben, können Sie im nächsten Schritt einen Gutscheincode zur Bestellung hinzufügen. Da mir aktuell kein Gutscheincode vorliegt, können Sie dieses Feld überspringen. Im nächsten Feld haben Sie die Möglichkeit, die E-Mail-Adresse sowie die Kundengruppe des ausgewählten Kunden zu ändern, aber auch das müssen Sie an dieser Stelle nicht tun.

Da eine Bestellung zwangsläufig eine gültige Rechnungs- sowie Lieferadresse benötigt, haben Sie, wenn Sie ein wenig nach unten scrollen, die Möglichkeit, die beiden Adressen zu hinterlegen. Die Ansicht wird bei Ihnen wie in Abbildung 8.13 aussehen und ermöglicht die Definition einer Adresse. Entweder wählen Sie eine Adresse aus dem Adressbuch des Kunden aus, oder Sie erstellen eine komplett neue Adresse. Sofern Sie eine neue Adresse erstellen, können Sie übrigens direkt definieren, ob diese Adresse im Adressbuch des Kunden gespeichert werden soll oder ob die Adresse nur für diese konkrete Bestellung relevant ist.

Wenn Sie anschließend ein wenig weiter nach unten scrollen, gelangen Sie zur Auswahl der Zahlungs- und Versandmethoden. Da aktuell in meinem Magento-System nur eine Zahlungsmethode zur Verfügung steht, kann ich an dieser Stelle keine Auswahl treffen, sondern muss die Zahlungsmethode KAUF AUF RECHNUNG akzeptieren. Bei der Versandmethode, die erst durch einen Klick auf den Link VERSANDMETHODEN UND -PREISE HOLEN ermittelt werden kann, existiert ebenfalls nur eine gültige Methode.

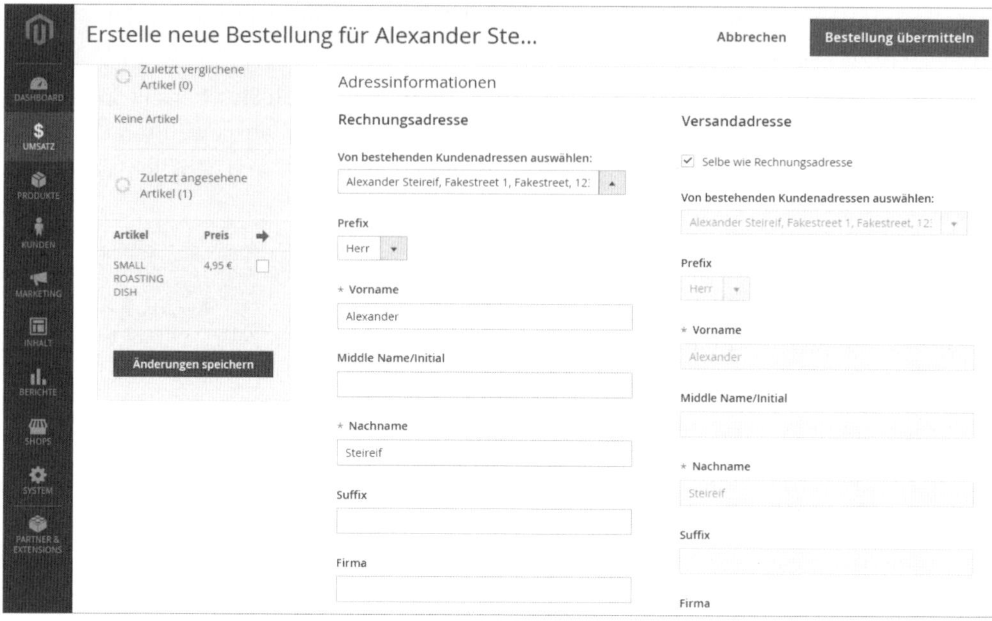

Abbildung 8.13 Auch im Backend können Sie Rechnungs- und Lieferadressen hinterlegen.

Klick auf Versandmethoden und -Preise holen ist notwendig

Magento errechnet erst die gültigen Versandkosten und identifiziert valide Versandmethoden, wenn Sie auf den Link VERSANDMETHODEN UND -PREISE HOLEN geklickt haben. Klicken Sie nicht auf diesen Link, können Sie keine Bestellung erstellen, und Magento kann zudem keine Versandkosten errechnen. Diese Eigenheit besteht übrigens schon seit Version 1. Wenn Sie sich aber merken, auf den Link klicken zu müssen, stellt diese Vorgehensweise keine größere Hürde dar.

Wählen Sie nun ebenfalls die Versand- und Zahlungsmethode, und scrollen Sie bis ans Ende der Seite. Im Gegensatz zum Frontend haben Sie abschließend noch die Möglichkeit, einen Kommentar zu hinterlegen. Der Kommentar wird ebenfalls dem Kunden im Frontend angezeigt und kann auch in E-Mails eingebunden werden. An dieser Stelle könnten Sie beispielsweise den Kommentar »Bestellung wie telefonisch vereinbart« hinterlegen, sodass Sie wissen bzw. Ihr Kunde weiß, wie und weshalb diese Bestellung zustande kam. Theoretisch können Sie jedoch auch einen Kommentar hinterlegen, der dem Kunden an keiner Stelle innerhalb des Frontends sowie der E-Mail angezeigt wird. Hierfür müssen Sie nur den Haken bei KOMMENTARE HINZUFÜGEN entfernen. Auch können Sie den Versand der Bestellbestätigung unterdrücken, indem Sie den Haken bei E-MAIL-BESTELLBESTÄTIGUNG entfernen.

Haben Sie alle Einstellungen vorgenommen und Informationen korrekt hinterlegt, klicken Sie auf den Button BESTELLUNG ÜBERMITTELN. Magento übermittelt anschließend die Bestellung und speichert diese ab. Herzlichen Glückwunsch, Sie haben somit aus Sicht eines Shop-Betreibers innerhalb des Magento-Backends eine neue Bestellung hinterlegt!

8.2 Bestellungen verarbeiten

Sobald Bestellungen in Ihrem Magento-System vorliegen beginnt, offen und ehrlich gesprochen, die eigentliche Arbeit. Denn dann sind Sie als Shop-Betreiber oder Ihre Kollegen gefordert, die eingegangenen Bestellungen entsprechend zu verarbeiten, d. h. eine Rechnung sowie einen Lieferschein zu erstellen sowie den Geldeingang zu überprüfen.

Wenn Sie nicht mehr im Backend angemeldet sind, öffnen Sie dieses bitte jetzt, und melden Sie sich mit Ihren persönlichen Zugangsdaten an. Anschließend klicken Sie auf UMSATZ • BESTELLUNGEN, um sich eine Auflistung aller im System existenten Bestellungen anzeigen zu lassen. Dieser Menüpunkt dürfte Ihnen an dieser Stelle nun bekannt vorkommen, denn bei der Anlage einer Bestellung innerhalb des Magento-Backends mussten sie ihn ebenfalls aufrufen. Wenn Sie die Bestellungen aufgerufen haben, werden Sie eine Auflistung wie in Abbildung 8.14 vorfinden, außer dass bei Ihnen vermutlich andere Werte vorhanden sein werden.

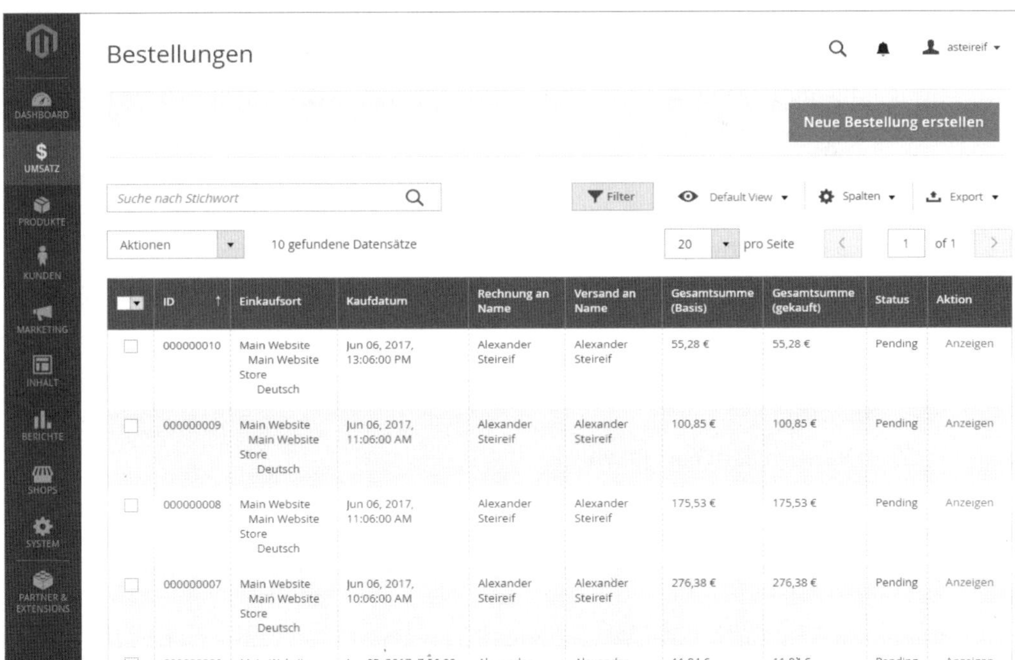

Abbildung 8.14 Die Ansicht »Bestellungen« listet alle im System vorhandenen Bestellungen auf.

In dieser Ansicht sehen Sie alle Bestellungen und erhalten unter anderem die Bestellnummer (ID), den Store View, in dem die Bestellung aufgegeben wurde, das Kaufdatum, die Rechnungs- und Lieferadresse sowie die Gesamtstumme samt Status der Bestellungen. Wie auch in den anderen Ansichten können Sie hier die Spalten konfigurieren, neue Spalten hinzufügen bzw. bestehende Spalten entfernen. Auch haben Sie die Möglichkeit, nach Stichwörtern zu suchen und die Inhalte der Tabelle zu filtern. Soweit erzähle ich Ihnen an dieser Stelle aber nichts Neues, denn diese Optionen stehen in so gut wie jeder tabellarischen Darstellung in Magento zur Verfügung.

Wie Sie in der vorletzten Spalte erkennen können, stehen in meinem Fall alle Bestellungen auf PENDING. Der Status PENDING bedeutet, dass eine Bestellung aufgegeben wurde, jedoch weder eine Rechnung noch ein Lieferschein vorliegen.

Bestellungen sind vollständig, sobald Rechnungen und Lieferscheine vorliegen

Nach der Logik von Magento ist eine Bestellung dann abgeschlossen, wenn eine Rechnung und ein Lieferschein vorliegen. Erst wenn die gesamte Bestellsumme in Rechnung gestellt und alle in der Bestellung enthaltenen Produkte versendet wurden, setzt Magento den Bestellstatus auf *Complete*, d. h., die Bestellung ist vollständig und korrekt verarbeitet.

Wählen Sie bitte eine Bestellung mit dem Status PENDING aus. Sollten Sie aktuell noch keine Bestellung erzeugt haben, blättern Sie zum Anfang des Kapitels, und spielen Sie schnell den Prozess zur Erstellung einer Bestellung durch. Haben Sie eine Bestellung ausgewählt, klicken Sie auf den Link ANZEIGEN, um zur Detailansicht zu gelangen.

Magento zeigt Ihnen in der nächsten Maske alle relevanten Informationen zur Bestellung an. Die Ansicht ist dabei in eine weitere Top-Navigation, sowie in eine linke Tab-Navigation unterteilt. Rechts neben der Tab-Navigation erhalten Sie die Detailinformationen zur ausgewählten Bestellung. Dazu zählen unter anderem folgende Informationen:

- Bestelldatum
- Bestellstatus
- Store View, in dem bestellt wurde
- Kundenname
- E-Mail-Adresse des Kunden
- Kundengruppe

Direkt unter diesen Informationen sehen Sie die Rechnungs- und Lieferadresse. Beide Adressen können Sie an dieser Stelle noch ändern. Klicken Sie, um dies zu tun, auf den Link BEARBEITEN, der neben der Rechnungsadresse sowie neben der Lieferadresse steht. Wenn Sie auf den Link klicken, öffnet sich im nächsten Schritt eine neue Eingabemaske, in der Sie die hinterlegten Daten abändern können. Da ich in meinem Beispiel die Adressen nicht ändern möchte, sehe ich von einem Klick auf die beiden Links ab.

Magento erlaubt ausschließlich das Ändern der Adressen

Sie können eine bestehende Bestellung nicht abändern, beispielsweise um neue Produkte hinzuzufügen oder die Stückzahlen zu editieren. Möchten Sie dies tun, wird Magento die Bestellung automatisch stornieren, und Sie müssen eine neue Bestellung anlegen. Bei den Adressen verhält sich Magento jedoch anders, denn diese können ohne vorherige Stornierung geändert werden.

Direkt unter der Rechnungs- und der Versandadresse folgen die Informationen zur Zahlungs- und Versandmethode sowie eine Auflistung der bestellten Produkte, wie Sie in Abbildung 8.15 sehen.

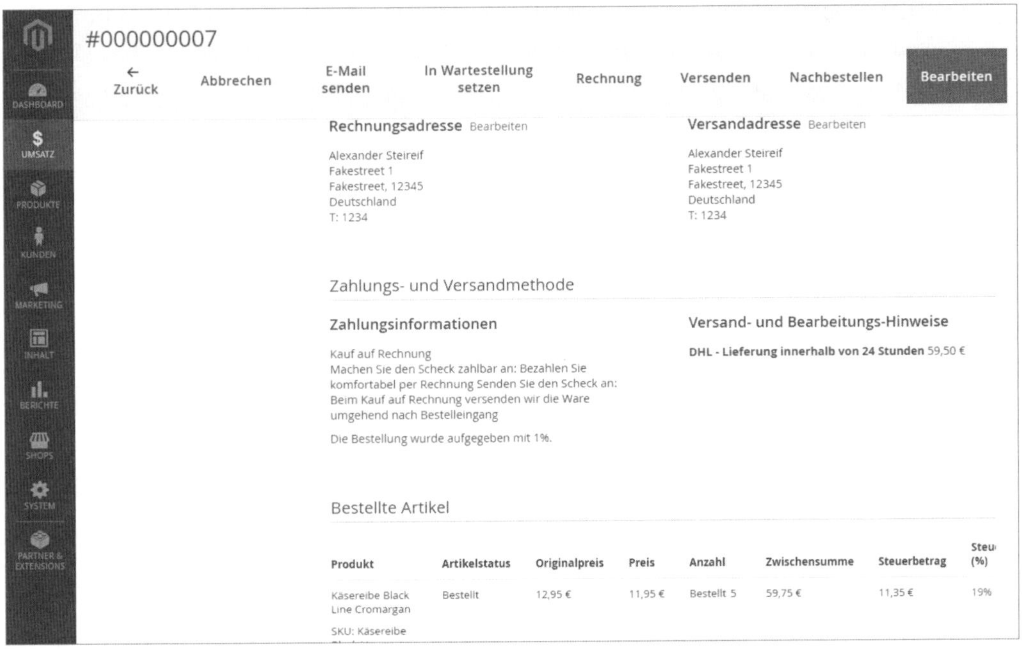

Abbildung 8.15 In einer Bestellung können Sie unter anderem die hinterlegten Adressen editieren und Details zur Zahlung und Lieferung einsehen.

An diesen Stellen haben Sie ebenfalls keine Möglichkeit, nachträglich Änderungen durchzuführen. Möchten Sie daher die Zahlart oder die Versandmethode ändern, müssen Sie, wie Sie später noch sehen werden, die Bestellung stornieren und neu anlegen.

Am unteren Ende der Ansicht finden Sie das Kommentarfeld sowie die Auswahl des Status. Letztere Option können Sie an dieser Stelle ignorieren, da Sie noch keine alternativen Status angelegt haben. Mithilfe des Kommentars können Sie an dieser Stelle in Kontakt mit Ihrem Kunden treten. Ein Kommentar kann immer als privat bzw. öffentlich zugänglich markiert werden, das definieren Sie über die Checkboxen auf der rechten Seite. Wenn Sie einen privaten Kommentar, der nur über das Backend eingesehen werden kann, hinterlegen möchten, müssen Sie die Checkbox SICHTBAR IM FRONTEND anhaken. Speichern Sie hingegen einen Kommentar und haken die Checkbox KUNDEN PER E-MAIL BENACHRICHTIGEN an, so erhält der Kunde automatisch eine E-Mail mit dem hinterlegen Kommentar. Direkt rechts neben dem Kommentarfeld sehen Sie zudem nochmals die Bestellsumme sowie deren Zusammensetzung.

Wie eingangs erwähnt, haben Sie neben den ganzen Informationen und der Möglichkeit, die Rechnungs- und Lieferadresse zu ändern, auf der linken Seite noch eine weitere Tab-Navigation. Nachdem Sie eine Bestellung aufgerufen haben, befinden Sie sich immer im ersten Tab namens INFORMATIONEN. In diesem Tab stehen Ihnen alle erwähnten Informationen und Details zu einer Bestellung zur Verfügung. Im Tab RECHNUNGEN haben Sie hingegen die Möglichkeit, bestehende Rechnungen herunterzuladen, im Tab GUTSCHRIFTEN können Sie Gutschriften herunterladen, im Tab SENDUNGEN die Lieferscheine, und im Tab KOMMENTARHISTORIE sehen Sie, wie in Abbildung 8.16 exemplarisch dargestellt, den kompletten Kommentarverlauf einer Bestellung.

Abbildung 8.16 In der Kommentarhistorie sehen Sie alle einer Bestellung hinzugefügten Kommentare.

Wenn Sie nun auf die verschiedenen Tabs klicken, was Sie gern kurz testen können, werden Sie, abgesehen vom Tab Kommentarhistorie, durchweg leere Ansichten vorfinden. Aktuell haben Sie zu dieser Bestellung weder eine Rechnung noch einen Lieferschein erstellt, aus diesem Grund kann Ihnen Magento in den jeweiligen Tabs auch nichts anzeigen. Erstellen Sie daher im nächsten Schritt die Rechnung und den Lieferschein, und verarbeiten Sie die ausgewählte Bestellung komplett, sodass diese den Status *Complete* erhält.

Mithilfe der Navigation im oberen Bereich der Seite, die Sie in Abbildung 8.17 sehen, haben Sie die Möglichkeit, Rechnungen und Lieferscheine für die Bestellungen zu erstellen, jedoch stehen zudem weitere Optionen zur Verfügung

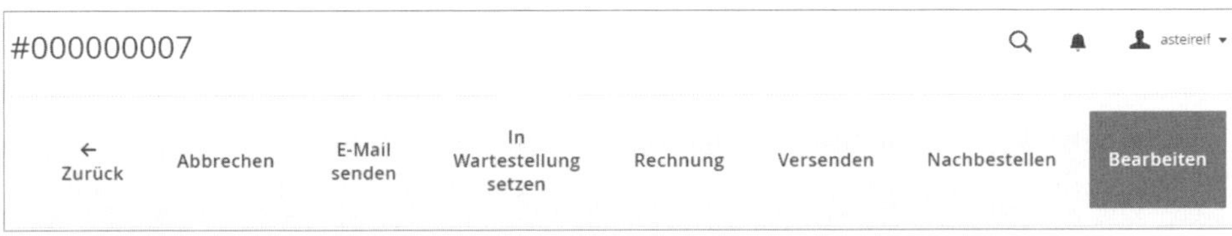

Abbildung 8.17 Eine weitere Navigationsleiste ermöglicht den Zugriff auf alle relevanten Funktionen.

Klicken Sie auf den Button ZURÜCK, landen Sie, wie Sie wahrscheinlich bereits vermuten, wieder auf der Übersichtsseite, die alle Bestellungen darstellt. Mittels Klick auf den Button ABBRECHEN können Sie die gesamte Bestellung stornieren. Ist eine Bestellung storniert, ist sie sozusagen auch in der Verarbeitung abgeschlossen, erhält aber einen speziellen Status, sodass Sie sehen, dass es sich um eine stornierte Bestellung handelt. Wenn Sie Ihrem Kunden die Bestellbestätigung erneut zukommen lassen möchten, können Sie dies tun, indem Sie auf den Button E-MAIL SENDEN klicken. Hinter dem Button IN WARTESTELLUNG SETZEN verbirgt sich die Möglichkeit, die Bestellung zu pausieren. In diesem Fall erhält die Bestellung ebenfalls einen bestimmten Status, und Sie können die Verarbeitung der Bestellung anschließend erneut aufnehmen. Interessant wird es mit den nächsten beiden Buttons namens RECHNUNG sowie VERSENDEN. Mit diesen beiden Buttons können Sie die angesprochenen Rechnungen bzw. Lieferscheine generieren. Abschließend haben Sie zudem die Option, die komplette Bestellung nachzubestellen, indem Sie auf NACHBESTELLEN klicken. Klicken Sie auf den letzten Button namens BEARBEITEN, storniert Magento die ausgewählte Bestellung und legt eine neue an. Bei dieser neuen Bestellung haben Sie selbstverständlich noch die Möglichkeit, einzugreifen und z. B. die hinzugefügten Produkte zu editieren oder auch die Versand- und Zahlungsmethode zu ändern. Es passiert vom Ablauf her aber nichts anderes, als wenn Sie zuerst auf den Button ABBRECHEN und anschließend auf NACHBESTELLEN klicken. Beachten Sie bitte an dieser Stelle, dass Magento bei einer Editierung einer bestehenden Bestellung zuerst immer eine Stornierung durchführen muss und auf der Basis der Bestellung eine neue Bestellung anlegt. Ein direktes Bearbeiten ohne Stornierung ist in Magento nicht möglich.

Klicken Sie, um eine Rechnung zu generieren, auf den Button RECHNUNG. Sie werden anschließend in eine Ansicht weitergeleitet, die gewisse Ähnlichkeiten mit der Ansicht innerhalb des Tabs INFORMATIONEN hat. So sehen Sie alle Details der Bestellung, d. h. welcher Kunde welche Produkte in welcher Höhe zu welchem Zeitpunkt bestellt hat. Ebenso haben Sie die Möglichkeit, die Rechnungs- und Versanadresse zu editieren. Diese Funktion ist Ihnen bereits aus der vorherigen Ansicht bekannt. Interessant wird es in dieser Ansicht zum ersten Mal, wenn Sie ein wenig nach unten scrollen, bis Sie im Abschnitt ZAHLUNGS- UND VERSANDMETHODE landen. Denn in diesem Bereich können Sie bei den Versandinformationen die Checkbox SENDUNG ERSTELLEN anhaken. Wenn Sie diesen Haken setzen, geht ein weiterer Bereich auf, in dem Sie eine oder mehrere Tracking-Nummern hinzufügen können. Zur Auswahl stehen mehrere Anbieter, unter anderem DHL und UPS. Diese beiden Dienste haben aber keine direkte Schnittstelle zu Magento, die Auswahl des Versanddienstleisters aus dem Dropdown-Feld löst keine direkte Abfrage oder Ähnliches aus. Letztendlich gibt Magento anschließend nur den Wert DHL bzw. UPS im Frontend bzw. in E-Mails aus. Bei der Tracking-Nummer könnten Sie sowohl die reine Tracking-Nummer als auch den gesamten Link zur Tracking-Seite des Versanddienstleisters hinterlegen. Wenn Sie an dieser Stelle die Checkbox SENDUNG ERSTELLEN aktivieren und die Rechnung generieren, müssen Sie den Lieferschein nicht nachträglich manuell erstellen, sondern Magento generiert beide Dokumente in einem Rutsch. Da ich dieses Verhalten an dieser Stelle aber nicht bevorzuge, verzichte ich auf die Aktivierung der Checkbox.

Scrollen Sie anschließend weiter nach unten, erhalten Sie die Übersicht der bestellten Artikel, wie Sie in Abbildung 8.18 sehen können.

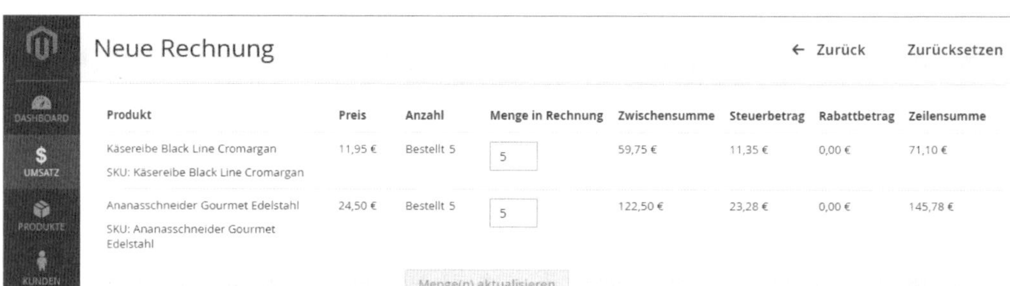

Abbildung 8.18 Sie müssen bei der Erstellung einer Rechnung nicht zwangsläufig alle Artikel in Rechnung stellen.

In diesem Bereich können Sie nun definieren, wie viele der bestellten Produkte Sie in Rechnung stellen. Im Standard ist immer die Gesamtanzahl der bestellten Artikel ausgewählt, in meinem Fall also 5 Stück bei der Käsereibe und 5 Stück bei dem bestellten Ananasschneider. Möchte ich die Produkte separat abrechnen, hinterlege ich bei beim Ananasschneider die Stückzahl 0 und drücke auf den Button MENGE(N) AKTUALISIEREN. Erstellen Sie anschließend die Rechnung, indem Sie nach unten scrollen und auf den Button RECHNUNG ÜBERMITTELN klicken. Wie auch bei der Anlage einer Bestellung können Sie zudem einen Kommentar hinzufügen und definieren, ob eine Kopie der Rechnungs-E-Mail versendet werden soll.

Nachdem Sie die Rechnung erstellt haben, landen Sie in der Bestellübersicht der ausgewählten Bestellung. Klicken Sie anschließend erneut auf den Button RECHNUNG und erzeugen Sie für die übrigen 5 Produkte eine weitere Rechnung. Daraufhin landen Sie erneut auf der Bestellübersicht, und Sie sehen, dass der Bestellstatus auf Verarbeitung gesprungen ist. Möchten Sie die erstellten Rechnungen einsehen, können Sie dies tun, indem Sie in der linken Tab-Navigation auf RECHNUNGEN klicken. Innerhalb des Tabs sehen Sie eine Auflistung aller für die Bestellung erzeugten Rechnungen. Klicken Sie auf einen der Datensätze, gelangen Sie zur Detailansicht. Innerhalb der Detailansicht haben Sie die Möglichkeit, die Rechnung erneut herunterzuladen bzw. dem Kunden die Rechnung erneut per E-Mail zuzusenden.

Übrigens, wenn Sie zum ersten Mal eine Rechnung herunterladen, werden Sie feststellen, dass das erzeugte PDF gelinde gesagt optimierungsbedürftig ist. Im Standard sieht eine Rechnung in Magento wie in Abbildung 8.19 aus. Das Problem der erzeugten PDF-Dokumente besteht nicht nur in der schwachen Optik. Auch kann es, je nach Auslegung des Finanzamtes, Probleme mit der Anerkennung der Rechnung geben, da nicht alle rechtlichen Vorschriften zu 100 % eingehalten werden. Leider können Sie mit Bordmitteln an dem Rechnungslayout und -design relativ wenig machen. Im Prinzip handelt es sich hierbei um notwendige Customizing-Aufwände, die Überarbeitung der Rechnung ist ähnlich wie eine Modulentwicklung zu betrachten. Im letzten Kapitel dieses Buches, Kapitel 25, »Weiterführende Themen und Troubleshooting«, stelle ich Ihnen jedoch ausgewählte Magento-Erweiterungen vor, unter denen sich auch eine Erweiterung für das Rechnungsdesign befindet. Gegebenenfalls wird diese Erweiterung Ihre Anforderung lösen, hierzu aber später mehr.

Wie auf den vorherigen Seiten erwähnt, ist eine Bestellung nur dann vollständig bearbeitet, wenn neben einer oder mehreren Rechnungen noch ein Lieferschein vorliegt. Klicken Sie daher bitte auf den Button VERSENDEN. In der nun aufgehenden Maske haben Sie die Möglichkeit, einen Lieferschein zu erstellen. Im Prinzip ist diese Ansicht deckungsgleich mit der bereits beschriebenen Rechnungserstellungsansicht. Sie können eine oder mehrere Tracking-Nummern hinterlegen und definieren, welche Produkte Sie diesem Lieferschein hinzufügen möchten. Auch hier sind im Standard wieder alle bestellten Produkte ausgewählt, genau wie bei der Rechnung können Sie aber in einem Lieferschein nur die Ananasschneider ausliefern und in einem zweiten Lieferschein die Käsereiben.

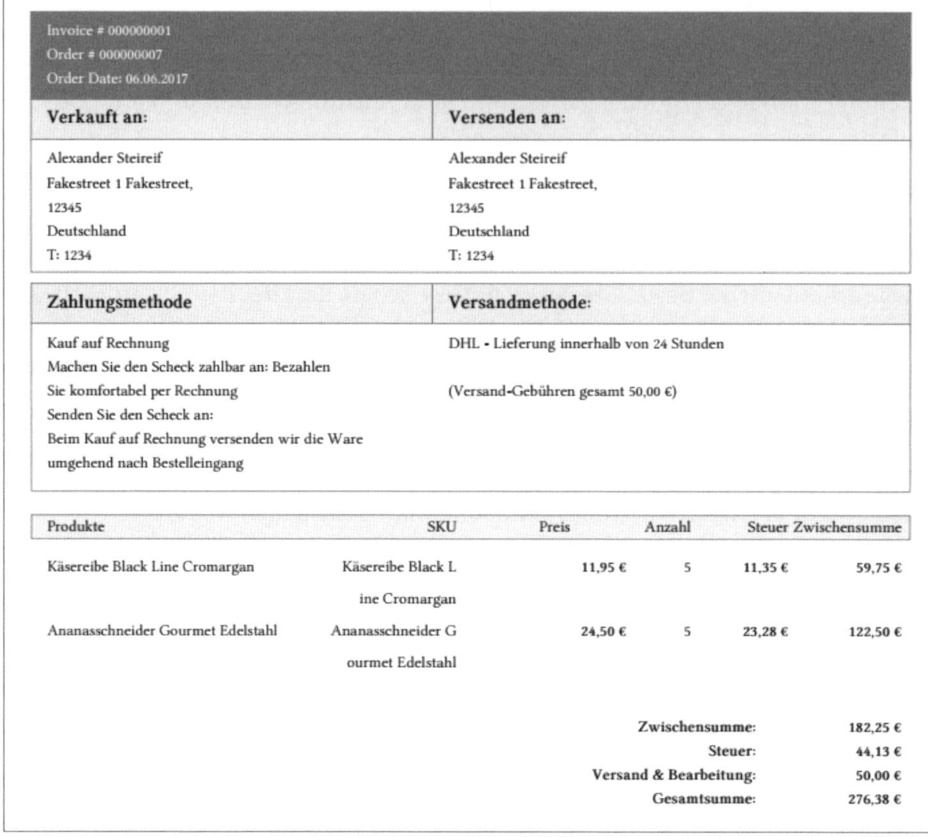

Invoice # 000000001
Order # 000000007
Order Date: 06.06.2017

Verkauft an:	**Versenden an:**
Alexander Steireif Fakestreet 1 Fakestreet, 12345 Deutschland T: 1234	Alexander Steireif Fakestreet 1 Fakestreet, 12345 Deutschland T: 1234

Zahlungsmethode	**Versandmethode:**
Kauf auf Rechnung Machen Sie den Scheck zahlbar an: Bezahlen Sie komfortabel per Rechnung Senden Sie den Scheck an: Beim Kauf auf Rechnung versenden wir die Ware umgehend nach Bestelleingang	DHL - Lieferung innerhalb von 24 Stunden (Versand-Gebühren gesamt 50,00 €)

Produkte	SKU	Preis	Anzahl	Steuer	Zwischensumme
Käsereibe Black Line Cromargan	Käsereibe Black L ine Cromargan	**11,95 €**	5	**11,35 €**	**59,75 €**
Ananasschneider Gourmet Edelstahl	Ananasschneider G ourmet Edelstahl	**24,50 €**	5	**23,28 €**	**122,50 €**

Zwischensumme:	**182,25 €**
Steuer:	**44,13 €**
Versand & Bearbeitung:	**50,00 €**
Gesamtsumme:	**276,38 €**

Abbildung 8.19 Die von Magento erzeugten PDF-Rechnungen könnten eine optische Überarbeitung vertragen.

Sobald Sie alle notwendigen Daten hinterlegt haben, klicken Sie auf den Button VERSAND ÜBERMITTELN, um den Lieferschein zu erstellen. Liegen keine Fehler vor, landen Sie erneut auf der Bestellübersicht, und der Status der Bestellung ist nun auf VOLLSTÄNDIG gesprungen. Mit dieser letzten Aktion haben Sie den gesamten Bestellverarbeitungsprozess durchgespielt und für die ausgewählte Bestellung zwei Rechnungen sowie einen Lieferschein erstellt. Magento sieht damit die Bestellung als vollständig an, eine entsprechende Information wird auch der Kunde im Frontend innerhalb seines Benutzerkontos sehen, und weitere Aktionen Ihrerseits sind nicht mehr notwendig.

Auch wenn Sie einen Lieferschein und eine Rechnung erzeugen müssen, um eine Bestellung zu verarbeiten, gibt es noch eine dritte Dokumentenart, die ich Ihnen an dieser Stelle kurz vorstellen möchte. Neben Rechnungen und Lieferscheinen können Sie in Magento zudem Gutschriften anlegen. Gutschriften brauchen Sie immer dann, wenn Sie einem Kunden eine bereits erstellte Rechnung ganz oder teilweise gutschreiben möchten. Daher können Sie eine Gutschrift auch nur für Bestellungen anlegen, die mindestens eine Rechnung beinhalten. Sobald Sie eine Bestellung mit einer Rechnung öffnen, finden Sie in der Top-Navigation einen neuen Button namens GUTSCHRIFT. Die Maske zur Erfassung einer Gutschrift entspricht im Prinzip den beiden bereits bekannten Masken zur Erstellung einer Rechnung bzw. eines Lieferscheins. Kleine, aber feine Unterschiede gibt es jedoch im Bereich der Produkte, wie Sie in Abbildung 8.20 sehen.

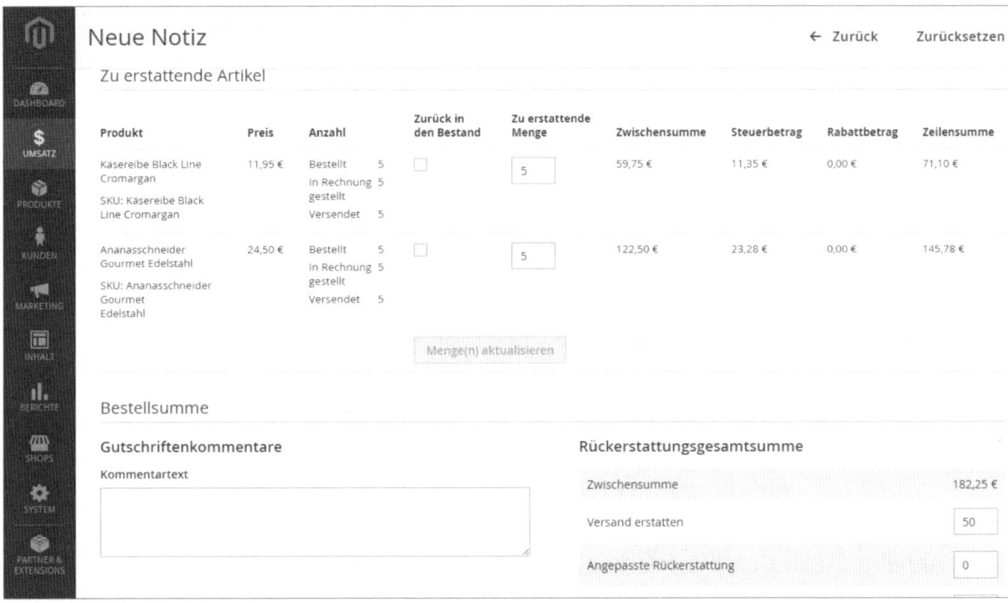

Abbildung 8.20 Bei einer Gutschrift müssen Sie definieren, was mit den zurückgesendeten Produkten passiert.

So müssen Sie zum einen definieren, wie viele der Produkte Sie erstatten möchten. Auch können Sie hinterlegen, ob die zu erstattenden Produkte zurück in den Bestand gebucht werden sollen. Ist diese Option aktiviert, erhöht sich automatisch der Lagerbestand um die zu erstattende Stückzahl. Weiter unten bei der Rückerstattungsgesamtsumme, einen Bereich, den Sie ebenfalls in Abbildung 8.20 sehen, haben Sie die Möglichkeit, die Rückerstattungssumme festzulegen. Dabei sind Auf- und Abschläge möglich, d. h., entweder erstatten Sie die gesamte Bestellsumme oder aber einen geringen Betrag, weil Sie gegebenenfalls noch Bearbeitungskosten geltend machen möchten. Glücklicherweise sind Sie an dieser Stelle relativ frei, Magento erlaubt Ihnen prinzipiell die Erstattung eines beliebigen Betrages. Haben Sie die zu erstattende Stückzahl und die Rückerstattungssumme hinterlegt, können Sie mittels des Buttons RÜCKERSTATTUNG OFFLINE – lassen Sie sich an dieser Stelle von der Benennung nicht irritieren – die Gutschrift erstellen. Wie auch bei den Rechnungen und Lieferscheinen können Sie pro Bestellung mehrere Gutschriften erstellen, einzig die maximale Anzahl an zu erstattenden Produkten wird durch die Anzahl der bestellten Produkte festgelegt.

8.3 Verwaltung von Bestellstatus

Während der Erstellung von Rechnungen und Gutschriften ist Ihnen sicherlich der wechselnde Bestellstatus aufgefallen. Magento kennt von Haus aus verschiedene Zustände einer Bestellung, den Zuständen sind Bestellstatus zugewiesen. Das heißt, wenn eine neue Bestellung eingeht, kann diese Bestellung mehrere Bestellstatus haben, diese ändern aber nichts am Zustand der Bestellung, das bedeutet, dass es sich um eine neue Bestellung ohne Rechnung bzw. Lieferschein handelt.

Die Zustände an sich sind festgelegt, und Sie haben keinerlei Möglichkeit, diese innerhalb des Magento-Backends zu ändern. Vereinfacht ausgedrückt gibt es die folgenden Zustände:

- Neue Bestellung
- Bestellung mit einer Rechnung
- Bestellung mit einem Lieferschein
- Bestellung mit einer Gutschrift

Was Sie jedoch ändern und erweitern können, sind die Status. Klicken Sie hierfür im Backend auf den Punkt SHOPS • BESTELLSTATUS. Daraufhin erhalten Sie, wie in Abbildung 8.21 zu sehen ist, eine Auflistung aller Zustände und Status samt deren Zuordnung.

Blenden Sie an dieser Stelle gedanklich die ganzen Tabelleneinträge aus, und klicken Sie zuerst auf den Button NEUER STATUS ERSTELLEN. In der anschließend dargestellten Eingabemaske können Sie einen Statuscode und ein Statuslabel hinterlegen. Aufgrund der Mehrsprachigkeit werden Sie an dieser Stelle auch die Möglichkeit haben, individuelle Werte je nach Store View zu hinterlegen. Diese Option ist aktuell aber weniger interessant. Angenommen, Sie möchten grundsätzlich bei einer Bestellung hinterlegen können, ob der Zahlungseingang, z. B. bei Bezahlung per Vorkasse, erfolgt ist, benötigen Sie einen weiteren Status. Diesem Status geben Sie den Statuscode »payment_received« und das Label »Geldeingang erfolgt«. Beim Statuscode müssen Sie letztendlich nur einen eindeutigen Wert hinterlegen, welchen Code Sie verwenden, bleibt Ihnen überlassen. Sowohl das Label als auch der Statuscode sind von mir an dieser Stelle frei gewählt, Sie können jeden beliebigen anderen Wert verwenden.

Speichern Sie anschließend den Status über den gleichnamigen Button.

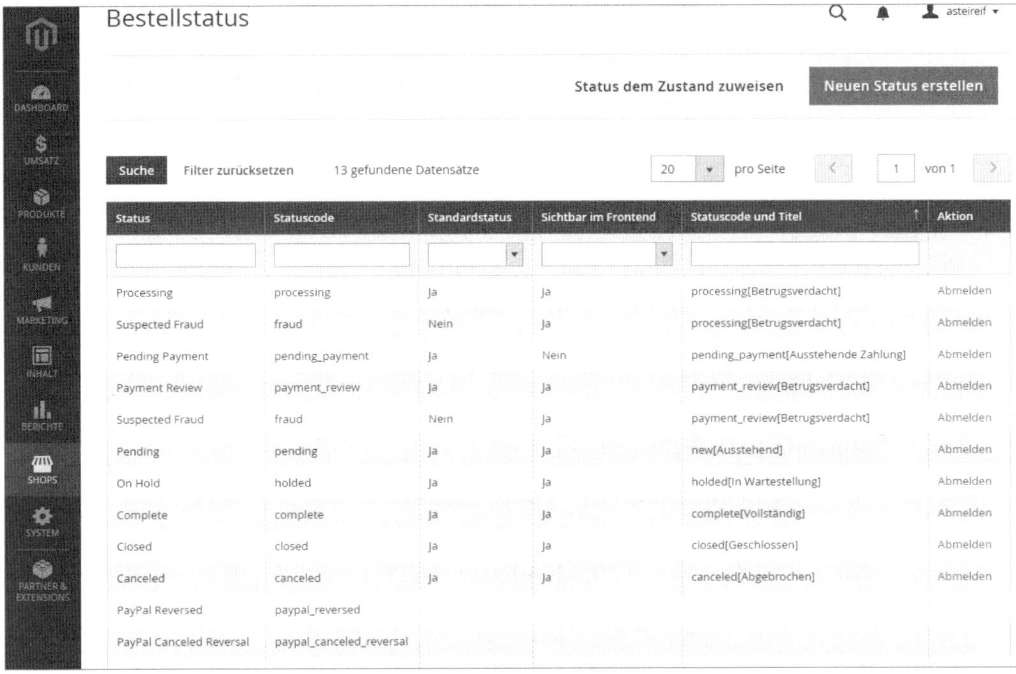

Abbildung 8.21 Magento erlaubt die Anlage und Verwaltung von Bestellstatus.

Die reine Anlage des Status hilft Ihnen jetzt noch nicht weiter, denn Sie müssen dem System mitteilen, bei welchem Zustand einer Bestellung dieser Status zur Verfügung stehen soll. Klicken Sie daher in der Bestellstatusübersicht auf den Button STATUS DEM ZUSTAND ZUWEISEN. Daraufhin öffnet sich die Maske, die Sie in Abbildung 8.22 sehen.

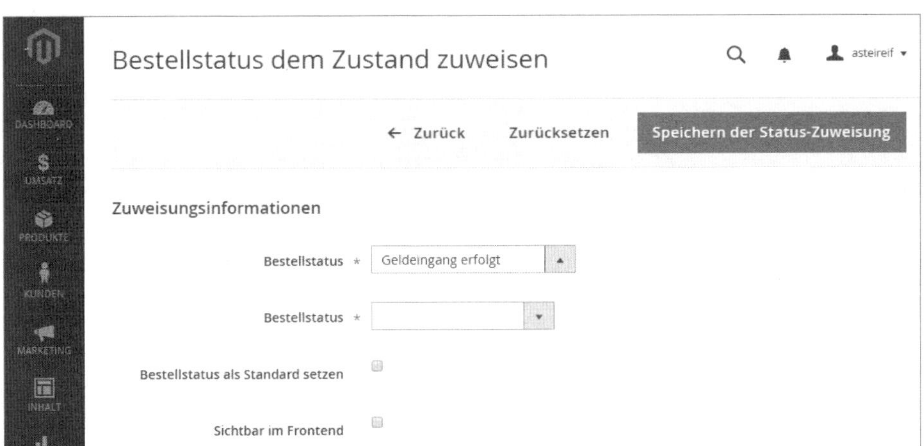

Abbildung 8.22 Nachdem Sie einen Status angelegt haben, müssen Sie ihm einen Zustand zuweisen.

Beim BESTELLSTATUS können Sie jetzt den soeben angelegten Status auswählen, im nächsten Feld, beim Bestellzustand, in der Übersetzung fälschlicherweise auch mit Bestellstatus übersetzt, wählen Sie den Eintrag AUSSTEHEND. Jede neue Bestellung bekommt nämlich den Zustand ausstehend zugewiesen. An dieser Stelle sehen Sie noch die weiteren Zustände, die aufgrund der Benennung recht selbsterklärend sind. Wenn Sie den Bestellstatus als Standard setzen, hierbei handelt es sich um das nächste Feld, würde jeder neuen Bestellung der von Ihnen ausgewählte Zustand zugewiesen werden. In diesem Fall wäre das kontraproduktiv, da ich die bezahlten Bestellungen markieren würde und nicht jede neue Bestellung per se bezahlt ist. Die letzte Option, sichtbar im Frontend, sollten Sie dann aktivieren, wenn Sie den angelegten Status auch innerhalb des Kundenkontos im Frontend anzeigen möchten. Speichern Sie bitte anschließend die Zuweisung, und wechseln Sie nun in eine unbearbeitete Bestellung innerhalb der Bestellübersicht.

Wenn Sie jetzt eine neue Bestellung innerhalb des Backends aufrufen und in der Detailansicht nach unten scrollen, werden Sie feststellen, dass Sie bei der Statusauswahl zusätzlich den soeben angelegten Status auswählen können, Sie sehen das in Abbildung 8.23.

Abbildung 8.23 Der neu hinzugefügte Status kann nun bei unbearbeiteten Bestellungen ausgewählt werden.

Erfolgt nun beispielsweise für diese Bestellung der Zahlungseingang, können Sie, wie in Abbildung 8.23 zu sehen ist, den neuen Status auswählen und den Kommentar übermitteln. Durch die Übermittlung des Kommentars – Sie müssen in den Freitextbereich auch keinen Text schreiben – wird automatisch der Status der Bestellung geändert.

Wie erwähnt, können Sie aber nicht nur für neue Bestellungen neue Status anlegen. Letztendlich haben Sie die Möglichkeit, bei jedem Zustand weitere Status zu erstellen und zuzuweisen und anschließend in der Bestellansicht den möglichen Status der Bestellung zuzuweisen. Was Sie jedoch nicht ändern können, das möchte ich an dieser Stelle nochmals betonen, sind die im System vorhandenen Zustände einer Bestellung.

8.4 Fazit und Ausblick

Bestellungen spielen in jedem Online-Shop eine große Rolle, denn als Shop-Betreiber müssen Sie Bestellungen effizient verarbeiten können, und Kunden müssen zudem die Möglichkeit haben, spielend einfach neue Bestellungen im Frontend anzulegen. In diesem Kapitel haben Sie alle Eigenheiten und Details von Magento erfahren, was die Anlage von Bestellungen im Frontend und Backend angeht, sowie Einblicke in den kompletten Prozess der Bestellverarbeitung erhalten. Mit diesem Wissen sind Sie nun bestens gerüstet, um eingehende Bestellungen Ihres hoffentlich prosperierenden Online-Shops zu verarbeiten und zu verwalten.

Im nächsten Kapitel erfolgt thematisch ein etwas härterer Schnitt, geht es doch weder um Produkte noch um Bestellungen, sondern um ein fast genauso wichtiges Gut. Denn das folgende Kapitel dreht sich komplett um die Kundenverwaltung und die Möglichkeiten und Funktionen innerhalb des Frontends, auf die Ihre Kunden zurückgreifen können.

Kapitel 9
Kundenkonto und Kundenverwaltung

Neben den Produkten spielen Kunden eine zentrale Rolle in Ihrem Magento-System. Neben den unzähligen Self-Service-Funktionen des Kundenkontos stehen innerhalb des Backends ebenfalls umfangreiche Möglichkeiten zum Kundenmanagement bereit. Entdecken Sie in diesem Kapitel die Features des Back- und Frontends.

Kunden spielen eine zentrale Rolle in Ihrem Online-Shop. Durch die Registrierung eines Kundenkontos haben Sie als Shop-Betreiber die Möglichkeit, in einen Dialog mit Ihren Nutzern zu treten. Dieser Dialog ist wichtig, um sowohl die Kundenzufriedenheit als auch die Umsätze zu steigern und noch intensiver mit den Kunden arbeiten zu können. Die Basis hierfür ist das besagte Kundenkonto, denn nur wenn ein Nutzer ein Kundenkonto anlegt, können sie ihn identifizieren, sehen seine Bestellhistorie, Kundenmerkmale und bekommen ein Gefühl dafür, wie der Kunde »tickt«. In Magento ist es übrigens nicht zwangsläufig notwendig, ein Kundenkonto anzulegen. Die Nutzer Ihres Magento-Systems können auch als Gäste Bestellungen durchführen, es sei denn, Sie passen die Konfiguration innerhalb des Backends an. Für die Bearbeitung der Bestellung ist es letztendlich irrelevant, ob es sich um einen Gast oder einen Kunden mit Kundenkonto handelt, für Sie als Shop-Betreiber ist dieser feine Unterschied jedoch weitaus bedeutsamer. Unabhängig vom Einsatz von Magento, sollten Sie daher immer darauf achten, dass Ihre Nutzer ein Kundenkonto anlegen und Bestellungen immer im angemeldeten Zustand durchführen.

Einordnung in Benutzergruppen und -segmente

Speziell wenn Sie mit Kundengruppen und Kundensegmenten, einem Feature der Enterprise Edition, arbeiten, stehen primär Kunden mit einem Kundenkonto im Vordergrund. Das heißt, die Einteilung in Kundengruppen und -segmente funktioniert, abgesehen von ein bis zwei Ausnahmen, nur für Nutzer mit einem Kundenkonto und nicht für Gäste. Fördern Sie daher in Ihrem Magento-Shop unbedingt die Registrierung eines Kundenkontos, beispielsweise durch eine Belohnung mit einem Gutschein über 5 oder 10 €!

Meiner Meinung nach sollten Sie Ihre Nutzer aber nicht dazu zwingen, sich ein Kundenkonto anzulegen. In Magento könnten Sie dies theoretisch tun, in dem Sie Gastbestellungen deaktivieren. Diese Option, die Sie im Rahmen der Vorstellung der Systemkonfiguration kennengelernt haben, ermöglicht die Deaktivierung des Checkout-Prozesses für Gäste. Mit dieser sehr restriktiven Vorgehensweise werden Sie aber definitiv die Conversion Rate zum Schlechteren verändern, da ein Großteil der Kunden ohne besondere Animierung als Gast und ohne Kundenkonto einkaufen möchte. Versuchen Sie daher, durch Gutscheine und weitere Goodys die Registrierung eines Kundenkontos zu fördern.

9.1 Registrierung innerhalb des Frontends

Wie Sie sehen, ist die Registrierung eines Kundenkontos wichtig, doch wie kommen Ihre Nutzer in Magento zu einem Kundenkonto? Es gibt insgesamt zwei Möglichkeiten, wie sich ein Nutzer ein Kundenkonto anlegen kann. Die Registrierung kann entweder direkt während des Checkout-Prozesses oder durch eine Registrierung im Vorfeld erfolgen. Beide Vorgehensweisen führen am Ende des Tages zum selben Ergebnis, daher ist es eigentlich egal, für welche Variante sich der Nutzer entscheidet. Hier spielt primär die persönliche Vorliebe eines jeden Nutzers die entscheidende Rolle, und aus Sicht des Online-Shop-Betreibers ist es positiv zu bewerten, dass im Magento-System zwei verschiedene Vorgehensweisen bei der Registrierung zur Verfügung stehen. Lassen Sie uns im Folgenden beide Varianten einer Registrierung im Detail anschauen und exemplarische Kundenkontoregistrierungen durchführen.

9.1.1 Registrierung vor dem Checkout-Prozess

Als Gast können Sie, zumindest im Magento-Standarddesign, relativ einfach ein Kundenkonto anlegen. Auf jeder Seite ist direkt in der Header-Navigation, die Sie in Abbildung 9.1 sehen, ein entsprechender Link inkludiert. An dieser Stelle haben Sie übrigens auch die Möglichkeit, sich mit Ihren Zugangsdaten anzumelden, sollten Sie bereits über ein Kundenkonto verfügen.

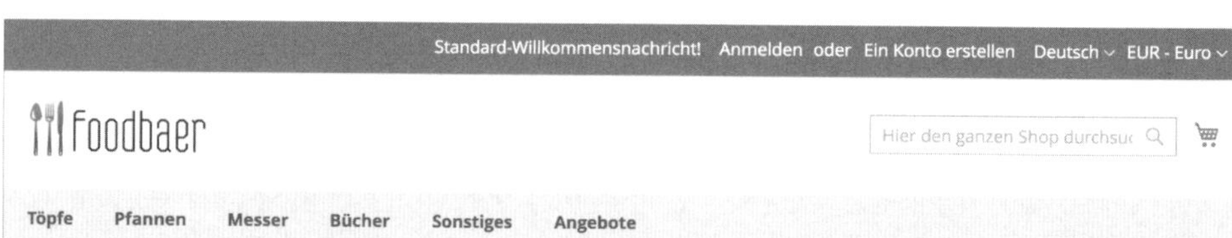

Abbildung 9.1 Im Standard befindet sich in der Header-Navigation eine direkte Verlinkung zur Kundenkontoregistrierung.

Unabhängig davon, auf welcher Seite sich ein Nutzer im Frontend aufhält, kann er also direkt die Kundenkontoregistrierung öffnen. Sie können wie ich an dieser Stelle auf diesen Link klicken, um im nächsten Schritt ein Kundenkonto anzulegen.

Die Anlage eines Kundenkontos – Sie sehen die entsprechende Ansicht in Abbildung 9.2 – ist an sich relativ einfach. Sie müssen einen Vornamen, Nachnamen, E-Mail-Adresse sowie Passwort angeben. Optional können Sie sich direkt für den Newsletter anmelden, hierfür müssen Sie nur die Checkbox ANMELDUNG ZUM NEWSLETTER anhaken. Je nach Konfigurationseinstellung muss der Nutzer zudem ein Captcha, d. h. eine Code-Eingabe, ausfüllen, um auszuschließen, dass es sich um einen Bot handelt.

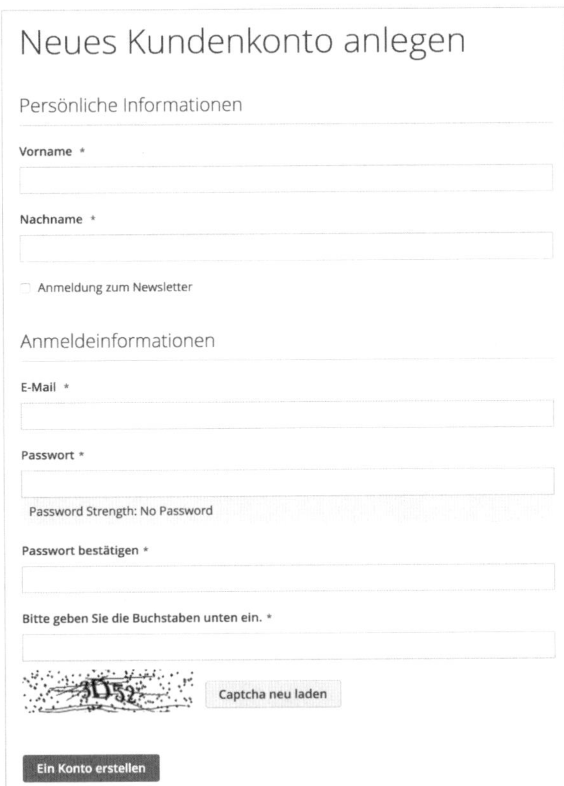

Abbildung 9.2 Für die Registrierung eines Kundenkontos verlangt Magento nur wenige Informationen.

Sobald Sie alle Informationen hinterlegt haben, klicken Sie bitte auf den Button EIN KONTO ERSTELLEN. Nachdem Sie den Button betätigt haben, können zwei Dinge passieren, die letztendlich von der Systemkonfiguration abhängen. Haben Sie in der Systemkonfiguration das Double-Opt-in-Verfahren aktiviert, erhalten Sie nach der Kundenkontoregistrierung eine E-Mail mit einem Bestätigungslink. Erst wenn Sie diesen Link angeklickt haben, wird Ihr Kundenkonto aktiviert, und Sie haben die Möglichkeit, sich mit den festgelegten Zugangsdaten anzumelden. Alternativ hierzu können Sie in der Systemkonfiguration jedoch auch das Double-Opt-in-Verfahren deaktivieren. Wenn dieses deaktiviert ist, werden Sie nach der Kundenkontoregistrierung direkt angemeldet, eine weitere Bestätigung der Registrierung ist nicht notwendig. In diesem Fall erhalten Sie von Magento ausschließlich eine Begrüßungsmail, weitere Aktionen sind nicht notwendig.

Aufgrund der rechtlichen Rahmenbedingungen in Deutschland ist es zu empfehlen, das Double-Opt-in-Verfahren zu aktivieren. Ähnlich wie bei der Newsletter-Registrierung fordert der Gesetzgeber, dass ein Nutzer bei einer Registrierung diese nochmals explizit bestätigt. In den meisten Fällen erfolgt dies über einen Bestätigungslink innerhalb einer E-Mail.

Aktivierung des Double-Opt-Ins für die Kundenkontoregistrierung

Innerhalb der Systemkonfiguration, d. h. im Magento-Backend unter SHOPS • KONFIGURATION • KUNDEN • KUNDEN-KONFIGURATION, können Sie im Konfigurationspunkt ERFORDERT E-MAIL-BESTÄTIGUNG das Double-Opt-in-Verfahren aktivieren. Stellen Sie die besagte Option auf JA und speichern Sie die Konfiguration. Anschließend wird nach jeder Kundenkontoregistrierung eine E-Mail samt Bestätigungslink versendet, wobei das Konto erst nach einem Klick auf den Bestätigungslink aktiviert wird.

Wie Sie sehen, ist die Registrierung direkt innerhalb des Frontends über den Link EIN KONTO ERSTELLEN relativ einfach und unkompliziert und kann zu jeder Zeit durch einen Nutzer durchgeführt werden.

9.1.2 Registrierung während des Checkout-Prozesses

Alternativ zu dieser Vorgehensweise ist zudem eine Kundenkontoregistrierung direkt innerhalb des Checkout-Prozesses möglich. Um dieses Verhalten zu testen, legen Sie bitte mindestens ein Produkt in den Warenkorb, und klicken Sie daraufhin auf den Button ZUR KASSE GEHEN, um den Checkout-Prozess zu starten. In der oben Bildschirmhälfte bei dem Eingabefeld für die Artikelnummer sehen Sie bereits den Hinweis SIE KÖNNEN NACH DEM CHECKOUT EIN KONTO ERSTELLEN. Das heißt, die E-Mail-Adresse, die Sie zu Beginn des Checkout-Prozesses hinterlegen, kann später auch die E-Mail-Adresse Ihres Kundenkontos sein. Hinterlegen Sie an dieser Stelle wie auch bei den anderen Eingabefeldern beliebige Werte, und klicken Sie auf WEITER, um in den zweiten Schritt des Checkout-Prozesses zu gelangen.

Bei vorhandener E-Mail-Adresse öffnet sich der Login-Dialog

Sollten Sie innerhalb des Checkout-Prozesses eine E-Mail-Adresse eingeben, die bereits im System existiert, so öffnet sich automatisch der Login-Dialog. Sie können sich anschließend direkt mit Ihren existenten Zugangsdaten anmelden, eine erneute Registrierung mit einer bereits existenten E-Mail-Adresse wird also bereits im Vorfeld verhindert.

Sie gelangen daraufhin in den zweiten und letzten Schritt des Magento-Checkouts, den Sie abschließen, indem Sie auf den Button BESTELLUNG AUFGEBEN klicken. In diesem Moment senden Sie den von Ihnen befüllten Warenkorb ab und erzeugen im System eine Bestellung. Da Sie dies getan haben, ohne mit einem Kundenkonto angemeldet gewesen zu sein, bietet Ihnen Magento nach dem Absenden der Bestellung nun die Möglichkeit an, ein solches anzulegen. Wie Sie in Abbildung 9.3 sehen können, wird auf der sogenannten Success Page, d. h. der Bestätigungsseite nach dem erfolgreichen Absenden der Bestellung, neben der Bestellnummer auch ein Button mit dem Namen EIN KONTO ERSTELLEN angezeigt.

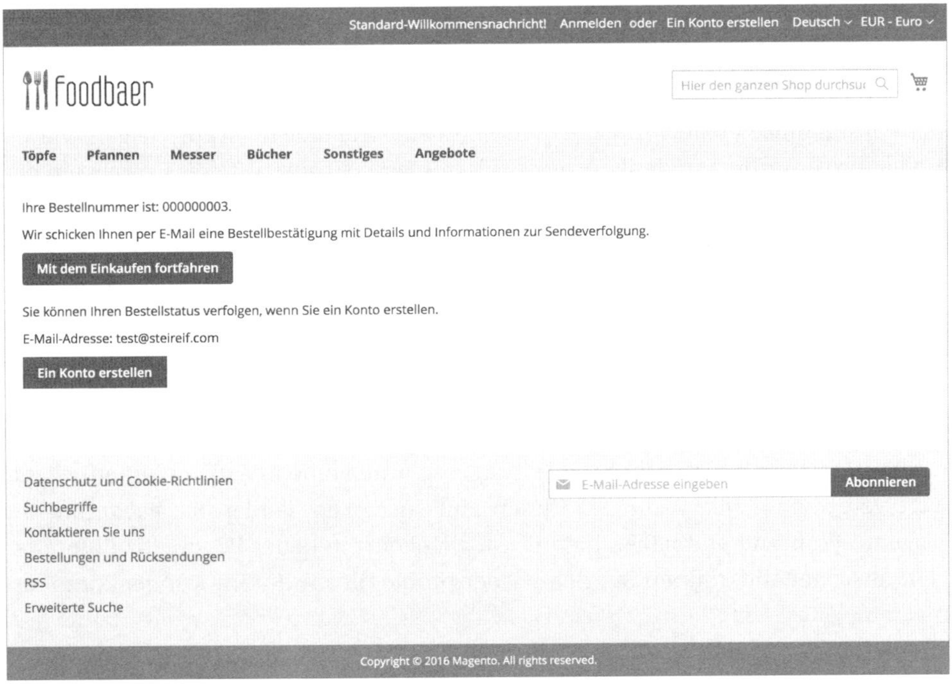

Abbildung 9.3 Ein Nutzer kann direkt nach der Bestellung ein Kundenkonto anlegen.

Klicken Sie jetzt auf diesen Button, um ein neues Kundenkonto zu erstellen. Im Gegensatz zur bereits durchgespielten Registrierung vor einer Bestellung, müssen Sie an dieser Stelle nun kein Passwort hinterlegen. Wenn Sie auf den Button EIN KONTO ERSTELLEN klicken, wird nur die Meldung EINE NACHRICHT MIT WEITEREN ANWEISUNGEN WIRD AN IHRE E-MAIL GESENDET. ausgegeben, und Sie erhalten vom System eine E-Mail mit weiteren Informationen. In dieser E-Mail ist ein Link enthalten, den

Sie anklicken müssen. Mithilfe dieses Links gelangen Sie nämlich zu einer Eingabemaske innerhalb des Magento-Systems, in der Sie das Passwort für Ihr Kundenkonto hinterlegen können. Die Maske ähnelt dabei der Ansicht *Passwort vergessen*, letztendlich haben Sie die Möglichkeit, ein neues Passwort für das von Ihnen gewünschte Kundenkonto zu definieren. Sobald Sie das Passwort hinterlegt und auf Speichern gedrückt haben, haben Sie erfolgreich Ihr neues Kundenkonto angelegt.

Die Registrierung eines Kundenkontos als nachgelagerter Schritt innerhalb des Checkout-Prozesses ermöglicht Ihnen aus Gästen doch noch Kunden mit einem eigenständigen Konto zu machen. In Magento 1 war das leider auf diese einfache und charmante Möglichkeit nicht möglich, weswegen ich mich besonders über dieses neue Feature in Magento 2 freue. Letztendlich müssen Ihre Kunden nach einer getätigten Bestellung nur auf einen Button klicken, und schon ist das Kundenkonto so gut wie angelegt – einfacher geht's kaum!

9.2 Ein neues Passwort anfordern

Der Vollständigkeit halber möchte ich Ihnen an dieser Stelle noch kurz zeigen, wie Sie ein Passwort für Ihr Kundenkonto anfordern können, sollten Sie dies vergessen haben. Klicken Sie innerhalb des Magento-Frontends in der Header-Navigation auf den Link ANMELDEN. Im Bereich der Login-Maske finden Sie anschließend den Link PASSWORT VERGESSEN?, auf den Sie bitte klicken. In der nun geladenen Eingabemaske, die Sie in Abbildung 9.4 sehen, haben Sie jetzt die Möglichkeit, Ihre E-Mail und, sofern diese Option in der Systemkonfiguration aktiviert wurde, einen Sicherheitscode in Form eines Captchas zu hinterlegen.

Haben Sie die Eingabefelder entsprechend ausgefüllt, klicken Sie auf den Button RESET MY PASSWORD. Daraufhin sendet Magento Ihnen eine E-Mail, mit einem »Passwort vergessen«-Link. Wenn Sie diesen Link anklicken, landen Sie wiederum im Magento-Frontend und haben hier die Möglichkeit, ein neues Passwort zu hinterlegen. Anschließend können Sie sich wieder problemlos in Ihrem Kundenkonto anmelden.

Magento versendet aus Sicherheitsgründen keine Passwörter

Auch wenn dies speziell in den Anfangszeiten von Magento 1 üblich war, versendet Magento 2 an keiner Stelle Passwörter. Egal ob Sie sich ein neues Kundenkonto anlegen oder das Passwort für ein bestehendes Kundenkonto neu setzen möchten, in beiden Fällen müssen Sie das Passwort selbst innerhalb einer speziellen Ansicht setzen. Magento versendet das Passwort jedoch nie als Klartextinformation innerhalb von E-Mails.

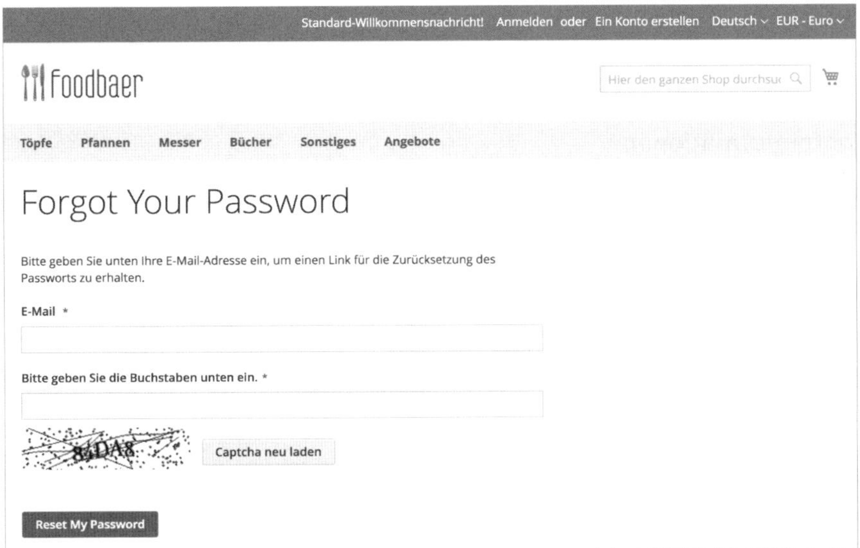

Abbildung 9.4 Sollten Sie Ihr Passwort vergessen haben, können Sie problemlos ein neues anfordern.

9.3 Funktionen des Kundenkontos

Das Kundenkonto ist die persönliche Schaltzentrale eines jeden Nutzers Ihres Systems. Innerhalb des Kundenkontos können persönliche Daten wie Adressen, aber auch die Wunschliste verwaltet und Bestellungen eingesehen werden. Durch die angebotenen Self-Service-Funktionen müssen sich Ihre Kunden bei Fragen, zum Beispiel wegen einer fehlenden Rechnung, nicht mehr an Ihren Support wenden, sondern können über das Kundenkonto entsprechende Informationen einsehen. Lassen Sie uns daher auf den folgenden Seiten einen Blick auf die verschiedenen Funktionen und Möglichkeiten werfen.

Klicken Sie innerhalb der Header-Navigation auf ANMELDEN, und melden Sie sich mit Ihren persönlichen Daten an. Sollten Sie Ihr Passwort nicht mehr parat haben, wissen Sie nun auch, wie Sie ein neues Passwort setzen können. Nachdem Sie sich angemeldet haben, landen Sie direkt im Dashboard.

9.3.1 Dashboard

Das Dashboard ist sozusagen die persönliche Startseite innerhalb des Kundenkontos, das Ihnen relevante Informationen auf einen Blick anzeigt und Ihnen den Sprung in die restlichen Funktionen ermöglicht. Innerhalb des Dashboards sehen Sie auf einen Blick, wie Ihre Standardrechnungs- bzw. -versandadresse lautet, ob Sie sich für den

Newsletter registriert haben und welche Daten Sie aktuell bei den Kontaktinformationen hinterlegt haben.

9.3.2 Kontoinformationen

Klicken Sie in der linken Navigation bitte auf den nächsten Punkt namens KONTOINFORMATIONEN. Innerhalb dieser Maske können Sie Ihren Vornamen, Nachnamen, E-Mail-Adresse sowie Passwort ändern. Beachten Sie, dass je nach Systemkonfiguration, nach einer Änderung der E-Mail-Adresse diese unter Umständen erneut bestätigt werden muss. Achten Sie daher auf Tippfehler und Buchstabendreher.

9.3.3 Adressbuch

Grundsätzlich erlaubt Magento die Verwaltung von beliebig vielen Adressen pro Kunde. Aus diesem Grund existiert auch der nächste Menüpunkt namens ADRESSBUCH. Wenn Sie diesen Link öffnen und noch keine hinterlegten Adressen haben, öffnet sich zuerst ein Dialog zur Anlage einer neuen Adresse, wie Sie in Abbildung 9.5 sehen können.

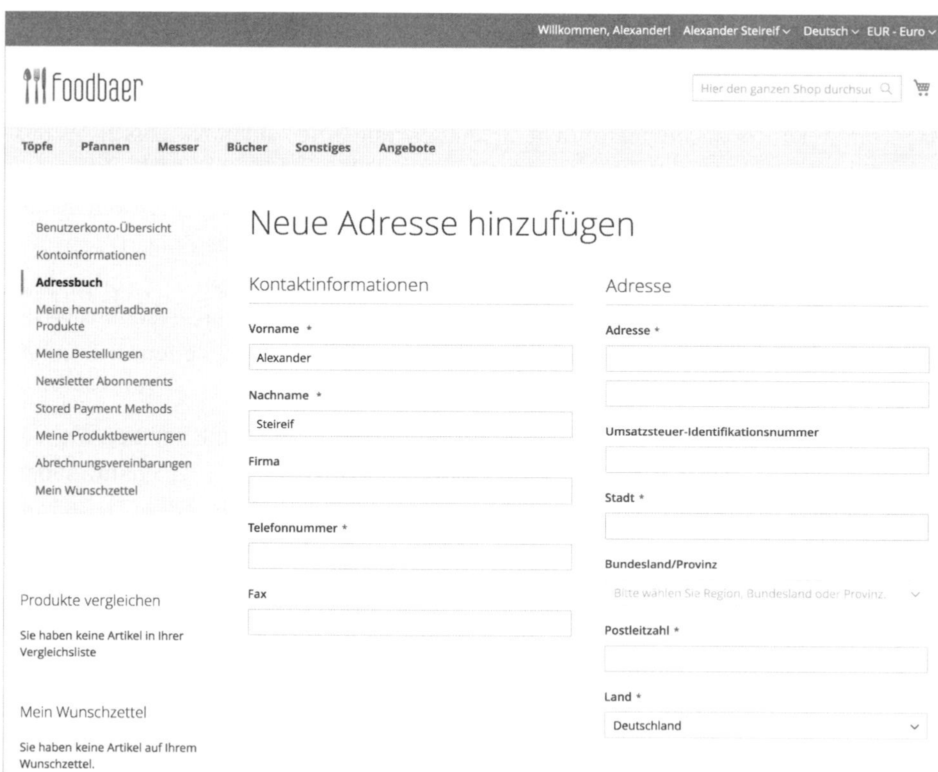

Abbildung 9.5 Innerhalb des Kundenkontos können Sie beliebig viele Adressen anlegen.

Legen Sie an dieser Stelle ruhig eine neue Adresse an, indem Sie die Eingabemaske ausfüllen und anschließend speichern. Haben Sie dies getan, wird sich im nächsten Schritt die Ansicht der Seite ADRESSBUCH ein wenig ändern. Rufen Sie das Adressbuch erneut auf, öffnet sich nicht automatisch eine Eingabemaske zwecks Erstellung einer neuen Adresse, sondern eine Übersichtsseite, in der Sie alle im System hinterlegten Adressen einsehen können. Neben der Möglichkeit, die bestehenden Adressen zu ändern, können Sie selbstverständlich auch neue Adressen hinzufügen. Sofern Sie mehrere Adressen im System hinterlegt haben, können Sie zudem eine Standardrechnungs- bzw. Lieferadressen definieren.

9.3.4 Meine herunterladbaren Produkte

Der nächste Menüpunkt namens MEINE HERUNTERLADBAREN PRODUKTE ist vor allem dann relevant, wenn Sie in Ihrem Online-Shop digitale Produkte, sprich Downloads, vertreiben. Kauft ein Kunde ein herunterladbares Produkt, hat er an dieser Stelle die Möglichkeit, die gekauften Dateien herunterzuladen. Der Download wird jedoch nur dann erlaubt, wenn bestimmte Bedingungen erfüllt sind, die Sie jedoch selbst definieren können. Zu den Bedingungen zählt beispielsweise der Status der Bestellung, wodurch Sie definieren können, dass nur Dateien aus bezahlten Bestellungen heruntergeladen werden können. Auch haben Sie die Möglichkeit, die maximale Anzahl an Downloads zu definieren. Aus diesem Regelwerk ergibt sich letztendlich die Antwort, ob der Kunde einen Download-Link innerhalb des Kundenkontos dargestellt bekommt, oder nicht.

9.3.5 Meine Bestellungen

In der Ansicht MEINE BESTELLUNGEN haben Sie Zugriff auf alle von Ihnen getätigten Bestellungen. Sie sehen dabei auf den ersten Blick den Status, das Datum, die Bestellsumme, die Bestellnummer sowie die Versandadresse und können aus der Übersichtsansicht heraus eine Nachbestellung auslösen oder die Detailansicht aufrufen. Die Detailansicht liefert Ihnen weiterführende Informationen zur Bestellung, werfen Sie hierfür bitte einen Blick auf Abbildung 9.6. Neben einer Auflistung aller in der Bestellung enthaltenen Produkte, sehen Sie zudem die gewählte Versandadresse, Versandmethode, Rechnungsadresse und Zahlungsmethode.

In der oberen Hälfte dieser Ansicht stehen Ihnen zudem drei Links, NACHBESTELLEN, BESTELLSTATUS ABONNIEREN und BESTELLUNG DRUCKEN, zur Verfügung. Wenn Sie auf NACHBESTELLEN klicken, werden alle Produkte dieser Bestellung in Ihren Warenkorb gelegt, und Sie können somit eine identische Bestellung erneut aufgeben. Selbstverständlich haben Sie an dieser Stelle jedoch auch die Möglichkeit, weitere Ergänzungen und Änderungen an Ihrem Warenkorb vorzunehmen. Der Link BESTELLSTATUS ABONNIEREN verweist auf einen RSS-Feed, den Sie mit einem entsprechenden Programm abonnieren können. Als Ergebnis erhalten Sie den aktuellen Status dieser Bestellung im XML-Format zurückgeliefert. Wenn Sie diesen Feed mittels eines RSS-Readers abonnieren, würden Sie, sobald sich der Bestellstatus ändert, eine entsprechende Benachrichtigung erhalten. Auch wenn dieses Feature, technologisch betrachtet, recht nett ist, so wird dies doch in der Praxis eher selten genutzt. Last, but not least können Sie die Bestellung auch ausdrucken.

Abbildung 9.6 In der Detailansicht erhalten Sie alle relevanten Informationen auf einen Blick.

Klicken Sie auf den Link BESTELLUNG DRUCKEN, öffnet sich automatisch eine optimierte Druckansicht der Bestellung, und Sie haben anschließend die Möglichkeit, die Ansicht direkt zu drucken.

Je nach Status der Bestellung haben Sie an dieser Stelle übrigens noch weitere Möglichkeiten. Liegen eine oder mehrere Rechnungen vor, so können Sie die Rechnungen direkt über diese Ansicht herunterladen. Wurde die Lieferung als versendet markiert und ist im Besitz einer Tracking-Nummer, können Sie zudem an dieser Stelle die Tracking-Nummer einsehen bzw. direkt zum Versanddienstleistungsunternehmen springen. Der Status der Bestellung definiert also die vorhandenen Möglichkeiten und Funktionen. Da ich in diesem Beispiel eine neue, unbearbeitete Bestellung, geöffnet habe, sind diese erwähnten Funktionen nicht vorhanden, da die Bestellung selbst innerhalb des Backends noch nicht verarbeitet wurde.

9.3.6 Newsletter-Abonnements

Wie Sie im späteren Verlauf dieses Buches noch sehen werden, können Sie direkt über Magento Newsletter entwerfen und versenden. Im ersten Schritt kümmert sich Magento um die Anmeldung der Newsletter-Abonnenten und verfügt hierbei über eine entsprechende Verwaltungslogik. Die Anmeldung zum Newsletter ist grundsätzlich nicht nur registrierten Kunden vorbehalten, auch Gäste können sich per Eingabe der E-Mail-Adresse für den Newsletter anmelden.

Im Menüpunkt NEWSLETTER-ABONNEMENT, den nächsten Eintrag in der Navigation innerhalb des Kundenkontos, können Sie sich für den Newsletter anmelden, aber auch wieder abmelden. Hierfür müssen Sie letztendlich nur die Checkbox bei der Option ALLGEMEINES ABONNEMENT aktivieren und auf SPEICHERN klicken. Je nach Systemkonfiguration kann es sein, dass Sie die Anmeldung zum Newsletter nochmals bestätigen müssen. Sollte dies der Fall sein, erhalten Sie eine entsprechende E-Mail mit einem Bestätigungslink. Haben Sie das Double-Opt-in-Verfahren hingegen deaktiviert, erhalten Sie keine E-Mail und sind direkt am Newsletter angemeldet.

9.3.7 Stored Payment Methods

Den nächsten Menüeintrag können Sie gedanklich ausblenden, da dieser in der Regel keine wichtige Rolle spielt. Magento erlaubt das Speichern von Zahlungsinformationen zu bestimmten Zahlungsmethoden, und genau diese Zahlungsinformationen können Sie hier einsehen. Da in der Regel ein Payment-Service-Provider für die Verarbeitung von Zahlungstransaktionen genutzt wird, ist daher auch dieser Menüeintrag in der Regel irrelevant.

9.3.8 Meine Produktbewertungen

Produktbewertungen sind eine gute Möglichkeit, um die Conversion Rate zu erhöhen. Denn je mehr Bewertungen zu einem Produkt vorliegen, vorausgesetzt die Bewertungen sind größtenteils positiv, desto höher ist die Wahrscheinlichkeit eines Kaufs durch einen Besucher bzw. Kunden. Aus diesem Grund ermöglicht Magento die Bewertung von Produkten. Haben Sie als Kunde Produktbewertungen abgegeben, erhalten Sie innerhalb des Kundenkontos eine Auflistung aller abgegebenen Bewertungen. Da eine Bewertung aus mehreren Kriterien und einem Freitext bestehen kann, gibt es zudem zu jeder Bewertung eine Detailansicht, die Sie innerhalb des Kundenkontos einsehen können.

Klicken Sie hierfür auf MEINE PRODUKTBEWERTUNGEN, und wählen Sie aus der anschließend dargestellten Liste eine Bewertung aus, in meinem konkreten Beispiel ist nur eine Bewertung im System hinterlegt. Auf der anschließend dargestellten Detailansicht erhalten Sie nochmals Informationen zum bewerteten Artikel sowie die hinterlegten Informationen bei Ihrer Produktbewertung. Wie dies aussehen kann, sehen Sie in Abbildung 9.7. Haben Sie übrigens eine Bewertung abgegeben, haben Sie nachgelagert keine Möglichkeit mehr, diese zu ändern.

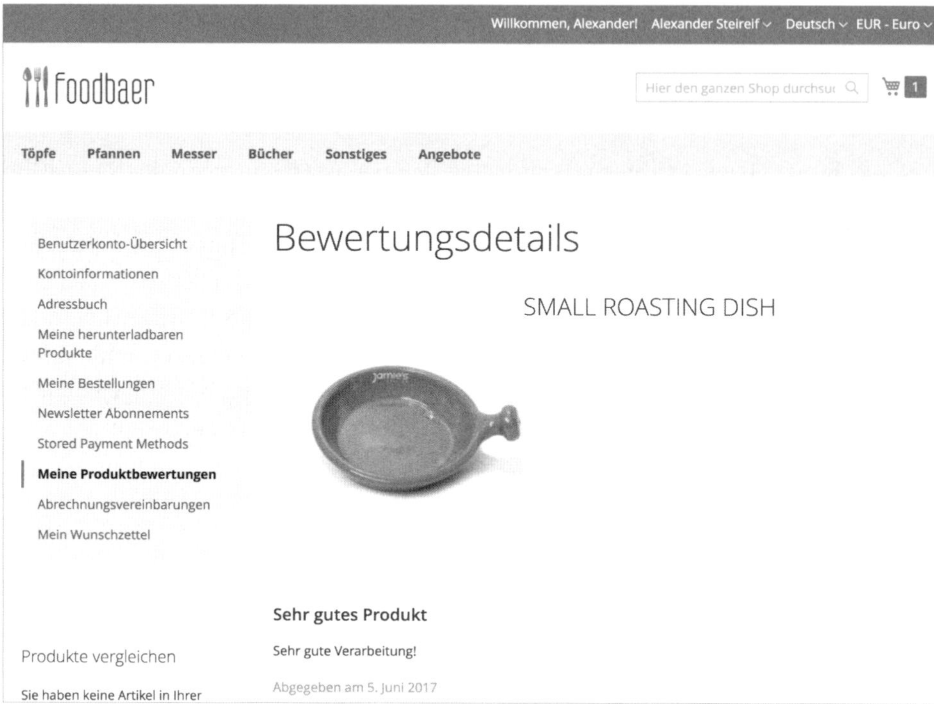

Abbildung 9.7 Abgegebene Bewertungen können innerhalb des Kundenkontos eingesehen werden.

Dieser Wunsch kommt in Projekten häufiger vor, ist jedoch leider im Standard nicht abbildbar. Sofern Sie eine abgegebene Produktbewertung ändern möchten, müssen Sie sich direkt an den Shop-Betreiber wenden, der direkt über das Backend existente Produktbewertungen editieren kann.

9.3.9 Abrechnungsvereinbarungen

Der PayPal-spezifische Menüpunkt namens ABRECHNUNGSVEREINBARUNGEN spielt immer dann eine Rolle, wenn Sie wiederkehrende Zahlungen per PayPal akzeptieren und abbilden möchten. Angenommen, Sie bieten in Ihrem Magento-Shop Abonnements an, eine Funktion, die im Standard nicht existiert, aber sicherlich entwickelt werden kann, müssen Sie regelmäßig und automatisiert Zahlungen bei Ihren Kunden einziehen. PayPal bietet eine entsprechende Möglichkeit für wiederkehrende Zahlungen, sollten Sie diese Funktionalität nutzen, würde an dieser Stelle eine Liste dargestellt werden, mit allen wiederkehrenden Zahlungen, die Sie autorisiert haben.

Es handelt sich daher um eine Liste der laufenden kostenpflichtigen »Abonnements«, die per PayPal bezahlt werden. In der Praxis spielt dieser Menüpunkt jedoch, ähnlich wie die Stored Payment Methods, eine untergeordnete Rolle, da speziell in Deutschland wiederkehrende Zahlungen tendenziell nicht über PayPal abgewickelt werden und Magento grundsätzlich keine Funktionalität zur Abbildung von Produkt-Abonnements im Standard bietet.

9.3.10 Mein Wunschzettel

Als letzten Menüpunkt finden Sie im Kundenkonto den Wunschzettel. Die Funktionsweise eines Wunschzettels haben Sie bestimmt schon bei Amazon bzw. anderen Online-Shops kennengelernt. Schauen Sie sich im Frontend Produkte an, können Sie diese nicht nur zum Warenkorb hinzufügen, sondern auch auf den Wunschzettel setzen.

Der Wunschzettel ist also eine Liste, auf die Sie beliebig viele Produkte setzen können. Innerhalb des Kundenkontos können Sie Ihren Wunschzettel administrieren, Produkte vom Wunschzettel löschen sowie den Wunschzettel teilen. Werfen Sie hierfür einen Blick auf Abbildung 9.8, die meinen exemplarischen Wunschzettel zeigt.

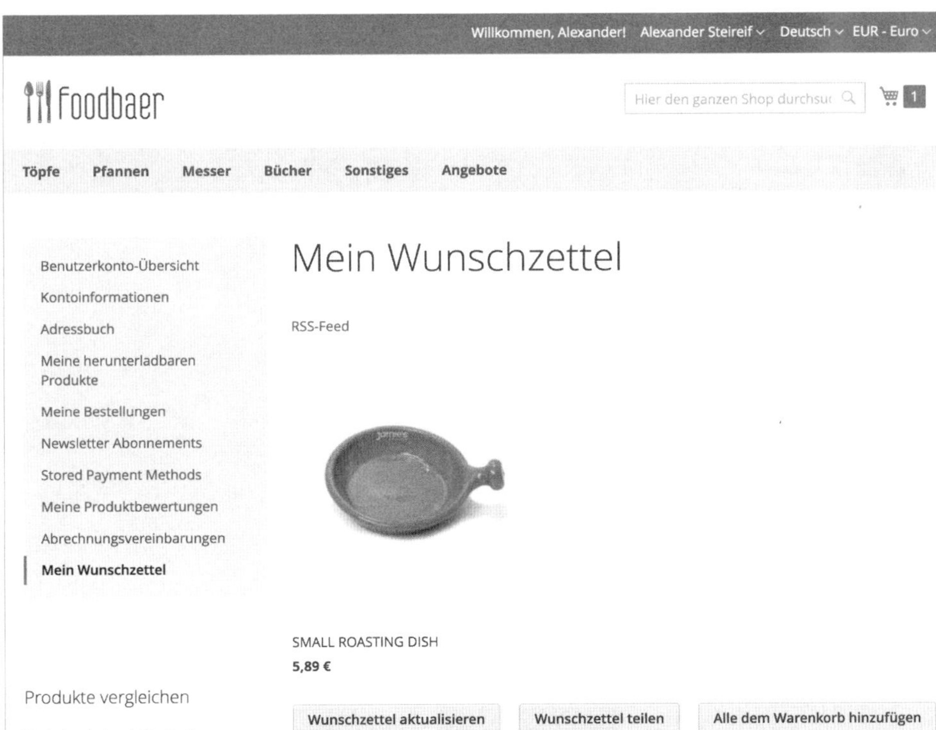

Abbildung 9.8 Das Kundenkonto erlaubt die Verwaltung eines Wunschzettels, der beliebig viele Produkte enthalten kann.

Mithilfe des Links RSS-FEED, den Sie in der oberen Bildschirmhälfte sehen, können Sie den RSS-Feed Ihres Wunschzettels abonnieren. Dadurch können Sie den Wunschzettel in externen Anwendungen, sogenannten RSS-Readern, einbinden und darüber abrufen. Diese Funktion kann dann ganz praktisch sein, wenn Sie sich das Kundenkonto mit einer anderen Person teilen und direkt informiert werden möchten, wenn Produkte zur Wunschliste hinzugefügt bzw. vom Wunschzettel gelöscht werden.

Darunter befindet sich nun die Auflistung aller Artikel, die Sie zur Wunschliste hinzugefügt haben. Wenn Sie mit der Maus über einen Artikel fahren, werden weitere Optionen sichtbar. Sie können pro Artikel einen Kommentar hinterlegen, den Artikel aus dem Wunschzettel entfernen, die Anzahl editieren und bei konfigurierbaren Produkten die Ausprägungen, d. h. Konfigurationsoptionen, anpassen. Diese genannten Optionen lassen sich allesamt auf Produktebene durchführen.

Ergänzend hierzu haben Sie weitere Optionen, die sich nicht auf einen bestimmten Artikel Ihres Wunschzettels, sondern auf den gesamten Wunschzettel beziehen. Der Button WUNSCHZETTEL AKTUALISIEREN übernimmt getätigte Änderungen und speichert den Wunschzettel erneut ab. Über den Button WUNSCHZETTEL TEILEN können Sie Ihren Wunschzettel per E-Mail an Kollegen, Freunde und Bekannte versenden. Neben E-Mail-Adressen haben Sie zudem die Möglichkeit, eine Nachricht zu hinterlegen, die ebenfalls Bestandteil der versendeten E-Mail ist. Werfen Sie hierfür einen kurzen Blick auf Abbildung 9.9, die Ihnen die vorhandenen Möglichkeiten aufzeigt.

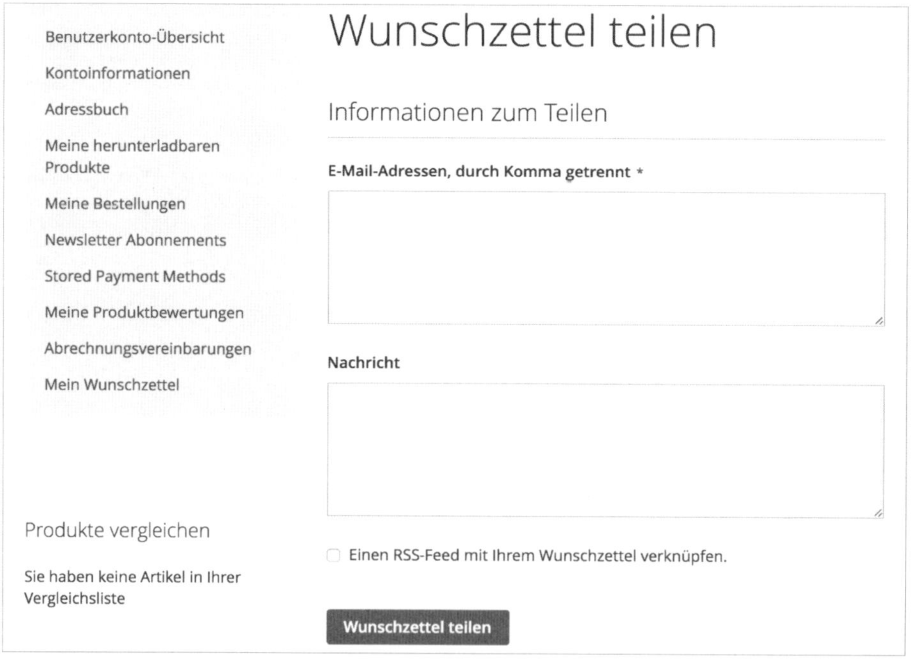

Abbildung 9.9 Sie können Ihren Wunschzettel teilen und dadurch an weitere Personen versenden.

Zu guter Letzt haben Sie zudem die Möglichkeit, alle Produkte aus dem Wunschzettel zu Ihrem Warenkorb hinzuzufügen. Das ist immer dann recht praktisch, wenn Sie den Wunschzettel als eine Art vorgelagerte Einkaufsliste verwenden und Sie die Produkte, nachdem Sie Ihre Einkaufsliste vervollständigt haben, zum Warenkorb hinzufügen müssen. Sie ersparen sich damit das manuelle Hinzufügen der Artikel zu Ihrem Warenkorb, da ein Klick innerhalb des Wunschzettels genügt, um die Produkte zu Ihrem Warenkorb hinzuzufügen. Alternativ, hierfür müssen Sie mit Ihrer Maus einfach über das jeweilige Produkt in Ihrem Wunschzettel fahren, können Sie die Produkte übrigens auch einzeln zur Einkaufsliste hinzufügen.

9.4 Kundenverwaltung im Backend

Neben den vielzähligen Möglichkeiten im Frontend stehen Ihnen als Shop-Betreiber ebenso im Backend interessante Funktionen zur Verfügung, um Kunden zu verwalten! Melden Sie sich zuerst mit Ihren persönlichen Zugangsdaten im Magento-Backend an, damit Sie auf den folgenden Seiten einen Blick die Kundenmanagement-Funktionen innerhalb des Backends werfen können.

9.4.1 Aktive Kunden anzeigen lassen

Lassen Sie uns zuerst einen Blick auf die vermutlich kleinste Funktion innerhalb der Kundenverwaltung werfen. Im Menüpunkt KUNDEN, bei dem es sich um den Oberpunkt der Kundenverwaltung handelt, gibt es den Link JETZT ONLINE, den Sie bitte aufrufen. Innerhalb dieser Ansicht, Sie sehen diese in Abbildung 9.10, erhalten Sie eine Auflistung aller Nutzer, die gerade im System aktiv sind.

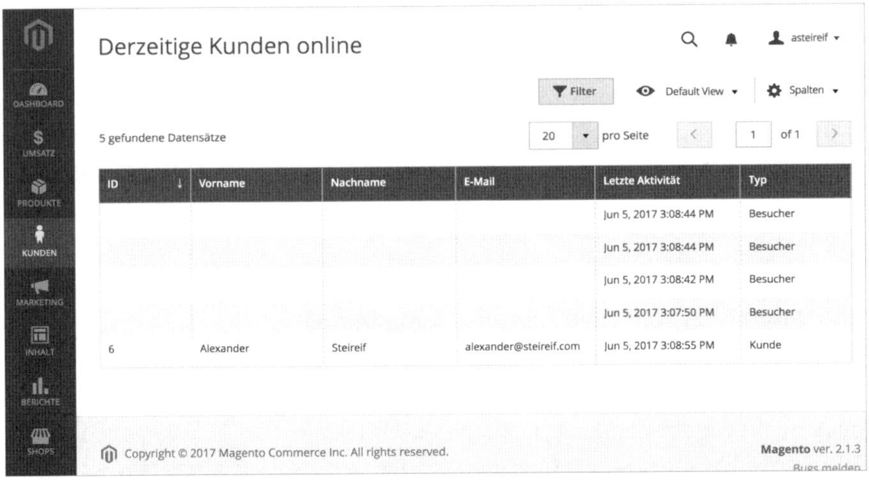

Abbildung 9.10 Magento kann Ihnen sowohl aktive Gäste als auch angemeldete Kunden anzeigen.

Sofern ein Nutzer nicht angemeldet ist bzw. über kein Kundenkonto verfügt, wird er in dieser Ansicht als Besucher gekennzeichnet. Bei einem Besucher liegen keinerlei weiterführenden Informationen vor, einzig die letzte Aktivität wird protokolliert. Dementsprechend fangen Sie mit den Besuchern innerhalb dieser Ansicht recht wenig an. Sobald ein Nutzer jedoch angemeldet ist, wird er in dieser Ansicht identifiziert und samt Name und E-Mail-Adresse dargestellt. Sie sehen dieses Verhalten in Abbildung 9.10 in der letzten Zeile der Tabelle. Da ich parallel mit einem Benutzer im Frontend aktiv bin, wird mein Nutzer an dieser Stelle als aktiver Nutzer aufgeführt. Persönlich bin ich bei dieser Funktion der Meinung, dass man sie im Zuge der Magento 2-Entwicklung nicht unbedingt hätte implementieren müssen, denn letztendlich existiert diese Funktionsweise bereits in Magento 1. Wie Sie sehen, erhalten Sie eine simple Auflistung von Gästen und Besuchern. Speziell bei der Auswertung von Besuchern sind Tools wie Google Analytics beispielsweise aber stärker, da sie weitere Informationen liefern. Magento gibt Ihnen an dieser Stelle tatsächlich nur die Summe der aktiven Besucher zurück, weiterführende Informationen fehlen. Auch die Informationen zu den angemeldeten Besuchern sind recht spärlich, denn Sie können sich nur anzeigen lassen, wer online ist, aber nicht, was die Kunden an sich tun. Dementsprechend ist der Mehrwert dieser Funktionalität überschaubar.

9.4.2 Kunden und Kundendetails einsehen

Das Herzstück der Kundenverwaltung finden Sie innerhalb des Magento-Backends unter Kunden • Alle Kunden, denn an dieser Stelle können Sie alle Kunden einsehen, filtern und zudem Kundendetails aufrufen. Ähnlich wie bei der Produktansicht erhalten Sie, wenn Sie auf den Link Alle Kunden klicken, im ersten Schritt eine Auflistung aller im System vorhandenen Datensätze, wie Sie in Abbildung 9.11 erkennen können.

In dieser Ansicht haben Sie die Möglichkeit, die Tabelle anhand von frei definierbaren Kriterien zu filtern oder auch anhand von Stichworten zu durchsuchen. Speziell wenn Sie über viele Kunden verfügen, was ich Ihnen zukünftig wünsche, werden Sie um die Filterung der Tabelle nicht herumkommen. Praktisch ist dabei tatsächlich das Freitextfeld, in das Sie beliebige Suchbegriffe wie beispielsweise eine E-Mail-Adresse eingeben können.

Magento unterstützt weiterhin keine Kundennummern

Wie in Magento 1 existieren auch in Magento 2 keine Kundennummern. Ich erwähne diese Tatsache an dieser Stelle, da oftmals innerhalb des Backends nach der Kundennummer gesucht werden soll. Eine klassische Kundennummer, die Sie vergeben können, existiert jedoch in der Magento-Welt nicht. Einzig eine ID des Datensatzes geht in eine ähnliche Richtung, unterstützt jedoch nur Zahlen und kann nicht manuell gewählt werden. Dementsprechend ist die Datensatz-ID in der Regel nicht für eine Kundennummer zu gebrauchen.

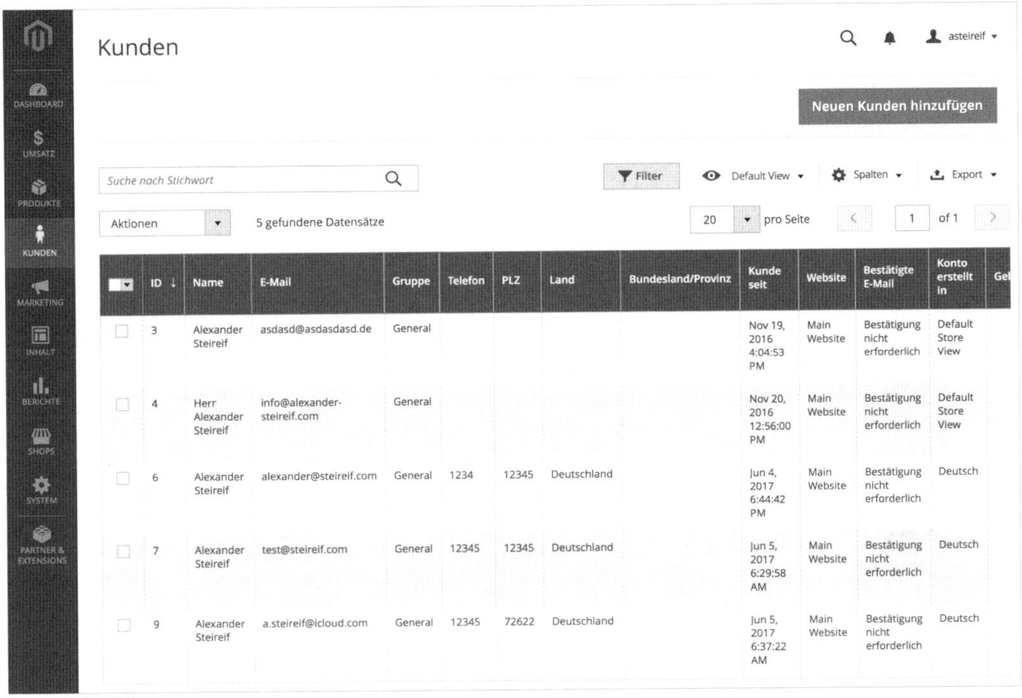

Abbildung 9.11 Innerhalb der Kundenverwaltung haben Sie Zugriff auf alle im System registrierten Kunden.

Wählen Sie nun einen beliebigen Kunden aus, indem Sie in der letzten Spalte auf BEARBEITEN klicken, um sich die Details des Kunden anzeigen zu lassen. Sollten Sie im Verlauf des Buches keinen Kunden erstellt haben, können Sie dies an dieser Stelle gern nachholen. Am einfachsten ist es, wenn Sie parallel ins Frontend wechseln und sich ein neues Kundenkonto anlegen. Sobald Sie dies erledigt haben und innerhalb des Backends die Ansicht ALLE KUNDEN erneut laden, werden Sie den neuen Datensatz angezeigt bekommen und können diesen anklicken.

Haben Sie einen Kunden ausgewählt, zeigt Magento Ihnen im nächsten Schritt die persönlichen Informationen des Kunden in der Detailansicht an. Sie erhalten dabei, abgesehen von den Informationen, eine Ansicht, wie sie in Abbildung 9.12 zu sehen ist. Die Kundendetailansicht untergliedert sich in insgesamt acht Tabs, die Sie in der linken Navigation sehen. Im Standard wird der erste Tab, die Kundenansicht, aufgerufen. Innerhalb der Kundenansicht erhalten Sie einen Überblick über die wichtigsten Informationen zu diesem Kunden. Sie sehen beispielsweise, wann sich der Kunde zuletzt am System angemeldet hat. Ebenso sehen Sie den Status des Kunden, der ja theoretisch auch gesperrt sein könnte. Weitere Informationen sind das Datum, an dem das Kundenkonto erstellt wurde, die Website, in dem das Kundenkonto erstellt wurde, sowie die aktuelle Kundengruppe. Abschließend zeigt Ihnen Magento in dieser Ansicht zudem die Standardrechnungsadresse des Kunden an. Primär geht es in der Ansicht KUNDENANSICHT um die übersichtliche Darstellung der wichtigsten Informationen zu einem Kunden. Im nächsten Tab namens KONTOINFORMATIONEN haben Sie die Möglichkeit, die vom Kunden hinterlegten Daten abzuändern. Hierzu zählt beispielsweise der Name, aber auch die E-Mail-Adresse oder das Geschlecht.

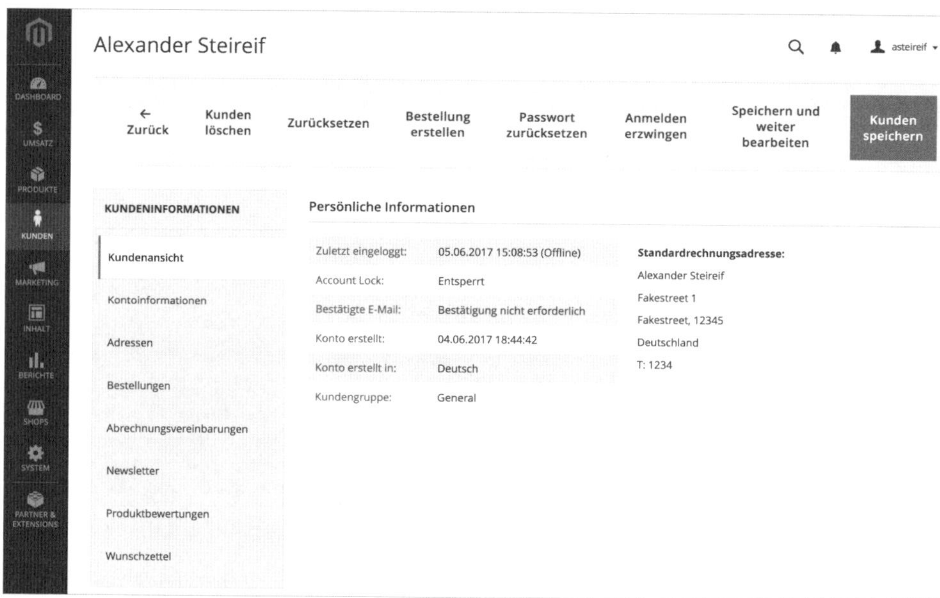

Abbildung 9.12 Im Tab »Kundenansicht« erhalten Sie einen Überblick über die vom Kunden hinterlegten Informationen.

Sie sehen zudem auch, welcher Website der Kunde zugeordnet ist. Beachten Sie aber, dass Sie die Zuordnung der Website an dieser Stelle nicht ändern können. Da hinter der Website-Kunde-Zuordnung ein etwas komplexeres Geflecht an Informationen steckt, ist der Transfer eines Kunden nicht ohne Weiteres möglich. Die weiteren Kundendaten, die Sie an dieser Stelle ändern können, sind relativ selbstklärend, daher verzichte ich an dieser Stelle auf weitere Details.

Klicken Sie in der linken Tab-Navigation auf den Punkt ADRESSEN, um das Adressbuch des Kunden zu öffnen. In meinem konkreten Fall verfügt mein ausgewählter Kunde bereits über gespeicherte Adressen, daher kann ich an dieser Stelle die eingegebenen Daten einsehen und auch editieren. Magento unterteilt die Ansicht an dieser Stelle in zwei Bereiche. In der linken Spalte erhalten Sie eine Auflistung aller vom

Kunden angelegten Adressen. Wenn Sie in der linken Seite eine Adresse auswählen, können Sie in der rechten Spalte die eigentlichen Informationen der Adresse editieren. Ich habe Ihnen zum besseren Verständnis in Abbildung 9.13 exakt dieses Verhalten dargestellt und aus Gründen der Vollständigkeit zuvor einige Adressen für diesen Kunden angelegt. Zudem haben Sie neben Änderungen an der Adresse die Möglichkeit, die Standardlieferadresse sowie die Standardrechnungsadresse für diesen Kunden zu setzen.

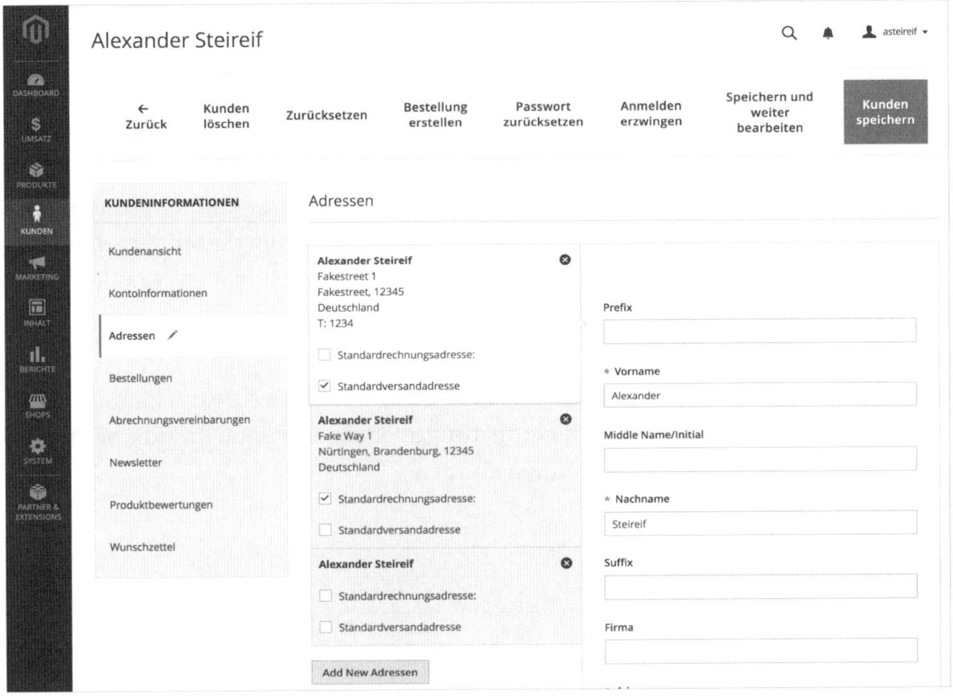

Abbildung 9.13 Im Magento-Backend können Sie sowohl neue Adressen für einen Kunden anlegen als auch bestehende Adressen editieren.

Egal, ob Sie eine Änderung an einer bestehenden Adresse vornehmen möchten oder ob Sie für einen Kunden eine komplett neue Adresse anlegen müssen, Magento bietet Ihnen in diesem Tab die notwendigen Möglichkeiten und schränkt Sie nicht im Geringsten ein.

Springen Sie zum nächsten Tab namens BESTELLUNGEN. Wie der Name bereits impliziert, erhalten Sie an dieser Stelle eine Auflistung aller vom Kunden getätigten Bestellungen. Sie bekommen in tabellarischer Form alle Bestellnummern, Kaufdaten, Rechnungs- und Lieferadressen, Bestellsummen und die Store Views, in denen eingekauft wurde. Im Prinzip würden Sie diese Informationen auch erhalten, wenn Sie in der linken Hauptnavigation auf UMSATZ • BESTELLUNGEN klicken würden, der große Vorteil an dieser Ansicht besteht letztendlich darin, dass die Bestellungen bereits für den ausgewählten Kunden gefiltert sind. Übrigens, Sie haben an dieser Stelle zudem die Möglichkeit, bei jeder Bestellung des Kunden auf den Link NACHBESTELLEN zu klicken, um eine neue Bestellung auf Basis der bereits bestellten Produkte auszulösen.

Die ABRECHNUNGSVEREINBARUNGEN, hierbei handelt es sich um den nächsten Eintrag in der Tab-Navigation, haben Sie bereits innerhalb des Benutzerkontos im Frontend kennengelernt. Sofern der Kunde wiederkehrende Zahlungen per PayPal leistet, werden an dieser Stelle die entsprechenden Informationen dargestellt. In der Regel, ich hatte das bereits eingangs erwähnt, spielt dieser Menüpunkt jedoch keine Rolle, da in Deutschland in der Regel für wiederkehrende Zahlungen ein Payment-Service-Provider genutzt wird und der Einsatz von PayPal eine eher untergeordnete Rolle spielt.

Die Steuerung des Newsletter-Abonnements des Kunden finden Sie im nächsten Tab namens NEWSLETTER. In dieser Ansicht können Sie den ausgewählten Kunden entweder für den Newsletter anmelden oder aber auch vom Newsletter abmelden. Zusätzlich erhalten Sie eine Auflistung der vom Kunden empfangenen Newsletter, sofern Sie diese über Magento versenden.

Sollten Sie die abgegebenen Produktbewertungen einsehen wollen, können Sie dies im nächsten Tab tun. Wenn Sie auf den Tab PRODUKTBEWERTUNGEN klicken, erhalten Sie in der nächsten Ansicht eine Auflistung aller abgegebenen Produktbewertungen, wie Sie in Abbildung 9.14 erkennen können.

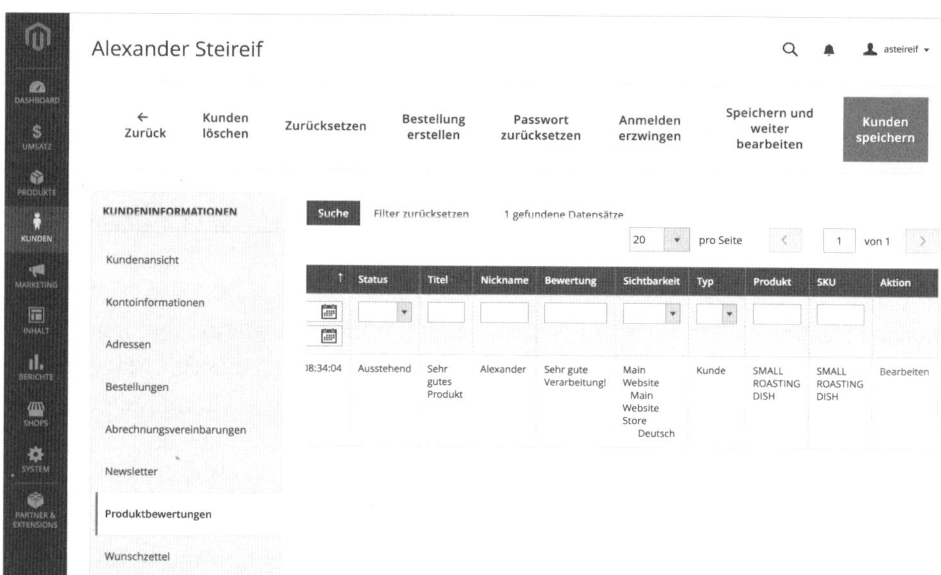

Abbildung 9.14 Die durch den Kunden bewerteten Produkte werden im Tab »Produktbewertungen« aufgelistet.

Neben der reinen Information, zu welchem Zeitpunkt der Kunde welches Produkt bewertet hat, können Sie an dieser Stelle direkt in die abgegebenen Produktbewertungen springen und diese modifizieren. Klicken Sie hierfür auf den Link BEARBEITEN, den Sie ebenfalls in Abbildung 9.14 erkennen können.

Zu guter Letzt haben Sie im nächsten und letzten Tab-Eintrag die Möglichkeit, den vom Kunden gepflegten WUNSCHZETTEL einzusehen. Sie können sich eine Übersicht über die Produkte, die dem Wunschzettel hinzugefügt sind, anzeigen lassen und zudem den kompletten Wunschzettel löschen. Weitere Möglichkeiten, z. B. das Editieren des Wunschzettels, bestehen in Magento 2 nicht mehr, in der Version 1 von Magento war diese Funktionalität noch vorhanden.

Assisted Shopping als Bestandteil der Enterprise Edition

Mit der Veröffentlichung von Magento 2 ist die gesamte Assisted-Shopping-Funktionalität von Magento Open Source (ehemals Community Edition) in die Enterprise Edition gewandert. Wenn Sie daher die Möglichkeit wünschen, den Warenkorb oder auch den Wunschzettel eines Nutzers innerhalb des Backends editieren zu können, müssen Sie auf die Magento Enterprise Edition setzen. Speziell die Bearbeitung des Warenkorbs kann äußerst praktisch sein. Denken Sie dabei an eine Support-Hotline, die bei einem Kundentelefonat beispielsweise den Warenkorb eines Kunden befüllen oder editieren muss.

Neben den verschiedenen Möglichkeiten und Informationen, die Sie über die Tab-Navigation aufrufen können, existiert zudem im Kopfbereich eine weitere Navigationsleiste, die Ihnen zusätzliche Funktionen bereitstellt, wie Sie nach einem Blick auf Abbildung 9.15 feststellen werden.

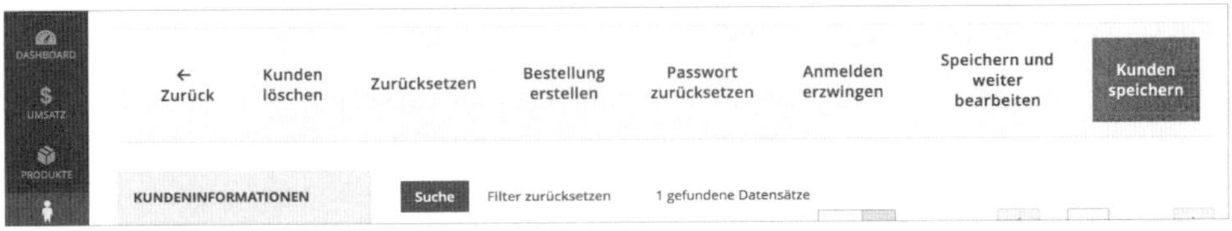

Abbildung 9.15 Mithilfe der Top-Navigation können Sie unter anderem den Kunden löschen oder das Passwort zurücksetzen.

So haben Sie an dieser Stelle die Möglichkeit, über den Link ZURÜCK in die Kundenübersichtsseite zu wechseln. Wenn Sie auf KUNDEN LÖSCHEN klicken, löschen Sie den Kunden, wie könnte es auch anders sein. Sehen Sie daher davon ab, diesen Button tatsächlich zu betätigen, außer einer Ihrer Kunden fordert Sie explizit auf, ihn als Kunden zu löschen. Über den Button BESTELLUNG ERSTELLEN können Sie auf einfache Art und Weise für diesen Kunden eine Bestellung anlegen. Klicken Sie auf diesen Button, landen Sie, nachdem Sie den gewünschten Store View ausgewählt haben, direkt in der Maske, mit der Sie für den Kunden eine Bestellung anlegen können. Die Funktionsweise dieser Maske haben Sie bereits im vorherigen Kapitel kennengelernt, das sich mit dem Bestellprozess im Backend und Frontend befasst hat. Daher möchte ich Sie an dieser Stelle gar nicht mit redundanten Informationen vom eigentlichen Geschehen abhalten. Sollten Sie Ihrem Kunden ein neues Passwort zukommen lassen wollen, können Sie dies über den Button PASSWORT ZURÜCKSETZEN tun. In Magento 2 haben Sie nicht mehr die Möglichkeit, ein individuelles Passwort festzulegen und dies dem Kunden mitzuteilen. Sie können an dieser Stelle nur den Prozess *Passwort vergessen* anstoßen, d. h., der Kunde erhält eine E-Mail mit einem individuellen Reset-Link. Über diesen Reset-Link kann der Kunde anschließend selbst ein eigenes Passwort setzen. Der nächste Button namens ANMELDEN ERZWINGEN hat leider keine besondere Funktionalität, hier scheint das Team von Magento etwas implementiert zu haben, was weder funktioniert noch einen besonderen Hintergrund hat. Ignorieren Sie daher diesen Button, gegebenenfalls wird ja in den folgenden Versionen die angedachte Funktionalität nachgereicht. Bei den zwei letzten Buttons können Sie den Kunden speichern bzw. SPEICHERN und WEITER BEARBEITEN. Wählen Sie letztere Option, bleiben Sie auf der Kundendetailansicht, wählen Sie erstere Option werden Sie zur Übersichtsseite weitergeleitet.

Auch wenn der Funktionsumfang der Kundenverwaltung im Vergleich zu Magento 1 leicht abgenommen hat, haben Sie weiterhin alle relevanten Informationen und Funktionen, wenn es um den Umgang mit Ihren Kunden geht. So können Sie Details einsehen, Stammdaten sowie Adressen ändern und im Namen des Kunden Bestellungen auslösen. Damit sollten Sie 90 % der alltäglichen Anforderungen spielend abdecken.

9.4.3 Kundendaten exportieren

Es kann im Alltag eines Shop-Betreibers schon einmal vorkommen, dass Sie Kundendaten exportieren müssen, da Sie diese in einer weiteren Anwendung oder für Analysen benötigen. Grundsätzlich gibt es hierfür viele Möglichkeiten in Magento, von der Abfrage von Informationen per Webservice bis hin zu komplexen Datenexporten, die Sie im weiteren Verlauf des Buches noch kennenlernen werden. An dieser Stelle möchte ich Ihnen die einfachste und schnellste Möglichkeit zeigen, wie Sie die Kundendaten in Ihrem System exportieren können.

Klicken Sie hierfür im BACKEND unter Kunden auf den Link ALLE KUNDEN, damit Sie auf der Übersichtsseite landen, auf der alle Kunden aufgelistet werden. Direkt oberhalb der Tabelle haben Sie an dieser Stelle nun die Möglichkeit, die Kunden als CSV oder Excel XML zu exportieren, wie Sie in Abbildung 9.16 sehen. Bei dem Excel-XML-Format handelt es sich im Prinzip um eine Art Excel-Datei, sprich, mit Microsoft Excel können Sie die Datei problemlos öffnen, mit anderen Anwendungen wie Open

Office kann es hingegen zu Problemen kommen. In diesem Fall sollten Sie die Daten als CSV-Datei exportieren.

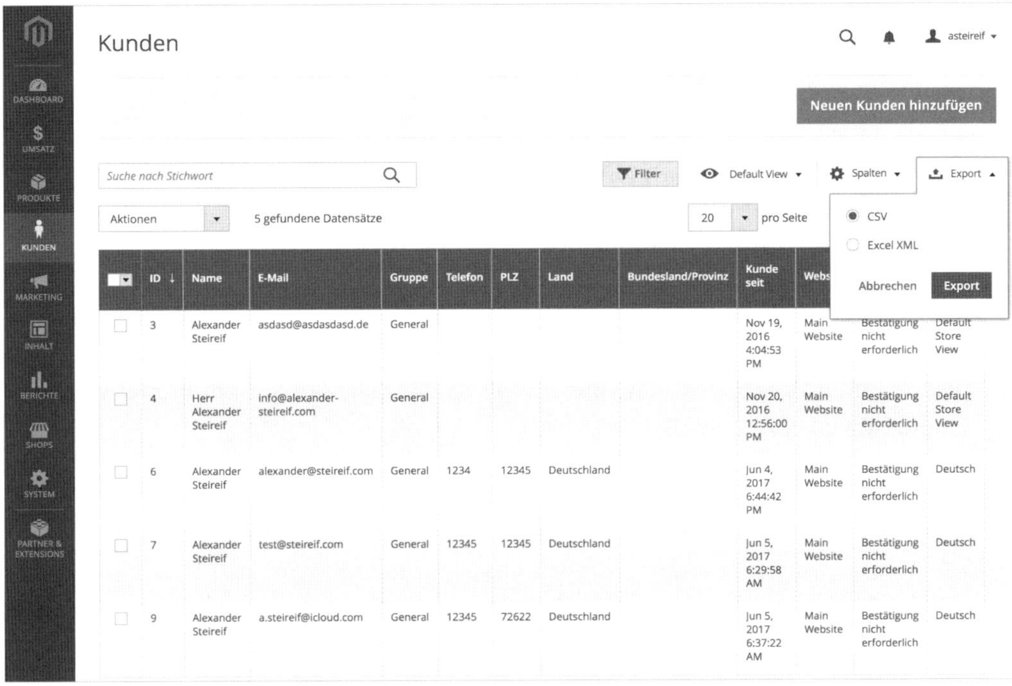

Abbildung 9.16 Ein schneller Export kann direkt aus der Kundenübersichtsseite gestartet werden.

Nachdem Sie auf den Button EXPORT geklickt haben, öffnet sich der Download-Dialog Ihres Browsers, und Sie können die erzeugte Export-Datei herunterladen. In der Export-Datei sind anschließend alle relevanten Informationen enthalten. Eine Filterung bzw. Definition der benötigten Spalten, also Kundendaten, können Sie an dieser Stelle übrigens nicht vornehmen. Hierfür müssen Sie, was Sie später im Verlauf des Buches noch sehen werden, direkt einen Export über die in Magento integrierte Export/Import-Funktionalität vornehmen. Für einen schnellen und unkomplizierten Export ist die Funktion an dieser Stelle aber sehr gut zu gebrauchen.

CSV-Dateien als Export-Format

Sollten Sie bislang noch nicht in Berührung mit CSV-Dateien gekommen sein, kann ich Sie an dieser Stelle beruhigen. Bei CSV-Dateien handelt es sich um Textdateien, bei denen die Werte in der Regel mit Anführungszeichen umschlossen und die Werte durch Kommata oder Semikolons getrennt sind. CSV-Dateien lassen sich mit allen beliebigen Text-Editoren oder eben auch mit Open Office oder Microsoft Office öffnen und bearbeiten.

9.4.4 Kundengruppen verwalten

Der Vollständigkeit halber möchte ich an dieser Stelle nochmals kurz auf die Kundengruppen eingehen. Sie haben im Verlauf des Buches das Wort *Kundengruppen* schon das eine oder andere Mal gehört, da eine Kundengruppe aber im direkten Zusammenhang mit dem Kunden steht, erachte ich eine Beschreibung der Funktionsweise an dieser Stelle als notwendig.

In Magento kann einem Kunden grundsätzlich immer nur eine Kundengruppe zugewiesen werden. Magento erlaubt also keine Mehrfachzuweisung von Kundengruppen, ein Kunde kann immer nur eine Kundengruppe besitzen. Kundengruppen können Sie grundsätzlich innerhalb des Backends unter SHOPS • ANDERE EINSTELLUNGEN • KUNDENGRUPPEN verwalten. Rufen Sie am besten den Menüpunkt KUNDENGRUPPEN auf, damit Sie sich selbst kurz einen Überblick über der Funktionsweise verschaffen können. Im Standard sind in einem Magento-System immer vier Kundengruppen vorhanden:

- General
- NOT LOGGED IN
- Retailer
- Wholesale

Die Kundengruppe NOT LOGGED IN wird ausschließlich für Gäste verwendet, d. h., wenn ein nicht angemeldeter Nutzer im System aktiv ist, wird ihm die Kundengruppe NOT LOGGED IN zugewiesen. Neukunden landen automatisch in der Kundengruppe GENERAL, es sei denn, Sie ändern die Systemkonfiguration. Die zwei weiteren Kundengruppen namens RETAILER und WHOLESALE spielen erst einmal keine Rolle, außer Sie nutzen diese aktiv im System. Magento legt diese beiden Kundengruppen zwar im Standard an, hat hierfür jedoch erst einmal keine Verwendung. Wenn Sie in der geöffneten Übersichtseite beispielsweise auf die Kundengruppe GENERAL klicken, können Sie die Detailansicht öffnen.

In der Detailansicht, die Sie in Abbildung 9.17 sehen, haben Sie anschließend keine umfangreichen Konfigurationsmöglichkeiten, sondern können nur einen Namen und eine Steuerklasse definieren. Wofür Sie die Steuerklasse benötigen, haben Sie bereits im Laufe des Buches erfahren, als es um die Konfiguration der Steuerregeln ging. Beim Gruppennamen können Sie grundsätzlich einen beliebigen Wert bzw. Namen wählen, beachten Sie an dieser Stelle, dass dieser im Frontend auch ausgegeben werden kann. Daher sollten Sie sich vor missverständlichen Benennungen hüten.

Zusätzliche Möglichkeiten hinsichtlich der Konfiguration und Nutzung von Kundengruppen, abgesehen von kundengruppenspezifischen Preisen, existieren nicht. In Magento Open Source (ehemals Community Edition) dienen Kundengruppen primär zur Steuerberechnung. In der Magento Enterprise Edition hingegen erweitert sich der Funktionsumfang, und Sie können Kategorieberechtigungen auf Basis von Kundengruppen festlegen. Dieses Feature hilft Ihnen bei der Abbildung von Benutzerberechtigungen im Frontend und bei der Einschränkung von Inhalten.

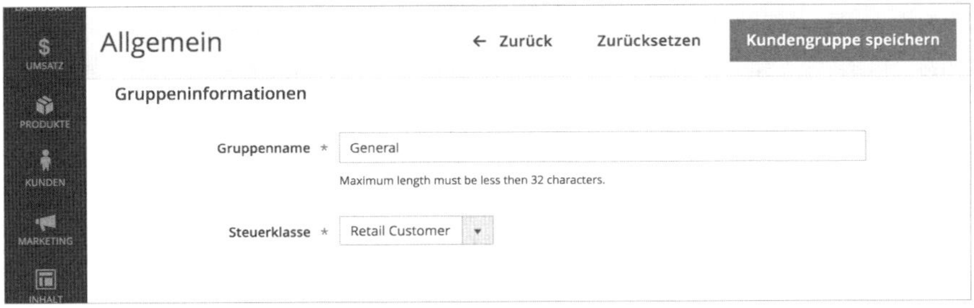

Abbildung 9.17 Eine Kundengruppe besteht immer aus einem Namen und einer Steuerklasse.

9

Kundengruppen bei der Preisgestaltung

Bei der Preisgestaltung spielen Kundengruppen eine wichtige Rolle, da Sie in Magento kundengruppenspezifische Preise und Staffelpreise hinterlegen können. Hierbei handelt es sich aber um eine der wenigen Funktionen, bei denen tatsächlich die Kundengruppe verwendet werden kann.

9.4.5 Kundengruppenabhängige Zahlungs- und Versandmethoden

Im Standard werden die Kundengruppen an äußerst wenigen Stellen verwendet, das bedeutet aber nicht, dass Sie grundsätzlich nicht mit Kundengruppen arbeiten können. Es gibt unzählige Module, die auf die Funktionsweise der Kundengruppen aufsetzen und den in Magento integrierten Funktionsumfang erweitern. In diesem Fall müssen Sie einfach auf die große Magento-Community zurückgreifen und das Angebot an zusätzlichen Erweiterungen nutzen. Denn auch wenn Magento im Standard nicht alles von Haus aus abbildet, können Sie fehlende Funktionen mit einem überschaubaren Aufwand in Form von zusätzlichen Modulen nachrüsten.

Ein gutes Beispiel hierfür ist die Magento-Extension SHIPPING & PAYMENT BY CUSTOMER GROUPS von Amasty. Mithilfe dieser Erweiterung können Sie sowohl Versand- als auch Zahlungsmethoden für bestimmte Kundengruppen aktivieren bzw. deaktivieren. In der Praxis ist dies tatsächlich eine Funktionsweise, die häufig gewünscht ist. Speziell wenn Sie Gästen nur ausgewählte Zahlungsmethoden anbieten wollen und Premium-Kunden mit einem Premium-Versand beliefern möchten, eignet sich dieses Modul hervorragend dafür, diese fehlende Funktionsweise zu ergänzen. Weitere Informationen hierzu finden Sie direkt bei Amasty unter *https://amasty.com/shipping-payment-by-customer-group-for-magento-2.html*.

9.5 Fazit und Ausblick

Wie sich Kunden im Frontend registrieren können und wie Sie als Shop-Betreiber bestehende Kunden im Backend bearbeiten, haben Sie innerhalb dieses Kapitels nun gesehen. Kunden als Basis Ihres Online-Shops sind nicht wegzudenken und neben den Produkten der wichtige und entscheidende Faktor für den Erfolg Ihres Online-Shops. Aus diesem Grund ist es mir persönlich wichtig, dass Sie in diesem Kapitel einen guten Ein- und Überblick in alle relevanten Funktionen erhalten.

Fast genauso wichtig wie die Kunden ist auch das Marketing. Magento bietet eine Hülle und Fülle an verkaufsfördernden Maßnahmen, d. h. Dinge, die Sie tun können, um die Umsätze zu steigern. Welche Möglichkeiten Sie genau haben, zeige ich Ihnen im nächsten Kapitel.

Kapitel 10
Marketingmaßnahmen planen und durchführen

Eine der wichtigsten Aufgaben eines jeden E-Commerce-Verantwortlichen ist die Planung und Durchführung von Marketingmaßnahmen mit dem Ziel, Umsätze zu steigern und die Conversion Rate zu optimieren. Magento stellt Ihnen hierzu diverse Funktionen zur Verfügung, die Sie in diesem Kapitel kennenlernen.

Mit der Konfiguration Ihres Magento-Systems und der Anlage von Produkten haben Sie zwar eine solide Basis für Ihre zukünftigen E-Commerce-Aktivitäten geschaffen, die Arbeit ist damit aber noch lange nicht beendet. Die größte Herausforderung im E-Commerce liegt sicherlich in der Kundengewinnung. Speziell wenn Sie mit Ihrem Online-Shop komplett neu starten, d. h. zuvor noch nicht im E-Commerce aktiv waren, werden Sie verschiedene Dinge unternehmen müssen, um die Bekanntheit zu steigern und Ihre Besucher in Kunden zu verwandeln. In diesem Kapitel möchte ich Ihnen jedoch keinen allgemeingültigen Marketingratgeber mit an die Hand geben, denn speziell zum Thema Marketing bzw. Online-Marketing existieren viele verschiedene und durchaus empfehlenswerte Bücher, zu denen Sie greifen können und sollten[1]. Das in diesem Kapitel primär behandelte Thema beschäftigt sich mit der Frage, wie Sie mehr aus den Besuchern Ihres Online-Shops herausholen können, sprich aus den Personen, die bereits auf Ihrem System aktiv sind. Magento bietet verschiedene Ansätze und Möglichkeiten, immer mit dem Ziel, nachhaltig Umsätze und Verkaufszahlen zu steigern. Welche dieser Funktionen, die ich Ihnen in diesem Kapitel vorstellen werde, Sie später tatsächlich nutzen, wird maßgeblich von Ihrem Marketingkonzept abhängen. Mir ist es an dieser Stelle wichtig, Ihnen alle vorhandenen Funktionen und Möglichkeiten im Detail vorzustellen, sodass Sie selbst entscheiden können, welche der Funktionen für Sie relevant sind und welche Sie zur Seite legen bzw. deaktivieren.

1 Neben diesem Magento-Buch hat der Rheinwerk Verlag weitere, sehr interessante Bücher im Portfolio. Speziell im Fachbereich Marketing bzw. Online-Marketing bietet Rheinwerk viele interessante Bücher, die Sie sich gern einmal anschauen können: *https://www.rheinwerk-verlag.de/web-social-media/online-marketing-seo-und-co/online-marketing/*.

10.1 Newsletter erstellen und versenden

Mithilfe eines Newsletters können Sie relativ schnell und einfach mit Ihren Kunden und Nutzern in Kontakt treten. Ein Newsletter eignet sich speziell dazu, Kunden über neue Produkte oder auch Angebote zu informieren. In der heutigen Zeit bietet im Prinzip fast jeder größere Online-Shop einen Newsletter an, der selbstverständlich komplett kostenfrei abonniert werden kann. Den kompletten Prozess eines Newsletters von der Anmeldung eines Interessenten bis hin zum Versand können Sie mit Magento abbilden, ganz ohne die Integration zusätzlicher Tools und Services.

10.1.1 Newsletter-Abonnenten gewinnen

Bevor Sie einen Newsletter versenden können, benötigen Sie im ersten Schritt Abonnenten. Ein Nutzer, der sich in Ihrem Magento-System registriert, wird nicht zwangsläufig auch zu einem Newsletter-Abonnenten d. h., Magento trennt an dieser Stelle ganz klar zwischen Kundendaten und Newsletter-Abonnenten. Dadurch kann beispielsweise ein Gast auch ein Newsletter-Abonnent werden, ohne dass dieser ein Kundenkonto besitzt. Für Magento hängen diese zwei Datentöpfe daher nicht miteinander zusammen und sind logisch getrennt. Diese Handhabung ist speziell für Magento-Nutzer in Deutschland ein Traum, da aufgrund der rechtlichen Rahmenbedingungen, auf ich später noch eingehe, ganz besondere Anforderungen an den Anmeldeprozess bei einem Newsletter gestellt werden.

Die Anmeldung zum Newsletter kann in Magento auf zwei unterschiedlichen Wegen erfolgen. Die einfachste Möglichkeit haben die Besucher, indem sie sich direkt in der Newsletter-Box, die sich im Standarddesign im Footer befindet, anmelden. Sie können an dieser Stelle Ihr Magento-Frontend aufrufen und auf der Startseite ganz nach unten scrollen. Am unteren Ende der Seite werden Sie ein Eingabefeld mit der Bezeichnung E-Mail-Adresse eingeben sowie einen Button Abonnieren vorfinden. Sollten Sie gerade keine Möglichkeit haben, in Ihrem System in das Magento-Frontend zu wechseln, rufen Sie das Demo-System *www.foodbaer.de* auf, bzw. werfen Sie einen Blick auf Abbildung 10.1.

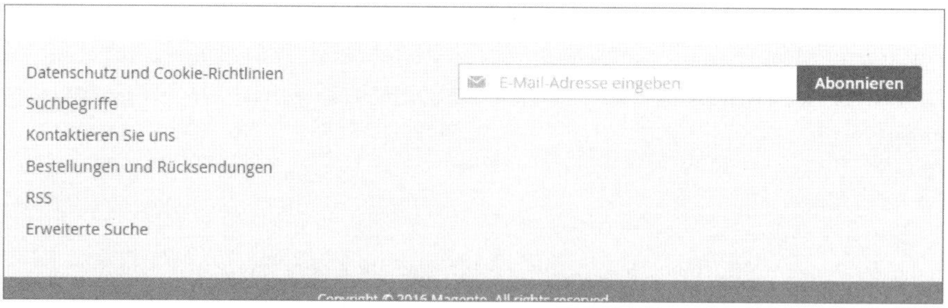

Abbildung 10.1 Im Magento-Standarddesign ist die Box zur Newsletter-Anmeldung in den Footer-Bereich integriert.

Wo Sie später die Newsletter-Box platzieren, bleibt Ihnen überlassen, denn Sie können über Modifikationen am Template die Platzierung entsprechend beeinflussen. Zugegebenermaßen ist die Standard-Implementierung im Footer recht unauffällig, und später möchten Sie, dass sich so viele Nutzer wie nur möglich zu Ihrem Newsletter anmelden, dementsprechend ergibt eine prominentere Platzierung definitiv Sinn. Ignorieren Sie zum jetzigen Zeitpunkt aber das Thema der Positionierung, hinterlegen Sie Ihre E-Mail-Adresse, und bestätigen Sie daraufhin die Anmeldung, indem Sie auf den Button ABSENDEN drücken. Magento lädt anschließend die Seite, auf der Sie sich befinden, neu und gibt im Kopfbereich eine Feedback-Meldung aus. Hat so weit alles geklappt, werden Sie eine grüne Nachricht vorfinden, welche die Anmeldung zum Newsletter bestätigt. Haben Sie hingegen einen Fehler ausgelöst, weil beispielsweise die eingegebene E-Mail-Adresse bereits im System hinterlegt ist, so werden Sie eine rote Nachricht sehen. Je nach ausgelöstem Fehler erhalten Sie jedoch von Magento eine recht detaillierte Information, wodurch ein Fehler entstanden ist, und können diesen entsprechend korrigieren.

Nach der Anmeldung zum Newsletter erhalten Sie von Magento zusätzlich eine Bestätigung per E-Mail. Im Standard enthält diese E-Mail jedoch keinen Bestätigungslink, den Sie für das Double-Opt-in-Verfahren benötigen

Das Double-Opt-in-Verfahren muss verwendet werden

Wenn Sie sich zu einem Newsletter anmelden, müssen Sie die Anmeldung nochmals bestätigen. Dies geschieht in der Regel über einen Bestätigungslink innerhalb der E-Mail, die Sie nach der Anmeldung zum Newsletter erhalten. Dieses Double-Opt-in-Verfahren ist in Deutschland gesetzlich vorgeschrieben, wenn Sie es in Magento nicht aktivieren, laufen Sie Gefahr, abgemahnt zu werden. Wie Sie das Double-Opt-in-Verfahren aktivieren, erfahren Sie in Kapitel 13, »Magento für den deutschen Markt vorbereiten«.

Das soll Sie an dieser Stelle jedoch nicht stören, da die Anmeldung zum Newsletter im Fokus steht. Werfen Sie aber später einen Blick in Kapitel 13, »Magento für den deutschen Markt vorbereiten«, um zu erfahren, wie Sie das Double-Opt-in-Verfahren aktivieren können. Sicherlich wollen Sie an dieser Stelle die rechtlichen Rahmenbedingungen erfüllen, um teure Abmahnungen zu vermeiden.

Wie bereits erwähnt, existieren zwei Wege, um sich zum Newsletter anzumelden. Neben der Anmeldung über die Newsletter-Box im Footer können Sie sich zudem während der Registrierung eines Kundenkontos zum Newsletter anmelden. Klicken Sie hierzu im Frontend auf den Link EIN KONTO ERSTELLEN. Sie gelangen daraufhin zur Registrierungsmaske, die Sie bereits aus dem vorherigen 9. Kapitel, »Kundenkonto und Kundenverwaltung«, kennen. Wenn Sie innerhalb der Kundenregistrierungsmaske ein wenig nach unten scrollen, wird Ihnen sicherlich die Checkbox ANMEL-

DUNG ZUM NEWSLETTER auffallen. Aktivieren Sie diese Checkbox bei der Registrierung, wird der Kunde anschließend automatisch zum Newsletter angemeldet. Ist das Double-Opt-in-Verfahren aktiviert, muss aber auch der Kunde nach der Registrierung nochmals die Anmeldung zum Newsletter bestätigen, d. h., das Kundenkonto verhindert nicht den Versand der Bestätigungsmail samt Bestätigungslink.

Hat sich ein Kunde bereits registriert und während der Registrierung nicht den Haken in der Checkbox beim Feld ANMELDUNG ZUM NEWSLETTER gesetzt, so kann die Anmeldung zum Newsletter nachträglich über das Benutzerkonto erfolgen. Da Sie voraussichtlich im vorherigen Kapitel ein Kundenkonto angelegt haben, melden Sie sich innerhalb des Frontends bitte mit den Zugangsdaten Ihres Kundenkontos an. Wenn Sie anschließend im Kundenkonto angelangt sind, klicken Sie in der linken Navigation auf den Link NEWSLETTER ABONNEMENTS, den Sie auch in Abbildung 10.2 sehen können.

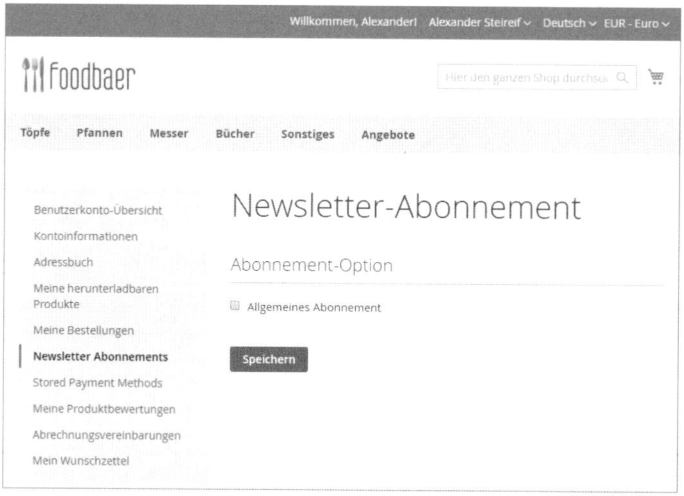

Abbildung 10.2 Eine nachträgliche Anmeldung zum Newsletter kann über das Kundenkonto erfolgen.

Magento öffnet daraufhin die Ansicht NEWSLETTER-ABONNEMENT, in der Sie sich für den besagten Newsletter anmelden können. Aktivieren Sie hierfür die Checkbox ALLGEMEINES ABONNEMENT, indem Sie diese anhaken, und klicken Sie auf SPEICHERN. Der Effekt bzw. Prozess ist an dieser Stelle jedoch absolut identisch mit dem während der Kundenkontoregistrierung. An dieser Stelle können Sie, das soll an dieser Stelle nicht verschwiegen bleiben, natürlich auch ein bestehendes Newsletter-Abonnement deaktivieren, indem Sie den Haken bei der Checkbox ALLGEMEINES ABONNEMENT entfernen und die Maske speichern. Das Kundenkonto dient grundsätzlich zur Steuerung des Newsletter-Abonnements, dementsprechend sind An- und Abmeldungen möglich.

Nachdem Sie nun gesehen haben, auf welche Arten sich Nutzer zum Newsletter anmelden können, sollten Sie einen Blick in das Magento-Backend und auf die dort vorhandenen Funktionen zur Verwaltung der Abonnenten sowie zum Versand des Newsletters werfen.

10.1.2 Newsletter-Abonnenten verwalten

Melden Sie sich jetzt mit Ihren persönlichen Zugangsdaten am Magento-Backend an, und klicken Sie nach dem erfolgreichen Login auf Marketing • Kommunikation • Newsletter-Abonnenten. Daraufhin erhalten Sie eine Auflistung aller im System hinterlegten Nutzer und Kunden, die sich für den Newsletter angemeldet haben.

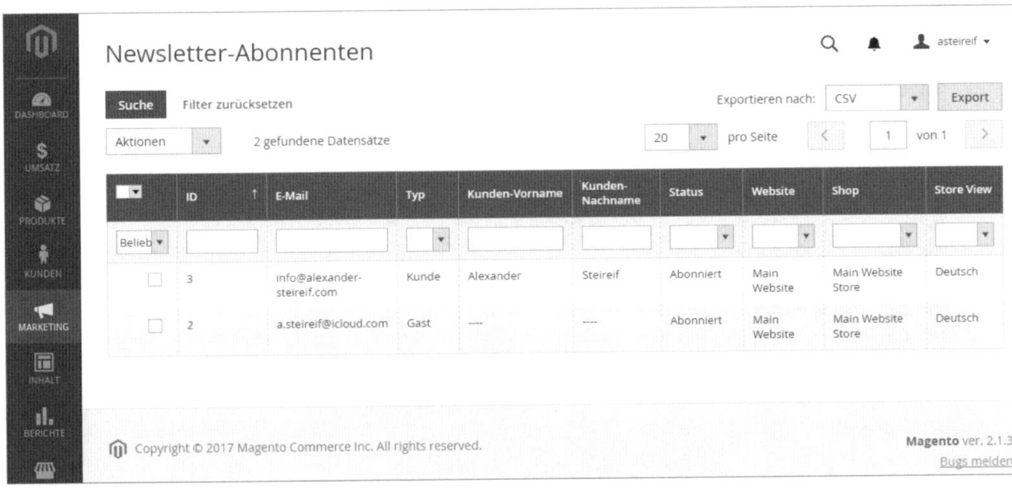

Abbildung 10.3 Magento listet Ihnen alle Abonnenten des Newsletters auf und gibt zugleich an, ob es sich um einen Kunden oder einen Gast handelt.

Magento zeigt Ihnen zu jedem Newsletter-Abonnenten die relevantesten Informationen an, hierzu zählen die E-Mail-Adresse, die Information, ob es sich um einen Kunden oder einen Gast handelt, der Kunden-Vorname und -Nachname, der Status und die Website sowie der Shop (gemeint ist hiermit der Store) bzw. Store View, in dem sich der Kunde angemeldet hat. Sofern Sie möchten, können Sie die Abonnenten an dieser Stelle exportieren, zur Auswahl steht ein Export im CSV- sowie im Excel-XML-Format. Darüber hinaus existiert am linken oberen Bildschirmrand ein Dropdown-Menü namens Aktionen, das Sie in Abbildung 10.3 sehen. Das Menü ermöglicht Ihnen das Löschen von Newsletter-Abonnenten, zudem können Sie mithilfe des Dropdown-Menüs Abonnenten vom Newsletter abmelden. Setzen Sie hierzu einfach bei den entsprechenden Kunden den Haken bei der Checkbox, die sich in der ersten Spalte befindet, und wählen Sie daraufhin die gewünschte Aktion aus.

Abmelden und sogar anmelden können Sie einzelne Kunden übrigens auch direkt über die Kundendetailansicht innerhalb des Backends. Klicken Sie hierzu auf KUNDEN • ALLE KUNDEN, und wählen Sie einen beliebigen Kunden aus der Tabelle aus. Sobald Sie die Kundendetails sehen, klicken Sie bitte in der linken Tab-Navigation auf den Reiter NEWSLETTER. Sie erhalten daraufhin die Ansicht, die Sie in Abbildung 10.4 sehen.

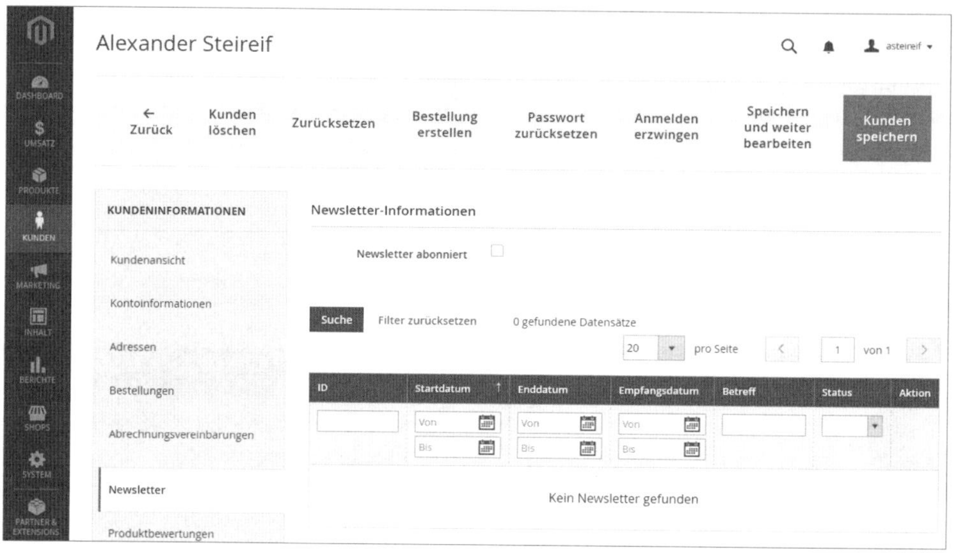

Abbildung 10.4 Magento erlaubt die Anmeldung eines Kunden zum Newsletter innerhalb des Backends.

In der Newsletter-Ansicht sehen Sie alle vom Kunden bereits erhaltenen Newsletter. Zudem zeigt Ihnen Magento an, ob der Kunde aktuell zum Newsletter angemeldet ist oder nicht. Ist der Kunde nicht angemeldet, können Sie ihn mithilfe der Checkbox NEWSLETTER ABONNIERT anmelden, bzw., wenn der Kunde bereits angemeldet ist, wiederum mithilfe dieser Checkbox abmelden.

Magento bietet Ihnen für die Verwaltung der Newsletter-Abonnenten daher insgesamt zwei Ansichten bzw. Masken. Zum einen können Sie innerhalb der Ansicht NEWSLETTER-ABONNENTEN alle Kunden bzw. Gäste, die sich zum Newsletter angemeldet haben, einsehen und abmelden bzw. löschen. Zum anderen ermöglicht Ihnen die Kundendetailansicht auf Kundenebene, den Kunden zum Newsletter an- bzw. abzumelden.

10.1.3 Newsletter erstellen und versenden

Nachdem Sie gesehen haben, wie Sie Ihre Newsletter-Abonnenten verwalten können und welche Möglichkeiten Ihnen zur Verfügung stehen, geht es im nächsten Schritt um die Erstellung und den Versand des Newsletters. Öffnen Sie hierzu innerhalb des Magento-Backends den Menüpunkt MARKETING • KOMMUNIKATION • NEWSLETTER TEMPLATE. Daraufhin gibt Ihnen Magento eine leere Tabelle zurück, da Sie bislang noch keine Newsletter-Templates angelegt haben. Um dies zu ändern, klicken Sie auf den großen orangefarbenen Button NEUE VORLAGE HINZUFÜGEN. Daraufhin gelangen Sie in die Ansicht, in der Sie Ihren Newsletter gestalten können. Für die Erstellung des Newsletters müssen Sie in Magento gar nicht so viele Informationen hinterlegen. Im ersten Schritt benötigt die Vorlage – Sie können, wie Sie später noch sehen werden, auf Basis einer Vorlage mehrere Newsletter versenden – einen Namen. Im Feld VORLAGEN NAME, Sie sehen dieses in Abbildung 10.5, können Sie einen beliebigen Namen hinterlegen.

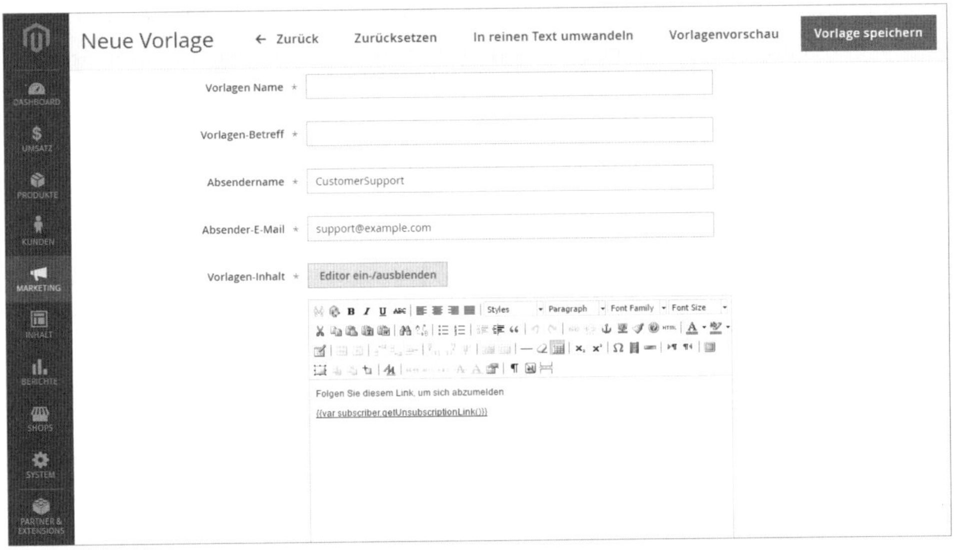

Abbildung 10.5 Für die Erstellung des Newsletters steht Ihnen der bereits bekannte WYSIWYG-Editor zur Verfügung.

Der in diesem Feld hinterlegte Name wird übrigens nicht gegenüber Ihren Newsletter-Empfängern kommuniziert, d. h., Sie können an dieser Stelle auch eine beliebige interne Bezeichnung verwenden. Im Gegensatz hierzu ist jedoch der Inhalt des nächsten Feldes namens VORLAGEN-BETREFF für Ihre Kunden sichtbar. Der Betreff wird für die Betreffzeile der E-Mail verwendet und daher je nach E-Mail-Client bzw. E-Mail-Weboberfläche recht prominent dargestellt. Verwenden Sie an dieser Stelle eine aussagekräftige Bezeichnung für Ihren Newsletter, denn der Betreff ist maßgeblich dafür verantwortlich, ob eine E-Mail geöffnet oder direkt gelöscht wird. Ein guter Betreff sollte immer recht kurz sein und eine Aufforderung erhalten. Daher verwende ich an dieser Stelle den Betreff »Neue Angebote – jetzt sofort zuschlagen!«. Aus Gründen der Einfachheit ist dies übrigens an dieser Stelle auch mein Vorlagen-Name.

Beim Absendernamen können Sie wiederum kreativ werden und eine beliebige Bezeichnung angeben, z. B. Ihren Firmennamen, oder den Namen einer Person. Ich hinterlege bei ABSENDERNAME meinen Namen und bei der ABSENDER-E-MAIL meine persönliche E-Mail-Adresse.

Nachdem Sie recht allgemeine Informationen wie den Absender und den Betreff hinterlegt haben, geht es nun ans Eingemachte. Im Feld VORLAGEN-INHALT haben Sie jetzt die Möglichkeit, den eigentlichen Inhalt des Newsletters zu erstellen. Dafür stellt Ihnen Magento den bereits aus dem Produktmanagement bekannten WYSIWYG-Editor zur Verfügung. Auch haben Sie die Möglichkeit, direkt HTML-Code zu hinterlegen. Es existieren daher keine Einschränkungen seitens Magento, Sie können Ihren gewünschten Inhalt entweder grafisch mittels des WYSIWYG-Editors oder direkt in Form eines HTML-Konstrukts hinterlegen. Magento gibt Ihnen zudem, wie Sie auch in Abbildung 10.5 sehen, noch den rechtlich verpflichtenden Abmelde-Link mit an die Hand, den Sie zwar theoretisch löschen könnten, aber aufgrund der rechtlichen Rahmenbedingungen behalten sollten. Hinterlegen Sie an dieser Stelle gern einen beliebigen Inhalt, und experimentieren Sie ein wenig mit dem WYSIWYG-Editor. Ich greife aus Gründen der Einfachheit auf einen Dummy-Text zurück und füge diesen beim Vorlageninhalt ein.

Begrenzte grafische Möglichkeiten beim Newsletter-Design

Sofern Sie andere Newsletter-Tools wie beispielsweise Mailchimp oder Cleverreach kennen, werden Ihnen die in Magento gebotenen Möglichkeiten bei der Erstellung und dem Design eines Newsletters sicherlich sehr rudimentär vorkommen. Aus diesem und noch weiteren Gründen möchte ich die Newsletter-Funktion zunächst erklären und anschließend eine Bewertung vornehmen. Denn seit Magento 1.x sind die beim Newsletter gebotenen Funktionalitäten die Achillesferse der gesamten E-Commerce-Software.

Sofern Sie – diese Option richtet sich primär an Frontend-Entwickler – dem Newsletter zusätzliche Formatierungsinformationen in Form von CSS-Klassen mitgeben möchten, haben Sie im letzten Feld namens VORLAGEN-STILE, das sich am unteren Ende der Ansicht befindet, die Möglichkeit, besagte CSS-Klassen beizufügen. Für das aktuelle Beispiel können Sie dieses Feld jedoch überspringen und die Vorlage speichern, indem Sie auf den Button VORLAGE SPEICHERN klicken. Daraufhin landen Sie erneut in der Übersicht der Newsletter-Vorlagen, sehen aber dieses Mal einen Eintrag. Bei diesem Eintrag handelt es sich um die soeben angelegte Vorlage, die Sie jetzt im nächsten Schritt noch versenden müssen. Bevor Sie Ihren Newsletter versenden, können Sie sich die Vorschau des Newsletters anzeigen lassen. Wählen Sie hierzu in der Übersicht der Newsletter-Vorlagen in der Spalte AKTIONEN im Dropdown-Menü den Eintrag VORSCHAU aus. Daraufhin öffnet sich ein neues Fenster, das den Inhalt Ihres Newsletters ausgibt, so wie in meinem Fall in Abbildung 10.6.

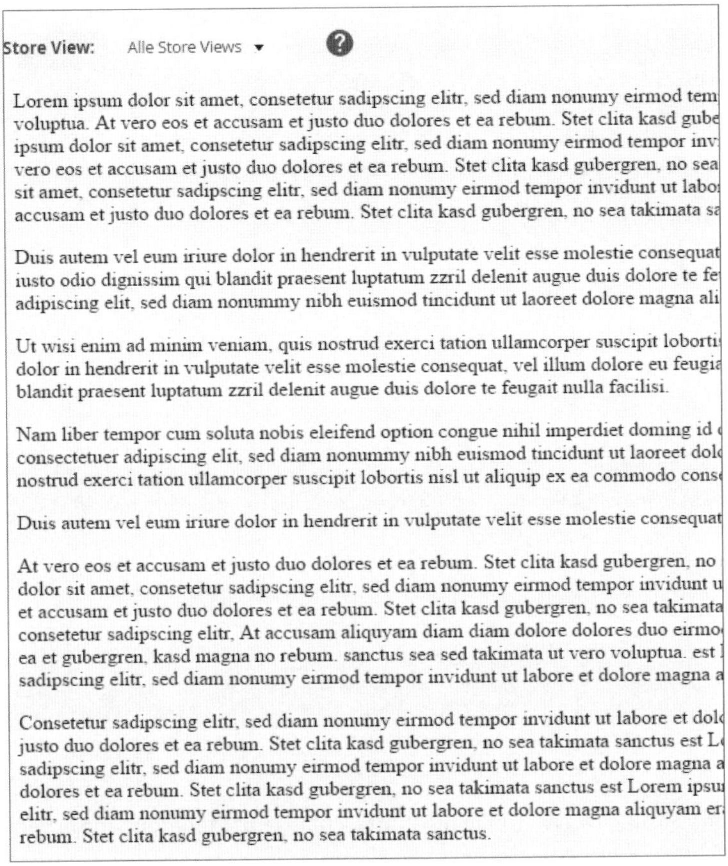

Abbildung 10.6 Die Newsletter-Vorschau offenbart die Textwüste des von mir erstellten Newsletters.

Die Vorschau soll Ihnen die Sicherheit geben, dass Sie ein sauberes Layout und Design erstellt haben, und die Prüfung auf Rechtschreibfehler ermöglichen. In der Praxis ist die Vorschau, offen zugegeben, aber nicht sehr hilfreich. Denn E-Mail-Clients wie Outlook oder Apple Mail interpretieren HTML- und CSS-Code ganz anders als ein Webbrowser wie Chrome oder Firefox. Das heißt, auch wenn die Darstellung in Ihrem Browser in Ordnung ist, muss nicht zwangsläufig die Darstellung in den verschiedenen E-Mail-Clients perfekt sein.

Wenn Sie, nachdem Sie sich die Vorschau Ihres Newsletters angesehen haben, den Newsletter versenden möchten, wählen Sie aus dem Dropdown-Menü in der Spalte Aktion den Eintrag Newsletter in Warteschlange. Die Bezeichnung ist an dieser Stelle wieder etwas ungenau, denn im Prinzip ist die Option für die eigentliche Erstellung des Newsletters verantwortlich, da Sie bisher ja nur ein Template erstellt bzw. bearbeitet haben. Aus diesem Grund lädt nach einem Klick auf die besagte Option eine neue Ansicht, wie in Abbildung 10.7 zu sehen ist.

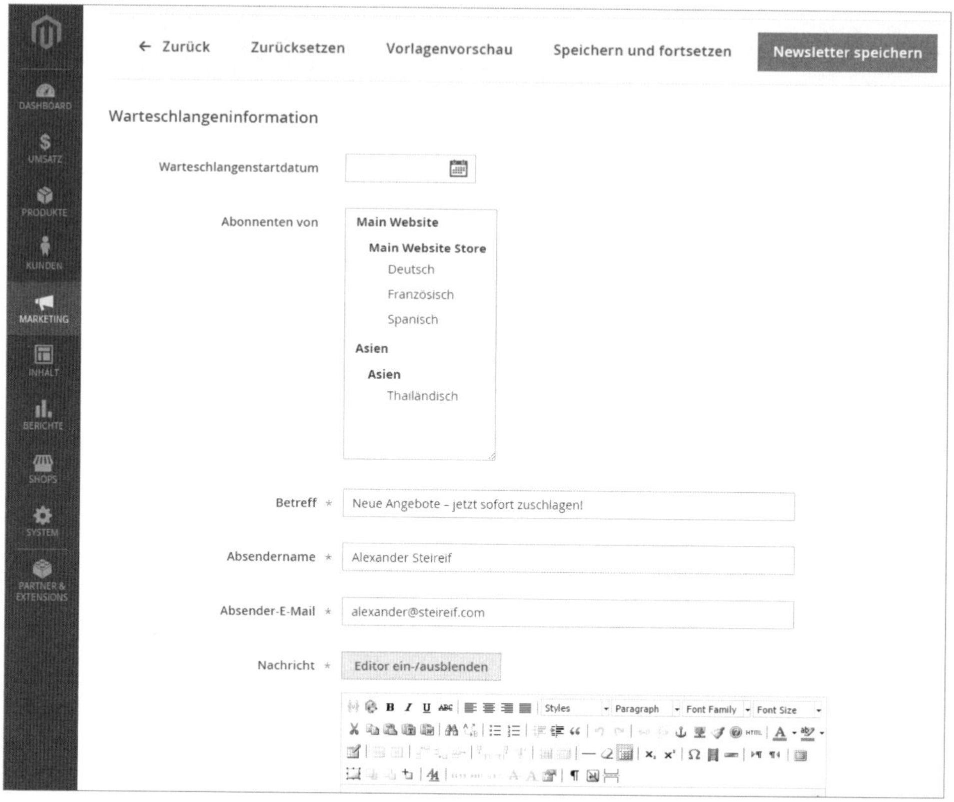

Abbildung 10.7 Erst wenn Sie den Newsletter in die Warteschlange packen, können Sie den finalen Inhalt und das Versanddatum festlegen.

In dieser neuen Ansicht können und müssen Sie im ersten Schritt ein Versanddatum angeben. Hierfür steht Ihnen im Feld WARTESCHLANGENSTARTDATUM ein Date Picker zur Verfügung, der Ihnen neben dem Datum auch die Wahl der Uhrzeit überlässt. Entscheiden Sie sich daher nun bitte für ein Datum und eine Uhrzeit, und bestätigen Sie diese Auswahl. Nachdem Sie definiert haben, wann der Newsletter versendet werden soll, müssen Sie nun den Kreis der Empfänger definieren. Magento macht diesen Kreis abhängig vom Store View, d. h. von den im System vorhandenen Sprachen bzw. Websites. Dieses Feature hängt mit der Multistore-Fähigkeit von Magento zusammen, und in meinem Beispiel sehen Sie neben der Sprache Deutsch bereits weitere Sprachen bzw. auch eine weitere Website. Lassen Sie sich davon jetzt aber nicht irritieren, und wählen Sie den in Ihrem Fall einzigen vorhandenen Eintrag aus.

Die nächsten Felder werden Ihnen wieder bekannt vorkommen, denn es handelt sich um Felder, die Sie bei der Erstellung der Vorlage ausgefüllt haben. Magento lädt nun die von Ihnen ausgefüllten Werte, und Sie haben die Möglichkeit, diese zu ergänzen bzw. zu überschreiben. Bei der Vorlage werden Sie, sofern Sie die Newsletter-Funktion nutzen, allgemeine Informationen hinterlegen bzw. ein Dummy-Produkt abbilden. Wenn Sie den Newsletter dann tatsächlich versenden, aktualisieren Sie natürlich zuvor diese Daten und hinterlegen beim Dummy-Produkt die Informationen des Produkts des Monats oder der neuen Produkte. Die Vorlage, die Sie zuerst erstellen, gibt also nur das Gerüst, den strukturellen Aufbau vor, die eigentlichen Werte folgen an dieser Stelle. In meinem Beispiel werde ich jedoch keine weiteren Änderungen vornehmen und klicke auf NEWSLETTER SPEICHERN. Magento taktet anschließend den Newsletter für den Versand ein und wird ihn zum angegebenen Zeitpunkt an die Empfänger versenden. Nachvollziehen können Sie dies, wenn Sie im Backend auf MARKETING • KOMMUNIKATION • NEWSLETTER WARTESCHLANGE klicken. Innerhalb dieser Ansicht stellt Magento alle Newsletter dar, die zukünftig versendet werden sollen. Neben der Information, wann der jeweilige Newsletter versendet wird, sehen Sie zudem den Betreff, Status, verarbeitete Empfänger und Gesamtanzahl der Empfänger. Bereits versendete Newsletter werden an dieser Stelle ebenfalls auftauchen, damit haben Sie eine Art Archiv und können die bereits versendeten Newsletter auch rückwirkend einsehen.

Bei der Planung und dem Versand eines Newsletters, das müssen Sie sich an dieser Stelle merken, benötigen Sie im ersten Schritt eine Vorlage. Haben Sie eine Vorlage angelegt, können Sie diese zur Warteschlange hinzufügen. In der daraufhin geladenen Ansicht haben Sie die Möglichkeit, den eigentlichen Inhalt des Newsletters, basierend auf der ausgewählten Vorlage, zu hinterlegen sowie den Versandzeitpunkt festzulegen. Mit wenigen Klicks sind Sie somit am Ziel – der Versand eines Newsletters ist in Magento in sehr wenigen Schritten möglich.

10.1.4 Bewertung der Newsletter-Funktionen

An dieser Stelle des Buches muss ich leider mit meinen Gewohnheiten brechen und eine Bewertung eines implementierten Features vornehmen. So sehr ich hinter den Funktionen und Möglichkeiten von Magento stehe, die implementierte Newsletter-Funktionalität empfinde ich als unbefriedigend. Vorausgesetzt, Sie möchten später tatsächlich E-Mail-Marketing nutzen und Newsletter versenden, so empfehle ich Ihnen definitiv die Integration eines externen Dienstleisters. Die in Magento implementierte Funktion hat meiner Meinung nach leider einige Nachteile, die sich auch nicht durch kleinere Add-ons oder Modifikationen ausgleichen lassen:

- Die Erstellung und Gestaltung von Newslettern ist nicht State of the Art. Tools wie Mailchimp oder Cleverreach bieten enorm umfangreiche grafische Möglichkeiten zur Gestaltung und Verwaltung von Inhalten.
- Magento besitzt keinerlei Reporting-Funktionen, d. h., Sie werden nicht nachvollziehen können, wie viele Nutzer den Newsletter aufgerufen und innerhalb des Newsletters auf Links geklickt haben.

- Zusätzliche Funktionen wie A/B-Split-Tests sind nicht implementiert. Dadurch haben Sie keine Möglichkeit, mit verschiedenen Inhalten den Erfolg bzw. die Reaktion auf den Newsletter zu testen
- In der Regel ist die Hosting-Infrastruktur eines Magento-Systems nicht auf den Massenversand von E-Mails ausgelegt. Dadurch werden Newsletter gegebenenfalls nicht zugestellt, und Ihr System landet auf Spam-Listen großer Mailserver.
- Magento kann nicht aufgrund von Klicks oder nicht stattgefundenen Klicks von Newsletter-Empfängern mit Follow-up-E-Mails reagieren.
- Die Vorschau-Funktion bietet keinerlei Testmöglichkeiten hinsichtlich unterschiedlicher E-Mail-Clients und Weboberflächen. Solche Tests sind bei spezialisierten Newsletter-Anbietern Standard.
- Magento kann den Newsletter nicht dahingehend prüfen, ob er potenziell von Empfängern bzw. deren Systemen als Spam eingestuft wird

Zusammengefasst fehlen Magento leider grundlegende Funktionen und Fähigkeiten, die Sie bei spezialisierten Anbietern erhalten und die meiner Meinung nach zwingend notwendig sind. Aus diesem Grund, das ist aber nur meine persönliche Meinung an dieser Stelle, sollten Sie definitiv auf einen spezialisierten und externen Dienstleister setzen, sobald Sie professionelles E-Mail-Marketing betreiben möchten.

10.1.5 Integration von externen Newsletter-Lösungen

Wie auf der vorherigen Seite erwähnt, bin ich kein großer Fan der in Magento vorhandenen Newsletter-Funktionen. Aus diesem Grund setze ich, sofern E-Mail-Marketing professionell betrieben werden soll, gern auf externe Lösungen, die sich jedoch nahtlos in Magento integrieren. Grundsätzlich gibt es sehr viele Anbieter von Newsletter-Lösungen, die sich zum Teil erheblich unterscheiden, zum Teil bei den Kosten aber auch sehr ähnlich sind. An dieser Stelle möchte ich gar keine Bewertung oder Auswertung von möglichen Lösungen vornehmen, damit lässt sich sicherlich ein eigenes Buch füllen. Vielmehr möchte ich Ihnen an dieser Stelle, zugegebenermaßen im Schnelldurchlauf, die Integration und Anbindung von Mailchimp vorstellen. Persönlich bin ich großer Mailchimp-Fan, da es sich um eine sehr kostengünstige, aber dennoch umfangreiche und professionelle Lösung handelt. Es gibt, das sei nochmals erwähnt, noch weitere Anbieter, die einen genauso guten Job wie Mailchimp machen.

Um Magento mit Mailchimp zu verknüpfen, benötigen Sie zuerst die von Mailchimp entwickelte Extension. Diese Extension ist für den Datenaustausch zwischen Mailchimp und Magento verantwortlich und kann kostenfrei im Magento Marketplace unter *https://marketplace.magento.com/ebizmarts-magento2-magemonkey.html* heruntergeladen werden. Wie Sie Extensions installieren, erfahren Sie in Kapitel 14,

»Magento erweitern und an die eigenen Bedürfnisse und Anforderungen anpassen«, daher überspringe ich an dieser Stelle die detaillierte Installationsanweisung. Nachdem Sie die Mailchimp-Extension installiert haben, werden Sie innerhalb des Magento-Backends einen neuen Menüpunkt vorfinden, den Sie über die Systemkonfiguration erreichen.

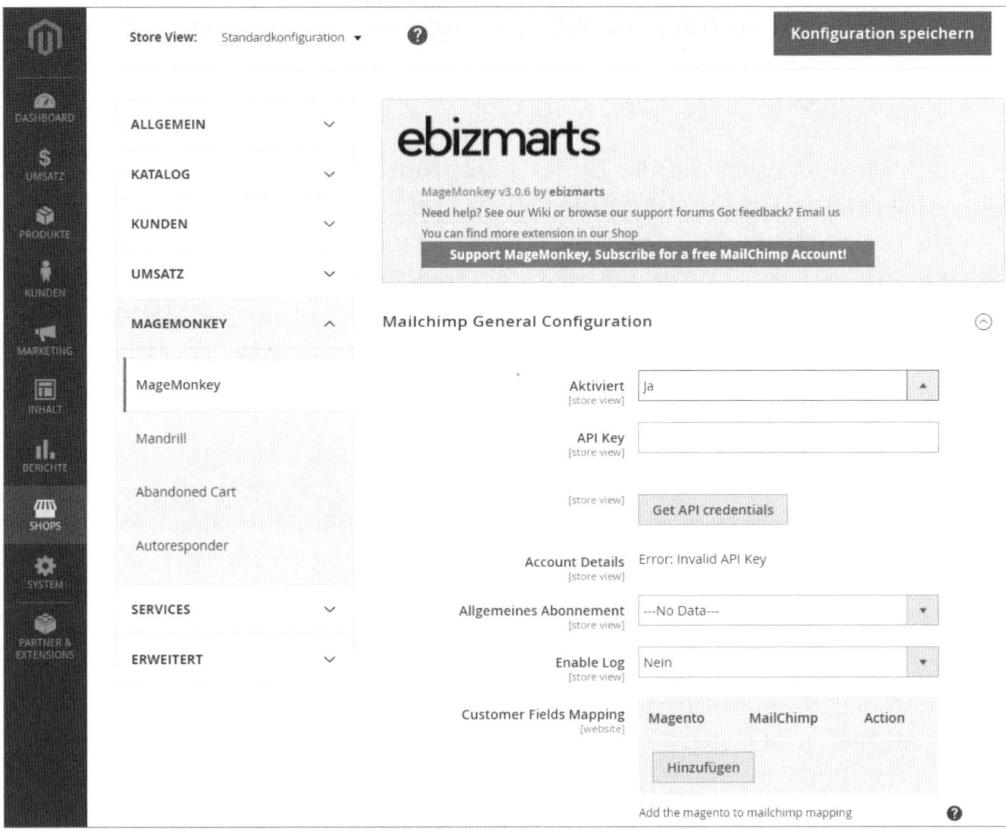

Abbildung 10.8 Die Mailchimp-Extension sorgt für einen sorgenfreien Datenaustausch der Newsletter-Abonnenten.

In diesem neuen Menüpunkt namens MAGEMONKEY müssen Sie, wie Sie in Abbildung 10.8 sehen, nur noch die API-Zugangsdaten Ihres Mailchimp-Accounts hinterlegen, anschließend werden Informationen wie Newsletter-Abonnenten automatisch von Magento zu Mailchimp übertragen und konstant abgeglichen. Magento ist zukünftig nur noch für die Anmeldung der Newsletter-Abonnenten bzw. die Verwaltung des Newsletter-Abonnements im Benutzerkonto zuständig, nicht aber mehr für die Gestaltung und den Versand der Newsletter. Diese beiden Aufgaben können Sie direkt in Mailchimp übernehmen und von dort immer auf die Newsletter-Abonnenten Ihres Magento-Systems zugreifen.

Manueller Export von Newsletter-Abonnenten möglich

Für den Fall, dass Sie eine Newsletter-Lösung verwenden möchten, die über keine Magento 2-Integration verfügt, können Sie im Worst-Case-Szenario immer noch alle Newsletter-Abonnenten manuell exportieren. Als Ergebnis erhalten Sie eine CSV- bzw. Excel-XML-Datei. Diese können Sie wiederum bei Ihrer präferierten Lösung einlesen und nutzen. Den manuellen Export können Sie in der Ansicht MARKETING • KOMMUNIKATION • NEWSLETTER-ABONNENTEN anstoßen, indem Sie auf den Button EXPORT klicken, der sich am oberen Bildschirmrand befindet.

In Mailchimp haben Sie, das ist der große Vorteil an dieser Aufgabenteilung, anschließend umfangreiche Reporting-Möglichkeiten, einen sehr mächtigen Editor für die Gestaltung der Newsletter sowie unzählig viele Prüfmechanismen und vorab Spam-Tests. Greifen Sie daher, sollte Mailchimp für Sie ein geeignetes Tool sein, auf die starke und einfache Integration von Magento und Mailchimp zurück, und gestalten und versenden Sie in Zukunft Ihre Newsletter einfach direkt über Mailchimp.

10.2 Produkte in CMS-Seiten integrieren

Nach dem kurzen Exkurs im vorherigen Abschnitt möchte ich an dieser Stelle das Thema mit den zusätzlichen und externen Lösungen wieder schließen und Ihnen in diesem Abschnitt aufzeigen, wie Sie die in Ihrem System vorhandenen Produkte auf CMS-Seiten anzeigen lassen können. Wenn Sie sich fragen, warum Sie innerhalb von CMS-Seiten Produkte anzeigen lassen sollen, denken Sie bitte nur an ein Beispiel – die Startseite! In den meistens Online-Shops werden Sie beim Aufruf der Startseite von Produktempfehlungen, Angeboten und neuen Produkten begrüßt. Das hilft sicherlich dabei, die Umsätze zu steigern und das Interesse am Online-Shop zu wecken, und aus diesen Gründen sollten Sie ebenfalls auf diese Möglichkeit zurückgreifen!

Melden Sie sich mit Ihren persönlichen Zugangsdaten im Magento-Backend an. Gegebenenfalls sind Sie bereits angemeldet, dann können Sie sich selbstverständlich den Login sparen und direkt den Menüpunkt INHALT • SEITEN aufrufen. Die Funktionsweise des in Magento vorhandenen Content-Management-Systems, soviel sei an dieser Stelle vorweggenommen, werden Sie noch im Detail kennenlernen. Da es sich beim Content-Management um ein enorm umfangreiches und komplexes Thema handelt, existiert in diesem Buch ein eigenes Kapitel, das sich diesem Thema widmet. Verzeihen Sie mir an dieser Stelle, wenn ich etwas schneller durch die Masken springe und nicht alle Details erkläre, die vollständigen Erklärungen sowie eine Schritt-für-Schritt-Anleitung finden Sie in Kapitel 11, »Content Management mit Magento«.

10.2.1 Katalogprodukte anzeigen lassen

Sobald Sie den Punkt INHALT • SEITEN aufgerufen haben, klicken Sie innerhalb der Tabelle auf den Eintrag mit dem Titel »HOME PAGE«, denn hierbei handelt es sich um die Startseite. Sollten Sie mir an dieser Stelle nicht ganz folgen können, werfen Sie bitte einen Blick auf Abbildung 10.9, denn hier sehen Sie sowohl die Tabelle mit allen CMS-Seiten als auch den angesprochenen Eintrag mit dem Namen »HOME PAGE«.

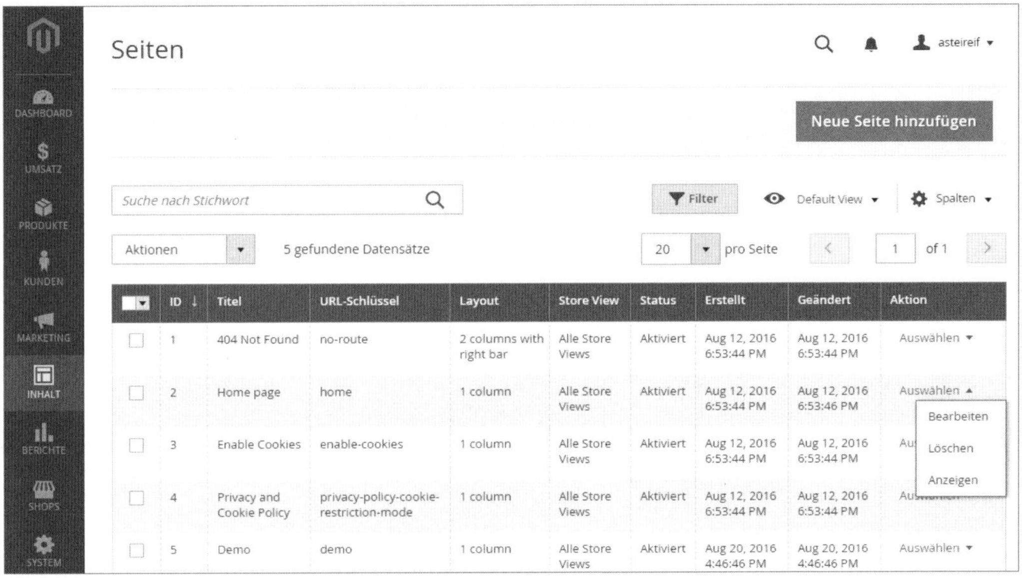

Abbildung 10.9 Um die Startseite zu editieren, müssen Sie die CMS-Seite mit dem Titel »Home page« bzw. mit dem URL-Schlüssel »home« auswählen.

Klicken Sie in der letzten Spalte mit dem Titel AKTION auf AUSWÄHLEN sowie auf BEARBEITEN, genauso, wie Sie es in Abbildung 10.9 sehen. Anschließend gelangen Sie auf die Detailseite, in der Sie die Startseite editieren können. Ignorieren Sie in diesem Schritt die möglichen Optionen und Eingabefelder, und scrollen Sie bis zum Abschnitt INHALT, den Sie durch einen Klick öffnen.

In dem anschließend dargestellten Eingabefeld, bei dem sich um den bereits bekannten WYSIWYG-Editor handelt, können Sie grundsätzlich und unabhängig von Produkten den Inhalt der Startseite hinterlegen. Ihnen stehen alle Möglichkeiten, die der Editor bietet, zur Verfügung. Alternativ können Sie zudem direkt HTML-Quellcode hinterlegen. Aktuell ist noch kein komplexer Inhalt hinterlegt, das möchte ich und möchten sicherlich auch Sie ändern. Momentan wird nämlich nur der hinterlegte Satz »CMS homepage content goes here.« auf der Startseite ausgegeben.

Klicken Sie, um Produkte zur Startseite hinzuzufügen, bitte in dem WYSIWYG-Editor auf das zweite Icon in der ersten Reihe. Das Icon sieht ungefähr wie das Magento M, versehen mit einem kleinen Zusatz, aus. Sobald Sie das Icon anklicken, öffnet sich ein neues Fenster, wie in Abbildung 10.10 zu sehen ist.

Abbildung 10.10 Mit sogenannten »Widgets« können Sie Produkte auch innerhalb von CMS-Seiten ausgeben.

Bei dem aufgehenden Fenster handelt es sich streng genommen um die Widget-Auswahl. Was es mit Widgets auf sich hat und wie Ihnen die Widgets im Alltag helfen können, erfahren Sie ebenfalls im nächsten Kapitel. Befassen Sie sich daher in diesem Moment nicht mit den Details, die Detailerklärung folgt in Kapitel 11, »Content Management mit Magento«. Beim Widget-Typ, bei dem es sich um die erste Option handelt, die Sie ebenfalls in Abbildung 10.10 sehen, wählen Sie den Eintrag Liste der Katalogprodukte aus. Daraufhin verändert sich automatisch der untere Bereich, denn es werden neue Eingabefelder und Dropdown-Menüs nachgeladen. Der Hintergrund ist, dass letztendlich bei jedem Widget-Typ unterschiedliche Widget-Optionen zur Verfügung stehen. Magento zeigt Ihnen nun nur die Widget-Optionen an, die auch für diesen Typ relevant sind.

Geben Sie beim TITEL bitte den Inhalt »Produkte bis 50 €« ein, da ich in diesem Beispiel alle Produkte auf der Startseite anzeigen möchte, die einen maximalen Preis von 50 € haben. Je nach Anzahl der Produkte kann die Übersichtlichkeit etwas leiden, stellen Sie sich vor, Sie haben 1.000 Produkte, die weniger als 50 € kosten. Aus diesem Grund können Sie im nächsten Schritt namens SEITENKONTROLLE ANZEIGEN definieren, ob Sie eine Blätterfunktion darstellen möchten. Die Blätterfunktion existiert ebenfalls innerhalb jeder Kategorieseite, denn auch hier stellt Magento nicht einfach alle vorhandenen und der Kategorie zugewiesenen Produkte dar, sondern nur eine im Vorfeld definierte Anzahl. Sofern Sie SEITENKONTROLLE ANZEIGEN aktivieren, erscheinen zwei weitere Eingabefelder, die Ihnen erlauben, die Anzahl der Produkte pro Seite sowie die Anzahl der angezeigten Produkte einzustellen. Hierfür stehen die Eingabefelder ANZAHL DER ARTIKEL PRO SEITE sowie ANZAHL DER ARTIKEL, DIE ANGEZEIGT WERDEN zur Verfügung, wobei Sie die SEITENKONTROLLE ANZEIGEN an dieser Stelle ruhig deaktiviert lassen können. Bei jedem Widget, das ist an dieser Stelle also keine Besonderheit, können Sie eine Vorlage, also ein Template, auswählen. Anhand des Template wird die visuelle Ausgabe des Widgets gesteuert. An dieser Stelle haben Sie jedoch nicht die Möglichkeit, aus verschiedenen Vorlagen zu wählen, Sie müssten, wenn Sie eine andere Ausgabe wünschen, zuerst eine Vorlage entwickeln. Mit der Option CACHE-LEBENSDAUER (SEKUNDEN) haben Sie die Möglichkeit, die Lebenszeit des Zwischenspeichers zu definieren. Magento ermittelt nicht bei jedem Aufruf der Startseite die Produkte, die weniger als 50 € kosten. Das würde die Performance viel zu stark belasten, weswegen die Ermittlung sozusagen rhythmisch erfolgt. Je größer die Zahl ist, die Sie an dieser Stelle definieren, desto seltener fragt Magento die darzustellenden Produkte tatsächlich ab. Dadurch senken Sie die Last auf Ihrem System, laufen aber gegebenenfalls Gefahr, ein veraltetes Ergebnis auszugeben. Sie benötigen daher ein gutes Mittelmaß zwischen Aktualität und Ressourcennutzung. Im Standard, Sie sehen dies auch als Nachricht unter diesem Eingabefeld, verwendet Magento, sofern Sie das Eingabefeld nicht ausfüllen, den Wert 86400. Die 86.400 Sekunden entsprechen dabei einer Cache-Lebensdauer von exakt 24 Stunden. In der Praxis ist das tatsächlich ein äußerst vernünftiger Wert, den Sie an dieser Stelle auch entsprechend nutzen sollten.

Scrollen Sie nun etwas weiter nach unten, bis Sie im Punkt BEDINGUNGEN angelangen. Jetzt wird es interessant und spannend. Aufgrund des Titels können Sie sich nun ja denken, dass ich alle Produkte mit einem Preis von maximal 50 € ausgeben lassen möchte, aber die Frage, die Sie sich bestimmt schon gestellt haben, ist, wo und vor allem wie die Definition erfolgt. Magento ist an dieser Stelle so intelligent, dass Sie nicht alle Produkte manuell zuweisen müssen, sondern auf ein Regelwerk zurückgreifen können. Werfen Sie hierfür einen Blick auf Abbildung 10.11, bzw. verfolgen Sie die nächsten Schritte in Ihrem Magento-System.

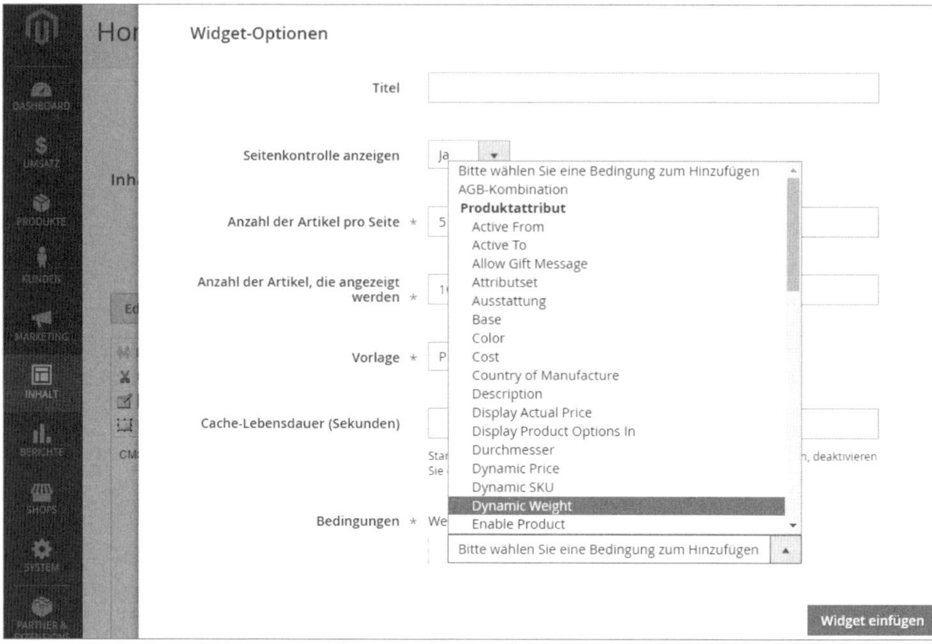

Abbildung 10.11 Das Regelwerk zur Steuerung der Produkte können Sie mittels einer grafischen Oberfläche erstellen.

Um eine neue Regel zu erstellen, müssen Sie zuerst einen Blick auf die erste Option und den dort abgebildeten Satz werfen: WENN ALLE VON DIESEN BEDINGUNGEN TRUE SIND: Der Inhalt bezieht sich auf die Bedingungen, die Sie im Folgenden anlegen, und ist wichtig, da Sie Änderungen an dieser Option vornehmen können. Zum einen können Sie die Aussage negieren, indem Sie auf TRUE klicken und den Wert FALSE auswählen. Würden Sie – Sie sehen gleich, wie es im Detail funktioniert – eine Bedingung erstellen, die lautet, »Alle Produkte müssen weniger als 50 € kosten«, und oben FALSE auswählen, dann würde das bedeuten, dass alle Produkte ausgewählt werden, die eben nicht 50 € kosten, d. h. teurer als 50 € sind. Es kann zudem vorkommen, dass Sie mehrere Bedingungen anlegen, z. B. müssen die Produkte günstiger als 50 € sein und als Attributset »Pfannen« erhalten. Bei mehreren Bedingungen stellt sich die Frage, ob alle oder nur eine Bedingung erfüllt werden muss. Klicken Sie auf das Wort ALLE, können Sie alternativ den Wert BELIEBIG auswählen. Bei letzterer Option muss nur eine der aufgeführten Bedingungen erfüllt werden, wählen Sie hingegen ALLE, müssen eben alle Bedingungen erfüllt werden. Das mag zum jetzigen Zeitpunkt für Sie noch etwas verwirrend klingen, Sie werden aber auf der nächsten Seite sicherlich den Sinn und Zweck dieser beiden Optionen verstehen. Klicken Sie jetzt auf das grüne Icon, das ein Plus darstellt. Daraufhin öffnet sich ein Dropdown-Menü, das Sie auch in Abbildung 10.11 sehen. In diesem Dropdown-Menü sehen Sie alle Attribute, die für Preisregeln aktiviert sind. Sicherlich können Sie sich noch an diese

Option erinnern, die vorkam, als Sie selbst Attribute angelegt haben. Ist ein Attribut für eine Preisregel freigeschaltet, so taucht dieses auch an dieser Stelle auf. Wählen Sie aus dem Dropdown-Menü bitte das Attribut PRICE aus. Nach der Auswahl erstellt Magento eine neue Zeile mit dem Inhalt PRICE IST ... Nachdem Sie nun das Attribut, das Sie für die Regel verwenden möchten, ausgewählt haben, müssen Sie abschließend noch den Wert ergänzen. Klicken Sie hierzu auf das Wort IST, woraufhin sich ein neues Menü öffnet, wie Sie in Abbildung 10.12 sehen.

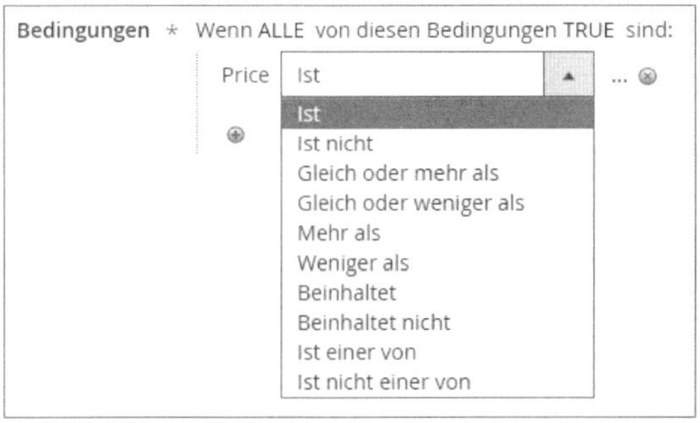

Abbildung 10.12 Logische Operatoren stehen nach der Auswahl des Attributs zur Verfügung.

Innerhalb des neuen Menüs stehen logische Operatoren zur Verfügung, d. h. Werte wie MEHR ALS, WENIGER ALS, IST NICHT etc. Wählen Sie den Eintrag WENIGER Als aus, und klicken Sie anschließend auf die drei Punkte direkt neben dem Dropdown-Menü aus Abbildung 10.12. Daraufhin öffnet sich ein Eingabefeld, in das Sie die Zahl 50 eintragen. Als Ergebnis haben Sie jetzt die Bedingung »Price weniger als 50« angelegt. In diesem Fall wählt Magento alle Produkte aus, bei denen das Attribut »Price«, sprich der Verkaufspreis, einen kleineren Wert als 50 hat. Somit werden alle Produkte, die günstiger als 50 € sind, ausgewählt.

Ich möchte an dieser Stelle die Komplexität nicht unnötig steigern, da ich Ihnen dieselbe Vorgehensweise noch bei den Preisregeln im Detail vorstellen möchte. Sie haben, das sei an dieser Stelle erwähnt, natürlich die Möglichkeit, beliebig viele Bedingungen und an sich auch Kombinationen von Bedingungen anzulegen. Toben Sie sich an dieser Stelle gern aus, und experimentieren Sie mit den in Magento bereitgestellten Möglichkeiten. Die grafische Erstellung von Regelwerken gehört definitiv zu den Highlights von Magento!

Klicken Sie bitte auf den Button WIDGET EINFÜGEN und anschließend innerhalb der CMS-Seite auf den Button SEITE SPEICHERN. Rufen Sie jetzt die Magento-Startseite auf, d. h., öffnen Sie das Frontend Ihres Online-Shops. Auch wenn sich sicherlich Ihr Produktsortiment etwas von meinem unterscheidet, müssten Sie wie ich eine Auflistung aller Produkte, die günstiger als 50 € sind, erhalten. In meinem Fall sieht die visuelle Ausgabe wie in Abbildung 10.13 aus.

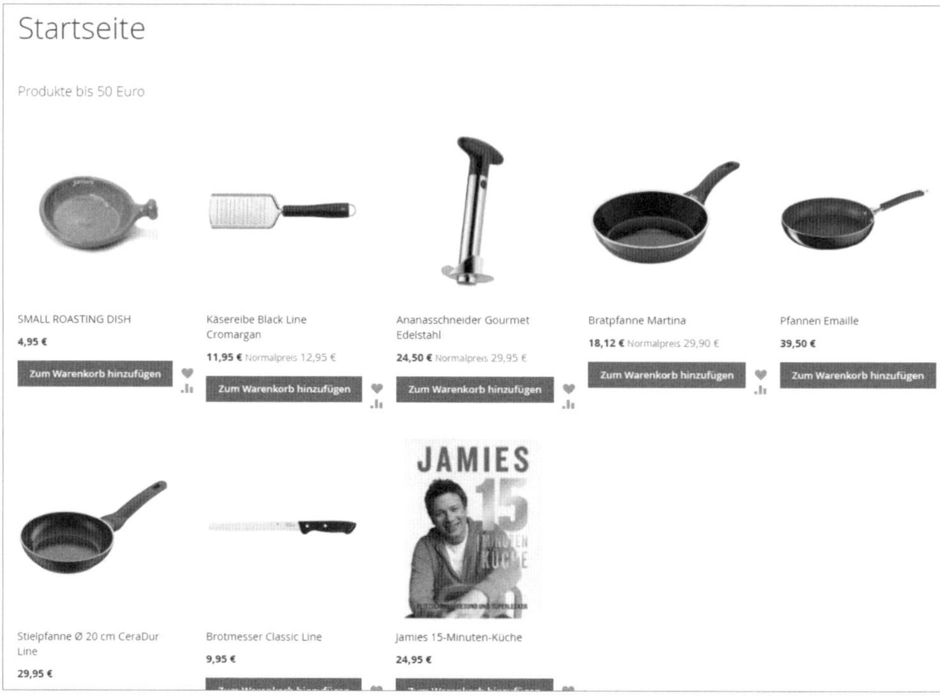

Abbildung 10.13 Mithilfe eines Widgets lassen sich auf der Startseite Produkte basierend auf einem Regelwerk ausgeben.

Ich hoffe, dass Ihnen mein zugegebenermaßen simples Beispiel einen Einblick in die Möglichkeiten des Widgets gegeben hat. Selbstverständlich können Sie das Widget nicht nur auf der Startseite, sondern auf jeder beliebigen CMS-Seite einfügen. Auch haben Sie die Möglichkeit, eine wesentlich komplexere Bedingung zu erstellen. Neue Produkte, auf die das Regelwerk zutrifft, werden übrigens automatisiert vom Widget dargestellt, zumindest dann, wenn der Cache erneuert wird. Sie müssen daher, nachdem Sie neue Produkte angelegt haben, nicht nochmals explizit beim Widget Änderungen vornehmen oder dieses speichern.

Alternativ zum soeben vorgestellten Widget existiert in Magento ein weiteres Widget, mit dessen Hilfe Sie Produkte innerhalb von CMS-Seiten darstellen können. Wechseln Sie wieder zur CMS-Seite »Home page«, und fügen Sie ein neues Widget zur CMS-Seite hinzu. Wählen Sie beim Widget-Typ anschließend die Option LISTE VON NEUEN KATALOGPRODUKTEN aus, und scrollen Sie bis zu den Widget-Optionen. Im Vergleich zum vorherigen Widget haben Sie nun weitaus weniger Eingabefelder und Möglichkeiten, das Widget anzupassen. Bei der ersten Option, die Sie in Abbildung 10.14 sehen, handelt es sich um den Anzeigetyp.

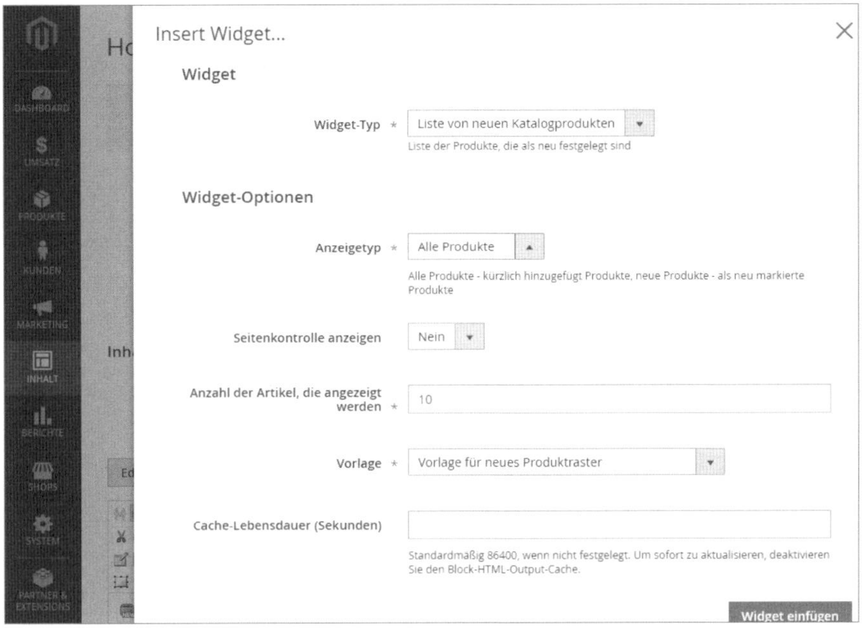

Abbildung 10.14 Beim Anzeigetyp stehen insgesamt zwei Optionen zur Verfügung.

Der Anzeigetyp bestimmt jedoch nicht nur die Anzeige, wie der Name impliziert. Letztendlich wählen Sie an dieser Stelle aus, welche Produkte Sie anzeigen lassen möchten. Wählen Sie die Option ALLE PRODUKTE, so werden alle kürzlich hinzugefügten Produkte dargestellt. Alternativ hierzu können Sie sich auch für die Option NEUE PRODUKTE entscheiden. In diesem Fall stellt Magento nur Produkte dar, bei denen Sie die Checkbox beim Attribut ALS NEU MARKIEREN angehakt haben. Bei dieser letzteren Option haben Sie also feinere Möglichkeiten, das Ergebnis zu beeinflussen, dafür müssen Sie jedoch auch bei jedem Produkt, das Sie darstellen möchten, die erwähnte Checkbox anhaken. Lassen Sie, wenn Sie genauso wie ich jetzt dieses neue Widget erstellen, daher die Auswahl ruhig auf ALLE PRODUKTE stehen. Als nächster Punkt folgt die Option SEITENKONTROLLE ANZEIGEN, die Sie bereits aus dem vorherigen Widget kennen. Auch hier können Sie für dieses Beispiel die Auswahl wie voreingestellt belassen. Die Anzahl der darzustellenden Produkte definieren Sie im nächsten Feld namens ANZAHL DER ARTIKEL, DIE ANGEZEIGT WERDEN. Im Standard geht Magento von der Anzeige von 10 Produkten aus, Sie können an dieser Stelle jedoch jeden beliebigen Wert hinterlegen. Natürlich sollten Sie in der Praxis nicht zu viele Produkte anzeigen, da die Darstellung sonst mitunter etwas wild wirken kann. Zu viele Produkte sind daher nicht empfehlenswert, meiner Meinung nach ist ein Wert zwischen 5 und 15 in Ordnung. Im Gegensatz zum vorherigen Widget haben Sie bei diesem im nächsten Schritt die Möglichkeit, eine Vorlage zu wählen, da insgesamt fünf Vorlagen zur Auswahl stehen:

- Vorlage für neues Produktraster
- Vorlage für neue Produktlisten
- Vorlage für neue Produkte (Namen und Bilder)
- Vorlage für neue Produkte (nur Namen)
- Vorlage für neue Produkte (nur Bilder)

Die Benennung der Vorlagen lässt bereits auf die spätere Darstellungsform schließen, gern können Sie die jeweiligen Vorlagen auch einfach testen, indem Sie mehrere Widgets anlegen bzw. das bestehende Widget editieren. In meinem Fall entscheide ich mich für die dritte Vorlage mit dem Namen VORLAGE FÜR NEUE PRODUKTE (NAMEN UND BILDER). Abschließend können Sie noch die Cache-Lebensdauer, einen Punkt, der Ihnen nun ebenfalls bekannt ist, definieren sowie das Widget hinzufügen. Haben Sie das Widget hinzugefügt und die Seite gespeichert, werden Sie eine Ausgabe wie in Abbildung 10.15 vorfinden, wenn Sie in das Frontend Ihres Magento-Systems wechseln.

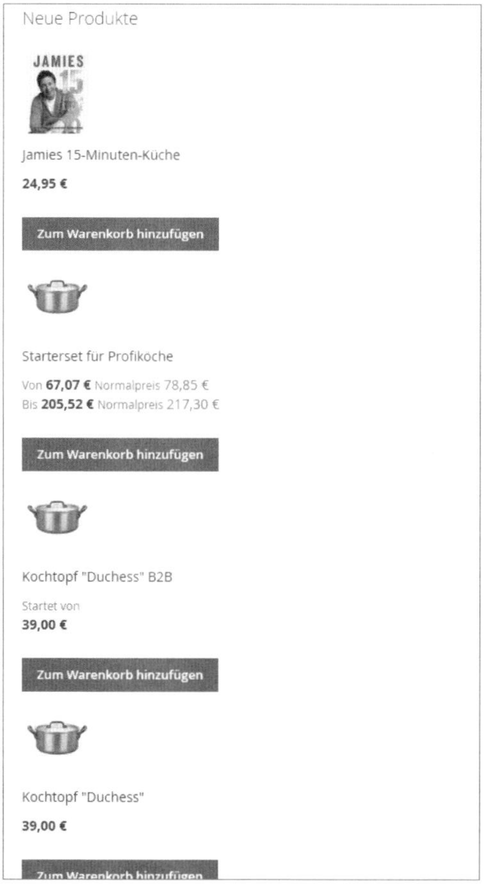

Abbildung 10.15 Neue Produkte werden in einer Liste untereinander ausgegeben.

Auch wenn diese Darstellungsform sicherlich nicht die optimalste ist, wie Sie an der sehr langen Liste sehen, so möchte ich Ihnen an dieser Stelle doch die Möglichkeiten der unterschiedlichen Vorlagen aufzeigen. In der Praxis würden Sie sicherlich zu einer anderen Vorlage greifen oder gegebenenfalls selbst eine entwickeln, einfach um eine übersichtlichere bzw. bessere Darstellung zu erzielen.

10.2.2 Integration der zuletzt angesehenen und verglichenen Produkte

Auf den vorherigen Seiten haben Sie gesehen, wie Sie aufgrund eines Regelwerks ausgewählte Produkte oder schlicht und einfach neue Produkte anzeigen lassen können. Für die anzuzeigenden Produkte waren in diesen beiden Fällen maßgeblich Sie verantwortlich, und Sie konnten bestimmen, welche Produkte Ihre Nutzer und Kunden im Frontend sehen.

Als Alternative hierzu können Sie innerhalb von CMS-Seiten jedoch auch dynamisch Produkte ausgeben, die sich je nach Nutzer, der sich die jeweilige CMS-Seite ansieht, unterscheiden. Öffnen Sie hierzu erneut die CMS-Seite »Home page«, und scrollen Sie zum Abschnitt CONTENT. Bei der Auswahl der Widgets, für die Sie auf das zweite Icon in der ersten Zeile des WYSIWYG-Editors klicken, sehen Sie am unteren Ende die beiden Einträge namens ZULETZT ANGESEHENE ARTIKEL bzw. ZULETZT VERGLICHENE ARTIKEL. Wählen Sie erstere Option aus, danach öffnen sich die zugehörigen Widget-Optionen.

Unabhängig davon, welches der beiden Widgets Sie auswählen, haben Sie bei den Widget-Optionen immer zwei Eingabefelder. Zum einen können Sie die Anzahl der darzustellenden Produkte definieren, im Standard ist der Wert 5 hinterlegt. Zudem haben Sie die Auswahl aus insgesamt 5 Vorlagen, die das optische Erscheinungsbild beeinflussen. Lassen Sie bei der Anzahl der Produkte ruhig die 5 stehen, wählen Sie bei der Vorlage die Option VORLAGE FÜR ANGESEHENE PRODUKTRASTER, und fügen Sie das Widget ein. Haben Sie diese Änderungen vorgenommen, speichern Sie bitte die Seite ab, und wechseln Sie ins Frontend.

Nun wird es interessant, denn im ersten Moment dürfte Ihnen Magento das neue Widget nicht anzeigen. Das liegt daran, dass Sie noch keine Produkte angesehen haben. Klicken Sie sich daher durch den Online-Shop, d. h. durch die jeweiligen Kategorien, und rufen Sie Produktseiten auf. Nachdem Sie einige Produktseiten aufgerufen haben, wechseln Sie erneut auf die Startseite. Magento gibt nun die von Ihnen angesehenen Produkte aus. Ähnlich, nur eben mit Produkten, die der Nutzer auf die Vergleichsliste legt, ist die Funktionsweise des zweiten angesprochenen Widgets. Interessant an diesen beiden Widgets ist letztendlich die nutzerabhängige Ausleitung der Inhalte, denn bei diesen beiden Widgets erhält tatsächlich jeder Kunde andere Produkte angezeigt.

10.3 Sonderpreise und Rabatte erstellen

Auch wenn ich persönlich kein Fan von Rabatten bin, da schlussendlich eine Preissenkung oftmals in einer Rabattschlacht endet und Rabattschlachten häufig ein bestimmtes Kundensegment anziehen, das Sie als Shop-Betreiber eigentlich gar nicht möchten, so bietet Magento eine Hülle und Fülle an Möglichkeiten, um einzelne Produkte sowie ganze Produktsammlungen zu rabattieren. Welche Möglichkeiten in Magento vorhanden sind, möchte ich Ihnen auf den nächsten Seiten im Detail vorstellen.

10.3.1 Individueller Sonderpreis oder Preisregeln

In Magento müssen Sie grundsätzlich zwischen zwei Arten von Sonderpreisen bzw. Rabatten differenzieren, zwischen individuellen Sonderpreisen und Preisregeln. Sonderpreise können Sie individuell auf Produktebene festlegen. Der Sonderpreis gilt dabei immer nur für die Menge 1, Staffelsonderpreise bildet Magento im Standard nicht ab. Diese Art der Rabattierung ist immer dann zu empfehlen, wenn Sie nur den Preis weniger Produkte senken möchten. Denn ein Sonderpreis ist schnell hinterlegt und kann zudem auch wieder schnell und unkompliziert entfernt werden.

Möchten Sie hingegen viele Produkte rabattieren, ist der Sonderpreis auf Produktebene etwas mühselig. Angenommen, Sie möchten alle Produkte, die weniger als 50 € kosten, um 10 % rabattieren. Sie müssten bei einem individuellen Sonderpreis alle Produkte aufrufen, die absolute Höhe des Rabattbetrags berechnen und das Produkt speichern. Das ist natürlich bei einigen Hundert oder gar Tausend Produkten enorm mühselig. In einem solchen Fall würden Sie in Magento auf eine Preisregel zurückgreifen. Preisregeln teilen sich in Magento in die Katalog- und Warenkorb-Preisregeln auf. Bei den Katalogpreisregeln rabattieren Sie per Regel den Produktkatalog, d. h. alle Produkte, die bestimmte Eigenschaften vorweisen. Den daraus resultierenden reduzierten Verkaufspreis sehen Sie direkt im Frontend, beispielsweise wenn Sie eine Kategorie- oder Produktdetailseite aufrufen. Das Ergebnis ist im Endeffekt dasselbe wie bei einem Sonderpreis, den Sie auf Produktebene hinterlegen. Der Unterschied besteht darin, dass Sie aufgrund des Regelwerks nur eine Regel anlegen müssen und mit dieser theoretisch alle Produkte rabattieren können. Neben der Katalogpreisregel existiert zudem die Warenkorb-Preisregel. Damit rabattieren Sie nicht einzelne Produkte, sondern den gesamten Warenkorb. Hierbei spielen Produktmerkmale weniger eine Rolle als die Merkmale des befüllten Warenkorbs. Hierzu zählen auch hinterlegte Informationen, die aber erst im späteren Checkout-Prozess ergänzt werden, wie das Lieferland, die ausgewählte Zahlungsmethode etc. Mithilfe der Warenkorb-Preisregel können Sie zudem Gutscheincodes abbilden, die entweder an Bedingungen geknüpft sind oder einfach eingelöst werden können.

Egal, für welche Methodik Sie sich auch entscheiden, Magento bietet Ihnen in Sachen Rabatte und Sonderpreise drei sehr gute Möglichkeiten und Wege, wie Sie durch Sonderpreise und Rabattaktionen die Verkäufe in Ihrem Online-Shop ankurbeln können. Wie die jeweiligen Methoden im Detail funktionieren und was Sie beachten müssen, erfahren Sie auf den folgenden Seiten.

10.3.2 Einen individuellen Sonderpreis hinterlegen

Wie erwähnt, sind die individuellen Sonderpreise die einfachste Form der Rabattierung, aber auch die umständlichste, da Sie die Sonderpreise auf Produktebene hinterlegen müssen. Versuchen Sie es selbst, und versehen Sie an dieser Stelle ein Produkt mit einem Sonderpreis. Melden Sie sich hierfür am Magento-Backend an, und klicken Sie auf PRODUKTE • KATALOG. Sie erhalten daraufhin eine Auflistung aller im System vorhandenen Produkte. Welches Produkt Sie an dieser Stelle auswählen, überlasse ich Ihnen, bedenken Sie jedoch, dass das Produkt vom Produkttyp »Einfaches Produkt« sein sollte. Sobald Sie Ihr gewünschtes Produkt ausgewählt haben, scrollen Sie in der Bearbeitungsmaske bis zum Eingabefeld PRICE und klicken auf den Link ERWEITERTE PREISGESTALTUNG. In der daraufhin aufgehenden Maske haben Sie die Möglichkeit, einen Sonderpreis zu hinterlegen, indem Sie das Eingabefeld Special PRICE AUSFÜLLEN. Die zeitliche Einschränkung des Sonderpreises können Sie in dem unter dem Special Price dargestellten Feld SPECIAL PRICE FROM vornehmen.

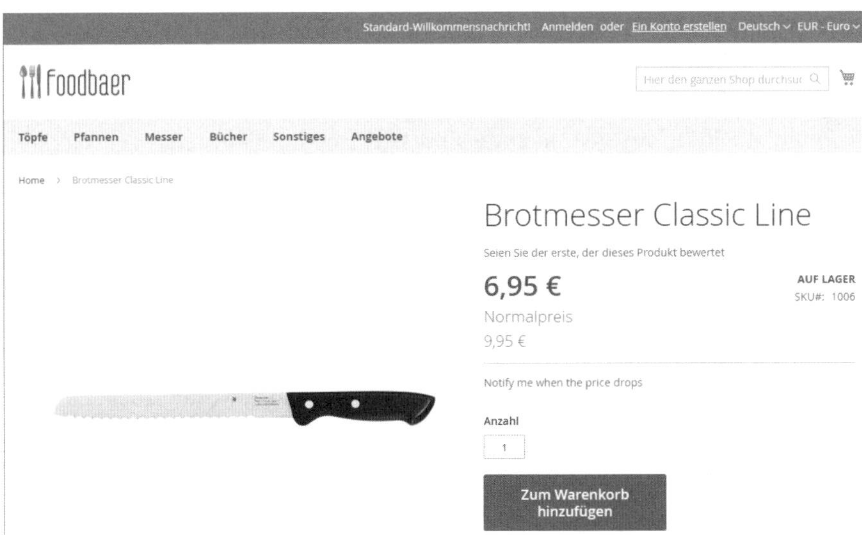

Abbildung 10.16 Neben dem Sonderpreis wird zudem der ursprüngliche Preis dargestellt.

Geben Sie übrigens kein Enddatum ein, so gilt der Sonderpreis ohne zeitliche Beschränkung. Hinterlegen Sie nun einen Sonderpreis, und speichern Sie das Produkt ab. Wenn Sie anschließend das Produkt im Frontend aufrufen, werden Sie einen Sonderpreis wie in Abbildung 10.16 sehen. Magento zeigt den neuen Preis in einer recht großen und auffälligen Schrift an. Unter dem Sonderpreis wird zudem der ursprüngliche Normalpreis ausgegeben. Dem Nutzer werden an dieser Stelle also beide Preisinformationen dargestellt, der ursprüngliche, nicht reduzierte sowie der reduzierte Preis.

Magento errechnet übrigens zu jedem Zeitpunkt den für den Nutzer günstigsten Preis. In meinem Beispiel, Sie sehen das in Abbildung 10.16, wird das Messer für 6,95 € verkauft. Würden Sie zusätzlich zum Sonderpreis einen Staffelpreis anlegen und den Verkaufspreis für 10 Stück auf 4,95 € setzen, so würde der Nutzer nur 4,95 € zahlen. Sobald ein Stafel- und ein Sonderpreis vorhanden sind, prüft Magento immer die günstigste Variante und bietet dem Nutzer die günstigste Variante an.

10.3.3 Katalogpreisregeln erstellen

Bei den individuellen Sonderpreisen, das ist im Prinzip auch eine der größten Schwächen, müssen Sie jedes zu rabattierende Produkt öffnen und manuell einen Preis hinterlegen. Wenn Sie eine Vielzahl von Produkten rabattieren möchten, ist diese Vorgehensweise eigentlich nicht praktikabel, letztendlich müssen Sie einfach viel zu viele Produkte öffnen und erzeugen enorm viele Klicks – das kostet wertvolle Arbeitszeit.

Möchten Sie auf einen Schlag viele Produkte rabattieren, bietet sich die Nutzung der Katalogpreisregeln an. Basierend auf einem Regelwerk, können Sie beliebig viele Produkte auf einen Schlag rabattieren oder auf einen Schlag den Rabatt wieder entfernen. Zudem erhalten Sie einen schnellen und unkomplizierten Überblick über alle Rabattaktionen, die in Ihrem System aktiv sind. Um eine Katalogpreisregel zu erstellen, melden Sie sich im ersten Schritt bitte im Magento-Backend an, und klicken Sie auf MARKETING • PROMOTIONEN • KATALOGPREISREGELN. Daraufhin lädt Magento eine Tabelle samt aller Katalogpreisregeln, wobei diese Tabelle bei Ihnen zum jetzigen Zeitpunkt noch leer ist. Um eine neue Katalogpreisregel zu erstellen, klicken Sie auf den Button NEUE REGEL HINZUFÜGEN. Die sich daraufhin öffnende Ansicht besteht aus den drei Abschnitten REGELINFORMATIONEN, BEDINGUNGEN und AKTIONEN, wobei Sie im ersten Schritt den ersten Abschnitt öffnen bzw., falls dieser bereits geöffnet ist, zu diesem scrollen.

Als erste Information müssen Sie einen Namen für die Regel hinterlegen, hierfür steht Ihnen das Feld RULE NAME zur Verfügung. Der dort hinterlegte Name wird übrigens Ihren Nutzern und Kunden nicht kommuniziert, er dient primär der internen Zuordnung. Sie können daher an dieser Stelle einen beliebigen Namen hinterlegen, es kann sich auch um etwas Kryptisches handeln. In meinem Beispiel verwende ich den Namen »20 % auf Pfannen«, da meine Regel einfach alle Produkte vom Typ Pfannen um 20 % rabattieren soll. Ebenfalls für Sie zur internen Nutzung gedacht ist die

Beschreibung, d. h. das nächste Eingabefeld namens DESCRIPTION. Mithilfe des Beschreibungsfeldes können Sie einen Freitext hinterlegen und damit beispielsweise die Regel nochmals genauer beschreiben. In der Praxis wird dieses Feld aber so gut wie nie ausgefüllt, da meistens der Regelname so weit selbsterklärend ist, dass gar keine Beschreibung hinterlegt werden muss. Ob die Regel anschließend nach dem Speichern aktiv oder inaktiv ist, können Sie über das Feld STATUS steuern. Wählen Sie den Wert AKTIV, so wird die Preisregel freigeschaltet, falls Sie INAKTIV wählen, werden die Preise nicht reduziert. In den folgenden zwei Feldern namens WEBSITES und CUSTOMER GROUPS können Sie zudem die erste Einschränkung und Begrenzung vornehmen. Wie Sie später in Kapitel 17, »Magento-Multistore-Funktionalität konfigurieren und nutzen«, sehen werden, können Sie in Magento verschiedene Websites anlegen. Für welche Website anschließend die Katalogpreisregel gilt, können Sie im besagten Feld namens WEBSITES definieren. So schränken Sie, wenn Sie über die Websites beispielsweise verschiedene Länder abbilden sollten, die Preisregel eben auf ein bestimmtes Land ein. An dieser Stelle müssen Sie aber keine Auswahl treffen, sondern den einzigen Eintrag anhaken. Neben der Website können Sie die Katalogpreisregel für bestimmte Kundengruppen aktivieren bzw. deaktivieren. Wählen Sie im nächsten Feld einfach die Kundengruppen aus, für die Produkte rabattiert werden sollen. Bei NOT LOGGED IN handelt es sich, ich hatte dies an der einen oder anderen Stelle bereits erwähnt, um die Gäste. Gäste landen automatisch in der Kundengruppe NOT LOGGED IN, und möchten Sie, dass Gäste die reduzierten Preise ebenfalls sehen, so müssen Sie diesen Eintrag anhaken. In meinem Fall wähle ich aus Gründen der Einfachheit alle vorhandenen Kundengruppen aus. Ist diese Auswahl getroffen, hinterlegen Sie im nächsten Schritt einen Aktionszeitraum, d. h. ein Datum, ab und bis wann die Katalogpreisregel gelten soll. Im Feld FROM sowie TO steht Ihnen hierfür der bereits bekannte Date Picker zur Verfügung. An dieser Stelle – manche Date-Picker unterstützen diese Funktion – können Sie aber ausschließlich ein Datum auswählen, eine Uhrzeit lässt sich an dieser Stelle nicht definieren. Als letzte Option im Abschnitt Regelinformationen können Sie eine PRIORITY definieren. Die Priorität bestimmt später, wie Sie noch auf den Folgeseiten sehen werden, ob eine Regel ausgeführt wird oder nicht. Da Sie mehrere Regeln anlegen können, die theoretisch auch dasselbe Produkt rabattieren, möchten Sie eine Mehrfachrabattierung von Produkten unterbinden. Dies unterbinden Sie, indem Sie bei Regeln die Information hinterlegen, ob nachgelagerte Preisregeln angewandt werden sollen oder nicht. Hierfür ist die Priorität wichtig, da Magento zuerst die Regel anwendet, für die bei PRIORITY der kleinste Wert hinterlegt wurde. Haben Sie also zwei Regeln, und die erste Regel hat die PRIORITY 10, die zweite Regel hat die PRIORITY 20, wendet Magento zuerst die Regel mit der Priorität von 10 an und prüft anschließend, ob nachgelagerte Regeln zugelassen werden oder nicht. Ob nachgelagerte Regeln denn angewendet werden sollen, werden Sie im letzten Abschnitt definieren, an dieser Stelle ist es nur wichtig, dass Sie das Prioritäts-System von Magento verstehen. Magento startet, auch wenn dies häufig angenommen wird, nicht mit der höchsten Zahl, sondern wendet zuerst die Regel mit der geringsten Priorität an.

Magento nutzt immer zuerst das Element mit der geringsten Priorität

Immer wenn Sie in Magento eine Priorität hinterlegen können, wird Magento zuallererst das Element mit der geringsten Priorität nutzen. Hinterlegen Sie daher für das Ihrer Meinung nach wichtigste Element, beispielsweise die wichtigste Regel, die geringste Priorität. In Magento müssen Sie, zumindest was diesen Punkt angeht, umgekehrt denken, da nicht die höchste Priorität auch das wichtigste und zuerst verwendete Element darstellt.

Scrollen Sie anschließend weiter bis zum nächsten Abschnitt namens BEDINGUNGEN. Mithilfe der Bedingungen können Sie definieren, welche Produkte rabattiert und welche Produkte von der Rabattierung ausgeschlossen werden sollen. Magento verwendet hierzu ein recht ausgeklügeltes System, das auf den Produktattributen beruht. Wie Sie sich sicherlich noch erinnern können, haben Sie bei der Anlage und Verwaltung eines Produktattributs immer die Möglichkeit, dieses Attribut für Preisregeln zu aktivieren. Sobald Sie diese Eigenschaft bei einem Attribut gesetzt oder die Einstellung bei einem bereits existenten Attribut entsprechend verändert haben, können Sie bei der Anlage oder Änderung einer Preisregel auf dieses Attribut zugreifen. Das ist aus dem Grund so wichtig, da Sie jetzt im Folgenden auf diese freigeschalteten Attribute zugreifen können bzw. auch zugreifen müssen. Klappen Sie, falls der Bereich noch nicht geöffnet ist, den Bereich BEDINGUNGEN auf, daraufhin erhalten Sie eine Ansicht wie in Abbildung 10.17.

Abbildung 10.17 Bei der Erstellung einer Katalogpreisregel können Sie mehrere Bedingungen anlegen.

Im ersten Schritt müssen Sie das allgemeine Verhalten des Regelwerks definieren. Diese Definition erfolgt anhand des Satzes WENN ALLE VON DIESEN BEDINGUNGEN

TRUE SIND. Da eine Bedingung aus mehreren Bedingungen bestehen kann, ist das Wort ALLE an dieser Stelle sehr wichtig, und Sie können anstelle von ALLE auch den Wert BELIEBIG wählen, wenn Sie auf das Wort ALLE klicken. Denn wenn Sie mehrere Bedingungen innerhalb dieser Bedingung anlegen, definiert diese erste Option, ob eben alle oder nur eine der Bedingungen erfolgreich greifen muss, damit das ganze Regelwerk angewendet wird. Es ist die klassische Und/oder-Fragestellung. Müssen alle Bedingungen zutreffen oder reicht eine?

Zudem definieren Sie, ob die Bedingungen zutreffen müssen, in diesem Fall, und das ist auch der Standard, hinterlegen Sie den Wert TRUE, oder ob die Bedingungen eben nicht zutreffen dürfen. Möchten Sie dies ändern, klicken Sie auf TRUE und wählen FALSE aus. Angenommen, Sie erstellen eine Bedingung, die besagt, dass ein Produkt maximal 50 € kosten darf, und Sie wählen an dieser Stelle die Option FALSE, dann greift die Regel bei Produkten, die mehr als 50 € kosten. Im Prinzip invertieren Sie die Bedingung. Das kann in manchen Fällen sinnvoll sein, in der Regel können Sie die Option jedoch auf TRUE belassen. Was in der Praxis jedoch häufig angepasst wird, ist die Frage, ob alle Bedingungen erfüllt werden müssen oder ob die Erfüllung einer Bedingung für die Anwendung der Regel ausreichend ist. Lassen Sie an dieser Stelle aber die Option ALLE sowie TRUE stehen.

Nachdem Sie diese erste Hürde genommen haben, geht es jetzt ans Eingemachte, nämlich um die Definition der Bedingungen. Klicken Sie hierzu auf das grüne Plus-Symbol, woraufhin sich ein Dropdown-Menü öffnet. In diesem Dropdown-Menü sind alle für Preisregeln aktivierten Attribute freigeschaltet, die Sie für die Preisregel nutzen können. Da ich in diesem konkreten Beispiel nur Pfannen rabattieren möchte, greife ich beim Attribut zum Attributset. Daraufhin fügt Magento eine neue Zeile hinzu, die den Inhalt ATTRIBUTSET IST ... enthält. Innerhalb dieser Zeile können Sie auf das Wort Ist klicken, worauf Ihnen eine weitere Option namens IST NICHT dargestellt wird. Sie definieren damit, ob die gleich folgende Auswahl, erfüllt oder eben nicht erfüllt werden muss. Belassen Sie die Option auf IST, und klicken Sie anschließend auf die drei Punkte. Magento zeigt daraufhin ein weiteres Dropdown-Menü an, dieses enthält nun alle im System vorhandenen Attributsets. Wählen Sie bitte »Pfannen«. Dadurch haben Sie folgende Bedingung erstellt, die Magento in der bereits erwähnten Zeile entsprechend darstellt. ATTRIBUTSET IST PFANNEN. Das bedeutet, ein Produkt wird dann rabattiert, die Höhe und Art des Rabattes wird später definiert, wenn das Attributset bei dem Produkt vom Typ »Pfannen« ist. Wie auf der vorherigen Seite erwähnt, können Sie jedoch beliebig viele Bedingungen anlegen. Klicken Sie jetzt erneut auf das grüne Plus-Symbol und wählen Sie beim Attribut KATEGORIE. Magento fügt, Sie kennen dies bereits, eine neue Zeile hinzu. Zuerst haben Sie wieder die Möglichkeit den Operator zu definieren, im Standard wählt Magento IST. Klicken Sie auf IST, öffnet sich ein Dropdown-Menü mit weiteren Optionen, wie Sie in Abbildung 10.18 sehen können.

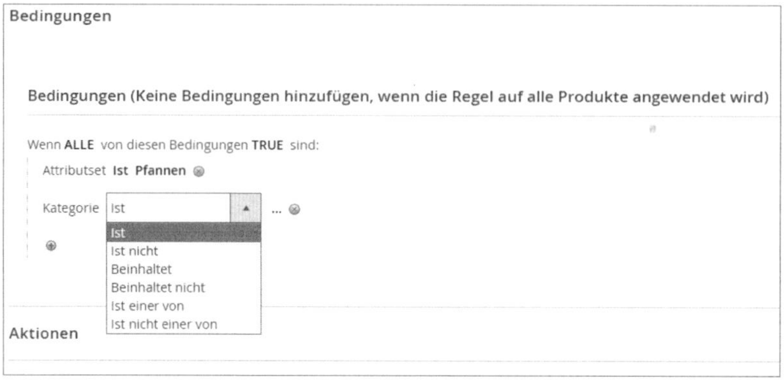

Abbildung 10.18 Verschiedene Optionen definieren, ob der zu hinterlegende Wert bei einem Attribut komplett, gar nicht oder stellenweise vorkommen darf.

Sie werden gleich eine Kategorie auswählen, wenn Sie die Option auf IST belassen, dann muss das Produkt in der ausgewählten Kategorie stecken, bei IST NICHT darf das Produkt nicht in der ausgewählten Kategorie vorkommen etc. Um die Kategorie, also den eigentlichen Wert der Bedingung, zu wählen, klicken Sie auf die drei Punkte. Daraufhin öffnet sich ein Eingabefeld, in das Sie eine Kategorie-ID eingeben können. Da aber in der Regel niemand die IDs aller Kategorien im Kopf hat, stellt Magento eine grafische Kategorieauswahl zur Verfügung. Um diese zu öffnen, klicken Sie auf das neben dem Eingabefeld aufgetauchte Icon. Magento stellt Ihnen, Sie sehen das in Abbildung 10.19, nun den Kategorie-Baum dar, und Sie können durch Anhaken der Checkboxen die für Sie relevanten Kategorien auswählen. In meinem Fall belasse ich die Auswahl bei der Kategorie »Pfannen«.

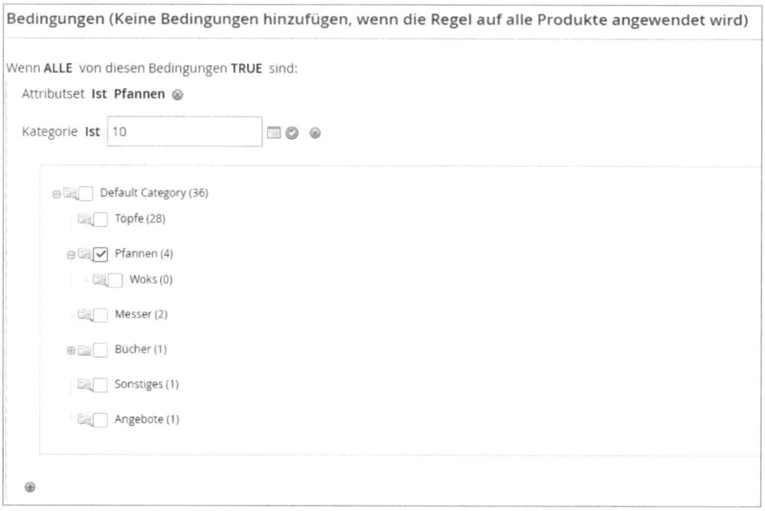

Abbildung 10.19 Für die Ermittlung der notwendigen Kategorie-IDs stellt Magento eine grafische Auswahl in Form eines Kategorie-Baumes dar.

Bestätigen Sie anschließend die Auswahl, indem Sie auf das grüne Icon klicken, das Sie ebenfalls in Abbildung 10.19 sehen. Daraufhin übernimmt Magento die ausgefüllten Kategorie-IDs, und Sie haben damit die Auswahl abgeschlossen. Als Ergebnis erhalten Sie, wenn Sie mir an dieser Stelle in jedem Detail gefolgt sind, folgende beiden Zeilen, die jeweils eine Bedingung widerspiegeln:

ATTRIBUTSET IST PFANNEN

KATEGORIE IST 10

Bei diesem Beispiel erkennen Sie nun auch den Unterschied zwischen der Option ALLE bzw. BELIEBIG. Steht, in diesem Beispiel ist dies der Fall, die Option auf ALLE, so müssen beide Bedingungen erfüllt werden, damit die Regel angewendet wird, d. h., das Produkt muss vom Attributset »Pfannen« sein, und das Produkt muss sich zudem in der Kategorie mit der ID 10 befinden. Haben Sie beispielsweise eine Pfanne angelegt, dieses Produkt aber der Kategorie »Angebote« zugewiesen, so würde die Katalogpreisregel nicht greifen. Das Produkt muss beide Bedingungen erfüllen, was hingegen bei der Option BELIEBIG nicht der Fall wäre. Dann würden in diesem Beispiel auch Produkte rabattiert werden, die der Kategorie mit der ID 10 zugewiesen wurden und ein beliebiges Attributset besitzen. Eine weitere interessante Möglichkeit ist die Gruppierung von Bedingungen innerhalb einer Bedingung. Klicken Sie hierzu nochmals auf das grüne Plus-Icon, woraufhin sich erneut das Dropdown-Menü öffnet. Wählen Sie anschließend kein Attribut aus, sondern klicken Sie auf den Eintrag AGB-KOMBINATION. An dieser Stelle liegt, wundern Sie sich nicht über das Wort AGB, ein Übersetzungsfehler vor. Denn Bedingung wurde fälschlicherweise mit AGB übersetzt, korrekterweise müsste die Auswahl »Bedingungs-Kombination« lauten. Sinn und Zweck der Bedingungs-Kombination besteht darin, dass Sie unterschiedliche Bedingungen zu einer Kombination bündeln können, mehrere Kombinationen anlegen, und anschließend müsste nur eine der Kombinationen erfüllt werden, damit die Regel angewendet wird. Das mag an dieser Stelle vermutlich etwas konfus klingen, lassen Sie mich dies aber in einem Beispiel demonstrieren, und werfen Sie hierzu einen Blick auf Abbildung 10.20.

In diesem Beispiel habe ich zwei Kombinationen angelegt. Jede Kombination enthält zwei Bedingungen. Bei der ersten Kombination muss das Produkt als Attributset »Pfannen« hinterlegt haben und in der Kategorie mit der ID 10 stecken. Bei der zweiten Kombination muss das Attributset ebenfalls vom Typ »Pfannen« sein, die Kategorie spielt jedoch keine Rolle. Dafür muss beim Material der Wert ALUGUSS vorhanden sein. Da ich die Option beliebig gewählt habe, greift diese Regel also bei allen Produkten, die entweder die erste oder die zweite Kombination erfüllen. Sie haben dadurch die Möglichkeit, etwas komplexere Bedingungen zu erstellen und Bedingungen zu Kombinationen zu bündeln. An sich handelt es sich hierbei um eine sehr mächtige Funktionalität, die Ihnen die Erstellung komplexer Regelwerke ermöglicht.

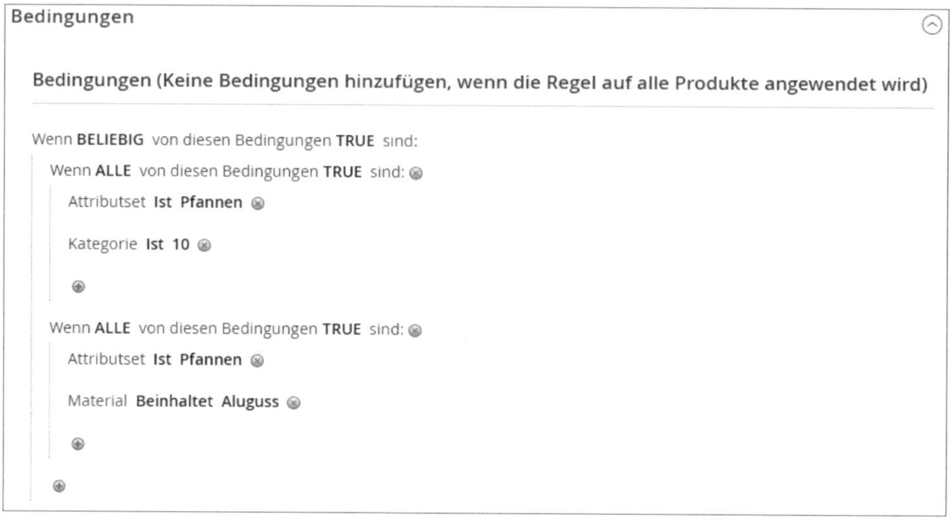

Abbildung 10.20 Bedingungen lassen sich bei Bedarf bündeln, dadurch kann sich die Komplexität der Bedingung recht schnell erhöhen.

Sind die Bedingungen definiert, den kleinen Exkurs mit den Kombinationen können Sie an dieser Stelle gedanklich überspringen, müssen Sie eine Aktion definieren. Hierfür steht der gleichnamige Abschnitt namens AKTIONEN zur Verfügung, den Sie nun bitte öffnen. Nachdem Sie definiert haben, welche Produkte rabattiert werden sollen, definieren Sie im Folgenden die Höhe des Rabatts. Bevor Sie aber einen fixen Wert hinterlegen, müssen Sie zuerst die Rabattierungsart bestimmen, was Sie im Feld APPLY tun können. Zur Verfügung stehen Ihnen dabei folgende Optionen:

- Übernehmen als Prozentsatz des Originals
- Übernehmen als fester Betrag
- Endpreis an diesen Prozentsatz anpassen
- Endpreis an Rabattwert anpassen

Leider sind auch an dieser Stelle die Übersetzungen wieder etwas unsauber, weswegen Sie vermutlich auf den ersten Blick noch nicht den Sinn und Zweck der jeweiligen Option erkennen. Wählen Sie die erste Option, können Sie einen prozentualen Rabattbetrag hinterlegen, beispielsweise 10. Daraufhin werden alle Produkte um 10 % rabattiert. Die zweite Option ermöglicht Ihnen das Hinterlegen eines fixen Rabattbetrags. Angenommen, Sie wählen diese Option und hinterlegen den Wert 10, so werden alle Produkte um 10 € rabattiert. Die dritte und die vierte Option gehen letztendlich den umgekehrten Weg. Hinterlegen Sie bei Option 3 den Wert 10, werden alle Produkte auf 10 % rabattiert, d. h. um 90 %. Bei der vierten Option hingegen würde jedes Produkt anschließend 10 € kosten, wenn Sie diese Option wählen und den Wert 10 hinterlegen. Den von mir angesprochenen Wert hinterlegen Sie übrigens im folgenden Eingabefeld mit dem Namen DISCOUNT AMOUNT. Da ich in diesem Beispiel alle Produkte um 20 % rabattieren möchte, wähle ich die Option ÜBERNEHMEN ALS PROZENTSATZ DES ORIGINALS und hinterlege beim DISCOUNT AMOUNT 10. Sofern Sie möchten, dass weitere Preisregeln nicht mehr angewendet werden, aktivieren Sie die letzte Option DISCARD SUBSEQUENT RULES. Diese Option ist, auch wenn sie etwas unscheinbar daherkommt, in der Praxis doch recht wichtig. Angenommen, Sie legen eine zweite Preisregel an und rabattieren alle Pfannen um 20 €, die von einer bestimmten Marke sind, dann laufen Sie Gefahr, dass bestimmte Produkte von der ersten und zweiten Katalogpreisregel rabattiert werden. Durch die doppelte bzw. mehrfache Rabattierung fällt der Verkaufspreis in den Keller, und Sie laufen Gefahr, die Produkte zu günstig zu verkaufen. Überlegen Sie sich daher gut, speziell wenn Sie mit vielen Preisregeln arbeiten, ob Sie nicht die Option DISCARD SUBSEQUENT RULES aktivieren.

Haben Sie alle Werte hinterlegt, klicken Sie bitte auf den Button SPEICHERN, worauf Sie erneut zur Übersichtsseite der Katalogpreisregeln gelangen. Im Gegensatz zu anderen Bereichen, in denen ein Klick auf den Button SPEICHERN genügt, müssen Sie in der Übersichtsseite auf den Button REGELN ANWENDEN klicken. Magento macht Sie darauf übrigens aufmerksam, denn auch in Ihrem System sollte auf der Katalogpreisregel-Übersichtsseite die Meldung ES WURDEN AKTUALISIERTE REGELN GEFUNDEN, DIE NICHT ÜBERNOMMEN WURDEN. BITTE KLICKEN SIE AUF »REGELN HINZUFÜGEN«, UM IHREN KATALOG ZU AKTUALISIEREN. ausgegeben werden. Der Grund, warum Sie auf den besagten Button klicken müssen, ist relativ banal. Aufgrund der von Ihnen angelegten Regel definieren Sie ja, welche Produkte rabattiert werden sollen und wie hoch der Rabatt ausfällt. Magento braucht initial einen Anstoß, um durch den gesamten Produktkatalog zu gehen, die zu rabattierenden Produkte zu ermitteln und den Sonderpreis zu setzen. Genau diesen Anstoß können Sie mittels Klick auf den Button REGELN ANWENDEN geben. Magento errechnet also nicht on the fly im Frontend beim Aufruf einer Kategorie oder Produktdetailseite den rabattierten Produktpreis, sondern tut dies im Vorfeld und speichert sozusagen die Informationen bezüglich der rabattierten Produkte in der Datenbank ab. Das ist, vergleicht man beide mögliche Vorgehensweisen, mit Abstand der performanteste Weg, aber Sie müssen eben nach jeder angelegten Regel bzw. Regeländerung auf den Button klicken.

Nachdem Sie die Regel angewendet haben, wechseln Sie in das Frontend, und rufen Sie die Kategorie »Pfannen« auf. Sie sollten, ähnlich wie bei mir in Abbildung 10.21, nun lauter rabattierte Produkte vorfinden.

Einzig der in Abbildung 10.21 dargestellte Kochtopf ist von der Rabattierung ausgeschlossen. Auch wenn sich dieser in der Kategorie »Pfannen« befindet, erfüllt er das zweite Kriterium nicht, da als Attributset »Pfannen« hinterlegt sein muss. Wie Sie sehen, sind Katalogpreisregeln also äußerst praktisch, um auf einen Schlag viele Produkte zu rabattieren und den Rabatt ganzer Produktkategorien zentral zu steuern.

Abbildung 10.21 Aufgrund der angelegten Katalogpreisregel werden nun alle Pfannen rabattiert, der Kochtopf hingegen nicht.

10.3.4 Warenkorb-Preisregeln erstellen

Wie eingangs erwähnt, existieren in Magento zwei verschiedene Arten von Preisregeln. Die erste Art Preisregel, die Katalogpreisregel, haben Sie auf den vorherigen Seiten kennengelernt. Diese eignet sich, wie Sie gesehen haben, ideal für die Rabattierung einer Vielzahl von Produkten. Im Fokus standen bei den Bedingungen die Produktattribute, d. h. Eigenschaften wie Größe, Farbe, Preis, Material etc. Ganz im Gegensatz dazu betrachtet die Warenkorb-Preisregel in erster Linie nicht die Produktattribute, sondern die Eigenschaften des befüllten Warenkorbs. Damit sind Informationen wie der Warenkorbwert, die gewählte Versandmethode, aber auch Lieferadressen gemeint. Wie sich eine Warenkorb-Preisregel im Detail anlegen lässt und was Sie dabei beachten müssen, werden Sie auf den folgenden Seiten erfahren. Genau wie bei der Katalogpreisregel lege ich exemplarisch eine Regel in meinem System *www.foodbaer.de* an, und Sie können mir an dieser Stelle wieder gern folgen.

Melden Sie sich im ersten Schritt in Ihrem Magento-Backend an, und öffnen Sie anschließend den Menüpunkt WARENKORB-PREISREGEL, der sich im Oberpunkt MARKETING • PROMOTIONEN befindet. Wie auch bei der Katalogpreisregel werden Sie anschließend eine Tabelle vorfinden, die jedoch noch keine Einträge erhält. Schließlich haben Sie, außer Sie sind bereits selbst auf Entdeckungsreise gegangen, noch keine Warenkorb-Preisregel angelegt. Wenn Sie eine neue Preisregel hinzufügen möchten, klicken Sie bitte auf den Button NEUE REGEL HINZUFÜGEN. Dieser befindet sich im oberen Bereich der Ansicht und ist durch die orange Farbe kaum zu übersehen. Nachdem Sie auf den Button geklickt haben, leitet Sie Magento zu einer neuen Maske weiter, in der Sie die Informationen zur Warenkorb-Preisregel hinterlegen können. Im

Gegensatz zur Katalogpreisregel besteht diese Ansicht aus insgesamt vier Abschnitten, drei davon kennen Sie bereits, der Abschnitt LABELS ist hingegen neu. Was sich hinter diesem Abschnitt befindet, zeige ich Ihnen später noch im Detail.

Scrollen Sie an dieser Stelle zum ersten Abschnitt namens REGELINFORMATIONEN. Innerhalb der Regelinformationen können Sie allgemeine Informationen zur Warenkorb-Preisregel hinterlegen, beispielsweise den Namen und die Beschreibung. Diese beiden Felder kennen Sie bereits aus der Katalogpreisregel. Das Verhalten ist an dieser Stelle identisch, d. h., weder der Name noch die Beschreibung wird innerhalb des Frontends gegenüber dem Kunden kommuniziert, beide Informationen dienen ausschließlich der internen Nutzung und können nur innerhalb des Backends eingesehen werden. Welche Informationen Sie nun bei beiden Feldern hinterlegen, überlasse ich Ihnen. Ich trage beim Namen an dieser Stelle die Information »10 € Rabatt ab 100 € Warenkorbwert« ein, das Ziel meiner Regel sehen Sie anhand des sprechenden Regelnamens. Die Beschreibung lasse ich frei, d. h., ich fülle das Feld nicht aus. Nach dem Namen und der Beschreibung folgt der Status, den Sie im Feld AKTIV bestimmen können. Aktivieren Sie dieses Feld, so ist die Regel scharf geschaltet, deaktivieren Sie dieses Feld, wird die Regel nicht angewendet. Belassen Sie an dieser Stelle die Option im Standard, sodass die Regel aktiv ist. Auch die Warenkorb-Preisregel können Sie einer Website und Kundengruppen zuweisen. Wählen Sie in beiden Feldern alle vorhandene Optionen aus. Eine Einschränkung der Kundengruppe ergibt in diesem Szenario keinen Sinn, und aktuell haben Sie in Ihrem System nur eine Website angelegt. Dementsprechend können Sie bei Websites letztendlich keine Auswahl treffen.

Multistore-Fähigkeit bei Preisregeln

Mehr über Multistores erfahren Sie in in Kapitel 17, »Magento-Multistore-Funktionalität konfigurieren und nutzen«. Magento kann auf Basis einer Instanz viele verschiedene Online-Shops, auch Websites genannt, betreiben. Aus diesem Grund ist es enorm wichtig, dass Sie die Preisregeln an Websites knüpfen können, denn ohne diese Limitierung wäre immer jeder Rabatt in jeder Website verfügbar. Das ist in der Praxis nicht gewünscht, und umso wichtiger ist die Existenz dieser Option zur Zuweisung von Regeln zu Websites.

Interessant ist die nächste Option namens GUTSCHEIN. Im Prinzip können Sie eine Warenkorb-Preisregel auf zwei Arten anlegen. Entweder Sie definieren Regeln, und sobald die Regeln innerhalb des Warenkorbs erfüllt werden, rabattiert Magento automatisch die Gesamtsumme und der Kunde erhält einen Rabatt. Oder Sie arbeiten mit Gutscheinen. Auch bei einem Gutschein gibt es ein Regelwerk, der Kunde muss jedoch explizit einen Gutscheincode innerhalb des Warenkorbs eingeben, um den Rabatt zu erhalten. Ich zeige Ihnen an dieser Stelle beide Varianten. Starten Sie mit der einfacheren, und wählen Sie bei der Option GUTSCHEIN den Eintrag KEIN GUTSCHEIN. Möchten Sie eine Limitierung beim Rabatt vornehmen, können Sie dies mithilfe der nächsten Option tun, die den Namen VERWENDUNGEN PRO KUNDE trägt. Magento gibt Ihnen bei dieser Option direkt den Hinweis, dass eine Limitierung nur bei angemeldeten Nutzern möglich ist. Arbeiten Sie hingegen mit Gutscheincodes, das werden Sie, wie gesagt, noch im Verlauf der nächsten Seiten sehen, können Sie wesentlich präziser limitieren, da Magento prüfen kann, welcher Code wie oft eingelöst wurde. Arbeiten Sie ohne Gutscheincodes, kann Magento höchstens bei einem Nutzer speichern, ob eine gewisse Regel gegriffen hat und eine Bestellung ausgelöst wurde. Kauft der Kunde aber als Gast ein, d. h., meldet sich der Nutzer während des Checkout-Prozesses nicht an, so kann Magento keine Relation zu diesem Nutzer herstellen und somit auch keine Limitierung durchführen. Da in diesem Beispiel die Limitierung keine Rolle spielt, lassen Sie das Eingabefeld ruhig unausgefüllt, ansonsten akzeptiert Magento an dieser Stelle einen beliebigen Wert, bei dem es sich aber um eine Ganzzahl handeln muss. Zur zeitlichen Einschränkung der Warenkorb-Preisregel stehen Ihnen wiederum zwei Date Picker zur Verfügung: Sie können im nächsten Feld VON ein Startdatum und im darauffolgenden Feld BIS ein Enddatum auswählen. Wie auch bei der Katalogpreisregel existiert keine Möglichkeit zur Einschränkung beider Daten anhand der Uhrzeit. Sie können an diesen beiden Stellen nur auf ein Datum, unabhängig von einer gewünschten Uhrzeit, zurückgreifen, was jedoch in der Praxis vollkommen ausreichend sein sollte. Haben Sie ein Start- und Enddatum gewählt, ich wähle an dieser Stelle die Werte 01/01/2017 bzw. 01/01/2018, können Sie im nächsten Schritt eine Priorität definieren. Die Priorität hatte ich im Verlauf des Buches bereits erklärt, an dieser Stelle sei Ihnen aber noch die Info mitgegeben, dass die Prioritäten immer nur für die Regeltypen gelten. Das heißt, wenn Sie bei einer Katalogpreisregel eine Priorität festlegen und anschließend weitere Regeln unterbinden, hat dies keinen Einfluss auf die Warenkorb-Preisregeln. Magento betrachtet diese zwei Regelarten vollkommen autark. Daher würde eine Priorisierung samt gegebenenfalls vorhandener Einschränkung bei der Warenkorb-Preisregel auch nur einen Einfluss auf weitere Warenkorb-Preisregeln, jedoch nicht auf Katalogpreisregeln haben. Die Priorität können Sie an dieser Stelle überspringen. Mithilfe der letzten Option in diesem Abschnitt können Sie definieren, ob die von Ihnen angelegte Regel im RSS-Feed veröffentlicht werden soll. Ein RSS-Feed ist letztendlich nichts anderes als eine XML-Datei, die strukturierte Informationen enthält. Solche RSS-Feeds können zudem in speziellen RSS-Readern, also Programmen, eingelesen und dargestellt werden. Populär sind RSS-Feeds speziell bei Nachrichtenseiten und Blogs, denn Sie können innerhalb eines Programms beliebig viele Nachrichtenseiten oder Blogs abonnieren und erhalten in einer Anwendung alle Nachrichten und Informationen. Im E-Commerce ist es eher selten, dass Nutzer RSS-Feeds abonnieren.

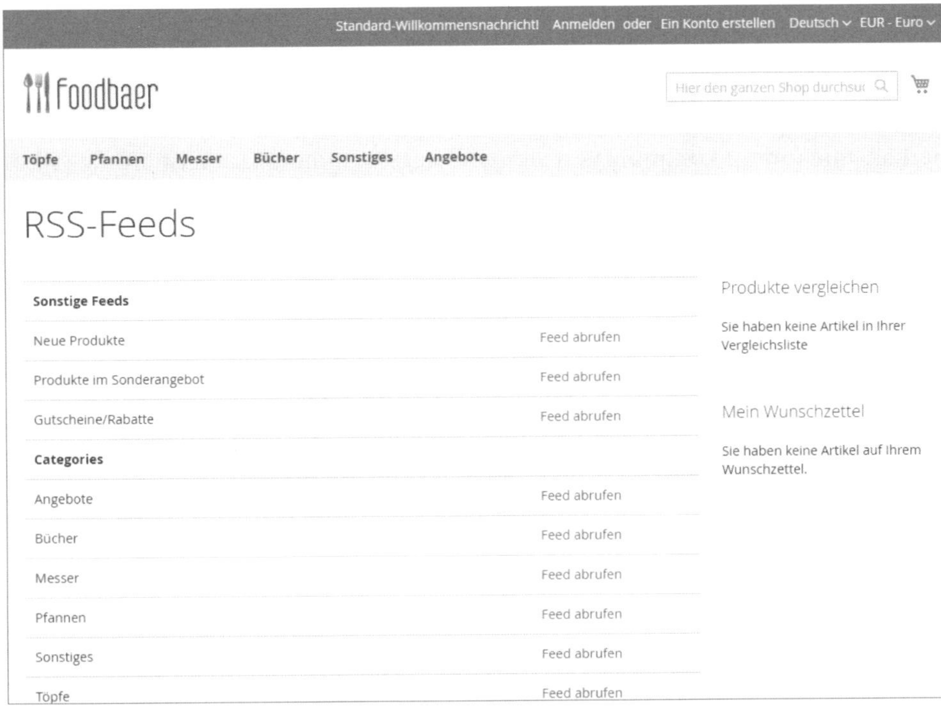

Abbildung 10.22 Magento bietet für die unterschiedlichsten Datentypen RSS-Feeds an.

Magento bietet Ihnen jedoch diese Möglichkeit an, auch wenn ich persönlich die RSS-Feeds gern innerhalb der Systemkonfiguration deaktiviere. Wie Sie in Abbildung 10.22 sehen, stehen dem Nutzer im Frontend die unterschiedlichsten RSS-Feeds zur Verfügung, beispielsweise ein Feed, der NEUE PRODUKTE enthält. Es können ganze Kategorien abonniert werden, oder es findet sich auch ein Gutschein-Feed, der alle Informationen zu aktiven Warenkorb-Preisregeln enthält. Dieser Feed mit dem Namen GUTSCHEINE/RABATTE, den Sie in Abbildung 10.22 sehen, kann durch eine statische URL, in meinem Fall *http://www.foodbaer.de/rss/feed/index/type/discounts/store_id/1/cid/0/*, aufgerufen werden. Daraufhin öffnet sich – im Prinzip unterstützt dies jeder gängige Browser – eine spezielle Ansicht, die mir die hinterlegten Informationen im XML-Format anzeigt.

Abonnieren nun Nutzer genau diesen RSS-Feed und Sie legen eine neue Warenkorb-Preisregel an, so werden diese Nutzer anschließend direkt über diese neue Regel informiert und wissen somit, dass ein neuer Rabatt vorhanden ist. Möchten Sie genau dieses Verhalten verhindern, so müssen Sie die Option ÖFFENTLICH IM RSS-FEED deaktivieren. Ist diese Option nämlich deaktiviert, so wird Ihre neue Preisregel nicht im erwähnten RSS-Feed aufgeführt, und Ihre Nutzer bekommen keinen Wind von Ihrer neuen Rabattaktion. In der Praxis werden Warenkorb-Preisregeln tendenziell nicht in den RSS-Feeds aufgeführt, da Sie Rabattaktionen meistens an gewisse Events oder

Aktionen innerhalb des Online-Shops knüpfen. Sprich, wenn Sie jedem Nutzer 10 € ab einem Warenkorbwert von 100 € schenken, dann kommunizieren Sie dies sowieso über Banner oder Texte innerhalb des Shops. Ähnlich ist es mit Gutscheincodes, die gegebenenfalls über Newsletter oder auch einfach innerhalb von CMS-Seiten innerhalb Ihres Shops kommuniziert werden. Diese Kommunikation ist oftmals sinnvoller, da Sie gegebenenfalls bestimmte Bedingungen an den Rabatt knüpfen, z. B. die Höhe der Summe des Warenkorbs. Diese Informationen können Sie wesentlich besser innerhalb des Shops kommunizieren, eine reine Ausgabe in Form des XML-Formats ist meiner Meinung nach hierbei nicht sehr förderlich. Dementsprechend bin ich persönlich kein Freund der XML-Feeds (siehe Abbildung 10.23), aber Sie können dies an dieser Stelle handhaben, wie Sie möchten, bzw. wie es auch in Ihrem konkreten Fall am meisten Sinn ergibt. Vielleicht nutzen Ihre Kunden verstärkt RSS-Feeds, dann ist die Nutzung dieser Funktionalität definitiv sinnvoll.

This XML file does not appear to have any style information associated with it. The document tree is shown below.


```
▼<rss xmlns:content="http://purl.org/rss/1.0/modules/content/" version="2.0">
  ▼<channel>
    ▼<title>
       <![CDATA[ foodbaer.de - Rabatte und Gutscheine ]]>
     </title>
    ▼<link>
       http://www.foodbaer.de/rss/feed/index/type/discounts/store_id/1/cid/0/
     </link>
    ▼<description>
       <![CDATA[ foodbaer.de - Rabatte und Gutscheine ]]>
     </description>
     <pubDate>Thu, 22 Jun 2017 06:10:16 +0000</pubDate>
     <generator>Zend_Feed</generator>
     <language>de_DE</language>
     <docs>http://blogs.law.harvard.edu/tech/rss</docs>
    ▼<item>
      ▼<title>
         <![CDATA[ 10 Euro Rabatt ab 100 Euro Warenkorbwert ]]>
       </title>
       <link>http://www.foodbaer.de/</link>
      ▼<description>
        ▼<![CDATA[
           <table><tr><td style="text-decoration:none;">...<br/>Discount Start Date: 01.01.2017 <br/>Discount
           End Date: 01.01.2018 </td></tr></table>
         ]]>
       </description>
       <pubDate>Thu, 22 Jun 2017 06:10:16 +0000</pubDate>
     </item>
   </channel>
</rss>
```


Abbildung 10.23 Warenkorb-Preisregeln können in Form eines RSS-Feeds abonniert werden.

Scrollen Sie nun bitte zum nächsten Abschnitt namens BEDINGUNGEN und klappen Sie diesen auf, indem Sie auf das Wort BEDINGUNGEN bzw. die Zeile, in der das Wort BEDINGUNGEN auftaucht, klicken. Die grundlegende Funktionsweise habe ich Ihnen bereits bei den Katalogpreisregeln im Detail vorgestellt, daher möchte ich mich an diesem Punkt kurz fassen. Der größte Unterschied zwischen den Katalogpreisregeln und den Warenkorb-Preisregeln besteht sicherlich in den nutzbaren Attributen. Wie Sie in Abbildung 10.24 sehen können, stehen bei der Warenkorb-Preisregel ganz andere Attribute als bei einer Katalogpreisregel zur Verfügung.

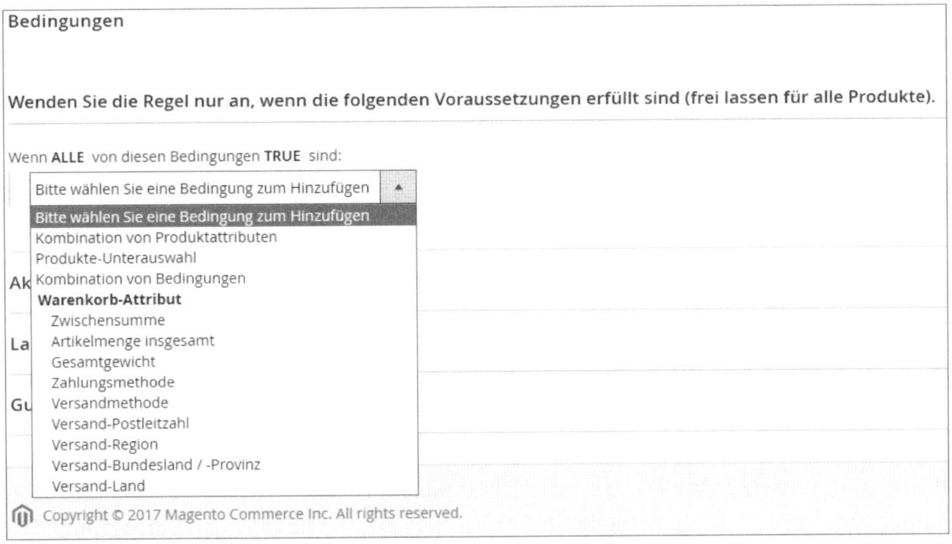

Abbildung 10.24 Bei einer Warenkorb-Preisregel stehen Ihnen viele Eigenschaften des Warenkorbs zur Erstellung einer Bedingung zur Verfügung.

Da Sie bei der Warenkorb-Preisregel primär den Warenkorb betrachten, ist die Auswahl der Bedingungs-Attribute auch nur logisch. Denn Sie betrachten in erster Linie nicht einzelne Produkte, sondern die Zusammensetzung des Warenkorbs. Aus diesem Grund können Sie, wie Sie in Abbildung 10.24 sehen, beispielsweise auf die Versandmethode, Zahlungsmethode oder auch Zwischensumme zugreifen. Speziell bei den Warenkorb-Attributen stehen Ihnen folgende Optionen zur Verfügung, die aufgrund der jeweiligen Namensgebung meiner Meinung nach recht selbsterklärend sind:

- Zwischensumme
- Artikelmenge insgesamt
- Gesamtgewicht
- Zahlungsmethode
- Versandmethode
- Versand-Postleitzahl
- Versand-Region
- Versand-Bundesland/-Provinz
- Versand-Land

Sobald Sie eine der aufgeführten Optionen wählen – ich greife in meinem Beispiel auf die Zwischensumme zurück –, haben Sie wiederum logische Operatoren zur Auswahl und können einen Wert definieren. Zur Abbildung meiner Warenkorb-Preisregel wähle ich als OPERATOR GLEICH ODER MEHR ALS und als Wert 100. Das heißt, sobald der Wert des Warenkorbs 100 € oder mehr beträgt, wird die Regel angewendet. Magento wäre nicht Magento, wenn es an dieser Stelle nicht auch eine komplexere Möglichkeit geben würde. Neben dem Zugriff auf die Warenkorb-Attribute, die ich Ihnen auf dieser Seite in Form einer Liste dargestellt habe, können Sie auch auf die Produktattribute zugreifen. Hierfür stehen Ihnen, wie Sie in Abbildung 10.24 sehen, die beiden Optionen KOMBINATION VON PRODUKTATTRIBUTEN sowie PRODUKTE-UNTERAUSWAHL zur Verfügung. Wenn Sie einen der beiden Einträge auswählen, haben Sie anschließend die Möglichkeit, auf Produktattribute zuzugreifen und diese in die Bedingungen einfließen zu lassen. So könnten Sie beispielsweise eine Bedingung definieren, dass der Warenkorb immer größer als 100 € sein muss, der Betrag sich aber ausschließlich aus Produkten, die vom Hersteller WMF sind, zusammensetzen darf. Es lassen sich daher Kombinationen aus allgemeinen Warenkorb-Informationen und Produktattributen abbilden. Hierfür haben Sie, wie ich bereits erwähnt habe, zwei Optionen zur Verfügung. Diese beiden Optionen unterscheiden sich geringfügig. Bei erster Option, gemeint ist KOMBINATION VON PRODUKTATTRIBUTEN, betrachten Sie die vorhandenen Produkte einzeln. Daraus leitet sich auch die Rahmenbedingung WENN EIN ARTIKEL GEFUNDEN IM WARENKORB IST UND ALLE DIESER BEDINGUNGEN ERFÜLLT SIND: ab. Bei der zweiten Option betrachten Sie die im Warenkorb vorhandenen Produkte global, woraus sich die Rahmenbedingung WENN GESAMTMENGE % 2% 3 FÜR EINE UNTERAUSWAHL DER ARTIKEL IM WARENKORB ALLE DIESER BEDINGUNGEN ERFÜLLEN: ergibt. Ignorieren Sie an dieser Stelle die Prozentzeichen und Zahlen, es handelt sich um einen Fehler im deutschen Sprachpaket. Abgesehen von diesen beiden Möglichkeiten können Sie, genau wie bei den Katalogpreisregeln, auch Bedingungen bündeln und verschiedene Bedingungskombinationen erstellen und diese auch gegeneinander laufen lassen.

Learning by doing – toben Sie sich mit den Bedingungen aus!

Speziell bei den Warenkorb-Preisregeln empfehle ich einen gesunden Pragmatismus. Schauen Sie sich die Optionen speziell in Bezug auf die Möglichkeiten zur Verschachtelung gern im Detail an, und erstellen Sie so viele Regeln wie möglich. Anschließend werden Sie auch die verschiedenen Kniffe und Möglichkeiten kennen, bei denen sehr viele Details existieren. Man kann die verschiedenen Funktionen noch so gut beschreiben, an dieser Stelle müssen Sie meiner Meinung nach direkt ins Doing einsteigen!

Die Möglichkeiten zur Verschachtelung sind an diesem Punkt phänomenal, leider wirkt sich das zum Teil auf die Komplexität aus, weswegen bei vielen Magento-Nutzern Fragezeichen entstehen. Zum jetzigen Zeitpunkt benötigen Sie diese ganzen Verschachtelungen und Möglichkeiten nicht, ich gebe Ihnen an dieser Stelle aber den

Tipp, mit den Möglichkeiten zu experimentieren, weswegen Sie bitte die Bedingung wie in Abbildung 10.25 »nachbauen«.

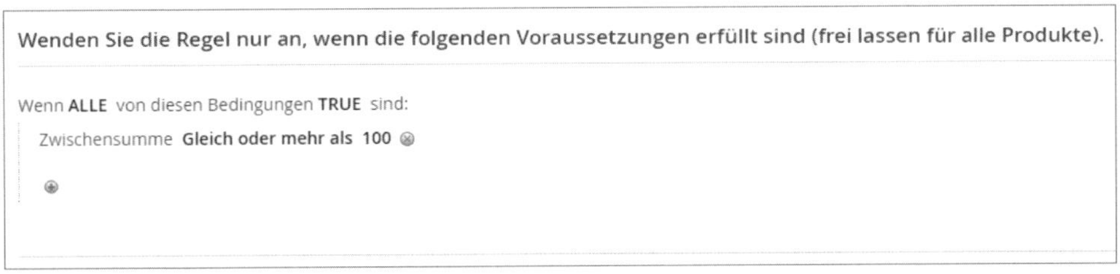

Abbildung 10.25 Sobald der Warenkorbwert 100 € oder mehr beträgt, soll die Warenkorb-Preisregel greifen.

Nachdem Sie mit den Bedingungen experimentiert, schlussendlich aber eine simple Regel wie in Abbildung 10.25 angelegt haben, scrollen Sie zum nächsten Abschnitt namens Aktionen. Innerhalb der Aktionen definieren Sie genau wie bei einer Katalogpreisregel, welcher Rabatt angewendet werden soll, sofern die Bedingungen erfüllt werden. Die Komplexität ist jedoch auch an dieser Stelle wieder etwas höher als bei den Katalogpreisregeln, auch wenn die Vorgehensweise identisch ist. Im ersten Schritt müssen Sie die Art und Weise der Rabattierung definieren. Zugegebenermaßen ist dafür die Benennung des dazugehörigen Feldes etwas unglücklich, denn die Art des Rabattes definieren Sie im Feld Übernehmen. Lassen Sie sich hiervon aber nicht irritieren, und klicken Sie auf das Dropdown-Menü. Magento stellt Ihnen daraufhin vier Optionen zur Auswahl zur Verfügung:

- Prozentualer Rabatt je Artikel
- Fester Rabattbetrag je Artikel
- Fester Rabattbetrag für gesamten Warenkorb
- X kaufen, Y kostenlos erhalten (Rabattmenge ist Y)

Sofern Sie die erste Option nutzen, können Sie jedes Produkt innerhalb des Warenkorbs um einen prozentualen Betrag rabattieren, beispielsweise 10 %. Bei der zweiten Option können Sie ebenfalls jedes Produkt innerhalb des Warenkorbs rabattieren, hierbei verwenden Sie aber einen festen Betrag wie z. B. 5 €. Wählen Sie die dritte Option, ignorieren Sie im Prinzip die »Produktsicht« und definieren einen festen Rabatt für den gesamten Warenkorb, ganz gleich, wie viele und welche Produkte Sie im Warenkorb haben. Diese Option wähle ich auch an dieser Stelle für mein Beispiel aus. Bei der letzten Option, der Name ist recht gut gewählt, erhält der Kunde beim Kauf einer bestimmten Stückzahl eine gewisse Anzahl an Produkten gratis. Nach dem Motto, wenn der Nutzer 15 Bratpfannen kauft, muss er nur 14 Bratpfannen bezahlen. Nachdem Sie die Art des Rabattes ausgewählt haben, müssen Sie im nächsten Schritt den Betrag, Magento spricht an dieser Stelle vom Rabattbetrag, definieren. Je nach vorheriger Auswahl wird der beim Rabattbetrag hinterlegte Wert als fixer oder prozentualer Rabatt behandelt. Wenn Sie daher beispielsweise 10 eingeben, so kann es sich, abhängig von der Rabattart, um 10 % oder 10 € handeln. Hinterlegen Sie, um meinem Beispiel zu folgen, in diesem Feld nun bitte die Zahl 10. Speziell wenn Sie den Rabatt nicht pro Bestellung, sondern pro Produkt anwenden möchten, hilft Ihnen die nächste Option namens MAXIMALER RABATTBETRAG WIRD ANGEWENDET AUF. Mit dieser Option können Sie eine Obergrenze, sprich ein Maximum, setzen. Wenn Sie die 10 € nicht pro Bestellung, sondern eben pro Produkt anwenden, so würden Sie bei 10 Produkten einen Rabatt in Höhe von 100 € gewähren. Wenn Ihnen dies zu viel ist und Sie diese Situation vermeiden wollen, können Sie beim maximalen Rabattbetrag beispielsweise 50 hinterlegen, d. h., ab 50 € Rabatt ist Schluss, und Magento deckelt an dieser Stelle die Rabattsumme. Das Feld MENGENRABATT (X BEZAHLEN) ist für Sie nur dann relevant, wenn Sie bei der Rabattart die Option X KAUFEN, Y KOSTENLOS ERHALTEN (RABATTMENGE IST Y) gewählt haben. Daher können Sie aufgrund meines Beispiels dieses Feld überspringen. Angenommen, Sie gewähren einem Kunden einen Rabatt in Höhe von 50 €, der Kunde bestellt aber nur Waren im Wert von 30 € und muss 10 € Versandkosten bezahlen, dann definieren Sie im folgenden Feld, was mit den Versandkosten passiert, d. h., ob diese bei der Rabattierung berücksichtigt werden oder auch nicht. Wählen Sie im Feld ANWENDEN AUF VERSANDBETRAG die Option NEIN, dann würde Magento trotz des 50-€-Gutscheins nur einen Rabatt in Höhe der Warensumme, sprich 30 €, gewähren. Aktivieren Sie hingegen diese Option, muss der Kunde auch keine Versandkosten bezahlen, da die Versandkosten auch rabattiert werden würden. In der Praxis taucht dieser Fall jedoch recht selten auf, da Sie einen Gutschein bzw. Rabatt mit einer gewissen Höhe wie z. B. 50 € auch an einen Mindestbestellwert koppeln. Die Höhe des Rabattes entspricht daher in der Regel immer dem Mindestbestellwert, so wie in meinem Beispiel. Möchten Sie unterbinden, dass weitere Warenkorb-Preisregeln nach dieser Regel angewendet werden, aktivieren Sie die Option NACHFOLGENDE REGELN VERWERFEN. Magento würde dann nachfolgende Regeln nicht anwenden, selbst wenn aufgrund der Bedingungen die nachgelagerten Regeln greifen würden. Diese Thematik kennen Sie bereits von den Katalogpreisregeln, daher ist die Priorisierung an dieser Stelle kein neues Thema für Sie. Als letzte Option können Sie dem Kunden die Versandkosten erlassen. Dies geschieht unabhängig von der Rabatthöhe. Wählen Sie einfach im Feld KOSTENLOSER VERSAND aus, ob Sie Versandkosten erlassen möchten oder nicht. Wenn Sie die Versandkosten erlassen, kann zudem eine Differenzierung vorgenommen werden, d. h., ob die Versandkosten nur für passende Produkte erlassen werden, gemeint sind Produkte, auf welche die Bedingungen zutreffen. Alternativ hierzu können Sie den Versand auch für die Lieferungen mit den passenden Produkten erlassen. Diese Option spielt nur dann eine Rolle, wenn die Sendung aufgesplittet ist und mehrfach Versandkosten errechnet werden würden. Das heißt, Sie können sowohl einen Rabatt aufgrund der Zusammensetzung des Warenkorbs gewähren als auch einen Rabatt, bei dem die Versandkosten nicht berechnet werden.

Um die Komplexität an dieser Stelle nochmals zu steigern, scrollen Sie bitte bis zum nächsten Abschnitt mit dem Namen Regel nur anwenden, wenn Artikel des Warenkorbs mit folgenden Bedingungen übereinstimmen (frei lassen für alle Artikel). An dieser Stelle wird es tatsächlich ein wenig tricky, da Sie den gewährten Rabatt nochmals einschränken können. Bislang haben Sie eine allgemeine Bedingung für den gesamten Warenkorb definiert. Diese besagt, dass der Warenkorbwert mindestens 100 € betragen muss. Sobald diese Bedingung erfüllt wird, zieht Magento den Rabatt in Höhe von 10 € von der Bestellung ab. Sollten Sie wie in diesem Beispiel eine gesamte Bestellung rabattieren, ist das so weit auch alles unproblematisch. Komplizierter wird es, wenn Sie bei der Aktion nicht einen Rabatt für die gesamte Bestellung auswählen, sondern einen Rabatt pro Produkt, und Sie nicht alle Produkte rabattieren dürfen. In diesem Fall können Sie bestimmte Produkte von der Rabattierung ausschließen, genau dies tun Sie in dem Bereich, den Sie in Abbildung 10.26 sehen.

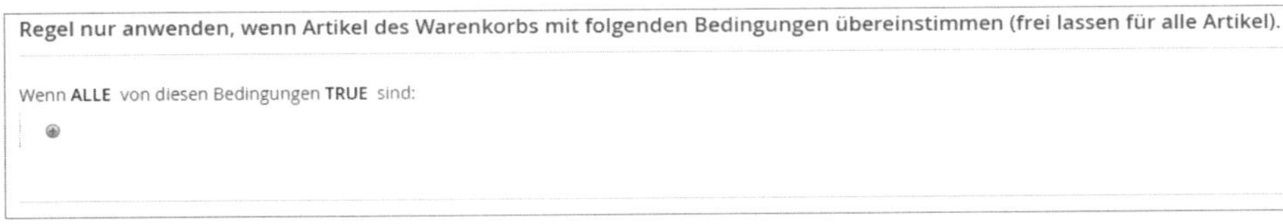

Abbildung 10.26 Produkte lassen sich anhand von Attributen von der Rabattierung ausschließen.

Sie können wie bei der Katalogpreisregel auch in diesem Bereich auf Produktattribute zugreifen. Definieren Sie keine Bedingung, werden alle Produkte rabattiert, sofern die Bedingungen der Warenkorb-Preisregel erfüllt werden. Möchten Sie jedoch nur bestimmte Produkte rabattieren, können Sie sozusagen eine zweite Regel anlegen, die definiert, welche Produkte rabattiert werden dürfen. Hierfür steht Ihnen der bereits bekannte Mechanismus zur Verfügung, den Sie in Abbildung 10.26 sehen. Über das grüne Plus-Symbol können Sie Attribute auswählen. Ist ein Attribut ausgewählt, definieren Sie einen Operator und Wert. Je nach Konfiguration müssen dann eine oder mehrere Bedingungen erfüllt oder auch nicht erfüllt werden. Hier sind Sie sehr flexibel, eben genau wie beim Mechanismus bei der Katalogpreisregel. Zusätzlich zu Produktattributen stehen Ihnen zudem Warenkorb-Werte zur Verfügung, beispielsweise die Stückzahl des Produkts innerhalb des Warenkorbs oder die Gesamtsumme des Produkts. Verschachtelungen, d. h. Bedingungskombinationen, sind ebenfalls möglich. Da ich an dieser Stelle auf eine weitere Einschränkung verzichte, überspringe ich diesen Punkt.

Im nächsten Abschnitt können Sie ein Label definieren. Um genau zu sein gibt es insgesamt zwei Abschnitte für Labels. Im ersten Abschnitt namens Labels können Sie ein allgemeines, Store-View-übergreifendes Label definieren. Im darauf folgenden Abschnitt namens Store View-spezifische Labels definieren Sie pro Store View, also pro Sprache, ein Label. Das Label ist an dieser Stelle jedoch gar nicht so relevant, da dieses nicht im Frontend ausgegeben wird. Überspringen Sie daher die Labels-Abschnitte und auch den letzten Abschnitt namens Gutscheincodes verwalten, da ich Ihnen diesen gleich im Detail zeigen werde. Nachdem Sie nun alle notwendigen Informationen ausgefüllt haben, speichern Sie bitte Ihre Warenkorb-Preisregel, indem Sie auf den Button Speichern klicken. Bei einer Warenkorb-Preisregel müssen Sie übrigens im nächsten Schritt nicht auf Anwenden oder einen anderen Button klicken. Da Magento bei jedem Warenkorb-Aufruf errechnet, ob eine Regel angewendet werden muss, müssen Sie im Vorfeld nichts anstoßen. Die Errechnung erfolgt daher im Gegensatz zu einer Katalogpreisregel direkt beim Aufruf, in diesem Falle beim Aufruf des Warenkorbs.

Öffnen Sie nun das Magento–Frontend, legen Sie Produkte im Wert von mindestens 100 € in den Warenkorb, und öffnen Sie diesen anschließend. Daraufhin werden Sie wie in Abbildung 10.27 die Ausweisung eines Rabattes sehen.

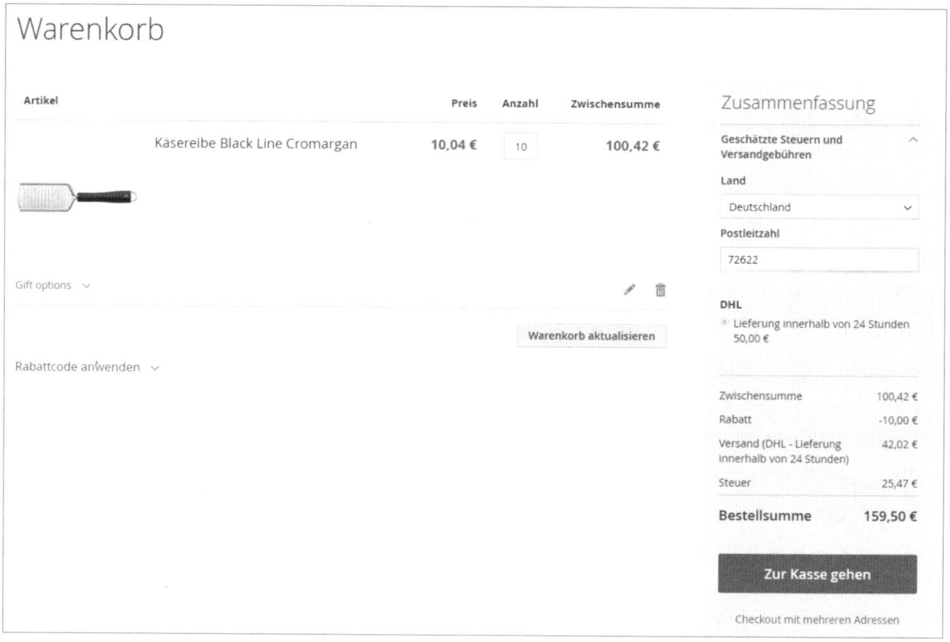

Abbildung 10.27 Im Warenkorb wird direkt die Höhe des Rabatts ausgewiesen.

Oftmals werde ich in Projekten gefragt, ob Magento den Rabatt auf Produktebene ausgibt. Tatsächlich wird ein Rabatt, ausgelöst durch eine Warenkorb-Preisregel, nie auf Produktebene ausgewiesen. Wie Sie in Abbildung 10.27 sehen, weist Magento ausschließlich einen Rabattbetrag aus. Es lässt sich im Frontend auch kein Rückschluss hinsichtlich der Errechnung ziehen, d. h., wie die 10 € zustande kommen, sieht ein Nutzer im Frontend nicht. Eine Aufsplittung des Rabattes auf die einzelnen Produkte ist daher nicht bzw. nur mit einem erheblichen technischen Aufwand in Form einer Modulentwicklung möglich.

Wie Sie eine Warenkorb-Preisregel anlegen, die sofort bei Erfüllung einen Rabatt ausweist, haben Sie nun im Detail gesehen. Lassen Sie mich Ihnen nun zeigen, wie Sie eine Warenkorb-Preisregel erstellen, die nur durch die Eingabe eines Gutscheincodes aktiv greift. Navigieren Sie innerhalb des Magento-Backends erneut zu den Warenkorb-Preisregeln, indem Sie den Menüpunkt Marketing • Warenkorb-Preisregeln aufrufen. Anschließend klicken Sie auf neue Regel hinzufügen und gelangen nun zur Eingabemaske, die Sie bereits von der vorherigen Preisregel kennen. Beim Namen und der Beschreibung vertraue ich an dieser Stelle wieder auf Ihre Kreativität, ich hinterlege beim Namen den Wert »Sorry 2017«, da ich plane, Gutscheine zu erstellen, die Kunden erhalten, bei denen etwas bei der Bestellung schiefgegangen ist. Aktivieren Sie bitte die Regel, und wählen Sie bei Websites sowie Kundengruppen dieselben Werte wie bei Ihrer vorherigen Regel aus. Wenn Sie zum Feld Gutschein gelangen, müssen Sie jedoch eine andere Option wählen. Anstelle von Kein Gutschein müssen Sie die Option Spezieller Gutschein – auch hierbei handelt es sich wieder um eine spezielle Übersetzung – auswählen. Daraufhin öffnen sich neue Eingabefelder, wie Sie auch in Abbildung 10.28 sehen.

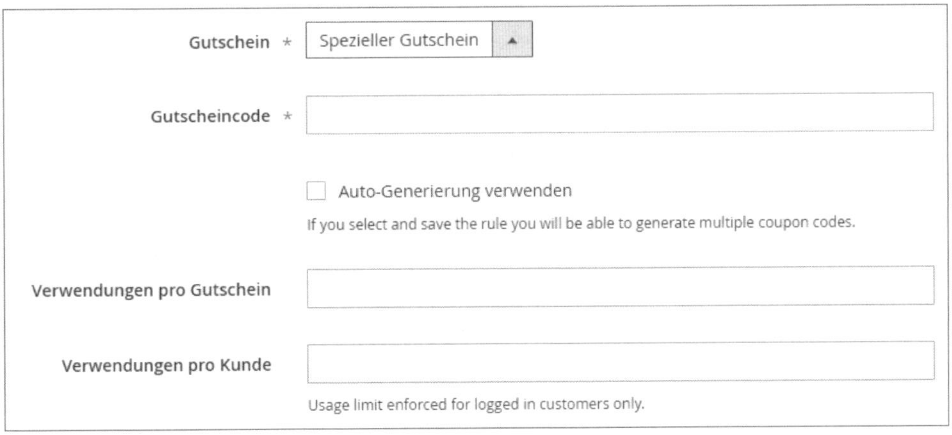

Abbildung 10.28 Warenkorb-Preisregeln können, müssen aber nicht zwangsläufig Gutscheincodes beinhalten und diese zur Einlösung voraussetzen.

Im ersten Schritt können Sie einen Gutscheincode hinterlegen. Hierbei sind alle Zeichen und Zahlen erlaubt, d. h., Sie können den Gutscheincode so aufbauen, wie Sie möchten. Magento bietet an dieser Stelle jedoch zwei grundlegende Möglichkeiten.

Entweder Sie hinterlegen einen Gutscheincode für diese Warenkorb-Preisregeln, dadurch wird jeder Kunde diesen Gutscheincode nutzen. Der Code ist für jede Person identisch, eine Differenzierung wird nicht vorgenommen. Oder Sie generieren für eine Warenkorb-Preisregel eine Vielzahl von Gutscheincodes. Sinn und Zweck dieser Variante besteht darin, dass Sie jedem Nutzer einen individuellen Code zukommen lassen können, beispielsweise über einen Newsletter. Dadurch haben Sie eine wesentlich bessere Nachvollziehbarkeit, auch verhindern Sie den Fall der unbefugten Weitergabe eines allgemeingültigen Codes. Da mir persönlich Variante zwei besser gefällt, d. h. ich mehrere Gutscheincodes möchte, hake ich die Checkbox bei AUTO-GENERIERUNG VERWENDEN an. Daraufhin deaktiviert sich das Feld GUTSCHEINCODE, was so weit auch in Ordnung ist. Möchten Sie Einschränkungen vornehmen, können Sie dies in den beiden nächsten Eingabefeldern machen. Mithilfe des Feldes VERWENDUNGEN PRO GUTSCHEIN definieren Sie, wie oft ein Code eingelöst werden darf. Das heißt, auch wenn Sie 1000 Gutscheincodes generieren, definieren Sie, wie oft der einzelne Code eingelöst werden darf. Zusätzlich können Sie auch die VERWENDUNGEN PRO KUNDE limitieren. Auch diese Limitierung bezieht sich wiederum auf den einzelnen Gutscheincode. Sie können beispielsweise die Verwendung pro Kunde auf einmal limitieren, ein einzelner Code darf jedoch fünfmal verwendet werden. In diesem Beispiel müssten aber fünf unterschiedliche Kunden bzw. Gäste den Code einlösen. Ich hinterlege, da ich eine strenge Limitierung möchte, jeweils die Zahl 1, d. h., jeder Code darf nur einmal und nur von einem Kunden eingelöst werden.

Bedingungen hinterlege ich in diesem Fall nicht, da die Gutscheine primär den Sinn und Zweck haben, aufgebrachte Kunden zu besänftigen. Daher sehe ich von einem Mindestbestellwert oder sonstigen Bedingungen ab. Bei den Aktionen hingegen hinterlege ich einen festen Rabattbetrag für den Warenkorb in Höhe von 25 €. Weitere Einstellungen müssen Sie an dieser Stelle nicht vornehmen. Klicken Sie anschließend auf den Button SPEICHERN UND WEITER BEARBEITEN.

Der Unterschied zwischen »Speichern« und »Speichern und weiter bearbeiten«

Ihnen sind bestimmt bereits die beiden Buttons namens SPEICHERN und SPEICHERN UND WEITER BEARBEITEN in den verschiedenen Ansichten von Magento aufgefallen. Vermutlich haben Sie sich auch bereits gefragt, worin der Unterschied der Buttons liegt, denn beide Buttons führen letztendlich dazu, dass die eingegebenen Informationen gespeichert werden. Klicken Sie auf SPEICHERN, landen Sie nach dem Speichervorgang in der Übersichtsseite, beispielsweise der Übersicht aller Produkte oder aller CMS-Seiten. Wenn Sie hingegen auf SPEICHERN UND WEITER BEARBEITEN klicken, landen Sie in dem Datensatz, den Sie gerade erstellt oder bearbeitet haben.

Sie mussten an dieser Stelle auf SPEICHERN klicken, da Sie sonst keine Möglichkeit haben, die Gutscheincodes zu generieren. Diese Option steht leider erst bei einer gespeicherten Warenkorb-Preisregel zur Verfügung, aus diesem Grund mussten Sie an dieser Stelle diesen Zwischenschritt einlegen. Scrollen Sie, nachdem Sie die Preisregel gespeichert haben, bis zum Abschnitt GUTSCHEINCODES VERWALTEN, der sich am unteren Ende der Seite befindet und erst nach dem Speichern der Preisregel auftaucht. In diesem Bereich haben Sie jetzt die Möglichkeit, auf einfachste Art und Weise eine Vielzahl von Gutscheincodes zu generieren. Steigen Sie an dieser Stelle zusammen mit mir in die Details ein, und generieren Sie einmal exemplarisch 500 Gutscheincodes!

Wie Sie in Abbildung 10.29 sehen, müssen Sie zuerst die Anzahl der Codes definieren. Dafür steht das Feld GUTSCHEINANZAHL zur Verfügung, in das Sie bitte die Zahl 500 eintragen.

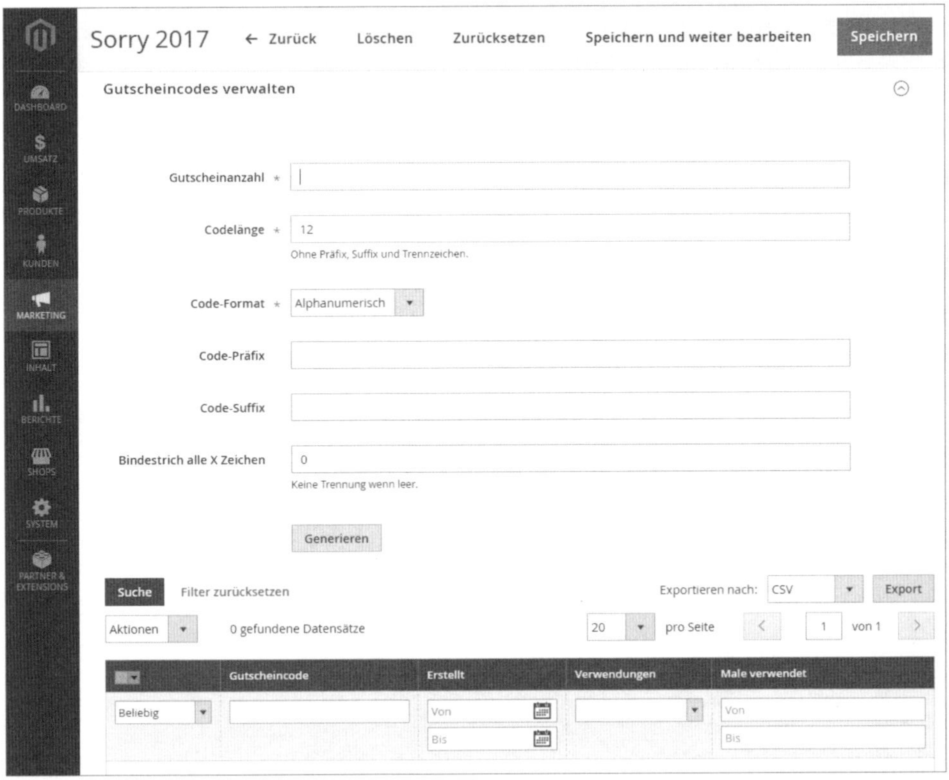

Abbildung 10.29 Magento kann auf Knopfdruck eine Vielzahl von Gutscheincodes generieren.

Nachdem Sie die Anzahl der Codes definiert haben, geht es im Folgenden um den Aufbau. Konkret möchte Magento im nächsten Feld die Länge der Gutscheincodes wissen. Da 12 Zeichen meiner Meinung nach an dieser Stelle zu lang sind, ändere ich die Zahl auf 6 ab. Sie können jedoch gern jede beliebige Länge verwenden. Denken Sie nur daran, dass später ein Kunde den Code gegebenenfalls abtippen muss, dementsprechend sollten Gutscheincodes meiner Meinung nach nie zu lang sein. Im Feld

CODE-FORMAT haben Sie die Wahl zwischen NUMERISCH, ALPHANUMERISCH bzw. ALPHABETISCH. Sprich, wollen Sie nur Zahlen, nur Buchstaben oder eine Mischung? Prinzipiell ist diese Auswahl an dieser Stelle Geschmackssache, ich wähle ALPHANUMERISCH. Auf Basis dieser drei Informationen ist Magento im Prinzip in der Lage, Gutscheincodes zu generieren. Jedoch haben Sie die Möglichkeit, mithilfe der Felder CODE-PRÄFIX sowie CODE-SUFFIX sowohl am Anfang als auch am Ende einen individuellen Wert einzufügen. Dieser Wert ist bei allen Gutscheincodes immer identisch. Hinterlegen Sie bitte beim Code-Präfix, sprich für den Anfang, den Wert »Sorry-« und beim Code-Suffix »-Happy-Shopping«. Beide Felder sind im Übrigen keine Pflichtfelder, d. h., normalerweise können Sie diese auch leerlassen. Um die Lesbarkeit der Gutscheincodes zu erhöhen, haben Sie zudem die Möglichkeit, automatisiert Bindestriche einfügen zu lassen. Im Feld BINDESTRICH ALLE X ZEICHEN definieren Sie letztendlich, nach wie vielen Stellen Sie einen Bindestrich haben möchten. Hinterlegen Sie an dieser Stelle den Wert 3, rein für Demonstrationszwecke in diesem Beispiel, und klicken Sie daraufhin auf den Button GENERIEREN.

Daraufhin generiert Magento im Bruchteil einer Sekunde die 500 Gutscheincodes und stellt diese weiter unten, wie in Abbildung 10.30 zu sehen ist, dar.

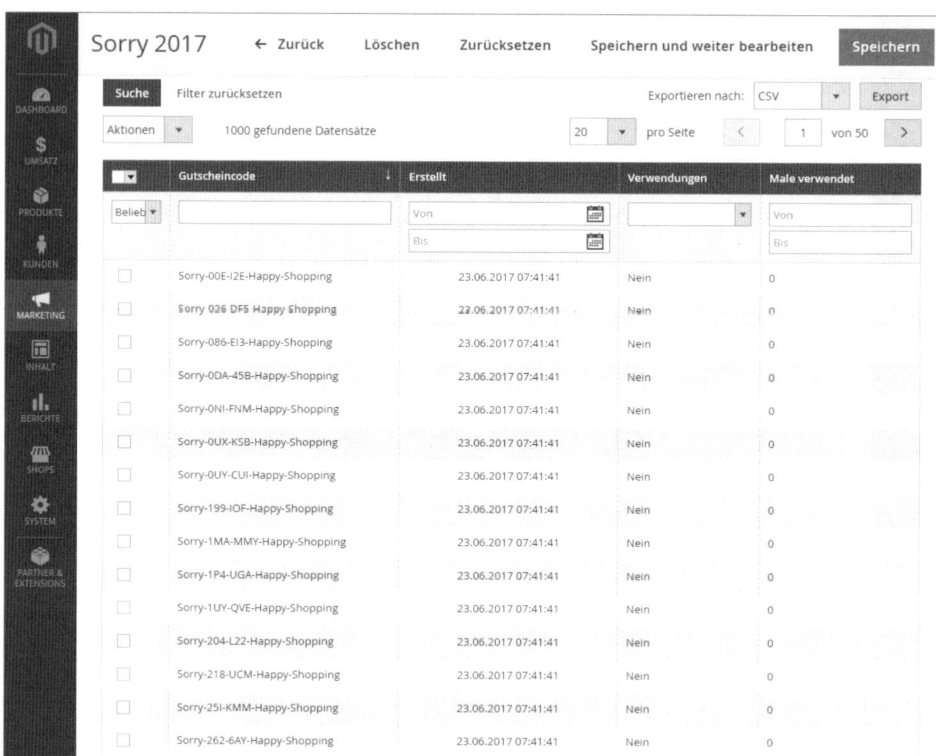

Abbildung 10.30 Per Massenbearbeitung lassen sich Gutscheine erstellen und nachträglich exportieren.

Sie werden jetzt sicherlich auch merken, warum ich beim Präfix und Suffix jeweils einen Bindestrich verwendet habe. Durch den Bindestrich ist die Lesbarkeit besser, denn Magento bezieht die automatisierte Bindestrichintegration nur rein auf den eigentlichen Gutscheincode, nicht aber auf Suffix oder Präfix. Mit dieser letzten Aktion haben Sie erfolgreich Gutscheincodes generiert und können diese nun Ihren Kunden bzw. potenziellen Kunden zukommen lassen. Wenn Sie an dieser Stelle die Gutscheincodes in einer anderen Anwendung, beispielsweise in einem Newsletter-Tool, nutzen möchten, so müssen Sie nicht alle Gutscheincodes von Hand abtippen. Wie Sie in Abbildung 10.30 sehen, befindet sich im rechten oberen Bereich der Ansicht ein EXPORT-Button. Sie können alle Codes im Excel-XML- bzw. CSV-Format exportieren und diesen Export letztendlich in jeder beliebigen Drittanwendung nutzen. Magento hat an dieser Stelle also mitgedacht und unterstützt Sie beim Extrahieren der Informationen.

Kopieren Sie sich bitte einen beliebigen Code aus der Liste, und wechseln Sie ins Frontend. Befüllen Sie den Warenkorb, und geben Sie anschließend im Warenkorb den Gutscheincode ein, um zu prüfen, ob der Code problemlos eingelöst werden kann. Den Gutscheincode geben Sie innerhalb des Warenkorbs im unteren Abschnitt der Ansicht ein. Dort befindet sich ein Bereich mit dem Namen RABATTCODE ANWENDEN (siehe Abbildung 10.31). Die Funktionsweise ist an dieser Stelle recht einfach und selbsterklärend, ich kann Ihnen an dieser Stelle jedoch noch die Info geben, dass Magento nur die Verwendung eines Gutscheincodes pro Bestellung erlaubt. Aus diesem Grund haben Sie an dieser Stelle auch nur ein Eingabefeld und ausschließlich die Möglichkeit, einen Code einzugeben.

Nachdem Sie Ihren kopierten Gutscheincode eingegeben haben, sollte Magento Ihnen eine Bestätigung anzeigen und die Rabattsumme automatisch in der Zusammenfassung ausweisen, die Sie im Warenkorb auf der rechten Seite sehen.

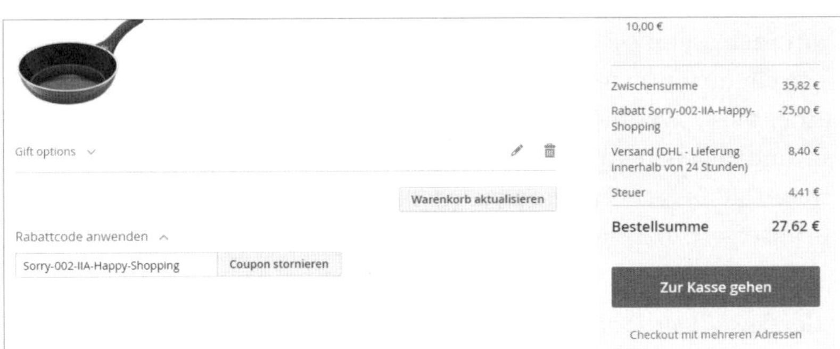

Abbildung 10.31 Der Gutscheincode kann direkt innerhalb des Warenkorbs, nämlich im unteren Abschnitt, hinterlegt werden.

Sollte ein Gutscheincode, da gegebenenfalls die Bedingungen nicht erfüllt werden, nicht eingelöst werden können, so gibt Ihnen Magento innerhalb des Warenkorbs eine entsprechende Meldung zurück. Egal, welcher Fall auch eintritt, der Nutzer erhält im Frontend ein entsprechendes Feedback.

Mit dem Einlösen des Gutscheincodes haben Sie den gesamten Prozess, angefangen von der Erstellung bis hin zur Verwendung, durchgespielt. Wie Sie jetzt gesehen haben, bietet Magento mit den beiden Preisregeln ein wirklich mächtiges Feature und erlaubt eine recht komplexe Rabattierung. Bedingungen können geschachtelt und fast ins Unendliche gesponnen werden, auch die Aktionen, sprich die zu gewährenden Rabatte, lassen sich granular definieren. Aus diesen und noch weitaus mehr Gründen zählt meiner Meinung nach die Preisregel-Funktion zu einem der mächtigsten und besten Features von Magento!

10.4 Up-Selling, Cross-Selling und Zubehör verwalten

Preisregeln sind eine Möglichkeit, um den Umsatz und die Abverkaufszahlen in Ihrem Online-Shop zu steigern. Es ist, das sei an dieser Stelle auch erwähnt, auch die teuerste Art, denn Sie erkaufen sich durch Rabatte letztendlich die Umsatzsteigerung. Das kann in gewissen Fällen wirtschaftlich betrachtet eine sinnvolle Strategie sein, in vielen Fällen ist es jedoch auch einfach ein Nullsummenspiel. Die perfekte Umsatzsteigerung erzielen Sie daher mit Methoden, die nicht auf Kosten der Marge gehen, und genau eine solche Methode möchte ich Ihnen auf den folgenden Seiten vorstellen.

Bei dieser nicht ganz so teuren Methode handelt es sich um Produktempfehlungen. Magento erlaubt die Empfehlung von Produkten an verschiedensten Stellen innerhalb der Produktdetailansicht bzw. im Warenkorb. Produktempfehlungen sollen dabei helfen, dass ein Nutzer zusätzliche Produkte, denken Sie an dieser Stelle an das klassische Zubehör, oder höherwertigere Produkte einkauft. Bei den höherwertigeren Produkten, im Fachjargon *Up-Sells* genannt, geht es darum, dem Nutzer auf der Produktdetailseite ein qualitativ besseres und somit kostenintensiveres Produkt zu empfehlen. Kauft er dieses, verdienen Sie als Shop-Betreiber mehr Geld, da der Verkaufspreis höher und gegebenenfalls auch die Marge für Sie interessanter ist. Last, but not least können Sie Besuchern und potenziellen Kunden im Warenkorb irgendwelche Produkte anzeigen, sozusagen ein Schuss ins Blaue.

Welche Möglichkeit am besten performt, kommt immer ganz speziell auf das jeweilige Projekt, also den jeweiligen Online-Shop an. Es hängt vom Produktsortiment, der anvisierten Zielgruppe, der Branche und zum Teil auch von der Marketing- bzw. Vertriebsstrategie ab. Es gibt daher kein richtig oder falsch, im Zweifel müssen Sie einfach alle Möglichkeiten testen und daraus Schlüsse ziehen. Damit Sie aber überhaupt in der Lage sind, die Funktionen und Möglichkeiten optional zu nutzen, legen Sie nun Up-Sells, Cross-Sells und Zubehör-Produkte an. Daraufhin können Sie sich selbst ein Bild machen und gegebenenfalls schon ermitteln, welche Art der Produktempfehlung in Ihrem Fall am erfolgversprechendsten ist.

10.4.1 Up-Selling

Beim Up-Selling geht es darum, dem potenziellen Kunden ein teureres, also hochwertigeres Produkt zu verkaufen. Aus diesem Grund werden Up-Sells auf der Produktdetailseite angezeigt. Schaut sich der Besucher also z. B. eine Bratpfanne, die 20 € kostet, an, ist Ihr Ziel, ihm eine Bratpfanne für 50 € zu verkaufen.

Melden Sie sich, falls Sie aktuell nicht mehr eingeloggt sind, am Magento-Backend an, und klicken Sie auf PRODUKTE • KATALOG. Die folgende Ansicht ist Ihnen bekannt, daher erspare ich Ihnen an dieser Stelle weitere Erklärungen. Wählen Sie ein beliebiges Produkt aus. Meine Wahl fällt auf das Produkt »Bratpfanne Martina«, d. h., falls Sie auf *www.foodbaer.de* die Einstellungen nachschauen möchten, wählen Sie in diesem Demo-System ebenfalls das Produkt »Bratpfanne Martina«. Scrollen Sie daraufhin zum Abschnitt RELATED PRODUCTS, UP-SELLS, AND CROSS-SELLS, und klicken Sie auf den Button ADD UP-SELL PRODUCTS. Daraufhin öffnet Magento eine neue Maske, die Sie in Abbildung 10.32 sehen, die alle im System vorhandenen Produkte abbildet.

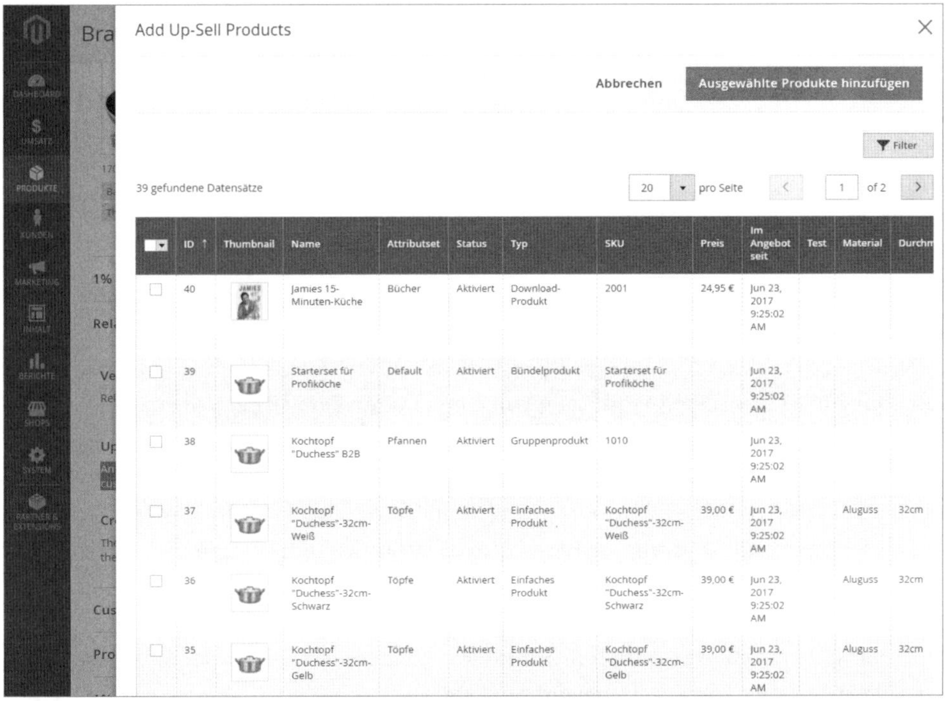

Abbildung 10.32 Um die passenden Produkte zu finden, können Sie bei der Auswahl auf Filter- und Sortierfunktionen zurückgreifen.

Wählen Sie in dieser Ansicht die Produkte aus, die Sie als Up-Selling-Produkte verwenden möchten. Ich entscheide mich in diesem Fall für die anderen Pfannen, die im System vorhanden sind, und hake die jeweiligen Checkboxen an. Klicken Sie anschließend auf den Button AUSGEWÄHLTE PRODUKTE HINZUFÜGEN, und speichern Sie das Produkt ab.

Wenn Sie daraufhin in das Frontend wechseln und das Produkt aufrufen, werden Sie am unteren Ende des Bildschirms die Up-Selling-Produkte sehen. Sie werden direkt unter der Tab-Ansicht, die Produktinformationen und Attribute enthält, unter der Überschrift WIR HABEN ANDERE PRODUKTE GEFUNDEN, DIE IHNEN GEFALLEN KÖNNTEN! dargestellt, wie Sie in Abbildung 10.33 sehen können.

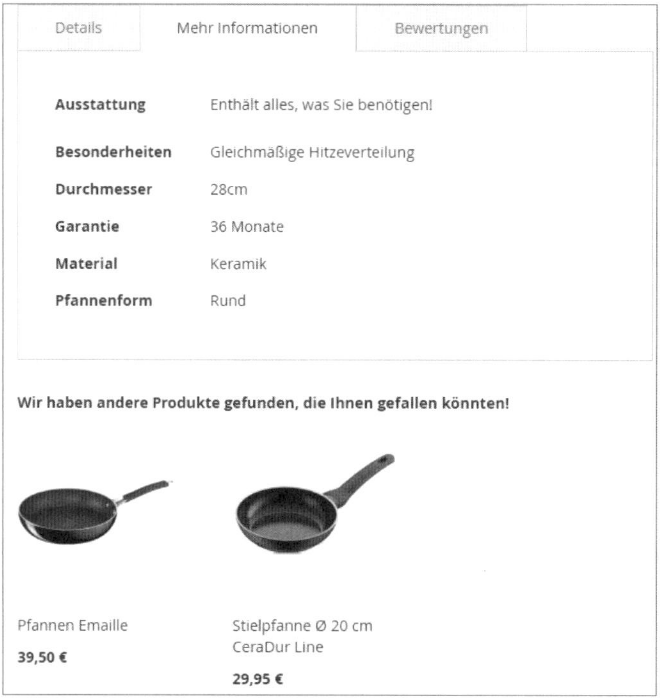

Abbildung 10.33 Up-Selling-Produkte werden im unteren Bereich der Seite dargestellt.

Im Standard, diesen Gedanken werden Sie sicherlich auch haben, ist die Darstellung der Up-Selling-Produkte nicht sehr prominent. Die Position am unteren Ende der Seite ist nicht ganz optimal, ansonsten fallen die Produkte selbst auch nicht sehr auf. Je nach Template bzw. Design haben Sie aber natürlich Einfluss auf die Darstellung und können diese nach Ihren Wünschen anpassen. Ich persönlich bin ein Fan davon, die Up-Selling-Produkte wesentlich prominenter im oberen Bereich der Seite darzustellen und diese auch aktiver zu bewerben. Letztendlich müssen Sie als Shop-Betreiber recht direkt auf den Kunden zugehen und ihm glaubwürdig vermitteln, dass Sie noch bessere und qualitativ hochwertigere Produkte anbieten und er daher zu den Empfehlungen greifen soll. Schauen Sie sich am besten an, wie andere Online-Shops wie Zalando oder Amazon mit Produktempfehlungen arbeiten, und leiten Sie daraus für sich die beste Strategie ab.

10.4.2 Cross-Selling

Im Gegensatz zu den Up-Selling-Produkten werden Cross-Sells nicht auf der Produktdetailansicht dargestellt. Die hinterlegten Produkte erscheinen ausschließlich im Warenkorb, daher können Sie Cross-Sells für den Freischuss nutzen. Sie müssen kein günstigeres oder teureres Produkt anbieten, sondern irgendwelche Produkte, die halbwegs sinnvoll erscheinen. In meinem Fall kann und werde ich dem Kunden, wenn er eine Bratpfanne in den Warenkorb legt, an dieser Stelle auch noch Messer empfehlen. Denn wer brät, der schneidet in der Regel auch. Cross-Sells sollten Sie mit einer solchen Einstellung nutzen und tatsächlich versuchen, den Kunden noch auf andere Produkte aufmerksam zu machen. Damit steigern Sie schlussendlich den Warenkorbwert und machen den Kunden glücklich, indem er noch zusätzlich Produkte bestellt, die er später auch tatsächlich nutzen kann und nutzen wird.

Um Cross-Sells hinzuzufügen, müssen Sie ähnlich wie bei den Up-Sells vorgehen. Rufen Sie im Backend ein Produkt auf, und scrollen Sie zum Abschnitt RELATED PRODUCTS, UP-SELLS, AND CROSS-SELLS. Klicken Sie anschließend auf den Button ADD CROSS-SELL PRODUCTS, und wählen Sie einige Produkte aus. Dabei steht die inhaltliche Korrektheit an dieser Stelle nicht im Vordergrund, denn es handelt sich an dieser Stelle ja nur um ein Beispiel. Nachdem Sie die Produkte hinzugefügt haben, speichern Sie das Produkt und wechseln Sie ins Frontend. Innerhalb des Frontends fügen Sie jetzt bitte dieses Produkt zum Warenkorb hinzu, und rufen Sie anschließend den Warenkorb auf. Im Warenkorb werden Ihnen nun die Cross-Selling-Produkte, wie in Abbildung 10.34 zu sehen, dargestellt. Dank des Buttons ZUM WARENKORB HINZUFÜGEN, der sich bei allen Cross-Selling-Produkten befindet, können Nutzer diese Produkte zudem direkt zum Warenkorb hinzufügen und müssen nicht zuerst auf die Produktdetailseite oder beim Hinzufügen eine Schleife über die Produktdetailseite drehen. Das wirkt sich äußerst positiv auf die Conversion Rate aus, denn ein Nutzer muss den Warenkorb nicht mehr verlassen und kann an Ort und Stelle die eingeblendeten Produkte hinzufügen.

10.4.3 Zubehör

Als letzte Art der Produktempfehlung existieren in Magento die *Related Products*. Bei Related Products handelt es sich im Prinzip um Zubehör. Wie auch bei den Up-Sells werden Related Products innerhalb der Produktdetailansicht dargestellt, der Nutzer interagiert mit diesen Produkten im direkten Vergleich mit den Up-Sells jedoch anders. Bei einem Up-Sell müssen Sie letztendlich immer auf die jeweilige Produktdetailseite wechseln. Bei Related Products können Sie innerhalb der Produktdetailansicht direkt mehrere Produkte mit in den Warenkorb legen.

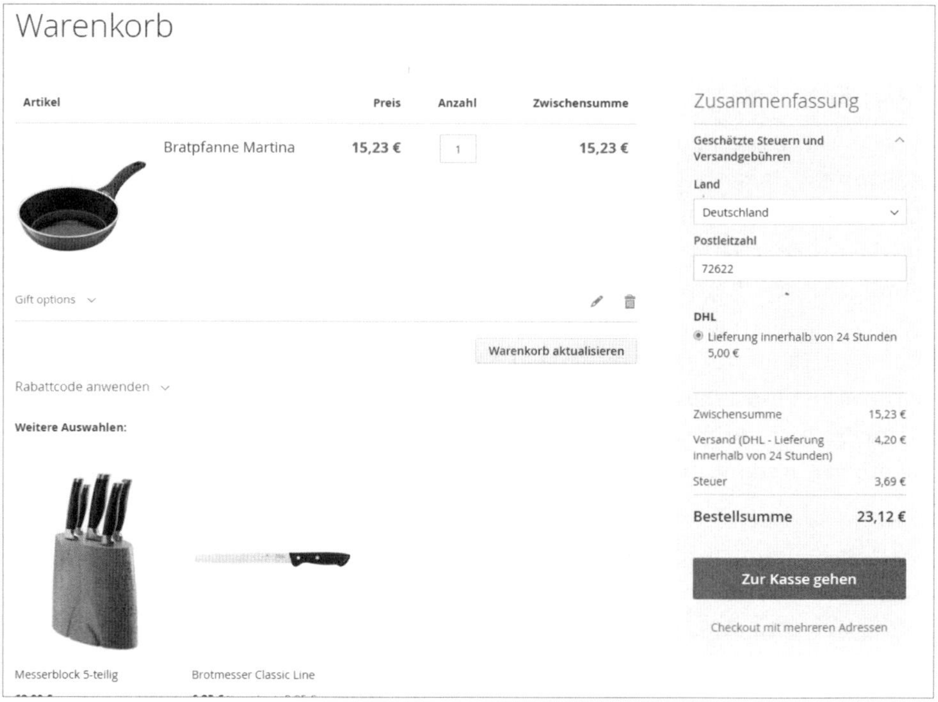

Abbildung 10.34 Cross-Selling-Produkte werden direkt im Warenkorb ausgelesen.

Dementsprechend werden Related Products auch immer als Zubehörprodukte verwendet, da Sie eben mehrere Zubehörprodukte kaufen könnten, wenn Sie sich ein Produkt anschauen.

Öffnen Sie erneut das Magento-Backend, klicken Sie AUF PRODUKTE • KATALOG, und wählen Sie ein beliebiges Produkt aus. Ich bleibe, wie auch bei den vorherigen Beispielen, bei meinem Lieblingsprodukt namens »Bratpfanne Martina«. Scrollen Sie zum Abschnitt RELATED PRODUCTS, UP-SELLS, AND CROSS-SELLS, und klicken Sie auf den Button ADD RELATED PRODUCTS. Das Fenster zur Auswahl der Produkte geht auf, und Sie können nun beliebig viele Produkte auswählen. Da ich kein inhaltlich passendes Zubehör habe, wähle ich an dieser Stelle ein paar Töpfe aus, füge diese hinzu und speichere das Produkt. Bitte folgen Sie mir an dieser Stelle mit den erwähnten Schritten, auch wenn Sie selbstverständlich auch andere Produkte auswählen können. Wechseln Sie anschließend in das Frontend, und rufen Sie das soeben bearbeitete Produkt auf. Scrollen Sie bis zum unteren Ende der Ansicht, anschließend werden Sie eine neue Überschrift namens VERWANDTE ARTIKEL sehen. Unter dieser Überschrift werden nun die Related Products dargestellt, wie dies bei mir in Abbildung 10.35 der Fall ist.

Abbildung 10.35 Im Gegensatz zu Up-Selling-Produkten können Nutzer bei Related Products direkt mehrere Produkte zum Warenkorb hinzufügen.

Der große Nutzen der Related Products besteht darin, dass Nutzer direkt mehrere Produkte von diesem Empfehlungstyp zum Warenkorb hinzufügen können, wie Sie bei den Related-Products-Checkboxen dargestellt sehen werden. Im Prinzip können Sie wie in meinem Beispiel beide Produkte anhaken und anschließend mittels Button ZUM WARENKORB HINZUFÜGEN zu ebendiesem hinzufügen. Der Umweg über Produktdetailseiten bleibt erspart, der Nutzer hakt einfach die zusätzlichen Produkte an, die er gern möchte, und fügt diese direkt zum Warenkorb hinzu. Diese Art Produktempfehlung eignet sich in der Praxis tatsächlich für primär niedrigpreisiges Zubehör bzw. ergänzende Produkte.

Produktempfehlungen können mit den Magento-Hausmitteln problemlos abgebildet werden, und Ihnen stehen als Magento-Shop-Betreiber insgesamt drei Arten von Produktempfehlungen zur Verfügung. Ob Sie alle Möglichkeiten nutzen oder sich nur auf eine Variante beschränken, hängt ganz stark von Ihrem Konzept und den spezifischen Eigenheiten Ihres Projekts ab. Im Zweifel gilt auch bei diesem Thema: Probieren geht über Studieren!

Keine Produktempfehlungen in E-Mails

Falls Sie sich fragen, ob Empfehlungen auch in E-Mails eingebunden werden können, muss ich Sie an dieser Stelle enttäuschen. Im Standard bietet Magento nur die Darstellung von Empfehlungen auf der Produktdetailseite bzw. im Warenkorb an. Widgets lassen sich, soviel sei an dieser Stelle bereits verraten, auch ausschließlich in CMS-Seiten einbinden. Daher müssen Sie, sollten Sie Produktempfehlungen in E-Mails nutzen wollen, auf einen externen Anbieter bzw. eine Erweiterung setzen.

10.5 On-Page-Suchmaschinenoptimierung beachten

Zugegebenermaßen führe ich Sie in diesem Abschnitt zu einem Thema, das ansatzweise als »Off-Topic« bezeichnet werden könnte. Grundsätzlich beschäftigt sich dieses zehnte Kapitel mit der Frage, welche Möglichkeiten Magento bietet, um mithilfe von eingebauten Funktionen und Möglichkeiten die Umsätze des Online-Shops zu steigern. Die meisten Möglichkeiten haben Sie bereits kennengelernt, auf den folgenden Seiten möchte ich Ihnen nun wichtige Konfigurationsmöglichkeiten aufzeigen, die Sie primär bei der organischen Suchmaschinenoptimierung unterstützen werden. Als ansatzweise Off-Topic bezeichne ich diesen Abschnitt daher, da Ihnen diese Informationen nur weiterhelfen, wenn Sie die organische Suchmaschinenoptimierung in Ihrer Marketingstrategie berücksichtigen. Die aufgezeigten Konfigurationsmöglichkeiten werden keinen Einfluss auf Ihr System als solches haben, d. h., zum Großteil führen die Anpassungen nicht zu Änderungen bei der Ausgabe von Inhalten. Letztendlich kann Google nur danach besser mit Ihrem System umgehen, und Ihr Online-Shop wird besser gerankt.

10.5.1 Sitemap erstellen

Bei einer Sitemap handelt es sich um eine XML-Datei, welche die Links zu allen Produktseiten, Kategorien und CMS-Seiten enthält. Anhand der Sitemap kann ein System, in der Regel Google, sofort erkennen, welche Inhalte existieren, und diese direkt mittels URL aufrufen. Bei Google sollten Sie immer eine Sitemap übermitteln. Dies können Sie mittels Google Webmaster Tools machen, wie Sie noch im Verlauf des Buches sehen werden, denn dank einer Sitemap wird der Google Bot wesentlich einfacher alle relevanten Inhalte finden und indizieren können.

Um eine Sitemap zu erstellen, müssen Sie das Backend aufrufen und anschließend auf MARKETING • SEO & SUCHE • SITEMAP klicken. Als Ergebnis wird Magento Ihnen daraufhin eine leere Tabelle darstellen. Klicken Sie daher auf den Button SITEMAP HINZUFÜGEN, der sich in der oberen rechten Ecke befindet. Sie landen daraufhin in einer neuen Maske, in der Sie drei Informationen hinterlegen müssen. Zuerst benötigt Magento einen Namen für die Sitemap, wobei Sie im Prinzip jeden Namen samt der Endung *.xml* verwenden können. Die einfachste Variante, Magento selbst schlägt dies vor, ist der Name *sitemap.xml*, den ich an dieser Stelle ebenfalls verwende. Beim Pfad können Sie, rein theoretisch, ein Unterverzeichnis angeben. In der Regel liegt die Sitemap jedoch im Root Directory, sprich im Hauptverzeichnis. Um die Sitemap im Hauptverzeichnis zu generieren, hinterlegen Sie bitte den Wert /. Last, but not least müssen Sie einen Store View auswählen. Da Sie nach jetzigem Stand noch keine zusätzlichen Store Views angelegt haben, belassen Sie diese Option bei der Vorauswahl, und klicken Sie daraufhin auf SPEICHERN UND GENERIEREN. Sie landen daraufhin wieder in der Sitemap-Übersicht, nur dass diese Tabelle nun einen Eintrag enthält. Wichtig ist an dieser Stelle der Link zur Sitemap, den Sie in der 4. Spalte vorfinden. Sobald Sie auf den Link klicken, werden Sie im Browser ein Ergebnis wie bei mir in Abbildung 10.36 erhalten.

This XML file does not appear to have any style information associated with it. The document tree is shown below.


```
▼<urlset xmlns="http://www.sitemaps.org/schemas/sitemap/0.9" xmlns:content="http://www.google.com/schemas/sitemap-content/1.0"
 xmlns:image="http://www.google.com/schemas/sitemap-image/1.1">
  ▼<url>
      <loc>http://www.foodbaer.de/topfe.html</loc>
      <lastmod>2017-06-10T11:30:53+00:00</lastmod>
      <changefreq>daily</changefreq>
      <priority>0.5</priority>
    </url>
  ▼<url>
      <loc>http://www.foodbaer.de/pfannen.html</loc>
      <lastmod>2017-06-10T12:27:30+00:00</lastmod>
      <changefreq>daily</changefreq>
      <priority>0.5</priority>
    </url>
  ▼<url>
      <loc>http://www.foodbaer.de/pfannen/woks.html</loc>
      <lastmod>2017-06-10T12:27:30+00:00</lastmod>
      <changefreq>daily</changefreq>
      <priority>0.5</priority>
    </url>
  ▼<url>
      <loc>http://www.foodbaer.de/messer.html</loc>
      <lastmod>2017-06-10T12:27:30+00:00</lastmod>
      <changefreq>daily</changefreq>
      <priority>0.5</priority>
    </url>
  ▼<url>
      <loc>http://www.foodbaer.de/bucher.html</loc>
      <lastmod>2017-06-10T12:28:03+00:00</lastmod>
      <changefreq>daily</changefreq>
      <priority>0.5</priority>
    </url>
  ▼<url>
    ▼<loc>
        http://www.foodbaer.de/bucher/gedruckte-bucher.html
      </loc>
      <lastmod>2017-06-10T12:28:03+00:00</lastmod>
      <changefreq>daily</changefreq>
      <priority>0.5</priority>
    </url>
  ▼<url>
      <loc>http://www.foodbaer.de/bucher/ebooks.html</loc>
      <lastmod>2017-06-10T12:28:03+00:00</lastmod>
      <changefreq>daily</changefreq>
      <priority>0.5</priority>
    </url>
  ▼<url>
      <loc>http://www.foodbaer.de/sonstiges.html</loc>
      <lastmod>2017-06-10T12:28:03+00:00</lastmod>
      <changefreq>daily</changefreq>
      <priority>0.5</priority>
    </url>
  ▼<url>
      <loc>http://www.foodbaer.de/angebote.html</loc>
      <lastmod>2017-06-10T12:28:03+00:00</lastmod>
      <changefreq>daily</changefreq>
      <priority>0.5</priority>
    </url>
```


Abbildung 10.36 Die Sitemap ist primär für Suchmaschinen wie Google relevant.

An dieser Stelle möchte ich gar nicht weiter auf die Notwendigkeit einer Sitemap eingehen bzw. auf Systeme, die eine Sitemap benötigen. Letztendlich spielt die Sitemap nicht nur für Google eine Rolle. Für jeden Crawler bzw. jedes System, das eine Übersicht über die Links in Ihrem System benötigt, ist eine Sitemap Gold wert, und Sie wissen nun, wo und wie Sie diese in Magento generieren können.

10.5.2 Sprechende URLs verwenden

Sprechende URLs müssen Sie nicht zwangsweise aktivieren, es handelt sich vielmehr um eine Empfehlung. Sie haben in Magento sowohl bei Kategorien als auch bei Produkten und CMS-Seiten die Möglichkeit, einen sogenannten *URL-Key* zu definieren. Der URL-Key bestimmt, abgesehen von der eigentlichen Domain, die URL einer Zielseite. Sie können diesen URL-Key also in allen drei Kategorien manuell hinterlegen und entsprechend anpassen. Tun Sie das nicht, nutzt Magento einfach den Namen, beispielsweise den eines Produktes, und leitet daraus einen URL-Key ab. Das kann in Ordnung sein, passt aber nicht immer. Speziell wegen Google ist es sinnvoll, keine kryptischen URLs zu nutzen und idealerweise ein bis zwei Keywords darin zu platzieren. So ist beispielsweise die URL *http://www.foodbaer.de/kasereibe-black-line-cromargan.html* in Ordnung, die URL *http://www.foodbaer.de/120343.html* hingegen wäre nicht optimal. Google bevorzugt schlicht und einfach sprechende URLs, da daraus bereits abgeleitet werden kann, um welchen Inhalt es sich handelt.

Wenn Sie bei der Anlage eines Produkts bzw. einer Kategorie oder von CMS-Seiten einen URL-Key hinterlegt haben, den Sie nachträglich ändern möchten, bietet Ihnen Magento zwei Wege an, um dies zu tun. So können Sie direkt ein Produkt innerhalb des Backends aufrufen und in dieser Ansicht den URL-Key abändern. Magento legt, das ist zudem der Standard, automatisch eine Weiterleitung von der alten auf die neue URL an. Sie sehen dies in Abbildung 10.37 in der Option PERMANENTE UMLEITUNG FÜR DIE ALTE URL ERSTELLEN.

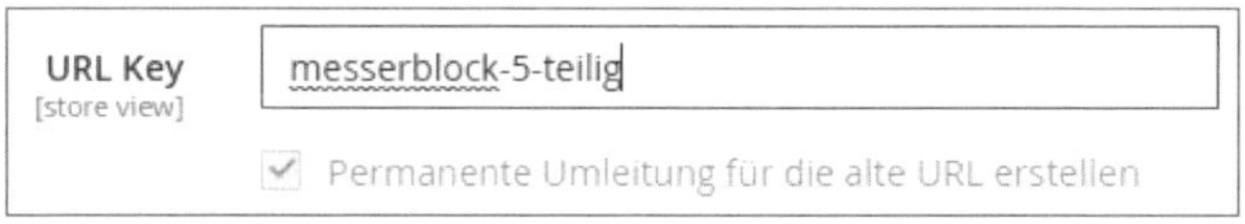

Abbildung 10.37 Wenn Sie einen URL-Key ändern, legt Magento automatisch eine Weiterleitung an

Alternativ hierzu gibt es den Bereich URL-REWRITES, den Sie über MARKETING • SEO & SUCHE erreichen. Diese Ansicht zeigt Ihnen alle im System vorhandenen URLs an, ganz gleich, ob es sich um eine Kategorie-, CMS-Seite oder Produktdetailseite handelt. Wenn Sie nun eine URL ändern möchten, können Sie einfach auf den Datensatz klicken. Daraufhin öffnet sich eine Detailansicht, wie in Abbildung 10.38 zu sehen ist.

Ohne an dieser Stelle auf zu viele Details einzugehen, sehen Sie in der Abbildung grundlegende Informationen wie beispielsweise den Shop. Sie können nämlich pro Shop, gemeint sind an dieser Stelle Store Views, die URLs definieren. Mit PFAD ANFORDERN ist dann der URL-Key gemeint, an dieser Stelle einfach anders benannt. Änderungen, die Sie an dieser Stelle durchführen, haben im Prinzip dieselben Auswirkungen wie Anpassungen, die Sie direkt, also beispielsweise in einer Kategorie, vornehmen.

Denken Sie daran, das ist letztendlich der Grund, warum ich dieses Thema an dieser Stelle nochmals explizit erwähne, sinnvolle und damit lesbare URL-Keys zu verwenden, die nicht aus kryptischen Buchstaben und Zahlen bestehen.

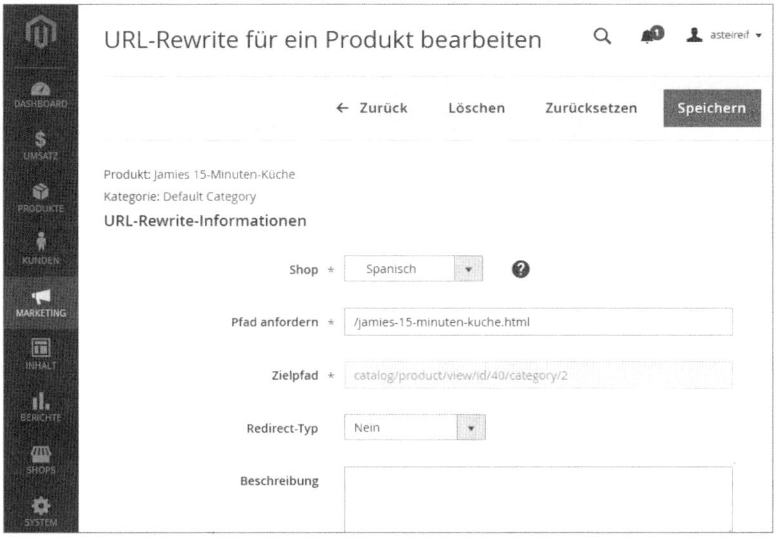

Abbildung 10.38 Innerhalb der URL-Rewrite-Verwaltung können Sie alle im System vorhandenen URLs bearbeiten.

10.5.3 Kanonische URLs

Um Duplicate Content zu vermeiden, existieren die so genannten Canonical Tags. Ist ein Inhalt, beispielsweise ein Produkt, über mehrere URLs erreichbar, so würde Google dies als Duplicate Content werten und im schlimmsten Fall Ihren Online-Shop gewissermaßen abstrafen. Leider lässt sich doppelter Inhalt, gerade im E-Commerce, oftmals nicht zu 100 % vermeiden. Wenn Sie ein Produkt einfach über mehrere Kategorien erreichbar machen wollen und die Kategorie-Struktur mit in die URLs nehmen, dann existieren für ein und dasselbe Produkt mehrere URLs. Das ist an und für sich nicht schlimm, Sie müssen aber darauf reagieren!

Aus diesem Grund ermöglicht Magento relativ problemlos die Aktivierung der Canonical Tags. Öffnen Sie hierzu im Backend den Punkt SHOPS • KONFIGURATION • KATALOG • KATALOG, und scrollen Sie zum Abschnitt SUCHMASCHINENOPTIMIERUNG. Aktivieren Sie bitte anschließend die beiden Optionen VERWENDEN SIE DEN CANONICAL LINK-META-TAG FÜR KATEGORIEN sowie VERWENDEN SIE DEN CANONICAL LINK-META-TAG FÜR PRODUKTE. Sobald Sie diese Änderung vorgenommen und die Seite gespeichert haben, gibt Magento sowohl bei den Kategorien als auch bei den Produktdetailseiten im HTML-Quellcode einen Canonical Tag aus.

10.5.4 URL-Suffix

Ebenfalls im Abschnitt SUCHMASCHINENOPTIMIERUNG im Menüpunkt SHOPS • KONFIGURATION • KATALOG • KATALOG befinden sich die beiden Optionen PRO-

DUKT-URL-SUFFIX sowie KATEGORIE-URL-SUFFIX. Im Standard ist bei Magento jeweils der Wert *.html* hinterlegt, wodurch Ihre URLs beispielsweise dem Muster *http://www.foodbaer.de/kasereibe-black-line-cromargan.html* folgen. Wenn Sie jedoch die Endung anpassen möchten, können Sie dies sowohl für Kategorien als auch für Produkte in den beiden genannten Optionen tun. Aktuell ist Best Practice, die Endung komplett zu entfernen, da es keine technische Notwendigkeit für eine Endung gibt. Wenn Sie möchten, das ist aber letztendlich kein »Must Have«, entfernen Sie daher bei beiden Optionen den Wert *.html*, und speichern Sie die Systemkonfiguration ab.

10.5.5 Metainformationen hinterlegen

Metainformationen sind wie das Salz in der Suppe, denn erst, wenn sie fehlen, fällt es einem auf. Zugegebenermaßen hat die Bedeutung und Wichtigkeit der Metainformationen in den letzten Jahren kontinuierlich abgenommen. Früher waren diese für Google noch enorm wichtig, heutzutage ist die Relevanz gar nicht mehr so hoch. Dennoch geht man im Allgemeinen davon aus, dass es positiv ist, diese Metainformationen zu pflegen. Wenn Sie an dieser Stelle noch nie etwas von Metainformationen gehört haben: Es handelt sich um Informationen, die im Quelltext ausgegeben werden, nach außen im Frontend aber gar nicht sichtbar werden. Es sind also ausschließlich Informationen, die für Crawler bzw. Suchmaschinen relevant sind und von diesen aufgenommen werden.

In Magento haben Sie, wiederum bei Produkten, Kategorien und CMS-Seiten, die Möglichkeit, die Metainformationen zu pflegen. Es handelt sich immer um den Meta-Title, der auch in der Browserleiste erscheint, sowie die Meta-Keywords und Meta-Description. Je nachdem welchen Inhaltstyp Sie gerade editieren, befinden sich die Eingabefelder hierfür an verschiedenen Positionen, diese haben Sie aber im Laufe des Buches bereits kennengelernt, weswegen ich Ihnen diese Felder auch gar nicht mehr zeigen möchte. Was ich Ihnen jedoch zeigen möchte, ist die Stelle, an der Sie die Default-Werte hinterlegen. Gehen Sie hierzu ins Backend, und öffnen Sie den Punkt INHALT • DESIGN • KONFIGURATION. Wählen Sie nun den Eintrag – Sie sollten an dieser Stelle nur einen haben – aus, und klicken Sie auf BEARBEITEN. In der daraufhin aufgehenden Maske scrollen Sie bitte zum Abschnitt HTML-KOPF, wie Sie in Abbildung 10.39 sehen. In diesem Bereich haben Sie jetzt die Möglichkeit, eine Standardbeschreibung und Standard-Schlüsselworte zu hinterlegen. Hierbei handelt es sich um die Meta-Keywords bzw. die Meta-Description. Magento greift immer auf diesen Default-Wert zurück, falls Sie bei einem Produkt bzw. einer Kategorie- oder CMS-Seite nichts ausfüllen. Einen Standardwert für den Meta-Title gibt es hingegen nicht, da dieser in jedem Fall automatisiert erzeugt wird.

10.5.6 robots.txt-Datei

Magento erzeugt automatisiert eine *robots.txt*-Datei, die in erster Linie für Suchmaschinen und Crawler relevant ist. Die *robots.txt*-Datei definiert beispielsweise, unter welcher URL die Sitemap erreichbar ist, welche Inhalte gecrawlt werden dürfen, welche Crawler ausgeschlossen werden sollen etc. Bei meinem Demo-System ist diese Datei unter *http://www.foodbaer.de/robots.txt* erreichbar, Sie werden diese jedoch auch lokal aufrufen können, wenn Sie an Ihre lokale URL den Zusatz */robots.txt* hinzufügen.

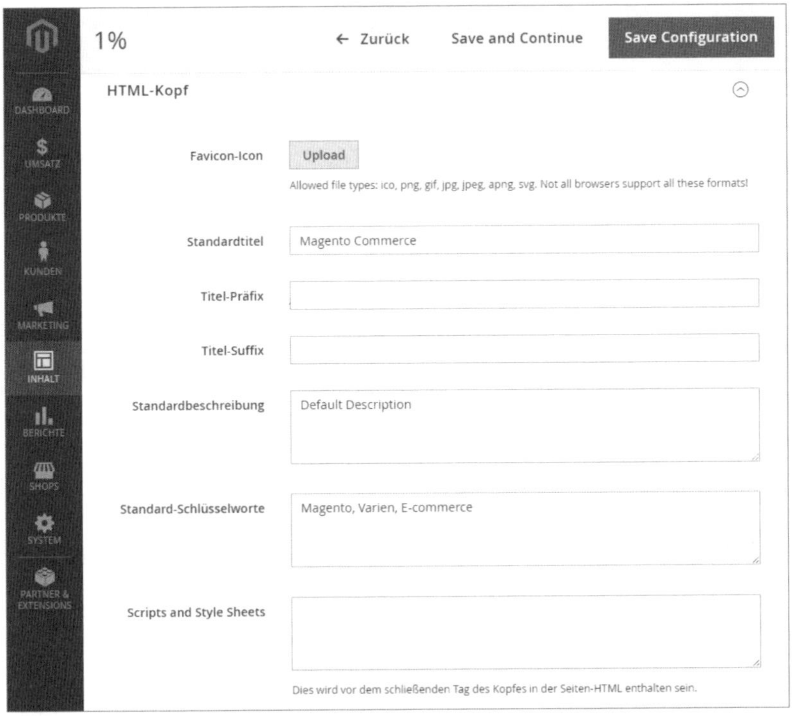

Abbildung 10.39 Sie haben die Möglichkeit, Default-Metainformationen zu hinterlegen.

Möchten Sie den Inhalt dieser robots.txt-Datei editieren, womit Sie letztendlich bestimmen, wie gut oder schlecht Sie von Suchmaschinen gefunden werden, können Sie dies ebenfalls innerhalb des Magento-Backends machen. Klicken Sie hierfür auf SHOPS • KONFIGURATION • ALLGEMEIN • DESIGN. Daraufhin öffnet sich eine Ansicht wie in Abbildung 10.40, und Sie können auf die einzelnen Elemente innerhalb der robots.txt-Datei Einfluss nehmen. So haben Sie grundsätzlich die Wahl, ob die Seite indiziert und gecrawlt werden darf oder nicht. Auch den Ausschluss von Verzeichnissen können Sie über diese Maske steuern, hierfür steht das Feld BENUTZERDEFINIERTE ANWEISUNG DER ROBOTS.TXT-DATEI BEARBEITEN zur Verfügung. Im Standard schließt Magento bereits unwichtige Verzeichnisse und Dateien aus, daher müssen Sie an dieser Stelle gar keine Änderungen vornehmen. Sollten Sie es etwas zu gut gemeint haben und die Konfiguration ist zerschossen, so können Sie auch alle getätigten Änderungen zurücksetzen, wie Sie in Abbildung 10.40 sehen können, da hierfür ein spezieller Button zur Verfügung steht. Grundsätzlich müssen Sie am Inhalt der robots.txt-Datei keine Anpassungen vornehmen, speziell wenn Sie aber weitere Verzeichnisse in Ihrem Magento-System erstellen und diese ausschließen möchten, haben Sie an dieser Stelle zumindest die Möglichkeit, es zu tun.

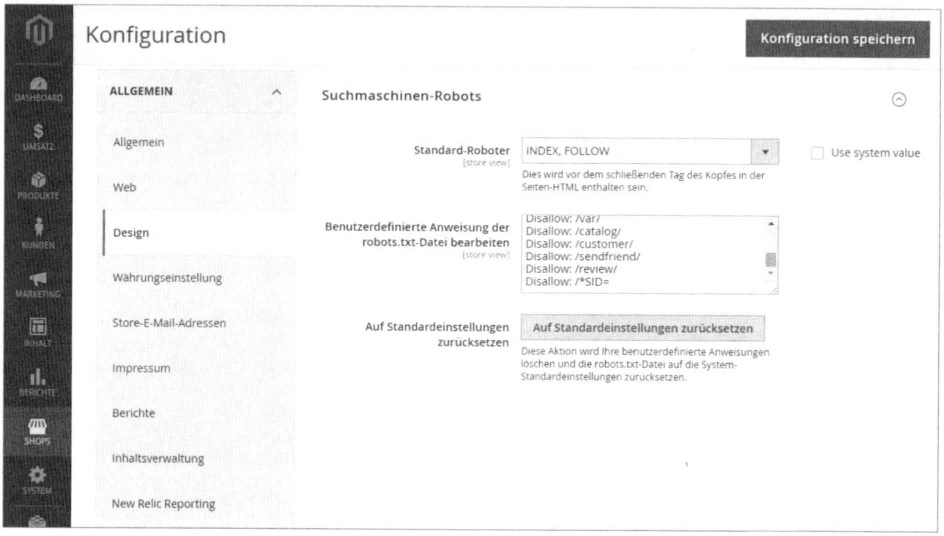

Abbildung 10.40 Die »robots.txt« lässt sich über das Backend konfigurieren.

10.6 Fazit und Ausblick

In Sachen Marketingfunktionen, ich hoffe, das ist Ihnen in diesem Kapitel bewusst geworden, muss sich Magento definitiv nicht vor anderen Lösungen verstecken. Die Möglichkeiten, Umsätze und Verkaufszahlen zu steigern, sind enorm, und Magento unterstützt Sie in vielen Bereichen, angefangen bei der Darstellung von Produkten auf der Startseite bzw. weiteren CMS-Seiten über die Definition von Preisregeln für Rabatte bis hin zu speziellen Konfigurationsmöglichkeiten zur organischen Suchmaschinenoptimierung. Die Basis, die Ihnen Magento bietet, ist wirklich enorm und sollte einen Großteil Ihrer Anforderungen bereits im Standard abbilden.

Nachdem Sie ganz tief ins Thema Marketing eingetaucht sind, möchte ich Ihnen im nächsten Kapitel, zugegebenermaßen ist dies ein harter Schnitt, die Funktionen und Möglichkeiten im Bereich Content-Management vorstellen. Denn rein mit Produkten und Kategorien ist es nicht getan, als Shop-Betreiber müssen und wollen Sie Ihren Besuchern und Kunden sicherlich auch nützliche und hilfreiche Informationen bereitstellen, ganz getreu dem Motto »Content is king«.

Kapitel 11
Content Management mit Magento

Auch wenn Magento in erster Linie eine E-Commerce-Lösung ist, so beinhaltet die Software darüber hinaus wichtige und nützliche Funktionen aus dem Bereich des Content Managements. Eine Übersicht und Details zu genau diesen Funktionen erhalten Sie in diesem Kapitel.

Ganz egal, wie Ihr auf Magento basierender Online-Shop später im Detail aussehen wird, in der Regel werden Sie, neben den klassischen E-Commerce-Bereichen wie Kategorien und Produkte auch Inhalte abbilden. Mit »Inhalte« meine ich an dieser Stelle nicht nur die bekannten Seiten wie das Impressum, die AGB oder Datenschutzerklärung. FAQs, sprich eine oder mehrere Seiten mit den häufig gestellten Fragen samt Antworten, ein ausgedehnter »Über Uns«-Bereich und gegebenenfalls News gehören mittlerweile zum Standard eines jeden Online-Shops. Gerade wenn Sie etwas über sich und Ihr Unternehmen erzählen, steigt oftmals bei den potenziellen Kunden das Vertrauen in Ihren Online-Shop. Vertrauen ist daher so wichtig, weil es maßgeblich zur Kaufentscheidung beiträgt. Potenzielle Kunden möchten vor dem Kaufabschluss ein gutes Gefühl haben und sich darin bestätigt fühlen, dass sie mit dem Kauf etwas Gutes tun. Dieses Gefühl erzeugen Sie natürlich auch selbst mit dem Produkt, aber auch das Drumherum spielt eine wichtige Rolle. Wenn ein Besucher sieht, welche Personen bzw. welches Unternehmen hinter dem Online-Shop steht, wie lange der Online-Shop bereits existiert und was den Online-Shop auszeichnet, sprich, warum ein Kunde das Produkt ausgerechnet in diesem Online-Shop bestellen soll, steigt meistens das Vertrauen, und Sie erhalten die Bestellung.

Daraus ergeben sich zwei Anforderungen: Zum einen muss die E-Commerce-Lösung, sprich Magento, in der Lage sein, neben Produkten und Kategorien mit Inhalten umzugehen, diese darzustellen und mittels Oberfläche pflegbar zu machen. Zum anderen müssen Sie als Online-Shop-Betreiber entsprechende Inhalte produzieren, die zum Teil sehr statisch sind wie die Unternehmenshistorie, aber auch enorm dynamisch sein können wie bei einem News-Bereich. Daraus resultiert für Sie noch mehr Arbeit, als Sie vermutlich kalkuliert haben. Denn im E-Commerce ist es mit der Pflege des Produktsortiments nicht getan. Inhalte werden immer wichtiger, und speziell im Hinblick auf die organische Suchmaschinenoptimierung (SEO, Search Engine Optimization), sollten Sie wenn möglich sehr stark in das Thema Content eintauchen.

Zum Glück kann Sie Magento in diesem Bereich, zumindest technisch betrachtet, gut unterstützen.

Magento bietet von Haus aus verschiedenste Möglichkeiten, unterschiedliche Arten von Inhalten zu verwalten. Im Prinzip enthält Magento ein vollständiges und recht umfangreiches Content-Management-System, das sich auch im direkten Vergleich mit gewissen CMS-Lösungen nicht verstecken muss. Dass der Fokus jedoch primär auf den E-Commerce-relevanten Themen liegt, muss man an dieser Stelle auch nicht verschweigen, wird an der einen oder anderen Stelle sichtbar. Daraus resultieren gewisse Eigenheiten, die Sie bei der Pflege der Inhalte berücksichtigen müssen.

Im folgenden Kapitel werden Sie gemeinsam mit mir ganz tief in das Thema Content Management mit Magento einsteigen. Ich werde Ihnen so praxisnah wie möglich die verschiedenen Funktionen und Möglichkeiten zeigen und Ihnen an der einen oder anderen Stelle nützliche Tipps geben, wie Sie mit den Eigenheiten von Magento umgehen können und worin die Stärken und Schwächen des Magento-Content-Management-Systems liegen.

11.1 Benutzerdefinierte Variablen anlegen und nutzen

Schauen Sie sich im ersten Schritt eine recht einfache Inhaltsart an, um langsam in das Thema Content Management mit Magento einzusteigen. In Magento haben Sie die Möglichkeit, sogenannte Variablen zu definieren. Eine Variable hat immer einen Namen sowie einen Inhalt und kann später an verschiedenen Stellen im System aufgerufen werden. Variablen eignen sich immer hervorragend, wenn Sie an mehreren Stellen im System dieselbe Information ausgeben wollen. Stellen Sie sich vor, Sie haben 20 Seiten in Ihrem System angelegt, und auf jeder Seite verweisen Sie auf eine Telefonnummer und E-Mail-Adresse. Ändert sich zu einem späteren Zeitpunkt die E-Mail-Adresse oder Telefonnummer, müssten Sie 20 Seiten anpassen und überall die Änderungen einpflegen. Zugegebenermaßen wäre der administrative Aufwand bei 20 Seiten noch recht überschaubar, wenn Sie aber weitaus mehr Seiten bzw. Stellen haben, an denen die Information vorkommt, haben, wäre der Pflegeaufwand letztendlich umso höher. Um Ihnen diesen Pflegeaufwand zu ersparen, unterstützt Magento Variablen. In diesem Fall könnten Sie initial zwei Variablen definieren, eine für die E-Mail-Adresse und eine für die Telefonnummer. Innerhalb der angelegten Seiten würden Sie daraufhin nicht die E-Mail-Adresse bzw. Telefonnummer hinterlegen, sondern die Variable. Ergeben sich zu einem späteren Zeitpunkt Änderungen bei der Telefonnummer bzw. E-Mail-Adresse, müssen Sie nur den Inhalt beider Variablen ändern, nicht aber die Seiten, auf denen die Variablen eingebunden sind. Im Endeffekt können Sie also Inhalte zentral pflegen und verwalten und an Stellen, an denen die Inhalte eingebunden werden sollen, jeweils auf die entsprechende Variable verweisen. In der Praxis handelt es sich dabei um ein Feature, das, aus welchen Gründen auch immer, recht ungern genutzt wird. Oftmals liegt es am fehlenden Wissen bzw. Verständnis, denn Sie können natürlich Seiten auch ganz ohne Variablen erstellen. Variablen sind nützlich und können genutzt werden, müssen es aber nicht.

11.1.1 Eine neue Variable erstellen

Genug der grauen Theorie! Melden Sie sich bitte mit Ihren persönlichen Zugangsdaten am Magento-Backend an.

Variablen können an verschiedensten Stellen eingebunden werden

Wie Sie zum Teil noch im Laufe des Kapitels sehen werden, können Variablen an den verschiedensten Stellen in Magento eingebunden werden. Die Nutzung beschränkt sich nicht auf Blöcke und Seiten. Theoretisch können Variablen auch in Templates oder Transaktions-E-Mails genutzt werden. Die Nutzung ist in diesen Fällen zwar mit etwas Entwicklungsaufwand verbunden, jedoch problemlos machbar. Bei Blöcken und Seiten können Sie hingegen Variablen per Knopfdruck einfügen.

Sobald Sie im Backend angemeldet sind, klicken Sie auf SYSTEM • ANDERE EINSTELLUNGEN • BENUTZERDEFINIERTE VARIABLEN. Magento wird Ihnen daraufhin eine leere Tabelle anzeigen, da im Standard keine benutzerdefinierten Variablen im System vorhanden sind. Es ist daher vollkommen normal und in Ordnung, wenn Sie an dieser Stelle eine leere Tabelle sehen. Klicken Sie, um eine neue Variable anzulegen, auf den Button NEUE VARIABLE HINZUFÜGEN. Sie werden daraufhin zu einer neuen Ansicht geleitet, die alle Eingabefelder für die Anlage einer benutzerdefinierten Variable enthält. Sie sollten daher dieselbe Ansicht wie in Abbildung 11.1 haben.

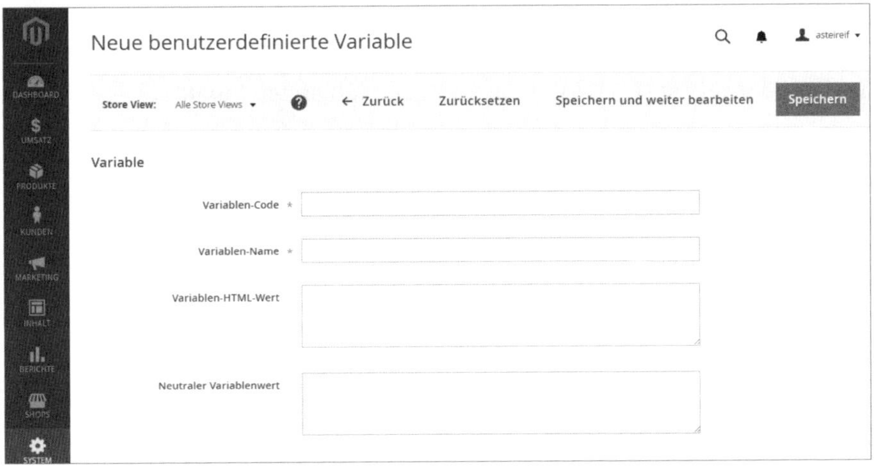

Abbildung 11.1 Bei der Anlage einer neuen Variable müssen Sie verschiedenste Informationen hinterlegen, unter anderem einen Code.

An dieser Stelle werde ich direkt ein Beispiel heranziehen und die Variable dafür nutzen, die Öffnungszeiten des Kundensupports zu hinterlegen. Denn die Öffnungszeiten werde ich an vielen Stellen innerhalb des Shops darstellen, ich weiß aber nicht, ob die Zeiten in naher Zukunft nicht ausgedehnt werden.

Um die Variable anzulegen, müssen Sie nur die vier dargestellten Eingabefelder ausfüllen. Magento benötigt zuerst den VARIABLEN-CODE, hierbei handelt es sich um das erste Eingabefeld. Der Variablen-Code ist eine eindeutige Bezeichnung, über den die Variable angesprochen werden kann. Letztendlich müssen Sie, wenn Sie später die Variable nutzen wollen, mit einem Identifier auf die Variable verweisen, und dies erfolgt über den Variablen-Code. Ich verwende, damit Sie ein Gefühl dafür bekommen, an dieser Stelle meist kleingeschriebene englische Bezeichnungen ohne Leerzeichen und Sonderzeichen, in diesem Fall den Wert »customer_support_opening_hours«, Sie können jedoch gern auch einen anderen Code hinterlegen. Im nächsten Feld müssen Sie einen Namen hinterlegen. Dieser wird später bei der Auswahl der Variable, beispielsweise in einem Block, ausgegeben. Dieser Name darf ruhig weniger kryptisch sein, zudem können Sie Sonderzeichen verwenden. An dieser Stelle verzichte ich zudem auf eine englische Benennung und hinterlege den Wert »Öffnungszeiten des Kundensupports«. Nachdem Sie Magento sowohl den Code als auch den Namen der Variable mitgeteilt haben, können Sie in den nächsten beiden Feldern den eigentlichen Inhalt hinterlegen. Ihnen stehen für den Inhalt zwei Felder zur Verfügung, wobei Sie beim ersten Feld Inhalt samt HTML-Formatierung hinterlegen können, während das zweite Feld nur einen Inhalt ohne HTML-Formatierung speichern kann. Magento zieht in der Regel immer den Inhalt inklusive HTML-Formatierung heran, würden Sie jedoch eine Variable in eine Transaktions-E-Mail einbinden und die E-Mail nicht im HTML-Format versendet werden, so würde der Variableninhalt exklusive HTML-Formatierung verwendet werden. Aus diesem Grund differenziert Magento und bietet Ihnen die Möglichkeit, den eigentlichen Inhalt in zwei Feldern zu hinterlegen, einmal mit und einmal ohne HTML-Formatierungen. Hinterlegen Sie im Feld VARIABLEN-HTML-WERT nun den folgenden Inhalt:

```
<b>Wir sind telefonisch erreichbar:</b>
<p>Montag bis Freitag von 08:00 bis 20:00 Uhr</p>
<br /><br />
<b>Schreiben Sie uns eine E-Mail:</b>
<a href=mailto:support@foodbaer.de>support@foodbaer.de</a>
```

Listing 11.1 Der Variableninhalt wird in diesem Beispiel samt HTML-Formatierung angegeben.

Auch wenn HTML für Sie ein neues Feld ist, werden Sie den Inhalt des Beispiels nachvollziehen können. Mittels des B-Tags wird ein Text fett formatiert, in der letzten

Zeile habe ich die angegebene E-Mail-Adresse direkt verlinkt, sodass der Nutzer nur auf den Link klicken muss und sich der E-Mail-Client automatisch öffnet. Im nächsten und letzten Feld namens NEUTRALER VARIABLENWERT hinterlegen Sie hingegen bitte folgenden Text:

```
Wir sind telefonisch erreichbar:
Montag bis Freitag von 08:00 bis 20:00 Uhr

Schreiben Sie uns eine E-Mail
support@foodbaer.de
```

Listing 11.2 Dieser Inhalt enthält keine HTML-Tags und kann daher im Feld »Neutraler Variablenwert« hinterlegt werden.

Bei diesem Text handelt es sich um denselben Inhalt wie zuvor, mit der Ausnahme, dass keine HTML-Formatierungen enthalten sind. Theoretisch könnten Sie auch einen komplett anderen Inhalt hinterlegen, z. B. mit anderen Öffnungszeiten, das würde jedoch die Logik der Variablen torpedieren. Denn es geht ja nicht um eine inhaltliche Differenzierung zwischen dem Inhalt mit bzw. ohne HTML-Formatierungen. Magento will Ihnen ausschließlich die Möglichkeit mit an die Hand geben, beide Fälle zu behandeln und gegebenenfalls einzugreifen. Sicherlich könnte Magento auch automatisiert die HTML-Formatierungen entfernen, würden Sie aber beispielsweise auf einen Link verweisen, würde dieser Verweis fehlen und der Text bzw. das Wort könnte inhaltlich keinen Sinn mehr ergeben. Speziell aus solchen Gründen haben Sie die Möglichkeit einzugreifen.

Klicken Sie, nachdem Sie die Eingabefelder ausgefüllt haben, auf den Button SPEICHERN, um die Variable zu speichern. Mit dieser letzten Aktion haben Sie Ihre erste benutzerdefinierte Variable erfolgreich angelegt, die ab sofort im System zur Nutzung zur Verfügung steht!

11.1.2 Vorhandene Variablen verwalten und editieren

Bevor ich Ihnen zeige, wie Sie Variablen einbinden können, möchte ich Ihnen zuerst der Vollständigkeit halber die Variablenverwaltung zeigen. Möchten Sie eine bestehende Variable editieren oder löschen, klicken Sie innerhalb des Magento-Backends bitte auf SYSTEM • BENUTZERDEFINIERTE VARIABLEN. Sie erhalten daraufhin eine Auflistung aller im System vorhandenen Variablen, wie Sie in Abbildung 11.2 sehen. Wenn Sie diesen Menüpunkt in Ihrem lokalen System aufrufen, werden Sie vermutlich genau wie ich einen Eintrag vorfinden. Es handelt sich um die soeben angelegte Variable, welche die Öffnungszeiten des Kundensupports beinhaltet.

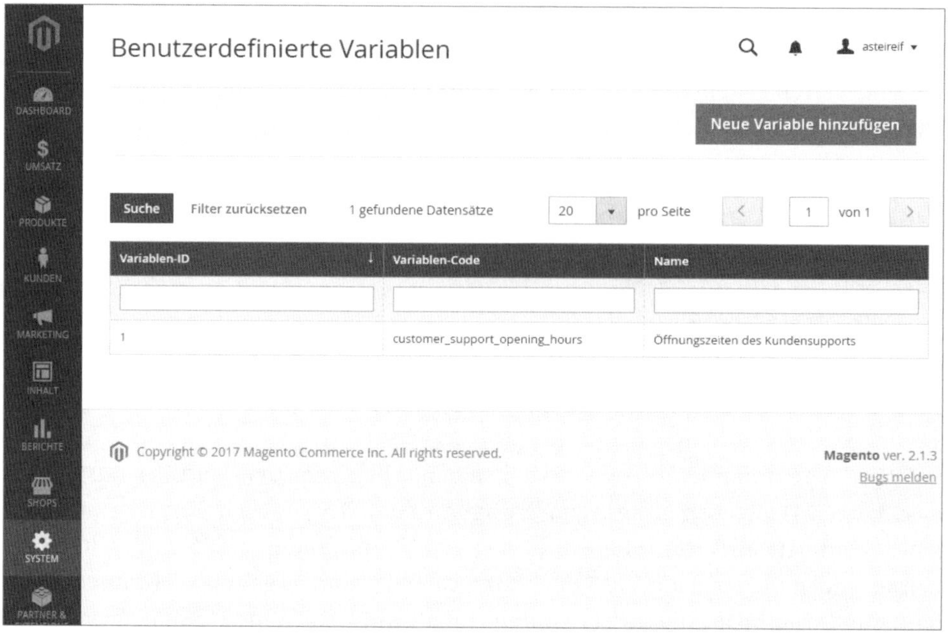

Abbildung 11.2 Magento bietet eine Ansicht, die alle vorhandenen Variablen auflistet.

Möchten Sie eine Variable ändern, klicken Sie einfach auf die Zeile der zu ändernden Variable. Daraufhin landen Sie bei der Änderungsmaske, die im Prinzip identisch mit derjenigen Ansicht ist, wenn Sie eine neue Variable erstellen. Innerhalb dieser Ansicht können Sie daraufhin alle Werte anpassen und ändern sowie die Variable löschen. Da diese Möglichkeiten relativ selbsterklärend sind, spare ich mir an dieser Stelle weitere Erklärungen, denn Sie werden aufgrund Ihres bereits gesammelten Wissens mit der Bearbeitungsmaske und den dort vorhandenen Möglichkeiten problemlos klarkommen.

11.1.3 Variablen schnell und einfach einbinden

Sie wissen nun, wie Sie eine neue Variable anlegen und wie Sie bestehende Variablen editieren bzw. löschen. Doch wie können Sie die Variablen in Seiten oder Blöcke einbinden und nutzen? Vorweg sei erwähnt, dass Sie Variablen nicht in Produktbeschreibungen oder Beschreibungstexten von Kategorien nutzen können. Zumindest ist das nicht out of the box möglich und würde einen gewissen Anpassungsaufwand erfordern. Aus diesem Grund möchte ich Ihnen die Einbindung von Variablen in Seiten zeigen, wodurch ich inhaltlich einen kurzen Sprung nach vorn machen muss. Lassen Sie sich davon nicht irritieren, denn wenn Sie das Kapitel zu Ende lesen, werden Sie alle Details rund um die Seiten erfahren und sehen, wie Sie diese anlegen und verwalten können. Sofern Sie nicht im Magento-Backend angemeldet sind, melden

Sie sich bitte mit Ihren persönlichen Zugangsdaten an, und klicken Sie auf INHALT • ELEMENTE • SEITEN. Wählen Sie anschließend die Seite »Home page« aus, bzw. klicken Sie auf BEARBEITEN. Die Seite, bei der es sich um die Startseite handelt, dürfte Ihnen bereits bekannt sein, denn hier haben Sie im vorherigen Kapitel bereits Widgets zur Ausgabe von Produkten angelegt. Scrollen Sie, nachdem Sie auf BEARBEITEN geklickt haben, zum Abschnitt INHALT. Magento wird Ihnen daraufhin den WYSIWYG-Editor, wie in Abbildung 11.3 zu sehen ist, anzeigen.

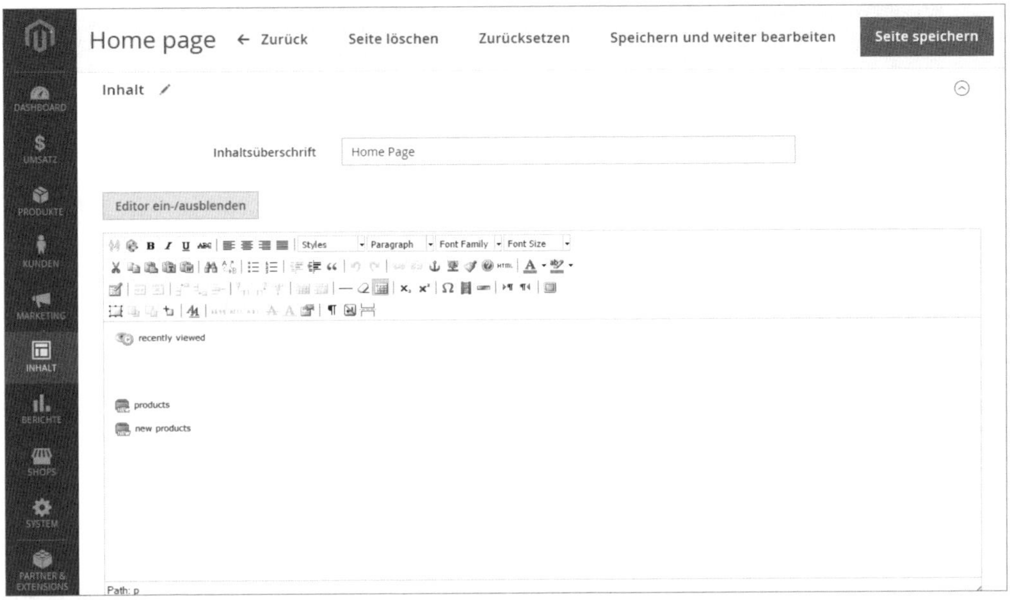

Abbildung 11.3 Mithilfe des WYSIWYG-Editors lassen sich spielend einfach Variablen einbinden.

Sollten Sie zwischenzeitlich die hinterlegen Widgets nicht gelöscht haben, werden Sie eine ähnliche Ansicht wie ich erhalten. Um nun eine Variable einzufügen, klicken Sie bitte in der ersten Zeile des WYSIWYG-Editors auf das erste Icon, woraufhin sich ein neues Menü wie in Abbildung 11.4 öffnet. Innerhalb dieses Menüs haben Sie nun die Möglichkeit, eine beliebige Variable auszuwählen.

Magento zeigt Ihnen zuerst die vom System vorgegebenen Variablen an. Auf diese haben Sie, abgesehen vom Inhalt, keinen Einfluss. Aus diesem Grund haben Sie diese Variablen vorhin auch nicht in der Übersichtsseite gesehen. Systemvariablen verweisen auf Systemkonfigurationseinstellungen wie beispielsweise die definierte Base-URL, hinterlegte Kontakt- und Adressdaten etc. Möchten Sie daher einen Wert als Variable abbilden, der sowieso innerhalb der Systemkonfiguration, die Sie bereits im Verlauf des Buches kennengelernt haben, gespeichert ist, müssen Sie hierfür keine benutzerdefinierte Variable anlegen, sondern können auf die Systemvariable zurückgreifen.

Abbildung 11.4 Magento differenziert zwischen benutzerdefinierten Variablen und Systemvariablen.

Im zweiten Abschnitt der Seite sehen Sie zudem die von Ihnen angelegten Variablen. Leider gibt es aktuell im deutschen Sprachpaket noch einen technischen Fehler, wodurch der von Ihnen definierte Variablenname nicht ausgelesen wird. Sie erhalten an dieser Stelle als Ausgabe nur 1 %, daher sehen Sie, speziell wenn Sie mehrere Variablen angelegt haben, nicht, um welche Variable es sich handelt. Es bleibt zu hoffen, dass dieser Fehler schnellstmöglich behoben wird, es kann auch gut sein, dass dieser Fehler zu dem Zeitpunkt, zu dem Sie dieses Buch in den Händen halten, bereits gelöst wurde. Lassen Sie sich hiervon nun aber nicht irritieren, und wählen Sie den einzigen Eintrag im Punkt BENUTZERDEFINIERTE VARIABLEN aus. Magento fügt daraufhin

```
{{customVar code=customer_support_opening_hours}}
```

in den WYSIWYG-Editor ein.

Sie müssen, das ist zumindest an dieser Stelle meine Meinung, nicht programmieren können, um dieses Snippet zu verstehen. Den vorderen und hinteren Teil müssen Sie an dieser Stelle einfach blind akzeptieren, interessant ist für Sie letztendlich der Teil, der nach dem Gleichheitszeichen folgt. Denn hier wird auf den Variablen-Code verwiesen. Magento nutzt den von Ihnen definierten Ausdruck CUSTOMER_SUPPORT_OPENING_HOURS, um die Variable anzusprechen und den Inhalt zu laden. Da dieser Code recht einfach aufgebaut ist, können Sie ihn theoretisch auch ohne WYSIWYG-Editor einfügen. Letztendlich müssen Sie nur den Teil mit dem Variablen-Code tauschen und anpassen, um auf eine andere Variable zu verweisen. Selbstverständlich können Sie aber auch bei dem komfortablen und grafischen Weg mittels WYSIWYG-Editor bleiben.

Speichern Sie jetzt bitte die Seite, und wechseln Sie ins Frontend. Magento wird nun, je nachdem an welcher Stelle innerhalb des Inhalts Sie die Variable eingefügt haben, den hinterlegten Variableninhalt ausgeben. Da innerhalb des CMS problemlos HTML im Frontend ausgegeben werden kann, nutzt Magento den Inhalt, den Sie samt HTML-Formatierung definiert haben. Das Ergebnis wird bei Ihnen ähnlich wie bei mir in Abbildung 11.5 aussehen.

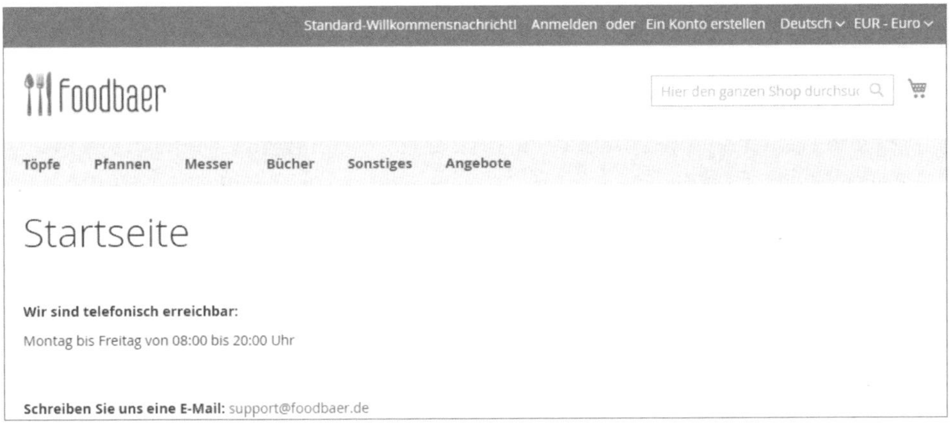

Abbildung 11.5 Nach der Einbindung der Variable im Backend wird im Frontend der entsprechende Inhalt ausgegeben.

Wie Sie sehen konnten, können Sie relativ schnell und einfach Variablen nutzen und einbinden. Wofür Sie später die Variablen benutzen, überlasse ich Ihrer Kreativität. Sie können wie ich in meinem Beispiel Öffnungszeiten bzw. weiterführende Informationen speichern. Jedoch könnten Sie theoretisch auch auf Bilder oder Videos verweisen oder relevante HTML-Codes hinterlegen, die an anderen Stellen genutzt werden sollen. Auch habe ich in der Praxis schon gesehen, dass gewisse Farbcodes, die später im Frontend verwendet wurden, in Variablen abgelegt waren. Einschränkungen bei der Nutzung gibt es so gut wie nicht, seien Sie daher ruhig kreativ, und überlegen Sie sich, ob und wie Sie dieses Feature von Magento am besten in Ihrem Online-Shop nutzen können.

11.2 Blöcke anlegen und integrieren

Mit den sogenannten Blöcken steht in Magento eine weitere Art Content-Typ zur Verfügung, den Sie beim Aufbau Ihres Content-Bereichs nutzen können. Blöcke haben vom Prinzip gewisse Ähnlichkeiten mit den Variablen, daher möchte ich in das

Thema bewusst nach dem Abschnitt über Variablen einführen. Bei einem Block handelt es sich nicht um einen Inhalt, den Sie direkt per URL aufrufen können. Ähnlich wie eine Variable ist ein Block ein Datensatz, der primär dafür benötigt wird, um einen Inhalt zu speichern. Dieser Inhalt kann wiederum auf beliebigen Seiten, innerhalb der Templates oder in einer Transaktions-E-Mail aufgerufen werden. Im Gegensatz zu einer Variable ist der statische Block jedoch nicht dafür konzipiert, eine oder wenige Informationen in Textform bzw. mit sehr abgespeckten HTML-Formatierungen zu speichern. Ein Block kann recht umfangreiche HTML-Strukturen beinhalten oder einen sehr langen Fließtext speichern. Man könnte daher sagen, Blöcke sind die logische Weiterentwicklung der Variablen. Das Grundkonzept ist identisch, die Möglichkeiten bei den Blöcken sind aber wesentlich ausgeprägter und umfangreicher.

Blöcke werden bevorzugt in Templates genutzt

Magento-Frontend-Entwickler nutzen bei der Realisierung von Templates, sprich Designs für das Frontend, gern die Blöcke und lagern in diese Inhalte aus. Nutzt ein Frontend-Entwickler beispielsweise für den Footer einen Block und hinterlegt im Block den Inhalt des Footers, so kann dieser Inhalt problemlos durch den Shop-Betreiber angepasst und erweitert werden, ohne dass am eigentlichen Template Änderungen vorgenommen werden müssen. Möchten Sie daher, unabhängig vom eigentlichen Inhalt, gewisse Bereiche, die speziell durch das Template geprägt werden, ändern, so sollten diese Bereiche und Inhalte in Blöcke ausgelagert werden.

Welche Möglichkeiten und Funktionen Ihnen bei den statischen Blöcken zur Verfügung stehen und wie Sie einen Block in das Frontend integrieren, erfahren Sie im folgenden Abschnitt.

11.2.1 Einen neuen Block erstellen

Da Sie einen Block innerhalb des Backends erstellen, müssen Sie sich im ersten Schritt mit Ihren persönlichen Zugangsdaten am Magento-Backend anmelden. Nachdem Sie sich erfolgreich angemeldet haben, klicken Sie bitte auf INHALT • ELEMENTE • BLÖCKE. Genau wie bei den Variablen wird Ihnen Magento eine Tabelle anzeigen, die jedoch komplett leer ist. Im Standard gibt es in Magento kei7ne bereits angelegten Blöcke, weshalb es an dieser Stelle vollkommen normal ist, dass keine Datensätze gefunden werden. Ignorieren Sie daher die Tabelle in diesem Moment, und klicken Sie auf den Button NEUEN BLOCK HINZUFÜGEN. Magento leitet Sie anschließend zu einer neuen Ansicht weiter. Bei dieser Ansicht handelt es sich um die Eingabemaske, mit deren Hilfe Sie den Inhalt des Blocks hinterlegen können.

An dieser Stelle möchte ich wie bei den Variablen ein konkretes Beispiel für die Anlage des Blocks heranziehen. Da ich an diversen Stellen innerhalb des Frontends gern eine Werbeaktion bestehend aus Werbebanner und Text darstellen und diese Aktion nicht auf jeder Seite einzeln pflegen möchte, soll mein Block Informationen zur Werbeaktion enthalten. Folgen Sie mir, um die Funktionsweise der Blöcke zu verstehen, daher einfach in diesem Beispiel, Abwandlungen können Sie aber natürlich gern immer und zu jeder Zeit vornehmen und Ihrer Kreativität freien Lauf lassen.

Zuallererst können Sie definieren, ob der Block aktiviert bzw. deaktiviert ist. Sie sehen das entsprechende Eingabefeld in Abbildung 11.6 direkt am oberen Bildschirmrand.

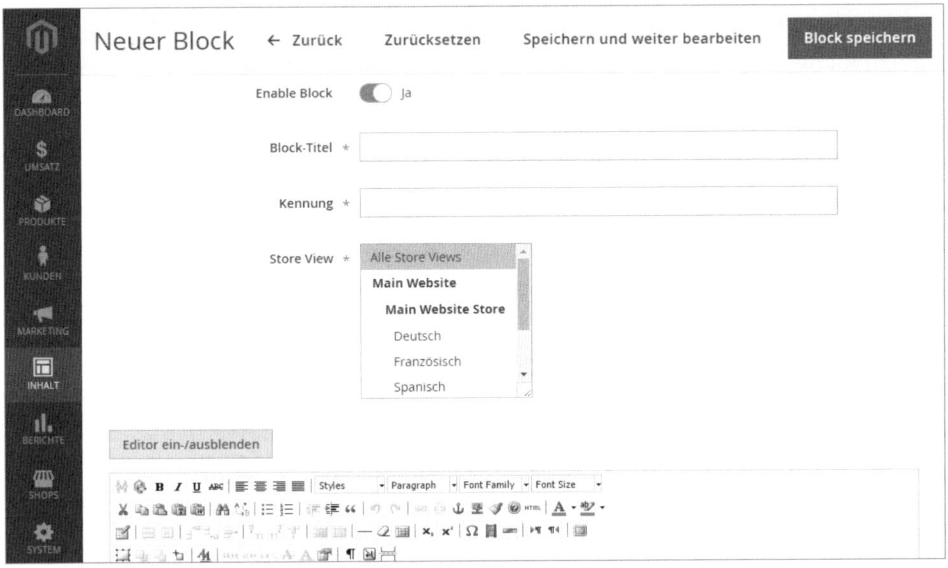

Abbildung 11.6 Im ersten Schritt müssen Sie bei einem Block definieren, ob dieser aktiv oder inaktiv ist.

Sobald Sie einen Block als deaktiviert definieren, können Sie ihn zwar weiterhin einbinden, es wird jedoch keine Ausgabe erfolgen. Sprich, der Block ist weiterhin im System vorhanden, das Frontend wird ihn jedoch ignorieren. Belassen Sie daher in diesem Moment die Option ENABLE BLOCK auf JA. Als Nächstes müssen Sie dem Block einen Namen geben, hierfür steht Ihnen das Feld BLOCK-TITEL zur Verfügung. Der Name wird innerhalb des Frontends nicht kommuniziert, daher können Sie an dieser Stelle irgendeine beliebige Bezeichnung für diesen Block wählen. Auch sind Sie bezüglich der Zeichen nicht wirklich eingeschränkt, Sonder- und Leerzeichen stehen zur Verfügung. Ich wähle als Inhalt für den Block-Titel die Bezeichnung »Werbeaktion Neukunden 2017«. Ähnlich wie bei einer Variable wird später der Block nicht über den Namen oder eine kryptische ID, sondern anhand einer selbst definierten Kennung angesprochen und eingebunden. Diese Kennzeichnung hinterlegen Sie im nächsten Feld KENNUNG. An dieser Stelle müssen Sie mit Sonderzeichen etwas vorsichtiger sein. Meine Empfehlung, jedenfalls gehe ich immer so vor, ist die Verwendung von kleingeschriebenen und durch Bindestriche getrennten englischsprachigen Bezeichnungen. In diesem Fall hinterlege ich die Kennung »sales-campaign-new-customers-2017«. In der Praxis kommt es häufiger vor, dass in Magento-Systemen recht viele Blöcke vorhanden sind, zum Teil einige Hundert. Um den Überblick zu behalten, ist es sinnvoll, als erstes Wort eine Art Kennung zu definieren, worum es sich bei diesem Block handelt. In meinem Fall eine »sales-campaign«. Würden Sie hingegen einen Block anlegen, der für Inhalte im Footer verantwortlich ist, würde ich als erstes Wort »footer« wählen. Sie können an dieser Stelle jedoch auch gern ein eigenes System etablieren, letztendlich ist es nur wichtig, später mit der Vielzahl der Einträge zurechtzukommen und den Überblick zu bewahren. Haben Sie die Kennung hinterlegt, müssen Sie definieren für welche Store Views, also Sprachen, der Block verfügbar sein soll. In Abbildung 11.6 sehen Sie beispielsweise mehrere Einträge, Sie dürften zum jetzigen Zeitpunkt ausschließlich einen haben. Wenn Sie später mehrere Sprachen in Ihrem Frontend aktivieren, müssen Sie einem Block immer mitteilen, in welchem Store View er angezeigt werden darf. Angenommen, ich habe 10 Sprachen, sprich 10 Store Views, und möchte meinen Block »Werbeaktion Neukunden 2017« in jeder Sprache ausgeben. Dann muss ich 10 Blöcke anlegen, jeweils mit derselben Kennung sales-campaign-new-customers-2017 und jedem dieser 10 Blöcke jeweils seinen entsprechenden Store View zuweisen. Magento wird dann im Frontend, sobald ein Block geladen werden soll, immer prüfen, in welchem Store View sich Magento befindet und welcher Block in diesem Store View ausgegeben werden soll. Mir ist bewusst, dass Ihnen zur jetzigen Zeit das Backgroundwissen zur Multistore-Fähigkeit von Magento fehlt. Das ist an dieser Stelle aber auch gar nicht so schlimm, denn ich werde Ihnen in Kapitel 17, »Magento-Multistore-Funktionalität konfigurieren und nutzen«, eine recht ausführliche Einführung in dieses Thema geben. Wählen Sie daher an dieser Stelle einfach den einzig in Ihrem System vorhandenen Eintrag bzw. den Eintrag ALLE STORE VIEWS aus.

Last, but not least haben Sie bei der letzten Option die Möglichkeit, Inhalt zu hinterlegen. Aktuell hat der Block nur einen Namen, eine Kennung und weiß, zu welchem Store View er gehört. Damit später im Frontend eine Ausgabe stattfinden kann, müssen Sie jetzt noch einen Inhalt hinterlegen. Magento stellt Ihnen hierzu den bereits bekannten WYSIWYG-Editor zur Verfügung. Innerhalb des WYSIWYG-Editors stehen Ihnen alle Möglichkeiten zur Verfügung, Sie können selbst Widgets integrieren. Denken Sie dabei an die Widgets, die Sie im letzten Kapitel direkt auf der Startseite eingefügt haben. Theoretisch können Sie diese Widgets auch in einen Block einfügen. Neben dem Zugriff auf Widgets können Sie zudem Variablen hinzufügen sowie auf alle erdenklichen Formatierungsmöglichkeiten zurückgreifen. Ich vergleiche den WYSIWYG-Editor immer gern mit Microsoft Word. Viele der Symbole sind recht selbsterklärend, ansonsten können Sie sich an dieser Stelle aber auch gern im Trial-and-Error-Modus durch die verschiedenen Möglichkeiten des Editors klicken.

Ein Block, der ein Widget enthält, das den Block aufruft ...

In Magento existiert ein Widget, das einen Block aufrufen und darstellen kann. Das ist äußerst praktisch, denn so können Sie ohne Programmierkenntnisse in Seiten oder eben in Blöcken bereits angelegte Blöcke laden. Es kommt häufig die Frage auf, ob in einem Block ein Widget integriert werden kann, das den aktuellen Block lädt. Das wäre sozusagen eine Endlosschleife per excellence. Magento hat diese Möglichkeit tatsächlich bereits im Vorfeld berücksichtigt und fängt diesen Fehler direkt ab. Sie können also keine Endlosschleife erzeugen. Ich muss zugeben, auch ich bin auf die Idee gekommen und habe es getestet und war gespannt, ob Magento an dieses Szenario gedacht hat ...

Wie angekündigt, möchte ich diesen Block nutzen, um eine Werbeaktion abzubilden. Aus diesem Grund füge ich eine schöne Grafik mit etwas Text darunter ein. Abgerundet wird der Inhalt durch einen Button, der auf die Kategorie »Angebote« verweist. Als Endergebnis sieht mein Inhalt daher wie in Abbildung 11.7 aus.

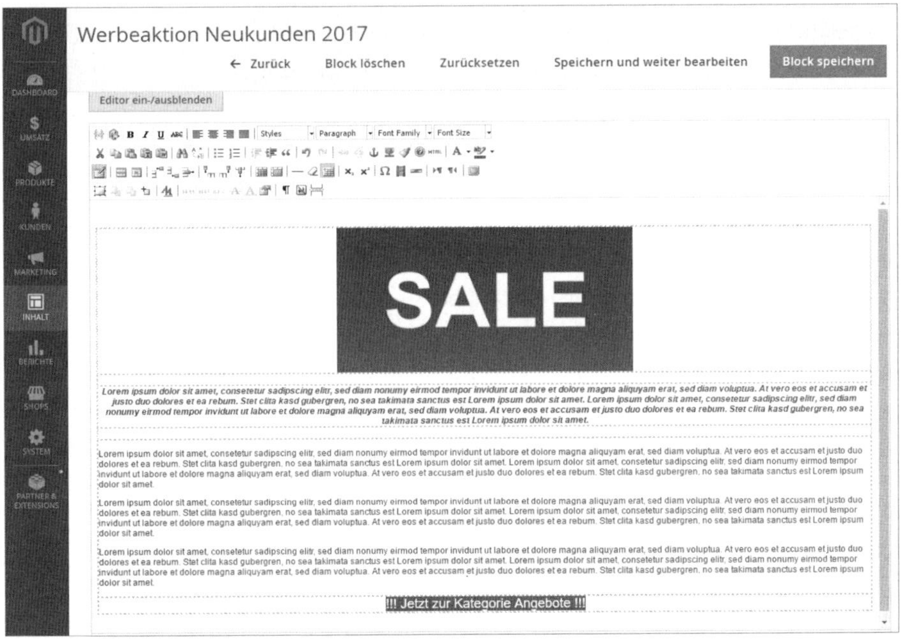

Abbildung 11.7 Der Inhalt eines statischen Blocks lässt sich recht frei und ohne größere Einschränkungen definieren.

Nachdem Sie alle Eingabefelder entsprechend ausgefüllt haben, wobei Sie an dieser Stelle auch anderen Content hinterlegen können, klicken Sie auf den Button BLOCK SPEICHERN. Damit haben Sie Ihren ersten Block angelegt und erfolgreich gespeichert!

11.2.2 Vorhandene Blöcke verwalten

An dieser Stelle werde ich Ihnen relativ wenig Neues berichten können, dafür kennen Sie das Magento-System zum jetzigen Zeitpunkt schon zu gut. Wenn Sie bestehende Blöcke editieren oder auch löschen möchten, können Sie dies tun, indem Sie den Link INHALT • ELEMENTE • BLÖCKE aufrufen. Magento zeigt Ihnen daraufhin eine Liste mit allen existenten Blöcken an. Sie können einen Block auswählen und werden zur Bearbeitungsmaske geleitet. In dieser Maske können Sie alle hinterlegten Informationen editieren oder den gesamten Block löschen. Diese Vorgehensweise und Funktionen kennen Sie bereits von den Variablen, bei den Blöcken gibt es hierbei keine Besonderheiten, die Sie berücksichtigen müssen.

11.2.3 Blöcke im Frontend einbinden

Wie eingangs erwähnt, können Sie einen Block nicht einfach per URL aufrufen. Ein Block kann nur innerhalb einer Seite oder Kategorie dargestellt werden. Dementsprechend haben Sie auch diese zwei Möglichkeiten, um einen Block zu laden. Interessant ist speziell die Möglichkeit, einen Block relativ einfach innerhalb einer Kategorie einzubinden, daher werde ich Ihnen zuallererst diese Option zeigen.

Klicken Sie im Backend auf PRODUKTE • KATEGORIENAMEN, und wählen Sie in dem jetzt dargestellt Kategorie-Baum die Kategorie ANGEBOTE aus. Wenn Sie dies getan haben, scrollen Sie zum Abschnitt ANZEIGEEINSTELLUNGEN und öffnen diesen, indem Sie auf den Namen bzw. Bereich klicken. Sehen Sie die Optionen des Bereichs, wählen Sie bei DISPLAY MODE bitte die Option STATISCHE BLÖCKE UND PRODUKTE aus. Nachdem Sie die Auswahl getroffen haben, scrollen Sie etwas nach oben, bis Sie zum Abschnitt INHALT gelangen. Sollte dieser nicht geöffnet sein, öffnen Sie ihn, und scrollen Sie daraufhin zur Option ADD CMS BLOCK. Mithilfe des Dropdown-Menüs können Sie anschließend den soeben von Ihnen erstellten Block auswählen, was Sie an dieser Stelle bitte tun. Speichern Sie daraufhin die Kategorie-Einstellungen, und wechseln Sie ins Frontend. Wenn Sie, im Frontend angekommen, nun die Kategorie »Angebote« auswählen, werden Sie im oberen Bereich sofort den von Ihnen angelegten Block sehen. Sie müssten daher eine ähnliche Darstellung wie in Abbildung 11.8 vorfinden. Zugegebenermaßen enthält der Block relativ viel Text, weswegen Sie in der Abbildung auch die Produkte nicht sehen, diese sind jedoch vorhanden und werden am unteren Ende des Blocks ausgegeben. Wie Sie daher sehen, sollten Sie es mit dem Inhalt eines Blocks nicht übertreiben, wenn Sie diesen innerhalb einer Kategorie darstellen möchten.

Der Vorteil eines Blocks liegt, speziell bei diesem Beispiel, auf der Hand. Wenn Sie in vielen Kategorien die Werbeaktion darstellen möchten, so müssen Sie immer nur auf den Block verweisen. Ändert sich der Inhalt oder die Grafik, können Sie diese Änderungen zentral und einmalig im Block selbst vornehmen, müssen aber nicht die ganzen Stellen anfassen, an denen der Block inkludiert wurde. Ein Block ermöglicht daher die zentrale Pflege eines Inhalts, der an vielen verschiedenen Stellen im System beliebig oft eingebunden und dargestellt werden kann.

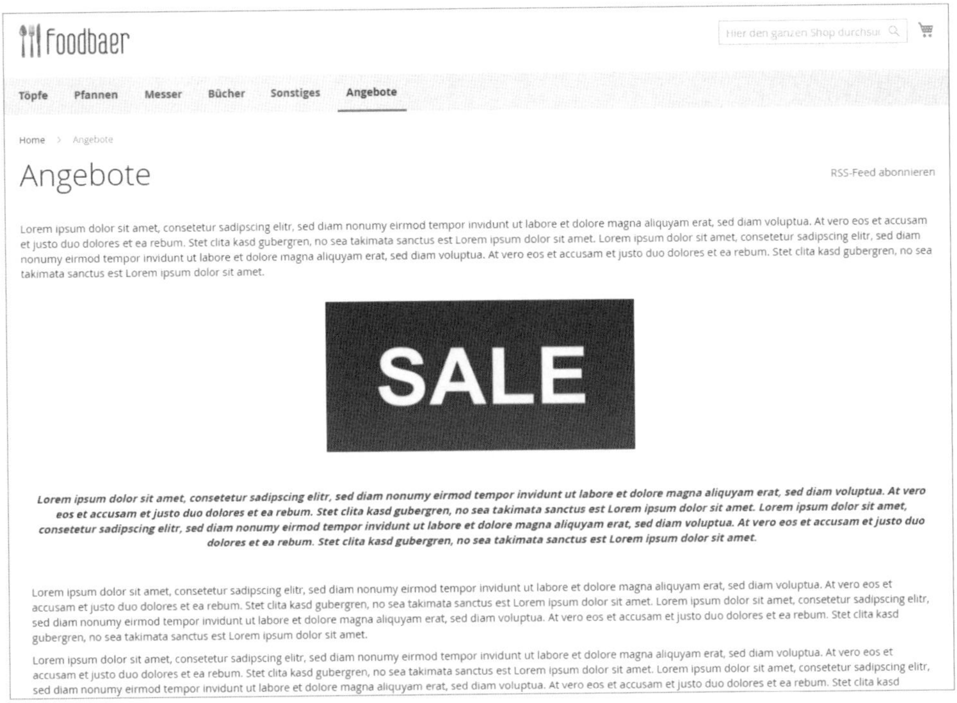

Abbildung 11.8 Ein Block kann problemlos in einer Kategorie dargestellt werden.

Abgesehen von Kategorien, können Sie Blöcke auch problemlos in Seiten einbinden. Rufen Sie innerhalb des Backends den Menüpunkt INHALT • ELEMENTE • SEITEN auf. Wie auch bei den Variablen wählen Sie in der Auflistung aller Seiten bitte die Startseite aus, und scrollen Sie anschließend bis zum Abschnitt INHALT. Sie sehen wiederum den WYSIWYG-Editor, den Sie jetzt sicherlich aus dem Effeff beherrschen. Um innerhalb einer Seite einen Block einzufügen, müssen Sie ein Widget nutzen. Klicken Sie daher in der ersten Reihe des WYSIWYG-Editors auf den zweiten Button, mit dessen Hilfe Sie Widgets einfügen können. Daraufhin öffnet sich eine neue Ansicht, in der Sie den Widget-Typ auswählen müssen. Wählen Sie aus dem Dropdown-Menü den Eintrag STATISCHER CMS-BLOCK aus. Ihnen ist bestimmt schon aufgefallen, dass die Übersetzung der Blöcke je nach Ansicht ein wenig schwankt. In manchen Ansichten spricht Magento von Blöcken, in anderen wieder von statischen Blöcken. In Magento 1 wurde das Feature konsequent mit »statische Blöcke« übersetzt, in Magento hat sich jedoch der Begriff »Blöcke« etabliert. Egal, wie das Feature auch in den jeweiligen Ansichten übersetzt ist, gemeint ist immer dieselbe Funktionalität.

Da für diesen Widget-Typ nur eine Vorlage vorhanden ist, können Sie bei den Vorlagen, hierbei handelt es sich um das nächste Feld, keine Änderungen oder Anpassungen vornehmen. Dafür können und müssen Sie jetzt den Block auswählen, wofür Sie bitte auf den Button BLOCK WÄHLEN... klicken. Magento zeigt Ihnen daraufhin alle im System vorhandenen Blöcke an, wie Sie in Abbildung 11.9 sehen.

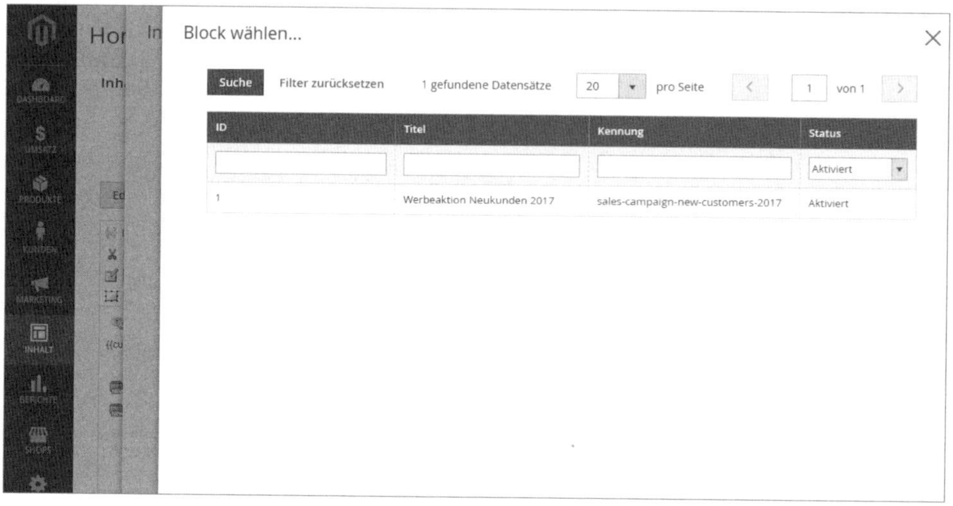

Abbildung 11.9 Beim Widget »Statischer CMS-Block« können Sie mittels grafischer Oberfläche den gewünschten Block auswählen.

Da Sie vermutlich genau wie ich nur einen Block angelegt haben, fällt die Auswahl an dieser Stelle einfach. Wählen Sie den einzig vorhandenen Eintrag aus, und klicken Sie anschließend auf WIDGET EINFÜGEN. Ist dies erledigt, landen Sie wieder im WYSIWYG-Editor der ausgewählten Seite. Speichern Sie die Seite ab, und wechseln Sie ins Frontend. Rufen Sie die Home page auf, werden Sie anschließend, je nachdem an welcher Stelle Sie den Block eingefügt haben, die Ausgabe des Blocks direkt auf der Startseite sehen. Bei mir ist beispielsweise der Block recht weit oben inkludiert, wie Sie in Abbildung 11.10 sehen können. Sie haben jedoch die Möglichkeit und die Wahl, den Block an jeder beliebigen Stelle in der Seite einzubinden und darzustellen.

Neben der Möglichkeit, Blöcke in Seiten und Kategorien einzubinden, das hatte ich bereits in einem Nebensatz erwähnt, können Blöcke zudem direkt in Templates oder auch in Transaktions-E-Mails geladen werden. Dadurch ist der Nutzen nochmals höher, und Ihnen stehen noch mehr Szenarien zur Verfügung, bei denen die Nutzung von Blöcken sinnvoll ist. Speziell bei den Templates und Transaktions-E-Mails müssen Sie jedoch ganz tief auf die technische Ebene herabsteigen, weswegen ich Ihnen Details an dieser Stelle erspare. In Summe handelt es sich bei den Blöcken um eine wirklich nützliche und durchdachte Funktionalität, die Sie definitiv nutzen sollten.

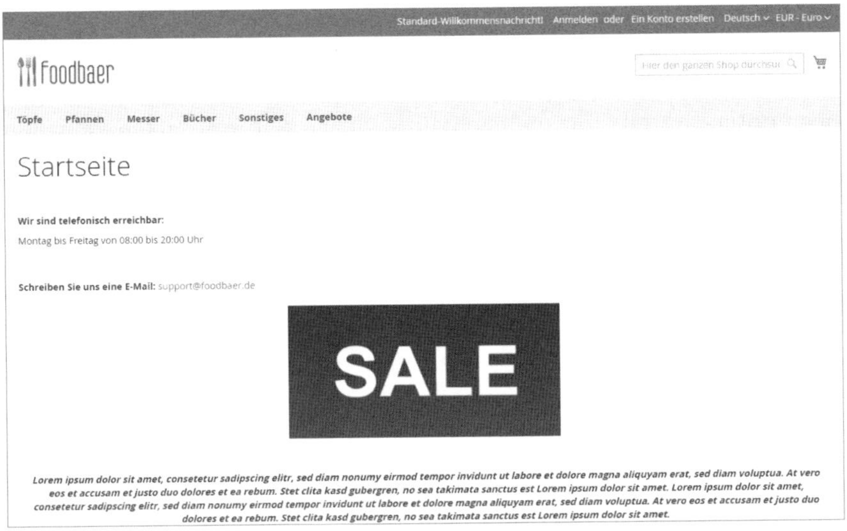

Abbildung 11.10 Blöcke lassen sich nicht nur in Kategorien, sondern auch in Seiten integrieren.

11.3 Widgets hinzufügen und nutzen

In den vorherigen Abschnitten haben Sie bereits Variablen und Blöcke kennengelernt. Diese beiden Inhaltselemente sind recht ähnlich, speziell bezüglich der dahinterliegenden Prinzipien. In eine komplett andere Richtung gehen die Widgets, die Sie in diesem Abschnitt kennenlernen werden. Widgets sind, vereinfach gesagt, kleine Helferlein. Jedes der vorhandenen Widgets, von denen es im Standard eine gewisse Auswahl gibt, besitzt eine nicht zu verachtende Logik und kann etwas für Sie tun, wofür Sie normalerweise einen Entwickler bräuchten. Oder anders gesagt, sobald bei der Content-Pflege etwas komplexere Anforderungen gestellt werden, können diese durch Widgets gelöst werden. Jedes Widget hat eine Bedienoberfläche und dient daher dazu, Ihnen die Arbeit so weit abzunehmen, dass Sie nicht mit HTML- oder JavaScript-Code direkt in den Seiten oder Blöcken hantieren müssen. Widgets sind zudem recht autark. Auch wenn Sie innerhalb von Seiten und Blöcken Widgets einbinden können, so können sich Widgets auch direkt in das Design Ihres Online-Shops integrieren, ohne dass dafür ein Entwickler ein Template anpassen muss. Das klingt doch schon ziemlich interessant, oder? Auf den folgenden Seiten werde ich die im Standard vorhandenen Widgets etwas genauer beleuchten.

11.3.1 Die Magento-Standard-Widgets kennenlernen

An dieser Stelle muss ich Sie zuerst mit dem theoretischen Teil überfallen und damit etwas vorgreifen. Magento verfügt von Haus aus über eine gewisse Anzahl an Widgets, deren Funktionsweise ich Ihnen gern vorab vorstellen möchte. Wenn Ihnen die im Standard vorhandenen Widgets nicht reichen sollten, so können Sie sich übrigens auch komplett individuelle Widgets entwickeln lassen. Speziell bei Projekten mit einem hohen Content-Anteil führt meiner Meinung nach kein Weg an individuellen Widgets vorbei. Glücklicherweise lassen sich Widgets relativ einfach entwickeln, weswegen Sie hierbei auch nicht mit allzu hohen Aufwänden rechnen müssen. Aber das ist an sich ein anderes Thema, lassen Sie mich Ihnen die im Standard vorhandenen Widgets kurz erklären, als da wären:

- Bestellungen und Rücksendungen
- CMS-Seiten-Link
- Katalogkategorielink
- Katalogproduktlink
- Liste der Katalogprodukte
- Liste von neuen Katalogprodukten
- Statischer CMS-Block
- Zuletzt angesehene Artikel
- Zuletzt verglichene Artikel

Bestellungen und Rücksendungen

Das Widget »Bestellungen und Rücksendungen« ermöglicht das Einfügen eines Formulars, mit dem Bestellungen geprüft bzw. Rücksendungen ausgelöst werden können. Das ist speziell für Gäste interessant, die keinen Zugriff auf das Benutzerkonto haben. Für registrierte Kunden ist das Widget hingegen weniger interessant, da aktuelle Bestellungen und Rücksendungen eben über das besagte Benutzerkonto geprüft bzw. ausgelöst werden können.

CMS-Seiten-Link

Mithilfe von CMS-Seiten-Links können Sie einen Link auf eine Seite einfügen. Die Auswahl der Seite und die Generierung des Links erfolgt automatisiert, d. h., Sie müssen keine URL im Vorfeld kennen, sondern können die zu verlinkende Seite aus einer Liste auswählen.

Katalogkategorielink

Beim Katalogkategorielink handelt es sich im Prinzip um eine ähnliche Funktion wie beim CMS-Seiten-Link, nur dass Sie keinen Link auf eine Seite, sondern in eine Kategorie einfügen. Die jeweilige Kategorie kann ebenfalls grafisch ausgewählt werden, Sie müssen sich im Vorfeld keine Gedanken über die zu verlinkende URL machen.

Katalogproduktlink

Anhand der Produktliste können Sie ein zu verlinkendes Produkt auswählen, Magento ermittelt automatisch die URL und fügt den Link ein. Dieses Widget ist immer dann praktisch, wenn Sie in einem Text auf ein Produkt verlinken möchten, jedoch nicht die URL des Produktes kennen. Wie Sie in Abbildung 11.11 sehen, erfolgt die Auswahl des gewünschten Produkts auf einfache Art und Weise.

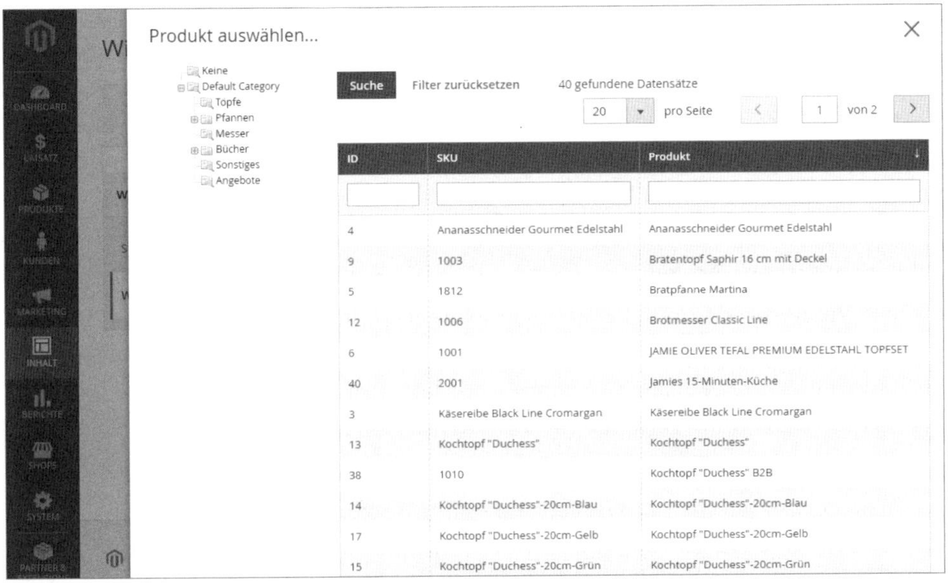

Abbildung 11.11 Bei der Verlinkung eines Produkts steht Ihnen eine Produktliste samt Kategorie-Baum zur Verfügung.

Liste der Katalogprodukte

Mit dem Widget Liste der Katalogprodukte haben Sie im Verlauf des Buches bereits gearbeitet, weswegen es Ihnen an dieser Stelle vertraut vorkommen sollte. Sie haben die Möglichkeit, Produkte im Frontend darzustellen, und können diese anhand der Attribute eingrenzen. Dadurch können Sie beispielsweise nur Produkte mit einem gewissen Preis oder Produkte von einem bestimmten Hersteller auslesen und darstellen. Magento erlaubt Ihnen den Zugriff auf alle Produktattribute und ermöglicht das Einschränken der Ergebnismenge durch eine Limitierung der anzuzeigenden Produkte.

Liste von neuen Katalogprodukten

Das Widget Liste von neuen Katalogprodukten stellt ausschließlich neue Produkte dar. Bei der Wahl der Darstellung stehen Ihnen verschiedene Vorlagen zur Auswahl, und Sie können sich dementsprechend für eine Darstellungsform entscheiden, die Ihnen am sinnvollsten erscheint.

Statischer CMS-Block

Wenn Sie einen Block einbinden möchten, haben Sie mit diesem Widget die Möglichkeit, dies auf grafische Art und Weise zu tun. Den Statischen CMS-Block haben Sie bereits auf den vergangenen Seiten kennengelernt, daher erspare ich Ihnen an dieser Stelle eine erneute Erklärung.

Zuletzt angesehene Artikel

Auch mit diesem Widget sind Sie bereits in Kontakt gekommen. Wenn Sie Ihren Besuchern und Kunden die zuletzt angesehenen Produkte anzeigen möchten, können Sie dies mit diesem Widget tun. Jeder Kunde bzw. Besucher sieht dabei natürlich nur die von ihm angesehenen Produkte. Es ist ein Widget mit einem hohen Personalisierungsgrad, da es pro Nutzer bzw. Kunde unterschiedliche Inhalte ausspielt.

Zuletzt verglichene Artikel

Hat ein Nutzer bzw. Kunde Produkte auf seiner Vergleichsliste, so können Sie ihm mit diesem Widget diese Informationen ebenfalls ausgeben. Das Widget ersetzt jedoch nicht die Vergleichsliste, sondern weist letztendlich auf die Vergleichsliste hin, indem die zuletzt hinzugefügten Produkte dargestellt werden.

Wie Sie sehen, bietet Magento von Haus aus bereits eine recht interessante Auswahl von Widgets an. Welche der Widgets Sie später nutzen, kommt immer ganz auf das Projekt bzw. den Online-Shop an. So gibt es beispielsweise Magento-Shop-Betreiber, die ganz auf Widgets verzichten. Andere Shop-Betreiber lassen sich wiederum sehr viele individuelle Widgets entwickeln, um Slideshows, Banner, Top-Seller etc. abzubilden.

Zusätzliche Widgets können auch über Erweiterungen eingespielt werden

Mittlerweile gibt es immer mehr Entwickler und Unternehmen, die zusätzliche Widgets in Form von Erweiterungen bereitstellen. Das heißt, Sie müssen gegebenenfalls gar nicht in die Individualentwicklung einsteigen, sondern können auf bereits entwickelte und zur Verfügung gestellte Widgets zurückgreifen. Aheadworks, ein für seine Magento-Erweiterungen sehr bekanntes Unternehmen, hat beispielsweise bereits erweiterte Widgets im Angebot. Mehr hierzu erfahren Sie unter *https://ecommerce.aheadworks.com/magento-2-extensions/product-and-content-widgets/*.

Nachdem Sie auf den vorherigen Seiten gesehen haben, welche Widgets in Magento existieren, möchte ich Ihnen nun auf den folgenden Seiten zeigen, wie Sie Widgets erstellen und hinzufügen können. Folgen Sie mir an dieser Stelle gern Schritt für Schritt, und legen Sie idealerweise in Ihrem lokalen Magento-System ebenfalls die Widgets an. Auch bei den Widgets gilt wieder: Learning by doing. Sobald Sie selbst mit den Widgets und Funktionen experimentieren, werden Sie alle Eigenheiten und Kniffe kennenlernen.

11.3.2 Ein Widget hinzufügen und im Frontend darstellen

Um ein neues Widget hinzuzufügen und im Frontend darzustellen, begeben Sie sich in das Magento-Backend, und melden Sie sich, falls Sie nicht eingeloggt sind, mit Ihren persönlichen Zugangsdaten an. Im Backend angekommen, klicken Sie bitte auf INHALT • WIDGETS. Sie erhalten eine Auflistung aller bereits hinzugefügten Widgets, dementsprechend dürfte die Tabelle keine Datensätze enthalten. Es gibt im Gegensatz zu Seiten keine Widgets, die nach der Installation von Magento sozusagen out of the box hinzugefügt werden. Klicken Sie daher auf den Button WIDGET HINZUFÜGEN, den Sie in der oberen Bildschirmhälfte vorfinden.

Daraufhin gelangen Sie zu einer neuen Eingabemaske, die Sie in Abbildung 11.12 sehen. Es handelt sich bei dieser Maske sozusagen um den ersten Schritt bei der Anlage eines Widgets, denn Sie müssen zu allererst allgemeine Einstellungen auswählen.

Als kleines praxisnahes Beispiel schlage ich an dieser Stelle folgendes Szenario vor: Ich möchte auf allen Seiten innerhalb des Frontends einen Link zur Seite »Privacy and Cookie Policy« einfügen und diese Anforderung mittels Widget abbilden. Ich wähle an dieser Stelle übrigens bewusst die Seite »Privacy and Cookie Policy«, da diese standardmäßig von Magento direkt nach der Installation angelegt wird. Sie müssen daher zuvor keine CMS-Seite hinzufügen oder weitere Anpassungen vornehmen und können alle Schritte direkt mit mir durchgehen.

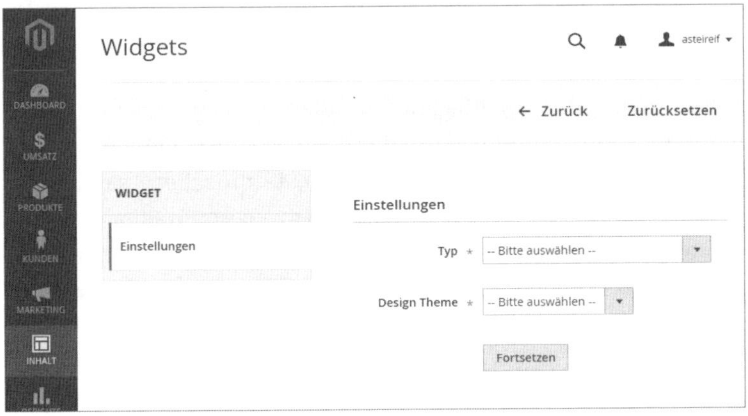

Abbildung 11.12 Wenn Sie ein Widget anlegen möchten, müssen Sie zuerst einen Typ definieren und das Design bestimmen.

Bei der ersten Option, die Sie in Abbildung 11.12 sehen, handelt es sich um den Widget-Typ. Die Widget-Typen habe ich Ihnen auf den vorherigen Seiten bereits im Detail erläutert, und an dieser Stelle müssen Sie einen dieser vorhandenen Widget-Typen auswählen. Um den Link auf die Seite »Privacy and Cookie Policy« zu realisieren, wähle ich beim TYP die Option »CMS-Seiten-Link«. Bitte treffen Sie an dieser Stelle dieselbe Auswahl, und springen Sie anschließend zum nächsten Dropdown-Menü namens DESIGN THEME. Ohne an dieser Stelle zu weit vorzugreifen, denn das Thema Design und Themes wird in Abschnitt 14.3 noch behandelt, verfügt Magento von Haus aus über mehrere Themes bzw. Designs. Mit Theme bzw. Design ist die Visualisierung des Frontends gemeint. Hier bietet Magento unendlich viele Möglichkeiten, und innerhalb eines Systems können Sie zudem problemlos beliebig viele Themes installieren und betreiben. Ein Widget benötigt, das hat in erster Linie technische Hintergründe, immer die Information, in welchem Design es genutzt werden soll. Wählen Sie an dieser Stelle die Option MAGENTO LUMA, da es sich hierbei um das Design handelt, das standardmäßig von Magento genutzt wird und auch bei Ihnen aktiv ist. Haben Sie in beiden Dropdown-Menüs die angesprochenen Optionen ausgewählt, klicken Sie auf den Button FORTSETZEN.

Sie gelangen daraufhin zum nächsten Schritt und sehen eine stark modifizierte Eingabemaske. Die ersten beiden Felder dürften Ihnen bekannt vorkommen, denn hierbei handelt es sich um den Typ und Design-Paket/Theme. An dieser Stelle werden Sie bestimmt bemerken, dass diese beiden Dropdown-Menüs ausgegraut sind, d. h., Sie werden, wenn Sie ein Widget angelegt haben, diese beiden Optionen nachträglich nicht mehr ändern können. Das bedeutet, wenn Sie ein bestehendes Widget haben und den Typ ändern möchten, müssen Sie das bestehende Widget löschen und ein neues anlegen. Eine Alternative zu dieser Vorgehensweise existiert leider nicht, was jedoch halb so tragisch ist, da ein Widget recht schnell angelegt ist. Wenn Sie ein wenig nach unten scrollen, gelangen Sie zum nächsten Eingabefeld namens WIDGET-TITEL. Beim Widget-Titel können Sie eine beliebige Bezeichnung für das Widget hinterlegen. Diese Bezeichnung wird bei den Magento-Standard-Widgets nicht im Frontend dargestellt, dementsprechend können Sie an dieser Stelle eine beliebige Bezeichnung hinterlegen, mit der Sie selbst gut klarkommen. Kryptische Namen oder Bezeichnungen sind daher kein Problem, auch wenn ich an dieser Stelle den einfachen Namen »Privacy and Cookie Policy Link« hinterlege. Neben dem Namen müssen Sie im nächsten Schritt das Widget einem oder mehreren Store Views zuweisen, wofür die Mehrfachauswahl ZU STORE VIEWS ZUWEISEN bereitsteht. Zum jetzigen Zeitpunkt werden Sie nur einen Store View im System angelegt haben, weswegen Ihnen an dieser Stelle die Auswahl leichtfallen dürfte. Ebenso wichtig wie die Store-View-Zuweisung ist die SORTIERREIHENFOLGE, die Sie direkt darunter finden. Speziell wenn Sie mehrere Widgets an derselben Stelle darstellen möchten, spielt die Reihenfolge eine Rolle, denn Sie möchten sicherlich definieren, welches Widget zuerst, bzw. an welcher Stelle in der Reihenfolge es dargestellt werden soll. Bei der Reihenfolge greift an dieser Stelle dieselbe Logik wie bei der Priorisierung, d. h., das Widget mit der niedrigsten Zahl im Feld SORTIERREIHENFOLGE wird zuerst ausgelesen und dargestellt. In diesem Beispiel können Sie die Sortierreihenfolge jedoch auch leerlassen, da Sie nur dieses eine Widget hinzufügen.

Spannend wird es jetzt im nächsten Abschnitt namens LAYOUT-UPDATES, den Sie in der unteren Bildschirmhälfte vorfinden. Bevor Sie bestimmen, wie sich das Widget verhalten soll, also beispielsweise, auf welche Seite verlinkt wird, müssen Sie die Positionen des Widgets definieren. Sie können das Widget prinzipiell auf bestimmten Seiten an bestimmten Positionen erscheinen lassen. Auf welcher Seite das Widget an welcher Position auftaucht, definieren Sie im Abschnitt LAYOUT-UPDATES, und Sie können sowohl mehrere Seiten als auch mehrere Abschnitte auswählen. Bevor ich es Ihnen an dieser Stelle jedoch zu kompliziert mache, lassen Sie uns in den praktischen Teil einsteigen. Dafür klicken Sie bitte auf den Button LAYOUT-UPDATE HINZUFÜGEN, worauf sich ein neues Dropdown-Menü, wie in Abbildung 11.13 zu sehen ist, öffnet.

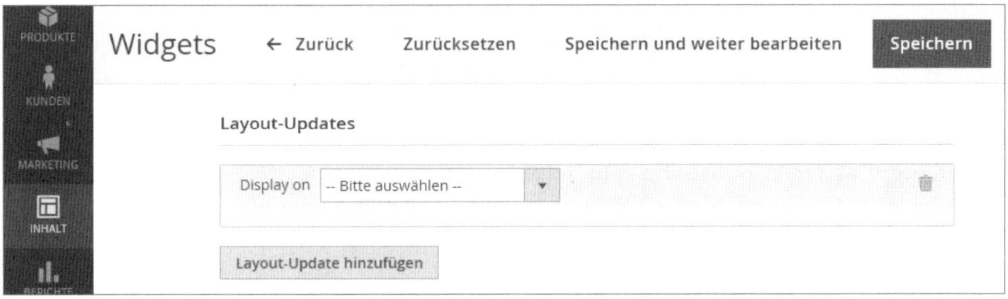

Abbildung 11.13 Um ein Widget zu positionieren, müssen Sie zuerst ein Layout-Update erstellen.

In diesem neuen Dropdown-Menü mit dem Namen DISPLAY ON können Sie nun definieren, auf welchen Seiten das Widget geladen werden soll. Magento kennt hierfür drei unterschiedliche Arten von Seitentypen. Sie haben die Wahl, das Widget auf Kategorie-, Produkt- oder generischen Seiten zu positionieren. Die *Kategorien* unterteilen sich in diejenigen mit aktivierter und diejenigen mit deaktivierter Filternavigation. Sie erinnern sich bestimmt an die Option bei der Erstellung von Kategorien, die den Namen IS ANCHOR trägt. An dieser Stelle können Sie eine Differenzierung vornehmen und das Widget in denjenigen Kategorien anzeigen, die diese Option gesetzt haben bzw. die diese Option nicht gesetzt haben. Bei den *Produkten* ist es etwas einfacher, denn hier können Sie das Widget auf allen Produktseiten oder auf Produktseiten abhängig vom Produkttyp darstellen. Beispielsweise könnte das Widget nur bei Bündelprodukten dargestellt werden. Die dritte Kategorie namens *Generische Seiten* umfasst alle im System vorhandenen Seiten, ganz unabhängig davon, ob es sich um Produkte, Kategorien oder auch den Checkout-Prozess handelt. Darüber hinaus ermöglicht die Option ANGEGEBENE SEITEN – an dieser Stelle ist die Übersetzung erneut etwas schwammig – die Auswahl einer jeden der im System vorhandenen Seiten, wie Sie in Abbildung 11.14 sehen können.

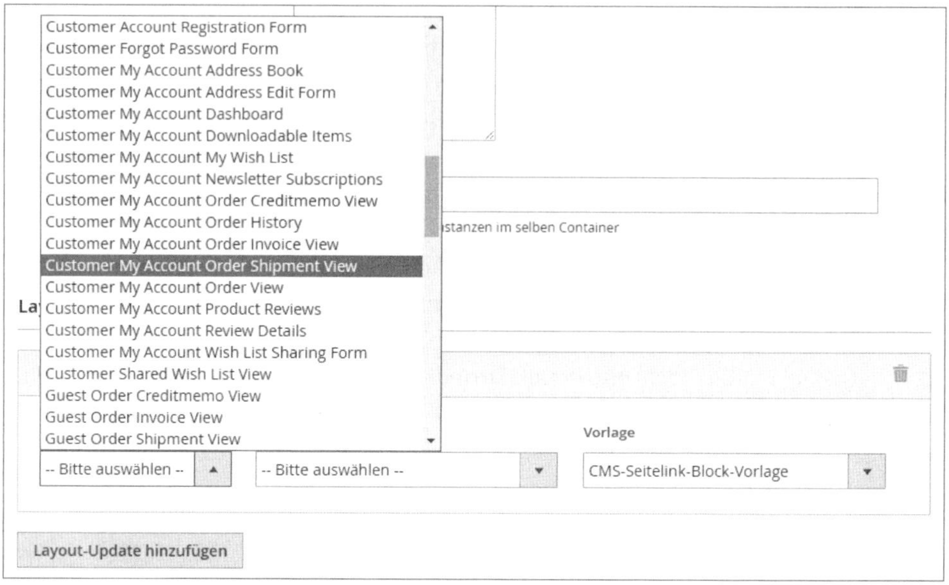

Abbildung 11.14 Ein Widget kann sehr granular platziert werden, da jede im System vorhandene Seite zur Verfügung steht.

So könnten Sie das Widget mithilfe dieser Option nur auf einer Seite des Kundenkontos positionieren oder in einem bestimmten Schritt innerhalb des Checkouts. Diese Option sollten Sie immer dann wählen, wenn Sie das Widget tatsächlich nur auf einer ganz speziellen Seite einbinden möchten. In meinem Beispiel, in dem ich den Link letztendlich auf allen Seiten positionieren möchte, wähle ich die Option Alle Seiten. Sie erhalten nach der Auswahl der Option im Dropdown-Menü weitere Dropdown-Listen, die sich direkt darunter öffnen. Teilen Sie Magento nun mit, dass das Widget auf allen Seiten im System geladen werden soll, und geben Sie im nächsten Schritt eine Position an. Denn Magento kann aktuell noch gar nicht wissen, an welcher Stelle das Widget ausgegeben werden soll. Die exakte Positionierung können Sie im Dropdown-Feld Container vornehmen. Magento untergliedert das Frontend, beispielsweise die Startseite, in sogenannte Container. Container sind Abschnitte, in denen das Design aufgeteilt ist. So ist der Kopfbereich, auch Header genannt, ein Container, oder der Fußbereich, der auch als Footer bezeichnet wird. Magento teilt das Design jedoch etwas granularer auf, und es gibt nicht nur drei bis vier Container, sondern wesentlich mehr. Welcher Container sich an welcher Stelle befindet, ist übrigens von Design zu Design unterschiedlich. Sprich, wenn Sie später ein eigenes Design entwickeln, könnte der Header-Container ein ganz anderer sein als im Magento-Standard-Design. Zur Auswahl stehen nun insgesamt die folgenden Container:

- After Page Header
- After Page Header Top
- Before Main Columns
- Before Page Footer
- Before Page Footer Container
- CMS Footer Links
- Compare Link Wrapper
- Main Content Area
- Main Content Aside
- Main Content Bottom
- Main Content Container
- Main Content Top
- Mini-cart promotion block
- Page Bottom
- Page Footer
- Page Footer Container
- Page Header
- Page Header Container
- Page Header Panel
- Page Top
- Sidebar Additional
- Sidebar Main

Anhand der Benennung können Sie sich bestimmt recht gut vorstellen, welcher Container für welchen Bereich im Frontend zuständig ist, daher möchte ich Ihnen an dieser Stelle keine Detaileinführung in die verschiedenen Container-Bereiche geben. Sie können an dieser Stelle auch gern etwas mit dem System experimentieren und prüfen, welcher Bereich durch den jeweiligen Container definiert wird. Wählen Sie bitte die Option CMS FOOTER LINKS aus, da ich die Verlinkung gern im Footer platzieren möchte. Nachdem Sie die Position gewählt haben, können Sie zudem eine Vorlage für die eigentliche Ausgabe des Inhalts wählen. Diese Option hängt stark vom gewählten Widget ab. So gibt es Widgets, die mehrere Vorlagen unterstützen. Wiederum gibt es jedoch auch Widgets, bei denen Sie nicht aus weiteren Vorlagen auswählen können. In diesem Fall haben Sie die Möglichkeit, eine Vorlage zu wählen, belassen Sie die Option jedoch ruhig beim Standard. Auch wenn es inhaltlich und optisch nicht wirklich Sinn ergibt, möchte Ihnen an dieser Stelle demonstrieren, dass Sie ein Widget in verschiedenen Positionen im Frontend darstellen können. Klicken

Sie hierzu erneut auf den Button LAYOUT-UPDATE HINZUFÜGEN, und wählen Sie erneut die Option ALLE SEITEN aus. Sobald das Dropdown-Menü »Container« erscheint, suchen Sie die Option PAGE HEADER und bestätigen die Auswahl. Ihre Konfiguration müsste wie meine, die Sie in Abbildung 11.15 sehen, ausschauen. Falls nicht, passen Sie Ihre Einstellungen bitte entsprechend an.

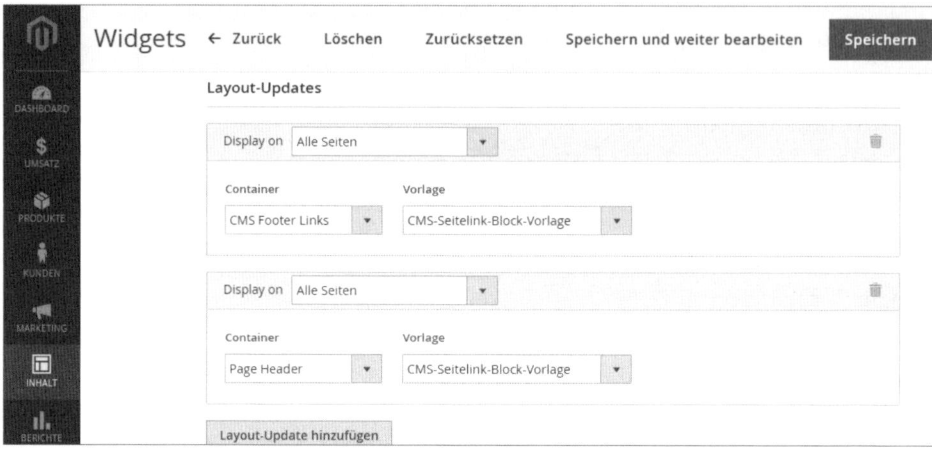

Abbildung 11.15 Ein einzelnes Widget kann auf beliebigen Seiten und an beliebigen Stellen auftauchen.

Mit diesen Einstellungen teilen Sie dem Widget also mit, auf allen Seiten jeweils im Container »CMS Footer Links« sowie im Container »Page Header« aufzutauchen. Nachdem Sie diese Definition vorgenommen haben, ist der nächste Schritt die Definition des eigentlichen Inhalts.

Scrollen Sie nun erneut nach oben bis zur oberen Bildschirmhälfte. Linkerhand sehen Sie daraufhin zwei Tabs. Beim ersten Tab handelt es sich um die STOREFRONT-EIGENSCHAFTEN. In diesen befinden Sie sich aktuell, und die Storefront-Eigenschaften sind für die Positionierung sowie die Definition allgemeiner Informationen des Widgets notwendig. Der zweite Tab trägt den Namen WIDGET-OPTIONEN und regelt den Inhalt und das Verhalten des Widgets. Da Sie nun den Inhalt des Widgets definieren werden, klicken Sie auf diesen Tab. Magento lädt anschließend zwar nicht die gesamte Seite neu, Sie werden auf der rechten Bildschirmhälfte jedoch eine andere Oberfläche vorfinden. Diese Oberfläche unterscheidet sich dabei je nach Widget-Typ. Wenn Sie etwas komplexere Widget-Typen verwenden, haben Sie zwangsläufig mehr und vor allem auch andere Optionen als bei weniger komplexen Widget-Typen. Je Typ unterscheidet sich daher diese Oberfläche, behalten Sie das im Hinterkopf, wenn Sie später auf eigene Faust Widgets erstellen und sich wundern, warum die Widget-Optionen anders als von mir beschrieben aussehen. Im Fall eines Widgets vom Typ CMS-Seiten-Link haben Sie in den Widget-Optionen genau drei Eingabefelder. Zuallererst können Sie, müssen aber nicht, einen benutzerdefinierten Ankertext hinterlegen, indem Sie in dem Feld Benutzerdefinierter Ankertext den Namen des Links angeben. Wenn Sie keinen Namen angeben, wird einfach der Name der zu verlinkenden Seite genommen. Da ich dies jedoch nicht möchte, hinterlege ich an dieser Stelle den Wert »Datenschutzinformationen«. Das nächste Feld namens Benutzerdefinierter Ankertitel stellt eine primär über den Quellcode ersichtliche Information zur Verfügung. Speziell Suchmaschinen und Crawler lesen dieses Feld gern, um nähere Informationen zum Link zu erhalten und den Link zu verstehen. Auch dieses Feld müssen Sie theoretisch nicht ausfüllen, Sie können aber an dieser Stelle wie ich erneut den Wert »Datenschutzinformationen« hinterlegen. Richtig interessant wird es bei der nächsten und letzten Option namens CMS-Seite. Klicken Sie zuerst auf den Button Seite wählen..., woraufhin sich eine neue Ansicht, wie in Abbildung 11.16 zu sehen ist, öffnet.

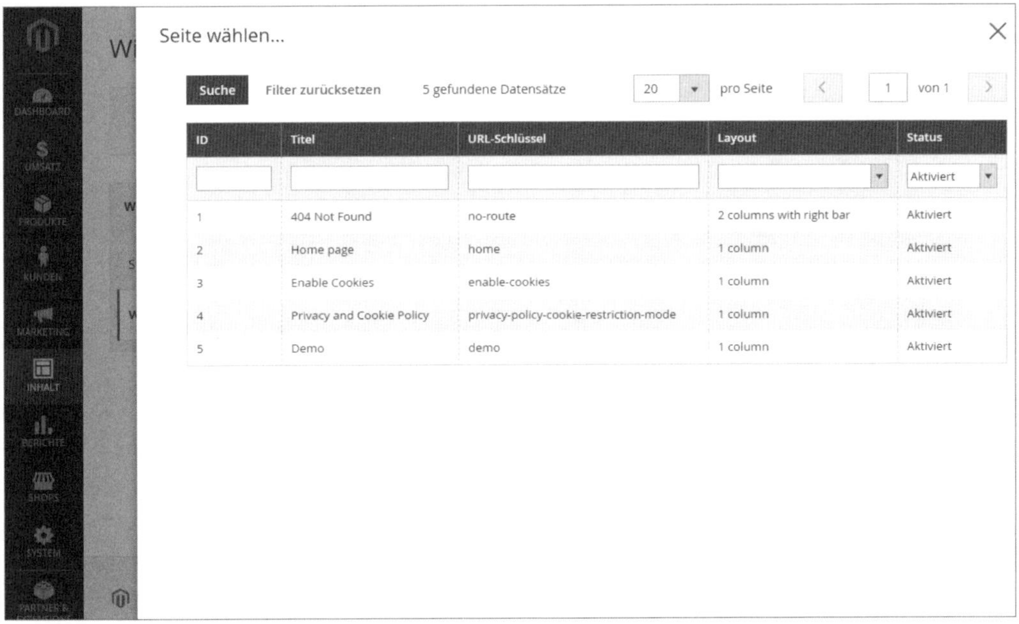

Abbildung 11.16 Die zu verlinkende Seite können Sie recht einfach dank einer Auflistung aller im System vorhandenen Seiten auswählen.

Magento zeigt Ihnen in dieser neuen Ansicht alle im System vorhandenen Seiten an. Wählen Sie an dieser Stelle bitte den Eintrag Privacy and Cookie Policy aus, woraufhin Sie wieder bei der vorherigen Maske im Tab Widget-Optionen landen. Da Sie alle für das Widget relevanten Informationen hinterlegt haben, können Sie das Widget nun abspeichern. Klicken Sie hierfür auf den Button speichern oder Speichern und weiter bearbeiten, je nachdem ob Sie in der Widget-Übersicht landen möchten oder nicht.

Vergessen Sie nicht, den Cache zu leeren!

Nachdem Sie ein Widget angelegt oder editiert haben, müssen Sie zwangsläufig den Cache, d. h. den Magento-Zwischenspeicher, leeren. Tun Sie das nicht, werden Sie keine aktuelle Ausgabe im Frontend sehen, sprich, das Widget wird nicht auftauchen. Den Cache leeren Sie, indem Sie im Backend auf SYSTEM • CACHE MANAGEMENT und in dieser Ansicht auf den Button MAGENTO-CACHE LEEREN klicken. Anschließend wird Ihnen Magento innerhalb des Frontends eine aktualisierte Ansicht ausgeben.

Nachdem Sie den Cache geleert haben – andernfalls erhalten Sie im Frontend keine aktuelle Ausgabe, und Sie werden das Widget nicht sehen –, wechseln Sie in das Frontend. Unabhängig davon, welche Seite Sie nun aufrufen, werden Sie sowohl unter dem Logo, wie in Abbildung 11.17 zu erkennen, als auch im Footer den von Ihnen per Widget eingefügten Link sehen.

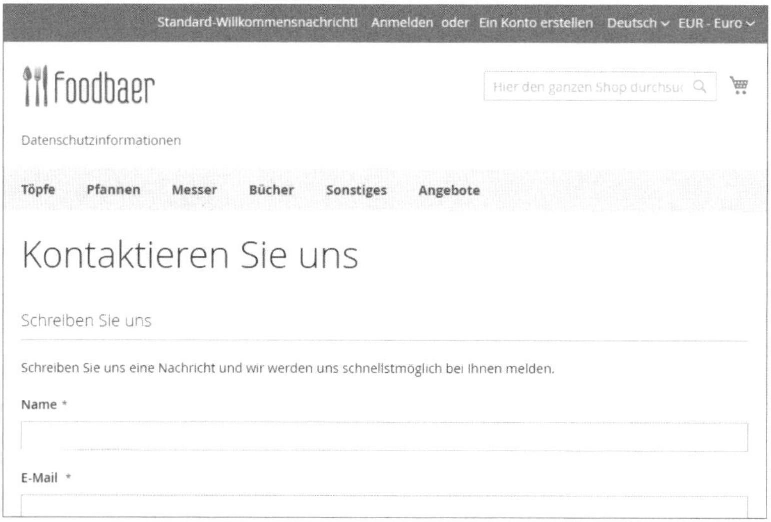

Abbildung 11.17 Wie definiert, integriert sich das Widget in den Kopfbereich sowie in den Footer, wobei Sie dies im Screenshot nicht sehen können.

Das von Ihnen erstellte Widget wird also sauber im Frontend dargestellt und taucht in den von Ihnen definierten Positionen aus. Auch der Link-Text wurde entsprechend Ihrer Eingabe herangezogen. Herzlich Glückwunsch, Sie haben erfolgreich ein Widget erstellt und innerhalb des Frontends integriert!

Widgets lassen sich, wie ich anfangs bereits angedeutet hatte, jedoch auch auf eine andere Art integrieren. Zugegebenermaßen ist die soeben vorgestellte Methode recht umfangreich, und Sie können ein beliebiges Widget dank der Container an einer Vielzahl von Stellen positionieren. Möchten Sie jedoch ein Widget direkt innerhalb eines Textes, beispielsweise auf der Startseite, integrieren, so stoßen Sie bei der

Nutzung von Containern relativ schnell an Grenzen, denn mithilfe von Containern können Sie nicht direkt auf Texte oder bestimmte Stellen innerhalb von Texten zugreifen. Aber auch hierfür hat sich Magento eine Lösung ausgedacht, die Sie sogar bereits kennengelernt haben. Dennoch finde ich an dieser Stelle eine kleine Wiederholung sinnvoll.

Begeben Sie sich jetzt erneut ins Magento-Backend, und klicken Sie auf INHALT • SEITEN. Öffnen Sie die Startseite, und scrollen Sie zum Bereich Inhalt. Sie sehen nun den Inhalt der Startseite, bestehend aus einer Variable und mehreren Widgets. Das ist an dieser Stelle genau die Funktionalität, die ich Ihnen zeigen möchte, die Sie aber im Verlauf des Buches schon genutzt haben. Neben der Positionierung von Widgets mittels Container können Sie nämlich mithilfe des WYSIWYG-Editors direkt in Seiten Widgets einfügen. Dadurch können Sie ein Widget an einer beliebigen Stelle innerhalb des Inhalts platzieren und haben somit eine noch größere Flexibilität. Wenn Sie ein Widget einfügen möchten, klicken Sie in der ersten Zeile des WYSIWYG-Editors auf das Icon. Ich habe Ihnen zur besseren Übersichtlichkeit an dieser Stelle auch nochmals einen Screenshot dieser Ansicht erstellt, den Sie in Abbildung 11.18 sehen.

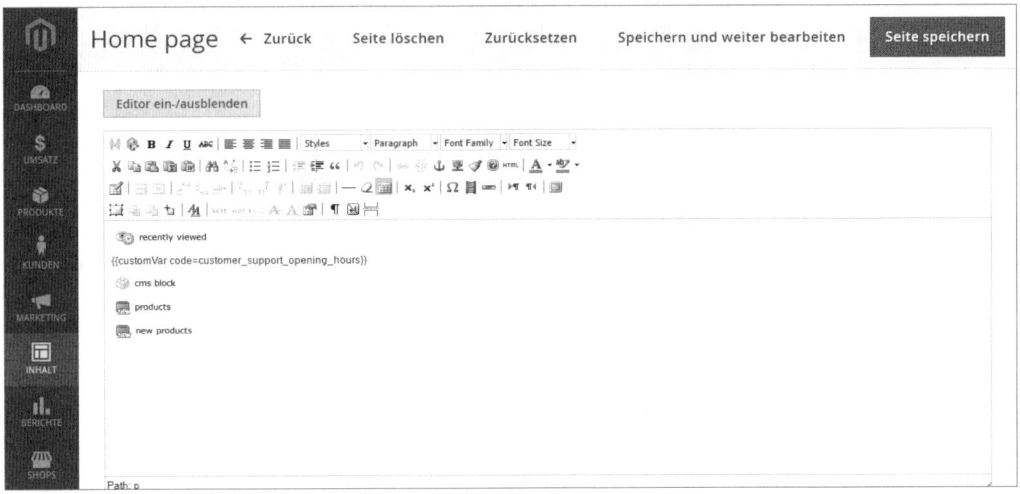

Abbildung 11.18 Ein Widget können Sie problemlos mithilfe des WYSIWYG-Editors einfügen.

Sobald Sie auf das besagte Icon klicken, öffnet sich ein neues Fenster, in dem Sie einen Widget-Typ auswählen können. Wählen Sie an dieser Stelle den Typ »CMS-Seiten-Link«, werden Sie daraufhin dieselben Eingabefelder sehen wie schon beim vorherigen Widget, das Sie angelegt haben. Die dahinterliegende Logik und die Eingabefelder sind identisch, einzig die optische Darstellung der Maske unterscheidet sich leicht, da Sie in dieser Ansicht keine Tabs vorfinden. Im Prinzip können Sie nun exakt dasselbe Widget wie zuvor erstellen und einfügen. Beachten Sie an dieser Stelle, dass

Sie hiermit ein neues Widget erstellen. Sie referenzieren also nicht auf das im Vorfeld bereits angelegte Widget, sondern würden ein komplett neues hinzufügen. Magento differenziert an dieser Stelle recht stark, d. h., die in den Seiten erstellten Widgets tauchen auch nicht in der Übersicht unter INHALT • ELEMENTE • WIDGETS auf, sondern existieren nur rein in den Seiten. Für Magento handelt es sich daher um zwei komplett voneinander getrennte und autark arbeitende Widget-Pools.

Füllen Sie gern an dieser Stelle die Eingabemaske aus, erstellen Sie das Widget, und speichern Sie anschließend die Seite. Rufen Sie daraufhin die Startseite innerhalb des Frontends auf, werden Sie, je nachdem an welcher Stelle Sie das Widget platziert haben, die Ausgabe des Links sehen.

11.3.3 Bestehende Widgets verwalten

Sofern Sie bestehende Widgets verwalten bzw. löschen möchten, können Sie dies im Punkt INHALT • ELEMENTE • WIDGETS tun. Sie erhalten dort eine Auflistung aller im System vorhandenen Widgets, mit Ausnahme von Widgets, die Sie direkt innerhalb von Seiten eingefügt haben. Wie eingangs erwähnt, können Sie bei einem bestehenden Widget weder den Typ noch das zugeordnete Design editieren. Diese beiden Punkte sind fix, möchten Sie diese ändern, hilft nur eine komplette Neuanlage des Widgets. Das bestehende Widget müssten Sie zudem löschen, um Doppelungen zu vermeiden. Ansonsten unterscheidet sich die Bearbeitungsmaske nicht von derjenigen, die Sie bereits bei der Neuanlage kennengelernt haben.

Meiner Meinung nach zählen die Widgets zu einer der mächtigsten, aber auch am häufigsten unterschätzten Funktionen innerhalb von Magento. Die im Standard vorhandenen Widgets werden oft belächelt und als weniger hilfreich abgetan. Das mag zum Teil auch stimmen, aber das Ziel der Widgets ist es auch nicht, von Haus aus alle von Ihnen benötigten Funktionen abzudecken. Die Widget-Funktionalität schafft in erster Linie die Basis, die Sie durch eigene Widgets, seien es Eigenentwicklungen oder Modifikationen von Drittanbietern, sinnvoll erweitern können. Gerade diese Erweiterbarkeit ist letztendlich die große Stärke, die Ihnen ermöglicht, ohne Programmierkenntnisse und Support durch eine Agentur oder Entwickler auch komplexe Inhalte einfach und mittels grafischer Oberfläche pflegen zu können. Nutzen Sie daher die Widgets, und machen Sie sich auch mit den am Markt verfügbaren Erweiterungen vertraut. Es wird Ihnen, das ist zumindest meine Meinung, sehr viel nützen!

11.4 Seiten verwalten und gestalten

Variablen, Widgets und Blöcke sind, seien wir an dieser Stelle mal ganz ehrlich, »nice to have«. Auch wenn Ihnen diese Content-Typen definitiv Vorteile verschaffen, so müssen Sie diese nicht nutzen. Bei den Seiten handelt es sich hingegen um eine Content-Art, um die Sie nicht herumkommen und die Sie nutzen müssen, da Sie verpflichtet sind, Ihren Kunden Inhalte wie ein Impressum, eine Datenschutzerklärung sowie AGB darzustellen. Dementsprechend führt um die Seiten kein Weg herum, was aber auch nicht tragisch ist. Denn Magento hat mit den Seiten ein recht einfaches, aber praktikables Content-Management-System geschaffen, mit dem Sie schnell klarkommen werden und das Ihnen alle benötigten Funktionen zur Verfügung stellt. Details hierzu folgen, Sie werden dies sicherlich bereits vermuten, im folgenden Abschnitt.

11.4.1 Eine neue Seite anlegen

Der Ausgangspunkt, um eine neue Seite zu erstellen, ist das Backend. Melden Sie sich daher im Backend an, und klicken Sie anschließend auf INHALT • ELEMENTE • SEITEN. Sie gelangen zur Übersicht aller im System bereits angelegten Elemente, und im Gegensatz zu den Blöcken oder auch Widgets, enthält die in der Ansicht vorhandene Tabelle bereits Elemente. Nach der Installation legt Magento insgesamt vier Seiten an, die für die Systemstabilität notwendig sind. Hierzu zählen die Startseite, eine 404-Fehlerseite, eine Seite mit Informationen, falls Cookies deaktiviert sind, sowie eine Inhaltsseite mit Informationen zu Cookies und dem Datenschutz. Letztere Seite ist tatsächlich nicht überlebensnotwendig, die Startseite und die 404-Fehlerseite benötigt Magento jedoch, um korrekt zu funktionieren. Lassen Sie sich an dieser Stelle aber nicht von den bereits vorhandenen Seiten irritieren, und klicken Sie stattdessen auf den Button NEUE SEITE HINZUFÜGEN. Magento leitet Sie daraufhin zu einer neuen Ansicht, in der Sie die Informationen für die zu erstellende Seite hinterlegen können.

Lassen Sie uns, wie zuvor bereits auch, ein konkretes Beispiel bei der Anlage der Seite heranziehen. Wie jeder andere Online-Shop werden Sie ein Impressum benötigen. Daher ist das Impressum das perfekte Beispiel, wenn es um die Erstellung einer neuen Seite geht, da Sie das Impressum in jedem Fall benötigen.

Ähnlich wie bei einem Block müssen Sie Magento zuerst mitteilen, ob Sie den Datensatz, in diesem Fall die Seite, aktivieren bzw. deaktivieren möchten. Ist eine Seite deaktiviert, kann diese nicht aufgerufen werden. Magento gibt in diesem Fall eine Fehlermeldung zurück. Lassen Sie daher die Option ENABLE PAGE auf dem Standardwert stehen, da die Seite im Standard immer als aktiv angelegt wird. Im nächsten Feld namens SEITENTITEL definieren Sie den Namen der Seite. Im Prinzip wird der Name nur an sehr wenigen Stellen verwendet, primär dient er zur Orientierung innerhalb des Backends, sodass Sie im Backend in der Übersicht der Seiten sehen, welche Seite welchen Inhalt beinhaltet. Es kann jedoch auch sein, dass der Seitentitel im Frontend ausgegeben wird. Dies ist beispielsweise bei Widgets der Fall, mit denen Sie auf Seiten verlinken können. Geben Sie im Widget keinen speziellen Link-Text an – Sie erinnern sich gegebenenfalls an unser vorheriges Beispiel –, zieht Magento den Seitenteil heran. Achten Sie daher darauf, keine kryptischen Werte zu hinterlegen. In diesem Beispiel wähle ich als Seitentitel ganz unspektakulär die Bezeichnung »Impressum«. Sofern Sie den Seitentitel hinterlegt haben, scrollen Sie bitte zum nächsten Abschnitt namens INHALT.

Der Inhalt einer Seite wird durch insgesamt zwei Eingabefelder beeinflusst. Zuallererst definieren Sie eine Überschrift, wofür Ihnen das Feld INHALTSÜBERSCHRIFT zur Verfügung steht. Als Überschrift wähle ich an dieser Stelle ebenfalls das Wort »Impressum«. Die im Frontend dargestellte Überschrift kann sich aber natürlich auch vom Seitentitel unterscheiden, d. h., Sie müssen nicht in beiden Fällen den identischen Wert hinterlegen. Neben der Überschrift, das ist an sich das interessante Feld, können Sie den gesamten Seiteninhalt mittels WYSIWYG-Editor hinterlegen. Sie sehen diesen in Abbildung 11.19 mit dem von mir beigefügten Dummy-Content.

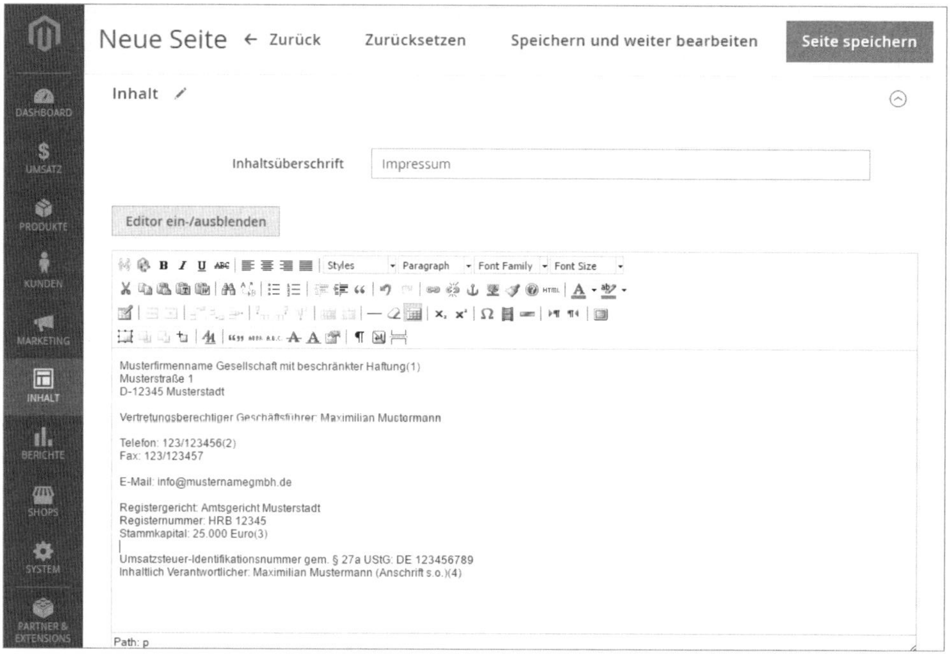

Abbildung 11.19 Mit dem WYSIWYG-Editor können Sie die gesamte Seite grafisch gestalten.

Den WYSIWYG-Editor kennen Sie ja bereits aus den vorherigen Beispielen. Auch an dieser Stelle haben Sie die Möglichkeit, den Text grafisch zu formatieren, Tabellen einzufügen und sich, bezogen auf den Inhalt, komplett auszutoben. Ich habe nun schlicht und einfach ein beispielhaftes Impressum eingefügt. Sie können an dieser Stelle, sollten Sie noch kein Impressum erstellt haben, gern auf Services wie *https://www.e-recht24.de/impressum-generator.html* zurückgreifen und sich ein Impressum erstellen lassen. Anschließend erhalten Sie einen Text, den Sie mit dem WYSIWYG-Editor einfügen können.

Scrollen Sie danach zum nächsten Abschnitt namens SEARCH ENGINE OPTIMISATION, und öffnen Sie diesen durch einen Klick auf den Namen bzw. die Zeile, falls der Abschnitt geschlossen sein sollte. Wie auch bei Produkten und Kategorien können Sie bei einer Seite den URL-SCHLÜSSEL definieren. Der URL-Schlüssel ist die Bezeichnung, die nach der Domain folgt und die URL bildet. Vergeben Sie an dieser Stelle keinen URL-Schlüssel, nimmt Magento einfach den Seitentitel. In diesem Fall, der Seitentitel lautet Impressum, würde die URL ohne Eingreifen *http://www.foodbaer.de/impressum* lauten. Da ich in meinem System jedoch englische URLs bevorzuge, was an dieser Stelle aber nur zur Verdeutlichung der Funktionen dient, hinterlege ich beim URL-Schlüssel den Wert »imprint«. Die nächsten drei Eingabefelder ermöglichen Ihnen die Definition der Metainformationen. Neben dem Meta-Title, der übrigens auch in der Browserleiste angezeigt wird, können Sie die Meta-Keywords und Meta-Description hinterlegen. Über Metainformationen hatte ich Sie in den vergangenen Kapiteln bereits aufgeklärt, letztendlich sollten Sie an dieser Stelle halbwegs sinnvolle Werte hinterlegen, damit Sie später von Google so gut wie möglich gefunden werden. In diesem Szenario, speziell auf Ihrem lokalen Magento-System, spielen Metainformationen nur eine untergeordnete Rolle, weswegen Sie diese an dieser Stelle gern überspringen können.

Im nächsten Abschnitt mit dem Namen PAGE IN WEBSITES haben Sie die Möglichkeit, die Seite einem oder mehreren Store Views zuzuweisen. Dieses Feature spielt wiederum nur eine Rolle, wenn Sie die Multistore-Fähigkeit von Magento nutzen. Eine Seite kann nur dann innerhalb eines Store Views, also einer Sprachversion, aufgerufen werden, wenn diese dem Store View zugewiesen wurde. Haben Sie also beispielsweise drei Store Views – Englisch, Deutsch, Französisch – und weisen das Impressum nur dem englischen Store View zu, so kann der Nutzer im Frontend, befindet er sich im deutschen Store View, das Impressum nicht aufrufen. Sie werden das aber in Kapitel 17, »Magento-Multistore-Funktionalität konfigurieren und nutzen«, noch im Detail sehen. Wählen Sie an dieser Stelle einfach die Option ALLE STORE VIEWS aus.

Im nächsten Abschnitt DESIGN haben Sie weitere Möglichkeiten, das Aussehen der Seite zu verändern. Ein Augenmerk sollten Sie an dieser Stelle auf das Dropdown-Menü LAYOUT legen. Oftmals haben Online-Shops ein zweispaltiges Design, da sich linkerhand eine Navigationsleiste, in der Regel mit den Kategorien befindet und rechterhand die Produkte dargestellt werden. Auf der Startseite oder in Inhaltsseiten möchte man aber aus diesem Raster ausbrechen, da Sie ja keine Kategorie Navigation im Impressum brauchen. Mittels des Layout-Dropdowns haben Sie nun die Möglichkeit das Layout auszuwählen, wobei Ihnen die folgenden Optionen zur Verfügung stehen:

- Empty
- 1 column
- 2 columns with left bar
- 2 columns with right bar
- 3 columns

Wählen Sie die erste Option, schneidet Magento sowohl Header als auch Footer ab. Daher passt der Name EMPTY recht gut auf diese Layout-Option, die Sie in der Praxis eigentlich nie wählen. Die restlichen Layout-Optionen sind recht selbsterklärend, im Prinzip bestimmen sie die Anzahl der Spalten und dadurch die Breite des Inhaltbereichs. Wählen Sie an dieser Stelle die Option 1 COLUMN, da ich weder auf der rechten noch auf der linken Seite eine Leiste mit Inhalten haben möchte. Weiterführende Anpassungen können Sie zudem über die Box LAYOUT XML AKTUALISIEREN vornehmen, wobei Sie an der Stelle direkt mit XML-Anweisungen arbeiten müssen und dafür schon ein solides Magento-Frontend-Developer-Wissen benötigen. Aus diesem Grund möchte ich Ihnen an dieser Stelle diese Komplexität ersparen, behalten Sie nur im Hinterkopf, dass jede Seite mittels XML-Anweisungen komplett individuell angepasst und erweitert werden kann.

Scrollen Sie jetzt bitte zum letzten Abschnitt, dort können Sie zeitlich gesteuerte Layout- und Design-Anpassungen vornehmen.

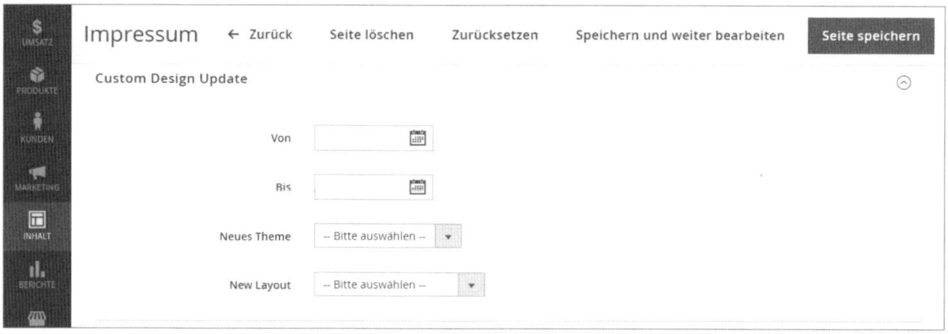

Abbildung 11.20 Durch die Angabe eines Start- und Enddatums lassen sich Änderungen am Theme und Layout zeitlich terminieren.

Wie Sie in Abbildung 11.20 sehen, lassen sich sowohl das Theme, sprich das eigentliche Design, als auch das Layout zeitlich überschreiben. Durch die Festlegung eines Zeitraums in den Feldern VON und BIS wird ein Zeitraum festgelegt und die Änderungen werden automatisch angewendet. Läuft der Zeitraum ab, wechselt Magento wieder auf die Grundeinstellungen zurück und alle Anpassungen werden automatisiert zurückgenommen. Die Auswahl im Dropdown-Feld NEUES THEME zeigt die von Ihnen installierten Themes. Beim Startdatum sowie Enddatum können Sie, wie gewohnt, das Datum mittels Date Picker auswählen, die Angabe einer bestimmten Uhrzeit ist jedoch nicht möglich. Abschließend stehen Ihnen die bereits bekannten Layouts zur Verfügung. Änderungen im Abschnitt CUSTOM DESIGN UPDATE müssen Sie nicht vornehmen, da für dieses konkrete Beispiel eine zeitliche Überschreibung des Layouts bzw. der Themes nicht notwendig ist.

Nachdem Sie alle Inhalte hinterlegt haben, klicken Sie bitte auf den Button SPEICHERN, und rufen Sie die soeben angelegte Seite im Frontend auf. Da die Seite nicht verlinkt ist, müssen Sie die URL manuell eingeben. Letztendlich genügt ein Aufruf der Startseite, an diese URL fügen Sie anschließend den URL-SCHLÜSSEL an, wodurch in meinem Fall die korrekte URL *http://www.foodbaer.de/imprint* lautet. Magento zeigt mir, wenn ich diese URL aufrufe, Sie sehen das in Abbildung 11.21, anschließend ein wunderschön gestaltetes Impressum an.

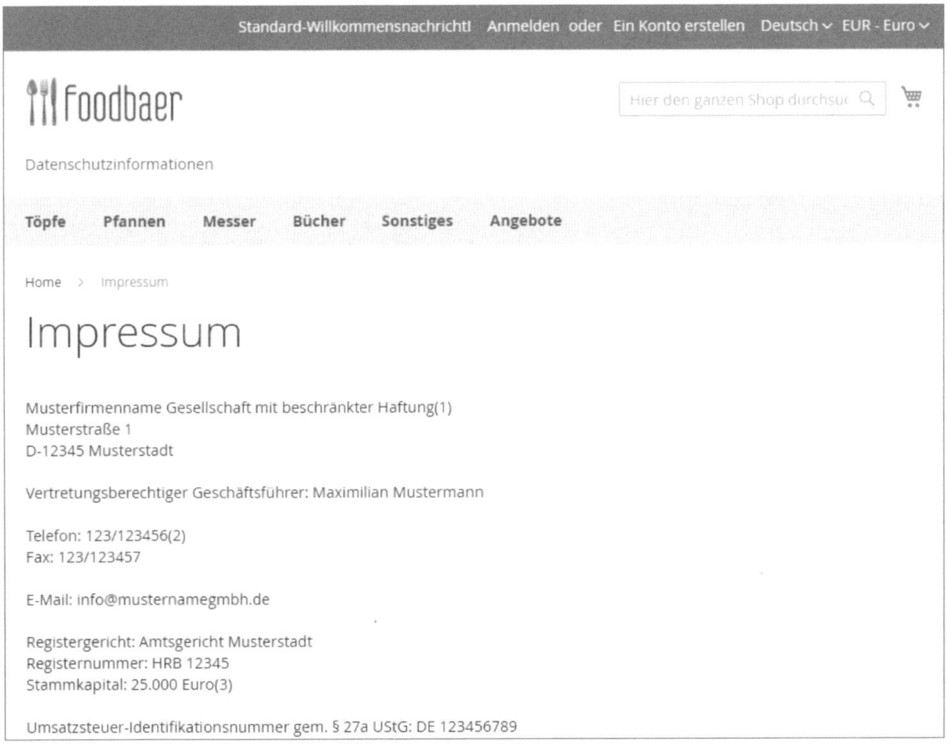

Abbildung 11.21 Nachdem Sie die Seite im Backend angelegt haben, können Sie mit dem URL-Schlüssel die Seite auch im Frontend aufrufen.

Wie Sie sehen, ist die Erstellung und Veröffentlichung einer Seite kein Hexenwerk. Sobald Sie einen Titel und Inhalt hinterlegt haben, steht die Seite nach dem Speichervorgang im Frontend zur Verfügung. Weitere Einstellungen und Anpassungen müssen Sie nicht mehr vornehmen.

11.4.2 Vorhandene Seiten verwalten

Bestehende und bereits veröffentlichte Seiten lassen sich innerhalb des Magento-Backends problemlos abändern. Öffnen Sie hierzu den Menüpunkt INHALT • ELEMENTE • SEITEN. Daraufhin zeigt Ihnen Magento in Form einer Tabelle alle im System vorhandenen Seiten an. Wählen Sie anschließend eine bestimmte Seite aus, gelangen Sie zur Detailansicht. Die Detailansicht entspricht der Maske, in der Sie eine neue Seite anlegen. Beim Editieren einer bestehenden Seite können Sie zudem alle hinterlegten Informationen abändern. Im Gegensatz zu den Widgets bestehen keine Limitierungen, welche die Neuanlage einer Seite erfordern würden. Wenn Sie eine Seite bearbeiten, können Sie die Seite zudem komplett löschen. Dazu dient der Button, den Sie in der oberen Bildschirmhälfte sehen.

Das Bearbeiten einer bestehenden Seite ist recht intuitiv, daher sollten Sie hierbei keine Probleme haben. Weitere Funktionen innerhalb der Seiten stehen an dieser Stelle übrigens nicht zur Verfügung. Die Magento Enterprise Edition erweitert speziell den Bereich *Seiten* recht stark. Dadurch haben Sie Möglichkeit, die Seiten zu strukturieren und ganze Navigationsbäume zu erstellen. Da es sich hierbei jedoch um ein Feature der Enterprise Edition handelt, müssten Sie diese erst lizenzieren, um diese Funktion nutzen zu können.

11.4.3 Der WYSIWYG-Editor im Detail erklärt

Ihnen ist bereits an vielen Stellen der WYSIWYG-Editor begegnet, und an sich ist der Editor recht intuitiv zu handhaben. Jedoch bietet der WYSIWYG-Editor so viele Funktionen und Möglichkeiten, dass Sie die eine oder interessante Funktion sicherlich übersehen werden. Damit dies nicht passiert, möchte ich Ihnen im Schnelldurchgang die verschiedenen Buttons und Funktionen vorstellen. Als Basis dient die Funktionsleiste des WYSIWYG-Editors in Abbildung 11.22.

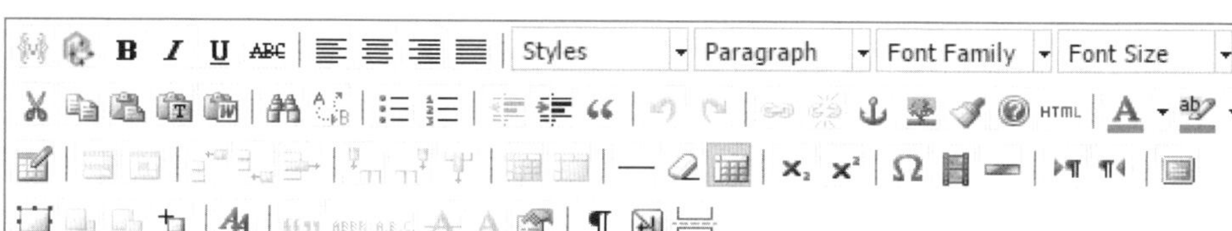

Abbildung 11.22 Der in Magento integrierte grafische Editor bietet vielfältige Funktionen.

Lassen Sie mich in der ersten Zeile bei dem ersten Icon anfangen und von links nach rechts durchgehen.

Zeile 1

Icon	Funktion
Insert Variable	Erlaubt Ihnen das Hinzufügen einer Variable mittels grafischer Oberfläche. Alternativ hierzu können Sie aber auch direkt eine Variable mittels Quellcode eingeben, am Ergebnis wird dies nichts verändern.
Insert Widget	Diese Funktion haben Sie ebenfalls bereits kennengelernt. Über diesen Button können Sie ein Widget hinzufügen.
Bold	Formatiert den eingegebenen Text fett. Sie können hierfür zudem die Tastenkombination `Ctrl` + `B` drücken.
Italic	Formatiert den eingegebenen Text kursiv. Sie können hierfür zudem die Tastenkombination `Ctrl` + `I` drücken.
Underline	Unterstreicht den eingegebenen Text. Als Tastenkombination steht `Ctrl` + `U` zur Verfügung.
Strikethrough	Streicht den eingegebenen Text durch.
Align Left	Positioniert den Inhalt (Text oder Bild), linksbündig.
Align Center	Positioniert den Inhalt mittig.
Align Right	Positioniert den Inhalt rechtsbündig.
Align Full	Stellt den Text als Blocksatz dar.
Styles	Ermöglicht die Auswahl einer Formatierung, sofern diese im Vorfeld hinterlegt wird. Kann im Standard nicht ausgewählt werden.
Paragraph	An dieser Stelle können Sie bestimmten Formatierungen auswählen, beispielsweise Überschriften wie H1 bis H6 oder einen Paragraphen.
Font Family	Ermöglicht die Auswahl einer Schriftart.
Font Size	An dieser Stelle können Sie eine Schriftgröße für den ausgewählten Text auswählen.

Wie Sie anhand der aufgezählten Optionen sehen, beinhaltet die erste Reihe vor allem Funktionen, die einen Text formatieren oder positionieren. Dabei handelt es sich jedoch um Klassiker, die Sie aus Programmen wie Microsoft Word oder Open Office kennen werden. Werfen Sie nun bitte einen Blick auf die zweite Reihe, welche die folgenden Optionen enthält.

Zeile 2

Icon	Funktion
Cut	Erlaubt das Ausschneiden eines markierten Elements, beispielsweise eines Textes. Wie unter Windows steht hierfür ebenfalls mit [Ctrl] + [X] ein Shortcut zur Verfügung.
Copy	Drücken Sie auf diesen Knopf, können Sie ein markiertes Element kopieren (alternativ: [Ctrl] + [C]).
Paste	Sollten Sie etwas in der Zwischenablage gespeichert haben, fügen Sie es mit diesem Button wieder ein (alternativ: [Ctrl] + [V])
Paste as plain text	Haben Sie einen Text samt Formatierungen in der Zwischenablage, können Sie mit diesem Button tatsächlich nur den eigentlichen Text in den WYSIWYG-Editor einfügen. Formatierungen gehen dabei verloren.
Paste from Word	Kopieren Sie in Word einen Text und fügen diesen anschließend in Magento ein, so werden sehr viele Formatierungen übernommen und eingefügt, die Ihnen die Darstellung im Frontend zerstören können. Hierbei geht es in erster Linie nicht um einen fett hervorgehobenen Text oder ein farbiges Wort, sondern um übermittelte Layout-Informationen. 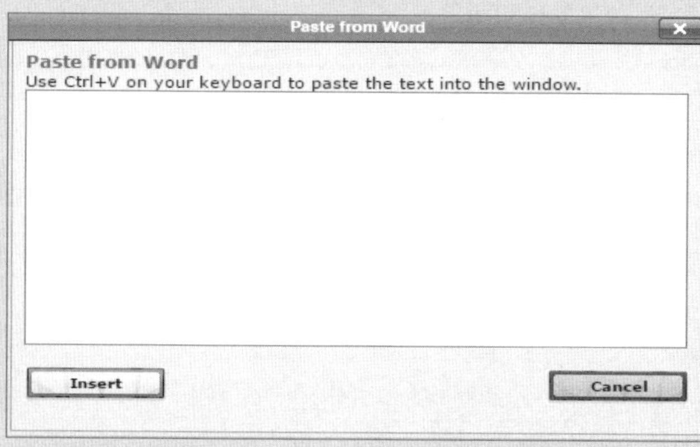 **Abbildung 11.23** Magento kann alle durch Word übermittelten Formatierungen entfernen. Daher sollten Sie, wenn Sie einen Text aus Word einfügen möchten, immer diesen Button verwenden und den Text zuerst in die Textbox, die Sie in Abbildung 11.23 sehen, einfügen. Magento wird daraufhin alle Word-Formatierungen, die nicht den eigentlichen Text betreffen, entfernen, sodass tatsächlich nur der Text eingefügt wird.

Icon	Funktion
Find	Erweiterte Suchfunktion, mit deren Hilfe Sie den Inhalt des WYSIWYG-Editors durchsuchen können.
Find/Replace	Mit dieser Funktion können Sie nach beliebigen Wörtern bzw. einem ganzen Text suchen und diesen automatisch durch andere Inhalte ersetzen. Die Funktion kennen Sie sicherlich aus anderen Programmen wie Microsoft Word oder von Texteditoren wie Notepad++.
Insert/Remove Bulleted List	Erlaubt das Einfügen einer nicht nummerierten Liste.
Insert/Remove Numbered List	Fügt eine nummerierte Liste ein.
Decrease Indent	Verkleinert den Zeileneinzug. Das heißt, falls ein Zeileneinzug vorhanden ist, werden Texte oder Grafiken nach links geschoben.
Increase Indent	Erhöht den Zeileneinzug, wodurch Texte oder Grafiken nach rechts geschoben werden.
Block-Quote	Formatiert den ausgewählten Text als Zitat.
Undo	Macht eine Änderung rückgängig. Als Tastenkombination können Sie alternativ `Ctrl` + `Z` verwenden.
Redo	Nimmt die rückgängig gemachte Änderung zurück. Als Tastenkombination können Sie alternativ `Ctrl` + `Y` verwenden.
Insert/Edit Link	Das Icon wird nur dann aktiv, wenn Sie im Editor einen Textabschnitt oder ein Bild markiert haben. Mit einem Klick können Sie das markierte Element verlinken. Magento öffnet dazu ein neues Fenster, in dem Sie die Ziel-URL hinterlegen können. Sie haben dabei die Wahl, ob sich die verlinkte Seite in einem neuen Fenster oder im aktuellen Fenster öffnet.
Unlink	Löscht die Verlinkung markierter Inhalte.
Insert/Edit Anchor	Erlaubt das Einfügen eines Anchor-Tags. Einen Anchor-Tag benötigen Sie immer dann, wenn Sie innerhalb einer in der Regel recht langen Seite verschiedene Abschnitte verlinken möchten. Diese zu verlinkenden Abschnitte müssen zuerst mit einem solchen Anchor-Tag gekennzeichnet werden.

Icon	Funktion
Insert/Edit Image	Neben dem reinen Text können Sie in die Seite natürlich auch Grafiken einfügen. Soweit ist dies an dieser Stelle unspektakulär, denn wenn Sie auf dieses Icon klicken, öffnet sich ein neues Fenster, und Sie können den Link zum Bild hinterlegen, einen Alt-Tag definieren etc. An dieser Stelle können Sie letztendlich alles einstellen, was bei einem Bild relevant sein könnte. Interessant ist an dieser Stelle jedoch der Button neben der Image-URL. Wenn Sie auf diesen klicken, öffnet sich ein weiteres Fenster wie in Abbildung 11.24.  **Abbildung 11.24** Magento besitzt eine vollständige Grafikverwaltung. Sie können mithilfe von Unterordnern alle Uploads strukturieren. Sie landen nämlich im Magento-Medienspeicher. Magento erlaubt Ihnen die Strukturierung und den Upload von Grafiken mithilfe genau dieses Medienspeichers. Sie können Ordner und Unterordner anlegen, in diese Verzeichnisse beliebig viele Dateien hochladen und anschließend, wenn Sie eine Grafik in den Inhalt einfügen möchten, genau auf diesen Medienspeicher zugreifen. Das ist praktisch, da Sie nicht parallel mit einem FTP-Client Bilder und Grafiken hochladen müssen, sondern dies bequem über diese Oberfläche erledigen können. Die Funktion nimmt Ihnen also viel Arbeit ab und optimiert und den gesamten Grafik-Management-Prozess.
Clean up Messy Code	Korrigiert fehlerhafte bzw. unvollständige HTML-Codes, die sich gegebenenfalls durch Copy & Paste eingeschlichen haben.

<table>
<tr><th>Icon</th><th>Funktion</th></tr>
<tr><td>Help</td><td>Öffnet ein »Über Uns«-Fenster der Entwickler des WYSIWG-Editors. Für Sie dürfte dieser Button keinen wirklichen Nutzen haben.</td></tr>
<tr><td>Edit HTML Source</td><td>Wenn Sie direkt in den HTML-Code eingreifen und diesen bearbeiten möchten, können Sie entweder den gesamten WYSIWYG-Editor deaktivieren oder auf diesen Button drücken. Anschließend öffnet sich, wie Sie in Abbildung 11.25 sehen, ein neues Fenster samt Quellcode des Inhalts. Den Quellcode können Sie an dieser Stelle direkt editieren und abspeichern.
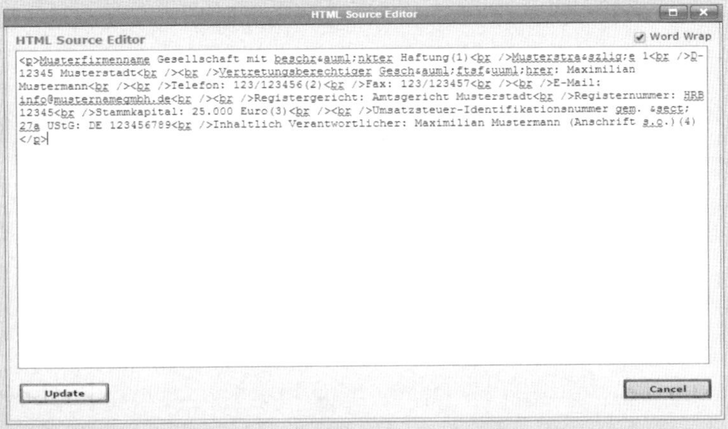

Abbildung 11.25 Alternativ zur grafischen Eingabe können Sie Ihren Wunschinhalt auch direkt als HTML-Code hinterlegen.</td></tr>
<tr><td>Select Text Color</td><td>Ermöglicht Ihnen die Auswahl der Textfarbe. Neben vordefinierten Farben können Sie mithilfe eines Pickers bzw. einer Palette einen beliebigen Farbcode auswählen.</td></tr>
<tr><td>Select Background Color</td><td>Ermöglicht Ihnen die Auswahl der Hintergrundfarbe eines Texts.</td></tr>
</table>

Mit dieser letzten Farbauswahl haben Sie auch die zweite Reihe samt allen Funktionen einmal im Detail gesehen. Eine ganz klare Fokussierung gibt es nicht, primär sind jedoch Funktionen erhalten, die das Einfügen von Inhalten bzw. Grafiken ermöglichen. Zudem verstecken sich weitere Formatierungsmöglichkeiten sowie die Listenfunktionen in der zweiten Zeile. Werfen Sie nun einen Blick auf die nächste Zeile.

Zeile 3

Icon	Funktion
Insert/Edit Table	Um einen Text zu strukturieren und beispielsweise zweispaltig darzustellen, können Sie Tabellen verwenden. Aber auch für die klassische Abbildung einer Tabelle steht diese Funktion zur Verfügung. Wenn Sie auf diesen Button klicken, öffnet sich ein neues Fenster, in dem Sie Spalten, Zeilen, Abstände, Farben etc. definieren können.
Table Row Properties	Erlaubt, sofern eine Tabelle vorliegt, die Änderung einer Zeile. Beispielsweise könnten Sie eine Hintergrundfarbe hinterlegen.
Table Cell Properties	Mithilfe dieser Funktion können Sie die Eigenschaften einer Zelle editieren. Voraussetzung hierfür ist eine bereits vorhandene Tabelle.
Insert Row Before	Fügt eine neue Zeile über der markierten ein.
Insert Row After	Fügt eine neue Zeile unter der markierten ein.
Delete Row	Löscht eine markierte Zeile.
Insert Column Before	Fügt eine neue Spalte vor der markierten ein.
Insert Column After	Fügt eine neue Spalte nach der markierten ein.
Delete Column	Löscht eine markierte Spalte.
Split Merged Table Cells	Sofern Sie zwei Zeilen miteinander verbunden haben, können Sie, wenn Sie auf diesen Button drücken, diese Zeile wieder in zwei Zeilen trennen.
Merge Table Cells	Verbindet zwei bestehende Zeilen.
Insert Horizontal Line	Fügt eine horizontale Linie auf ganzer Breite ein.
Remove Formatting	Entfernt vorhandene Formatierungen eines markierten Texts.

Icon	Funktion
Show/Hide Guide-lines/Invisible Elements	Dieser Button fungiert als eine Art Umschalter. Sie können damit unsichtbare Elemente anzeigen bzw. ausblenden. Ein unsichtbares Element könnte beispielsweise eine Tabelle mit transparentem Gitter sein (Gitter werden, sofern keine Farbe definiert ist, als transparent gekennzeichnet und leicht angedeutet).
Subscript	Formatiert den markierten Text und stellt diesen tiefer.
Superscript	Formatiert den markierten Text und stellt diesen höher.
Insert Special Character	Erlaubt Ihnen das Einfügen von Sonderzeichen. Magento öffnet dafür, wie Sie in Abbildung 11.26 sehen, ein neues Fenster. Darin können Sie beliebige Sonderzeichen auswählen und in den Text einfügen. 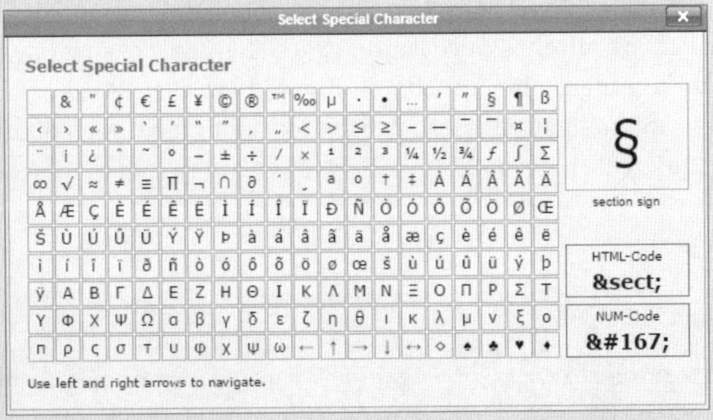 **Abbildung 11.26** Magento bietet für das Einfügen von Sonderzeichen eine spezielle Maske und stellt verschiedenste Sonderzeichen zur Verfügung.
Insert/Edit Embedded Media	Diese Option stellt eine große Auswahl an einzufügenden Inhalten bereit. Beispielsweise können Sie ein iFrame oder auch ein Flash-Element sowie ein HTML5-Video einfügen. Sobald Sie daher einen komplexeren Medientyp, im Prinzip alles außer einem Bild, einfügen möchten, sollten Sie sich diese Funktion im Detail anschauen.
Insert Horizontal Line	An dieser Stelle werden Sie jetzt vermutlich aufschreien, denn eine horizontale Linie konnten Sie doch bereits mit einem anderen Button einfügen. Richtig, doch bietet Ihnen diese Funktion zusätzliche Features. So können Sie die Breite und Höhe dieser horizontalen Linie definieren und auch einen Schatten erzeugen.

Icon	Funktion
Direction Left to Right	Lässt den Textfluss links beginnen, so wie Sie es von der lateinischen Schrift her gewohnt sind (Standardeinstellung).
Direction Right to Left	Mit dieser Option können Sie den Textfluss abändern, sodass Texte von rechts nach links fließen. Im Arabischen beispielsweise ist dies die normale Schreibrichtung.
Toggle Full Screen Mode	Der WYSIWYG-Editor wird bildschirmfüllend dargestellt. Andere Elemente, die zum Magento-Backend zählen, werden komplett ausgeblendet, wodurch die Texteingabe und die Hinterlegung der Texte primär im Vordergrund stehen.

Die dritte Zeile, in der Sie sich gerade befinden, enthält ein buntes Sammelsurium an verschiedensten Funktionen und Möglichkeiten. Ein spezielles Augenmerk sollten Sie in dieser Zeile sicherlich auf die Tabellen-Funktionalitäten legen. Denn bei der täglichen Content-Pflege werden Sie sicherlich das eine oder andere Mal in die Situation kommen, eine Tabelle einfügen, bzw. die Tabelle als Gestaltungsmittel zweckentfremden zu müssen. Werfen Sie daher jetzt noch einen Blick in die vierte und letzte Zeile.

Zeile 4

Icon	Funktion
Insert New Layer	Fügt eine Ebene hinzu. Bei einer Ebene handelt es sich um einen Abschnitt, der beispielsweise über einem Bild oder einem Text liegen kann. Sie können mittels Layer also Grafiken überlappen lassen bzw. Texte frei platzieren.
Move Forward	Rückt das Layer in der Ebenenhierarchie nach oben bzw. nach vorn, d. h., Sie stellen das Element weiter in den Vordergrund.
Move Backward	Stellt das Layer eine Ebene nach unten bzw. das Element nach hinten.
Toggle Absolute Positioning	Entfernt die absolute Positionierung des Layers. Dadurch kann sich das Layer nicht über ein anderes Element schieben. Die absolute Positionierung können Sie mit diesem Button jedoch auch wieder aktivieren.

Icon	Funktion
Edit CSS Style	Erlaubt das Einfügen von CSS-Code. Bei CSS handelt es sich um Style-Informationen, mit denen Sie das Aussehen der Seite oder von Elementen, die in der Seite integriert sind, verändern können. Magento bietet Ihnen hier umfangreiche Möglichkeiten, wie Sie in Abbildung 11.27 sehen. 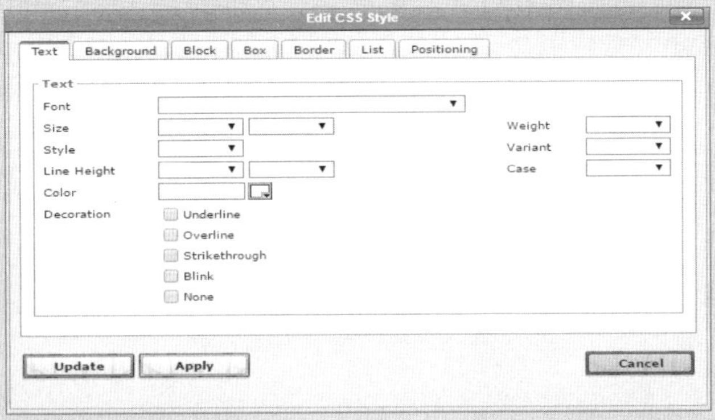 **Abbildung 11.27** CSS-Informationen können mittels einfacher Eingabemaske hinterlegt werden.
Citation	Formatiert einen Text als Zitat und stellt weiterführende Optionen hinsichtlich der Formatierung bereit.
Abbreviation	Verhält sich ähnlich wie das vorherige Element, nur dass hierbei kein Zitat, sondern eine Abkürzung gemeint ist.
Acronym	Formatiert Text als Akronym.
Deletion	Durchstreicht Text und gibt Ihnen Gelegenheit, weitere Informationen zu hinterlegen. Die Funktion erlaubt Ihnen sozusagen, etwas als »gelöscht« darzustellen.
Insertion	Sozusagen das Gegenteil von »Deletion«. Hiermit können Sie einen Text als eingefügten Text kennzeichnen.
Insert/Edit Attributes	Fügt ein Element hinzu, das aus einer CSS-Klasse oder einer Style-Formatierung bestehen kann.
Show/Hide Visual Control Characters	Aktiviert oder deaktiviert die Sichtkontrollzeichen.
Insert Non-Breaking Space Character	Fügt einen leeren Absatz hinzu. Diesen können Sie zur Formatierung von Texten verwenden.
Insert Page Break for Printing	Ergänzt einen Umbruch, der speziell für die Druckansicht gilt.

Je weiter Sie mit den Zeilen nach unten gewandert sind, desto exotischer sind die Funktionen geworden. Sie sehen dies anhand der vierten und letzten Zeile. Die dort versammelten Funktionen und Möglichkeiten werden Sie in der Praxis erfahrungsgemäß eher seltener verwenden. Magento hat innerhalb des WYSIWYG-Editors sozusagen die wichtigen Funktionen weit oben und die weniger wichtigen Funktionen unten positioniert.

Egal, welche Formatierung Sie mittels WYSIWYG-Editor einfügen möchten, Magento hat, zumindest in 99 % aller Fälle, die entsprechende Lösung parat. Wie Sie auf den vergangenen Seiten gesehen haben, ist der grafische Editor enorm umfangreich und bietet Ihnen eine Vielzahl von Formatierungsoptionen. Sollten Sie dennoch an die Grenzen stoßen, haben Sie immer die Möglichkeit, HTML- oder CSS-Code direkt einzufügen. Somit werden Sie im Prinzip nie an die Grenzen des Möglichen kommen und können alle Ihre Anforderungen und Wünsche mithilfe des integrierten WYSIWYG-Editors umsetzen.

11.5 Bewertungen als »User Generated Content«

Neben Inhalten, die Sie hinterlegen, existiert in Magento zudem der sogenannte *User Generated Content*, sprich Inhalte, die nicht von Ihnen erstellt werden, sondern von den Nutzern und Kunden Ihres Online-Shops. User Generated Content ist per se eine tolle Sache. Da Suchmaschinen wie Google Inhalte verlangen und inhaltsstarke Online-Shops besser bewerten als inhaltsschwache – alle Online-Marketing-Experten verzeihen mir an dieser Stelle diese enorm vereinfachte Darstellung –, sollten Sie so viel Inhalte wie möglich im Frontend abbilden. Da die Produktion von Inhalten jedoch Zeit und Geld kostet, können Sie nicht einfach auf Knopfdruck eine Vielzahl von Texten erstellen. An dieser Stelle hilft der von Nutzern erstellte Inhalt, da eben viele Nutzer auch viele Inhalte produzieren können. Das hilft bei der organischen Suchmaschinenoptimierung und steigert, das werden Sie auf den folgenden Seiten sehen, im besten Fall sogar die Conversion Rate. Magento 2 spielt im Gegensatz zu seinem Vorgänger nur noch an einer Stelle die User-Generated-Content-Karte. Es handelt sich hierbei um die Produktbewertungen, die von Nutzern erstellt werden können. Die in Magento 1 vorhandenen Schlagworte, auch Tags genannt, existieren hingegen nicht mehr. Das ist jedoch halb so tragisch, da die Tags in der Praxis sowieso nie genutzt wurden. Was hingegen genutzt werden sollte, sind Produktbewertungen. Nicht nur unter dem Aspekt der Suchmaschinenoptimierung, sondern auch als Anreiz für andere Nutzer, ein gut bewertetes Produkt zu kaufen. Werfen Sie nun einen Blick auf die verschiedenen Funktionen und Möglichkeiten sowohl im Backend als auch im Frontend.

11.5.1 Bewertungskriterien definieren

Um sauber mit Kundenbewertungen zu arbeiten, müssen Sie im ersten Schritt die Bewertungskriterien definieren. Denn wenn ein Kunde ein Produkt bewertet, erfolgt die Bewertung immer anhand von Kriterien, die Sie selbst festlegen können. Zusätzlich, das werden Sie auf den nächsten Seiten noch sehen, gibt es auch ein Freitextfeld, in dem noch ein Kommentar hinterlegt werden kann. Dreh- und Angelpunkt sind jedoch die angesprochenen Kriterien.

Um Bewertungskriterien in Magento zu verwalten, melden Sie sich zuerst mit Ihren persönlichen Zugangsdaten im Magento-Backend an. Sobald Sie angemeldet sind, klicken Sie bitte auf SHOPS • ATTRIBUTE • BEWERTUNG. Sie erkennen es bereits am Naming – für Magento sind Bewertungskriterien nichts anderes als Attribute, ähnlich wie bei einem Produkt. Nur dass diese Attribute eben dem Datensatz »Bewertung« zugeordnet sind und nicht einem Produkt. Sobald Sie die Ansicht Bewertung aufgerufen haben, sehen Sie eine Liste mit allen angelegten Kriterien. Zu Ihrer Verblüffung dürfte diese Liste bereits Einträge enthalten. Magento legt direkt nach der Installation drei Bewertungskriterien in Ihrem System an. Bei diesen Kriterien handelt es sich um den Preis, die Qualität und den Wert, wobei hiermit der Nutzen gemeint ist. Da die Bezeichnungen allesamt englisch sind, öffnen Sie an dieser Stelle den Eintrag PRICE und editieren ihn. Dadurch werden Sie die Funktionsweise kennenlernen und können zudem direkt die notwendige Übersetzung vornehmen.

Sobald Sie auf den Eintrag Price geklickt haben, werden Sie zur Bearbeitungsmaske weitergeleitet. Die Bearbeitungsmaske ist prinzipiell deckungsgleich mit der Ansicht, die Magento Ihnen anzeigt, wenn Sie ein neues Kriterium anlegen. Im ersten Schritt müssen Sie den BEWERTUNGSTITEL hinterlegen. Hierfür gibt es einen STANDARDWERT, der unabhängig von möglichen Store Views, also Sprachen, festgelegt werden kann. Da bei Ihnen ebenfalls der Wert Price beim Standardwert hinterlegt ist, ändern auch Sie diesen Wert bitte in Preis ab. Nach der Benennung müssen Sie im nächsten Schritt noch die BEWERTUNGSSICHTBARKEIT festlegen. Mithilfe dieser Option definieren Sie, in welchem Store View und somit auch in welcher Website das Bewertungskriterium zur Verfügung steht. Sie müssen daher ein Bewertungskriterium nicht global freischalten und in jedem Store View bereitstellen, sondern können es ganz individuell festlegen. Last, but not least definieren Sie in den beiden letzten Feldern den Status und geben an, ob das Bewertungskriterium aktiviert bzw. deaktiviert ist. Ebenso können Sie eine Sortierreihenfolge festlegen, d. h. an dieser Stelle eine Priorisierung hinterlegen. Wie auch bei den vorherigen Priorisierungen verwendet Magento das Kriterium mit der geringsten Priorität zuerst. Speichern Sie das Bewertungskriterium ab, und übersetzen Sie die zwei weiteren Kriterien. Die Vorgehensweise ist hierbei identisch mit zuvor beschriebenen. Erstellen Sie zudem ein neues Kriterium, indem Sie auf den Button NEUE BEWERTUNG HINZUFÜGEN klicken. Beim STANDARDWERT hinterlegen Sie bitte den Wert »Verpackung«, bei der SICHTBAR-

KEIT Ihren einzig vorhandenen Store View, und setzen Sie zudem den Haken bei IST AKTIV. Nachdem Sie Ihr neues Bewertungskriterium gespeichert haben, sollte die Übersicht wie bei mir in Abbildung 11.28 aussehen.

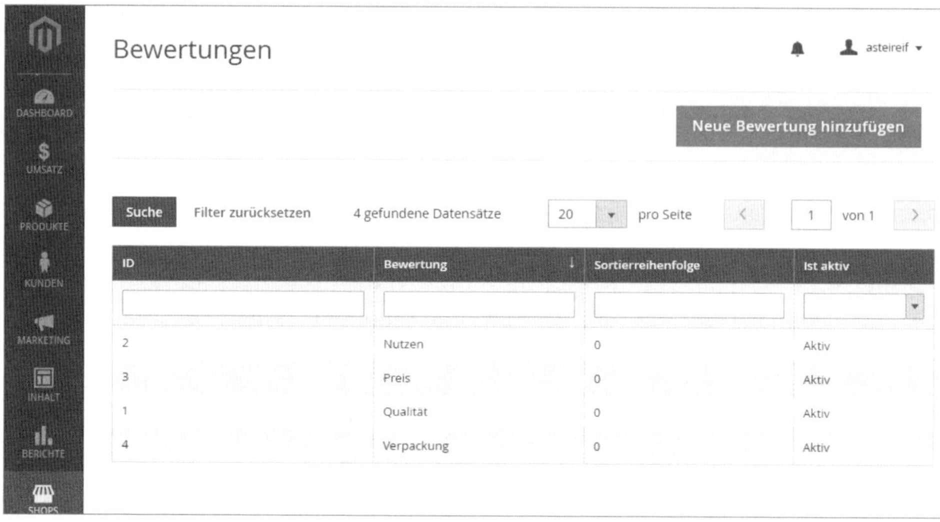

Abbildung 11.28 Nachdem Sie alle Bewertungskriterien abgeändert und ein neues erstellt haben, sollte Ihre Tabelle wie in dieser Abbildung aussehen.

Sie haben damit erfolgreich bestehende Kriterien bearbeitet und ein neues Kriterium erstellt, mehr müssen Sie an dieser Stelle gar nicht unternehmen. Sie sehen also, wie einfach und simpel die Verwaltung der Bewertungskriterien in Magento realisiert ist.

11.5.2 Eine neue Bewertung schreiben

Wie Sie Kriterien definieren können, haben Sie nun gesehen. Doch wie können überhaupt Produktbewertungen geschrieben werden? Rufen Sie hierzu das Frontend auf, und wählen Sie ein bestimmtes Produkt aus. Ich entscheide mich an dieser Stelle erneut für mein Lieblingsprodukt »Bratpfanne Martina«, das Sie unter *http://www.foodbaer.de/bratpfanne-martina.html* aufrufen können. Auf der Produktdetailseite angekommen, scrollen Sie bitte nach unten zum Tab BEWERTUNGEN, den Sie auch in Abbildung 11.29 sehen.

In diesem Tab sehen Sie nun alle von Ihnen definierten Kriterien wie die Verpackung, den Preis, den Nutzen sowie die Qualität. Die Reihenfolge der Kriterien entspricht der hinterlegten Priorisierung. Bei jedem Kriterium können Sie jetzt in Form eines Sterns, den Sie hinterlegen, eine Bewertung vornehmen, wobei Sie 1 bis 5 Sterne vergeben können. Da ich mit dem Produkt super zufrieden bin, hinterlege ich bei jedem Kriterium 5 Sterne. Zudem müssen Sie einen NICKNAME, also einen Spitznamen, definieren. Dieser wird bei der Bewertung im Frontend angezeigt, daher müssen Sie nicht zwangsläufig Ihren richtigen Namen verwenden, sondern können auf ein Pseudonym zurückgreifen. An dieser Stelle bin ich jedoch ehrlich und hinterlege meinen richtigen Namen. Bei der ZUSAMMENFASSUNG, hierbei handelt es sich um das nächste Feld, ist ein Titel zu hinterlegen und bei der BEWERTUNG ein Beschreibungstext. Wenn Sie an dieser Stelle ebenfalls eine Bewertung erstellen, hinterlegen Sie in diesen beiden Feldern beliebige Freitexte, Vorgaben möchte ich Ihnen an dieser Stelle nicht machen. Haben Sie alle Felder ausgefüllt, klicken Sie bitte auf BEWERTUNG ABSCHICKEN. Magento übermittelt daraufhin die Bewertung, schaltet diese aber noch nicht direkt frei. Bewertungen müssen, das ist zumindest die Standardkonfiguration, zuerst immer vom Shop-Betreiber geprüft und freigegeben werden. Direkt nach der Erstellung einer Bewertung erscheint diese nicht sofort im Frontend!

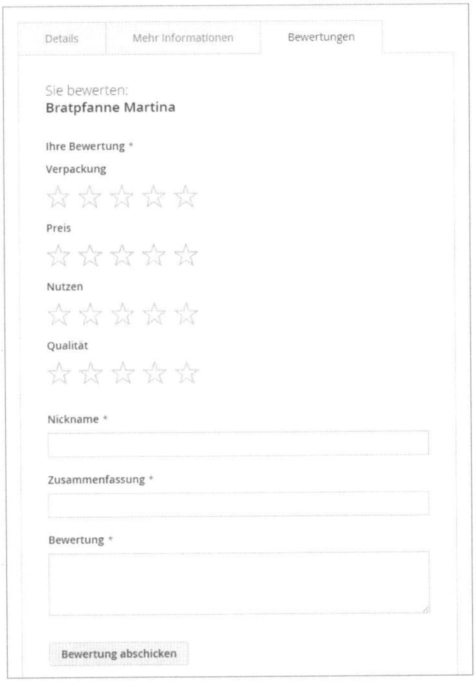

Abbildung 11.29 Bewertungen können direkt auf der Produktdetailseite erstellt werden.

Bewertungen können ebenfalls im Backend erstellt werden

Der von mir beschriebene Weg, dass ein Benutzer im Frontend eine Bewertung erstellt, ist sicherlich der Standard und trifft in 99 % der Fälle zu. Sie können jedoch auch im Backend Bewertungen anlegen und veröffentlichen. Dies ist aber nur bedingt sinnvoll, denn dann würden Sie selbst Ihre eigenen Produkte bewerten, was Sie ja nicht tun sollten. Gedacht ist die Möglichkeit innerhalb des Backends, falls Ihnen ein Nutzer per E-Mail eine Bewertung zusendet und Sie diese für ihn ins System übertragen sollen.

11.5.3 Vorhandene Bewertungen prüfen und freigeben

Wie geben Sie nun vorhandene Bewertungen frei, damit diese im Frontend erscheinen? Springen Sie hierfür zurück in das Magento-Backend, und melden Sie sich, falls Sie abgemeldet sind, bitte mit Ihren persönlichen Zugangsdaten an. Klicken Sie anschließend auf MARKETING • USER CONTENT • BEWERTUNGEN. Magento zeigt Ihnen daraufhin eine Tabelle mit allen im System vorhandenen Bewertungen an. An dieser Stelle müsste nun die von Ihnen erstellte Bewertung auftauchen. Klicken Sie auf diese, um zur Detailansicht zu gelangen. Sie können hierfür entweder auf den Link BEARBEITEN klicken oder auf die gesamte Zeile des Datensatzes.

Nach diesem Klick landen Sie in der Detailansicht dieser Bewertung. Magento zeigt Ihnen oben nochmals an, welches Produkt bewertet wurde. In meinem Fall ist es das Produkt »Bratpfanne Martina«. Ebenso sehen Sie, ob ein registrierter Nutzer bzw. Gast die Bewertung abgegeben hat. Da ich vorhin innerhalb des Frontends nicht angemeldet war, wird an dieser Stelle »Gast« ausgegeben. Bewertungen durch Gäste könnten Sie übrigens über die Systemkonfiguration ausschließen, da Sie jedoch Bewertungen sowieso vor der Freigabe prüfen, können Sie auch ruhig Gäste bewerten lassen. Als nächste Felder sehen Sie die verschiedenen Bewertungen sowie die GESAMTBEWERTUNG. Die Gesamtbewertung setzt sich aus den einzelnen Bewertungen zusammen und ergibt die Durchschnittsnote. Sofern Sie möchten, hätten Sie an dieser Stelle die Möglichkeit, die Bewertungen zu editieren – das sollten Sie aber aus Transparenzgründen tunlichst vermeiden.

Im nächsten Feld STATUS können Sie jetzt die Bewertung veröffentlichen, indem Sie den Wert von AUSSTEHEND auf GENEHMIGT setzen. Sie können alternativ den Status auch auf NICHT GENEHMIGT setzen. Dann würde die Bewertung im Frontend nie veröffentlicht werden, und Sie könnten innerhalb des Backends immer nach diesen Bewertungen filtern, die wohl gegen Ihre Richtlinien verstoßen und daher nicht veröffentlicht werden dürfen. Nach dem Status definieren Sie zudem noch die SICHTBARKEIT, d. h., in welchen Store Views diese Bewertung angezeigt werden soll. Im Standard ist immer der Store View ausgewählt, in dem die Bewertung abgegeben wurde. Dementsprechend wird bei Ihnen nun Ihr einzig vorhandener Store View ausgewählt sein. Haben Sie später einmal mehrere deutschsprachige Store Views, z. B. für die Schweiz und Österreich, so können Sie natürlich die in Deutschland abgegebene Bewertung für diese ebenfalls freischalten. In diesem Kontext würde das auch sinnvoll sein, da die Nutzer in diesen Ländern die Bewertung auch verstehen könnten. Belassen Sie an dieser Stelle jedoch die von Magento getroffene Auswahl, und scrollen Sie weiter nach unten. Abschließend haben Sie die Möglichkeit, den Nickname, den Titel sowie die Beschreibung der Bewertung zu editieren. Ich denke, diese Felder sind so weit selbsterklärend, und wenn Sie Änderungen und Anpassungen vornehmen möchten, können Sie dies an dieser Stelle tun. Klicken Sie nun auf den Button BEWERTUNG SPEICHERN.

Nachdem Sie die Bewertung gespeichert haben, steht diese automatisch im Frontend zur Verfügung! In der Praxis müssen Sie beim Freischalten einer Bewertung an sich nur den Status anpassen und auf den SPEICHERN-Button drücken. Auch wenn Sie alle anderen Werte anpassen und editieren könnten, werden Sie dies in der Praxis nicht tun, da Sie ja nicht einfach den Inhalt einer Bewertung editieren können. Das Benutzer-Feedback wäre anschließend vermutlich vernichtend!

11.6 E-Mails

Als letzten Baustein im Bereich der Inhalte und des Content Managements existieren in Magento noch E-Mails. E-Mails werden an den verschiedensten Stellen im System versendet, z. B. bei einer Kundenregistrierung oder einer Bestellung. Als Shop-Betreiber haben Sie selbstverständlich die Möglichkeit, alle im System vorhandenen E-Mails zu editieren und sowohl das Aussehen als auch den Inhalt zu bestimmen.

Theoretisch müssen Sie nach der Installation von Magento keine einzige E-Mail anlegen, da für alle Events bereits Standard-E-Mails vorhanden sind. Das heißt, Magento würde auch ohne Ihr Eingreifen an dieser Stelle E-Mails, beispielsweise bei einer Rechnung, versenden können. Dank der deutschen Lokalisierung, die Sie installiert haben, sind diese E-Mails zudem bereits übersetzt. Dennoch haben Sie die Möglichkeit, die bereits im System existenten E-Mails zu überschreiben und somit den Inhalt oder auch die Optik zu bearbeiten. Sie überschreiben, das werden Sie noch sehen, aber nicht die im System vorhandenen E-Mails, sondern legen neue E-Mails an und teilen Magento mit, die von Ihnen angelegten E-Mails und nicht die bereits existenten zu verwenden. Diese Vorgehensweise ist recht praktisch, denn wenn einmal bei einer selbst angelegten E-Mail etwas schiefgeht, können Sie einfach wieder auf den System-Standard zurückwechseln.

Was Sie nun im Detail machen müssen, um eine eigene E-Mail zu erstellen, sehen Sie auf den folgenden Seiten.

11.6.1 Eine neue E-Mail auf Basis einer Vorlage erstellen

Melden Sie sich am Magento-Backend an, und klicken Sie auf MARKETING • KOMMUNIKATION • E-MAIL VORLAGEN. Sie werden daraufhin eine komplett leere Tabelle sehen, da Sie aktuell noch keine eigenen E-Mails angelegt haben. So weit, so gut, klicken Sie bitte auf den Button NEUE VORLAGE HINZUFÜGEN. Daraufhin gelangen Sie zu einer neuen Maske, die wie in Abbildung 11.30 aussieht.

Im ersten Schritt, das ist zumindest die empfohlene Vorgehensweise, können Sie eine bestehende E-Mail-Vorlage auswählen. Es ist definitiv einfacher die eigene E-Mail auf Basis einer Vorlage zu erstellen, als komplett bei null anzufangen. Da ich persönlich die »Passwort vergessen«-E-Mail bearbeiten möchte, wähle ich nun im Feld VORLAGE den Eintrag »Passwort vergessen« aus. Wenn Sie sich die Einträge des Dropdown-Menüs VORLAGE anschauen, werden Sie vermutlich zuerst von der Anzahl der Einträge erschlagen werden. In Magento existieren sehr viele E-Mails, und an sich können Sie an dieser Stelle auf jede dieser E-Mails zurückgreifen. Das macht die Sache nicht wirklich übersichtlich, und speziell am Anfang ist es etwas tricky zu verstehen, welche E-Mail zu welchem Event gehört, also an welchem Zeitpunkt versendet wird. An dieser Stelle müssen Sie auch wieder, das ist zumindest meine Empfehlung, in den Trial-and-Error-Modus wechseln. Klicken Sie, nachdem Sie die Vorlage ausgewählt haben, auf den Button VORLAGE LADEN.

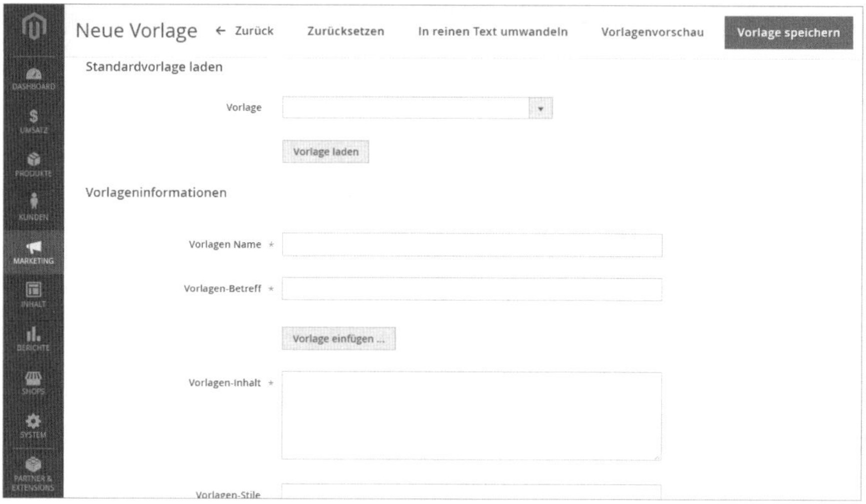

Abbildung 11.30 Bei der Anlage einer neuen E-Mail können Sie auf bestehenden Vorlagen aufbauen.

Daraufhin ändern sich die Informationen in der unteren Bildschirmhälfte wie folgt. Bei der derzeitigen Verwendung wird bestimmt, an welcher Stelle der Systemkonfiguration diese E-Mail definiert wird. Das ist für den späteren Verlauf noch wichtig, an dieser Stelle können Sie diese Informationen erst einmal ignorieren. Im Feld VORLAGEN NAME können Sie nun einen individuellen Titel für die von Ihnen erstellte E-Mail definieren. Ich hinterlege den Wert »Neue Passwort vergessen E-Mail«, an dieser Stelle können Sie aber auch gerne einen individuellen Titel hinterlegen. Der VORLAGEN-BETREFF ist später der Text, der in der Betreffzeile verwendet wird. Magento hat an dieser Stelle den Text aus der von Ihnen gewählten Vorlage geladen. Dieser Text wirkt etwas kryptisch:

```
{{trans "Reset your %store_name password" store_name=
$store.getFrontendName()}}
```

Listing 11.3 Magento unterstützt in E-Mails direkt Übersetzungsvariablen.

Das liegt an der Nutzung von Übersetzungsvariablen. Wenn Sie später z. B. 10 Sprachen in Ihrem Online-Shop haben, müssen Sie keine 10 E-Mails anlegen, sondern definieren eine E-Mail. Diese enthält Übersetzungsvariablen, die Sie an anderer Stelle pflegen können. Dadurch erzielen Sie zwar eine höhere Übersichtlichkeit in Bezug auf alle E-Mails, die Pflege der Inhalte der E-Mails wird aber ein wenig erschwert. Lassen Sie sich davon jedoch nicht irritieren, ich möchte an dieser Stelle das große Fass der Übersetzungen auch gar nicht aufmachen. Schreiben Sie einfach vor den Anfang `{{trans` das Wort »Test«, sodass Ihre Zeile wie folgt aussieht:

```
Test {{trans "Reset your %store_name password"
store_name=$store.getFrontendName()}}
```

Listing 11.4 Statt Übersetzungsvariablen können Sie auch einen beliebigen Text hinterlegen.

11

Nach dem Vorlagen-Betreff folgt ein Button namens VORLAGE EINFÜGEN..., hierbei handelt es sich leider um einen Übersetzungsfehler. Gemeint ist an dieser Stelle das Wort *Variable* und nicht *Vorlage*. Die Variablen haben Sie bereits auf den vorherigen Seiten kennengelernt, daher möchte ich sie an dieser Stelle gar nicht weiter thematisieren. Zur Auswahl stehen neben den Systemvariablen natürlich auch die von Ihnen angelegten individuellen Variablen. Diese können Sie problemlos in E-Mails verwenden und integrieren, übrigens ganz im Gegensatz zu statischen Blöcken. Um diese in E-Mails einzubinden, ist etwas Entwicklungsaufwand notwendig.

Richtig spannend wird es nun im nächsten Feld namens VORLAGEN-INHALT, das Sie auch in Abbildung 11.31 sehen.

Abbildung 11.31 Bei der Bearbeitung des E-Mail-Inhalts steht kein WYSIWYG-Editor zur Verfügung.

Wie Sie auf den ersten Blick sehen, steht für die Bearbeitung des Inhalts kein grafischer Editor zur Verfügung. An dieser Stelle müssen Sie direkt im HTML-Code arbeiten, weswegen ich Ihnen an dieser Stelle auch nicht zu viel zeigen möchte. Vermutlich sind Sie kein Webentwickler und deuten daher Abbildung 11.31 als böhmisches Dorf. Wie auch schon beim Vorlagen-Betreff hat Magento, basierend auf der von Ihnen ausgewählten Vorlage, den Inhalt der Vorlage in den Bereich »Vorlagen-Inhalt« geladen. Das heißt, das ist der Inhalt der Standard-E-Mail, falls ein Nutzer ein neues Passwort anfordert bzw. auf den »Passwort vergessen«-Link klickt. Der E-Mail-Inhalt selbst enthält neben Text auch Verweise auf den Header und den Footer der E-Mails, d. h., gewisse Design- und Layout-Elemente lassen sich auch in E-Mails auslagern und können zentral verwaltet werden. Lassen Sie sich an dieser Stelle jedoch nicht von all den Informationen erschlagen, und fügen Sie einfach nach der Zeile

```
<p>{{trans "If you requested this change, set a new password here:"}}</p>
```

die folgende Zeile ein:

```
<p>Dies ist ein Test, ob Magento später die richtige E-Mail versendet!</p>
```

Abschließend haben Sie im letzten Feld namens Vorlagen-Stile noch die Möglichkeit, CSS-Informationen zu hinterlegen, was Sie jedoch auch überspringen können. Klicken Sie auf Vorlage speichern, um die Änderungen zu übernehmen. Alternativ können Sie vor dem Speichern auch zuerst auf den Button Vorlagenvorschau klicken. Wie der Name bereits impliziert, öffnet sich daraufhin eine Vorschau, und Sie sehen eine Vorschau der E-Mail wie in Abbildung 11.32.

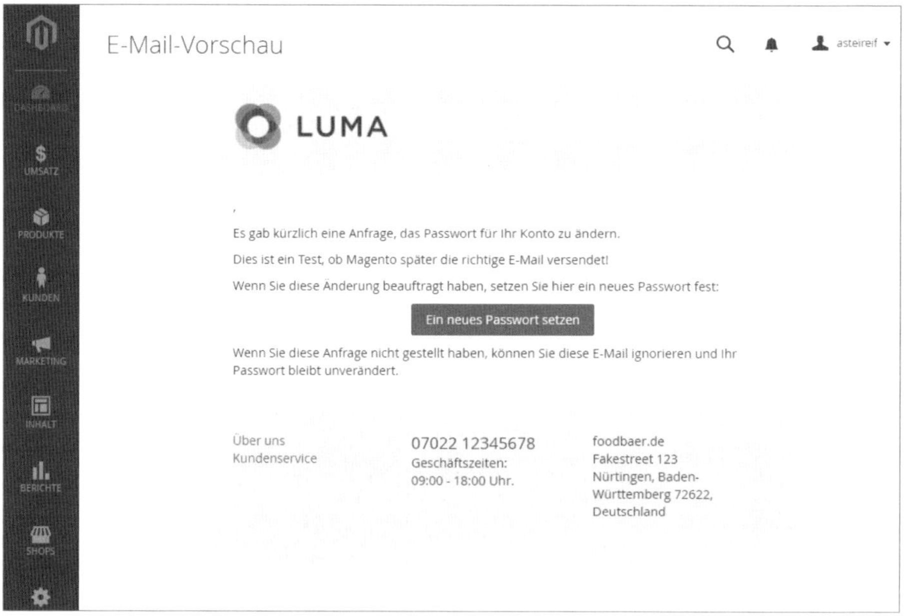

Abbildung 11.32 Die Vorlagenvorschau zeigt direkt den soeben eingefügten Text an.

Die Vorlagenvorschau, ist jedoch, abhängig von der Vorlage, oftmals nicht vollständig. Wenn Sie beispielsweise die Bestellbestätigung gestalten, fehlen in der Vorschau die Produkte, die in der E-Mail dargestellt werden, auch Bereiche wie der Rechnungsempfänger sind leer. Dadurch ist die Vorschau mehr oder weniger repräsentativ. Idealerweise testen Sie eine E-Mail immer, indem Sie sich diese E-Mail zusenden lassen, sprich die jeweilige Funktion im Frontend auslösen.

Nachdem Sie eine E-Mail angelegt haben, können Sie diese natürlich nachträglich immer noch verändern und anpassen. Nach dem Speichern werden Sie wieder in der Übersicht gelandet sein, in der Sie den soeben angelegten Datensatz sehen. Klicken Sie darauf, gelangen Sie zur Bearbeitungsmaske, und Sie können wie gewohnt bestehende Felder editieren. Ich möchte bewusst an dieser Stelle nicht nochmals diese Schleife drehen, da Ihnen das Prinzip nun sicherlich bekannt ist. Wichtig für Sie ist, daher möchte ich Ihnen diese Information noch mitgeben, dass Sie alle Felder nachträglich bearbeiten können. Das heißt, es gibt keine fixen Werte, die sich nachher nicht mehr ändern lassen, wie dies beispielsweise bei den Widgets der Fall ist.

11.6.2 Eine erstellte E-Mail-Vorlage nutzen

Auf den vorherigen Seiten haben Sie eine neue E-Mail-Vorlage angelegt. Dies ist jedoch nur die halbe Miete. Denn E-Mail-Vorlagen können Sie beliebig viele erstellen, Magento wird diese nicht automatisiert nutzen. Sie müssen Magento nun mitteilen, welche E-Mail-Vorlage bei welcher Aktion genutzt werden soll. Bei der Anlage der E-Mail-Vorlage, das haben Sie sicherlich bemerkt, konnten Sie das nicht tun, weil sich diese Option an einer anderen Stelle befindet.

Wann Magento welche E-Mail versenden soll, ist leider nicht an einem zentralen Punkt innerhalb des Backends definiert. Es kommt ganz auf die Aktion an. Um jedoch den Nutzer mit dieser Vorgehensweise nicht zu überfordern, gibt Magento bei jeder E-Mail-Vorlage auch den Konfigurationsbereich an. Klicken Sie bitte nochmals auf den Button NEUE VORLAGE HINZUFÜGEN, und wählen Sie bei der Vorlage »Passwort vergessen« aus. Anschließend drücken Sie den Button VORLAGE LADEN, sodass Magento die unten aufgeführten Eingabefelder ausfüllt. Interessant ist an dieser Stelle für Sie nun der Wert DERZEITIGE VERWENDUNG, den Sie auch in Abbildung 11.33 sehen.

Abbildung 11.33 Beim Erstellen einer neuen Vorlage gibt Magento den Konfigurationsbereich an.

Denn an dieser Stelle gibt Magento den Konfigurationsbereich, in diesem Fall den Pfad SHOPS • KONFIGURATION • KUNDEN-KONFIGURATION • PASSWORTOPTIONEN • VORLAGE FÜR VERGESSENE E-MAIL (STANDARDKONFIGURATION) an. Öffnen Sie nun bitte innerhalb des Magento-Backends genau diesen Pfad. Sie werden am Ende beim Abschnitt PASSWORTOPTIONEN landen, und genau in diesem Abschnitt können Sie im Feld VORLAGE FÜR VERGESSENE E-MAIL Ihre soeben angelegte E-Mail-Vorlage auswählen. Entfernen Sie einfach den Haken bei USE SYSTEM VALUE, und wählen Sie aus der Dropdown-Liste Ihre angelegte Vorlage aus. Zu diesem Zeitpunkt dürfte an dieser Stelle auch nur ein weiterer Eintrag vorhanden sein, es sei denn, Sie haben weitere Vorlagen angelegt. Speichern Sie anschließend die Konfiguration.

Was E-Mails und das Handling von Vorlagen betrifft, ist Magento in der Tat etwas gewöhnungsbedürftig. Die E-Mail-Vorlagen, die Sie selbst anlegen, haben keinen Bezug zur Aktion, d. h., theoretisch können Sie Ihre angelegte Vorlage auch bei der Bestellbestätigung auswählen. Magento kennt hierbei also keine Relationen. Die von Ihnen angelegten E-Mail-Vorlagen sind für Magento komplett unabhängig und liegen einfach in einem großen Datentopf. Bei welcher Aktion welche E-Mail versendet wird, ich hatte dies bereits erwähnt, wird zudem nicht zentral oder bei der E-Mail selbst definiert, sondern im jeweiligen Konfigurationsabschnitt innerhalb des Magento-Backends. Das heißt, hier müssen Sie gegebenenfalls öfters von A nach B springen, um die Konfigurationen anzupassen. Wenn Sie eine neue Vorlage anlegen wird zudem der Konfigurationsabschnitt angezeigt (diese Information fehlt übrigens, wenn Sie eine bestehende Vorlage editieren). Das erspart Ihnen ein wenig den Suchaufwand. Wenn Sie ein- bis zweimal durch diesen Prozess gegangen sind und eigene E-Mails angelegt haben, werden Sie sich relativ schnell an den von Magento vorgegebenen Workflow gewöhnen. Am Anfang ist es aber, das hatte ich erwähnt, doch etwas gewöhnungsbedürftig.

Springen Sie, um den E-Mail-Versand final zu testen, ins Frontend, und klicken Sie auf ANMELDEN. Melden Sie sich daraufhin aber nicht an, sondern klicken Sie auf den Link PASSWORT VERGESSEN?, und hinterlegen Sie Ihre E-Mail-Adresse. Daraufhin wird Ihnen Magento die »Passwort vergessen« E-Mail zuschicken, jedoch nicht die Standard-E-Mail, sondern die von Ihnen definierte Vorlage.

11.7 Fazit und Ausblick

Auch wenn Magento kein Content-Management-System ist, so bietet Magento unglaublich viele Möglichkeiten, um Inhalte zu verwalten und zu erstellen. Angefangen von verschiedenen Inhaltstypen bis hin zu einem enorm umfangreichen WYSIWYG-Editor. Magento dürfte, das ist zumindest in vielen Projekten, die ich in der Vergangenheit begleitet habe, der Fall, 90 % aller CMS-Anforderungen im Standard abdecken. Sie müssen aller Voraussicht nach, wenn Sie auf Magento setzen, daher kein zusätzliches CMS-System einführen und beide Systeme verheiraten. Das ist natürlich an dieser Stelle eine recht pauschale Aussage, da es in Ihrem konkreten Projekt anders aussehen kann, in vielen Fällen sind jedoch die umfangreichen Möglichkeiten von Magento mehr als ausreichend.

Nachdem Sie die in diesem Kapitel einen tiefen Einblick in die Content-Management-Funktionalitäten erhalten haben, werden Sie im nächsten Kapitel einen Einblick in die Möglichkeiten in Sachen Reporting erhalten. Denn Sie möchten Ihren Online-Shop später sicherlich nicht im Blindflug betreiben und weiterentwickeln, sondern auf Zahlen und Berichte setzen, um die richtigen Bereiche zu optimieren und vorhandene Probleme zu identifizieren. Lassen Sie sich daher überraschen, welche Funktionen Magento von Haus aus an Bord hat und welche externen Services Sie gegebenenfalls hinzuziehen müssen.

Kapitel 12

Berichte auswerten & Google-Dienste anbinden

Berichte zur Auswertung des Erfolgs eines Online-Shops sind für E-Commerce-Verantwortliche essenziell. Ohne ein solides Zahlenmaterial können Sie keine Probleme identifizieren, geschweige denn lösen. Was Ihnen Magento für Möglichkeiten an die Hand gibt, erfahren Sie in diesem Kapitel.

In den vielen E-Commerce-Projekten, die ich in den letzten zehn Jahren begleitet habe, gab es immer eine Gemeinsamkeit: E-Commerce-Verantwortliche haben in der Regel keine Lust, sich mit Berichten und Kennzahlen rumzuschlagen. Zugegebenermaßen kann dies auch eine etwas trockene Materie sein. Man hat als E-Commerce-Verantwortlicher einen Berg von Zahlen und muss anhand dieser Zahlen alles Mögliche ableiten und deuten. Vielen mag dies recht langweilig und unnütz erscheinen, meiner persönlichen Meinung nach ist es aber eine der wichtigsten Tätigkeiten, die beim Betrieb eines Online-Shops anfallen. Denn Zahlen lügen nicht. Wenn Sie zu wenig Besucher, d. h. zu wenig Traffic, haben, so werden Kennzahlen dies zeigen. Auch wenn Ihre Preise zu hoch oder das Produktsortiment zu schwach ist, wird sich dies in Kennzahlen widerspiegeln. Ebenso technische Probleme, fehlende Funktionen innerhalb des Online-Shops etc. An dieser Stelle könnte ich die Liste beliebig lang weiterführen und Ihnen aufzeigen, was Sie alles anhand von Kennzahlen erkennen können. Doch das ist in diesem Kapitel gar nicht mein Ziel. Vielmehr möchte ich Ihnen aufzeigen, an welche Kennzahlen Sie im Standard von Magento herankommen und welche Berichte zur Verfügung stehen.

Neben den in Magento vorhandenen Möglichkeiten möchte ich Ihnen zudem noch die Anbindung an zwei Google-Dienste praxisnah und Schritt für Schritt zeigen. Bei den Google-Diensten handelt es sich zum einen um die Webmaster Tools, mit denen Sie beispielsweise eine Sitemap an Google übermitteln, aber auch wichtige Informationen zum eigenen System abrufen können. Zum anderen handelt es sich um Google Analytics, das, wie ich Ihnen zeigen werde, einfach angebunden werden kann. Google Analytics ist, sollten Sie es nicht kennen, eine enorm umfangreiche Web-Analyse-Software, die eine Menge von Informationen erfasst und ihre einfache Auswertung erlaubt.

Am Ende des Kapitels werden Sie also sehen, welche Möglichkeiten Magento im Standard bietet und wie Sie dank Google mit zwei kostenfreien Diensten den Funktionsumfang in Sachen Reporting nochmals stark erweitern können. Wenn Sie mir in diesem Kapitel folgen und die Änderungen und Anpassungen in Ihrem eigenen System ebenfalls vornehmen, werden Sie schlussendlich bestens gerüstet sein! Tauchen Sie daher an dieser Stelle gemeinsam mit mir direkt in die von Haus aus vorhandenen Berichte und Statistiken von Magento ab.

12.1 Das integrierte Magento-Berichtswesen nutzen

Sollten Sie zum jetzigen Zeitpunkt nicht mehr im Backend angemeldet sein, öffnen Sie bitte das besagte Backend, und melden Sie sich mit Ihren persönlichen Zugangsdaten am System an. Anschließend werden Sie, das ist Ihnen an dieser Stelle bereits bekannt, zum Dashboard weitergeleitet. Das Dashboard, Sie sehen dieses in Abbildung 12.1, ist genau genommen die erste Anlaufstelle in Ihrem System in Bezug auf Daten und Statistiken. Da Sie jedoch das Dashboard bereits kennengelernt haben, erspare ich Ihnen an dieser Stelle eine Wiederholung der Details.

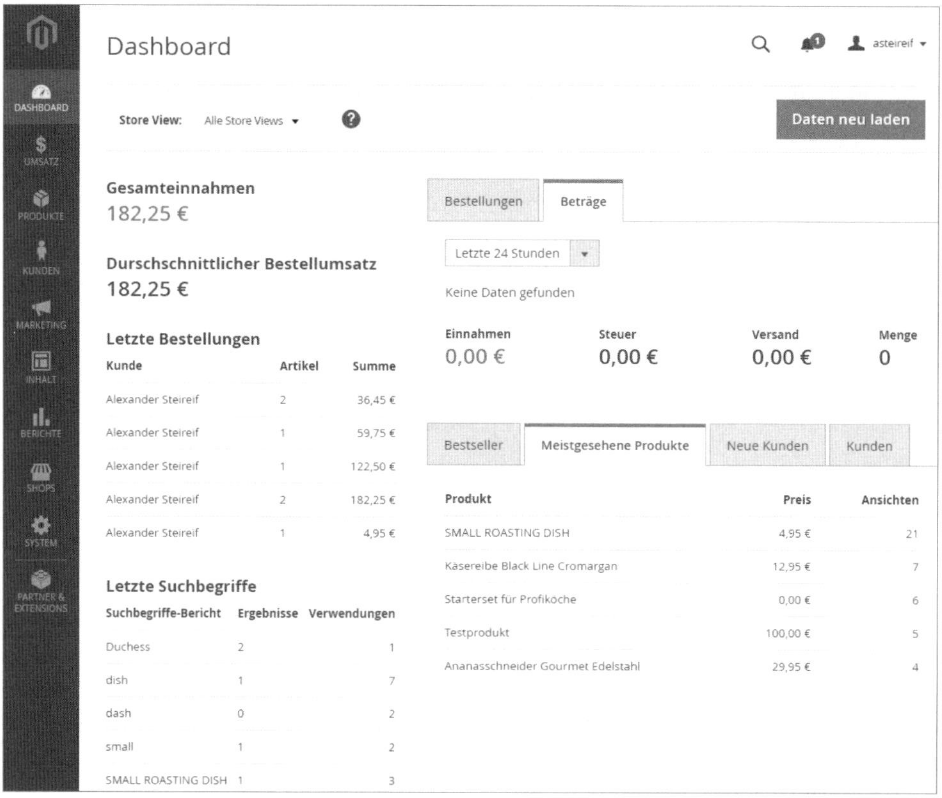

Abbildung 12.1 Das Magento-Dashboard liefert einen ersten Einblick in Zahlen und Fakten.

Überspringen Sie an dieser Stelle gedanklich das Dashboard, und klicken Sie in der linken Navigationsleiste auf den Menüpunkt BERICHTE. In dem sich anschließend öffnenden Menü sehen Sie alle in Magento vorhandenen Berichte und Auswertungsmöglichkeiten. Auf den ersten Blick wird Ihnen klar sein, dass Magento ein recht umfangreiches Berichtswesen beinhaltet, wodurch Ihnen ca. 20 verschiedene Berichte zur Verfügung stehen. Die Art und Weise, wie Sie die Berichte nutzen und mit ihnen umgehen, ist in jedem Fall identisch, schlussendlich unterscheiden sich die Berichte nur anhand der Kennzahlen. Damit Sie einen guten Überblick über die vorhandenen Berichte erhalten, möchte ich mit Ihnen im Folgenden jeden Bericht zumindest im Schnelldurchlauf durchgehen. Danach werden Sie ein sehr gutes Gefühl dafür haben, was Sie mit Magento auswerten können und wo gegebenenfalls die Grenzen liegen.

12.1.1 Statistiken aktualisieren

Bevor ich Ihnen die jeweiligen Berichte zeige, möchte ich mit Ihnen zuerst noch einen Blick auf den Menüpunkt STATISTIKEN AKTUALISIEREN werfen, den Sie ebenfalls unter BERICHTE finden. Klicken Sie bitte auf den besagten Menüpunkt, anschließend werden Sie eine Ansicht wie in Abbildung 12.2 vorfinden.

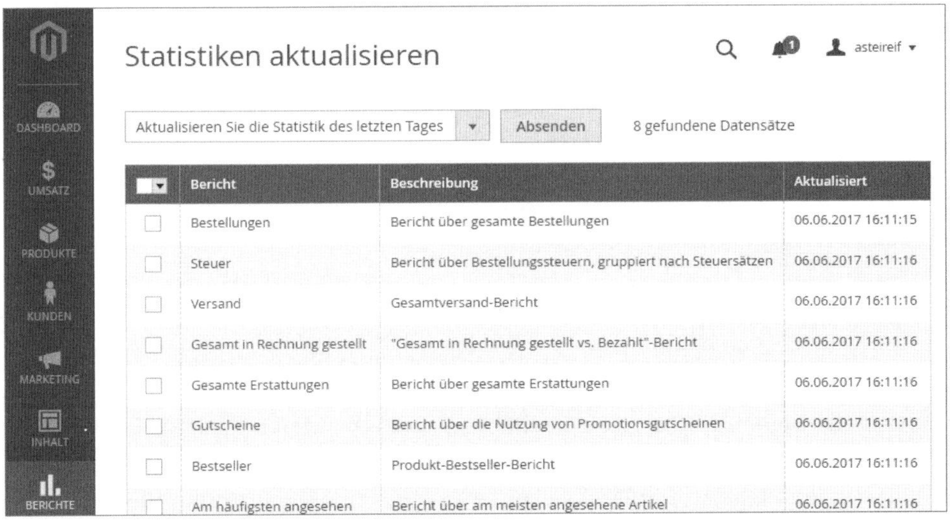

Abbildung 12.2 Um auf aktuelle Zahlen zurückgreifen zu können, müssen Sie zuerst die Statistiken aktualisieren.

Um bei der Auswertung von Kennzahlen nicht allzu viel Rechenleistung zu verbrauchen, nutzt Magento beim Berichtswesen eine Art Zwischenspeicher. In regelmäßigen Abständen schreibt Magento wichtige Kennzahlen und Berichte in spezielle Tabellen innerhalb der Datenbank und führt die Berichte auf Basis dieser Tabelle und der dort gespeicherten Informationen aus. Dadurch können Berichte wesentlich schneller generiert werden, die verwendeten Daten sind dadurch aber nicht immer zu 100 % aktuell. Auch wenn dies gegebenenfalls als Nachteil gewertet werden kann, ist diese Vorgehensweise innerhalb von Magento sehr sinnvoll. Stellen Sie sich die Situation vor, dass Sie ein Magento-System mit mehreren Hunderttausend Bestellungen betreiben. Würden Sie nun die Bestellungen eines bestimmten Monats auswerten wollen, so müsste Magento alle Datensätze und Bestellungen durchgehen. Die benötigte Rechenleistung wäre immens, und diese Vorgehensweise hätte zudem einen negativen Einfluss auf die Performance Ihres Systems. Stehen die Informationen hingegen aufbereitet in einer Art Zwischenspeicher, so kann der benötigte Bericht wesentlich schneller und ressourcenschonender generiert werden.

Normalerweise müssen Sie sich um die Aktualisierung der Statistiken bzw. besser gesagt die für die Statistiken benötigten Kennzahlen und Berichte nicht kümmern. Der in Magento eingerichtete CronJob sorgt für eine regelmäßige Aktualisierung und nimmt Ihnen damit sozusagen die Arbeit ab. Sollte der CronJob aber ein Problem aufweisen oder sollten Sie 100 % aktuelle Zahlen benötigen, so können Sie die Statistiken auch manuell aktualisieren. Eine manuelle Aktualisierung können Sie im Menüpunkt STATISTIKEN AKTUALISIEREN, den Sie bereits aufgerufen haben, vornehmen. Wählen Sie hierzu zuerst aus, welche Daten bzw. Berichte Sie aktualisieren möchten. Magento differenziert dabei zwischen den folgenden Optionen:

- Bestellungen
- Steuer
- Versand
- Gesamt in Rechnung gestellt
- Gesamte Erstattungen
- Gutscheine
- Bestseller
- Am häufigsten angesehen

Anhand der Benennung der verschiedenen Punkte können Sie relativ leicht erkennen, wofür der jeweilige Eintrag verantwortlich ist. In der Regel, das ist zumindest meine Vorgehensweise, wähle ich bei einer manuellen Aktualisierung alle vorhandenen Einträge aus.

Haken Sie bitte jetzt alle Checkboxen an, und werfen Sie einen Blick auf das Dropdown-Menü, das sich am oberen Ende der Seite befindet. Sie haben in diesem Dropdown-Menü, nachdem Sie sich dafür entschieden haben, was Sie aktualisieren möchte, die Möglichkeit, den Aktualisierungszeitraum zu wählen. Zur Auswahl steht der gesamte Zeitraum sowie der gestrige Tag. Wählen Sie letztere Option, werden die Statistiken der letzten 24 Stunden aktualisiert. Bei ersterer Aktion wird Magento hingegen seit dem ersten Tag der Magento-Installation alle vorhandenen Zahlen und

Informationen aufnehmen und in den Zwischenspeicher für die Berichte packen. Dadurch ist erstere Option wesentlich rechenintensiver und benötigt mehr Zeit. Letztere Option hingegen wird sehr schnell ausgeführt und auch nicht zu viel Einfluss auf die Performance Ihres Systems haben. Speziell wenn Sie im Live-System arbeiten und viele Nutzer aktiv sind, sollten Sie nicht den gesamten Statistikzeitraum auswählen und aktualisieren. Im schlimmsten Fall verweigert Magento den Dienst, und Ihre Nutzer können innerhalb des Frontends nicht mehr einkaufen.

Zum jetzigen Zeitpunkt haben Sie jedoch weder viele Nutzer noch ein stark frequentiertes Live-System, weswegen Sie auf den Dropdown-Eintrag GESAMTSTATISTIK AUSWÄHLEN gehen und auf ABSENDEN klicken. Magento wird Sie anschließend fragen, ob Sie tatsächlich die Statistik aktualisieren möchten. Hierbei handelt es sich um eine kleine Sicherheitsabfrage, da wie angesprochen die Performance des Systems etwas leiden kann. Lassen Sie sich hiervon aber nicht beeindrucken, und bestätigen Sie den Vorgang, indem Sie auf OK klicken. Nach einigen Sekunden sollten Sie eine Erfolgsmeldung erhalten und in der Spalte AKTUALISIERT das aktuelle Datum sehen. Alle Berichte, die Sie anschließend generieren und nutzen, werden nun auf Basis der aktuellsten Zahlen erstellt werden, und Sie vermeiden es, auf veraltete Informationen zurückzugreifen!

12.1.2 Marketing

Nachdem Sie die Statistiken aktualisiert haben, können Sie einen ersten Blick auf die vorhandenen Berichte werfen. Beginnen Sie mit dem Bereich »Marketing«. In diesem Bereich sind insgesamt vier Berichte vorhanden, die mehr oder weniger etwas mit der Vermarktung zu tun haben und Ihnen diesbezüglich Daten liefern können. Dazu gehören: Produkte im Warenkorb, Suchbegriffe, Aufgegebene Warenkörbe und Newsletter-Problemberichte. Im übergeordneten Sinn möchte Ihnen Magento mit diesen Berichten mitteilen, wie gut bzw. schlecht Ihr Online-Shop performt.

Produkte im Warenkorb

Der Bericht *Produkte im Warenkorb* listet alle im System vorhandenen Produkte auf, die jemals von einem Besucher bzw. Kunden in den Warenkorb gelegt wurden. Zudem sehen Sie, wie viele dieser Warenkörbe bestellt wurden. Werfen Sie einen Blick auf Abbildung 12.3, an deren Beispiel ich Ihnen diesen Bericht exemplarisch erklären kann.

In dem besagten Bericht ist beispielsweise das Produkt »SMALL ROASTING DISH« vorhanden. Dieses Produkt wurde insgesamt zu 9 Warenkörben hinzugefügt, d. h., 9 unterschiedliche Benutzer haben das Produkt in den Warenkorb gelegt. Aus diesen 9 Warenkörben sind in Summe 6 Bestellungen, in denen das Produkt vorhanden war, entstanden. Natürlich können sich die Zahlen auch komplett konträr verhalten, und

Sie haben keine einzige Bestellung eines Produktes, obwohl es häufig zum Warenkorb hinzugefügt wurde.

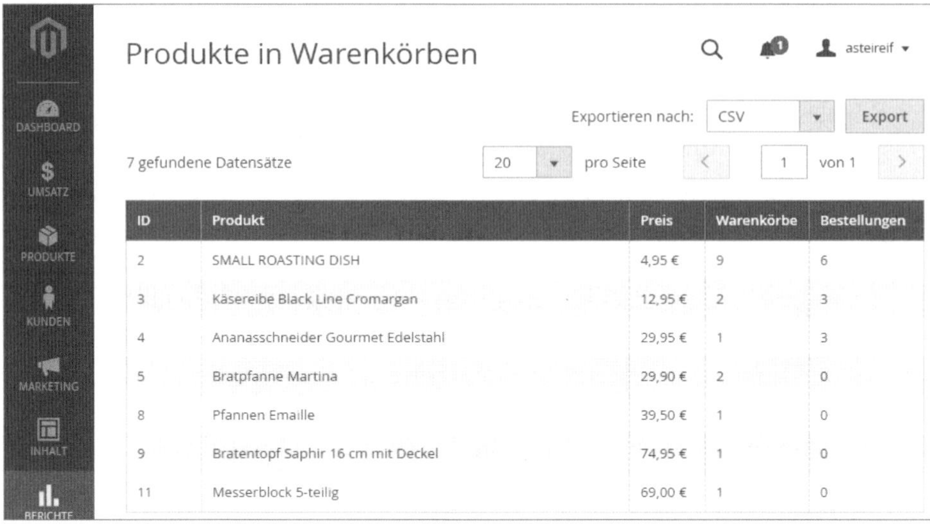

ID	Produkt	Preis	Warenkörbe	Bestellungen
2	SMALL ROASTING DISH	4,95 €	9	6
3	Käsereibe Black Line Cromargan	12,95 €	2	3
4	Ananasschneider Gourmet Edelstahl	29,95 €	1	3
5	Bratpfanne Martina	29,90 €	2	0
8	Pfannen Emaille	39,50 €	1	0
9	Bratentopf Saphir 16 cm mit Deckel	74,95 €	1	0
11	Messerblock 5-teilig	69,00 €	1	0

Abbildung 12.3 Magento kann Ihnen zeigen, welche Produkte wie oft in Warenkörbe gelegt und gekauft wurden.

Dieser Bericht ist an sich sehr praktisch, denn Sie sehen, welches Produkt häufig in den Warenkorb wandert, aber nie gekauft wird. Dies ist im Prinzip auch die Kernaussage dieser Statistik. Wenn dieses Verhalten auftritt, wissen Sie, dass etwas faul ist. Ein Nutzer findet ein Produkt interessant und legt es in den Warenkorb, bestellt es jedoch anschließend nicht. Sind die Versandkosten zu hoch? Oder ist die im Warenkorb dargestellte Lieferzeit ist zu lang? Sie wissen jedenfalls, dass Sie auf Spurensuche gehen müssen, wenn ein Produkt so gut wie nie bestellt wird.

Suchbegriffe

Wonach suchen Ihre Kunden und Besucher, und finden Sie Produkte? Genau diese Frage wird in dem nächsten Bericht namens *Suchbegriffe* beantwortet. Wenn Sie auf diesen Bericht klicken, werden Sie eine leicht andere Form der Visualisierung vorfinden, da Sie in diesem Bericht auch auf Filter zurückgreifen können, um so die Ergebnismenge einzuschränken. Neben den Suchanfragen, sprich den Wörtern, nach denen die Nutzer und Kunden gesucht haben, sehen Sie zudem die Anzahl der Ergebnisse und die Zugriffe. Bei der Anzahl der Ergebnisse handelt es sich um die Anzahl der Produkte, die beim jeweiligen Suchbegriff gefunden wurden. Wenn Sie beispielsweise nach »blub« suchen, wird kein Produkt gefunden und bei ERGEBNISSE würde der Wert 0 hinterlegt werden. Die Zugriffe, hierbei handelt es sich um die letzte Spalte, ist erneut etwas unsauber übersetzt. Mit Zugriffe ist die Anzahl der Suchanfragen gemeint. Wenn Sie nach »blub« gesucht haben, so wird bei ZUGRIFFE die Zahl 1 stehen. Das heißt, nach dem Begriff wurde insgesamt einmal gesucht und es wurden in Summe 0 Produkte gefunden.

Meiner Meinung nach zählt genau dieser Bericht zu einem der wichtigsten Berichte in Magento. Denn dieser Bericht zeigt Ihnen sofort, ob die in Magento integrierte Suchfunktion für Ihren Online-Shop genügt, oder ob Sie gegebenenfalls einen externen Suchanbieter hinzuziehen müssen. Im ersten Schritt erhalten Sie einen sehr guten Überblick darüber, wie populär die Suchfunktion in Ihrem Online-Shop überhaupt ist. Wenn Sie in diesem Bericht keinerlei Suchanfragen vorfinden bzw. die Zahlen in der Spalte Zugriffe recht niedrig sind, so wissen Sie, dass Ihre Nutzer die in Ihrem Online-Shop integrierte Suche nicht verwenden. Vielleicht ist im Frontend das Suchfeld nicht prominent genug platziert? Oder gibt es eventuell ein technisches Problem, sodass die Suche nur in bestimmten Browsern funktioniert? Um welchen Grund es sich auch immer handeln mag, Sie wissen zumindest, dass es einen Grund geben muss. Schauen Sie daher, falls die Anzahl der Suchanfragen und Zugriffe zu gering ist, was die Ursache sein kann.

Abgesehen von der Nutzung der Suchfunktion, können Sie zudem die Qualität der Suchergebnisse ablesen. Wenn Sie in der Spalte Ergebnisse bei einem Suchbegriff eine sehr hohe Zahl haben oder die Zahl gar 0 beträgt, wissen Sie sofort, dass etwas nicht stimmt. Denn es ist nie ein gutes Zeichen, wenn zu einem Suchbegriff sehr viele oder gar keine Ergebnisse gefunden werden. Mit zu vielen Ergebnissen meine ich, an dieser Stelle pauschalisiere ich wieder ein wenig, eine Zahl von ca. 20. Wenn mehr als 20 Ergebnisse gefunden werden, muss der Nutzer in der Regel blättern, weil mehrere Seiten existieren, was aber nur sehr ungern von den Nutzern getan wird. Daher sollten Sie immer ein Auge darauf haben, dass die Zahl der Suchergebnisse weder zu hoch noch zu gering ist. Andernfalls müssten Sie nachjustieren, einen externen Suchanbieter anbinden oder die Produktdaten entsprechend abändern, sodass die in Magento integrierte Suchfunktion besser zum Ziel führt.

Externe Suchanbieter nutzen

Die in Magento vorhandene Suchfunktion zählt sicherlich nicht zu den Meisterleistungen bei der Entwicklung von Magento 2. Das ist aber kaum tragisch, denn wenn Sie eine bessere Suchfunktion benötigen, können Sie problemlos auf externe Anbieter zurückgreifen. Der Vorteil eines externen Anbieters besteht darin, dass Sie sich nicht um eine Server- oder System-Infrastruktur kümmern müssen und einfach die Suchfunktion nutzen können. Zu den aktuell populärsten Anbietern zählen Fact-Finder, Findologic sowie Celebros. Gegebenenfalls müssen bzw. sollten Sie auf einen dieser Anbieter zurückgreifen, zumindest können Sie die Notwendigkeit auf Basis des Berichts »Suchbegriffe« ablesen.

Wie auch bei anderen Berichten haben Sie zudem an dieser Stelle die Möglichkeit, die Ergebnisse als CSV- oder Excel-XML-Datei zu exportieren. Greifen Sie an dieser Stelle ruhig auf den Export zurück, da sich die Daten, speziell in diesem Fall, in Excel etwas einfacher auswerten und nachvollziehen lassen.

Aufgegebene Warenkörbe

Bei dem Bericht *Aufgegebene Warenkörbe* handelt es sich genau genommen um genau das Gegenteil von dem, was der Berichtname impliziert. Denn dieser Bericht liefert Ihnen Informationen darüber, wie viele Warenkörbe stehen gelassen, d. h. nicht gekauft wurden. Im Schnitt werden für 100 Bestellungen über 200 Warenkörbe erstellt. Je nach Branche kann dieser Wert noch stärker abweichen, jedenfalls ist es vollkommen normal, dass ein Großteil der befüllten Warenkörbe nicht gekauft wird. Welches Umsatzpotenzial Ihnen dabei entgeht, zeigt Ihnen der folgende Bericht an, den Sie hier auch in Abbildung 12.4 sehen.

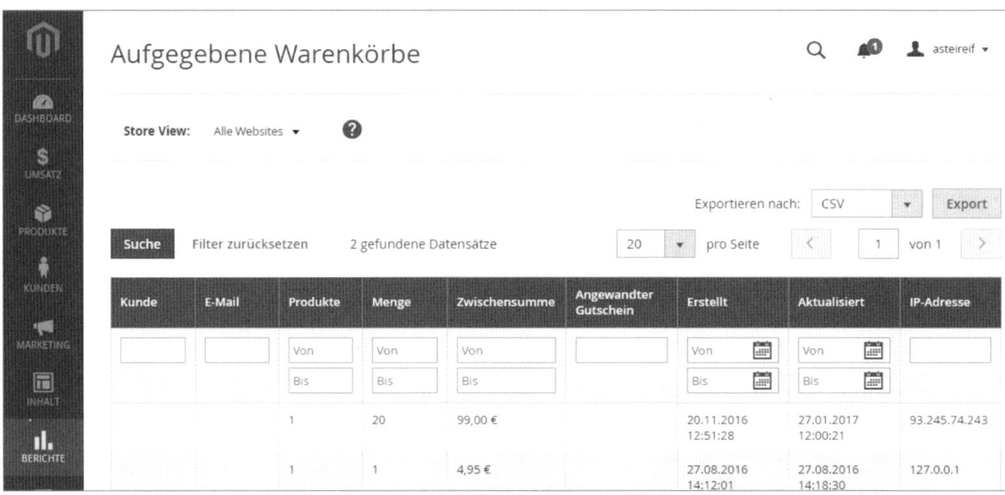

Abbildung 12.4 Magento kann Ihnen anzeigen, welcher Umsatz durch stehen gelassene Warenkörbe nicht erzielt werden konnte.

Sofern der Warenkorb von einem registrierten und angemeldeten Kunden stehen gelassen wurde, sehen Sie, um welchen Kunden es sich handelt. Auch zeigt Ihnen Magento an, wie viele Produkte in welcher Menge im Warenkorb liegen. Den möglichen Umsatz können Sie in der Spalte Zwischensumme ablesen, in der darauffolgenden Spalte sehen Sie zudem, ob bereits ein Gutscheincode eingelöst wurde. Wann der Warenkorb erstellt, d. h. zuallererst befüllt, und zu welchem Zeitpunkt der Warenkorb aktualisiert wurde, sehen Sie in den letzten Spalten. Speziell bei angemeldeten Kunden haben Sie eine gewisse Chance, den nicht generierten Umsatz dennoch zu erzielen. Denn wenn Ihnen dieser Bericht anzeigt, welcher Kunde den Warenkorb nicht gekauft hat, können Sie theoretisch diesen Kunden gezielt ansprechen. Bei Gästen hingegen haben Sie schlechte Karten, da sich diese an dieser Stelle nicht identifizieren lassen.

Prinzipiell handelt es sich auch bei diesem Bericht um eine interessante Statistik, auch wenn Magento an dieser Stelle nur ein Problem aufzeigt, aber nicht löst. Wenn die Anzahl der stehen gelassenen Warenkörbe in Relation zu durchgeführten Bestellungen recht hoch ist, sollten Sie sich Ihren Checkout-Prozess etwas genauer anschauen. Haben Sie alle notwendigen Zahlarten integriert? Gibt es gegebenenfalls hohe Versandkosten, welche die potenziellen Kunden abschrecken? Ist der Checkout-Prozess verständlich, und kommt jeder Nutzer mit diesem klar? All diese Fragen müssen Sie sich stellen, wenn mehr als ca. 50 % der Warenkörbe nicht gekauft werden. Setzen Sie an dieser Stelle zur Problemlösung einfach die Kundenbrille auf, und schauen Sie sich den Checkout-Prozess im Detail an.

Newsletter-Problemberichte

Sollte es beim Versand eines Newsletters zu Problemen kommen, sehen Sie weiterführende Informationen an der Stelle *Newsletter-Problemberichte*. Wie ich bereits in den vorherigen Kapiteln habe anklingen lassen habe, bin ich kein großer Freund des in Magento integrierten Newsletter-Systems. Wenn Sie meine Meinung teilen, werden Sie diesen Bericht in der Praxis nie benötigen, da Sie den Newsletter-Versand über einen externen Anbieter abwickeln.

12.1.3 Bewertungen

Navigieren Sie nun bitte zum nächsten Abschnitt innerhalb des Menüpunktes BERICHTE. Im Bereich BEWERTUNGEN können Sie auf alle im System vorhandenen Informationen zu den Bewertungen zurückgreifen. Magento differenziert hierbei zwischen Kunden und Produkten, weshalb sich in diesem Abschnitt insgesamt zwei Berichte befinden.

Nach Kunden

Mithilfe dieses Berichts erhalten Sie einen Überblick über alle Kunden Ihres Online-Shops, die mindestens eine Produktbewertung erstellt haben. Neben dem Namen des Kunden sehen Sie zudem die Anzahl der bewerteten Produkte. Auch können Sie direkt alle von einem Kunden erstellten Bewertungen anzeigen lassen. In meinem Magento-System gibt es beispielsweise nur eine Bewertung, die von einem Kunden abgegeben wurde. Daher ergibt sich bei mir ein Bericht, wie in Abbildung 12.5 zu sehen ist.

Abbildung 12.5 Magento listet alle Kunden auf, die mindestens eine Produktbewertung abgegeben haben.

Sinn und Zweck dieses Berichts könnte beispielsweise eine Belohnungsaktion sein. So könnten Sie alle Kunden anschreiben und einen Gutschein zukommen lassen, die eine Bewertung in Ihrem Online-Shop abgegeben haben. Auch könnten Sie das Ergebnis invertieren, indem Sie nur Kunden anschreiben, die eben keine Bewertung abgegeben haben. Da Sie alle Kunden sowie Kunden mit Bewertungen exportieren können, haben Sie beispielsweise in Excel die Möglichkeit, eine entsprechende Schnittmenge zu bilden, bzw. Kunden ohne Bewertungen zu identifizieren.

Nach Produkten

Im Gegensatz zum letzten Bericht werden in diesem nicht die Kunden, sondern die Produkte in den Mittelpunkt gestellt. Mit diesem Bericht können Sie sich einfach und schnell einen Überblick darüber verschaffen, welche Produkte wie viele Bewertungen besitzen. Auch haben Sie einen direkten Zugriff auf alle zu einem Produkt abgegebenen Bewertungen, wie Sie in Abbildung 12.6 sehen.

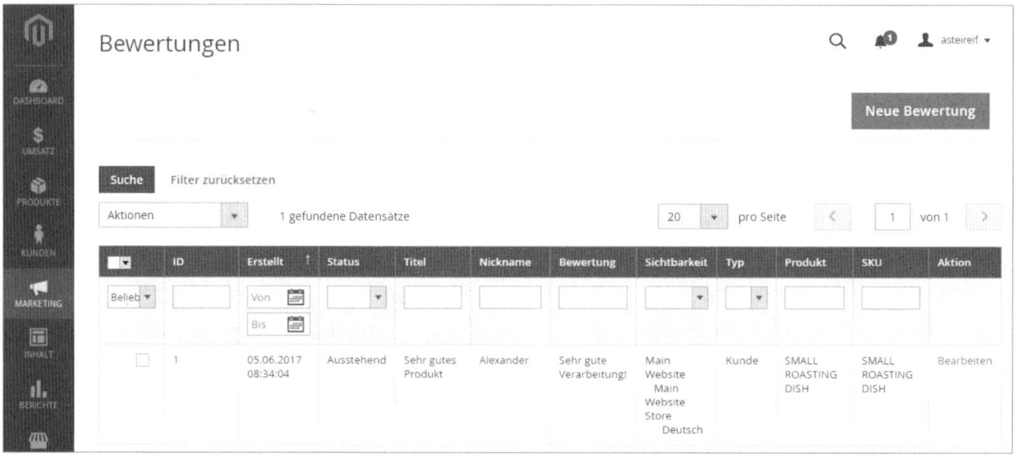

Abbildung 12.6 Sie können direkt alle zu einem Produkt erstellten Bewertungen einsehen.

Zu welchem Zweck Sie diesen Bericht nutzen, bleibt Ihnen überlassen, und in der Praxis wird dieser Bericht zudem für die unterschiedlichsten Schlüsse herangezogen. Beispielsweise können Sie die Popularität von Produkten ablesen, im Sinne von: Ein Produkt mit vielen Bewertungen ist populärer als ein Produkt mit wenigen Bewertungen. Auch könnten Sie beispielsweise spezielle Gutscheine für die Bewertung von Produkten ohne Bewertungen verteilen. Was Sie letztendlich mit Erkenntnissen aus diesem Bericht anfangen, bleibt voll und ganz Ihnen überlassen.

12.1.4 Umsatz

Was ist in einem Online-Shop besonders wichtig? Genau, der Umsatz! Als Shop-Betreiber werden Sie sich sicherlich fragen, wie der generierte Umsatz zustande kommt, welcher Monat wirtschaftlich betrachtet besonders gut verlief und welche Rolle Gutscheincodes bei der Umsatzgenerierung spielen. Speziell auf diese Frage liefert Magento mit einer Handvoll Berichten Antworten. Mit insgesamt acht Reports stehen zudem im Abschnitt UMSATZ die meisten und umfangreichsten Berichte zur Verfügung: Bestellungen, Steuer, In Rechnung gestellt, Versand, Rückerstattung, Gutscheine, PayPal Settlement, Braintree Settlement. Sie erkennen daher, worauf Magento den Schwerpunkt gelegt hat.

Bestellungen

Öffnen Sie jetzt bitte den ersten Bericht namens BESTELLUNGEN. Es handelt sich hierbei um den ersten Menüpunkt im Bereich UMSATZ, Sie sollten daher den Link auf Anhieb finden. Auch bei diesem Bericht unterscheidet sich die Oberfläche ein wenig von den Oberflächen der anderen Berichte. Magento informiert Sie in diesem Bericht zuallererst über die Aktualität der Daten, d. h. an welchem Datum und zu welcher Uhrzeit das letzte Mal die Statistiken aktualisiert wurden. Wenn bei Ihnen an dieser Stelle die Aktualisierung zu lange zurückliegt, können Sie, indem Sie auf den Link HIER KLICKEN gehen, die Statistiken in Bezug auf die Bestellungen, aktualisieren. Sie sehen die erwähnten Meldungen bzw. den angesprochenen Link in Abbildung 12.7.

Ganz im Gegensatz zu den anderen Berichten zeigt Ihnen Magento beim Aufruf dieses Berichts nicht direkt ein Ergebnis an. Sie müssen zuerst die Filter setzen, um ein Ergebnis zu erhalten. Diese Filter, die sich im oberen Bereich der Ansicht befinden, sehen Sie übrigens ebenfalls in Abbildung 12.7.

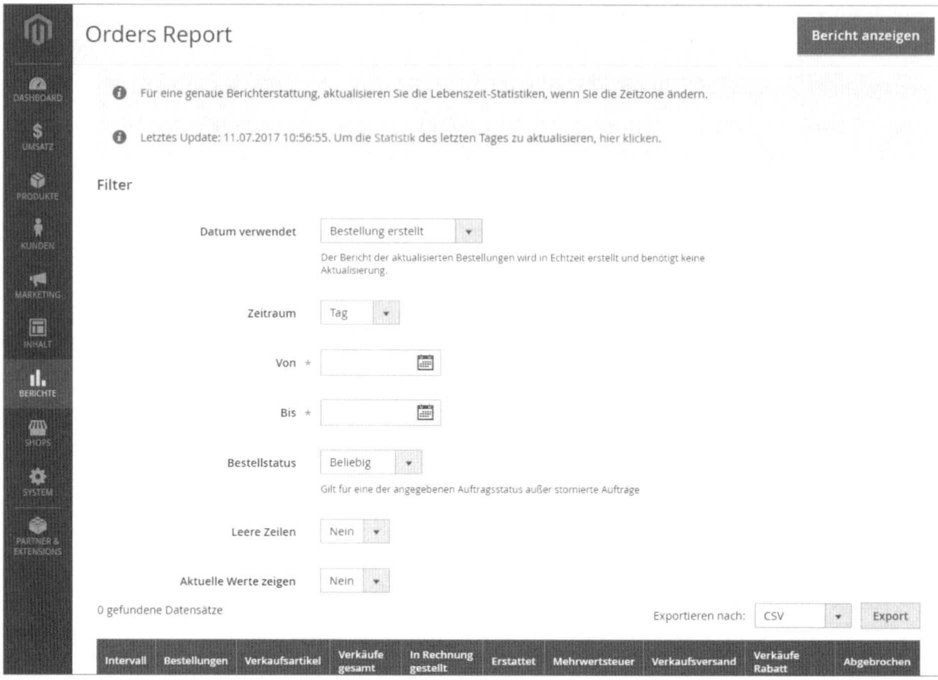

Abbildung 12.7 Magento informiert über die Aktualität der in den Berichten verwendeten Zahlenbasis.

Im ersten Schritt müssen Sie im Dropdown-Menü namens DATUM VERWENDET definieren, anhand welches Kriteriums Sie den Zeitraum definieren möchten. Sie haben dabei die Wahl zwischen dem Bestelldatum, d. h. dem Zeitpunkt, zu dem die Bestellung aufgegeben wurde, sowie dem Zeitpunkt der letzten Aktualisierung der Bestellung. Die beiden so definierten Zeiträume müssen nicht immer identisch sein, auch wenn dies in der Praxis vorkommen kann. Gibt ein Kunde eine Bestellung auf, so ist das Datum der letzten Aktualisierung identisch mit dem Bestelldatum. Welches Kriterium in Ihrer Situation am besten passt, können letztendlich nur Sie beantworten. Ich nutze in der Regel immer das Erstellungsdatum der Bestellung, da dies für mich den primär relevanten Zeitraum darstellt. Haben Sie den gewünschten Wert aus dem Dropdown-Menü ausgewählt, müssen Sie im nächsten Schritt den ZEITRAUM definieren. Beim Zeitraum stehen Ihnen die Optionen TAG, MONAT sowie JAHR zur Verfügung. Je nachdem welche Option Sie an dieser Stelle auswählen, gruppiert Magento bei der Berichtserstellung die Werte. Wenn Sie den Umsatzverlauf pro Monat auslesen möchten, sollten Sie beim Zeitraum also MONAT wählen. Angenommen, Sie wählen die Option TAG, müssten Sie ansonsten erst alle Tage addieren. Würden Sie JAHR wählen, könnten Sie den Umsatz pro Monat gar nicht mehr auslesen, da Magento nur den Umsatz des Jahres darstellt. Idealerweise wählen Sie die Option TAG, da Sie noch gar nicht so viele Daten im System haben, dass eine Gruppierung nach Monaten sinnvoll wäre. Nachdem Sie den Zeitraum gewählt haben, müssen Sie ein Von- und ein Bis-Datum festlegen, sprich, welchen Zeitraum Sie auswerten möchten. Für die Wahl des Datums steht Ihnen der bereits bekannte Date Picker zur Verfügung, wodurch eine grafische Auswahl des Datums auch an dieser Stelle kein Problem darstellen sollte. Nachdem Sie ein Start- sowie ein Enddatum gewählt haben, können Sie die Bestellungen noch anhand des Status eingrenzen. Wenn Sie die Option an dieser Stelle auf BELIEBIG belassen, werden einfach alle Bestellungen in dem angegebenen Zeitraum berücksichtigt. Alternativ haben Sie die Möglichkeit, nur Bestellungen mit einem gewissen Status zu berücksichtigen, wählen Sie hierfür die Option SPEZIFISCH. Diese Option ergibt beispielsweise Sinn, wenn Sie stornierte Bestellungen exkludieren möchten. Denn eine stornierte Bestellung erhöht in der Praxis nicht den Umsatz Ihres Online-Shops, da eine Stornierung nicht zu einer Zahlung führt. Auch können Sie mittels dieser Option nicht bezahlte oder gar zurückgestellte Bestellungen von der Umsatzauswertung ausschließen. Haben Sie den Bestellstatus definiert, bei dem ich an dieser Stelle aus Gründen der Einfachheit den Wert auf BELIEBIG belasse, so können Sie im nächsten Schritt auswählen, ob leere Zeilen angezeigt werden sollen. Wenn beispielsweise an einem Tag keine Bestellung aufgegeben wurde, so wäre dieser Tag ein leerer Eintrag. Wählen Sie im Dropdown-Menü LEERE ZEILE den Eintrag JA, so würde der Tag ohne Bestellung ebenfalls dargestellt werden, jedoch mit einem nicht vorhandenen Umsatz. Wählen Sie hingegen den Eintrag NEIN, so wird dieser Tag in der Auflistung erst gar nicht auftreten. Wenn Sie den Bericht gleich generieren, werden Sie direkt feststellen, was mit dieser Option gemeint ist. Zu guter Letzt können Sie mit der Option AKTUELLE WERTE ZEIGEN definieren, ob Sie auf die zwischengespeicherten Werte zurückgreifen möchten oder ob Magento alle für den Bericht relevanten Werte live ermitteln soll. Letztere Option ist rechenintensiver und führt zu einer größeren Belastung Ihres Systems, daher sollten Sie diese Option im Live-System meiner Meinung nach vermeiden. Klicken Sie jetzt auf den Button BERICHT ANZEIGEN, wodurch Magento Ihnen am unteren Ende der Seite den Bericht entsprechend darstellt.

Wie Sie in Abbildung 12.8 sehen, sind nicht alle Zeilen mit Werten ausgefüllt. Da ich nur am 06.06.2017 eine Bestellung aufgegeben habe, ist auch nur diese Zeile mit Werten versehen. Ansonsten sehen Sie relevante wirtschaftliche Kennzahlen zu diesem Tag. So sehen Sie, wie viele Bestellungen Sie generiert haben und wie viele Produkte insgesamt verkauft wurden. Auch die Stückzahlen der verkauften Produkte werden angezeigt. Zudem haben Sie weitere Kennzahlen wie in Rechnung gestellten Umsätze, abzuführende Mehrwertsteuer, gewährte Rabatte, in Rechnung gestellte Versandkosten etc. Im Prinzip stehen Ihnen an dieser Stelle alle Werte zur Verfügung, die auch in den Rechnungen vorhanden sind.

Abbildung 12.8 Mithilfe dieses Berichts sehen Sie sofort, an welchem Tag Sie welchen Umsatz erzielt haben.

Speziell wenn Sie die Umsatzentwicklung der vergangenen Monate verfolgen möchten, ist dieser Bericht ein wirklich gutes Mittel, um schnell ans Ziel zu kommen. Die Auswertung von einzelnen Tagen ist meiner Meinung nach hingegen wenig sinnvoll, auch wenn Ihnen diese Möglichkeit natürlich zur Wahl steht. Wie auch bei den vorherigen Berichten können Sie alle Daten und Fakten, die Sie im unteren Bereich der Seite sehen, im CSV- bzw. Excel-XML-Format exportieren und in weiteren Anwendungen nutzen.

Umsatzauswertungen als Bestandteil eines ERP-Systems

In der Regel wird jeder Magento-Online-Shop an ein ERP-System angebunden, sei es eine Lösung von Sage, SAP, Microsoft Dynamics oder den vielen kleineren Anbietern im Segment der ERP-Lösungen. Traditionell enthalten ERP-Systeme ebenfalls umfangreiche Auswertungsmöglichkeiten und eigene Reporting Engines. Tendenziell sollten Sie Auswertungen direkt im ERP-System fahren, da im Gegensatz zu Magento das ERP-System definitiv weiß, welche Bestellungen noch nicht bezahlt, nur teilweise bezahlt oder komplett storniert bzw. gutgeschrieben sind.

Steuer

Sollten Sie sich nicht in erster Linie für den Umsatz, sondern für die abzuführende Mehrwertsteuer interessieren, sollten Sie einen Blick in den nächsten Bericht werfen. Sobald Sie den Bericht STEUER aufrufen, werden Sie ähnliche Filtermöglichkeiten wie beim vorherigen Bericht vorfinden. Dementsprechend möchte ich an dieser Stelle die Filter nicht nochmals im Detail durchgehen. Wählen Sie an dieser Stelle nochmals denselben Zeitraum wie im vorherigen Beispiel, und klicken Sie auf den Button BERICHT ANZEIGEN. Anschließend erhalten Sie eine Übersicht, in meinem Fall untergliedert nach Tagen, über die abzuführenden Steuersummen sowie die Zusammensetzung der Steuern auf Basis der verschiedenen Steuersätze. In der Praxis werden Sie diesen Bericht tendenziell nicht verwenden. Wenn Sie einen Steuerberater haben, wird er die abzuführende Mehrwertsteuer sowieso auf Basis der gebuchten Rechnungen berechnen. Als groben Überblick, wie viel Geld Sie dem Staat schulden, ist dieser Bericht jedoch vollkommen in Ordnung.

In Rechnung gestellt

Auch der Bericht IN RECHNUNG GESTELLT funktioniert ähnlich wie die beiden vorherigen Berichte. Zuerst müssen Sie einen Zeitraum sowie Start- und Enddatum auswählen, auch den Bestellstatus können Sie wie gewohnt als Filterkriterium verwenden. Haben Sie sich Ihren Wunschzeitraum ausgewählt, wird Ihnen Magento daraufhin die an den jeweiligen Tagen in Rechnung gestellte Summe sowie die Anzahl der in Rechnung gestellten Bestellungen anzeigen. Gemäß der Logik von Magento muss nicht grundsätzlich jede Bestellung eine Rechnung enthalten. Wenn also eine Bestellung in Ihrem Online-Shop aufgegeben und umgehend storniert oder zurückgestellt wird, so würde diese Bestellung in diesem Bericht nicht auftauchen, da hier ausschließlich erstellte Rechnungen berücksichtigt werden. Im Bericht BESTELLUNGEN würde hingegen die stornierte bzw. zurückgestellte Bestellung mit in die Statistik einfließen, außer Sie haben einen Filter für den Bestellstatus gesetzt. Daher können, in der Praxis kommt dies auch häufig vor, in den beiden Berichten BESTELLUNGEN sowie IN RECHNUNG GESTELLT komplett unterschiedliche Werte herauskommen.

> **Welches Datum Sie verwenden, spielt eine wichtige Rolle**
>
> Sie können im Bericht IN RECHNUNG GESTELLT sowohl das Datum der Bestellung als auch das Datum der Rechnungserstellung verwenden. Speziell in diesem Fall können sich Verschiebungen der jeweiligen Tage ergeben, da oftmals eine Rechnung erst nach einigen Tagen, wenn die Bestellung bereits im System vorhanden ist, erstellt wird. Dementsprechend müssen Sie an dieser Stelle gegebenenfalls Verschiebungen in den Tagen, Monaten und sogar Jahren im Hinterkopf behalten.

Versand

Auch wenn es in meinem Beispiel nicht der Fall ist, so können Sie in Magento verschiedene Versandarten anbieten, die sich zudem preislich komplett voneinander unterscheiden. Der Klassiker ist sicherlich der Express-Versand, der oftmals mit einer recht hohen Gebühr belegt wird. Aber auch die Auswahl unter verschiedenen Versanddienstleistern könnten Sie theoretisch im Checkout-Prozess abbilden. Wenn Sie dies tun, interessieren Sie sich bestimmt auch dafür, welche Versandmethode überhaupt genutzt wird und welche der angebotenen Versandmethoden die populärste ist. Um diese Frage zu beantworten, existiert der Bericht VERSAND, den Sie an dieser Stelle öffnen.

Die Filterlogik und die Möglichkeiten haben Sie bereits kennengelernt. Wählen Sie bitte ein Start- und ein Enddatum aus, um einen Zeitraum festzulegen, in dem Sie bereits Bestellungen angelegt haben, und klicken Sie daraufhin auf BERICHT ANZEIGEN. Magento wird Ihnen daraufhin, Sie sehen dies in Abbildung 12.9, darstellen, welche Versandmethode an welchem Tag genutzt wurde. Damit haben Sie eine einfache und schnelle Möglichkeit, um nachzuvollziehen, welche die in Ihrem Online-Shop am häufigsten genutzten Versandmethoden sind.

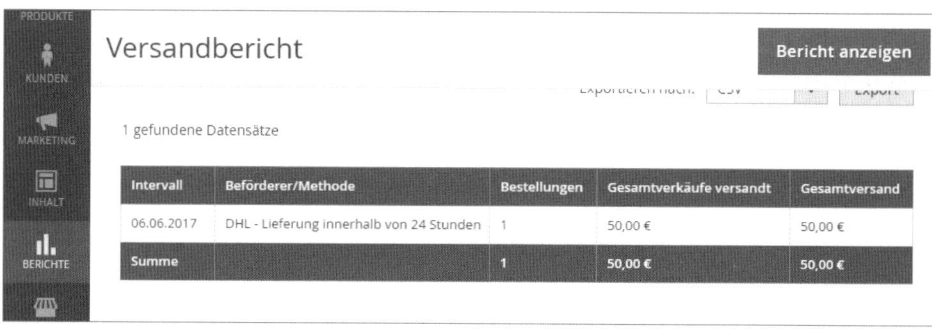

Abbildung 12.9 Die genutzten Versandmethoden werden aufgeschlüsselt und entsprechend dargestellt.

Dadurch zählt dieser Bericht meiner Meinung nach wieder zu einem der etwas interessanteren Berichte innerhalb des Magento-Systems. Die genutzten Zahlarten werden Sie nämlich eher schlecht über ein mögliches ERP-System auslesen können. Die Möglichkeiten, die Ihnen Magento an dieser Stelle bietet, sind definitiv ausreichend, und vor allem kommen Sie mit wenigen Klicks und ohne große Mühe recht schnell an die Informationen, die Ihnen weiterhelfen.

Rückerstattung

Mit Rückerstattungen sind in Magento Gutschriften gemeint. Eine Bestellung kann, das haben Sie bereits gelernt, entweder komplett oder teilweise zurückerstattet werden. Für Sie als Shop-Betreiber bzw. E-Commerce-Verantwortlicher ist es meiner Meinung sehr wichtig zu erfahren, wie hoch die Rückerstattungen pro Monat bzw. im Jahr sind. Denn wenn Sie einen Umsatz von beispielsweise einer Million Euro pro Jahr machen, aber allein 750.000 € in Form von Rückerstattungen zurückfließen, haben Sie zwar einen beachtlichen Umsatz, das Endergebnis ist aber dennoch nicht prickelnd. Behalten Sie daher immer die Höhe der Rückerstattungen im Blick.

Der Bericht selbst ist wieder ähnlich wie die anderen Berichte im Bereich »Umsatz« aufgebaut. Sie können einen Zeitraum auswählen sowie ein Start- und Enddatum setzen. Haben Sie den Zeitraum ausgewählt und lassen Sie sich den Bericht anzeigen, erhalten Sie einen Überblick über die Rückerstattungen pro Tag sowie die Anzahl der erstatteten Bestellungen. Der Bericht ist in der Tat unspektakulär, aber in der Praxis nützlich.

Gutscheine

Auch Gutscheine können recht schnell zur Kostenfalle im E-Commerce werden. Dementsprechend ist es auch hierbei wichtig, die Höhe der durch Gutscheine erzeugten Rückvergütungen im Auge zu behalten. Magento bietet einen eigenen Bericht, mit dem Sie die Anzahl und Höhe der durch Gutscheine erzeugten Rückvergütungen auswerten können. Innerhalb des Gutscheinberichts, wie könnte es an dieser Stelle auch anders sein, können Sie erneut verschiedenste Filter nutzen, um beispielsweise den Zeitraum mit einem Start- und Enddatum einzugrenzen. Eine Besonderheit stellt zudem die Möglichkeit zur Eingrenzung auf Basis existenter Warenkorb-Preisregeln dar, wie Sie in Abbildung 12.10 sehen. Somit haben Sie also die Möglichkeit, den Bericht auf bestimmte Preisregeln einzugrenzen. Da an einer Warenkorb-Preisregel immer mindestens ein Gutschein-Code hängt, können Sie recht granular bestimmte Aktionen auf Basis der zugehörigen Preisregel auswerten.

Abbildung 12.10 Im Bericht »Gutscheine« können Sie als weitere Filteroption eine oder mehrere Warenkorb-Preisregeln auswählen.

PayPal Settlement

PayPal ist relativ stark und tief in das Magento System integriert. Das liegt unter anderem daran, dass Magento und PayPal vor langer Zeit zum selben Konzern gehörten, nämlich zu eBay. In dieser Zeit ist vor allem die PayPal-Integration recht stark gewachsen, was aber auch heute keinen Nachteil darstellt. Immerhin zählt PayPal zu den populärsten Zahlarten, die tiefe Integration ist daher definitiv ein Vorteil. Der Bericht PAYPAL SETTLEMENT zeigt Ihnen, sofern Sie PayPal in Ihrem Online-Shop nutzen, alle durchgeführten PayPal-Transaktionen an. Zu jeder Transaktion können Sie Details einsehen wie beispielsweise den Brutto-Betrag, die PayPal-Gebühren, die Rechnungs-ID etc.

Besonders spannend ist dieser Bericht immer dann, wenn es zu Fehlern bzw. Problemen kommt. Ansonsten können Sie an dieser Stelle nur nach dem Rechten schauen und ein Gefühl dafür bekommen, wie viele der Transaktionen mittels PayPal durchgeführt werden.

Braintree Settlement

Bei Braintree handelt es sich um einen Payment-Service-Provider, der jedoch in Deutschland noch recht unbekannt ist. Einen Payment-Service-Provider benötigen Sie immer dann, wenn Sie beispielsweise Kreditkartenzahlungen durchführen möchten. Aber auch heimische Zahlarten wie die Lastschrift oder der Kauf auf Rechnung können mittels Payment-Service-Provider durchgeführt werden.

Der folgende Bericht gibt Ihnen einen Überblick über die durchgeführten Transaktionen, im Prinzip genau wie im vorherigen Beispiel mit PayPal. Der einzige Unterschied besteht in den leicht unterschiedlichen Informationen, die an dieser Stelle dargestellt werden. Auch hier gilt wieder, sofern alles läuft und es keine Probleme gibt, müssen Sie diesen Bericht nicht aufrufen, es sei denn, Sie wollen ein Gefühl dafür bekommen, wie viele der Transaktionen in Ihrem Online-Shop mittels Braintree abgewickelt werden.

Details zu Zahlungen direkt beim Payment-Service-Provider einsehen

In der Regel empfiehlt es sich, Details zu Transaktionen bzw. Transaktionen als solche direkt beim Payment-Service-Provider einzusehen. Dies gilt auch für PayPal. In der Regel liegen beim Anbieter selbst wesentlich detailliertere Informationen vor. Dementsprechend sind die beiden Berichte in Magento zwar vollkommen in Ordnung, ich würde Ihnen aber den direkten Weg via PayPal bzw. Braintree empfehlen und dort die Transaktions-Details einsehen.

12.1.5 Kunden

Nachdem Sie nun die verschiedenen Berichte in den Bereichen »Marketing«, »Umsatz« und »Bewertungen« kennengelernt haben, geht es jetzt um die Kunden. Je mehr Daten Sie zu Ihren Kunden haben, desto besser und gezielter können Sie schlussendlich Ihre Kunden ansprechen. Die Zeiten des Gießkannen-Marketings, bei dem jeder Kunde komplett gleich behandelt wurde, sind meiner Meinung nach vorbei. Die besten Ergebnisse, und damit meine ich den Umsatz, erzielen Sie dann, wenn

Sie jeden Kunden individuell ansprechen und individuell behandeln. Versprechen Sie sich an dieser Stelle jedoch nicht allzu viel von den Magento-Berichten. Letztendlich sind diese eine gute Basis, ersetzen aber natürlich keinen spezialisierten Dienstleister bzw. externen Service, der gezielt Kundendaten sammelt und auswertet. Folgende Berichte finden Sie in der Kategorie »Kunden«: *Bestellsumme*, *Bestellanzahl*, *Neu*.

Bestellsumme

In dem Bericht *Bestellsumme* erfahren Sie, an welchem Tag welcher Kunde welchen Umsatz in Ihrem Online-Shop gemacht hat. Beachten Sie, wenn Sie den Link BESTELLSUMME aufrufen, dass die Filteroptionen ein wenig anders aussehen als in den Berichten aus der Kategorie UMSATZ. Zwar müssen Sie auch wieder ein Startdatum und Enddatum festlegen, die Visualisierung der Elemente ist jedoch eine andere. In diesem Bericht befinden sich beide Date Picker weiter oben in der Maske, Sie sollten diese aber dennoch problemlos finden. Ebenso können Sie wiederum einen Zeitraum festlegen, wobei Ihnen die Optionen TAG, MONAT und JAHR zur Verfügung stehen.

Nachdem Sie sich für ein Startdatum und ein Enddatum entschieden haben, klicken Sie bitte auf den Button AKTUALISIEREN. Als Ergebnis werden Sie eine ähnliche Ansicht wie in Abbildung 12.11 erhalten.

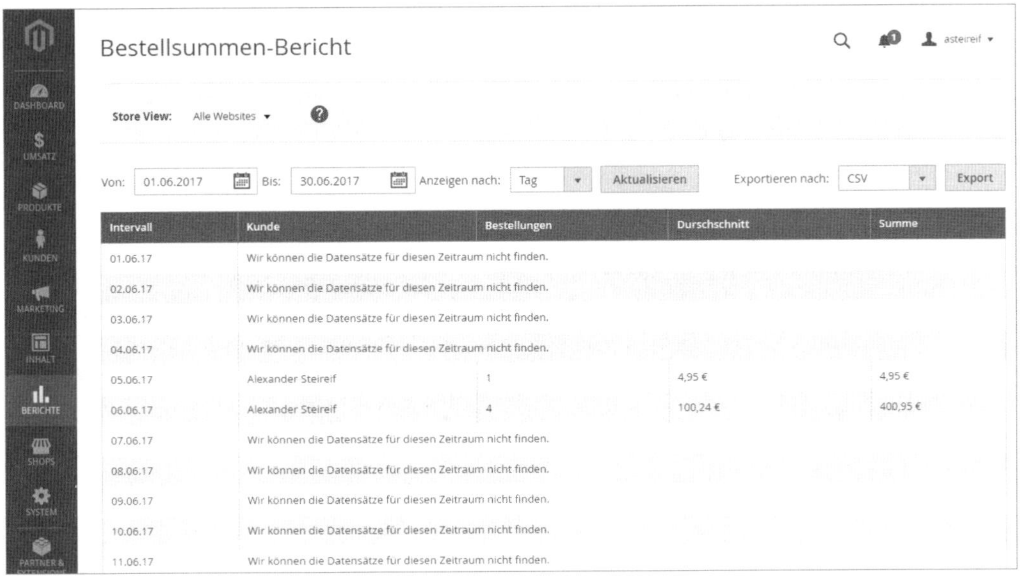

Abbildung 12.11 Magento listet alle Käufer pro Tag inklusive Umsatz auf.

Wie Sie in meiner Abbildung sehen, hat es an zwei Tagen einen Einkauf durch den Kunden »Alexander Steireif« gegeben. Die Bestellsumme der Einkäufe können Sie in der Spalte »Summe« sehen. Wurde mehr als eine Bestellung am Tag durchgeführt, wie in der Spalte »Bestellungen« zu sehen ist, errechnet Magento zudem den durchschnittlichen Bestellwert. Diese Information können Sie der Spalte »Durchschnitt« entnehmen.

Wie auch bei den vorherigen Berichten können Sie diese Informationen exportieren. Bei den Formaten steht das bekannte CSV- sowie Excel-XML-Format zur Verfügung.

Bestellanzahl

Fragen Sie mich nicht, warum, aber der Bericht *Bestellanzahl* ist absolut deckungsgleich mit dem gerade eben vorgestellten Bericht. Auch hier können Sie die Anzahl der Bestellungen pro Nutzer und Zeitraum auslesen und sich den durchschnittlichen Bestellwert sowie die Bestellsumme ausgeben lassen.

Neu

Der Bericht *Neu*, er entspricht vom Aufbau her den beiden vorherigen Berichten, gibt an, wie viele Neukunden in einem gewählten Zeitraum eingekauft haben. Neukunden sind dabei Kunden, die zum ersten Mal eine Bestellung aufgegeben haben. Dieser Bericht ist dann besonders praktisch, wenn Sie wissen möchten, wie viele der aufgegebenen Bestellungen von Neukunden bzw. Bestandskunden stammen. Mit diesem Bericht können Sie zwar nicht die Bestandskunden identifizieren, aber anhand der Anzahl der Bestellungen pro Neukunden und der gesamten Anzahl an Bestellungen können Sie relativ einfach und mühelos das Delta bilden.

Unterschiedliche Benutzeroberflächen bei den Berichten

Speziell bei den Berichten in der Kategorie Kunden werden Sie leicht veränderte Benutzeroberflächen vorfinden. Zum Teil sind die Eingabefelder und Dropdown-Menüs anders benannt. Auch unterscheidet sich die Position der Elemente, sprich, Magento hat an dieser Stelle ein etwas anderes Layout. Insgesamt ist der Bereich »Berichte«, was das Layout und Konzept angeht, nicht zu 100 % durchdacht. An der einen oder anderen Stelle herrscht ein gewisser Wildwuchs, der in den nächsten Versionen bereinigt werden sollte – zumindest wäre dies mein Wunsch.

12.1.6 Produkte

Die letzte Kategorie innerhalb des Menüpunktes BERICHTE sind die Produkte. Hierbei handelt es sich meiner Meinung nach auch um die wichtigsten Berichte, da Sie direkt auf Basis der dort durchgeführten Auswertungen Schlüsse ziehen können. Betrachten Sie gemeinsam mit mir die verschiedenen Berichte wie Ansichten, Bestseller, Niedriger Bestand, Bestellt und Downloads im Detail.

Ansichten

Welches Produkt wurde wie häufig angesehen? Ganz unabhängig davon, ob das Produkt tatsächlich gekauft wurde, können Sie sich in diesem Bericht über die in Ihrem Online-Shop am häufigsten aufgerufenen Produkte informieren. Klicken Sie hierfür auf den Link ANSICHTEN, der sich in der Kategorie PRODUKTE befindet. Wählen Sie einen Zeitraum, die Optionen Tag, Monat und Jahr dürften Ihnen an dieser Stelle bekannt vorkommen, sowie ein Start- und ein Enddatum. Anschließend klicken Sie bitte auf den Button BERICHT ANZEIGEN, der sich in der rechten oberen Bildschirmhälfte befindet. Zur besseren Übersichtlichkeit, Sie sehen dies in Abbildung 12.12, habe ich bei diesem Bericht beim Zeitraum die Option MONAT gewählt. Anschließend zeigt Ihnen Magento die Anzahl der Aufrufe pro Produkt und pro Monat an. So wurde in meinem Fall beispielsweise das Produkt »Bratpfanne Martina« im Juni insgesamt 12-mal aufgerufen. Auch wird der Preis zum damaligen Zeitpunkt protokolliert, weswegen Sie im Verlauf auch sehen würden, ob sich die Anzahl der Aufrufe bei einem steigenden bzw. sinkenden Preis verändert.

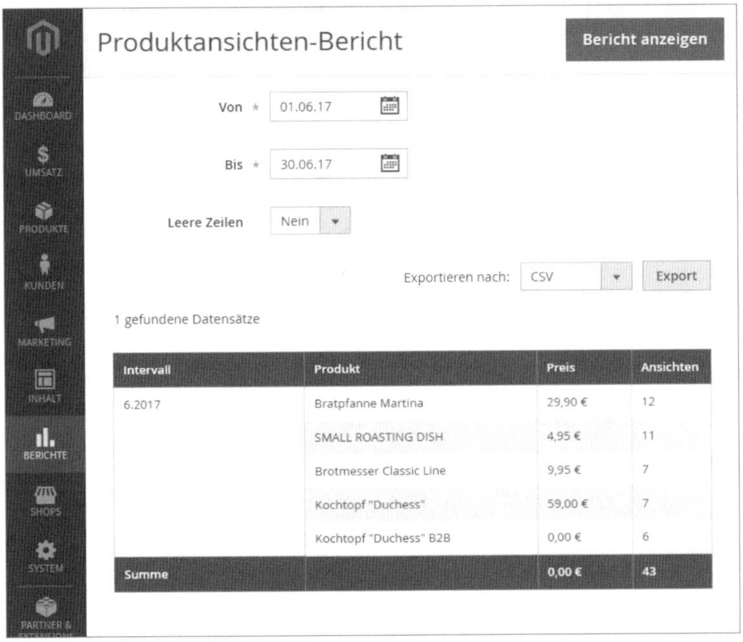

Abbildung 12.12 Magento kann Ihnen anzeigen, welches Produkt in welchem Zeitraum wie oft aufgerufen wurde.

Aufgrund der Komplexität dieses Berichts zeigt Magento nur die fünf am häufigsten aufgerufenen Produkte an, und es erscheint eine entsprechende Meldung, dass nur die fünf populärsten Produkte berücksichtigt werden. Je nach Zeitraum kann aber die Ergebnismenge stark differenzieren. So werden Sie bei einer täglichen Auswertung vermutlich komplett andere Top-5-Produkte sehen als bei einer monatlichen Auswertung wie in meinem Fall.

Bestseller

Welche Produkte häufig aufgerufen wurden, haben Sie im vorherigen Bericht gesehen. Wenn Sie nun wissen möchten, welche Produkte häufig gekauft wurden, müssen Sie die *Bestseller-Bericht* öffnen. Nachdem Sie in diesem Bericht einen Zeitraum sowie Start- und Enddatum ausgewählt haben, erhalten Sie eine Auflistung der Bestseller für den gewählten Zeitraum. Auch bei diesem Bericht wird der Preis des Produktes entsprechend berücksichtigt. Somit können Sie nachvollziehen, zu welchem Preis das jeweilige Produkt am besten bzw. am schlechtesten verkauft wurde. Da weitere Möglichkeiten zur Bearbeitung des Berichts an dieser Stelle nicht vorhanden sind, empfehle ich Ihnen den Export als CSV- bzw. Excel-XML-Datei. Daraufhin können Sie, wenn Sie die Datei z. B. in Microsoft Excel geöffnet haben, Filter setzen und gegebenenfalls noch Informationen und Daten aus anderen Quellen ergänzen. Insgesamt ist bei der Produktsortimentsanalyse die weitere Bearbeitung in z. B. Excel empfehlenswert. Auch könnten Sie in Excel z. B. Produktgruppen bilden und damit ermitteln, welche Produkttypen sich am besten verkaufen.

Niedriger Bestand

Welche Produkte nachbestellt werden müssen, können Sie mithilfe des nächsten Berichts ermitteln. Denn dieser zeigt, wie der Name *Niedriger Bestand* bereits verspricht, Produkte mit einem niedrigen Lagerbestand an. Was als »niedriger Lagerbestand« gilt, können Sie in der Systemkonfiguration definieren. Sobald ein Produkt nun den Schwellenwert erreicht hat, wird das Produkt in diesem Bericht aufgeführt. Anschließend haben Sie die Möglichkeit, die Liste samt Artikelnummern zu exportieren und in anderen Programmen weiterzuverwenden.

Magento bietet grundsätzlich, das möchte ich an dieser Stelle kurz erwähnt haben, keine Möglichkeit, Bestellungen bei Lieferanten zu verwalten. Dementsprechend ergibt es eigentlich keinen Sinn, sich in erster Linie auf diesen Bericht zu stützen, denn Sie müssen mit den nachzubestellenden Produkten irgendetwas tun. Daher wird das Thema Nachbestellungen oftmals direkt im ERP-System abgehandelt, wodurch der Bericht an dieser Stelle in der Praxis gar nicht so wichtig ist. Für einen schnellen Check der Lagerbestände eignet er sich aber hingegen schon.

Produkte mit niedrigen Lagerbeständen in der Produktverwaltung

Alternativ zum Bericht bezüglich niedriger Lagerbestände können Sie unter PRODUKTE • KATALOG auch eine weitere Ansicht anlegen und einen Filter beim Lagerbestand setzen. Beispielsweise können Sie sich ausschließlich die Produkte anzeigen lassen, die einen Lagerbestand von 0 bis 5 Stück haben, wobei Sie die Zahlen selbstverständlich frei wählen können. Anschließend erhalten Sie bei der Produktauflistung auch nur die Produkte, die über den besagten Lagerbestand verfügen. Der Vorteil dieser Vorgehensweise ist, dass Sie nicht immer zwischen Berichten und der Produktverwaltung springen müssen, in der Regel werden Sie sich nämlich tendenziell eher in der Produktverwaltung als bei den Berichten aufhalten.

Bestellt

Wenn Sie sich dafür interessieren, in welchem Zeitraum welche Produkte bestellt wurden, ganz unabhängig vom Verkaufspreis der Produkte, sind Sie bei dem Bericht namens BESTELLT gut aufgehoben. Öffnen Sie den Bericht, indem Sie auf BERICHTE • PRODUKTE • BESTELLT klicken. Anschließend hinterlegen Sie bitte ein Start- und Enddatum sowie einen Zeitraum. Ich wähle, da in meinem System nicht allzu viele Daten vorliegen, die Option TAG und klicke anschließend auf AKTUALISIEREN. Nachdem Sie auf diesen Button gedrückt haben, erhalten Sie eine Auflistung wie in Abbildung 12.13 und sehen, an welchem Tag welche Produkte in welchen Stückzahlen verkauft wurden.

Abbildung 12.13 Mithilfe dieses Berichts können Sie sich anzeigen lassen, an welchem Tag welche Produkte verkauft wurden.

Alternativ zur Tagesansicht können Sie selbstverständlich auch auf MONAT bzw. JAHR wechseln. In diesen Fällen bekommen Sie eine noch kompaktere Darstellung der verkauften Produkte.

In der Praxis, das möchte ich an dieser Stelle nicht verschweigen, kann dieser Bericht unübersichtlich werden. Wenn Sie mehrere Tausend Produkte in Ihrem Online-Shop verkaufen und jeden Tag die unterschiedlichsten davon verkaufen, so wird speziell in der Tagesansicht Chaos entstehen. Auch hier empfehle ich Ihnen daher die EXPORT-

Funktion, die Sie in der oberen Ecke finden. Anschließend können Sie die Zahlen beispielsweise in Excel wesentlich strukturierter bearbeiten und auswerten.

Downloads

Sofern Sie digitale Produkte verkaufen, könnte dieser Bericht für Sie von großem Interesse sein. Denn Sie können mithilfe des Berichts *Downloads* auswerten, welche digitalen Produkte wie häufig gekauft und heruntergeladen wurden. Dadurch lässt sich beispielsweise ermitteln, ob gekaufte Produkte auch tatsächlich heruntergeladen werden und welche Ihrer Download-Produkte am besten performen.

12.1.7 Wie hilfreich sind die in Magento vorhandenen Berichte?

Nachdem Sie nun die verschiedenen Berichte kennengelernt haben, stellt sich sicherlich die Frage, wie hilfreich die verschiedenen Berichte in der Praxis wirklich sind. Grundsätzlich handelt es sich bei den Berichten sicher um eine interessante Funktion und ein wichtiges Feature, das Ihnen einen kurzen Ein- und Überblick über die wichtigsten Kennzahlen erlaubt. Wenn Sie jedoch eine Ebene tiefer gehen und hinterfragen möchten, warum beispielsweise manche Produkte nicht gekauft werden, dann stoßen Sie mit dem in Magento vorhandenen Berichtswesen sicherlich schnell an Grenzen. Magento kann Ihnen zeigen, was in Ihrem Online-Shop passiert, aber nicht das Warum beantworten. Das ist aber nicht schlimm, denn Magento hat an dieser Stelle gar nicht den Anspruch, diese Fragen zu beantworten!

Magento Business Intelligence für umfangreiche Berichte

Mittlerweile bietet Magento eine spezielle Lösung für das Thema Berichte und Auswertungen an. Mit Magento Business Intelligence (BI) können Sie auf eine umfangreiche Software-as-a-Service-Lösung (SaaS) zurückgreifen, die neben Magento auch weitere Systeme wie Facebook, Google oder auch Ihr ERP-System anbinden kann. Dadurch lässt sich in Magento BI ein riesiger Datentopf mit verschiedensten Quellen erzeugen, auf dessen Basis Sie umfangreiche Berichte erstellen können. Weitere Informationen zu Magento BI finden Sie unter *https://magento.com/products/business-intelligence*.

Wenn Sie sich primär für das »Warum« interessieren, und das sollte meiner Meinung nach auch Ihre Intention sein, fahren Sie mit externen Lösungen besser. Es gehört mittlerweile schon fast zum Standard, die verschiedenen Google-Dienste wie die Webmaster Tools (auch Search Console genannt) bzw. Google Analytics anzubinden. Beide Tools sind vollkommen kostenfrei nutzbar, und speziell Google Analytics bietet Ihnen umfangreiche Berichte und Analysemöglichkeiten, die Sie definitiv nutzen sollten. In Magento können Sie beide Lösungen sehr einfach integrieren, wie dies im Detail funktioniert, möchte ich Ihnen abschließend auf den folgenden Seiten zeigen.

12.2 Daten mithilfe von Google erfassen und auswerten

Bevor Sie durchstarten können, benötigen Sie im ersten Schritt einen Google-Account. Falls Sie noch keinen Google-Account haben, können Sie diesen kostenfrei unter *https://accounts.google.com/SignUp* anlegen. Geben Sie einfach Ihren Vornamen, Nachnamen, E-Mail-Adresse und ein Passwort ein. Zusätzlich haben Sie zudem die Möglichkeit, das Geburtsdatum, Geschlecht sowie eine Telefonnummer zu hinterlegen.

Die Eingabefelder sind recht selbsterklärend, und Sie sollten innerhalb weniger Minuten ein Konto angelegt haben. Sollten Sie sich bei der Registrierung übrigens wegen der einen oder anderen Information, die Sie hinterlegen müssen, nicht ganz sicher sein, so erhalten Sie unter *https://support.google.com/accounts/answer/1733224?hl=de* eine Auskunft darüber, warum Google die jeweilige Information benötigt. Google hat grundsätzlich den Ruf, als eine Art Datenkrake zu agieren, daher finde ich es immer recht interessant, was tatsächlich mit der jeweiligen Information passiert, bzw. warum diese benötigt wird.

Die Registrierung des Google-Accounts im Schnelldurchlauf

Sehen Sie es mir an dieser Stelle nach, wenn ich den Registrierungsprozess nicht bis ins kleinste Detail beschreibe. Die von Google betriebenen Dienste bzw. der Registrierungsprozess haben jedoch in der Regel eine recht gute Usability, weshalb an diesen Stellen keine Probleme auftreten sollten. Falls doch einmal etwas schiefgeht, sind darüber hinaus FAQ-Seiten verlinkt, und im Zweifelsfall können Sie sich zudem direkt an den Google Support wenden.

Sollten Sie das Google-Konto erfolgreich angelegt haben, steht die Grundlage für die Anbindung der Google Webmaster Tools sowie von Google Analytics!

12.2.1 Google Webmaster Tools anbinden

Im ersten Schritt starten Sie mit den Google Webmaster Tools. Mithilfe dieses Dienstes können Sie eine Sitemap an Google übermitteln, wodurch der Google Crawler es leichter hat, alle Seiten Ihres Online-Shops zu indizieren. Zudem können Sie innerhalb der Google Webmaster Tools nachvollziehen, ob fehlerhafte Links in Ihrem System vorhanden sind. Auch werden Sie Informationen bezüglich der Meta-Tags erhalten. Sind gegebenenfalls Beschreibungstexte zu lang, fehlen Meta-Tags, oder gibt es Doppelungen? All diese Fragen beantwortet dieser von Google betriebene Dienst.

Da keine Kosten für die Nutzung anfallen, sollten Sie meiner Meinung nach diesen Google-Dienst unbedingt nutzen und anbinden. Die Anbindung ist zudem enorm einfach, es wird kein Entwicklungsaufwand notwendig, und Sie können die notwendigen Anpassungen komplett selbstständig durchführen.

Um die Google Webmaster Tools anzubinden, rufen Sie im ersten Schritt die Website des Google-Dienstes unter *https://www.google.com/webmasters* auf. Auf dieser Seite angekommen, klicken Sie auf den grünen Button namens SEARCH CONSOLE. Daraufhin müssen Sie sich mit Ihrem Google-Account anmelden, den Sie auf der vorherigen Seite erstellt haben. Sollten Sie noch über keinen Google-Account verfügen, nutzen Sie nun die Möglichkeit, und legen Sie sich ein kostenfreies Benutzerkonto an. Für den Fall, dass Sie einen Google-Account haben, melden Sie sich nun bitte mit Ihren persönlichen Zugangsdaten an.

Nach dem Login gelangen Sie zu einer Übersichtsseite, auf der Sie alle im System hinterlegen Websites finden. Da bei Ihnen, außer Sie haben bereits Seiten zu den Webmaster Tools hinzugefügt, diese Liste leer sein dürfte, klicken Sie auf den Button PROPERTY HINZUFÜGEN, der sich im oberen Bereich der Seite befindet. Ein neues Overlay erscheint, und Sie müssen die URL Ihres Online-Shops angeben. Diese Information können Sie nur dann ausfüllen, wenn Sie Ihren Online-Shop bereits bei einem Webhoster betreiben. Eine lokale URL können Sie an dieser Stelle nicht verwenden, da Google auf das System zugreifen muss, was bei einem lokalen System nicht funktioniert. Ich verwende daher an dieser Stelle die URL *http://foodbaer.de* und klicke auf HINZUFÜGEN.

Im nächsten Schritt müssen Sie bestätigen, dass Sie tatsächlich der Besitzer der angegebenen Domain bzw. der dort betriebenen Webpräsenz sind. Hierfür stehen bei Google mehrere Methoden zur Verfügung, die Sie in Abbildung 12.14 sehen.

Bei der empfohlenen Methode müssen Sie einen TXT-Datensatz bei Ihrer Domain hinzufügen. In der Tat ist diese Methode einfach und kann auch genutzt werden, ich möchte Ihnen aber an dieser Stelle die Variante zeigen, die Sie direkt über Magento abbilden können. Klicken Sie hierzu auf den Tab ALTERNATIVE METHODEN, den Sie auch in Abbildung 12.14 sehen, und wählen Sie die Option HTML-Tag. Kopieren Sie diesen HTML-Tag, und wechseln Sie in einem neuen Browserfenster bzw. Tab in das Magento-Backend.

Innerhalb des Magento-Backends klicken Sie bitte auf INHALT • DESIGN • KONFIGURATION, und wählen Sie dort Ihr verwendetes Design aus. Sie landen daraufhin in den Konfigurationseinstellungen, bei denen Sie bis zum Abschnitt HTML-KOPF scrollen. Öffnen Sie diesen Abschnitt, und fügen Sie die kopierte Zeile im Freitextfeld SCRIPTS AND STYLE SHEETS ein. Speichern Sie die Konfiguration, und leeren Sie den kompletten Magento Cache. Anschließend wird Magento das von Google kopierte Snippet, wie benötigt, innerhalb des Kopfbereichs der Seite ausgeben. Die Ausgabe ist innerhalb des Frontends für die Nutzer vollkommen unsichtbar, lediglich Crawler wie beispielsweise Google können auf diese Information zurückgreifen.

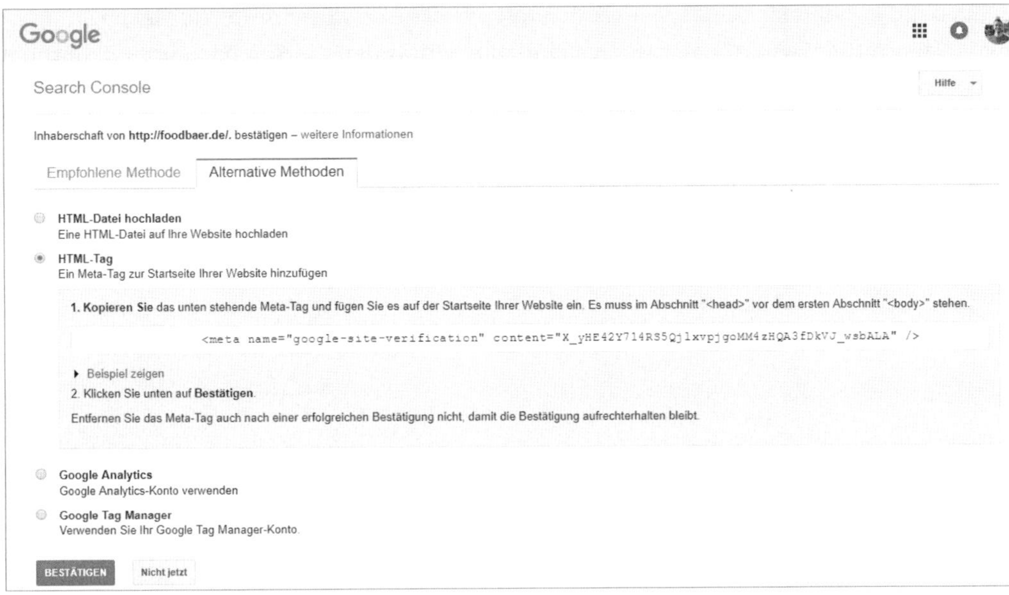

Abbildung 12.14 Für die Bestätigung der Inhaberschaft stehen verschiedene Möglichkeiten zur Verfügung.

Wechseln Sie jetzt bitte wieder in den Tab bzw. das Browserfenster mit den Google Webmaster Tools zurück, und klicken Sie dort auf BESTÄTIGEN. Google wird daraufhin die Inhaberschaft bestätigen. Sollte an dieser Stelle bei Ihnen ein Problem aufgetreten sein, prüfen Sie bitte nochmals, ob der Cache tatsächlich geleert wurde, und warten Sie im Zweifelsfall ein paar Minuten ab. Ab und an verwendet Google auch einen zwischengespeicherten Inhalt, wodurch ein solches Fehlverhalten auftreten kann.

Sofern bei Ihnen alles problemlos geklappt hat, können Sie auf die Google Webmaster Tools zugreifen, die Sie in Abbildung 12.15 sehen.

Würde ich an dieser Stelle auf alle Funktionen und Möglichkeiten eingehen, müsste ich vermutlich ein Kapitel nur über die Google Webmaster Tools schreiben. Das ist aber gar nicht meine Intention. Vielmehr möchte ich Ihnen an dieser Stelle nur die für Sie wichtigsten Optionen und Möglichkeiten vorstellen.

Klicken Sie zuerst im linken Menü auf den Link SITEMAPS, der sich in dem Bereich »Crawling« befindet. In dieser Ansicht angekommen, können Sie via SITEMAP HINZUFÜGEN/TESTEN Ihre Sitemap übermitteln. Wie Sie die Sitemap in Magento erstellen, haben Sie bereits in Abschnitt 10.5.1 erfahren, in meinem Fall habe ich beispielsweise die Sitemap unter *http://www.foodbaer.de/sitemap.xml* erstellt. Genau diesen Dateinamen werde ich nun in den Google Webmaster Tools hinterlegen. Anschließend können Sie die Sitemap testen oder direkt übermitteln. Sobald Sie die Sitemap übermitteln, wird Google in regelmäßigen Abständen die Sitemap einlesen und die dort aufgeführten URLs indizieren. Dadurch nehmen Sie Google eine Menge Aufwand ab, denn Google muss nicht erst prüfen, welche URLs in Ihrem System tatsächlich existieren, sondern erhält die Links sozusagen auf dem Silbertablett serviert. Dadurch ist die Wahrscheinlichkeit, dass alle URLs tatsächlich indiziert werden, wesentlich höher. Das wirkt sich wiederum positiv auf Ihr Ranking bei Google aus und sollte speziell aus diesem Grund genutzt werden.

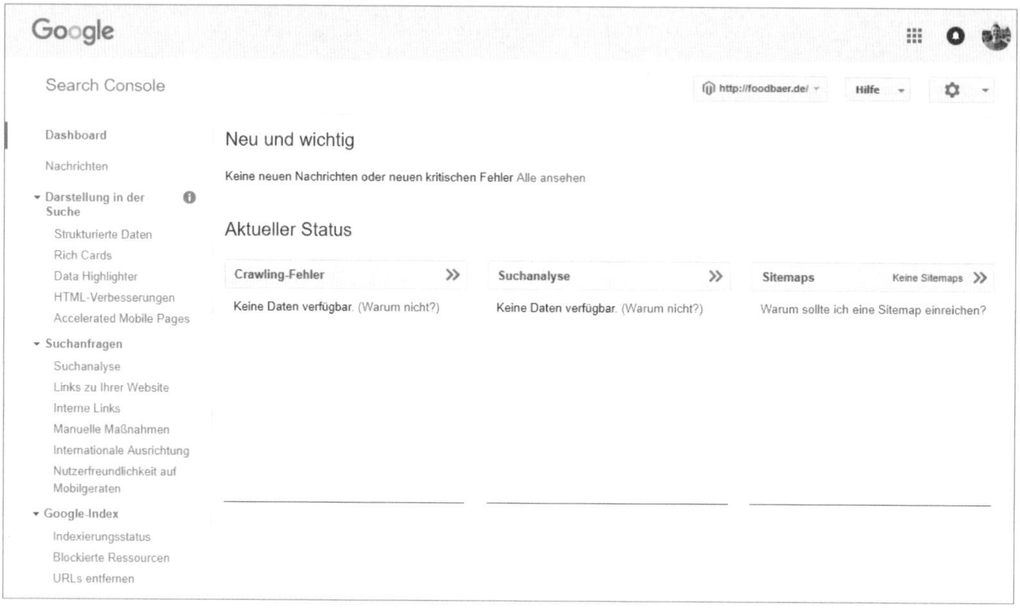

Abbildung 12.15 Die Google Webmaster Tools bieten Ihnen verschiedenste Möglichkeiten, die Sie vollkommen kostenfrei nutzen können.

Ein weiteres interessantes Feature versteckt sich in dem Menüpunkt HTML-VERBESSERUNGEN, der ein Teil des Abschnittes DARSTELLUNG IN DER SUCHE ist. Google wird Ihnen in diesem Menüpunkt zeigen, welche Metainformationen Sie anpassen bzw. ergänzen sollten. Ganz egal, ob Beschreibungen zu kurz, zu lang oder einfach nicht existent sind. Wenn Sie einen regelmäßigen Blick in diese Funktion werfen, können Sie Google durch die Erfüllung der Kriterien und die Lösung der Probleme besänftigen. Aktuell wird, wenn Sie jetzt auf diesen Menüpunkt klicken, jedoch noch keine Auswertung vorliegen. Sie müssen warten, bis der Google Crawler Ihr Magento-System vollständig indiziert hat, erst dann werden Sie an dieser Stelle Informationen und Optimierungshinweise erhalten.

Wie viele der vorhandenen Seiten hat Google denn indiziert?

Wenn Sie im linken Menü auf GOOGLE-INDEX und anschließend auf INDEXIERUNGSSTATUS klicken, werden Sie einen Überblick über die im Index aufgenommen Seiten erhalten. So sehen Sie, wie viele der in Ihrem System vorhandenen Seiten tatsächlich indiziert wurden und bei wie vielen es gegebenenfalls zu Problemen gekommen ist. Sie sollten auch diesen Punkt regelmäßig prüfen, denn wenn Ihre Seiten nicht in den Google-Index wandern, können sie über die Google-Suche auch nicht von Nutzern gefunden werden.

Mit dem robots.txt-Tester, den Sie über CRAWLING • ROBOTS.TXT-TESTER erreichen und in Abbildung 12.16 sehen, haben Sie einen direkten Einblick in die von Magento erzeugte *robots.txt*-Datei. Diese Datei ist besonders für Google wichtig, da hierüber URLs und Verzeichnisse von der Indizierung ausgeschlossen werden können und beispielsweise der Ort der Sitemap definiert ist. Auch würden an dieser Stelle vorhandene Fehler aufgezeigt und dargestellt werden.

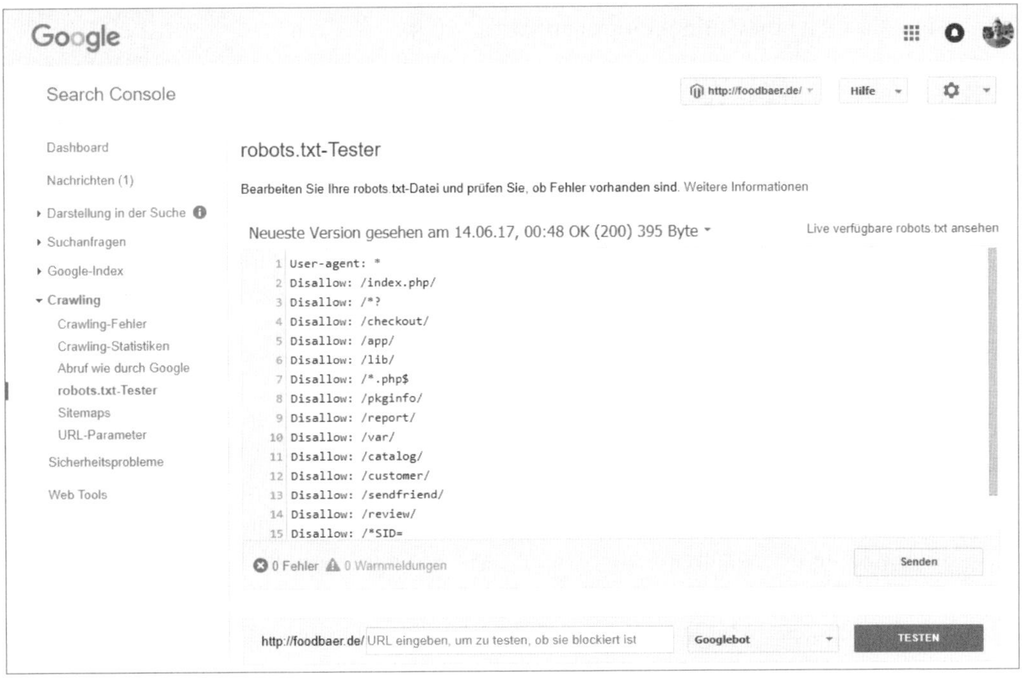

Abbildung 12.16 Sie können direkt innerhalb der Webmaster Tools die »robots.txt« testen und auswerten.

Zu guter Letzt erhalten Sie im Menüpunkt CRAWLING-FEHLER, den Sie unter CRAWLING finden, einen Überblick über fehlerhafte Verlinkungen und nicht existente

URLs in Ihrem System. Dies ist vor allem dann praktisch, wenn Sie die Integrität aller Links prüfen wollen. Haben Sie, beispielsweise in einer CMS-Seite, einen falschen Link gesetzt, so wird Ihnen das spätestens an dieser Stelle auffallen, da Google alle fehlerhaften Verlinkungen samt Quelle auflistet.

Nutzen Sie, nachdem ich Ihnen an dieser Stelle nur in Form eines Crashkurses die wichtigsten Funktionen gezeigt habe, ruhig die Möglichkeit, einen Blick in alle Menüpunkte zu werfen. An dieser Stelle können Sie durch einen unbeabsichtigten Klick auch nichts zerstören. Schauen Sie sich daher die Google Webmaster Tools gern in Ruhe an, und nutzen Sie die Funktionen so intensiv wie möglich.

12.2.2 Google Analytics in Magento integrieren

Mit Google Analytics steht Ihnen ein mächtiges Werkzeug in Sachen Web-Analyse zur Verfügung. Wie auch bei den Webmaster Tools fallen für die Nutzung keinerlei Kosten an, dennoch ist der Funktionsumfang enorm. Die Nutzung von Google Analytics ist meiner Meinung nach essenziell und sollte sowohl von klassischen Websites als auch von Online-Shops genutzt werden.

Um Google Analytics zu nutzen und in Ihren Online-Shop zu integrieren, rufen Sie bitte im ersten Schritt die URL *https://www.google.de/analytics/* auf. Melden Sie sich mit Ihrem Google-Account an, falls Sie noch keinen Google-Account besitzen, können Sie an dieser Stelle einen Account komplett kostenfrei anlegen. Klicken Sie hierfür einfach auf den Button KONTO ERSTELLEN. Wenn Sie bereits über einen Google-Account verfügen, klicken Sie hingegen auf ANMELDEN. Nachdem Sie sich mit Ihren persönlichen Zugangsdaten angemeldet haben, können Sie anschließend direkt mit der Anmeldung Ihrer Seite durchstarten. Hierfür müssen Sie, wie Sie in Abbildung 12.17 sehen, verschiedenste Informationen hinterlegen.

Neben dem Kontonamen, den Sie frei wählen können, müssen Sie einen Namen für die Website sowie eine URL hinterlegen. In den beiden ersteren Fällen hinterlege ich beispielsweise den Wert »Foodbär«, bei der URL *http://foodbaer.de*. Wählen Sie zudem eine Branche und Ihre Zeitzone aus. Alle anderen Informationen können Sie an dieser Stelle überspringen, auch wenn Sie diese natürlich gern durchlesen können. Scrollen Sie nach unten, und klicken Sie bitte auf TRACKING-ID abrufen. Nachdem Sie den AGB zugestimmt haben, die sich in einem Overlay geöffnet haben, erhalten Sie einen Tracking-Code, den Sie in Ihren Online-Shop einfügen müssen. Der Tracking-Code wird bei Ihnen wie in Abbildung 12.18 aussehen, ausschließlich die Tracking-ID wird sich unterscheiden.

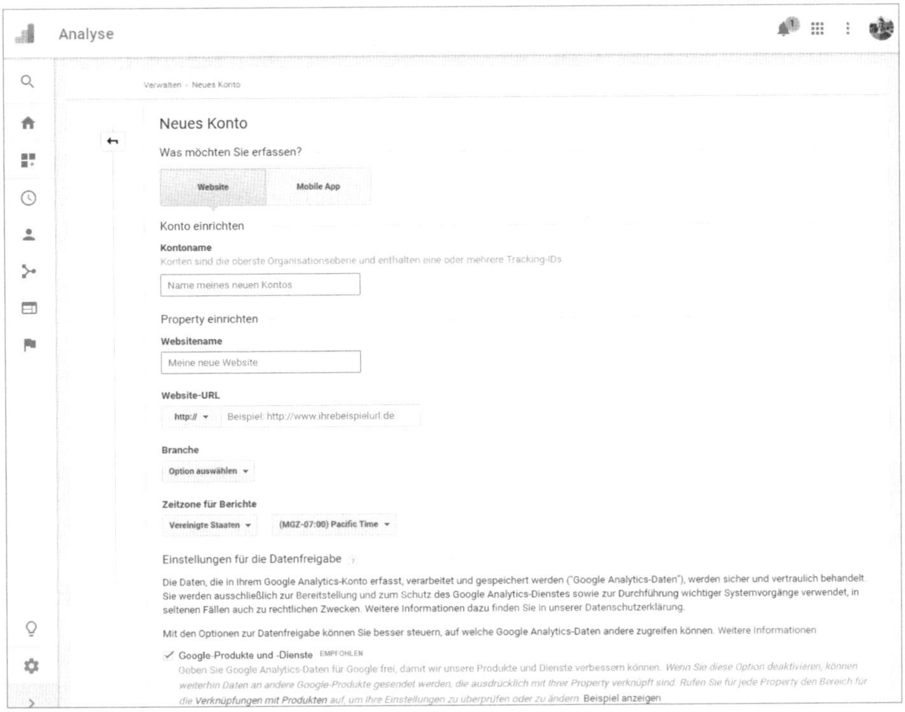

Abbildung 12.17 Bei der Anmeldung Ihres Magento-Systems in Google Analytics müssen Sie allgemeine Informationen zur Seite hinterlegen.

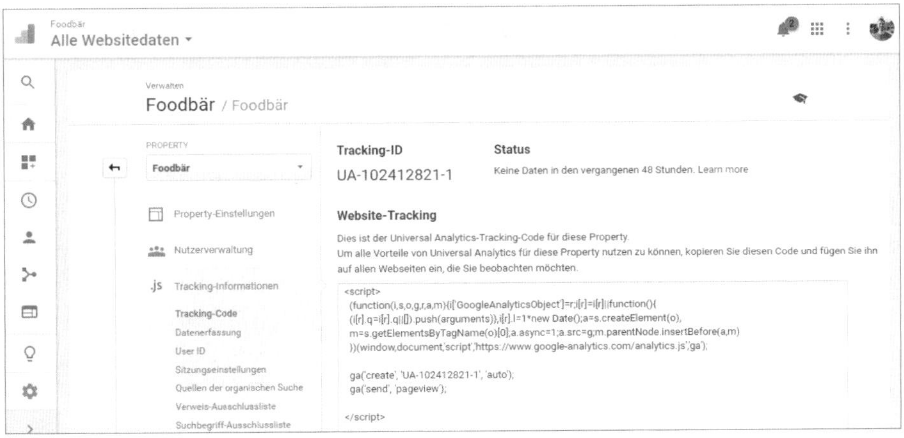

Abbildung 12.18 Nachdem Sie Ihre Seite angemeldet haben, müssen Sie den Tracking-Code implementieren.

Kopieren Sie bitte den Tracking-Code, und wechseln Sie in einem neuen Tab bzw. Browserfenster wieder in das Magento-Backend.

Im Magento-Backend angekommen, klicken Sie auf SHOPS • EINSTELLUNGEN • KONFIGURATION. Dort wählen Sie in der linken Navigation den Menüpunkt GOOGLE API aus, der sich im Oberpunkt UMSATZ befindet. Im Abschnitt »Google Analytics« aktivieren Sie bitte die Funktionalität, indem Sie im Dropdown-Menü den Eintrag JA wählen. Magento wird Sie nun nach der Kontonummer fragen. In dem von Ihnen kopierten Tracking-Code, der direkt nach der Anlage in Google Analytics angezeigt wurde, befindet sich nun die besagte Kontonummer. Bei Ihnen müsste der kopierte Code ebenfalls wie folgt aussehen, mit der Ausnahme, dass Sie eine andere Kontonummer haben:

```
<script>
 (function(i,s,o,g,r,a,m){i['GoogleAnalyticsObject']=r;i[r]=i[r]||function(){
  (i[r].q=i[r].q||[]).push(arguments)},i[r].l=1*new Date();a=
s.createElement(o),
m=s.getElementsByTagName(o)[0];a.async=1;a.src=
g;m.parentNode.insertBefore(a,m)
  })(window,document,'script','https://www.google-analytics.com/
analytics.js','ga');
  ga('create', 'UA-102412821-1', 'auto');
  ga('send', 'pageview');
</script>
```

Listing 12.1 Durch die Integration von Google Analytics wird im Frontend dieses Snippet ausgegeben.

Die Kontonummer, vermutlich ist Ihnen das beim Anschauen des Tracking-Codes direkt aufgefallen, verbirgt sich in dieser Zeile:

```
ga('create', 'UA-102412821-1', 'auto');
```

Kopieren Sie bitte nun den Wert »UA-102412821-1«, wie erwähnt wird er bei Ihnen abweichen, aber an sich gleich aufgebaut sein. Sie müssen diesen Wert, bei dem es sich um die Kontonummer handelt, jetzt im Magento-Backend im Feld KONTONUMMER einfügen. Nachdem Sie die Konfiguration gespeichert haben, leeren Sie den Cache. Anschließend wird in Ihrem Online-Shop der Google-Analytics-Tracking-Code ausgegeben, wodurch Daten erfasst und direkt zu Google Analytics gesendet werden können.

Wechseln Sie bitte erneut in den Tab bzw. das Browserfenster, in dem Sie Google Analytics geöffnet haben, und rufen Sie mittels des Dropdown-Menüs in der oberen linken Navigation Ihren Online-Shop aus, in meinem Fall handelt es sich um Foodbär. Sie sehen das Auswahlmenü zudem in Abbildung 12.19.

Mit der Integration des Tracking-Codes haben Sie im Prinzip den Grundstein gelegt und können ab sofort Google Analytics verwenden. In der Regel dauert es wenige Minuten, bis Daten übertragen werden und Sie in Google Analytics in der Echtzeitansicht die ersten Daten sehen.

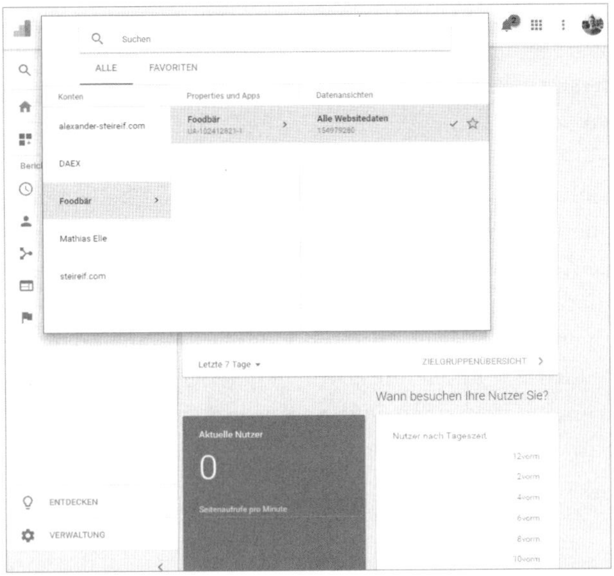

Abbildung 12.19 Über das Dropdown-Menü im Kopfbereich können Sie die soeben angelegte Website auswählen.

Mit Google Analytics haben Sie die Möglichkeit, neben den Besuchern auch die Inhalte, die angesehen werden, auszuwerten und verschiedenste Berichte zu erstellen. Da es sich bei Google Analytics um eine äußerst umfangreiche und mächtige Software handelt, kann ich an dieser Stelle nicht einmal im Schnelldurchlauf die wichtigsten Funktionen und Möglichkeiten erklären. Das würde der Software nicht gerecht werden und Sie am Ende vermutlich mehr irritieren, als dass es tatsächlich zur Problemlösung beitrüge.

Aus diesem Grund möchte ich Ihnen an dieser Stelle das Buch »Google Analytics – Das umfassende Handbuch« von Markus Vollmert und Heike Lück, ebenfalls erschienen im Rheinwerk Verlag, ans Herz legen. In diesem Werk wird auf ca. 850 Seiten das komplette Google-Analytics-System Schritt für Schritt und im Detail erklärt. Wie Sie anhand der Seitenanzahl sehen können, handelt es sich um eine genauso komplexe und umfangreiche Lösung wie Magento, d. h., an dieser Stelle empfehle ich Ihnen definitiv den Griff zum Handbuch.

Google Analytics E-Commerce Tracking

Als zusätzliche Erweiterung, hier wird jedoch Entwicklungsaufwand anfallen, können Sie speziell als Online-Shop-Betreiber die E-Commerce-Tracking-Erweiterung von Google Analytics nutzen. Damit werden Verkäufe, Warenkörbe sowie Ihre Produkte erfasst, und Google stellt Ihnen hierzu viele verschiedene Berichte zur Auswertung zur Verfügung. Dadurch können Sie beispielsweise ermitteln, welche Produkte am besten performen, aus welchem Land Bestellungen kommen, wie hoch der durchschnittliche Warenkorbwert ist etc. Sollten Sie auf Google Analytics setzen, empfehle ich Ihnen, den Aufwand zu investieren und die E-Commerce-Tracking-Erweiterung zu implementieren.

Ansonsten müssen Sie für die Nutzung von Google Analytics an dieser Stelle nichts mehr unternehmen. Daten werden zu Google übertragen, und die Auswertungsmöglichkeiten innerhalb der Google-Analytics-Oberfläche stehen Ihnen ebenfalls direkt nach Anlage des Google-Analytics-Accounts zur Verfügung. Letztendlich sollten Sie, hierfür ist das empfohlene Buch enorm hilfreich, nun individuelle Berichte erstellen und Google Analytics an Ihre Bedürfnisse anpassen. Damit erzielen Sie die besten Resultate, speziell durch die selbst erstellten Berichte verringern Sie zudem die Komplexität der Software, da im Standard einfach viel zu viele Berichte vorhanden sind, die Sie vermutlich gar nicht benötigen.

12.3 Fazit und Ausblick

Berichte sind wichtig, denn auf Basis von Zahlen und Fakten können Sie Entscheidungen treffen und Ihren Online-Shop sukzessive weiterentwickeln. Auch können Sie bei der Weiterentwicklung auf Zahlen setzen und müssen nicht Ihrem Bauchgefühl vertrauen. Neben der Weiterentwicklung sollten Sie jedoch auch Ihr Produktsortiment auf Basis von Zahlen und Fakten optimieren. Hierfür stellt Ihnen Magento out of the box verschiedene Berichte zur Verfügung, speziell durch die Erweiterungen mithilfe der Google Webmaster Tools und von Google Analytics können Sie aber den größten Mehrwert erzielen und auf noch umfangreichere Berichte und Auswertungen zurückgreifen. Für welche Lösungen Sie sich auch immer entscheiden, denn auch neben Google Analytics gibt es weitere Anbieter, die bei der Erfassung und Auswertung von Kennzahlen behilflich sind, am Ende des Tages sollten Sie definitiv eine umfangreiche Web-Analyse bzw. Reporting-Lösung integrieren. Denn auf Basis von Zahlen und Fakten werden Sie wesentlich effizienter und erfolgreicher Ihren Online-Shop weiterentwickeln können!

Im nächsten Kapitel, das sich mit der Anpassung von Magento an den deutschen Markt beschäftigt, werden Sie erfahren, welche Einstellungen und Anpassungen Sie vornehmen müssen, um möglichst rechtskonform zu agieren. Denn Magento ist von Haus aus eine amerikanische Software, die daher im Standard nicht ganz den in Deutschland notwendigen Anforderungen entspricht. Zum Glück ist Magento jedoch so flexibel, dass dies an dieser Stelle kein Problem darstellt. Was genau Sie unternehmen müssen, erfahren Sie im folgenden Kapitel.

Kapitel 13
Magento für den deutschen Markt vorbereiten

Als amerikanische Software erfüllt Magento von Haus aus nicht alle rechtlichen Rahmenbedingungen, die Sie beim Betrieb in Deutschland einhalten müssen. In diesem Kapitel erfahren Sie, mit welchen schnellen und einfachen Ansätzen Sie Ihren Magento-Online-Shop auch in Deutschland betreiben können!

Wenn Sie in Deutschland einen Online-Shop betreiben wollen, müssen Sie auf viele verschiedene Dinge achten, um nicht gegen geltendes Recht zu verstoßen. So müssen Sie beispielsweise Ihre allgemeinen Geschäftsbedingungen, umgangssprachlich auch nur AGB genannt, an verschiedenen Stellen innerhalb des Online-Shops platzieren. Ebenso muss bei einem Preis, sollte das Produkt an dieser Stelle zu kaufen sein, immer angegeben werden, ob dieser Preis bereits die gesetzliche Mehrwertsteuer enthält und ob zusätzliche Versandkosten anfallen. Diese wenigen Beispiele spiegeln jedoch nicht alle rechtlichen Auflagen wider, sondern stellen nur einen kurzen exemplarischen Auszug dar. Um es an dieser Stelle auf den Punkt zu bringen: Sie werden in jedem Fall einen Anwalt engagieren müssen, der final Ihren kompletten Online-Shop prüft und freigibt. Tun Sie das nicht, und erhalten Sie eine Abmahnung, so kann dies ein teures Vergnügen werden. Oftmals agieren Online-Shop Betreiber recht naiv und blauäugig, denn wie bei einer Versicherung ist es ja nicht gesagt, dass zeitnah ein Schadensfall eintritt. Im E-Commerce wäre ich jedoch etwas vorsichtiger, da direkte Konkurrenten gern zu einer Abmahnung greifen, sofern ein neuer Konkurrent entdeckt wird, dessen Online-Shop nicht alle rechtlichen Vorschriften einhält.

Keine Rechtsberatung möglich!

Bitte beachten Sie, dass ich Ihnen in diesem Kapitel viele Hinweise und Tipps geben kann, die ich aufgrund meiner Erfahrungen im E-Commerce in den letzten 15 Jahren gesammelt habe. Jedoch bin ich kein Anwalt und kann Ihnen an dieser Stelle keine verbindliche Auskunft geben oder verbindliche Empfehlungen aussprechen. Eine anwaltliche Prüfung sollten Sie in jedem Fall in Anspruch nehmen, sobald Sie mit Ihrem Online-Shop live gehen möchten. Investieren Sie, das ist meine ganz persönliche Empfehlung, initial etwas Geld, und vermeiden Sie die Gefahr einer Abmahnung. Denn Abmahnungen sind eine teure Angelegenheit.

Wenn Sie nun Magento in Deutschland rechtssicher betreiben möchten, müssen Sie die Anforderungen in zwei Kategorien einteilen. Zum einen gibt es inhaltliche Anforderungen wie beispielsweise die Integration von allgemeinen Geschäftsbedingungen. In diesem Fall müssen Sie nur Texte integrieren, aber keine Entwicklungsaufwände leisten. Zum anderen gibt es jedoch auch komplexere Anforderungen, beispielsweise die zusätzlichen Informationen bei einem Preis. Hierfür müssen Sie tatsächlich Magento dahingehend modifizieren, dass diese Anforderungen erfüllt werden. Mit reiner Konfigurationsarbeit werden Sie in diesem Fall nicht weiterkommen, da die Flexibilität von Magento auch gewisse Grenzen kennt.

Bevor Sie an dieser Stelle nervös werden – nein, Sie müssen kein PHP-Entwickler werden, um Magento rechtssicher betreiben zu können. Denn aus der Magento-Community haben sich Erweiterungen und Modifikationen entwickelt, die Ihnen genau diese Aufgabe lösen. Damit können auch Shop-Betreiber und E-Commerce-Verantwortliche die Basis für eine rechtssichere Nutzung von Magento in Deutschland legen. Was Sie tun müssen und welche Möglichkeiten zur Verfügung stehen, erfahren Sie auf den folgenden Seiten dieses Kapitels!

13.1 MageSetup installieren und nutzen

Wie eingangs bereits erwähnt, müssen gewisse Modifikationen an Magento durchgeführt werden, damit ein auf Basis von Magento betriebener Online-Shop die rechtlichen Anforderungen in Deutschland erfüllt. Damit Sie an dieser Stelle aber nicht allzu weit in die technischen Tiefen von Magento absteigen müssen, empfehle ich Ihnen die Nutzung von MageSetup. Bei MageSetup handelt es sich um eine kostenlose Erweiterung, die von dem Verein FireGento e. V. entwickelt und gewartet wird. Bei FireGento handelt es sich um eine gemeinnützige Organisation, die schon seit einigen Jahren Erweiterungen für Magento 1 und Magento 2 entwickelt und diese kostenfrei zur Verfügung stellt. Dank dieses Community-Engagements wurde schon das eine oder andere Problem der deutschen Magento-Shop-Betreiber gelöst, was umso schöner ist, da FireGento alle Erweiterungen kostenfrei zur Verfügung stellt. Bei der Erweiterung MageSetup handelt es sich nun um eine Sammlung von Erweiterungen und Modifikationen, mit deren Hilfe Sie die rechtlichen Rahmenbedingungen in Deutschland erfüllen können. Daher sollten Sie im nächsten Schritt diese Erweiterung gemeinsam mit mir installieren und konfigurieren!

13.1.1 Die MageSetup-Installation Schritt für Schritt

MageSetup kann kostenlos auf GitHub heruntergeladen werden. Öffnen Sie hierzu den Link *https://github.com/firegento/firegento-magesetup2*, und klicken Sie, sobald sich die Seite aufgebaut hat, auf den grünen Button CLONE OR DOWNLOAD. Daraufhin erscheint ein kleines Overlay, in dem Sie bitte auf DOWNLOAD ZIP klicken. Anschließend öffnet sich ein Download-Dialog, und die Zip-Datei wird heruntergeladen. Aufgrund der geringen Größe des Zip-Pakets, es handelt sich gerade einmal um ca. 100 kb, sollte der Download recht schnell abgeschlossen sein. Nachdem Sie die Zip-Datei heruntergeladen haben, entpacken Sie diese mit einer Anwendung wie beispielsweise 7-Zip.

Installation mithilfe von Composer

Alternativ zu der auf den folgenden Seiten beschriebenen Vorgehensweise zur Installation können Sie MageSetup zudem mithilfe von Composer installieren. Gehen Sie hierzu mittels Shell bzw. Terminal in Ihr Magento-Verzeichnis, und führen Sie folgende Befehle aus:

```
composer config repositories.firegento_
magesetup vcs git@github.com:firegento/firegento-magesetup2.git
composer require firegento/magesetup2:dev-develop
bin/magento module:enable FireGento_MageSetup
bin/magento setup:upgrade
bin/magento magesetup:setup:run <countrycode>
```

Anschließend ist MageSetup vollständig installiert und nutzbar.

Nachdem Sie das Zip-Archiv extrahiert haben, müssen Sie im nächsten Schritt in Ihrer lokalen Magento-Installation ein neues Verzeichnis erstellen. Wechseln Sie hierzu mittels Explorer, wenn Sie macOS verwenden, können Sie den Finder nutzen, in das Hauptverzeichnis Ihrer Magento-Installation. Dort angekommen, erstellen Sie bitte im Verzeichnis *app/code/* den Ordner *FireGento/MageSetup*. Sobald Sie den Ordner angelegt haben, können Sie das soeben heruntergeladene und extrahierte Zip-Archiv in das Verzeichnis *app/code/FireGento/MageSetup* kopieren. Ihre Verzeichnisstruktur sollte anschließend wie in Abbildung 13.1 aussehen.

Nachdem Sie die Dateien erfolgreich kopiert haben, haben Sie schon knapp die Hälfte der Installation geschafft! Öffnen Sie nun die Konsole bzw. die Shell oder das Terminal, und navigieren Sie in das Hauptverzeichnis Ihrer Magento-Installation. Sobald Sie im Hauptverzeichnis angelangt sind, führen Sie bitte folgende Befehle direkt aus:

```
php bin/magento module:enable FireGento_MageSetup
php bin/magento setup:upgrade
php bin/magento magesetup:setup:run de
```

Listing 13.1 Mittels dieser Befehle können Sie die kopierten Dateien installieren und die Konfiguration durchführen.

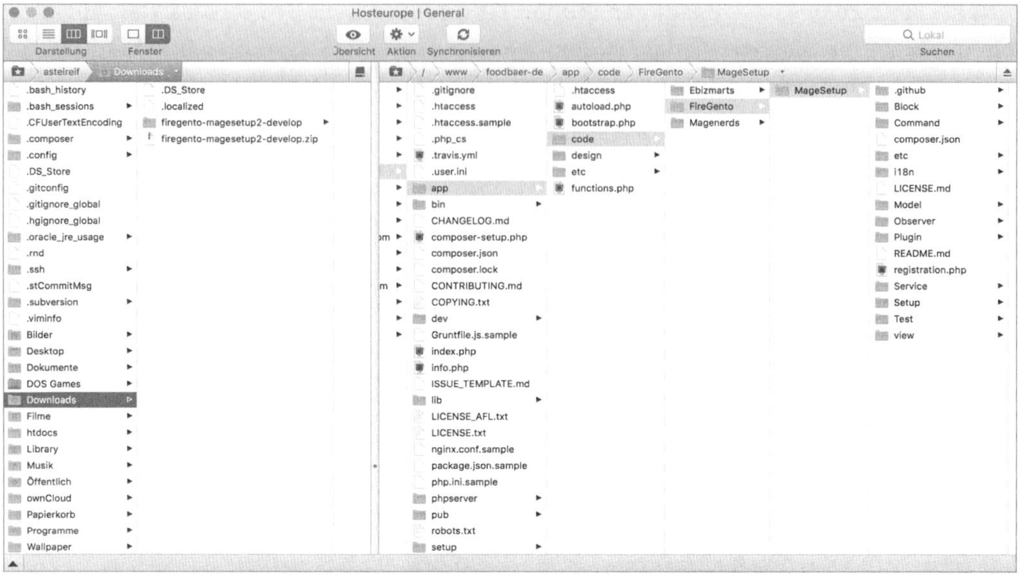

Abbildung 13.1 Alternativ zur Installation mithilfe von Composer können Sie den Inhalt des Zip-Archivs direkt nach »app/code/FireGento/MageSetup« kopieren.

MageSetup unterstützt weitere Sprachen und Länder

Neben Deutschland unterstützt die aktuelle Version von MageSetup zudem die Länder Österreich (at), Schweiz (ch), Spanien (es), Frankreich (fr), Großbritannien (gb), Italien (it), Niederlande (nl), Polen (pl), Rumänien (ro) sowie Russland (ru). Daher handelt es sich nicht ausschließlich um eine für den deutschen Markt interessante Erweiterung, sondern um ein Paket, das auch in den vorgenannten Ländern genutzt werden kann.

Sobald Sie alle Befehle ausgeführt haben, melden Sie sich bitte mit Ihren persönlichen Zugangsdaten im Magento-Backend an. Im Backend angekommen, klicken Sie auf System • Tools • Cache-Management und leeren dort den gesamten Cache, indem Sie auf den Button Magento-Cache leeren klicken.

Sie haben daraufhin die Installation von MageSetup erfolgreich abgeschlossen, herzlich Glückwunsch!

13.1.2 Änderungen und Erweiterungen durch MageSetup

Nachdem Sie MageSetup installiert haben, werden Sie sowohl im Frontend als auch im Backend einige Änderungen und Neuerungen vorfinden. Leider gibt es innerhalb des Backends keine zentrale Maske bzw. Ansicht, die MageSetup steuert. Vielmehr handelt es sich bei dieser Erweiterung um einige kleinere Modifikationen, die auch zum Teil komplett ohne Maske in Backend auskommen. Umso wichtiger ist es, dass Sie gemeinsam mit mir an dieser Stelle die durch MageSetup herbeigeführten Änderungen und Anpassungen im Detail durchgehen.

Preise inkl. MwSt. und zzgl. Versandkosten

Sicherlich kennen Sie aus anderen Online-Shops die zusätzlichen Informationen, die sich bei einem Produktpreis befinden. Egal, in welchem Online-Shop Sie in Deutschland unterwegs sind, in der Regel wird neben dem Preis immer die Information »inkl. MwSt. zzgl. Versandkosten« ausgegeben. Im Standard wird Magento diesen Satz nicht darstellen; nachdem Sie MageSetup installiert haben, hingegen schon, wie Sie auch in Abbildung 13.2 sehen.

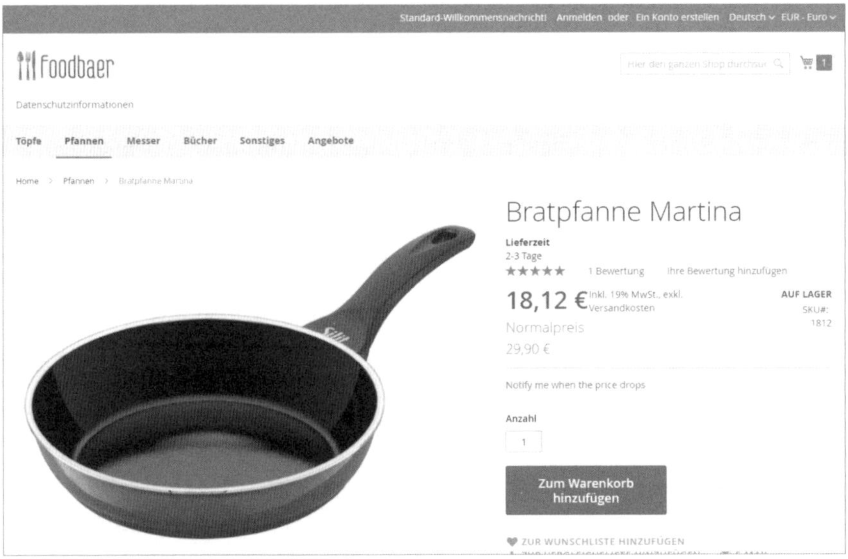

Abbildung 13.2 Nachdem Sie MageSetup installiert haben, wird hinter jedem Preis auf die MwSt. und Versandkosten verwiesen.

Die Produktdetailseite ist jedoch nicht die einzige Stelle im System, an der die zusätzliche Information beim Preis auftaucht. Wenn Sie beispielsweise innerhalb der Kategorieseite mit der Maus über ein Produkt fahren, werden Sie auch dort die ergänzende Information beim Preis vorfinden. An allen Stellen, an denen ein Produkt in den Warenkorb gelegt werden kann, zeigt Magento nun diese rechtlich relevante Information an. Daher müssen Sie sich um die Erfüllung dieser Anforderung keine Gedanken mehr machen, da MageSetup Ihnen die hierfür notwendige Customizing-Arbeit abnimmt. Sollten Sie übrigens alle Preise ohne Mehrwertsteuer im Frontend anzeigen lassen, wobei es sich eine Konfigurationseinstellung handelt, die Sie innerhalb des Magento-Backends verwalten können, wird bei den Preisen nicht der Zusatz »inkl.« sondern »exkl.« dargestellt. Dieser Fall wird in MageSetup also berücksichtigt, und Sie müssten sich bei Netto-Preisen ebenfalls keine Gedanken um mögliche Anpassungen machen.

Neben der Information, ob der jeweilige Produktpreis Mehrwertsteuer enthält bzw. nicht enthält, wird zudem ein Link zu den Versandkosten dargestellt. So haben die Nutzer und Kunden innerhalb des Frontends bei jedem Produktpreis, wohlgemerkt nur an den Stellen, an denen ein Produkt in den Warenkorb gelegt werden kann, die Möglichkeit, direkt zur Versandkostenübersicht zu springen. Hierbei handelt es sich um eine CMS-Seite, die Sie von Hand pflegen müssen. Falls Sie an dieser Stelle auf einen Automatismus gehofft haben, der die im System hinterlegten Versandkosten automatisch ausliest, muss ich Sie an dieser Stelle leider enttäuschen. Das ist aber halb so tragisch, denn wie einfach Sie CMS-Seiten pflegen und verwalten können, haben Sie bereits in den vorangegangenen Kapiteln gelernt. Im Standard, d. h. nach der Installation von MageSetup, ist die Seite »Lieferung« leider vollkommen leer, mit Ausnahme der Überschrift. Begeben Sie sich daher an dieser Stelle bitte in das Magento-Backend, und melden Sie sich, falls Sie nicht eingeloggt sind, mit Ihren persönlichen Zugangsdaten an. Klicken Sie anschließend auf INHALT • ELEMENTE • SEITEN, und wählen Sie dort den Eintrag LIEFERUNG aus. Daraufhin erhalten Sie eine Ansicht wie in Abbildung 13.3.

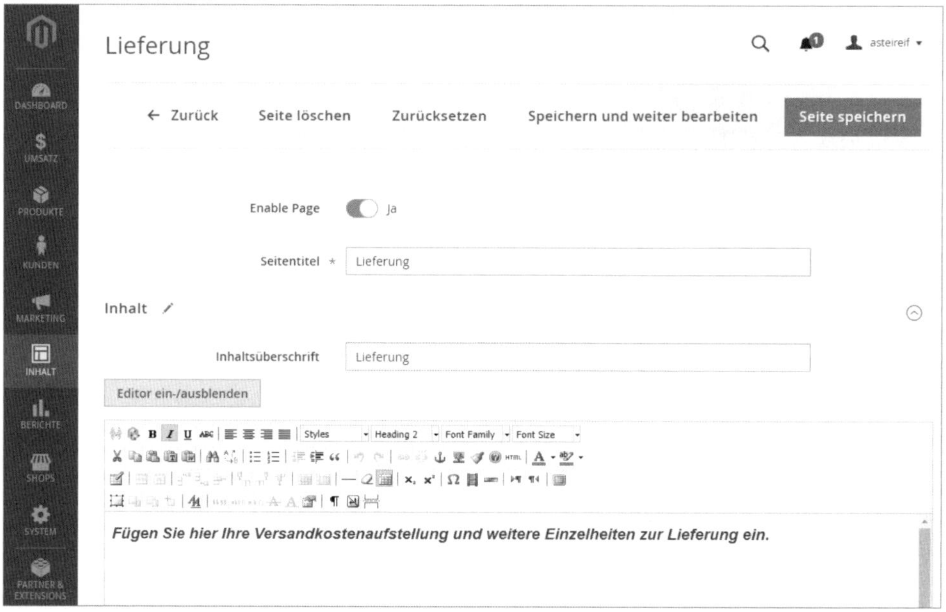

Abbildung 13.3 Nach der Installation von MageSetup ist die Seite »Lieferung« noch unvollständig und muss von Ihnen mit Inhalten gefüllt werden.

An dieser Stelle haben Sie jetzt die Möglichkeit, Ihre Versandkosten zu hinterlegen. Ob Sie einfach nur einen Fließtext verwenden oder umfangreiche Formatierungen inklusive Tabellen und Grafiken, bleibt letztendlich Ihnen überlassen. Magento oder MageSetup schränkt Sie an dieser Stelle jedenfalls nicht ein, und Sie können Ihrer Kreativität freien Lauf lassen.

Impressum

Auch bezüglich des Impressums bringt MageSetup ein paar neue und interessante Funktionen mit. Nachdem Sie MageSetup installiert haben, wird automatisch eine neue CMS-Seite namens Impressum angelegt. Navigieren Sie bitte innerhalb des Backends zu den CMS-Seiten, und rufen Sie den Eintrag »Impressum« auf. Wenn Sie jetzt zum Inhaltsbereich nach unten scrollen, werden Sie neben Freitext zudem viele kryptische Informationen sehen. Hierbei handelt es sich um Variablen, die direkt aus der Systemkonfiguration Informationen auslesen. MageSetup ermöglicht also die Pflege von Informationen innerhalb der Systemkonfiguration, die anschließend im Impressum automatisiert ausgelesen werden. Dadurch können Sie, wenn sich beispielsweise Ihre Telefonnummer oder E-Mail-Adresse ändert, diese Information an einer zentralen Stelle pflegen, und die Übernahme ins Impressum erfolgt vollkommen automatisch!

Klicken Sie, nachdem Sie sich die CMS-Seite Impressum angesehen haben, innerhalb des Backends auf SHOPS • KONFIGURATION und daraufhin auf ALLGEMEIN • ALLGEMEIN, und scrollen Sie bis zum Abschnitt IMPRESSUM. Dieser Abschnitt, den Sie in Abbildung 13.4 sehen, ist durch MageSetup hinzugekommen und erlaubt die Pflege von für das Impressum relevanten Informationen wie Anschrift, Registernummer oder Steuernummer.

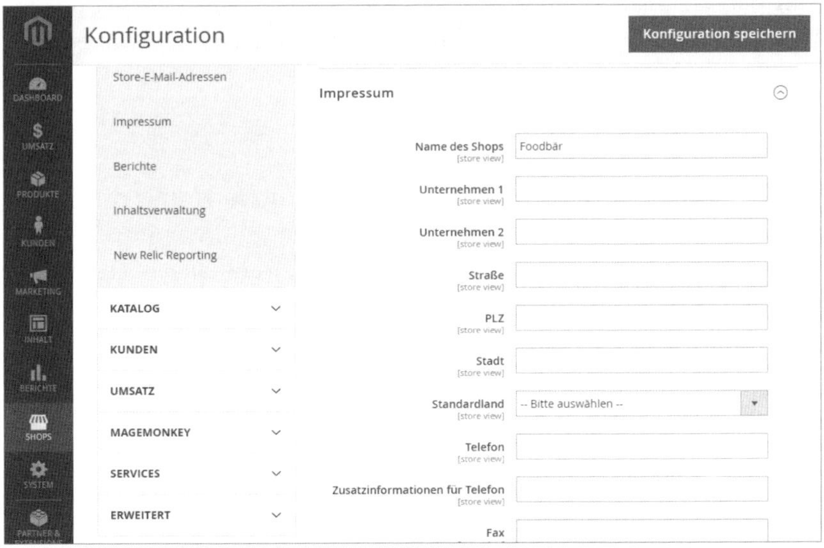

Abbildung 13.4 Informationen, die speziell für das Impressum relevant sind, lassen sich nun innerhalb der Systemkonfiguration pflegen.

Füllen Sie an dieser Stelle einfach alle Informationen aus, die in Ihrem konkreten Fall sinnvoll sind, bzw. angezeigt werden müssen. Verfügen Sie beispielsweise nicht über eine Fax-Nummer, so müssen Sie dieses Feld im Impressum auch nicht ausfüllen. Je nach Firmierung haben Sie unterschiedliche Pflichtangaben, die im Impressum aufgelistet werden müssen. Eine genaue Vorgabe hierfür macht MageSetup jedoch nicht, im Zweifelsfall sollten Sie sich an dieser Stelle mit Ihrem Anwalt abstimmen, der Ihnen eine Auskunft darüber geben kann, welche Informationen definitiv in einem Impressum enthalten sein müssen.

Zahlungsinformationen

Reichlich unspektakulär, aber auch für das Thema Zahlungsmethoden legt MageSetup eine komplett neue CMS-Seite an. Sie erreichen diese im Frontend mittels des URL-Schlüssels »zahlung« bzw. direkt unter *http://www.foodbaer.de/zahlung*. Auch diese CMS-Seite müssen Sie vor einer möglichen Inbetriebnahme Ihres Online-Shops anpassen, da im Standard viele Dummy-Texte hinterlegt sind. Die Bearbeitung dieser Seite erfolgt ganz klassisch innerhalb des Backends über den Bereich SEITEN. Wie auch bei den Versandkosten liest MageSetup an dieser Stelle keine dynamischen Inhalte aus, d. h., die Ausgabe ist unabhängig von den tatsächlich vorhandenen und aktivierten Zahlungsmethoden. Dadurch können Sie einen beliebigen Freitext hinterlegen und die Seite optisch so gestalten, wie Sie möchten.

Beachten Sie, dass weiterführende Informationen zu den angebotenen Zahlungsmethoden definitiv eine Relevanz haben. Beispielsweise wenn Sie für gewisse Zahlungsmethoden Bedingungen haben (Rechnungskauf nur bis 500 €, zusätzliche Gebühren bei der Zahlung per Nachnahme), sollten Sie an einer zentralen Stelle diese Informationen für Ihre Nutzer und potenziellen Kunden möglichst transparent darstellen. Genau hierfür eignet sich diese CMS-Seite hervorragend.

Datenschutz

Enorm wichtig ist eine gültige und umfassende Datenschutzerklärung, denn ohne diese laufen Sie Gefahr, abgemahnt zu werden. MageSetup legt Ihnen für den Start bereits eine CMS-Seite namens »Datenschutz« an. Diese Seite enthält jedoch im Standard nur eine Überschrift, aber keinerlei Inhalte. Lassen Sie sich daher, das ist zumindest meine Empfehlung an dieser Stelle, von einem Anwalt eine rechtsgültige Datenschutzerklärung erstellen, und berücksichtigen Sie dabei vor allem Services und Tools von Drittanbietern, die Sie in Ihrem Online-Shop integriert haben. Nutzen Sie beispielsweise Google Analytics, so müssen Sie die Datenschutzerklärung um diese Information ergänzen. Ähnlich sieht es mit anderen Tracking- und Analyse-Lösungen aus. An dieser Stelle hilft Ihnen jedoch ein auf das Thema spezialisierter Anwalt definitiv weiter!

Bestellvorgang

An sich ist der in Magento enthaltene Bestellvorgang nicht sehr komplex. Hat man erst ein Produkt im Warenkorb, wird man recht problemlos durch die weiteren Schritte geführt. Dennoch legt MageSetup eine zusätzliche CMS-Seite an, auf welcher der Magento-Bestellvorgang im Detail erklärt wird.

Wenn Sie den Inhalt dieser Seite editieren möchten, klicken Sie innerhalb des Backends bitte auf INHALT • ELEMENTE • SEITEN, und wählen Sie in der Übersicht den Eintrag BESTELLVORGANG aus. Anschließend gelangen Sie zur Detailansicht und können, da Sie an dieser Stelle ja bereits Übung im Umgang mit dem WYSIWYG-Editor haben, den Text Ihren Wünschen und Vorstellungen anpassen. Möchten Sie den Inhalt im Frontend publizieren, müssen Sie nichts weiter tun, denn auf die CMS-Seite kann an sich zugegriffen werden. Dennoch müssten Sie eine Verlinkung zur besagten Seite erstellen, beispielsweise indem Sie den Footer-Bereich um einen Link ergänzen oder aus dem Kontext, beispielsweise auf einer »Über uns«-Seite, auf die Seite verweisen. Im Standard wird MageSetup jedoch keine Verlinkung zur besagten CMS-Seite setzen.

Allgemeine Geschäftsbedingungen

Die AGB sind ein wichtiger Bestandteil eines jeden Online-Shops. Auch handelt es sich bei den AGB um einen Inhalt, den Sie an vielen verschiedenen Stellen einbinden müssen. AGB sollten direkt innerhalb des Online-Shops, beispielsweise über eine Verlinkung im Footer, aufgerufen werden. Aber auch die Integration in E-Mails sowie in den Checkout-Prozess ist notwendig. Um diese Integration kümmert sich, zumindest stellenweise, MageSetup.

Rufen Sie bitte an dieser Stelle die CMS-Seite mit dem Namen AGB auf. Wie Sie an diese CMS-Seite herankommen, werden Sie zu diesem Zeitpunkt bestimmt verinnerlicht haben, denn in den vorherigen Kapiteln und speziell in diesem Kapitel haben Sie dem Bereich »Inhalte« bereits den einen oder anderen Besuch abgestattet. Sobald Sie die CMS-Seite »AGB« im Backend aufgerufen haben, scrollen Sie zum Abschnitt INHALT. Ihnen wird nun die einzige Zeile Inhalt sofort ins Auge stechen, denn hinterlegt ist nur das folgende Code-Snippet:

```
{{block class="Magento\Cms\Block\Block" block_id="business_terms"}}
```

Listing 13.2 Magento inkludiert in der CMS-Seite AGB einen statischen Block.

MageSetup bzw. Magento verweist an dieser Stelle auf den statischen Block mit der ID »business-terms«, d. h., die allgemeinen Geschäftsbedingungen werden gar nicht direkt auf der Seite »AGB« gepflegt, sondern stammen aus einem statischen Block. Das ist besonders pfiffig, da Sie die AGB eben an vielen Stellen innerhalb des Systems benötigen. Würden Sie die AGB an jeder dieser Stellen individuell pflegen, müssten

Sie bei Erweiterungen und Anpassungen jeweils alle Texte anfassen. Pflegen Sie die AGB hingegen zentral, so wie es in dieser Situation der Fall ist, müssen Sie, wenn dies denn notwendig werden würde, nur einen Text anpassen bzw. erweitern. Dementsprechend ist die Vorgehensweise von MageSetup überaus gewieft.

Einbindung von Blöcken hängt nicht von MageSetup ab

Nicht, dass an dieser Stelle ein falscher Eindruck entsteht. Sie können natürlich auch ohne MageSetup innerhalb einer CMS-Seite Blöcke inkludieren. Die bei den AGB angesprochene Funktionsweise wird also nicht erst durch MageSetup ermöglicht, sondern MageSetup nutzt eine im Magento-Standard vorhandene Funktionalität, um das Problem bzw. die Anforderung möglichst elegant zu lösen.

Wenn Sie an dieser Stelle Ihre AGB ändern bzw. erweitern möchten, verlassen Sie bitte die CMS-Seite und öffnen Sie innerhalb des Magento-Backends den Menüpunkt Blöcke, der sich unter INHALT • ELEMENTE befindet. Dort angekommen, werden Ihnen insgesamt drei neue Einträge auffallen, bzw. sollten Ihnen auffallen:

- AGB
- Widerrufsbelehrung
- Formular zur Widerrufsbelehrung

Diese drei Blöcke wurden von MageSetup angelegt, wobei Sie die letzteren zwei an dieser Stelle nicht unbedingt interessieren sollten, auf diese gehe ich später noch im Detail ein. Klicken Sie auf den ersten Eintrag namens AGB, und bearbeiten Sie diesen.

Nachdem sich die Seite aufgebaut hat, scrollen Sie bitte nach unten, bis Sie zum WYSIWYG-Editor gelangen. Dort werden Sie nun die große Überschrift FÜGEN SIE HIER IHRE ALLGEMEINEN GESCHÄFTSBEDINGUNGEN EIN. vorfinden sowie ein weiteres Code-Snippet, das sich direkt darüber befindet. Hierbei handelt es sich wie auch schon innerhalb der CMS-Seite AGB um die Einbindung eines statischen Blocks:

```
{{block type="cms/block" block_id="revocation"}}
```

Listing 13.3 Innerhalb der AGB wird die Widerrufsbelehrung inkludiert.

Bei dem statischen Block mit der ID »revocation« handelt es sich um die Widerrufsbelehrung, die Ihnen gerade schon bei den drei neuen Blöcken begegnet ist. Da die Widerrufsbelehrung ein Bestandteil der AGB ist, jedoch auch einzeln dargestellt werden kann, hat sich MageSetup ebenfalls für den Weg mittels eines Blocks entschieden. So können Sie die Widerrufsbelehrung zentral pflegen, aber sowohl in den AGB als auch auf einer separaten Seite ausgeben.

Für Sie bedeutet das, dass Sie Ihre AGB im ersten Schritt im statischen Block »AGB« pflegen und integrieren. An der Stelle, an der Sie die Widerrufsbelehrung inkludieren möchten, greifen Sie auf das Code-Snippet aus dem vorherigen Listing zurück. Mehr müssen Sie an dieser Stelle nicht tun. Innerhalb des Frontends müssen Sie zudem einen Link auf die AGB, beispielsweise innerhalb des Footers, setzen. Hierzu verweisen Sie auf die Seite »agb«, in meinem Fall *http://www.foodbaer.de/agb*.

Widerrufsbelehrung

Die Widerrufsbelehrung hatte ich im vorstehenden Absatz bereits erwähnt, daher möchte ich an dieser Stelle gar nicht zu sehr ins Detail gehen. Wie auch bei den allgemeinen Geschäftsbedingungen legt MageSetup sowohl eine CMS-Seite als auch einen Block an. Die CMS-Seite an sich inkludiert ausschließlich den Block, der Block wiederum wird aber nicht nur von der CMS-Seite eingebunden, sondern auch vom Block »AGB«. Dementsprechend wird die Widerrufsbelehrung an den verschiedensten Stellen im System verwendet.

Formular zur Widerrufsbelehrung

Neben der klassischen Widerrufsbelehrung, Sie haben diese gerade eben kennengelernt, gibt es noch ein spezielles Formular für die Widerrufsbelehrung, das ebenfalls von MageSetup angelegt wird. Ähnlich wie im vorherigen Fall legt MageSetup im ersten Schritt eine Seite namens »Formular zur Widerrufsbelehrung« an. Diese Seite enthält aber nur einen Verweis auf einen Block, der in diesem Fall den Identifier »revocation_form« trägt. Die CMS-Seite müssen Sie sich in diesem Fall nicht ansehen, rufen Sie nun aber bitte innerhalb des Backends den Block »revocation_form« auf. Der Inhalt des Blocks ist dabei recht komplex aufgebaut. Neben dynamischen Werten, die aus Variablen ausgelesen werden, wird zudem am unteren Ende des Inhalts ein Formular abgebildet. Bei dem Formular handelt es sich letztendlich um einen formatierten Text, d. h., es ist kein Formular im eigentlichen Sinne, sondern ein Inhalt, der wie ein Formular dargestellt ist.

Damit Sie die rechtlichen Rahmenbedingungen erfüllen, müssen Sie Ihren Besuchern neben der bereits erwähnten Widerrufsbelehrung zudem das dazugehörige Formular anbieten, sodass ein Widerruf durch den Nutzer problemlos und »schmerzfrei« durchgeführt werden kann. Welche Informationen Sie an dieser Stelle einbinden müssen, erfahren Sie idealerweise von Ihrem Anwalt, der Sie auch bei der Erstellung der AGB unterstützt hat.

Nachdem Sie sich den Block im Backend angesehen haben, rufen Sie nun bitte die Seite im Frontend auf. In meinem Fall erreiche ich das Formular unter *http://www.foodbaer.de/widerrufsformular*. Sie müssen an dieser Stelle die URL, je nachdem welche Sie verwenden, entsprechend anpassen. Wichtig ist an dieser Stelle der URL-Key »widerrufsformular«, der auch bei Ihnen funktionieren wird. Nachdem Sie die URL aufgerufen haben, werden Sie eine Darstellung wie in Abbildung 13.5 erhalten.

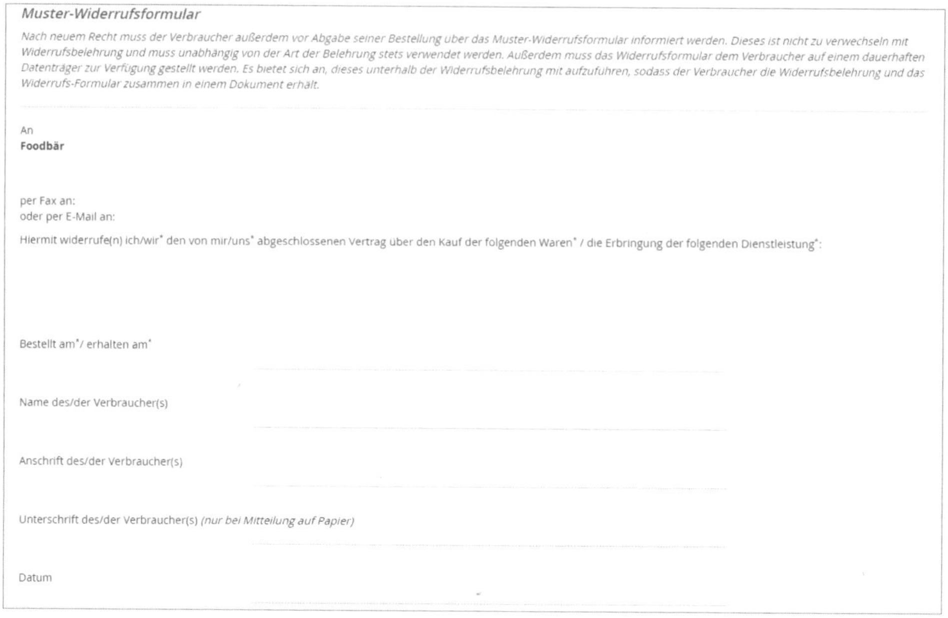

Abbildung 13.5 MageSetup legt ein Muster-Widerrufsformular an, das mittels eines Blocks und einer CMS-Seite im Frontend ausgegeben wird.

Im Prinzip reicht die Darstellung des Formulars in dem Stil, wie Sie ihn in Abbildung 13.5 sehen, vollkommen aus, um die rechtlichen Anforderungen zu erfüllen. Den Beschreibungstext, im Standard ist dieser sogar rot, müssen Sie aber selbstverständlich noch anpassen und optimieren.

Steuerregeln

Die korrekte Darstellung und Berechnung der Mehrwertsteuer ist ebenfalls ein Must-Have, wenn Sie Abmahnungen und rechtliche Probleme vermeiden möchten. Initial, zumindest wenn Sie mir in den vorherigen Kapiteln gefolgt sind, haben Sie bereits die in Deutschland gültigen Mehrwertsteuersätze sowie Regeln angelegt. An sich müssten Sie daher diesbezüglich nichts mehr unternehmen, MageSetup legt nach der Installation jedoch ebenfalls alle wichtigen Regeln und Sätze an und überschreibt dabei auch die von Ihnen angelegten Einträge. Das ist aber so weit nicht tragisch, denn Sie wissen nun, wie Sie selbst die Steuerregeln anlegen, und das »Überbügeln« durch MageSetup führt zu keinen negativen Auswirkungen.

Wenn Sie sich das Setup der Steuerregeln anschauen möchten, öffnen Sie innerhalb des Backends bitte den Punkt SHOPS • TAXES • STEUERREGELN. Sie werden daraufhin ein recht komplexes Regelwerk wie in Abbildung 13.6 vorfinden, denn MageSetup legt die Steuerregeln für jedes europäische Land und nicht nur für Deutschland an.

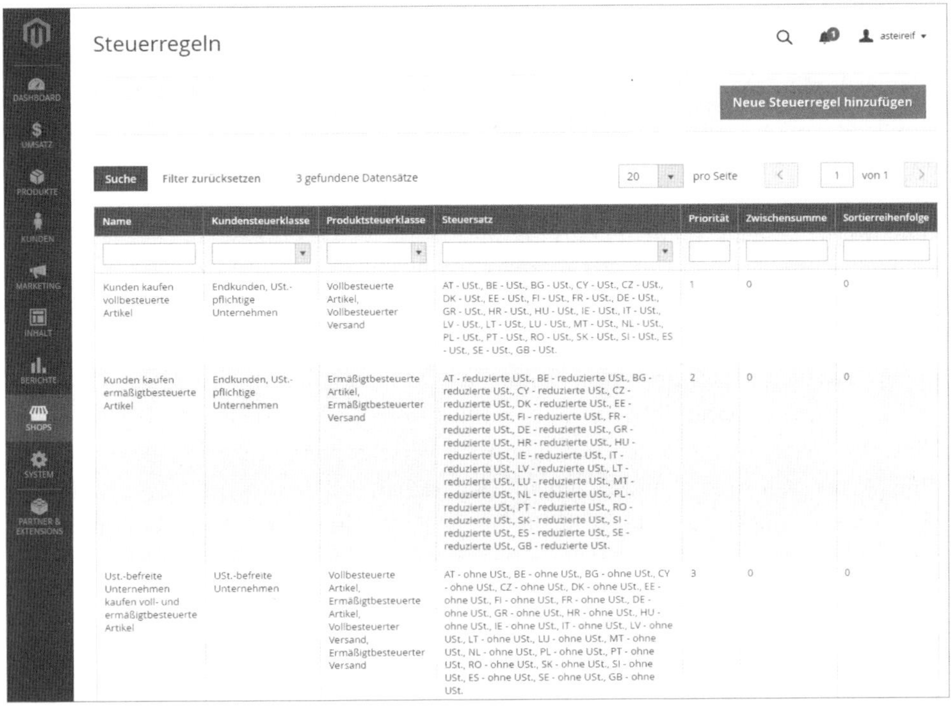

Abbildung 13.6 MageSetup legt alle für Europa relevanten Steuerregeln an.

Berücksichtigt werden hierbei Steuerregeln für vollbesteuerte, minderbesteuerte und steuerfreie Produkte. MageSetup deckt daher die rechtlichen Rahmenbedingungen vollständig ab, Sie als Shop-Betreiber müssen sich nach der Installation von MageSetup keinerlei weitere Gedanken bezüglich der Steuerkonfiguration machen.

Wie Ihnen sicherlich aufgefallen ist, legt MageSetup neben den Steuerregeln zudem die für die Regeln notwendigen Steuerzonen und Steuersätze ab. Auch hier können Sie einen kurzen Blick in die Konfiguration werfen, wenn Sie innerhalb des Backends auf SHOPS • TAXES • STEUERZONEN UND -SÄTZE klicken. Daraufhin werden Sie zu einer Tabelle mit knapp 80 Einträgen weitergeleitet, die alle europäischen Länder und Steuersätze enthält.

Vorsicht bei den Steuersätzen!

Magento bzw. MageSetup geht davon aus, dass Sie alle Bestellungen in Deutschland fakturieren, wodurch für Lieferungen ins Ausland der deutsche Mehrwertsteuersatz fällig wird. Haben Sie aber beispielsweise in Österreich eine Niederlassung, die ebenfalls für die Rechnungserstellung verantwortlich ist, müssten Sie den österreichischen Mehrwertsteuersatz anwenden. Daher ist an dieser Stelle Vorsicht geboten, und Sie sollten das Thema im Vorfeld mit Ihrem Steuerberater diskutieren, sodass Sie definitiv die korrekte Mehrwertsteuer ausweisen.

Die Grundlage der Steuerberechnung können Sie übrigens innerhalb der Systemkonfiguration anpassen. Klicken Sie hierzu auf SHOPS • KONFIGURATION, und navigieren Sie zum Punkt UMSATZ • STEUER. In diesem Abschnitt können Sie grundsätzlich alle möglichen Anpassungen hinsichtlich der Steuern durchführen. Besonders interessant ist an dieser Stelle vor allem die Option STEUERBERECHNUNG BASIEREND AUF. Hiermit definieren Sie, welche Adresse für die Steuerberechnung relevant ist. Im Standard nutzt Magento die Rechnungsadresse, d. h., die Adresse, die der Kunde bei der Rechnungsadresse wählt, ist schlussendlich für die Berechnung der Mehrwertsteuer entscheidend. Alternativ hierzu können Sie zudem die Lieferadresse bzw. Versandherkunft wählen. Bei der Versandherkunft gilt die Adresse bzw. das Land, das Sie für Ihren Magento Online-Shop gewählt haben. Wenn Sie, genau wie ich, Deutschland als Ursprungsland definiert haben, wird immer die deutsche Mehrwertsteuer fällig. Das ist selbst dann der Fall, wenn Sie verschiedene Steuerregeln mit unterschiedlichen Mehrwertsteuersätzen angelegt haben. Bei der Rechnungs- bzw. Lieferadresse würde die Regel greifen, die für das gewählte Land zutrifft, und entsprechend der jeweilige Mehrwertsteuersatz angewendet werden.

Prinzipiell wäre im Standard die Option »Versandherkunft« korrekt, da Sie auch bei Bestellungen ins Ausland immer die Mehrwertsteuer in Höhe von 19 % bzw. 7 % in Rechnung stellen. Die Option Rechnungsadresse funktioniert jedoch im Standard auch, da MageSetup einfach für alle europäischen Länder bei der Steuer die Werte 19 bzw. 7 hinterlegt, was de facto falsch wäre, wenn Sie tatsächlich in der Mehrwertsteuer des jeweiligen Landes fakturieren würden. Dementsprechend führt diese Unschärfe dazu, dass Sie im Standard keine Probleme haben und alles korrekt funktioniert. Spätestens wenn Sie mit Niederlassungen im Ausland arbeiten, die selbst Rechnungen schreiben, müssen Sie jedoch das Steuerkonstrukt anpassen. Lassen Sie sich an dieser Stelle von meinem kurzen Ausflug zum Thema Steuern aber nicht abschrecken, im Standard werden Sie vermutlich keine Anpassungen durchführen müssen, und die Konfiguration wird so weit für Ihre Bedürfnisse in Ordnung sein.

Ist MageSetup sinnvoll oder nicht?

Wie Sie auf den vorhergegangenen Seiten gesehen haben, kümmert sich MageSetup um eine Vielzahl von kleinen Konfigurationsanpassungen und löst Ihnen zudem das Problem mit der Preisdarstellung. Ansonsten hält sich MageSetup gewohnt zurück und bläst das Magento-System nicht mit unnötigen Funktionen oder gar Werbung auf. Aus diesem Grund sollten Sie meiner Meinung nach, außer es gibt triftige und projektspezifische Gründe die dagegensprechen, MageSetup auch in Ihrem Magento-System installieren. Denn am Ende des Tages nimmt Ihnen die Nutzung von MageSetup Aufwand ab und erspart Ihnen Zeit – und Zeit ist bekanntlich Geld!

13.2 Bestellbedingungen verwalten

Sollten Sie in der Vergangenheit in einem Online-Shop eingekauft haben, und als Leser dieses Buches gehe ich davon aus, dass Sie zur E-Commerce-affinen Zielgruppe gehören, ist Ihnen vermutlich die Anforderung im letzten Schritt des Einkaufsprozesses bekannt. Bevor Sie eine Bestellung absenden können, müssen Sie den allgemeinen Geschäftsbedingungen und der Widerrufsbelehrung zustimmen. Tun Sie das nicht, können Sie den Einkauf nicht abschließen und die Bestellung platzieren. Genau dieses Verhalten müssen Sie in Ihrem Online-Shop ebenfalls nachbilden, außer Sie adressieren ausschließlich Geschäftskunden. Zum Glück ist dies mit Magento im Standard gar kein Problem, denn eine entsprechende Funktion steht bereits zur Verfügung. Diese Funktionalität möchte ich an dieser Stelle im Detail beleuchten, da Sie mit ihrer Hilfe alle möglichen Bestellbedingungen abbilden können, ungeachtet des rechtlich relevanten Widerrufsrechts bzw. der allgemeinen Geschäftsbedingungen.

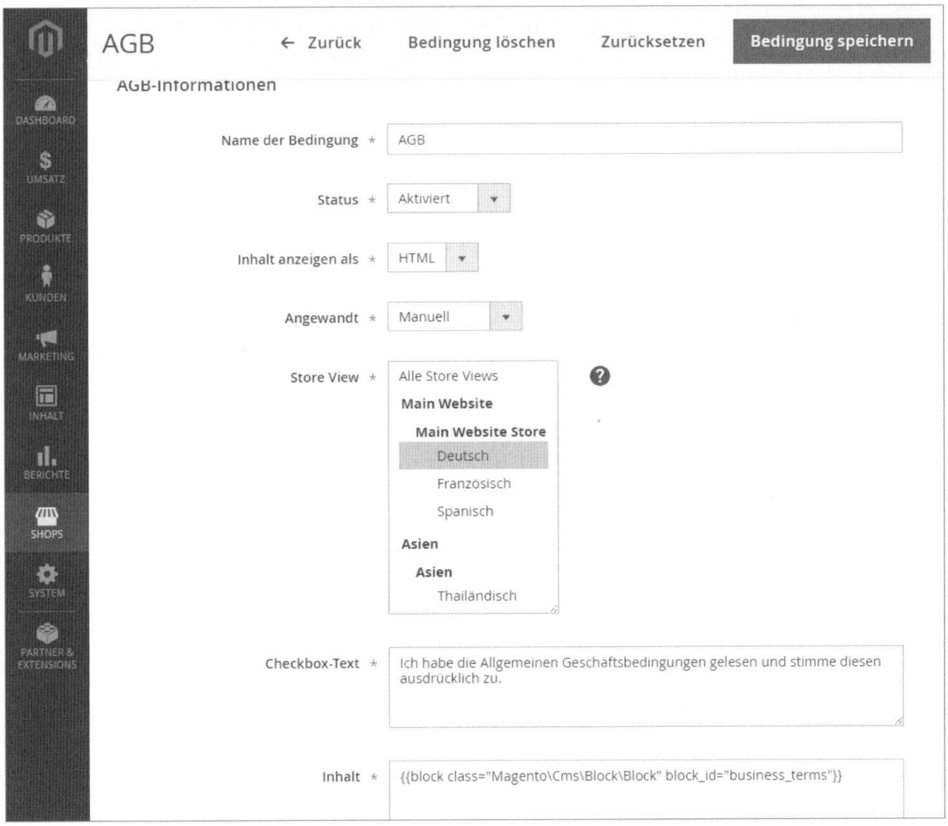

Abbildung 13.7 Bestellbedingungen können einen Titel und Inhalt erhalten und müssen im Checkout-Prozess bestätigt werden.

Melden Sie sich mit Ihren persönlichen Zugangsdaten im Magento-Backend an, und klicken Sie auf SHOPS • EINSTELLUNGEN • ALLGEMEINE GESCHÄFTSBEDINGUNGEN (AGB). Lassen Sie sich an dieser Stelle nicht von dem Übersetzungsfehler »Allgemeine Geschäftsbedingungen (AGB)« irritieren, denn Sie werden an dieser Stelle nicht die AGB editieren, sondern die Agreements. Bedingungen bzw. Bestellbedingungen wäre an dieser Stelle die etwas sauberere Übersetzung gewesen, aber gegebenenfalls wird dies mit einer neuen Version des Sprachpakets korrigiert. Wenn Sie den Link ALLGEMEINE GESCHÄFTSBEDINGUNGEN (AGB) aufgerufen haben, werden Sie zwei Einträge vorfinden. Diese wurden bereits von MageSetup angelegt, gehören also nicht zum Magento-Standard, aber sehr wohl zum Standard von MageSetup. Bei den Einträgen handelt es sich um die AGB bzw. die Widerrufsbelehrung. Klicken Sie, um zu den Details zu gelangen, auf den ersten Eintrag namens AGB. Daraufhin gelangen Sie zur Detailansicht, die Sie in Abbildung 13.7 sehen.

Im ersten Schritt müssen Sie einen Namen für die Bedingung hinterlegen. Dieser Name wird jedoch weder im Frontend noch im Backend ausgegeben, daher können Sie an dieser Stelle eine beliebige Bezeichnung verwenden. MageSetup nutzt beispielsweise den Namen AGB, was vollkommen in Ordnung ist. Mittels des Status definieren Sie, ob die Bedingung aktiviert oder deaktiviert ist. Wenn Sie eine Bedingung deaktivieren, wird diese nicht im Checkout-Prozess dargestellt. Wie Sie gleich noch sehen werden, können Sie einen Inhalt für die Bedingung hinterlegen. Dabei könnten Sie theoretisch auch auf einen Text, der HTML-Formatierungen enthält, zurückgreifen. Ob Sie aber tatsächlich HTML-Elemente ausgeben möchten, definieren Sie im nächsten Feld namens INHALT ANZEIGEN ALS. Im Standard wird die Option HTML gewählt, d. h., Sie können tatsächlich auf HTML-Elemente zurückgreifen. Alternativ haben Sie die Option, Text zu wählen. In diesem Fall würden die HTML-Tags ignoriert werden. Belassen Sie jedoch die Auswahl ruhig bei der Option HTML. Das nächste Feld trägt den Namen ANGEWANDT, an sich ist diese Übersetzung wieder etwas irreführend. Gemeint ist mit dieser Option, ob die Option bereits vorausgewählt ist oder ob der Nutzer diese Option erst noch manuell auswählen muss. Daraus leiten sich die möglichen Optionen MANUELL bzw. AUTOMATISCH ab. Speziell bei AGB und der Widerrufsbelehrung dürfen Sie diese dem Nutzer nicht vorausgewählt präsentieren, der Nutzer muss die Checkbox explizit selbst anhaken. Sie können jedoch beispielsweise eine dritte Bestellbedingung hinzufügen, die den Namen trägt »Ich möchte eine kostenlose Überraschung erhalten«. In diesem Fall dürften Sie die Option bereits angehakt präsentieren, da diese keinen Einfluss auf rechtliche Rahmenbedingungen hat. Belassen Sie daher diese Option bitte auf MANUELL. Wenn Sie mehrere Sprachen bzw. Store Views anbieten, können Sie diese im Punkt STORE VIEW auswählen. Dadurch lässt sich diese Bedingung nur für bestimmte Sprachen aktiveren bzw. bei bestimmten Sprachen deaktivieren. Interessant wird es jetzt im nächsten Punkt. Mit dem Feld CHECKBOX-Text definieren Sie, welcher Inhalt direkt neben der Checkbox innerhalb des Checkout-Prozesses ausgegeben wird. Im Fall der AGB wurde durch MageSetup der Text »Ich habe die Allgemeinen Geschäftsbedingungen gelesen und stimme diesen ausdrücklich zu.« hinterlegt. Genau dieser Text, Sie werden das im Verlauf der nächsten Seiten noch sehen, wird direkt neben der Checkbox ausgegeben. Neben der reinen Bezeichnung für die Checkbox müssen Sie zudem noch den eigentlichen Inhalt hinterlegen. Um eine Redundanz zu vermeiden, wird an dieser Stelle auf den Block, der die AGB enthält, verwiesen. Theoretisch könnten Sie an dieser Stelle auch den Text direkt hinterlegen, wie Sie am Beispiel der AGB aber bereits gesehen haben, ergibt eine zentrale Datenpflege mithilfe eines Blocks Sinn, da Sie Änderungen und Anpassungen zukünftig nur an einer zentralen Stelle pflegen müssen. Um auf einen Block zu verweisen, können Sie das folgende Code-Snippet verwenden, das MageSetup initial hinterlegt:

```
{{block class="Magento\Cms\Block\Block" block_id="business_terms"}}
```

Listing 13.4 Mithilfe dieses Code-Snippets wird der Block mit der ID »business_terms« geladen.

Abschließend haben Sie im Feld INHALTSHÖHE (CSS) noch die Möglichkeit, die Höhe des Inhaltsbereichs, sprich der Box, anzupassen. In der Regel können Sie dieses Feld jedoch leerlassen und müssen für eine optimale Darstellung keinen Wert hinterlegen.

Aufgrund der Vorarbeit von MageSetup müssen Sie an dieser Stelle keine Änderungen vornehmen und können die Ansicht verlassen. Wenn Sie in der Übersicht nun die Widerrufsbelehrung auswählen, sehen Sie ein absolut identisches Muster. Der einzige Unterschied besteht in der Referenz auf den Block, denn an dieser Stelle werden nicht die AGB geladen, sondern die Widerrufsbelehrung.

Wechseln Sie jetzt bitte in das Frontend, und legen Sie sich ein Produkt in den Warenkorb. Betreten Sie anschließend den Checkout-Prozess, und klicken Sie sich bis zum letzten Schritt, wie in Abbildung 13.8 zu sehen, durch.

Direkt über dem Button namens BESTELLUNG AUFGEBEN sehen Sie nun die Bestellbedingungen, die Sie anhaken müssen um die Bestellung aufzugeben. Wie Sie sehen, werden die beiden Checkbox-Texte ausgegeben, sofern Sie auf einen der beiden verlinkten Checkbox-Texte klicken, öffnet sich ein neues Overlay, das den eigentlichen Inhalt enthält. Der Nutzer wird an dieser kritischen Stelle also nicht zu einer externen Seite geführt oder von einem Popup abgelenkt, sondern kann den Inhalt innerhalb des Overlays einsehen.

Wenn Sie möchten, können Sie an dieser Stelle beliebig viele Bestellbedingungen hinzufügen. Rechtlich notwendig sind, außer es gelten in Ihrer Branche abweichende Regelungen, jedoch nur die beiden Einträge zu den allgemeinen Geschäftsbedingungen und der Widerrufsbelehrung. In jedem Fall, ob Sie neue Bedingungen hinzufügen oder bestehende Bedingungen abändern, haben Sie innerhalb des Magento-Backends eine einfache und simple Verwaltungsmöglichkeit und sind somit nicht auf Modifikationen oder Erweiterungen angewiesen, sondern können die Änderungen und Anpassungen selbstständig einpflegen.

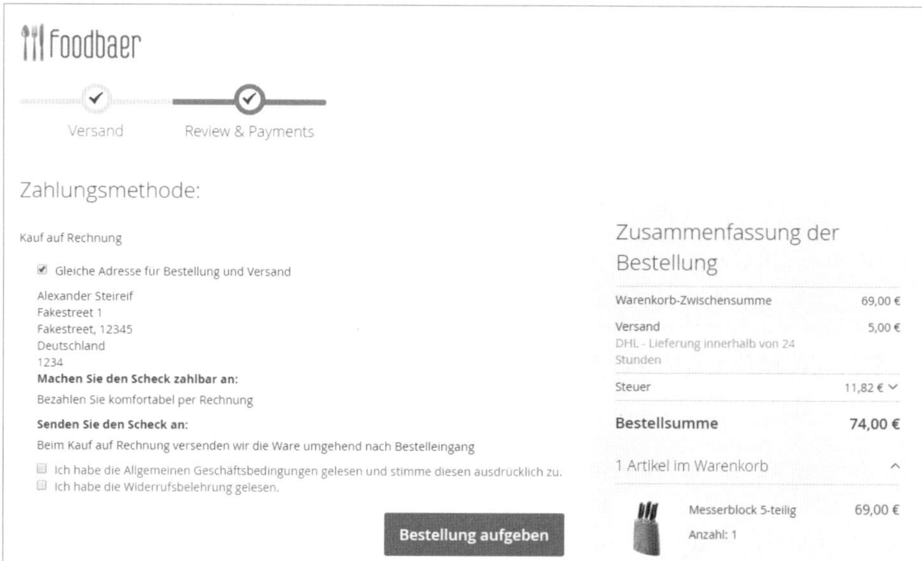

Abbildung 13.8 Die Bestellbedingungen werden direkt über dem Button »Bestellung aufgeben« platziert.

13.3 EU-Cookie-Verordnung umsetzen

Woran erkennen Nichteuropäer, dass sie auf einer europäischen Website gelandet sind? An der bereits legendären Cookie-Abfrage! Cookies können Informationen enthalten, die auf dem lokalen Computer des Nutzers abgelegt werden. In einem Cookie wird beispielsweise eine Referenz auf den Warenkorb gespeichert bzw. eine Referenz auf den Login. Nur durch Cookies können Sie beispielsweise an einem System dauerhaft angemeldet bleiben. Die Nutzung von Cookies muss jedoch, zumindest nach europäischer Rechtslage, abgefragt und durch den Nutzer akzeptiert werden. Andernfalls laufen Sie wiederum Gefahr, abgemahnt zu werden.

Soweit muss es jedoch, wenn Sie auf Magento setzen, nicht kommen, denn Magento besitzt von Haus aus eine Funktion, die genau diese Anforderungen erfüllt. Diese Funktionalität müssen Sie jedoch initial aktivieren. Begeben Sie sich dafür in das Magento-Backend, und klicken Sie auf SHOPS • KONFIGURATION. Öffnen Sie anschließend innerhalb der Konfiguration bitte den Punkt ALLGEMEIN • WEB, und scrollen Sie bis zum Abschnitt STANDARD-COOKIE-EINSTELLUNGEN. Dort angekommen, aktivieren Sie die Option COOKIE-BESCHRÄNKUNGSMODUS und speichern die

Konfiguration. Ruft anschließend ein Nutzer den Online-Shop auf, wird er dieselbe Meldung wie in Abbildung 13.9 erhalten:

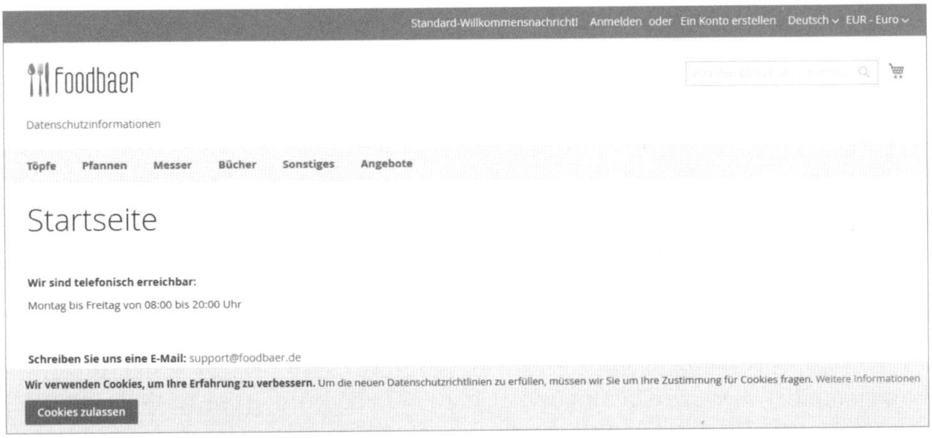

Abbildung 13.9 Die Cookie-Nachricht wird am unteren Ende des Bildschirms eingeblendet.

Als Nutzer haben Sie anschließend die Möglichkeit, Cookies zu akzeptieren bzw. auf die Detailseite zu wechseln. Unter dem URL-Key »privacy-policy-cookie-restriction-mode« existiert eine eigene Seite, die Sie mittels Content-Management-System editieren können und die Informationen zu den Cookies und den Umgang mit Cookies enthält. Beachten Sie jedoch, dass Sie diesen Text entsprechend übersetzen müssen, bzw. den Deutschland gültigen Text verwenden sollten. Besonders interessant, das sollten Sie in keinem Fall überschreiben bzw. löschen, ist der Abschnitt »List of cookies we collect«, da Sie hier eine vollständige Auflistung aller durch Magento gesetzten Cookies erhalten. Das ist umso wichtiger, da Sie in der Regel eine vollständige Auflistung angeben müssen. Diese Liste erspart Ihnen viel Zeit bei der Recherche, und Sie können diese im Prinzip eins zu eins übernehmen.

13.4 Transaktions-E-Mails

Eine weitere Anpassung, die Sie vornehmen müssen, betrifft die Transaktions-E-Mails. Oftmals enthält die Bestellbestätigung eines Online-Shops einen Verweis auf die allgemeinen Geschäftsbedingungen. Dabei werden die AGB nicht direkt als PDF-Anhang mitgesendet, sondern einfach per Link am Ende der Transaktions-E-Mail referenziert. Wenn Sie die Transaktions-E-Mails entsprechend anpassen möchten bzw. müssen, öffnen Sie bitte das Magento-Backend, und klicken Sie auf MARKETING • KOMMUNIKATION • E-MAIL-VORLAGEN. Sollten Sie für die Bestellbestätigung, die an dieser Stelle als Beispiel dienen soll, noch keine Vorlage angelegt haben, klicken Sie auf NEUE VORLAGE HINZUFÜGEN. Wählen Sie im Dropdown-Feld VORLAGE anschließend den Eintrag NEUE BESTELLUNG. Im Feld VORLAGEN-INHALT sehen Sie nun den kompletten Inhalt der Transaktions-E-Mail. Scrollen Sie, an dieser Stelle handelt es sich wirklich nur um ein Beispiel, ans untere Ende und fügen Sie vor `{{template config_path="design/email/footer_template"}}` die folgende Zeile ein:

```
<a href="http://www.foodbaer.de/agb/">Zu unseren AGB</a>
```

Listing 13.5 Mit diesem Link verweisen Sie auf die AGB.

Die URL sollten Sie an dieser Stelle entsprechend anpassen, ich habe als Referenz wieder mein Demo-System foodbaer.de verwendet. Speichern Sie anschließend die Vorlage, und klicken Sie in der Übersicht, die sich anschließend öffnet, auf den Link VORSCHAU. Das Vorschaufenster öffnet sich, wie in Abbildung 13.10 zu sehen ist, und Sie werden am unteren Ende der E-Mail den Link zu den AGB vorfinden. Somit haben Sie auch diese Anforderung erfüllt und verweisen in der Bestellbestätigung direkt auf Ihre allgemeinen Geschäftsbedingungen. In der Praxis würden Sie die Formatierung sicherlich optimieren und nicht einfach nur einen Link platzieren. Nehmen Sie meine Variante einfach als Beispiel, auf dem Sie aufbauen können.

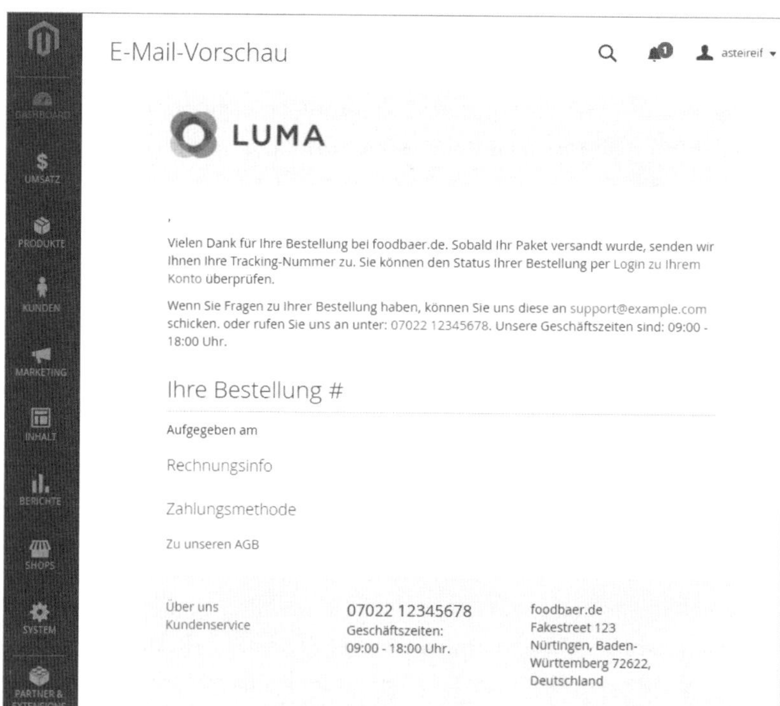

Abbildung 13.10 Der Link zu den AGB wird im unteren Bereich der E-Mail dargestellt.

Mit der Anlage der Vorlage ist es jedoch noch nicht getan, Magento würde zum jetzigen Zeitpunkt noch gar nicht Ihre neue Vorlage verwenden. Wenn Sie die Vorlage für die Bestellbestätigungen nutzen möchten, klicken Sie innerhalb des Backends auf

SHOPS • KONFIGURATION • UMSATZ • VERKAUFS-E-MAILS. Im Abschnitt BESTELLUNG können Sie nun im Feld VORLAGE FÜR EINE NEUE BESTELLBESTÄTIGUNG Ihre soeben angelegte Vorlage auswählen. Magento würde anschließend bei einer neuen Bestellung Ihre Vorlage und nicht die Standard-Mail verwenden.

Auch bei E-Mails gilt meine Empfehlung: Was Sie genau in welcher Form einbinden und erwähnen müssen, kann im Zweifel nur ein Anwalt mitteilen. Nutzen Sie daher die Möglichkeit, auf einen Anwalt zuzugreifen, und lassen Sie auch die E-Mails rechtlich prüfen.

13.5 Double-Opt-in-Verfahren aktivieren

Bestimmt sind Sie, auch wenn Sie kein Jura studiert haben, mit dem Double-Opt-in-Verfahren, das Sie in Deutschland einsetzen müssen, vertraut. Wenn Sie sich ein Kundenkonto anlegen oder für einen Newsletter anmelden, so müssen Sie diese Anmeldung immer bestätigen. Sie erhalten in beiden Fällen eine E-Mail mit einem Bestätigungslink, und erst dann, wenn Sie diesen Bestätigungslink angeklickt haben, ist Ihr Benutzer-Account aktiviert, bzw. sind Sie zum Newsletter angemeldet. Magento kommt problemlos mit bzw. ohne Double-Opt-in-Verfahren klar, da es sich jedoch um eine rechtliche Anforderung handelt, sollten Sie definitiv das Double-Opt-in-Verfahren aktivieren.

Begeben Sie sich hierzu ins Backend, und klicken Sie auf SHOPS • KONFIGURATION. Im ersten Schritt gehen Sie anschließend auf KUNDEN • KUNDEN-KONFIGURATION und scrollen bis zum Bereich NEUE KONTOOPTIONEN ERSTELLEN. Wenn Sie dort die Option ERFORDERT E-MAIL-BESTÄTIGUNG aktivieren, haben Sie das Double-Opt-in-Verfahren aktiviert. Registriert sich ein potenzieller Kunde, wird dieser zuerst eine E-Mail samt Bestätigungslink erhalten. Erst wenn der Bestätigungslink angeklickt wurde, wird das Kundenkonto aktiviert.

Bei Newsletter-Abonnenten ist die Verfahrensweise ähnlich. Klicken Sie auf KUNDEN • NEWSLETTER, und aktivieren Sie die Option MUSS BESTÄTIGT WERDEN. Anschließend müssen die Newsletter-Abonnenten nach der Registrierung einen Bestätigungslink anklicken, ansonsten wird der Nutzer nicht für den Newsletter freigeschaltet. Aktivieren Sie bitte für diese beiden erwähnten Optionen das Double-Opt-in-Verfahren, da Sie ansonsten mit Abmahnungen rechnen müssen!

13.6 Was Sie ansonsten beachten sollten ...

Rechtliche Anforderungen unterscheiden sich aufgrund vieler Rahmenparameter. Wenn Sie Geschäftskunden bedienen, haben Sie ganz andere gesetzliche Vorschriften, als wenn Sie direkt an Endkunden verkaufen. Auch die Branche spielt eine Rolle, gerade wenn Sie Arznei und Medizin verkaufen, müssen Sie noch wesentlich mehr Anforderungen erfüllen, um rechtlich korrekt zu arbeiten. Es kommt daher immer ganz speziell auf Ihren Online-Shop, die Branche und die Kunden an, welche rechtlichen Anforderungen existieren. Aus diesem Grund kann ich Ihnen an dieser Stelle keine Blaupause nennen, da die Anforderungen viel zu speziell sind. Speziell aus diesem Grund, ich wiederhole mich an dieser Stelle, empfehle ich die Nutzung eines Anwalts. Lassen Sie Ihren Online-Shop, sobald dieser so gut wie fertig ist, final von einem Anwalt auf Herz und Nieren prüfen. Auch wenn es initial wie eine unnötige oder nicht ganz so wichtige Ausgabe erscheinen mag, wenn Sie die erste Abmahnung erhalten, werden Sie sich ärgern, keinen Anwalt hinzugezogen zu haben.

Rechtsprüfung durch Trusted Shops

Auch wenn Trusted Shops keinerlei Garantien übernimmt, können Sie durch die Nutzung von Trusted Shops relativ kostengünstig an eine rechtliche Prüfung kommen. Denn alle Online-Shops, die sich bei Trusted Shops anmelden, werden auf die gröbsten rechtlichen Anforderungen hin geprüft. Dies geschieht mittels Prüfkatalog, der um die 50 bis 60 Seiten lang ist. Die Kosten, die für die Prüfung durch Trusted Shops anfallen und die sich anhand des Umsatzes errechnen, sind dabei mehr als vertretbar. Weitere Informationen hierzu erhalten Sie unter *https://business.trustedshops.de/produkte/*.

13.7 Fazit und Ausblick

Sobald es um rechtliche Themen geht, wird es immer ein wenig trocken. Ich hoffe, Ihnen in diesem Kapitel recht praxisnah gezeigt zu haben, welche Dinge Sie beachten müssen und wie Sie die Anforderungen mit Magento lösen können. Denn viele Anforderungen können Sie mit MageSetup bzw. den Magento-Standards bereits sehr gut erfüllen und lösen. In der Praxis wird es bei kleineren Anpassungen bleiben, wenn Sie jedoch in einer etwas exotischeren Branche unterwegs sind und daher mit hohen rechtlichen Anforderungen konfrontiert sind, können natürlich noch tiefgreifender Anpassungen notwendig werden.

Apropos Anpassungen – im nächsten Kapitel geht es um die optischen Modifikationen und die Nutzung von Magento-Templates. Es wird nämlich langsam Zeit, das aufgesetzte Magento-System zu individualisieren. Lassen Sie sich daher überraschen, welche Möglichkeiten Magento bietet und wie Sie Ihren Online-Shop an Ihre Bedürfnisse anpassen können!

Kapitel 14

Magento erweitern und an die eigenen Bedürfnisse und Anforderungen anpassen

Einer der großen Vorteile von Magento besteht darin, dass es sich um ein enorm anpassbares und individualisierbares System handelt. In diesem Kapitel möchte ich Ihnen einen Überblick über die vorhandenen Möglichkeiten geben und Ihnen zeigen, wie Sie Magento an Ihre individuellen Bedürfnisse anpassen können.

Die vermutlich größte Stärke von Magento liegt in der unglaublichen Anpassbarkeit. Das, was Sie bislang im Laufe des Buches gesehen haben, war lediglich der Magento-Standard. Sie haben gesehen, wie sich das Frontend im Standard verhält, welche Möglichkeiten im Backend vorhanden sind und welche Konfigurationseinstellungen Sie setzen können. Aber genau diesen Standard können Sie durch eigene Designs, Module und Erweiterungen ablösen und somit ein ganz individuelles System kreieren. Denn um die anvisierte Zielgruppe perfekt anzusprechen und die Bedürfnisse der Branche zu erfüllen, werden Sie Magento definitiv individualisieren müssen. Von Haus aus versucht Magento zwar alle Zielgruppen und Branchen möglichst gut abzudecken, wie Sie sich aber vorstellen können, kann ein System nicht perfekt auf alle Anforderungen und Herausforderungen reagieren und diese erfüllen.

Ich möchte dieses Kapitel nutzen, um gemeinsam mit Ihnen ein wenig in die Tiefen von Magento einzutauchen. Dazu zählen die Installation und Konfiguration von Erweiterungen, Anpassungen am Design sowie die Installation von Design-Paketen, aber auch Themen wie das Management von Übersetzungen und Sprachdateien. Das Ziel dieses Kapitels besteht darin, Ihnen alle Informationen und vorhandenen Möglichkeiten nahezubringen, damit Sie selbst in der Lage sind, Magento anzupassen. Dadurch wird es an der einen oder anderen Stelle sicherlich etwas technisch. Da sich das Buch jedoch in erster Linie an Shop-Betreiber, Administratoren und E-Commerce-Verantwortliche richtet, versuche ich die technische Komplexität einzugrenzen. Sie sollen nämlich zu jeder Zeit die Möglichkeit haben, die von mir durchgeführten Änderungen am eigenen lokalen System nachzuvollziehen und mich Schritt für Schritt beim Aufbau des Online-Shops zu begleiten.

Starten Sie nun gemeinsam mit mir mit der Weiterentwicklung des bereits aufgesetzten Magento-Systems und tauchen Sie in die Tiefen des Magento-Systems ein. Ich bin mir sicher, dass Sie nach diesem Kapitel noch begeisterter von dieser E-Commerce-Lösung sein werden.

14.1 Mithilfe von Extensions den Funktionsumfang erweitern

Wie auch bei Magento 1 existieren in Magento 2 sogenannte *Extensions*. Extensions sind Erweiterungen, die den Funktionsumfang von Magento erweitern, bzw. Funktionen abändern oder im Verhalten beeinflussen. Möchten Sie in Magento neue, zusätzliche Funktionen, so wird nie das Basissystem als solches angerührt. Der sogenannte Magento-Core bleibt von Änderungen stets unberührt. Dadurch haben Sie immer die Chance, Updates und Security Fixes einzuspielen, ganz egal, welche und wie viele Extensions Sie installiert haben. Sicherlich gibt es Beispiele, in denen Extensions den erwähnten Magento-Core modifizieren, von der Installation solcher Erweiterungen ist jedoch abzuraten, da dieses Verhalten auf schlechte und mangelhafte Kenntnisse der Entwickler schließen lässt. Gerade mit Magento 2 sind die Hürden bei der Extension-Entwicklung jedoch so hoch geworden, dass »Pfuscherei«, die in Magento 1 zum Teil noch möglich war, möglichst unterbunden wird. Für die Software bedeutet das einen Qualitätsgewinn.

Magento 1-Extensions sind nicht mit Magento 2 kompatibel

Falls Sie bereits einen Online-Shop auf Basis von Magento 1.x betreiben, werden Sie sicherlich die Frage nach der Kompatibilität der Erweiterungen im Hinterkopf haben. Um Ihnen den Zahn an dieser Stelle bereits zu ziehen: Aufgrund des komplett neuen Unterbaus von Magento 2 ist keine Magento 1-Extension mit Magento 2 kompatibel. Zugegebenermaßen ist die Portierung der Erweiterung zudem eine große Herausforderung für die Entwickler, weswegen immer noch nicht ansatzweise so viele Extensions für Magento 2 verfügbar sind, wie es bei Magento 1 der Fall war.

Doch wo und wie finden Sie Magento-Extensions, und welche Möglichkeiten stehen bereit, um diese zu installieren? Diese Fragen möchte ich Ihnen auf den folgenden Seiten beantworten!

14.1.1 Kostenfreies Magento-Benutzerkonto anlegen

Für den Magento Marketplace, den ich Ihnen in diesem Kapitel vorstellen möchte, benötigen Sie im ersten Schritt ein Benutzerkonto. Vermutlich haben Sie während der Installation von Magento bereits ein Benutzerkonto angelegt, denn ohne Konto können Sie Magento Open Source nicht herunterladen. Sollten Sie daher bereits über ein Benutzerkonto verfügen, können Sie die nächsten Schritte überspringen. Falls Sie jedoch noch nicht über ein Konto verfügen, würde ich Sie an dieser Stelle bitten, mir bei den folgenden Schritten zu folgen und das Benutzerkonto anzulegen.

Um ein kostenfreies Benutzerkonto bei Magento anzulegen, rufen Sie die URL *https://account.magento.com/customer/account/* auf, und klicken Sie in der rechten Bildschirmhälfte auf REGISTER. Sie gelangen anschließend zur Registrierungsmaske, die Sie in Abbildung 14.1 sehen.

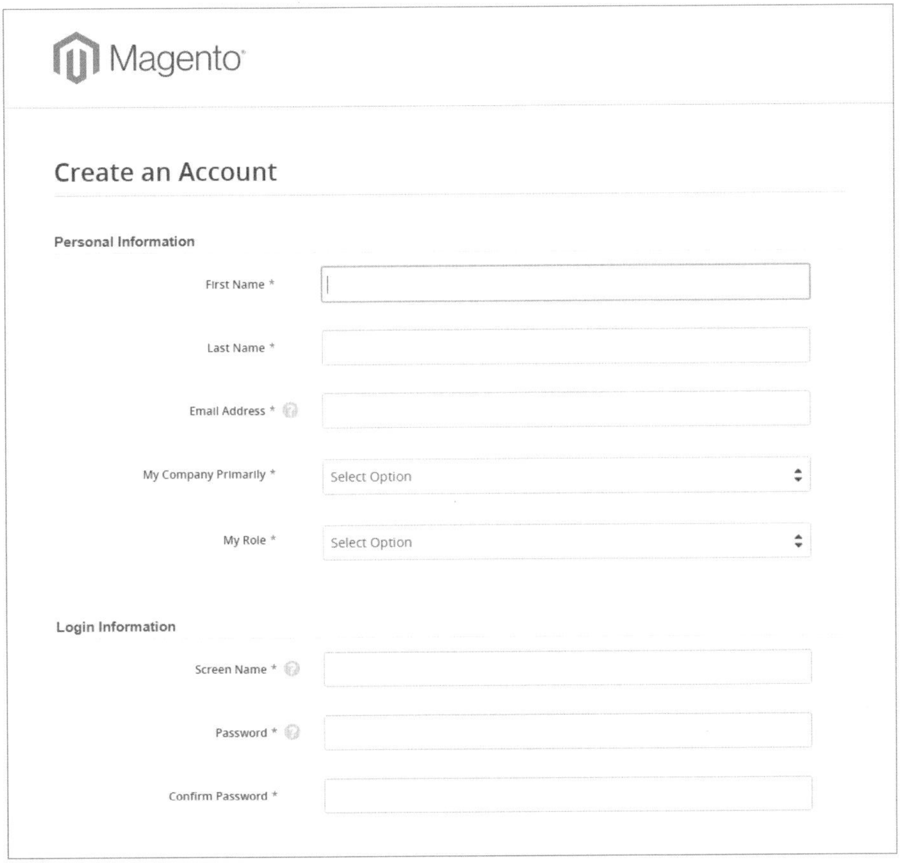

Abbildung 14.1 Die Anlage eines Magento-Benutzerkontos ist vollkommen kostenfrei und an keine Bedingungen geknüpft.

Füllen Sie die Pflichtfelder aus, hierzu zählen der Vorname, der Nachname, die E-Mail-Adresse, Informationen zum Unternehmen, Ihre Rolle, der Screenname sowie das Passwort. Mit dem Screennamen ist der Name gemeint, der später z. B. im Diskussionsforum angezeigt wird. An dieser Stelle dürfen Sie den Screennamen nicht mit einem Benutzernamen verwechseln, da Magento als Benutzernamen Ihre E-Mail-Adresse verwendet. Es geht also wirklich nur um den Namen, den Sie in der Öffentlichkeit auf magento.com verwenden möchten. Nachdem Sie die Bedingungen, d. h. die »Terms and Conditions«, akzeptiert haben, klicken Sie bitte auf SUBMIT. Daraufhin werden Sie, sofern die Validierung der Eingabemaske erfolgreich abgeschlossen wurde, direkt ins Magento-Benutzerkonto weitergeleitet. Eine weitere Bestätigung des Accounts, so wie es in Deutschland vorgeschrieben ist, gibt es auch bei Magento. Sie werden in den nächsten Minuten eine E-Mail samt Bestätigungslink erhalten, auf den Sie klicken müssen. Auch wenn Sie mit Ihrem Benutzer-Account bereits angemeldet sind, ist die Bestätigung Ihrer E-Mail-Adresse bzw. des Accounts zwingend notwendig.

14.1.2 Magento Marketplace nutzen

Nachdem Sie sich registriert und angemeldet haben, können Sie ohne Einschränkungen den Magento Marketplace nutzen. Der Magento Marketplace ist dabei so etwas wie die zentrale Plattform, auf der Erweiterungen und auch Themes bereitgestellt, diskutiert und heruntergeladen werden können. Das Konzept ist im Prinzip identisch mit dem des App Stores, den Sie von Apple kennen. Magento ist an dieser Stelle nur nicht ganz so restriktiv und erlaubt die Veröffentlichung von Extensions auch außerhalb des Marketplace. Dennoch sollte der Marketplace auch für Sie die erste Anlaufstelle sein, wenn Sie auf der Suche nach einer Erweiterung sind. Um auf den Marketplace zuzugreifen, verwenden Sie bitte die URL *https://marketplace.magento.com*. Im Anschluss werden Sie auf der Übersichtsseite landen, die Sie in Abbildung 14.2 sehen.

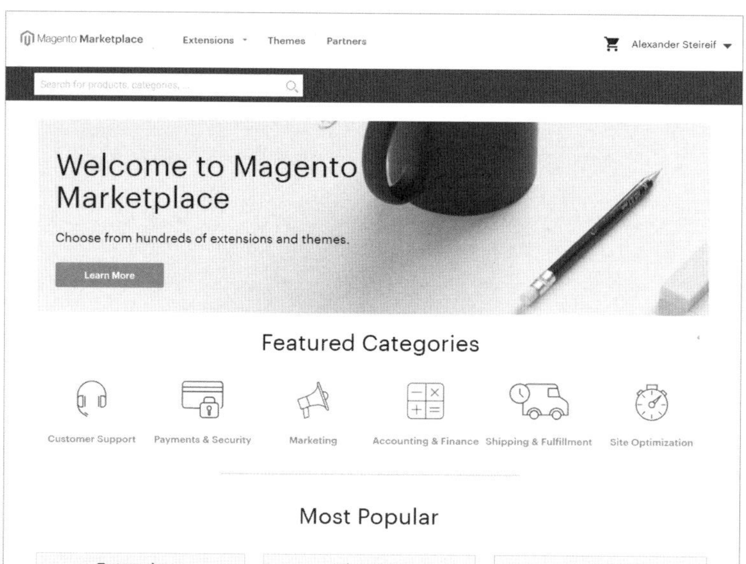

Abbildung 14.2 Innerhalb des Marketplace können Sie sowohl Extensions als auch Themes herunterladen.

Im Magento Marketplace angekommen, haben Sie die primäre Wahl zwischen den Bereichen EXTENSIONS, THEMES und PARTNERS. Da ich Ihnen in diesem Kapitel zeigen möchte, wie schnell und einfach Sie Extensions finden und installieren können, klicken Sie bitte auf den Link EXTENSIONS. Alternativ hierzu können Sie auch direkt den Link *https://marketplace.magento.com/extensions.html* aufrufen, Sie landen dann direkt im Bereich *Extensions* innerhalb des Marketplace.

Komplette Überarbeitung des Marketplace mit Magento Version 2

In der Version 2 hat Magento den gesamten Marketplace überarbeitet bzw. den Marketplace erst unter dessen Namen eingeführt. Zuvor gab es zwar auch eine zentrale Plattform, auf der Extensions und Designs veröffentlicht werden konnten, jedoch war diese bei weitem nicht so umfangreich und aufgeräumt wie die aktuelle Version des Marketplace. Magento hat daher ein Augenmerk darauf gelegt, Erweiterungen relativ einfach und an einer zentralen Stelle zugänglich zu machen,

Da die Auswahl an Extensions relativ groß ist, haben Sie innerhalb der linken Navigationsspalte die Möglichkeit zu filtern. Bei der Filterung stehen Ihnen folgende Elemente zur Verfügung:

- Categories
- Platform
- Edition
- Version
- Price
- Partner Type
- Ratings

Die Kategorien unterteilen die Extensions nochmals in gewisse Bereiche, z. B. Extensions, die Funktionen im Bereich Marketing oder Customer Support hinzufügen. Bei der Plattform erfolgt eine Differenzierung zwischen Magento 1 und Magento 2, bei der Edition können Sie zwischen der Community und der Enterprise Edition auswählen. Ebenfalls relevant ist die Version, hierbei handelt es sich um den nächsten Filter. Sie sollten bei jeder Extension darauf achten, dass diese mit der von Ihnen eingesetzten Magento-Version kompatibel ist, da es ansonsten zu Problemen und Fehlern kommen kann. Da im Magento Marketplace neben kostenfreien auch kostenpflichtige Erweiterungen zur Verfügung stehen, können Sie zudem anhand des Preises eine Eingrenzung vornehmen. Beim Partner Type stehen verschiedene Level bzw. Status zur Verfügung. So gibt es z. B. Magento Technology Partner oder Business Solution Partner. Wenn Sie nur Erweiterungen von einem gewissen Partner-Level akzeptieren möchten, können Sie an dieser Stelle ebenfalls eine Eingrenzung vornehmen. Zu guter Letzt haben Sie zudem die Möglichkeit, die Extensions anhand der veröffentlichen Bewertungen zu filtern. Bei den Bewertungen ist ein Rating zwischen 1 und 5 Sternen möglich, hat eine Extension 5 Sterne, ist diese schon überaus erfolgreich!

Nutzen Sie an dieser Stelle die Filter, und filtern Sie nach Magento 2-Modulen, die für Magento Open Source und Magento 2.x entwickelt wurden. Das sollte bei Ihnen anschließend ähnlich wie bei mir in Abbildung 14.3 aussehen.

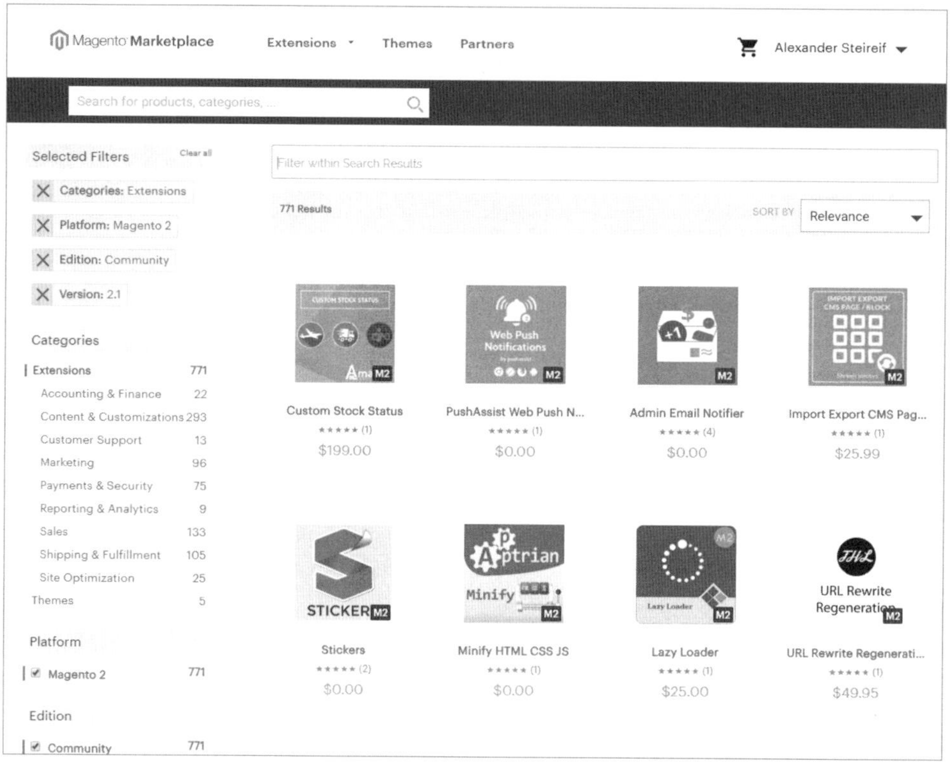

Abbildung 14.3 Mithilfe der Filter können Sie relativ schnell und problemlos kompatible Extensions identifizieren.

Nachdem Sie ein wenig mit der Filterung experimentiert haben, wird es tatsächlich spannend. Denn nun geht es darum, eine Extension auszuwählen und diese zu installieren!

Blättern Sie jetzt durch den Extension-Katalog, bis Sie zur Erweiterung EMAIL ATTACHMENTS gelangen. Alternativ können Sie die Extension zudem direkt unter der URL *https://marketplace.magento.com/fooman-emailattachments-m2.html* aufrufen. Bei dieser Erweiterung, die von Fooman entwickelt wurde, handelt es sich um eine Erweiterung der E-Mail-Funktionalität, mit der Sie z. B. der Rechnungs-E-Mail das Rechnungs-PDF anfügen können. Fooman selbst gehört zu den bekanntesten Magento-Entwicklern, die bereits für Magento 1 zahlreiche Erweiterungen zur Verfügung gestellt haben. Daher können Sie sich auch bei dieser Extension auf eine sehr gute Qualität und einen guten Support verlassen. Wenn Sie sich für eine Extension entscheiden und diese aufrufen, landen Sie im nächsten Schritt auf der Detailseite, die Sie in Abbildung 14.4 sehen.

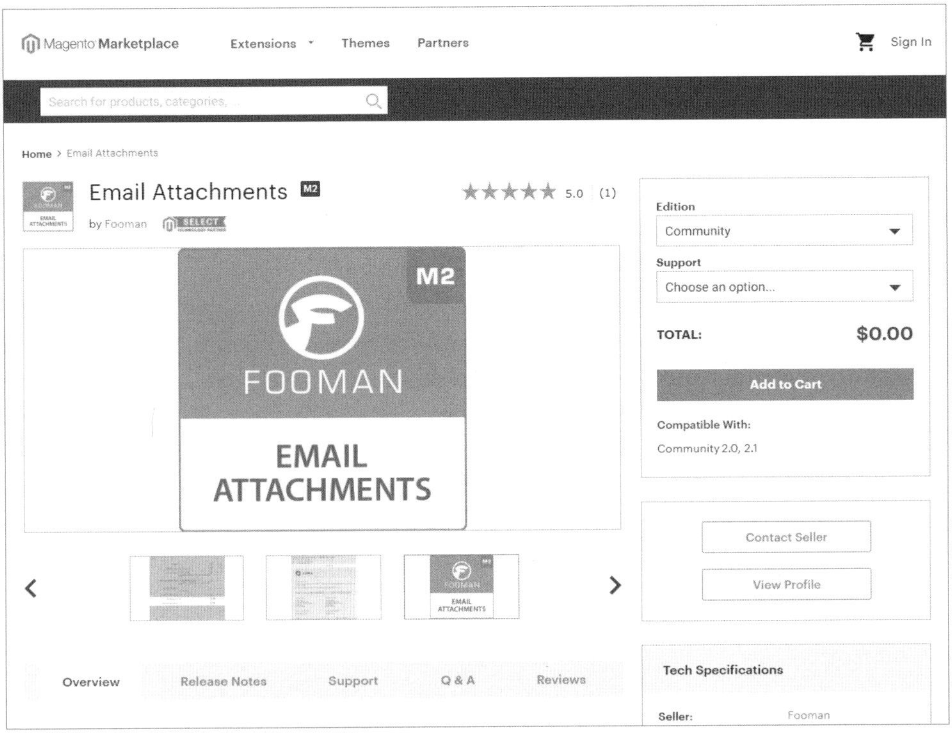

Abbildung 14.4 Auf der Detailseite sehen Sie alle vorhandenen Versionen und haben zudem einen Zugriff auf die Release Notes.

Innerhalb der Detailseite haben Sie Zugriff auf eine Vielzahl von Informationen. Diese unterteilen sich, ganz grob gesprochen, in verschiedene Tabs bzw. Bereiche, die Sie in Abbildung 14.4 am unteren Bildschirmrand sehen. Bei jeder Extension haben Sie immer einen Overview, Release Notes, Support, Q & A und Reviews. Der Overview listet alle Informationen auf, wenn Sie auf Release Notes klicken, landen Sie hingegen direkt bei den Release Notes, wenn Sie auf Support klicken, direkt im Abschnitt Support etc.

Wichtig für Sie ist an dieser Stelle vor allem der Bereich auf der rechten Seite. Denn dort wählen Sie die Edition und ein mögliches Support-Paket aus. In diesem konkreten Fall wählen Sie bei Edition bitte den Eintrag Community und beim Support belassen Sie das Dropdown-Feld bei der Option Choose an option... Klicken Sie anschließend auf den großen, orangefarbenen Button Add to Cart, wodurch die

Extension zum Warenkorb hinzugefügt wird. Lassen Sie sich an dieser Stelle von der Bezeichnung *Warenkorb* bzw. *Cart* nicht irritieren. Auch wenn Sie eine kostenfreie Extension herunterladen möchten, müssen Sie den klassischen Checkout-Prozess durchlaufen. Das müssen Sie, wenn Sie eine kostenpflichtige Extension erwerben möchten, ebenfalls, nur in diesem Fall müssten Sie auch mit Zahlungsdaten durch den Checkout-Prozess gehen. Möchten Sie hingegen, wie in diesem konkreten Fall, einfach eine kostenfreie Erweiterung herunterladen, so müssen Sie diese in den Warenkorb legen und anschließend ohne Zahlungsinformationen durch den Checkout-Prozess gehen.

Sobald Sie die Extension in den Warenkorb gelegt haben, wird in der oberen rechten Ecke neben dem Wort SIGN IN ein Warenkorb mit der Zahl 1 dargestellt, auf den Sie klicken. Daraufhin öffnet sich ein Fenster, in dem der Button GO TO CHECKOUT zu sehen ist. Klicken Sie AUF GO TO CHECKOUT, landen Sie direkt im Checkout-Prozess. Alternativ können Sie jedoch auch auf VIEW AND EDIT CART klicken, worauf Sie zum Warenkorb weitergeleitet werden. Der Warenkorb ist immer dann praktisch, wenn Sie mehrere Extensions auf einen Schlag herunterladen bzw. kaufen möchten. Nutzen Sie aber bitte an dieser Stelle erstere Variante, und tauchen Sie direkt in den Checkout-Prozess ein, wodurch Sie direkt im ersten Schritt landen, den Sie auch in Abbildung 14.5 sehen.

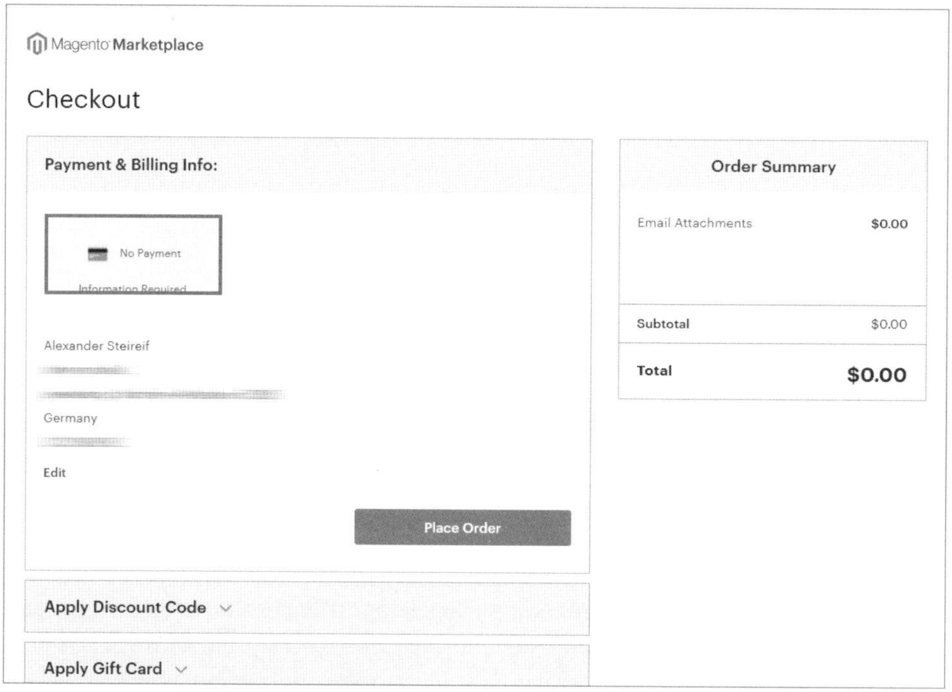

Abbildung 14.5 Wenn Sie eine kostenlose Extension herunterladen möchten, müssen Sie keine Zahlungsinformationen hinterlegen.

Da es sich um eine kostenlose Extension handelt, müssen Sie an dieser Stelle keine Zahlungsinformationen hinterlegen. Wie Sie anhand von Abbildung 14.5 erkennen können, haben Sie zudem die Möglichkeit, einen Gutschein bzw. eine Geschenkkarte einzulösen. Dies ergibt natürlich nur bei kostenpflichtigen Erweiterungen Sinn, die Sie ebenfalls über den Magento Marketplace erwerben können. Hierbei handelt es sich übrigens auch um eine der größten und interessantesten Neuerungen. Im alten Portal konnten ausschließlich kostenfreie Erweiterungen heruntergeladen werden, sobald eine Extension einen Preis hatte, wurde man auf die Website des Herstellers bzw. Entwicklers weitergeleitet. Der Magento Marketplace unterstützt nun aber auch den Erwerb samt Handling von kostenpflichtigen Extensions.

Klicken Sie jetzt bitte auf PLACE ORDER, um die Bestellung abzuschließen. Im Anschluss an diese Aktion erhalten Sie eine Erfolgsmeldung, und Sie haben die Extension erfolgreich gekauft. Magento bietet Ihnen auf der Erfolgsseite, die Sie in Abbildung 14.6 sehen, zwei Möglichkeiten an, wie Sie an diese Extension kommen bzw. diese installieren können. Hierfür stehen Ihnen die Links INSTALL bzw. DOWNLOAD zur Verfügung. Beide Möglichkeiten möchte ich Ihnen im Folgenden vorstellen.

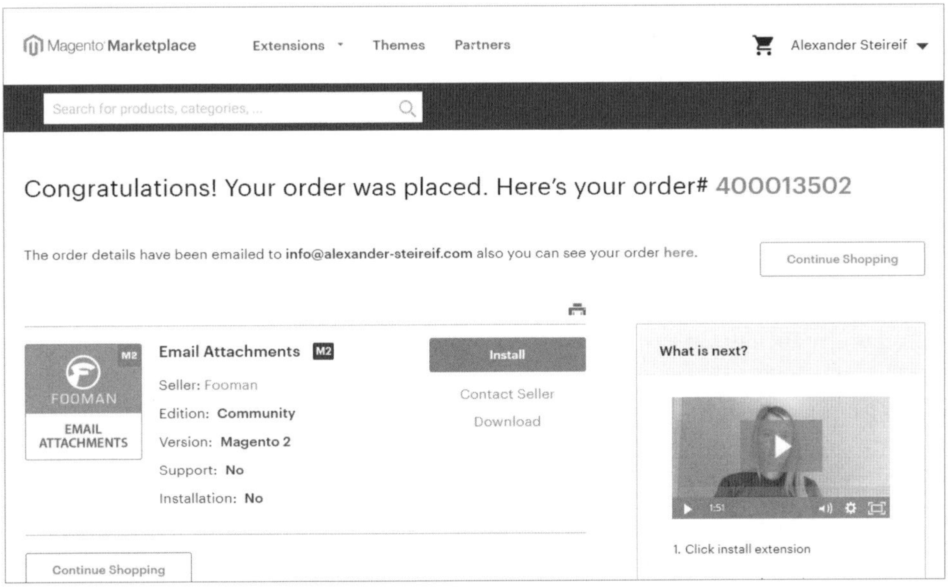

Abbildung 14.6 Nachdem Sie eine Erweiterung gekauft haben, können Sie diese installieren bzw. herunterladen.

Install

Klicken Sie, nachdem Sie die Extension erworben d. h. den Checkout-Prozess abgeschlossen haben, bitte auf den Link INSTALL. Es öffnet sich ein neues Fenster, in dem die Seite MY ACCESS KEYS, die Bestandteil Ihres Benutzerkontos ist, geöffnet wird. Sie benötigen einen sogenannten Access Key, damit Ihre Magento-Instanz auf die von

Ihnen gekauften Erweiterungen zugreifen und diese installieren kann. Der Access Key sorgt sozusagen für die Verbindung zwischen Ihrer Magento-Instanz und dem Magento Marketplace. Wenn Sie aktuell noch keinen Access Key besitzen, klicken Sie auf den Button CREATE A NEW ACCESS KEY. Es öffnet sich ein Overlay, in das Sie einen Namen eingeben können. Verwenden Sie an dieser Stelle irgendeine Bezeichnung. Diese wird ausschließlich intern verwendet und ist in keinem Fall nach außen sichtbar. Daher können Sie etwas Kryptisches oder einen ganz normalen Namen verwenden. Ich entscheide mich in meinem Fall für die Bezeichnung »foodbaer.de«, da ich damit direkt die Relation zu meinem Online-Shop habe. Sobald Sie die Eingabe bestätigen, erhalten Sie im nächsten Schritt einen Public- sowie einen Private-Key, die jeweils aus einer kryptischen Zahlen- und Buchstabenfolge bestehen.

Wechseln Sie nun in das Magento-Backend, indem Sie idealerweise einen neuen Tab öffnen. Melden Sie sich mit Ihren persönlichen Zugangsdaten am System an, und klicken Sie auf SYSTEM • WERKZEUGE • WEB SETUP WIZARD. In diesem angekommen, klicken Sie in der linken Navigation auf den Eintrag SYSTEM CONFIG. Innerhalb dieser Ansicht können Sie nun sowohl den Public- als auch den Private-Key hinterlegen. Sollten Sie bereits Keys hinterlegt haben, können Sie in dieser Ansicht zudem die Keys zurücksetzen bzw. neue Keys hinterlegen. Hinterlegen Sie an dieser Stelle beide Keys, und klicken Sie zum Übernehmen der Änderungen auf SAVE CONFIG.

Nachdem Sie die Änderung gespeichert haben, öffnen Sie bitte den COMPONENT MANAGER, den Sie in der linken Navigation finden. Der Component Manager listet alle in Ihrem Magento System vorhandene Komponenten bzw. Module auf und erlaubt Ihnen die Installation von neuen, noch nicht installierten Modulen bzw. Extensions. Klicken Sie hierzu auf den Link INSTALL, um zum nächsten Schritt zu kommen. Sie erhalten daraufhin eine Auflistung aller Extensions, die Sie installieren können. Diese Liste beruht auf den Informationen aus dem Magento Marketplace. Das heißt, alle Extensions, die Sie im Magento Marketplace gekauft haben, werden an dieser Stelle aufgelistet. Dadurch haben Sie eine zentrale Anlaufstelle, wo Sie Extensions erwerben können, sowie eine zentrale Stelle im System, wo Sie die Extensions installieren können. Noch einfacher geht es fast nicht! Wie Sie sehen, nimmt Ihnen Magento an dieser Stelle enorm viel Arbeit ab, und der Prozess bzw. Workflow ist äußerst einfach und simpel gestaltet. Klicken Sie nun in der Liste beim Eintrag FOOMAN/EMAIL-ATTACHMENTS-M2 auf den Link INSTALL, der sich in der letzten Spalte befindet. Daraufhin läuft, ähnlich wie bei der Installation bzw. dem Upgrade von Magento, der Prüfprozess, der Ihre aktuelle Systemumgebung auf vorhandene PHP-Erweiterungen und Webserver-Einstellungen hin überprüft. Sofern Ihre Systemumgebung den Test bestanden hat, können Sie in den nächsten Schritt gehen. Magento fragt Sie an dieser Stelle, ob Sie eine Sicherung des Systems durchführen möchten. Zugegebenermaßen empfiehlt sich dies besonders bei der Installation von unbekannten Erweiterungen, wobei ich in diesem konkreten Fall von einer Sicherung absehe und auf NEXT klicke.

Daraufhin kann Magento mit der Installation der Erweiterung beginnen. Sie sehen den Fortschritt während des gesamten Installationsprozesses, und innerhalb weniger Minuten sollte dieser abgeschlossen sein.

Magento-Video erklärt die Installation einer Erweiterung

Nachdem Sie die Erweiterung gekauft haben und den Download- bzw. Install-Link sehen, können Sie in der linken Bildschirmhälfte zudem auf ein Erklärvideo zurückgreifen. Das Video ist äußerst gut, denn es zeigt Ihnen den kompletten Installationsprozess einer Magento-Extension. Die Schritt-für-Schritt-Anleitung lässt keine Fragen offen. Sollten Sie daher auf den vorherigen Seiten ein Problem bei der Installation gehabt haben, bzw. eine gewisse Unsicherheit bei den Arbeitsschritten bestehen, können Sie sich alternativ auch gern das Video ansehen. Eine direkte Verlinkung mittels Link ist aufgrund der Integration des Videos leider nicht möglich.

Herzlichen Glückwunsch, mit diesem letzten Schritt haben Sie erfolgreich Ihre erste Magento-Extension mithilfe des Magento Marketplace installiert.

Download

Alternativ zur Installation der Magento-Extension mithilfe des Component Managers können Sie die Erweiterung nach dem Kauf auch direkt herunterladen. Werfen Sie hierzu nochmals einen Blick auf Abbildung 14.6, die beide Links aufführt. Klicken Sie bitte auf DOWNLOAD, wodurch Sie zur Übersicht aller gekauften Extensions gelangen. Bei der Extension EMAIL ATTACHMENTS angekommen, klicken Sie auf den DOWNLOAD-Button, um den Download-Prozess zu starten. Sollte es mehrere Versionen der Erweiterung geben, können Sie an dieser Stelle zudem noch die Version spezifizieren, die Sie herunterladen möchten. Im Fall der EMAIL-ATTACHMENTS-Extension ist dies jedoch nicht der Fall, weshalb Sie direkt mit dem Download beginnen können. Sobald Sie das Zip-Archiv heruntergeladen haben, extrahieren Sie dieses mithilfe einer Anwendung wie z. B. 7-Zip.

Wenn Sie das extrahierte Archiv haben, müssen Sie zudem in Ihrem Magento-System noch eine Verzeichnisstruktur anlegen. Sofern Sie in einer lokalen Umgebung arbeiten, navigieren Sie in diesem Schritt in das Hauptverzeichnis Ihrer Magento-Instanz. Sollten Sie Magento bei einem Webhoster, d. h. auf einem externen System, betreiben, so verbinden Sie sich jetzt bitte mittels FTP/SFTP. Sind Sie im Hauptverzeichnis angekommen, navigieren Sie zum Verzeichnis *app/code*. Im Ordner *Code* müssen Sie nun das Unterverzeichnis *Fooman/EmailAttachments* anlegen. Doch woher wissen Sie, dass Sie genau diese beiden Ordner anlegen müssen? Im Hauptverzeichnis der extrahierten Extension befindet sich eine Datei namens registration.php. Wenn Sie diese mit einem Texteditor, beispielsweise Notepad++, öffnen, sehen Sie folgenden Inhalt:

```
<?php
use \Magento\Framework\Component\ComponentRegistrar;
ComponentRegistrar::register(ComponentRegistrar::MODULE, 'Fooman_
EmailAttachments', __DIR__);
```

Listing 14.1 Jede Extension muss sich im System registrieren, weshalb die Datei registration.php in jeder Extension vorhanden sein muss.

Die letzte Zeile verrät Ihnen etwas über die anzulegende Struktur. Denn es ist das Statement `Fooman_EmailAttachments` zu sehen, was für Sie bedeutet, dass Sie den Ordner *Fooman* mit dem Unterordner *EmailAttachments* erstellen müssen.

Legen Sie nun bitte die Ordner an, wodurch anschließend in Ihrem System das Verzeichnis *app/code/Fooman/EmailAttachments* vorhanden sein sollte. Kopieren Sie, nachdem Sie die Verzeichnisse angelegt haben, das extrahierte Zip-Archiv in dieses Verzeichnis, wodurch sich z. B. die Datei *registration.php* unter *app/code/Fooman/EmailAttachments/registration.php* befinden sollte. Haben Sie diese Arbeitsschritte erledigt, müssen Sie Ihr Terminal bzw. die Shell oder Eingabeaufforderung öffnen. Navigieren Sie zum Hauptverzeichnis Ihrer Magento-Instanz, und führen Sie dort folgende Befehle aus:

```
php bin/magento setup:upgrade
php/bin magento setup:di:compile
php/bin magento cache:clean
```

Listing 14.2 Um die Installation einer Erweiterung abzuschließen, müssen Sie diese Befehle ausführen.

Erst wenn Sie diese Befehle ausgeführt haben, ist die Erweiterung erfolgreich installiert, und Sie können diese innerhalb des Backends nutzen. Ob die Erweiterung korrekt installiert ist, können Sie übrigens direkt im Backend nachprüfen.

Melden Sie sich nun mit Ihren persönlichen Zugangsdaten am Magento-Backend an, und klicken Sie auf SHOPS • KONFIGURATION • ERWEITERT • ERWEITERT. Sie erhalten daraufhin eine Auflistung aller im System vorhandenen Erweiterungen bzw. Module samt Status, ob diese aktiviert bzw. deaktiviert sind. In Ihrer Liste sollte nun, ähnlich wie in meiner Auflistung, die Sie in Abbildung 14.7 sehen, der Eintrag FOOMAN_EMAILATTACHMENTS auftauchen. Wenn Ihre Extension in dieser Auflistung auftaucht, wissen Sie zumindest, dass die Erweiterung erfolgreich vom System erkannt und installiert wurde. Sicherlich sagt dies nichts über die eigentliche Funktionsfähigkeit der Erweiterung aus. Sie wissen jedoch, dass der Installationsprozess erfolgreich abgeschlossen wurde.

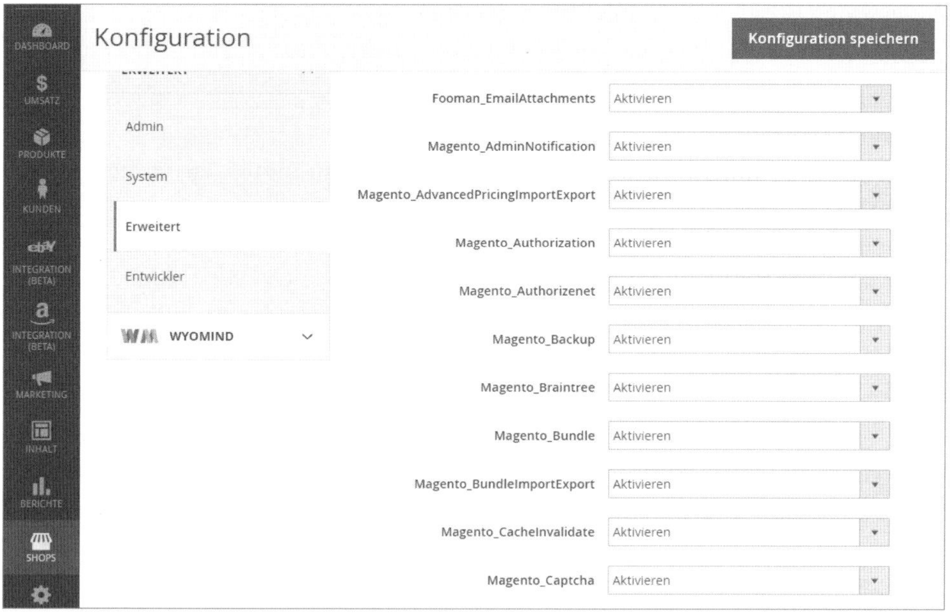

Abbildung 14.7 Haben Sie eine Erweiterung erfolgreich installiert, wird dieses unter Erweitert/Erweitert innerhalb der Konfiguration aufgelistet.

Auch der manuelle Installationsprozess ist, verglichen mit der Installation über den Component Manager, relativ einfach und kann schnell durchgeführt werden. Wenn Sie die benötigte Verzeichnisstruktur angelegt haben, müssen Sie nur noch die extrahierten Dateien der Extension extrahieren und anschließend die Installation mittels Kommandozeile abschließen. Daraufhin ist die Extension erfolgreich installiert und kann im Backend genutzt werden.

14.1.3 Extensions mit Composer installieren

Alternativ zur Nutzung des Magento Marketplace können Sie Extensions zudem direkt mittels Composer per Kommandozeile installieren.

Bei Composer handelt es sich um eine Anwendung bzw. einen Paketmanager, der Abhängigkeiten verwaltet. Composer ist in der Lage, auf Basis von definierten Repositories benötigte Dateien herunterzuladen und dieses Paket zudem aktuell zu halten – zum Beispiel Extensions. Zudem würden Abhängigkeiten, beispielsweise wenn eine benötigte Extension weitere Extensions bzw. Pakete voraussetzt, aufgelöst werden. Momentan erfreut sich Composer deshalb enormer Beliebtheit und wird in vielen Projekten bzw. bei der Entwicklung von PHP- und Web-Anwendungen verwendet. Composer ist also keine reine Lösung für Magento, sondern wird grundsätzlich in der

Entwicklung verwendet. Weitere Informationen zu Composer, der Nutzung und den Vorteilen erhalten Sie auf der offiziellen Website unter *https://getcomposer.org*.

Composer installieren

Bevor Sie Composer nutzen können, müssen Sie die Anwendung zuerst installieren. Die Installationsschritte und die Vorgehensweise hängen von Ihrem verwendeten Betriebssystem ab. Sofern sie Windows verwenden, laden Sie sich bitte den Installer unter *https://getcomposer.org/Composer-Setup.exe* herunter. Sie werden, nachdem Sie die Exe-Datei ausgeführt haben, Schritt für Schritt durch den Installationsprozess geführt. Daher erspare ich Ihnen an dieser Stelle ausschweifende Erklärungen zum Installationsprozess an sich. Sollten Sie Linux bzw. macOS verwenden, so führen Sie mittels Kommandozeile folgende Befehle aus, um Composer zu installieren:

```
php -r "copy('https://getcomposer.org/installer', 'composer-setup.php');"
php -r "if (hash_file('SHA384', 'composer-setup.php') ===
 '669656bab3166a7aff8a7506b8cb2d1c292f042046c5a994c43155c0be6190fa0355160742ab
2e1c88d40d5be660b410') { echo 'Installer verified'; } else { echo
'Installer corrupt'; unlink('composer-setup.php'); } echo PHP_EOL;"
php composer-setup.php
php -r "unlink('composer-setup.php');"
```

Listing 14.3 Unter Linux bzw. macOS kann Composer bequem per Kommandozeile installiert werden.

Weitere Erklärungen, Hilfen und Informationen finden Sie zudem auf der offiziellen Website von Composer im Abschnitt DOWNLOAD unter *https://getcomposer.org/download/* sowie in der Dokumentation, die Sie unter *https://getcomposer.org/doc/* erreichen. Haben Sie Composer erfolgreich installiert, können Sie bei der Installation von Erweiterungen auf Composer zurückgreifen.

Extensions installieren

Sofern Sie Composer erfolgreich installiert haben, können Sie Composer jetzt im Magento-Hauptverzeichnis mit dem Befehl `composer` ausführen. Als Ergebnis sollten Sie eine Rückmeldung, wie in Abbildung 14.8 zu sehen ist, erhalten. Damit rufen Sie Composer an sich auf, wobei Ihnen das für die Installation einer Magento-Extension noch nicht sehr weiterhilft, denn dafür benötigen Sie weitere Parameter. Installieren Sie an dieser Stelle eine weitere Magento-Extension, verwenden Sie dieses Mal aber Composer. Wechseln Sie hierzu erneut in den Magento Marketplace, den Sie unter *https://marketplace.magento.com/* erreichen. Öffnen Sie den Bereich EXTENSIONS, und wenden Sie die Filter »Magento 2«, »Community« und »Version 2.1« an. Grenzen Sie zudem den Preis auf 0 € ein, sodass ausschließlich kostenfreie Erweiterungen erscheinen. Suchen Sie anschließend nach der Erweiterung »Free Shipping Admin«, oder rufen Sie diese direkt mit der URL *https://marketplace.magento.com/magevision-module-free-shipping-admin.html* auf.

Abbildung 14.8 Wenn Sie nach der Ausführung des Befehls »composer« folgende Ansicht erhalten, hat mit der Installation alles geklappt.

Diese Erweiterung, das sei an dieser Stelle natürlich erwähnt, ermöglicht Ihnen die Auswahl einer zusätzlichen Versandmethode innerhalb des Backends. Das heißt, Nutzer im Frontend können nicht darauf zurückgreifen, legt ein Backend-Nutzer hingegen eine Bestellung an, so ist die Auswahl der Versandmethode möglich. Idealerweise nutzen Sie diese Versandmethode in der Praxis für eine kostenfreie Lieferung, die Sie aus Kulanz oder bei der Abholung des Pakets durch den Kunden anbieten. Wählen Sie diese Extension aus, fügen Sie diese zu Ihrem Warenkorb hinzu, und gehen Sie durch den gesamten Checkout-Prozess. Sobald Sie die Extension gekauft haben, klicken Sie auf der Success-Page bitte auf den Link DOWNLOAD. Sie gelangen anschließend zur Übersichtsseite aller von Ihnen gekauften Extensions, wobei Ihnen die Ansicht an dieser Stelle bekannt sein müsste. Scrollen Sie dort bis zum Eintrag

FREE SHIPPING ADMIN, und klicken Sie auf TECHNICAL DETAILS. Daraufhin wird ein kleines Fenster mit folgenden Informationen eingeblendet:

```
Component name:
magevision/module-free-shipping-admin
Component version:
2.1.1
```

Listing 14.4 Wenn Sie die technischen Details öffnen, erhalten Sie den vollständigen Komponentennamen sowie die aktuelle Version.

An dieser Stelle müssen Sie sich nun den Komponentennamen merken bzw. diesen kopieren und in der Kommandozeile folgenden Befehl ausführen: `composer require magevision/modul-free-shipping-admin`

Magento fordert Sie im nächsten Schritt auf, sich zu authentifizieren. Dafür werden ein Benutzername und ein Passwort benötigt, jedoch handelt es sich hierbei nicht um den Benutzernamen bzw. das Passwort Ihres Magento-Benutzerkontos. Verwenden Sie als Benutzernamen an dieser Stelle den Public-Key sowie als Passwort den Private-Key. Beide Keys finden Sie in Ihrem Magento-Benutzerkonto, wenn Sie auf MY ACCESS KEYS klicken. Sobald Sie die beiden Keys eingegeben haben, können Sie diese Zugangsdaten speichern, sodass Sie diese bei der nächsten Installation nicht erneut angeben müssen. Das ist jedoch keine Voraussetzung, das heißt, Sie müssen diese Frage nicht bestätigen. Daraufhin beginnt Composer mit dem Download der benötigten Dateien, wie Sie in Abbildung 14.9 sehen.

```
[master_gakmabdyny]:public_html$ composer require magevision/module-free-shipping-admin
Using version ^2.1 for magevision/module-free-shipping-admin
./composer.json has been updated
Loading composer repositories with package information
Updating dependencies (including require-dev)
Package operations: 1 install, 0 updates, 0 removals
  - Installing magevision/module-free-shipping-admin (2.1.1): Downloading (100%)
Package fabpot/php-cs-fixer is abandoned, you should avoid using it. Use friendsofphp/php-cs-fixer instead.
Writing lock file
Generating autoload files
[master_gakmabdyny]:public_html$
```

Abbildung 14.9 Composer lädt nun die benötigten Dateien herunter.

Sobald der Download der Komponenten bzw. der Extension abgeschlossen ist, führen Sie bitte folgende Befehle aus, um die Extension final zu installieren:

```
php bin/magento setup:upgrade
php/bin magento setup:di:compile
php/bin magento cache:clean
```

Listing 14.5 Um die Installation einer Erweiterung abzuschließen, müssen Sie diese Befehle ausführen.

Sie haben anschließend erfolgreich die Extension heruntergeladen und installiert, herzlichen Glückwunsch!

Vorteile bei der Nutzung von Composer

Der große Vorteil bei der Nutzung von Composer besteht unter anderem in der Vielzahl der Quellen. Sie werden sich vermutlich gefragt haben, wie Composer aufgrund des Begriffes *magevision/modul-free-shipping-admin* wissen kann, welche Dateien heruntergeladen werden müssen. Die Antwort hierauf steckt in der Datei *composer.json*, die sich im Hauptverzeichnis Ihrer Magento-Installation befindet. Diese Datei regelt das Verhalten von Composer für dieses Projekt, sprich für die Magento-Instanz. In der Datei steckt dabei auch eine Auflistung von nutzbaren Repositories, was wie folgt aussieht:

```
"repositories": [
        {
            "type": "composer",
            "url": "https://repo.magento.com/"
        }
    ],
```

Listing 14.6 In der composer.json können Sie beliebig viele Repositories definieren.

Mithilfe der Repositories definieren Sie sozusagen die Quellen, aus denen Composer schöpfen kann. Im Standard ist das Repository *https://repo.magento.com* vorhanden, dadurch haben Sie Zugriff auf die Extensions aus dem Magento Marketplace sowie auf die verschiedenen Magento-Versionen und -Module. Es gibt jedoch noch viele weitere Repositories, die Sie nutzen können. FireGento beispielsweise hat ein eigenes Repository, das unter der URL *https://github.com/magento-hackathon/composer-repository* erreichbar ist. Würden Sie dieses zusätzlich einbinden, könnten Sie auch die von FireGento entwickelten Extensions mittels Composer herunterladen bzw. verwalten. Gerade bei der Entwicklung eines Magento-Systems ist die Nutzung von Composer daher äußerst praktisch. Sie müssen nur die benötigten Repositories definieren und können mit einem zentralen Tool alle benötigten Extensions und Modifikationen herunterladen und zudem mit Composer auch aktuell halten. Denn so, wie Sie Extensions installieren können, können Sie diese auch aktualisieren und wieder entfernen.

Wenn Sie sich näher mit Composer beschäftigen möchten, empfehle ich Ihnen zudem das Tutorial *https://scotch.io/tutorials/a-beginners-guide-to-composer*, das einen recht guten und vor allem schnellen Überblick ermöglicht. Composer an sich ist eine recht komplexe Anwendung und kann Ihnen bei der Entwicklung viele Probleme lösen. Da die Nutzung von Composer komplett Magento-unabhängig ist und

Magento diese Technologie nur verwendet, möchte ich Sie an dieser Stelle auf das externe Tutorial verweisen, um den Fokus dieses Buches nicht zu verwässern.

Für welche Methode Sie sich bei der Installation von Extensions auch immer entscheiden: Magento bietet Ihnen die unterschiedlichsten Ansätze, beginnend bei der rein grafischen Installation mittels des Magento Marketplace über die manuelle Installation per FTP/SFP-Upload bis hin zur die Installation und Aktualisierung auf Basis von Composer.

14.1.4 Interessante Extension-Anbieter im Überblick

Auch wenn Magento mit dem Marketplace eine zentrale Plattform für den Bezug von Extensions bereitstellt, gibt es darüber hinaus noch eine Vielzahl von Seiten, von denen Sie Magento-Extensions beziehen können. Der Marketplace hat definitiv den Anspruch, die größte Plattform für Erweiterungen zu sein, aber sicherlich nicht den, eine Plattform für alle Erweiterungen zu sein. Dementsprechend können und müssen Sie, wenn Sie auf der Suche nach Erweiterungen sind, vor allem auf Google zurückgreifen. Damit Sie aber ein paar Anhaltspunkte erhalten, möchte ich Ihnen an dieser Stelle eine Liste interessanter Modulentwickler bzw. Unternehmen mit an die Hand geben. Gegebenenfalls finden Sie dort die Extensions und Anpassungen, nach denen Sie Ausschau halten:

- *https://ecommerce.aheadworks.com/magento-2-extensions/*
- *https://amasty.com/magento-2-extensions.html*
- *https://www.mageplaza.com/magento-2-extensions/*
- *https://store.plumrocket.com/magento-2-extensions.html*
- *https://www.aitoc.com/en/magento-2-extensions.html*

Speziell bei Aheadworks und Amasty handelt es sich um Veteranen der Magento-Modulentwicklung. Beide Unternehmen haben bereits für Magento 1 eine Vielzahl von qualitativ hochwertigen Extensions entwickelt und bereitgestellt. Viele der Magento 1-Erweiterungen wurden mittlerweile portiert, sodass diese auch für Magento 2 zur Verfügung stehen. Speziell wenn Sie von Aheadworks oder Amasty eine Erweiterung beziehen, können Sie auch sicher sein, dass Ihnen bei Problemen und Fehlern geholfen wird und die Erweiterung nicht die Funktionsfähigkeit und Stabilität Ihrer Magento-Instanz gefährdet. Ergänzend zu den von mir erwähnten Seiten, auf denen Sie eine Vielzahl von Magento 2-Modulen finden, gibt es auf GitHub jede Menge Open-Source-Extensions für Magento 2. Diese Community-Projekte werden in der Regel von mehreren Entwicklern weiterentwickelt und gewartet, weshalb Sie GitHub ebenfalls einen Besuch abstatten sollten. Ansonsten gilt: Wenn Sie eine bestimmte Anforderung im Hinterkopf haben, nutzen Sie Google, bzw. rufen Sie die von mir genannten Seiten auf und halten Sie Ausschau nach einem bereits entwickelten Modul, das Ihre Anforderungen bestmöglich abdeckt. In der Regel hat nämlich schon ein Entwickler oder ein Unternehmen eine Erweiterung entwickelt, die auch Ihre Anforderungen erfüllen kann. Somit ersparen Sie sich letztendlich die Zeit für kostenintensive und aufwendige Neuentwicklungen.

14.1.5 Extensions deaktivieren

Sollte es nach der Installation einer Extension zu Problemen kommen, müssen Sie diese nicht direkt entfernen. Oftmals hilft es, die installierte Extension zu deaktivieren und in Ruhe nach dem Fehler zu suchen. In Magento können Sie die Extensions auf mehrere Arten deaktivieren, daher möchte ich Ihnen an dieser Stelle die verschiedenen Möglichkeiten und Ansätze vorstellen.

Melden Sie sich bitte am Magento-Backend mit Ihren persönlichen Zugangsdaten an, und klicken Sie auf SHOPS • KONFIGURATION • ERWEITERT • ERWEITERT. Anschließend erhalten Sie eine Auflistung aller im System vorhandenen Extensions bzw. Module und können diese aktivieren oder deaktivieren. Wie Sie in Abbildung 14.10 sehen, besitze ich einige Extensions von Drittanbietern, aber auch die von Magento im Standard enthaltenen Module werden aufgelistet.

14

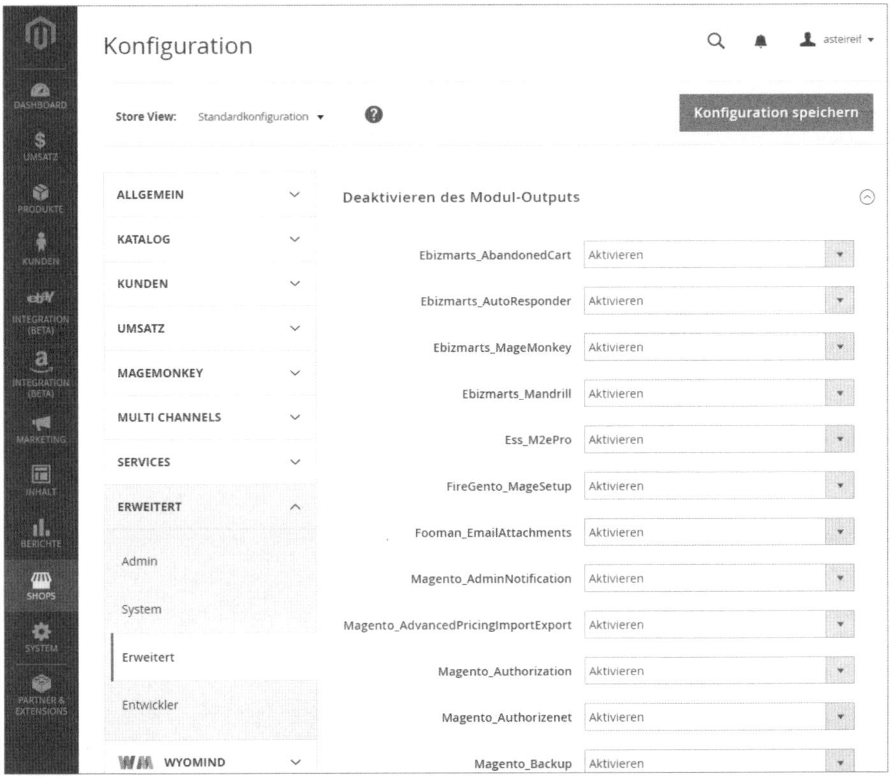

Abbildung 14.10 Im Backend haben Sie die Möglichkeit, installierte Module zu deaktivieren.

Sie können bei dem Modul bzw. der Extension, die Sie deaktivieren möchten, im Dropdown-Menü den Wert DEAKTIVIEREN auswählen und anschließend die Konfiguration speichern. Dadurch wird in erster Linie die Modulausgabe unterdrückt, d. h., im Backend fehlen Masken, und die Ausgabe im Frontend wird unterdrückt. Dennoch kann, wenn ein schwerwiegender Fehler in der Extension vorhanden ist, das Gesamtsystem beeinträchtigt werden. Sie deaktivieren an dieser Stelle letztendlich nicht das Modul, sondern unterdrücken nur die Ausgabe.

Wenn Sie ein Modul vollständig deaktivieren möchten, müssen Sie dies mithilfe der Kommandozeile tun. Melden Sie sich daher mittels Shell, Terminal oder Eingabeaufforderung am System an, und navigieren Sie ins Hauptverzeichnis Ihrer Magento-Instanz. Dort angekommen, können Sie mit folgendem Befehl ein bestimmtes Modul deaktivieren: `php bin/magento module:disable`. Wenn Sie diesen Befehl ausführen, wird Ihnen Magento jedoch zurückmelden, dass Sie noch den Namen des Moduls, das Sie deaktivieren möchten, angeben müssen. Ist Ihnen der exakte Modulname nicht geläufig, können Sie sich mit dem Befehl `php bin/magento module:status` alle Module inklusive Status ausgeben lassen. Sie erhalten daraufhin ein Ergebnis wie in Abbildung 14.11.

```
wp12651274@vwp8501:~/www/foodbaer-de$ php bin/magento module:status
List of enabled modules:
Magento_Store
Ebizmarts_AutoResponder
Magento_Directory
Ebizmarts_Mandrill
Magento_Backend
Magento_Eav
Magento_Theme
Magento_Customer
Magento_AdvancedPricingImportExport
Magento_Authorization
Magento_AdminNotification
Magento_Config
Magento_Backup
Magento_Indexer
Magento_Cms
Magento_BundleImportExport
Magento_CacheInvalidate
Magento_Catalog
FireGento_MageSetup
Magento_CatalogImportExport
Magento_Payment
Magento_Rule
Magento_Msrp
Magento_Search
Magento_CatalogUrlRewrite
Magento_Widget
Magento_Quote
Magento_CheckoutAgreements
Magento_Newsletter
Magento_CmsUrlRewrite
Magento_RequireJs
Magento_ConfigurableImportExport
Magento_SalesSequence
Magento_Contact
Magento_Cookie
Magento_Cron
```

Abbildung 14.11 Mit dem Parameter »module:status« können Sie sich alle aktivierten und deaktivierten Module anzeigen lassen.

Da Ihnen Magento eine Liste aller Module und Extensions zurückliefert, kommen Sie auch an den Namen, den Sie für die Deaktivierung benötigen. Möchte ich daher die Extension Mandrill deaktivieren, würde ich als Befehl `php bin/magento module:disable Ebizmarts_Mandrill` ausführen. Da Magento weiterführende Änderungen vornehmen muss, müssen Sie zudem den Befehl `php bin/magento setup:di:compile` ausführen und anschließend den Cache leeren. Daraufhin ist das Modul vollständig deaktiviert und wird vom System nicht mehr geladen bzw. genutzt. Würde in dem Modul ein schwerwiegender Fehler vorhanden sein, der Ihr gesamtes Magento-System beeinträchtigt, so würde mit der Deaktivierung der Extension der Fehler nicht mehr auftreten, da Sie die Extension komplett außer Gefecht setzen.

14.2 Backend- und Frontend-Übersetzungen erstellen und pflegen

Ebenfalls unter den Punkt Individualisierung bzw. Anpassung fällt das Thema Übersetzungen. Wie Sie im Verlauf des Buches gesehen haben, ist die eine oder andere Übersetzung, die mit dem deutschen Sprachpaket ausgeliefert wird, gelinde gesagt suboptimal. Auch werden im Alltag immer wieder englische Ausgaben auftauchen, für die schlicht und einfach keine Übersetzung vorliegt. Glücklicherweise können Sie recht schnell und problemlos Übersetzungen erstellen und bestehende Übersetzungen abändern. Auf den folgenden Seiten möchte ich Ihnen nun im Detail zeigen, wie Sie bei der Übersetzung vorgehen können und welche Möglichkeiten Ihnen zur Verfügung stehen.

Übersetzungen der Oberfläche

In diesem Abschnitt möchte ich Ihnen zeigen, wie Sie die Oberfläche, sprich das Backend und Frontend, übersetzen können. Ausgenommen hiervon sind Übersetzungen von Inhalten wie Produkten, Kategorien oder auch CMS-Seiten. Das liegt an der dahinterliegenden Logik, denn das Backend und Frontend werden komplett anders als die in Magento gepflegten Inhalte übersetzt. Wenn Sie sich für die Übersetzung der Inhalte interessieren, werfen Sie bitte einen Blick in Kapitel 17, »Magento-Multistore-Funktionalität konfigurieren und nutzen«.

14.2.1 Übersetzungen mit der Inline Translation erstellen

Die schnellste und einfachste Möglichkeit, Übersetzungen zu erstellen und bestehende Übersetzungen anzupassen, ist mit Sicherheit die Inline Translation. Mit der Inline Translation haben Sie nämlich die Möglichkeit, per grafischem Interface das Frontend und Backend zu übersetzen. Sie müssen das nicht mit CSV- oder Text-Dateien handhaben und auf die Suche nach Übersetzungsphrasen gehen. Die Ansicht, die Sie gerade betrachten, können Sie direkt mit der Inline Translation übersetzen, weswegen eine Anpassung wie im Handumdrehen vorgenommen werden kann.

Bevor Sie die Inline Translation nutzen können, müssen Sie diese zuerst aktivieren. Melden Sie sich jetzt mit Ihren persönlichen Zugangsdaten am Magento-Backend an, und klicken Sie auf Shops • Konfiguration • Erweitert • Entwickler. Bevor Sie jetzt direkt die Inline Translation aktivieren, möchte ich Sie bitten, Ihr Augenmerk auf den Abschnitt Entwickler-Client-Einschränkungen zu richten. Würden Sie jetzt die Inline Translation aktivieren, so könnte jeder Nutzer, der Ihr Frontend bzw. Backend aufruft, Übersetzungen hinterlegen bzw. bestehende Übersetzungen anpassen. Diese Situation möchten Sie sicherlich vermeiden, außer Sie arbeiten auf einem lokalen Entwicklungssystem, auf das keine Außenstehende Zugriff haben. Um den Zugriff zu limitieren, existiert in dem Abschnitt Entwickler-Client-Einschränkungen die Option Erlaubte IPs (Komma-getrennt). Tragen Sie an dieser Stelle Ihre IP-Adresse ein, so können auch nur Sie die Änderungen per Inline Translation vornehmen. Auch haben Sie an dieser Stelle die Möglichkeit, weitere IP-Adressen einzutragen, um somit auch Kollegen Zugriff auf die Inline Translation zu gewähren.

Um Ihre aktuelle IP-Adresse herauszufinden, existieren verschiedene Möglichkeiten. Ich persönlich bin ein Fan der Seite *https://www.wieistmeineip.de/*, da Sie Ihnen, wie der Name impliziert, schnell und unkompliziert Ihre IP-Adresse verrät.

Abbildung 14.12 Zur Limitierung der Inline Translation müssen Sie die IP-Adresse Ihres Computers in der Systemkonfiguration hinterlegen.

Wie Sie in Abbildung 14.12 sehen, zeigt Ihnen die Website ohne Umwege Ihre IP-Adresse an, die Sie im Feld Erlaubte IPs (Komma-getrennt) hinterlegen. Haben Sie dies getan, scrollen Sie bitte weiter nach unten, bis Sie zum Bereich Inline Übersetzen gelangen. An dieser Stelle haben Sie nun insgesamt zwei Optionen, da Sie die Frontend bzw. Backend Inline Translation aktivieren können. Aktivieren Sie an dieser Stelle beide Optionen, indem Sie im jeweiligen Dropdown-Menü den Eintrag Ja auswählen und auf Konfiguration speichern klicken.

Inline-Übersetzung im Backend nutzen

Sobald Sie die Konfiguration gespeichert haben, werden Sie bereits eine Veränderung in Ihrem Magento-Backend feststellen. Sehr viele Begrifflichkeiten, eigentlich nahezu alle, sind jetzt rot umrahmt. Speziell wenn Sie in der linken Navigationsleiste zusätzlich ein Menü öffnen, indem Sie z. B. auf Shops klicken, wird die Veränderung deutlich. Sie sehen das zudem in Abbildung 14.13, in der das Menü auf der linken Seite geöffnet ist und auch der Inhaltsbereich auf der rechten Seite sichtbar ist.

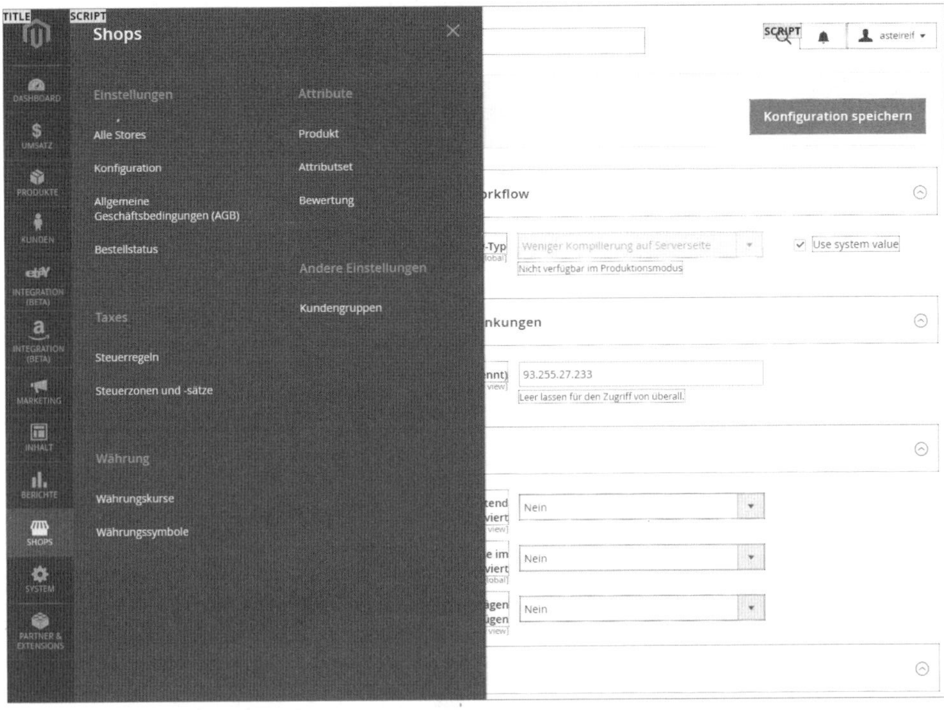

Abbildung 14.13 Dank der Inline Translation können Sie direkt in der Oberfläche Übersetzungen einpflegen.

Alle Begriffe und Inhalte, die Sie übersetzen können, sind ab sofort rot umrahmt und lassen sich durch einen Klick übersetzen. Öffnen Sie an dieser Stelle auch das Menü SHOPS, indem Sie auf den gleichnamigen Link klicken, und klicken Sie daraufhin auf das Wort ALLGEMEINE GESCHÄFTSBEDINGUNGEN (AGB). Diese Übersetzung ist mir persönlich schon seit langem ein Dorn im Auge, da sie in diesem Kontext einfach falsch ist. Fahren Sie bitte mit der Maus über ALLGEMEINE GESCHÄFTSBEDINGUNGEN (AGB), woraufhin ein kleines Buch-Symbol erscheint. Stellenweise ist es etwas tricky, dieses Buch-Symbol zu treffen, aber versuchen Sie Ihr Glück, und klicken Sie auf das auftauchende Symbol. Daraufhin öffnet sich ein Overlay, das Sie in Abbildung 14.14 sehen.

Nachdem sich das Overlay geöffnet hat, können Sie im Feld CUSTOM die Übersetzung abändern. Ich tausche an dieser Stelle die Phrase »Allgemeine Geschäftsbedingungen (AGB)« durch »Bestellbedingungen« aus und klicke auf ABSENDEN. Theoretisch haben Sie zudem die Möglichkeit, mithilfe der Checkbox STORE VIEW SPECIFIC eine Übersetzung für den ausgewählten Store View durchzuführen. Das spielt vor allem im Frontend eine Rolle, denn in der Praxis gibt es verschiedenste Sprachen innerhalb des Frontends, das Backend wird hingegen in einer Sprache bereitgestellt. Lassen Sie sich an dieser Stelle von dieser Option aber nicht irritieren, und klicken Sie, nachdem Sie den Wert in Custom geändert haben, auf Absenden. Das Overlay schließt sich daraufhin, und damit die Änderung wirksam wird, müssen Sie den Cache leeren. Klicken Sie hierfür auf System • Werkzeuge • Cache Management, und leeren Sie den gesamten Cache Ihres Magento-Systems, indem Sie auf den Button Magento-Cache leeren klicken. Wenn Sie nun die Seite erneut laden und das Menü Shops öffnen, werden Sie die neue Übersetzung vorfinden.

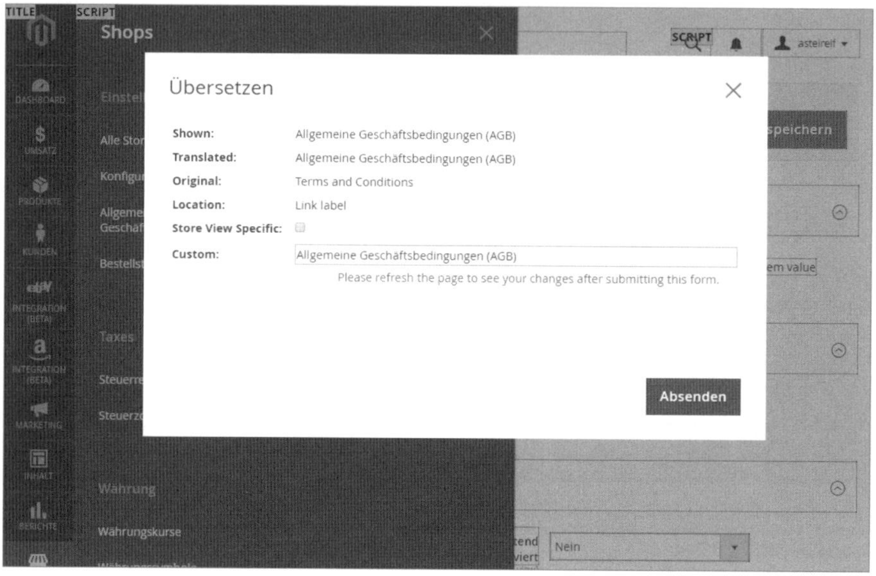

Abbildung 14.14 Sobald Sie einen Begriff angeklickt haben, können Sie diesen direkt übersetzen.

Die Übersetzung von Phrasen und Begriffen innerhalb des Backends ist mithilfe der Inline Translation enorm einfach. Sie müssen letztendlich nur den rot umrandeten Begriff anklicken und können daraufhin in dem aufgehenden Overlay eine neue Übersetzung hinterlegen. Beachten Sie an dieser Stelle aber auch, dass nicht 100 % aller Begriffe und Fehlermeldungen übersetzt werden können. Stellenweise gibt es Ausnahmen, bei denen die Inline Translation nicht greift. In Summe handelt es sich jedoch um eine Handvoll Übersetzungen, die Sie nicht über diesen Weg anpassen können. Das sollte jedoch verkraftbar sein, da es in der Praxis, und das kann ich Ihnen aus eigener Erfahrung sagen, nicht zu Problemen führt.

Inline-Übersetzung im Frontend nutzen

So wie Sie Übersetzungen im Backend einpflegen und bearbeiten können, haben Sie mit der Inline Translation auch die Möglichkeit, das komplette Frontend zu übersetzen. Rufen Sie im nächsten Schritt Ihr Frontend auf, ich werde in meinem konkreten Fall *http://www.foodbaer.de* öffnen.

Das Frontend wird sich nun so wie das Backend verhalten. So sind gewisse Phrasen und Wörter rot umrahmt, und wenn Sie mit der Maus über diese umrahmten Begriffe fahren, wird das Buch-Symbol auftauchen, das sich anklicken lässt. Der einzige Unterschied im Vergleich zum Backend besteht an dieser Stelle darin, dass Sie wesentlich weniger rot umrahmte Begriffe zu sehen bekommen, wie Sie in Abbildung 14.15 sehen.

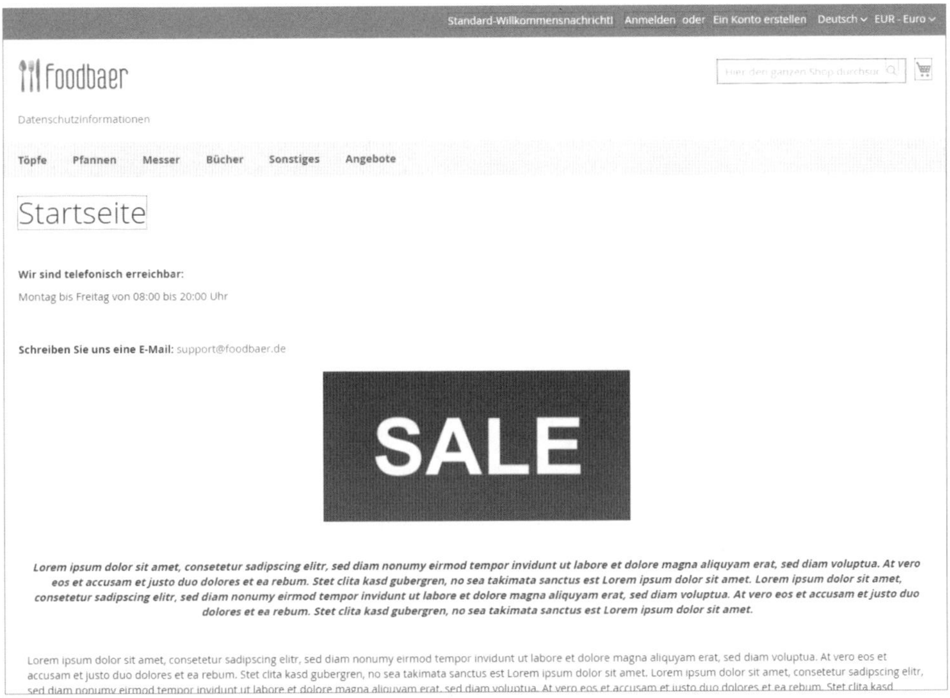

Abbildung 14.15 Viele der zu übersetzenden Inhalte werden im Frontend durch das Content-Management-System oder Produktdaten bestimmt.

Im Frontend werden die meisten Informationen aus dem Content-Management-System oder auf Basis von Produktdaten dargestellt. Genau diese Inhaltselemente können Sie jedoch mit der Inline Translation nicht übersetzen. Die Inline Translation bezieht sich rein auf die Oberfläche, das heißt die Elemente, die aus den Templates bzw. der PHP-Logik bereitgestellt werden. Dementsprechend sind wesentlich weniger Begriffe und Inhalte auf der Oberfläche abänderbar als im Backend.

Klicken Sie, um auch an dieser Stelle ein konkretes Beispiel durchzuspielen, auf das Buch-Symbol bei dem Begriff EIN KONTO ERSTELLEN, den Sie im oberen Bereich der Bildschirmhälfte sehen. Es öffnet sich anschließend das Overlay, in dem Sie eine neue Übersetzung hinterlegen können. Verwenden Sie anstelle der Phrase EIN KONTO ERSTELLen den Begriff registrieren und klicken Sie auf SUBMIT. Parallel müssen Sie im Backend noch den Cache leeren. Wenn Sie anschließend die Startseite neu laden, wird automatisch Ihr neuer Begriff verwendet. Auch bei der Übersetzung im Frontend erscheint die Checkbox STORE VIEW SPECIFIC, sobald Sie eine Übersetzung hinterlegen möchten. Im Frontend ist die Option, zumindest ist das an dieser Stelle meine Meinung, weitaus wichtiger als im Backend. Angenommen, Sie haben mehrere Store Views, und in jedem Store View haben Sie eine bestimmte Sprache. Wenn Sie eine Übersetzung vornehmen, stellt sich die Frage, ob Sie diese Übersetzung für alle Store Views bzw. Sprachen hinterlegen möchten oder nur für das Frontend bzw. die Sprache, die Sie gerade aufgerufen haben. Wenn Sie Letzteres möchten, müssen Sie zwangsläufig die Checkbox STORE VIEW SPECIFIC aktivieren. Falls Sie das nicht tun, wird die Übersetzung übergreifend über alle Sprachen hinweg verwendet.

Weitere Schritte bei der Übersetzung des Frontends müssen Sie nicht durchführen. Sobald die Inline Translation aktiviert ist, können Sie sich Ansicht für Ansicht durch das Magento-System klicken und fehlende Übersetzungen ergänzen sowie fehlerhafte Übersetzungen überarbeiten.

Inline-Übersetzung in der Datenbank einsehen

Vielleicht fragen Sie sich, wo eigentlich die Übersetzungen, die Sie per Inline Translation eingepflegt haben, gespeichert werden. Im Gegensatz zu den Sprachpaketen werden die per Inline Translation durchgeführten Übersetzungen nicht in dem Dateisystem gespeichert. Die hinterlegten Übersetzungen werden direkt in die Datenbank geschrieben. Hierfür existiert innerhalb der Magento-Datenbank eine Tabelle namens *translation*. In der Tabelle *translation*, die nur aus wenigen Spalten besteht, werden die im Backend wie Frontend durchgeführten Übersetzungen hinterlegt. Neben einem Key werden zudem die originale Phrase, die Übersetzung, eine Store-ID, die Abkürzung der Sprache sowie ein weiterer String gespeichert. Theoretisch hätten Sie die Möglichkeit, bereits durchgeführte Übersetzungen auch direkt über die Datenbank zu editieren. Zumindest gibt Ihnen ein Blick in die Tabelle *translation* einen sehr guten Überblick über die per Inline Translation durchgeführten Übersetzungen und ermöglicht Ihnen zudem einen Export und Import in den verschiedensten Ausleitungsformaten.

14.2.2 Übersetzungen per CSV-Datei erstellen

Alternativ zur Inline Translation können Sie zudem eigene Übersetzungen erstellen. Hierbei haben Sie die Möglichkeit, alle im System vorhandenen Phrasen per CSV-Datei zu pflegen. Speziell wenn Sie eine Vielzahl von Übersetzungen erstellen möchten, kann die Nutzung der CSV-Datei von Vorteil sein, da Sie wesentlich schneller und einfacher ans Ziel kommen. Auch können Sie die Phrasen durchsuchen und mittels Massenbearbeitung agieren.

Im ersten Schritt müssen Sie zuerst alle Phrasen sammeln und als Datei ausgeben. Nutzen Sie hierzu die Kommandozeile, und navigieren Sie ins Hauptverzeichnis von Magento. Im Hauptverzeichnis angekommen, führen Sie bitte folgenden Befehl aus: `php bin/magento i18n:collect-phrases -o phrases.csv --magento`. Mit diesem Befehl rufen Sie das Magento Command Line Interface Tool auf und exportieren alle im System vorhandene Phrasen in die Datei *phrases.csv*, die dadurch im Hauptverzeichnis Ihrer Magento-Instanz abgelegt wird. Sowohl den Speicherort als auch den Dateinamen können Sie natürlich editieren. Auch können Sie bestimmen, welche Phrasen Magento exportieren soll. Geben Sie am Ende den Parameter --magento an, werden alle im System vorhandenen Phrasen exportiert. Eine Einschränkung je nach Ordner bzw. Verzeichnissen wäre an dieser Stelle möglich, wodurch Sie z. B. nur die Übersetzungen für ein Design exportieren können. Da ich Ihnen aber den gesamten Umfang demonstrieren möchte, nehme ich an dieser Stelle keine Einschränkungen vor.

Nachdem das Magento-CLI-Tool mit dem Export fertig ist, navigieren Sie bitte ins Hauptverzeichnis Ihrer Magento-Installation, und laden Sie die Datei *phrases.csv* herunter, bzw. öffnen diese. Vermutlich werden Sie an dieser Stelle vom Umfang erschlagen sein, denn die Datei enthält knapp 15.000 Zeilen und ist mit über 1 MB doch recht groß für eine reine Textdatei. Mit welchem Programm Sie die Datei öffnen, bleibt an dieser Stelle Ihnen überlassen. Wenn Sie Open Office bzw. Microsoft Excel verwenden, können Sie die Spalten visuell abbilden und editieren, theoretisch haben Sie jedoch auch die Möglichkeit, mit reinen Texteditoren wie Notepad++ die Datei zu modifizieren. Ich verwende in diesem Fall Microsoft Excel, wodurch Sie in Abbildung 14.16 sehr gut die Struktur der Datei erkennen können. Diese besteht aus insgesamt vier Spalten, wobei Sie in der ersten Spalte die Originalphrase finden und in der zweiten Spalte die Übersetzung vornehmen können. Die dritte Spalte gibt an, ob es sich um ein Modul oder Lib, also Library handelt, und in der vierten Spalte erhalten Sie Informationen, woher diese Phrase stammt. Angegeben wird an dieser Stelle immer die Extension bzw. das Magento-Modul.

Im Prinzip müssen Sie nun nichts weiter machen, als Zeile für Zeile durchgehen und den Inhalt in der Spalte B abändern. Etwas tricky, das möchte ich Ihnen an dieser Stelle ebenfalls zeigen, wird es, wenn Variablen im Spiel sind. So kann es Phrasen geben, die wie folgt aussehen: »Total of %1 record(s) were deleted.« Auch diese können Sie übersetzen, Sie müssen jedoch die Variable %1 beibehalten. Diese wird später durch Magento mit einem Wert aufgefüllt, und in diesem Kontext würde wohl eine Zahl übergeben werden, wodurch eine Ausgabe wie folgt aussehen könnte: »Total of 10 record(s) were deleted.« In einer Phrase können jedoch mehrere Variablen enthalten sein, was die Übersetzung inhaltlich etwas schwieriger macht. Denn Sie sehen an dieser Stelle nicht, welche potenziellen Werte übergeben werden können. Wenn es sich wie in diesem Beispiel nur um Zahlen handelt, ist das weniger tragisch. Es können jedoch auch ganze Wörter übergeben werden, und wenn Sie nicht wissen, welche Wörter zur Verfügung stehen, kann das die Übersetzung der Phrase doch etwas erschweren, da es immer auf den Kontext ankommt.

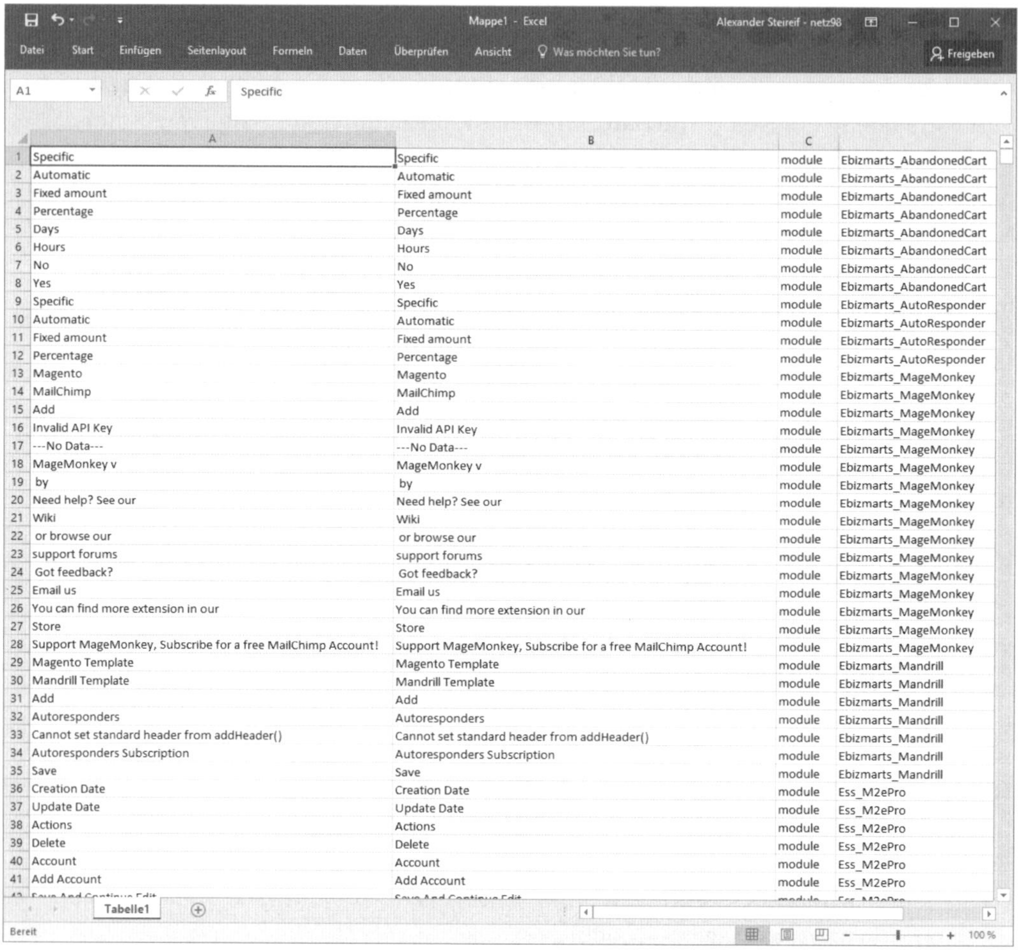

	A	B	C	
1	Specific	Specific	module	Ebizmarts_AbandonedCart
2	Automatic	Automatic	module	Ebizmarts_AbandonedCart
3	Fixed amount	Fixed amount	module	Ebizmarts_AbandonedCart
4	Percentage	Percentage	module	Ebizmarts_AbandonedCart
5	Days	Days	module	Ebizmarts_AbandonedCart
6	Hours	Hours	module	Ebizmarts_AbandonedCart
7	No	No	module	Ebizmarts_AbandonedCart
8	Yes	Yes	module	Ebizmarts_AbandonedCart
9	Specific	Specific	module	Ebizmarts_AutoResponder
10	Automatic	Automatic	module	Ebizmarts_AutoResponder
11	Fixed amount	Fixed amount	module	Ebizmarts_AutoResponder
12	Percentage	Percentage	module	Ebizmarts_AutoResponder
13	Magento	Magento	module	Ebizmarts_MageMonkey
14	MailChimp	MailChimp	module	Ebizmarts_MageMonkey
15	Add	Add	module	Ebizmarts_MageMonkey
16	Invalid API Key	Invalid API Key	module	Ebizmarts_MageMonkey
17	---No Data---	---No Data---	module	Ebizmarts_MageMonkey
18	MageMonkey v	MageMonkey v	module	Ebizmarts_MageMonkey
19	by	by	module	Ebizmarts_MageMonkey
20	Need help? See our	Need help? See our	module	Ebizmarts_MageMonkey
21	Wiki	Wiki	module	Ebizmarts_MageMonkey
22	or browse our	or browse our	module	Ebizmarts_MageMonkey
23	support forums	support forums	module	Ebizmarts_MageMonkey
24	Got feedback?	Got feedback?	module	Ebizmarts_MageMonkey
25	Email us	Email us	module	Ebizmarts_MageMonkey
26	You can find more extension in our	You can find more extension in our	module	Ebizmarts_MageMonkey
27	Store	Store	module	Ebizmarts_MageMonkey
28	Support MageMonkey, Subscribe for a free MailChimp Account!	Support MageMonkey, Subscribe for a free MailChimp Account!	module	Ebizmarts_MageMonkey
29	Magento Template	Magento Template	module	Ebizmarts_Mandrill
30	Mandrill Template	Mandrill Template	module	Ebizmarts_Mandrill
31	Add	Add	module	Ebizmarts_Mandrill
32	Autoresponders	Autoresponders	module	Ebizmarts_Mandrill
33	Cannot set standard header from addHeader()	Cannot set standard header from addHeader()	module	Ebizmarts_Mandrill
34	Autoresponders Subscription	Autoresponders Subscription	module	Ebizmarts_Mandrill
35	Save	Save	module	Ebizmarts_Mandrill
36	Creation Date	Creation Date	module	Ess_M2ePro
37	Update Date	Update Date	module	Ess_M2ePro
38	Actions	Actions	module	Ess_M2ePro
39	Delete	Delete	module	Ess_M2ePro
40	Account	Account	module	Ess_M2ePro
41	Add Account	Add Account	module	Ess_M2ePro

Abbildung 14.16 Die Übersetzung der Phrasen können Sie problemlos in Microsoft Excel durchführen.

Nachdem Sie die Phrasen exportiert und übersetzt haben, müssen Sie diese wieder in Magento importieren. Das können Sie wie bei dem Export mittels Kommandozeile tun. Rufen Sie hierfür den folgenden Befehl auf: `php bin/magento i18n:pack phrases.csv de_DE`. Das Magento CLI-Tool verwendet nun die Datei *phrases.csv* und importiert sie ins Sprachpaket *de_DE*. Wenn Ihre Sprachdatei anders heißt bzw. in einem anderen Verzeichnis liegt, so können Sie diese Information an dieser Stelle mitgeben. Selbstverständlich können Sie auch die Sprache, für welche die Übersetzungen verwendet werden sollen, anpassen, in dem Sie anstelle von *de_DE* z. B. *fr_FR* verwenden. In der Praxis kommt es öfters vor, dass Übersetzungen für bereits übersetzte Phrasen importiert werden. Magento würde an dieser Stelle jedoch einen Fehler zurückliefern, da eine Phrase auch nur einmal übersetzt werden soll. Aus diesem Grund können Sie beim oben aufgeführten Befehl noch einen weiteren Parameter ergänzen, der das Verhalten in einer solchen Situation regelt. Bei diesem Parameter handelt es sich um den Befehl `mode`, der die Werte `replace` sowie `merge` akzeptiert. Sie können daher die zu importierende Datei mit der bereits bestehenden Übersetzung zusammenführen oder durch diese ersetzen. Mittels `--allow-duplicates` können Sie zudem Doubletten erlauben, wobei ich Ihnen von dieser Option abrate.

Vermutlich werden Sie bei Ihrem Online-Shop auf eine bestehende Übersetzung zurückgreifen, da die komplette Übersetzung eines Magento-Online-Shops recht zeitintensiv ist. Idealerweise haben Sie in Ihrer Excel-Datei anschließend auch nur die Übersetzungen, die nicht vom Sprachpaket abgedeckt werden, d. h. das Delta an fehlenden Übersetzungen. Diese können Sie anschließend immer, wenn Sie eine Änderung durchgeführt haben, mit dem oben aufgeführten Befehl importieren. Das eigentliche Sprachpaket, das autark mit Updates und Aktualisierungen versorgt wird, müssen Sie dann an dieser Stelle nicht anfassen. Sie sollten letztendlich vermeiden, direkt Änderungen am installierten Sprachpaket, beispielsweise dem deutschen Sprachpaket von Magenerds, durchzuführen, da diese Änderungen bei zukünftigen Updates verloren gehen.

14.2.3 Ein eigenes Sprachpaket erstellen

Wenn Sie sich nicht auf die Arbeit der Magento-Community verlassen möchten, können Sie natürlich auch Ihr eigenes und autarkes Sprachpaket in Form einer Extension erstellen. Zugegebenermaßen handelt es sich um eine Miniextension, aber man könnte es doch als Magento-Extension bezeichnen, was Sie damit erstellen. Als Grundlage benötigen Sie einen vollständigen Export aller im System vorhandenen Phrasen. Wie Sie diese erstellen, haben Sie bereits auf den vorherigen Seiten gesehen, daher möchte ich an dieser Stelle nicht nochmals darauf eingehen. Erstellen Sie nun bitte einen CSV-Export aller im System vorhandenen Phrasen, und nennen Sie die Datei *de_DE.csv* Legen Sie zudem ein Verzeichnis namens *foodbaer/de_DE* an, in das Sie die Datei *de_DE.csv* kopieren. Wenn Sie möchten, können Sie anstelle von »foodbaer« natürlich auch eine andere Bezeichnung verwenden, nur müssen Sie die im Verlauf der nächsten Seiten die folgenden Dateien etwas modifizieren und immer dann, wenn das Wort »foodbaer« auftaucht, dieses durch Ihr gewähltes Wort ersetzen.

Die reine Existenz der Datei *de_DE.csv* im Verzeichnis *foodbaer/de_DE* ermöglicht leider noch nicht die Nutzung als Sprachpaket, hierfür müssen Sie noch eine Handvoll Dateien erstellen, die aber eher deklaratorischen Wert haben. Sprich, diese Dateien benötigen an sich keine Logik, sind jedoch wichtig, damit Magento versteht, dass es sich um ein Sprachpaket handelt, und zudem weiß, wie mit diesem Sprachpaket umzugehen ist. Erstellen Sie im nächsten Schritt die Datei *registration.php*, die folgenden Inhalt enthält:

```
<?php
\Magento\Framework\Component\ComponentRegistrar::register(
    \Magento\Framework\Component\ComponentRegistrar::LANGUAGE,
    'foodbaer_de_de',
    __DIR__
);
```

Listing 14.7 »registration.php« sorgt dafür, dass die Datei bzw. Miniextension im System registriert werden kann.

An dieser Stelle ist vor allem die vierte Zeile wichtig, da diese auf die Ordnerstruktur referenziert. Auch wird diese Datei benötigt, um die Erweiterung, die Sie hiermit erstellen, im System zu registrieren. Für eine korrekte Verwendung benötigen Sie zudem die Datei *language.xml*, die folgenden Inhalt benötigt:

```
<?xml version="1.0"?>
<language xmlns:xsi="http://www.w3.org/2001/XMLSchema-
instance" xsi:noNamespaceSchemaLocation="urn:magento:framework:App/Language/
package.xsd">
    <code>de_DE</code>
    <vendor>foodbaer</vendor>
    <package>de_de</package>
    <use vendor="magento" package="en_us"/>
</language>
```

Listing 14.8 »language.xml« definiert, um welche Sprache es sich bei dem Sprachpaket handelt.

Mithilfe dieser Datei definieren Sie unter anderem den Sprachcode sowie das Sprachpaket. Als dritte und letzte notwendige Datei benötigen Sie die *composer.json*-Datei mit dem folgenden Inhalt:

```
{
  "name": "foodbaer/language-de_de",
  "description": "Beispielhaftes Sprachpaket",
  "version": "1.0.0",
  "require": {
    "magento/framework": "100.1.*"
  },
```

```
  "type": "magento2-language",
  "autoload": {
    "files": [
      "registration.php"
    ]
  }
}
```

Listing 14.9 Ohne »composer.json« kann das Sprachpaket nicht installiert werden.

In der *composer.json*-Datei definieren Sie beispielsweise die benötigten Dateien, wobei an dieser Stelle nur die *registration.php* referenziert wird. Auch werden Informationen zur Version der Extension sowie Abhängigkeiten hinterlegt. So könnten Sie das Sprachpaket nur für bestimmte Magento-Versionen bzw. dort enthaltene Module oder Extensions freigeben. Wären diese Anforderungen nicht erfüllt, würde sich das Sprachpaket nicht installieren lassen.

Bei allen drei Dateien, die Sie für die Installation des Sprachpakets benötigen, handelt es sich um rein strukturelle und deklaratorische Dateien. Wie Sie sehen, besteht jede Datei nur aus einigen Statements, die keine Logik enthalten. Es handelt sich sozusagen um die Minimalausführung und Struktur, die Magento benötigt, wenn Sie eine Erweiterung installieren und im System registrieren lassen möchten. Sobald Sie alle Dateien angelegt und in das Verzeichnis *foodbaer/de_DE* verschoben haben, laden Sie den Ordner *foodbaer/de_DE* bitte in das Verzeichnis *app/ i18n* in Ihrer Magento-Instanz. Anschließend können Sie die Installation durchführen, indem Sie per Kommandozeile folgende Befehle ausführen:

```
bin/magento setup:static-content:deploy
bin/magento setup:upgrade
bin/magento cache:clean
```

Listing 14.10 Befehle für die Installation des Sprachpakets

Entfernen Sie ein eventuell bereits vorhandenes deutsches Sprachpaket

Sollten Sie bereits ein deutsches Sprachpaket installiert haben, sollten Sie dieses im Vorfeld der Installation Ihres Sprachpakets entfernen, um potenzielle Fehler zu vermeiden. Anschließend dürften bei der Installation und Nutzung Ihres Sprachpakets keine Fehler bzw. Probleme auftreten.

Wie Sie sehen, können Sie relativ einfach ein Sprachpaket erstellen. Die größte Herausforderung liegt sicherlich in der Übersetzung der knapp 15.000 Zeilen, die in einem vollständigen Sprachpaket vorhanden sein werden. Der größte Teil der Arbeit liegt daher bei der Übersetzung und nicht bei der Erstellung des Sprachpakets. In der

Praxis werden Sie aber vermutlich auf bereits existente Sprachpaket setzen, denn Sie sparen damit schlussendlich enorm viel Zeit und dadurch viel Geld, wenn Sie auf bestehende Sprachpakete aufsetzen.

14.2.4 Bestehende Sprachpakete installieren und nutzen

Als gute Alternative zur individuellen Erstellung von Sprachpaketen empfehle ich Ihnen die Nutzung bestehender Übersetzungen. Auch wenn nach dem Launch von Magento 2 noch nicht so viele Sprachpakete bereitstanden und man tatsächlich selbst Übersetzungen pflegen musste, so stehen mittlerweile viele und vor allem qualitativ hochwertige Sprachpakete zur Verfügung. Damit Sie auch in den Genuss der bestehenden Sprachpakete kommen, möchte ich mit Ihnen die exemplarische Installation von zwei Sprachpaketen, des spanischen und des französischen Sprachpakets, durchspielen. Da ich im späteren Verlauf des Buches noch auf die Sprachen und Übersetzungen eingehe, bitte ich Sie an dieser Stelle, mir zu folgen und ebenfalls beide Sprachpakete in Ihrem System zu installieren. Dadurch ersparen Sie sich im späteren Verlauf des Buches den Rücksprung zu dieser Seite und die nachgelagerte Installation, bei der Sie vermutlich erst wieder Ihre Erinnerungen auffrischen müssen.

Installation des spanischen Sprachpakets

Neben dem deutschen Sprachpaket benötigen Sie für den späteren Verlauf des Buches zudem das spanische Sprachpaket. Für Spanien existieren mehrere Lokalisierungen, ich empfehle Ihnen an dieser Stelle die Nutzung von »Magento 2 Spanish Language Pack«, da dieses Sprachpaket recht aktuell gehalten wird und einen guten Umfang besitzt.

Sie können das Sprachpaket kostenlos auf GitHub herunterladen. Gehen Sie daher auf *https://github.com/mageplaza/magento-2-spanish-language-pack*, und klicken Sie auf CLONE OR DOWNLOAD. Daraufhin erscheint ein neues Fenster, in dem Sie auf DOWNLOAD ZIP klicken, um den Download zu starten. Anschließend erhalten Sie ein Zip-Archiv, das Sie bitte extrahieren. Erstellen Sie nun in Ihrem Magento-System das Verzeichnis *mageplaza/es_ES* innerhalb des Ordners *app/i18n*. Laden Sie alle Dateien aus dem extrahierten Zip-Archiv anschließend in das Verzeichnis *app/i18n/mageplaza/es_ES*. Haben Sie die Dateien kopiert, führen Sie in der Kommandozeile noch folgende Befehle aus:

```
bin/magento setup:static-content:deploy
bin/magento setup:upgrade
bin/magento cache:clean
```

Listing 14.11 Zusätzliche Befehle zur vollständigen Installation des Sprachpakets

Je nach Konfiguration kann das Sprachpaket auch ohne Ausführung der oben genannten Befehle geladen werden, es hängt zum Teil vom Setup Ihrer Magento-Instanz ab, ob Sie diese Befehle benötigen. Im Zweifelsfall führen Sie diese einfach aus, denn negative Auswirkungen haben Sie an dieser Stelle nicht.

Installation des französischen Sprachpakets

Als weiteres Sprachpaket installieren Sie das französische. Dieses wird ebenso wie das spanische Sprachpaket von Mageplaza bereitgestellt. Auch beim französischen Sprachpaket existieren verschiedene Varianten von unterschiedlichen Herstellern bzw. Entwicklern, ich kann Ihnen an dieser Stelle jedoch das folgende französische Sprachpaket empfehlen *https://github.com/mageplaza/magento-2-french-language-pack*. Die Installation läuft absolut identisch zum spanischen Sprachpaket ab. Zuerst müssen Sie auf GitHub das Zip-Archiv herunterladen und extrahieren. Haben Sie das getan, erstellen Sie bitte unter *app/i18n* das Verzeichnis *mageplaza/fr_FR,* und kopieren Sie die extrahierten Dateien in dieses Verzeichnis. Führen Sie anschließend die weiter oben genannten Befehle in der Kommandozeile aus, um die Installation abzuschließen.

Installation per Composer ebenfalls möglich

Sie können die Sprachpakete, die von Mageplaza bereitgestellt werden, ebenfalls per Composer installieren. Bei dieser Methode handelt es sich, sofern Sie im Umgang mit Composer geübt sind, um die wesentlich einfachere Methode. So müssen Sie in der Kommandozeile nur folgende Befehle ausführen, um das spanische bzw. französische Sprachpaket zu installieren:

```
composer require mageplaza/magento-2-french-language-pack:dev-master
composer update mageplaza/magento-2-spanish-language-pack:dev-master
php bin/magento setup:static-content:deploy es_ES
php bin/magento setup:static-content:deploy fr_FR
php bin/magento indexer:reindex
php bin/magento cache:clean
php bin/magento cache:flush
```

Nachdem Sie die Dateien kopiert bzw. die Installation mittels Composer durchgeführt haben, können Sie die installierten Sprachen direkt in Ihrem Online-Shop verwenden.

Aktivierung eines Sprachpakets in der Systemkonfiguration

Mit der Installation haben Sie zwar den Grundstein gelegt, die Sprachen werden aber natürlich noch nicht direkt im Online-Shop verwendet. Wenn Sie Ihr Frontend nun von Deutsch auf z. B. Spanisch umstellen möchten, müssen Sie hierzu folgende

Schritte unternehmen. Melden Sie sich zuerst mit Ihren persönlichen Zugangsdaten am Magento-Backend an. Klicken Sie anschließend auf SHOPS • KONFIGURATION • ALLGEMEIN • ALLGEMEIN. Wechseln Sie im Anschluss in den Default Store View, indem Sie in der linken oberen Ecke im DropDown-Feld STANDARDKONFIGURATION den Eintrag DEFAULT auswählen. Was es mit den Store Views und den Konfigurationsbereichen auf sich hat, werden Sie im Verlauf des Buches noch erfahren. Stellen Sie daher die Fragen, die Sie an dieser Stelle vermutlich haben, einfach hinten an. Denn im weiteren Verlauf des Buches werden diese sicherlich aufgelöst und beantwortet. Nachdem Sie den Store View gewechselt haben, scrollen Sie bis zum Dropdown-Menü REGION und wählen Sie dort den Eintrag SPANISCH (SPANIEN) aus. Speichern Sie die Konfiguration, leeren Sie den Cache, und wechseln Sie ins Frontend. Sie werden daraufhin feststellen, dass die Oberfläche, natürlich exklusive der Inhalte, in spanischer Sprache ausgegeben wird. Sie haben somit erfolgreich die Sprache in Ihrem Online-Shop geändert und bieten Ihren Kunden im Frontend eine lokalisierte Oberfläche.

Da Sie schlussendlich mit verschiedenen Sprachen arbeiten möchten, ist diese Vorgehensweise nicht zu 100 % korrekt, denn Sie müssen zuerst verschiedene Konfigurationsebenen, d. h. Store Views, anlegen und können dann erst jedem Store View seine Sprache zuweisen. Wie das im Detail funktioniert, erfahren Sie in Kapitel 17, »Magento-Multistore-Funktionalität konfigurieren und nutzen«.

Sprachpakete von Mageplaza

Auf der GitHub-Seite von Mageplaza, die Sie unter *https://github.com/mageplaza* erreichen, können Sie eine Vielzahl von Sprachpaketen herunterladen. Momentan stehen folgende Übersetzungen zur Verfügung, die Sie vollkommen kostenfrei nutzen können: Arabisch, Vietnamesisch, Urdu, Ukrainisch, Türkisch, Schwedisch, Spanisch, Slowakisch, Russisch, Portugiesisch, Polnisch, Persisch, Lettisch, Koreanisch, Japanisch, Italienisch, Indonesisch, Ungarisch, Hindi, Hebräisch, Griechisch, Deutsch, Französisch, Finnisch, Estnisch, Holländisch, Dänisch, Tschechisch, Kroatisch, Chinesisch sowie Katalanisch.

Wie Sie sehen, können Sie also allein über Mageplaza eine Menge von Sprachpaketen beziehen!

14.2.5 Bewertung der Übersetzungsfunktionen und Sprachpakete

Ein sehr großer Vorteil von Magento 2 ist die internationale Ausrichtung. Sie können Magento praktisch in jedem Land der Welt betreiben. Denn mit der Flexibilität des Systems können Sie alle benötigten Steuersätze anlegen, die weltweit wichtigsten Zahlungsmethoden stehen ebenfalls zur Verfügung, und wie Sie auf den vorherigen Seiten gesehen haben, existieren zudem qualitativ hochwertige Sprachpakete, die Sie zum Teil kostenfrei verwenden können. Sollten dennoch Übersetzungen fehlen, können Sie diese recht einfach und ohne Entwicklungskenntnisse per Inline Translation nachpflegen. Somit bietet Magento in Sachen Übersetzungen und Mehrsprachigkeit recht viele und umfangreiche Möglichkeiten, die sich sogar äußerst einfach nutzen lassen.

14.3 Die Darstellung des Frontends individualisieren

Neben der Erweiterung des Magento-Systems mithilfe von Extensions können Sie zudem Ihr Magento-System individualisieren, indem Sie es optisch verändern. Magento unterscheidet grundsätzlich zwischen Extensions, die den Funktionsumfang erweitern und zusätzliche Möglichkeiten bereitstellen, und Themes, die ausschließlich die Optik des Frontends verändern. In Magento-Projekten wird in der Regel auf beides zurückgegriffen. Zum einen wird der Funktionsumfang erweitert, bzw. vorhandene Funktionen werden modifiziert, und auf der anderen Seite wird die Optik des Frontends angepasst und individualisiert. In diesem Abschnitt möchte ich Ihnen zeigen, wie auch Sie Ihr Magento-System optisch modifizieren und individualisieren können. Dabei zeige ich Ihnen die Möglichkeiten, die Ihnen Magento im Standard bietet, und möchte ich Ihnen zudem noch im Detail erläutern, wie Sie auf Basis eines Themes, das Sie kostenpflichtig oder kostenlos erwerben können, die Optik des Frontends verändern können.

14.3.1 Das Magento-Standard-Theme anpassen

Magento wird von Haus aus mit zwei verschiedenen Themes ausgeliefert, wovon Sie eines schon kennen, da Sie bereits mehrere Berührungspunkte mit dem Frontend hatten. Melden Sie sich bitte an dieser Stelle mit Ihren persönlichen Zugangsdaten am Magento-Backend an, und klicken Sie auf INHALT • DESIGN • THEMES. Daraufhin sehen Sie eine Tabelle mit insgesamt zwei Einträgen. Hierbei handelt es sich um die beiden im Standard vorhandenen Themes namens *Magento Luma* sowie *Magento Blank*. Das Luma-Theme wird standardmäßig im Frontend geladen, hierbei handelt es sich also um das Theme, das Sie bereits kennengelernt haben.

Frontend-Theme wechseln

Wenn Sie im Frontend ein anderes Theme verwenden möchten, klicken Sie auf INHALT • DESIGN • KONFIGURATION. An dieser Stelle erhalten Sie eine Auflistung aller Store Views, da Sie pro Store View ein unterschiedliches Theme verwenden können. An dieser Stelle sollten Sie noch nicht ganz so viele Einträge haben, wenn Sie im nächsten Kapitel jedoch verschiedene Websites, Stores und Store Views anlegen, wird sich die Liste entsprechend erweitern. Klicken Sie beim Eintrag DEFAULT in der

Tabelle auf den Link BEARBEITEN. Sie landen daraufhin in einer neuen Oberfläche, in der Sie direkt als erste Option das Dropdown-Menü APPLIED THEME vorfinden. Wählen Sie aus der Liste den Eintrag MAGENTO BLANK aus, und speichern Sie die Konfiguration. Denken Sie bitte anschließend daran, den Magento-Cache zu leeren. Wenn Sie nun das Frontend aufrufen, werden Sie eine komplett neue Oberfläche vorfinden, Sie sehen das bei mir in Abbildung 14.17. Zugegebenermaßen ist das Magento-Blank-Theme recht ähnlich wie das Luma-Theme, was daran liegt, dass Luma auf Blank aufbaut.

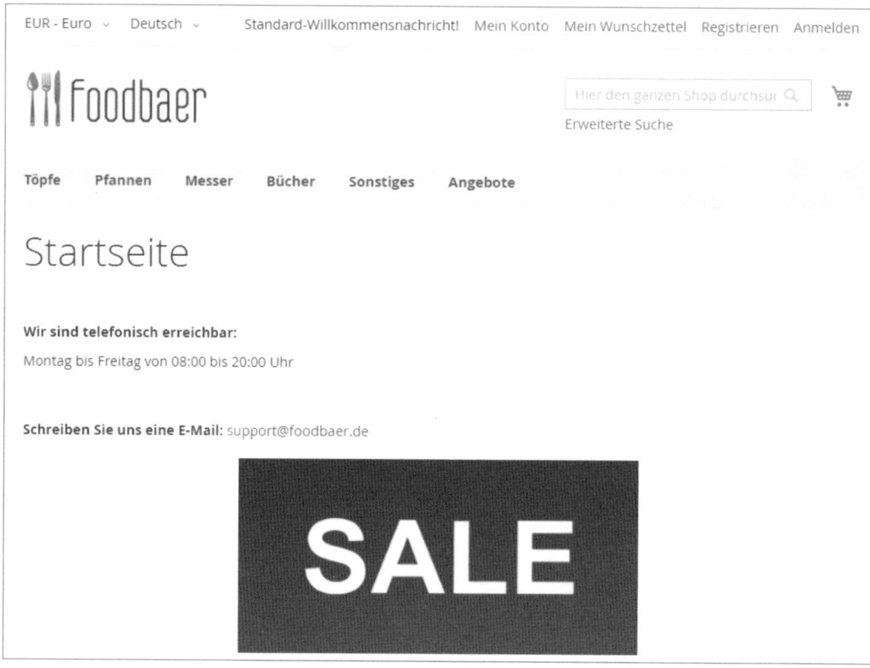

Abbildung 14.17 Mit dem Blank-Theme sieht das Magento-Frontend direkt anders aus.

Große Unterschiede bestehen vor allem im Header- und Footer-Bereich, die im Blank-Theme recht leer und kahl wirken. Das ist an dieser Stelle jedoch beabsichtigt, da das Blank-Theme als eine Art Vorlage und Grundlage für eigene und individuelle Themes dienen soll. Daher ist das Blank-Theme so spartanisch wie nur möglich gehalten, damit Sie bei der Nutzung und Weiterentwicklung nicht zu viele Stellen zurückbauen müssen. Nichtsdestotrotz unterstützt das Blank-Theme alle Funktionen und Möglichkeiten, d. h. sowohl der Checkout-Prozess als auch das Benutzerkonto sind voll funktionsfähig und könnten genutzt werden.

Stellen Sie an dieser Stelle bitte wieder das Theme zurück, und verwenden Sie für Ihr Frontend das Magento-Luma-Theme, da ich Ihnen nun verschiedene Konfigurationsoptionen und Möglichkeiten zeigen möchte, die im Backend bereitgestellt werden.

Das Frontend mithilfe von Backend-Konfigurationseinstellungen anpassen

Auch wenn die Möglichkeiten eher rudimentär sind, so können Sie innerhalb des Magento-Backends gewisse Konfigurationseinstellungen setzen, damit Ihr Frontend etwas individualisierter und angepasster wirkt.

Begeben Sie sich erneut in das Magento-Backend, und klicken Sie bitte auf INHALT • DESIGN • KONFIGURATION. Die Auflistung, die Sie nun erhalten, kennen Sie bereits aus vorherigen Beispielen. Wählen Sie auch an diesem Punkt erneut den Eintrag DEFAULT aus, und klicken Sie auf den Link BEARBEITEN. Anschließend landen Sie in der Bearbeitungsmaske, die Sie in Abbildung 14.18 sehen.

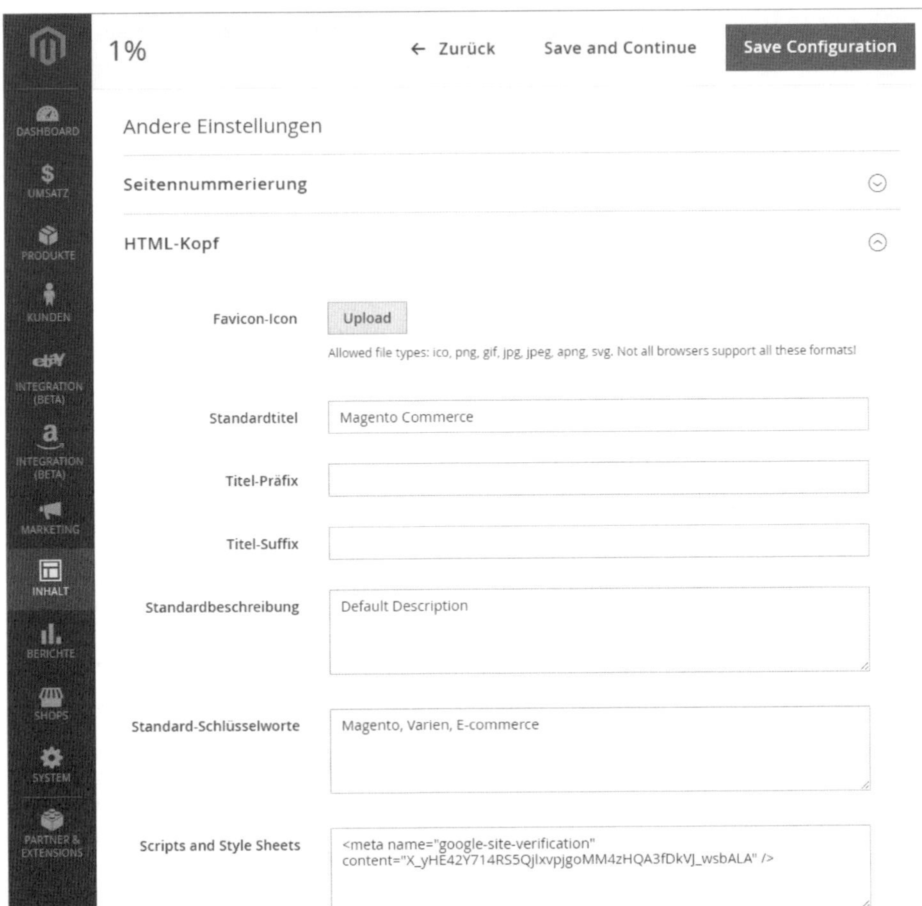

Abbildung 14.18 Magento erlaubt die stellenweise Individualisierung des Themes innerhalb des Backends.

Mithilfe dieser Eingabemaske haben Sie die Möglichkeit, verschiedenste Einstellungen vorzunehmen, die sich direkt oder indirekt auf das Frontend auswirken. Im ersten Schritt, das haben Sie bereits auf der vorherigen Seite gesehen, können Sie dem

Store View ein Theme zuweisen. Wenn Sie weitere Themes installieren, stehen diese an dieser Stelle ebenfalls zur Verfügung. Im Standard haben Sie die Wahl zwischen dem Magento-Luma- sowie dem Magento-Blank-Theme. Die Wahl des Themes können Sie übrigens auch an den User-Agent koppeln. Beispielsweise lässt sich dadurch einem Nutzer mit dem Mozilla Firefox ein anderes Theme als einem Google-Chrome-Nutzer zuweisen. Auf dem Desktop ergibt das nicht so viel Sinn, wenn Sie jedoch ein spezielles Theme für Smartphones entwickelt bzw. installiert haben, so könnte diese Funktion an dieser Stelle tatsächlich nützlich sein. Denn dann würden Sie allen mobilen User-Agents das Mobile-Theme zuweisen, die restlichen Nutzer erhalten hingegen das Desktop-Theme. In der Praxis, das möchte ich Ihnen an dieser Stelle nicht verschweigen, wird diese Funktion jedoch erfahrungsgemäß recht selten bis gar nicht genutzt. Im Zeitalter der Responsive-Designs ist es nicht zwangsläufig notwendig, eine Differenzierung der Themes anhand der Endgeräte durchzuführen. Jeder Nutzer kann auf dasselbe Theme zurückgreifen, das sich wiederum automatisch an das verwendete Endgerät anpasst. Ein Responsive-Design macht diese Funktion daher so gut wie obsolet.

Scrollen Sie jetzt bitte weiter nach unten, bis Sie zum Abschnitt ANDERE EINSTELLUNGEN gelangen. Dort können Sie im ersten Schritt allgemeine Einstellungen zur Seitennummerierung vornehmen. Bei der Seitennummerierung handelt es sich um die Blätternavigation, die Sie auf der Kategorieseite vorfinden. Immer wenn es mehr Produkte in einer Kategorie gibt, als angezeigt werden können, bietet Magento eine Blätternavigation an. In der Option SEITENNUMMERIERUNGSRAHMEN definieren Sie, wie viele Links in der Blätternavigation angezeigt werden sollen. Der Standardwert liegt bei 5, so weit ist diese Option auch vollkommen in Ordnung. Mit der nächsten Option namens SEITENNUMMERIERUNGSRAHMEN ÜBERSPRINGEN können Sie einstellen, wie viele Seiten in der Blätternavigation, ausgehend von der von Ihnen aktuell ausgewählten Position, übersprungen werden sollen, bis die nächsten Seiten angezeigt werden. Sind Sie z. B. auf Seite 5 von 20, so können Sie mit dieser Option einstellen, dass nach der 5 nicht sofort die 6 oder 7 erscheint, sondern erst die Seite 10 oder 11. Abschließend können Sie zudem noch Alt-Tags, d. h. primär für Suchmaschinen relevante HTML-Auszeichnungen, für die vorherigen und nächsten Seiten hinterlegen. Hierfür stehen Ihnen die beiden Optionen ANKERTEXT FÜR VORHERIGE SEITE sowie ANKERTEXT FÜR NÄCHSTE SEITE zur Verfügung. Beispielsweise können Sie an diesen Stellen den Wert »Nächste Seite« bzw. »Vorherige Seite« hinterlegen. Eine direkte Auswirkung auf die Darstellung hat diese Information jedoch nicht, d. h., es wird kein zusätzlicher Text im Frontend bei der Blätternavigation ausgegeben.

Blättern Sie bitte weiter, bis Sie zum Abschnitt HTML-KOPF gelangen. Sofern Sie ein Favicon hochladen möchten, können Sie dies im Feld FAVICON-ICON tun. Beim Favicon handelt es sich um das kleine Icon, das Sie in der URL-Leiste Ihres Browsers sehen. In der Regel können Sie an dieser Stelle nicht das gesamte Logo hinterlegen, sondern lediglich einen Ausschnitt bzw. eine Grafik, die in Ihrem Logo vorkommt. Magento erlaubt an dieser Stelle den Upload von Dateien im ico-, png-, gif-, jpg-, jpeg-, apng- sowie svg-Format. Neben dem Hochladen des Favicons erlaubt Ihnen Magento in den nächsten Feldern die Definition von Metaangaben, die im Standard geladen werden. Der STANDARDTITEL wird immer dann ausgegeben, wenn Sie einer Seite keinen Titel zuweisen. Der Titel erscheint nicht direkt im Frontend, wird jedoch im Browser als Bezeichnung des Tabs dargestellt. Daher sollten Sie bei allen Ihren Seiten einen Titel hinterlegen. Ergänzend zum Titel können Sie ein Präfix bzw. Suffix hinterlegen. Mit diesen beiden Optionen wird jeder Titel, egal, ob es sich um einen Standardtitel oder einen individuell hinterlegten Titel handelt, ergänzt. Wenn Sie beim Präfix den Wert »Online-Shop - « hinterlegen und beim Präfix » - foodbaer.de« würde im Frontend der Titel der Startseite wie folgt aussehen: Online-Shop – Home Page – foodbaer.de. Das Präfix, so zumindest meine Erfahrung, wird im Allgemeinen nicht verwendet. Interessant ist jedoch das Suffix, denn in der Regel wird an dieser Stelle der Unternehmensname ergänzt, wodurch in jedem Titel innerhalb des Online-Shops der Name Ihres Unternehmens enthalten ist.

Meta-Tag-Standardwerte über das Magento-Backend definieren

Mit dem Standardtitel definieren Sie den Standardwert für das Feld `<title>`, mit dem Feld Standardbeschreibung beeinflussen Sie die Metainformation `<meta name="description">` und mittels Standard-Schlüsselworte das Meta-Tag `<meta name="keywords">`. Dadurch haben Sie auf alle relevanten Meta-Tags Zugriff und können hierfür Standardwerte hinterlegen.

Zusätzlich zum Titel können Sie zudem Standardwerte für die Metainformationen `description` sowie `keywords` setzen. Hierfür stehen Ihnen die Felder STANDARDBESCHREIBUNG sowie STANDARD-SCHLÜSSELWORTE zur Verfügung. Wie Sie in Abbildung 14.19 sehen, hat Magento in diesen Feldern bereits Werte hinterlegt. Die sollten Sie vor der Inbetriebnahme Ihres Online-Shops definitiv anpassen, da die Werte an verschiedenen Stellen in Ihrem System ausgelesen werden. Wenn Sie auf einer Seite, die Sie mit dem Content-Management-System erstellt haben, keine Beschreibung und Schlüsselwörter hinterlegen, werden automatisch die Standardwerte verwendet. Dies sollte jedoch vermieden werden, da diese nicht wirklich Sinn ergeben. Hinterlegen Sie daher an dieser Stelle eine auf Ihren Online-Shop zutreffende Standardbeschreibung sowie Standard-Schlüsselwörter. Über den Bereich SCRIPTS AND STYLE SHEETS, dabei handelt es sich um das nächste Eingabefeld, das Sie sehen, wenn Sie ein wenig nach unten scrollen, können Sie z. B. CSS-Dateien oder auch Tracking-Lösungen wie Google Analytics oder econda integrieren. Im Verlauf des Buches haben Sie das Feld bereits kennengelernt und dort die Google Site Verification integriert, die Sie auch in Abbildung 14.19 sehen. Sie können dieses Feld grundsätzlich dazu nutzen, um Inhalte vor dem schließenden Head-Tag einzubinden und zu platzieren

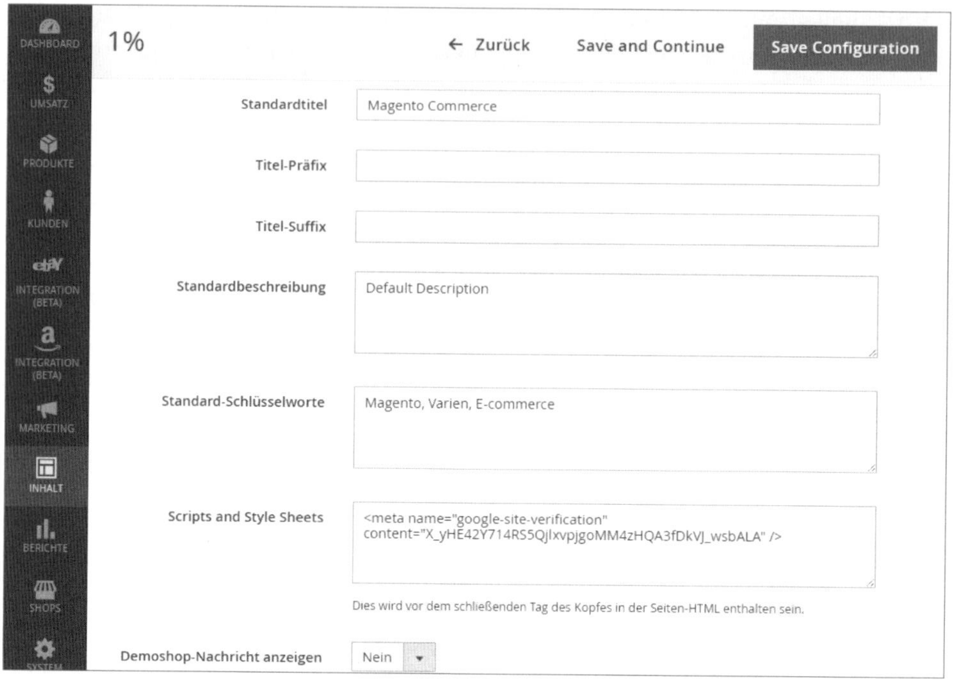

Abbildung 14.19 Im Magento-Backend können Sie Standardwerte für alle Metainformationen setzen.

Den Demo-Modus Ihres Online-Shops können Sie zudem in der nächsten Option mit dem Titel DEMOSHOP-NACHRICHT ANZEIGEN aktivieren bzw. deaktivieren. Ist der Demo-Modus aktiviert, wird Magento auf jeder Seite im Kopfbereich einen recht prominenten roten Balken darstellen, der auf den Demo-Modus des Online-Shops hinweist. Besuchern und potenziellen Kunden wird somit angezeigt, dass in diesem Online-Shop zwar eingekauft werden kann, die Ware jedoch nicht ausgeliefert wird, da es sich um ein Demo-System handelt. Zusammengefasst lässt sich sagen, dass im Abschnitt HTML-Kopf primär Metainformationen sowie Skripte hinterlegt werden. Einen direkten Einfluss auf die Darstellung haben diese Optionen nicht.

Begeben Sie sich jetzt bitte zum nächsten Abschnitt namens KOPFZEILE. Mit den dort vorhandenen Optionen haben Sie direkten Einfluss auf das Logo, das im oberen Bereich der Seite angezeigt wird. Mit der Option LOGOBILD können Sie im ersten Schritt ein Logo hochladen. Berücksichtigen Sie beim Upload die erlaubten Dateitypen. Sofern Ihre Logo-Datei die Endung *.png*, *.gif*, *.jpg*, *.jpeg* bzw. *.svg* trägt, können Sie diese problemlos hochladen. Sofern Sie manuell auf die Größe des Logos einwirken möchten, können Sie die Höhe und Breite manuell festlegen. Legen Sie die Breite und Höhe nicht manuell fest, wird das Logo einfach in der hochgeladenen Größe dargestellt. Zur Verfügung stehen Ihnen für die manuelle Angabe der Größen die Felder LOGO-BILDBREITE bzw. LOGO-BILDHÖHE. Je nach gewähltem Theme gibt Magento im Kopfbereich einen Willkommenstext aus. Im Luma-Theme befindet sich der Willkommenstext direkt am Anfang der Seite neben dem Login- bzw. Registrieren-Link. Möchten Sie den Willkommenstext ändern bzw. entfernen, so können Sie dies im Feld WILLKOMMENSTEXT tun. Abschließend haben Sie noch die Möglichkeit, im Feld LOGOBILD-ALT das Alt-Attribut des Logos zu setzen. Laden Sie an dieser Stelle, sollten Sie es noch nicht getan haben, Ihr Logo hoch. Die Proportionen bzw. Größe müssen Sie normalerweise nicht anpassen, wenn Sie das Logo in einer vernünftigen Größe hochladen. Den Willkommenstext können Sie in der Regel entfernen, und beim Alt-Tag Ihres Logos hinterlegen Sie idealerweise einfach den Namen Ihres Unternehmens. Weitere Punkte müssen Sie an dieser Stelle nicht beachten.

So wie Sie die Kopfzeile bearbeiten können, haben Sie auch Einfluss auf die Fußzeile. Die Optionen halten sich hierbei jedoch in Grenzen. So können Sie im Feld DIVERSES HTML HTML-Tags hinterlegen. Diese Option ist sozusagen das Äquivalent zur Option SCRIPTS AND STYLE SHEETS. Der einzige Unterschied besteht in der Position, in der die hinterlegten HTML-Informationen eingebunden werden. DIVERSES HTML wird immer vor dem schließenden Body-Tag geladen. Je nachdem welche Tracker- oder Affiliate-Pixel Sie einbinden, kann eine Einbindung vor dem schließenden Body-Tag notwendig sein. Es kommt daher immer ganz auf die zu integrierenden HTML-Tags an, ob diese im Head-Bereich oder vor dem schließenden Body-Tag eingebunden werden sollen. Zudem können Sie die Copyright-Informationen, die ebenfalls im Fußbereich, auch Footer genannt, dargestellt werden, ändern. Im Feld COPYRIGHT haben Sie die Möglichkeit, beliebigen Freitext zu hinterlegen, d. h., auch an dieser Stelle können Sie Ihrer Kreativität freien Lauf lassen.

Möchten Sie Ihre Produktbilder mit einem Wasserzeichen schützen, so können Sie dies im nächsten Abschnitt tun. Scrollen Sie daher bitte weiter nach unten, bis Sie beim Abschnitt PRODUKTBILD-WASSERZEICHEN ankommen. Ihnen werden auf den ersten Blick recht viele Konfigurationsmöglichkeiten auffallen, an und für sich können Sie an diesem Punkt jedoch gar nicht so viel einstellen, und nur durch die redundanten Optionen erscheinen die Möglichkeiten recht groß. Magento differenziert an dieser Stelle zwischen den verschiedenen Bild-Typen, die jeweils über dieselben Optionen verfügen. Insgesamt stehen Ihnen folgende Bild-Typen zur Verfügung, die Sie bereits bei der Produktanlage kennengelernt haben:

- Base
- Thumbnail
- Klein
- Musterbild

Lassen Sie sich an dieser Stelle nicht von den leicht abgewandelten Übersetzungen irritieren, die hier aufgelisteten Bild-Typen entsprechen genau denjenigen, auf die Sie bei der Produktverwaltung Zugriff haben. Bei jedem dieser genannten Produkt-

Typen können Sie ein Wasserzeichen hochladen, das sich über die Produktbilder legt. Damit dies möglichst gut aussieht, können Sie die Position und das Verhalten des Bildes bestimmen. Mit IMAGE OPACITY können Sie die Transparenz einstellen, indem Sie einen Wert zwischen 0 und 100 hinterlegen. Je transparenter das überlagernde Bild ist, desto besser ist das eigentliche Produktbild zu sehen. Auch haben Sie Einfluss auf die Größe sowie die Position. Nutzen Sie hierfür die Optionen IMAGE SIZE sowie IMAGE POSITION. Gerade die Image Position ist interessant, denn hier definieren Sie, an welcher Stelle Ihr Wasserzeichen auf dem Produktbild auftaucht. Zur Auswahl stehen dabei die folgenden Optionen:

- Strecken
- Kacheln
- Oben links
- Oben rechts
- Unten links
- Unten rechts
- Zentrum

Die zur Verfügung stehenden Optionen sollten Ihnen alle relevanten Positionierungen ermöglichen, weswegen an dieser Stelle keine Wünsche offenbleiben dürften. Wie eingangs erwähnt, stehen alle diese Optionen für alle im System vorhandenen Bild-Typen zur Verfügung. So können Sie je nach Bild-Typ ein anderes Wasserzeichen hochladen und auch die Positionierung je nach Bild-Typ differenzieren.

Last, but not least haben Sie einen weiteren und letzten Konfigurationsabschnitt namens TRANSAKTIONS-MAILS. Der Name des Abschnitts verrät schon, was Sie an dieser Stelle erwartet. Wie Sie bereits im Verlauf des Buches gesehen haben, verschickt Magento bei den unterschiedlichsten Aktionen E-Mails. Beispielsweise bei einer Bestellung oder bei der Registrierung eines Kundenkontos. Den Inhalt der E-Mails können Sie an dieser Stelle nicht verwalten, sehr wohl aber Teile ihres Aussehens. Denn in jeder E-Mail ist ein Logo inkludiert, das Sie an dieser Stelle in der Option LOGOBILD ändern können. Neben dem Upload in den Formaten *jpg*, *jpeg*, *gif* sowie *png* können Sie zudem das Alt-Attribut und die Größe bestimmen. Bei der Größe haben Sie genau wie beim Logo im Kopfbereich die Felder LOGO-BREITE sowie LOGO-HÖHE zur Verfügung, über die Sie die Größe des Logos aussteuern können. Zudem können Sie die Vorlage für den Header sowie den Footer in den Feldern HEADER-VORLAGE bzw. FOOTER-VORLAGE definieren. Magento geht bei den Transaktions-E-Mails einen ähnlichen Weg wie beim Frontend-Design und erlaubt die Nutzung eines Header- sowie Footer-Templates. Da der Kopf- und Fußbereich in jeder E-Mail identisch ist, würde es keinen Sinn ergeben, diesen redundant in den gesamten Transaktions-E-Mails zu pflegen. Aus diesem Grund können Sie eine Vorlage für den Header und Footer anlegen und diese an dieser Stelle auswählen. Die Vorlage legen Sie übrigens exakt wie eine neue Transaktions-E-Mail an, d. h. unter MARKETING • KOMMUNIKATION • E-MAIL VORLAGEN. Im Standard müssen Sie, zumindest ist das meine Meinung, bei den Vorlagen für den Kopf- sowie den Fußbereich aber nicht eingreifen.

Neben den Optionen, die in diesen Abschnitten vorhanden sind, gibt es in Magento einen weiteren Bereich, in dem Sie das Verhalten des Frontends, zumindest geringfügig, beeinflussen können. Klicken Sie hierzu auf SHOPS • EINSTELLUNGEN • KONFIGURATION • KATALOG • KATALOG. Dort angekommen, scrollen Sie bitte zum Abschnitt »Frontend«, den Sie auch in Abbildung 14.20 sehen.

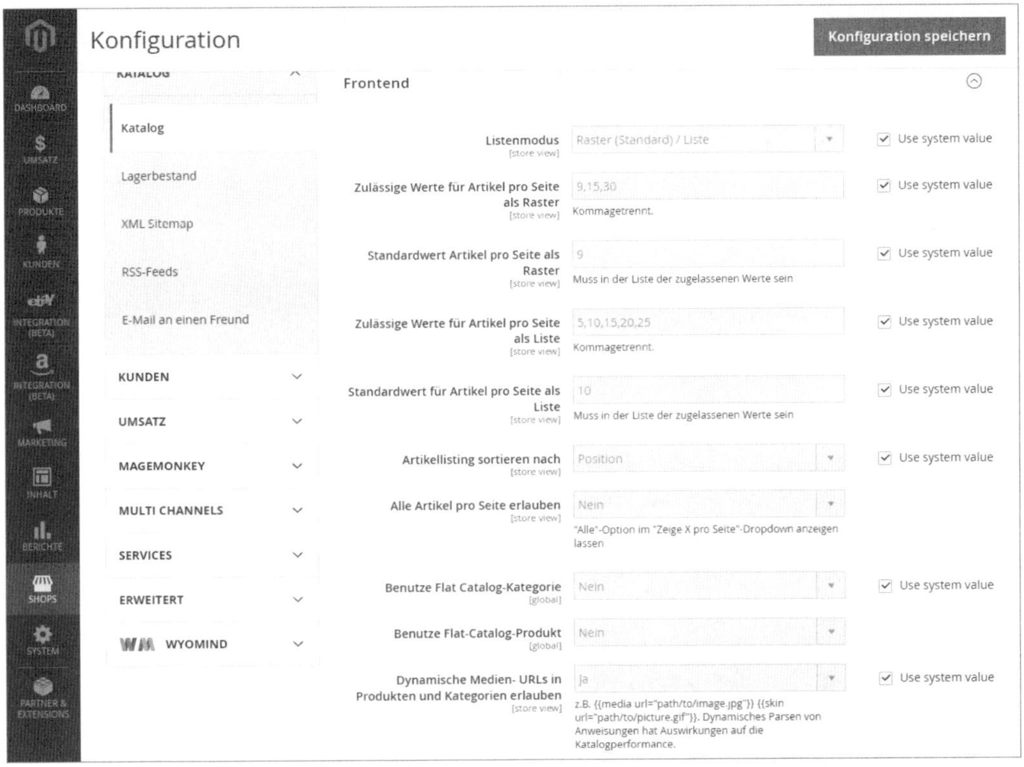

Abbildung 14.20 Das Verhalten der Kategorieseite können Sie an dieser Stelle beeinflussen.

In diesem Abschnitt haben Sie Optionen, die speziell das Verhalten der Kategorieseiten beeinflussen. So können Sie beim Feld LISTENMODUS einstellen, ob die Produkte als Gitter oder Liste dargestellt werden sollen. Im Standard erscheinen die Produkte immer als Gitter, d. h. drei Produkte in einer Zeile, und je nachdem wie viele Produkte Sie darstellen möchten, ergibt sich daraus die Anzahl der Zeilen. Sie können den Listenmodus jedoch auch auf Liste stellen, wodurch die Produkte nur untereinander ausgegeben werden. An dieser Stelle haben Sie auch die Wahl, ob Sie Ihren Nutzern die freie Wahl des Modus erlauben oder ob Sie einen bestimmten Modus vorgeben. Zudem können Sie in den folgenden Feldern die Anzahl der dargestellten Produkte und die mögliche Anzahl an Produkten definieren. Auch Sortierreihenfolgen lassen sich an dieser Stelle hinterlegen.

Speziell die Wahl des Listenmodus hat einen recht großen Einfluss auf das Frontend. Ich habe im Beispiel, das Sie in Abbildung 14.21 sehen, den Listenmodus auf »Liste« abgeändert, wodurch eine komplett neue Ansicht entsteht.

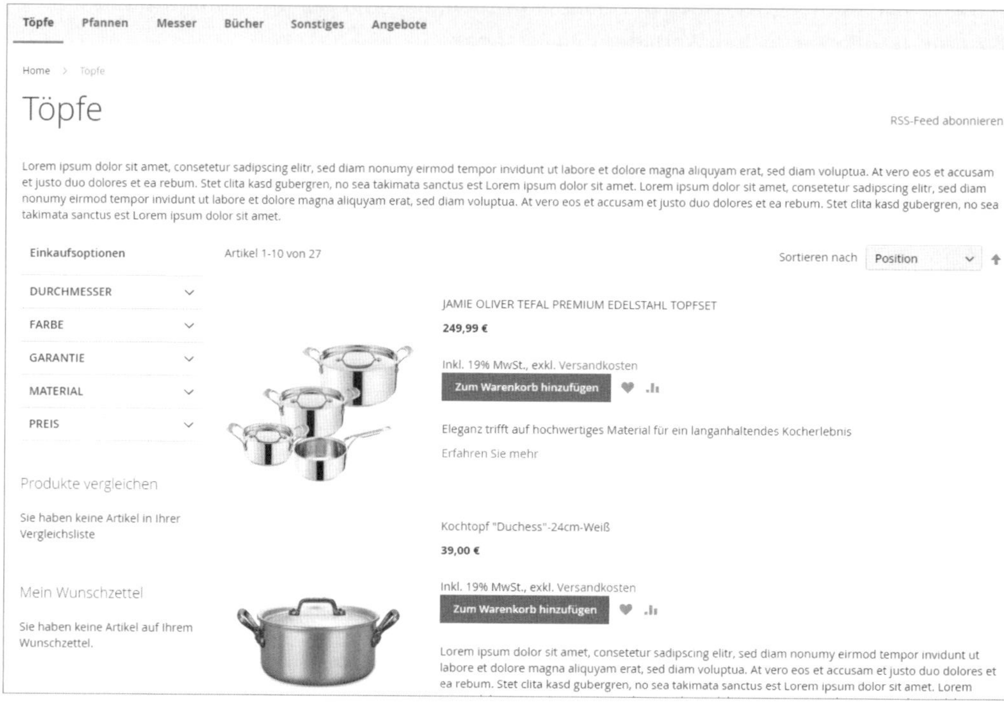

Abbildung 14.21 Alternativ zur Gitteransicht können Sie den Listenmodus auch auf »Liste« stellen.

Bei der Listendarstellung haben Sie schlussendlich viel mehr Platz für Produktinformationen, da die komplette Breite einer Zeile für ein Produkt genutzt werden kann. Speziell wenn Sie erklärungsbedürftigere und auch in Summe weniger Produkte in Ihrem System haben, kann der Listenmodus die bessere Darstellung sein. Für welche Darstellung Sie sich entscheiden, hängt jedoch auch immer von der anvisierten Zielgruppe und der Branche ab.

Selbst wenn die Optionen an dieser Stelle doch eher überschaubar sind, einige wenige Einstellungen in Sachen Frontend-Darstellung können Sie auch an dieser Stelle vornehmen!

Das Frontend automatisiert per Zeitplan steuern

Interessant ist übrigens auch die Möglichkeit, das Frontend-Theme automatisiert zu wechseln. Klicken Sie hierfür auf INHALT • DESIGN • ZEITPLAN. Im Bereich »Zeitplan« angekommen, können Sie eine Designänderung durchführen, indem Sie auf den

Button DESIGNÄNDERUNG HINZUFÜGEN klicken. Magento fragt Sie daraufhin, welchen Store View Sie ändern möchten. An dieser Stelle können Sie den Eintrag DEFAULT auswählen. Nachdem Sie den Store View definiert haben, müssen Sie das zu verwendende Theme auswählen, z. B. Magento Blank. Abschließend können Sie noch ein Start- sowie ein Enddatum auswählen. Speichern Sie die Designänderung, wird automatisch zum gewählten Startdatum das ausgewählte Theme für den definierten Store View geladen. Ist das Enddatum erreicht, wird Magento automatisch die Änderung zurücknehmen.

Speziell wenn Sie ein Weihnachts- oder auch Oster-Design besitzen, ergibt eine automatisierte Änderung definitiv Sinn. Denn Sie müssen sich nicht mehr um die manuelle Umstellung kümmern, sondern können die Designänderung entspannt im Vorfeld planen und hinterlegen.

14.3.2 Vorhandene Themes nutzen und installieren

Die schnellste und einfachste Möglichkeit, Ihren Magento-Online-Shop optisch anzupassen, besteht in der Nutzung eines bereits existenten Themes. Mittlerweile gibt es, ähnlich wie bei den Extensions, viele Anbieter und Seiten, auf denen Sie Magento-Themes herunterladen können. Oftmals deckt die Nutzung eines Themes bereits einen Großteil der eigenen Anforderungen ab, da ein Theme an sich auch nochmals stark modifiziert und angepasst werden kann. Ich möchte Ihnen auf den folgenden Seiten zeigen, wie Sie ein bereits vorhandenes Theme installieren, nutzen und anpassen können. Vorweg sei gesagt, dass die Einstellungen und Möglichkeiten natürlich je nach Theme variieren. Das, was ich Ihnen auf den folgenden Seiten zeige, werden Sie nicht für alle Themes anwenden können. Darum geht es mir in diesem Fall auch gar nicht. Vielmehr möchte ich Ihnen ein Gefühl dafür geben, wie Sie in Magento mit Themes arbeiten und welche Möglichkeiten theoretisch vorhanden sind.

Damit Sie die Änderungen an dieser Stelle ebenfalls nachvollziehen können, möchte ich Ihnen die Installation eines kostenfreien Magento 2-Themes zeigen. Die kostenpflichtigen Themes, deren Preis meistens zwischen 50 und 100 US$ liegt, haben zwar in der Regel einen wesentlich größeren Funktionsumfang und lassen sich individueller anpassen. Dafür müssten Sie das Theme an dieser Stelle aber auch erwerben, und da ich Ihren Geschmack nicht kenne, wäre die Wahrscheinlichkeit sehr hoch, dass Ihnen dieses Theme schlussendlich gar nicht gefällt. Bei einem kostenfreien Theme tut das weitaus weniger weh, da Sie hierfür kein Geld bezahlen.

Für dieses konkrete Beispiel habe ich mich für das Theme »VES FASONY MAGENTO 2« entschieden, das Sie unter *http://www.venustheme.com/theme/ves-fasony-free-magento2-theme/* herunterladen können. Besuchen Sie daher jetzt die genannte Seite, und klicken Sie dort auf ADD TO CART. Auch wenn für das Theme keinerlei Kosten anfallen, müssen Sie genau wie beim Magento Marketplace einmal durch den gesamten Checkout-Prozess, um das Theme herunterladen zu können. Da der Checkout-Prozess recht kurz und selbsterklärend ist, erspare ich Ihnen an dieser Stelle ausschweifende Erklärungen. Hinterlegen Sie Ihre E-Mail-Adresse, ein Benutzername sowie Passwort, und schließen Sie den Kaufprozess ab. Sie können daraufhin auf der Success-Seite direkt die notwendigen Dateien herunterladen, indem Sie auf den Link VES FASONY THEME FILES klicken. Im Anschluss startet der Download der Datei *ves_fasony_theme_files.zip*, die Sie daraufhin extrahieren. Wenn Sie nun in das extrahierte Verzeichnis wechseln, werden Sie wiederum zwei Zip-Archive namens *theme_files.zip* sowie *ves_fasony_media.zip* vorfinden, die Sie ebenfalls entpacken. Laden Sie bitte im nächsten Schritt den Inhalt des Ordners *theme_files* in das Hauptverzeichnis Ihrer Magento-Installation. In diesem Verzeichnis sind alle relevanten Templates und PHP-Dateien enthalten, die Sie für die Nutzung des Designs benötigen. Kopieren Sie zudem das Verzeichnis *pub*, das sich im extrahierten Archiv *ves_fasony_media* befindet, in das Hauptverzeichnis Ihrer Magento-Installation.

Sobald Sie die Dateien erfolgreich hochgeladen haben, starten Sie die Kommandozeile, und begeben Sie sich in das Hauptverzeichnis Ihrer Magento-Installation. Sollten Sie Magento nicht lokal betreiben, verbinden Sie sich an dieser Stelle mittels SSH am System, auf dem Magento betrieben wird. Führen sie anschließend bitte folgende Befehle aus:

```
php bin/magento setup:upgrade
php bin/magento setup:di:compile
php bin/magento setup:static-content:deploy
php bin/magento setup:static-content:deploy de_DE
php bin/magento cache:clean
```

Listing 14.12 Durch das Ausführen dieser Befehle werden statische Dateien neu generiert und der komplette Cache wird geleert.

Dadurch wird das Theme installiert, und alle benötigten Dateien werden generiert. Wechseln Sie daraufhin erneut in das Magento-Backend, klicken Sie auf INHALT • DESIGN • KONFIGURATION, und wählen Sie dort Ihren Default Store View aus. Im Dropdown-Menü APPLIED THEME, das Sie in Abbildung 14.22 sehen, haben Sie nun die Möglichkeit, den Eintrag VENUSTHEME – FASONY auszuwählen.

Speichern Sie die Konfiguration, und klicken Sie anschließend in der Hauptnavigation des Backends – ich meine damit die Navigationsleiste auf der linken Seite – auf den Eintrag VES SETUP • WERKZEUGE • IMPORTOPTIONEN. Sie haben das Theme zwar bereits installiert, es müssen aber noch Blöcke und CMS-Seiten angelegt werden, damit die Darstellung im Frontend stimmig ist. Die Anlage der Blöcke und Seiten übernimmt an dieser Stelle der besagte Menüpunkt. Dort angekommen, können Sie alle Optionen im Standard belassen, klicken Sie bitte nur noch auf den Button IMPORT

CONFIGURATION. Innerhalb weniger Sekunden sollten die benötigten Einträge importiert sein, und Sie werden eine Erfolgsmeldung erhalten. Wenn Sie daraufhin in der linken Navigation auf INHALT • BLÖCKE oder auch auf INHALT • SEITEN klicken, werden Sie viele neue Einträge vorfinden. Diese Inhalte wurden durch den von Ihnen ausgelösten Import angelegt. Leeren Sie anschließend den Cache, und rufen Sie das Frontend Ihres Magento-Shops auf.

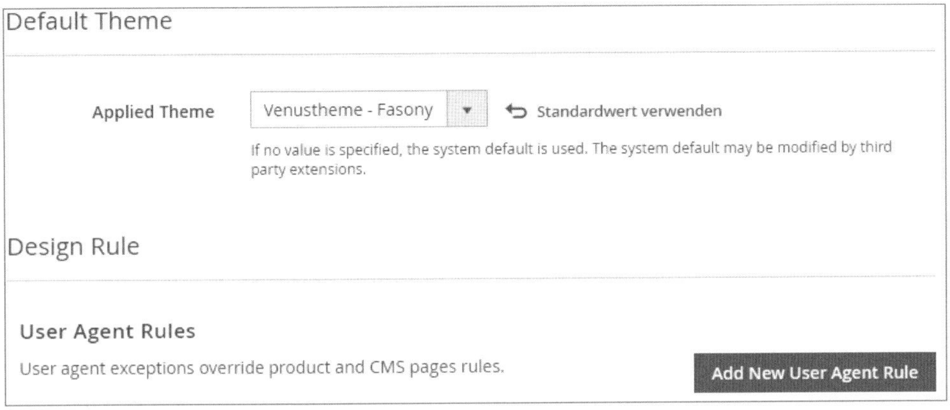

Abbildung 14.22 Nach der Installation des Themes können Sie dieses in der Konfiguration innerhalb des Backends auswählen.

Installation des Themes hängt von der Entwicklung ab

Wie eingangs erwähnt, ist die von mir erwähnte Vorgehensweise keine Blaupause, die für alle Themes funktioniert. Letztendlich müssen Sie, nachdem Sie ein Theme heruntergeladen haben, immer in die beigefügte Installationsanweisung schauen. Reicht jedoch das Kopieren von Dateien, so können Sie in 99 % der Fälle wie von mir beschrieben vorgehen. Letztendlich müssen Sie die Dateien nur in die richtige Verzeichnisstruktur kopieren und anschließend die erwähnten Befehle in der Kommandozeile ausführen. Danach können Sie das Theme im Backend nutzen.

Sie sollten anschließend ein komplett neues bzw. in einem anderen Look erscheinendes Frontend vorfinden. Sollte an dieser Stelle noch das alte Design, sprich das Magento-Luma-Theme erscheinen, prüfen Sie bitte, ob Sie tatsächlich alle Befehle in der Kommandozeile ausgeführt und den Cache geleert haben. An und für sich sind Sie aber mit der Installation fertig, und Sie können nun das neue Theme verwenden, modifizieren und erweitern.

Ein weiterer Vorteil des Themes besteht übrigens in dem verwendeten Responsive-Design. Wie Sie in Abbildung 14.23 sehen, wird auch auf kleineren Bildschirmgrößen das Frontend sehr nutzerfreundlich dargestellt. An und für sich handelt es sich bei dem kostenfreien Theme daher doch um eine ganz runde Sache, und Ihnen wird der schnelle Wechsel des Frontend-Designs ermöglicht. An dieser Stelle wollte ich Ihnen unbedingt zeigen, wie schnell und einfach Sie in Magento 2 ein Theme installieren können. Ich hoffe, Ihnen ist die einfache Handhabung in diesem doch eher rudimentären Beispiel klargeworden, und gegebenenfalls ergibt es in Ihrem konkreten Fall sogar Sinn, auf ein bereits existentes Theme zu setzen.

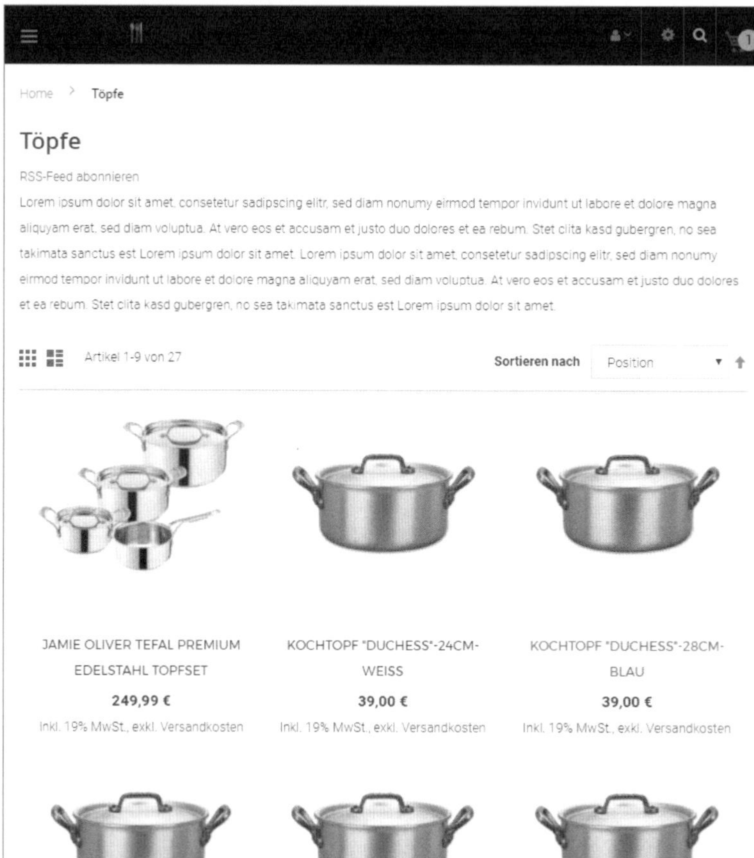

Abbildung 14.23 Bei kleineren Bildschirmauflösungen verändert sich die Navigation bzw. der gesamte Kopfbereich.

14.3.3 Interessante Seiten für Themes

Es gibt sicherlich unzählige Seiten, die Magento 2-Themes anbieten. Mein persönlicher Favorit ist jedoch ganz klar Themeforest. Themeforest ist eine Plattform, die für die verschiedensten Systeme Themes anbietet. Es gibt mittlerweile jedoch auch eine Magento 2-Kategorie, die Sie unter *https://themeforest.net/tags/magento2* erreichen. Angeboten werden in erster Linie kommerzielle Themes, die zwischen 50 und

100 US$ kosten, somit also bezahlbar sind. Themeforest ermöglicht Ihnen zudem die Filterung der Themes je nach Version und Ratings. Speziell die Ratings und Verkaufszahlen sollten Sie im Auge behalten, denn dadurch finden Sie in der Regel auch die qualitativ hochwertigen und tollen Designs. Seit der Veröffentlichung von Magento 2 hat sich das Porto-Theme zum Shootingstar gemausert. Ich selbst habe einige Projekte mit dem Porto-Theme realisiert und muss zugeben, dass es sich um ein sehr umfangreiches und optisch ansprechendes Design handelt. Sie haben im Backend sehr viele Konfigurationsmöglichkeiten und können im Prinzip alle Anpassungen ohne Programmierkenntnisse vornehmen. Weitere Informationen zum Porto-Theme erhalten Sie unter *https://themeforest.net/item/porto-ultimate-responsive-magento-theme/9725864?s_rank=1.*

Ähnlich wie bei Themeforest handelt es sich bei Templatemonster ebenfalls um ein Portal, das Designs und Themes für die verschiedensten Software-Lösungen zur Verfügung stellt. Auch hier existiert eine Magento 2-Kategorie, in der Sie Themes erwerben können. Die Auswahl ist jedoch nicht ganz so groß wie bei Themeforest, weswegen Templatemonster eher meine zweite Wahl darstellt. Verschaffen Sie sich unter *https://www.templatemonster.com/de/vorlagen/?pr=50115-248605* jedoch selbst einen Überblick.

Last, but not least möchte ich an dieser Stelle zudem auf den Magento Marketplace verweisen, der ebenfalls eine Kategorie namens Themes besitzt. Unter *https://marketplace.magento.com/themes.html* können Sie ähnlich wie bei den Extensions auf Filter zurückgreifen, um die Ergebnisauswahl einzuschränken. Ob dies jedoch im Fall der Magento 2-Themes notwendig ist, wage ich zu bezweifeln. Aktuell gibt es im Magento Marketplace nur neun Magento 2-Themes, die Auswahl ist also sehr überschaubar. Es bleibt jedoch abzuwarten, ob im Laufe der nächsten Wochen und Monate das Angebot an Magento 2-Themes steigt. Auch bei den Extensions gab es direkt nach dem Magento 2-Launch kein allzu großes Angebot, was sich jedoch recht schnell geändert hat. Themes hinken erfahrungsgemäß dem Trend etwas hinterher, warten Sie daher diesbezüglich einfach noch etwas ab, bzw. greifen Sie direkt auf Themeforest zurück.

14.4 Interessante Backend-Optionen für Entwickler

Abschließend möchte ich Ihnen in diesem Kapitel noch interessante und nützliche Optionen und Konfigurationseinstellungen vorstellen, die sich in erster Linie an Entwickler richten. Melden Sie sich daher an diesem Punkt mit Ihren persönlichen Zugangsdaten am Magento-Backend an. Im Backend angekommen, klicken Sie bitte auf SHOPS • KONFIGURATION • ERWEITERT • ENTWICKLER, um zu den Entwickleroptionen zu gelangen, die Sie zudem in Abbildung 14.24 sehen.

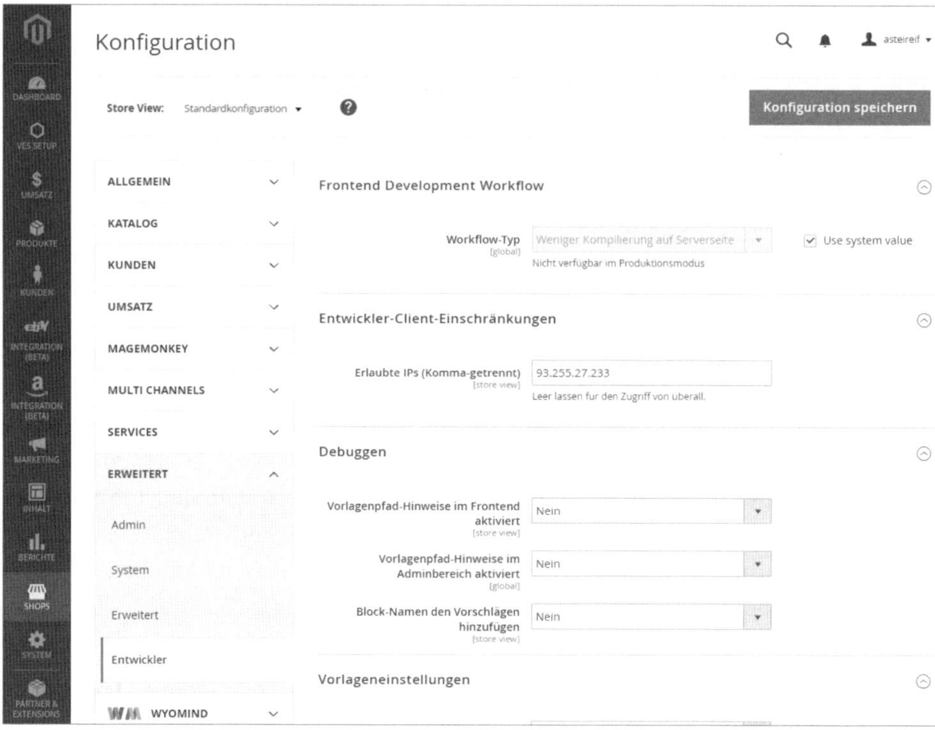

Abbildung 14.24 Die Entwickleroptionen innerhalb des Backends sind umfangreich und definitiv einen Blick wert.

In der ersten Option namens WORKFLOW-TYP können Sie definieren, ob die Kompilierung der CSS-Dateien client- oder server-seitig durchgeführt werden soll. An dieser Stelle ist bei den Auswahloptionen mit »Weniger« LESS gemeint, sprich der CSS-Präprozessor. Was an dieser Stelle die bessere Option ist, lässt sich pauschal nicht beantworten, da es auf Ihr konkretes Projekt ankommt.

Die Entwickler-Client-Einschränkung haben Sie bereits kennengelernt. Diese Option spielt speziell beim Debuggen, also im nächsten Abschnitt, eine wichtige Rolle. Denn wenn Sie an dieser Stelle keine IP-Adresse hinterlegen, wird jeder Nutzer im Frontend die Debugging-Informationen sehen oder eben auch die Inline Translation verwenden können. Da Sie genau das sicherlich nicht möchten, müssen Sie bei den Einschränkungen immer Ihre aktuelle IP-Adresse hinterlegen, die Sie beispielsweise unter *www.wieistmeineip.de* erhalten.

Im Abschnitt DEBUGGEN können Sie sich verschiedene Informationen ausgeben lassen, die dann im Frontend dargestellt werden. Es handelt sich hierbei um die Vorlagenpfad-Hinweise für das Frontend sowie Backend und die Block-Namen. Die Vorlagenpfad-Hinweise geben Ihnen einen Einblick, aus welchem Template welcher Bereich geladen wird. Bei den Blöcken sieht es ähnlich aus, Sie sehen im Frontend, welches Element aus welchem Block stammt. Aktivieren Sie an dieser Stelle die Vorlagenpfad-Hinweise sowie die Block-Namen, dann sieht der Warenkorb wie in Abbildung 14.25 aus.

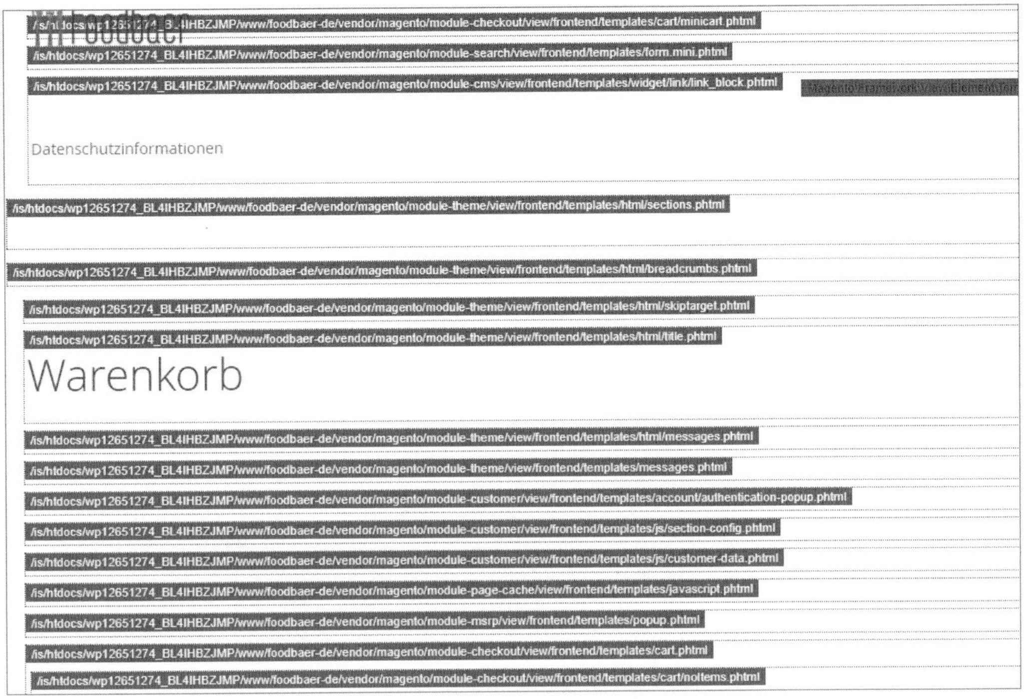

Abbildung 14.25 Wenn Sie nicht wissen, welches Element aus welchem Template bzw. Block kommt, hilft es, die Hinweise und Block-Namen einzuschalten.

Sie sehen alle Bereiche rot umrahmt und erhalten bei jedem Bereich die Information, aus welchem Block bzw. Template das Element geladen wird. Die Templates stehen dabei immer auf der linken Seite, die Blöcke auf der rechten und haben eine blaue Schriftart. Dadurch zerstören Sie natürlich die Darstellung Ihres Frontends, und es ist stellenweise recht schwer nachzuvollziehen, auf welches Element sich ein Hinweis bezieht. Jedoch werden Sie mit etwas Übung sicherlich klarkommen, und das Feature erspart Ihnen bei der Entwicklung eines Themes bzw. Moduls definitiv viel Zeit bei der Suche.

Scrollen Sie bitte weiter zum Abschnitt VORLAGENEINSTELLUNGEN. Dort haben Sie die Möglichkeit, Symlinks zu aktivieren. Dabei handelt es sich letztendlich um eine alternative Methode, wie auf benötigte Ressourcen zurückgegriffen werden kann. Daneben können Sie, und das ist an dieser Stelle definitiv der wichtigere Punkt, den HTML-Code optimieren, indem Sie die Option HTML VERKÜRZEN aktivieren. Auch an dieser Stelle wurde erneut auf eine abenteuerliche Übersetzung zurückgegriffen, das Fachwort für diese Option nennt sich *Minify*. Wenn Sie die Option aktivieren, wird bei der Ausgabe des HTML-Codes im Frontend alles entfernt, was nicht benötigt wird. Hierzu zählen Leerzeichen, Umbrüche und Einschübe. Dadurch wird wesentlich weniger Code übertragen, und das Frontend lädt schneller.

Führen Sie ein »setup:static-content:deploy« aus

Um die Änderungen zu übernehmen, muss Magento einige Dateien neu generieren. Sie müssen daher per Kommandozeile `php bin/magento setup:static-content:deploy` ausführen und anschließend den Cache leeren, damit die Änderungen übernommen werden können

Sie sehen einen Ausschnitt aus einem komprimierten und zusammengefassten HTML-Code in Abbildung 14.26. Keinerlei Leerzeichen bzw. Umbrüche oder Einschübe sind mehr vorhanden, und der gesamte HTML-Code ist so stark wie möglich komprimiert und dadurch optimiert.

Abbildung 14.26 Beispielhafte Darstellung des optimierten HTML-Codes

Die Inline Translation haben Sie bereits kennengelernt, daher erwähne ich sie hier nur noch einmal aus Gründen der Übersichtlichkeit. Wenn Sie die Inline Translation aktivieren möchten, können Sie das an dieser Stelle für Backend wie Frontend tun.

Wiederum sehr interessant ist der Abschnitt JAVASCRIPT-EINSTELLUNGEN. Dort haben Sie die Möglichkeit, ähnlich wie beim HTML-Code, die JavaScript-Dateien zu optimieren. Aktivieren Sie die Option JAVASCRIPT-DATEIEN VERKÜRZEN, werden alle nicht benötigten Leerzeichen und Umbrüche entfernt. Zudem können Sie jedoch auch JavaScript-Dateien zusammenfassen bzw. bündeln. Magento würde anschließend, wenn z. B. zehn JavaScript Dateien eingebunden sind, alle Dateien zu einer großen JavaScript-Datei zusammenfassen und nur noch diese Datei ausgeben. Dadurch können Sie die Performance ebenfalls verbessern, denn je weniger Dateien geladen werden müssen, desto schneller ist die Seite, auch wenn dadurch die eine geladene

Datei eine etwas größere Dateigröße aufweist. Die restlichen Einstellungen in diesem Abschnitt betreffen vor allem die Art und Weise der Übersetzung der JavaScript-Dateien sowie Einstellungen zum Fehler-Logging.

Im nächsten Abschnitt namens CSS-EINSTELLUNGEN können Sie, ähnlich wie bei den JavaScript-Dateien, die CSS-Dateien zusammenführen und komprimieren. Wenn Sie dies auch für die CSS-Dateien aktivieren, dadurch verbessern Sie die Performance Ihres Magento-Shops, werden Sie anschließend einen sehr strukturierten und optimierten HTML-Code haben, wie Sie in Abbildung 14.27 sehen.

Abbildung 14.27 Durch »Bundeling« senken Sie die Anzahl der einzubindenden Dateien.

Magento bindet nur noch eine einzige JavaScript-Datei ein und nutzt insgesamt nur noch drei CSS-Dateien, die aufgrund von technischen Begebenheiten nicht zu einer einzigen Datei zusammengeführt werden können. Sowohl die CSS- als auch die JavaScript-Dateien und der HTML-Quellcode sind *minified*, d. h., unnötige Leerzeichen, Umbrüche und Einschübe wurden entfernt. Dadurch optimieren Sie die Ladezeit des Systems, weswegen ich Ihnen an dieser Stelle rate, die getätigten Änderungen ebenfalls vorzunehmen. Als einzige Ausnahme sei an dieser Stelle das Entwicklungs- bzw. Testsystem erwähnt. Durch die Bündelung der Dateien wird es schwerer, Fehler nachzuvollziehen. Daher sollten Sie in diesen Fällen auf diese Optionen verzichten und diese nur auf dem Live-System aktivieren.

Abschließend erhalten Sie noch Zugriff auf drei Bereiche, die aber jeweils aus einer Option bestehen. Daher fasse ich sie an dieser Stelle auch etwas zusammen. In der Option BILD-ADAPTER können Sie wählen, welche Technologie Sie für die Manipulation von Grafiken verwenden. Im Standard verwendet Magento PHP GD2, als Alternative steht jedoch auch ImageMagick zur Verfügung. Aktivieren Sie die Option STATISCHE DATEIEN REGISTRIEREN, so wird es einfacher zu identifizieren, ob eine neue Version einer Datei vorliegt. Eine sehr gute Erklärung, was es damit im Detail auf sich hat, erhalten Sie unter *http://devdocs.magento.com/guides/v2.0/architecture/view/static-process.html?_ga=2.154516600.1558132686.1500377517-2048498745.1496039808*.

Abschließend können Sie zudem noch definieren, ob Sie die asynchrone Indexierung aktivieren bzw. deaktivieren möchten

Weiterführende Informationen und Details zu den jeweiligen Konfigurationspunkten erhalten Sie übrigens direkt in den Devdocs von Magento. Magento hat sich meiner Meinung nach äußerst viel Mühe mit der Dokumentation des neuen Systems gegeben, wobei ich nicht nur die Code-Dokumentation meine. Auch das Backend samt allen Konfigurationseinstellungen und Möglichkeiten ist äußerst gut und präzise erklärt. Zugriff auf die Devdocs haben Sie direkt unter *http://devdocs.magento.com/guides/v2.0/*.

14.5 Fazit und Ausblick

Bei Magento 2 handelt es sich um ein äußerst flexibles und anpassbares System, wie Sie in diesem Kapitel gesehen haben. Sobald Ihnen der im Standard vorhandene Funktionsumfang nicht mehr ausreicht, können Sie das Magento-System mit eigenen bzw. mit bestehenden Erweiterungen dahingehend erweitern, dass Ihre Anforderungen abgedeckt werden. Dies gilt jedoch nicht nur für Erweiterungen, sondern auch für das Theme, sprich das optische Erscheinungsbild von Magento. Wenn Sie dieses ändern und anpassen möchten, können Sie im Backend Einstellungen vornehmen oder, wenn Ihnen diese nicht weit genug gehen, sich einfach ein Theme installieren bzw. selbst erstellen. Anschließend wird sich das Look & Feel Ihres Online-Shops komplett ändern. Das Schöne an Magento sind die fehlenden Grenzen, denn egal, was Sie umsetzen möchten, es ist möglich. Und bei der großen Community ist die Wahrscheinlichkeit, dass diese Anforderung bereits umgesetzt wurde und eine Erweiterung bzw. ein Design vorliegt, sogar recht groß.

Im nächsten Kapitel möchte ich Ihnen weitere Möglichkeiten zeigen, wie Sie Magento erweitern können. Dabei wird es jedoch nicht um eine Extension gehen, sondern um eine weitere Lösung aus dem Haus Magento, mit der Sie Ihr Berichtswesen enorm verbessern können. Lassen Sie sich daher im nächsten Kapitel von Magento Business Intelligence und den dort gebotenen tollen Möglichkeiten überraschen!

Kapitel 15

Mit Magento Business Intelligence umfangreiche Berichte und Analysen erstellen

Magento Business Intelligence ermöglicht die Anbindung verschiedenster Datenquellen sowie die Erstellung umfangreicher Berichte. Mit Magento BI haben Sie ein enorm leistungsstarkes und umfangreiches Reporting-Tool, das Sie maßgeblich bei der Weiterentwicklung und Optimierung Ihres Online-Shops unterstützen kann.

Wenn Sie im E-Commerce erfolgreich sein möchten, dann benötigen Sie vor allem eines – Daten. Sie müssen verstehen, wie Ihre Nutzer mit Ihrem Online-Shop interagieren, woher die Nutzer stammen und welche Endgeräte und Browser sie beim Aufruf Ihres Online-Shops nutzen. Auch müssen Sie herausfinden, warum manche Kunden den Kaufprozess abbrechen, andere hingegen nicht, bzw. wieso einige Besucher Produkte in den Warenkorb legen, andere dagegen nicht. Darüber hinaus ist es relevant, aus welchen Quellen, z. B. Marketing-Kampagnen und Portalen, Ihr Traffic stammt. Kurzum, Sie benötigen einen sehr umfassenden und übergreifenden Blick und müssen alle Informationen an einer zentralen Stelle auswerten können. Denn nur, wenn Sie eine gute Datengrundlage haben, können Sie auf Basis von nackten Zahlen Entscheidungen treffen. Zugegebenermaßen klingt dies etwas kühl, jedoch sind die Entscheidungen, die auf Basis von Zahlen und Fakten getroffen werden, in der Regel besser und zielführender als die klassischen Bauchentscheidungen.

Dass Zahlen und Berichte wichtig sind, habe ich Ihnen bereits im Verlauf des Buches kundgetan. Magento selbst verfügt über verschiedenste Reports, und falls diese Ihnen nicht genügen bzw. ausreichend sind, so können Sie als weitere Lösung Google Analytics anbinden. Die Anbindung von Google Analytics habe ich Ihnen ebenfalls recht praxisnah gezeigt, und Sie haben speziell durch den Einsatz dieser Software nochmals wesentlich mehr Daten und Informationen zur Verfügung, als wenn Sie sich nur auf die in Magento vorhandenen Berichte verlassen würden.

Die Nutzung von Google Analytics und den in Magento vorhandenen Berichten ist per se nicht schlecht oder unnötig, aber es gibt auch hierbei einen kleinen, aber schwerwiegenden Nachteil. Sie werden, das ist zumindest meine Erfahrung aus der

Praxis, die erfassten Zahlen und Fakten isoliert betrachten, wenn Sie mit verschiedenen Tools arbeiten, die Berichte und Auswertungen generieren. Der umfassende Blick ist jedoch wichtig. Ein Google-Analytics-Bericht, der Ihnen die Top-Seller Ihres Online-Shops auflistet, hilft Ihnen eigentlich nicht weiter. Sie wollen auch wissen, ob Sie die Top-Seller wirtschaftlich verkaufen, d. h. ob der Verkaufspreis den Einkaufspreis und die Marketingkosten deckt. Google Analytics hat aber absolut keine Informationen hinsichtlich Ihres Einkaufspreises, daher wird Ihnen der Google-Analytics-Bericht diese Frage gar nicht beantworten können. Dementsprechend benötigen Sie eine Anwendung, die Daten aus verschiedensten Quellen aufnehmen und in einen logischen Kontext bringen kann. Genau für diese Anforderungen wurde Magento Business Intelligence (BI) entwickelt, und da das Tool einen so großen Mehrwert liefert, möchte ich es Ihnen in diesem Kapitel im Detail vorstellen.

15.1 Der Sinn und Zweck von Magento BI

Bei Magento Business Intelligence (Magento BI) handelt es sich, das werden Sie im Verlauf des Kapitels noch sehen, um keine Web-Analyse-Software wie beispielsweise Google Analytics. Auch ist es kein reines Reporting-Tool, das auf Basis von vorhandenen Informationen einfach nur Berichte erstellt. Magento Business Intelligence macht wesentlich mehr, denn es stellt, vereinfacht gesprochen, einen Datenspeicher zur Verfügung und ermöglicht die Anbindung unterschiedlichster Datenquellen. So können Sie out of the box z. B. Google Analytics, Facebook, Magento, Zendesk und viele weitere Tools an Magento BI anbinden. Sobald die Anbindung der externen Lösungen geklappt hat, fließen alle Daten aus diesen Lösungen in den großen von Magento BI bereitgestellten Datentopf. Daraufhin haben Sie als Nutzer die Möglichkeit, auf alle Daten und Informationen zurückzugreifen und diese in einen logischen Kontext zu bringen. Wenn Sie sich also die Umsatzahlen der Kunden ansehen, die beispielsweise durch Magento bereitgestellt werden, können Sie sich zeitgleich die Anzahl der Support-Tickets pro Kunde anschauen, wobei diese Information durch Zendesk zur Verfügung gestellt wird. Magento BI ermöglicht Ihnen aus diesem Grund einen komplett umfassenden Blick auf alle in Ihrem Unternehmen anfallenden Informationen. Zudem haben Sie die Möglichkeit, die selbst erstellten Berichte auch in anderen Anwendungen einzubetten bzw. per API aufrufbar zu machen. Dadurch können Sie mit den Ergebnissen, die erst durch Magento BI entstehen, auch in weiteren Tools und Anwendungen arbeiten.

Im Gegensatz zu Magento Open Source bzw. der Magento Enterprise Edition ist Magento BI jedoch keine Software, die Sie selbst installieren und betreiben. Es handelt sich um das sogenannte Software-as-a-Service-Modell, d. h., Sie bezahlen eine monatliche Gebühr, und die Bereitstellung der Infrastruktur, das Einspielen von Updates, das gesamte Hosting etc. übernimmt Magento für Sie. Dadurch benötigen Sie keinerlei technisches Know-how, und Sie müssen Ihre Hosting-Infrastruktur nicht erweitern oder anpassen. Letztendlich mieten Sie sich einfach einen Account und können loslegen.

Gerade aufgrund der großen Datenmengen, die in Magento BI verarbeitet werden, ist diese von Magento gefahrene Strategie auch mehr als sinnvoll. Die Arbeit mit Daten ist enorm ressourcenintensiv. Würden Sie diese Operationen auf Ihrem eigenen Server bzw. auf Ihren eigenen Servern durchführen, würden Sie sicherlich die vorhandenen Ressourcen, d. h. Rechenkapazitäten, recht schnell aufstocken müssen. Auch wird dadurch die Leistung Ihres Systems, auf dem Magento betrieben wird, nicht beeinflusst. Es wäre fatal, wenn durch Reportings die Performance Ihres Online-Shops absacken und dadurch Nutzer beim Einkaufen behindern würde.

Insgesamt handelt es sich daher bei Magento BI um eine recht durchdachte, funktionsreiche und mächtige Reporting-Lösung, die auch für Sie interessant sein könnte. Nach diesem Kapitel sollten Sie zumindest eine solide Entscheidungsgrundlage haben, um diese Frage für sich entscheiden zu können. Denn im Gegensatz zu Magento Open Source werden Sie bei Magento Business Intelligence mit laufenden Kosten rechnen müssen. Daher ergibt die Nutzung von Magento BI auch nur dann Sinn, wenn Sie auf Grundlage von Zahlen und Fakten agieren und auch die Möglichkeit der Berichte und Datenaggregierung nutzen.

15.2 Einen neuen Magento-BI-Account erstellen

Genug der grauen Theorie, starten Sie mit der Nutzung von Magento BI, und legen Sie im ersten Schritt einen Account an. Auch wenn Magento BI kostenpflichtig ist, ich hatte das bereits auf den vorherigen Seiten erwähnt, können Sie für einen Testzeitraum einen komplett kostenfreien Account anlegen. Dadurch haben Sie die Möglichkeit, die Software kennenzulernen und zu entscheiden, ob Sie diese einführen oder die Einführung hintanstellen möchten.

Um einen Magento-BI-Account anzulegen, gehen Sie bitte auf die Produktseite von Magento BI, die Sie unter *https://magento.com/products/business-intelligence* finden. Wenn Sie etwas nach unten scrollen, werden Sie zum Button START FREE ESSENTIALS TRIAL kommen, auf den Sie an dieser Stelle klicken. Alternativ können Sie auch direkt die URL *https://dashboard.rjmetrics.com/v2/magento/signup* aufrufen.

Wenn Sie sich die genannte URL etwas genauer anschauen, werden Sie sich sicherlich über die Domain *rjmetrics.com* wundern. Der Hintergrund dieser Domain ist jedoch recht einfach erklärt. Bei Magento BI handelt es sich um keine Software, die Magento von Haus aus selbst entwickelt hat. Magento hat vor einigen Monaten ein Unternehmen namens rjmetrics übernommen, das eine Business-Intelligence-Software für Magento entwickelt hat. Aus der Lösung bzw. rjmetrics wurde dann Magento BI. Das bedeutet wiederum, dass an der einen oder anderen Stelle immer noch der alte Name rjmetrics auftaucht, was aber nicht weiter schlimm sein sollte. Übrigens ist die Übernahme meiner Meinung nach ein großer Vorteil. Denn Magento BI ist dadurch ein erprobtes und bewährtes Tool, das seit Jahren existiert. Es gibt so gesehen keine Kinderkrankheiten bzw. Probleme, die in frühen Versionen immer auftauchen.

Wenn Sie die oben genannte URL aufgerufen bzw. auf den Button geklickt haben, gelangen Sie in den ersten Schritt der Registrierung. An dieser Stelle müssen Sie den jährlichen Umsatz Ihres Online-Shops angeben. Magento kennt hierfür folgende Staffelpreise:

- 0–3 Millionen Dollar pro Jahr
- 3–10 Millionen Dollar pro Jahr
- 10–50 Millionen Dollar pro Jahr
- 50–150 Millionen Dollar pro Jahr
- Mehr als 150 Millionen Dollar pro Jahr

Kurz gesagt: Wenn Sie enorm erfolgreich sind, müssen Sie höhere Lizenzkosten bezahlen, als wenn Sie als Startup erst im E-Commerce starten. Die kleinste Stufe schlägt mit 100 Dollar pro Monat zu Buche, die höchste mit 1.000 Dollar pro Monat. Wohlgemerkt handelt es sich hierbei um die Lizenzkosten von Magento BI Essentials. Neben der Essentials-Variante gibt es noch weitere Editionen, die über einen größeren Funktionsumfang und eine höhere Anzahl an Nutzerlizenzen verfügen. Dadurch unterscheiden sich die Lizenzkosten wiederum von der gewählten Edition und dem generierten jährlichen Umsatz. Lassen Sie sich davon aber zum jetzigen Zeitpunkt nicht irritieren, und wählen Sie die kleinste Stufe. Bestätigen Sie die Auswahl, indem Sie auf den Button JOIN NOW klicken.

Im zweiten Schritt des Registrierungsprozesses, Sie sehen diesen in Abbildung 15.1, müssen Sie persönliche Daten hinterlegen. Neben der E-Mail-Adresse möchte Magento BI an dieser Stelle noch Ihren Vornamen, Nachnamen, Ihre Position sowie den Namen des Unternehmens wissen. Haben Sie diese Informationen ausgefüllt und die Geschäftsbedingungen bestätigt, klicken Sie bitte auf CREATE ACCOUNT.

Sie erhalten anschließend eine E-Mail samt Bestätigungslink, auf den Sie klicken müssen, um die Registrierung abzuschließen. Magento BI beginnt anschließend mit dem Setup Ihres Accounts, und Sie landen in einer weiteren Ansicht, in der Sie Daten hinterlegen müssen. Dabei geht es dieses Mal jedoch nicht um Ihre persönlichen Daten, sondern um Konfigurationseinstellungen von Magento BI. Im ersten Feld müssen Sie definieren, ob Sie Gastbestellungen zulassen oder ob das in Ihrem Online-Shop nicht möglich ist. Im Standard erlaubt Magento die Bestellung durch Gäste, d. h. ein Benutzerkonto ist nicht zwingend notwendig.

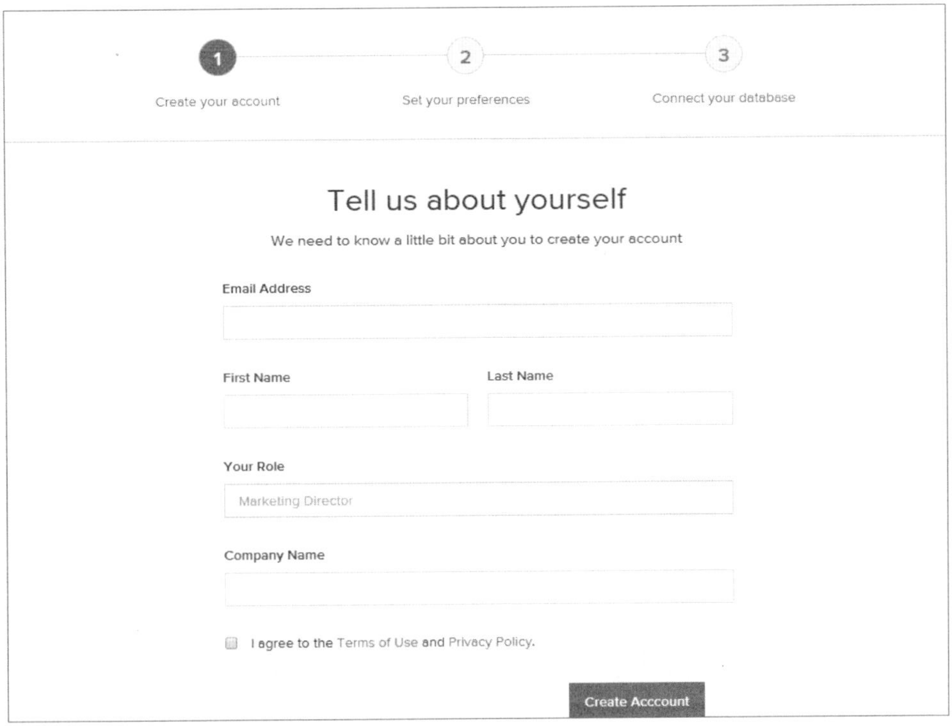

Abbildung 15.1 Im zweiten Schritt der Registrierung müssen Sie Ihre persönlichen Daten hinterlegen.

Mittlerweile ist dies im E-Commerce auch Best Practice, da man Kunden nicht dazu zwingen möchte, ein Kundenkonto anzulegen. Je nachdem wie Ihre Magento-Konfiguration aufgebaut ist, müssen Sie an dieser Stelle NO bzw. YES auswählen. In meinem Fall wähle ich die Option YES, da in meinem Magento-Online-Shop Gäste bestellen dürfen. Wenn Sie meine Konfigurationseinstellungen übernommen haben, dann müssten Sie an dieser Stelle dieselbe Auswahl wie ich treffen. Bei der Zeitzone, es handelt sich hierbei um die nächste Option, wählen Sie bitte den Eintrag EUROPE/BERLIN. Magento unterstützt mehrere Währungen, das haben Sie im Verlauf des Buches bereits gesehen. Für den korrekten Umgang mit den Zahlen und Werten muss Magento BI an dieser Stelle wissen, welche die führende Währung in Ihrem System ist. Sollten Sie keine weiteren Anpassungen vorgenommen haben, können Sie an dieser Stelle die Option EUR auswählen. Beim Start der Woche (in den USA ist in der Regel immer der Sonntag der Start der Woche) wählen Sie den Eintrag MONDAY und bei der verwendeten Magento-Version den Eintrag MAGENTO 2. Abschließend werden Sie noch gefragt, ob sich der Sitz Ihres Unternehmens in der Europäischen Union befindet, was Sie an dieser Stelle bestätigen. Aus Gründen des Datenschutzes ist letztere Option sehr wichtig, denn Magento BI erhält, das sehen Sie im Verlauf des Kapitels noch, recht viele Daten, und diese Daten sollen rechtlich korrekt abgelegt und abgespeichert werden. Wenn Sie sich in der EU befinden, haben Sie komplett andere Anforderungen an dieses Thema, als wenn Sie ein Geschäft in den USA betreiben. Magento BI wird Ihre Daten, sofern Sie in der EU aktiv sind, auch ausschließlich auf Systemen in der EU speichern und ablegen. Daher hat diese doch recht banale und fast schon unscheinbare Frage doch eine recht große Auswirkung, denn hiermit bestimmen Sie, ob Magento BI rechtssicher mit Ihren Daten umgeht. Sofern Sie die Optionen, die ich beschrieben habe, entsprechend hinterlegt haben, klicken Sie auf SAVE CUSTOMIZATION.

Sie gelangen daraufhin in den Schritt CONNECT YOUR MAGENTO DATABASE, und hier wird es nun richtig spannend! Da Magento BI im ersten Schritt Ihren Magento-Online-Shop als Datenquelle nutzt, müssen Sie Magento BI mit Ihrer Magento-Open-Source-Instanz verbinden. Dabei geht Magento BI direkt auf die Datenbank Ihrer Magento-Open-Source-Instanz und zieht sich auf dieser Ebene die benötigten Informationen. Oftmals kommt es zu Diskussionen, weshalb Magento BI direkt auf die Datenbank verbindet und nicht die Webservices von Magento Open Source nutzt. Das hängt letztendlich mit der Performance zusammen, denn bei den anvisierten Datenmengen wäre eine Nutzung der Webservices schlicht zu langsam. Aus diesem Grund muss Magento BI direkt auf Ihre Datenbank zugreifen und dort die vorhandenen Informationen auslesen.

Wie Sie in Abbildung 15.2 sehen, müssen Sie in der aktuell geöffneten Ansicht die Verbindungsdaten zu Ihrer MySQL-Datenbank angeben. Grundvoraussetzung hierfür ist ein MySQL-Server, der im Internet erreichbar ist und bei dem Sie von extern eine Verbindung herstellen können. Wenn Sie an dieser Stelle »nur« ein lokales Entwicklungssystem von Magento betreiben, werden Sie an diesem Punkt mit Ihren Zugangsdaten nicht weitermachen können, da Magento BI keine Verbindung zu Ihrem lokalen System herstellen kann. Damit Sie jedoch die nächsten Schritte nachvollziehen können, biete ich Ihnen an dieser Stelle an, die MySQL-Zugangsdaten zum Testsystem foodbaer.de zu nutzen. Dadurch binden Sie eine ebenfalls lauffähige Magento-Instanz an und Beispieldaten sind zudem ebenfalls enthalten. Alternativ hierzu können Sie aber natürlich auch sehr gern eigene Verbindungsdaten verwenden, sofern Sie einen MySQL-Server haben, der im Internet erreichbar ist und Verbindungen von außen zulässt.

Hinterlegen Sie im Feld INTEGRATION NICKNAME eine Bezeichnung für die Verbindung. Der Wert hat keine Auswirkung auf die Verbindung zur Datenbank, sondern soll Ihnen einfach einen Anhaltspunkt geben, worum es sich bei dieser Verbindung handelt. Ich verwende daher an dieser Stelle den Wert »Magento 2 System foodbaer.de«. Bei dem HOST müssen Sie die Adresse Ihres MySQL-Servers hinterlegen, in meinem Fall handelt es sich um die 176.28.33.177. Den PORT können Sie an dieser Stelle bei 3306 belassen, da es der MySQL-Standard-Port ist. Änderungen sollten Sie hier nur durchführen, wenn Sie sicher sind, dass Sie einen anderen Port verwenden müssen. Beim Benutzernamen tragen Sie den Namen Ihres MySQL-Benutzers ein, in meinem Fall handelt es sich um den Nutzer db12651274-10. Das Feld PASSWORD dürfte so weit klar sein, nutzen Sie an dieser Stelle gern meine Zugangsdaten, bei denen das Passwort »Magento2Rocks!« lautet. Beim Datenbanknamen müssen Sie den Namen der Magento-Datenbank hinterlegen, d. h. es geht hierbei nicht darum, eine frische und leere Datenbank als Quelle zu definieren. Magento BI benötigt an dieser Stelle den Namen der Datenbank, die Sie ebenfalls für Magento Open Source verwenden. Wenn Sie meine Datenbank nutzen möchten, verwenden Sie an dieser Stelle bitte den Wert »db12651274-10«. Abschließend haben Sie zudem die Möglichkeit, ein Präfix zu definieren. Das Präfix benötigen Sie an dieser Stelle nur, wenn Sie bereits bei der Installation von Magento ein Präfix definiert haben, daher sollte die Option in diesem Fall nicht relevant sein.

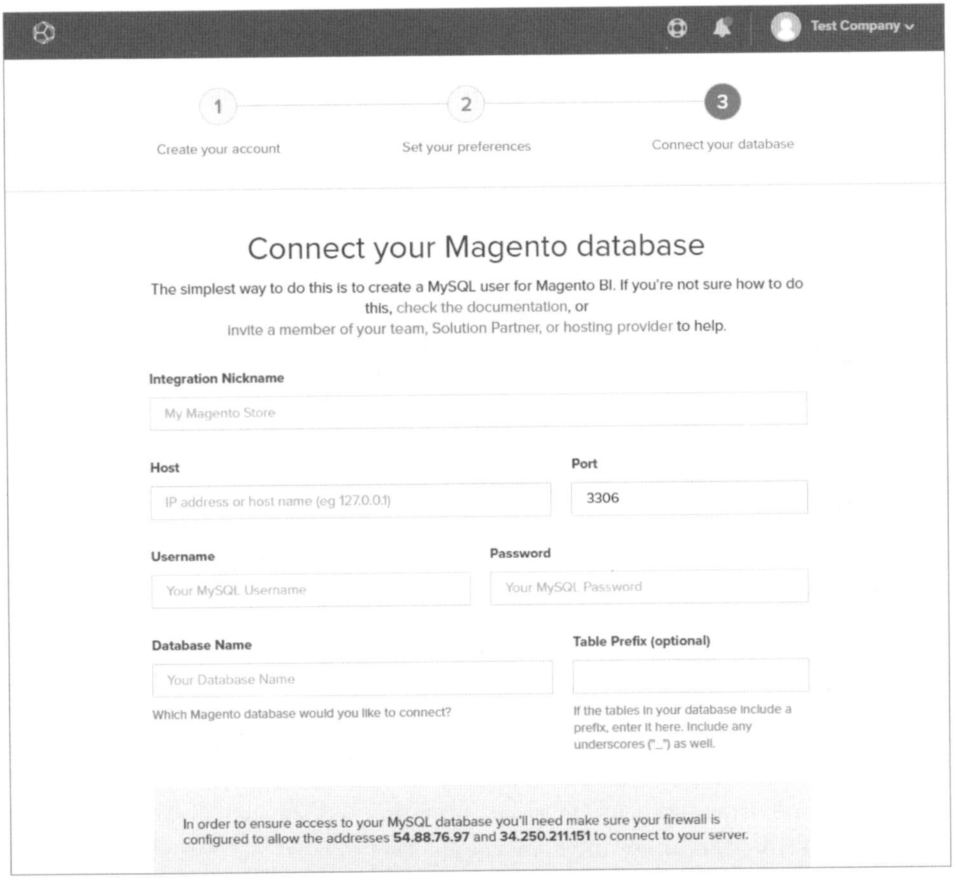

Abbildung 15.2 Um Magento Open Source mit Magento BI zu verbinden, müssen Sie die Zugangsdaten zur Datenbank hinterlegen.

Externe Verbindung einschränken

Normalerweise erlaubt man in der Konfiguration des MySQL-Servers keine externen Verbindungen. Letztendlich stellt es ein gewisses Sicherheitsrisiko dar, wenn man von extern eine Verbindung zu Ihrem Server herstellen kann. Normalerweise haben Anwendungen immer nur die Möglichkeit, auf den MySQL-Server zuzugreifen, wenn diese im selben Netzwerk betrieben werden. Sofern Ihr Webhoster die Option unterstützt, können Sie alle externen Verbindungen blockieren und nur Magento BI durchlassen. Hierfür müssen Sie nur die beiden IP-Adressen 54.88.76.97 sowie 34.250.211.151 auf die Whitelist setzen. Denn Magento BI lässt sich immer anhand dieser beiden IP-Adressen identifizieren.

Sobald Sie die MySQL-Verbindungsdaten definiert haben, scrollen Sie bitte weiter nach unten. Sie werden dort wieder Zeitzonen-Einstellungen vorfinden. Magento speichert von sich aus alle Daten und Uhrzeiten im UTC-Format. Wenn Sie eine Konvertierung durchführen möchten, können Sie Ihre gewünschte Zeitzone auswählen, die Konvertierung bezieht sich aber rein auf die Darstellung in Magento BI. Wenn Sie die Einstellungen wie in Abbildung 15.3 vornehmen, so würden alle Zeiten in der Zeitzone Europe/Berlin dargestellt werden, auch wenn diese in Magento in der Zeitzone UTC gespeichert sind.

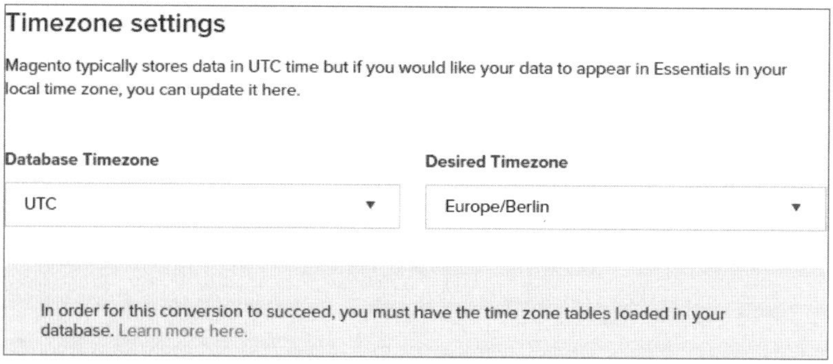

Abbildung 15.3 Magento BI ermöglicht, zumindest bei der Darstellung, eine Konvertierung der Zeitzonen.

Im nächsten Abschnitt namens ENCRYPTION SETTINGS haben Sie zudem die Möglichkeit, die Art der Verbindung zur MySQL-Datenbank zu definieren. Bislang gehe ich davon aus, dass Magento BI mittels eines externen MySQL-Nutzers direkt auf den MySQL-Datenbankserver verbindet, um so an die benötigten Daten zu kommen. Sie können, dafür existieren die ENCRYPTION SETTINGS, jedoch auch einen SSH-Tunnel oder eine VPN-Verbindung aufbauen lassen. Dadurch ist die Datenübertragung nochmals abgesichert, und Sie minimieren das potenzielle Sicherheitsrisiko. Sofern Sie SSH oder VPN nutzen möchten, ist jedoch eine weitere Rücksprache mit Ihrem Systemadministrator bzw. Webhoster notwendig, da in diesen Fällen definitiv Konfigurationsaufwände anfallen werden. Die simpelste und einfachste Methode ist daher an dieser Stelle der Zugriff per externen Datenbanknutzer. Wählen Sie bei den Encryption Settings daher den Eintrag None aus, und klicken Sie auf Save Integration. Magento BI beginnt daraufhin, die Verbindung zum MySQL-Datenbankserver zu testen. Dieser Vorgang kann einige Minuten dauern, Sie werden jedoch von Magento BI per E-Mail informiert, sobald der Vorgang abgeschlossen ist.

Gratulation, Sie haben nun Magento BI erfolgreich eingerichtet und mit Ihrem Magento-Online-Shop bereits die erste Datenquelle angebunden. Damit haben Sie erfolgreich den Grundstein für die Nutzung von Magento BI gelegt!

15.3 Magento-BI-Backend im Überblick

Nachdem Sie Ihren Magento-BI-Account erfolgreich eingerichtet haben, können Sie im nächsten Schritt das Magento-BI-Backend aufrufen. Sollten Sie das Browser-Fenster während des mehrminütigen Setup-Prozesses geschlossen haben, rufen Sie bitte die URL *https://dashboard.rjmetrics.com* auf, um in das Magento-BI-Backend zu gelangen. Ich möchte Ihnen zunächst eine kurze Einführung in die Oberfläche geben, sodass Sie sich im Verlauf der nächsten Seiten gut orientieren können und die Punkte finden, die ich im Text erwähne.

Magento BI verfügt über eine primäre Navigationsleiste, die Sie im oberen Bereich der Seite vorfinden (siehe Abbildung 15.4). Es ist die einzige Navigationsleiste, die im System besteht, und Sie erreichen alle Menüpunkte über diese eine Navigationsleiste.

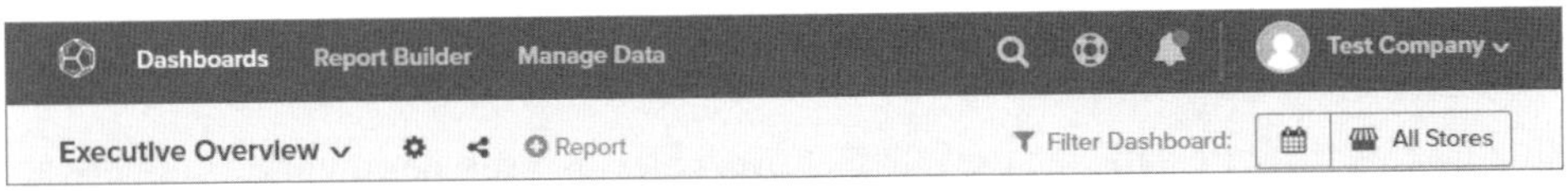

Abbildung 15.4 Die einzig vorhandene Navigationsleiste befindet sich im oberen Bereich der Seite.

Im Menüpunkt Dashboards, den Sie aktuell bereits aufgerufen haben, erhalten Sie einen Einblick in die vorhandenen Reports und Analysen. Magento BI bildet alle Berichte innerhalb des Dashboards ab, wobei Sie beliebig viele Dashboards anlegen können. Im Menüpunkt Report Builder, der Name ist an dieser Stelle recht aussagekräftig gewählt, können Sie neue Berichte erstellen und dem Dashboard zuweisen. Im dritten und letzten Bereich namens Manage Data können Sie sowohl Datenquellen pflegen als auch Filter und Metriken erstellen. Im Prinzip ist dieser Punkt die Systemkonfiguration, da er viele Verwaltungsfunktionen gruppiert.

Auf der rechten Seite der Navigationsleiste finden Sie darüber hinaus weitere Links und Menüs, die jedoch nichts mit der Software an sich zu tun haben. Wenn Sie auf das Lupen-Symbol klicken, können Sie das System durchsuchen. Geben Sie beispielsweise »Customer« ein, finden Sie Reports wie auch Metriken. Das Rettungsring-Icon verweist auf Support-Funktionen wie die Erstellung eines Tickets und enthält zudem ein Link zum offiziellen Hilfecenter unter *https://rjmetrics.zendesk.com*. Speziell als Magento-BI-Neuling hilft ein Blick in das Hilfecenter definitiv weiter, da dort viele Sachverhalte recht einfach und ohne ausschweifende Worte erklärt werden.

Neben dem Rettungsring-Icon finden Sie zudem ein Glocken-Symbol. Immer wenn es eine Meldung bzw. Notification innerhalb des Systems gibt, wird dieses Symbol entsprechend gekennzeichnet. Dadurch wissen Sie, dass irgendetwas passiert ist. Solange das Symbol jedoch grün ist, ist alles im grünen Bereich. Erst wenn Sie eine rote Kennzeichnung vorfinden, gibt es vermutlich mit einer Datenquelle ein Problem, und Sie sollten tiefer in die Details einsteigen.

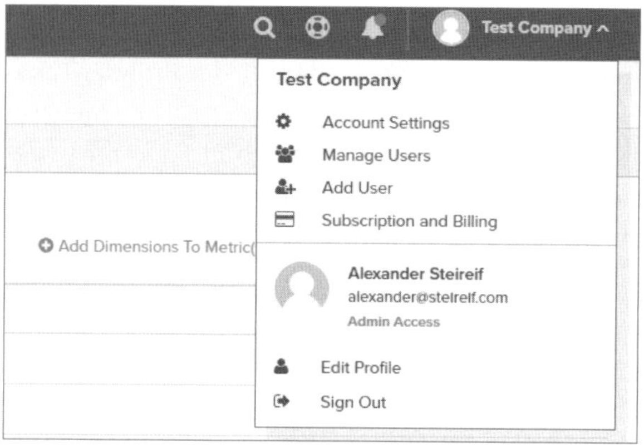

Abbildung 15.5 Sie können sowohl das eigene Benutzerkonto verwalten als auch neue Konten anlegen.

Zu guter Letzt gibt es am rechten Bildschirmrand noch die Benutzerkontenverwaltung, die Sie in Abbildung 15.5 ausgeklappt sehen. An dieser Stelle können Sie die allgemeinen Informationen Ihres Unternehmens editieren, Zahlungsdaten einsehen, neue Benutzer anlegen und bestehende Benutzer sowie Ihr Profil verwalten. Alles, was mit Benutzern und dem Thema Zahlungen zu tun hat, ist daher in diesem Menüpunkt gruppiert.

Magento BI bietet momentan nur eine englische Oberfläche

Aktuell können Sie leider die Sprache der Oberfläche nicht umstellen, d. h., Magento BI ist derzeit nur in englischer Sprache verfügbar. Ob sich das mittel- bis langfristig ändern wird, ist aktuell noch nicht absehbar. Dementsprechend werde ich im Verlauf des Kapitels an den jeweiligen Stellen immer auf die englischen Begrifflichkeiten verweisen. Sofern gewisse Stellen jedoch etwas tricky und schwer zu verstehen sind, werde ich diese selbstverständlich übersetzen bzw. erklären.

Weitere Navigationspunkte gibt es an dieser Stelle nicht, daher ist der grundlegende Aufbau von Magento BI recht einfach und simpel, und auch als Neuling werden Sie sich recht schnell im System zurechtfinden.

15.4 Datenquellen anbinden und überwachen

Wie eingangs erwähnt, lebt Magento BI von den unterschiedlichsten Datenquellen. Das heißt, im Gegensatz zu Google Analytics verfügt Magento BI nicht über eine Datenquelle, sondern über einen ganzen Datentopf, der sich aus mehreren Quellen speist. Wenn Sie nun neue Datenquellen hinzufügen möchten, klicken Sie bitte auf Manage Data • Data Sources • Integrations. Daraufhin erhalten Sie eine Übersicht über alle aktiven Datenquellen samt Status. Sie werden an dieser Stelle nun die Datenquelle »Magento 2 System foodbaer.de« vorfinden, die erfolgreich angebunden ist. Auch hier setzt Magento BI auf ein visuelles Feedback. Solange das Icon vor der Datenquelle grün ist, ist alles im Lot. Erst wenn Sie ein rotes Icon sehen, sollten Sie sich Gedanken machen und die Integration überprüfen. In dieser Ansicht erhalten Sie zudem weitere Informationen wie den letzten Zeitpunkt der Datensynchronisation, und Sie sehen darüber hinaus, ob aktuell eine Datensynchronisation läuft.

Um eine neue Datenquelle hinzuzufügen, klicken Sie auf den Button Add Integration, den Sie in der rechten oberen Ecke vorfinden. Sie gelangen daraufhin zur Übersichtsseite der momentan vorhandenen Integrationsmöglichkeiten, die Sie zudem in Abbildung 15.6 sehen.

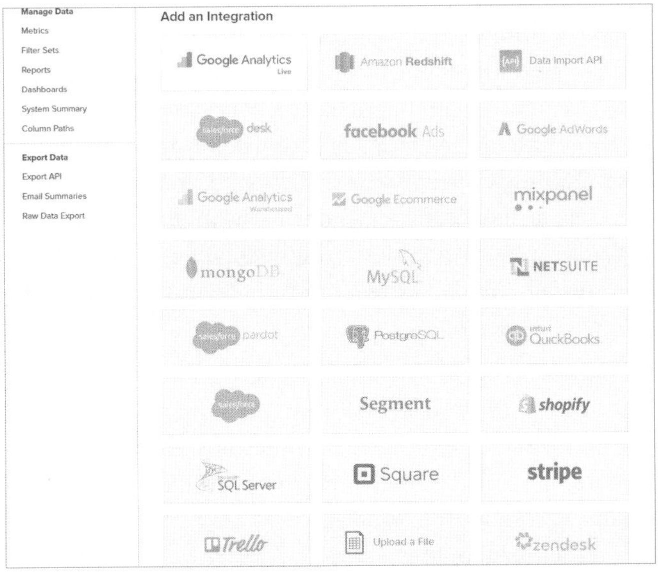

Abbildung 15.6 Aktuell unterstützt Magento BI eine Vielzahl von Anwendungen, die Sie mit wenigen Klicks integrieren können.

Bei den Integrationsmöglichkeiten können Sie zwischen Anbindungen an konkrete Softwarelösungen und Datenbanken bzw. Dateien differenzieren. Magento BI lässt sich z. B. mit wenigen Klicks an Google Analytics, Google AdWords, Zendesk oder Facebook Ads anbinden. Sie können jedoch auch direkt einen MySQL- oder MS-SQL-Server andocken. Auch der Import auf Basis von CSV-Dateien ist kein Problem, zudem stellt Magento BI eine API bereit. Sofern keine konkrete Anbindung an eine bestimmte Software vorhanden ist, ist das an dieser Stelle daher kein Ausschlusskriterium, da Sie im Zweifel direkt auf die Datenbank der Software gehen können. In der aufgeführten Liste werden Sie so auch kein Magento-Logo sehen, da es so gesehen keine direkte Magento-Integration gibt. Magento BI nutzt hierfür den Integrationstyp MySQL und verbindet sich direkt auf die MySQL-Datenbank von Magento, um an die benötigten Informationen zu kommen.

Als praxisnahes Beispiel möchte ich Ihnen an dieser Stelle die Anbindung an Google Analytics zeigen, da vermutlich Google Analytics immer angebunden werden wird. Klicken Sie hierzu einfach auf das Google-Analytics-Logo, das Sie ebenfalls in Abbildung 15.6 sehen. Anschließend werden Sie zu Google weitergeleitet, und Sie müssen sich mit Ihren Zugangsdaten anmelden.

Sofern die Anmeldung geklappt hat, fragt Google Analytics, ob Sie Magento BI den Zugriff auf die Daten gewähren möchten. Auch an dieser Stelle ist wieder von *rjmetrics.com* die Rede, gemeint ist jedoch Magento BI. Bestätigen Sie diese Frage, und klicken Sie auf ZULASSEN.

Sie landen wiederum in der Magento-BI-Oberfläche und erhalten eine Auflistung aller Profile, die in Ihrem Google-Analytics-Konto vorhanden sind. Wählen Sie nun bitte eines bzw. mehrere Profile aus, die Sie mit Magento BI verbinden möchten. In meinem konkreten Fall wähle ich an dieser Stelle das foodbaer.de-Profil, da mir dieses die Informationen aus dem Magento-Shop bereitstellt. Theoretisch könnten Sie später jedoch auch mehrere Profile haben, die für das Tracking der unterschiedlichen Sprachen und Versionen Ihres Online-Shops verantwortlich sind, daher handelt es sich an dieser Stelle um eine Mehrfachauswahl. Nach der Auswahl der Profile bzw. des Profils ist die Anbindung von Google Analytics erfolgreich abgeschlossen, und Ihr Magento-BI-System wird nun auch mit den Daten von Google Analytics gespeist.

Wie Sie sehen, ist die Anbindung zusätzlicher Dienste und Lösungen recht einfach. Bei Facebook haben Sie eine ähnliche Vorgehensweise, d. h., Sie authentifizieren sich mit Ihren Facebook-Daten und können die Datenquelle anschließend recht problemlos anbinden. Bei der Anbindung auf SQL-Ebene sieht es ähnlich aus. Hier müssen Sie in der Regel nur die Zugangsdaten zum SQL-Server hinterlegen und die Datenbank auswählen. Anschließend ist die Verbindung hergestellt, und Magento BI kann auf die im SQL-Server vorhandenen Daten zugreifen.

15.5 Metriken und Filter verwalten

Bevor Sie Reports erstellen, sollten Sie im nächsten Schritt, nachdem Sie weitere Datenquellen angebunden haben, einen Blick in den Bereich MANAGE DATA werfen. Dieser Abschnitt, der direkt unter dem Punkt INTEGRATIONS auftaucht, befindet sich ebenfalls in dem Hauptmenüpunkt namens MANAGE DATA.

Besonders wichtig im Abschnitt MANAGE DATA ist der Menüpunkt METRICS, auf den Sie an dieser Stelle bitte klicken. Im Punkt Metrics definieren Sie die Kennzahlen, auf die Sie wiederum in den Berichten zurückgreifen. In den Berichten, das sehen Sie später aber noch im Detail, können Sie ausschließlich auf Elemente aus dem Punkt Metrics zurückgreifen. Haben Sie an dieser Stelle jedoch keine Metriken angelegt, können Sie auch keine Berichte erstellen. Magento BI legt nach dem Setup direkt Metriken an, die Sie in Abbildung 15.7 sehen.

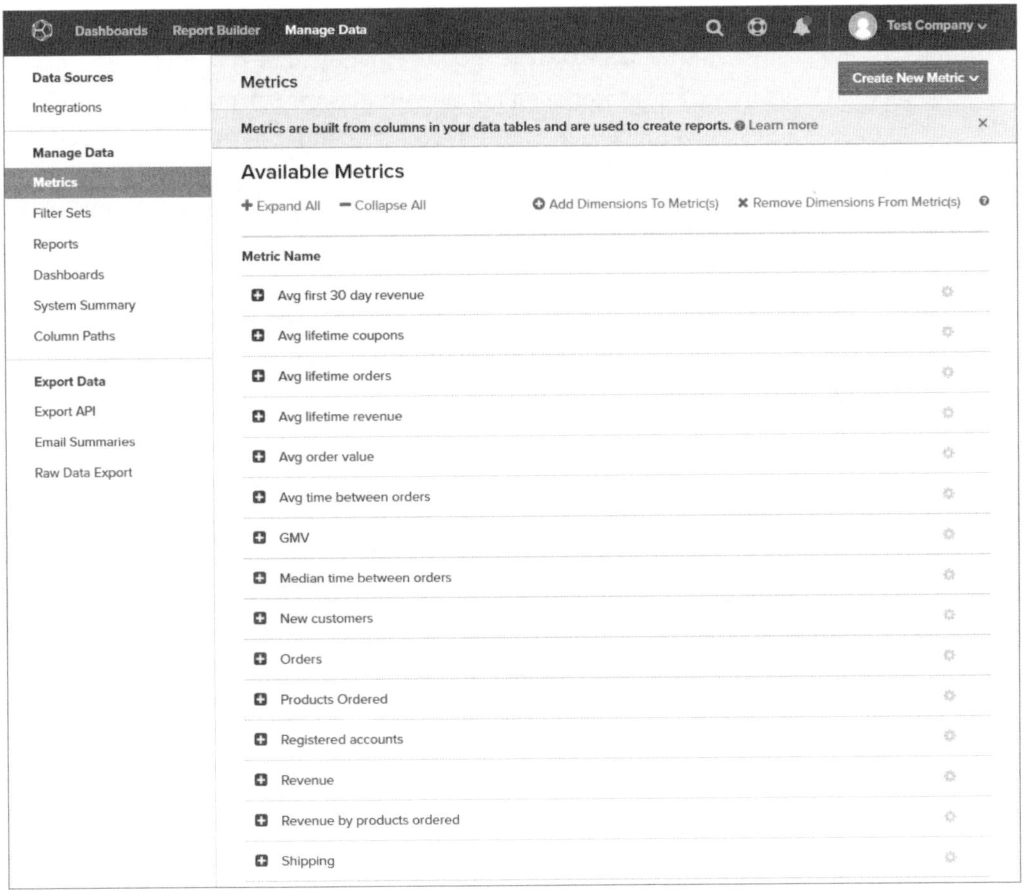

Abbildung 15.7 Metriken bilden die Grundlage für die Berichte, die innerhalb des Dashboards verwendet werden.

Hierbei handelt es sich um Einträge wie z. B. »Avg order value«. Die Intention ist sicherlich aufgrund des Namens klar. Sie möchten eine Metrik bereitstellen, die den durchschnittlichen Bestellwert abbildet. Später könnten Sie auf dieser Basis im Dashboard einen Bericht anlegen, der den durchschnittlichen Umsatz pro Bestellung in einem gewissen Zeitraum ausgibt. Um auf diese Information in einem Bericht zugreifen zu können, benötigen Sie als Basis jedoch erst einmal die Metrik.

Das mag auf den ersten Blick etwas komplex bzw. irritierend sein, ich zeige Ihnen jetzt jedoch im Detail, was ich damit meine. Klicken Sie bei dem Eintrag »Avg order value« auf das Zahnrad, das sich an der rechten Seite befindet, und in dem sich anschließend öffnenden Menü auf den Link EDIT. Daraufhin gelangen Sie zur Detailansicht dieser Metrik. An dieser Stelle wird nun definiert, wie der durchschnittliche Wert pro Bestellung tatsächlich errechnet wird, denn dieser liegt in dieser Form in Ihrem Magento-System überhaupt nicht vor. Daher müssen Sie an dieser Stelle zuerst die Logik entwickeln, damit dieser Wert überhaupt bereitgestellt werden kann.

Im ersten Schritt benötigt jede Metrik einen Namen, wobei Sie an dieser Stelle irgendeinen Wert bzw. Text hinterlegen können. In diesem Beispiel wurde der Name »Avg order value« verwendet, den Sie theoretisch abändern können. Nachdem Sie den Namen definiert haben, müssen Sie eine Aktion auswählen, d. h., was soll Magento BI an dieser Stelle mit welcher Tabelle tun. Da Sie sich für den durchschnittlichen Wert einer Bestellung interessieren, ergibt z. B. der Operator »Count« keinen Sinn, damit würden Sie die Anzahl der Bestellungen zählen. Jedoch ist an dieser Stelle der Operator »Average« genau richtig, denn dieser errechnet den Durchschnitt übermittelter Werte. Bei den Operatoren stehen Ihnen verschiedenste zur Verfügung, die Sie je nach Einsatzzweck verwenden können:

- Count
- Sum
- Average
- Maximum Value
- Minimum Value
- Count Distinct Values
- Median
- First Quartile
- Third Quartile
- Tenth Quartile
- Ninetieth Percentile

Die primäre Frage an dieser Stelle lautet immer, was genau Sie errechnen bzw. ermitteln möchten. Wenn Sie an dieser Stelle die Auswahl bei Average belassen, wissen Sie zumindest, dass Sie den Durchschnitt errechnen möchten. Im nächsten Schritt geben Sie nun an, wovon Sie den Durchschnitt errechnen. Hierfür müssen Sie die Tabelle der Datenbank und das spezifische Datenbankfeld angeben. Beim durchschnittlichen Umsatz einer Bestellung ist als Tabelle »sales_order« hinterlegt, da dort alle in Magento gespeicherten Bestellungen vorhanden sind. Diese Tabelle enthält viele Spalten, wobei in diesem Szenario nur die Spalte BASE_GRAND_TOTAL relevant ist, denn diese enthält die Bestellumsätze inkl. Steuer.

Sie müssen sich mit der Struktur der Magento 2-Datenbank beschäftigen

Damit Sie die Metriken erstellen können, brauchen Sie ein solides Wissen bezüglich der Datenbankstruktur von Magento. Sie müssen wissen, welche Tabellen existieren und aus welchen Spalten die verschiedensten Tabellen bestehen. Letztendlich benötigen Sie dieses Wissen, um einschätzen zu können, aus welcher Spalte bzw. Tabelle die benötigten Werte herangezogen werden können.

Würden Sie an dieser Stelle anstelle von BASE_GRAND_TOTAL z. B. die Spalte BASE_SHIPPING_AMOUNT auswählen, so würden Sie nachgelagert die durchschnittlichen Versandkosten errechnen. Die im ersten Schritt ausgewählte Operation wird daher auf die in diesem Schritt ausgewählte Spalte angewandt, ganz gleich, welche Information dort hinterlegt ist.

Sollten Sie die Ergebnismenge noch stärker eingrenzen wollen, stehen Ihnen zudem Filter zur Verfügung. Beispielsweise könnten Sie nur Bestellungen berücksichtigen, die nicht storniert wurden. Bei den Filtern haben Sie zudem die Möglichkeit, auf zentral definierte Filter zurückzugreifen oder für jede Metrik individuelle Filter zu erstellen. Die Kombination mehrerer Filter ist natürlich möglich und auch an vielen Stellen sinnvoll.

Filter Sets helfen bei der Verwaltung von zentralen Datenfiltern

Theoretisch könnten Sie bei jeder Metrik einen individuellen Filter erstellen. Oftmals benötigen Sie bei den verschiedenen Metriken jedoch identische Filter, z. B. sollen immer nur bezahlte und ausgelieferte Bestellungen berücksichtigt werden. Um dies abzubilden, müssen Sie nicht bei jeder Metrik den identischen Filter erstellen, sondern können zentral im Punkt FILTER SETS die benötigten Filter definieren und anschließend in der jeweiligen Metrik nutzen.

Nachdem Sie die Filter definiert haben, an dieser Stelle müssen Sie keine weiteren Anpassungen vornehmen, sehen Sie als nächsten Bereich die Dimensionen. Magento BI stellt an dieser Stelle alle Spalten aus der ausgewählten Tabelle dar. Diese Spalten wiederum können Sie anhaken und somit als Dimension verwenden. Beispielsweise existiert in der ausgewählten Tabelle die Spalte BASE_CURRENCY_CODE.

Wenn Sie diese Spalte als Dimension verwenden, können Sie später den durchschnittlichen Umsatz pro Bestellung anhand der Währung darstellen, da in der Spalte BASE_CURRENCY_CODE die Währung definiert ist. Würden Sie die Spalte BILLING_ADDRESS_COUNTRY als Dimension hinzufügen, könnten Sie den durchschnittlichen Bestellumsatz anhand der Länder darstellen. Dimensionen sind immer dann wichtig, wenn Sie nicht nur das nüchterne Ergebnis betrachten möchten, sondern dieses nochmals untergliedern wollen.

Abschließend haben Sie noch die Möglichkeit, die Rechte für diese Metrik einzuschränken, wenn Sie einem bestimmten Nutzer diese Metrik nicht zur Verfügung stellen möchten. Zudem können Sie sich anzeigen lassen, in welchen Reports diese Metrik verwendet wird. In diesem konkreten Beispiel, das Sie in Abbildung 15.8 sehen, wird die Metrik in zwei Dashboards und insgesamt sechs Reports verwendet. Die Relationen und Abhängigkeiten sind immer dann interessant, wenn Sie die Logik einer Metrik anpassen und anschließend nachprüfen wollen, ob die Reports dadurch negativ beeinflusst wurden. So sehen Sie direkt, welche Reports Sie prüfen müssen.

So wie Sie bestehende Metriken einsehen und editieren können, haben Sie natürlich auch die Möglichkeit, komplett neue Metriken zu erstellen. Klicken Sie hierzu auf der Seite METRICS einfach auf den grünen Button namens CREATE NEW METRIC. Daraufhin müssen Sie eine Tabelle auswählen, die Sie als Basis bzw. Grundlage für die Metrik verwenden möchten. Wählen Sie an dieser Stelle als kleines Beispiel die Tabelle CUSTOMER_GROUP aus.

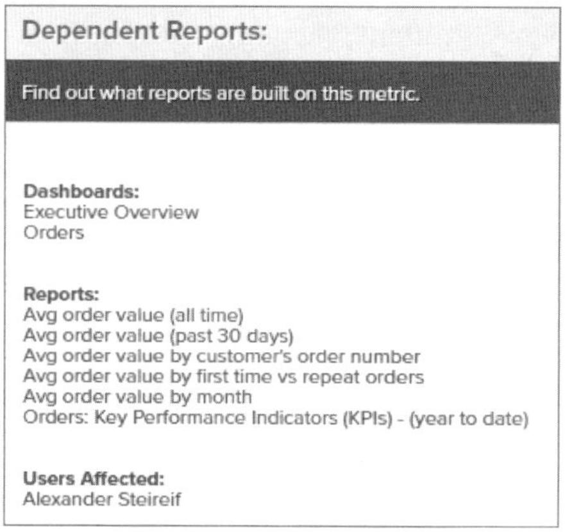

Abbildung 15.8 An welcher Stelle die Metrik verwendet wird, sehen Sie, wenn Sie an das Ende der Seite scrollen.

Daraufhin sehen Sie dieselbe Ansicht, die Sie bei der Editierung einer Metrik erhalten haben. Im ersten Schritt müssen Sie einen Namen hinterlegen und eine Operation, z. B. Sum, auswählen. Die Tabelle haben Sie bereits definiert, also müssen Sie als letzten Schritt nur noch die Spalte auswählen, auf die sich Ihre Operation bezieht. Weiterhin können Sie Filter und Dimensionen wählen und die Metrik anschließend speichern und verwenden.

Beachten Sie bitte an dieser Stelle, dass der Funktionsumfang der Essentials-Version, die Sie an dieser Stelle verwenden, im Vergleich zu den anderen Editionen etwas eingeschränkter daherkommt. Aus diesem Grund konnten Sie bei den Tabellen auch nicht auf alle in Magento vorhandene Tabellen zurückgreifen und erhalten bei der Tabelle CUSTOMER_GROUP ebenfalls eine limitierte Auswahl der Spalten. Die Essentials-Version, der Name impliziert das bereits, konzentriert sich auf einen minimalen Umfang, dementsprechend müssen Sie an der einen oder anderen Stelle Einschränkungen hinnehmen. In den größeren Versionen von Magento BI bestehen diese Einschränkungen hingegen nicht, d. h., es handelt sich an dieser Stelle nicht um eine technische Limitierung, sondern eine Limitierung aufgrund des Lizenzmodells. Lassen Sie sich aber von dieser Tatsache nicht irritieren, letztendlich möchte ich Ihnen in diesem Kapitel einen Überblick über Magento BI geben, auch wenn es an der einen oder anderen Stelle mit gewissen Limitierungen behaftet ist.

Neben der Definition der Metriken können Sie zudem im Punkt Manage Data auch die sogenannten Filter Sets erstellen und verwalten. Filter Sets sind letztendlich Filter, die Sie bei der Erstellung bzw. Überarbeitung von Metriken verwenden können. Diese ersparen Ihnen in der Praxis viel Arbeit, da Sie nicht immer bei jeder Metrik denselben Filter manuell erstellen müssen. Klicken Sie nun bitte auf den Punkt Filter Sets, woraufhin Sie eine Auflistung wie in Abbildung 15.9 erhalten sollten.

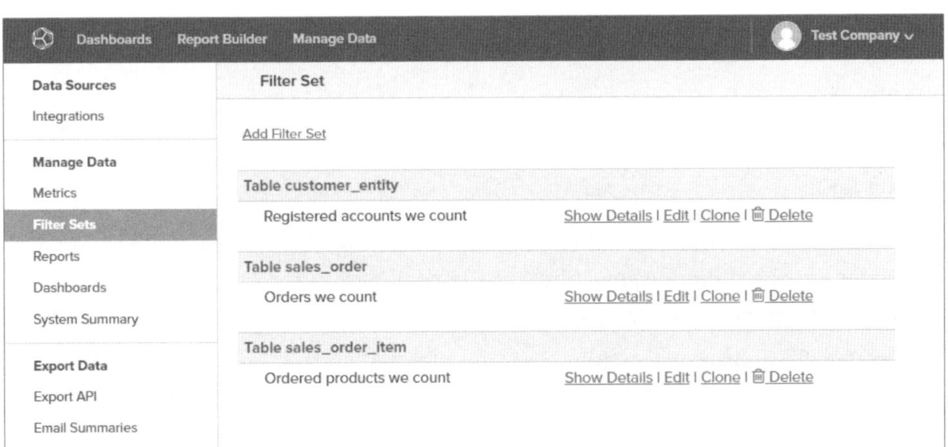

Abbildung 15.9 Filter können auf Metriken angewendet werden, um die Ergebnismenge einzugrenzen.

Innerhalb dieser Ansicht können Sie ein neues Filter Set erstellen oder bestehende Filter Sets editieren. Klicken Sie beim Filter Set Orders we count auf Edit. Sie gelangen daraufhin zur Detailansicht und sehen als erstes Feld den Filter-Set-Namen. Auch hier können Sie im Prinzip irgendeinen beliebigen Wert hinterlegen, mit dem Sie persönlich die Funktion des Filters assoziieren. Interessant wird es letztendlich, hierfür müssen Sie ein wenig nach unten scrollen, im Bereich CURRENT FILTERS. Denn aktuell besitzt dieses Filter Set noch keinerlei Filter, Sie können aber beliebige hinzufügen. Unter der Überschrift »Add a filter« müssen Sie zuerst eine Spalte aus der Tabelle »sales_order« auswählen. Die Tabelle können Sie bei einem angelegten Filter Set nachträglich nicht mehr editieren, d. h., Sie müssten das Filter Set löschen und ein neues anlegen. Bei der Anlage geben Sie dabei die Tabelle an, die anschließend festgelegt wird. Möchten Sie zukünftig bei der Nutzung dieses Filter Sets nur abgeschlossene Bestellungen berücksichtigen, wählen Sie bitte den Eintrag STATUS, den Operator = und den Wert COMPLETE. Dadurch berücksichtigen Sie nur diejenigen Bestellungen, die in der Spalte Status den Wert complete besitzen. Bei den Operatoren stehen Ihnen zudem alle relevanten Möglichkeiten zur Verfügung wie:

- != (ungleich)
- > (größer)
- >= (größer gleich)
- < (kleiner)
- <= (kleiner gleich)
- = (gleich)
- IN
- IS
- IS NOT
- LIKE
- NOT IN
- NOT LIKE

Wie erwähnt, kann ein Filter Set zudem aus mehreren Filtern bestehen. Einzig muss sich jeder Filter auf die ausgewählte Tabelle beziehen, d. h., an dieser Stelle können Sie nicht mit Verweisen arbeiten.

Neben der Bearbeitung bestehender Filter Sets haben Sie zudem die Möglichkeit, komplett neue Filter Sets zu erstellen. Dies können Sie tun, indem Sie in der Ansicht FILTER SETS auf den Link ADD FILTER SETS klicken. Magento BI fragt Sie daraufhin, auf welche Tabelle sich das Filter Set beziehen soll, wobei Ihnen auch an dieser Stelle die Tabellen *customer_entity*, *customer_group*, *sales_order*, *sales_order_address*, *sales_order_item* sowie *store* zur Verfügung stehen. Haben Sie eine der Tabellen ausgewählt, können Sie nachgelagert erneut die Spalten zur Filterung auswählen und das Filter Set speichern.

15.6 Berichte erstellen und verwalten

Lernen Sie jetzt das Herzstück von Magento BI kennen, die Berichte. Von Haus aus sind bereits einige Berichte vorhanden, die Sie später in den Dashboards nutzen können. Wenn Sie die bestehenden Berichte einsehen wollen, klicken Sie bitte auf MANAGE DATA • REPORTS. Daraufhin erhalten Sie eine Auflistung aller im System vorhandenen Berichte, die Sie an dieser Stelle löschen, aber nicht bearbeiten können. Insgesamt wird Magento BI mit 83 Berichten ausgeliefert, d. h., auch ohne die Entwicklung individueller Berichte stehen Ihnen eine Vielzahl von Reports bereit, die Sie direkt ohne Umwege nutzen können.

Um neue Berichte zu erstellen, klicken Sie in der Hauptnavigation auf den Link REPORT BUILDER. Sie gelangen daraufhin zu einem Auswahlmenü, in dem Sie sich zwischen dem Visual Report Builder und dem SQL Report Builder entscheiden müssen. Bei Letzterem können Sie Berichte direkt auf Basis von SQL-Statements erstellen. Dadurch haben Sie eine enorme Flexibilität und können zudem recht schnell Berichte erstellen. Der Nachteil an dieser Variante ist jedoch, dass Sie sich sehr gut mit SQL auskennen müssen. Da die Nutzer in der Regel aber eher rudimentäre Kenntnisse in Sachen SQL haben, stellt der Visual Report Builder die bessere Option dar. Denn dieser ermöglicht die grafische Entwicklung von Berichten ganz ohne Kenntnisse in Sachen SQL. Klicken Sie daher, um in den nächsten Schritt zu gelangen, beim Visual Report Builder auf den Button CREATE REPORT.

Magento BI lädt daraufhin eine leere Oberfläche, wobei Sie auf der linken Seite die Möglichkeit haben, mittels eines Buttons bzw. Dropdown-Menüs eine Metrik auszuwählen. Wählen Sie nun bitte den Eintrag »Avg order value« aus. Nachdem Sie auf den Eintrag geklickt haben, erscheint an der vormals leeren Stelle auf der rechten Seite ein Chart, das wie in Abbildung 15.10 aussehen muss.

Magento BI teilt die aktuell geöffnete Ansicht in zwei Bereiche. Auf der linken Seite haben Sie die Metriken und Formeln, auf der rechten Seite das daraus resultierende Ergebnis. Sie haben nun auch die Möglichkeit, weitere Metriken und Formeln hinzuzufügen. Klicken Sie bitte erneut auf den Button bzw. das Dropdown-Menü ADD METRIC, und fügen Sie die Metrik ORDERS hinzu. Diese Metrik zeigt Ihnen die Anzahl der Bestellungen in einem bestimmten Zeitraum an. In Summe haben Sie aktuell daher zwei Metriken und daraus resultierend auf der rechten Seite zwei visuell dargestellte Daten in Abhängigkeit von der Zeit. Sie sehen die Anzahl der Bestellungen pro Monat sowie den durchschnittlichen Bestellumsatz pro Monat. Im Juni gab es in meinem Online-Shop acht Bestellungen, der durchschnittliche Bestellumsatz lag bei 81,92 €, und im Juli lag dieser bei 74 €, wobei nur eine Bestellung generiert wurde.

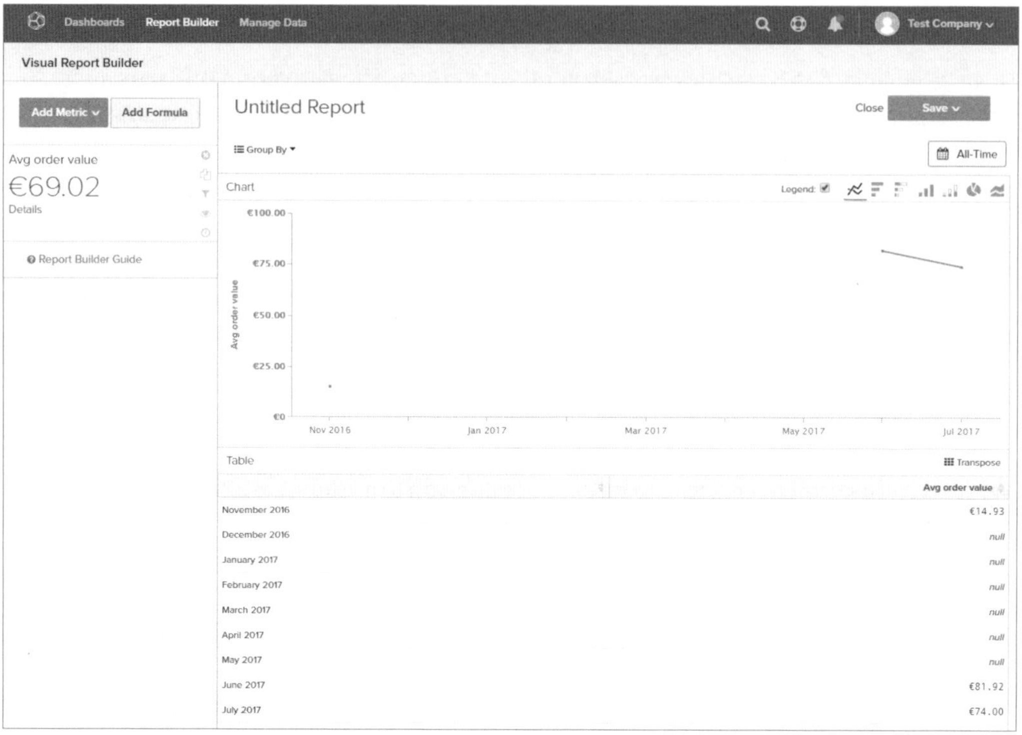

Abbildung 15.10 Nachdem Sie eine Metrik zum Bericht hinzugefügt haben, erscheinen die Werte im rechten Bereich der Bildschirmhälfte.

Zusätzlich zu den von Ihnen bzw. Magento BI definierten Metriken können Sie nun auch auf die von Google Analytics bereitgestellten Informationen zurückgreifen. Klicken Sie hierfür auf den Button bzw. das Dropdown-Menü ADD METRIC, und wählen Sie im Punkt GOOGLE die Kennzahl PAGE VIEWS aus. Zugegebenermaßen ergibt die von mir getroffene Auswahl an dieser Stelle nicht viel Sinn, da in Google Analytics noch keine Daten enthalten sind. Ich möchte Ihnen an dieser Stelle aber auch nur demonstrieren, wie Sie vorgehen müssten, wenn Sie tatsächlich auf ein mit Daten gefülltes Google-Analytics-Konto zugreifen könnten. Nachdem Sie die Änderungen durchgeführt haben, müssten Sie auf der linken Seite drei Einträge vorfinden, so wie Sie diese auch in Abbildung 15.11 sehen.

Zusätzlich haben Sie nun bei den Metriken noch die Möglichkeit, diese einzugrenzen und Filter anzuwenden. Fahren Sie hierzu mit der Maus über die Metrik, woraufhin kleine Icons eingeblendet werden. Diese Icons ermöglichen Ihnen das Löschen der Metrik – natürlich nur an dieser Stelle aus dem Report und nicht grundsätzlich –, das Kopieren, das Eingrenzen durch Filter, die Anpassung der Perspektive und das Setzen von Zeiteinstellungen.

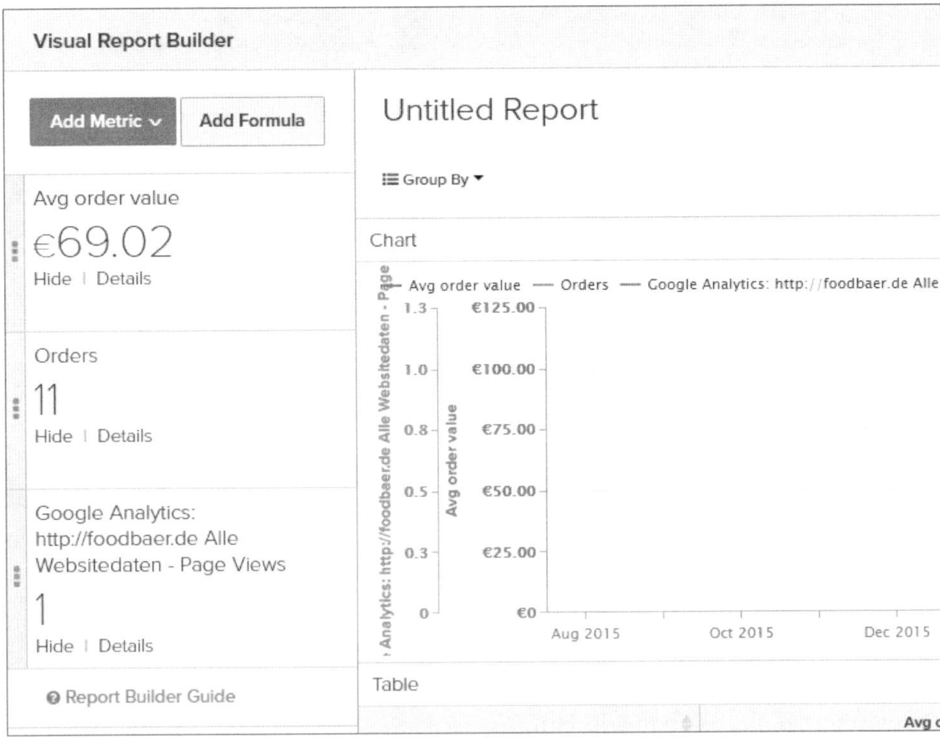

Abbildung 15.11 Pro Bericht lassen sich beliebig viele Metriken hinzufügen.

Wenn Sie auf das Icon »Filters« klicken, erscheint im rechten Bereich des Bildschirms ein weiteres Menü, in dem Sie Filter hinzufügen können. Die Logik an dieser Stelle ist recht simpel, Sie können auf Spalten der Datenbank zurückgreifen und mittels des Operators einen Filter erstellen. Vom Grundgedanken her gehen Sie exakt wie bei den Filtern innerhalb eines FILTER SETS vor. Bei der Perspektive können Sie zudem den »Blick auf die Daten« einstellen, d. h. ob Sie gegebenenfalls eine zurückliegende Periode betrachten möchten, ob Sie kommutierte Werte bevorzugen etc. Bei den Einstellungen bezüglich der Zeit können Sie zudem eine Zeitspanne auswählen. Sehen Sie an dieser Stelle von einer Filterung, dem Wechsel der Perspektive und von einer zeitlichen Limitierung ab, und belassen Sie die Auswahl im Standard.

Neben der Möglichkeit, bestehende Metriken hinzuzufügen, können Sie zudem mit Formeln arbeiten. Wenn Sie nochmals einen Blick auf Abbildung 15.11 werfen, werden Sie neben dem grünen Button ADD METRIC einen grauen Button ADD FORMULA sehen. Klicken Sie jetzt bitte auf ADD FORMULA. Nachdem Sie auf den Button geklickt haben, werden im rechten Bereich ein Eingabefeld und die möglichen Inhalte angezeigt. Werfen Sie hierzu einen Blick auf Abbildung 15.12.

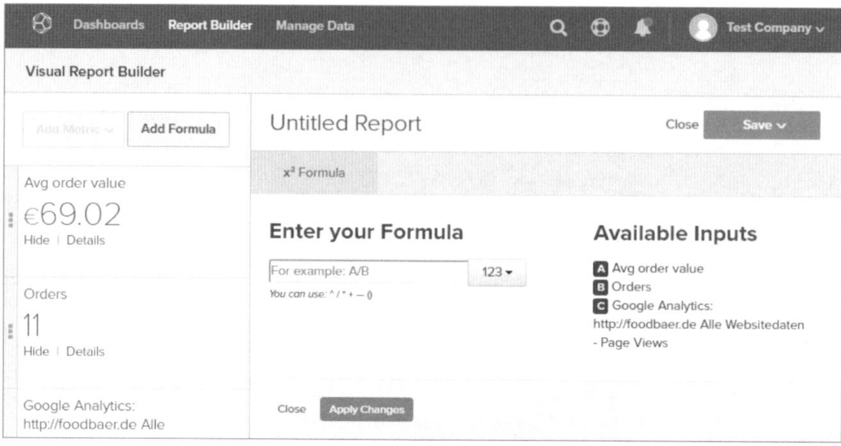

Abbildung 15.12 Neben Metriken können Sie zusätzlich auf Formeln zurückgreifen.

Auf der rechten Seite sehen Sie die möglichen Inhalte, gekennzeichnet durch A, B und C. Hierbei handelt es sich um die Ergebnisse, die aus den hinzugefügten Metriken bereitgestellt werden. Hätten Sie fünf Metriken hinzugefügt, hätten Sie also noch die möglichen Inhalte D und E. Auf der linken Seite, direkt unter der Überschrift ENTER YOUR FORMULA können Sie nun eine beliebige Berechnung auf Basis der zur Verfügung stehenden Inhalte durchführen. Beispielsweise können Sie mit folgender Formel den Gesamtumsatz pro Monat berechnen: A * B. Wenn Sie A * B in das Feld, das Sie in Abbildung 15.12 sehen, eintragen, nimmt Magento die Anzahl der Bestellungen und multipliziert diese mit dem durchschnittlichen Bestellumsatz. Als Endergebnis entsteht der Gesamtumsatz. Natürlich können Sie an dieser Stelle nicht nur Multiplikationen durchführen, sondern haben auch die Möglichkeit, komplexe Formeln zu hinterlegen. Sobald Sie eine Formel erstellt haben, klicken Sie bitte auf APPLY CHANGES. Daraufhin wird die Formel in der linken Bildschirmhälfte wie eine Metrik behandelt, und Sie sehen die visualisierten Daten in der rechten Bildschirmhälfte.

Gegebenenfalls fragen Sie sich, warum Sie überhaupt Formeln benötigen. Grundsätzlich besteht immer die Situation, dass gewisse Werte nicht in der Datenbank vorliegen und errechnet werden müssen. Im Fall des Gesamtumsatzes ist dies zwar nicht der Fall, aber beispielsweise wissen Sie, dass Sie immer eine Retourenquote von 10 % haben. Auf dieser Basis könnten Sie Umsätze um 10 % verringern, ohne die realen Zahlen tatsächlich speichern zu müssen. Auch könnten Sie auf Basis der Webanalyse-Daten aus Google Analytics die entgangene Bestellsumme durch stehengelassene Warenkörbe auf Basis einer Formel hochrechnen. Die Möglichkeiten sind vielseitig, und Sie werden, wenn Sie denn auf Magento BI setzen, die Formeln häufiger verwenden, als Ihnen am Anfang bewusst ist.

Nachdem ich Ihnen primär den linken Bereich dieser Ansicht gezeigt habe, möchte ich nun noch auf die rechte Bildschirmhälfte eingehen. Ganz oben in der Ansicht steht, das sollte bei Ihnen auch der Fall sein, die Bezeichnung UNTITLED REPORT, die Sie per Klick auf diese Stelle ändern können. Geben Sie hier dem Bericht einfach den Namen »Test«, sodass Sie ihn später recht einfach identifizieren können. Direkt unter dem Namen des Berichts erscheint direkt die Visualisierung, die Sie in Abbildung 15.13 sehen.

Abbildung 15.13 Bei der Visualisierung stehen verschiedene Optionen zur Verfügung, wie Sie direkt unter dem Date-Picker sehen können.

Grundsätzlich können Sie die Visualisierung des Charts anpassen. In diesem Fall ergeben zugegebenermaßen die Linien am meisten Sinn, Sie können jedoch auch auf ein Torten- bzw. Balkendiagramm zurückgreifen. Zudem lässt sich auch der Zeitraum einschränken. Magento BI schlägt mir den Zeitraum 2015 bis heute vor, wobei dieser Zeitraum viel zu lang gewählt ist. Aus diesem Grund entscheide ich mich für eine Eingrenzung auf das Jahr 2017. Neben der Möglichkeit, eine Zeitspanne anzugeben, besteht zudem die der Perioden-Auswahl. Momentan ist die Staffelung monatlich, Sie könnten jedoch auch auf eine stündliche, tägliche, wöchentliche, quartalsweise oder jährliche Periode wechseln. Monatlich ist in dieser Form okay, weswegen ich die Einstellung beibehalte. Wenn Sie diese Änderungen durchführen, wird sich automatisch die Visualisierung des Berichts anpassen, wie Sie in Abbildung 15.14 sehen.

Abbildung 15.14 Durch die Einschränkung des Zeitraums ändert sich automatisch das Chart.

Ergänzend haben Sie übrigens an dieser Stelle noch die Möglichkeit, eine Gruppierung der Werte vorzunehmen. Dies können Sie mittels des Dropdown-Menüs GROUP BY, das sich in der linken oberen Bildschirmhälfte befindet, tun. Direkt unter dem Chart liefert Magento BI zudem eine Tabelle mit allen Informationen und Werten aus. Sie sehen diese in Abbildung 15.15.

Table — Transpose

	Avg order value	Orders	Google Analytics: http://foodbaer.de Alle Websitedaten - Page Views	Untitled
January 2017	null	null	0	null
February 2017	null	null	0	null
March 2017	null	null	0	null
April 2017	null	null	0	null
May 2017	null	null	0	null
June 2017	€81.92	8	0	655.40
July 2017	€74.00	1	1	74

Abbildung 15.15 Neben der Visualisierung bzw. dem Chart steht zudem eine Tabelle mit allen Informationen zur Verfügung.

Aufgelistet werden nochmals alle Werte sowie Informationen wie die Zeitachse, die sich aus den von Ihnen hinzugefügten Metriken ergeben. Zur Validierung, speziell bei durch Formeln errechneten Werten, eignet sich die Tabelle meiner Meinung nach wesentlich besser als das Chart, da Sie die Werte viel schneller erfassen können.

Klicken Sie nun auf den Button SAVE, da Sie an dieser Stelle keine weiteren Einstellungen und Anpassungen vornehmen müssen. Nachdem Sie auf den Button geklickt haben, fragt Sie Magento BI, ob Sie den Chart bzw. die Tabelle oder die einzelnen Zahlen zum Dashboard hinzufügen möchten, und wenn Sie sich hierbei entschieden haben, zu welchem Dashboard Sie den Bericht hinzufügen möchten. Ich denke, der Unterschied zwischen Chart und Tabelle ist an dieser Stelle bekannt. Entweder Sie integrieren die grafisch visualisierten Werte oder die Werte in Tabellenform in das Dashboard. Alternativ hierzu könnten Sie sich aber auch die Kennzahl aus der Metrik picken und nur diese zum Dashboard hinzufügen. Denken Sie an dieser Stelle z. B. an die Anzahl der Bestellungen. Vermutlich brauchen Sie dafür kein Chart und keine Tabelle, Sie wollen einfach die nackte Zahl auf dem Dashboard sehen. Für diese Zwecke wäre diese Wahl also sinnvoll. Beim Dashboard können Sie an dieser Stelle einfach den Eintrag EXECUTIVE OVERVIEW auswählen und daraufhin auf SAVE TO DASHBOARD klicken.

Mit dieser letzten Tätigkeit haben Sie erfolgreich einen Bericht erstellt und einem im System vorhandenen Dashboard hinzugefügt!

15.7 Dashboards anlegen, einsehen und verwalten

Nachdem Sie nun gesehen haben, wie Sie in Magento BI Metriken und Filter erstellen sowie Datenquellen anbinden, möchte ich Ihnen natürlich auch den Umgang mit den Berichten bzw. Dashboards im Detail zeigen. Grundsätzlich müssen Sie, um einen Bericht einzusehen, ein Dashboard anlegen und diesen Bericht einem Dashboard zuweisen. Die reine Anlage eines Berichts reicht also nicht aus, um diesen einzusehen. Sie benötigen in jedem Fall immer ein Dashboard, das diesen Bericht einbindet. Klicken Sie nun in der Hauptnavigation auf den Link DASHBOARD, um zu den DASHBOARDS zu gelangen.

Sobald die Seite geladen ist, werden Sie eine Vielzahl von Charts, Tabellen und Kennzahlen sehen. Das sogenannte EXECUTIVE OVERVIEW DASHBOARD, in dem Sie sich aktuell befinden, hat von Haus aus bereits Berichte zugewiesen bekommen, weswegen Sie, ähnlich wie in Abbildung 15.16, die verschiedensten Elemente sehen sollten. Da es sich um eine Vielzahl von dem Dashboard zugewiesenen Berichten handelt, sehen diese zum Teil sehr unterschiedlich aus. Der Bericht, der Ihnen auf den ersten Blick auffallen sollte, befindet sich direkt in der oberen linken Ecke und trägt den Namen »Test«. Hierbei handelt es sich exakt um den Bericht, den Sie einige Seiten zuvor erstellt und dem Executive Overview Dashboard zugewiesen haben.

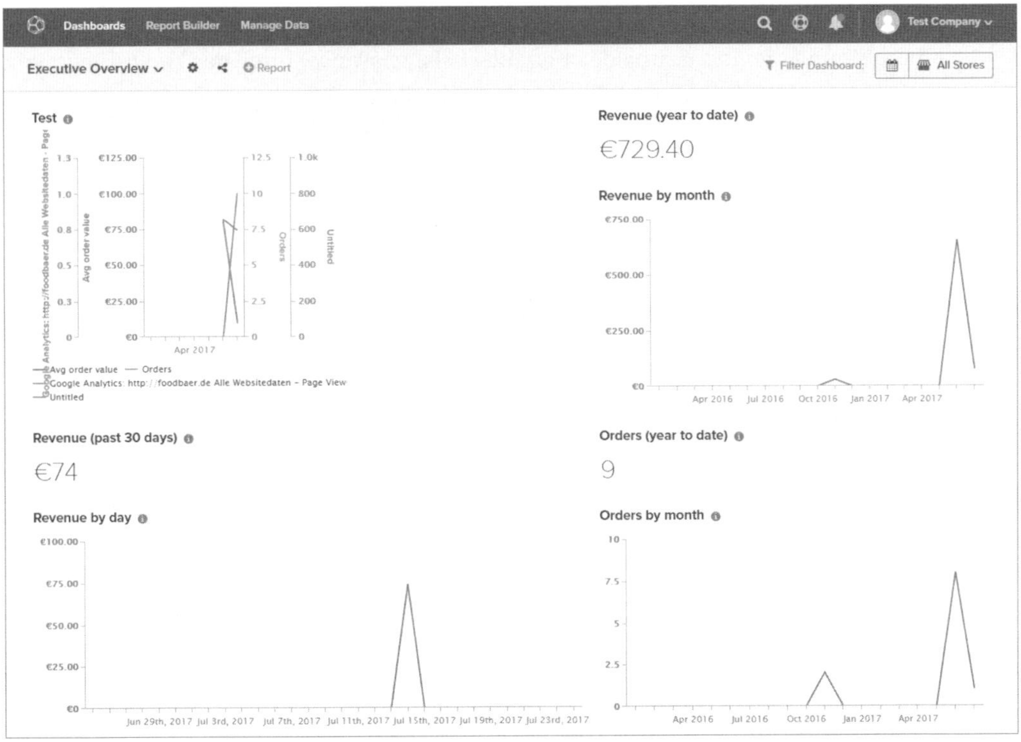

Abbildung 15.16 Ein Dashboard gruppiert immer eine beliebige Anzahl von Berichten.

Sie sehen an dieser Stelle, wenn auch etwas gestaucht, exakt die Visualisierung, die Sie bereits bei der Erstellung des Berichts als Vorschau gesehen haben. Dazu gehören z. B. auch die Umsatzzahlen der letzten 30 Tage, die Bestellungen pro Monat sowie der Umsatzverlauf pro Tag. Scrollen Sie an dieser Stelle gern ein wenig nach unten, denn Sie werden auf dieser Seite noch weitaus mehr Berichte vorfinden. Am unteren Ende der Seite haben Sie zudem ein paar Beispiele für die Einbindung von Tabellen sowie nackten Kennzahlen.

Bei der Anordnung der Berichte haben Sie eine größtmögliche Flexibilität. Möchten Sie beispielsweise den Bericht »Test« verschieben, können Sie einfach per Drag & Drop, d. h. durch Ziehen mit dem Mauszeiger, den Bericht an eine andere Stelle verschieben. Auch können Sie die Größe eines jeden Berichts durch simples Ziehen verändern. Sie können nun gern ein wenig mit der Platzierung der Berichte spielen und das Dashboard an Ihre Bedürfnisse anpassen. Bei Magento BI gilt wie im gesamten Magento-Kosmos: Probieren geht über Studieren!

Sobald Sie mit dem Mauszeiger über einen Bericht fahren, erscheint ein unscheinbares Zahnrad-Icon, auf das Sie bitte klicken. Welchen Bericht Sie auswählen, spielt dabei keine Rolle, Sie können aber gern auf den von Ihnen erstellten Bericht »Test« zurückgreifen. Sobald Sie auf das Zahnrad-Icon geklickt haben, öffnet sich ein weiteres Menü mit verschiedensten Optionen. Klicken Sie auf den ersten Link namens EDIT, springen Sie direkt in die Bearbeitungsmaske des Berichts, die Sie bereits kennen. Sie erlaubt Ihnen die Anpassung des Berichts, beispielsweise durch das Hinzufügen von Metriken, Formeln oder durch Eingrenzung der Ergebnismenge auf Basis von Filtern. Klicken Sie auf ENLARGE, wird der Bericht bildschirmfüllend dargestellt. Speziell für etwas komplexere und umfangreichere Berichte kann diese Option recht nützlich sein. Bei einem vergrößerten Bericht befindet sich in der oberen rechten Ecke zudem ein Icon, mit dem Sie den Bericht wieder auf die Normalgröße zurückbringen können. Möchten Sie einen Bericht in ein anderes Dashboard verfrachten, so können Sie dies an dieser Stelle mittels des Links SAVE AS tun. Es öffnet sich daraufhin ein Overlay, in dem Sie einen Namen und ein Ziel-Dashboard hinterlegen können. Ebenfalls können Sie einen Bericht, der im Dashboard inkludiert ist, exportieren. Magento BI bietet hierfür die Dateiformate CSV und XLSX, sprich Microsoft Excel, an. Wenn Sie beispielsweise den Test-Bericht als Excel-Datei exportieren und in Microsoft Excel öffnen, erhalten Sie die im Bericht enthaltenen Zahlen, jedoch nicht die Visualisierung. Diese könnten Sie dann aber direkt in Microsoft Excel nachbauen. Je nach Bericht können Sie zudem einen Rohdaten-Export durchführen. Ebenso erhalten Sie bei jedem Bericht die API Figure ID. Mit Hilfe dieser ID können Sie aus anderen Anwendungen den Magento-BI-Bericht ansprechen und die Daten abfragen. Dadurch lassen sich die Magento-BI-Berichte auch z. B. in Intranet-Anwendungen implementieren bzw. in jeder Anwendung, die per API Daten aus Magento BI abfragen kann.

Das ist, auch wenn es auf den ersten Blick gar nicht so klingt, ein enorm spannendes Feature. Sie können dadurch Magento BI als reines Reporting-Tool nutzen und die dort erstellten Berichte und aufbereiteten Daten problemlos in weiteren Anwendungen nutzen. Dadurch kann Magento BI das zentrale Tool für Datenaggregation und -auswertung in Ihrem Unternehmen werden! Last, but not least können Sie zudem den Bericht wieder aus dem Dashboard entfernen. Klicken Sie hierzu einfach auf den Link REMOVE FROM DASHBOARD, den Sie auch in Abbildung 15.17 sehen, die zudem alle bereits angesprochenen Links und Möglichkeiten zeigt.

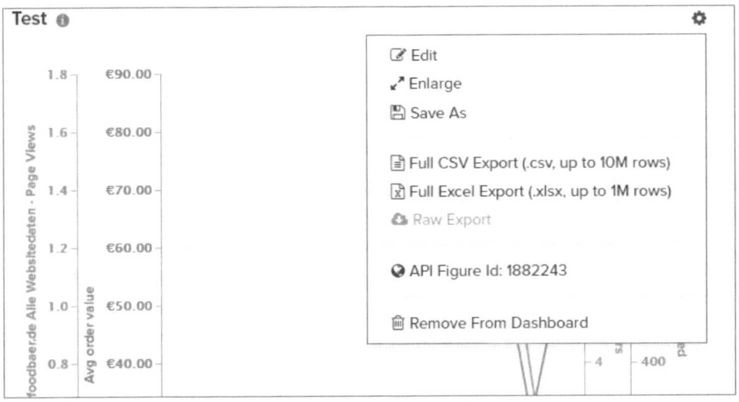

Abbildung 15.17 Pro Bericht haben Sie verschiedene Optionen und Möglichkeiten, die aber abgesehen vom Rohdatenexport immer identisch sind.

Unabhängig von den jeweiligen Berichten, haben Sie weitere Konfigurationsmöglichkeiten bzw. Optionen, die sich auf das gesamte Dashboard beziehen. Hierfür steht Ihnen eine weitere Navigationsleiste, die sich am oberen linken Bildschirmrand befindet, zur Verfügung. Werfen Sie hierzu bitte einen Blick auf Abbildung 15.18.

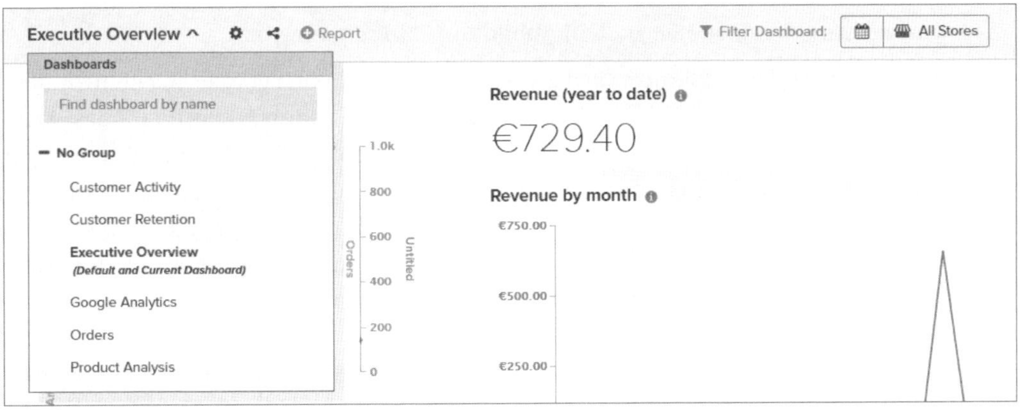

Abbildung 15.18 Das Dashboard selbst verfügt ebenfalls über verschiedenste Optionen.

Wenn Sie auf das Wort EXECUTIVE OVERVIEW klicken, können Sie zwischen den verschiedenen Dashboards hin und her wechseln. Wie ich bereits erwähnte, besteht die Möglichkeit, in Magento BI unendlich viele Dashboards anzulegen. Ein Dashboard ist letztendlich nur eine Ansammlung bzw. Darstellung von Berichten. In der Praxis legen Sie für verschiedene Abteilungen, zum Teil auch Personen, unterschiedliche Dashboards an. Ein Geschäftsführer benötigt komplett andere Zahlen und Visualisierungen als z. B. ein Außendienstmitarbeiter. Dadurch können Sie ein Geschäftsführer-Dashboard sowie ein Außendienstmitarbeiter-Dashboard anlegen und beiden Dashboards unterschiedliche Berichte zuweisen. Der Geschäftsführer würde anschließend nur in sein Dashboard schauen und hätte auch nur die Berichte zur Verfügung, die für ihn relevant sind. Ob Sie die Dashboards dabei anhand der Abteilungen bzw. Funktionen oder direkt nach Personen gliedern, bleibt natürlich Ihnen überlassen. Sofern Sie einem Nutzer verschiedene Dashboards freigeben, hat er an dieser Stelle die Möglichkeit, zwischen den verschiedenen Dashboards zu wechseln, d. h., ein Nutzer kann immer mehr als ein Dashboard besitzen bzw. darauf zugreifen. Testen Sie dies gern an dieser Stelle, da Magento BI von Haus aus verschiedene Dashboards anlegt. Wenn Sie auf das Zahnrad-Icon klicken, können Sie zudem den Namen des Dashboards anpassen und das geöffnete Dashboard als Standard-Dashboard definieren. Auch können Sie das Dashboard unter einem neuen Namen abspeichern, damit kopieren und eine Massenbearbeitung durchführen. Mithilfe der Massenbearbeitung können Sie alle im Dashboard enthaltenen Berichte anhand eines Musters abändern bzw. anpassen. Dadurch ersparen Sie sich die einzelne Bearbeitung der Berichte, wodurch Sie eine Menge Zeit sparen können. Eine Massenbearbeitungsoption wäre z. B. die Suche nach einem bestimmten Namen und das automatisierte Ersetzen des Namens mit einem anderen Begriff. Ebenso können Sie direkt ein neues Dashboard erstellen, Dashboards durchsuchen und das Dashboard löschen.

Klicken Sie als Nächstes bitte auf den Link namens SHARING. Daraufhin öffnet sich ein weiteres Menü, das Sie auch in Abbildung 15.19 sehen.

Mithilfe dieses Links können Sie das Dashboard, das Sie sich gerade ansehen, mit anderen Nutzern teilen. Das heißt, andere Nutzer haben dadurch Zugriff auf das Dashboard und die dort enthaltenen Berichte. Ob die Nutzer das Dashboard editieren oder nur anschauen dürfen, lässt sich mittels des Buttons SET PERMISSIONS steuern. Über den Button ADD REPORT, den Sie ebenfalls in Abbildung 15.19 sehen und der zudem recht prominent in der Farbe Grün abgebildet ist, können Sie darüber hinaus Berichte zu dem geöffneten Dashboard hinzufügen. Dadurch ergeben sich zwei Wege: Entweder Sie erstellen einen Bericht und fügen diesen direkt einem Dashboard hinzu, oder Sie öffnen ein Dashboard und fügen diesem einen auszuwählenden Bericht hinzu. Beide Wege sind möglich, in der Praxis bevorzuge ich jedoch den Weg über die Dashboards. Schlussendlich werden Sie sehr häufig Dashboards erstellen und diesen anschließend die Berichte hinzufügen.

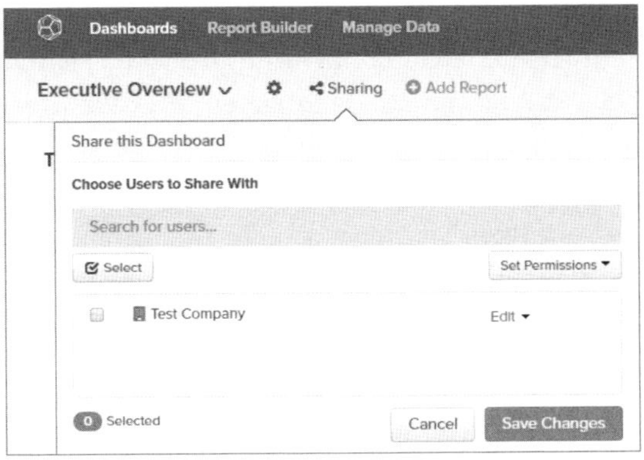

Abbildung 15.19 Sie können ein vorhandenes Dashboard direkt mit anderen Nutzern teilen.

Zuletzt haben Sie zudem noch die Möglichkeit, die dargestellten Berichte zu filtern bzw. einzugrenzen. Magento BI erlaubt die Filterung auf Basis von Store Views sowie anhand einer zu definierenden Zeitspanne. Wählen Sie eine Zeitspanne aus, wird diese daraufhin automatisch auf alle Berichte, die im Dashboard enthalten sind, angewendet. Somit können Sie recht schnell zwischen der Ansicht des aktuellen Tages und der Betrachtung des aktuellen Monats wechseln. Auch wenn diese Funktion recht praktisch ist, müssen Sie an dieser Stelle etwas vorsichtig sein. Sie können ja bei den Berichten an sich schon verschiedene Zeitspannen hinterlegen. Wenn Sie z. B. die Abverkaufszahlen des gesamten Jahres, aber den durchschnittlichen Warenkorbwert des aktuellen Monats betrachten, kann bei einer globalen Anpassung des Zeitraums ein gewisses Datenchaos entstehen, da Sie ab diesem Zeitpunkt sowohl die Verkaufszahlen als auch den Warenkorbwert für die neu hinterlegte Zeitspanne betrachten. Seien Sie daher bei der Änderung der Zeiträume innerhalb eines Dashboards ein wenig vorsichtig!

Nutzen Sie die Möglichkeit der Testversion, und spielen Sie mit den Dashboards und den Berichten. Magento BI hat eine recht intuitive Oberfläche, und viele Aktionen lassen sich mittels Drag & Drop ausführen. Sie werden schnell die Logik und die Abläufe des Systems verinnerlichen und können anschließend äußerst effizient Berichte anlegen und Auswertungen fahren. Meiner Meinung nach hat Magento BI eine einfache und schnell zu erlernende Oberfläche, die sich auf das Wesentliche konzentriert.

15.8 Daten und Berichte exportieren

Als letzten interessanten Punkt möchte ich Ihnen noch zeigen, wie Sie die in Magento BI vorhandenen Daten exportieren können. Ich hatte bereits erwähnt, dass Sie jeden Bericht individuell mit einer API ansprechen und die Daten dadurch auslesen können. Es gibt jedoch noch weitere Möglichkeiten, um die in Magento BI vorhandenen Daten zu extrahieren. Klicken Sie hierfür auf den Link MANAGE DATA, der sich in der Hauptnavigation befindet. Im linken Navigationsbereich sehen Sie daraufhin den Oberpunkt EXPORT DATA, der sich am Ende der Seite befindet. Dieser Punkt enthält weitere Unterpunkte, die Ihnen z. B. erlauben, den API-Key anzulegen. Klicken Sie hierzu auf EXPORT API. Den API-Key benötigen Sie später wiederum, um die verschiedenen Berichte per API anzusprechen. Zusätzlich können Sie die in Magento BI vorhandenen Daten auch automatisiert per E-Mail versenden. Hierfür steht Ihnen der Menüpunkt EMAIL SUMMARIES zur Verfügung. Mithilfe der Email Summaries können Sie beliebig viele Berichte auswählen und an einem bestimmten Wochentag und in einem bestimmten Rhythmus an Empfänger per E-Mail versenden. Letztendlich handelt es sich hierbei um nichts anderes als E-Mail-Reports, die Sie definieren können. Beachten Sie jedoch an dieser Stelle, dass Sie nicht die ganzen Dashboards per E-Mail versenden, sondern die Berichte individuell zusammenstellen können und müssen. Im letzten Menüpunkt namens RAW DATA EXPORT können Sie alle im System vorhandenen Tabellen und Spalten direkt exportieren. Auf den Export können zudem Filter, die Sie selbst definieren, angewendet werden. Mit dem Raw Data Export haben Sie somit die Möglichkeit, alle in Magento BI vorhandenen Daten auch wieder aus dem System zu exportieren. Als Download erhalten Sie anschließend übrigens ein Zip-Archiv, das eine CSV-Datei beinhaltet. Das heißt, Sie können das Ergebnis wiederum in externen Anwendungen, die den Import von CSV-Dateien unterstützen, weiterverwenden.

15.9 Fazit und Ausblick

Mit Magento BI steht Ihnen eine umfangreiche Reporting-Software zur Verfügung, mit deren Hilfe Sie relativ einfach und problemlos verschiedenste Datenquellen wie Magento Open Source, Google Analytics, Facebook Ads oder auch Google AdWords anbinden können. Wenn Sie Magento BI einsetzen, so können Sie aufgrund der Aggregation der verschiedensten Quellen alle im E-Commerce anfallenden Daten in einen logischen Kontext bringen und Kennzahlen übergreifend bewerten. Dadurch steht Ihnen mit Magento BI eine meiner Meinung nach sehr interessante Lösung zur Verfügung, die Sie definitiv einmal im Detail betrachten und evaluieren sollten!

Auch im nächsten Kapitel möchte ich weiterhin das Thema Daten behandeln. Dabei geht es primär darum, wie Sie Daten aus Magento exportieren bzw. im Umkehrschluss auch importieren können. Magento stellt Ihnen hierfür verschiedenste Möglichkeiten zur Verfügung, die Sie auch noch mit Extensions, d. h. Modulen von Drittanbietern, entsprechend erweitern können. Seien Sie daher gespannt, und erfahren Sie im nächsten Kapitel alles über den Datenaustausch in Magento!

Kapitel 16
Datensätze exportieren und importieren

Magento bietet von Haus aus sowohl die Möglichkeit, Datensätze zu exportieren, beispielsweise um diese in externen Applikationen weiterzuverwenden, als auch die Möglichkeit, vorhandene Datensätze mittels Import einzuspielen. Erfahren Sie in diesem Kapitel mehr über genau diese Möglichkeiten und Funktionen!

Wie Sie in den vorhergehenden Kapiteln gesehen haben, können Sie praktisch alle Informationen und Datensätze direkt mithilfe des Magento-Backends verwalten. Ganz egal, ob Sie Produkte anlegen oder bearbeiten möchten, Kundendaten editieren oder Kategorien anlegen. Für alle diese Aufgaben stellt Magento mit dem Backend eine Oberfläche zur Verfügung, die Ihnen die Datenanlage und Datenverwaltung ermöglicht. In der Praxis ist dies auch der gängige Weg, außer Sie haben externe Anwendungen wie ein ERP- oder PIM-System angebunden. Sobald Sie als Shop-Betreiber bzw. E-Commerce-Verantwortlicher Daten einsehen oder bearbeiten möchten, nutzen Sie die grafische Oberfläche, sprich das Magento-Backend, und sehen damit Datensätze ein bzw. erstellen oder editieren bestehende.

Alternativ zu dieser Vorgehensweise können Sie jedoch auch Daten direkt aus Magento exportieren und anschließend in externen Anwendungen einsehen. Theoretisch könnten Sie alle Produkte, die Sie in Ihrem Online-Shop angelegt haben, exportieren und anschließend mit Microsoft Excel oder Open Office einsehen. Auch könnten Sie mithilfe von Excel oder Open Office Daten abändern und daraufhin diese Datensätze wiederum in Magento importieren. Somit könnten Sie sich die grafische Oberfläche, sprich das Backend, komplett schenken und Änderungen und Anpassungen mithilfe eines Programms wie Excel durchführen. Hierzu müssten Sie nur die Daten aus Magento exportieren und anschließend wieder importieren.

Im Standard verfügt Magento exakt über diese beschriebene Möglichkeit zum Export und Import von Datensätzen. Aber auch hier gibt es im Standard, das sei an dieser Stelle erwähnt, gewisse Limitierungen. Denn Sie können nicht auf alle Daten zugreifen, und auch beim Export werden nicht zwangsläufig alle Informationen exportiert, die im System vorhanden sind. In der Praxis deckt der Magento-Standard an dieser Stelle jedoch 80 % der üblichen Anforderungen ab. Vermutlich wird dies bei Ihnen auch der Fall sein. Um auf Nummer sicher zu gehen und Ihnen einen guten Überblick zu verschaffen, möchte ich Ihnen auf den folgenden Seiten die verschiedenen Export- und Import-Funktionen im Detail vorstellen und Sie auch auf mögliche Grenzen und Einschränkungen hinweisen. Am Ende des Kapitels werden Sie wissen, ob Magento Ihre Anforderungen im Standard abdeckt oder ob Sie gegebenenfalls eine Extension benötigen, die den Magento-Funktionsumfang sinnvoll erweitert.

16.1 Daten aus Magento exportieren

Lassen Sie mich an dieser Stelle mit dem großen Thema des Datenexports beginnen, da Sie hierbei auch direkt die Struktur der Exportdateien kennenlernen werden, was wiederum für den Datenimport sehr nützlich ist. Begeben Sie sich zuerst in das Magento-Backend, und melden Sie sich mit Ihren persönlichen Zugangsdaten an. Im Backend angekommen, klicken Sie bitte auf SYSTEM • DATENTRANSFER • EXPORT. Grundsätzlich gruppiert Magento alle Import- und Export-Funktionen im Hauptpunkt SYSTEM, ganz im Gegensatz zu den Konfigurationseinstellungen und Themen wie Währungen und Attribute, die sich unter SHOPS befinden. Möchten Sie daher Daten aus Ihrem Magento-System exportieren bzw. vorhandene Informationen importieren, müssen Sie in den Hauptpunkt SYSTEM wechseln. Nachdem Sie auf EXPORT geklickt haben, werden Sie eine Oberfläche wie in Abbildung 16.1 vorfinden.

Abbildung 16.1 Um einen Datenexport zu starten, müssen Sie zuerst den Datentyp auswählen.

Zugegebenermaßen werden Sie an dieser Stelle nicht mit Optionen und Konfigurationsmöglichkeiten überhäuft. Sie müssen zuerst den Datentyp auswählen, anschließend das Dateiformat definieren, wobei Ihnen nur CSV zur Verfügung steht, und schlussendlich entscheiden, ob die exportierten Werte umschlossen werden sollen oder nicht. Lassen Sie mich Ihnen aber dieses Verhalten anhand der verschiedenen Datentypen beispielhaft erklären.

16.1.1 Produkte

Wählen Sie – werfen Sie hierzu nochmals einen Blick auf Abbildung 16.1 – beim Datensatztyp bitte den Wert PRODUKTE aus. Wie erwähnt, können Sie das Datenformat an sich nicht umstellen. Es steht ausschließlich die Option CSV zur Verfügung, d. h., es wird eine Textdatei erstellt, in der jede Zeile ein Produkt darstellt. Die Werte wiederum sind durch ein Trennzeichen abgetrennt. Wenn Sie möchten, dass die exportierten Werte umschlossen werden, beispielsweise mit Anführungszeichen, so setzen Sie die den Haken in die Checkbox bei FIELDS ENCLOSURE. Nachdem Sie die Checkbox angehakt haben, scrollen bitte weiter nach unten.

Nachdem Sie definiert haben, welche Daten Sie exportieren möchten, und ein Format, das an dieser Stelle gar nicht geändert werden kann, festgelegt haben, können Sie den Export anhand von Filtern einschränken. Sie müssen also nicht alle Produkte, die sich in Ihrem Online-Shop befinden, exportieren, sondern können ausschließlich Produkte mit einem bestimmten Merkmal im Export berücksichtigen. Werfen Sie hierzu, falls Sie die Schritte nicht in Ihrem lokalen Magento-System nachvollziehen, einen Blick auf Abbildung 16.2.

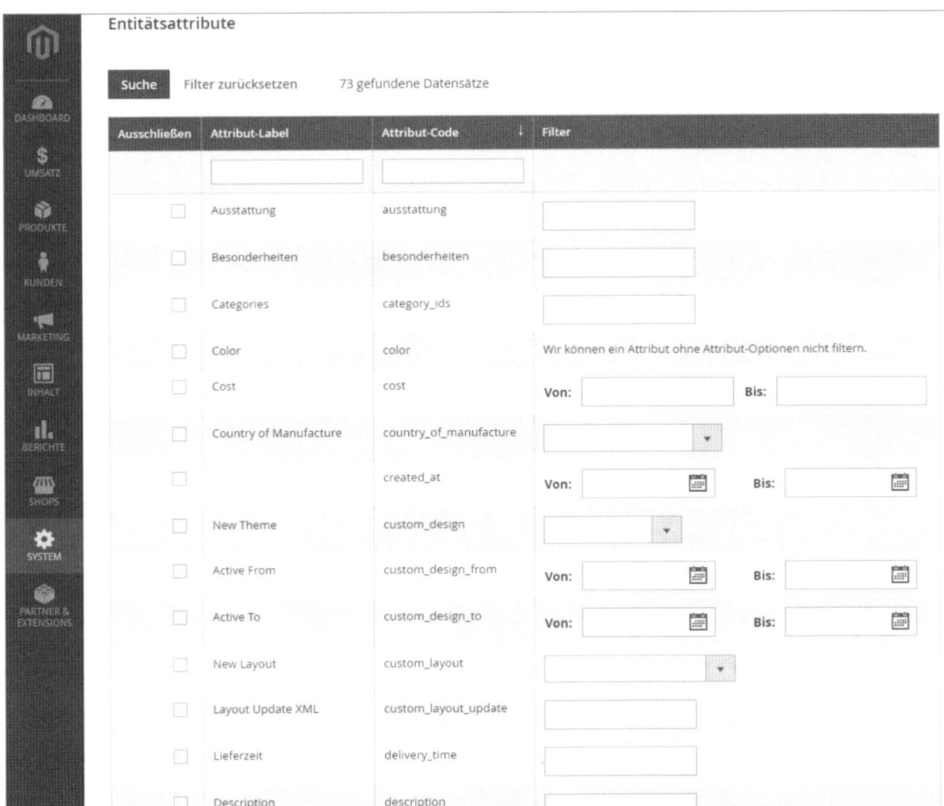

Abbildung 16.2 Der Export kann auf Basis von Produktattributen eingeschränkt werden.

Sie sehen eine Liste aller Produktattribute, die für die Filterung aktiviert sind, und können an dieser Stelle nun entsprechende Filter setzen. Wenn Sie in Ihrem System nach unten scrollen, werden Sie eine recht lange Liste an Attributen vorfinden. Beispielsweise könnten Sie alle Produkte exportieren, die aktiviert sind. Scrollen Sie hierzu bis zum Punkt ENABLE PRODUCT, haken Sie dort die Checkbox an, und wählen Sie im Dropdown-Menü den Wert AKTIVIERT aus. Ihre Filterung sollte daraufhin wie in Abbildung 16.3 aussehen.

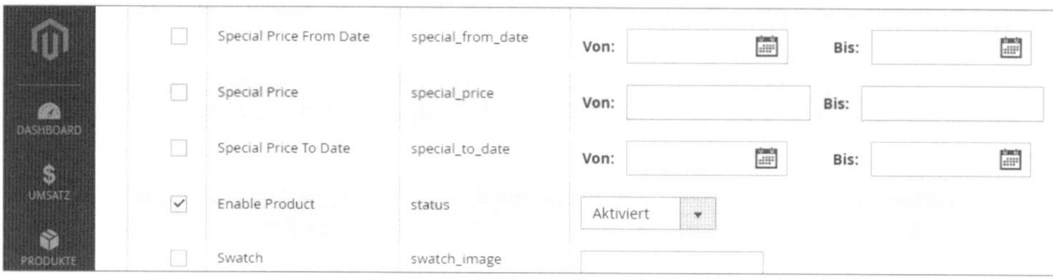

Abbildung 16.3 Um die Ergebnismenge des Exports einzuschränken, können Sie gezielt Filter auf Basis der Produktattribute setzen.

Nachdem Sie den Filter gesetzt haben – Sie können an dieser Stelle gern auch weitere Filter setzen –, scrollen Sie ganz nach unten, bis Sie zum Button FORTSETZEN gelangen, auf den Sie bitte klicken. Daraufhin startet automatisch der Dateidownload, und die Export-Datei wird heruntergeladen.

Die Dauer des Exports hängt von der Datenmenge ab

Je nachdem wie viele Produkte Sie in Ihrem Magento-System angelegt haben, kann es eine gewisse Zeit dauern, bis der Export startet. In Ihrem aktuellen Fall dürfte der Export nach ein bis zwei Sekunden abgeschlossen sein, wenn Sie aber erst einmal ein paar Tausend Produkte in Ihrem Magento-Shop haben, sollten Sie mit einer etwas längeren Wartezeit rechnen.

Nachdem der Download beendet ist, müssten Sie lokal auf Ihrem Computer eine CSV-Datei vorfinden, in meinem Fall trägt sie den Titel *catalog_product_20160715_071513.csv*. Starten Sie nun bitte Excel, sollten Sie nicht über Excel verfügen, können Sie auch gern Open Office verwenden. In diesem Fall muss ich Sie nur darum bitten, dass Sie die Punkte anhand meiner Beschreibung für Microsoft Excel adaptieren. Nachdem Sie Microsoft Excel gestartet haben, erstellen Sie ein neues und leeres Dokument. Gehen Sie anschließend auf DATEN • AUS TEXT. Excel fragt Sie daraufhin nach einer Datei, wobei Sie an dieser Stelle die exportierte CSV-Datei auswählen. Nachdem Sie die Datei ausgewählt haben, müssen Sie Informationen zur Struktur hinterlegen. An dieser Stelle müssten Sie die Maske aus Abbildung 16.4 sehen. Wählen Sie in diesem Menü die Option GETRENNT und beim Dateiursprung UTF-8. Nachdem Sie diese Einstellungen vorgenommen haben, klicken Sie auf WEITER. Sie werden daraufhin nach dem Trennzeichen gefragt. Magento verwendet beim Datenexport immer ein Komma, weswegen Sie an dieser Stelle die Option KOMMA wählen sowie als Textqualifizierer die Werte " wählen. Nachdem Sie diese Auswahl getroffen haben, klicken Sie auf FERTIG STELLEN. Excel stellt nun alle exportierten Datensätze samt Spalten in Excel dar, und Sie haben je Attribut eine Spalte und je Produkt eine Zeile.

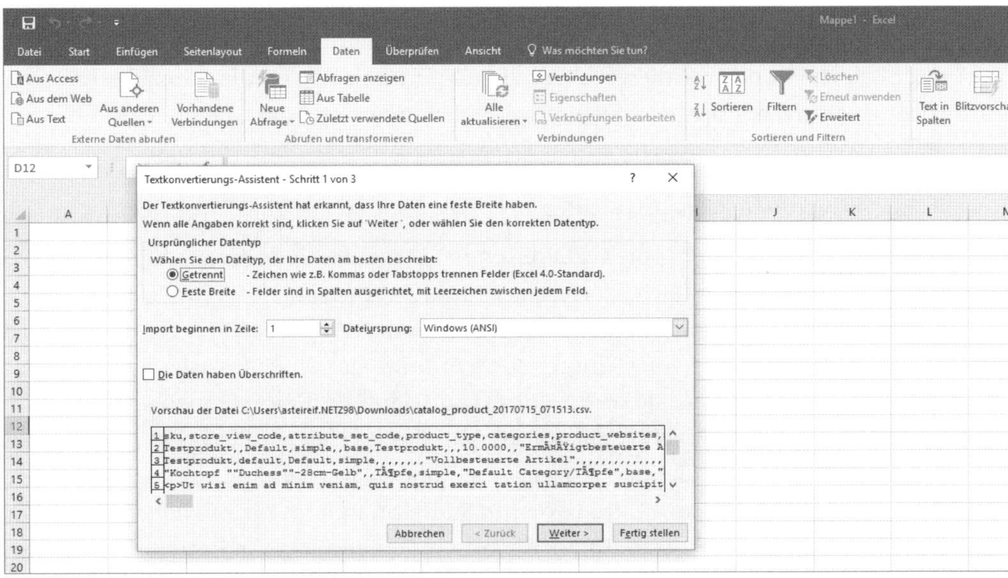

Abbildung 16.4 Um die CSV-Datei in Excel darzustellen, müssen Sie Informationen zur Struktur hinterlegen.

Was in diesem Schnelldurchlauf so einfach klingt, endet in der Praxis oftmals in einem Gefriemel. Magento nimmt es mit den umschließenden Werten, also den Anführungszeichen, nicht ganz so genau. Das führt speziell bei der Produktbeschreibung und Produktkurzbeschreibung jedoch dazu, dass, wenn dort Anführungszeichen enthalten sind, an dieser Stelle in Excel eine Spaltung des Wertes passiert. Dadurch verschieben sich bei diesem Produkt alle Datenfelder nach rechts, d. h., Sie haben irgendwann in den Spalten den falschen Wert. Erfahrungsgemäß tritt dieses Problem immer dann auf, wenn Sie Daten exportieren, die HTML-Code enthalten. Exportieren Sie beispielsweise nur den Produktnamen, den Preis, die Farbe etc., so kann Excel die Werte problemlos zuordnen. Exportieren Sie aber zusätzlich komplexe HTML-Konstrukte, die in der Regel bei den Beschreibungstexten auftauchen, kann es schon einmal zu diesem Fehler kommen. Open Office ist an dieser Stelle, das ist zumindest meine Erfahrung, etwas »intelligenter« und bekommt den Import einer CSV-Datei besser gehandhabt als Microsoft Excel.

Lassen Sie sich an dieser Stelle davon nicht abschrecken, sondern experimentieren Sie ein wenig mit der Export-Datei, ich bin mir sicher, Ihnen wird der Import in Excel bzw. Open Office gelingen. Wenn Sie sich ansonsten die Export-Datei im Detail anschauen, werden Sie zudem feststellen, welche Informationen exportiert wurden. Magento stellt Ihnen an dieser Stelle die meisten Attribute zur Verfügung, d. h., der Produkt-Export ist recht umfangreich. Einzig bei komplexen Produkttypen, damit meine ich konfigurierbare Produkte, hat Magento beim Export etwas Probleme, und Daten werden nicht vollständig exportiert. Meine Empfehlung lautet daher, auf den Magento-Standard-Export zu setzen, wenn Sie primär an den einfachen Produkten interessiert sind und bei diesen allgemeine Informationen editieren bzw. in anderen Lösungen nutzen möchten, beispielsweise den Preis, Lagerbestand etc.

16.1.2 Erweiterte Preisgestaltung

Apropos Preis, für den Export von Preisen hat Magento einen eigenen Datensatztyp eingeführt. Begeben Sie sich wieder zum Punkt EXPORT, den Sie in der Hauptkategorie SYSTEM finden, und wählen Sie beim Datensatztyp den Eintrag ERWEITERTE PREISGESTALTUNG aus. Eine Eingrenzung mithilfe der Filter müssen Sie an dieser Stelle nicht durchführen, Sie können direkt zum Ende der Seite scrollen und anschließend auf den Button FORTSETZEN klicken. Im Zweifelsfall wird jetzt eine Fehlermeldung erscheinen, dass keine Datensätze gefunden werden konnten. Dies passiert immer dann, wenn Sie keine Produkte mit Staffelpreisen im System haben. Denn der Export »Erweiterte Preisgestaltung« exportiert letztendlich nur Staffelpreise. Haben Sie keine Produkte mit Staffelpreisen, kann auch kein Export durchgeführt werden. Sollte bei Ihnen an dieser Stelle eine Fehlermeldung kommen, gehen Sie einfach in die Produktverwaltung, wählen Sie ein beliebiges Produkt aus, und hinterlegen Sie bei diesem Produkt einen Staffelpreis. Kehren Sie anschließend zum Export zurück, und versuchen Sie Ihr Glück erneut. Spätestens jetzt sollte der Export starten, und Sie sollten eine CSV-Datei zum Download erhalten.

Der Aufbau der Export-Datei ist, wenn Sie sich diese z. B. direkt mit einem Texteditor wie Notepad++ anschauen, recht simpel:

```
sku,tier_price_website,tier_price_customer_group,tier_price_qty,tier_price
1006,"All Websites [EUR]","ALL GROUPS",5.0000,6.5000
1006,"All Websites [EUR]","ALL GROUPS",10.0000,6.0000
1006,"All Websites [EUR]","ALL GROUPS",25.0000,5.0000
1006,"All Websites [EUR]","ALL GROUPS",50.0000,4.0000
```

Listing 16.1 Der Export »Erweiterte Preisgestaltung« ist recht simpel aufgebaut und besteht nur aus einer Handvoll Spalten.

In der ersten Spalte wird die Artikelnummer angegeben, darauf folgt die dem Staffelpreis zugewiesene Website und die zugewiesenen Kundengruppen. Die beiden letzten Spalten beziehen sich auf die Menge und den Preis für die jeweilige Menge. Wie Sie in meinem Beispiel erkennen können, wenn Sie das Listing weiter oben beachten, bezieht sich der Export nur auf ein Produkt, nämlich auf das Produkt mit der Artikelnummer 1006. Zudem habe ich den Staffelpreis für alle Websites und Kundengruppen definiert, d. h. an dieser Stelle keine Einschränkungen vorgenommen. Insgesamt verfügt das Produkt über vier Preisstaffeln von 5, 10, 25 und 50 Stück. Jeder Stückzahl wurde zudem ein Preis zugewiesen.

Da ein Produkt über mehrere Preise verfügen kann, ist der Staffelpreis im allgemeinen Produktdatenexport nicht berücksichtigt, weil sich dort die Struktur schlecht abbilden lassen würde. Dementsprechend hat Magento, um dieses Problem zu lösen, einfach einen zweiten Datentypsatz eingeführt, der ausschließlich Staffelpreise exportiert. Wie ich persönlich finde, eine gute Entscheidung, da sich dieses Format und die Struktur des Datenexports gut lesen lässt und Sie auch beim Import in Excel oder Open Office an dieser Stelle keine Probleme wegen Feldverschiebungen bekommen werden.

16.1.3 Kunden Hauptdatei

An dieser Stelle bin ich wieder ein wenig unglücklich, was die englische Übersetzung anbelangt. Mit dem Datensatztyp »Kunden Hauptdatei« sind die Kundenstammdaten gemeint. Zu den Stammdaten zählen allgemeine Informationen wie der Name oder die E-Mail-Adresse eines Kunden. Wie Sie später noch sehen werden, unterteilt Magento den Kundenexport in einen Stammdatenexport sowie einen Adressdatenexport. Das liegt daran, dass ein Kunde mehrere Adressen, aber nur einen Stammdatensatz besitzen kann. Im Prinzip ähnlich wie bei den Staffelpreisen, die einen eigenen Export spendiert bekommen haben, da dies sonst strukturell in einer CSV-Datei nur äußerst schlecht abgebildet werden könnte.

Gehen Sie bitte erneut zur Export-Übersicht, und wählen Sie beim Datensatztyp die Option KUNDEN HAUPTDATEI aus. Verzichten Sie auf die möglichen Filteroptionen, außer Sie haben einen ganz konkreten Use Case vor Augen, den Sie durchspielen möchten. Wie Sie beim Überfliegen feststellen werden, sind bei Kunden selbstverständlich komplett andere Filtermöglichkeiten vorhanden als bei den Produkten. Wenn Sie am unteren Ende der Seite angekommen sind, klicken Sie erneut auf den Button FORTSETZEN, damit der Export startet. Als Ergebnis werden Sie einen Export aller Kunden, die sich in Ihrem System befinden, erhalten. Da an dieser Stelle keine Formatierungen vorhanden sind, lässt sich der Kundendatenexport zudem recht schnell in Excel öffnen, wie Sie auch in Abbildung 16.5 sehen können. Enthalten im Export sind die wichtigsten Kundenstammdaten, die in Magento existieren, hierzu zählen folgende Daten: *email, _website, _store, confirmation, created_at, created_in, disable_auto_group_change, dob, failures_num, firstname, first_failure, gender, group_id, lastname, lock_expires, middlename, password_hash, prefix, rp_token, rp_ token_created_at, store_id, suffix, taxvat, updated_at, website_id, password.*

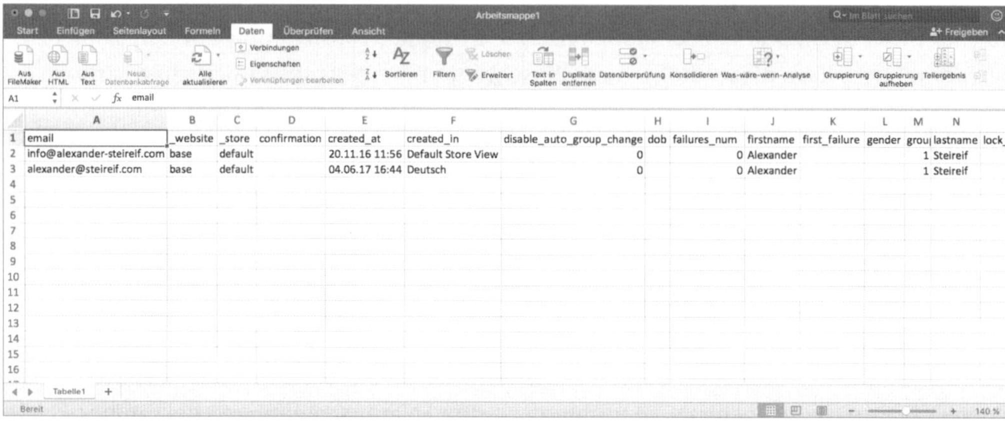

Abbildung 16.5 Der Kundendatenexport lässt sich ohne Probleme in Microsoft Excel öffnen.

Ich habe Ihnen die Auflistung an dieser Stelle beigefügt, da sie einige kryptische Werte enthält wie *first_failure*, aber auch verständlichere Informationen wie das Prefix oder der Firstname.

In der Praxis wird dieser Export übrigens gern verwendet, wenn Kunden angerufen oder angeschrieben werden sollen (natürlich nur, wenn Sie dies dürfen!). Denn der Export ermöglicht eine Liste aller im System vorhandener Kunden samt Kontaktinformationen wie der E-Mail-Adresse.

16.1.4 Kundenadressdaten

Wie im vorherigen Abschnitt erwähnt, kann in Magento ein Kunde mehrere Adressen besitzen. Deswegen ist es notwendig, den Export mithilfe eines eigenen Datensatztyps durchzuführen, da die komplexe Datenstruktur ansonsten nicht abgebildet werden könnte. Dies ist übrigens ein Problem von CSV-Dateien, wäre der Export im XML-Format implementiert, so könnten Sie sich die verschiedenen Datensatztypen sparen, da zumindest die Staffelpreise in den Produktdatenexport wandern könnten und die Adressen in den Kundendatenexport.

Begeben Sie sich erneut zur Export-Übersicht, und wählen Sie beim Datensatztyp den Eintrag KUNDENADRESSEN aus. Wenn Sie möchten, greifen Sie auf den einen oder anderen Filter zurück, ich in meinem Fall möchte jedoch auf eine Filterung verzichten und klicke daher direkt auf den Button FORTSETZEN. Dieser befindet sich auch in diesem Fall am unteren Ende der Seite. Als Ergebnis erhalten Sie erneut eine CSV-Datei, die alle Informationen einer Adresse enthält, angefangen vom Vornamen und Nachnamen bis hin zur Anschrift, Telefonnummer etc. Exportiert werden im Prinzip alle Informationen, die ein Kunde im Benutzerkonto bzw. Checkout-Prozess bei der Anlage einer Adresse hinterlegt. Zudem wird noch die Information exportiert, ob es sich bei der Adresse um die Standardrechnungsadresse bzw. Standardlieferadresse handelt. Wie auch die vorherigen Exporte können Sie diesen problemlos in Microsoft Excel oder Open Office importieren und dort weiterverwenden. Es existieren an dieser Stelle keine Besonderheiten, auf die Sie Rücksicht nehmen müssten.

16.1.5 Steuersätze

Neben den verschiedenen Export-Möglichkeiten, die ich Ihnen gerade vorgestellt habe, gibt es noch einen weiteren Menüpunkt, in dem Sie Daten aus Ihrem Magento-System extrahieren können. Konkret handelt es sich hierbei um die Steuersätze, die Sie selbstverständlich auch exportieren können. Der Hintergrund ist folgender: Wenn Sie Ihr lokales Magento-System aufbauen und alle Steuersätze hinterlegen, so wollen Sie dies auf dem Live-System nicht erneut machen. Denn die Anlage der Steuersätze kann schon eine recht zeitintensive Geschichte sein. Aus diesem Grund erlaubt Magento den Export und, wie Sie später auch sehen werden, den Import der Steuersätze.

Begeben Sie sich erneut in das Magento-Backend, auch wenn Sie vermutlich zum aktuellen Zeitpunkt bereits angemeldet sind. Klicken Sie anschließend auf SYSTEM • DATENTRANSFER • STEUERSÄTZE IMPORTIEREN/EXPORTIEREN. Sie gelangen daraufhin zu einer neuen Maske, in der recht prominent der Button STEUERSÄTZE EXPORTIEREN platziert ist. Sobald Sie auf diesen Button geklickt haben, startet automatisch der Download einer CSV-Datei namens *tax_rates.csv*, die wie folgt aufgebaut ist:

```
"Code","Land","Bundesland","PLZ/Postleitzahl","Satz","PLZ /
Postleitzahl als Bereich","Bereich von","Bereich bis","default",
```

Listing 16.2 Aufbau der Exportdatei der Steuersätze

In der ersten Spalte muss der Code angegeben werden, beispielsweise »DE - reduzierte USt.«. Daraufhin folgt das Kürzel des Landes, also beispielsweise »De« für Deutschland. Da das Bundesland und die Postleitzahl keine Rolle spielen, wird für diese Spalten der Wert »*« übertragen. Immer wenn in Magento * angegeben wird, handelt es sich um eine Art Wildcard, d. h., an dieser Stelle kann jeder beliebige Wert folgen. Beim Satz wird nun die Höhe der Mehrwertsteuer definiert, wobei an dieser Stelle kein Prozentzeichen verwendet wird, sondern ausschließlich ein Wert wie 19. Die beiden darauffolgenden Spalten, diese haben wiederum etwas mit der Postleitzahl zu tun, können leergelassen werden. Einzig die Spalte »Default« müssen Sie mit einer

Bezeichnung ausfüllen. Wenn Sie später mehrere Store Views angelegt haben, bekommt jeder Store View eine weitere Spalte, da sich die Bezeichnung der Steuer je nach Store View natürlich unterscheiden kann.

Im Idealfall exportieren Sie die Steuersätze, und schauen sich den Export anschließend im Detail an. Ihnen wird dann sicherlich auch sofort klar, welche Spalte welchen Wert enthält und welche Möglichkeiten Ihnen zur Verfügung stehen. Wie Sie die Steuersätze übrigens erneut importieren können, erfahren Sie ein wenig später in diesem Kapitel.

16.1.6 Kontextabhängigen Export nutzen

Bei den eben vorgestellten Export-Funktionen handelt es sich um diejenigen, die zentral über die jeweiligen Masken gesteuert werden können. Magento kennt jedoch auch noch den kontextabhängigen Export, zumindest habe ich die Funktion so genannt. Wenn Sie beispielsweise innerhalb des Magento-Backends in die Bestellübersicht wechseln, werden Sie an dieser Stelle auch einen EXPORT-Button vorfinden. So können Sie an dieser Stelle alle Bestellungen exportieren, wobei Ihnen neben dem CSV-Format mit dem Excel-XML-Format sogar ein weiteres Format zur Verfügung steht. Warum der Bestelldatenexport nicht in die allgemeine Export-Oberfläche gewandert ist, kann ich Ihnen an dieser Stelle leider nicht verraten. Wenn Sie daher Bestellungen exportieren möchten, müssen Sie direkt zu den Bestellungen wechseln und diese dort exportieren.

Ähnlich verhält es sich auch bei den SEARCH SYNONYMS. In der entsprechenden Oberfläche innerhalb des Backends, die Sie unter MARKETING • SEO & SUCHE • SEARCH SYNONYMS finden, können Sie die Datensätze ebenfalls im CSV-Format bzw. im Excel-XML-Format exportieren.

Export von Kundendaten ebenfalls direkt möglich

Sie können die Kundendaten, wie auf den vorherigen Seiten beschrieben, exportieren, den Kundendatenexport aber auch innerhalb der Kundenverwaltung im Magento-Backend anstoßen. An dieser Stelle steht Ihnen neben dem CSV-Format zudem das Excel-XML-Format zur Verfügung. Bei den Kundendaten haben Sie daher zwei Export-Möglichkeiten, ganz im Gegensatz zu den Produktdaten.

Last, but not least, das haben Sie aber bereits kennengelernt, können Sie zudem die generierten Gutscheincodes direkt innerhalb einer Warenkorb-Preisregel exportieren. Hierfür müssen Sie die entsprechende Warenkorb-Preisregel auswählen und können anschließend die generierten Gutscheincodes im CSV-Format exportieren. Wenn Sie sich an die entsprechende Stelle nicht mehr erinnern können, werfen Sie einfach einen kurzen Blick auf Abbildung 16.6. Dort habe ich eine Warenkorb-Preisregel ausgewählt, und Sie sehen neben den generierten Gutscheincodes ebenfalls den EXPORT-Button.

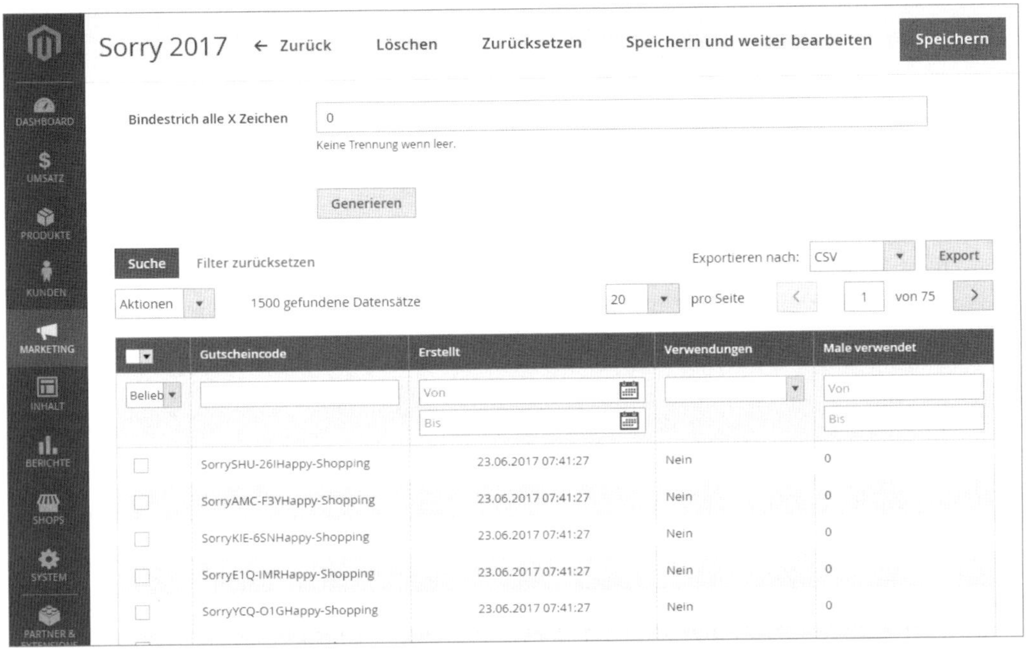

Abbildung 16.6 Gutscheincodes können direkt innerhalb einer Warenkorb-Preisregel exportiert werden.

Seien Sie, wenn Sie durch die verschiedenen Bereiche und Masken innerhalb des Magento-Backends surfen, wachsam, da sich die eine oder andere Export-Funktion dort verstecken kann. Sie sehen also, dass Magento wesentlich mehr exportieren kann, als im Bereich »Export« zu sehen ist. Dies liegt primär an der zum Teil doch sehr verstreuten Funktionsweise, die leider etwas dezentral realisiert wurde.

16.1.7 Was Sie nicht exportieren können

Welche Daten Sie mittels Export-Funktionen aus Ihrem Magento-System entnehmen können, haben Sie nun gesehen. An dieser Stelle möchte ich Ihnen jedoch auch noch den Hinweis geben, welche Daten Sie nicht exportieren können. Nicht um Magento schlechtzureden, sondern weil ich diese Frage in so gut wie jedem Projekt gestellt bekomme.

Grundsätzlich können Sie keine Daten exportieren, die sich im Hauptpunkt INHALT befinden. Dies schließt alle Seiten und Blöcke ein. Viele Nutzer möchten in der Praxis gern die Seiten exportieren und anschließend importieren, da eine Massenbearbeitung auf dem lokalen Computer einfach schneller geht. Doch hier macht Ihnen

Magento einen Strich durch die Rechnung, denn diese Daten lassen sich leider weder exportieren noch importieren. Ähnlich sieht es mit den Kategorien aus. Auch diese bekommen Sie leider mit Hausmitteln nicht aus dem Magento-System heraus, bzw. es existiert auch keine Importfunktion. Konfigurationseinstellungen und Attributen ist leider dasselbe Schicksal widerverfahren. Möchten Sie an diesen Stellen Änderungen und Anpassungen vornehmen, müssen Sie diese direkt mittels des Magento-Backends einpflegen.

Zusammengefasst ist meiner Meinung nach aber verkraftbar, was Magento nicht kann, da die vorhandenen Möglichkeiten überwiegen. Der fehlende Export von Seiten und Blöcken ist zwar nervig, aber in der Regel werden Sie im Tagesgeschäft mit Produkten und Kunden zu tun haben, und speziell diese beiden Datensätze können Sie problemlos exportieren und importieren.

16.2 Import von Daten

Neben der Möglichkeit, Daten aus dem System zu exportieren, bietet Ihnen Magento zudem die Möglichkeit, Daten zu importieren. Die möglichen Importe decken sich dabei mit den bereits vorgestellten Export-Möglichkeiten. Sprich, alle Informationen, die Sie mit Magento exportieren können, bekommen Sie mit Magento wiederum importiert. Was sie beachten müssen, möchte ich Ihnen auf den folgenden Seiten im Detail vorstellen.

Öffnen Sie hierzu im ersten Schritt die Seite IMPORTOPTIONEN, die Sie unter SYSTEM • DATENTRANSFER finden. Ähnlich wie beim Export landen Sie bei einer recht überschaubaren Maske, in der Sie zuerst den Datensatztyp auswählen müssen. Die Datensatztypen sind dabei absolut identisch mit den Datensatztypen, die Sie beim Export kennengelernt haben. Starten Sie im ersten Schritt mit den Produkten!

16.2.1 Produkte

Wählen Sie bitte beim Datensatztyp die Option PRODUKTE aus, und scrollen Sie ein wenig nach unten. Sie werden sehen, dass nach Ihrer Auswahl eine Menge neuer Eingabefelder erscheinen und Ihnen neue Optionen zur Verfügung stehen. Direkt neben dem Dropdown-Menü, das Sie gerade genutzt haben, erscheint der Link BEISPIELDATEI HERUNTERLADEN. Wenn Sie auf diesen Link klicken, wird eine CSV-Datei heruntergeladen, die als Vorlage für den Produktdatenimport verwendet werden kann. Denn falls Sie im Vorfeld keine Ahnung haben, wie die Import-Datei aussehen muss, ist der besagte Link wirklich nützlich. Neben der eigentlichen Struktur der Datei sind übrigens auch Testdatensätze enthalten, an denen Sie sich orientieren können.

Etwas weiter unten können Sie mittels des Dropdown-Menüs IMPORTVERHALTEN definieren, was genau beim Import der Produktdaten passieren soll. Magento stellt hierfür insgesamt drei Optionen zur Auswahl, die Sie auch in Abbildung 16.7 sehen:

- Hinzufügen/Aktualisieren
- Ersetzen
- Löschen

Bei ersterer Option wird ein Produkt angelegt, wenn es bereits existiert jedoch aktualisiert. Diese Option sollten Sie in der Praxis verwenden, denn Sie wollen ja nicht bei jedem Produktdatenimport nochmals alle Produkte anlegen. Das würde zu einer riesigen Anzahl an Doubletten und einem Datenchaos führen. Bei der zweiten Option werden vorhandene Produkte ausschließlich ersetzt und bei letzterer Variante werden die Produkte gelöscht.

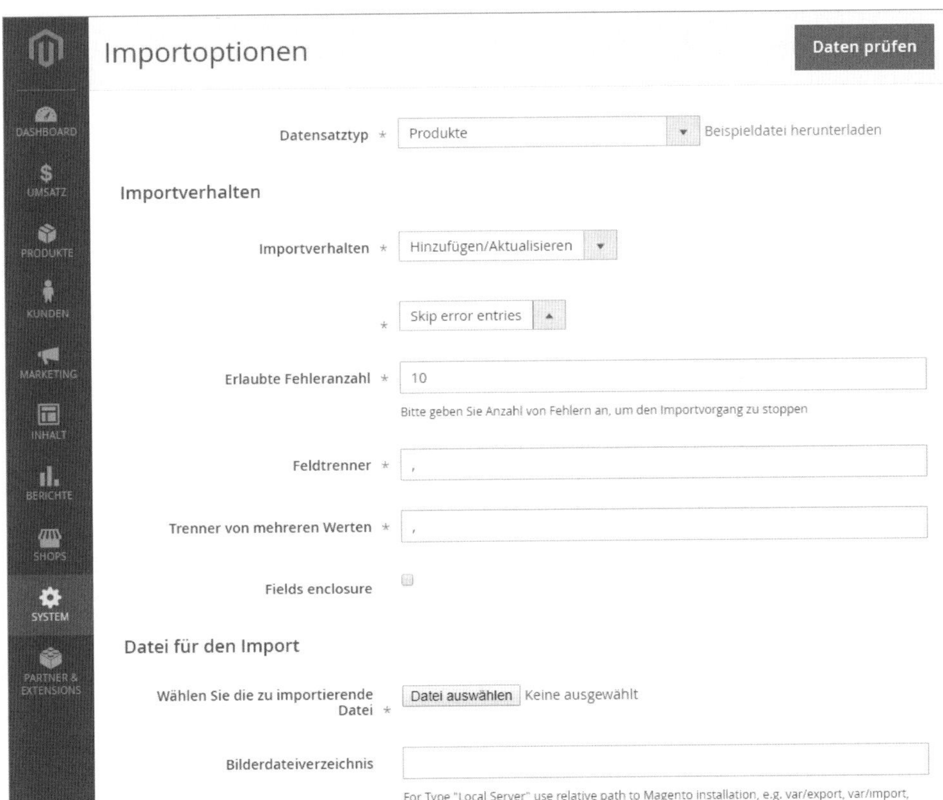

Abbildung 16.7 Was mit den übermittelten Produktdaten passieren soll, bestimmen Sie im Feld »Importverhalten«.

Das heißt, Sie können eine Liste mit Produktdaten übermitteln, die Sie löschen möchten. Das ist besonders dann praktisch, wenn Sie Ihr Produktsortiment bereinigen und per Massenbearbeitung Produkte aus dem System entfernen möchten. Im nächsten Feld definieren Sie, was bei Fehlern passiert. Ein Fehler tritt beispielsweise dann auf, wenn eine Zeile innerhalb der CSV-Datei korrupt ist. Magento bietet hierfür zwei mögliche Optionen an. Entweder wird die Zeile einfach übersprungen und der Import wird fortgesetzt, oder der Datenimport wird gestoppt. Wenn der Datenimport gestoppt werden soll, dann können Sie im Feld ERLAUBTE FEHLERANZAHL noch die mögliche Anzahl an Fehlern festlegen. Im Standard wird der Import erst nach 10 Fehlern abgebrochen. Tragen Sie an dieser Stelle beispielsweise die Zahl 1 ein, würde der komplette Produktdatenimport beim ersten Fehler abgebrochen werden. Meiner persönlichen Meinung nach können Sie an dieser Stelle ruhig mit der erlaubten Fehleranzahl von 10 starten, da dies ein in der Praxis gängiger Weg ist. Bei enorm vielen Fehlern, d. h. einem komplett korrupten Produktdatenimport, würde der Importvorgang abgebrochen, haben jedoch nur vereinzelte Produkte Fehler, würden die restlichen Produkte dennoch importiert werden.

Die nächsten beiden Felder sind für einen korrekten Produktdatenimport besonders relevant. Beim FELDTRENNER definieren Sie, durch welches Zeichen die Felder oder auch Spalten in der CSV-Datei getrennt werden. Beim Export verwendet Magento ein Komma, daher ist an dieser Stelle auch das Komma als Standardwert hinterlegt. Wenn Sie jedoch aus einem anderen Tool einen Produktdatenexport gefahren und einen anderen Feldtrenner verwendet haben, so müssen Sie an dieser Stelle das Zeichen hinterlegen. Zudem können Sie ein Zeichen definieren, wenn mehrere Werte in einer Spalte stehen und diese an sich getrennt werden müssen. Beispielsweise wenn in einer Zeichenfolge Kategorie-IDs hinterlegt sind. Wenn Sie diese Werte an sich nochmals separieren, werden Sie hierfür auch ein Trennzeichen verwenden, und genau dieses Trennzeichen können Sie an dieser Stelle angeben. Haben Sie beim Export die Werte mit Anführungszeichen umschlossen, müssen Sie die Checkbox bei FIELDS ENCLOSURE anhaken. Haben Sie das getan, können Sie im nächsten Feld WÄHLEN SIE DIE ZU IMPORTIERENDE DATEI, bei dem es sich um ein Upload-Feld handelt, die hochzuladende Datei auswählen. Wenn Sie zudem Bilder hinzufügen bzw. überschreiben möchten, müssen Sie im Feld BILDERDATEIVERZEICHNIS das Verzeichnis zu den Bildern angeben, die Sie hinzufügen möchten.

Welche Optionen in Ihrem konkreten Fall richtig sind, lässt sich pauschal nicht beantworten. Achten Sie, das ist meine Empfehlung, auf den Feld- und Wertetrenner, sodass Sie an diesen beiden Stellen das richtige Zeichen hinterlegt haben. Je nachdem ob Sie Ihre Werte mit Anführungszeichen umschlossen haben oder nicht, ist in der Checkbox bei der Option FIELDS ENCLOSURE ein Haken zu setzen bzw. dieser zu entfernen.

Nachdem Sie eine Datei ausgewählt haben – ich verwende zu Testzwecken an dieser Stelle die weiter oben angebotene Beispieldatei –, klicken Sie auf den Button DATEN PRÜFEN. Bevor Magento mit dem Import startet, wird zuerst die bereitgestellte Datei auf Herz und Nieren geprüft. Sollten darin Fehler enthalten sein, wird Magento Sie genau auf diese Fehler aufmerksam machen. Ironischerweise wird, wenn Sie die Beispieldatei verwenden, eine recht lange Fehlerliste herauskommen, wie Sie in Abbildung 16.8 sehen. Wenn Sie einen Blick auf die Abbildung werfen, werden Sie zudem in dem gelben Bereich einen Download-Link sehen, der zu einer detaillierten Fehlerbeschreibung führt, d. h., wenn Sie sich einmal unsicher bezüglich des Imports und der daraus resultierenden Probleme sein sollten, können Sie ein detailliertes Protokoll der Fehler einsehen.

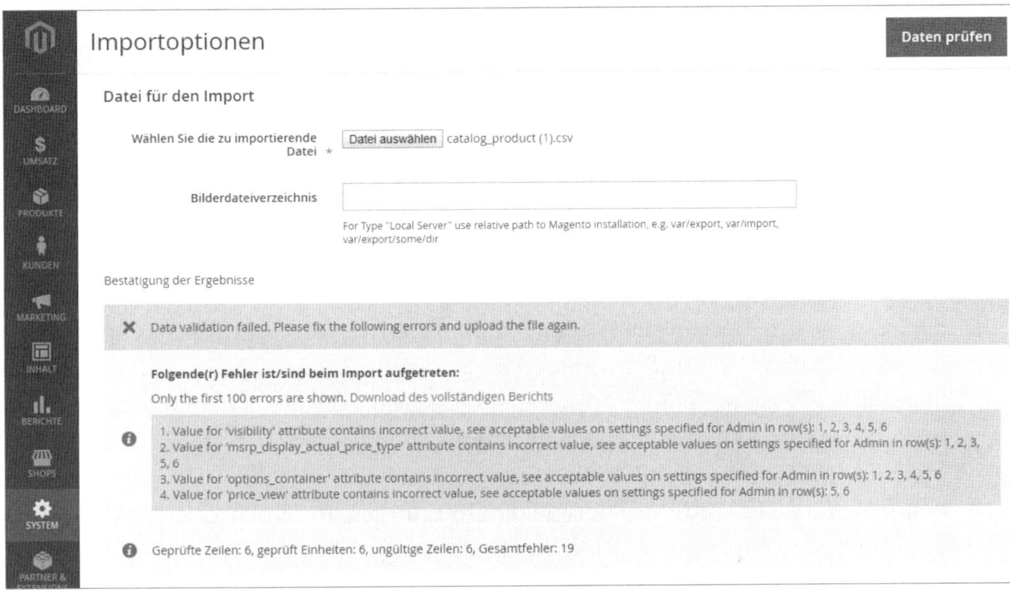

Abbildung 16.8 Sollte die bereitgestellte Importdatei Fehler aufweisen, macht Sie Magento vor dem Import darauf aufmerksam.

Sofern bei der Prüfung der Daten keinerlei Fehler identifiziert wurden, können Sie anschließend mit dem Import der Produktdaten beginnen, und Magento wird, je nach eingestelltem Importverhalten, die Datensätze aktualisieren bzw. überschreiben oder entfernen.

16.2.2 Erweiterte Preisgestaltung

Möchten Sie anstelle von Produkten nur die Staffelpreise importieren, wählen Sie beim Datensatztyp bitte die Option ERWEITERTE PREISGESTALTUNG aus. Daraus ergeben sich wiederum Konfigurationsoptionen, die Ihnen jedoch aufgrund des Produktdatenimports bekannt vorkommen sollten. Neben dem Importverhalten können und müssen Sie den Feldtrenner sowie Trenner von mehreren Werten bestimmen. Warum Sie, nachdem Sie eine Importdatei ausgewählt haben, an dieser

Stelle ein Bilderdateiverzeichnis angeben können, kann ich Ihnen aber nicht beantworten. Vermutlich ist dies eine kleine Ungereimtheit, die sich in diese Magento-Version eingeschlichen hat. Denn beim Import von Staffelpreisen werden Sie niemals die Möglichkeit haben, Referenzen auf Bilddateien anzugeben. Lassen Sie sich von dieser Option aber nicht irritieren, und ignorieren Sie diese. Zu Testzwecken verwende ich beim Import der Staffelpreise nun die Datei, die ich vorhin beim Export der Staffelpreise erhalten habe. In diesem Fall werden Sie auch keine Fehler nach der Prüfung der Datei erhalten, und Sie können mit dem Import der Datei beginnen. Einen Hinweis habe ich an dieser Stelle aber noch: Achten Sie darauf, dass die Datei, die Sie importieren möchten, nicht allzu groß wird. Je nachdem wie die Systemkonfiguration Ihres Webservers sowie PHP eingestellt ist, werden Sie womöglich bei Dateien, die größer als 32 MB sind, Probleme bekommen.

16.2.3 Kunden und Adressen (einzelne Datei)

Möchten Sie Kundenstammdaten samt Adresse importieren, haben Sie zum einen die Wahl, diese Informationen aufzusplitten und zwei getrennte Importe zu verwenden. Das ist im Prinzip die Vorgabe durch den Export, denn Sie können Kundenstammdaten und Kundenadressen nicht in einer Datei exportieren. Beim Import bietet Ihnen Magento jedoch zum anderen die Möglichkeit, genau dies zu tun. Das heißt, Sie können Kundenstammdaten und Kundenadressen in einer Datei ablegen und diese in Magento einspielen. Da Sie diese Datei beim Export nicht erzeugen können, laden Sie sich bitte die Beispieldatei herunter, um einen Überblick über die Struktur und den Aufbau der Datei zu erhalten.

16.2.4 Kunden Hauptdatei

Alternativ zum aggregierten Import können Sie zudem ausschließlich die Kundenstammdaten importieren. Wählen Sie hierfür beim Datensatztyp den Eintrag KUNDEN HAUPTDATEI aus der Liste aus. Die weiteren Importoptionen sind identisch mit den bereits bekannten Möglichkeiten und Einstellungen.

16.2.5 Kundenadressen

Last, but not least können Sie ausschließlich Adressen importieren. Hierfür stellt Magento beim Import einen eigenen Datensatztyp bereit, der den Namen KUNDENADRESSEN trägt. Die Optionen decken sich erneut mit den Ihnen bereits bekannten Importmöglichkeiten. Achten Sie auch beim Import der Kundenadressen auf den korrekten Feldtrenner und Trenner von mehreren Werten. Wie auch bei den vorherigen Importen können und müssen Sie vor der Durchführung des eigentlichen Imports die zu importierenden Daten überprüfen. Erst wenn dieser Check erfolgreich ist, können Sie mit dem eigentlichen Import starten.

16.2.6 Steuersätze

Wie Sie Steuersätze exportieren, wissen Sie bereits. Da Sie die Steuersätze aus dem System exportieren können, gibt es auch eine Möglichkeit, Steuersätze erneut zu importieren. Öffnen Sie hierzu im Backend den Punkt SYSTEM • STEUERSÄTZE IMPORTIEREN/EXPORTIEREN. Innerhalb dieser Maske haben Sie nun die Möglichkeit, eine Datei auszuwählen und den Import zu starten. Anpassungen an der Struktur, beispielsweise die Definition eines Feldtrenners, können Sie an dieser Stelle nicht durchführen. Sie müssen die Datei daher exakt wie den Export aufbauen, den Sie übrigens auch in dieser Ansicht auslösen können. Orientieren Sie sich daher idealerweise am Export, d. h., exportieren Sie zuerst die Steuersätze. Anschließend können Sie Ihre Änderungen und Anpassungen auf Basis dieser Datei vornehmen. Sobald Sie die Änderungen gespeichert haben, verwenden Sie diese Datei für den Import. Bei dieser Vorgehensweise sollten Sie später beim Import auf keinerlei Probleme stoßen!

16.2.7 Import-Historie

Sobald Sie einen Import durchführen bzw. durchführen möchten, werden der Versuch und das Ergebnis protokolliert. Die hierfür zuständige Import-Historie können Sie unter SYSTEM • DATENTRANSFER • IMPORT-HISTORIE aufrufen. In meinem Fall, Sie sehen dies in Abbildung 16.9, existieren vier Einträge.

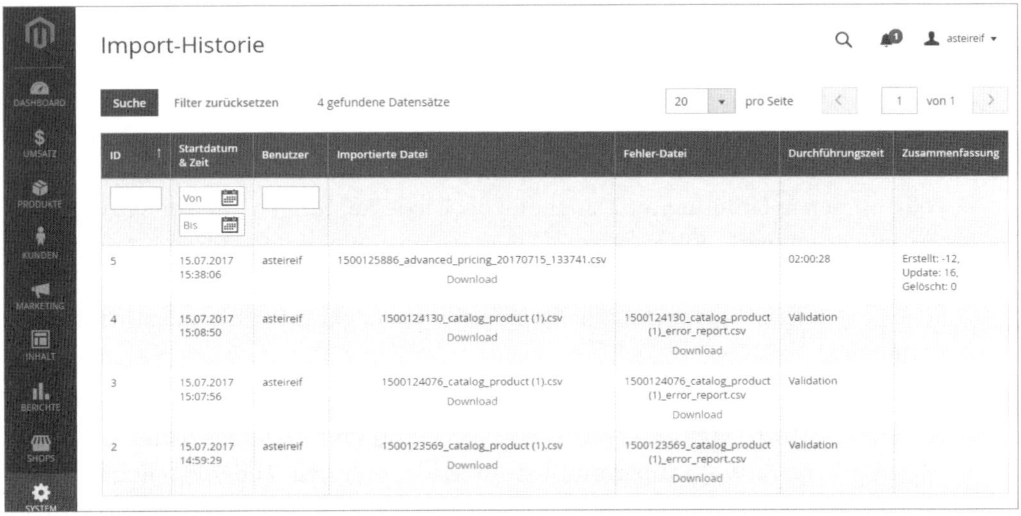

Abbildung 16.9 Innerhalb der Import-Historie können Sie alle Importe und Importversuche nachvollziehen.

Bei den unteren drei Einträgen handelt es sich ausschließlich um Versuche, da der Import aufgrund korrupter Daten nicht durchgeführt werden konnte. Die Import-Historie bietet an dieser Stelle sogar einen Verweis auf das erzeugte Fehlerprotokoll an, das Sie in der Spalte FEHLER-DATEI herunterladen können. Sobald ein Import erfolgreich verlaufen ist, bei mir ist dies in Abbildung 16.9 in der ersten Zeile zu sehen, wird keine Fehlerdatei erzeugt, dafür aber eine DURCHFÜHRUNGSZEIT vermerkt. Die Durchführungszeit gibt in Sekunden an, wie lange der Import benötigt hat. Zudem sehen Sie, wie viele Datensätze erstellt, aktualisiert bzw. gelöscht wurden. Insgesamt bietet Ihnen die Import-Historie daher einen guten Überblick über die durchgeführten und gescheiterten Importversuche, und Sie finden alle diesbezüglich relevanten Informationen an einem zentralen Punkt.

Kein kontextabhängiger Import vorhanden

Im Gegensatz zum Datenexport gibt es beim Import keine kontextabhängigen Importmöglichkeiten. Das heißt, Sie können einen Import beispielsweise nicht in der Kundenübersicht starten. Auch wenn dies beim Datenexport eine äußerst praktische Möglichkeit darstellt, würde das wohl beim Import für eine zu große Komplexität sorgen. Dementsprechend können Sie die Importe ausschließlich in dem auf den vorherigen Seiten vorgestellten Bereich durchführen.

16.3 Erweitern Sie die Standardfunktionalitäten

Sofern es sich um sinnvolle Ergänzungen handelt, die von der Magento-Community bzw. Unternehmen bereitgestellt werden, bin ich der Letzte, der Ihnen diese Möglichkeiten vorenthalten möchte. Speziell bei den Import- und Export-Funktionen ist sicherlich Luft nach oben, was den Funktionsumfang betrifft. Denn auch wenn der Standard schon ganz passabel ist, ist Ihnen sicherlich aufgefallen, dass Sie alle Exporte und Importe manuell starten müssen. Das ist natürlich für einmalige Aktionen vollkommen in Ordnung, auf Dauer und bei wiederkehrenden Importen bzw. Exporten ist der fehlende Automatismus aber definitiv ein wenig störend. Aus diesem Grund möchte ich Ihnen an dieser Stelle eine, wie ich finde, sehr sinnvolle und nützliche Erweiterung vorstellen, die den Import- sowie Export-Funktionsumfang sinnvoll ergänzt.

Das Unternehmen Firebear Studio hat für Magento 2 eine sehr umfangreiche Import- bzw. Export-Extension entwickelt, die Sie unter *https://firebearstudio.com/the-improved-import.html* kaufen und herunterladen können. Zudem steht eine abgespeckte Variante dieser Extension zur Verfügung, die Sie kostenlos über GitHub beziehen können. Letztere Extension, sprich die kostenfreie, möchte ich Ihnen auf den folgenden Seiten näher vorstellen. Da die kostenpflichtige Erweiterung mit knapp

350 US$ nicht ganz günstig ist, ergibt es sicherlich Sinn, zuerst die frei verfügbare Version zu testen und anschließend, wenn Sie merken, dass der Funktionsumfang nicht ausreicht, auf die kostenpflichtige Variante zu wechseln.

16.3.1 Die Erweiterung »importexportfree« installieren

Um die Erweiterung zu installieren, rufen Sie bitte die URL *https://github.com/firebearstudio/importexportfree* auf, und klicken Sie anschließend in der oberen rechten Ecke auf den grünen Button CLONE OR DOWNLOAD. Es erscheint daraufhin ein kleines Fenster, in dem Sie auf den Link DOWNLOAD ZIP klicken, woraufhin der Download startet. Nachdem der Download abgeschlossen ist, extrahieren Sie das Zip-Archiv, beispielsweise mithilfe von 7-Zip, wobei Sie an dieser Stelle jedes beliebige Zip-Programm verwenden können, um das Archiv zu extrahieren. Im nächsten Schritt müssen Sie innerhalb Ihrer Magento-Installation ein neues Verzeichnis anlegen. Erstellen Sie innerhalb des Ordners */app/code* das Verzeichnis *Firebear*. Innerhalb des Verzeichnisses *Firebear* legen Sie das Verzeichnis *ImportExport* an, in das Sie den Inhalt des extrahierten Zip-Archivs kopieren. Haben Sie die Verzeichnisse erstellt und die Dateien kopiert, öffnen Sie bitte das Terminal bzw. die Shell, und navigieren Sie in das Magento-Hauptverzeichnis. Dort angekommen, führen Sie den folgenden Befehl aus:

16

```
php -f bin/magento module:enable Firebear_ImportExport
```

Listing 16.3 Nachdem Sie die Dateien kopiert haben, müssen Sie in Magento die Erweiterung installieren.

Nachdem Sie die Extension installiert haben, müssen Sie noch die folgenden Befehle in der Shell bzw. im Terminal ausführen:

```
php -f bin/magento setup:upgrade
php -f bin/magento setup:static-content:deploy
php -f bin/magento cache:clean
```

Listing 16.4 Nach der Installation der Extension müssen Sie das System upgraden und den Cache leeren.

Haben Sie diese Schritte durchgeführt, ist die Extension erfolgreich installiert und kann genutzt werden. Melden Sie sich daher bitte nun mit Ihren persönlichen Zugangsdaten im Magento-Backend an.

Installationsanleitung und Hinweise auf GitHub

Eine ausführlichere Installationsanweisung sowie weitere Informationen und Hinweise finden Sie übrigens direkt auf der Projektseite der importexport-Extension auf

GitHub. Rufen Sie hierzu einfach die URL *https://github.com/firebearstudio/import-exportfree* auf, und scrollen Sie ein wenig nach unten. Auch haben Sie auf GitHub direkt die Möglichkeit, in Kontakt mit den Entwicklern zu treten, falls Fragen oder Probleme auftauchen sollten.

16.3.2 Neue Funktionen durch importexportfree

Nachdem Sie sich im Magento-Backend angemeldet haben, klicken Sie auf SYSTEM • DATENTRANSFER • IMPORTOPTIONEN. Sie gelangen zum Dropdown-Menü, das Sie bereits kennen und das Ihnen die Auswahl des Datensatztyps erlaubt. Wenn Sie in diesem Dropdown-Menü den Eintrag PRODUKTE auswählen, werden Sie eine Erweiterung der Eingabemaske feststellen. Wenn Sie nach unten scrollen, gelangen Sie zu einem neuen Menüpunkt namens IMPORT SOURCE. Hier können Sie nun auswählen, auf welche Art und Weise Sie den Produktimport bereitstellen möchten. Im Standard müssen Sie immer die CSV-Datei hochladen, um diese zu importieren. Dank der Extension haben Sie jedoch die Möglichkeit, die Importdatei per FTP, URL oder auch via Dropbox bereitzustellen. Je nachdem welche der Optionen Sie auswählen, die Sie in Abbildung 16.10 sehen, müssen Sie unterschiedlichste Informationen angeben.

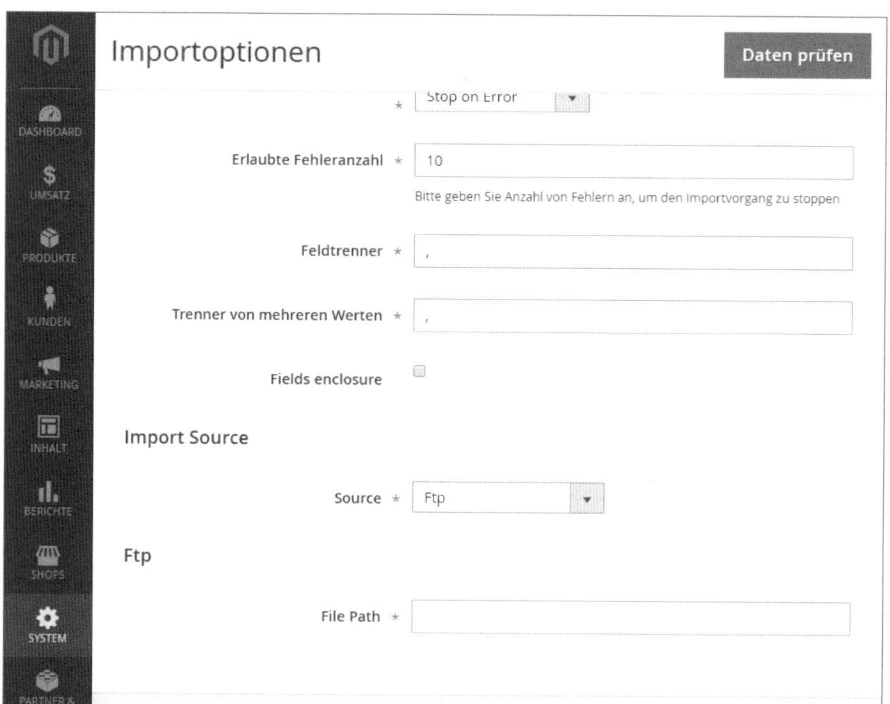

Abbildung 16.10 Die Extension »importexport« erweitert den Import um weitere Importquellen.

Wählen Sie beispielsweise den Eintrag FTP, so müssen Sie einen File Path, also den Pfad zur Datei, angeben. Wenn Sie sich an dieser Stelle fragen, wo Sie die eigentlichen FTP-Zugangsdaten hinterlegen können, so muss ich Sie an dieser Stelle auf die Systemkonfiguration verweisen. Unter SHOP • KONFIGURATION • FIREBEAR STUDIO • IMPORT/EXPORT FREE können Sie die FTP-Verbindungsdaten hinterlegen, auf die beim Import der Datei zurückgegriffen wird. Ausschließlich den Dateipfad müssen Sie direkt beim Import hinterlegen, da dieser je nach Datensatztyp unterschiedlich sein wird. Alternativ zur Bereitstellung der Datei via FTP können Sie übrigens auch noch die Option URL bzw. Dropbox wählen. Im ersteren Fall müssen Sie einfach nur eine URL zur Importdatei angeben, im letzteren Fall kann Magento auf eine Dropbox zugreifen und hieraus die Datei importieren.

Der Import der Datei aus einer externen Quelle ist fürs Erste schon ein recht interessantes Feature. Wenn Sie weitere Möglichkeiten beim Import bzw. Export benötigen, sollten Sie sich zudem die kostenpflichtige Version dieser Extension anschauen. Denn diese enthält nochmals wesentlich mehr Funktionen, die meiner Meinung nach äußerst nützlich sind.

16.3.3 Funktionen der kostenpflichtigen Version

Die kostenpflichtige Version ermöglicht, und das finde ich persönlich besonders interessant, den Import von Kategorien. Wie bereits einige Seiten zuvor kurz erwähnt, haben Sie im Standard keine Möglichkeit, Kategorien per Import ins System zu laden. Dieser Datensatztyp steht weder beim Export noch beim Import bereit, wodurch Sie bei Massenbearbeitungen von Kategorien die Änderungen und Anpassungen tatsächlich mithilfe des Magento-Backends vornehmen müssen. Das geht zwar ohne Einschränkung, ist aber in der Praxis recht mühevoll. Aus diesem Grund wünschen sich viele Shop-Betreiber und Magento-Nutzer ein Export- bzw. Importmöglichkeit für Kategorien. In der kostenpflichtigen Variante ist diese Möglichkeit enthalten und ergänzt letztendlich die vorhandenen Datensatztypen, wie Sie in Abbildung 16.11 sehen.

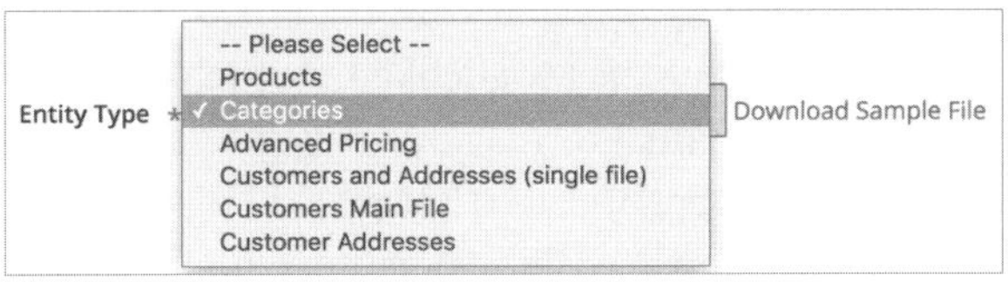

Abbildung 16.11 Die Extension ergänzt einen neuen Datensatztyp namens »Categories«, der den Import von Kategorien ermöglicht.

Abgesehen von dem Kategorie-Import, steht zudem eine Erweiterung des Produktdatenimports zur Verfügung. Wenn Sie im Magento-Standard Produkte importieren, die Attributwerte besitzen, die im System nicht vorhanden sind, so müssen Sie diese

Werte zuerst über das Magento-Backend anlegen. Mithilfe dieser Extension ersparen Sie sich aber diesen Schritt. Würden Sie also ein Produkt importieren, das beispielsweise bei der Farbe den Wert »schwarz« enthält, die Farbe Schwarz wäre im System jedoch noch gar nicht angelegt, würde der Import dies on the fly während des Importvorgangs tun. Gleiches beherrscht die Extension übrigens grundsätzlich bei allen nicht im System existenten Attributen. Wenn Sie eine Importdatei übermitteln, die nicht vorhandene Attribute beinhaltet, so würden diese Attribute on the fly während des Importvorgangs erstellt werden. Auch dies ist im Magento-Standard nicht möglich. Im Standard würde Magento diese Attribute einfach ignorieren, und Sie müssten diese manuell über das Backend anlegen.

Neben dem erweiterten Umgang mit Attributen und Attributwerten können Sie zudem herunterladbare Produkte samt allen relevanten Informationen importieren, was im Standard ebenfalls nicht möglich ist. Einen Import können Sie übrigens, wenn Sie auf diese Erweiterung setzen, auch direkt mittels Konsole bzw. Terminal starten. Hierfür steht die CLI-Komponente zur Verfügung, welche die Steuerung der Jobs erlaubt.

```
php -f bin/magento import:job:COMMAND JOB_ID
import:job:disable                          Disable Firebear Import Jobs
import:job:enable                           Enable Firebear Import Jobs
import:job:run                              Generate Firebear Import Jobs
```

Listing 16.5 Sie können den Import auch direkt über die Kommandozeile starten.

Die Nutzung der Kommandozeile beim Import hat verschiedene Vorteile. Zum einen können Sie wesentlich schneller agieren, da Sie sich nicht durch das Backend klicken müssen. Zum anderen umgehen Sie in der Regel, dies gilt speziell bei größeren Importen bzw. Exporten, mögliche Timeouts und Limitierungen. Diese sind oftmals deaktiviert, wenn Sie PHP direkt via Kommandozeile nutzen, wobei dies durch die Konfiguration des Servers und die durch den Webhoster bereitgestellte Konfiguration bestimmt wird.

Wie Sie anhand der Kommandos gegebenenfalls erkennen können, arbeitet die Extension mit sogenannten *Jobs*. Das heißt, Sie haben die Möglichkeit, zeitlich definierte Importe anzulegen, die anschließend automatisiert ausgeführt werden. Dies ist besonders praktisch, wenn Sie immer zu einem bestimmten Zeitpunkt vollkommen automatisch Produktdaten importieren möchten. Mit den Hausmitteln, das haben Sie ja bereits kennengelernt, können Sie keine automatischen Importe abbilden. Diese Extension hingegen erlaubt Ihnen den zeitlich terminierten Import und sorgt für eine höchstmöglichste Automatisierung.

Zum Schluss haben Sie zudem noch die Möglichkeit ein Field-Mapping durchzuführen. Das heißt, Sie können definieren, welches Attribut mit welchem Namen exportiert bzw. importiert wird. Dies ist immer dann praktisch, wenn eine andere Anwendung Produktdaten bereitstellt und Sie keinen Einfluss auf die Benennung der Spalten haben. In diesem Fall würde Magento im Standard natürlich ein Zuordnungsproblem haben, wenn z. B. die SKU mit Artikelnummer bezeichnet wird. Aus diesem Grund müssen Sie ein Mapping durchführen und Magento mitteilen, welches Feld die SKU enthält. Wie Sie in Abbildung 16.12 sehen, ist exakt diese Funktionalität in der Extension enthalten. Somit können Sie so gut wie jede bereitgestellte Datei beim Import verwenden und haben an dieser Stelle eine enorme Flexibilität.

Zusammengefasst lässt sich getrost sagen, dass die erwähnte Extension den Magento-Funktionsumfang nochmals signifikant erweitert und Ihnen speziell bei der Verarbeitung von Kategorien und Produkten stark unter die Arme greift.

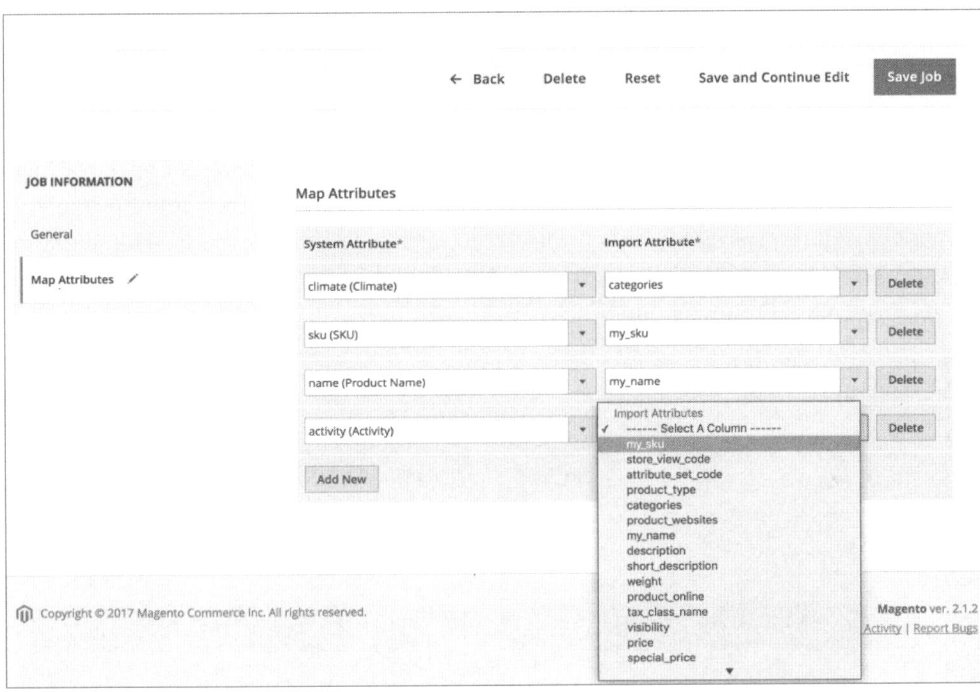

Abbildung 16.12 Durch eine Mapping-Funktion können Sie definieren, welche Spalte welchem Attribut zugeordnet wird.

Ob sich die Investition der knapp 350 US$ lohnt, müssen Sie anhand Ihrer Anforderungen entscheiden. Was die Extension im Detail kann, weiterführende Informationen und ein Handbuch finden Sie direkt beim Hersteller unter *https://firebearstudio.com/the-improved-import.html* bzw. *https://firebearstudio.com/blog/the-improved-import-export-magento-2-extension-by-firebear.html*. Sollten Sie übrigens eine Import- und Export-Extension gefunden haben, die Sie empfehlen können und mit der Sie gern arbeiten, freue ich mich auf Ihr Feedback und Ihre Empfehlungen!

16.4 Backups erstellen und einspielen

Zugegebenermaßen handelt es sich hierbei nicht um einen klassischen Export und Import. Dennoch finde ich das Thema an dieser Stelle recht passend, da ich Ihnen in diesem Kapitel zeige, wie Sie Daten aus und in das System bekommen. Eine weitere Art von Daten ist dabei die Sicherung des Magento-Systems, die sich wiederum in verschiedene Typen untergliedert. Tauchen Sie an dieser Stelle daher gemeinsam mit mir tiefer in die Backup-Funktionen von Magento ein, damit Sie sehen, welche Daten Sie sichern können und wie Sie diese im Notfall, der hoffentlich nie eintritt, wieder einspielen können. Melden Sie sich nun bitte, sollten Sie nicht angemeldet sein, erneut am Magento-Backend mit Ihren persönlichen Zugangsdaten an. Daraufhin werden Sie im Magento Dashboard landen und sind somit bereit, die nächsten Schritte durchzuführen!

16.4.1 Backups verwalten

Klicken Sie bitte auf SYSTEM • TOOLS • BACKUPS, woraufhin Sie in der Backup-Übersicht landen. Vermutlich wird bei Ihnen zu diesem Zeitpunkt noch kein Eintrag vorhanden sein, werfen Sie daher einen kurzen Blick auf Abbildung 16.13. Ich habe während der Arbeit an meinem Demo-System mehrere Backups angelegt, die Sie nun in der Übersicht erkennen können.

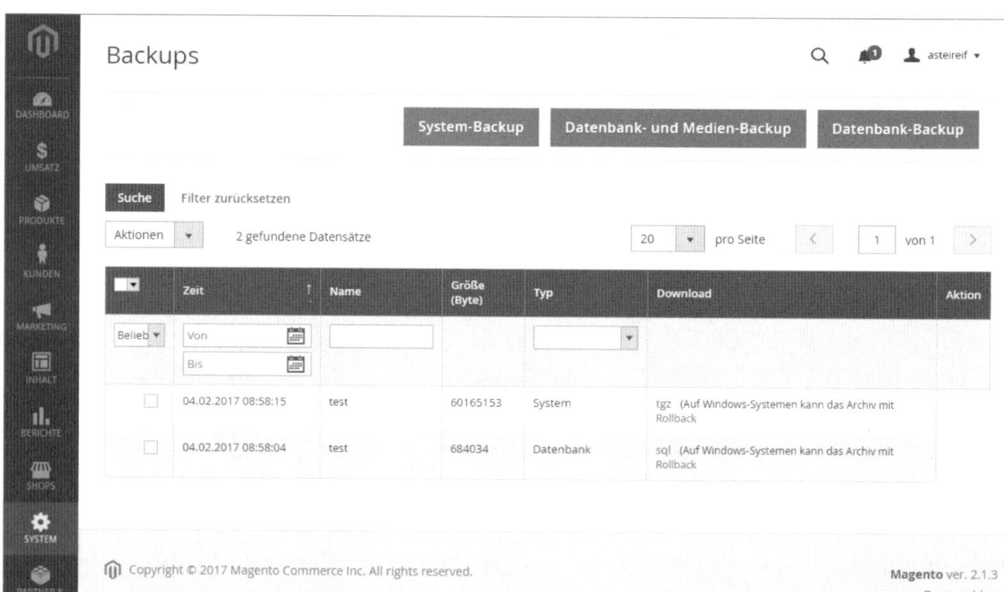

Abbildung 16.13 Im Menüpunkt »Backups« sehen Sie alle im System vorhandenen Sicherungen.

Magento zeigt Ihnen an dieser Stelle alle vorhandenen und erstellten Sicherungen an. Neben dem Zeitpunkt, wann die Sicherung durchgeführt wurde, sehen Sie zudem die Größe der Sicherung und den Typen. In Magento selbst gibt es insgesamt drei unterschiedliche Arten von Sicherungen, die ich Ihnen auf den folgenden Seiten noch im Detail vorstellen werde: das System-Backup, das Datenbank- und Medien-Backup sowie das Datenbank-Backup. Damit Sie jedoch direkt bei einer Sicherung sehen, welche Daten gesichert wurden, teilt Magento auch in der Übersichtsseite die entsprechende Information mit. In der letzten Spalte können Sie die Sicherung herunterladen oder einspielen. Darüber hinaus haben Sie noch die Möglichkeit, die Tabelle samt den Ergebnissen zu filtern sowie mittels des Dropdown-Menüs AKTIONEN, das Sie in der oberen linken Ecke sehen, eine bestehende Sicherung zu löschen. Setzen Sie dafür einfach einen Haken in die Checkbox bei der zu löschenden Sicherung, und wählen Sie im Dropdown-Menü AKTIONEN den Eintrag LÖSCHEN aus. Daraufhin erscheint ein Button namens ABSENDEN. Wenn Sie darauf klicken, fragt Sie Magento zuerst jedoch nochmals, ob Sie die Sicherung tatsächlich löschen möchten. An dieser Stelle geht Magento also auf Nummer sicher, und Sie werden keine Sicherung aus Versehen löschen können.

Keine praxistaugliche Backup-Funktion

So schön und gut die in Magento implementierte Backup-Funktionalität auch sein mag, in der Praxis wird diese tendenziell nicht genutzt. Die von Magento erzeugten Sicherungen werden nämlich auf demselben System wie Magento gespeichert. Ein Backup sollte jedoch immer auf einem unabhängigen System gespeichert werden, falls das System, auf dem Magento betrieben wird, ausfällt. Daher sollten Sie bei Ihrem Live-System definitiv auf ein Backup-Konzept Ihres Webhosters vertrauen, der in der Regel alle Sicherungen auf externe Server auslagert.

16.4.2 System-Backup erstellen

Nachdem Sie sich mit der Backup-Übersicht vertraut gemacht haben, erstellen Sie gemeinsam mit mir eine erste Sicherung. Klicken Sie hierzu in der Backup-Übersicht auf den Button SYSTEM-BACKUP, um die Sicherung zu erstellen. Wenn Sie auf den Button geklickt haben, wird ein neues Fenster erscheinen. In diesem Fenster müssen Sie zuerst einen Backup-Namen hinterlegen. An dieser Stelle können Sie jeden beliebigen Wert verwenden, abgesehen von Sonderzeichen. Neben der Festlegung des Backup-Namens können Sie zudem Ihren Magento-Shop während des Backup-Vorgangs in den Wartungsmodus setzen. Ist der Wartungsmodus aktiviert, können Nutzer im Frontend nicht mehr auf das System zugreifen. Bei einem Zugriff erfolgt eine entsprechende Meldung auf einer eigens dafür entwickelten Fehlerseite. Der Zugriff auf Produkte bzw. Kategorien oder CMS-Seiten ist jedoch grundsätzlich gesperrt. Den

Wartungsmodus sollten Sie zwecks Datenkonsistenz aktivieren, denn während des Backup-Vorgangs sollten keine weiteren Daten in die Datenbank geschrieben werden. Dies können Sie jedoch nur vermeiden, indem Sie den Wartungsmodus aktivieren und somit den Zugriff auf das System einschränken. Setzen Sie daher an dieser Stelle gern den Haken bei der Checkbox WARTUNGSMODUS. Abschließend können Sie zudem die Sicherung des Medienverzeichnisses ausschließen. Im Medienordner sind alle Grafiken, Bilder und Uploads enthalten, die während der Arbeit im Magento verwendet werden. Neben Produktbildern haben Sie im Medienverzeichnis die Kategoriebilder sowie Grafiken und Bilder, die Sie bei der Nutzung des WYSIWYG-Editors hochladen. Da hierbei sehr große Datenmengen anfallen können, erlaubt Magento bei der Sicherung den Ausschluss des Medienverzeichnisses. Wenn Sie das Verzeichnis bei der Sicherung ausschließen, wird das Backup wesentlich schneller durchgeführt, und die Dateigröße der Sicherung ist geringer. Das spielt speziell bei der Rücksicherung eine große Rolle. In der Praxis sollten Sie daher das Medienverzeichnis unregelmäßiger sichern als das System an sich bzw. die Datenbank. Klicken Sie jedoch in diesem Fall die Checkbox nicht an, da Sie zum jetzigen Zeitpunkt vermutlich nicht allzu viele Bilder und Grafiken hochgeladen haben. Daher sollte sich die Größe der Sicherung noch im Rahmen halten.

Nachdem Sie den Backup-Namen hinterlegt haben, ich verwende in meinem Fall die Bezeichnung *sicherungstest*, klicken Sie bitte auf OK, um die Sicherung zu starten. Magento wird Ihnen anschließend einen Spinner anzeigen, der sofort verschwindet, wenn die Sicherung erfolgreich durchgeführt wurde. Die Sicherung kann dabei, je nach Größe der Datenbank und des Medienverzeichnisses, eine gewisse Zeit in Anspruch nehmen. Übrigens, wenn Sie in der Zwischenzeit das Frontend aufrufen, werden Sie beim aktivierten Wartungsmodus eine Ansicht wie in Abbildung 16.14 sehen.

Abbildung 16.14 Ist der Wartungsmodus aktiv, ist ein Zugriff auf das Frontend nicht möglich.

Wie Sie sehen, können Sie das Frontend nicht mehr aufrufen, alle Funktionen sind deaktiviert, und Sie sehen ausschließlich eine weiße Seite samt einem kurzen Informationstext. Dadurch werden alle möglichen Funktionen im Frontend komplett deaktiviert, weshalb keine Daten in die Datenbank geschrieben werden können.

Nachdem Magento die Sicherung erfolgreich erstellt hat, werden Sie in der Übersichtsseite einen neuen Eintrag in der Tabelle vorfinden. Hierbei handelt es sich um die eben erstellte Sicherung, was Sie zudem am Datum erkennen können. Je nachdem wie intensiv Sie bereits mit dem System gearbeitet haben, wird auch die Dateigröße ausfallen. Bei mir sind es knapp 142 MB, wobei ein Großteil von Magento selbst beigetragen wird. In dieser Sicherung ist neben der Datenbank und dem Medienverzeichnis das gesamte Magento-System, d. h. alle von Magento erzeugten und verwendeten Dateien, enthalten. Es handelt sich um eine komplette Sicherung Ihres gesamten Magento-Shops. Laden Sie ruhig die Sicherung herunter, indem Sie auf den Link TGZ klicken. Anschließend können Sie, wenn Sie über ein Programm zum Entpacken von Tar-Dateien verfügen, das Archiv extrahieren. Unter Linux bzw. macOS ist ein Tar-Archiv weniger ein Problem als unter Windows, nutzen Sie Windows, suchen Sie sich an dieser Stelle bitte eine entsprechende Anwendung wie z. B. 7-Zip. Wenn Sie sich das Archiv nun etwas genauer anschauen, werden Sie alle relevanten Dateien vorfinden.

16.4.3 Datenbank- und Medien-Backup erstellen

Als Alternative zum System-Backup können Sie eine Sicherung der Datenbank bzw. des Medienverzeichnisses erstellen. Klicken Sie hierfür auf den Button DATENBANK- UND MEDIEN-BACKUP, den Sie in der Backup-Übersichtsseite vorfinden. Auch in diesem Fall öffnet sich ein Fenster, in dem Sie den Namen des Backups eingeben müssen. Zudem können Sie bei dieser Sicherung ebenfalls den Wartungsmodus aktivieren. Abgesehen vom fehlenden Punkt zwecks Ausschluss des Medienverzeichnisses, in diesem Beispiel wollen Sie ja explizit das Medienverzeichnis sichern, ist diese Sicherung identisch mit dem System-Backup. Zu Testzwecken können Sie an dieser Stelle gern eine weitere Sicherung erstellen und nach dem erfolgreichen Abschluss das Archiv herunterladen und extrahieren.

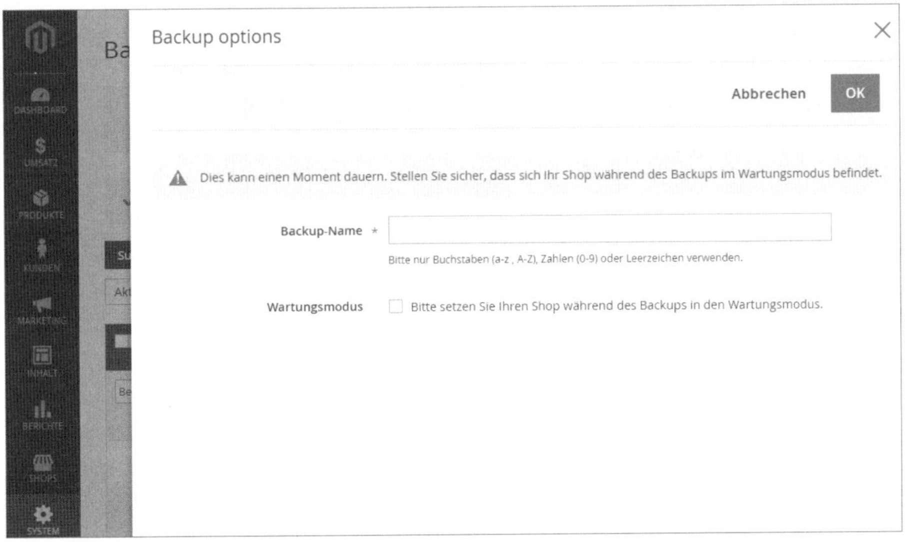

Abbildung 16.15 Neben der Angabe des Namens für die Sicherung müssen Sie zudem entscheiden, ob Sie den Wartungsmodus aktivieren wollen.

16.4.4 Datenbank-Backup erstellen

Als letzte Sicherungsvariante steht das Datenbank-Backup zur Verfügung. Auch dieses können Sie innerhalb der Übersichtsseite starten, indem Sie auf den Button DATENBANK-BACKUP klicken. Es öffnet sich, wie Sie in Abbildung 16.15 sehen, ein Dialog, in dem Sie einen Namen für die Sicherung hinterlegen müssen sowie entscheiden können, ob der Wartungsmodus aktiviert werden soll. Geben Sie auch an dieser Stelle wieder einen Namen ein, und starten Sie das Backup. Da es sich bei der Datenbank um die kleinste Komponente handelt, wird diese Sicherung im Vergleich zu den vorherigen mit Abstand am schnellsten erstellt werden. Sie sollten also innerhalb von ein bis zwei Sekunden den Spinner verschwinden sehen und können daraufhin auch diese Sicherung als Archiv herunterladen.

16.4.5 Backups planen und automatisieren

Bei den beschriebenen Backup-Funktionen müssen Sie manuell eine Sicherung erstellen. Das ist in Ordnung, wenn Sie ein Update ausrollen bzw. eine Änderung durchführen müssen. In der Praxis ergeben automatisierte Sicherungen jedoch mehr Sinn, denn niemand muss auf einen Knopf drücken, der manuelle Arbeitsschritt entfällt, und vor allem können Sie Sicherungen auch nachts durchführen. Wenn Sie daher die in Magento integrierte Backup-Funktion nutzen möchten, empfehle ich Ihnen die Automatisierung der Sicherung. Wie könnte es auch anders sein, hat Magento hierfür bereits eine Funktion an Bord, die Sie einfach nur aktivieren müssen!

Klicken Sie innerhalb des Magento-Backends auf SHOPS • KONFIGURATION • ERWEITERT • SYSTEM. Scrollen Sie anschließend zum Abschnitt EINSTELLUNGEN FÜR GEPLANTES BACKUP, und klappen Sie diesen auf. Im Dropdown-Menü GEPLANTES BACKUP AKTIVIEREN wählen Sie den Eintrag JA aus, woraufhin sich weitere Eingabemasken öffnen. Zuerst müssen Sie definieren, was Sie sichern möchten. Zur Auswahl stehen die drei beschriebenen Backup-Typen d. h. Datenbank, Datenbank und Medien sowie System (ohne Medien). Letztere Variante wurde in diesem Fall in zwei Optionen unterteilt, da Sie sich für eine Gesamtsicherung inklusive sowie exklusive Medienverzeichnis entscheiden können. Nachdem Sie den Typ bestimmt haben, können Sie eine Startzeit angeben. In der Praxis werden Backups immer nachts durchgeführt, da nachts auch gern die Performance des Systems etwas absacken kann. Nachts werden zudem keine Nutzer beeinträchtigt, wenn die Wartungsseite aktiviert ist, dementsprechend ergibt ein Zeitpunkt zwischen 01:00 und 06:00 Uhr meiner Erfahrung nach am meisten Sinn. Ebenso wichtig wie der Zeitpunkt ist die Frequenz. Magento erlaubt Ihnen die tägliche, wöchentliche oder monatliche Sicherung. Monatlich ist etwas heikel, da bei einem Ausfall die Sicherung recht alt sein kann. Selbst wöchentlich ist grenzwertig. Beachten Sie jedoch, dass Sie bei einer täglichen Sicherung entsprechend viel Speicherplatz benötigen. Wenn Sie später Sicherungen mit ein paar Hundert MB haben, kann sich die Datenmenge recht schnell aufblähen. Haben Sie die Frequenz definiert, entscheiden Sie noch, ob der Wartungsmodus aktiviert werden soll oder nicht. Sobald Sie diese Option ausgewählt und die Konfiguration gespeichert haben, wird Magento zukünftig vollkommen automatisch und ohne manuelles Eingreifen Sicherungen anlegen.

16.4.6 Vorhandenes Backup einspielen

Wie Sie Sicherungen erstellen und herunterladen, haben Sie nun gesehen. Doch was müssen Sie tun, um ein Backup wieder einzuspielen? Grundsätzlich gibt es hierfür zwei mögliche Vorgehensweisen. Sie können, das haben Sie auch bereits getan, jede Sicherung als Archiv herunterladen. Dieses Archiv können Sie extrahieren und die Dateien anschließend manuell per FTP/SFTP hochladen bzw. manuell die Datenbank importieren. Dies ergibt dann Sinn, wenn Sie nicht das komplette System zurücksetzen möchten, sondern gezielt Dateien aus einer Sicherung benötigen. Beispielsweise wenn Sie aus Unachtsamkeit eine Datei auf dem Server gelöscht haben. Würden Sie in diesem Szenario das gesamte Backup einspielen, würden Sie relativ viel Zeit benötigen. Hier wären der Download der Sicherung und der manuelle Upload der einzelnen Datei sinnvoller.

Haben Sie jedoch das gesamte Magento-System zerlegt, und möchten Sie alle Dateien wiederherstellen, so können Sie dies auch mithilfe des Magento-Backends tun – vorausgesetzt, Ihr Magento-System ist so weit unbeschadet geblieben, dass das Magento-Backend noch aufgerufen werden kann. Innerhalb der Backup-Übersicht haben Sie, wenn Sie diesen Menüpunkt erneut aufrufen, bei jeder Sicherung den Link ROLLBACK. Dieser befindet sich in der Spalte DOWNLOAD, die auch den Download-Link enthält. Klicken Sie auf diesen Link, erscheint ein neues Fenster mit einer Warnung:

16

```
Sie werden alle Daten verlieren, die seit Erstellung des Backups erstellt
wurden, einschließlich Adminbenutzer, Kunden und Bestellungen.

Sind Sie sicher, dass Sie fortfahren wollen?
```

Listing 16.6 Magento warnt vor einem Rollback nochmals explizit den Nutzer.

Erst wenn Sie in dieser Ansicht auf den Button OK klicken, wird Magento mit dem Restore-Prozess beginnen. Dieser kann und wird je nach Größe der Sicherung eine gewisse Zeit in Anspruch nehmen und Ihr System zurücksetzen. An dieser Stelle würde ich Ihnen jedoch nicht unbedingt empfehlen, den Restore-Prozess zu testen, da es in der Praxis an dieser Stelle häufiger zu Problemen kommt. Aufgrund der großen Datenmengen ist die Wahrscheinlichkeit, in Timeouts zu laufen, relativ groß. Dadurch wird der Restore-Prozess, sozusagen in der Mitte, abgebrochen, wodurch Ihr Magento-System nicht mehr funktionsfähig ist. Auch weitere Probleme können während des Restore-Prozesses auftauchen, beispielsweise durch Limitierungen des PHP Memory Limits. Daher empfehle ich Ihnen, sollten Sie wirklich einmal Ihr Magento-System zurücksetzen müssen, den Download des Archivs und den manuellen Restore durch File-Upload und Datenbank-Import. In der Regel werden Sie mit dieser Strategie besser fahren, da die Fehlerwahrscheinlichkeit wesentlich geringer ist.

16.5 Fazit und Ausblick

Die Sicherung Ihres Magento-Systems ist ein wichtiges Thema, denn nichts ist ärgerlicher als ein Datenverlust. Welche Möglichkeiten Ihnen Magento im Standard bietet, haben Sie in diesem Kapitel erfahren. Zudem habe ich Ihnen eine interessante Erweiterung gezeigt, die den Funktionsumfang nochmals stark vergrößert. Mit diesem Wissen sollten Sie bestens gerüstet sein und automatisierte Sicherungen in Magento anlegen können. Wie erwähnt, empfehle ich Ihnen jedoch in erster Linie, das Thema Datensicherung an Ihren Webhoster auszulagern, da dieser Ihre Sicherungen auf externen Systemen verteilen kann und die Sicherung direkt mittels Betriebssystem bzw. speziellen Tools vermutlich auch effizienter ist.

Im nächsten Kapitel möchte ich Ihnen – zugegebenermaßen ist der thematische Schnitt erneut etwas härter – die Vorzüge der Magento-Multistore-Fähigkeit vorstellen. Denn mit Magento können Sie auf Basis einer Installation viele verschiedene Online-Shops betreiben. Wie das funktioniert und was Sie mit dieser Funktionalität alles machen können, erfahren Sie im folgenden Kapitel.

Kapitel 17

Magento-Multistore-Funktionalität konfigurieren und nutzen

Magento verfügt von Haus aus über die Möglichkeit, innerhalb einer Installation beliebig viele Online-Shops, die sich komplett unterschiedlich verhalten und präsentieren können, abzubilden. Erfahren Sie in diesem Kapitel alle Details zur Multistore-Funktionalität von Magento.

In den vorherigen Kapiteln haben Sie Schritt für Schritt gesehen und gelernt, wie Sie einen eigenen Online-Shop auf Basis von Magento 2 aufbauen können. Um den Aufbau möglichst praxisnah zu gestalten, habe ich als Demo-System *foodbaer.de* gewählt, einen Online-Shop, der sich auf den Verkauf von Kochzubehör und Kochutensilien spezialisiert hat. Was würde aber passieren, wenn ich als Shop-Betreiber beschließen würde, zukünftig auch Kochbücher oder gar Küchengeräte zu verkaufen? Eventuell möchte ich diese Produkte dabei auch gar nicht über die Plattform *www.foodbaer.de* vertreiben, sondern über ein System mit einer alternativen URL und einem alternativen Design. Gegebenenfalls möchten Sie auch komplett neue Zahlungs- und Versandmethoden anbieten, denn die Zielgruppe von Kochbüchern und Küchengeräten kann sich von der ursprünglich auf *www.foodbaer.de* angepeilten Zielgruppe unterscheiden, und je nach Zielgruppe existieren schlussendlich andere Anforderungen an das Thema Zahlung und Versand.

Zum Glück müssen Sie bei Magento, ganz im Gegensatz zu anderen E-Commerce-Lösungen, keine Installation und kein Setup eines weiteren Systems durchführen. Selbstverständlich könnten Sie einen weiteren vServer bzw. Server mieten, darauf eine neue Magento-Installation durchführen und mithilfe dieser Installation Ihr neues System aufbauen. Dies hätte jedoch den Nachteil, dass Sie daraufhin zwei oder drei Magento-Systeme betreiben würden, die Sie regelmäßig aktualisieren und pflegen müssten. Der Wartungsaufwand würde sich also spürbar erhöhen, da Sie sich dediziert um jedes der installierten Systeme kümmern müssten. Auch könnten Sie Kunden und Bestellungen nicht über ein zentrales Backend verwalten, vielmehr müssten Sie sich immer in jedem System anmelden und nach dem Rechten schauen. Neben dem Wartungsaufwand würde sich auch der konstante und laufende Aufwand stark erhöhen. Die Installation von weiteren Magento-Systemen sollten Sie daher nur im äußersten Notfall in Betracht ziehen, denn Magento hat für die erwähnte Anforderung bereits eine Lösung integriert.

Von Haus aus unterstützt Magento das sogenannte Website/Store/Store-View-Konstrukt. Mit dessen Hilfe können Sie innerhalb einer Magento-Installation viele weitere Sub-Shops bzw. Shops aufbauen und betreiben. Der Vorteil besteht darin, dass Sie dies innerhalb einer Magento-Installation tun können. Alle Bestellungen laufen in einem Backend zusammen, und Sie haben nur eine Stelle, an der Sie Produkte und Kunden verwalten. Der Wartungsaufwand erhöht sich zudem nicht, da Sie nur die eine Magento-Installation warten und modifizieren müssen.

Da es sich bei dieser Funktionalität um ein wahres »Killer-Feature« handelt, möchte ich Ihnen die Möglichkeiten und das Handling auf den folgenden Seiten Schritt für Schritt und im Detail vorstellen.

Vermeiden Sie eine Vielzahl von Software-Instanzen

Das Magento-Website/Store/Store-View-Feature ist so genial, weil Sie damit automatisch den Betrieb verschiedenster Instanzen umgehen können. Denn je mehr Instanzen Sie mit einer Software betreiben, desto höher ist auch deren Wartungsaufwand. Magento unterstützt Sie daher aktiv dabei, Kosten und Aufwände gering zu halten.

17.1 Websites, Stores und Store Views anlegen und verwalten

Spricht man von der Magento-Multistore-Funktionalität, fallen im selben Atemzug immer die Begriffe *Websites*, *Stores* und *Store Views*. Hierbei handelt es sich letztendlich, auch wenn die Begriffe zunächst recht komplex klingen mögen, nur um Konfigurationsebenen. Die Website ist dabei immer die höchste Konfigurationsebene. Der Website wird jeweils ein Store zugewiesen, und jedem Store muss mindestens ein Store View zugewiesen werden, wobei ein Store auch mehrere Store Views haben kann. Innerhalb des Magento-Systems kann es beliebig viele Websites, Stores und Store Views geben, irgendwelche Limitierungen sind nicht vorhanden.

Grundsätzlich empfiehlt Magento, wobei Sie sich aufgrund der vorhandenen Flexibilität nicht an diese Empfehlung halten müssen, dass eine Website immer dann genutzt wird, wenn Sie einen weiteren, komplett autarken Online-Shop aufbauen möchten, d. h. ein System mit einem anderen Design und Produktkatalog. Ein Store wird hingegen nur benötigt, wenn sich die Kategorien-Navigation unterscheiden soll, beispielsweise wenn Sie einen Markenshop innerhalb Ihres bestehenden Systems aufbauen möchten. Der Store View, sprich die kleinste Konfigurationsebene, wird benötigt, um im Frontend eine weitere Sprache zugänglich zu machen. Möchten Sie daher Ihren Online-Shop in den Sprachen Deutsch und Englisch anbieten, benötigen Sie für dieses Vorhaben zwei Store Views. Wie bereits erwähnt, ist dies aber ausschließlich die Empfehlung von Magento, und so könnten Sie in der Theorie auch zwei Store Views anlegen, welche die identische Sprache verwenden, sich jedoch bezüglich der Zahlungsmethoden unterscheiden. Magento gestattet Ihnen hierbei eine gewisse Flexibilität, die Sie nutzen können, aber nicht nutzen müssen.

Faustregel für die Nutzung von Websites, Stores und Store Views

Verwenden Sie Websites immer dann, wenn Sie ein komplett neues System abbilden möchten. Stores eignen sich für die Einführung einer neuen Kategorie-Navigation und Store Views für die Abbildung zusätzlicher Sprachen.

Damit Sie ein Gespür und besseres Gefühl für die Multistore-Funktionalität bekommen, erweitern Sie gemeinsam mit mir praxisnah das bestehende Magento-Setup, und legen Sie Websites, Stores und Store Views an!

17.1.1 Konfigurationsbereich

Melden Sie sich zuerst an Ihrem Magento-Backend an, und öffnen Sie anschließend in der linken Navigationsleiste den Menüpunkt SHOPS. Direkt unter der ersten Überschrift namens EINSTELLUNGEN befindet sich der Link ALLE STORES, auf den Sie an dieser Stelle bitte klicken. Magento zeigt Ihnen daraufhin alle Websites, Stores und Store Views an, die im System vorhanden sind. Wenn Sie, genau wie ich, bislang innerhalb dieses Bereiches noch nichts gemacht haben, müsste Ihre Ansicht genau wie in Abbildung 17.1 aussehen.

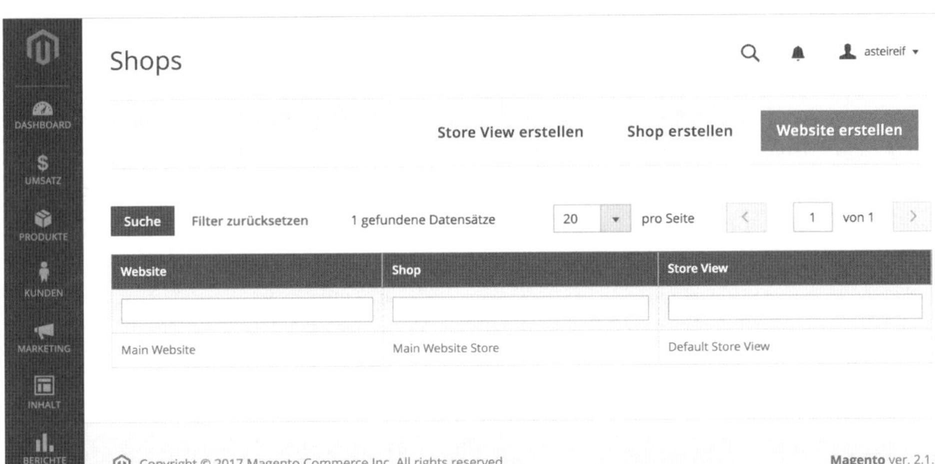

Abbildung 17.1 Magento zeigt Ihnen innerhalb dieser Maske alle vorhandenen Websites, Stores bzw. Store Views an.

Im Standard haben Sie exakt eine Website, einen Store und einen Store View. Hierbei handelt es sich um die Minimalkonfiguration, die Sie für einen funktionierenden Magento-Shop benötigen. Aus diesem Grund können Sie, selbst wenn Sie es wollten, diese drei Einträge auch nicht entfernen.

Vorsicht, Übersetzungsfehler!

Leider hat sich in der deutschen Übersetzung an dieser Stelle wieder ein kleiner Fehler eingeschlichen, der tatsächlich etwas problematisch sein kann. So wird in der deutschen Übersetzung anstelle von *Stores* von *Shops* gesprochen. Der offizielle Fachbegriff, nach dem Sie auch bei Fehlern recherchieren sollten, lautet jedoch nicht *Shop*, sondern *Store*. Verzeihen Sie mir daher in diesem Kapitel, wenn ich von *Stores* spreche, auch wenn in der Benutzeroberfläche innerhalb des Backends das Wort *Shop* bzw. *Shops* angezeigt wird.

17.1.2 Store Views

Wie eingangs erwähnt, symbolisiert der Store View die Sprache Ihres Magento-Systems, auch wenn Sie diese Konfigurationsebene zweckentfremden können. Aufgrund des großen Erfolgs meines Online-Shops *www.foodbaer.de* möchte ich nun meine Internationalisierungsstrategie realisieren und mit meinem System direkt Kunden aus Frankreich sowie Spanien ansprechen. Die Nutzer aus Spanien bzw. Frankreich sollen dabei dieselben Produkte wie die Nutzer aus Deutschland, zu denselben Konditionen beziehen können. Optisch soll sich das System aufgrund fehlender kultureller Unterschiede ebenfalls nicht unterscheiden. Daher benötige ich an dieser Stelle weder eine weitere Website noch einen weiteren Store, die Anlage von zwei weiteren Store Views reicht vollkommen auf.

Sofern Sie sich noch nicht in der Ansicht SHOPS befinden, öffnen Sie diese, indem Sie innerhalb des Magento-Backends in der linken Navigationsleiste auf den Punkt SHOPS und anschließend auf ALLE STORES klicken. Innerhalb dieser Ansicht, werfen Sie hierfür bitte nochmals einen Blick auf Abbildung 17.1, klicken Sie nun auf den Button STORE VIEW ERSTELLEN. Daraufhin werden Sie eine Maske wie in Abbildung 17.2 sehen. Zuallererst müssen Sie dem neuen Store View mitteilen, zu welchem Shop er gehört. Momentan können Sie, selbst wenn Sie es wollten, keinen alternativen Eintrag auswählen, da in Ihrem System genau wie in meinem nur ein Store verfügbar ist. Bei der Option NAME sollten Sie einen sinnvollen Begriff wählen, da dieser im Frontend dargestellt wird. Da ich, wie eingangs erwähnt, die Sprachen Spanisch und Französisch anlegen möchte, wähle ich beim Namen meines ersten Store Views »Französisch«, beim Namen meines zweiten Store Views »Spanisch«. Ähnlich wie der Name wird die nächste Information, der sogenannte CODE, ebenfalls im Frontend dargestellt, nämlich innerhalb der URL. Hier empfiehlt sich eine kurze, einprägsame und eindeutige Kennzeichnung. Da der Store View die Sprache repräsentiert, verwende ich persönlich ganz gern Ländercodes wie *de*, *fr* oder *es*.

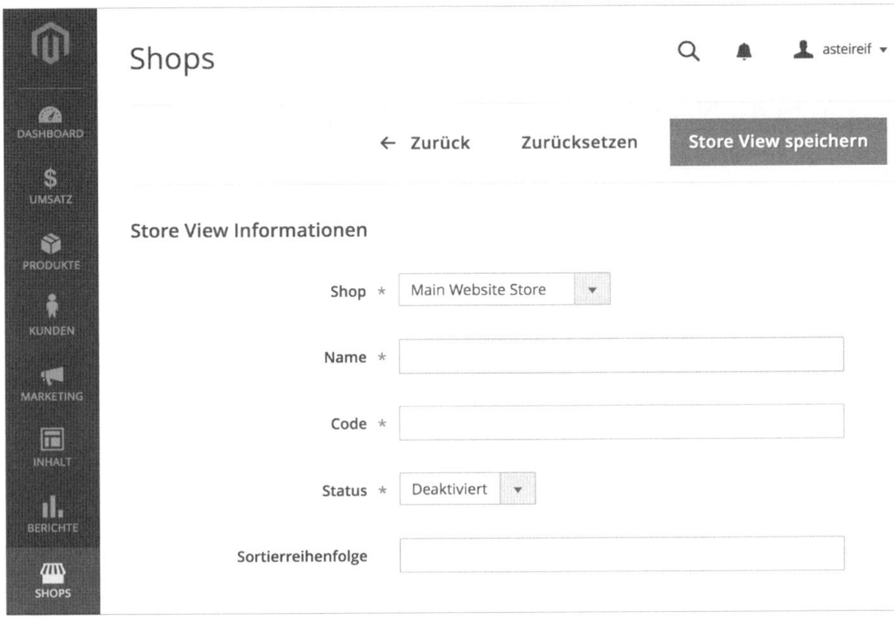

Abbildung 17.2 Bei der Anlage eines neuen Store Views müssen Sie neben dem Namen nur noch einen Code hinterlegen.

Theoretisch können Sie aber jeden beliebigen Wert wählen, sofern dieser nur einmal im System vorkommt. Neben dem STATUS, setzen Sie diesen ruhig auf AKTIVIERT, können Sie in dem Punkt SORTIERREIHENFOLGE zudem eine Sortierreihenfolge definieren. Ähnlich wie bei den Attributen oder Artikeln empfiehlt es sich, hier Werte im 10er-Bereich zu hinterlegen. Nachdem Sie die Store Views angelegt haben, leeren Sie bitte den Cache Ihres Magento-Systems. Nachdem Sie die neuen Einträge hinzugefügt haben, werden Sie bei der Auflistung der Stores, Websites und Store Views sicherlich die Unschönheit des Default Store View feststellen. Klicken Sie auf den Eintrag, und weisen Sie ihm den Namen »Deutsch« zu. Den Code sollten Sie bei dem Standard-Wert *default* belassen, da eine Änderung theoretisch zu Problemen führen könnte.

Mit der Anlage der Store Views haben Sie nun die erste Hürde genommen, und auch ich bin damit bei der Umsetzung meiner Internationalisierungsstrategie ein Stückchen weitergekommen. Sollten Sie meinen Empfehlungen gefolgt sein, so müssten Sie nun insgesamt drei Store Views, eine Website sowie einen Store haben und eine Konfigurationsansicht wie in Abbildung 17.3 vorfinden.

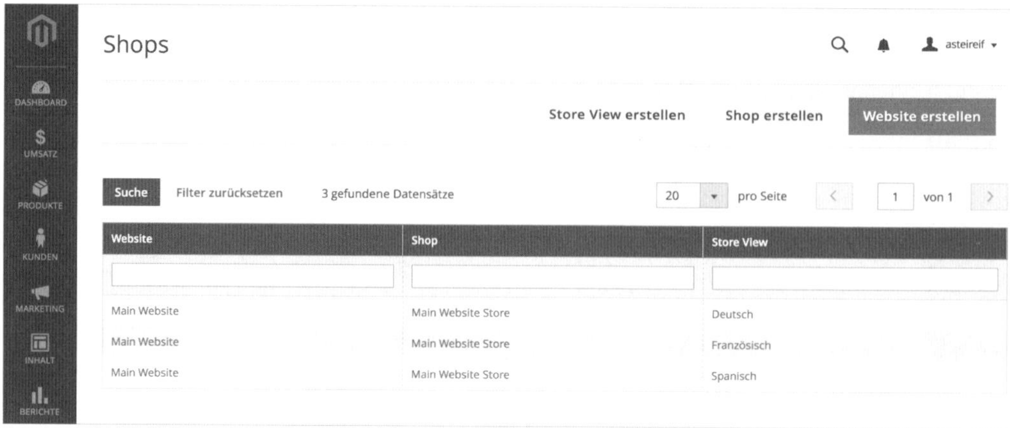

Abbildung 17.3 Die drei angelegten Store Views bilden die Basis für die angehende Internationalisierungsstrategie.

Wechseln Sie nun bitte in das Frontend Ihres Magento-Systems, bzw. rufen Sie die URL *http://www.foodbaer.de* auf. Wenn Sie sich den Header-Bereich im Frontend nun genau ansehen, werden Sie ein neues Element vorfinden. Es handelt sich hierbei um ein Dropdown-Menü, in dem der Eintrag DEUTSCH ausgewählt ist. Klicken Sie auf den Eintrag, so wie in Abbildung 17.4 zu sehen, damit Sie die weiteren Auswahlmöglichkeiten erhalten.

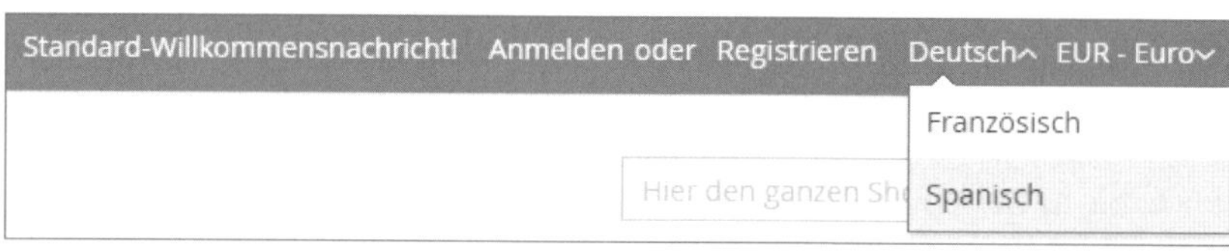

Abbildung 17.4 Im Frontend können Nutzer nun zwischen den verschiedenen Store Views wechseln.

Wie Sie sehen, stehen jetzt im Frontend alle Store Views, die Sie angelegt haben, zur Auswahl. Klicken Sie beispielsweise auf den Eintrag Spanisch, um im Frontend den spanischen Store View zu öffnen. Die Seite wird sich neu laden, aber Änderungen oder Anpassungen im Frontend selbst werden Sie noch nicht sehen. Das ist vollkommen normal und an dieser Stelle auch kein Fehler. Wie Sie Store-View-spezifische Änderungen und Anpassungen hinterlegen, erfahren Sie nämlich in Abschnitt 17.2.

17.1.3 Stores

Wechseln Sie jetzt erneut zurück in das Magento-Backend, und klicken Sie auf SHOPS • EINSTELLUNGEN • ALLE STORES. Sie gelangen auf diese Weise zur Übersicht der im Magento-System angelegten Websites, Stores und Store Views, die Sie schon kennen.

Legen Sie gemeinsam mit mir im nächsten Schritt einen Store an. Der Store an sich wird, das sehen Sie im späteren Verlauf des Kapitels noch, keine Einstellungen speichern können. Das heißt, immer dann, wenn Sie Anpassungen vornehmen möchten, können Sie diese nur auf der Store-View- oder Website-Ebene hinterlegen. Den Store benötigen Sie nur für die Definition des Produktsortiments, denn die in Magento angelegten Kategorien werden immer einem Store zugewiesen.

Klicken Sie jetzt bitte, sofern Sie sich in der Übersicht, die Sie in Abbildung 17.3 sehen, befinden, auf SHOP ERSTELLEN. Sie gelangen daraufhin zu einer Maske, in der Sie eine Website, einen Namen sowie eine Root-Kategorie hinterlegen müssen. Da mein Plan darin besteht, zusätzlich in Asien aktiv zu werden, hinterlege ich beim Namen den Wert ASIEN. Bei der Website kann ich aktuell nur auf die Main Website zurückgreifen, daher wähle ich diese aus, ähnlich wie ich bei der Root-Kategorie die Default Category wähle, da keine andere Option zur Auswahl steht. Mit diesen hinterlegten Werten können Sie die Konfiguration speichern.

Springen Sie nun sowohl im Browser als auch thematisch in die Kategorieverwaltung, die Sie unter PRODUKTE • LAGERBESTAND • KATEGORIENAMEN finden. In dieser Ansicht müssen Sie jetzt eine neue Hauptkategorie mit zwei Unterkategorien anlegen. An sich können Sie jetzt beliebige Namen und beliebige Einstellungen hinterlegen, da ich Ihnen nur die Funktionsweise demonstrieren möchte. Ich für meinen Teil nenne die Hauptkategorie »Asien« und lege die beiden Kategorien »Woks« sowie »Essstäbchen« an. Wenn Sie das getan haben, sollte Ihr Kategorie-Baum genau wie meiner ausschauen, den Sie in Abbildung 17.5 sehen.

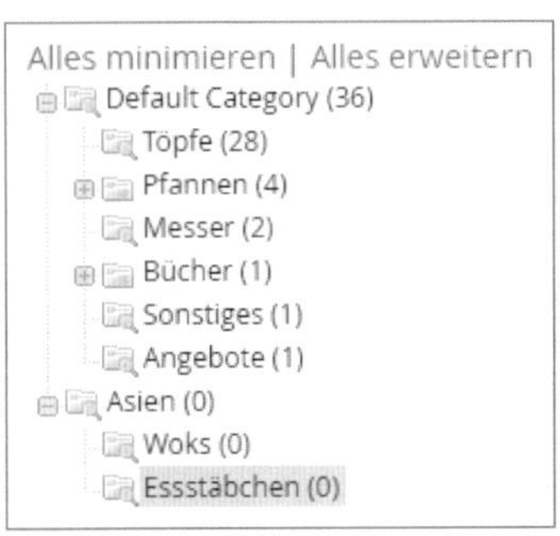

Abbildung 17.5 Durch die Nutzung von Root-Kategorien kann pro Store eine unterschiedliche Navigationsstruktur abgebildet werden.

Vermutlich wird jetzt bei Ihnen der Groschen bezüglich der Root-Kategorien, die Sie bei den Stores gesehen haben, fallen. Sie haben jetzt eine zweite Root-Kategorie mit dem Namen Asien angelegt. Diese Kategorie befindet sich auf derselben Ebene wie die Default Category. Diese beiden Root-Kategorien können Sie nun Ihren Stores zuweisen. Der bereits existente Store greift auf die Default Category zurück, d. h., an dieser Stelle müssen Sie keine Änderungen vornehmen. Dem neuen und soeben angelegten Store müssen Sie, das können Sie aber später nach der Anlage der Website tun, die Kategorie Asien zuweisen. Wenn Sie daraufhin in einen Store View wechseln, der dem Store »Asien« zugeordnet ist, wird dieser Store View im Frontend auch die Kategorie-Struktur der Root-Kategorie »Asien« ausgeben. Das heißt, Sie haben im Frontend je nach Store View die Möglichkeit, komplett unterschiedliche Kategorie-Strukturen anzulegen. Wichtig für Sie in diesem Moment ist die Tatsache, dass die Kategorie-Struktur eine Root-Kategorie benötigt und diese Root-Kategorie dem Store zugewiesen werden muss. Sobald Sie das getan haben, zeigt Magento im Frontend automatisch alle Kategorien unterhalb der Root-Kategorie.

Die Root-Kategorie wird im Frontend nie dargestellt

Beachten Sie auch, dass die Root-Kategorie im Frontend nie dargestellt wird. Daher müssen Sie dieser Kategorie auch keine Produkte zuweisen. Die Root-Kategorie dient ausschließlich als Ausgangspunkt, der einem Store zugewiesen werden muss. Dargestellt werden aber nur die Kategorien, die sich direkt unter der Root-Kategorie befinden.

Springen Sie bitte, sofern Sie die Root-Kategorie samt Unterkategorien angelegt haben, zurück in den Menüpunkt SHOPS • EINSTELLUNGEN • ALLE STORES. Öffnen Sie den angelegten Store namens *Asien*, indem Sie auf diesen klicken, und wählen Sie bei der Root-Kategorie nun den Eintrag »Asien« aus. Danach können Sie die Einstellungen speichern und zurück in die Übersicht wechseln.

Wie eingangs erwähnt, benötigt ein Store immer eine übergeordnete Website sowie einen zugeordneten Store View. Der Store an sich kann ohne diese beiden Elemente nicht existieren. Die Website legen Sie bereits bei der Erstellung des Stores an, in diesem Beispiel haben Sie den Eintrag MAIN WEBSITE ausgewählt, da keine anderen Websites existieren. Zum jetzigen Zeitpunkt fehlt dem Store »Asien« jedoch noch ein Store View. Wie Sie einen Store View anlegen, haben Sie bereits gesehen, daher möchte ich an dieser Stelle nicht nochmals auf alle Details eingehen, sondern Sie darum bitten, einen weiteren Store View mit folgenden Parametern anzulegen:

- Shop: Asien
- Name: Thailändisch
- Code: th
- Status: aktiviert
- Sortierreihenfolge: 0

Daraufhin müsste Ihre Übersicht über die Websites, Stores und Store Views wie in Abbildung 17.6 aussehen.

Website	Shop	Shop-Ansicht
Asien	Asien	Thailändisch
Main Website	Main Website Store	Deutsch
Main Website	Main Website Store	Französisch
Main Website	Main Website Store	Spanisch

Abbildung 17.6 Sie haben nun zwei Stores mit verschiedenen Store Views angelegt

Aktuell haben Sie immer noch eine Website, die auf der obersten Ebene steht. Direkt darunter existieren zwei Stores, der eine trägt den Namen »Asien«, der andere den Namen »Main Website Store«. Beide Stores verfügen über verschiedene Store Views. Würden Sie jetzt in den thailändischen Store View springen, wäre der größte Unterschied die Kategorie-Struktur im Kopfbereich. Da zwei unterschiedliche Root-Kategorien definiert und bei den Stores hinterlegt sind, würde sich im Frontend die Darstellung definitiv ändern. Ansonsten besitzen aber alle Store Views aktuell dieselbe Konfiguration, dementsprechend existieren noch keine weiteren Unterschiede in diesem Konstrukt.

Wenn Sie jetzt übrigens in das Frontend wechseln, werden Sie nicht direkt den Store Asien auswählen können. In Magento 1 existierte im Standard-Theme noch ein Dropdown-Menü, das den Sprung zwischen den verschiedensten Stores ermöglicht hat. In Magento 2 ist dies leider nicht möglich. Grundsätzlich ist der Sprung auf einen Store etwas tricky und nicht so einfach wie bei einem Store View. Was Sie im Detail tun müssen, um auf den Store zu kommen, erfahren Sie in Abschnitt 17.3, »Multi-Domain-Setup in Magento hinterlegen«.

17.1.4 Websites

Einen Store sowie mehrere Store Views haben Sie bereits angelegt, jetzt fehlt als letztes Puzzlestück nur noch die Website. Begeben Sie sich bitte erneut in den Menüpunkt SHOPS • EINSTELLUNGEN • ALLE STORES, und klicken Sie auf WEBSITE ERSTELLEN. Jetzt müssen Sie nur noch einen Namen, einen Code sowie die Sortierreihenfolge angeben. Da ich meinen asiatischen Bereich abtrennen möchte, lege ich für Asien eine separate Website an und hinterlege beim Namen »Asien«, beim Code »asien« und bei der Sortierreihenfolge 0. Haben Sie diese Werte hinterlegt, speichern Sie die Website ab. Anschließend haben Sie eine neue Website, die aber noch nicht über einen Store bzw. Store View verfügt. Editieren Sie daher bitte den Store »Asien«, und wählen Sie bei der Website »Asien« aus. Nachdem Sie die Konfiguration gespeichert haben, sollte Ihr finales Setup wie in Abbildung 17.6 aussehen. Ich hatte in dieser Abbildung schon etwas vorgegriffen, aber schlussendlich müssen Sie in Ihrem Magento-System nun dieselben Einträge haben.

Wie beim Store können Sie auch eine Website nicht ohne Weiteres aufrufen, d. h., es gibt im Frontend kein Dropdown-Menü oder Ähnliches. Bei der Website ist dies jedoch logisch. Denn Websites nutzen Sie dann, wenn Sie mehrere Shops aufsetzen möchten, die komplett voneinander getrennt sind. Wenn also in Website 1 Anglerzubehör verkauft wird und in Website 2 iPhones, dann wollen Sie vermutlich nicht den Wechsel zwischen den Websites im Frontend ermöglichen. Wie auch beim Store möchte ich Sie auf Abschnitt 3, »Multi-Domain-Setup in Magento hinterlegen«, vertrösten, in dem ich auf die Frage, wie eine Website bzw. ein Store aufgerufen werden kann, eingehen werde.

17.1.5 Zusammenfassung und Überblick

Sie haben erfolgreich eine Website, einen Store sowie mehrere Store Views angelegt. Das ist der erste Schritt in Richtung Multistore-Fähigkeit, denn Sie haben damit die Struktur, sozusagen das Grundgerüst, definiert. Das Grundgerüst an sich löst aber nicht Ihre Anforderungen. Im nächsten Schritt müssen Sie Magento mitteilen, wie sich jede Website bzw. jeder Store View verhalten soll. Denn letztendlich sind Store Views und Websites nichts anderes als Konfigurationsebenen. Diesen Konfigurationsebenen müssen Sie nun Konfigurationseinstellungen mitgeben, und erst, wenn Sie das getan haben, wird sich das Verhalten im Frontend ändern.

Wie auch bei der Anlage der Store Views bzw. des Stores und der Website möchte ich Ihnen aber genau das im Detail und exemplarisch zeigen!

17.2 Website- und Store-View-spezifische Werte und Einstellungen hinterlegen

Das Grundgerüst haben Sie in Ihrem Magento-Shop bereits aufgebaut, und Sie verfügen nach jetzigem Stand über mehrere Store Views und einen zusätzlichen Store bzw. eine Website. Nun geht es darum, diesen Konfigurationsebenen Werte zuzuweisen. Denn ein französischer Store View gibt beispielsweise nur dann alle Einträge im Frontend auf Französisch aus, wenn Sie in der Konfiguration die Sprache anpassen. Da es in Magento viele verschiedene Bereiche gibt, in denen Sie Anpassungen vornehmen können, möchte ich Ihnen diese bzw. die dahinterliegende Funktionsweise im Schnelldurchlauf vorstellen. Als Referenz verwende ich den spanischen Store View, Sie können natürlich auch gern den französischen nehmen bzw. den Store View, den Sie bei sich angelegt haben. Wie Sie sehen werden, können Sie die Vorgehensweise dann schlussendlich auch bei Änderungen der Website adaptieren. Denn sowohl die Website als auch der Store View sind nur Konfigurationsbereiche, die sich einfach aufgrund der Hierarchie unterscheiden.

17.2.1 Produkte

Speziell wenn Sie mit verschiedenen Sprachen im Frontend arbeiten, müssen Sie natürlich auch die Produkte bzw. deren Inhalte übersetzen. Rufen Sie hierzu exemplarisch irgendein Produkt auf, das Sie angelegt haben. Ich greife auch an dieser Stelle auf meinen Lieblingsartikel »Bratpfanne Martina« zurück. Wenn Sie das Produkt aufgerufen haben, werfen Sie bitte einen Blick in die linke obere Ecke bzw. auf Abbildung 17.7.

Abbildung 17.7 Über das Dropdown-Menü »Alle Store Views« können Sie den gewünschten Stor eView auswählen.

Wenn Sie auf das Dropdown-Menü ALLE STORE VIEWS klicken, öffnet sich ein neues Menü, in dem Sie nun den Store View, sprich den Konfigurationsbereich auswählen können. Vermutlich wird Ihnen zuerst die Frage durch den Kopf schießen, wo denn die andere Website bzw. der thailändische Store View geblieben ist. Bei Produkten müssen Sie, um auf den Store View zuzugreifen, das Produkt explizit der Website hinzufügen. Genau das können Sie auch innerhalb der Produktdetailansicht tun, indem Sie zum Bereich »Product in Websites« scrollen und dort die zweite bzw. weitere Website hinzufügen. Erst wenn Sie das getan haben, taucht die Website mit allen hinterlegten bzw. zugewiesenen Store Views oben in dem Dropdown-Menü auf.

Wählen Sie, ich hatte mein Referenzbeispiel »Spanisch« bereits erwähnt, bitte den Eintrag »Spanisch« aus. Daraufhin lädt Magento die Ansicht neu, und Sie befinden sich nun in dem Konfigurationsbereich »Spanisch«. Ohne auf alle Details einzugehen, haben Sie jetzt die Möglichkeit, die dargestellten Felder bzw. die dort enthaltenen Informationen abzuändern. Wenn in Spanien die »Bratpfanne Martina« z. B. »Sartén Martina« heißt, so können Sie diesen Wert einfach beim Namen hinterlegen und das Produkt speichern. Sie haben mit dieser Aktion dann nur in dem Konfigurationsbereich des Store Views »Spanisch« diesen Wert angepasst. Das heißt, in den anderen Store Views heißt das Produkt immer noch »Bratpfanne Martina«. Und das ist an sich auch die grundlegende Logik, die Magento an dieser Stelle verfolgt. Bei der Anlage eines Produktes hinterlegen Sie sozusagen die allgemeingültigen Werte, die an jeden Store View vererbt werden. Wenn Sie mehrere Store Views haben, können Sie den gewünschten Store View an dieser Stelle auswählen und die geerbten Werte editieren und anpassen. Sie müssen jedoch nicht jeden Wert anpassen, da alle Werte grundsätzlich vererbt werden. Ändern Sie jetzt ruhig ein paar Werte und Optionen ab, und machen Sie sich mit dem Mechanismus vertraut. Ich werde noch die Beschreibungstexte sowie den Preis anpassen, einfach damit Sie später im Frontend eine gewisse Unterscheidung sehen.

Speziell bei Produkten müssen Sie noch berücksichtigen, dass nicht alle Werte abgeändert werden können. Ein Lagerbestand wird beispielsweise global definiert, daher können Sie diesen auf Store-View-Ebene nicht anpassen. Auch spielen bei den Produkten die Websites keine Rolle, d. h., Sie können an dieser Stelle ausschließlich auf Store-View-Ebene Inhalte ändern und editieren, ganz im Gegensatz zur Systemkonfiguration, die sich auch auf Website-Ebene durchführen lässt.

17.2.2 Kategorien

Bei den Kategorien funktioniert die Store-View-spezifische Hinterlegung von Informationen genau wie bei den Produkten. Wenn Sie die Kategorie-Verwaltung aufrufen, werden Sie im oberen linken Bereich wiederum ein Dropdown-Menü sehen. Wenn Sie auf dieses Menü klicken, werden Sie beide Websites und alle zugehörigen Store Views sehen und können diese auswählen. Auch hier erfolgt die Anpassung wiederum auf Store-View-Ebene, d. h., Sie können die Website-Ebene erst gar nicht auswählen. Das hängt an dieser Stelle auch wieder damit zusammen, dass Magento davon ausgeht, dass Sie an dieser Stelle ausschließlich Übersetzungen vornehmen, und diese werden auf der unterste Ebene, sprich beim Store View, gepflegt.

Einzig die Ausnahme mit den Stores müssen Sie an dieser Stelle berücksichtigen. Sprich, Sie könnten theoretisch auch pro Store View einen Store anlegen, pro Store eine Root-Kategorie und somit auf der höchsten Ebene direkt die Übersetzungen hinterlegen. Das ergibt nur dann Sinn, wenn Sie pro Sprache eine komplett unterschiedliche Kategorie-Struktur haben. Denn in diesem Fall müssen Sie auf jeden Fall mit verschiedenen Root-Kategorien arbeiten und könnten diese dann, auch wenn es etwas unsauber erscheint, für die Übersetzungen nutzen.

17.2.3 Kunden

Der Vollständigkeit halber erwähne ich an dieser Stelle auch die Kunden, denn würden diese fehlen, würden Sie sich sicherlich die Frage stellen, welche Auswirkung die

Multistore-Fähigkeit auf die Kundendaten bzw. Kundengruppen hat. Um es kurz zu machen: keine. Bei Kunden existiert die Multistore-Fähigkeit nicht, d. h., es können nicht pro Store View unterschiedliche Werte und Einstellungen hinterlegt werden. Kundendaten gelten global, d. h. übergreifend über alle Store Views und Websites.

Kunden lassen sich durch Websites trennen

Mithilfe von Websites lassen sich, das möchte ich an dieser Stelle erwähnen, da es thematisch ganz gut passt, Kunden bzw. Kundengruppen trennen. Wenn Sie mehrere Store Views haben, die an einer Website hängen, kann ein Kunde aus Store View A sich auch in Store View B anmelden. Das werden Sie auch nicht verhindern können. Bei Websites ist das jedoch anders, da Sie die Gültigkeit des Kundenkontos auf eine Website limitieren können. Der in Website A registrierte Kunde kann sich also ohne Neuregistrierung nicht in Website B anmelden.

17.2.4 Warenkorb-Preisregeln und Katalogpreisregeln

Bei den Preisregeln, das gilt für Warenkorb-Preisregeln wie für Katalogpreisregeln, setzt Magento auf einen etwas anderen Mechanismus. Bei den Produkten und Kategorien legen Sie immer einen Datensatz an und können diesen Datensatz anschließend übersetzen. Bei den Warenkorb-Preisregeln und Katalogpreisregeln müssen Sie aber jeweils einen Datensatz pro Website anlegen und diesem mitteilen, für welche Website er aktiviert werden soll. Wenn Sie recht viele Websites im System haben, führt das zwangsläufig zu einer großen Anzahl an Datensätzen, wobei sich die Anzahl der Websites in der Praxis doch immer recht in Grenzen hält.

Öffnen Sie im nächsten Schritt exemplarisch eine Warenkorb-Preisregel oder eine Katalogpreisregel, und scrollen Sie bis zum Abschnitt WEBSITES. Sie sehen diesen ebenfalls in Abbildung 17.8, falls Sie mir an dieser Stelle nicht im eigenen System folgen. Wie Sie sehen, ist in der Regel eine Mehrfachauswahl enthalten, mit deren Hilfe Sie Magento mitteilen, für welche Website diese Regel aktiviert werden soll. Da in 90 % aller Fälle die Inhalte einer Regel nicht übersetzt werden müssen, einzige Ausnahme wäre, wenn Sie die Regelnamen im Frontend auslesen würden, reicht die Eingrenzung auf Website-Ebene. Wenn Sie aber eine Regel für eine Website überschreiben bzw. abändern möchten, so müssen Sie in diesem Fall einen zweiten Datensatz anlegen und diesem die jeweilige Website mittels Mehrfachauswahl mitteilen.

Im Falle meines spanischen Store Views werde ich bei den Preisregeln keine Änderungen vornehmen, da der Store View zur selben Website wie mein »Standard«-Store-View zählt und Differenzierungen somit gar nicht möglich wären.

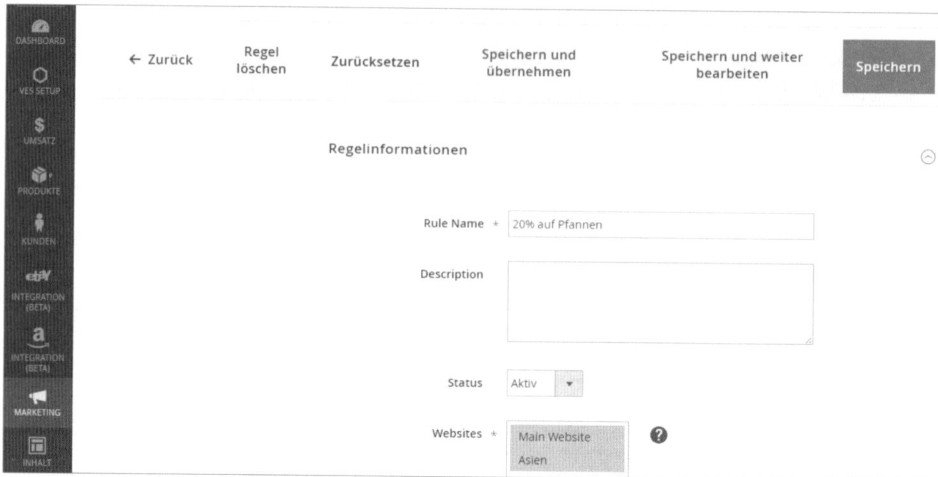

Abbildung 17.8 Preisregeln lassen sich nicht übersetzen und nur auf Website-Ebene zuweisen.

17.2.5 Seiten

Neben den Produkten sind vor allem die Seiten die wichtigsten Inhalte, die pro Store View übersetzt werden müssen. Ähnlich wie bei den Preisregeln setzt Magento bei den Seiten auf einen etwas anderen Mechanismus als bei den Produkten und Kategorien. Rufen Sie im nächsten Schritt bitte die Startseite auf, indem Sie auf INHALT • ELEMENTE • SEITEN klicken und dort den Eintrag der Startseite bearbeiten. Wie Sie den eigentlichen Inhalt editieren können, möchte ich an dieser Stelle nicht im Detail erklären, wichtiger ist aus meiner Sicht nun die Store-View-Zuordnung bzw. die Übersetzungsmöglichkeiten. Scrollen Sie hierfür zum Abschnitt PAGE IN WEBSITES, den Sie in Abbildung 17.9 sehen. Auch hier steht Ihnen, genau wie bei den Preisregeln, eine Mehrfachauswahl zur Verfügung. Das heißt, wenn Sie eine Seite anlegen, können Sie auswählen, für welche Store Views diese genutzt werden darf. Wenn Sie, nur als Beispiel, einen zusätzlichen Store View für Österreich und einen Store View für die Schweiz angelegt haben, so können Sie sicherlich die Startseite, die Sie in Deutsch realisiert haben, allen drei Store Views zuweisen. Auch wenn Sie eine englische Startseite pflegen und viele verschiedene englischsprachige Store Views besitzen, ergibt diese Mehrfachauswahl durchaus Sinn. In meinem Beispiel hingegen wäre es kontraproduktiv, wenn ich den Nutzern in Spanien, Frankreich und Deutschland dieselbe Startseite anzeigte, die in meinem Fall aktuell auf Deutsch gepflegt ist. Wählen Sie daher bei der Startseite nur den Store View *Deutsch* aus, und klicken Sie bitte anschließend auf SEITE SPEICHERN.

Doch was passiert nun im spanischen Store View mit der Startseite? Um diese abzubilden, müssen Sie jetzt eine neue Seite anlegen. Die neue Seite muss über denselben

URL-Schlüssel wie die »deutsche Startseite« verfügen, sprich home, die Inhalte können sich jedoch komplett unterscheiden. Bei der Shop-Ansicht wählen Sie den Eintrag SPANISCH aus. Grundsätzlich sollten Sie immer dann, wenn Sie Seiten in weiteren Sprachen anlegen, denselben URL-Schlüssel wie die »Hauptseite« verwenden.

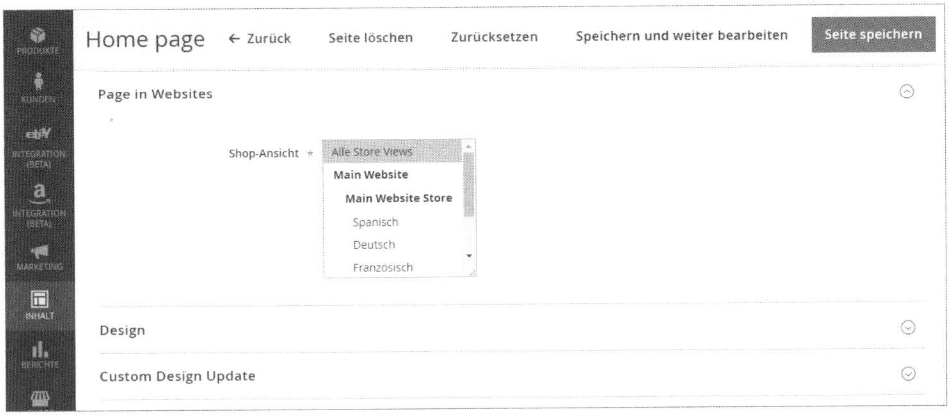

Abbildung 17.9 Eine Seite lässt sich per Mehrfachauswahl mehreren Store Views zuweisen.

> **URL-Schlüssel bei Seiten**
>
> An sich gibt es keine Limitierung, dieses Ihnen verbietet, pro Store View unterschiedliche URL-Schlüssel für ein und dieselbe Seite zu verwenden. Es erhöht jedoch enorm den Aufwand, wenn Sie dies tatsächlich tun. Am Beispiel der Startseite lässt sich das schön aufzeigen. Wenn Sie der Startseite nicht den CMS-Schlüssel *home* geben, müssen Sie erst in der Systemkonfiguration die Startseite neu definieren. Diesen Aufwand, bei Verlinkungen innerhalb von Seiten zieht das noch einen größeren Rattenschwanz mit sich, sollten Sie vermeiden. Nutzen Sie daher für eine Seite pro Store View den identischen URL-Schlüssel.

Sobald Sie die spanische Seite angelegt haben, wechseln Sie bitte in das Frontend. Wählen Sie dort über das Dropdown-Menü in der Kopfzeile den Eintrag »Spanisch« aus. Sofern Sie die Konfiguration korrekt hinterlegt haben, werden Sie daraufhin die spanische Startseite sehen, die ich gerade eben angelegt habe. Zugegebenermaßen ist diese recht unspektakulär, Sie sehen aber schon die übersetzte Überschrift bzw. den im Vergleich zur deutschen Seite abgeänderten Inhalt.

In der Praxis müssen Sie speziell bei den Seiten aufpassen und den Überblick bewahren. Wenn Sie 20 Sprachen, sprich 20 Store Views, im System haben, würde das bedeuten, dass Sie jede Seite 20-mal anlegen und auch 20-mal warten müssen. Daher ist der in Magento vorhandene Mechanismus und die dazugehörige Logik für nicht ganz so komplexe multilinguale CMS-Projekte durchaus gut und nutzbar, wenn jedoch die Menge an Seiten und Sprachen zunimmt, kann es, das ist zumindest meine Erfahrung aus der Praxis, etwas tricky werden.

Abbildung 17.10 Magento erlaubt die Anlage von einer Seite pro Store View, wodurch Übersetzungen ermöglicht werden.

17.2.6 Blöcke

Die Übersetzung von Blöcken folgt im Wesentlichen der Übersetzung von Seiten. Wenn Sie einen Block öffnen bzw. einen neuen Block anlegen, haben Sie eine Mehrfachauswahl, in der Sie die verschiedenen Store Views auswählen können. Dadurch definieren Sie, in welchem Store View ein Block angesprochen werden kann und somit zur Verfügung steht. Wenn Sie einen Block übersetzen möchten, müssen Sie pro Sprache bzw. Store View einen Block anlegen. Jeden dieser Blöcke weisen Sie anschließend dem gewünschten Store View zu. Denken Sie auch beim Block daran, die Kennung übergreifend zur Sprache beizubehalten. Das heißt, wenn Sie bei einem Block die Kennung »header-content« hinterlegt haben, sollten Sie bei jeder Sprachvariante dieses Blocks dieselbe Kennung verwenden. Ansonsten müssten Sie pro Store View den Block mit einem individuellen Code ansprechen, was zu Änderungen und Anpassungen in der Konfiguration, in den Seiten, aber auch in den Templates und im PHP-Code führen kann. Dieses Risiko sollten Sie nicht eingehen, verwenden Sie daher immer pro Sprache die identische Kennung.

17.2.7 Widgets

Das Handling von Widgets ist im Prinzip deckungsgleich mit dem von Blöcken. Die einzige Ausnahme besteht in der fehlenden Kennung bzw. dem fehlenden URL-Key, das müssen Sie bei Widgets nicht berücksichtigen. Ansonsten müssen Sie pro Store

View ein Widget anlegen, d. h., es muss pro Sprache ein Datensatz bestehen, wenn Sie eine Übersetzung bzw. Anpassung vornehmen möchten. Die Definition, welches Widget in welchem Store View erscheint, erfolgt wiederum mit einer Mehrfachauswahl bei der Anlage bzw. Bearbeitung eines Widgets, wie Sie auch in Abbildung 17.11 sehen.

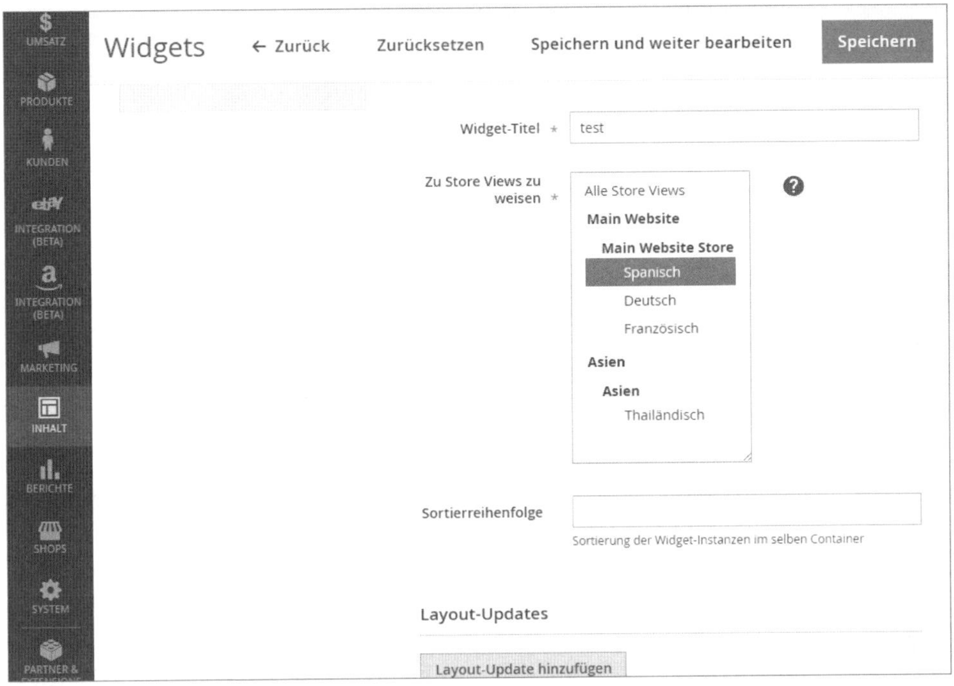

Abbildung 17.11 Pro Store View müssen Sie ein Widget anlegen, außer Sie weisen das Widget allen Store Views zu.

Wenn Sie ein Widget in allen Store Views nutzen möchten, müssen Sie dieses natürlich nicht mehrmals anlegen. Sie würden einfach mit der Mehrfachauswahl alle relevanten Store Views auswählen, sodass das Widget jedem Store View zur Verfügung steht. Nur wenn Sie das Widget übersetzen möchten, müssen Sie einen neuen Datensatz erstellen, wodurch pro Sprache ein Widget gepflegt werden muss.

17.2.8 Konfiguration

Inhalte wie Produkte, Seiten und Blöcke sind ein Thema, ein anderes Thema ist die Konfiguration. Und an und für sich ist die Konfiguration der, zumindest meiner Meinung nach, interessanteste Part der Multistore-Fähigkeit von Magento. Ich hatte bislang immer davon gesprochen, dass Sie Store Views für Sprachen verwenden können. Das ist auch der Grundgedanke, den Magento hatte. Sie können aber Store Views natürlich auch dazu nutzen, einen B2B- oder B2C-Bereich abzubilden. Oder Sie bauen gar keinen Markenshop bzw. Shop in Shop auf. Store Views sind ja letztendlich nur Konfigurationsebenen, die genutzt werden können, damit im Frontend später eine Auswahl bereitsteht, um zwischen den Konfigurationsebenen zu wechseln. Speziell aus diesem Grund finde ich den Aspekt der Konfiguration so wichtig, da Sie eben auch Store Views erstellen können, die über dieselben Produkte bzw. Produktinformationen oder auch Seiten verfügen, sich jedoch in der Konfiguration unterscheiden.

Rufen Sie jetzt bitte die Systemkonfiguration auf, indem Sie auf SHOPS • EINSTELLUNGEN • KONFIGURATION klicken. Anschließend gelangen Sie zur Systemkonfiguration, die Sie ja bereits ausgiebig kennengelernt haben. In der Systemkonfiguration, gegebenenfalls ist Ihnen das bereits im Verlauf der letzten Kapitel aufgefallen, haben Sie in der linken oberen Ecke nun ebenfalls ein Auswahlmenü, in dem Sie eine Website bzw. einen Store View auswählen können. Das Verhalten ist, verglichen mit der Produktverwaltung, jedoch ein wenig anders. Auf der obersten Ebene existiert in dem Auswahlmenü der Eintrag STANDARDKONFIGURATION. Alle bislang gespeicherten Optionen haben Sie immer auf dieser Konfigurationsebene gespeichert. Die Standardkonfiguration ist also die höchste Ebene, auf der Sie Einstellungen bzw. Optionen speichern können. Unter dieser Ebene folgen die Websites, die ebenfalls Einstellungen speichern können. Der darunter folgende Store ist ausgegraut, dieser kann keine Einstellungen speichern, die dem Store zugewiesenen Store Views hingegen schon. Somit ergeben sich insgesamt drei Ebenen, auf denen Sie Konfigurationseinstellungen speichern können. Die oberste Ebene vererbt, so wie dies in Magento üblich ist, Optionen weiter. Angenommen, Sie möchten den spanischen Store View anpassen, dann müssen Sie also nicht alle Optionen erneut setzen, sondern nur diejenigen Optionen abändern, die Sie editieren möchten. Durch diese Vererbungslogik sparen Sie sich in der Praxis eine Menge Zeit, da Sie allgemeingültige Einstellungen auf der obersten Ebene setzen und anschließend auf der Store-View- bzw. Website-Ebene einfach nur noch die notwendigen Anpassungen vornehmen müssen.

So weit die Theorie, was das in der Praxis bedeutet, möchte ich Ihnen am einfachen Beispiel der Sprache im Frontend zeigen. Klicken Sie nun innerhalb der Systemkonfiguration auf ALLGEMEIN • ALLGEMEIN, und scrollen Sie zum Abschnitt REGIONALE OPTIONEN. Dort angekommen, sehen Sie das Dropdown-Menü bei REGION. Die Region, an dieser Stelle ist das Feld etwas unsauber übersetzt, definiert schlussendlich das Sprachpaket, das geladen werden soll. Da Sie jetzt für den spanischen Store View eine andere Sprache einstellen möchten, müssen Sie mithilfe des Dropdown-Menüs, das sich in der linken oberen Ecke befindet, zuerst den spanischen Store View auswählen. Wechseln Sie daher im nächsten Schritt bitte den Store View, wobei Sie natürlich auch einen beliebig anderen Store View wählen können. Magento lädt nun die Seite neu, und Sie sehen weiterhin den Abschnitt Regionale Optionen. Entfernen Sie beim Feld REGION den Haken bei der Checkbox WEBSITE VERWENDEN. Dadurch teilen Sie Magento mit, dass Sie den gesetzten Standard-Wert für diesen Store View explizit überschreiben möchten. Wenn Sie den Haken nicht entfernen, können Sie das Dropdown-Menü gar nicht erst verwenden, d. h., sobald Sie einen Wert auf Store-View- oder Website-Ebene überschreiben möchten, müssen Sie immer den Haken bei der jeweiligen Checkbox entfernen. Wählen Sie nun im Dropdown-Menü den Eintrag ENGLISCH (VEREINIGTE STAATEN) aus, und speichern Sie die Konfiguration.

Halt, stop! Warum Englisch und nicht Spanisch?!

Magento verfügt von Haus aus über keinerlei Sprachpakete bzw. Übersetzungen. Würden Sie an dieser Stelle nun die spanische Sprache auswählen, kennt Magento zwar Ihren Wunsch, Übersetzungen sind aber nicht vorhanden. Dementsprechend müssen Sie zuerst das spanische Sprachpaket installieren, damit das Frontend auch in spanischer Sprache erscheint. Da ich Ihnen an dieser Stelle nicht mit der Installation der Sprachpakete das Kapitel erschweren möchte, nutzen Sie an dieser Stelle einfach die englische Sprache, denn diese ist im Standard enthalten. Dadurch sehen Sie also die Auswirkungen, und wie Sie das spanische Sprachpaket bzw. Sprachpakete an sich installieren, werden Sie im weiteren Verlauf des Buches noch kennenlernen.

Nachdem Sie die Konfiguration gespeichert haben, wird eine Meldung erscheinen, dass Sie den Cache leeren müssen. Folgen Sie bitte diesem Hinweis, da Sie ansonsten im Frontend keine Veränderung sehen werden. Sobald Sie den Cache geleert haben, rufen Sie das Frontend auf und wählen innerhalb des Frontends den spanischen Store View aus. Wenn Sie nun z. B. in die Kundenregistrierung gehen, werden Sie lauter englische Bezeichnungen und Übersetzungen vorfinden, wie Sie auch in Abbildung 17.12 sehen können. Wechseln Sie hingegen auf den deutschen Store View zurück, so wird das Frontend in deutscher Sprache dargestellt. Sie sehen also, dass einzig und allein aufgrund eines Konfigurationsparameters das Verhalten des Frontends entsprechend angepasst und individualisiert werden kann. Innerhalb von Magento können Sie natürlich nicht nur die Sprache pro Store View definieren, sondern knapp 100 % aller Einstellungen und Optionen, die in der Systemkonfiguration vorhanden sind.

Es gibt nur vereinzelte Ausnahmen, ähnlich wie bei Produktattributen, in denen globale Werte gelten, die Sie nicht überschreiben können. Auch gibt es Differenzierungen, welche Angaben Sie auf der Website-Ebene und welche Sie auf der Store-View-Ebene editieren können. Beispielsweise, einfach damit Sie an dieser Stelle eine Vorstellung haben, lassen sich in der Regel Zugangsdaten zu Payment-Service-Providern (PSP), also Zahlungsdienstleistern, höchstens auf Website-Ebene, nicht aber auf Store-View-Ebene hinterlegen. An dieser Stelle würde es schlicht keinen Sinn ergeben, wenn man pro Sprache, also pro Store View, Verbindungsdaten zum PSP hinterlegen würde. Neben diesem Beispiel gibt es noch ein paar wenige weitere Beispiele, grundsätzlich können Sie jedoch auf Store-View-Ebene so gut wie alle Optionen und Konfigurationseinstellungen, die Sie auf der höchsten Ebene gesetzt haben, überschreiben.

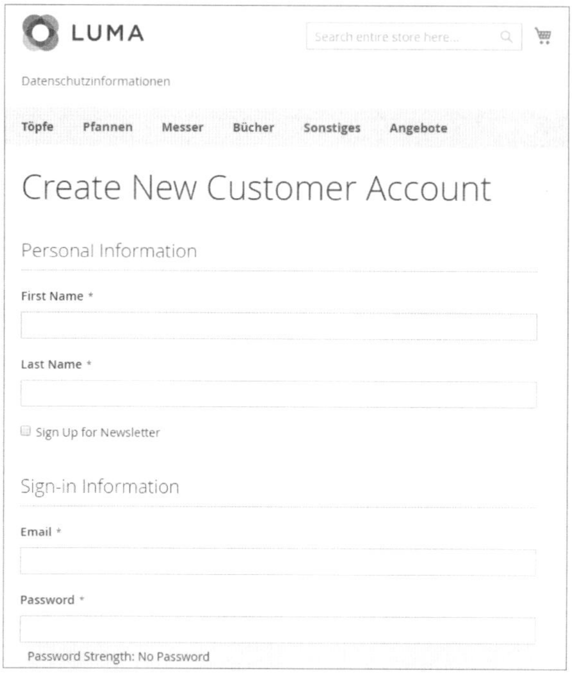

Abbildung 17.12 Sprachen und weitere Optionen können pro Store View gesetzt werden.

17.2.9 Themes

Auch Themes spielen bei der Multistore-Fähigkeit von Magento eine gewisse Rolle, da Sie die Theme-Optionen bzw. das Theme an sich pro Store View definieren können. Rufen Sie hierzu den Link INHALT • DESIGN • KONFIGURATION auf. Daraufhin erhalten Sie eine Auflistung aller Store Views und der zugewiesenen Themes, wie Sie auch in Abbildung 17.13 sehen. Die Funktionsweise unterscheidet sich an dieser Stelle also erneut von den bereits bekannten Funktionsweisen, zumindest in gewissen Teilen.

So überschreiben Sie nicht Optionen, indem Sie in einem Theme mittels Dropdown-Menü den Store View wechseln. Sie müssen, das geht in die Richtung wie bei den Seiten, den entsprechenden Eintrag auswählen, wobei jeder Store View einen eigenen Eintrag erhält, und können dadurch Store-View-spezifische Änderungen vornehmen. Auch hier wird rein auf der Store-View- und nicht auf der Website-Ebene gearbeitet. Im Gegensatz zu den Seiten müssen Sie jedoch die Einträge nicht selbst anlegen. Sobald Sie einen Store View erstellen, legt Magento bei den Themes automatisch einen neuen Eintrag an, auf den Sie an dieser Stelle zugreifen können.

Standard	Websites	Shop	Shop-Ansicht	Theme Name	Aktion
Weltweit				-- Kein Theme --	Bearbeiten
Weltweit	Asien			-- Kein Theme --	Bearbeiten
Weltweit	Asien	Asien	Thailändisch	-- Kein Theme --	Bearbeiten
Weltweit	Main Website			-- Kein Theme --	Bearbeiten
Weltweit	Main Website	Main Website Store	Deutsch	-- Kein Theme --	Bearbeiten
Weltweit	Main Website	Main Website Store	Französisch	-- Kein Theme --	Bearbeiten
Weltweit	Main Website	Main Website Store	Spanisch	-- Kein Theme --	Bearbeiten

Abbildung 17.13 Pro Store View wird ein Eintrag bei den Themes angelegt.

17.2.10 Sonstige Bereiche und allgemeine Logik von Magento

Zugegebenermaßen möchte ich Sie an dieser Stelle nicht nochmals mit jeder Ansicht im Magento-Backend konfrontieren und auf die Möglichkeiten der Store-View-spezifischen Werte hinweisen. Grundsätzlich können Sie in Magento so gut wie jedes Element einer Website bzw. einem Store View zuweisen und dieses Element auf diesen Ebenen überschreiben. Das gilt für Produkte und Kategorien, aber auch für Transaktions-E-Mails, Bestellbedingungen etc. Die Multistore-Fähigkeit ist einer der großen USPs von Magento, dementsprechend umfangreich und mächtig ist diese Funktion auch ausgebaut. Dadurch, vertrauen Sie mir an dieser Stelle, können Sie alle notwendigen und möglichen Optionen bis auf die kleinste Ebene, sprich die Store Views, anpassen. Entweder erfolgt die Anpassung über ein Dropdown-Menü, das sich in der linken oberen Ecke befindet und den Wechsel der Store Views ermöglicht, oder mittels eigener Datensätze pro Store View. Letzteres ist beispielsweise bei den Seiten, Blöcken, aber auch bei den Bestellbedingungen der Fall. Zugegebenermaßen hätte Magento, das ist zumindest meine Meinung, das Thema etwas konsistenter lösen können. Letztendlich sollte es Sie aber nicht davon abhalten, die vollen Funktionen der Multistore-Fähigkeit nutzen zu können. Je nach Ansicht sehen Sie eigentlich direkt, ob Sie mit zusätzlichen Datensätzen arbeiten müssen oder ob Sie bestehende Optionen und Einstellungen überschreiben können.

17.3 Multi-Domain-Setup in Magento hinterlegen

Ein wichtiger Punkt, daher möchte ich ihn an dieser Stelle herausgreifen, ist das Multi-Domain-Setup. Aktuell, Sie sehen das, wenn Sie im Frontend zwischen den verschiedenen Store Views hin und her wechseln, ist die URL bzw. die Domain immer identisch. Das ist problematisch, denn wenn als Standard beispielsweise immer der deutsche Store View hinterlegt ist, werden Suchmaschinen wie Google nie die Inhalte in den anderen Sprachen indizieren, da Suchmaschinen das Store-View-Dropdown-Menü nicht bedienen können. Auch können Sie einem Nutzer nicht eine URL zum Inhalt in seiner Sprache senden. Daher sollten Sie das »konventionelle« Verhalten, das ist zumindest meine Meinung, anpassen. Magento kann nämlich Store Codes zu URLs hinzufügen, oder Sie definieren komplett eigene URLs pro Store View. Beide Mechanismen möchte ich Ihnen an dieser Stelle zeigen.

17.3.1 Store Codes zu URLs hinzufügen

Die einfachste Option besteht im Hinzufügen von Store Codes zu den URLs. Melden Sie sich bitte mit Ihren persönlichen Zugangsdaten am Magento-Backend an, und klicken Sie auf SHOPS • EINSTELLUNGEN • KONFIGURATION. Sobald Sie sich in der Systemkonfiguration befinden, klicken Sie anschließend auf ALLGEMEIN • WEB und scrollen bis zum Abschnitt URL-OPTIONEN. Dort angekommen, aktivieren Sie die Option STORE CODE DEN URLS HINZUFÜGEN, und speichern Sie die Systemkonfiguration. Nachdem Sie den Cache geleert haben, rufen Sie das Frontend auf. Wenn Sie nun im Frontend den Store View wechseln, wird Ihnen bei den URLs sicherlich ein Unterschied auffallen. Ich habe nun beispielsweise folgende URLs, mit denen ich direkt die Store Views ansteuern kann:

- *http://www.foodbaer.de/es/*
- *http://www.foodbaer.de/fr/*
- *http://www.foodbaer.de/default/*

Normalerweise hätte ich den Default Store View, zumindest was den Code angeht, umbenennen sollen, um eine gewisse Konsistenz zu gewährleisten, lassen Sie sich davon aber nicht irritieren. Wie Sie sehen, fügt Magento die vorhandenen Store Views der URL hinzu, und dadurch können Sie direkt auf den spanischen, den französischen oder den deutschen Store View zugreifen. Der Store Code taucht grundsätzlich in allen URLs auf, d. h. nicht nur bei der Startseite, sondern auch bei Produktdetailseiten, Kategorien oder auch CMS-Seiten. In jeder URL ist der jeweilige Store Code inkludiert. Im Prinzip handelt es sich hierbei um einen Mechanismus, den Sie sicherlich auch schon bei anderen Online-Shops gesehen haben, die Sprach- bzw. Länder-Codes in den URLs verwenden. Alternativ zu den Store Codes können Sie jedoch auch komplett eigenständige URLs pro Store View bzw. Website definieren.

17.3.2 Eigene URLs pro Store View bzw. Website definieren

Sofern Sie mit Subdomains bzw. Domains arbeiten möchten, ist dies ebenfalls auf der Store-View- bzw. Website-Ebene möglich. Bleiben Sie in der aktuellen Ansicht, und ändern Sie einfach den Konfigurationsbereich, und wählen Sie beispielsweise den

Eintrag »Spanisch« aus. Wenn Sie jetzt zum Abschnitt Basis-URLs scrollen, den Sie in Abbildung 17.14 sehen, können Sie alle URLs rein für diesen Store View editieren.

Abbildung 17.14 Sowohl die Basis-URLs als auch die Basis-URLs (Sicher) lassen sich auf Store-View- bzw. Website-Ebene hinterlegen.

An dieser Stelle können Sie nun beispielsweise *http://es.foodbaer.de* hinterlegen, um den Store View per Subdomain zugänglich zu machen, oder natürlich auch eine Domain wie *http://www.foodbaer.es*. An dieser Stelle haben Sie keine Limitierung, einzig die Subdomain bzw. Domain muss auf das Magento-Verzeichnis zeigen und zugänglich sein. Ansonsten ist es Magento jedoch egal, welchen Eintrag Sie an dieser Stelle hinterlegen. Im Gegensatz zu den Store Codes, die URLs hinzugefügt werden, ist eine weitere Anpassung an Magento notwendig, damit beim Aufruf einer URL die korrekte Website bzw. der korrekte Store View aufgerufen werden kann. Diese Anpassungen sind aber eigentlich nicht komplex, und ich bin mir sicher, dass Sie diese ohne Probleme durchführen können. Behalten Sie bitte nur im Hinterkopf, dass Sie eben noch eine Anpassung an Magento vornehmen müssen, wenn Sie denn auf unterschiedliche URLs bzw. Subdomains setzen, und dass durch die reine Systemkonfiguration, die Sie anpassen, das gewünschte Verhalten noch nicht eintritt.

17.4 Notwendige Anpassungen, damit Store Views und Websites aufgerufen werden können

Es gibt mehrere Ansätze und Möglichkeiten, wie Sie eine »Weiche« erstellen können, die je nach Domain bzw. Subdomain einen Store View bzw. eine Website aufruft. An dieser Stelle möchte ich Ihnen die einfachste und schnellste Variante zeigen, zugegebenermaßen ist diese Variante nicht die eleganteste, da bei Magento-Updates der Code überschrieben werden kann. Zur Verdeutlichung und Erklärung der Funktionsweise sollte das folgende Beispiel jedoch mehr als ausreichend sein!

In Magento ist die Datei *index.php*, die sich im Hauptverzeichnis befindet, für das Laden der Website zuständig. Dementsprechend können Sie an dieser Stelle auch eine Weiche einbauen, die je nach URL bzw. Subdomain eine bestimmte Website innerhalb von Magento lädt. Öffnen Sie daher die *index.php* und suchen Sie nach den folgenden Zeilen:

```
$bootstrap = \Magento\Framework\App\Bootstrap::create(BP, $_SERVER);
/** @var \Magento\Framework\App\Http $app */
$app = $bootstrap->createApplication('Magento\Framework\App\Http');
$bootstrap->run($app);
```

Listing 17.1 Magento steuert in der index.php den Aufruf des Store Views bzw. der Website.

Ersetzen Sie im Anschluss den Text durch die folgenden Zeilen:

```
switch ($_SERVER['HTTP_HOST']) {
  case 'www.foodbaer.de:
  case 'foodbaer.de':
      $params = $_SERVER; $params[\Magento\Store\Model\StoreManager::PARAM_
RUN_CODE] = 'base';
      $params[\Magento\Store\Model\StoreManager::PARAM_RUN_TYPE] = 'website';
      $bootstrap = \Magento\Framework\App\Bootstrap::create(BP, $params);
    $app = $bootstrap->createApplication('Magento\Framework\App\Http');
      $bootstrap->run($app);
      break;
  case 'www.foodbaer.th:
  case foodbaer.th':
      $params = $_SERVER; $params[\Magento\Store\Model\StoreManager::PARAM_
RUN_CODE] = 'asien';
      $params[\Magento\Store\Model\StoreManager::PARAM_RUN_TYPE] = 'website';
      $bootstrap = \Magento\Framework\App\Bootstrap::create(BP, $params);
      $app = $bootstrap->createApplication('Magento\Framework\App\Http');
      $bootstrap->run($app);
  break;
  default:
      Mage::run();
  break;
}
```

Listing 17.2 Durch die Ergänzungen wird je nach aufgerufener URL ein bestimmter Store View geladen.

Auch wenn Sie kein PHP-Entwickler sind, ist der Code halbwegs einfach zu verstehen. Im ersten Schritt wird die Domain abgefragt, über die der Nutzer auf das Magento-System zugreift. Hierfür müssen alle Domains bzw. Subdomains, die Sie verwenden möchten, auf das Magento-System zeigen. Verantwortlich für die Prüfung ist die folgende erste Zeile, gefolgt von der Abfrage der Ergebnisse:

```
switch ($_SERVER['HTTP_HOST']) {
    case 'www.foodbaer.de:
    case 'foodbaer.de':
```

Listing 17.3 Mittels einer Weiche kann geprüft werden, welche URL vom Kunden aufgerufen wurde.

Das heißt, wenn jemand *foodbaer.de* bzw. *www.foodbaer.de* als URL verwendet, landet der Nutzer in diesem Code-Block. Im Code-Block selbst werden primär von Magento relevante Befehle ausgeführt, Sie müssen jedoch eine Anpassung in der folgenden Passage vornehmen:

```
$params[\Magento\Store\Model\StoreManager::PARAM_RUN_CODE] = 'base';
        $params[\Magento\Store\Model\StoreManager::PARAM_RUN_TYPE] =
 'website';
```

Listing 17.4 Um den entsprechenden Store View bzw. die Website zu laden, müssen Werte an die Magento-Anwendung übergeben werden.

Denn in diesem Abschnitt hinterlegen Sie, Sie sehen das am Beispiel Base, den Code der Website. Den Code können Sie selbst definieren, wenn Sie eine neue Website anlegen bzw. eine bestehende Website editieren. Das heißt, sobald ein Nutzer nun per *www.foodbaer.de* oder *foodbaer.de* auf das Magento-System zugreift, wird die Website mit dem Code `base` geladen. Wenn Sie mein Beispiel auf der vorherigen Seite nochmals prüfen, werden Sie zudem eine zweite Case-Abfrage feststellen, die prüft, ob ein Nutzer das System mit der Domainendung *.th* aufruft. Ist dies der Fall, so wird nicht die Website mit dem Code Base geladen, sondern die Website mit dem Code Asia. Somit haben Sie eine Trennung per URL, und je nach aufgerufener URL wird eine andere Website innerhalb von Magento geladen. Selbiges Verhalten können Sie auch für Store Views und Subdomains verwenden. Hinterlegen Sie hierzu beim Run Type Parameter Store View und beim Code den entsprechenden Store-View-Code.

Da ich an dieser Stelle nicht über verschiedene Domains verfüge, werde ich die durchgeführten Änderungen und Anpassungen nicht speichern und hochladen, versuchen Sie daher bitte nicht, *foodbaer.es* aufzurufen, da dies nicht funktionieren wird. Wenn Sie jedoch über mehrere Domains verfügen, können Sie gern auf die beschriebene Systematik zurückgreifen. Weiterführende Informationen hierzu erhalten Sie übrigens auch direkt bei Magento unter *http://devdocs.magento.com/guides/v2.0/config-guide/multi-site/ms_over.html.*

17.5 Die optimale Struktur

In Projekten werde ich häufig gefragt, was denn die optimale Vorgehensweise beim Aufbau der Website-, Store- bzw. Store-View-Struktur ist. Zugegebenermaßen gibt es keine Best Practice, da die Struktur immer vom Projekt und den jeweiligen Anforderungen abhängt. Normalerweise nutzt man den Store View für die Abbildung einer Sprache. Wenn Sie jedoch pro Sprache komplett unterschiedliche Payment-Service-Provider bzw. Zahlarten nutzen wollen, müssten Sie dies mittels einer Website abbilden. Das heißt, Sie hätten dann pro Sprache eine Website. Das ist zugegebenermaßen nur ein Beispiel von vielen, weshalb eine Website anstelle eines Store Views auch Sinn ergeben kann. Dementsprechend müssen Sie sich im Vorfeld überlegen, welche Unterschiede zwischen den Sprachen, Ländern oder auch Regionen bestehen, und daraus abgeleitet können Sie sich dafür entscheiden, wie Sie Store Views und Websites einsetzen. Denken Sie aber lieber etwas länger über diese Fragestellung nach, denn wenn Sie erst einmal die Struktur angelegt haben, sind nachträgliche Änderungen sehr zeitintensiv, zum Teil auch unmöglich. Im schlimmsten Fall haben Sie keine Möglichkeiten, Daten zu migrieren, und müssen nochmals bei Null beginnen, was es selbstverständlich zu vermeiden gilt.

Als grobe Faustregel können Sie sich aber merken, dass sich Länder am besten mit Websites abbilden lassen und Sprachen mit Store Views, da ein Land, beispielsweise die Schweiz, über mehrere Sprachen verfügen kann. Alternativ lassen sich Websites jedoch auch sehr gut für Regionen, z. B. Afrika, verwenden und die Store Views als untergeordnete Länder, sofern ein Land auch nur über eine Sprache verfügt. Es kommt aber, da wiederhole ich mich an dieser Stelle, immer ganz konkret auf das Projekt und die damit verbundenen Anforderungen an.

17.6 Fazit und Ausblick

Die Multistore-Fähigkeit ist eine der großen Stärken von Magento. Wie Sie in diesem Kapitel gesehen haben, können Sie auf Basis einer Magento-Instanz viele verschiedene »Frontends« aufbauen und somit den Online-Shop in verschiedenen Sprachen zugänglich machen. Differenzierungsmöglichkeiten bestehen aber nicht nur bei der Sprache, Sie können auch komplett unterschiedliche Systemkonfigurationen, Themes und Produktkataloge pro Store View bzw. Website verwenden. Somit haben Sie, wenn Sie eine Multi-Shop-Strategie fahren bzw. international agieren, die Möglichkeit, alle Anforderungen auf Basis einer Magento-Instanz abzubilden, und umgehen die potenzielle Problematik, mit verschiedenen Shop-Instanzen arbeiten zu müssen.

Im nächsten Kapitel möchte ich Ihnen, nachdem Sie nun über einen funktionierenden und mehrsprachigen Magento-Shop verfügen, zeigen, wie Sie Ihre Magento-Instanz aktuell halten und aktualisieren können. Denn Magento befindet sich in einem konstanten Weiterentwicklungsprozess, wodurch regelmäßig neue Updates veröffentlicht werden, die Sie einspielen sollten. Denn mit jedem Update werden Sicherheitslücken geschlossen, neue Funktionen bereitgestellt und Optimierungen vorgenommen.

Kapitel 18
Magento aktualisieren und up to date halten

Wie bei jeder Software stehen auch bei Magento regelmäßig Updates an, die Sicherheitslücken schließen, Fehler beheben und neue Features beinhalten. Erfahren Sie in diesem Kapitel, wie Sie Magento aktuell halten und was Sie bei der Aktualisierung beachten müssen.

Eine der wichtigsten Aufgaben besteht in der kontinuierlichen Aktualisierung Ihrer Magento-Instanz. Magento selbst veröffentlicht unregelmäßig neue Versionen der populären E-Commerce-Lösung. Diese Updates enthalten in der Regel neben neuen Funktionen und Korrekturen (Bug Fixes) zudem Security-Patches. Um die Sicherheit des eigenen Systems zu gewährleisten, müssen Sie daher regelmäßig Ihr System aktualisieren, um auf die von Magento bereitgestellten Optimierungen und Fehlerkorrekturen zurückzugreifen.

Bei der Diskussion über Updates – Sie werden im Verlauf dieses Kapitels noch sehen, warum es überhaupt Diskussionen in diesem Bereich gibt – sollten Sie immer mögliche negative Auswirkungen berücksichtigen, wenn Sie eben kein aktuelles System betreiben. Tausende Shop-Betreiber mussten dies Anfang 2017 schmerzhaft erleben, als deren Magento-Shops kompromittiert wurden. Der Einbruch in die Magento-Systeme war nur möglich, da Shop-Betreiber mit veralteten Magento-Systemen agierten und in den älteren Versionen Sicherheitslücken vorhanden waren. Magento hatte diese zwar relativ zeitnah geschlossen, das Update wurde jedoch leider nicht konsequent eingespielt.[1]

Damit Ihnen dieser Fehler nicht unterläuft, möchte ich Ihnen auf den nächsten Seiten im Detail erklären, wie Sie Ihr Magento-System aktualisieren können und welche Herausforderungen zu meistern sind.

1 Weitere Informationen zum besagten Vorfall Anfang 2017 finden Sie unter *http://www.t-online.de/computer/sicherheit/id_80033540/1000-deutsche-online-shops-sind-unsicher-magento-hat-sicherheitsluecken.html.*

18.1 Über neue Versionen informiert werden

Im ersten Schritt müssen Sie überhaupt erst einmal wissen, ob eine neue Magento-Version verfügbar ist. In der Regel werden Sie als Shop-Betreiber bzw. E-Commerce-Verantwortlicher von einer Agentur betreut, die Sie in erster Linie über neue Versionen, Patches und Security-Probleme informieren muss. Speziell die Magento-Partner, sprich diejenigen Agenturen, die über eine spezielle Zertifizierung verfügen und Teil des Magento-Partnerprogramms sind, erhalten bevorzugt und einige Tage vor der breiten Öffentlichkeit Informationen über bevorstehende Updates. Ein solcher Partner kann Sie daher recht früh informieren und Ihnen relevante Informationen zur Verfügung stellen.

Alternativ hierzu haben Sie zwei mögliche Ansatzpunkte, um möglichst einfach und schnell an Informationen zu veröffentlichten Updates zu kommen. Melden Sie sich zuerst mit Ihren persönlichen Login-Daten im Magento-Backend an. Innerhalb des Administrationsbereichs klicken Sie in der linken Hauptnavigation bitte auf den Menüpunkt SYSTEM und in dem daraufhin aufgehenden Navigationsmenü auf BENACHRICHTIGUNGEN. Sie gelangen nun zu einer Ansicht, wie in Abbildung 18.1 zu sehen ist.

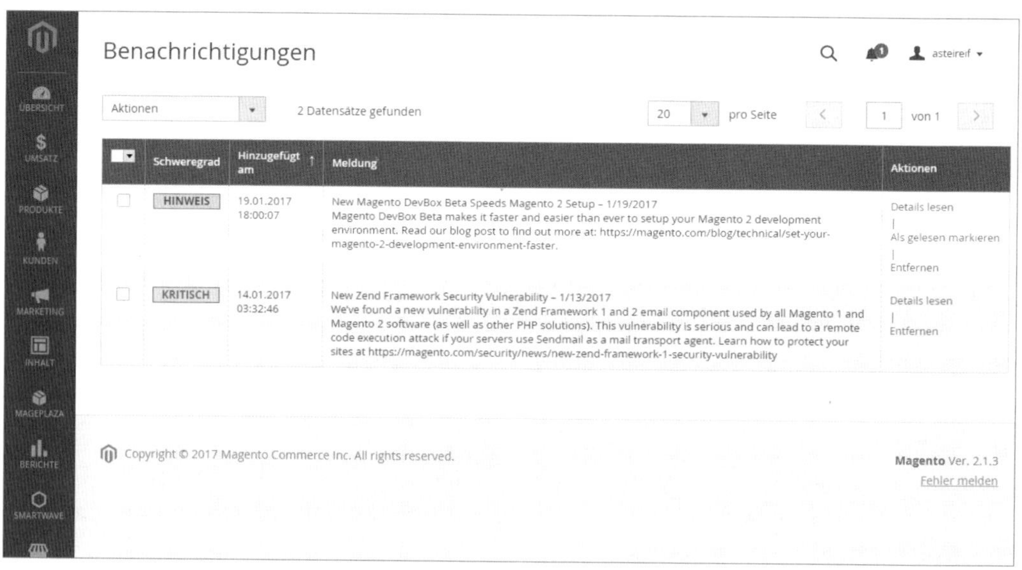

Abbildung 18.1 Innerhalb der Ansicht »Benachrichtigungen« erhalten Sie Informationen zu Updates, Security-Patches u. v. m.

Innerhalb dieser Ansicht können Sie alle relevanten Informationen rund um Magento einsehen. Hierzu zählen Neuigkeiten über Updates, aber auch bevorstehende Magento-Events und weiterführende Informationen. Extension-Entwickler haben zudem die Möglichkeit, Nachrichten an dieser Stelle zu platzieren. Nutzen Sie beispielsweise eine Erweiterung von Aheadworks oder Amasty, so können Neuigkeiten von diesen beiden Unternehmen ebenfalls an dieser Stelle auftauchen. Diese Nachrichtenzentrale ist daher ein äußerst interessanter und wichtiger Bestandteil des Magento-Backends.

Alternativ hierzu können Sie aktuelle Informationen zudem direkt auf der Magento-Website einsehen. Unter *https://magento.com/blog/magento-news* finden Sie eine Auflistung aller Neuigkeiten rund um Magento sowie das Magento-Ökosystem. Parallel dazu erhalten Sie unter *https://magento.com/security* Informationen, die sich ausschließlich um das Thema Security drehen (siehe Abbildung 18.2). Kritische Lücken und mögliche Patches sind dort ebenso Thema wie Best-Practice-Ansätze und weiterführende Informationen.

Abbildung 18.2 Magento hat eine eigene News-Seite, die sich speziell um das Thema Security dreht.

Wie Sie sehen, ist die Darstellung der Informationen ebenso wie die Kategorisierung recht einfach und logisch aufgebaut. Rufen Sie bitte an dieser Stelle kurz den letzten Link, sprich die Security-Seite, auf. Wenn Sie auf dieser Seite etwas nach unten scrollen, werden Sie auf der linken Seite eine Box mit dem Inhalt SIGN UP TO RECEIVE MAGENTO SECURITY ALERTS AS THEY ARE RELEASED vorfinden. Wenn Sie auf diesen Link klicken, werden Sie zur Seite *https://magento.com/security/sign-up* weitergeleitet. Dort haben Sie die Möglichkeit, Ihre Kontaktdaten zu hinterlegen. Sobald ein neues Security-Problem auftaucht, werden Sie anschließend proaktiv von Magento hierzu informiert. Meiner Meinung ergibt es durchaus Sinn, sich an dieser Stelle zu registrieren. Sie werden von Magento nicht mit Spam oder sonstigen Werbebotschaften bombardiert, sondern können bedenkenlos Ihre geschäftliche E-Mail-Adresse hinterlegen.

18.2 Magento-Update durchführen

Auf Basis der vorgestellten Quellen haben Sie sich über ein veröffentlichtes Magento-Update informiert und möchten dieses im nächsten Schritt einspielen. Bitte melden Sie sich hierfür erneut am Magento-Backend an, vorausgesetzt, Sie befinden sich nicht bereits im Administrationsbereich. Klicken Sie in der linken Navigationsleiste auf SYSTEM und anschließend auf WEB SETUP WIZARD. Daraufhin gelangen Sie zu einer Applikation, die ähnlich wie das klassische Magento-Backend aussieht, sich jedoch von den Menüpunkten stark unterscheidet. Der Web Setup Wizard ist in etwa der Nachfolger des aus Magento 1 bekannten Connect Managers. Auch in Magento 1 gab es eine »eigenständige« Applikation, die ausschließlich die Funktion hatte, Updates einzuspielen und Extensions zu installieren. Ähnlich verhält es sich mit dem Web Setup Wizard, den Sie übrigens direkt unter */setup/*, in meinem Fall *http://www.foodbaer.de/setup/*, aufrufen können.

Innerhalb des Web Setup Wizards klicken Sie bitte in der linken Navigationsleiste, wie in Abbildung 18.3 zu sehen, auf den Eintrag SYSTEM UPGRADE.

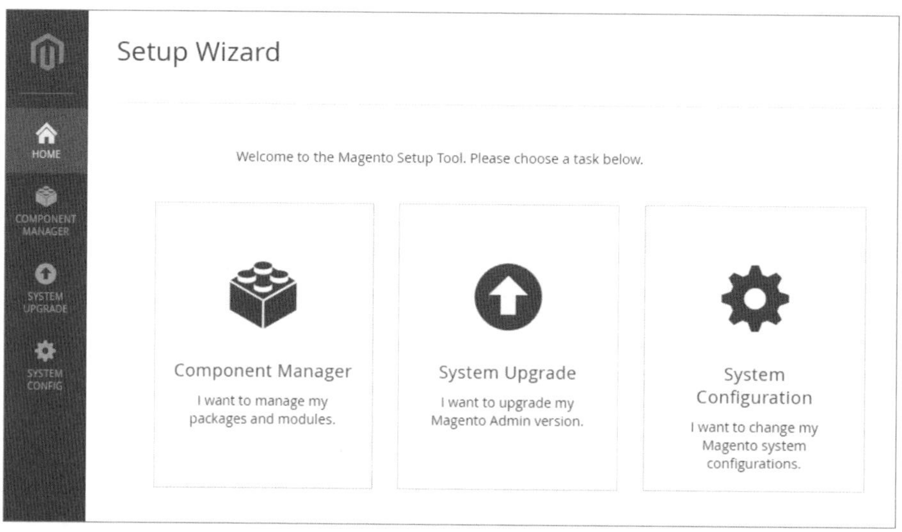

Abbildung 18.3 Mithilfe des Web Setup Wizards können Sie Komponenten installieren sowie das System aktualisieren.

Anschließend werden Sie nach Ihren Magento Marketplace Public Key und Private Key gefragt. Diese Informationen setzen einen Account im Magento Marketplace voraus, den Sie kostenfrei unter *https://account.magento.com/applications/customer/create/* anlegen können. Sollten Sie an dieser Stelle noch nicht über einen Account verfügen, legen Sie im ersten Schritt einen solchen Account für sich an. Letztendlich müssen Sie nur ein paar wenige Informationen hinterlegen und erhalten anschließend Zugang zum Magento Marketplace bzw. den Magento-Services.

Wenn Sie bereits über einen Account verfügen, öffnen Sie die URL *https://account.magento.com/applications/customer/login*, und melden Sie sich mit Ihren Zugangsdaten am System an. Nach dem erfolgreichen Login gelangen Sie zur Übersichtsseite (siehe Abbildung 18.4). Klicken Sie auf dieser Übersichtsseite bitte auf den Link MY ACCESS KEYS.

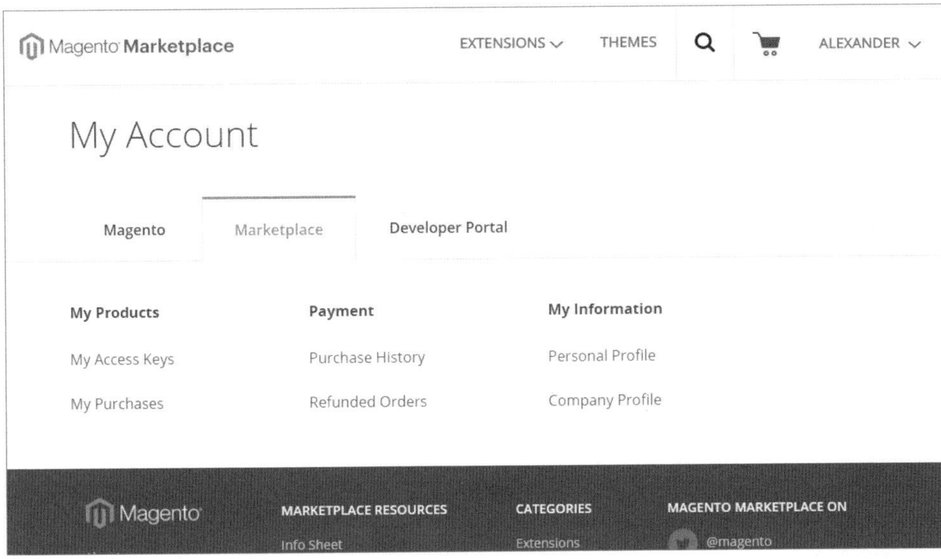

Abbildung 18.4 Mithilfe eines kostenfreien Magento-Accounts können Sie auf die unterschiedlichsten Services zugreifen.

Innerhalb der jetzt geöffneten Ansicht haben Sie die Möglichkeit, zwischen zwei Tabs zu springen. Es gibt einen Magento 1 Tab sowie einen Magento 2 Tab. Klicken Sie auf den Magento 2 Tab, wodurch sich der Inhaltsbereich etwas weiter unten ändert. Sollten Sie bereits über Access Keys verfügen, erhalten Sie an dieser Stelle die Auflistung dieser Keys. Wenn Sie hingegen noch keine Access Keys besitzen, klicken Sie auf CREATE A NEW ACCESS KEY. Notieren Sie sich den Public Key sowie den Private Key, und wechseln Sie zurück in den Web Setup Wizard. Dort angelangt, hinterlegen Sie bitte beide Werte, und klicken Sie auf SUBMIT.

Vorausgesetzt, die beiden Werte wurden korrekt hinterlegt, werden Sie anschließend zur ersten Maske innerhalb des Update-Prozesses geleitet. Bei dem ersten Dropdown-Menü mit dem Titel MAGENTO CORE COMPONENTS können Sie die Magento-Version wählen, auf die Sie aktualisieren möchten. Grundsätzlich müssen Sie nicht auf die aktuellste Magento-Version updaten, sondern können das Update auch in kleineren Schritten durchspielen. In diesem Szenario verfüge ich beispielsweise über eine installierte Version 2.1.0 von Magento Open Source (ehemals Community Edition) und kann auf die Version 2.1.3 aktualisieren, weswegen ich an dieser Stelle die Version 2.1.3 auswähle.

Mit der Option OTHER COMPONENTS zielt Magento auf weitere installierte Komponenten ab, die ebenfalls aktualisiert werden können. Hierzu zählen beispielsweise Module und Erweiterungen. Ich belasse die Auswahl bei NO, da ich aktuell nur mein Magento-Basissystem aktualisieren möchte, und klicke auf NEXT.

Wie auch bei der Installation steht jetzt der Readiness-Check an, das heißt, Magento prüft, ob der Server und die Konfiguration die Mindestvoraussetzungen für Magento erfüllen. An dieser Stelle müssen Sie zwangsläufig auf START READINESS CHECK klicken, wodurch Sie ein Ergebnis wie in Abbildung 18.5 erhalten sollten.

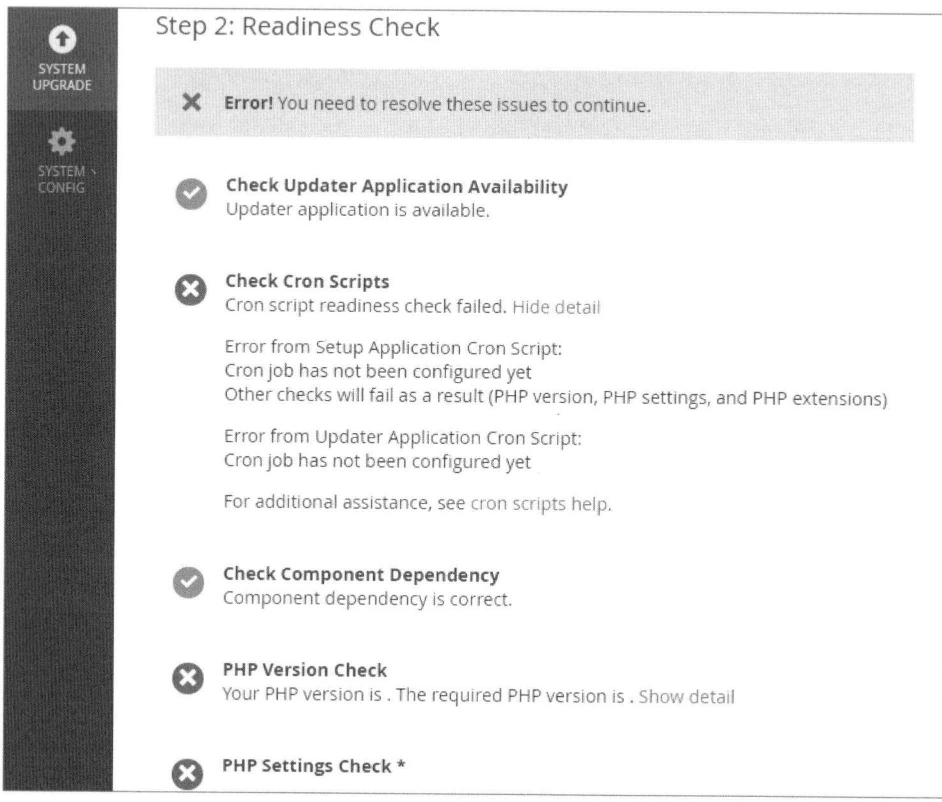

Abbildung 18.5 Aktuell erfüllt das System nicht die Mindestvoraussetzungen von Magento.

Wie Sie sehen, erhalte ich relativ viele Fehlermeldungen, weshalb ich das Update nicht durchführen kann. Ebenso wie ich sollten auch Sie Fehlermeldungen erhalten, und vermutlich wundern Sie sich an dieser Stelle, da die Installation von Magento kein Problem war und während der Installation ebenfalls die Mindestanforderungen geprüft wurden. Der Unterschied liegt darin, dass Magento vor einem Update zudem prüft, ob der CronJob korrekt eingerichtet ist. Bei mir war dies nicht der Fall, bislang ist dies nicht aufgefallen, da ein System bedingt auch ohne eingerichteten CronJob funktioniert.

An dieser Stelle, es hängt nun ganz stark von Ihrem Webhoster und den bereitgestellten Oberflächen und Zugriffen ab, müssen Sie das Setup des Magento-CronJobs prüfen bzw. diesen initial anlegen. Detaillierte Informationen hierzu finden Sie direkt bei Magento unter *http://devdocs.magento.com/guides/v2.0/config-guide/cli/config-cli-subcommands-cron.html*, im Zweifelsfall ist sicherlich auch der Support Ihres Webhosters immer bereit, weiterzuhelfen und für Sie die Anlage des CronJobs zu übernehmen. Beachten Sie an dieser Stelle, dass auf jeden Fall die folgenden drei CronJobs im System angelegt werden müssen:

```
*/1 * * * * /path/to/php /pfad/zu/magento/bin/magento cron:run [>> /log/file &
]
*/1 * * * * /path/to/php /pfad/zu/magento/update/cron.php [>> /log/file &]
*/1 * * * * /path/to/php /pfad/zu/magento/bin/magento setup:cron:run [>> /log/
file &
```

Listing 18.1 Für den korrekten Betrieb von Magento werden drei CronJobs benötigt.

Magento 2 CronJob bei Hosteurope einrichten

Sollten Sie, genau wie ich, bei Hosteurope ein virtualisiertes System betreiben, kann ich Ihnen den folgenden Beitrag aus meinem Blog ans Herz legen: *http://www.alexander-steireif.com/magento-2-cronjob-bei-hosteurope-einrichten/*. In diesem Blogbeitrag beschreibe ich, wie Sie bei Hosteurope den CronJob für Magento 2 einrichten und welche Einstellungen Sie noch berücksichtigen müssen.

Sobald Sie diese Hürde genommen haben, können Sie eine erneute Prüfung des Systems anstoßen. Im nächsten Schritt werden Sie gefragt, ob vor dem Update eine Sicherung (Backup) erstellt werden soll und wenn ja, von welchen Bereichen im System. Magento untergliedert dabei nach *Code*, *Media* und *Database*. In der Datenbank stecken alle Informationen wie Kunden, Bestellungen und Produkte. Bei Media handelt es sich um die hochgeladenen Produktbilder und CMS-Grafiken, und der Code ist letztendlich die Basis des Magento-Systems, sprich die PHP-Dateien. Lassen Sie an dieser Stelle ruhig alle drei Checkboxen angehakt, und klicken Sie auf CREATE BACKUP.

Nachdem Sie das Backup erstellt haben, wobei dies natürlich keine Pflicht ist, können Sie im nächsten Schritt auf WEITER klicken und somit den Update-Vorgang einleiten. Daraufhin werden Sie zu einer Update-Ansicht, die in Abbildung 18.6 zu sehen ist, geführt, und es kann mit dem Update begonnen werden.

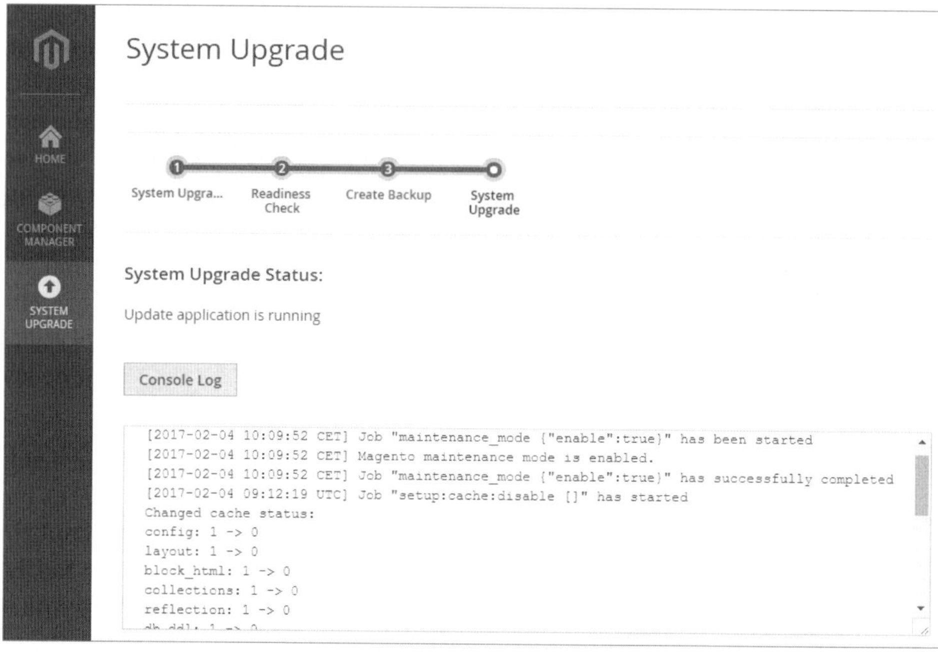

Abbildung 18.6 Während des Updates werden Sie auf dem aktuellen Stand gehalten.

Damit Benutzer, die gegebenenfalls auf Ihrem System aktiv sind, den Update-Prozess nicht beeinträchtigen, aktiviert Magento zuallererst den Wartungsmodus. Dadurch können Nutzer das Frontend nicht mehr bedienen, wodurch Komplikationen während des Updates vermieden werden. Nachdem das Update erfolgreich eingespielt wurde, bei Ihnen sollte das binnen weniger Minuten passieren, erhalten Sie zudem abschließend eine Erfolgsmeldung, und Magento ist erfolgreich aktualisiert. Weitere Schritte müssen Sie nicht unternehmen, auch der Cache wird beispielsweise von Magento automatisiert gelöscht. Sie haben somit erfolgreich die neuste Version von Magento eingespielt und das Update erfolgreich durchgeführt!

18.3 Updates planen und durchführen

Zugegebenermaßen hat sich der Update-Prozess auf den vorherigen Seiten einfach angehört, wenn nicht sogar zu einfach. An dieser Stelle möchte ich Ihnen daher den Zahn ziehen, dass in der Praxis Updates in so einer einfachen Art und Weise und mit einem so begrenzten zeitlichen Aufwand eingespielt werden können. Sobald Sie Ihr System durch Extensions und individuelle Modifikationen erweitert haben und zudem über größere Datenmengen verfügen, würde aller Voraussicht nach eine Vorgehensweise wie beschrieben zu nachgelagerten Fehlern und Problemen führen.

Das hängt nicht damit zusammen, dass der Web Setup Wizard schlecht oder rudimentär implementiert wäre. Sobald ein System modifiziert wurde, das gilt nicht nur für Magento sondern auch für andere E-Commerce-Lösungen, stoßen automatisierte Update-Prozesse an ihre Grenzen. Denn wenn »unter der Haube« etwas geändert wurde und Abhängigkeiten zu Erweiterungen und individuellen Modifikationen bestehen, dann müssen diese Abhängigkeiten geprüft und gegebenenfalls Anpassungen vorgenommen werden. Aus diesem Grund muss ein Update zuallererst innerhalb der Entwicklungsumgebung eingespielt werden, bevorzugt direkt über die Magento Repositories und nicht über den beschriebenen Wizard. Anschließend muss, immer noch innerhalb der Entwicklungsumgebung, jede Funktionalität bis ins kleinste Detail überprüft und gegebenenfalls angepasst und manuell aktualisiert werden. Im Zuge eines Updates des Core-Systems sollten zudem Erweiterungen aktualisiert werden. Erst wenn nach einem intensiven Prüfprozess keine Fehler identifiziert wurden, kann man sich Gedanken über den Rollout auf dem Live-System machen. Hier spielen oftmals komplexe Server-Infrastrukturen eine Rolle, wodurch die Aktualisierungen nicht nur auf einem Server, sondern auf mehreren Systemen ausgerollt werden müssen. Zudem muss ein Plan erarbeitet werden, wie ohne große Downtime das Live-System aktualisiert und ebenfalls durchgetestet werden kann.

Ohne auf jeden kleinen Schritt im Detail einzugehen, möchte ich Ihnen an dieser Stelle nur die Komplexität eines System-Updates vermitteln. Der Web Setup Wizard lädt fast schon dazu ein, einfach auf den Update-Button zu drücken. In der Praxis ist die Aktualisierung von Magento jedoch in der Regel ein nicht zu unterschätzendes Projekt, das geplant, realisiert und getestet werden muss.

18.4 Fazit und Ausblick

Auf den ersten Blick erscheint die Aktualisierung von Magento recht einfach, der Teufel steckt aber im Detail. Sie haben den Web Setup Wizard kennengelernt und gesehen, wie Sie recht einfach bei einem kleinen und weniger komplexen Magento-Projekt ein Update durchführen können. Sobald es an die Aktualisierung komplexerer Systeme geht, stößt Magento jedoch definitiv an die Grenzen, und Sie sollten das Update Ihrer Agentur bzw. den Kollegen aus der Entwicklung überlassen.

Im nächsten Kapitel möchte ich einen thematisch harten Schwenk machen und Ihnen zeigen, wie Sie Magento mit der Kommandozeile verwalten und steuern können. Neben den umfangreichen Magento Command Line Tools, die von Haus aus ausgeliefert werden, ist speziell die Erweiterung Magerun äußerst interessant. Denn mit Magerun können Sie viele alltägliche Dinge recht fix mit der Kommandozeile erledigen. Seien Sie daher gespannt, welche Möglichkeiten Ihnen die umfangreichen Command-Line-Funktionen bieten!

Kapitel 19

Magento per Kommandozeile administrieren

Auch wenn Sie bislang ausschließlich das Backend und Frontend kennengelernt haben, gibt es eine weitere Möglichkeit, mit Magento zu interagieren. Hierbei handelt es sich um die Kommandozeile, mit deren Hilfe Sie einen Großteil des Systems administrieren können.

Wenn Sie in den vergangenen Kapiteln Änderungen am System durchgeführt haben, so habe ich Sie immer in das Magento-Backend, in wenigen Ausnahmen auch in das -Frontend, geschickt. Das Backend ist die zentrale Stelle, an der Sie Konfigurationsoptionen anpassen, Produkte verwalten, Kunden administrieren und Bestellungen verarbeiten können. Kurz gesagt, ist es der zentrale Kanal, den Sie als Shop-Betreiber und E-Commerce-Verantwortlicher nutzen. Das Backend als alleiniges Interface zur Administration und Verwaltung des Magento-Systems zu bezeichnen ist jedoch nur die halbe Wahrheit. Denn mit der Kommandozeile können Sie ebenfalls Ihr Magento-System administrieren. Der Fokus liegt hierbei auf der Administration, d. h., Produkte werden Sie mit der Kommandozeile nicht verwalten können. Dafür können Sie aber sehr wohl Optionen und Konfigurationseinstellungen anpassen, Backups durchführen und mit dem System als solches arbeiten.

Bei Magento haben Sie, sollten Sie die Kommandozeile zur Administration nutzen wollen, die Qual der Wahl. Zum einen bietet Magento 2 von Haus aus Möglichkeiten zur Administration per Kommandozeile, zum anderen steht mit Magerun ein bereits für Magento 1 äußerst populäres Tool zur Verfügung, mit dem Sie Ihre Magento-Instanz ebenfalls verwalten können. Da es insgesamt zwei sehr starke Tools gibt, möchte ich Ihnen in diesem Kapitel beide vorstellen. Danach werden Sie sicherlich die Entscheidung treffen können, ob Sie mit den Bordmitteln so weit klarkommen oder ob Sie auf Magerun setzen möchten.

Kommandozeile, Shell, Terminal, Konsole etc.

Verzeihen Sie mir, wenn ich in diesem Kapitel als Oberbegriff *Kommandozeile* verwende. Wenn Sie die Kommandozeile wie ich nutzen würden, würden Sie diese vermutlich direkt als Terminal bezeichnen, unter Linux würden Sie von der Shell sprechen und unter Windows von der Eingabeaufforderung. Da mir die Differenzierung aufgrund der Vielzahl von Betriebssystemen aber zu mühselig ist, spreche ich im Folgenden nur von der Kommandozeile. Je nach verwendetem Betriebssystem wissen Sie letztendlich, was damit gemeint ist.

19.1 Magento CLI (Command Line Interface) nutzen

Werfen Sie gemeinsam mit mir direkt und ohne Umwege einen Blick auf die Möglichkeiten, die das Magento Command Line Interface, kurz gesagt, Magento CLI, bietet. Rufen Sie hierzu Ihre Kommandozeile auf, und navigieren Sie zum Hauptverzeichnis von Magento. Dort angekommen, können Sie Magento CLI mit `php bin/magento` starten.

Anschließend erhalten Sie als Rückgabe ein Ergebnis, wie Sie es in Abbildung 19.1 sehen. Magento zeigt Ihnen, da Sie an dieser Stelle nur die Anwendung aufgerufen haben, alle möglichen Parameter an, führt aber noch keinen Befehl aus. Einen Befehl bzw. eine Aktion können Sie schlussendlich nur dann ausführen, wenn Sie einen der aufgeführten Parameter beim Aufruf mit übergeben.

```
wp12651274@vwp8501:~/www/foodbaer-de$ php bin/magento
Magento CLI version 2.1.7

Usage:
 command [options] [arguments]

Options:
 --help (-h)           Display this help message
 --quiet (-q)          Do not output any message
 --verbose (-v|vv|vvv) Increase the verbosity of messages: 1 for normal output, 2 for more verbose output and 3 for debug
 --version (-V)        Display this application version
 --ansi                Force ANSI output
 --no-ansi             Disable ANSI output
 --no-interaction (-n) Do not ask any interactive question

Available commands:
 help                                    Displays help for a command
 list                                    Lists commands
admin
 admin:user:create                       Creates an administrator
 admin:user:unlock                       Unlock Admin Account
app
 app:config:dump                         Create dump of application
cache
 cache:clean                             Cleans cache type(s)
 cache:disable                           Disables cache type(s)
 cache:enable                            Enables cache type(s)
 cache:flush                             Flushes cache storage used by cache type(s)
 cache:status                            Checks cache status
catalog
 catalog:images:resize                   Creates resized product images
 catalog:product:attributes:cleanup      Removes unused product attributes.
cron
 cron:run                                Runs jobs by schedule
customer
 customer:hash:upgrade                   Upgrade customer's hash according to the latest algorithm
deploy
 deploy:mode:set                         Set application mode.
 deploy:mode:show                        Displays current application mode.
dev
 dev:source-theme:deploy                 Collects and publishes source files for theme.
 dev:tests:run                           Runs tests
 dev:urn-catalog:generate                Generates the catalog of URNs to *.xsd mappings for the IDE to highlight xml.
 dev:xml:convert                         Converts XML file using XSL style sheets
i18n
 i18n:collect-phrases                    Discovers phrases in the codebase
 i18n:pack                               Saves language package
```

Abbildung 19.1 Wenn Sie ausschließlich »bin/magento« ohne Parameter aufrufen, erhalten Sie anschließend eine Liste aller vorhandenen Befehle.

Als Beispiel hierfür werfen Sie bitte einen Blick auf den Befehl `php bin/magento info:adminuri`. Die Magento-Applikation wird hier ebenfalls gestartet, doch durch die Übergabe des Parameters `info:adminuri` weiß Magento, was Sie tun möchten, und liefert Ihnen den im System hinterlegten URI (*Uniform Resource Identifier*) für das Backend als Ergebnis zurück. Die Rückgabe des Admin-URI ist natürlich nur eines von vielen Beispielen, Magento liefert an dieser Stelle auch nicht einfach nur Werte zurück, sondern kann ganze Operationen ausführen. Welche Operationen Sie ausführen können, zeige ich Ihnen auf den folgenden Seiten.

19.1.1 Befehle des Magento CLI im Überblick

Die verfügbaren Befehle untergliedern sich in verschiedene Gruppen. Jede Gruppe ist dabei mit einem oder mehreren Befehlen ausgestattet, auf die Sie zurückgreifen können.

Available commands

Genau genommen ist »Available commands« eigentlich gar keine Gruppe, unter dieser Überschrift finden sich jedoch auch zwei Befehle. Hierbei handelt es sich um `help` bzw. `list`. Mithilfe des Help-Kommandos können Sie sich, abhängig vom gewählten Befehl, weitere Informationen anzeigen lassen. Es handelt sich also um eine unterstützende Funktion, die Sie nutzen können, wenn Sie Probleme mit der Nutzung des Command Line Interfaces haben. Der List-Befehl hingegen listet alle Befehle und Kommandos auf. Dabei handelt es sich um die Rückgabe, die Sie auch erhalten, wenn Sie `bin/magento` ohne Parameter ausführen. Ohne Parameter erhalten Sie schlussendlich auch eine Auflistung aller Befehle; führen Sie `list` aus, erhalten Sie letztendlich dasselbe Ergebnis.

Admin

In der Gruppe »Admin« existieren insgesamt zwei Befehle, mit denen Sie einen Admin-Benutzer erstellen sowie einen gesperrten Admin freischalten.

Um einen Admin zu erstellen, nutzen Sie bitte den Parameter `admin:user:create`. An dieser Stelle können Sie ruhig den Befehl per Kommandozeile ausführen. Wenn Sie dies tun, werden Sie nämlich eine Fehlermeldung erhalten:

```
User Name is a required field.
First Name is a required field.
Last Name is a required field.
Please enter a valid email.
Password is required field.
```

```
Your password must be at least 7 characters.
Your password must include both numeric and alphabetic characters.
```

Listing 19.1 Ohne weitere Parameter können Sie keinen Admin anlegen.

Es reicht daher nicht den Parameter `admin:user:create` zu übergeben, da Sie an dieser Stelle noch weitere Informationen wie den Benutzernamen, den Vornamen etc. benötigen. Wenn Sie an dieser Stelle nicht wissen, welche Parameter Sie übergeben können und müssen, rufen Sie `bin/magento` auf, und übergeben Sie die Parameter `admin:user:create help`. Wenn Sie an dieser Stelle das Help-Kommando verwenden, bekommen Sie detailliert angezeigt, welche Parameter und Werte Sie übergeben müssen, um einen Admin-Benutzer zu erstellen. Schlussendlich ergibt sich, an dieser Stelle handelt es sich jedoch nur um ein Beispiel, folgender Befehl, den Sie ausführen müssen, um einen neuen Benutzer per Magento CLI zu erstellen:

```
php bin/magento admin:user:create --admin-user="test"
--admin-password="test12345!" --admin-email="test@steireif.com"
--admin-firstname="Alexander" --admin-lastname="Steireif"
```

Haben Sie diesen Befehl ausgeführt, werden Sie innerhalb der Kommandozeile eine positive Rückmeldung erhalten, und der Benutzer ist im System hinterlegt.

Abgesehen von der Anlage eines neuen Admin-Benutzers, können Sie zudem einen bestehenden Admin-Benutzer entsperren. Nutzen Sie hierfür den Parameter `admin:user:unlock`, und ergänzen Sie als Wert den Benutzernamen des Admin-Benutzers, den Sie entsperren möchten. Daraus ergibt sich ein Aufruf wie `php bin/magento admin:user:unlock asteireif`, falls der Admin-Benutzer den Benutzernamen *asteireif* trägt. Ansonsten müssen Sie den letzten Wert im Befehl editieren. Beachten Sie, dass das Erkennungsmerkmal immer der Benutzername und nicht gar die E-Mail-Adresse ist.

Admin-Benutzer sind Backend-Benutzer!

Bevor an dieser Stelle Irritation entsteht, mit *Admin-Benutzer* meint Magento Backend-Benutzer. Ein Backend-Benutzer kann einen Administratorstatus haben, das ist an dieser Stelle jedoch nicht gemeint. Mittels der Magento CLI können Sie also Backend-Benutzer anlegen und entsperren, unabhängig von der hinterlegten Berechtigung.

app

Der Abschnitt »app« enthält einen Befehl namens `app:config:dump`. Wenn Sie diesen Parameter verwenden und `bin/magento` ausführen, erstellt Magento eine Sicherung der Systemkonfiguration. Hierfür legt Magento im Verzeichnis */app/etc* eine neue

Datei namens *config.local.php* an, in der die Einstellungen Ihres Magento-Systems gespeichert werden. Neben den Store Views, Websites und Stores wird zudem die Systemkonfiguration bestehend aus den URLs, Währungen, Kunden- und Katalogeinstellungen etc. gesichert. Einzige Ausnahme stellen sensible Daten wie Passwörter oder Zugangsdaten dar, die nicht in diese Datei geschrieben werden. Das geschieht aus Sicherheitsgründen, seien Sie hiervon an dieser Stelle nicht irritiert.

cache

Wenn Sie Änderungen am System durchführen, eine Erweiterung installieren bzw. neue Inhalte verfügbar sind, so müssen Sie in der Regel immer den Cache leeren. Beim Cache handelt es sich um nichts anderes als eine Art Zwischenspeicher. Magento fragt Inhalte, sollten diese im Cache verfügbar sein, aus Performancegründen immer zuerst im Cache ab. Dadurch kann, speziell im Frontend, zum Teil ein veralteter Inhalt dargestellt werden. In der Regel leert sich der Cache automatisiert nach einigen Stunden, an dieser Stelle haben Sie jedoch die Möglichkeit, direkt auf das Verhalten der Caches einzuwirken und dieses zu steuern.

Möchten Sie den Cache leeren, können Sie dies mittels des Parameters `cache:clean` tun. Dadurch werden alle Cache-Dateien im Verzeichnis */var/cache* sowie */var/full_page_cache/* geleert, wodurch keine Cache-Dateien im System mehr vorhanden sind. Wenn Sie jedoch nicht den gesamten Cache leeren möchten, müssen Sie dies an dieser Stelle auch nicht tun. Wenn Sie zusätzlich den Namen eines Cache-Typs übergeben, werden Sie auch nur diesen leeren. Sollten Sie sich nun fragen, wie die einzelnen Caches benannt sind, werfen Sie bitte einen Blick in folgende Liste, aus der Sie die jeweiligen Benennungen entnehmen können:

- config
- layout
- block_html
- collections
- reflection
- db_ddl
- eav
- customer_notification
- full_page
- config_integration
- config_integration_ap
- translate
- config_webservice

Möchten Sie beispielsweise nur den translate-Cache leeren, muss Ihr Befehl `php bin/magento cache:clean translate` lauten.

Verwenden Sie den Parameter `cache:disable`, können Sie zudem den gesamten Cache in Ihrem Magento-System deaktivieren. Mit dieser Funktion sollten Sie vorsichtig sein und diese unter keinen Umständen im Live-System ausführen, da sonst die Performance Ihres Magento-Systems in den Keller rauscht. Beim Aufruf dieses Befehls deaktiviert Magento übrigens alle Caches. Möchten Sie dies vermeiden, müssen Sie explizit den Namen des Caches angeben, den Sie deaktivieren wollen. Im Fall des config-Caches würde der Parameter daher wie folgt lauten: `php bin/magento cache:disable layout`. Anstelle des Parameters layout können Sie jeden der in der Liste aufgeführten Parameter verwenden und damit den Cache des Magento-Systems leeren.

Wenn Sie einen Cache-Typ bzw. den gesamten Cache deaktiviert haben, benötigen Sie wiederum die Möglichkeit, diesen erneut zu aktivieren. Hierfür steht Ihnen der Parameter `cache:enable` zur Verfügung. Genau wie bei der Deaktivierung der Caches können Sie entweder den gesamten Cache oder einzelne Cache-Typen aktivieren. Auch hierbei können Sie sich auf die Bezeichnungen, die Sie in der weiter oben aufgeführten Liste finden, berufen und diese bei der Aktivierung verwenden. Sie müssen also nicht immer den gesamten Cache aktivieren, sondern können sich für den in diesem Moment relevanten Cache-Typen entscheiden.

Ähnlich dem vorgestellten Parameter `cache:clean` gibt es mit `cache:flush` einen weiteren Parameter, mit dem Sie den Cache Ihres Magento-Systems leeren können. Der Unterschied beider Parameter liegt darin, dass `cache:flush` noch eine Stufe weiter geht und auch externe Caches, die eingebunden wurden, leert. Mit `cache:flush` leeren Sie daher grundsätzlich alles, was sich im Cache befindet, ganz gleich, ob Sie nur den lokalen Magento-Cache verwenden oder externe Caching-Locations eingebunden haben. Die Nutzung ist äquivalent zu `cache:clean`. Wenn Sie keine weiteren Parameter ergänzen, wird der gesamte Cache geleert, übergeben Sie hingegen noch einen Cache-Typ, so leeren Sie auch nur den angegebenen Cache-Typ.

Interessieren Sie sich in erster Linie für den Cache-Status, können Sie diesen mittels `cache:status` abfragen. Als Ergebnis werden Sie eine Antwort, die wie folgt aussieht, erhalten:

```
Current status:
config: 0
layout: 1
block_html: 0
collections: 0
reflection: 0
db_ddl: 0
```

```
eav: 0
customer_notification: 0
full_page: 0
config_integration: 0
config_integration_api: 0
translate: 0
config_webservice: 0
```

Listing 19.2 Eine beispielhafte Antwort von Magento, wenn Sie den Cache-Status abfragen

Jeder Cache-Typ der am Ende eine `1` trägt, ist aktiviert. Ist hingegen eine `0` angegeben, so ist dieser Cache-Typ momentan deaktiviert. Mithilfe dieses Parameters können Sie daher recht schnell und einfach sehen, welche Caches aktiv bzw. inaktiv sind, und mittels der Kommandozeile deaktivierte Caches aktivieren.

catalog

Den Produktkatalog, Sie haben dies in den vergangenen Kapiteln gesehen, administrieren Sie in erster Linie mithilfe des Magento-Backends. Es wäre an dieser Stelle auch etwas verrückt, wenn Sie Produkte mittels Kommandozeile anlegen könnten. Aus diesem Grund sind in diesem Abschnitt nur zwei Funktionen vorhanden, die administrative Aufgaben übernehmen, jedoch keinen Einfluss auf die Produktpflege haben.

So können Sie mittels des Parameters `catalog:images:resize` die Produktbilder in der Größe verändern. Magento erstellt auf Basis der hinterlegten Bilder eine passendere Variante in Bezug auf Höhe und Breite. Was die passende Variante in Ihrem Fall ist, können Sie in einer XML-Datei definieren, die sich unter *<theme_dir>/etc/view.xml* befindet. Alternativ zu diesem Resize-Parameter können Sie zudem nicht benutzte Attribute aus dem System entfernen, indem Sie beim Aufruf per Kommandozeile den Parameter `catalog:product:attributes:cleanup` übergeben. In der Praxis werden Sie vermutlich beide Befehle nicht so häufig benötigen, es ist aber gut zu wissen, dass es diese beiden Möglichkeiten gibt.

cron

Mittels des CronJobs werden zeitlich terminierte Aufgaben gesteuert, was für die Funktionsweise Ihres Magento-Systems unerlässlich ist. Wenn Sie den CronJob manuell anstoßen möchten, können Sie dies per Kommandozeile tun. Übergeben Sie hierfür den Parameter `cron:run`, woraufhin Magento prüft, ob und welcher CronJob aktuell ausgeführt werden muss. Sie steuern damit also nicht direkt die Ausführung einer bestimmten Aktion, sondern starten den CronJob, der wiederum prüft, ob überhaupt Aufgaben anfallen, die erledigt werden müssen. Speziell wenn Sie Verhaltensweisen und Funktionen testen möchten, kann es praktisch sein, den CronJob manuell zu starten. So müssen Sie nicht immer auf die automatische Ausführung warten, die je nach Konfiguration fünf oder zehn Minuten betragen kann.

customer

Bezüglich der Kunden steht Ihnen ebenfalls nur ein Parameter bzw. eine Funktionsweise zur Verfügung. Hierbei handelt es sich um den Parameter `customer:hash:upgrade`, mit dem Sie die Hashes aktualisieren können, falls Sie Änderungen am Hash-Algorithmus vornehmen. Das kann beispielsweise dann nötig sein, wenn Sie von MD5 auf SHA1 wechseln bzw. Änderungen in diesem Bereich durchführen. In der Praxis werden Sie jedoch auf diese Funktionalität eher weniger zurückgreifen müssen.

deploy

Im Bereich »deploy« finden Sie zwei Befehle, die vor allem für Entwickler interessant sind. Magento verfügt über zwei Betriebsmodi. Sie können Magento in der Live- bzw. Entwicklungsvariante betreiben. Dadurch verhält sich das System unterschiedlich, und Sie haben auch andere Einstellungen bezüglich des Cachings und der Performance. Mithilfe des Parameters `deploy:mode:set` können Sie an dieser Stelle den Modus wechseln. Ergänzen müssen Sie den Parameter noch um den Wert, in welchen Modus Sie wechseln möchten. An dieser Stelle stehen Ihnen die beiden Werte `production` bzw. `developer` zur Verfügung.

Sollten Sie sich nicht sicher sein, in welchem Modus Sie sich aktuell befinden, können Sie sich diesen mittels des Parameters `deploy:mode:show` zurückgeben lassen. Haben Sie übrigens nach der Installation den Modus nicht geändert, werden Sie an dieser Stelle den Wert *Default* zurückgeliefert bekommen. Ein Default-Modus existiert so gesehen aber nicht, d. h., Sie können nicht in einen Default-Modus wechseln. Sobald Sie einmal den Modus gewechselt haben, müssen Sie sich immer zwischen den Modi `production` bzw. `developer` entscheiden.

dev

Wie der Name dieses Bereichs schon impliziert, sind hier vor allem Befehle und Funktionen für Entwickler gebündelt. Werfen Sie an dieser Stelle jedoch auch darauf einen Blick, einfach damit Sie wissen, was mit Magento möglich ist und welche Power in dem Magento CLI steckt.

Mithilfe des Parameters `dev:source-theme:deploy` können Sie sogenannte *Symlinks* für die LESS-Dateien erstellen. Die LESS-Dateien werden wiederum für die Generierung der CSS-Dateien, welche die Optik Ihres Magento-Systems steuern, benötigt. Haben Sie Unit Tests geschrieben, können Sie diese ebenfalls per Kommandozeile starten. Führen Sie hierfür den Befehl `php bin/magento dev:tests:run` aus. Daraufhin wird Magento alle im System vorhandenen Tests ausführen und Ihnen ein Feedback zurückgeben.

Ebenso interessant kann speziell für Entwickler die Funktion `dev:urn-catalog:generate` sein. Mithilfe dieses Befehls können Sie Mappings generieren, die Sie in Ihrer Entwicklungsumgebung, beispielsweise PhpStorm, nutzen können. Da der Befehl und die Möglichkeiten etwas komplexer sind, verweise ich Sie an dieser Stelle auf die offizielle Dokumentation, die Sie unter *http://devdocs.magento.com/guides/v2.0/config-guide/cli/config-cli-subcommands-urn.html* vorfinden. Dort sind die Möglichkeiten und Parameter recht gut und ausführlich inklusive Screenshots beschrieben. Ähnlich sieht es mit dem Befehl `dev:xml:convert` aus. Diese Funktion ist dafür zuständig, Ihre Layout-XML-Dateien in XLST-Dateien zu transformieren.

i18n

Der Abschnitt »i18n« handelt von der Lokalisierung und stellt Ihnen nützliche Funktionen und Möglichkeiten hinsichtlich der Sprachpakete bzw. des Umgangs mit Übersetzungen zur Verfügung.

Besonders interessant ist der Parameter `i18n:collect-phrases`, denn hiermit können Sie die Code-Basis durchsuchen und alle Übersetzungsstrings innerhalb des Terminals bzw. einer Datei ausgeben lassen. Damit identifizieren Sie also im Zweifelsfall, welche Wörter und Phrasen Sie übersetzen müssen. Wichtig ist an dieser Stelle, dass Sie weitere Parameter an den Befehl anfügen. Wenn Sie kein bestimmtes Verzeichnis, sondern die gesamte Magento-Instanz nach Phrasen durchsuchen möchten, nutzen Sie bitte den Parameter `--magento`. Auch ergibt eine Ausgabe in einer Datei und nicht innerhalb der Kommandozeile Sinn. Hierfür können Sie mit `-o` einen Pfad sowie eine Datei spezifizieren. Zusammengesetzt ergibt sich daraus der Befehl `php bin/magento i18n:collect-phrases --magento -o /translation.csv`. In diesem Szenario durchsucht Magento den kompletten Code und erstellt im Hauptverzeichnis eine Datei namens translation.csv, die alle zu übersetzenden Phrasen enthält. Im Prinzip sind dort alle Informationen enthalten, die Sie benötigen, um eine komplette Übersetzung des Systems vorzunehmen. In der Praxis müssen Sie dies an dieser Stelle nicht tun, da Sie bereits über ein Sprachpaket verfügen, aber als Basis für eine neue Sprache würde sich die generierte Datei definitiv eignen.

Wenn Sie hingegen ein Sprachpaket installieren bzw. einspielen möchten, steht Ihnen der Befehl `i18n:pack` zur Verfügung. Sie müssen auf eine Quelldatei verweisen und einen Sprachcode angeben, z. B. *de_DE*. Zudem können Sie bestimmen, was mit gegebenenfalls vorhandenen Übersetzungen passiert. Dafür steht der Modus zur Verfügung, der zwischen »replace« (ersetzen) und »merge« (zusammenführen) unterscheidet. Sie können also bestehende Übersetzungen bzw. Dateien ersetzen oder zusammenführen.

Bereits installierte Sprachpakete lassen sich zudem mittels `i18n:uninstall` deinstallieren. Als zusätzlichen Parameter müssen Sie an dieser Stelle noch das Package, d. h. den Namen des Sprachpakets, übermitteln.

indexer

Beim Indexer handelt es sich ebenfalls um eine Art Zwischenspeicher, da gewisse Informationen in Datenbanktabellen abgelegt werden, die regelmäßig aufgebaut werden müssen. Sind diese Tabellen nicht zu 100 % aktuell, können gegebenenfalls alte Informationen ausgelesen werden. Magento macht Sie im Backend immer darauf aufmerksam, sobald ein Index nicht aktuell ist, und bittet Sie um einen manuellen Aufbau. Oft erscheint diese Meldung jedoch nicht, da die verschiedenen Indexe automatisiert mittels CronJob sowie bei gewissen Speicheraktionen sowieso neu aufgebaut werden.

Wenn Sie wissen möchten, welche Indexe im Magento-System vorhanden sind, verwenden Sie bitte den Parameter `indexer:info`. Als Ergebnis werden Sie folgende Auflistung erhalten:

```
design_config_grid              Design Config Grid
customer_grid                   Customer Grid
catalog_category_product        Category Products
catalog_product_category        Product Categories
catalog_product_price           Product Price
catalog_product_attribute       Product EAV
cataloginventory_stock          Stock
catalogrule_rule                Catalog Rule Product
catalogrule_product             Catalog Product Rule
catalogsearch_fulltext          Catalog Search
```

Listing 19.3 Ausgabe von »indexer:info«

In der ersten Spalte sehen Sie die interne Bezeichnung für den Index, in der zweiten und letzten Spalte den eigentlichen Namen.

Um die Indexe erneut aufzubauen bzw. zu aktualisieren, steht Ihnen der Parameter `indexer:reindex` zur Verfügung. Wenn Sie `bin/magento` samt diesem Parameter ausführen, wird der Reindexierungsprozess angestoßen, und die Indexe werden aktualisiert, anschließend würde auch die gegebenenfalls in Magento vorhandene Meldung diesbezüglich verschwinden.

Mithilfe des Parameters `indexer:reset` können Sie alle Indexe zurücksetzen, und Magento würde diese als alt bzw. invalid erkennen. Daraufhin könnten und müssten Sie den Reindexierungsprozess starten.

Wie ein paar Zeilen zuvor erwähnt, kennt Magento insgesamt zwei Modi, wie ein Index aktuell gehalten werden kann. Entweder wird der Index durch einen CronJob aktualisiert oder durch eine Speicheraktion. Beispielsweise könnten Sie immer dann, wenn Sie einen Kunden im Backend anlegen oder speichern, den Index für Kunden aufbauen lassen. Alternativ hierzu können Sie den Neuaufbau jedoch auch von einem CronJob in festen zeitlichen Abfolgen durchführen lassen. Den Modus, wie ein Index aktuell gehalten wird, definieren Sie mit dem Index-Modus. Diesen können Sie ebenfalls über die Kommandozeile steuern, indem Sie den Parameter `indexer:set-mode` verwenden. Ergänzen müssen Sie an dieser Stelle jedoch noch den Modus sowie den Index, werfen Sie hierzu erneut einen Blick in die weiter oben abgebildete Tabelle, wonach ein Kommando wie folgt aussehen muss: `php bin/magento indexer:set-mode schedule customer_grid`.

In diesem Fall habe ich mich dafür entschieden, den Customer Grid Index mittels CronJob, daher das Wort `schedule`, aufbauen zu lassen. Alternativ können Sie an dieser Stelle den Wert `realtime` verwenden, dadurch wird der Index immer nach dem Speichern eines Datensatzes erneuert. Welcher Index welchen Modus hat, können Sie sich übrigens mittels `indexer:show-mode` anzeigen lassen. Als Ergebnis erhalten Sie eine Auflistung aller im System vorhandenen Indexe samt dem hinterlegten Modus:

```
Design Config Grid:                              Update on Save
Customer Grid:                                   Update by Schedule
Category Products:                               Update on Save
Product Categories:                              Update on Save
Product Price:                                   Update on Save
Product EAV:                                     Update on Save
Stock:                                           Update on Save
Catalog Rule Product:                            Update on Save
Catalog Product Rule:                            Update on Save
Catalog Search:                                  Update on Save
```

Listing 19.4 Magento kann Ihnen alle im System vorhandenen Indexe samt eingestelltem Modus zurückliefern.

Zu guter Letzt steht Ihnen noch der Parameter `indexer:status` zur Verfügung. Wenn Sie diesen verwenden, erhalten Sie eine recht detaillierte Auflistung über den Zustand der verschiedenen Indexe:

```
Design Config Grid:                              Reindex required
Customer Grid:                                   Reindex required
Category Products:                               Reindex required
Product Categories:                              Reindex required
Product Price:                                   Reindex required
```

```
Product EAV:                                Reindex required
Stock:                                      Ready
Catalog Rule Product:                       Reindex required
Catalog Product Rule:                       Reindex required
Catalog Search:                             Reindex required
```

Listing 19.5 Mittels Magento CLI können Sie sich zu jeder Zeit den Zustand des Indexes zurückgeben lassen.

Wie Sie in meinem Beispiel sehen, ist an vielen Stellen ein Reindex nötig. Erhalte ich über die Kommandozeile ein solches Feedback, weiß ich, dass ich mittels des Reindex-Befehls meine Indexe erneut aufbauen muss, sodass mein System fehlerfrei betrieben werden kann.

info

Der nächste Abschnitt mit dem Namen »info« liefert Ihnen – wer hätte es gedacht – in erster Linie Informationen zurück. Das heißt, hierin sind Befehle gruppiert, die nicht direkt Aktionen auslösen oder Ihr System verändern.

Nutzen Sie beispielsweise `info:adminuri`, so erhalten Sie den URI Ihres Backends zurückgemeldet. An sich kann dies schon recht praktisch sein, da Magento für die Backends mittlerweile kryptische URLs verwendet, d. h., Sie sollten in der Regel nicht via */admin* auf das Backend kommen, auch wenn ich aus Gründen der Einfachheit in diesem Buch genau diesen URI verwendet habe. Normalerweise ist der URI jedoch ein wenig komplexer, und sollten Sie ihn vergessen haben, können Sie den URI mittels Kommandozeile erneut auslesen lassen.

Sollten Sie sich dafür interessieren, welche Backups im System vorhanden sind, so können Sie diese mittels `info:backups:list` auslesen. Ebenfalls können Sie sich mit `info:currency:list` die Liste aller Währungen, die im System vorhanden bzw. verfügbar sind, ausgeben lassen. Wenn Sie diesen Befehl ausführen, werden Sie die recht lange und unübersichtliche Liste der Währungen als Rückgabewert erhalten. Ich erspare Ihnen an dieser Stelle die detaillierte Auflistung, da es sich um knapp 300 Währungen handelt. Die Chance, dass auch Ihre Währung in Magento vorhanden ist, ist also definitiv gegeben.

Mithilfe der nächsten drei Parameter können Sie sich Abhängigkeiten innerhalb der Module bzw. des Magento-Systems anzeigen lassen. Den Anfang macht dabei der Befehl `info:dependencies:show-framework`. Übergeben Sie an dieser Stelle, auch wenn hier noch andere Parameter zur Verfügung stehen, idealerweise einen Speicherort, indem Sie den Parameter `-o report.txt` ergänzen. Daraufhin wird Magento im Hauptverzeichnis Ihrer Installation eine Datei namens *report.txt* anlegen, in die das

Ergebnis geschrieben wird. Alle möglichen Parameter finden Sie übrigens auf *http://devdocs.magento.com/guides/v2.0/config-guide/cli/config-cli-subcommands-depen.html*, zusätzlich sind auf dieser Seite weitere Erklärungen zu diesem Befehl enthalten. So wie Sie sich die Abhängigkeiten von Magento anschauen können, können Sie zudem mit `info:dependencies:show-modules` bzw. `info:dependencies:show-modules-circular` weitere Reports generieren, die sich auf die installierten bzw. selbst entwickelten Erweiterungen beziehen. An und für sich werden Sie aber vermutlich nur dann, wenn Sie als Magento-Entwickler tätig sind, auf diese Informationen zurückgreifen. Als Shop-Administrator werden Ihnen diese Details an dieser Stelle recht wenig nützen.

Interessanter sind hingegen wieder die letzten beiden Parameter namens `info:language:list` sowie `info:timezone:list`. Ersterer liefert Ihnen eine Liste aller verfügbaren Sprachen. Beachten Sie an dieser Stelle aber, dass es sich nicht um die installierten Sprachen handelt, sondern um die Sprachen, die im Backend auswählbar sind. Das bedeutet jedoch nicht, dass für diese zwangsläufig ein Sprachpaket installiert ist. Auch bei den Zeitzonen, es handelt sich um den letzteren Befehl, erhalten Sie eine Liste. Inkludiert sind alle möglichen Zeitzonen, die Sie im Magento-Backend auswählen können.

maintenance

Den Wartungsmodus von Magento haben Sie bereits in Kapitel 16, »Datensätze exportieren und importieren«, kennengelernt. Wenn Sie eine Sicherung von Magento durchführen, können Sie im gleichen Zug den Wartungsmodus aktivieren. Jedoch haben Sie auch die Möglichkeit, den Wartungsmodus ganz unabhängig von einer Datensicherung zu aktivieren. Das ist beispielsweise dann sinnvoll, wenn Sie eine Erweiterung installieren, ein Deployment durchführen bzw. am System arbeiten und in dieser Zeit die Benutzer aussperren möchten.

Damit Sie sich bei aktiviertem Wartungsmodus nicht selbst aussperren, können Sie mittels `maintenance:allow-ips` IP-Adressen hinterlegen, die auf das System trotz Wartungsmodus zugreifen dürfen. Als zusätzlichen Wert müssen Sie an dieser Stelle noch die erlaubte IP-Adresse übermitteln, wodurch der Befehl wie folgt aussieht: `php bin/magento maintenance:allow-ips 127.0.0.1`. Ruft ein Benutzer mit dieser IP-Adresse das Magento-System auf, wird er trotz Wartungsmodus darauf zugreifen können.

Mithilfe der Befehle `maintenance:disable` sowie `maintenance:enable` können Sie den Wartungsmodus deaktivieren bzw. aktivieren. Ist der Wartungsmodus aktiviert und die eigene IP-Adresse nicht freigeschaltet, so werden Sie eine Ansicht wie in Abbildung 19.2 erhalten.

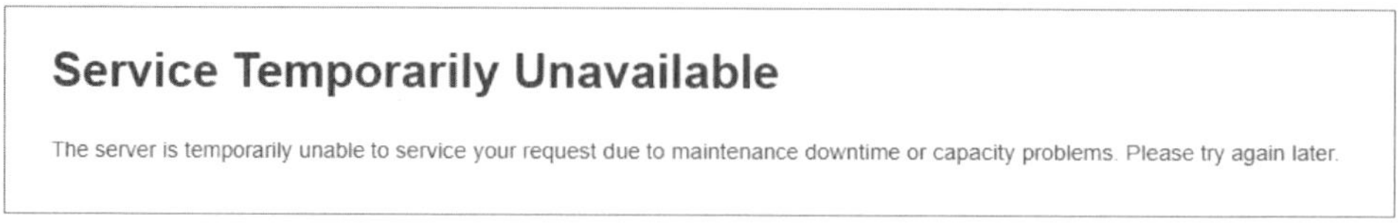

Abbildung 19.2 Ist der Wartungsmodus aktiv, kann weder auf das Frontend noch auf das Backend zugegriffen werden.

Sollten Sie sich übrigens nicht sicher sein, ob der Wartungsmodus aktiviert bzw. deaktiviert ist, können Sie mit dem Befehl `maintenance:status` den aktuellen Status auslesen. Magento gibt Ihnen in diesem Fall den Status, sowie die freigeschalteten IP-Adressen zurück. Speziell die Auflistung der freigeschalteten IP-Adressen finde ich persönlich sehr hilfreich, denn Sie sehen sofort, wer trotz aktiviertem Wartungsmodus Zugriff auf das Magento-System hat.

```
Status: maintenance mode is active
List of exempt IP-addresses: 127.0.0.1
```

Listing 19.6 Neben dem Status sehen Sie die freigeschalteten IP-Adressen.

module

Im nächsten Punkt namens »module« können Sie die installierten Erweiterungen, auch Module genannt, steuern bzw. verwalten. Wenn Sie beispielsweise ein Modul installiert haben, das anschließend zu Problemen führt, haben Sie die Möglichkeit, dieses mittels Kommandozeile und des Parameters `module:disable` zu deaktivieren. Sie müssen jedoch an dieser Stelle noch den Namen des Moduls angeben. Alternativ können Sie mit --all alle vorhandenen Module deaktivieren, das ist meiner Meinung nach aber weniger ratsam. Wie Sie an die Namen der Module kommen, um gezielt bestimmte zu deaktivieren, erfahren Sie ein paar Zeilen weiter.

So wie Sie Module deaktivieren können, haben Sie auch die Möglichkeit, Module zu aktivieren. Hierfür steht Ihnen der Parameter `module:enable` zur Verfügung, der ebenfalls um den Namen des Moduls ergänzt werden muss.

An die Namen der Module kommen Sie mittels `module:status` recht einfach heran. Führen Sie `bin/magento` mit diesem Parameter aus, erhalten Sie als Rückgabe eine umfangreiche Liste, in der alle installierten Module enthalten sind. Magento differenziert an dieser Stelle zudem zwischen aktivierten und deaktivierten Modulen. Sie können sich also recht einfach ausgeben lassen, welche Module momentan aktiv bzw. inaktiv sind.

Zu guter Letzt könnten Sie zudem Module direkt per Kommandozeile deinstallieren. Nutzen Sie hierfür den Parameter `module:uninstall`, und ergänzen Sie diesen um den Modulnamen. Magento wird anschließend die Deinstallation des Moduls vornehmen.

Uninstall nur bei Modulen möglich, die per Composer installiert wurden

Mithilfe des Befehls `uninstall` können Sie nur Module deinstallieren, die per Composer installiert wurden. Kopieren Sie daher einfach ein Zip-Archiv bzw. eine Ordnerstruktur in die Magento-Instanz, können Sie diese nicht per Kommandozeile deinstallieren. Nutzen Sie bei der Installation Composer, ist eine Deinstallation per Kommandozeile hingegen möglich.

sampledata

Magento besitzt von Haus aus Beispieldaten, die Sie in Ihrem Online-Shop installieren können. Hierzu zählen Produkte, Kategorien, Bestellungen etc. Die Beispieldaten sind immer dann praktisch, wenn Sie – in der Regel zu Testzwecken – schnell einen Magento-Online-Shop aufsetzen und mit Daten befüllen möchten. So sparen Sie sich die manuelle Arbeit der Datenpflege und können stattdessen die bereits vorhandenen Beispieldaten nutzen.

Um diese zu installieren – Sie können das theoretisch auch noch zum jetzigen Zeitpunkt, auch wenn ich Ihnen davon abrate, da ansonsten ein Datenchaos entstehen könnte –, führen Sie einfach den Befehl `php bin/magento sampledata:deploy` aus. Haben Sie das getan, müssen Sie zudem, um die Installation abzuschließen, noch diesen Befehl ausführen: `php bin/magento setup:upgrade`. So wie Sie Beispieldateien installieren können, haben Sie zudem die Möglichkeit, diese zu entfernen, wozu Sie den Parameter `sampledata:remove` nutzen können. Geht etwas schief bzw. haben Sie Probleme nach der Installation der Beispieldaten, können Sie zudem mittels `sampledata:reset` das Package zurücksetzen und die Beispieldaten erneut installieren.

Im laufenden Betrieb sollten Sie von der Installation der Beispieldaten abgesehen, da wild Daten zum System hinzugefügt werden, die wirklich nur zu Testzwecken verwendet werden können. Nutzen Sie aber, sollten Sie etwas Zeit haben, die Möglichkeit, ein zweites Magento-System zu installieren, und fügen Sie in diesem die Beispieldaten hinzu. Dann haben Sie zumindest die Installation einmal durchlaufen und sehen, was Magento an dieser Stelle alles an Informationen zur Verfügung stellt.

setup

Der folgende Abschnitt namens »setup« gruppiert primär Funktionen und Möglichkeiten, mit denen Sie Module installieren bzw. Upgrades am System durchführen können. Daher sollten Sie, wenn Sie nebenher mit dem einen oder anderen Befehl experimentieren, an dieser Stelle besonders vorsichtig sein. Sicherlich möchten Sie nicht Ihr mühsam aufgebautes System durch eine Unachtsamkeit zerstören!

Damit Sie im Zweifelsfall eine Sicherung haben, denn kaputt gehen kann immer mal etwas, steht Ihnen der Befehl `setup:backup` zur Verfügung. Damit können Sie, der Name verrät es bereits, ein Backup des Systems erstellen. Als weitere Parameter müssen Sie jedoch noch übergeben, was Sie eigentlich sichern möchten. Wollen Sie eine Komplettsicherung anlegen, rufen Sie bitte den Befehl `php bin/magento setup:backup --code --media --db` auf. Möchten Sie nur eine Sicherung des Codes erstellen, würden Sie die beiden letzten Parameter entfernen. Die Bedeutung der Parameter an sich sollte an dieser Stelle jedoch recht einfach zu durchschauen sein. Neben der Sicherung des Codes können Sie das Medienverzeichnis sowie die Datenbank sichern. Je nach Größe Ihres Systems kann die Sicherung an dieser Stelle einige Zeit in Anspruch nehmen, testen Sie aber gern den Sicherungsprozess. Ich persönlich finde das Handling per Kommandozeile wesentlich einfacher und effizienter als innerhalb des Backends.

Wenn Sie Konfigurationseinstellungen ändern möchten, zugegebenermaßen auf einer recht technischen Ebene, können Sie dies mit dem nächsten Befehl namens `setup:config:set` vornehmen. Gemeint sind an dieser Stelle jedoch weniger Konfigurationseinstellungen wie die Shop-URL, sondern vielmehr Dinge wie die Datenbankverbindungsdaten oder der Encryption-Key. Insgesamt haben Sie die Möglichkeit, die folgenden Konfigurationsparameter mithilfe der Kommandozeile abzuändern:

```
backend-frontname       Backend frontname (will be autogenerated if missing)
key                     Encryption key
session-save            Session save handler
definition-format       Type of definitions used by Object Manager
db-host                 Database server host
db-name                 Database name
db-user                 Database server username
db-engine               Database server engine
db-password             Database server password
db-prefix               Database table prefix
db-model                Database type
db-init-statements      Database  initial set of commands
skip-db-validation (-
s) If specified, then db connection validation will be skipped
http-cache-hosts        http Cache hosts
magento-init-
params     Add to any command to customize Magento initialization parameters e
xample: "MAGE_MODE=developer&MAGE_DIRS[base][path]=/var/www/example.com&MAGE_
DIRS[cache][path]=/var/tmp/cache"
```

Listing 19.7 Konfigurationseinstellungen lassen sich direkt per Kommandozeile setzen.

Die jeweiligen Konfigurationseinstellungen und Werte können Sie als zusätzliche Parameter übergeben. Daraus ergeben sich Befehle wie z. B. `php bin/magento setup:config:set --backend-frontname admin`. Sobald Sie übrigens einen Wert setzen möchten, fragt Sie Magento, ob Sie den bestehenden Wert tatsächlich überschreiben möchten. Aus Unachtsamkeit können Sie daher auch an dieser Stelle keine Optionen abändern.

Möchten Sie die CronJobs ausführen, die primär bei der Installation bzw. beim Upgrade von Magento benötigt werden, steht Ihnen der Parameter `setup:cron:run` zur Verfügung. Hierbei handelt es sich um den nächsten Befehl, den Sie ohne zusätzlichen Parameter ausführen können.

Speziell wenn Sie Magento upgraden bzw. eine Extension installiert haben, kann es vorkommen, dass Sie die Befehle `setup:db-data:upgrade` bzw. `setup:db-schema:upgrade` ausführen müssen. Sollten nämlich aufgrund einer neuen Magento-Version bzw. aufgrund von Extensions Änderungen an der Datenbank durchgeführt werden müssen, können Sie mit diesen beiden Befehlen sowohl die Daten als auch das Schema übernehmen. In der Praxis, außer Sie müssen diese Befehle explizit ausführen, werden Sie diese beiden jedoch nicht benötigen. Ob Sie diese Befehle ausführen müssen, können Sie übrigens testen, indem Sie `php bin/magento setup:db:status` aufrufen. Im Idealfall erhalten Sie, wie ich zum aktuellen Zeitpunkt, die Meldung »All modules are up to date«.

Je nachdem, in welchem Modus Sie Magento betreiben – es gibt den Entwicklungs- und den Live-Modus – müssen Sie gegebenenfalls den Befehl `setup:di:compile` ausführen. Magento setzt mittlerweile an vielen Stellen auf kompilierte bzw. generierte Dateien. Wenn sich etwas am System ändert, sei es durch eine neue Erweiterung oder durch Änderungen, so können Sie mithilfe dieses Befehls benötigte Dateien generieren bzw. nicht mehr benötigte Dateien entsorgen. Der Schritt ist recht arbeitsintensiv, weshalb Sie vermutlich in ein Memory-Limit-Problem laufen. Daher empfiehlt es sich, den Befehl direkt mit einem höheren Limit auszuführen: `php -d memory_limit=2048M bin/magento setup:di:compile`. Magento generiert die Dateien und gibt eine Erfolgsmeldung aus, Sie sehen das ansatzweise in Abbildung 19.3.

```
wp12651274@vwp8501:~/www/foodbaer-de$ php -d memory_limit=2048M bin/magento setup:di:compile
Compilation was started.
Interception cache generation... 7/7 [============================] 100% 3 mins 647.8 MiBB0 MiB
Generated code and dependency injection configuration successfully.
wp12651274@vwp8501:~/www/foodbaer-de$
```

Abbildung 19.3 Magento generiert eine Vielzahl von Dateien, wenn Sie die Kompilierung starten.

In Kapitel 3, »Magento installieren«, haben Sie die verschiedenen Installationsmöglichkeiten kennengelernt. Eine Option, Sie finden diese im nächsten Befehl, ist die Installation von Magento mittels Magento CLI. Hierfür steht der Befehl `setup:install` zur Verfügung, den Sie jedoch um eine Vielzahl von Parametern ergänzen müssen. Insgesamt stehen hierfür die folgenden Parameter zur Verfügung, die Sie beim Aufruf mit Werten versorgen müssen:

```
setup:install [--backend-frontname="..."] [--key="..."] [--session-save=
"..."] [--definition-format="..."] [--db-host="..."] [--db-name="..."]
[--db-user="..."] [--db-engine="..."] [--db-password="..."] [--db-prefix=
"..."] [--db-model="..."] [--db-init-statements="..."] [-s|--skip-db-
validation] [--http-cache-hosts="..."] [--base-url="..."] [--language="..."]
[--timezone="..."] [--currency="..."] [--use-rewrites="..."]
[--use-secure="..."] [--base-url-secure="..."] [--use-secure-admin="..."]
[--admin-use-security-key="..."] [--admin-user="..."] [--admin-password=
"..."] [--admin-email="..."] [--admin-firstname="..."] [--admin-lastname=
"..."] [--cleanup-database] [--sales-order-increment-prefix="..."]
[--use-sample-data] [--magento-init-params="..."]
```

Würden Sie daher den Befehl erneut samt den benötigten Parametern ausführen, so könnten Sie Magento mittels der CLI installieren. An dieser Stelle rate ich aber von einem Test ab, auch wenn es Ihnen in den Fingern kribbeln mag. Denn Sie würden vermutlich Ihre existente Basis damit zerstören und hätten anschließend kein funktionsfähiges System mehr.

Beim nächsten Befehl handelt es sich wiederum um eine Option, die vor allem für Entwickler interessant sein dürfte. Magento kann sogenannte *Fixtures* erstellen, die Sie beispielsweise bei der Nutzung von jMeter benötigen. Mit jMeter können Sie die Performance des Online-Shops durch einen simulierten Benutzertest überprüfen. Um die Fixtures zu generieren, nutzen Sie bitte den Parameter `setup:performance:generate-fixtures`, und ergänzen Sie diesen um den Pfad zum Profil, das angegeben werden muss.

So wie Sie Sicherungen erstellen können, können Sie Sicherungen auch wieder einspielen. Hierfür nutzen Sie den Parameter `setup:rollback`. Bei diesem Befehl können und sollten Sie zudem mittels Parameter den Pfad zur Code-Sicherung, Mediaverzeichnis-Sicherung sowie Datenbank-Sicherung angeben, da Sie diese drei Elemente, die Sie sichern, mit diesem Befehl auch wieder einspielen können. Sind Sie sich an dieser Stelle übrigens nicht sicher, welche Daten Sie wieder einspielen können, so hilft der Befehl `php bin/magento info:backup:list` weiter. Führen Sie diesen aus, erhalten Sie eine Ausgabe wie in Abbildung 19.4, und Sie sehen direkt, welche Sicherungen Sie einspielen können. Wichtig sind an dieser Stelle speziell die Dateinamen, da Sie sich beim Rollback auf diese beziehen müssen.

```
Showing backup files in /is/htdocs/wp12651274_BL4IHBZJMP/www/foodbaer-de/var/backups.
+-------------------------------------+-------------+
| Backup Filename                     | Backup Type |
+-------------------------------------+-------------+
| 1500464185_filesystem_code.tgz      | code        |
| 1500464185_db.sql                   | db          |
| 1500464185_filesystem_media.tgz     | media       |
+-------------------------------------+-------------+
wp12651274@vwp8501:~/www/foodbaer-de$
```

Abbildung 19.4 Mit dem Befehl »info:backup:list« können Sie sich alle vorhandenen Sicherungen anzeigen lassen.

Da Magento speziell für das Frontend viele Dateien erzeugen muss, hierzu zählen CSS- sowie JavaScript-Dateien, aber auch Grafiken, gibt es für die manuelle Erzeugung dieser Elemente einen eigenen Befehl namens `setup:static-content:deploy`. Manche Module benötigen die Ausführung dieses Befehls nach einer erfolgreichen Installation, in der Regel wird dann aber in der Installationsanweisung darauf verwiesen. Beachten Sie, dass auch bei diesem Befehl weitere Parameter zur Verfügung stehen, die Sie gegebenenfalls nutzen müssen. So können bzw. sollten Sie immer die Sprache angeben, da je Sprachdatei die Dateien erzeugt werden müssen. Auch können Sie das verwendete Theme als Parameter mitsenden. Werfen Sie idealerweise, wenn Sie mit diesem Befehl arbeiten müssen, einen Blick in die Dokumentation unter *http://devdocs.magento.com/guides/v2.1/config-guide/cli/config-cli-subcommands-static-view.html*. Geben Sie keine Sprache an, wird als Default immer die amerikanische Version verwendet, wie Sie auch in Abbildung 19.5 sehen.

```
Requested languages: en_US
Requested areas: frontend, adminhtml
Requested themes: Magento/blank, Magento/luma, Venustheme/fasony, Magento/backend
=== frontend -> Magento/blank -> en_US ===
........................................................................................................................
........................................................................................................................
........................................................................................................................
........................................................................................................................
........................................................................................................................
........................................................................................................................
........................................................................................................................
........................................................................................................................
........................................................................................................................
........................................................................................................................
........................................................................................................................
........................................................................................................................
........................................................................................................................
...
Successful: 2061 files; errors: 0
---

=== frontend -> Magento/luma -> en_US ===
........................................................................................................................
........................................................................................................................
........................................................................................................................
........................................................................................................................
........................................................................................................................
........................................................................................................................
...................................................
```

Abbildung 19.5 Geben Sie explizit keine Sprachversion an, wird immer »en_US«, sprich die amerikanische Version, verwendet.

Fehlende Dateien im Frontend und Backend?

Wenn im Frontend bzw. Backend CSS-, JavaScript- oder Grafik-Dateien nicht geladen werden können, hilft oftmals die Ausführung von `setup:static-content:deploy`. Denn Magento erzeugt daraufhin alle benötigten Dateien erneut und legt diese korrekt ab. Danach sollten diese auch im Frontend bzw. Backend aufgerufen werden können.

Das Magento CLI ermöglicht Ihnen Optionen wie z. B. die Datenbankverbindungsdaten zu setzen. Mit dem Befehl `setup:store-config:set` können Sie zudem auch direkt Optionen, die Magento an sich betreffen, setzen. Mögliche Optionen hierbei lauten:

```
base-url                 URL the store is supposed to be available at
language                 Default language code
timezone                 Default time zone code
currency                 Default currency code
use-rewrites             Use rewrites
use-secure               Use secure URLs. Enable this option only if SSL is
                         available.
base-url-secure          Base URL for SSL connection
use-secure-admin         Run admin interface with SSL
admin-use-security-key   Whether to use a "security key" feature in Magento
                         Admin URLs and forms
magento-init-params      Add to any command to customize Magento
                         initialization parameters
```

Listing 19.8 Diese Parameter können übergeben werden.

Wie Sie sehen, können Sie also die Währungseinstellungen, die Basis-URL oder auch die Zeitzone setzen. Zugegebenermaßen handelt es sich dabei um interessante Möglichkeiten, allerdings sind die Konfigurationsoptionen doch sehr stark limitiert. Wenn Sie sich einmal in Erinnerung rufen, welche Optionen Sie innerhalb des Backends setzen können, dann sind die mit diesem Befehl möglichen Optionen doch sehr begrenzt.

Da Sie Magento per Kommandozeile installieren können, können Sie es dort auch deinstallieren. Hierfür steht der Parameter `setup:uninstall` zur Verfügung. Sehen Sie an dieser Stelle aber von einem Test ab und geben Sie Ihrer Magento-Instanz noch eine weitere Chance ...

Neben dem Befehl für die Installation bzw. Deinstallation von Magento steht Ihnen zudem noch ein Upgrade-Befehl zur Verfügung. Führen Sie für die Nutzung den Befehl `php magento/bin setup:upgrade` aus. Sollten aktuellere bzw. neuere Dateien vorhanden sein und sollte ein Upgrade möglich sein, wird Magento es bei Ausführung dieses Befehls einspielen.

theme:uninstall

Neben den Modulen und Magento an sich können Sie mittels CLI zudem Themes deinstallieren. Hierfür steht Ihnen der Parameter `theme:uninstall` zur Verfügung, den Sie jedoch um den Namen des Themes ergänzen müssen. Weitere und detaillierte Informationen hierzu erhalten Sie unter *http://devdocs.magento.com/guides/v2.0/install-gde/install/cli/install-cli-theme-uninstall.html.*

Erweiterung durch Extensions möglich

Die Befehle, die Ihnen zur Verfügung stehen, können übrigens durch Extensions erweitert werden. Es hängt dabei ganz von der Extension und der implementierten Funktionalität ab, ob zusätzliche Befehle innerhalb des Magento Command Line Interfaces bereitstehen. Im Falle des Wyomind Data Feed Managers beispielsweise, den Sie in Kapitel 21 näher kennenlernen werden, stehen Befehle zur Verfügung. Diese erlauben Ihnen, Datenfeeds zu generieren bzw. bestehende Datenfeeds aufzulisten.

Magento bietet mit dem Command Line Interface ein doch beachtliches und umfangreiches Tool, das Sie mithilfe der Kommandozeile nutzen können. Durch die Kommandozeile können Sie viele alltägliche Aufgaben recht schnell durchführen, da Sie sich nicht immer zuerst am Backend anmelden und durch die verschiedenen Masken klicken müssen. Daher ist das CLI eine sehr sinnvolle Ergänzung zum Magento-Backend.

19.1.2 Wann Sie zur CLI greifen sollten und wann nicht

Mit dem Magento Command Line Interface kann man eine ganze Menge an Dingen anstellen, angefangen vom Setzen der Zugangsdaten für eine Datenbankverbindung bis hin zur Installation von Magento. In der Praxis empfehle ich Ihnen vor allem die Nutzung der Cache-, Index- und Deploy- bzw. Compile-Funktionalität. Denn diese Dinge werden Sie in der Praxis häufig brauchen, und hierfür bietet sich die Kommandozeile in der Tat an. Ob Sie tatsächlich Dinge wie z. B. die Base-URL per Kommandozeile setzen müssen, wage ich zu bezweifeln. Nur weil Sie die Möglichkeit haben, müssen Sie diese nicht zwangsläufig nutzen.

Aus diesem Grund betrachte ich persönlich das CLI-Tool differenziert. Einige Funktionen ergeben tatsächlich Sinn und sollten genutzt werden, andere haben den Anschein, aus Gründen der Feature-Anzahl implementiert worden zu sein, wobei eine Nutzung in der Praxis einfach nicht komfortabel bzw. ratsam ist. Machen Sie sich an dieser Stelle aber Ihr eigenes Bild, und finden Sie für sich heraus, welche Möglichkeiten des CLI-Tools Sie nutzen und welche Sie direkt über das Magento-Backend ausführen.

19.2 Magento mittels Magerun verwalten

Vergleicht man Magento 2 mit seinem Vorgänger, so hat die Software in Sachen Command Line Interface einen Riesensprung gemacht, denn in Magento 1 existierte kein CLI-Tool. Unter anderem aus diesem Grund ist jedoch ein Community-Projekt rasch populär geworden und gehört mittlerweile fast zur Grundausstattung jedes Magento-Online-Shops. Bei diesem Tool handelt es sich um *Magerun*, das sich selbst als »The swiss army knife for Magento developers, sysadmins and devops« bezeichnet. In erster Linie ist es sicherlich ein Tool, das primär für Entwickler interessant und relevant ist. Da ich Ihnen in diesem Kapitel jedoch das in Magento integrierte Command Line Interface vorgestellt habe, möchte ich die letzten Seiten in diesem Kapitel auch dazu nutzen, Ihnen einen Einblick in Magerun zu geben.

19.2.1 Magerun installieren

Im ersten Schritt müssen Sie Magerun installieren. Die Installation an sich ist relativ simpel, denn Sie müssen nur eine Datei kopieren und diese idealerweise in das Hauptverzeichnis Ihrer Magento-Installation legen. Wenn Sie den Download starten möchten, rufen Sie einfach die Datei *https://files.magerun.net/n98-magerun2.phar* auf. Sollten Sie Linux bzw. macOS nutzen und auf `wget` bzw. `curl` zurückgreifen können, so können Sie den Download auch direkt mit folgenden Befehlen ausführen:

```
Download per wget
wget https://files.magerun.net/n98-magerun2.phar
chmod +x ./n98-magerun2.phar
Download per CURL
curl -sS -O https://files.magerun.net/n98-magerun2.phar
chmod +x ./n98-magerun2.phar
```

Listing 19.9 Mit »curl« bzw. »wget« können Sie direkt über die Kommandozeile herunterladen.

Wenn Sie Magerun heruntergeladen haben, entweder manuell über die aufgeführte URL oder mit `wget` bzw. `curl`, und die Datei im Hauptverzeichnis von Magento abgelegt haben, navigieren Sie bitte mit der Kommandozeile in das Hauptverzeichnis Ihrer Magento-Installation. Denn die Installation von Magerun haben Sie mit dem Download der Datei an sich abgeschlossen, weitere Dinge müssen Sie an dieser Stelle nicht unternehmen!

19.2.2 Die Magerun-Befehle im Überblick

Sobald Sie im Hauptverzeichnis Ihrer Magento-Installation angekommen sind, rufen Sie bitte Magerun auf, indem Sie folgenden Befehl in der Konsole ausführen: `php n98-magerun2.phar`. Anschließend meldet sich Magerun mit allen zur Verfügung stehenden Befehlen zurück. Das Verhalten ist also recht ähnlich wie beim Magento Command Line Interface Tool. Verwenden Sie im ersten Schritt keinen Parameter, erhalten Sie einfach eine Auflistung aller möglichen Optionen, wie Sie dies auch in Abbildung 19.6 sehen.

```
     ___ ___                                       ___
 _ _/ _ ( _ )___ _ __  __ _ __ _ ___ _ _ _  _ _ _|_  )
| ' \_, / _ \___| '  \/ _` / _` / -_) '_| || | ' \/ /
|_||_/_/\___/   |_|_|_\__,_\__, \___|_|  \_,_|_||_/___|
                           |___/
n98-magerun2 version 1.5.0 by netz98 GmbH

Usage:
 command [options] [arguments]

Options:
 --help (-h)               Display this help message
 --quiet (-q)              Do not output any message
 --verbose (-v|vv|vvv)     Increase the verbosity of messages: 1 for normal output, 2 for more verbose output and 3 for debug
 --version (-V)            Display this application version
 --ansi                    Force ANSI output
 --no-ansi                 Disable ANSI output
 --no-interaction (-n)     Do not ask any interactive question
 --root-dir                Force magento root dir. No auto detection
 --skip-config             Do not load any custom config.
 --skip-root-check         Do not check if n98-magerun runs as root
 --skip-core-commands      Do not include Magento 2 core commands

Available commands:
 help                               Displays help for a command
 install                            Install magento
 list                               Lists commands
 mysql-client                       Opens mysql client by database config from env.php
 open-browser                       Open current project in browser (experimental)
 script                             Runs multiple n98-magerun commands
 self-update                        Updates n98-magerun.phar to the latest version.
 selfupdate                         Updates n98-magerun.phar to the latest version.
 shell                              Runs n98-magerun as shell
admin
 admin:notifications                Toggles admin notifications
 admin:user:change-password         Changes the password of a adminhtml user.
 admin:user:create                  Creates an administrator
 admin:user:delete                  Delete the account of a adminhtml user.
 admin:user:list                    List admin users.
 admin:user:unlock                  Unlock Admin Account
app
 app:config:dump                    Create dump of application
cache
 cache:clean                        Clean magento cache
 cache:disable                      Disables Magento caches
 cache:enable                       Enables Magento caches
 cache:flush                        Flush magento cache storage
 cache:list                         Lists all magento caches
 cache:report                       View inside the cache
```

Abbildung 19.6 Beim Aufruf von Magerun erhalten Sie einen Überblick über alle Befehle und Möglichkeiten.

Wenn Sie sich an dieser Stelle, zumindest im Schnelldurchlauf, die vorhandenen Befehle und Möglichkeiten anschauen, werden Sie recht viele Ähnlichkeiten mit dem Magento CLI-Tool feststellen. Das liegt daran, dass Magerun neben den eigenen Befehlen und Möglichkeiten zudem die Magento CLI-Tools beherrscht. Verwenden Sie

Magerun, so müssen Sie nicht mehr auf das Magento CLI-Tool zurückgreifen, da Magerun alle dort enthaltenen Befehle ebenfalls abdeckt. Zusätzlich ergänzt Magerun diese um eigene Funktionen, die ich Ihnen nun im Überblick aufzeigen möchte.

Ein Tool mit allen Möglichkeiten

Die Entwickler von Magerun haben, und ich finde das persönlich sehr clever, alle im Magento CLI-Tool enthaltenen Funktionen übernommen bzw. inkludiert, sodass Sie als Administrator bzw. Benutzer nur mit einem Tool arbeiten müssen. Wäre dies nicht geschehen, hätten Sie immer zwischen bin/magento bzw. Magerun hin und her wechseln müssen. Die Akzeptanz beider Tools wäre in einem solchen Fall sicherlich gesunken. Daher finde ich die Integration der Befehle äußerst hilfreich, denn wenn Sie Magerun nutzen, benötigen Sie kein weiteres CLI-Tool!

Available commands

Im ersten Abschnitt namens »Available commands« sind allgemeine und von Magento unabhängige Befehle gruppiert. Übergeben Sie den Parameter `help`, erhalten Sie als Rückmeldung eine Information zur Nutzung der Hilfe-Funktionalität. Am sinnvollsten ist die Nutzung des Parameters jedoch bei einem konkreten Befehl, denn Sie erhalten anschließend detaillierte Informationen zu den benötigten Parametern und Übergabewerten. Dementsprechend sollten Sie den Parameter `help` immer im Zusammenhang mit einem Befehl einsetzen, so wie es auch bei dem Magento CLI der Fall ist.

Ein äußerst mächtiger Befehl ist an dieser Stelle das `install`-Kommando. Rufen Sie dieses auf, werden Sie gefragt, welche Magento-Version Sie installieren möchten. Sollten Sie an dieser Stelle den Befehl nicht selbst ausführen können, sehen Sie die Rückgabewerte in Abbildung 19.7. Wenn Sie Magerun für die Installation von Magento nutzen, müssen Sie im Vorfeld keine Dateien herunterladen bzw. extrahieren. Bei der Installation werden Sie von Magerun gefragt, welche Version Sie installieren möchten. Dabei stehen einige Versionen, wie Sie in Abbildung 19.7 sehen, zur Auswahl. Haben Sie sich für eine Version entschieden, lädt Magerun alle benötigten Dateien herunter und beginnt mit dem Installationsprozess. In den nächsten Schritten werden Sie von Magerun zudem nach Konfigurationseinstellungen, beispielsweise den Zugangsdaten zur Datenbank, gefragt. Dadurch bildet Magerun den kompletten Installationsprozess von Magento ab, und Sie benötigen an sich nur Magerun, um Magento zu installieren. Weitere Informationen und Details zur Installation mittels Magerun entnehmen Sie an dieser Stelle aber bitte Abschnitt 3.3.5, »Magerun«, dort ist recht ausführlich beschrieben, wie Sie Magento mithilfe von Magerun installieren können. Daher möchte ich Ihnen an dieser Stelle redundanten Inhalt ersparen.

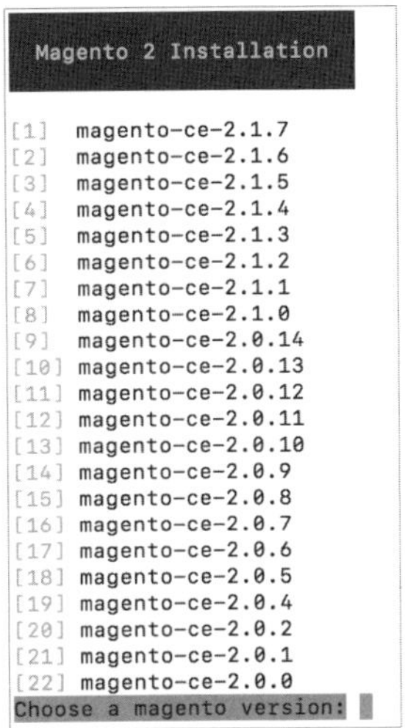

Abbildung 19.7 Mithilfe von Magerun können Sie direkt Magento installieren.

Eine explizite Auflistung aller in Magerun vorhandenen Befehle erhalten Sie, indem Sie den Parameter `list` beim Aufruf von Magerun übergeben. Das Ergebnis ist jedoch identisch mit dem, das Sie erhalten, wenn Sie Magerun komplett ohne Parameter aufrufen. Nutzen Sie den Befehl `mysql-client`, so startet automatisch der MySQL-Client, den Sie ebenfalls per Kommandozeile verwenden können. Sie werden dabei automatisch mit den in der Magento-Konfigurationsdatei hinterlegten Datenbankverbindungsdaten angemeldet. Mit dem MySQL-Client können Sie anschließend alle SQL-Operationen in der Kommandozeile ausführen, die Sie ausführen möchten. Darunter fallen die Anlage weiterer Tabellen, das Durchführen von Änderungen am Schema der Datenbank, das Auslesen und Hinzufügen von Inhalten etc. Im Prinzip ist diese Funktion für Sie dann wichtig, wenn Sie direkt in der Datenbank Operationen ausführen möchten. Alternativ hierzu können Sie, wenn Sie eher ein Fan der grafischen Oberflächen sind, jedoch auch phpMyAdmin oder einen anderen grafischen MySQL-Client verwenden. Möchten Sie den Browser starten und das Magento-System aufrufen, können Sie dies mit dem Befehl `open-browser` tun. Der Befehl selbst ist jedoch als »experimentell« gekennzeichnet, d. h., nicht auf allen Betriebssystemen steht diese Funktion zur Verfügung. Es hängt also ein wenig von Ihrem System-Setup ab, ob Sie diesen Befehl nutzen können. Sofern Sie direkt mehrere Magerun-Befehle ausführen möchten, können Sie den Parameter `script` verwenden. Sie haben danach die Möglichkeit, verschiedenste Magerun-Parameter direkt auszuführen.

Um Magerun zu aktualisieren, stehen ebenfalls zwei Befehle zur Verfügung. Diese sind von der Logik absolut identisch, tragen jedoch unterschiedliche Namen. Für ein Update von Magerun verwenden Sie bitte `self-update` bzw. `selfupdate`. Sollte eine neuere Version vorliegen, würde Magerun nach der Ausführung des Befehls automatisch aktualisiert werden. Zu guter Letzt können Sie mit dem Parameter `shell` in eine Art »Shell-Modus« eintauchen. Sie müssen anschließend nicht jedes Mal Magerun an sich aufrufen bzw. starten, sondern starten Magerun initial und können daraufhin einfach direkt Magerun-Befehle ausführen. Der Shell-Modus ergibt Sinn, wenn Sie viele verschiedene Magerun-Kommandos ausführen möchten und dies bereits im Vorfeld wissen. Ist dies der Fall, nutzen Sie den Parameter Shell, und starten Sie Magerun. Anschließend wird Ihnen Magerun mitteilen, dass es sich im Shell-Modus befindet, und Sie können daraufhin alle Befehle direkt eingeben, ohne jedes Mal Magerun starten zu müssen. Durch die Nutzung dieses Befehls können Sie sich daher viel Tipparbeit und damit Zeit sparen!

admin

Innerhalb des Magento-Backends existieren sogenannte *Notifications*, also Warnmeldungen bzw. Hinweise. Wenn der Cache veraltet ist oder die Indexe neu aufgebaut werden müssen, werden Sie im Backend eine entsprechende Notification erhalten. Es handelt sich um die Meldungen, die immer am oberen Bereich des Bildschirms eingeblendet werden, wie Sie auch in Abbildung 19.8 sehen können. Wenn Sie jedoch keine Lust auf diese Systemmeldungen haben und auch nicht über neue Magento-Versionen bzw. Probleme Ihres aktuellen Systems informiert werden möchten, können Sie die Notifications deaktivieren. Nutzen Sie hierfür einfach den Parameter `admin:notifications`. Sind die Systemmeldungen aktiviert und Sie führen den Befehl aus, werden diese deaktiviert. Sind die Systemmeldungen hingegen deaktiviert und Sie führen diesen Befehl aus, werden sie aktiviert. Es gibt also kein disable- bzw. enable-Kommando, je nach Status deaktivieren bzw. aktivieren Sie mit diesem Befehl die Systemmeldungen bzw. Notifications.

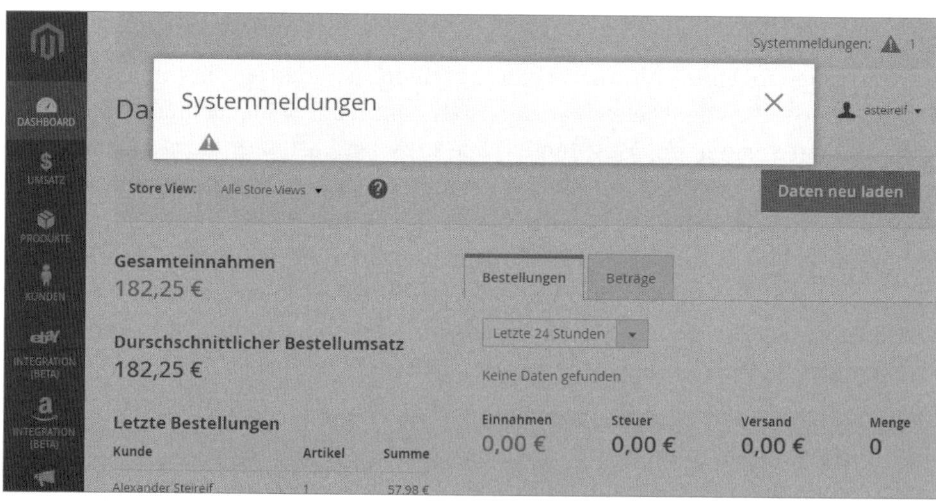

Abbildung 19.8 Systemmeldungen können mittels Magerun deaktiviert werden.

Möchten Sie das Passwort eines Backend-Benutzers ändern, können Sie dies mittels Magerun ebenfalls tun. Führen Sie Magerun mit dem Parameter `admin:user:change-password` aus. Sie werden anschließend nach einem Benutzernamen gefragt, den Sie daraufhin eingeben müssen. Ist ein Benutzer mit diesem Benutzernamen im Backend vorhanden, können Sie daraufhin ein neues Passwort für diesen setzen.

Einen neuen Benutzer können Sie ebenfalls erstellen, hierbei handelt es sich um die Funktionsweise, die Sie bereits vom Magento CLI-Tool kennen. Magerun ergänzt an dieser Stelle jedoch die Funktion, einen Benutzer zu löschen. Hierfür steht der Parameter `admin:user:delete` zur Verfügung. Entweder übergeben Sie an dieser Stelle direkt die ID des Benutzers, oder Sie führen den Befehl ohne weitere Parameter aus. Magerun fragt Sie daraufhin nach einem Benutzernamen bzw. einer E-Mail-Adresse. An dieser Stelle können Sie dann durch die Eingabe der E-Mail-Adresse bzw. des Benutzernamens den gewünschten Benutzer löschen. Wenn Sie sich nicht sicher sind, welche Benutzer im System existieren, können Sie sich mit dem Parameter `admin:user:list` eine Auflistung aller im System angelegten Benutzer ausgeben lassen. Neben der ID und der E-Mail-Adresse sehen Sie zudem den Benutzernamen sowie den Status des Benutzers. Dieser Befehl ist äußerst praktisch, wenn Sie sich einen schnellen Überblick über alle im System vorhandenen Benutzer machen möchten. Ist ein Benutzer übrigens gesperrt, können Sie diesen direkt mittels `admin:user:unlock` entsperren. Auch bei diesem Befehl können Sie entweder direkt die ID des Benutzers übergeben oder den Befehl ohne Parameter ausführen, wodurch Sie nach einer E-Mail-Adresse bzw. einem Benutzernamen gefragt werden. Der von Haus aus doch eher funktionsarme Bereich »Admin« wird von Magerun durch einige sehr sinnvolle und nützliche Funktionen ergänzt. An dieser Stelle schlägt Magerun ganz klar das Magento CLI-Tool!

app

Der Vollständigkeit halber möchte ich noch den Bereich »app« aufführen, obwohl Magerun hier keine Funktionen bzw. Befehle ergänzt. Sie können daher an dieser Stelle nur auf die in Magento bereits vorhandenen Befehle zurückgreifen. Dabei handelt es sich um den Befehl `app:config:dump`.

cache

Auch im Bereich »cache« bringt das Magento CLI-Tool von Haus aus wichtige Befehle mit. Doch werden diese von Magerun nochmals ergänzt. Zum Standard gehören die Parameter `cache:clean`, `cache:disable`, `cache:enable`, `cache:flush` sowie `cache:status`, die Ihnen an dieser Stelle als Befehle zur Verfügung stehen. Zusätzlich haben Sie jedoch die Möglichkeit, sich alle vorhandenen Caches auflisten zu lassen. Nutzen Sie hierfür einfach `cache:clean`, wodurch Sie als Rückgabeergebnis folgende Liste erhalten werden:

```
+-----------------------+-------------------------------+---------+
| Name                  | Type                          | Enabled |
+-----------------------+-------------------------------+---------+
| config                | Configuration                 | 1       |
| layout                | Layouts                       | 1       |
| block_html            | Blocks HTML output            | 1       |
| collections           | Collections Data              | 1       |
| reflection            | Reflection Data               | 1       |
| db_ddl                | Database DDL operations       | 1       |
| eav                   | EAV types and attributes      | 1       |
| customer_notification | Customer Notification         | 1       |
| full_page             | Page Cache                    | 1       |
| config_integration    | Integrations Configuration    | 1       |
| config_integration_api | Integrations API Configuration | 1      |
| translate             | Translations                  | 1       |
| config_webservice     | Web Services Configuration    | 1       |
+-----------------------+-------------------------------+---------+
```

Listing 19.10 Magento listet alle vorhandenen Caches samt Status auf.

Sie können anhand der Liste alle vorhandenen Caches erkennen und sehen zudem in der letzten Spalte, ob der jeweilige Cache aktiv bzw. inaktiv ist. Wäre ein Cache inaktiv, würde anstelle der `1` eine `0` stehen.

Wenn Sie direkt in den Cache eintauchen möchten, können Sie dies mit `cache:report` tun. Als Ergebnis erhalten Sie ebenfalls eine Liste mit verschiedenen Cache-Elementen und einem Zeitpunkt, wann diese Cache-Elemente auslaufen. Zugegebenermaßen handelt es sich hierbei um einen sehr technischen Report, der speziell für Entwickler interessant sein dürfte. Entwickler können anhand dieses Reports recht schnell nachvollziehen, welche Elemente sich gerade im Cache befinden und welche Lebenszeit diese haben. Um noch tiefer einzusteigen, steht zudem der Parameter `cache:view` zur Verfügung. Dieser erfordert noch einen weiteren Parameter, der den Cache spezifiziert. Übergeben Sie beispielsweise den Parameter `system`, erhalten Sie als Rückgabewert den kompletten Inhalt dieses Caches. Ergo haben Sie mit diesem Befehl die Möglichkeit, den Inhalt jedes im System befüllten Caches auszulesen und damit einzusehen, welche Informationen Magento in den Zwischenspeicher gepackt hat. Speziell um Probleme und Fehler nachzuvollziehen, ist dies ein äußerst praktisches Feature, das sich aber in erster Linie an Entwickler richtet.

catalog

Der Bereich »catalog« wird von Magerun nicht mit zusätzlichen Befehlen und Möglichkeiten erweitert. Sie haben aber natürlich die Möglichkeit, auf die beiden im Standard vorhandenen Parameter namens `catalog:images:resize` sowie `catalog:product:attributes:cleanup` zuzugreifen.

config

Der Abschnitt »config« wird durch Magerun neu eingeführt und steht im Magento-Standard-CLI-Tool nicht zur Verfügung. Beim ersten verfügbaren Parameter handelt es sich wiederum um einen speziell für Entwickler interessanten Befehl. Führen Sie `config:data:acl` aus, wird der ACL-Tree zurückgeliefert. Der ACL-Tree ist eine Darstellung der Berechtigungen in Baumform. In diesem Baum sehen Sie alle möglichen Berechtigungsoptionen, die in Magento existieren. Beispielsweise gibt es den Bereich »Products«, der sich in »Inventory« sowie »Catalog« und »Categories« unterteilt. Diese Struktur kennen Sie, abgesehen vom Oberpunkt »Inventory«, aus dem Backend, wenn Sie Kategorien bzw. Produkte anlegen und verwalten. Anhand des Baumes sehen Sie somit, wie Sie Berechtigungen eingrenzen bzw. einschränken und auf welche Bereiche Sie sich an dieser Stelle beziehen können. Sofern Sie sich Abhängigkeiten von Modulen anzeigen lassen möchten, können Sie dies mit dem Befehl `config:data:di` tun.

Spannend wird es nun mit den folgenden drei Befehlen, denn Sie haben mit Magerun die Möglichkeit, Konfigurationseinstellungen zu löschen, zu setzen bzw. bestehende Konfigurationseinstellungen auszulesen. Um eine Konfigurationseinstellung zu löschen, verwenden Sie bitte den Parameter `config:delete`. Dieser Parameter allein wird jedoch noch keine Aktion ausführen. Sie müssen an dieser Stelle noch spezifizieren, welche Einstellung Sie löschen möchten. Um dies zu tun, müssen Sie den Konfigurationspfad der Option übergeben. Ähnlich verhält es sich beim Auslesen einer Konfigurationsoption. Verwenden Sie den Parameter `config:get`, und ergänzen Sie diesen um einen Konfigurationspfad. Dadurch könnte der Befehl wie folgt aussehen: `php n98-magerun2.phar config-get web_unsecure_base_url`. In diesem Fall liest Magerun den Wert der Basis-URL aus und gibt diesen zurück:

```
+-----------------------+---------+----------+------------------------+
| Path                  | Scope   | Scope-ID | Value                  |
+-----------------------+---------+----------+------------------------+
| web/unsecure/base_url | default | 0        | http://www.foodbaer.de/ |
+-----------------------+---------+----------+------------------------+
```

Listing 19.11 Magerun kann direkt auf Konfigurationseinstellungen zurückgreifen.

Theoretisch können Sie beim Aufruf auch noch den Scope definieren, also ob Sie den Wert für einen bestimmten Store View haben möchten. Wenn Sie keinen Scope übergeben, erhalten Sie einfach eine Liste aller Werte je nach Scope. Da ich bei der URL nur einen Default-Wert besitze, liefert Magento letztendlich auch nur diesen einen Eintrag zurück.

So wie Sie die Konfigurationseinstellung auslesen bzw. löschen können, bietet Magerun zudem die Möglichkeit, Konfigurationseinstellungen zu setzen. Verwenden Sie hierfür den Parameter `config:set`. Neben dem Pfad muss zudem ein Wert übergeben werden. Möchten Sie also die Basis-URL abändern, so könnte der Befehl wie folgt aussehen: `php n98-magerun2.phar config-set web_unsecure_base_url http://foodbaer.de`. Seien Sie an dieser Stelle jedoch etwas vorsichtig, wenn Sie mit Magerun experimentieren. Eine aus Unachtsamkeit gelöschte Option bzw. ein fehlerhafter Wert beim Setzen einer Option kann Ihr System beschädigen. Aus diesem Grund habe ich Ihnen oben beim Löschen der Option auch kein direktes Beispiel mitgeliefert, auch wenn der Aufruf nach genau demselben Schema wie beim Editieren bzw. Auslesen funktioniert. An dieser Stelle ist etwas Vorsicht geboten!

cron

Wie auch im Standard steht Ihnen im Bereich »cron« der Parameter `cron:run` zur Verfügung, Magerun nimmt selbst keine Erweiterungen in diesem Bereich vor.

customer

Mithilfe von Magerun können Sie via Kommandozeile doch recht viel in Sachen Kundenmanagement machen. Der im Standard vorhandene Funktionsumfang wird speziell im Punkt »customer« doch recht stark erweitert, was ich Ihnen an dieser Stelle zeigen möchte.

Beispielsweise können Sie mit Magerun einen neuen Kunden erstellen. Hierfür steht Ihnen der Parameter `customer:create` zur Verfügung. Nach der Ausführung des Befehls werden Sie Schritt für Schritt durch die Kundenanlage geführt und geben beispielsweise im ersten Schritt eine E-Mail-Adresse, gefolgt von Passwort, Vorname, Nachname und der Website an. Im Prinzip können Sie den Kunden direkt über die Kommandozeile erstellen, und dieser wird sich daraufhin problemlos im Frontend anmelden können. Weitere Arbeitsschritte, damit der Kunde aktiv werden kann, sind nicht nötig. Des Weiteren haben Sie auch in Magerun Zugriff auf das bereits erwähnte Kommando `customer:hash:upgrade`, das Sie daher an dieser Stelle ignorieren können.

Möchten Sie Kundendaten abfragen, steht Ihnen der Parameter `customer:info` zur Verfügung. Nachdem Sie Magerun mit diesem Parameter gestartet haben, werden Sie nach einer E-Mail-Adresse gefragt. Nachdem Sie eine E-Mail-Adresse sowie die Website, in welcher der Kunde registriert ist, hinterlegt haben, erhalten Sie eine tabellarische Auflistung der vorhandenen Kundenstammdaten, werfen Sie hierzu auch einen Blick auf Abbildung 19.9.

```
+---------------------------+---------------------------+----------------------------------+
| Code                      | Name                      | Value                            |
+---------------------------+---------------------------+----------------------------------+
| website_id                | Associate to Website      | Main Website [1]                 |
| entity_id                 | entity_id                 | 6                                |
| email                     | Email                     | alexander@steireif.com           |
| group_id                  | Group                     | Yes [1]                          |
| store_id                  | Create In                 | 1                                |
| created_at                | Created At                | 2017-06-04 16:44:42              |
| updated_at                | Updated At                | 2017-07-14 14:50:28              |
| is_active                 | is_active                 | 1                                |
| disable_auto_group_change | disable_auto_group_change | 0                                |
| created_in                | Created From              | Deutsch                          |
| prefix                    | Prefix                    |                                  |
| firstname                 | First Name                | Alexander                        |
| middlename                | Middle Name/Initial       |                                  |
| lastname                  | Last Name                 | Steireif                         |
| suffix                    | Suffix                    |                                  |
| dob                       | Date of Birth             |                                  |
| rp_token                  | rp_token                  | 9a91e2ea3e3e801100733dccc40acb70 |
| rp_token_created_at       | rp_token_created_at       | 2017-07-01 06:38:44              |
| default_billing           | Default Billing Address   | 8                                |
| default_shipping          | Default Shipping Address  | 8                                |
| taxvat                    | Tax/VAT Number            |                                  |
| confirmation              | Is Confirmed              |                                  |
| gender                    | Gender                    | No []                            |
| failures_num              | Failures Number           | 0                                |
| first_failure             | First Failure Date        |                                  |
| lock_expires              | Failures Number           |                                  |
+---------------------------+---------------------------+----------------------------------+
```

Abbildung 19.9 Magerun kann Ihnen die Stammdaten eines Kunden in tabellarischer Form darstellen.

Selbstverständlich werden sensible Informationen wie das Passwort bzw. der Passwort-Hash oder Zahlungsdaten nicht zurückgeliefert. Neben der Ausgabe eines einzelnen Kunden können Sie mit `customer:list` zudem eine Liste aller im System vorhandenen Kunden ausgeben. In meinem Fall hält sich das Ergebnis noch in Grenzen, da in meinem System nur eine Handvoll Nutzer registriert ist. Wenn Sie jedoch über einige Tausend Kunden verfügen, ist dieses Ausgabeformat nicht ideal.

Ausgabeformat kann definiert werden

Bei Magerun haben Sie übrigens immer die Möglichkeit, das Ausgabeformat zu definieren. In meinen Beispielen lasse ich mir die Ergebnisse direkt in der Kommandozeile anzeigen. Jedoch können Sie die Ergebnisse auch in eine CSV-, JSON- oder XML-Datei speichern lassen. Gerade bei komplexen Ergebnissen, denken Sie an einige Tausend Kunden, macht eine Ausgabe in der Kommandozeile wenig Sinn. Nutzen Sie daher in diesen Fällen den Parameter `--format` und übergeben Sie als Wert `csv`, `json` oder `xml`.

db

Für die Administration und Ausführung von Datenbankoperationen stehen verschiedenste Befehle in dem Abschnitt »db« bereit. Diese Befehle und Möglichkeiten richten sich in erster Linie an Entwickler, die bei der Entwicklung von Modulen und bei Anpassungen des Systems auch Zugriff auf die Datenbank benötigen. Für Sie als Shop-Betreiber bzw. Administrator dürften diese Möglichkeiten zwar interessant, in der Praxis jedoch nicht relevant sein. Werfen Sie dennoch einen Blick auf die verschiedensten Möglichkeiten, die Magerun mitbringt.

Um den MySQL-Client zu starten, können Sie, wie bereits einige Seiten zuvor erwähnt, den Parameter `db:console` verwenden. Es werden direkt die in der Magento-Konfiguration verwendeten Datenbankzugangsdaten verwendet, d. h., Sie landen direkt in der von Magento genutzten Datenbank und müssen sich weder authentifizieren noch die benötigte Datenbank auswählen. Möchten Sie eine Datenbank erstellen, können Sie zudem den Befehl `db:create` verwenden. Dadurch wird die in der Magento-Konfiguration hinterlegte Datenbank erstellt. Voraussetzung hierfür ist jedoch, dass die hinterlegte Datenbank noch nicht installiert ist.

Möchten Sie die angelegte Datenbank inklusive aller Informationen löschen, können Sie dies mittels `db:drop` tun. An dieser Stelle würde ich Sie jedoch bitten, das Kommando nicht auszuführen, da Sie Ihr bestehendes und mühevoll aufgebautes Magento-System sicherlich behalten möchten. Um eine Sicherung der Datenbank zu erstellen – letztendlich gibt es hierfür verschiedenste Möglichkeiten –, können Sie Magerun verwenden und mit dem Parameter `db:dump` starten. Dieser Befehl ermöglicht es Ihnen, eine Sicherung der Datenbank zu erstellen und diese zu speichern. Alternativ hierzu können Sie jedoch auch den in Magento enthaltenen Backup-Mechanismus verwenden, der sich sowohl über das Backend als auch über das CLI bzw. Magerun ansprechen lässt. Da an dieser Stelle ein Export bzw. eine Sicherung möglich ist, existiert selbstverständlich auch eine Import-Funktion. Nutzen Sie hierfür den Parameter `db:import`. Mit diesem Befehl haben Sie grundsätzlich die Möglichkeit, eine Datenbanksicherung einzuspielen, müssen an dieser Stelle aber noch die zu importierende Datei definieren.

Möchten Sie die Datenbankverbindungsdaten ausgeben, nutzen Sie bitte den Parameter `db:info`. Als Ergebnis erhalten Sie eine tabellarische Darstellung wie in Abbildung 19.10.

```
+------------------------+----------------------------------------------------------------------------+
| Name                   | Value                                                                      |
+------------------------+----------------------------------------------------------------------------+
| host                   | localhost                                                                  |
| dbname                 | db12651274-10                                                              |
| username               | db12651274-10                                                              |
| password               |                                                                            |
| active                 | 1                                                                          |
| model                  | mysql4                                                                     |
| engine                 | innodb                                                                     |
| initStatements         | SET NAMES utf8;                                                            |
| prefix                 |                                                                            |
| PDO-Connection-String  | mysql:host=localhost;port=3306;dbname=db12651274-10                        |
| JDBC-Connection-String | jdbc:mysql://localhost:3306/db12651274-10?username=db12651274-10&password= |
| MySQL-Cli-String       | mysql -h'localhost' -u'db12651274-10' --password='          ' 'db12651274-10' |
+------------------------+----------------------------------------------------------------------------+
```

Abbildung 19.10 Mit »db:info« können Sie sich die Datenbankverbindungsdaten ausgeben lassen.

Neben dem Benutzernamen, dem Passwort (in der Abbildung entfernt) und dem Datenbanknamen erhalten Sie alle weiteren Informationen, die zum Aufbau der Datenbankverbindung notwendig sind. Sollten Sie daher die Verbindungsdaten nicht parat haben, und möchten Sie diese nicht in der Konfigurationsdatei nachschauen, so können Sie diese Informationen problemlos mittels Magerun ausgeben lassen.

Gibt es gegebenenfalls Fehler, bzw. vermuten Sie ein Problem, so können Sie mit `db:maintain:check-tables` die Datenbank überprüfen. Als Ergebnis erhalten Sie alle vorhandenen Tabellen in tabellarischer Form zurückgeliefert. Auch sehen Sie die jeweiligen Engines wie z. B. InnoDB. Sofern möglich, das hängt auch von der Engine ab, führt Magerun einen Check der Tabelle durch. Wo immer ein Check durchgeführt werden kann, wird zudem das Ergebnis in der letzten Spalte dargestellt. Erhoffen Sie sich an dieser Stelle nicht zu viel von dem Datenbankcheck. Im Prinzip wird eine rudimentäre Prüfung durchgeführt, die Sie aber auch beispielsweise mittels phpMyAdmin durchführen können. Für eine oberflächliche und schnelle Prüfung ist der Befehl jedoch vollkommen ausreichend. Das Ergebnis ist zudem, wie Sie in Abbildung 19.11 sehen, in der Tat sehr übersichtlich dargestellt.

Wenn Sie möchten, können Sie direkt SQL-Statements wie Abfragen, aber auch Inserts in Magerun ausführen. Nutzen Sie hierfür den Parameter `db:query`. Nachdem Sie Magerun aufgerufen haben, werden Sie nach dem SQL-Statement gefragt und können von da an direkt mittels SQL auf der Datenbank arbeiten.

```
| sales_shipping_aggregated              | ENGINE InnoDB |                 0 rows | 0.009 secs |
| sales_shipping_aggregated_order        | ENGINE InnoDB |                 0 rows | 0.009 secs |
| salesrule                              | ENGINE InnoDB |                 0 rows | 0.007 secs |
| salesrule_coupon                       | ENGINE InnoDB |                 0 rows | 0.040 secs |
| salesrule_coupon_aggregated            | ENGINE InnoDB |                 0 rows | 0.005 secs |
| salesrule_coupon_aggregated_order      | ENGINE InnoDB |                 0 rows | 0.005 secs |
| salesrule_coupon_aggregated_updated    | ENGINE InnoDB |                 0 rows | 0.004 secs |
| salesrule_coupon_usage                 | ENGINE InnoDB |                 0 rows | 0.004 secs |
| salesrule_customer                     | ENGINE InnoDB |                 0 rows | 0.004 secs |
| salesrule_customer_group               | ENGINE InnoDB |                 0 rows | 0.008 secs |
| salesrule_label                        | ENGINE InnoDB |                 0 rows | 0.034 secs |
| salesrule_product_attribute            | ENGINE InnoDB |                 0 rows | 0.015 secs |
| salesrule_website                      | ENGINE InnoDB |                 0 rows | 0.013 secs |
| search_query                           | ENGINE InnoDB |                 0 rows | 0.018 secs |
| search_synonyms                        | ENGINE InnoDB |                 0 rows | 0.151 secs |
| sendfriend_log                         | ENGINE InnoDB |                 0 rows | 0.004 secs |
| sequence_creditmemo_0                  | check         | MEDIUM                 | OK         |
| sequence_creditmemo_1                  | check         | MEDIUM                 | OK         |
| sequence_creditmemo_2                  | check         | MEDIUM                 | OK         |
| sequence_creditmemo_3                  | check         | MEDIUM                 | OK         |
| sequence_creditmemo_4                  | check         | MEDIUM                 | OK         |
| sequence_invoice_0                     | check         | MEDIUM                 | OK         |
| sequence_invoice_1                     | check         | MEDIUM                 | OK         |
| sequence_invoice_2                     | check         | MEDIUM                 | OK         |
```

Abbildung 19.11 Sofern möglich, checkt Magento die Datenbanktabellen.

Um den Status der Datenbankverbindung einzusehen, steht Ihnen der Parameter `db:status` zur Verfügung. Führen Sie diesen Befehl aus, erhalten Sie grundsätzliche Informationen zur MySQL-Datenbank. Hierzu zählen die Uptime, die Anzahl der maximal möglichen Verbindungen, die Anzahl der abgebrochenen Verbindungsversuche etc. Speziell wenn Sie mit Fehlern der MySQL-Datenbank bzw. des MySQL-

Datenbankservers konfrontiert werden, kann sich ein Blick in diesen Bereich sehr lohnen. Ergänzend hierzu empfiehlt sich zudem ein Blick in die Konfigurationseinstellungen, die Sie mittels `db:variables` erreichen. Führen Sie Magerun mit diesem Parameter aus, werden Sie eine Tabelle wie im folgenden Listing sehen:

```
+--------------------------------+-------+
| Variable Name                  | Value |
+--------------------------------+-------+
| have_query_cache               |   YES |
| innodb_additional_mem_pool_size |   8M |
| innodb_buffer_pool_size        |  128M |
| innodb_log_buffer_size         |   16M |
| innodb_log_file_size           |   96M |
| innodb_thread_concurrency      |     0 |
| join_buffer_size               |  256K |
| key_buffer_size                |  384M |
| max_allowed_packet             |   48M |
| max_connections                |  1100 |
| max_heap_table_size            |  128M |
| open_files_limit               | 20000 |
| query_cache_size               |   64M |
| query_cache_type               |    ON |
| read_buffer_size               |  512K |
| read_rnd_buffer_size           |  256K |
| sort_buffer_size               |   16M |
| table_definition_cache         |  2000 |
| table_open_cache               |  5000 |
| thread_cache_size              |  100B |
| tmp_table_size                 |  256M |
+--------------------------------+-------+
```

Listing 19.12 Mit Magerun haben Sie Zugriff auf eine Vielzahl von Variablen und hinterlegten Optionen des MySQL-Servers.

In der Tabelle können Sie z. B. die Buffer-Größe ablesen, sehen aber auch die Größe des Caches, die mögliche Größe der temporären Tabelle etc. Letztendlich handelt es sich hierbei um Schwellwerte. Oftmals treten Probleme auf, weil die Werte überschritten werden mussten. So ist der Speicher zu klein, die Anzahl der Verbindungen zu hoch etc. Solche Probleme lassen sich recht einfach mit Konfigurationsanpassungen im Web- bzw. Datenbankserver beheben. Aus diesem Grund ist ein Blick auf die Werte und Variablen sehr hilfreich, denn Sie können bei Problemen im ersten Schritt prüfen, ob die in der Konfiguration hinterlegten Werte gegebenenfalls einfach zu gering sind.

Gerade in Bezug auf die Administration der MySQL-Datenbank bringt Magerun enorm hilfreiche und nützliche Befehle mit. Sie können im Prinzip alles, was Sie in Sachen Datenbankwartung tun müssen, mit Magerun abdecken.

deploy

An dieser Stelle gibt es keine neuen Befehle und Möglichkeiten. Ihnen stehen im Abschnitt »deploy« nach wie vor die beiden Parameter `deploy:mode:set` sowie `deploy:modes:show` zur Verfügung, die Sie bereits aus dem Magento CLI-Tool kennen.

design

Magento lässt sich im Abschnitt »design« in eine Art Demo-Modus versetzen, wobei Modus an dieser Stelle schon fast zu hoch gegriffen ist. Sie können einen Warnhinweis im Frontend einblenden, sodass Nutzer wissen, dass es sich um ein Demo-System handelt. Diesen Warnhinweis können Sie entweder über das Backend oder mithilfe von Magerun setzen. Nutzen Sie hierzu einfach den Parameter `design:demo-notice`. Ist kein Demo-Hinweis vorhanden, wird dieser eingeblendet. Zeigen Sie hingegen den Demo-Hinweis bereits an, würde die Ausführung von Magerun mit diesem Parameter den Demo-Hinweis deaktivieren. Auch hier gibt es wieder kein spezielles enable- bzw. disable-Kommando, sondern Sie aktivieren bzw. deaktivieren mit diesem Befehl je nach Status den Demo-Hinweis. Wenn Sie sich fragen, wie der Demo-Hinweis aussieht, werfen Sie bitte einen Blick auf Abbildung 19.12.

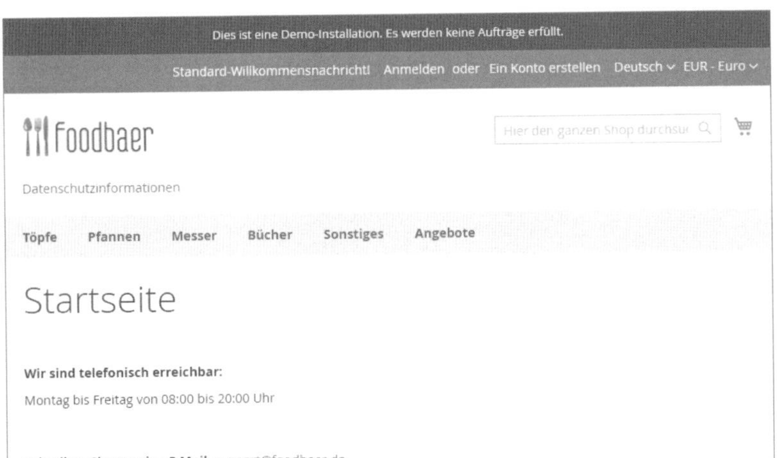

Abbildung 19.12 Der Demo-Hinweis befindet sich im oberen Bereich der Seite und fällt sofort ins Auge.

dev

Im Standard verfügt das Magento CLI-Tool bereits über den Abschnitt »dev«, in dem insgesamt vier Befehle vorhanden sind. Hierbei handelt es sich, um an dieser Stelle

Ihre Erinnerung aufzufrischen, um `dev:source-theme:deploy`, `dev:tests:run`, `dev:urn-catalog:generate` sowie `dev:xml:convert`. Magerun, das sich in erster Linie an Entwickler richtet, ergänzt speziell den Funktionsumfang in diesem Abschnitt nochmals um viele interessante und nützliche Befehle.

Rufen Sie Magerun mit dem Parameter `dev:asset:clear` auf, werden statische Inhalte, gemeint sind damit vor allem generierte CSS- und JavaScript-Dateien, gelöscht. Es handelt sich um diejenigen Files, die bei dem Static-Deployment-Befehl generiert werden. Das heißt, Sie löschen hier nicht Dateien, die danach nicht mehr vorhanden sind, sondern ausschließlich die statische Ausgabe von dynamisch erzeugten Dateien. Wenn Sie Magerun mit diesem Parameter ausführen, sehen Sie zudem, welche Dateien bzw. Verzeichnisse gelöscht wurden:

```
/pub/static/_requirejs deleted
/pub/static/adminhtml deleted
/pub/static/deployed_version.txt deleted
/pub/static/frontend deleted
/var/view_preprocessed/css deleted
/var/view_preprocessed/source deleted
```

Listing 19.13 Magento löscht zwei Verzeichnisse im Var-Ordner sowie insgesamt vier Verzeichnisse im Pub-Ordner.

Sollte bei der Generierung der Ressourcen ein Problem aufgetreten sein, Sie ein Update ausgerollt bzw. Probleme im Frontend haben, kann es schon sinnvoll sein, diese Verzeichnisse zu entfernen und die Dateien erneut zu erstellen. In diesen Fällen sollten Sie auf diesen Befehl zurückgreifen.

Neben diesem Befehl steht mit `dev:console` ein experimentelles Kommando zur Verfügung, mit dem Sie in eine interaktive Shell eintauchen und in dieser Befehle ausführen können.

Ebenso haben Sie Möglichkeit, mit Magerun ein Modul zu erstellen, wobei es sich hierbei um die Basis handelt. Nutzen Sie hierzu den Parameter `dev:module:create`. Als zusätzliche Parameter müssen Sie mindestens den VendorNamespace sowie Modulnamen übergeben, zusätzlich können Sie über optionale Parameter steuern, ob Sie Blöcke, Helper etc. anlegen möchten. An dieser Stelle lohnt sich ein Blick in die Magerun-Dokumentation unter *https://n98-magerun.readthedocs.io/en/latest/commands/dev.html#dev-module-create*, da hier die Nutzung nochmals etwas ausführlicher beschrieben ist.

Um eine Liste der installierten Module zu erzeugen, steht Ihnen der Parameter `dev:module:list` zur Verfügung. Wenn Sie Magerun mit diesem Parameter ausführen, erhalten Sie eine Liste, in der alle im System installierten Module bzw. Extensions samt vorhandener Version aufgelistet werden. Magento listet an dieser Stelle jedoch auch die Core-Module auf, daher ist die Liste doch etwas umfangreicher, auch wenn Sie keine Vielzahl von Extensions bzw. Modulen installiert haben. So wie Sie sich alle Module anzeigen lassen können, haben Sie auch die Möglichkeit, die Observer auszugeben. Nutzen Sie hierfür den Parameter `dev:module:observer:list`. Nachdem Sie den Befehl ausgeführt haben, werden Sie gefragt, für welchen Bereich Sie sich die Observer ausgeben lassen möchten, wobei folgende Optionen zur Auswahl stehen:

```
[1] global
[2] adminhtml
[3] frontend
[4] crontab
[5] webapi_rest
[6] webapi_soap
[7] doc
[8] admin
```

Listing 19.14 Observer können für die oberen Bereiche ausgegeben werden.

Als Ergebnis erhalten Sie eine Auflistung der Events samt Namen und Klassen bzw. Methoden.

Sollte es zu Problemen im System kommen, legt Magento von Haus aus immer Reports an. Diese Reports können Sie öffnen, indem Sie per FTP/SFTP in das entsprechende Verzeichnis wechseln und sich die Dateien mit einem Texteditor anschauen. Genaue Fehlermeldungen bzw. Hinweise finden Sie in der Regel immer in den Reports, denn schwerwiegende Fehler werden im Frontend nicht ausgegeben bzw. sollten im Frontend nicht ausgegeben werden. Magerun kann Ihnen anzeigen, wie viele dieser Reports vorhanden sind. Nutzen Sie hierzu den Parameter `dev:report:count`, worauf Sie einen Wert in Form einer Ganzzahl zurückerhalten. Möchten Sie Symlinks für das Backend bzw. einen Store View aktivieren bzw. deaktivieren, nutzen Sie den Parameter `dev:symlinks`. Symlinks setzen in einem bzw. mehreren Verzeichnis Verweise auf Dateien bzw. Verzeichnisse, die an einer anderen Stelle liegen. Das kann helfen, die Struktur zu verbessern, unter Umständen können Symlinks aber auch zu Problemen führen. Gerade in Shared-Hosting-Umgebungen gibt es des Öfteren Probleme mit Symlinks. Mit dem oben aufgeführten Parameter haben Sie jedoch die Möglichkeit, diese zu aktivieren bzw. zu deaktivieren.

In Kapitel 14, »Magento erweitern und an die eigenen Bedürfnisse und Anforderungen anpassen«, haben Sie bereits die Vorlagen für Pfadhinweise (*Hints*) kennengelernt. Mit Magerun können Sie sowohl die Template-Hints als auch die Block-Hints aktivieren. Aktivieren Sie diese, erhalten Sie letztendlich im Frontend bei jedem Element den Hinweis, aus welchem Block bzw. Template das Element kommt. Diesen Effekt sehen Sie in Abbildung 19.13. Auch hier gibt es wiederum keine Befehle für die Aktivierung bzw. Deaktivierung. Sie nutzen für die Template-Hints einfach den Parameter `dev:template-hints` und für die Block-Hints `dev:template-hints-blocks`. Je nachdem ob die Hinweise aktiviert sind oder nicht, werden Sie mit der Ausführung die Hinweise aktivieren bzw. deaktivieren. Für Entwickler ist dieses Feature äußerst nützlich, denn auch wenn Sie innerhalb des Backends die Hints ebenfalls deaktivieren bzw. aktivieren können, sind Sie an dieser Stelle bei der Nutzung der Kommandozeile wesentlich schneller. Sie können es selbst einmal testen, wie Sie innerhalb von wenigen Sekunden die Hinweise aktivieren bzw. deaktivieren können. Als letztes der durch Magerun hinzugefügten Kommandos steht Ihnen zudem noch `dev:theme:list` zur Verfügung.

Abbildung 19.13 Template-Hints zeigen Ihnen direkt an, aus welchem Template welches Element kommt.

Dieser Parameter sorgt dafür, dass die im System aktivierten Themes aufgelistet werden. Als Ergebnis erhalten Sie eine Tabelle, die wie folgt aussieht:

```
+----+-----------------+-------------------+-----------+------------------+
| id | path            | title             | area      | code             |
+----+-----------------+-------------------+-----------+------------------+
| 1  | Magento/blank   | Magento Blank     | frontend  | Magento/blank    |
| 2  | Magento/luma    | Magento Luma      | frontend  | Magento/luma     |
| 3  | Magento/backend | Magento 2 backend | adminhtml | Magento/backend  |
+----+-----------------+-------------------+-----------+------------------+
```

Listing 19.15 Magerun kann Ihnen alle installierten Themes auflisten.

In dieser Tabelle sehen Sie den Pfad, den Namen, den Bereich und den Theme-Code. Dieser Befehl eignet sich sehr gut, wenn Sie einen schnellen und einfachen Überblick über die im System installierten Themes benötigen. Wie am Anfang des Abschnitts erwähnt, existieren neben den durch Magerun hinzugefügten Befehlen natürlich noch die im Standard vorhandenen Kommandos, die Sie bereits im Verlauf dieses Kapitels kennengelernt haben.

eav

In Magento existieren viele verschiedene Attribute. Produkte bestehen aus Attributen, aber auch Kunden und deren Adressen. Innerhalb des Magento-Backends können Sie die Produktattribute problemlos verwalten, in der Enterprise Edition haben Sie sogar eine grafische Oberfläche, um die Attribute der Kunden bzw. Kundenadressen zu verwalten. Innerhalb von Magerun haben Sie die Möglichkeit, die vorhandenen Attribute auszugeben. Verwenden Sie hierfür beim Start von Magerun den Parameter `eav:attribute:list`. Sie erhalten als Ergebnis eine Tabelle, in der alle im System vorhandenen Attribute aufgelistet werden. Um sich ein Attribut im Detail anzusehen, existiert zudem der Parameter `eav:attribute:view`. Ergänzen Sie diesen um den Entitätstypen sowie den Attribut-Code, wodurch der Befehl wie folgt aussehen wird: `php n98-magerun2.phar eav:attribute:view catalog_product sku`. Als Ergebnis erhalten Sie detaillierte Informationen, wie Sie in Abbildung 19.14 sehen, zum Attribut SKU, bei dem es sich um ein `catalog_product`-Attribut handelt.

Mit diesen beiden Befehlen haben Sie also die Möglichkeit, sich einen Überblick über alle im System vorhandenen Attribute zu verschaffen, zeitgleich können Sie aber auch Details zu den jeweiligen Attributen abrufen und diese einsehen.

generation

Rufen Sie Magerun mit dem Parameter `generation:flush` auf, wird Magerun generierten Code wie Proxies bzw. Factories löschen.

```
+------------------------------+------------------------------------------------------+
| Type                         | Value                                                |
+------------------------------+------------------------------------------------------+
| ID                           | 74                                                   |
| Code                         | sku                                                  |
| Attribute-Set-ID             |                                                      |
| Visible-On-Front             | no                                                   |
| Attribute-Model              |                                                      |
| Backend-Model                | Magento\Catalog\Model\Product\Attribute\Backend\Sku |
| Backend-Table                | catalog_product_entity                               |
| Backend-Type                 | static                                               |
| Source-Model                 |                                                      |
| Cache-ID-Tags                |                                                      |
| Cache-Tags                   | EAV_ATTRIBUTE                                        |
| Default-Value                |                                                      |
| Flat-Columns                 | sku                                                  |
| Flat-Indexes                 |                                                      |
| Frontend-Label               | SKU                                                  |
| Frontend-Class               | required-entry                                       |
| Frontend-Input-Type          | text                                                 |
| Frontend-Input-Renderer-Class |                                                     |
+------------------------------+------------------------------------------------------+
```

Abbildung 19.14 Neben einer Auflistung aller Attribute können Sie sich zudem zu einem ausgewählten Attribut Details anzeigen lassen.

i18n

In Sachen Übersetzungen und im Umgang mit Sprachpaketen können Sie im Abschnitt »i18n« auf die bekannten Parameter `i18n:collect-phrases`, `i18n:pack` sowie `i18n:uninstall` zurückgreifen. Weitere Möglichkeiten und Funktionen werden an dieser Stelle nicht bereitgestellt.

index

Beim Index handelt es sich im Prinzip um eine Doppelung zum Indexer, den Sie im nächsten Abschnitt vorfinden. Das ist an dieser Stelle jedoch nicht so tragisch, denn da die Befehle zum Teil redundant sind, können Sie den Befehl verwenden, der Ihnen am einprägsamsten ist.

Mit dem Parameter `index:list` können Sie eine Auflistung aller im System vorhandenen Indexe ausgeben. Als Ergebnis erhalten Sie eine Tabelle wie im folgenden Listing:

```
+---------------------------+----------------------+---------+------+
| code                      | title                | status  | time |
+---------------------------+----------------------+---------+------+
| design_config_grid        | Design Config Grid   | invalid | 0    |
| customer_grid             | Customer Grid        | invalid | 0    |
| catalog_category_product  | Category Products    | invalid | 0    |
| catalog_product_category  | Product Categories   | invalid | 0    |
| catalog_product_price     | Product Price        | invalid | 0    |
| catalog_product_attribute | Product EAV          | invalid | 0    |
| cataloginventory_stock    | Stock                | valid   | 0    |
| catalogrule_rule          | Catalog Rule Product | invalid | 0    |
```

```
| catalogrule_product       | Catalog Product Rule | invalid | 0     |
| catalogsearch_fulltext    | Catalog Search       | invalid | 0     |
+---------------------------+----------------------+---------+-------+
```

Listing 19.16 Sie erhalten eine Auflistung alle Indexe samt Status.

Wie Sie anhand des Listings erkennen können, handelt es sich nicht nur um eine Tabelle mit den Namen bzw. Codes, sondern Sie können zudem direkt den Status des jeweiligen Indexes einsehen. In meinem konkreten Beispiel ist nur der Stock-Index aktuell, alle anderen werden als invalid deklariert, d. h., ich müsste die Indexe dringend neu aufbauen.

Sollten die Indexe zeitlich terminiert, d. h. mittels CronJob, aufgebaut werden, können Sie zudem mit dem Parameter `index:trigger:recreate` den erneuten Aufbau der Indexe planen. Das funktioniert jedoch nur, wenn die Indexe nicht automatisch mit einer Speicheraktion, sondern mittels CronJob aufgebaut werden.

indexer

Mit dem Indexer bzw. den in diesem Bereich vorhandenen Befehlen können Sie den Aufbau der Indexe steuern sowie Informationen zum Status abrufen und den Modus der Indexierung abändern. Soweit bietet Ihnen Magento an dieser Stelle alle relevanten Befehle und Möglichkeiten, weswegen Magerun von einer Erweiterung an dieser Stelle abgesehen hat. Daher stehen Ihnen an dieser Stelle die Parameter `indexer:info`, `indexer:reindex`, `indexer:reset`, `indexer:set-mode`, `indexer:show-mode` sowie `indexer:status` zur Verfügung. Diese Parameter sowie den Umgang mit ihnen haben Sie bereits am Anfang des Kapitels kennengelernt. Werfen Sie gern noch mal einen Blick in die ausführliche Beschreibung der Indexer-Befehle, da Sie in der Praxis sicherlich häufiger den Index mittels der Kommandozeile aufbauen werden.

info

Im Bereich »info« gibt es durch Magerun keine Erweiterung, d. h. Sie können auf die bereits bekannten Parameter `info:adminuri`, `info:backups:list`, `info:currency:list`, `info:dependencies:show-framework`, `info:dependencies:show-modules`, `info:dependencies:show-modules-circular`, `info:language:list`, `info:timezone:list` zurückgreifen.

maintenance

Der Wartungsmodus sorgt dafür, dass Nutzer im Frontend nicht auf Ihren Online-Shop zugreifen können, sofern der Wartungsmodus aktiv ist. Im Standard können Sie den Wartungsmodus aktivieren, deaktivieren, sich den Status zurückliefern lassen sowie eine IP-Adresse auf eine Whitelist setzen. Da Sie mit diesen Möglichkeiten das ganze Spektrum abdecken, hat Magerun an dieser Stelle keine weiteren Ergänzungen vorgenommen. Wie auch im Standard stehen Ihnen daher die Parameter maintenance:allow-ips, maintenance:disable, maintenance:enable sowie maintenance:status zur Verfügung.

module

Ähnlich wie beim Wartungsmodus wurde der Bereich »module« von Magerun nicht erweitert bzw. modifiziert. Sie haben weiterhin die Möglichkeit, Module zu aktivieren, zu deaktivieren, deren Status einzusehen und Module zu entfernen. Hierfür stehen Ihnen die Parameter module:disable, module:enable, module:status sowie module:uninstall zur Verfügung. Ergänzungen, Erweiterungen oder gar Anpassungen gibt es von Magerun an dieser Stelle jedoch nicht.

sampledata

Beim Einspielen bzw. Löschen der Beispieldateien führt Magerun keine Erweiterungen bzw. Veränderungen durch. Dementsprechend haben Sie auch an dieser Stelle die Möglichkeit, die Beispieldaten zu installieren, zu entfernen und zurückzusetzen. Hierzu können Sie auf die Parameter sampledata:deploy, sampledata:remove sowie sampledata:reset zurückgreifen.

script

Mit dem Parameter script:repo:list können Sie die Skripte auflisten, die sich in Ihrem Repository befinden. Mittels script:repo:run haben Sie zudem die Möglichkeit, diese Skripte auszuführen,

search

Möchten Sie wissen, auf welche Suchtechnologie Ihr Magento-System aktuell setzt? Dann führen Sie Magerun aus, und ergänzen Sie den Aufruf um den Parameter search:engine:list. Sie erhalten daraufhin eine Auflistung der genutzten Search-Engine. Im Standard wird, wenn Sie beispielsweise diesen Befehl ausführen, MySQL als Ergebnis zurückgeliefert werden. Neben MySQL können Sie jedoch auch andere Search-Engines verwenden, unter anderem Elasticsearch. Um zu prüfen, welche Engine momentan verwendet wird, steht Ihnen der erwähnte Parameter zur Verfügung, bei dem das Ergebnis daraufhin wie folgt aussehen wird.

```
+-------+-------+
| code  | label |
+-------+-------+
| mysql | MySQL |
+-------+-------+
```

Listing 19.17 Mit Magerun können Sie sich die derzeit im Shop verwendete Suchtechnologie ausgeben lassen.

setup

Die im Bereich »setup« enthaltenen Befehle sind komplett deckungsgleich mit denen, die bereits im Standard-Magento-CLI-Tool vorhanden sind. Hierbei handelt es sich um die folgenden Parameter, die Magerun an dieser Stelle nicht ergänzt hat: `setup:backup`, `setup:config:set`, `setup:cron:run`, `setup:db-data:upgrade`, `setup:db-schema:upgrade`, `setup:db:status`, `setup:di:compile`, `setup:install`, `setup:performance:generate-fixtures`, `setup:rollback`, `setup:static-content:deploy`, `setup:store-config:set`, `setup:uninstall` sowie `setup:upgrade`.

sys

Gruppiert im Bereich »sys« sind vor allem Befehle, die Ihnen Informationen zu Ihrem Magento-System bereitstellen. So erhalten Sie beispielsweise, wenn Sie den Parameter `sys:check` verwenden, eine Art Prüfprotokoll (siehe Abbildung 19.15), in dem die aktuellen Einstellungen aufgelistet sind.

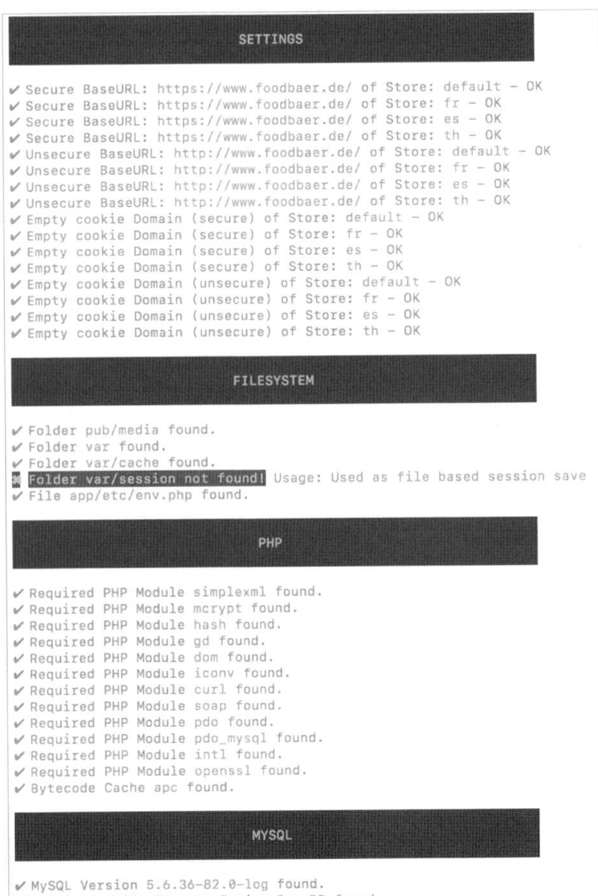

Abbildung 19.15 Mittels »sys:check« erhalten Sie ein Prüfprotokoll Ihres Magento-Shops.

Darüber hinaus bekommen Sie jedoch auch Informationen zur verwendeten PHP-Version und zu MySQL angezeigt. Ziel ist es, dass Sie möglichst auf einen Blick die relevantesten Werte und Informationen sehen, daher sind z. B. die URLs und Store Views, aber auch die benötigten und vorhandenen PHP-Module aufgeführt.

Interessieren Sie sich dafür, zu welchem Zeitpunkt der letzte CronJob in Ihrem System aufgeführt wurde, können Sie diese Information abrufen, indem Sie Magerun mit dem Parameter `sys:cron:history` starten. Zusätzlich zur Historie können Sie zudem alle vorhandenen CronJobs auflisten lassen. Verwenden Sie hierzu den Parameter `sys:cron:list`. Sie erhalten als Rückgabewert alle vorhandenen CronJobs sowie die Information, in welchem Rhythmus diese ausgeführt werden. Diese Job-Liste sehen Sie in Abbildung 19.16.

```
+-----------------------------------------------------+---------+------+---+---+---+----+
| Job                                                 | Group   | m    | h | D | M | WD |
+-----------------------------------------------------+---------+------+---+---+---+----+
| aggregate_sales_report_bestsellers_data             | default | 0    | 0 | * | * | *  |
| aggregate_sales_report_coupons_data                 | default | 0    | 0 | * | * | *  |
| aggregate_sales_report_invoiced_data                | default | 0    | 0 | * | * | *  |
| aggregate_sales_report_order_data                   | default | 0    | 0 | * | * | *  |
| aggregate_sales_report_refunded_data                | default | 0    | 0 | * | * | *  |
| aggregate_sales_report_shipment_data                | default | 0    | 0 | * | * | *  |
| aggregate_sales_report_tax_data                     | default | 0    | 0 | * | * | *  |
| backend_clean_cache                                 | default | 30   | 2 | * | * | *  |
| captcha_delete_expired_images                       | default | */10 | * | * | * | *  |
| captcha_delete_old_attempts                         | default | */30 | * | * | * | *  |
| catalog_index_refresh_price                         | default | 0    | * | * | * | *  |
| catalog_product_alert                               | default | 0    | 0 | * | * | *  |
| catalog_product_flat_indexer_store_cleanup          | default | 0    | 0 | * | * | *  |
| catalog_product_outdated_price_values_cleanup       | default | *    | * | * | * | *  |
| catalogrule_apply_all                               | default | 0    | 1 | * | * | *  |
| currency_rates_update                               | default | 0    | 0 | * | * | *  |
| datafeedmanager_generate                            | default | */30 | * | * | * | *  |
| ebizmarts_abandonedcart                             | default | */1  | * | * | * | *  |
| ebizmarts_autoresponder                             | default | */5  | * | * | * | *  |
| ess_m2epro                                          | default | *    | * | * | * | *  |
| indexer_clean_all_changelogs                        | index   | 0    | * | * | * | *  |
| indexer_reindex_all_invalid                         | index   | *    | * | * | * | *  |
| indexer_update_all_views                            | index   | *    | * | * | * | *  |
| magento_newrelicreporting_cron                      | default | */2  | * | * | * | *  |
| newsletter_send_all                                 | default | */5  | * | * | * | *  |
| outdated_authentication_failures_cleanup            | default | *    | * | * | * | *  |
| paypal_fetch_settlement_reports                     | default | -    | - | - | - | -  |
| persistent_clear_expired                            | default | 0    | 0 | * | * | *  |
| sales_clean_orders                                  | default | 0    | * | * | * | *  |
| sales_clean_quotes                                  | default | 0    | 0 | * | * | *  |
| sales_grid_order_async_insert                       | default | */1  | * | * | * | *  |
| sales_grid_order_creditmemo_async_insert            | default | */1  | * | * | * | *  |
| sales_grid_order_invoice_async_insert               | default | */1  | * | * | * | *  |
| sales_grid_order_shipment_async_insert              | default | */1  | * | * | * | *  |
| sales_send_order_creditmemo_emails                  | default | */1  | * | * | * | *  |
| sales_send_order_emails                             | default | */1  | * | * | * | *  |
| sales_send_order_invoice_emails                     | default | */1  | * | * | * | *  |
| sales_send_order_shipment_emails                    | default | */1  | * | * | * | *  |
| security_clean_admin_expired_sessions               | default | 0    | 0 | * | * | *  |
| security_clean_password_reset_request_event_records | default | 0    | 0 | * | * | *  |
| sitemap_generate                                    | default | 55   | 8 | * | * | *  |
| system_backup                                       | default | -    | - | - | - | -  |
| visitor_clean                                       | default | 0    | 0 | * | * | *  |
+-----------------------------------------------------+---------+------+---+---+---+----+
```

Abbildung 19.16 Magerun kann Ihnen alle im System vorhandenen CronJobs anzeigen.

Diese Auflistung ist äußerst praktisch, da Sie so auf einen Blick sehen, welche CronJobs im System vorhanden sind und zu welchen Zeitpunkten diese ausgeführt werden. An diese Informationen kommen Sie beispielsweise über das Magento-Backend gar nicht heran. Dementsprechend liefert Magerun an dieser Stelle einen echten Mehrwert und wird Ihnen, wenn Sie eine Auflistung der CronJobs brauchen, diese Aufgabe recht schnell erledigen und Ihnen dadurch Zeit sparen.

Möchten Sie direkt einen CronJob ausführen, können Sie dies mit `sys:cron:run` tun. Wenn Sie diesen Befehl ausführen, erhalten Sie eine Liste aller CronJobs, und Sie können auf dieser Basis auswählen, welchen CronJob Sie ausführen möchten. Neben der direkten Ausführung können Sie zudem die Ausführung eines CronJobs planen, dafür steht Ihnen der Parameter `sys:cron:schedule` zur Verfügung.

Für eine schnelle Übersicht über Ihr System können Sie den Parameter `sys:info` verwenden. Als Ergebnis erhalten Sie eine tabellarische Darstellung wie im folgenden Listing:

```
+-----------------+-----------------------------------------+
| name            | value                                   |
+-----------------+-----------------------------------------+
| Name            | Magento                                 |
| Version         | 2.1.3                                   |
| Edition         | Community                               |
| Application Mode | default                                |
| Session         | files                                   |
| Crypt Key       | cfef581cb22e39479b98541295dc6603        |
| Install Date    | Fri, 12 Aug 2016 16:53:47 +0000         |
| Cache Backend   | Cm_Cache_Backend_File                   |
| Vendors         | Magento, Ebizmarts, Ess, FireGento, Wyomind |
| Attribute Count | 147                                     |
| Customer Count  | 2                                       |
| Category Count  | 11                                      |
| Product Count   | 52                                      |
+-----------------+-----------------------------------------+
```

Listing 19.18 Mit »sys:info« erhalten Sie einen schnellen Überblick über Ihr Magento-System.

Sie sehen zum einen die installierte Version von Magento, zum anderen erhalten Sie die Information, ob Sie die Community oder Enterprise Edition verwenden. Neben weiteren Hard-Facts erhalten Sie zudem eine Auflistung der Anzahl der Attribute, Kunden, Kategorien und Produkte. Sie sehen also auf einen Blick, wie alt bzw. aktuell das System ist und mit welcher Datenmenge, zumindest in Bezug auf Kunden, Produkte, Kategorien und Attribute, gearbeitet wird.

Wenn Sie den Wartungsmodus aktivieren bzw. deaktivieren möchten, können Sie dies an dieser Stelle mit dem Parameter `sys:maintenance` tun, wobei Ihnen Magento für die Aktivierung bzw. Deaktivierung des Wartungsmodus bereits Befehle zur Verfügung stellt. Mit dem Parameter `sys:setup:change-version` können Sie die Version, in der ein Modul ausgeführt bzw. verwendet wird, ändern und beispielsweise auf eine ältere Version springen. Ergänzt wird dieser Befehl durch die Parameter `sys:setup:compare-versions` bzw. `sys:setup:downgrade-versions`, mit denen Sie einen Vergleich zwischen zwei Versionen erstellen und final downgraden können.

Da jeder Store View eine eigene URL haben kann, kann es theoretisch recht viele URLs in Ihrem System geben, speziell wenn Sie pro Sprachversion bzw. Land eine eigene Länderdomain verwenden. Um den Überblick zu behalten, können Sie mit `sys:store:config:base-url:list` eine Liste aller im System vorhandenen URLs ausgeben lassen. Sie erhalten als Ergebnis pro Store View die sichere bzw. unsichere Base-URL, wodurch das Ergebnis wie folgt aussehen kann:

```
+----+---------+------------------------+------------------------+
| id | code    | unsecure_baseurl       | secure_baseurl         |
+----+---------+------------------------+------------------------+
| 1  | default | http://www.foodbaer.de/ | https://www.foodbaer.de/ |
| 2  | es      | http://www.foodbaer.de/ | https://www.foodbaer.de/ |
| 3  | fr      | http://www.foodbaer.de/ | https://www.foodbaer.de/ |
| 4  | th      | http://www.foodbaer.de/ | https://www.foodbaer.de/ |
+----+---------+------------------------+------------------------+
```

Listing 19.19 Magerun zeigt Ihnen pro Store View die sichere bzw. unsichere Base-URL an.

Neben den beiden URLs sehen Sie zudem direkt die ID bzw. den Code des jeweiligen Store Views.

Magerun kann jedoch nicht nur die URLs auflisten. Nutzen Sie `sys:store:list`, erhalten Sie eine komplette Auflistung der im System vorhandenen Store Views. Auch wenn der Befehl ein anderes Verhalten impliziert, werden an dieser Stelle tatsächlich die Store Views und nicht die Stores zurückgeliefert. Neben dem Code des jeweiligen Store Views sehen Sie zudem direkt die ID. Mit `sys:url:list` erhalten Sie, unabhängig von den Store Views bzw. Websites, eine Auflistung der im System verwendeten URLs und mit `sys:website:list` eine Auflistung der angelegten Websites.

Magerun hat, das sehen Sie an dieser Stelle sicherlich genau wie ich, speziell auf den Bereich »sys« sehr viel Wert gelegt. Ich persönlich finde diesen Bereich und die dort enthaltenen Befehle und Kommandos äußerst nützlich. Auch in dem Fall, wenn Sie ein neues Magento-System übernehmen, was speziell bei Agenturen und Entwicklern der Fall ist, können Sie sich mit den enthaltenen Befehlen schnell einen soliden Überblick über die installierten Module, die verwendete Magento-Version und über die angelegten Websites bzw. Store Views verschaffen.

theme

Im Bereich »theme« nimmt Magerun keine Ergänzungen vor, Sie können jedoch auf den bereits bekannten Parameter `uninstall` zurückreifen, um ein Theme zu deinstallieren.

19.2.3 Magerun vs. Magento CLI

Was ist denn nun besser, Magerun oder das Magento Command Line Interface Tool? Für mich persönlich ist das ehrlich gesagt keine Entweder-oder-Frage. Magento CLI bietet eine sehr vernünftige und umfassende Basis, um gewisse Operationen in der Kommandozeile auszuführen sowie bestimmte Informationen per Kommandozeile abzurufen. Magerun setzt hier noch einmal eine Schippe oben drauf. Zum einen werden alle im Magento CLI-Tool enthaltenen Befehle unterstützt, wodurch Magerun immer und zu jedem Zeitpunkt genauso umfangreich wie das Magento CLI-Tool ist. Zum anderen erweitert Magerun den bereits vorhandenen Funktionsumfang nochmals drastisch und bietet viele interessante Möglichkeiten und Befehle an. Grundsätzlich können Sie Magerun zudem nochmals erweitern und eigene Befehle implementieren. Speziell für Magerun 1, das ausschließlich mit Magento 1 funktioniert, gibt es in der Community nochmals eine Vielzahl von Erweiterungen, wodurch das Tool noch mächtiger wird. Für Magento 2 bzw. Magerun 2 gibt es ebenfalls schon Erweiterungen, und es ist nur noch eine Frage der Zeit, bis auch für Magerun 2 enorm viele Erweiterungen zur Verfügung stehen.

Dementsprechend kann man eigentlich, außer man hat nur recht bescheidene Ansprüche, immer auf Magerun setzen. Da Magerun alle Befehle des Magento CLI-Tools unterstützt und noch mehr Funktionen bietet, fahren Sie mit der Nutzung von Magerun auch am besten. Das heißt aber nicht, dass das Magento CLI-Tool schlecht wäre. Ganz im Gegenteil, aufgrund der sehr guten Basis nutzt Magerun ja genau diese Befehle und Möglichkeiten.

Übrigens: Für Magerun fallen keinerlei Kosten an, und es handelt sich um ein waschechtes Community-Projekt. Daher müssen Sie sich bezüglich Lizenzierung und Lizenzkosten keine Gedanken machen. Sie können Magerun völlig kostenfrei nutzen, wobei das Projekt von der Zusammenarbeit und Bereitschaft der Mitarbeit lebt. Gegebenenfalls können Sie daher als »Entlohnung« am Magerun-Projekt teilnehmen und die ehrenamtlichen Entwickler dadurch unterstützen.

19.3 Fazit und Ausblick

Nachdem Sie im Laufe des Buches sehr viele Berührungspunkte mit dem Magento-Backend hatten, habe ich Ihnen in diesem Kapitel die Möglichkeiten der Kommandozeile gezeigt. Wie Sie sehen, können Sie recht viele Aufgaben über die Kommandozeile lösen, und neben dem Magento Command Line Interface Tool existiert mit Magerun eine sehr umfangreiche Erweiterung, mit der Sie noch mehr Aufgaben per Kommandozeile lösen können. Die Kommandozeile ist daher in einigen Fällen definitiv eine (bessere) Alternative zum Magento-Backend.

Im nächsten Kapitel möchte ich Ihnen ein weiteres, noch gar nicht so bekanntes und populäres Feature von Magento zeigen. Das liegt nicht am Feature an sich, sondern an der Aktualität der Funktion, da diese erst seit kurzer Zeit zur Verfügung steht. Lassen sich daher überraschen und lernen Sie im nächsten Kapitel die Content-Staging-Funktionalität von Magento kennen!

Kapitel 20

Magento an ERP-, PIM- oder CRM-Systeme anbinden

Magento als E-Commerce-Lösung hat seine Stärke ganz klar in der Darstellung von Produkten und der Abwicklung von Käufen. Es kann daher, wobei dies ganz vom Projekt abhängt, sinnvoll sein, spezialisierte Software-Lösungen anzudocken, die sich beispielsweise um das Kunden- oder Produktmanagement kümmern.

Nachdem Sie im vorherigen Kapitel in die Tiefen der Kommandozeile abgetaucht sind, wobei ich hoffe, dass Sie alle Beispiele und Aktionen entsprechend nachvollziehen konnten, wird es in diesem Kapitel etwas theoretischer. Ich bin zwar ein großer Fan von praxisnahen Beispielen, wenn es jedoch um die Anbindung von externen Systemen wie einem ERP- oder PIM-System geht, wird es etwas tricky.

Je nachdem welches externe System Sie anbinden möchten und je nachdem wie stark Ihr Magento-Shop modifiziert ist, erfolgt die Anbindung der externen Systeme auf eine jeweils andere Art und Weise. In der Praxis handelt es sich immer um Individualprojekte, sobald Magento mit externen Systemen verknüpft werden soll, denn die Komplexität ist viel zu groß, als dass diese mit einer simplen Extension aufgefangen werden könnte.

Dennoch gibt es mittlerweile einen recht smarten Ansatz, den ich Ihnen in diesem Kapitel vorstellen möchte. Es ist, das möchte ich an dieser Stelle jedoch betonen, nur ein Ansatz. Die so oft zitierte Best Practice hängt, das werde ich aber auch noch in diesem Kapitel kurz erläutern, ganz individuell von Ihrem Projekt ab.

Vermutlich stellen Sie sich jetzt die Frage, warum Sie überhaupt externe Systeme anbinden sollen, denn Magento beherrscht doch eigentlich alle notwendigen Funktionen und enthält eine Unmenge von Features. Das ist so weit richtig, dennoch kann es unter Umständen die bessere Lösung sein, externe Systeme zu verwenden.

20.1 Weshalb externe Systeme an Magento angebunden werden sollten

Der Titel dieses Abschnitts ist recht provokativ, da er impliziert, dass die Anbindung von externen Systemen an Magento in der Regel immer sinnvoll ist. Tatsächlich kommt es speziell bei den größeren Magento-Projekten, gemeint sind solche mit einem initialen Budget von mehr als 150.000 €, immer vor, dass externe Lösungen wie ein ERP- oder CRM-System an Magento angebunden werden. In diesen Konstellationen ist Magento ausschließlich für die Bestellannahme verantwortlich, das Kunden- und Produktmanagement wird jedoch in anderen Applikationen durchgeführt. Das hat verschiedenste Gründe, die ich Ihnen gern am Beispiel der möglichen externen Systeme verdeutlichen möchte.

20.1.1 ERP-System

Traditionell werden in einem ERP-System Produkte gespeichert sowie Bestellungen verarbeitet. Auch wenn es in der Regel keine Kernaufgabe eines ERP-Systems ist, wird das Minimum an Kundenpflege dort ebenfalls durchgeführt. ERP-Systeme haben den großen Vorteil, dass sie über Automatismen und eine umfangreichere Produktverwaltung verfügen. Bei Produkten können Sie so z. B. kundenindividuelle Preise speichern, mit mehreren Preislisten arbeiten und haben zudem die Möglichkeit, gezielter per Massenbearbeitung Preise und Produktinformationen zu setzen und Produkte zu rabattieren. In Sachen Bestellmanagement verfügen ERP-Systeme zudem über Automatismen, wodurch Sie nicht mehr manuell Rechnungen oder Lieferscheine erstellen müssen. Auch Data-Quality-Checks sind in den meisten ERP-Systemen verankert, die durch Freigabeprozesse ergänzt werden. Direkte Bestellungen zwischen ERP-Systemen sind ebenfalls möglich, wodurch gewisse Kunden direkt über das eigene ERP-System Bestellungen bei Ihnen auslösen können.

Wenn Sie über eine große Menge an Produkten und Bestellungen verfügen, sollten auch Sie sich überlegen, ob Sie das Management nicht an eine externe Lösung abtreten und Magento die Daten aus dem ERP-System bezieht. In der Praxis würden Sie die Produkte und Bestellungen im ERP-System verwalten und über eine Schnittstelle Magento bereitstellen. Magento könnte daher alle notwendigen Informationen anzeigen, träte jedoch die Datenhoheit ab.

Zu den populären ERP-Systemen, von denen es in Summe bestimmt Tausende gibt, sodass die folgende Aufzählung keinen Anspruch auf Vollständigkeit hat, zählen in Deutschland unter anderem SAP, Sage und Lexware, wobei auch die reinen Cloud-Lösungen wie *Plentymarkets* oder *Actindo* immer beliebter werden.

20.1.2 CRM-System

Durch die Nutzung eines CRM-Systems können Ihnen große Vorteile beim Umgang mit Ihren Kunden entstehen. Ein CRM-System konzentriert sich immer auf die Kundenbeziehung und bietet Ihnen z. B. die Möglichkeit, gewisse Kundensegmente zu identifizieren, aber auch individuelle Informationen zu einem Kunden abzulegen. Ein CRM-System wüsste beispielsweise, welcher Kunde welche Produkte erworben hat, und könnte Ihnen auf dieser Basis Informationen liefern, anhand derer Sie dem Kunden bessere Empfehlungen geben könnten, ganz gleich ob per E-Mail oder im Online-Shop. Es ist immer von Vorteil, von jedem Kunden eine Kundenakte zu haben, die möglichst viel über den einzelnen Kunden verrät. Dadurch können Sie wesentlich individueller auf jeden Kunden eingehen, und Sie laufen beispielsweise bei Newsletter- oder Marketing-Aktionen nicht Gefahr, Kunden irrelevante Informationen bereitzustellen.

Leider bietet Magento in Sachen Kundenbeziehungsmanagement im Standard nicht allzu viel. Sie können natürlich die hinterlegten Stammdaten und Bestellungen einsehen, die Einteilung von Kunden in Segmenten ist jedoch erst in der Enterprise Edition bzw. der B2B-Edition möglich. Auch ist das Reporting, rein in Bezug auf Kunden, gelinde gesagt ausbaufähig. Meiner Meinung nach wird der Trend in den nächsten Jahren speziell auch bei kleineren Händlern ganz klar in Richtung CRM gehen. Auch wenn die kleineren Online-Shops momentan noch nicht auf ein CRM-System setzen, so wird dies in Zukunft notwendig, um individuell auf die eigenen Kunden eingehen zu können und somit einen Vorteil gegenüber Marktbegleitern zu erzielen.

Sollten Sie bislang noch keine Berührung mit CRM-Systemen gehabt haben, schauen Sie sich doch einmal Salesforce, SugarCRM oder Dynamics 365 an. Speziell Salesforce ist der Inbegriff einer CRM-Lösung und ein weltweit stark verbreitetes und wirklich umfangreiches CRM-System.

20.1.3 PIM-System

ERP-Systeme werden häufig eingesetzt, CRM-Systeme sind vielen Shop-Betreibern auch noch ein Begriff, aber ein PIM-System wird aktuell, zumindest ist dies mein Eindruck, recht selten in Verbindung mit Magento eingesetzt. Das Product-Information-Management-System hilft Ihnen dabei, Produktdaten zu pflegen und zu verwalten. Im Gegensatz zum ERP-System, das gerade darauf den Schwerpunkte legt, interessiert sich ein PIM-System jedoch nicht für Preise oder Verkaufszahlen. Das PIM-System ist ausschließlich dafür verantwortlich, Produkttexte, Bilder und Attribute zu speichern. Das könnten Sie zwar auch in Magento, wenn Sie jedoch mehrsprachige Texte und Informationen haben und diese in verschiedenen Channels ausleiten möchten, wird es bei Magento etwas tricky. Ein PIM-System ermöglicht Ihnen hingegen, beispielsweise für eBay, Amazon und Ihren Online-Shop je Produkt unterschiedliche Daten zu pflegen und diese auch zu übersetzen. Zum Teil kann die Übersetzung automatisiert erfolgen, zumindest in gewissen Teilen, alternativ hierzu unterstützen PIM-Systeme jedoch auch die Übersetzung durch Externe inklusive Freigabeprozesse. Weitere Stärken sind die Ausleitung der Produktdaten in verschiedenste Formate und der Import von Produktdaten in unzähligen Formaten. So gesehen ist ein PIM-System ein riesiger Produktdatentopf, der aus verschiedensten Quellen gespeist werden kann und die Daten wiederum anderen Anwendungen zur Verfügung stellt. Die Stärke liegt in der Verwaltung von Tausenden bzw. Hunderttausenden Produktdaten in den unterschiedlichsten Sprachen, die für die verschiedensten Channels bereitgestellt werden sollen.

Zugegebenermaßen sind PIM-Systeme dann relevant, wenn Sie ein relativ großes Business haben. Für kleinere Online-Shops ergeben PIM-Systeme anfangs noch wenig Sinn, da diese einen gewissen Overhead erzeugen und erst einmal eingeführt werden müssen. Daher sollte die Einführung und Nutzung eines PIM-Systems nicht die oberste Priorität haben, wobei die Nutzung bei einer großen Menge an Produktdaten, wie bereits erwähnt, recht sinnvoll sein kann.

Eine gute Übersicht über am Markt vorhandene PIM-Systeme finden Sie unter *https://www.pim-verzeichnis.de*. Ich persönlich finde die Lösung *akeneo* recht spannend, da sie auch personell mit der Magento-Welt verknüpft ist. Zudem handelt es sich um eine Open-Source-Lösung, die Sie selbst hosten können.

20.2 Schnittstellen sind (leider) Individualprojekte

Sollten Sie sich für die zusätzliche Nutzung von externen Systemen entschieden haben, müssen Sie diese an Magento anbinden. Leider handelt es sich bei Schnittstellen bzw. der Anbindung von zwei oder mehreren Systemen immer um individuelle Entwicklungen und somit um an sich eigenständige und recht komplexe Projekte. Je nach eingesetzter Lösung muss der Datenaustausch über ein anderes Format erfolgen, und da Sie Ihren Magento-Shop ebenfalls stark individualisieren können, angefangen von den Produktattributen bis hin zu individuellen Funktionen, gibt es praktisch keine Out-of-the-box-Lösungen. Sollte Ihnen daher jemand eine fertige Schnittstelle anbieten, so wird diese immer nur unter der Voraussetzung funktionieren, dass Sie ein nicht angepasstes Magento-System mit einem nicht angepassten ERP-, CRM- oder PIM-System verbinden. Doch in der Praxis werden eben alle Systeme, die verwendet werden, individualisiert, wodurch auch die Schnittstelle individualisiert bzw. individuell entwickelt werden muss.

Bei Schnittstellen handelt es sich zudem um recht komplexe Bestandteile eines Projekts. Sie können an dieser Stelle, auch wenn es sich hierbei nur um eine grobe Hausnummer handelt, davon ausgehen, dass die Schnittstelle einen signifikanten Teil der

Entwicklungsleistungen ausmacht. Oder anders gesprochen, in vier bis fünf Tagen werden Sie kein externes System anbinden können. Die Laufzeit, angefangen bei der Planung bis hin zur Implementierung und dem Testing, ist wesentlich länger, was sich wiederum in den Entwicklungskosten niederschlägt.

Wie immer im Leben gibt es jedoch auch bei diesem Thema eine Ausnahme oder zumindest ein großes Aber, denn es existiert am Markt eine Lösung, die doch recht interessant ist und Ihnen dabei hilft, Ihr Magento-System mit anderen Anwendungen zu verbinden, ohne dass Sie eine Zeile Code schreiben müssen. Auch für meine Ohren klang dies im ersten Moment zu gut, und es ist auch nicht immer alles Gold, was glänzt, werfen Sie daher gemeinsam mit mir einen Blick auf die Lösung von Synesty.

20.3 Anbindung von externen Lösungen an Magento auf Basis von Synesty

Der Anbieter Synesty hat eine Art Datendrehscheibe entwickelt, mit deren Hilfe Sie mehrere Systeme miteinander verbinden und Daten zwischen den Systemen austauschen können. Die Datendrehscheibe selbst verfügt über verschiedene Konnektoren, die Daten z. B. von Magento 2 aufnehmen, aber auch anderen Systemen bereitstellen kann. Mithilfe dieses Mechanismus können Sie beispielsweise Bestellungen aus Ihrem Magento-System exportieren, bei Synesty speichern und aus dem Datenspeicher bei Synesty einem ERP-System, beispielsweise Plentymarkets, bereitstellen. Der umgekehrte Weg ist auch denkbar, sprich, Sie verwalten in Plentymarkets Produkte und stellen diese mittels Synesty Ihrem Magento-System bereit. Zugegebenermaßen handelt es sich hierbei um eine recht einfache Form der Anbindung. Wenn Sie eine individuelle Schnittstelle entwickeln würden, würden Sie natürlich nicht die Daten nochmals in einem separaten Bereich zwischenparken und transferieren. Viel eher würden Sie eine direkte Anbindung zwischen den Systemen entwickeln, da dadurch die Reaktionszeiten wesentlich geringer sind und die Daten in den jeweiligen Systemen zeitnah bereitstehen. Der große Vorteil von Synesty liegt aber darin, dass Sie eben nicht mit zusätzlichen Entwicklungsaufwänden rechnen müssen, weswegen diese Lösung für gewisse Szenarien sicherlich vollkommen in Ordnung ist. Auf den folgenden Seiten möchte ich Ihnen anhand eines kleinen Beispiels zeigen, wie Sie Synesty nutzen können.

20.3.1 Synesty-Account anlegen

Im ersten Schritt benötigen Sie einen Account bei Synesty, den Sie vorerst kostenlos anlegen können. Auch wenn für die Nutzung von Synesty Gebühren anfallen, können Sie die Lösung im ersten Moment vollkommen kostenfrei testen. Sie kaufen also nicht die Katze im Sack, sondern können sich selbst ein Bild von der Lösung machen. Das ist definitiv ein Punkt, der für diese Lösung spricht!

Um einen Account anzulegen, öffnen Sie bitte die URL *https://synesty.com*, und klicken Sie auf den Button KOSTENLOS & UNVERBINDLICH TESTEN, der sich in der Hauptnavigation befindet. Daraufhin werden Sie zur Registrierungsmaske, die Sie in Abbildung 20.1 sehen, weitergeleitet. Füllen Sie dort alle notwendigen Felder aus, und hinterlegen Sie einen Benutzernamen, ein Passwort und eine E-Mail-Adresse. Anschließend können Sie mit der Testphase starten.

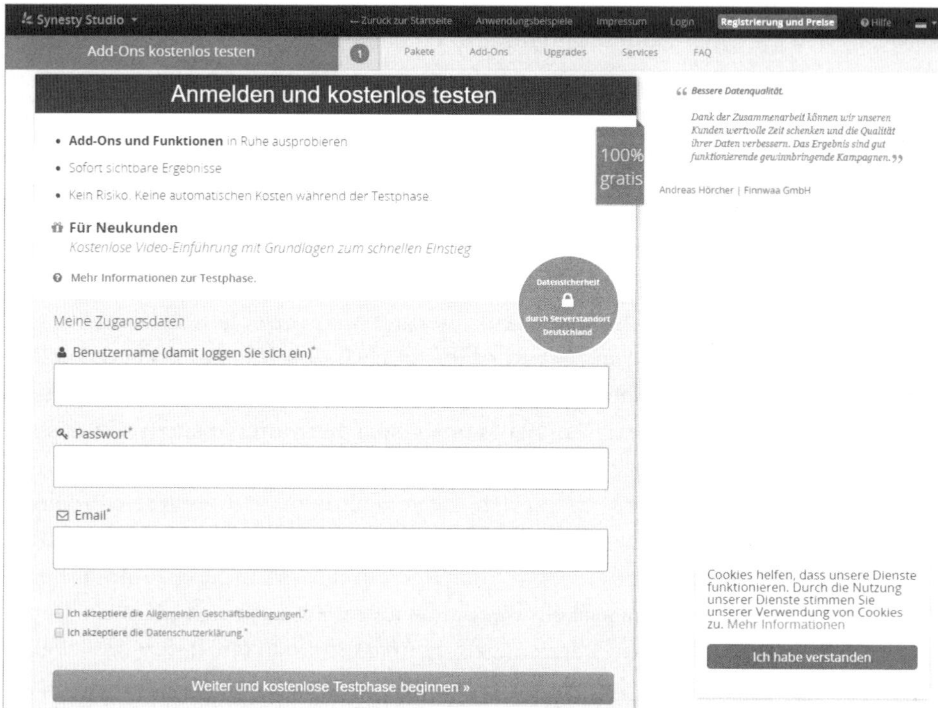

Abbildung 20.1 Die Registrierung ist im ersten Moment vollkommen kostenfrei.

Sie gelangen direkt nach der Registrierung in das Dashboard und können daraufhin mit der Anbindung von Magento starten.

20.3.2 Magento 2 an Synesty anbinden

Nachdem Sie sich einen Account angelegt haben, können Sie im nächsten Schritt mit der Anbindung von Magento starten. Klicken Sie hierzu im Dashboard, in dem Sie sich nun befinden sollten, auf den Button FLOW ERSTELLEN. Daraufhin werden Sie gefragt, ob Sie einen Flow von Grund auf erstellen oder lieber zu einer Vorlage greifen möchten. Wählen Sie in der jetzigen Situation der Einfachheit halber die Option VORLAGE VERWENDEN aus. Daraufhin erhalten Sie eine Auflistung von Anwendungen und Services samt den möglichen Aktionen. Am oberen Ende existiert ein Suchfeld mit der Bezeichnung VORLAGE SUCHEN. Nutzen Sie bitte dieses Suchfeld, und geben Sie MAGENTO 2 ein. Daraufhin erhalten Sie eine Auflistung aller möglichen Anbindungen und Datenoptionen, die für Magento 2 zur Verfügung stehen. Sie sehen diese, falls Sie sich keinen Account angelegt haben, auch in Abbildung 20.2. Zugegebenermaßen stehen aktuell noch nicht allzu viele Optionen für Magento 2 zur Verfügung, aber was nicht ist, kann schließlich noch werden.

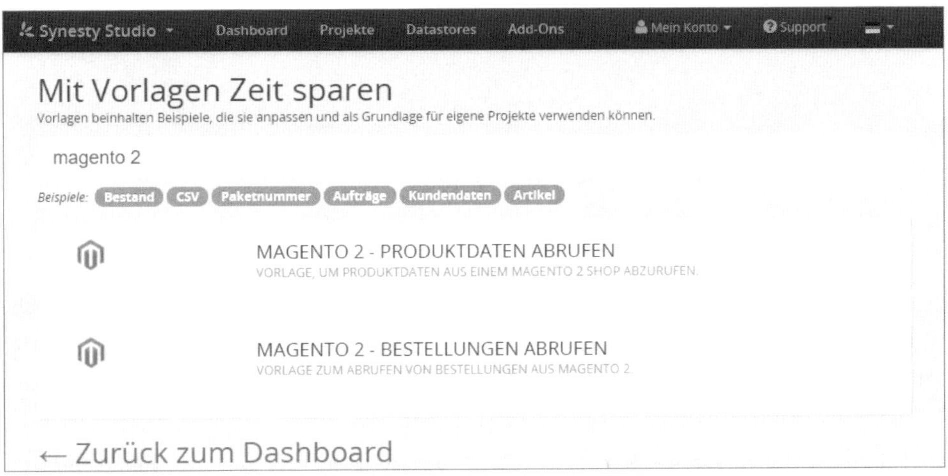

Abbildung 20.2 Je nach ausgewählter Software bzw. Service stehen verschiedenste Optionen zur Verfügung.

Klicken Sie im nächsten Schritt auf den Eintrag MAGENTO 2 - BESTELLUNGEN ABRUFEN. Sie gelangen daraufhin zu einer Detailansicht, die Ihnen nochmals erklärt, was die Nutzung dieser Vorlage im Detail bewirkt:

> *Diese Vorlage zeigt, wie man Aufträge aus Magento 2 abrufen kann. Die Aufträge werden in einen Datastore für die Weiterverarbeitung zwischengespeichert. Diese lassen sich anschließend an Warenwirtschaft oder Lieferanten (Dropshipping) exportieren.*

Möchten Sie also die in Magento generierten Bestellungen einer externen Anwendung bereitstellen, beispielsweise einem ERP-System, so ist diese Vorlage genau die richtige Wahl. Um die Vorlage zu nutzen, klicken Sie bitte auf den Button VORLAGE JETZT INSTALLIEREN und daraufhin auf WEITER ZUM INSTALLIERTEN FLOW.

Synesty legt auf Basis der gewählten Vorlage einen sogenannten *Flow* an. Der Flow definiert, aus welchem System Daten genutzt bzw. zur Verfügung gestellt werden und was mit diesen Daten passiert. Beispielhaft gesprochen, müssen Sie dem Flow nun mitteilen, dass aus Magento 2 Bestellungen abgeholt und in den Datenspeicher geschrieben werden sollen. Ein weiterer Flow könnte die Daten aus dem Datenspeicher lesen und anschließend in ein ERP-System übertragen.

Im ersten Schritt können Sie, wie Sie in Abbildung 20.3 sehen, die Beschreibung des Flows spezifizieren.

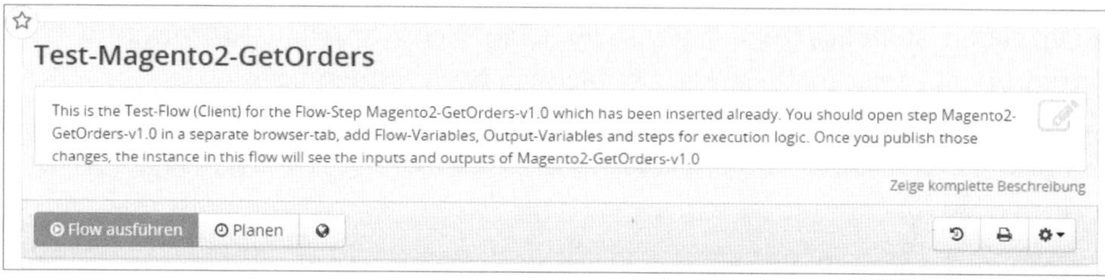

Abbildung 20.3 Jeder Flow besitzt neben einem Namen eine Beschreibung, die Sie editieren können.

Speziell wenn Sie viele Flows nutzen, soll Ihnen das dabei helfen, den Überblick zu behalten. So wissen Sie sofort, für welche Aktion der Flow verantwortlich ist. Sie können, indem Sie auf den Beschreibungstext klicken, den Titel und die Beschreibung anpassen, für meinen Geschmack sind der Text und die Bezeichnung zu Testzwecken jedoch vollkommen ausreichend.

Direkt unter dem Beschreibungstext, Sie sehen den Button ebenfalls in Abbildung 20.3, können Sie die zeitliche Ausführung des Flows planen. Klicken Sie hierzu auf den Button PLANEN, der direkt ein neues Fenster öffnet. In diesem neuen Fenster können Sie anschließend den Rhythmus definieren; im Standard wird der Flow alle 60 Minuten ausgeführt, d. h., jede Stunde werden die in Magento vorhandenen Bestellungen abgeholt und in den Datenspeicher geschrieben. Auch können Sie an dieser Stelle den Status des Flows auf aktiviert bzw. deaktiviert setzen. Alle anderen Funktionen, die Sie in diesem Bereich sehen, können Sie vorerst ignorieren bzw. auf eigene Faust zu einem späteren Zeitpunkt erkunden.

Scrollen Sie nun weiter nach unten, bis Sie zum nächsten Abschnitt mit der Überschrift VARIABLEN gelangen. Der erste Eintrag, nur mit V1 gekennzeichnet, definiert den Zugang zu Ihrem Magento-System. Daher wird an dieser Stelle auch der Link MAGENTO_2 ACCOUNTS VERWALTEN abgebildet, auf den Sie an dieser Stelle bitte klicken. Daraufhin öffnet sich in einem neuen Tab ein leeres Fenster, in dem nur der Button NEUEN ACCOUNT ANLEGEN vorhanden ist. Sobald Sie auf diesen Button klicken, möchte Synesty die Daten eines API-Benutzers Ihres Magento-Systems haben, wie Sie auch in Abbildung 20.4 sehen.

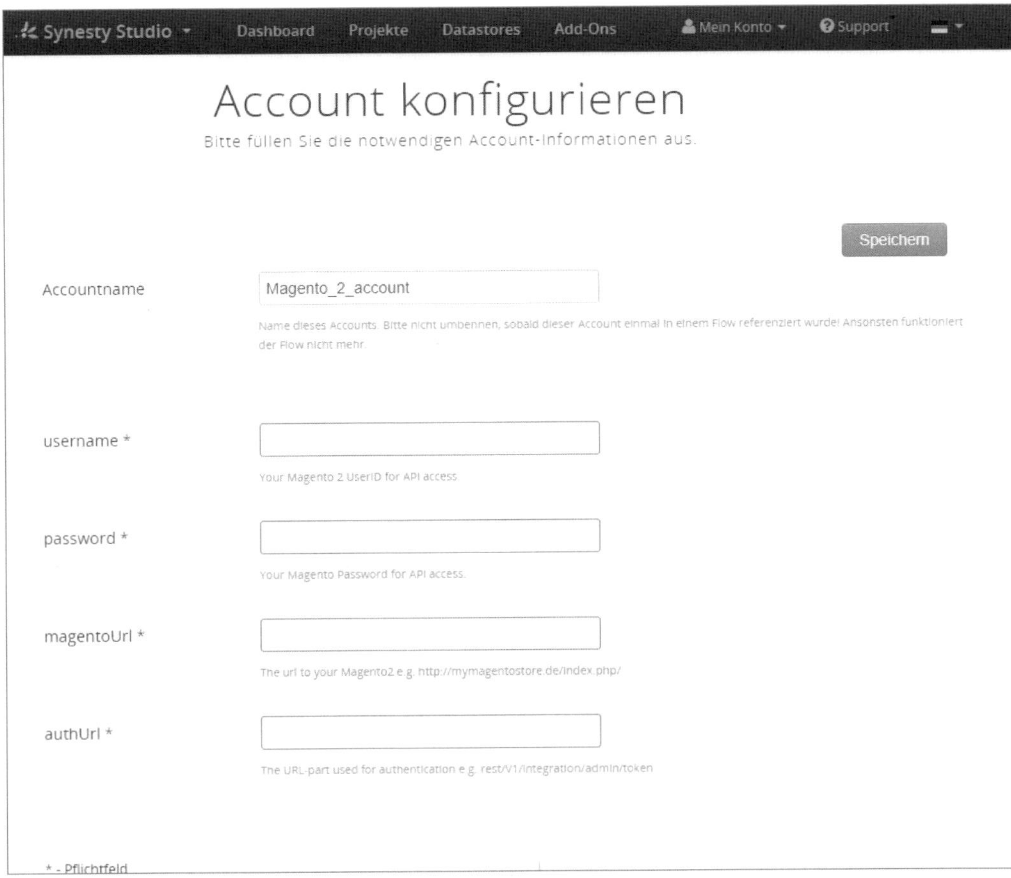

Abbildung 20.4 Damit Synesty eine Verbindung zu Magento aufbauen kann, müssen Sie die Zugangsdaten eines API-Nutzers aus Ihrem Magento-System hinterlegen.

Springen Sie nun in einem weiteren Tab in Ihr Magento-Backend, vorausgesetzt, Sie haben ein System, das aus dem Internet erreichbar ist. Sollten Sie aktuell über ein lokales Entwicklungssystem verfügen, können Sie die nächsten Schritte leider nicht nachvollziehen, ich bemühe mich daher, Ihnen diese so transparent wie möglich an dieser Stelle zu beschreiben. Im Magento-Backend angekommen, klicken Sie bitte auf SYSTEM • BERECHTIGUNGEN • ALLE BENUTZER. Sie müssen jetzt einen neuen Benutzer anlegen, weshalb Sie auf den Button NEUEN BENUTZER HINZUFÜGEN klicken. Hinterlegen Sie daraufhin einen Benutzernamen, einen Vornamen, einen Nachnamen, eine E-Mail-Adresse und ein Passwort. Bei der Sprache können Sie ruhig den vorausgewählten Wert, d. h. ENGLISH (UNITED STATES) / ENGLISCH (VEREINIGTE STAATEN), belassen. Achten Sie an dieser Stelle auch darauf, den Status auf AKTIV zu setzen sowie das Passwort Ihres Benutzers zu hinterlegen. Bei der Anlage eines neuen Benutzers müssen Sie nämlich immer das Passwort des Nutzers, mit dem Sie gerade angemeldet sind, eingeben. Im Tab BENUTZERROLLEN wählen Sie ADMINISTRATOR aus, und klicken Sie anschließend auf BENUTZER SPEICHERN.

Einschränkung von Berechtigungen in der Praxis sinnvoll

Normalerweise sollten Sie nur die Berechtigungen gewähren, die das gegenüberliegende System benötigt, d. h., es sollte nur der Datenzugriff auf tatsächlich relevante Daten eingeräumt werden. Falls Sie eine Abfrage aller Informationen und Daten zulassen, kann dies ein potenzielles Sicherheitsrisiko darstellen, das Sie nicht eingehen sollten. Schauen Sie sich daher im Vorfeld genau an, auf welche Daten die externe Anwendung zugreifen möchte, und berücksichtigen Sie dies bei dem Setup der Berechtigungen.

Mit dieser Aktion haben Sie erfolgreich einen Nutzer angelegt, den Synesty für die Verbindung zu Ihrem Magento-Shop verwenden kann. Springen Sie nun wieder zurück in den Tab, in dem Sie Synesty geöffnet haben. Gemeint ist die Ansicht, die Sie in Abbildung 20.4 sehen.

Hinterlegen Sie bitte den Benutzernamen und das Passwort des Magento-Nutzers, den Sie gerade eben angelegt haben. Bei der Magento-URL geben Sie die URL Ihres Magento-Systems an, in meinem Fall ist das der Wert *http://www.foodbaer.de/*. Abschließend müssen Sie zudem die AUTHURL hinterlegen, die in meinem Fall *rest/V1/integration/admin/token* lautet. Machen Sie an dieser Stelle nicht den Fehler, den ich begangen habe, worauf ich anschließend lange Zeit nach einer Lösung suchen musste: Hinterlegen Sie an dieser Stelle nicht die vollständige URL inklusive *http*. Sie müssen nur den Pfad beginnend mit dem Wort *rest* hinterlegen, nicht aber die gesamte URL. Haben Sie alle Eingabefelder ausgefüllt, speichern Sie die Verbindung, indem Sie auf den Button SPEICHERN klicken.

Nachträgliches Editieren von Verbindungsdaten

Wenn Sie nachträglich Verbindungsdaten anpassen möchten, klicken Sie bitte auf MEIN KONTO • MEINE VERBINDUNGEN, und wählen Sie dort den Eintrag Magento 2 aus. Anschließend sehen Sie alle Magento 2-Accounts, die Sie angelegt haben. Um die Verbindungsdaten abzuändern, klicken Sie auf den jeweiligen Account, um zur Detailansicht zu gelangen. In der dort abgebildeten Maske können Sie alle hinterlegten Verbindungsdaten abändern.

Wenn Sie jetzt weiter nach unten scrollen, können Sie noch weitere Einschränkungen vornehmen, beispielsweise auf Basis des Bestelldatums. Dieses nächste Feld soll Sie zum jetzigen Zeitpunkt aber nicht irritieren, weswegen Sie darüber hinwegspringen können. Am unteren Ende sehen Sie nun die Schritte, die bei der Ausführung des Flows durchgeführt werden. Sie sehen die Schritte zudem in Abbildung 20.5.

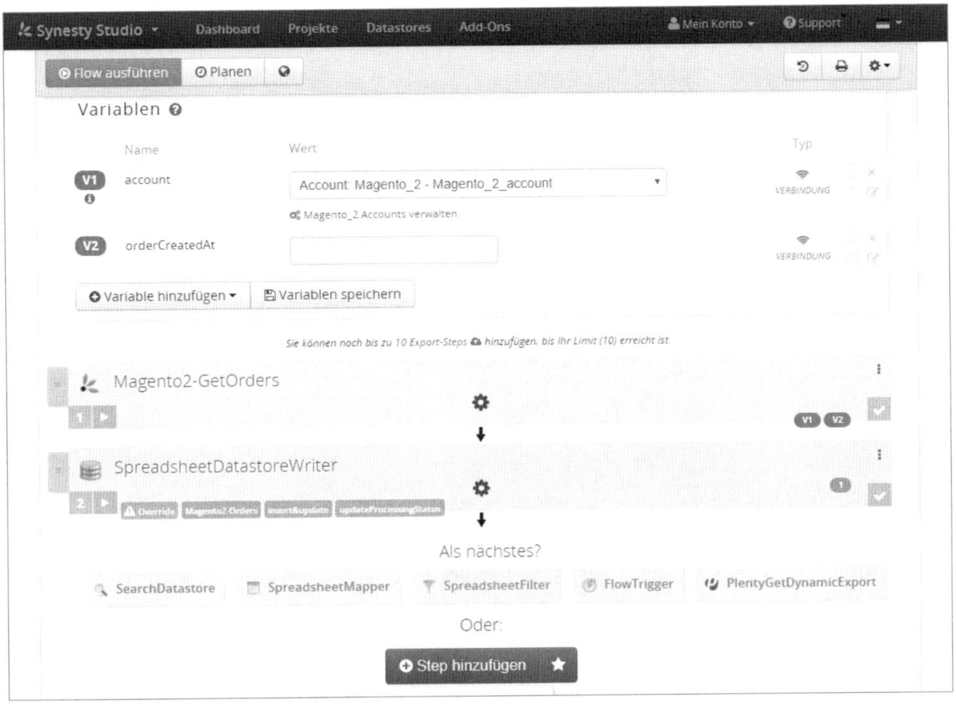

Abbildung 20.5 Ein Flow besteht aus mehreren Schritten und kann individuell erweitert werden.

Bei dieser Vorlage werden im ersten Schritt alle Magento-Bestellungen abgeholt. Daher steht an erster Stelle der Eintrag Magento2-GetOrders. Sobald die Bestellungen abgeholt wurden, werden diese in den Datenspeicher geschrieben. Hierfür ist die Aktion SpreadsheetDatastoreWriter verantwortlich. Jeder der beiden Schritte lässt sich zudem individuell konfigurieren. Wenn Sie über den Schritt fahren, erscheint ein Zahnradsymbol mit der Beschriftung Step konfigurieren. Wenn Sie beim ersten Eintrag auf Step konfigurieren klicken, können Sie den ausgewählten Magento-Account ändern, eine Einschränkung hinsichtlich des Status der Bestellungen vornehmen, ein Limit definieren etc. Letztendlich entscheiden Sie an dieser Stelle, welche Bestellungen Sie übertragen möchten und welche Bestellungen Synesty nicht abholen soll. In letzter Konsequenz lassen sich die Filter recht granular setzen, Sie müssen an dieser Stelle aber keine Einstellungen vornehmen und können mit der Standardkonfiguration arbeiten. Beim SpreadsheetDatastoreWriter können Sie ebenfalls individuelle Konfigurationseinstellungen hinterlegen, speziell hinsichtlich des Felder-Mappings. Anpassungen müssen Sie bei diesem Schritt aber ebenfalls nicht durchführen, weshalb Sie das aufgegangene Fenster schließen können. Zusätzlich zu den im Standard angelegten Schritten können Sie selbstverständlich weitere Schritte und Aktionen hinzufügen, wie Sie in Abbildung 20.6 sehen.

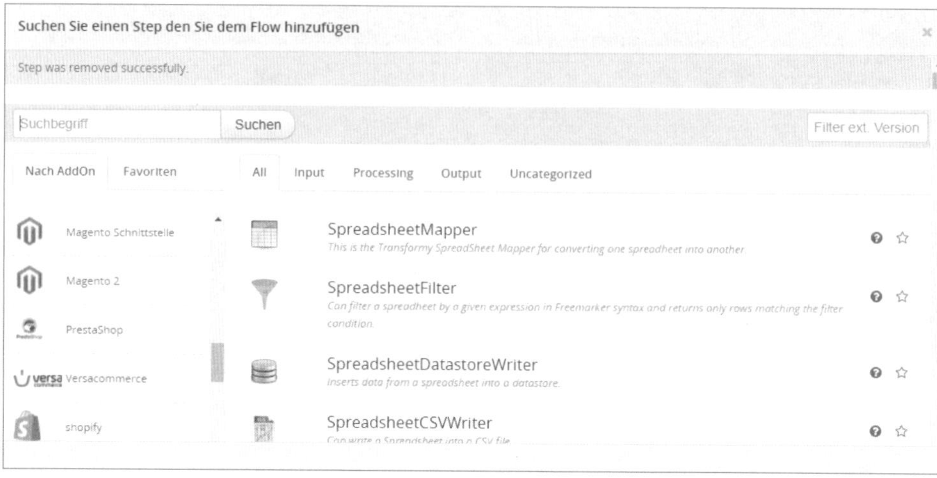

Abbildung 20.6 Ein Flow kann aus einer beliebigen Anzahl von Schritten bestehen.

Je nachdem wie viele Anwendungen Sie angebunden haben und was diese tun müssen, kann es durchaus vorkommen, dass bei einem Bestelldatenexport gleich mehrere Anwendungen Daten exportieren bzw. Trigger gestartet werden. In diesem kleinen Beispiel ist das jedoch nicht notwendig, weswegen Sie das Overlay, das Sie in Abbildung 20.6 sehen, auch wieder direkt schließen können. Scrollen Sie nun bitte erneut nach oben, und klicken Sie auf PLANEN. Es öffnet sich ebenfalls ein Overlay, in dem Sie die zeitliche Taktung des Datenexports einstellen können. Diese Daten können Sie jedoch ignorieren. Wichtiger ist an dieser Stelle der Status, den Sie durch einen Klick auf das Wort INACTIVE in ACTIVE ändern. Schließen Sie das Overlay, und klicken Sie auf den Button FLOW AUSFÜHREN und bestätigen Sie Ihren Wunsch. Sofern alles geklappt hat, d. h. Magento die Abfrage zugelassen hat und die Daten korrekt verarbeitet wurden, erhalten Sie eine Erfolgsmeldung wie in Abbildung 20.7.

In dieser Ansicht sollten Sie sich jedoch nicht nur auf die grüne Erfolgsmeldung konzentrieren, sondern auch das Kleingedruckte lesen, das sich etwas weiter unten befindet. Sie sehen dort, wie viele Daten abgefragt wurden, ob diese erfolgreich gespeichert werden konnten und mit welchen Parametern sich Synesty mit Magento verbunden hat – kurzum, Sie erhalten ein komplettes Log des Flows und sehen speziell bei Problemen sofort, wo es hakt und an welcher Stelle ein Problem aufgetreten ist. Der Detaillierungsgrad ist an dieser Stelle, das ist positiv anzumerken, recht hoch. Das dürfte speziell für Entwickler, die auf Fehlersuche geschickt werden, einen sehr großen Vorteil des Dienstes darstellen. Durch die detaillierten Logs ist die Fehlersuche in der Regel kein großes Problem.

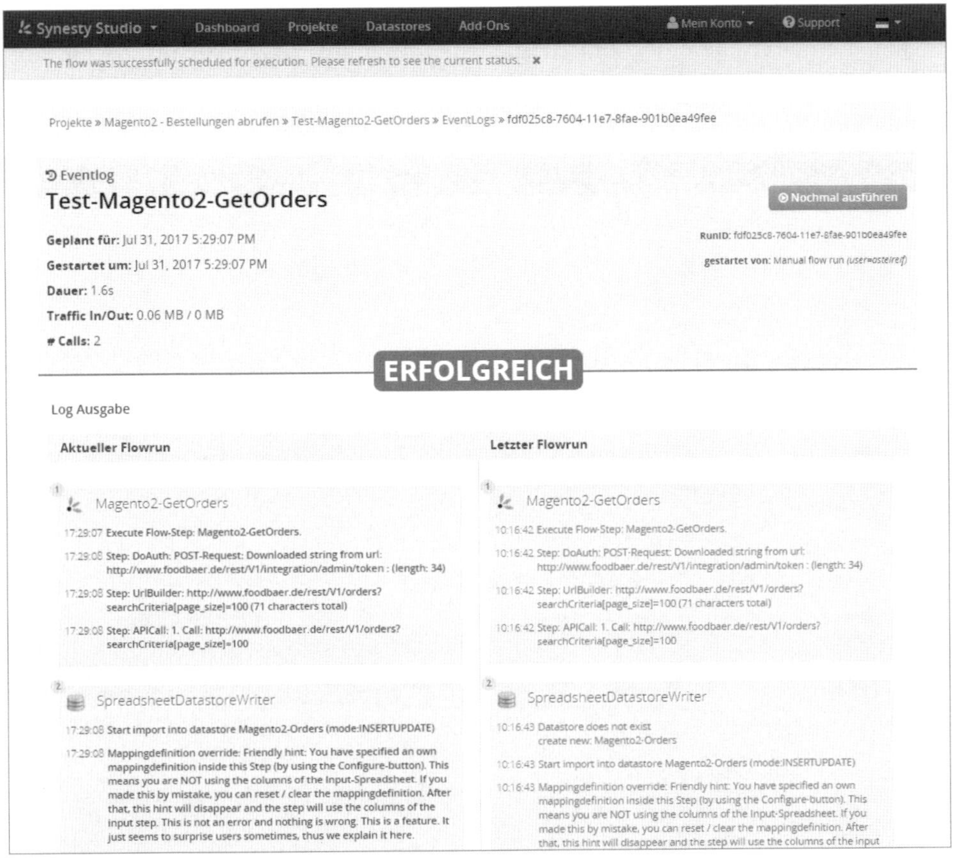

Abbildung 20.7 Wenn ein Flow erfolgreich ausgeführt werden konnte, erhalten Sie eine entsprechende Erfolgsmeldung.

20.3.3 Übertragene Daten einsehen

Auf den vorherigen Seiten haben Sie gesehen, wie einfach man Magento an Synesty anbinden kann. Die Anbindung von Magento ist aber nur der erste Schritt, da Synesty die Daten, die durch den Flow definiert werden, zunächst nur zwischenspeichert. Dieser Zwischenspeicher ist später für den Export der Daten essenziell, Sie können aber innerhalb der Oberfläche auch einfach nur einen Blick in den Zwischenspeicher werfen, um zu prüfen, welche Informationen Magento bereitgestellt hat bzw. importiert wurden.

Navigieren Sie nun zum Dashboard, und klicken Sie in der Hauptnavigation auf den Punkt DATASTORES. Sie erhalten daraufhin eine Auflistung der verschiedenen Datastores, d. h., es kann mehrere dieser Datentöpfe im System geben, auf die Sie später zurückgreifen können. Aktuell dürfte jedoch nur einer dieser Datentöpfe vorhanden sein. Klicken Sie bitte auf MAGENTO2-ORDERS, um zu den Details zu gelangen. Als Ergebnis erhalten Sie eine Auflistung (siehe Abbildung 20.8) aller im System vorhandenen Bestelldaten, die durch die Synesty-Schnittstelle von Magento importiert wurden.

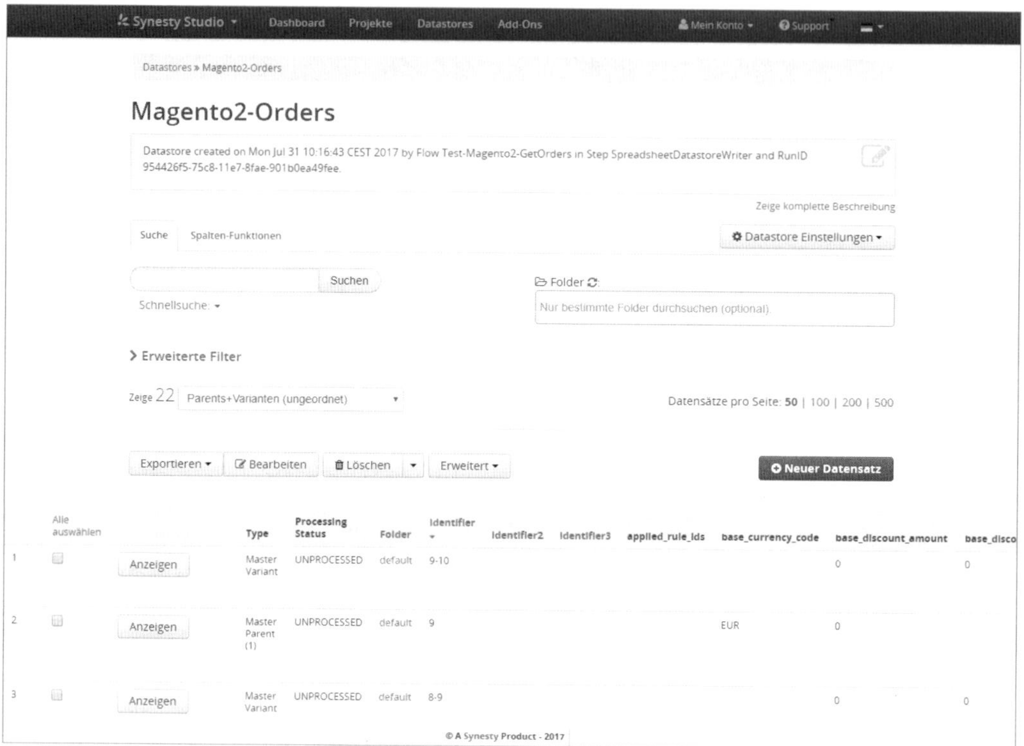

Abbildung 20.8 Synesty speichert alle Informationen aus angebundenen Systemen im sogenannten »Datastore«

> **Datastores sind Datentöpfe, die befüllt und angezapft werden können**
>
> Innerhalb von Synesty können Sie mehrere Datastores erstellen, die vollkommen autark voneinander agieren können. Ein Datastore stellt dabei eine logische Einheit dar, so haben Sie einen Datastore für Bestellungen, einen Datastore für Produkte etc. Zugleich haben Sie natürlich die Möglichkeit, beliebig viele Datastores anzulegen. Auch die Nutzung von Mapping-Tabellen, die speziell beim Datenimport relevant sind, ist möglich.

Wenn Sie sich die Daten innerhalb des Datastores *Magento2-Orders* im Detail ansehen, werden Sie feststellen, dass alle relevanten Informationen einer Bestellung importiert wurden. Hierzu zählen die Zahlungsmethode, die Rechnungs- sowie die Lieferadresse, die E-Mail-Adresse des Kunden, die gewählte Versandmethode usw. Die Informationen, die in Magento bei einer Bestellung bereitstehen, wurden also sauber übergeben und gespeichert.

Neben der Auflistung aller im System vorhandenen Bestellungen finden Sie bei jedem Datensatz eine Detailansicht, die Sie öffnen können. Klicken Sie hierzu beim gewünschten Datensatz einfach auf den Button ANZEIGEN, der sich in der zweiten Spalte befindet, worauf Synesty Sie zu einer neuen Ansicht weiterleitet. In dieser Ansicht sehen Sie nochmals alle importierten Felder samt importierten Werten in übersichtlicher Form aufgelistet. Auch haben Sie in dieser Ansicht die Möglichkeit, bereits importierte Werte abzuändern und zu überschreiben. Gerade zu Testzwecken kann dies eine ganz nützliche Funktion sein, da Sie nach dem Import der Daten direkt eingreifen können und nicht zwangsläufig einen neuen Import starten müssen. Neben der Möglichkeit, bestehende Daten abzuändern, können Sie zudem den gesamten Datensatz löschen und somit aus dem System entfernen. Eine Historie zeigt Ihnen an, wie sich die importierten Werte gegenüber dem letzten Import verändert haben. Somit haben Sie immer direkt im Blick, welche Werte durch einen späteren Import angefasst wurden und vor allem was der ursprüngliche Wert war. Zusammengefasst können Sie innerhalb der Detailansicht die importierten Werte prüfen bzw. abändern, haben zudem eine Art Historie zur Hand und sehen vor allem, durch welchen Flow die Werte bereitgestellt wurden.

Mit diesen wenigen Schritten, die Sie auf den letzten Seiten gesehen haben, konnten Sie Magento relativ einfach an Synesty anbinden und haben zudem alle im System vorhandenen Bestellungen an Synesty übertragen. Das ist an sich die halbe Miete, aber richtig sinnvoll ist Synesty natürlich nur dann, wenn Sie die importierten Werte einer weiteren Applikation wie einem ERP-System bereitstellen. Als Beispiel für dieses Kapitel zeige ich Ihnen die Datenübergabe zu Actindo, die auf eine recht einfache Art und Weise erfolgt. In der Praxis werden Sie die Datenübertragung, das kann ich Ihnen an dieser Stelle schon sagen, sicherlich etwas eleganter lösen. Zu Demonstrationszwecken ist die jetzt folgende Methodik aber die einfachste und verständlichste.

20.3.4 Bestelldaten transformieren und exportieren

Aktuell liegen alle Bestellungen, die Synesty aus Magento importiert hat, im Datastore. Auf Basis des Datastores können Sie nun z. B. weitere Flows erstellen, die den Datastore anzapfen, die Daten extrahieren und direkt in eine Schnittstelle übergeben. Alternativ hierzu können Sie aber auch einfach den Datastore filtern und eine CSV-Datei ausleiten, die per E-Mail versendet oder per FTP hochgeladen wird. In meinem folgenden Beispiel gehe ich von einer halbautomatisierten Schnittstelle aus, bei der ich einer Person regelmäßig per E-Mail Bestelldatenexporte zusenden möchte.

Die Person, in diesem Fall handelt es sich um mich, nimmt dann diesen Bestelldatenexport und importiert die Bestellungen nach Erhalt in Actindo.

Begeben Sie sich jetzt bitte, sofern Sie abgemeldet sind, wieder in die Synesty-Applikation, und klicken Sie in der oberen Navigation auf den Link PROJEKTE. Sie erhalten eine Auflistung aller in Synesty angelegten Projekte, wobei Sie das einzig vorhandene Projekt namens MAGENTO2 - BESTELLUNGEN ABRUFEN auswählen. Sie gelangen zur Auflistung der Flows. Da Sie jetzt einen neuen Flow erstellen müssen, der den Datenexport regelt, klicken Sie auf den Button FLOW ERSTELLEN. Eine Textbox erscheint, in der Sie den Namen des Flows eingeben müssen. Sie können eine beliebige Bezeichnung wählen, ich verwende an dieser Stelle jedoch den Namen »Export der Bestellungen als CSV und Versand per E-Mail«. Als Nächstes gelangen Sie in die Detailansicht des Flows, in der Sie die jeweiligen Schritte definieren können. Wenn Sie auf eine Vorlage setzen wie beim Beispiel des Magento-Bestelldatenimports, sind die Schritte bereits vorkonfiguriert. Aktuell verwenden Sie aber keine Vorlage, d. h., Sie müssen den Flow von Grund auf selbst bauen. Scrollen Sie jetzt ein wenig nach unten, bis Sie bei der Überschrift »Vorschläge für Ihren ersten Step:« landen. Da Sie im ersten Schritt, d. h. bevor Daten exportiert werden können, die Daten aus dem Datastore laden müssen, klicken Sie auf den Button SEARCHDATASTORE. Denn dieser Schritt ist für den Abruf der Daten aus dem Datastore verantwortlich und erlaubt zudem noch eine Filterung und Einschränkung der Daten. Wenn Sie auf SEARCHDATASTORE geklickt haben, wird automatisch der neue Schritt hinzugefügt. Fahren Sie mit der Maus über den soeben hinzugefügten Schritt und klicken Sie auf das Zahnradsymbol, woraufhin sich das Fenster »Step Konfiguration« öffnet. In diesem Fenster wählen Sie bitte bei der Option »datastoreName« den einzig vorhandenen Datastore aus, und klicken Sie auf SPEICHERN. Anschließend können Sie das Fenster schließen. Wie erwähnt, könnten Sie auch noch Filter setzen und die Ergebnismenge einschränken, meiner Meinung nach müssen Sie dies zum jetzigen Zeitpunkt aber nicht tun. Nachdem Sie diesen Schritt hinzugefügt und konfiguriert haben, weiß Synesty nun, dass Sie die Daten aus dem Datastore abholen möchten. Sprich, die Daten stehen zur Verfügung, jetzt müssen Sie aber entscheiden, was Sie mit den Daten tun möchten. Für eine Ausleitung als CSV-Datei, was aktuell mein Plan ist, müssen Sie im nächsten Schritt auf den Button STEP HINZUFÜGEN klicken. Es öffnet sich ein Fenster, in dem Sie aus einer Vielzahl von Aktionen auswählen können. Suchen Sie an dieser Stelle nach dem Eintrag SPREADSHEETCSVWRITER, und fügen Sie diesem Ihrem Flow hinzu. Dieser Schritt bzw. diese Aktion ermöglicht, sofern Synesty eine Quelle hat, den Export der Daten, die aus dieser Quelle stammen, im CSV-Format. Sobald der Schritt hinzugefügt wurde, fahren Sie mit der Maus über den Schritt und klicken Sie auf das Zahnradsymbol. Die Quelle, die als Grundlage dient, ist Synesty direkt klar. Hierfür wird der vorherige Schritt automatisch genutzt, d. h., eine Quelle müssen Sie an dieser Stelle nicht mehr angeben. Dafür ist es wichtig, einen Dateinamen zu hinterlegen, den Sie im Feld FILENAME eingeben können. Wie Sie in Abbildung 20.9 sehen, haben Sie zudem die Möglichkeit, den grundlegenden Aufbau der CSV-Datei zu beeinflussen, was Sie jedoch an dieser Stelle nicht tun müssen.

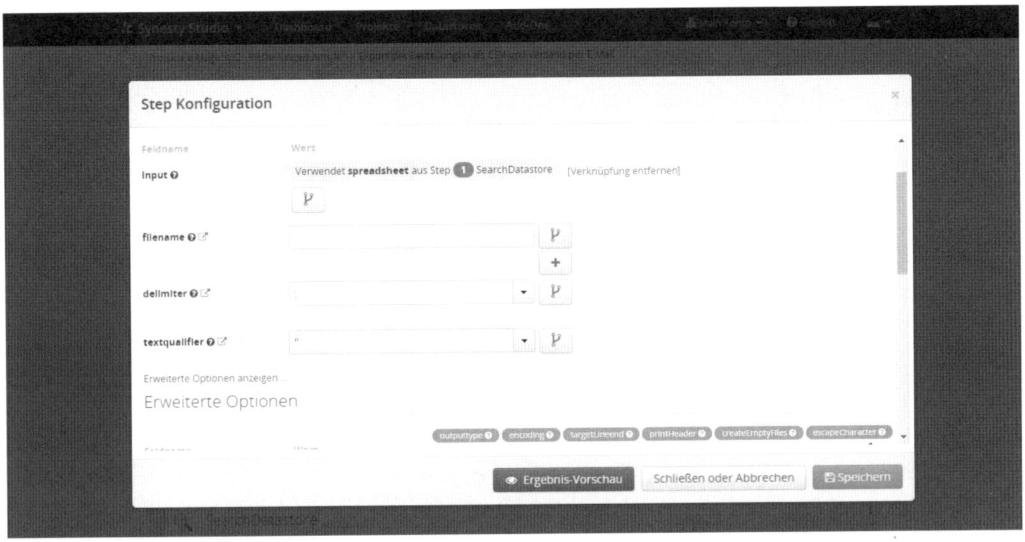

Abbildung 20.9 Beim Export der Bestellungen können Sie auf den grundlegenden Aufbau der CSV-Datei einwirken.

Klicken Sie, nachdem Sie einen Dateinamen hinterlegt haben, auf SPEICHERN, und schließen Sie das Fenster. Sie haben jetzt die Ausleitung der zuvor definierten Quelle bestimmt, damit sind Sie so gut wie fertig. Wichtig ist nun noch das Handling, d. h., was Synesty mit der CSV-Datei anstellen soll. Beispielsweise können Sie die generierte CSV-Datei per FTP auf einen FTP-Server laden oder eben per E-Mail versenden. Fügen Sie einen dritten und letzten Schritt hinzu, und wählen Sie dabei die Aktion EMAILSEND aus. Fahren Sie wieder mit der Maus über den hinzugefügten Schritt, und klicken Sie auf das Zahnradsymbol. Im jetzt aufgehenden Fenster müssen Sie den Empfänger, den E-Mail-Titel und den E-Mail-Inhalt definieren. Die Felder sind weitgehend selbsterklärend, füllen Sie daher bitte das Formular entsprechend Ihren Wünschen aus, und achten Sie letztendlich auf eine stimmige E-Mail-Adresse, sodass Sie den Datenexport auch erhalten. Anschließend speichern Sie die Einstellungen und schließen das Fenster.

Wenn Sie meinen Schritten gefolgt sind, werden Sie jetzt insgesamt drei Schritte in Ihrem Flow vorfinden, die alle Bestelldaten aus dem Datastore abrufen, eine CSV-Datei daraus erstellen und diese CSV-Datei per E-Mail versenden. Damit sind exakt die Anforderungen erfüllt, die ich eingangs erwähnt hatte. Prüfen Sie bitte, ob Ihr Flow nun genauso arbeitet. Als Vergleich können Sie sich an Abbildung 20.10 orientieren, die meinen Flow abbildet.

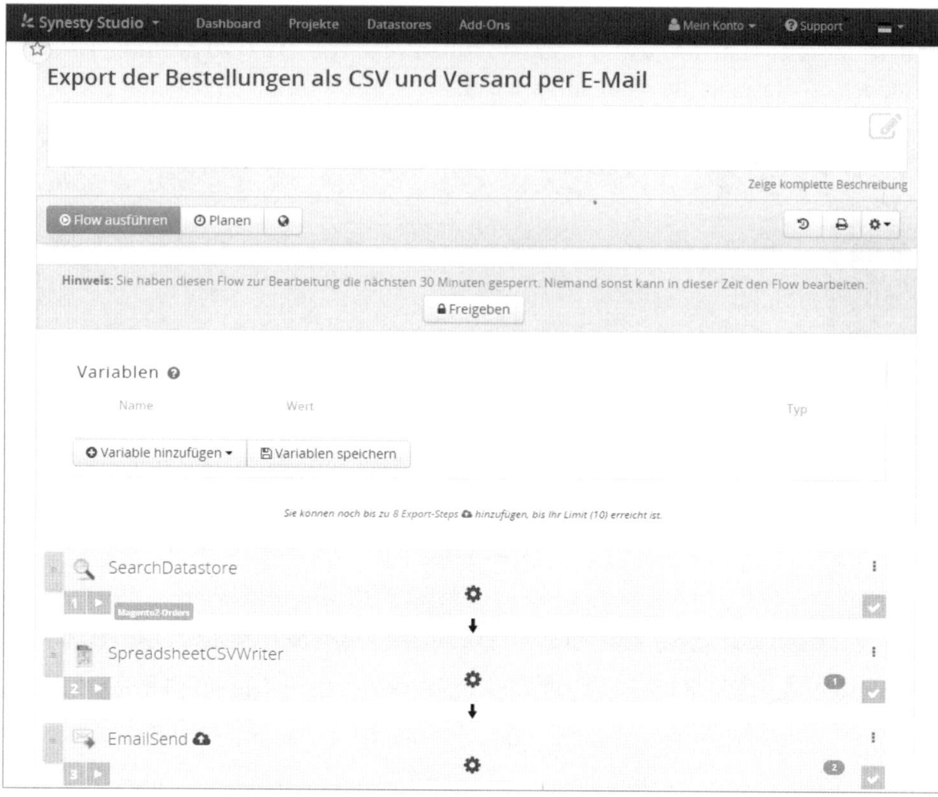

Abbildung 20.10 Der soeben erstellte Flow ruft alle Bestellungen ab, speichert diese als CSV-Datei und versendet anschließend die CSV-Datei per E-Mail.

Sollte Ihr Flow bereit sein, aktivieren Sie diesen, und klicken Sie auf den Button FLOW AUSFÜHREN. Innerhalb weniger Sekunden sollten Sie per E-Mail eine CSV-Datei erhalten, die alle Bestellungen, die im Datastore vorhanden sind, enthält. Sie haben somit die Grundlage für den Bestelldatenimport im CSV-Format geschaffen, herzlichen Glückwunsch!

20.3.5 Actindo-Test-Account erstellen

Bei Actindo handelt es sich um eine webbasierte ERP-Lösung, die einen recht großen Funktionsumfang besitzt. Ob die Lösung für Sie tatsächlich infrage kommt, kann ich Ihnen an dieser Stelle nicht beantworten. Denn wie die Auswahl einer E-Commerce-Lösung hängt die Auswahl einer ERP-Lösung von verschiedenen Faktoren ab.

Auf Basis von Anforderungen, einem verfügbaren Budget, rechtlichen Rahmenbedingungen und zum Teil auch auf Basis der Usability lassen sich ein oder zwei mögliche ERP-Systeme eingrenzen und lässt sich anschließend eine Auswahl treffen. Da der Auswahlprozess an dieser Stelle den Umfang sprengen würde und es mir in erster Linie um eine exemplarische Anbindung von Magento bzw. Synesty geht, empfehle ich Ihnen an dieser Stelle die Nutzung von Plentymarkets. Da keinerlei Lizenzkosten anfallen, zumindest nicht in der Testversion, die ich gleich auswähle, können Sie alle Schritte nachvollziehen, ohne zuerst eine Software lizenzieren zu müssen. Ziel ist es im Folgenden, die in Synesty durch Magento bereitgestellten Bestellungen zur ERP-Lösung Plentymarkets zu exportieren, sodass Bestellungen im ERP-System weiterverarbeitet werden können.

Um einen Actindo-Account zu erstellen, öffnen Sie bitte die offizielle Website *https://www.actindo.de/*, und klicken Sie im mittleren Bereich der Seite auf den Button ZUR ANMELDUNG. Es öffnet sich daraufhin ein neues Fenster, in dem Sie sich einen Account anlegen können. Füllen Sie, um die Anmeldung zu finalisieren, einfach alle Formularfelder aus. Haben Sie dies getan, klicken Sie auf den Button ABSENDEN. Daraufhin wird ein Testsystem erstellt, was einige Minuten dauern kann. Zeit für eine Kaffeepause!

Nach einigen Minuten erhalten Sie eine Bestätigungsmail, die einen Bestätigungslink enthält. Klicken Sie auf diesen Link, um im Anschluss per E-Mail die Zugangsdaten zu erhalten. Melden Sie sich, sobald Sie die E-Mail samt Zugangsdaten erhalten haben, im nächsten Schritt bitte in Actindo an, um mit der Anbindung bzw. dem Datenimport von Synesty fortzufahren. Nachdem Sie sich erfolgreich bei Actindo angemeldet haben, sollten Sie direkt im Dashboard, also der Startseite von Actindo landen. Damit haben Sie die erste Hürde genommen und erfolgreich einen Actindo-Account erstellt, der jetzt im nächsten Schritt an Synesty angebunden werden kann.

20.3.6 Bestellungen in Actindo importieren

Actindo ist ein wahnsinnig umfangreiches und komplexes System, verzeihen Sie mir daher an dieser Stelle, wenn ich Sie eher im Schnelldurchgang durch das System führe. Über Actindo selbst könnte man gut und gern allein ein Buch im selben Umfang wie das Magento-2-Handbuch verfassen.

Wenn Sie bestehende Bestellungen importieren möchten, klicken Sie im linken Menü auf den Eintrag FAKTURA und innerhalb von Faktura auf EXTRAS • IMPORT NEU. Werfen Sie zur besseren Orientierung einen Blick auf Abbildung 20.11, in der Sie beide Menüpunkte sehen.

Sobald Sie auf IMPORT NEU geklickt haben, öffnet sich ein neues Fenster. Zuerst werden Sie gefragt, was Sie importieren möchten. Wählen Sie an dieser Stelle aus dem Dropdown-Menü den Eintrag BELEGE. Da an dieser Stelle keine Definition vorhanden ist, klicken Sie auf WEITER, um in den nächsten Schritt zu gelangen. In der nächsten Ansicht müssen Sie einen Datentyp wählen. Da Synesty die Bestellungen im CSV-Format exportiert hat, wählen Sie bitte den Eintrag CSV aus. Bei der Datei, hierbei handelt es sich um das nächste Feld, können Sie die Datei auswählen, die Ihnen per

E-Mail von Synesty bereitgestellt wurde. Klicken Sie, nachdem Sie die Datei ausgewählt haben, auf WEITER. Nun wird es spannend, denn Sie müssen Actindo den Aufbau der CSV-Datei mitteilen.

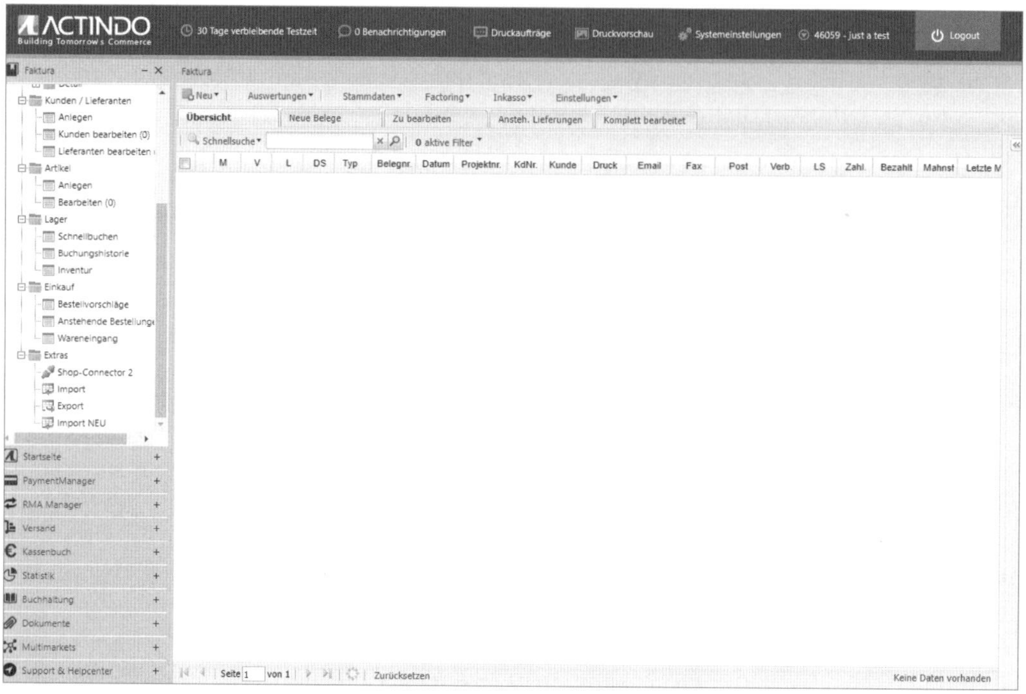

Abbildung 20.11 In Actindo finden Sie die Import-Funktion im Menüpunkt Faktura.

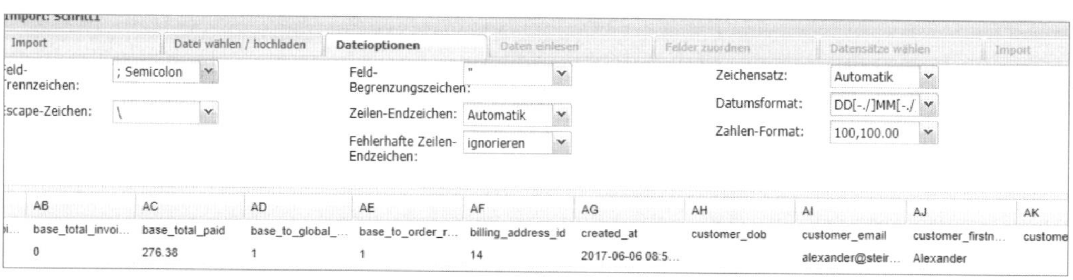

Abbildung 20.12 Nachdem Sie die Struktur angepasst haben, erscheinen in der Vorschau direkt die Datensätze.

Wählen Sie beim Feldtrennzeichen das Semikolon aus, daraufhin wird Actindo als Vorschau die in der CSV-Datei enthaltenen Daten bereits korrekt darstellen, wie Sie in Abbildung 20.12 sehen. Je nachdem wie Sie Ihre CSV-Datei aufbauen, müssen Sie an dieser Stelle noch Anpassungen vornehmen. Am wichtigsten sind letztendlich das Trennzeichen und die Frage, ob die Werte umschlossen sind. Der Zeichensatz spielt beispielsweise eher bei Sonderzeichen eine Rolle, d. h., hier müssen Sie sich erst darum kümmern, wenn Sonderzeichen nicht korrekt importiert werden. Sofern bei Ihnen die Vorschau, genau wie bei mir in Abbildung 20.12, in Ordnung aussieht, klicken Sie bitte auf WEITER.

Mit jetzigem Stand weiß Actindo, wie Ihre CSV-Datei aufgebaut ist und in welchen Zeichensatz die Daten eingelesen werden können. Da die Feldbezeichnungen in Actindo jedoch nicht identisch mit denen in Magento sind, erfolgt im nächsten Schritt ein Mapping. Sprich, Sie müssen Actindo mitteilen, welchem Feld in Actindo die Spalten, die in der CSV-Datei enthalten sind, entsprechen. Glücklicherweise ist die Auswahl recht einfach: Sie können per Drag & Drop die Felder, die von Actindo vorgegeben werden, auf die in der CSV-Datei enthaltenen Spalten ziehen. Ziehen Sie beispielsweise die Belegnummer auf die Spalte B, das Belegdatum auf die Spalte FE, den Vornamen auf die Spalte AJ etc. Bitte beachten Sie, dass bei Ihnen die Spalten verschoben sein können. Daher müssen Sie schauen, ob die Feldzuordnung bei Ihnen genauso funktioniert oder ob Sie andere Spaltenbezeichnungen als ich haben.

Nachdem Sie die Feldzuordnungen vorgenommen haben, was beim ersten Mal zugegebenermaßen etwas mühselig ist, klicken Sie auf WEITER. Actindo zeigt Ihnen daraufhin in einer Art Übersicht die Werte samt Zuordnung an, und sofern das für Sie in Ordnung ist, können Sie mit einem Klick auf WEITER in den nächsten Schritt springen. Actindo versucht nun, die Daten zu importieren, und wird Ihnen zudem zurückmelden, falls ein Fehler vorhanden ist. Ist mit Ihrer CSV-Datei bzw. dem Import so weit alles in Ordnung, erhalten Sie ein grünes Licht wie in Abbildung 20.13.

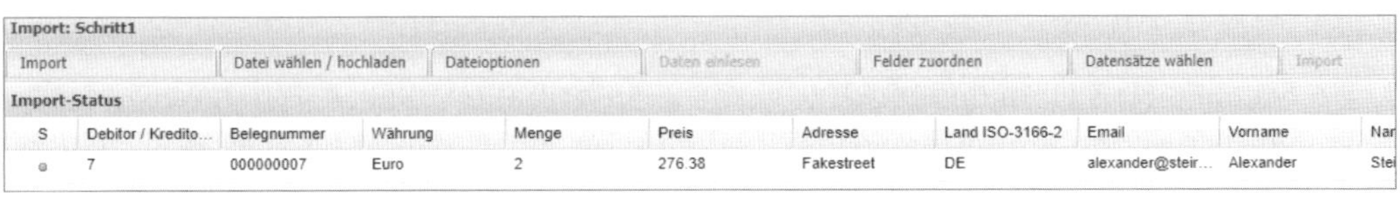

Abbildung 20.13 Jeder Datensatz, der importiert werden soll, wird entweder durch ein rotes oder grünes Licht gekennzeichnet,

Bei jedem Datensatz mit einem grünen Licht wissen Sie sofort, dass dieser importiert werden konnte. Wird hingegen eine rote Ampel dargestellt, sollten Sie mit der Maus über diese rote Ampel fahren. Daraufhin erhalten Sie eine detaillierte Fehlermeldung und wissen sofort, warum der Datensatz nicht importiert werden kann, sodass Sie dementsprechend nachjustieren können. Ansonsten sind Sie an dieser Stelle mit dem Import fertig und können nun das Fenster schließen.

In Actindo selbst müssen Sie jetzt noch prüfen, ob die Daten tatsächlich erfolgreich übernommen wurden. Klicken Sie hierfür auf FAKTURA • VERKAUF • ÜBERSICHT. Innerhalb dieser Maske werden alle Aufträge, die im Actindo-System eingegangen sind, aufgelistet. An dieser Stelle muss nun genau wie bei mir ein neuer Datensatz auftauchen. Dieser Datensatz sollte exakt die Informationen enthalten, die beim Export aus Synesty bereitgestellt wurden. Klicken Sie mit der rechten Maustaste auf den Datensatz, und wechseln Sie in den Tab LIEFER-ADRESSE. Werfen Sie jetzt bitte einen Blick auf Abbildung 20.14, denn wie Sie sehen, ist exakt die Lieferadresse aus der Magento-Bestellung, die diese Bestellnummer trägt, enthalten.

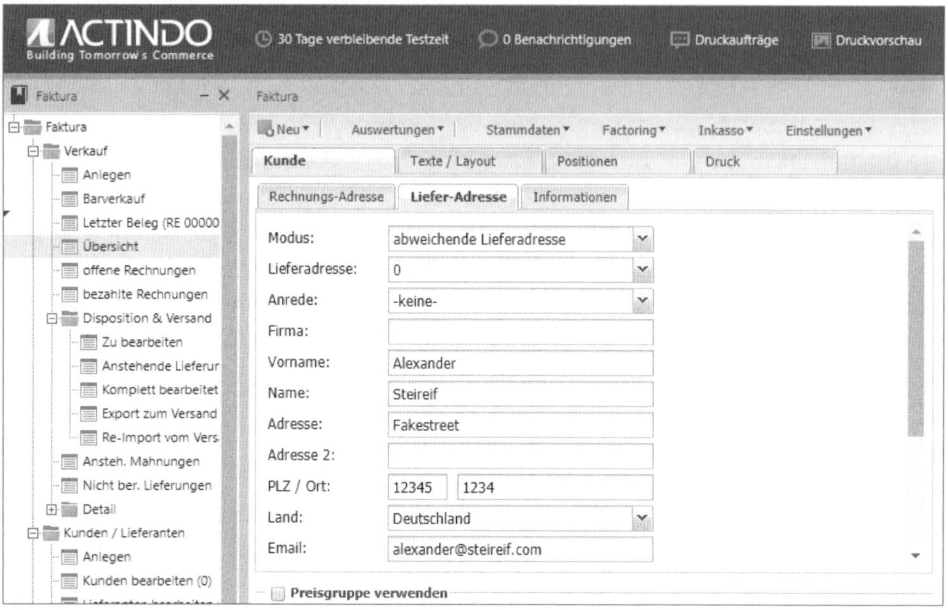

Abbildung 20.14 Nach dem Datenimport stehen beim Auftrag alle durch den Import bereitgestellten Daten zur Verfügung.

Schauen Sie sich in diesem Zuge gern alle Informationen an, die in diesem Auftrag enthalten sind, und vergleichen Sie die Daten mit denen der Magento-Bestellung. Sollten Sie bei der Feldzuordnung keine Fehler gemacht haben, so müssen an sich alle Daten korrekt übermittelt und importiert worden sein.

Herzlichen Glückwunsch, Sie haben erfolgreich Daten aus Magento exportiert und in Actindo importiert und dabei die Datendrehscheibe Synesty verwendet! Wenn Sie eine Anbindung auf Basis von CSV-Dateien vornehmen, können Sie praktisch jedes beliebige System anbinden, das den Import von CSV-Dateien unterstützt! Ansonsten haben Sie mit Synesty zudem die Möglichkeit, via REST API jedes beliebige System anzubinden, das eine REST-Schnittstelle zur Verfügung stellt.

20.3.7 Sonstige Funktionen von Synesty

Auch wenn ich Ihnen die Lösung von Synesty aufgrund des Umfangs nicht im Detail erklären kann – bei Bedarf können Sie sich direkt von Synesty eine Einführung geben lassen –, möchte ich an dieser Stelle ein paar ausgewählte Funktionen und Möglichkeiten erwähnen, die bislang keine Erwähnung gefunden haben.

Dashboard

Ähnlich wie bei Magento steht auch in Synesty ein Dashboard zur Verfügung, das Ihnen viele Informationen auf recht schnelle und einfache Art zugänglich macht. So erhalten Sie in der Box AKTUELLES & FORUM Informationen, die direkt das Produkt Synesty betreffen. Da sich Schnittstellen ändern und dadurch Nebeneffekte entstehen können, lohnt sich ein regelmäßiger Blick in diesen Bereich. Gegebenenfalls wurde etwas in Magento, Plentymarkets oder einer weiteren Lösung, die Sie angebunden haben, angepasst. Gegebenenfalls wurde auch ein Fehler entdeckt, der für Sie eine Rolle spielt. Zudem können Sie aus dem Dashboard heraus direkt Flows erstellen und erhalten im Dashboard eine Übersicht über die laufenden Aktivitäten. Hier sehen Sie sofort, wenn es beim Datenaustausch hakt (siehe Abbildung 20.15).

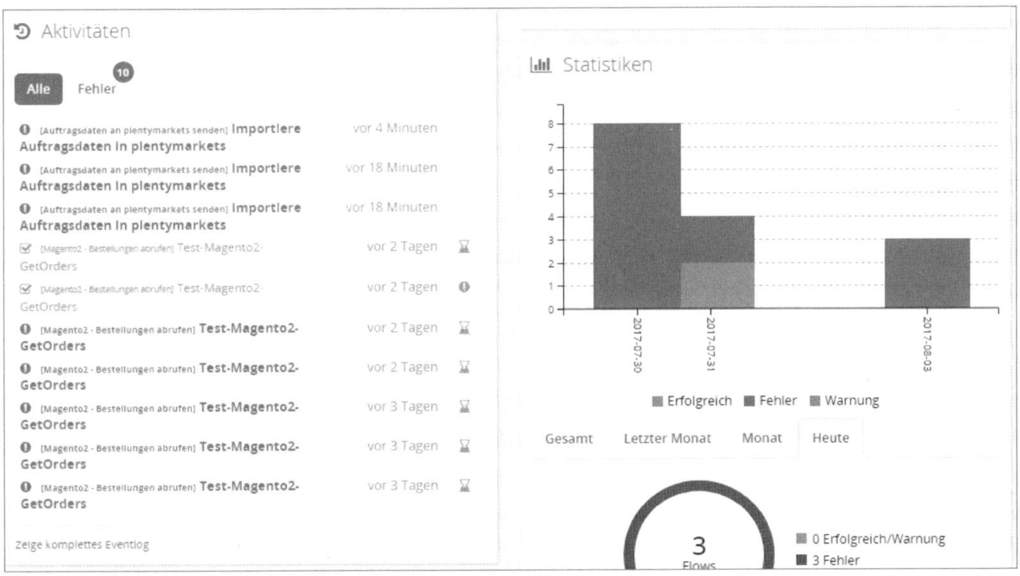

Abbildung 20.15 Im Dashboard sehen Sie sofort, ob es Probleme beim Datenaustausch gibt.

Neben den Aktivitäten befindet sich zudem ein Chart samt Statistik, der Sie ebenfalls über die Funktionsfähigkeit Ihrer Schnittstellen informiert. Die Anforderung an ein Dashboard, d. h. die übersichtliche Bereitstellung der relevantesten Informationen, wird von Synesty daher sehr gut erfüllt.

Meine Verbindungen

Den Punkt MEINE VERBINDUNGEN hatte ich auf den vorherigen Seiten zwar bereits erwähnt, ich möchte ihn an dieser Stelle jedoch nochmals herausstellen, da es sich um einen der wichtigeren Bereiche in Synesty handelt. Wenn Sie auf MEIN KONTO • MEINE VERBINDUNGEN klicken, gelangen Sie zur Übersicht aller anzubindenden Systeme. An dieser Stelle verwalten Sie zudem die Verbindungsdaten, d. h., sollte sich der Benutzer oder das Passwort Ihres Magento-Benutzers ändern, müssen Sie diese Änderungen hier einpflegen. Sie haben in diesem Menüpunkt somit die Möglichkeit, alle vorhandenen Verbindungen zu verwalten und neue hinzuzufügen.

Support

Während meiner Testphase bin ich mehrmals in die Situation gekommen, den Support von Synesty kontaktieren zu müssen. Bevor es jedoch so weit kommt, können Sie im Menüpunkt SUPPORT auf eine umfangreiche Knowledge-Base zurückgreifen. Aktuell sind mehr als 250 Fragen und Antworten in der Knowledge-Base hinterlegt, die Wahrscheinlichkeit, dass ein Nutzer ein ähnliches Problem wie Sie hat und dieses bereits gelöst wurde, ist daher recht groß. Sollten Sie jedoch keine weiterführenden Informationen erhalten, können Sie selbstverständlich den Support direkt kontaktieren, der erfahrungsgemäß sehr schnell und kompetent weiterhilft.

20.4 Fazit und Ausblick

Auch wenn Magento an sich eine sehr umfangreiche E-Commerce-Lösung ist, die alle klassischen Alltagsaufgaben löst, kann es durchaus sinnvoll sein, spezialisierte externe Anwendungen an Magento anzubinden. In der Praxis handelt es sich häufig um ERP-Systeme, die an Magento angebunden werden, wobei Magento nur noch für die Auftragsannahme verantwortlich ist, das Produktmanagement, die Kundenverwaltung und die Bearbeitung der Bestellungen werden komplett an das ERP-System abgetreten. Ob die Nutzung externer Anwendungen sinnvoll ist oder nicht, lässt sich, wie ich bereits erwähnt habe, pauschal gar nicht beantworten. Es kommt immer auf das Projekt, die IT-Infrastruktur, die Prozesse und Anforderungen an. In diesem Kapitel habe ich Ihnen daher im Schnelldurchlauf gezeigt, wie eine Anbindung von Magento an ein ERP-System aussehen könnte, wobei ich hierfür keine individuelle Schnittstelle, sondern die Datendrehscheibe Synesty verwendet habe. Um das an dieser Stelle nochmals zu erwähnen: Es ist ein möglicher Ansatz, muss aber in Ihrem Fall nicht die passende Lösung darstellen.

Im nächsten Kapitel möchte ich mich von externen Anwendungen wie CRM-, PIM- oder auch ERP-Systemen lösen und wieder zum Kern von Magento stoßen. Denn wie Sie mit Ihrem Online-Shop Bestellungen generieren und verarbeiten wissen Sie bereits. Was Sie jedoch noch nicht gesehen haben, sind die vielfältigen und einfachen Möglichkeiten, die Magento bietet, wenn Sie auf externen Marktplätzen wie eBay oder auch Amazon Produkte vertreiben möchten. Auch die Anbindung von Preissuchmaschinen und Preisportalen spielt in der Absatzstrategie eine wichtige Rolle, weswegen sich das folgende Kapitel ganz der Frage widmet, wie Sie mit Ihrem Magento-System auf externen Plattformen operieren können.

Kapitel 21
Zusätzliche Absatzkanäle wie Google Shopping, Amazon und eBay nutzen

Mit Magento können Sie nicht nur einen eigenen Online-Shop betreiben und darüber Produkte verkaufen, sondern haben zudem die Möglichkeit, externe Preissuchmaschinen und Marktplätze wie Amazon und eBay anzubinden. Dabei können vor allem die beiden letzteren Varianten für einen raschen Umsatzanstieg sorgen.

Wenn Sie frisch im E-Commerce durchstarten, werden Sie wie alle anderen angehenden Online-Shop-Betreiber und E-Commerce-Verantwortlichen ein Problem haben. Vermutlich wird Ihr Online-Shop über zu wenig Traffic verfügen. Das ist insofern ein Problem, als ohne Kunden und Besucher keine Bestellungen generiert werden. Eine Herausforderung wird für Sie daher die Steigerung der Besucherzahlen, sprich des Traffics, sein. Da es sich hierbei jedoch um eine langfristige Aufgabe handelt, werden Sie in den ersten Wochen und Monaten den Grundstein für einen späteren Erfolg legen, jedoch nicht direkt und unmittelbar Ergebnisse sehen. Das mag am Anfang frustrierend sein, jedoch gehört auch diese Phase zum Aufbau eines Online-Shops. Viele Online-Shop-Betreiber nutzen daher speziell in der Anfangszeit Marktplätze sowie Preissuchmaschinen, um Umsätze bzw. Besucher und Kunden an anderen Orten zu akquirieren und dadurch den Traffic sowie die Umsätze zu steigern. Sie gehen also dorthin, wo bereits potenzielle Kunden vorhanden sind, und versuchen an diesen Stellen Geschäfte zu machen, anstatt darauf zu warten, dass die Besucher in Ihrem Online-Shop vorbeischauen. Diese Strategie ist dabei weder neu noch besonders innovativ, agiert man doch im stationären Handel ähnlich. Wenn Sie in einer Stadt einen Laden eröffnen, der eben nicht über die 1-a-Lage in der Fußgängerzone verfügt, dann müssen Sie proaktiv nach draußen gehen und Ihr Geschäft bewerben. Entweder direkt in der Fußgängerzone, in der Sie Flyer verteilen und auf Ihr Geschäft hinweisen, oder direkt auf dem Markt, auf dem Sie direkt Umsätze erzielen, da Sie dort Ihre Produkte und Waren verkaufen können. Diese beiden Möglichkeiten stehen Ihnen im E-Commerce ebenso zur Verfügung. Entweder gehen Sie in die virtuelle Fußgängerzone, gemeint sind damit Preissuchmaschinen wie Google Shopping, und machen dort auf Ihre Angebote und Ihren Online-Shop aufmerksam, oder Sie tummeln sich auf Marktplätzen wie Amazon und eBay und verkaufen dort direkt Ihre Produkte und Dienstleistungen. Im letzteren Fall bewerben Sie dabei nicht direkt Ihren Online-Shop, da der Kaufprozess bei Amazon bzw. eBay stattfindet. Somit erzielen Sie zwar Umsätze, haben jedoch an sich keine Steigerung des Bekanntheitsgrades Ihres Online-Shops erreicht. Wenn Sie hingegen »nur« Traffic akquirieren, indem Sie Preissuchmaschinen nutzen, steigern Sie direkt die Anzahl der Besucher Ihres Online-Shops.

Auch wenn es sich bei der Multi-Channel-Distribution, so der Fachbegriff für die Nutzung weiterer Absatzkanäle, um ein wahnsinnig spannendes Thema handelt, bei dem Sie zuerst eine Strategie und anschließend einen Aktionsplan entwerfen sollten, so möchte ich an dieser Stelle weniger auf das Thema an sich, sondern auf die Realisierungsmöglichkeiten mit Magento eingehen. Sollten Sie sich für das Thema Multi-Channel-Distribution an sich interessieren, empfehle ich Ihnen an dieser Stelle zwei Bücher zu diesem Thema aus dem Rheinwerk Verlag. In »Amazon Marketplace«[1] von Trutz Fries erfahren Sie als Hersteller oder Händler alles Wissenswerte über den derzeit wachstumsstärksten Online-Marktplatz – inklusive FBA. Ergänzend verweise ich an dieser Stelle auch gern noch einmal auf das »Handbuch Online-Shop«[2], das ich gemeinsam mit Rouven Rieker und Markus Bückle erarbeitet habe. Mit diesen beiden Büchern sollten Sie einen tieferen Einblick in die Multi-Channel-Distribution und speziell in die wirtschaftlichen Aspekte dieses Themas gewinnen.

Ich gehe an dieser Stelle jedoch davon aus, dass die Nutzung von externen Absatzkanälen in Ihrem Projekt empfehlenswert ist, und empfehle Ihnen daher die Nutzung von Amazon, eBay und Preissuchmaschinen wie Google Shopping. Die Frage, die sich nun stellt, ist, welche Möglichkeiten Magento von Haus aus bietet, um die Multi-Channel-Distribution zu nutzen. Auf diese Frage gibt es eine einfache Antwort, denn im Standard ist Magento nicht in der Lage, Anforderungen in diesem Bereich zu erfüllen. Das ist jedoch überhaupt nicht tragisch, da es seit Magento 1 zwei wahnsinnig interessante Erweiterungen in diesem Bereich gibt. Zum einen steht mit der Extension M2E Pro ein umfangreiches Tool bereit, mit dem Sie auf eBay und Amazon Produkte verkaufen und Bestellungen verarbeiten können. Zum anderen ermöglicht die Extension Data Feed Manager die Anlage von Exporten, die Sie bei der Nutzung von Google Shopping, billiger.de und anderen Preissuchmaschinen benötigen. Wenn Sie diese beiden Erweiterungen nutzen, haben Sie ein recht solides Fundament, auf dessen Basis Sie das Thema Multi-Channel-Distribution angehen können.

1 Trutz Fries: Amazon Marketplace. Das Handbuch für Hersteller und Händler.

2 Alexander Steireif, Rouven Rieker, Markus Bückle: Handbuch Online-Shop. Strategien, Erfolgsrezepte, Lösungen.

Multi-Channel-Distribution als sinnvolle Ergänzung zum eigenen Online-Shop

Sollten Sie aufgrund der Branche und anvisierten Zielgruppe die Multi-Channel-Distribution nutzen können, empfehle ich Ihnen, sich eingehender mit dem Thema zu beschäftigen. Speziell Amazon und eBay können zu Beginn für einen recht einfachen Umsatz-Boost sorgen, da es bei diesen Plattformen nur um das Produktsortiment und eine gute Preispolitik geht. Die Fähigkeiten Ihres eigenen Online-Shops spielen keine Rolle, genauso wenig wie Ihr Marketingbudget. Nutzen Sie daher speziell die Möglichkeit, willige Käufer auf eBay und Amazon zu überzeugen, und somit im ersten Schritt Umsätze zu generieren und Ihre Kasse aufzufüllen.

Lassen Sie mich Ihnen in diesem Kapitel beide Möglichkeiten zeigen, zum einen die Anbindung von Google Shopping, zum anderen die Anbindung von Amazon und eBay. Da es sich zum Teil um kostenpflichtige Erweiterungen handelt bzw. Sie für Amazon bzw. eBay einen geprüften Account benötigen, können Sie mir vermutlich in diesem Kapitel nicht direkt im eigenen Magento-System folgen. Das sollte aber halb so tragisch sein, da ich Ihnen die jeweiligen Schritte im Detail erkläre und die vorhandenen Abbildungen ihr Restliches tun. Im Nachgang können Sie gern die Accounts anlegen bzw. Extensions erwerben und Ihr Magento-System integrieren. Rechnen Sie hierfür aber ein wenig Zeit ein.

21.1 Exporte mithilfe des Data Feed Managers erstellen

Zugegebenermaßen bin ich seit Magento 1 und den frühen Releases des Data Feed Managers ein großer Fan dieser Extension. Mithilfe des Data Feed Managers können Sie alle Produktdaten aus Ihrem Magento-Shop exportieren, wobei unterschiedlichste Formate unterstützt werden. Den Aufbau und Inhalt der Exporte können Sie komplett selbst beeinflussen, und der gesamte Export-Prozess lässt sich automatisieren. Zudem verfügt der Data Feed Manager von Haus aus bereits über eine Vielzahl von Export-Profilen, wodurch Preissuchmaschinen relativ einfach und problemlos angebunden werden können. Mit knapp 95 € ist diese Extension zudem sehr günstig. Um den gesamten Funktionsumfang selbst zu entwickeln, würden Sie Tage benötigen. Alles in allem handelt es sich daher um eine meiner Meinung nach äußerst runde und vollständige Erweiterung, die eigentlich in keinem Magento-System fehlen darf, sei es ein Magento 1-Online-Shop oder ein neues System auf Basis von Magento 2. Genug der Lobhudelei – lassen Sie mich Ihnen nun zeigen, warum ich persönlich ein so großer Fan dieser Erweiterung bin, indem ich Ihnen sowohl den Installations- als auch den Konfigurationsprozess zeige.

21.1.1 Data Feed Manager installieren

Bevor Sie den Data Feed Manager installieren können, müssen Sie diese Erweiterung zuerst kaufen. Vorweg sei erwähnt, dass weder eine Test- noch eine Lite-Version besteht. Die Katze im Sack kaufen Sie dennoch nicht, denn wenn sich beispielsweise die Extension aus irgendeinem Grund nicht installieren lässt bzw. Probleme auftreten, hilft der freundliche und kompetente Support direkt weiter und erstattet im Zweifel den Kaufpreis. Soweit kommt es jedoch in der Praxis in der Regel nicht, da die Installation relativ einfach ist und keine Abhängigkeiten bestehen, wodurch sich die Erweiterung unter bestimmten Bedingungen nicht installieren lassen würde.

Sofern Sie die Extension kaufen möchten, rufen Sie bitte die URL *https://www.wyomind.com/magento2/data-feed-manager-magento.html* auf, und klicken Sie auf BUY NOW. Sie landen daraufhin im Installationsprozess, der recht selbsterklärend ist. Nachdem Sie den Kauf durchgeführt haben, erhalten Sie Zugang zur Extension sowie einen Activation Key, den Sie später noch benötigen.

Wyomind bietet einen Installationsservice an

Sollten Sie sich die Installation der Erweiterung nicht zutrauen, können Sie alternativ auf den kostenpflichtigen Installationsservice des Herstellers Wyomind zurückgreifen. Sie müssen sich anschließend nicht um das Setup der Extension kümmern, alle weiteren Schritte werden Ihnen abgenommen, und Sie erhalten sozusagen eine schlüsselfertige Erweiterung, die Sie nur noch nutzen müssen.

Über das Kundenkonto bei Wyomind können Sie nach einem erfolgreichen Kauf die Extension herunterladen. Sie erhalten ein Zip-Archiv, das Sie einfach extrahieren und anschließend mittels FTP/SFTP hochladen müssen. Ein Verzeichnis müssen Sie an dieser Stelle nicht erstellen, da in dem Data-Feed-Manager-Archiv bereits die gesamte Struktur vorgegeben ist. Nachdem Sie das Archiv extrahiert und hochgeladen haben, öffnen Sie Ihren Terminal bzw. die Kommandozeile, und navigieren Sie ins Hauptverzeichnis Ihrer Magento-Instanz. Dort angekommen, führen Sie bitte folgende Befehle aus, um die Extension final zu installieren sowie die Kompilierung zu starten:

```
php bin/magento setup:upgrade
php bin/magento setup:static-content:deploy
php bin/magento setup:di:compile
```

Listing 21.1 Nachdem Sie das extrahierte Archiv hochgeladen haben, müssen Sie folgende Befehle in der Kommandozeile bzw. in der Shell ausführen.

Haben Sie diese Befehle ausgeführt, ist die Erweiterung erfolgreich installiert, und Sie können sich mit Ihren persönlichen Zugangsdaten im Magento-Backend anmelden.

Im Dashboard werden Sie anschließend direkt eine Meldung vorfinden, die auf den fehlenden Activation Key hinweist. Wenn Sie Produkte von Wyomind installieren, erhalten Sie immer einen sogenannten Activation Key. Diesen müssen Sie, wie Sie in Abbildung 21.1 sehen, in der Regel in der Konfigurationsansicht einfügen. Daraufhin aktiviert sich die Erweiterung, und Sie können sie ab diesem Zeitpunkt ohne Einschränkungen nutzen.

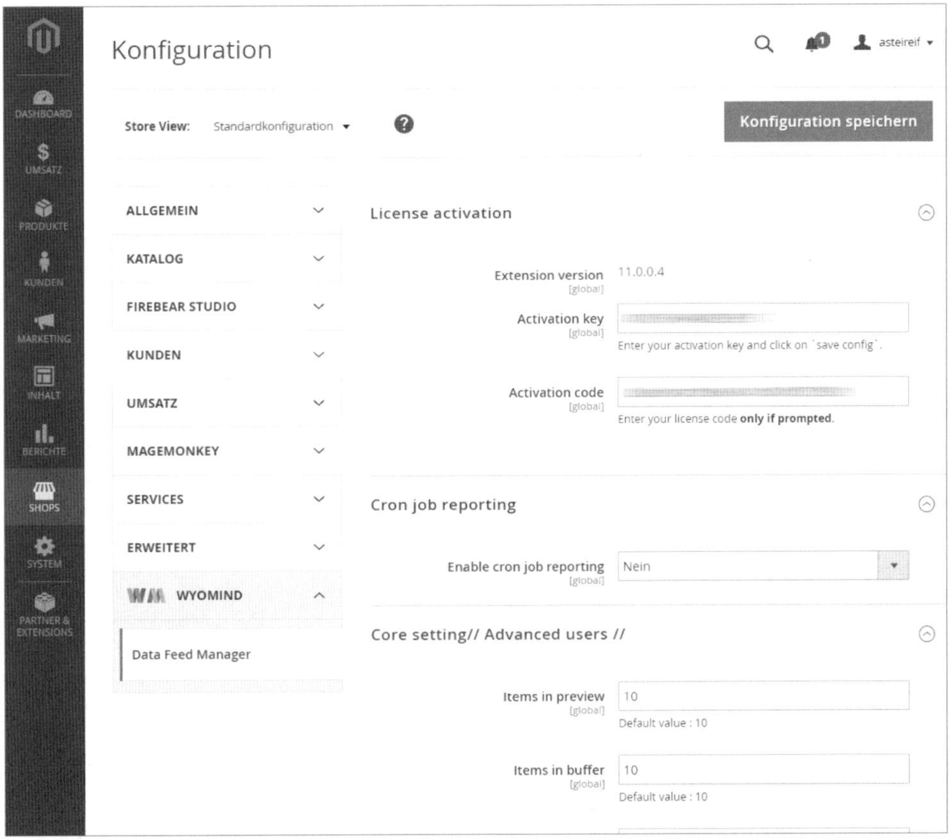

Abbildung 21.1 Innerhalb der Systemkonfiguration tut sich ein neuer Tab namens »Data Feed Manager« auf, in dem Sie den Activation Key hinterlegen können.

Neben der Möglichkeit, einen Activation Key zu hinterlegen, haben Sie zudem verschiedenste Konfigurationseinstellungen, auf die ich an dieser Stelle jedoch nicht im Detail eingehen möchte. In erster Linie handelt es sich um Konfigurationsoptionen, die Sie normalerweise gar nicht anpassen müssen. Aufgrund der Datenexporte, die recht performance-intensiv sind, können Sie verschiedene Parameter setzen, falls ein Export zu Problemen führt. So können Sie beispielsweise das PHP Memory Limit definieren oder die Anzahl der Einträge in einer SQL-Abfrage erhöhen bzw. verringern. Im normalen Gebrauch sind die im Standard definierten Parameter jedoch vollkommen in Ordnung, weswegen Sie diesen Konfigurationsabschnitt gern ignorieren dürfen.

An und für sich haben Sie den Data Feed Manager, sofern Sie die von mir erwähnten Punkte Schritt für Schritt ausgeführt haben, installiert, und Sie können die Erweiterung nutzen.

21.1.2 Einführung in den Data Feed Manager

Sofern der Data Feed Manager installiert und aktiviert ist, haben Sie unter PRODUKTE weitere Unterpunkte, die vom Data Feed Manager erzeugt werden. Konkret stehen Ihnen die Unterpunkte DATA FEEDS, BENUTZERDEFINIERTE VARIABLEN sowie CUSTOM FUNCTIONS zur Verfügung, wobei Sie an dieser Stelle die beiden letzteren Punkte ignorieren. Besonders spannend ist der Punkt DATA FEEDS, den ich im nächsten Schritt aufrufe. In dieser Ansicht angekommen, werden Sie eine Auflistung aller im System vorhandenen Data Feeds sehen. Werfen Sie hierfür einen Blick auf Abbildung 21.2.

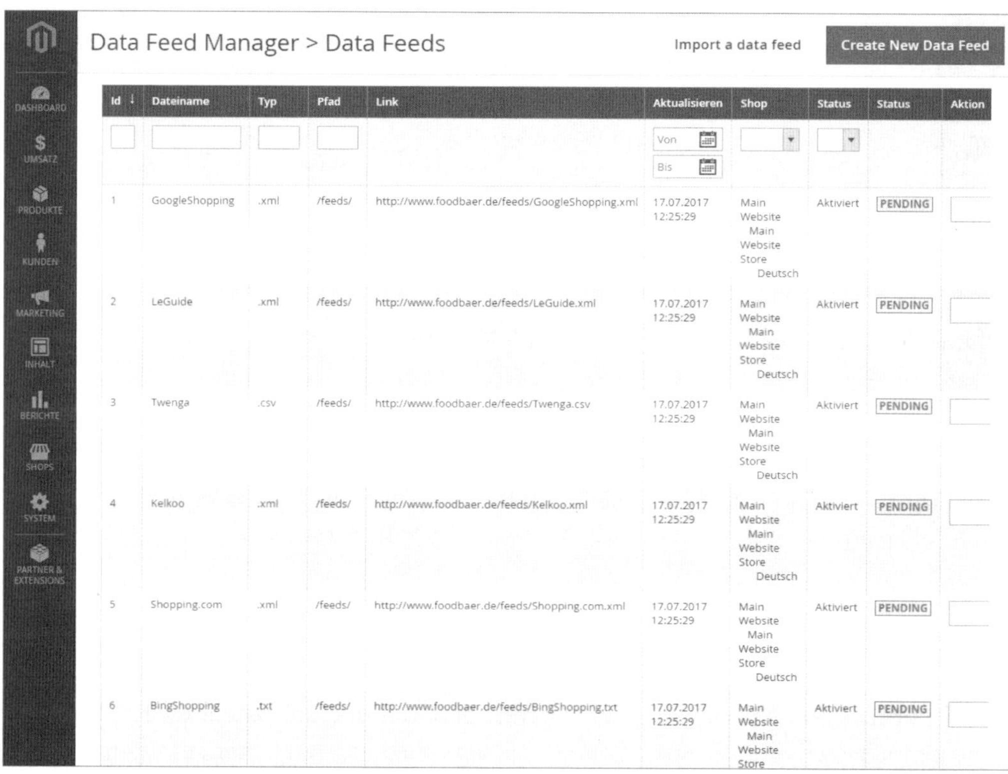

Abbildung 21.2 Der Data Feed Manager verfügt im Standard über 19 Export-Profile, die Sie out of the box nutzen können.

Der Data Feed Manager enthält von Haus aus 19 Data Feeds. Bei einem Data Feed handelt es sich um ein Export-Profil. Dieses Profil besitzt Informationen wie einen Dateinamen, aber auch eine Struktur und Informationen, welche Daten exportiert werden sollen. Zudem wird beim Export-Profil gespeichert, um wie viel Uhr die Export-Datei erzeugt werden soll. Wenn Sie jetzt ein System, beispielsweise Google Shopping oder IDEALO anbinden möchten, müssen Sie gemäß der Logik des Data Feed Managers einen Data Feed erstellen und diesem Data Feed alle relevanten Informationen mitgeben.

Ausführliche Online-Dokumentation ist vorhanden

Da ich auf den folgenden Seiten den Data Feed Manager eher im Eiltempo erklären werde, bleiben vermutlich bei Ihnen ein paar Fragen offen. An dieser Stelle kann ich Ihnen die offizielle Dokumentation, die online einsehbar ist, empfehlen. Unter *https://www.wyomind.com/magento2/data-feed-manager-magento.html* finden Sie, wenn Sie auf den Button USER GUIDE klicken, eine ausführliche Anleitung zur Nutzung des Data Feed Managers. Zudem gibt es einen weiteren Tab namens FAQ, in dem die am häufigsten gestellten Fragen beantwortet werden. Sollten diese Quellen nicht ausreichen, können Sie zudem direkt den Support unter *support@wyomind.com* kontaktieren, der äußerst schnell und sehr kompetent ist!

Wie erwähnt, legt der Data Feed Manager nach der Installation direkt eine Handvoll solcher Data Feeds an. Glücklicherweise ist darunter auch ein Profil für Google Shopping enthalten, d. h., Sie müssen den Dateiexport nicht von Grund auf selbst erstellen, sondern können auf eine bestehende Basis aufsetzen. Wenn Sie ein bestehendes Profil editieren, in diesem Fall wähle ich den Eintrag GOOGLESHOPPING aus, gelangen Sie zur Detailansicht. Innerhalb der Detailansicht können Sie dem Datenexport einen Namen geben, der sich wiederum im Dateinamen widerspiegelt. Wählen Sie daher an dieser Stelle eine sinnvolle Bezeichnung wie GoogleShopping. Beim Dateityp, hierbei handelt es sich um das nächste Feld, definieren Sie das Ausgabeformat. GoogleShopping benötigt eine XML-Datei, weswegen der Data Feed in diesem Fall auf XML gestellt ist. Alternativ können Sie aber auch CSV sowie TXT bzw. TSV auswählen. Je nachdem für welches Format Sie sich entscheiden, erfolgt die Definition der Datei übrigens auf eine andere Art und Weise. Bei einer CSV-Datei steht Ihnen eine recht übersichtliche grafische Oberfläche zum Aufbau der Datei bereit, im Fall einer XML-Datei müssen Sie direkt XML-Statements schreiben. Das Ausgabeformat bestimmt bei dieser Extension daher zwangsläufig die Art und Weise, wie Sie die Datei aufbauen. Nachfolgend definieren Sie zudem den Encoding-Typ, den Pfad, den Status des Data Feeds sowie den Store View, auf den sich der Data Feed bezieht. Diese Optionen sind in diesem Beispiel weniger relevant, weswegen ich zügig über diese Punkte hinwegfliege. Wenn Sie später die Extension in Ihrem Online-Shop nutzen sollten, schauen Sie sich bitte alle Optionen im Detail an, gegebenenfalls müssen Sie nämlich an dieser Stelle Anpassungen und Änderungen vornehmen.

Besonders spannend wird es beim Aufbau der Datei an sich (siehe Abbildung 21.3).

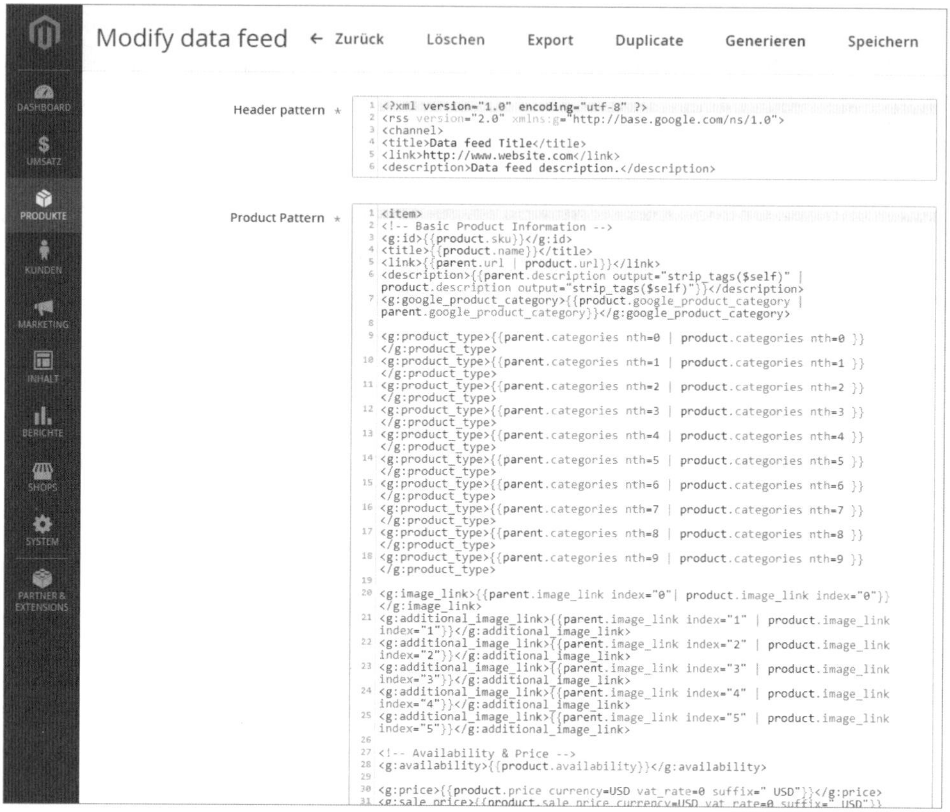

Abbildung 21.3 Wenn Sie als Ausgabeformat XML gewählt haben, müssen Sie den Aufbau der Datei direkt in Form von XML-Statements angeben.

Wie Sie sehen, müssen Sie die Datei mit XML-Statements befüllen. Im Fall von Google Shopping ist das aber gar nicht so tragisch, da Ihnen der Data Feed Manager den groben Aufbau bereits vorgibt. In dem sogenannten Pattern stehen beispielsweise Statements wie `<title>{{product.name}}</title>`. In diesem Fall sehen Sie, dass es ein Tag namens `title` gibt, das von Google benötigt wird. Bei diesem Tag wird wiederum auf den Wert `product.name` verwiesen, der direkt aus Magento stammt. Der Name entspricht dabei dem Attribut-Code. Würden Sie an dieser Stelle `product.material` schreiben, würde der Wert aus dem Attribut »Material« ausgelesen werden. Ihre Aufgabe im Fall von Google Shopping ist es, die benötigte Struktur der XML-Datei an dieser Stelle abzubilden und an den entsprechenden Stellen auf die jeweiligen Attribute Ihres Magento-Systems zu verweisen. Ausgangspunkt ist dabei die von Google vorgegebene Struktur, die an dieser Stelle aber bereits implementiert ist. Welche Attribute Ihnen übrigens zur Verfügung stehen und wie diese heißen, wird Ihnen konstant innerhalb eines Overlays angezeigt, das sich in der rechten Bildschirmhälfte befindet. Sie sehen dies in Abbildung 21.4.

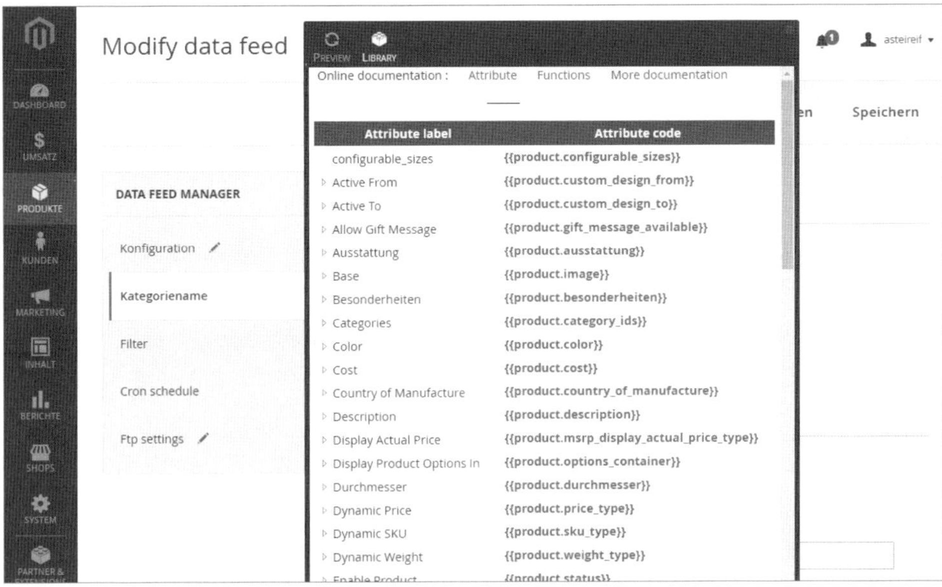

Abbildung 21.4 Die möglichen Attribute samt Attribut-Code werden konstant eingeblendet.

Dadurch sparen Sie viel Zeit bei der Suche nach Attribut-Codes, da Sie alle möglichen Attribute samt Code konstant eingeblendet bekommen. Auch können Sie in diesem Overlay auf den Button PREVIEW drücken, wodurch Sie eine Vorschau des Exports erhalten. Auch diese Funktion ist äußerst praktisch, denn Sie können direkt nachvollziehen, ob die von Ihnen getätigten Änderungen zum gewünschten Ergebnis führen oder ein Problem verursachen.

Im Tab KATEGORIENAME, den Sie auf der linken Seite sehen, können Sie zudem den Export eingrenzen, indem Sie nur bestimmte Kategorien berücksichtigen bzw. ausschließen. Dadurch haben Sie die Möglichkeit, relativ grob zu filtern und ausschließlich Produkte aus bestimmten Kategorien zu exportieren. Auch können Sie an dieser Stelle direkt ein Matching der Kategorienamen für Google Shopping durchführen. Letztendlich werden Sie in Ihrem Online-Shop andere Bezeichnungen für Kategorien haben als Google Shopping. Dennoch möchten Sie vermutlich Produkte aus bestimmten Kategorien in bestimmten Kategorien bei Google Shopping zugänglich machen. Aus diesem Grund können Sie in dem Tab KATEGORIENAMEN für jede in Ihrem System vorhandene Kategorie den Kategorienamen bei Google Shopping angeben. Weitere Informationen hierzu bzw. eine Übersicht aller in Google Shopping vorhandenen Kategorien finden Sie übrigens unter *https://support.google.com/merchants/answer/6324436?hl=de.*

Neben der Eingrenzung des Exports auf Basis von Kategorien haben Sie die Möglichkeit, Filter zu setzen. Die Filteroptionen finden Sie dabei im gleichnamigen Tab Filter. Der Data Feed Manager erlaubt Ihnen an dieser Stelle, Sie sehen das in Abbildung 21.5, die Eingrenzung auf Basis der Produktattribute bzw. des Produkttyps.

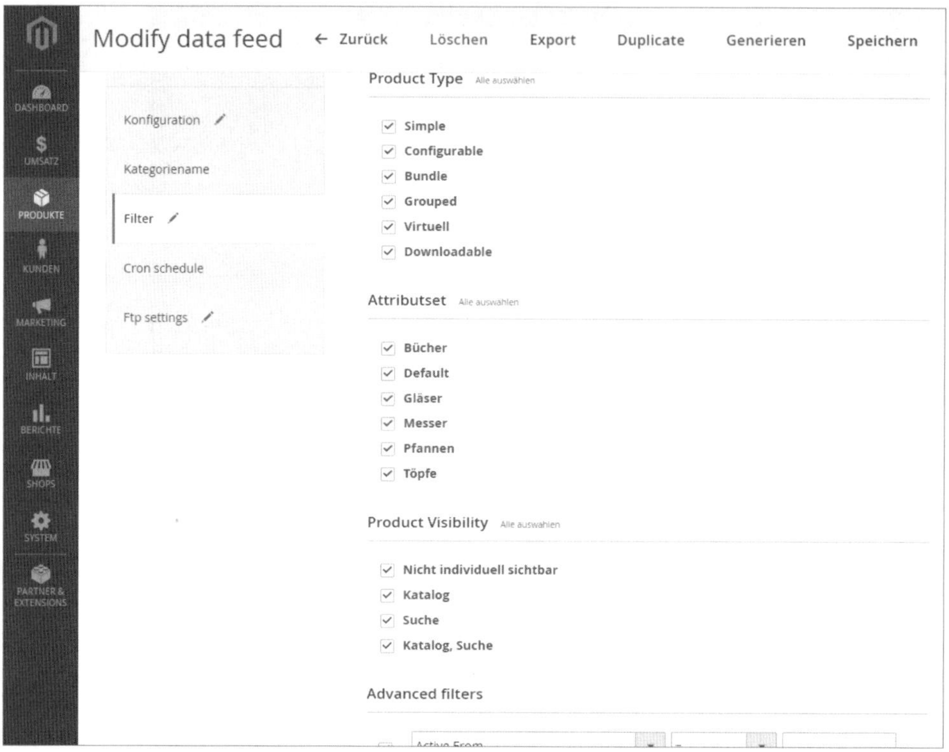

Abbildung 21.5 Produkte können anhand des Typs, des Attributsets, der Sichtbarkeit oder der Attribute gefiltert werden.

Aber nicht nur der Produkttyp steht bei der Filterung zur Auswahl. Beim Export können Sie zudem Produkte mit bestimmten Attributsets und einer zu definierenden Sichtbarkeit exportieren. Ebenso besteht die Möglichkeit, Filter auf Basis von Produktattributen zu setzen. Damit haben Sie umfangreiche Möglichkeiten, und Sie können an dieser Stelle nur die Produkte exportieren, die Sie auch tatsächlich exportieren möchten. In der Praxis ist dies äußerst wichtig, da Sie vermutlich nicht alle Produkte zu Google Shopping übertragen möchten, sondern ausschließlich ein definiertes Produktsortiment.

Abschließend existieren noch die beiden Tabs Cron schedule sowie FTP Settings. Im Tab Cron Schedule haben Sie die Möglichkeit, die Exportzeiten zu definieren.

Sie können dabei die Datei mehrmals am Tag generieren lassen, wobei die Konfiguration auf grafische Art und Weise erfolgt. In der Praxis genügt es jedoch, wenn Sie die Datei morgens zwischen ein und sechs Uhr generieren lassen, da Google Shopping die Datei sowieso nur einmal am Tag abruft. Bei den FTP SETTINGS haben Sie zudem die Möglichkeit, einen FTP-Server zu hinterlegen, auf dem die generierte Datei abgelegt wird. Für Google Shopping ist dies weniger relevant, sehr wohl aber für andere mögliche Produktdatenexporte. Exportieren Sie die Daten nicht, können diese alternativ über eine öffentliche URL aufgerufen werden. Möchten Sie daher Produktdaten bereitstellen, die nicht von jeder Person eingesehen werden können, so empfiehlt sich die Nutzung der FTP-Funktionalität.

21.1.3 Benutzerdefinierte Variablen und Custom Functions

Der Vollständigkeit halber seien an dieser Stelle noch die Optionen BENUTZERDEFINIERTE VARIABLEN und CUSTOM FUNCTIONS erwähnt. Bei den benutzerdefinierten Variablen handelt es sich um einen Übersetzungsfehler, denn diese Funktion hat nichts mit Variablen zu tun. An dieser Stelle können Sie selbst Attribute definieren, die sich später beim Produktdatenexport nutzen lassen. Bei der Definition der Variablen können Sie auf Basis von PHP arbeiten und somit eine eigene Logik entwickeln. An dieser Stelle haben Sie daher die Möglichkeit, mittels PHP auf andere Attribute, Systemfunktionen und auch auf die Datenbank zuzugreifen. Die Möglichkeiten sind daher grenzenlos. Ich nutze diese Funktionalität gern, wenn sich ein Wert aus mehreren Attributen zusammensetzt und gegebenenfalls nochmals manipuliert werden muss. Bevor Sie innerhalb der XML-Datei ein merkwürdiges Konstrukt an Abfragen bauen, nutzen Sie lieber die Möglichkeit der eigenen Attribute, und versehen Sie an dieser Stelle Ihr eigenes Attribut mit der notwendigen Logik.

Custom Functions gehen in eine ähnliche Richtung, sind aber nicht ganz so mächtig. Eine eigene Funktion ermöglicht die Bearbeitung eines Attributwerts und formatiert beispielsweise den Preis. Im Prinzip kann eine Custom Function mit jeder Art Ergebnis aus einem Attribut arbeiten. Da Sie die Möglichkeit haben, PHP-Code zu hinterlegen, können Sie mit dem Rückgabewert aus dem Attribut alles Mögliche anstellen, angefangen von einer Suchen-&-Ersetzen-Funktion bis hin zur Entfernung von HTML-Tags. Auch hier sind Ihnen keine Grenzen gesetzt, und Sie können im Prinzip jede benötigte Funktion ergänzen.

21.1.4 Google Shopping mit Produktdaten versorgen

Angenommen, Sie haben mit dem Wyomind Data Feed Manager einen Export für Google Shopping erstellt, dann benötigen Sie im nächsten Schritt zudem einen Google-Merchant-Center-Account. Das ist aber an sich kein Problem, wie Sie auf den folgenden Seiten sehen werden. Voraussetzung für einen Google-Merchant-Center-

Account ist ein bestehendes Google-Konto, das Sie aber bereits im Verlauf des Buches angelegt haben. Sollten Sie aktuell noch nicht über einen Google-Account verfügen, legen Sie sich bitte im ersten Schritt einen Google-Account an. Hierfür fallen keine Kosten an, die Anlage ist für Sie vollkommen kostenfrei.

Rufen Sie, sofern Sie über einen Google-Account verfügen, die URL *https://www.google.com/retail/solutions/merchant-center/* auf, und klicken Sie auf SIGN UP. An dieser Stelle bezieht sich das Sign-up, also die Registrierung, nicht auf den Benutzer-Account, sondern auf den Merchant-Center-Account. Da Sie, davon gehe ich zumindest an dieser Stelle aus, noch keinen Account besitzen, müssen Sie zuerst einen neuen registrieren. Sofern Sie hingegen schon über einen Merchant-Center-Account verfügen, müssen Sie auf SIGN IN klicken. Anschließend werden Sie zum Registrierungsformular weitergeleitet, das Sie in Abbildung 21.6 sehen.

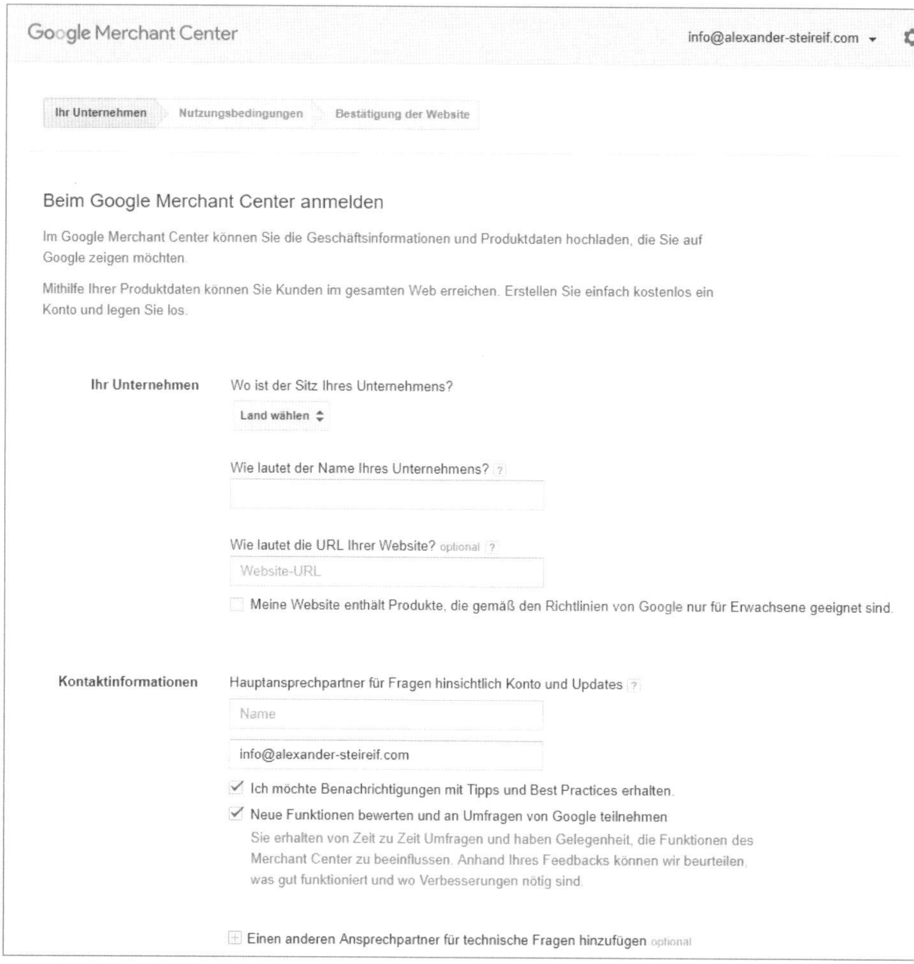

Abbildung 21.6 Bei der Registrierung im Google Merchant Center müssen Sie allgemeine Informationen zu Ihrem Unternehmen hinterlegen.

Im ersten Schritt müssen Sie allgemeine Informationen zu Ihrem Unternehmen hinterlegen, beispielsweise, in welchem Land sich dieses befindet oder wie die URL der Website sowie der Name des Unternehmens lauten. Haben Sie diese Informationen ausgefüllt, werden Sie im nächsten Schritt darum gebeten, die Geschäftsbedingungen zu akzeptieren. Um die Registrierung abzuschließen, sollten Sie noch die Website beanspruchen. Google muss sicherstellen, dass Sie tatsächlich der Besitzer der angegebenen Website sind. In der Regel sollte der Besitz bereits durch die Nutzung der Google Webmaster Tools sowie Google Analytics bestätigt sein, denn Google kennt Sie mit Ihrem Google-Account bereits und weiß auch, welche Website Ihnen gehört. Die Beanspruchung ist dabei nur ein weiterer Schritt, bei dem Sie auf einen Button klicken müssen. Haben Sie dies getan, können Sie die Registrierung abschließen.

Daraufhin landen Sie auf der Startseite des Google Merchant Centers, an dem Ort, an dem Sie Ihre Produkte zu Google übermitteln können, damit diese in den Google-Shopping-Ergebnissen auftauchen. Ähnlich wie bei Google Analytics handelt es sich bei dem Merchant Center um ein recht umfangreiches und komplexes Tool, das nicht auf die Schnelle innerhalb weniger Seiten beschrieben werden kann. Daher möchte ich Ihnen an dieser Stelle keinen umfassenden Überblick über alle Funktionen geben, sondern Ihnen nur die für den Produktimport wichtigsten Stellen zeigen. Wenn Sie sich näher für das Google Merchant Center interessieren, empfehle ich Ihnen, die jeweiligen Menüpunkte in Ruhe durchzugehen. Leider gibt es kein Buch, auf das ich an dieser Stelle referenzieren kann. Viele Punkte erfassen Sie am besten, indem Sie getreu der Trial-and-Error-Methode durch die jeweiligen Masken und Ansichten springen.

Um die Produktdaten, das möchte ich Ihnen an dieser Stelle im Detail zeigen, hochzuladen, klicken Sie bitte im linken Menü auf PRODUCTS. Daraufhin öffnet sich eine neue Ansicht, in der Sie auf FEEDS (NEW) klicken. In dieser Ansicht werden Sie einen recht großen und somit auffälligen blauen Button mit einem Plus-Symbol vorfinden. Wenn Sie auf das Plus-Symbol klicken, öffnet sich eine weitere Ansicht, die Sie in Abbildung 21.7 sehen. Durch diese Ansicht müssen Sie sich Schritt für Schritt klicken und alle von Google abgefragten Informationen angeben. So weit ist dies aber unspektakulär und sollte Sie an dieser Stelle auch nicht vor Probleme stellen, da die zu hinterlegenden Informationen recht konkret abgefragt werden. Google wird Sie an einem bestimmten Punkt übrigens auch fragen, wie Sie die Produktdaten bereitstellen möchten.

Für die Bereitstellung der Produktdaten gibt es unterschiedlichste Methoden, so können Sie die Produkte via Google Sheets übermitteln oder manuell hochladen. An dieser Stelle sollten Sie sich jedoch für die Option SCHEDULED FETCH entscheiden. Im nächsten Schritt können Sie dann auf die vom Data Feed Manager erzeugte XML-Datei verweisen, und Google wird ab diesem Moment automatisiert zu der von Ihnen definierten Uhrzeit die erzeugte Produktdatendatei abholen.

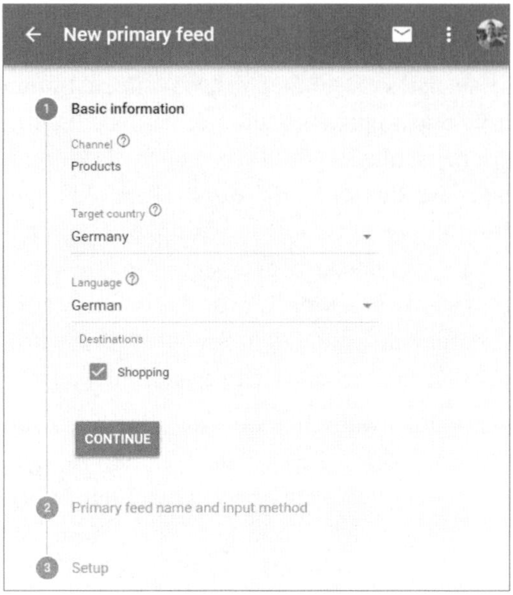

Abbildung 21.7 Bevor Sie einen Daten-Feed hochladen können, müssen Sie zuerst Informationen zu Ihrem Land hinterlegen.

Google wird anschließend die XML-Datei importieren, und ab diesem Zeitpunkt stehen die Produktdaten im Google Merchant Center zur Verfügung. Das Merchant Center wird Ihnen zudem weiterführende Informationen auch hinsichtlich der Datenqualität liefern. Der Export, das haben Sie gesehen, ist relativ schnell erstellt. In der Praxis scheitert der Import im Merchant Center oftmals an fehlenden Produktdaten wie einer EAN. Sollte es Probleme geben, wird Sie das Merchant Center aber entsprechend darauf hinweisen. Anschließend müssen Sie Ihre Produktdaten überarbeiten und können einen neuen Export bzw. Import anstoßen.

Mit dem Import der Produktdaten haben Sie zudem den Grundstein für Google Shopping gesetzt. Im nächsten Schritt müssen Sie noch eine Kampagne erstellen und diese Kampagne mit einem täglichen Budget ausstatten. Haben Sie dies getan, werden Ihre Produkte in Zukunft auch auf Google Shopping angezeigt, und Sie können damit den Traffic in Ihrem Online-Shop entsprechend steigern.

21.1.5 Preissuchmaschinen und Portale abseits von Google Shopping

Egal, welche Preissuchmaschinen bzw. Preisportale Sie anbinden möchten, mit dem Data Feed Manager haben Sie grundsätzlich die Möglichkeit, dies zu tun. In der Regel wird ein Portal wie IDEALO oder billiger.de einen Daten-Feed auf Basis des CSV- bzw. XML-Formats verlangen. Genau diese beiden Formate gehören zum Standard des Data Feed Managers. Große Unterschiede gibt es meistens bei der Struktur, d. h., die benötigten Attribute und deren Bezeichnung unterscheiden sich je nach Preissuchmaschine bzw. Preisportal. Aus diesem Grund stehen Ihnen eine sehr flexible Oberfläche und eine einfache Möglichkeit zur Bearbeitung der Struktur und der Inhalte zur Verfügung. In Abbildung 21.8 sehen Sie einen beispielhaften Export im CSV-Format. Im Gegensatz zur Ausgabe als XML-Datei können Sie die Spalten visuell hinzufügen und somit den Namen, sprich die Spaltenüberschrift und das Attribut, in Form einer Tabelle hinzufügen.

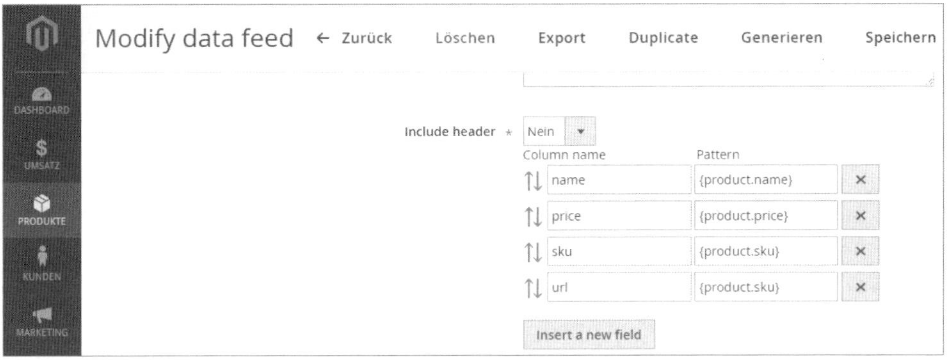

Abbildung 21.8 Beim Export als CSV-Datei können Sie die Spalten und Attribute grafisch hinzufügen.

21.1.6 Der Data Feed Manager als Must-Have-Extension für Shop-Betreiber

Wenn Sie Produktdatenexporte erstellen möchten, so gibt es meiner Meinung nach aktuell keine bessere Extension als den Wyomind Data Feed Manager. Sie können verschiedenste Ausgabeformate nutzen, die Struktur der Exporte komplett selbst bestimmen, haben umfangreiche Filtermöglichkeiten und können mittels der Custom Functions bzw. benutzerdefinierten Variablen sogar direkt auf Basis von PHP-Code arbeiten. Das Ganze kostet dabei noch nicht einmal ein Vermögen, sondern fällt mit knapp 95 € so gut wie nicht ins Gewicht. In meinen Projekten kommt daher zu knapp 99 % der Wyomind Data Feed Manager zum Einsatz. Es handelt sich hierbei tatsächlich um ein Paradebeispiel für eine sinnvolle, sauber entwickelte und erschwingliche Magento-Extension!

21.2 Mit M2E Pro auf eBay und Amazon verkaufen

Preissuchmaschinen wie Google Shopping stellen eine Möglichkeit dar, Umsätze und vor allem auch den Traffic des eigenen Online-Shops zu steigern. Alternativ zur Nutzung von Preissuchmaschinen können Sie jedoch auch direkt auf Plattformen wie Amazon und eBay verkaufen. Marktplätze wie diese bieten viele Chancen und Möglichkeiten. Es ist vollkommen egal, wie gut oder schlecht Ihr eigener Online-

Shop ist, da der Einkauf direkt auf Amazon bzw. eBay durchgeführt wird. Sie nutzen daher einen bereits sehr stark optimierten Checkout-Prozess, wodurch sich Abbruchraten im Rahmen halten sollten. Auch können Sie auf einen riesigen Pool an potenziellen Kunden zurückgreifen, denn ohne, dass Sie in Werbung investieren müssen, tummeln sich auf eBay und Amazon interessierte Nutzer, die ihr Geld loswerden und Bestellungen aufgeben möchten. Als Shop-Betreiber haben Sie letztendlich nur eine, dafür aber sehr große Herausforderung, wenn Sie auf eBay bzw. Amazon aktiv sind: Sie müssen ein attraktives Produktportfolio mit konkurrenzfähigen Preisen besitzen. Die Vergleichbarkeit auf den Marktplätzen ist geradezu furchteinflößend. Sobald ein Mitbewerber denselben Artikel wie Sie verkauft, geht es nur noch um den attraktivsten Preis sowie die besten Bewertungen des eigenen Unternehmens auf der jeweiligen Plattform. Diese einfache Vergleichbarkeit haben Sie schlussendlich auf dem eigenen Online-Shop nicht, weswegen Marktplätze auch nicht zwangsläufig den Heiligen Gral innerhalb der Multi-Channel-Strategie darstellen. Marktplätze sind eine tolle Möglichkeit, Umsätze und die Bekanntheit des eigenen Unternehmens zu steigern, sind jedoch auch durch den harten Konkurrenzkampf und die in der Regel hohe Mitbewerberdichte alles andere als einfach zu bespielen.

Wie auch beim Thema Preissuchmaschinen möchte ich an dieser Stelle jedoch nicht Marktplätze an sich bewerten. Ob die Nutzung ein Teil Ihrer E-Commerce-Strategie sein sollte, lässt sich von außen schwer beurteilen. Dafür gibt es zu viele Faktoren, und es hängt zu stark von Ihrem Produktsortiment und der anvisierten Zielgruppe ab. Einen Versuch ist es aber sicherlich wert, gerade wenn Sie auf Magento setzen. Denn Magento bietet eine äußerst einfache und charmante Möglichkeit, um Produkte bei eBay bzw. Amazon zu verkaufen. Zwar steht Ihnen diese im Standard nicht zur Verfügung, aber eine äußerst interessante Erweiterung erlaubt Ihnen recht stressfrei die Anbindung von Amazon und eBay und ermöglicht Ihnen dadurch den schnellen und unkomplizierten Einstieg in die Multi-Channel-Distribution.

21.2.1 Erweiterung M2E Pro installieren

Damit Sie Produkte auf Amazon und eBay verkaufen können, benötigen Sie im ersten Schritt die Extension M2E Pro. Hierbei handelt es sich um eine enorm umfangreiche Erweiterung, die Ihnen das Listing von Produkten sowie die gesamte Bestellverarbeitung ermöglicht. Wenn Sie M2E Pro nutzen, benötigen Sie im Prinzip keine weitere Erweiterung bzw. Modifikation, um von Ihrem Magento-System aus Amazon sowie eBay zu bespielen. Besonders interessant an M2E Pro ist zudem die Preisgestaltung, denn Sie bezahlen abhängig vom generierten Umsatz eine überschaubare Gebühr. Wenn Sie wenig Umsatz pro Monat generieren, was speziell in der Anfangsphase der Fall sein wird, werden Sie sogar ohne Lizenzkosten auskommen. Damit ist die Extension auch unter Berücksichtigung des Preis-Leistungs-Verhältnisses unschlagbar.

Wenn auch Sie M2E Pro nutzen möchten, besuchen Sie bitte im ersten Schritt die offizielle Website unter *https://www.m2epro.com*. Dort angekommen, müssen Sie im nächsten Schritt ein Benutzerkonto erstellen. Um dies zu tun, klicken Sie auf den Button MY ACCOUNT, bzw. rufen Sie direkt die URL *https://clients.m2epro.com/* auf. Auf dieser Seite finden Sie neben dem Login-Formular zudem die Registrierung, die Sie an dieser Stelle vollständig ausfüllen. Nach einer erfolgreichen Registrierung erhalten Sie noch einen Bestätigungslink per E-Mail. Haben Sie diesen angeklickt, können Sie sich anschließend anmelden und innerhalb des Accounts Ihre persönlichen Daten, die Zahlungsdaten sowie die Rechnungshistorie einsehen. Den angelegten Account benötigen Sie später, wenn Sie die Extension in Magento installiert haben, um eine Relation zwischen Ihrem Account und Ihrer Magento-Installation herzustellen. Wenn Sie M2E Pro nutzen, ist dies leider Pflicht. Nur so kann M2E Pro später nachvollziehen, wie hoch der generierte Umsatz war und welchen Betrag Sie entsprechend bezahlen müssen.

Um M2E Pro nun zu installieren, können Sie die Extension direkt bei GitHub herunterladen. Gehen Sie hierzu auf *https://github.com/m2epro/magento2-extension*, und klicken Sie auf den grünen Button namens CLONE OR DOWNLOAD. Daraufhin, Sie kennen das bereits von der Installation der importexport-Extension, klicken Sie auf DOWNLOAD ZIP. Nachdem Sie das Zip-Archiv heruntergeladen und extrahiert haben, laden Sie das extrahierte Archiv per FTP/SFTP auf Ihr Magento-System hoch. Davor müssen Sie jedoch zuerst innerhalb des Verzeichnisses *app/code* den Ordner */Ess/M2ePro* erstellen. Wenn Sie den Upload der Dateien im Verzeichnis *MePro* abgeschlossen haben, starten Sie die Kommandozeile bzw. Shell, und navigieren Sie zum Hauptverzeichnis Ihrer Magento-Installation. Dort angekommen, führen Sie bitte folgende Befehle aus:

```
php bin/magento setup:upgrade
php bin/magento setup:static-content:deploy
php bin/magento setup:di:compile
```

Listing 21.2 Nachdem Sie das extrahierte Archiv hochgeladen haben, müssen Sie folgende Befehle in der Kommandozeile bzw. in der Shell ausführen.

Daraufhin haben Sie, sofern Magento an dieser Stelle keine Fehler ausgibt, die Extension erfolgreich installiert. Wenn Sie nun ins Magento-Backend wechseln, werden Sie in der linken Navigationsleiste direkt zwei neue Menüpunkte vorfinden. Dabei handelt es sich zum einen um die eBay- und zum anderen um die Amazon-Integration.

21.2.2 eBay anbinden und nutzen

Werfen Sie im ersten Schritt einen Blick auf die Anbindung von eBay. Klicken Sie hierzu, wenn Sie die Extension bei sich selbst installiert haben, auf den Menüeintrag eBay Integration (Beta). Daraufhin öffnet sich ein Wizard, der aus drei Schritten besteht.

Im ersten Schritt müssen Sie allgemeine Informationen bzw. Kontaktdaten hinterlegen. Das ist so weit nicht ganz so spannend, achten Sie an dieser Stelle aber bitte darauf, dass Sie auch tatsächlich alle Pflichtfelder ausfüllen. Danach definieren Sie, ob es sich um einen Live- oder einen Sandbox-Account handelt. Einen Sandbox-Account würden Sie dann verwenden, wenn Sie im Testmodus arbeiten wollen. Beim Sandbox-Account können Sie jegliche Art von Tests durchführen, ohne dass an dieser Stelle reale Transaktionen durchgeführt werden oder Listungen entstehen. Wenn Sie anschließend auf Weiter klicken, gelangen Sie zu eBay und landen dort beim Login. In diesem Schritt müssen Sie nämlich Ihr Magento-System mit eBay verbinden. Die Verbindung ist recht einfach, denn Sie müssen sich zuerst nur mit den Daten Ihres eBay-Kontos anmelden.

eBay-Verkäuferkonto wird vorausgesetzt

Beachten Sie, dass Sie für die Nutzung von M2E Pro bzw. für den Verkauf auf eBay ein sogenanntes *Verkäuferkonto* benötigen. Mit Ihrem »privaten« eBay-Account werden Sie an dieser Stelle leider nicht weiterkommen. Die Registrierung des Verkäuferkontos kann recht problemlos durchgeführt werden, im ersten Schritt entstehen zudem keine Kosten, da eBay keine Grundgebühr oder Ähnliches verlangt. Stellen Sie sich aber darauf ein, dass die Prüfung des Verkäuferkontos einige Zeit in Anspruch nehmen kann. Der Prüfprozess kann unter Umständen sogar mehrere Tage dauern.

Haben Sie sich erfolgreich angemeldet, müssen Sie den Bedingungen zustimmen und M2E Pro den Zugriff auf Ihren eBay-Account gestatten. Sobald die Berechtigungen gesetzt sind, wofür Sie einfach auf den Agree-Button klicken, ist M2E Pro autorisiert, Daten mit Ihrem eBay-Account auszutauschen, was für die Listung von Produkten und die Abfrage von Bestellungen die Grundvoraussetzung ist. Danach landen Sie wieder in Ihrem Magento-Backend und können den Wizard, bestehend aus drei Schritten, abschließen, indem Sie auf Create First Listing klicken. Wie Sie sehen, ist die Verbindung von Magento und eBay recht simpel. Nachdem Sie die drei Schritte durchgeführt haben – im Prinzip müssen Sie sich nur zum richtigen Zeitpunkt bei eBay anmelden –, haben Sie die beiden Systeme miteinander verbunden, und Sie können mit der Nutzung starten. In der Praxis benötigen Sie dafür keine zwei Minuten.

Nachdem Sie eBay und Magento verbunden haben, können Sie direkt mit der Listung von Produkten auf eBay starten. Nach Durchlaufen des Wizards landen Sie direkt im initialen Erstellungsprozess einer Listung. Diesen sehen Sie in Abbildung 21.9.

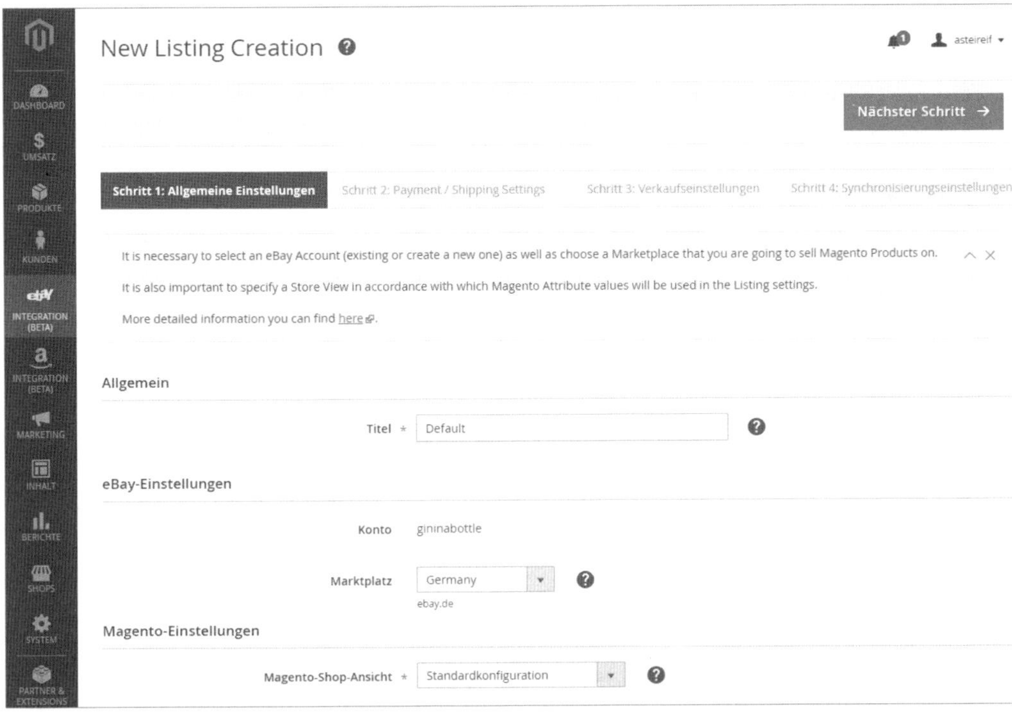

Abbildung 21.9 M2E Pro führt Sie Schritt für Schritt durch den Listungsprozess.

Mit Listing ist in M2E Pro eine Art Konfigurationseinheit gemeint. Ein Listing besteht aus Rahmenbedingungen wie Versandkosten, Zahlungsmethoden oder auch Synchronisationseinstellungen. Diesem Listing können anschließend Produkte zugewiesen werden, die dann automatisch die Einstellungen des Listings ergeben. Dabei können Sie selbstverständlich mehrere Listings anlegen, die jeweils über unterschiedliche Produkte verfügen können. In der Praxis, das ist zumindest meine Vorgehensweise, erstelle ich immer ein Default Listing, in dem der Großteil alle Produkte landet. Zusätzlich hierzu gibt es noch Aktionslistings, in denen günstige Produkte bzw. Angebote landen. Diese Listings haben dann andere Einstellungen im Vergleich zum Default Listing.

Um Sie an dieser Stelle jedoch nicht komplett zu verwirren, zeige ich Ihnen die Anlage eines Listings Schritt für Schritt. Wie Sie in Abbildung 21.9 sehen, müssen Sie im ersten Schritt einen Titel und einen Marktplatz angeben. Der Titel wird ausschließlich intern verwendet, d. h., die Bezeichnung spielt an dieser Stelle keine allzu große Rolle. Beim Marktplatz können Sie z. B. eBay Deutschland oder eBay USA auswählen. Mit dem M2E Pro-Tool lässt sich grundsätzlich nicht nur eBay in Deutschland, sondern eBay in den unterschiedlichsten Ländern steuern. Der Marktplatz kann also auch ein Differenzierungsmerkmal des Listings sein, und Sie können ein Default

Deutschland Listing sowie ein Default USA Listing anlegen. Nachdem Sie den Marktplatz ausgewählt haben, müssen Sie zudem den Store View wählen, aus dem die Daten ausgelesen werden sollen. Wenn Sie in den USA verkaufen, würde es Sinn ergeben, einen Store View für die USA zu erstellen, in dem alle Produktbeschreibungen und Informationen auf Englisch hinterlegt sind. Dadurch würden Sie bei dem Listing für den amerikanischen Marktplatz von eBay zum Store View USA greifen, in Deutschland hingegen zur Standardkonfiguration bzw. zur Store View Deutschland.

Haben Sie diese Einstellungen und Anpassungen vorgenommen, können Sie zum zweiten Schritt gehen. In diesem Schritt definieren Sie in erster Linie die erlaubten Zahlungsmethoden sowie Versandarten. Auf eBay stehen hierbei folgende Zahlungsmethoden zur Verfügung:

- PayPal
- Nachnahme
- Sonstige / siehe Artikelbeschreibung
- Überweisung
- Kreditkarte akzeptiert
- Barzahlung bei Abholung akzeptiert

Per Checkbox können Sie an dieser Stelle bestimmen, welche Zahlungen Sie erlauben. Wie Sie sich vorstellen können, ist daher auch die Zahlungsmethode ein Unterscheidungsmerkmal eines Listings. Wenn Sie beispielsweise Produkte verkaufen, die nur per Barzahlung gekauft werden dürfen, so können Sie ein neues Listing erstellen und diesem Listing nur diese Zahlungsmethode hinzufügen, wohingegen im Default Listing alle Zahlungsmethoden akzeptiert werden. An dieser Stelle sei übrigens auch erwähnt, dass sich eBay im Fall der Kreditkartenzahlung um die komplette Abwicklung kümmert, d. h., Ihnen werden natürlich keine Kreditkartendaten übermittelt, sondern eBay kümmert sich um den gesamten Zahlungsprozess und garantiert hierbei auch, dass alle rechtlichen Standards und Anforderungen eingehalten werden. Haben Sie sich für eine oder mehrere Zahlungsmethoden entschieden, können Sie diese Konfiguration als Rahmenbedingung speichern. Immer wenn Sie etwas konfigurieren können, beispielsweise Zahlungsmethoden und Versandarten, erlaubt M2E Pro die Speicherung der Konfiguration. Dabei spricht M2E Pro selbst von Rahmenbedingungen, wobei das Wort Konfiguration eigentlich treffender wäre. In der Praxis können Ihnen diese Rahmenbedingungen viel Zeit sparen und Aufwand reduzieren. Angenommen, Sie wählen die Zahlungsarten Kreditkarte und PayPal an und speichern diese Rahmenbedingungen, z. B. unter der Bezeichnung »Standard«, dann können Sie beim nächsten Listing direkt diese Rahmenbedingungen auswählen und müssen nicht erst alle Checkboxen anhaken. Speziell wenn Sie mit vielen Listings arbeiten, kann Ihnen die Nutzung der Rahmenbedingungen daher einen richtigen Effizienz-Boost verleihen!

Neben der Definition der erlaubten Zahlungsmethoden können Sie, wenn Sie in dieser Ansicht ein wenig nach unten scrollen, zudem die erlaubten Versandmethoden festlegen. Hierbei handelt es sich um ein im Vergleich zu den Zahlungsmethoden etwas komplexeres Konstrukt, wie Sie in Abbildung 21.10 sehen.

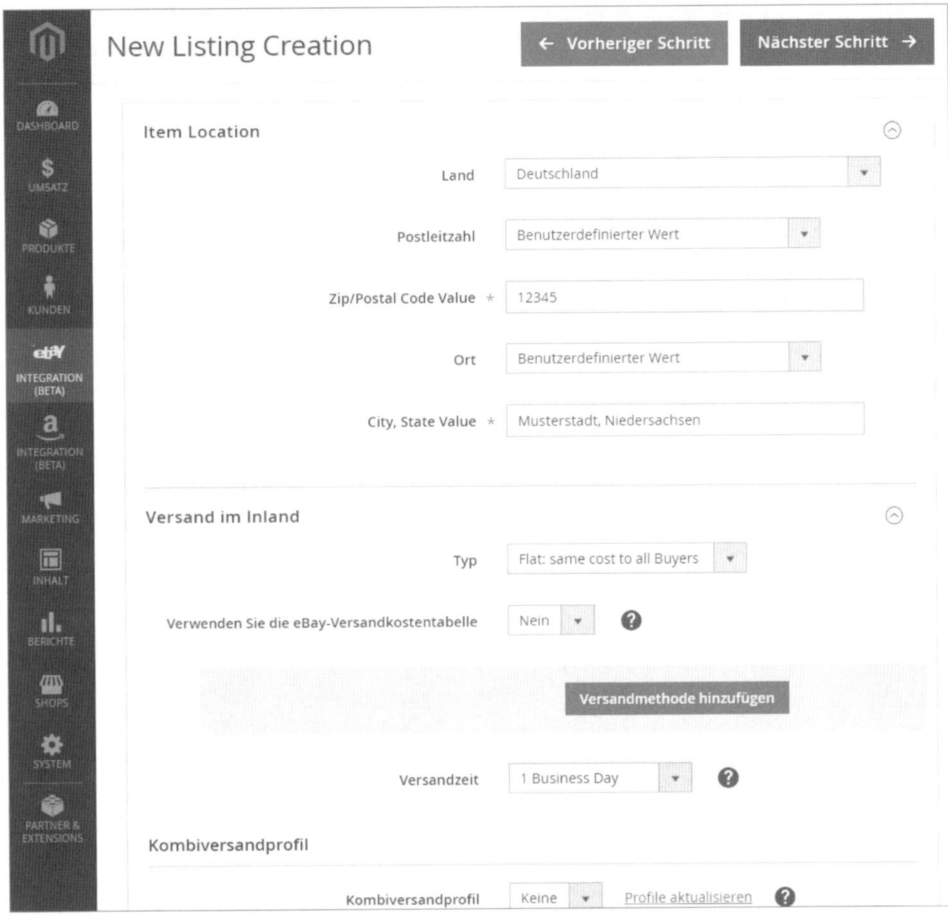

Abbildung 21.10 Bei der Auswahl der Versandmethoden stehen Ihnen die unterschiedlichsten Optionen zur Verfügung.

Bevor Sie eine oder mehrere Versandmethoden auswählen, sollten Sie zuerst Ihre Versandadresse hinterlegen. Diese wird später bei eBay angezeigt und spielt speziell bei der Abholung und Bezahlung vor Ort eine gewisse Rolle. Haben Sie Ihre Versandadresse hinterlegt, können Sie mithilfe des Buttons VERSANDMETHODE HINZUFÜGEN beliebig viele Methoden erstellen. Die Versandarten bzw. Bezeichnungen sind von eBay vorgegeben, d. h., Sie können aus einer recht umfangreichen Liste wählen und müssen zu jeder Methode einen Preis hinterlegen. Theoretisch könnten Sie auch bei einem Produkt über ein neues Attribut die Versandkosten speichern und an dieser Stelle dynamisch auslesen, aber damit würden Sie schon recht tief in M2E Pro einsteigen. Alternativ zur Definition der Versandmethoden via M2E Pro können Sie diese auch direkt in eBay definieren, und M2E Pro würde nur noch auf diese Werte zurückgreifen.

Scrollen Sie ein wenig nach unten, werden Sie zudem nochmals einen ähnlichen Bereich mit Versandmethoden vorfinden. In diesem definieren Sie den Versand ins Ausland. Grundsätzlich können Sie diesen komplett untersagen, wenn Sie jedoch auch ins Ausland versenden, müssen Sie wiederum geeignete Versandmethoden auswählen und diese mit einem Preis versehen. In Kombination hierzu haben Sie auch die Möglichkeit, Orte zu definieren, die nicht beliefert werden sollen. So können Sie gewisse Orte blacklisten, obwohl Sie den Versand in das Land an sich erlauben.

Abschließend müssen Sie zudem noch die Rücknahmebedingungen definieren, wobei diese im Prinzip gesetzlich vorgegeben sind. Sie haben jedoch die Möglichkeit, Sie sehen das in Abbildung 21.11, weiterführende Informationen zu hinterlegen und gegebenenfalls den Rückgabezeitraum zu erhöhen.

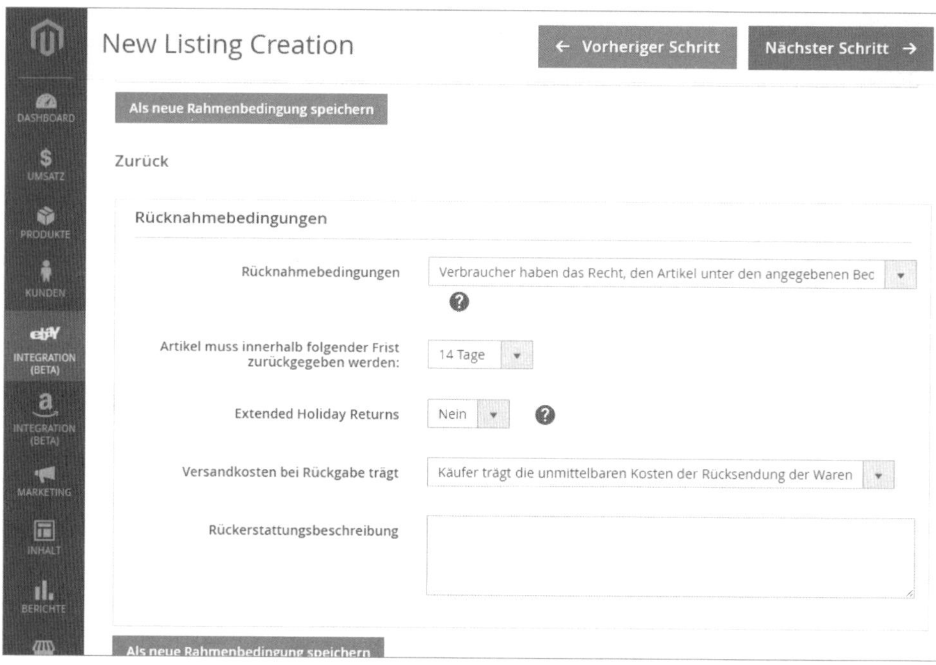

Abbildung 21.11 Die Rücknahmebedingungen müssen ebenfalls definiert werden, sodass im Fall einer Retoure die Rahmenbedingungen klar sind.

Wie die Zahlungsmethoden können Sie auch die definierten Versandmethoden sowie die Einstellungen bezüglich der Rücknahmebedingungen als Rahmenbedingung speichern und somit beim nächsten Listing erneut relativ schnell verwenden.

Der dritte und nächste Schritt behandelt alle Informationen und Optionen, die mit dem direkten Verkauf der Produkte zu tun haben. Zuerst definieren Sie den Angebotstyp, d. h. ob es sich um eine Auktion oder einen Festpreis handelt. An dieser Stelle können Sie zudem einschränken, ob das Produkt öffentlich eingesehen bzw. ob es ausschließlich von Geschäftskunden gekauft werden kann. In der Praxis wird an dieser Stelle in der Regel der Angebotstyp Festpreis verwendet, und das Angebot kann natürlich öffentlich eingesehen werden, da Sie eine so hohe Stückzahl wie möglich verkaufen wollen.

Bei der Stückzahl und Dauer, hierbei handelt es sich ein wenig weiter unten um den nächsten Konfigurationsabschnitt, hinterlegen Sie die zu übertragende Stückzahl und definieren Sie die Angebotsdauer. Theoretisch können Sie alle Produkte gemäß dem Lagerbestand übertragen. Jedoch haben Sie auch die Möglichkeit, nur die Hälfte des Lagerbestands zu übermitteln. An dieser Stelle lässt Ihnen M2E Pro recht viele Möglichkeiten, und Sie können für sich entscheiden, welche Stückzahlen Sie immer übermitteln möchten. Auch der Zugriff auf ein individuelles Problem wäre an dieser Stelle denkbar.

Gefolgt von diesen Optionen, geht es im nächsten Abschnitt um den Preis sowie die Besteuerung. Den Produktpreis könnten Sie ebenfalls aus einem individuellen Attribut auslesen. Im einfachsten Fall übermitteln Sie eBay den im Online-Shop hinterlegten Preis, für den Sie nochmals Auf- bzw. Abschläge, absolut oder prozentual, definieren könnten. Beachten Sie an dieser Stelle zudem die Steuerkonfiguration. Ähnlich wie bei den Versandmethoden können Sie diese direkt bei eBay hinterlegen und verwalten, ansonsten müssen Sie dem Listing die Höhe der Mehrwertsteuer mitgeben, wie Sie auch in Abbildung 21.12 erkennen können.

Nachdem Sie den Preis und die Mehrwertsteuer hinterlegt haben, geht es um die Produktbeschreibung. Diese ist elementar und ausschlagend für den Erfolg auf eBay. Denn nur, wenn Sie eine gute und umfangreiche Produktbeschreibung inklusive guter Produktbilder anbieten, wecken Sie das Interesse der Nutzer und können diese überzeugen! M2E Pro stellt Ihnen hierfür eine Fülle von Feldern bereit, angefangen vom Produktbild und den Galeriebildern bis hin zu einem möglichen Wasserzeichen und natürlich dem Beschreibungstext. Auch hier basiert die Logik wieder auf den Attributen, d. h., Sie können bei allen Optionen definieren, aus welchen Attributen die Informationen ausgelesen werden sollen. Dabei müssen Sie jedoch nicht die im Standard verfügbaren Attribute nehmen. Wenn Sie für eBay eine zusätzliche Produktbeschreibung nutzen möchten, so können Sie einfach ein neues Attribut anlegen und die Beschreibung aus diesem Attribut auslesen. Ähnlich sieht es mit dem Produktbild aus, auch hier müssen Sie nicht zwangsläufig das für den Online-Shop definierte Bild verwenden. An vielen Stellen erlaubt M2E Pro übrigens auch die Nutzung individueller Werte auf Basis von Attributen. Werfen Sie hierzu einen Blick auf Abbildung 21.13.

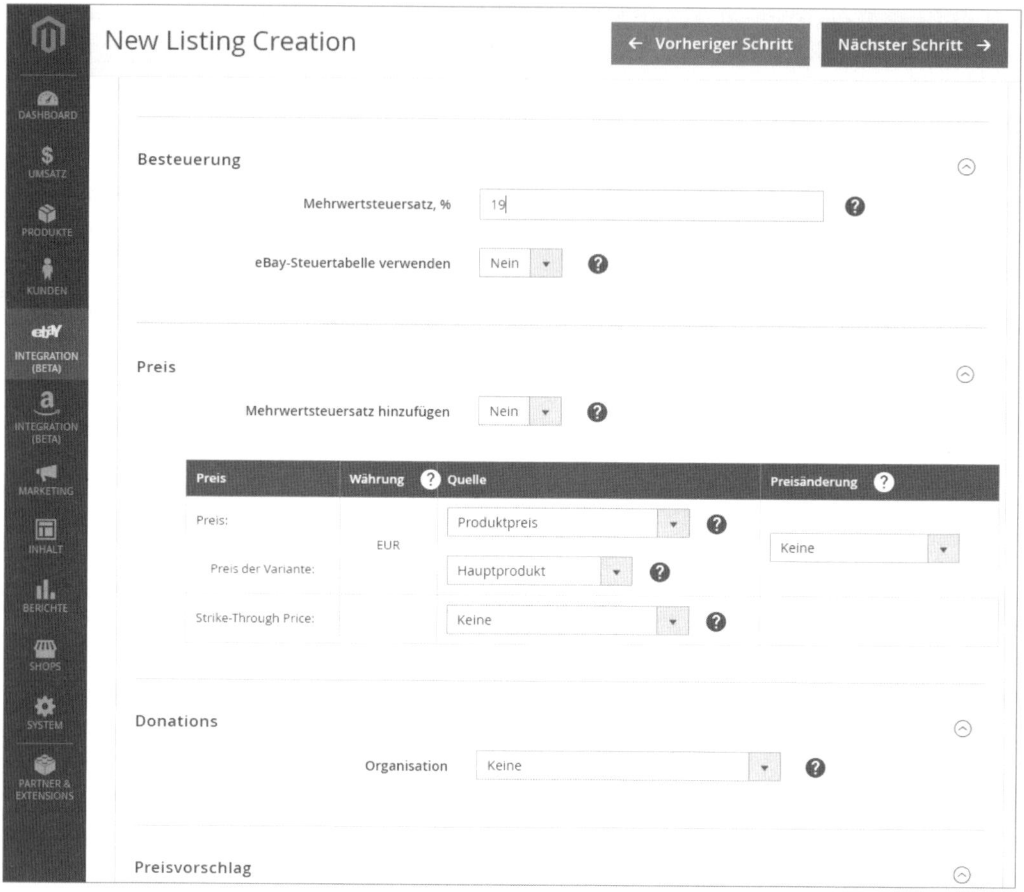

Abbildung 21.12 Neben der Mehrwertsteuer können Sie auch die Zusammensetzung des Produktpreises definieren.

Abbildung 21.13 Beim Produktnamen können Sie mehrere Attribute verwenden.

Beim Produktnamen müssen Sie nicht zwangsläufig ein bestimmtes Attribut auslesen. Auch eine Kombination mehrerer Attribute inklusive eines Freitextes ist möglich. In meinem Fall habe ich als Produktnamen »#name# für nur #price# kaufen!« gewählt, der sich aus dem Namen, dem Preis und einer Ergänzung zusammensetzt.

Um Produkte später besser gruppieren und identifizieren zu können, können Sie nach der Beschreibung noch die Identifier hinterlegen. Hier müssen Sie eBay mitteilen, in welchem Attribut die EAN, ISBN, UPC etc. gespeichert ist. Sie benötigen nicht alle Identifier, die Nutzung der EAN ist jedoch sehr ratsam.

Bei den eBay Tools, hierbei handelt es sich um den letzten Abschnitt, können Sie weitere Add-ons hinzubuchen und somit das Listing als Highlight darstellen. Da einige dieser Optionen jedoch von eBay gar nicht mehr unterstützt werden, ignoriere ich diese Optionen. Sofern Sie alle Einstellungen und Anpassungen vorgenommen haben, können Sie zum nächsten Schritt springen.

Beim vierten und letzten Schritt geht es anschließend um die Synchronisierungseinstellungen, das heißt, ab wann darf ein Produkt übertragen werden, wann wird ein Produkt automatisch von eBay heruntergenommen und wann soll ein Produkt automatisiert erneut eingestellt werden. Im Prinzip definieren Sie an dieser Stelle Schwellwerte wie die Höhe des Lagerbestands und können zudem in Abhängigkeit vom Produktstatus das Verhalten definieren. Wenn Sie ein Produkt deaktivieren, dann wird in der Regel auch das Listing auf eBay deaktiviert. Aktivieren Sie das Produkt wieder, ganz egal, ob manuell oder aufgrund eines vorhandenen Lagerbestands, wird auch das Listing auf eBay erneut aktiviert. Das ist die Kurzform für die vorhandenen Konfigurationseinstellungen, denn an dieser Stelle können Sie sehr granular definieren, was beim jeweiligen Status passiert. Schauen Sie sich in Ruhe alle Möglichkeiten und Konfigurationseinstellungen an. Oftmals fahren Sie jedoch mit den Standard-Einstellungen bereits recht gut.

Mit diesem letzten Schritt haben Sie alle relevanten Konfigurationseinstellungen hinterlegt, und im Folgenden geht es nun darum, diesem Listing Produkte zuzuweisen. Hierbei handelt es sich auch um den nächsten Schritt, der direkt nach dem Abschluss der Konfiguration folgt. Bei der Auswahl der Produkte haben Sie zwei Möglichkeiten: Entweder Sie wählen Kategorien an, wodurch alle den Kategorien zugewiesenen Produkte übertragen werden, oder Sie wählen bestimmte Produkte aus dem gesamten Produktkatalog aus. An sich ist die Vorgehensweise Geschmackssache, in der Praxis verwende ich aber letztere Methode und wähle die Produkte, die ich zu eBay übertragen möchte, manuell aus. Die Auswahl erfolgt, Sie sehen das in Abbildung 21.14, auf recht einfache Art und Weise. Sie erhalten einen Überblick über alle Produkte, können diese filtern und die für Sie relevanten Produkte mittels Checkbox auswählen. Besonders erwähnenswert sind an dieser Stelle die ERWEITERTEN FILTER, die Sie mit einem Klick auf den gleichnamigen Button einblenden können. Mittels der erweiterten Filter können Sie, ähnlich wie bei einer Preisregel, auf Basis von Attributen und Bedingungen Produkte auswählen. So können Sie beispielsweise alle Produkte zum Listing hinzufügen, die teurer als 20 €, jedoch günstiger als 80 € sind.

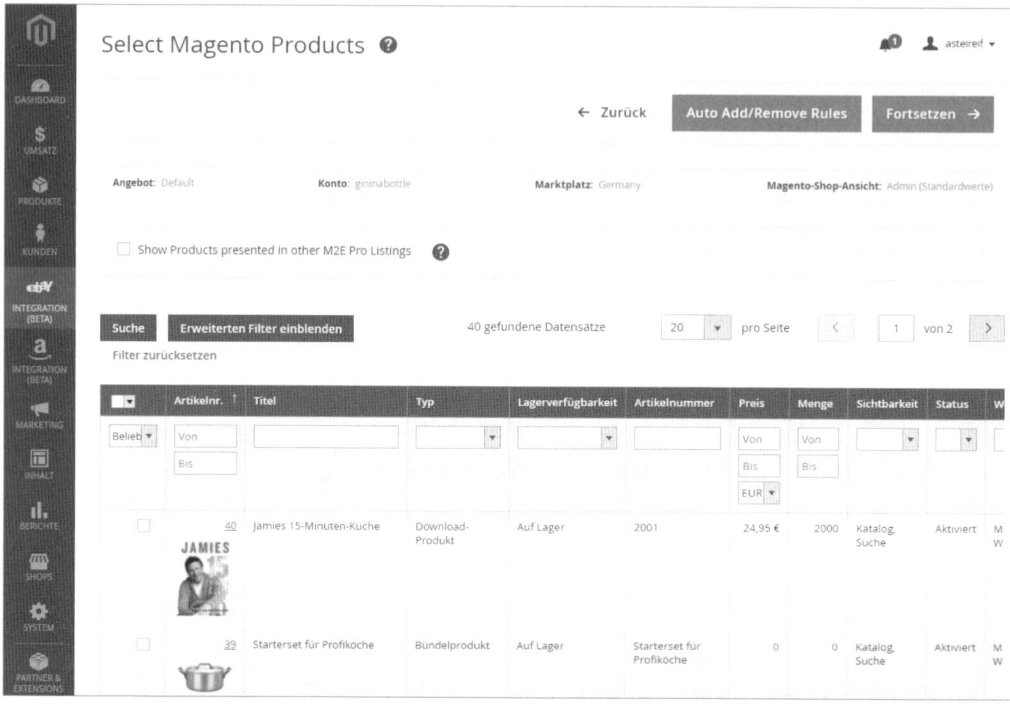

Abbildung 21.14 Bei der Auswahl der Produkte können Sie auf die bekannten Filtermöglichkeiten zurückgreifen.

Haben Sie sich für die zu übertragenden Produkte entschieden, muss im nächsten Schritt eine Zuweisung zu den in eBay vorhandenen Kategorien erfolgen. Auch hierfür gibt es verschiedenste Möglichkeiten. Sie können für jedes einzelne Produkt eine Kategorie manuell setzen oder sich Kategorien von eBay vorschlagen lassen. Dies funktioniert immer dann ganz gut, wenn die Produkte eine EAN-Nummer haben und schon gelistet sind, denn dann schaut eBay nach, in welchen Kategorien die Produkte bereits vorhanden sind. Auch können Sie alle im Listing enthaltenen Produkte in eine Kategorie stecken. Je nachdem welche Produkte Sie ausgewählt haben, ergibt die eine oder die andere Variante mehr Sinn. Ich persönlich verwende oftmals die manuelle Zuweisung der einzelnen Titel, da die Produkte erfahrungsgemäß häufig in unterschiedlichsten Kategorien untergebracht werden müssen. Bei der Suche nach der geeigneten Kategorie stellt Ihnen eBay bzw. M2E Pro übrigens eine sehr gute und hilfreiche Suchmaske zur Verfügung. Sie sehen diese in Abbildung 21.15, in der ich beispielsweise nach »Bratpfanne« gesucht habe. Anhand dieses Begriffs kann mir eBay zurückmelden, in welche Kategorie ich idealerweise das Produkt einstelle. In der Praxis funktioniert diese Vorgehensweise recht gut. Sollte eBay keine vernünftige Kategorie finden, haben Sie immer noch die Möglichkeit, sich an dieser Stelle alle in eBay vorhandenen Kategorien anzeigen zu lassen und die für Sie richtige auszuwählen.

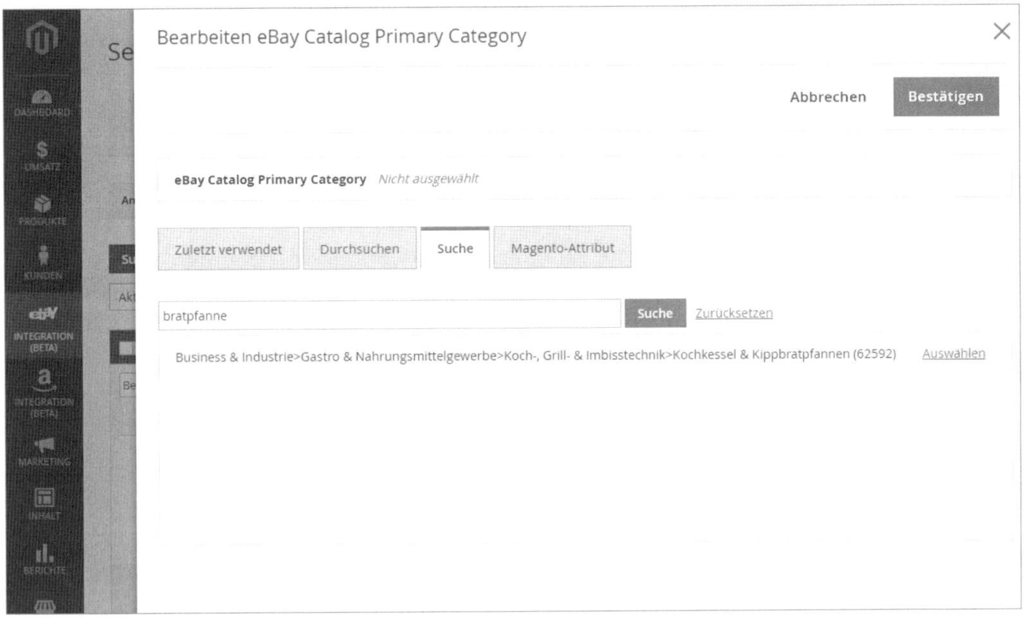

Abbildung 21.15 Aus M2E Pro kann die richtige Kategorie auf Basis von Stichwörtern direkt bei eBay gefunden werden.

Sind die Kategorien ausgewählt, müssen Sie anschließend noch ein Matching von Attributen durchführen. Je nach gewählter Kategorie benötigt eBay mehr oder weniger Informationen. Eine Marke müssen Sie aber in der Regel immer hinterlegen. Sie sehen in dem darauffolgenden Screen alle benötigten Informationen und können auswählen, über welches Attribut diese Informationen bereitgestellt werden. Haben Sie die benötigte Information jedoch in keinem Attribut gespeichert, müssen Sie ein neues Attribut anlegen und bei allen Produkten diese Informationen nachtragen. Zusätzlich haben Sie die Möglichkeit, individuelle Informationen zu eBay zu übermitteln. Haben Sie also individuelle Attribute angelegt und möchten Sie diese Informationen bereitstellen, können Sie das an dieser Stelle ebenfalls tun.

Wenn Sie diesen Schritt erledigt haben, haben Sie es geschafft! Sie haben alle relevanten Informationen hinterlegt und sehen die von Ihnen ausgewählten Produkte im Listing von M2E Pro. In meinem Fall (siehe Abbildung 21.16) habe ich zwei Produkte zum Listing hinzugefügt, die nun auch direkt zu eBay übertragen werden. Dabei befinden Sie sich direkt in dem von Ihnen initial angelegten Listing. An dieser Stelle haben Sie nun die Möglichkeit, weitere Produkte zum Listing hinzuzufügen, bestehende Produkte zu entfernen oder auch die hinterlegten Konfigurationseinstellungen zu editieren. An und für sich haben Sie hiermit aber alle relevanten Arbeitsschritte erledigt und sind somit gerade dabei, sich eBay als zusätzlichen Absatzkanal und Umsatzquelle zu erschließen!

21

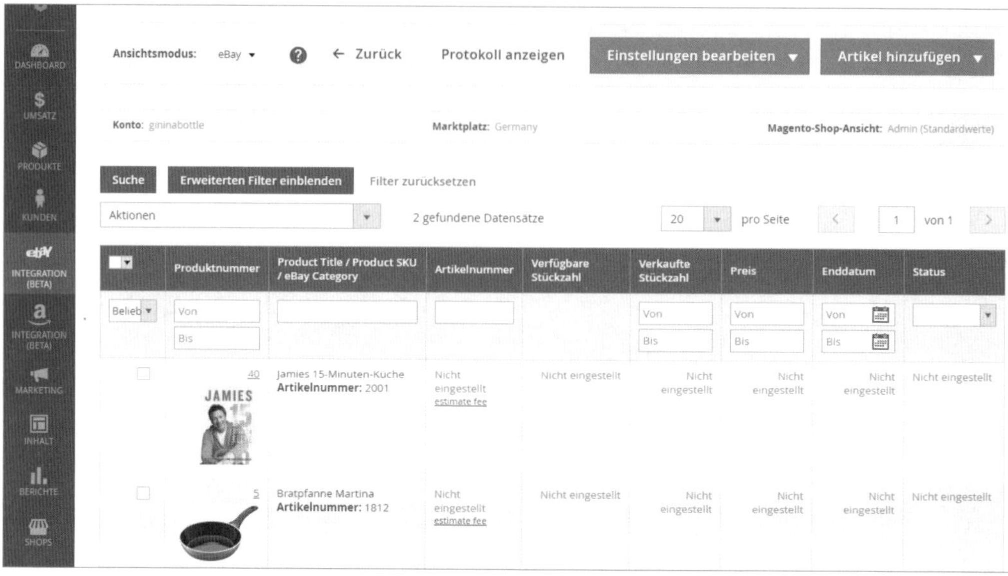

Abbildung 21.16 Im Listing sehen Sie alle zugewiesenen Produkte.

Neben dem Listing von Produkten bietet M2E Pro zudem die komplette Bestellabwicklung. Wird auf eBay eine Bestellung getätigt, so fließt diese wie andere Bestellungen auch in Ihre Bestellübersicht ein. Einzig ein Hinweis auf eBay ist vorhanden, sodass Sie sehen können, aus welchem Kanal die Bestellung stammt. Sie haben jedoch in Bezug auf die Bestellverarbeitung keinen anderen Prozess. Ist eine Bestellung platziert, egal, ob im eigenen Online-Shop oder bei eBay, landet diese in der Bestellübersicht, und Sie müssen in beiden Fällen alle bekannten Schritte durchgehen, es gibt hierbei keinerlei Differenzierung.

Ebenso interessant ist das Menü auf der linken Seite, das nun, nachdem Sie das erste Listing angelegt haben, über weitere Menüpunkte verfügt. Klicken Sie jetzt auf EBAY INTEGRATION (BETA) werden Sie wesentlich mehr Navigationspunkte und Optionen vorfinden. Werfen Sie hierfür einen Blick auf Abbildung 21.17. Unter ANGEBOTE können Sie alle Einstellungen verwalten, die im direkten Zusammenhang mit den Angeboten auf eBay stehen. Klicken Sie beispielsweise auf M2E Pro, gelangen Sie zur Listingübersicht. Dort können Sie neue Listings anlegen oder bestehende Listings einsehen und bearbeiten. Auch haben Sie an dieser Stelle Zugriff auf die LOGS & EVENTS. Speziell wenn es bei der Datenübertragung zu Problemen gekommen ist, sollten Sie an dieser Stelle einen Blick in die Logs werfen. In der Regel sind die Fehlermeldungen sehr ausführlich, und Sie werden sofort sehen, warum ein Produkt nicht übertragen werden konnte. Im Punkt KONFIGURATION haben Sie zudem die Möglichkeit, die Zugangsdaten zu eBay zu editieren sowie alle angelegten Rahmenbedingungen zu verwalten. Alle Optionen, die sich konfigurieren lassen, finden Sie daher in diesem Punkt.

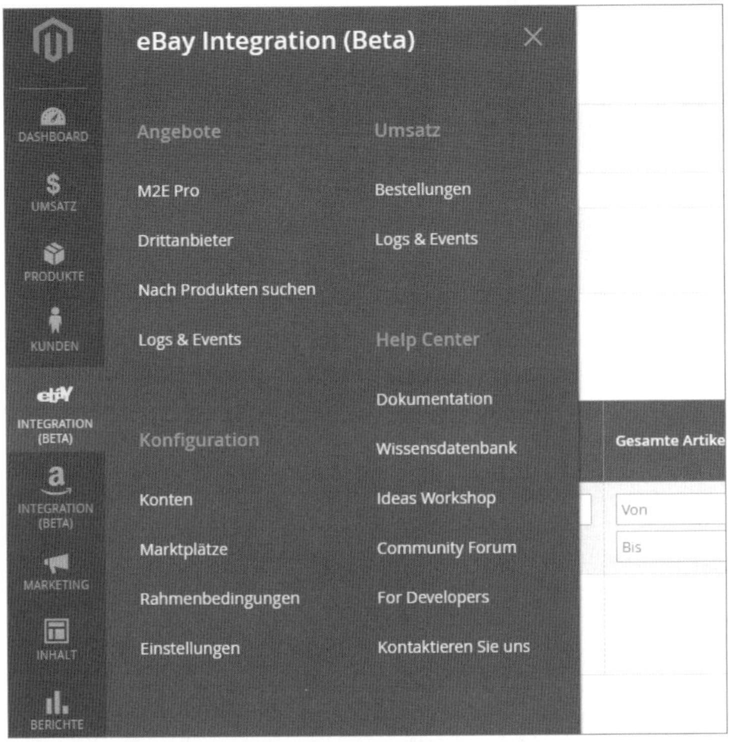

Abbildung 21.17 Nach dem Setup von eBay haben Sie Zugriff auf alle verfügbaren Menüpunkte.

Im Punkt UMSATZ haben Sie einen exklusiven Zugriff auf die durch eBay generierten Bestellungen, alternativ können Sie jedoch im Punkt Umsatz auch alle Bestellungen einsehen. Mit dem letzten Punkt HELP CENTER besteht zudem ein direkter Verweis auf alle vorhandenen Hilfeseiten und Community-Bereiche wie das Forum oder die Wissensdatenbank.

Glauben Sie mir an dieser Stelle, wenn ich Ihnen sage, die Möglichkeiten von M2E Pro sind fast grenzenlos. Idealerweise nehmen Sie sich die Zeit, und schauen sich alle Einstellungen und Möglichkeiten im Detail an. Im Schnelldurchlauf habe ich Ihnen auf den vorherigen Seiten zwar die wichtigsten Optionen und Einstellungen vorgestellt, aber auch viele Details und kleinere Funktionen übersprungen. Das ist der Kompaktheit des Kapitels geschuldet, sollte Sie an dieser Stelle jedoch nicht davon abhalten, selbst auf Entdeckungsreise zu gehen und sich M2E Pro im Detail anzusehen. Im Vergleich zu anderen Lösungen, das kann ich an dieser Stelle nur nochmals betonen, handelt es sich um eine sehr ausgereifte und umfangreiche Extension. Sollten Sie Produkte auf eBay bzw. Amazon verkaufen wollen, führt für Sie als Magento-Shop-Betreiber so gut wie kein Weg an dieser Lösung vorbei!

21.2.3 Auf Amazon verkaufen

Neben eBay unterstützt M2E Pro auch den Verkauf der Produkte auf Amazon. Da sich Amazon etwas anders als eBay verhält, ist der Prozess des Listings etwas anders als bei eBay. Komplexer wird die Listung der Produkte dadurch aber nicht, wie ich Ihnen im folgenden Beispiel zeigen möchte.

In der linken Hauptnavigationsleiste – werfen Sie an dieser Stelle ruhig erneut einen Blick auf Abbildung 21.17 – existiert neben dem Eintrag EBAY INTEGRATION (BETA) der Eintrag AMAZON INTEGRATION (BETA). Ähnlich wie beim erstmaligen Klick auf den eBay-Menüeintrag öffnet sich an dieser Stelle zuerst ein Wizard, wobei der erste Schritt mit der Hinterlegung der persönlichen Daten übersprungen wird, da Sie dies bereits bei der eBay-Anbindung erledigt haben. Dafür möchte M2E Pro wissen, welches Amazon Sie anbinden möchten. Auch an dieser Stelle stehen verschiedenste Länder zur Verfügung, wobei ich mich für Deutschland entscheide.

Ausländische Amazon-Marktplätze können problemlos angebunden werden

Sie können Amazon von Haus aus neben Deutschland auch in den Vereinigten Staaten, dem Vereinigten Königreich, Kanada, Italien, Frankreich und Spanien anbinden. Damit stehen Ihnen die wichtigsten europäischen Märkte sowie mit den USA und Kanada zwei sehr große Absatzmärkte in Amerika zur Verfügung. Die Möglichkeiten, die Ihnen M2E Pro an dieser Stelle bietet, sind daher äußerst interessant, da Sie nicht nur Deutschland als Markt erschließen können.

Wenn Sie jetzt in den nächsten Schritt wechseln, landen Sie direkt bei Amazon. Bei Amazon angekommen, müssen Sie sich mit Ihrem Verkäuferkonto anmelden. Wie auch bei eBay werden Sie an dieser Stelle mit Ihrem persönlichen Konto nicht weiterkommen. Melden Sie daher im ersten Schritt ein Verkäuferkonto bei Amazon an. Die Freischaltung, das ist zumindest meine Erfahrung, wird einige Tage dauern. Auch müssen bei der Registrierung bestimmte Unterlagen und Dokumente übermittelt werden, beispielsweise ein Gewerbeschein. Da all diese Informationen anschließend sorgsam geprüft werden und Rückfragen auftauchen können, sollten Sie an dieser Stelle ein wenig Zeit einkalkulieren, bis Sie über ein vollständig freigeschaltetes Verkäuferkonto verfügen.

Nachdem Sie sich angemeldet haben – ich verfüge an dieser Stelle bereits über ein aktiviertes Verkäuferkonto –, müssen Sie die Nutzungsbedingungen bestätigen. Auch an dieser Stelle legitimieren Sie M2E Pro, Daten zwischen Amazon und Ihrem Online-

Shop auszutauschen. Da nicht einfach Anwendungen auf Ihre Daten bei Amazon zugreifen können, müssen Sie jede Anwendung legitimieren, was Sie in diesem Schritt auch tun. Haben Sie die Schritte auf Amazon so weit durchlaufen, landen Sie erneut in Ihrem Magento-Backend, und Sie können mit der Erstellung eines Listings beginnen!

Wie auch bei eBay geht es im ersten Schritt mit allgemeinen Einstellungen los. Neben dem Titel des Listings müssen Sie den Store View definieren, aus dem die Daten bereitgestellt werden. An dieser Stelle gibt es noch recht viele Ähnlichkeiten mit dem Listingprozess bei eBay, weswegen der erste Schritt noch keine Hürde darstellen sollte. Interessanter wird es, wenn Sie auf den Button NÄCHSTER SCHRITT klicken, um zu diesem zu gelangen.

Im Gegensatz zu eBay werden Sie im Verlauf des Listings nicht ganz so viele Informationen angeben müssen. Denn bei Amazon erstellen Sie selbst keine neuen Angebote, sondern hängen sich an bestehende. Dadurch sind Dinge wie die Produktbeschreibung und der Produktname bereits vorgegeben, auf die Sie bei Amazon sowieso keinen Einfluss haben. Sie können daher nur definieren, welche Produkte von Ihnen zu welchen Produkten auf Amazon gehören und für wie viel Euro Sie diese Artikel verkaufen möchten. Auf der einen Seite sinkt dadurch die Komplexität enorm, denn allein gute Produktbilder kosten eine Menge Zeit und Geld. Auf der anderen Seite sind Sie jedoch noch vergleichbarer, da es keine Produktdoubletten auf Amazon gibt, sondern jedes Produkt eine Detailseite hat, auf der alle Anbieter samt Preis stehen. Die Vergleichbarkeit für den Endkunden ist auf Amazon recht einfach, das wiederum macht Ihnen das Leben aber schwerer, da Sie in der Regel zu einem sehr, sehr guten Preis verkaufen müssen. Dies geht oftmals auch auf Kosten der Marge!

Zurück aber zum Schritt Nummer zwei innerhalb des Listingprozesses. Wie Sie in Abbildung 21.18 sehen, müssen Sie allgemeine Informationen wie das Attribut für die Artikelnummer (SKU Settings) hinterlegen. Wählen Sie an dieser Stelle das Attribut aus, das die Artikelnummer enthält. Modifikationen wie das Hinzufügen eines Präfixes sind zudem möglich, wobei Sie diese Funktion in der Praxis wohl eher nicht benötigen.

Rahmenbedingungen gibt es an dieser Stelle auch, nur heißen sie innerhalb dieser Maske Policy. Das Handling der Rahmenbedingungen ist im Fall von Amazon jedoch auch ein wenig anders. In Abbildung 21.18 sehen Sie zwei blau dargestellte Links. Hierbei handelt es sich um Links zur Erstellung der »Price, Quantity and Format Policy« bzw. der »Synchronization Policy«. Für einen korrekten Betrieb benötigen Sie beide Rahmenbedingungen. Daher müssen Sie in diesem Schritt auf beide Links klicken und die jeweiligen Rahmenbedingungen anlegen. Auch wenn sich die Masken im Vergleich zu eBay optisch ein wenig unterscheiden, definieren Sie im Prinzip dieselben Informationen wie bei eBay.

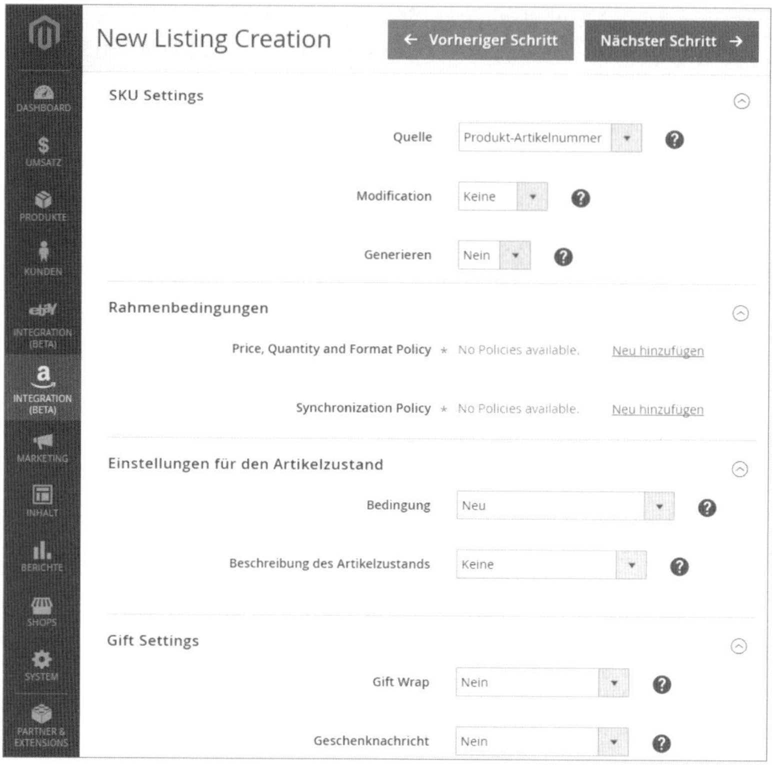

Abbildung 21.18 Beim Erstellen eines Listings müssen Sie bei Amazon im Vergleich zu eBay wesentlich weniger Informationen hinterlegen.

So müssen Sie angeben, welche Lagerbestände Sie übergeben möchten, aus welchem Attribut der Verkaufspreis ausgelesen wird und ob Sie den Verkaufspreis, prozentual oder absolut, herauf- oder herabsetzen möchten. Bei der »Synchronization Policy« hinterlegen Sie zudem, welche Produkte in Abhängigkeit vom Lagerbestand und Status auf Amazon gelistet werden dürfen und bei welchem Lagerbestand und Artikelstatus die Produkte automatisch deaktiviert werden. Diese Synchronisierungseinstellungen haben Sie bereits bei eBay vorgenommen, sie sind hier im Prinzip identisch. Die Nutzung der bei eBay hinterlegten Rahmenbedingungen ist an dieser Stelle jedoch nicht möglich, da es im Detail doch zu viele Unterschiede zwischen Amazon und eBay gibt. M2E Pro differenziert daher die Rahmenbedingungen zwischen eBay und Amazon, und Sie können diese jeweils nur für den verwendeten Marktplatz nutzen. Da bei diesen beiden Rahmenbedingungen der Teufel im Detail steckt, empfehle ich Ihnen, sich die Rahmenbedingungen und Konfigurationseinstellungen in einer ruhigen Minute anzuschauen. Experimentieren Sie gern auch mit den jeweiligen Optionen ein wenig herum, bis Sie Ihre perfekte Konfiguration finden. Vermutlich müssen Sie an dieser Stelle auch gemäß der Trial-and-Error-Methode vorgehen.

Nachdem Sie die Rahmenbedingungen konfiguriert bzw. ausgewählt haben, können Sie ein wenig weiter unten Informationen zum Artikelzustand, Geschenkoptionen sowie zusätzliche Einstellungen hinterlegen. Diese drei Bereiche sollten Sie an dieser Stelle jedoch ignorieren, da hier nicht zwangsläufig Änderungen und Anpassungen vorgenommen werden müssen. Daher können Sie zum nächsten Schritt springen.

Im dritten und letzten Schritt – Sie sehen, dass Sie bei Amazon einen Tick schneller zum Ziel kommen als bei eBay – müssen Sie noch die Attribute definieren, in denen Sie die ASIN/ISBN sowie UPC/EAN speichern. Diese Information ist wichtig, um später eine Relation zwischen den Produkten Ihres Produktsortiments und den Produkten auf Amazon herzustellen. Zudem können Sie entscheiden, ob M2E Pro ebenfalls auf Basis des Produktnamens das Amazon-Produktsortiment durchsuchen darf. Sobald Sie diese Auswahl getroffen haben, können Sie bereits Produkte zum Listing hinzufügen. Sie haben auch bei Amazon die Möglichkeit, Produkte individuell aus Ihrem Produktsortiment auszuwählen oder eine gesamte Kategorie zu übermitteln. Sollten Sie sich für letztere Variante entscheiden, stellt Ihnen M2E Pro auf der linken Bildschirmseite den Kategorie-Baum dar, auf der rechten Seite sehen Sie die zugewiesenen Produkte und können in der jeweiligen Checkbox einen Haken setzen oder diesen entfernen (siehe Abbildung 21.19).

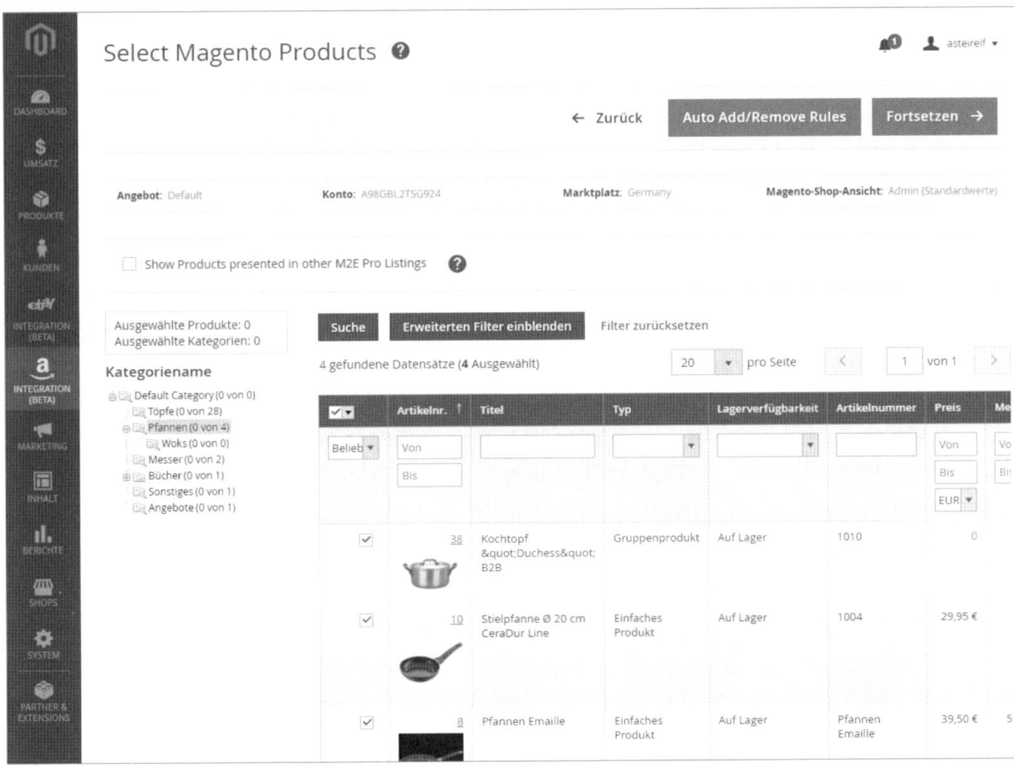

Abbildung 21.19 Mit M2E Pro können Sie ganze Kategorien zu Amazon übermitteln.

Für welche der beiden Varianten Sie sich entscheiden, für die Übermittlung auf Basis von Kategorien oder für die individuelle Produktauswahl auf Basis des Produktsortiments, bleibt Ihnen überlassen. Sie werden mit beiden Ergebnissen zum Ziel kommen, es ist an dieser Stelle tatsächlich Geschmackssache, wie Sie vorgehen.

Nach der Auswahl der Produkte werden diese anschließend zum Listing hinzugefügt. Zudem werden Sie direkt zur Übersicht der Produkte innerhalb des Listings weitergeleitet.

M2E Pro kann auf Amazon nicht vorhandene Produkte erstellen

Im Gegensatz zu eBay können Sie auf Amazon an sich keine Produkte erstellen, sondern müssen sich an bestehende Produkte anheften. Dadurch will Amazon Doubletten vermeiden. Ein Produkt soll tatsächlich nur einmal im System existieren, und alle Verkäufer müssen sich an diesem Produkt orientieren. Sollte ein Produkt jedoch noch nicht auf Amazon vorhanden sein, kann dieses mithilfe von M2E Pro erstellt werden. Diese Funktion ist, das ist zumindest meine Meinung, noch recht experimentell. Daher empfehle ich persönlich die Anlage von nicht existenten Produkten via Amazon Seller Central. Sobald Sie in der Amazon Seller Central das Produkt angelegt haben und Amazon dies freigeschaltet hat, können Sie sich aus M2E Pro heraus an dieses Produkt anheften.

Im Gegensatz zu eBay werden jedoch bei Amazon die Produkte nicht direkt übertragen. Daher müssen Sie nun jedem Produkt innerhalb des Listings eine ASIN/ISBN zuweisen, damit Amazon weiß, an welches Produkt auf Amazon Ihr Magento-Produkt geheftet werden soll. Um eine ASIN/ISBN hinzuzufügen, wählen Sie innerhalb des Listings das jeweilige Produkt aus, und klicken Sie in der Spalte ASIN/ISBN auf das Plus-Symbol bei dem ausgesuchten Produkt. Daraufhin fragt Sie Magento, wie Sie in Abbildung 21.20 sehen, auf welche Art und Weise Sie die ASIN/ISBN zuweisen möchten. Neben der manuellen Zuweisung können Sie auf einen Automatismus zurückgreifen oder eine neue ASIN/ISBN erstellen. Letztere Option benötigen Sie, falls das Produkt auf Amazon noch nicht existiert. Der Automatismus hingegen setzt auf den Produktnamen bzw. die hinterlegte EAN und versucht auf dieser Basis, das passende Produkt bei Amazon zu finden. Bei der manuellen Zuweisung haben Sie hingegen die Möglichkeit, das Amazon-Produktsortiment auf Basis von Stichwörtern zu durchsuchen und so den passenden Artikel zu finden. In der Praxis ist dies, das ist zumindest meine Erfahrung, die gängige Variante. Der Automatismus funktioniert leider in den meisten Fällen noch zu ungenau, weswegen ich davon abrate.

Sobald Sie den Produkten eine ISBN bzw. ASIN zugewiesen haben, können Sie mit dem Listing starten. Wählen Sie hierzu die Produkte in der Übersicht aus, und klicken Sie bei Aktionen auf den Eintrag ARTIKEL EINSTELLEN. Daraufhin wird die Information an Amazon übermitteln, welche Produkte Sie zu welchem Preis verkaufen möchten. Mehr muss Amazon an dieser Stelle nicht wissen, da alle weiteren Produktinformationen wie das Bild, der Name und die Beschreibung von Amazon bereitgestellt werden. An sich müssen Sie daher, wenn Sie auf Amazon verkaufen wollen, viel weniger Energie in das Thema Produktdaten investieren. Außer einem Preis und einer EAN benötigen Sie an sich keine weiteren Informationen, um Produkte verkaufen zu können.

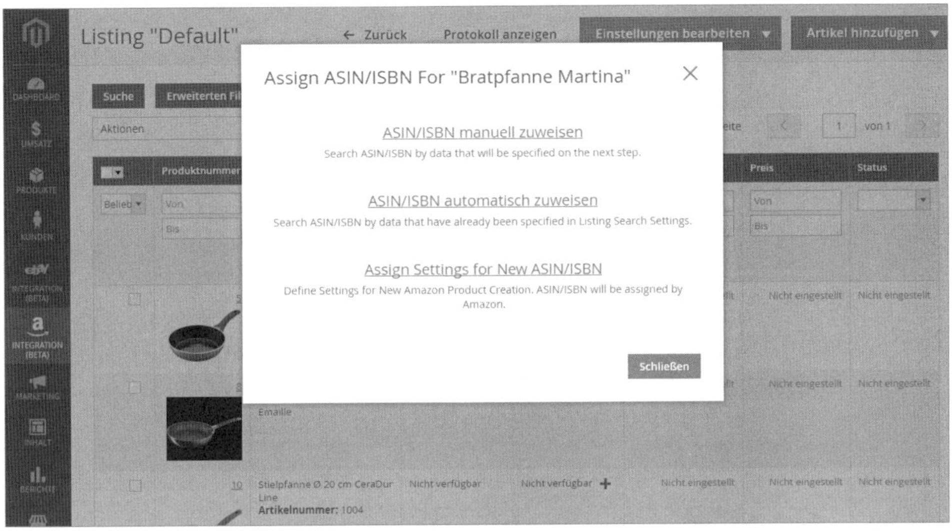

Abbildung 21.20 Jedem Produkt aus dem Listing muss zwangsläufig eine ASIN bzw. ISBN zugewiesen werden, um das Listing zu ermöglichen.

Werden Ihre Produkte auf Amazon gekauft, so fließen die Bestellungen wie auch bei eBay zurück in Ihr Magento-System. Sie sehen an dieser Stelle keinen Unterschied zu herkömmlichen Bestellungen, die direkt über Ihren Online-Shop aufgegeben werden. Ein kleiner, aber feiner Unterschied ist letztendlich nur die E-Mail-Adresse. Amazon schützt seine Käufer bzw. auch das eigene Geschäft, indem E-Mail-Adressen nicht übermittelt werden. So haben Sie keine Chance, direkt Kontakt zum Kunden aufzunehmen und diesen beispielsweise in einen Newsletter einzutragen. Übermittelt wird ausschließlich eine kryptische Amazon-E-Mail-Adresse, die Sie für die Kommunikation nutzen können, Informationen wie Links werden jedoch herausgeparst, d. h., die Kommunikation wird überwacht und automatisiert limitiert. Ansonsten stehen Ihnen bei Amazon, Sie sehen dies in Abbildung 21.21, ebenso weitere Menüpunkte und Optionen zur Verfügung, die für Sie interessant sein könnten.

So haben Sie den Oberpunkt ANGEBOTE, in dem Sie Listings erstellen und verwalten können. Auch bei Amazon spielen die Logs eine wichtige Rolle, und wenn Sie einmal ein Problem bei der Listung haben, sollten Sie an dieser Stelle nachschauen. Wie auch bei eBay sind die Fehlermeldungen in der Regel sehr hilfreich und aussagekräftig. Im

Bereich KONFIGURATION können Sie allgemeine Konfigurationseinstellungen setzen, die Rahmenbedingungen, auch Policy genannt, editieren sowie neue Rahmenbedingungen anlegen. Unter UMSATZ sehen Sie alle durch Amazon generierten Bestellungen, auch wenn diese in die bereits bekannte Übersicht einfließen. Last, but not least haben Sie auch an dieser Stelle Querverweise zum Help Center, d. h., Sie können auf den Support sowie Ressourcen aus der Community zurückgreifen.

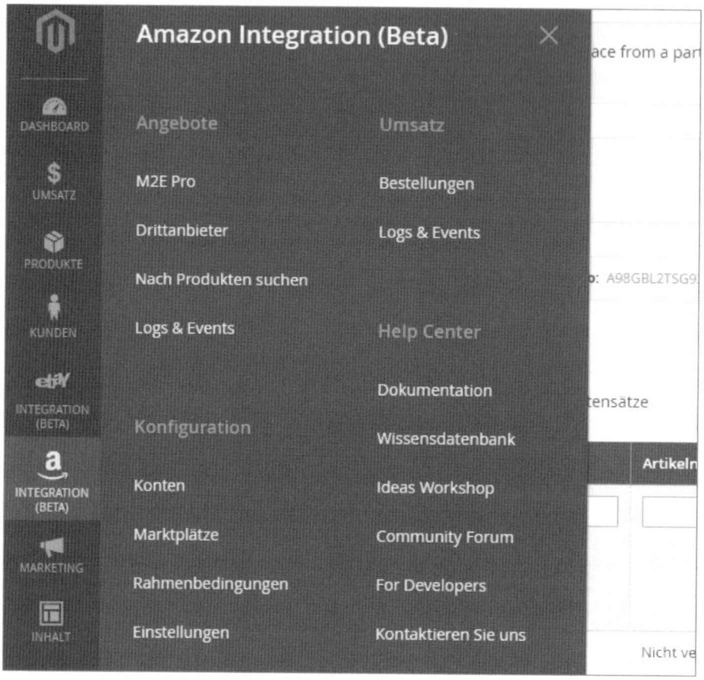

Abbildung 21.21 Auch bei Amazon erweitert sich das Menü um zahlreiche Unterpunkte.

Wie auch bei eBay deckt M2E Pro in Sachen Amazon alle wichtigen Funktionen und Möglichkeiten ab. Sie haben die Möglichkeit, Ihre Produkte bei Amazon zu listen und sogar, zumindest in der Theorie, die Option, nicht existente Produkte vollkommen automatisiert bei Amazon anzulegen. Bestellungen, die auf Amazon getätigt werden, fließen ohne Umweg in Ihr Magento-System zurück und können dort wie reguläre Bestellungen verarbeitet werden. Das Handling, das werden Sie bestimmt anhand der Screenshots und meiner Ausführungen gesehen haben, ist zudem sehr einfach, und Sie kommen mit wenigen Klicks zum Ziel. Übung macht den Meister, wenn Sie die ersten zwei bis drei Listings erstellt haben und die verschiedenen Konfigurationsoptionen kennen, werden Sie zukünftig im Handumdrehen Ihre Produkte auch bei Amazon verkaufen können. Dieses Gesamtpaket an einfacher Bedienung und Funktionsumfang macht die M2E Pro-Erweiterung aus meiner Sicht so interessant und wichtig. Denn diese Extension löst alle Ihre Probleme und Anforderungen, die Sie in der Multi-Channel-Distribution haben.

21.3 Fazit und Ausblick

Wie Sie Produkte auf Amazon und eBay verkaufen können sowie Preissuchmaschinen wie Google Shopping mit Produktdaten versorgen, haben Sie in diesem Kapitel ausführlich gesehen. Mit dem Wyomind Data Feed Manager sowie M2E Pro stehen leistungsstarke Erweiterungen bereit, die den Funktionsumfang von Magento hinsichtlich der Multi-Channel-Anforderungen stark ergänzen und erweitern. Somit haben Sie, wenn Sie auf Magento setzen, keinerlei Probleme, wenn Sie auf weiteren Marktplätzen verkaufen und in Preisportalen und Preissuchmaschinen sichtbar sein wollen.

So wie Sie auf vielen verschiedenen Plattformen aktiv sein und Produkte vertreiben können, so greifen Nutzer mit verschiedenen Endgeräten auf Ihren Magento-Shop zu. Mit den Endgeräten sind aber nicht nur Tablets, Smartphones und Desktop-Computer gemeint, auch Point-of-Sale-Lösungen spielen eine immer größere und wichtigere Rolle, da viele Online-Händler auch stationär, zumindest zeitweise, z. B. auf Messen, vertreten sind. Welche Möglichkeiten Magento bietet und was Sie beachten müssen, erfahren Sie im nächsten Kapitel.

Kapitel 22

Magento auf und mit verschiedenen Endgeräten nutzen

Im Verlauf des Buches haben Sie Magento immer mit dem Browser Ihres Desktop-Computers aufgerufen. Sie können jedoch mit weitaus mehr Endgeräten auf Magento zugreifen – angefangen vom Smartphone bis zum Point-of-Sale-Kassensystem.

Auch wenn Sie bislang immer den Browser Ihres Desktop-Computers verwendet haben, in meinem Fall handelt es sich um den Google Chrome, können Sie selbstverständlich mit anderen Browsern und auf anderen Endgeräten auf Ihr Magento-System zugreifen. Die Browser sind dabei an sich gar nicht so interessant, da die Darstellung auf allen gängigen Browsern sehr, sehr ähnlich ist. Gegebenenfalls existiert an der einen oder anderen Stelle eine Abweichung von ein paar Pixeln, große Unterschiede bei der Nutzung gibt es jedoch nicht. Interessanter sind hingegen die Endgeräte, mit denen Sie auf Magento zugreifen können. Speziell Smartphones und Tablets nehmen eine immer größere Rolle ein, und in vielen Online-Shops erfolgt die Mehrzahl der Zugriffe bereits mit dem Smartphone. Der Desktop nimmt kontinuierlich ab, wobei dieser nie ersetzt werden wird.

In diesem Kapitel möchte ich Ihnen die verschiedensten Möglichkeiten und Ansätze zeigen, wie Sie auf Magento auch mit alternativen Endgeräten zugreifen können und welche Möglichkeiten Sie haben, Ihren Online-Shop für diese Endgeräte fit zu machen. Es geht mir in diesem Kapitel weniger darum, dass Sie konkrete Einstellungen in Ihrem Online-Shop vornehmen oder bestimmte Erweiterungen installieren. Legen Sie daher ruhig Ihr Demo-System zur Seite, und sehen Sie dieses Kapitel als ein eher theoretisches Kapitel an, das Sie über die Möglichkeiten von Magento aufklärt.

22.1 Zugriff mit einem Notebook bzw. Desktop-Computer

Der Vollständigkeit halber sei im ersten Schritt der Zugriff mittels eines Desktop-Computers erwähnt. Sie haben bislang im Buch, so zumindest meine Vermutung, sicherlich immer mit einem Desktop-Browser wie Google Chrome oder Mozilla Firefox auf Ihr Magento-System zugegriffen. Hierbei handelt es sich sicherlich um den gängigsten Weg, speziell was Administratoren betrifft. Denn das Backend, auch wenn die Darstellung zuerst etwas anderes vermuten lässt, wird sich nur mit einem Desktop-Computer bzw. einem entsprechenden Browser vernünftig und fehlerfrei steuern lassen. Die Darstellung in Abbildung 22.1 ist Ihnen also bekannt. Es handelt sich letztendlich um das Frontend, das Sie bereits im Verlauf des Buches ausführlich kennengelernt haben.

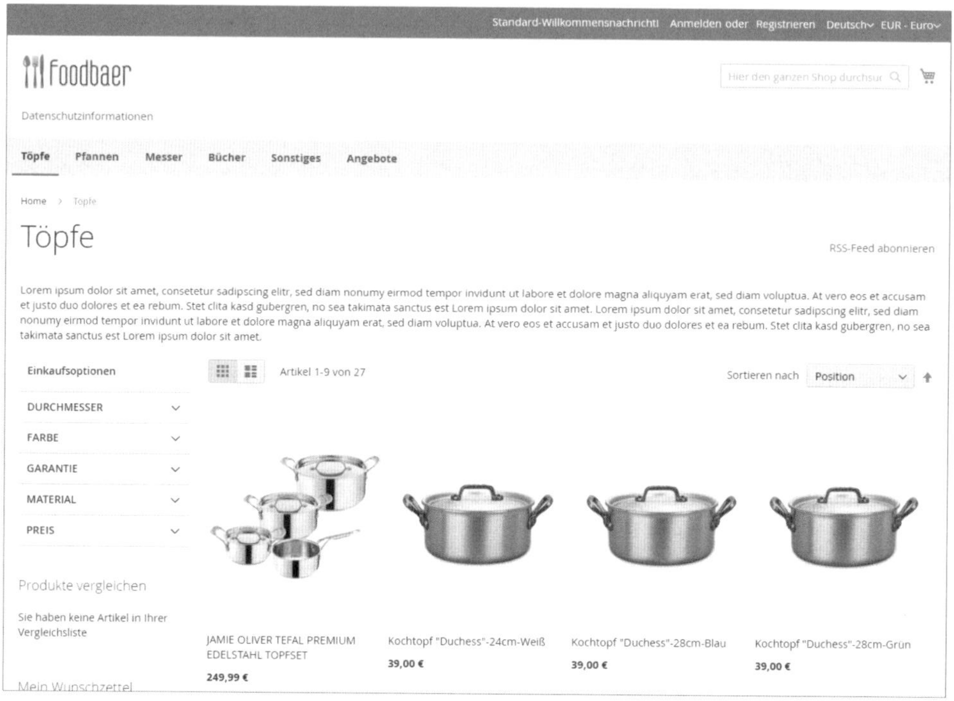

Abbildung 22.1 Die Darstellung des Magento-Frontends mit einem Desktop-Browser.

Berücksichtigen Sie bitte bei dem Zugriff mittels Desktop-Browser die unterstützten Browser-Versionen. Magento selbst spricht von einer vollen Kompatibilität, sofern Sie einen der folgenden Browser einsetzen:

- Internet Explorer 11 oder neuer
- Microsoft Edge in der aktuellsten bzw. vorherigen Version
- Mozilla Firefox in der aktuellsten bzw. vorherigen Version
- Google Chrome in der aktuellsten bzw. vorherigen Version
- Apple Safari in der aktuellsten bzw. vorherigen Version

Sollten Sie eine ältere Version von einem der aufgeführten Browser einsetzen, bedeutet das nicht zwangsläufig, dass Sie Magento im Frontend bzw. Backend nicht verwenden können. Die Wahrscheinlichkeit eines Fehlers in der Darstellung bzw. in der

Funktionsweise ist jedoch gegeben. In Projekten kommt übrigens häufig der Wunsch auf, auch ältere Versionen des Internet Explorers zu unterstützen, da die Verbreitung immer noch beachtlich ist. Aufgrund der technischen Limitierungen und des Aufwands, Magento an ältere Internet-Explorer-Versionen anzupassen, sollten Sie jedoch davon Abstand nehmen. Im direkten Kosten-Nutzen-Vergleich lohnt es sich einfach nicht, Magento im Frontend bzw. Backend für eine nicht aufgeführte Version der oben genannten Liste anzupassen.

22.2 Mit dem Smartphone und Tablet zugreifen

Interessanter als der Zugriff mittels Desktop ist sicherlich der Zugriff mit einem mobilen Endgerät wie einem Smartphone oder Tablet. Magento ist von Haus aus mit einem Responsive Theme ausgestattet, weswegen ein Zugriff mit einem mobilen Endgerät im ersten Moment kein Problem darstellt. Auch können Sie externe Lösungen einsetzen, um den Zugriff mit einem mobilen Endgerät zu ermöglichen.

Magento-Backend ist nicht responsive

Auch wenn man auf den ersten Blick meinen könnte, das Magento-Backend sei responsive, so trügt dieser Eindruck. Ein Zugriff mit dem Smartphone macht definitiv keinen Spaß, die Nutzung mit dem Tablet ist in Ordnung. Eine Optimierung für Tablets wurde jedoch nicht durchgeführt, d. h., Sie müssen sich durch die eine oder andere Maske kämpfen. In der Praxis ist das jedoch zu verschmerzen, da die wenigstens Magento-Administratoren tatsächlich zum Smartphone bzw. Tablet greifen, um im Backend aktiv zu werden.

22.2.1 Magento Responsive Theme

Das Magento Theme, das im Standard vorhanden ist, wurde direkt im Responsive Design angelegt. Das heißt, je nach Bildschirmgröße ändert das Theme die Darstellung bzw. das Verhalten. Dadurch können Sie als Nutzer einfach mit dem Smartphone oder Tablet zugreifen, und je nach vorhandener Auflösung passt sich das Theme der vorhandenen Bildschirmgröße an. Diese Anpassungen, die sich durch die geringere Auflösung und den kleineren Bildschirm ergeben, möchte ich Ihnen an dieser Stelle kurz vorstellen.

Kopfbereich und Navigation

Wie Sie in Abbildung 22.2 sehen, wird der Kopfbereich bei kleineren Auflösungen im Vergleich zum Desktop komplett anders dargestellt. Die Navigationsleiste verschwindet und wird durch ein Icon mit drei Strichen ersetzt. Direkt neben dem Icon wird zudem das Logo dargestellt, wodurch dieses mittig platziert wird. Rechts neben dem Logo befinden sich zudem die Suchfunktion und der Warenkorb. Beide Elemente werden als Icon dargestellt, sodass Sie auf einem mobilen Endgerät diese beiden Verlinkungen problemlos erreichen können. Bei einem Link in Textform wäre das zugegebenermaßen etwas schwieriger. Grundsätzlich versucht Magento bei Zugriff per Smartphone alle kleinteiligen Links durch Icons zu ersetzen, sodass diese optimal erreicht bzw. angeklickt werden können. Sobald Sie auf das Icon mit den drei Strichen klicken, öffnet sich das gesamte Navigationsmenü.

Abbildung 22.2 Bei der mobilen Ansicht reduziert sich der Header-Bereich auf das Nötigste.

Innerhalb dieses Navigationsmenüs, das Sie in Abbildung 22.3 sehen, haben Sie Zugriff auf alle im System angelegten Kategorien. Neben den Kategorien können Sie aber auch auf die Bereiche »Konto« und »Einstellungen« zugreifen. Magento zeigt zur einfacheren Navigation insgesamt drei Tabs an – MENÜ, KONTO sowie EINSTELLUNGEN. Im Tab EINSTELLUNGEN stellen Sie beispielsweise die Sprache und die Währung ein. Gegebenenfalls würde es in der Praxis Sinn ergeben, das Naming an dieser Stelle anzupassen, weg von Einstellungen hin zu Sprache bzw. Währung. Im Tab KONTO gelangen Sie zur Registrierungs- bzw. Login-Maske. Im ersten Tab MENÜ erhalten Sie hingegen die Auflistung aller im System angelegten Kategorien, wobei Magento an dieser Stelle auch Unterkategorien unterstützt und entsprechend darstellt.

Fußzeile

So wie sich der Header ändert, ändert sich auch der Footer, d. h. der untere Bereich der Seite. Die im Footer enthaltenen Links werden ähnlich wie Buttons dargestellt, wodurch diese recht einfach auch mit dem Finger auf einem Smartphone betätigt werden können. Über dem Navigationsmenü innerhalb der Fußzeile befindet sich zudem die Newsletter-Box. Auch auf einem mobilen Endgerät können sich Ihre Kunden und Nutzer problemlos für den Newsletter registrieren.

Allgemeines Look & Feel

Neben den von mir herausgegriffenen und erklärten Änderungen bei der Darstellung existieren weitaus mehr Anpassungen und Optimierungen, die sich an dieser Stelle gar nicht alle aufzählen lassen. Grundsätzlich ist jede Ansicht auch für die Nutzung mittels Smartphone optimiert. Das merken Sie vor allem an den Links, die alle größer und prominenter dargestellt werden, sodass Sie die Links auch mit dem Finger treffen bzw. erreichen können. Auch wenn eine Ansicht relativ viele Informationen beinhaltet, beispielsweise die Produktdetailseite, ist die Lesbarkeit dennoch recht gut, da alle Blöcke und Texte so umbrechen, dass die Seite zwar recht lang wird, Sie auf der anderen Seite jedoch auch alle Informationen gut lesen können und diese deutlich dargestellt werden.

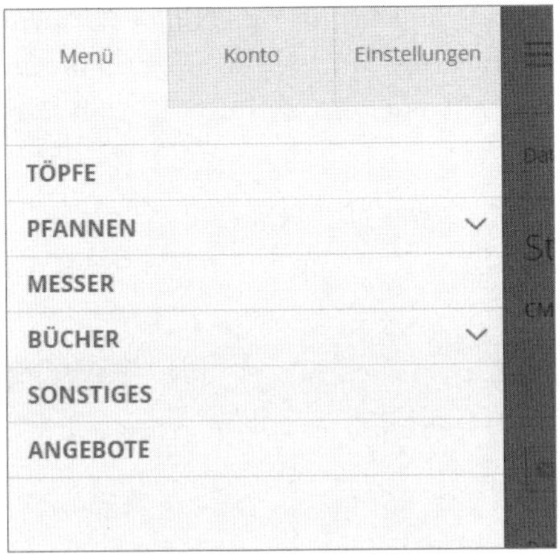

Abbildung 22.3 Durch einen Klick auf das Symbol mit den drei Strichen öffnet sich das abgebildete Menü.

Um dies zu erreichen, wird vor allem auf Tabs gesetzt. Die in der Produktdetailansicht enthaltenen Tabs werden untereinander dargestellt, wodurch Sie die gewünschten Informationen einfach auf- bzw. zuklappen können. Der Checkout-Prozess ist ebenso an die kleinere Bildschirmgröße angepasst. Alle Eingabefelder werden übersichtlich untereinander dargestellt, wodurch auch auf Smartphones der Checkout-Prozess ohne Beeinträchtigungen durchlaufen werden kann. Einzig negativ, wobei sich diese Herausforderung an dieser Stelle nicht lösen lässt, ist die große Anzahl von Eingabefeldern, die aber auch auf der Desktop-Ansicht besteht.

Insgesamt bietet Magento mit dem Responsive Design des Standard-Themes jedoch eine gute und praktikable Möglichkeit, die den Nutzern erlaubt, mittels Smartphone bzw. Tablet auf den Shop zuzugreifen. Einschränkungen beim Funktionsumfang bestehen nicht, d. h., alle auf dem Desktop bereitgestellten Funktionen können auch problemlos mit dem Smartphone genutzt werden.

22.2.2 Shopgate und Magento 2 nutzen

Alternativ zu einem Responsive Design können Sie selbstverständlich auch auf eine eigene App setzen. Hierfür benötigen Sie jedoch einen externen Anbieter, der Ihnen unter die Arme greift. Theoretisch könnten Sie, Magento verfügt letztendlich über die notwendigen Schnittstellen, komplett von Grund auf eine eigene App bauen. Entwicklungskosten und die Komplexität machen dieser Idee jedoch in der Praxis in der Regel einen Strich durch die Rechnung. Eine gute Lösung stellt daher Shopgate bereit, denn wenn Sie auf Shopgate setzen, erhalten Sie eine App, ohne dass Sie diese entwickeln müssen.

Bei Shopgate handelt es sich um einen externen Dienstleister, den Sie an Ihren Magento-Shop anbinden. Dadurch werden alle relevanten Informationen wie Produkte, Kategorien und Bestellungen zwischen Magento und Shopgate synchronisiert. Auf Seiten von Shopgate steht Ihnen hierfür ein eigenes User-Interface zur Verfügung, das Sie in Abbildung 22.4 sehen.

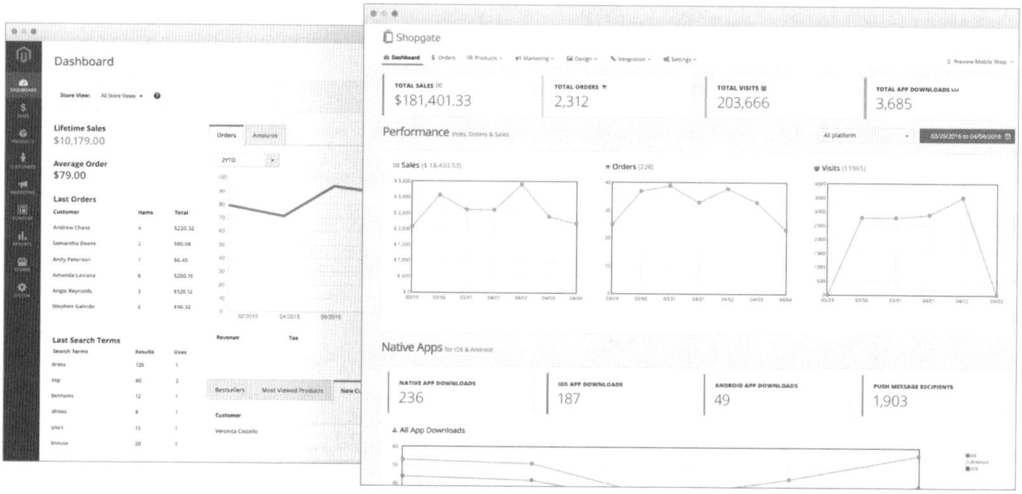

Abbildung 22.4 Statistiken und Informationen können direkt bei Shopgate eingesehen werden.

Nachdem Sie Magento mit Shopgate verbunden haben, erfolgt ein konstanter Datenaustausch der benötigten Werte und Informationen. Die von Shopgate bereitgestellte App verbindet sich anschließend immer mit dem Shopgate Service, der über Ihre Daten verfügt. Dadurch wird sozusagen eine Art Abstraktionsebene eingeführt. Sie können mit Ihrem Magento-System machen, was Sie wollen, solange Sie die Daten an Shopgate übertragen können. Da die App anschließend direkt mit Shopgate kommuniziert, ist diese als unabhängig von Ihrem eigentlich Shop anzusehen. Die App selbst unterstützt dabei viele Funktionen und Möglichkeiten, die Sie sicherlich auch von anderen E-Commerce-Apps kennen:

- Push Notifications (inkl. Kundensegmentierung)
- einfache Kontrolle über das Design mithilfe von Widgets
- Gutscheine und Aktionen
- ansprechende Darstellung des Produktsortiments

- QR-Code- und Barcode-Scanner
- SEO-optimiert
- Integration in iOS Spotlight
- Unterstützung von Apple Pay
- Analyse- und Reporting-Auswertung

Die App bietet sowohl für den Endnutzer, sprich Ihren potenziellen Kunden, als auch für Sie als Shop-Betreiber bzw. E-Commerce-Verantwortlichen viele interessante Möglichkeiten. Für die Endkunden wird in erster Linie das Look & Feel der App relevant sein, die Reporting-Möglichkeiten und Aktions-Features sind hingegen eher für Sie interessant und relevant.

Zu den unterstützten Plattformen der Shopgate-App zählen iOS sowie Android. Damit dürften Sie knapp 95 % aller Nutzer erreichen, der restliche Anteil an Windows-Mobile- sowie ehemaligen Blackberry-Nutzern dürfte zu vernachlässigen sein.

Ob Shopgate in Ihrem konkreten Fall sinnvoll ist und eine gute Lösung darstellt, müssen Sie letztendlich selbst entscheiden. Am besten schauen Sie sich die Lösung einmal im Detail an und lassen sich anhand einer Demo alle Funktionen und Möglichkeiten zeigen. Sollten Sie Interesse an Shopgate haben, finden Sie alle wichtigen und relevanten Informationen direkt unter *https://www.shopgate.com/en/magento-2-mobile-app/*.

22.2.3 MageNative Mobile App

Sollten Sie bei der Entwicklung einer mobilen App selbst etwas mehr Hand anlegen wollen, sind Sie bei MageNative gegebenenfalls etwas besser aufgehoben. Bei MageNative handelt es sich um eine Basis, auf der Sie eine Apps für iOS, Android und Windows Mobile erstellen können. Im Gegensatz zu Shopgate können Sie für eine einmalige Gebühr in Höhe von 299 US$ MageNative erwerben und anschließend eine Applikation ableiten. Bei Bedarf erhalten Sie den gesamten Source Code, wodurch weiterreichende und umfangreiche Änderungen und Anpassungen denkbar sind. Weitere Informationen zu MageNative erhalten Sie auf der offiziellen Seite des Herstellers unter *http://magenative.cedcommerce.com/magento-2-app/magenative-mobile-app/*.

22.2.4 Magento Mobile Shop

Eine weitere und durchaus interessante Lösung bietet der Dienst »Magento Mobile Shop«. Dort können Sie mithilfe eines App Builders eine, wer hätte es gedacht, App für Ihren Magento 2-Shop erstellen. Neben einer kostenpflichtigen Variante steht zudem eine kostenfreie Version zur Verfügung, die Sie im ersten Schritt bedenkenlos testen können. Öffnen Sie hierfür die URL *https://www.magentomobileshop.com/user/lets-get-started*, und füllen Sie das abgebildete Kontaktformular aus. Nachdem Sie im ersten Schritt einen Account angelegt haben, müssen Sie im nächsten Schritt die URL Ihres Magento-Shops sowie weiterführende Informationen, wie Sie in Abbildung 22.5 sehen, hinterlegen.

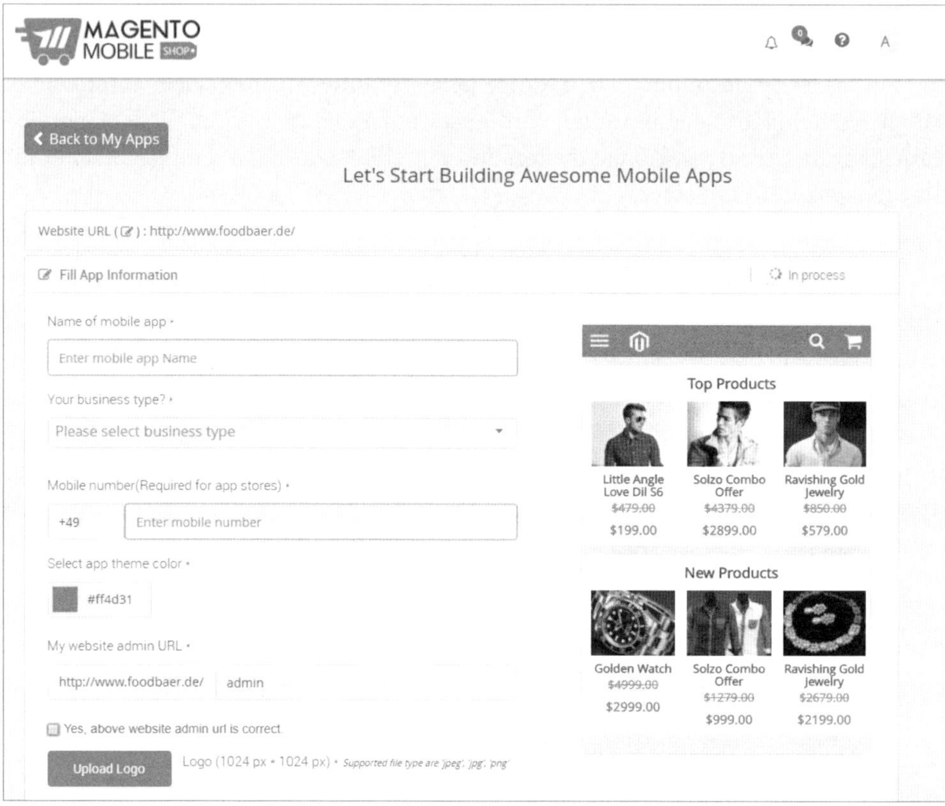

Abbildung 22.5 Um zur App zu gelangen, müssen Sie zuerst allgemeine Informationen zu Ihrem Shop hinterlegen.

Hierzu zählen die URL zum Frontend und die Backend-URL. Auch eine Telefonnummer zur Freischaltung der App in den App Stores wird vorausgesetzt. Nachdem Sie ein Logo hochgeladen haben, können Sie die Einstellungen speichern und zum nächsten Schritt gehen. Dort haben Sie jetzt die Möglichkeit, die Extension, die Sie in Ihrem Magento-System installieren müssen, herunterzuladen sowie die App, die generiert wird, in den App Stores zu verteilen. Was so einfach klingt, ist in der Tat auch recht einfach. Dadurch halten sich aber auch die Individualisierungsmöglichkeiten gewissermaßen in Grenzen, was je Anwendungsfall jedoch einen zu vernachlässigenden Nachteil darstellt.

In der kostenfreien Edition können Sie übrigens nur eine Android-App erstellen und verteilen. Sollten Sie auch Interesse an einer iOS-App haben, fallen Lizenzkosten in Höhe von 399 US$ an. Die Lizenzkosten können sich doch jedoch auch recht schnell erhöhen, da Sie kostenpflichtige Add-ons hinzubuchen können. Dadurch lässt sich beispielsweise Google Analytics integrieren oder eine SMS-Benachrichtigung bei Bestellungen abbilden. Auch Payment-Gateways erfordern die Buchung von Add-ons, wodurch sich die Kosten dieser Lösung erhöhen.

Zusammengefasst lässt sich sagen, dass Sie mit dieser Lösung recht schnell ans Ziel kommen und mit wenigen Klicks eine eigene App erstellen können. Dadurch lassen zwar die Individualisierungsmöglichkeiten zu wünschen übrig, aber um die Resonanz einer App zu testen, lohnt sich ein Blick auf diese Lösung definitiv.

22.2.5 Mobikul Mobile App Builder

Eine ebenfalls fertige App out of the box können Sie über Mobikul beziehen. Ähnlich wie bei den vorherigen Lösungen erhalten Sie eine bis auf wenige Rahmenparameter abänderbare Applikation, die unter iOS und Android verwendet werden kann. Alle Features, die im Magento 2-Frontend enthalten sind, werden über die App ebenfalls abgebildet, weswegen mit keinerlei Einschränkungen oder Eingrenzungen zu rechnen ist.

Abbildung 22.6 vermittelt Ihnen einen ersten Eindruck von den vorhandenen Features, wobei die eigentliche Liste noch viel länger ist. Unter *https://store.webkul.com/Magento2-Mobikul.html* erhalten Sie eine Auflistung aller Möglichkeiten, welche die App bietet, zudem können Sie Screenshots der App einsehen.

Abbildung 22.6 Die für iOS und Android verfügbare App unterstützt unter anderem Push Notifications und Voice Search.

Mit 499 US$ ist dieser Ansatz etwas teurer als bei Magento Mobile Shop, wobei Sie keinerlei zusätzliche Kosten für Add-ons oder Erweiterungen bei dieser Lösung haben. Einzig wenn Sie den Source Code erhalten möchten, fallen höhere einmalige Kosten für die Anwendung an, was aber vollkommen in Ordnung ist. Auf Basis des Source Codes hätten Sie zudem die Möglichkeit, umfangreiche Anpassungen und Erweiterungen vorzunehmen. Alle weiteren Informationen erhalten Sie direkt auf der Seite des Herstellers, die Sie unter dem oben aufgeführten Link aufrufen können.

22.2.6 Responsive Design vs. iOS- oder Android-App

Im Prinzip stehen Ihnen bei Magento 2 zwei Varianten zur Verfügung. Entweder setzen Sie auf ein Responsive Design, das alle mobilen Endgeräte abdeckt, oder Sie erstellen eine native App. Welche Lösung die bessere ist, hängt immer vom jeweiligen Projekt und den Rahmenbedingungen ab. Ich persönlich bin der Meinung, dass eine native App nur dann sinnvoll ist, wenn sie Funktionen unterstützt, die bei einem Responsive Design nicht möglich sind. Dazu zählt beispielsweise ein QR-Code-Scanner. Auch wenn Push Notifications eine in Ihrem Fall wichtige Rolle spielen, ist eine native App die bessere der beiden Lösungen. Sobald Sie also auf die Hardware oder die Fähigkeiten des Smartphones bzw. auf dessen Betriebssystem zurückgreifen möchten, sollten Sie zu einer nativen App greifen. Möchten Sie hingegen nur Produkte und Inhalte darstellen und diese zum Kauf anbieten, müssen Sie nicht zwangsläufig auf eine native App setzen. Mittlerweile können Sie mit einem guten Responsive Design eine sehr gute Usability erzielen, die Ladezeiten halten sich, sofern das Hosting stimmt, ebenfalls in Grenzen, und die Notwendigkeit einer nativen App ist im Gegensatz zu den vergangenen Jahren gar nicht mehr gegeben. Wenn Sie also einfach nur einen Online-Shop für mobile Endgeräte zugänglich machen möchten, ist ein Responsive Design meiner Meinung nach die bessere Wahl. Sie sind damit flexibler, ersparen Ihren Nutzern den Download der App, sparen Kosten, da Sie nicht zwei Plattformen bzw. Systeme pflegen und erweitern müssen, und können wesentlich einfacher individuelle Funktionen zugänglich machen. Wie erwähnt, müssen Sie aber in jedem Projekt immer beide Varianten evaluieren und anschließend entscheiden, ob in diesem konkreten Projekt eine native App oder ein Responsive Design die sinnvollere Variante ist.

22.3 Point-of-Sale-(PoS-)Lösungen

Neben dem Zugriff mit dem Smartphone oder Tablet können Sie Magento 2 auch für Point-of-Sale-Lösungen verwenden. Damit sind z. B. Kassensysteme gemeint. Somit können Sie auf eine Messe oder ein Event gehen, dort Barzahlungen akzeptieren, und im Hintergrund arbeitet Ihr Magento 2-System, legt Bestellungen und Kunden an und verwaltet entsprechend die Lagerbestände. Sofern Sie also nicht ein reiner Online-Händler sind, können die Point-of-Sale-Lösungen für Sie ebenfalls interessant sein. Auf den nächsten Seiten möchte ich Ihnen einen kurzen Einblick in die am Markt verfügbaren Lösungen geben.

22.3.1 POS Extension (Point Of Sales) for Magento 2

Boost my Shop stellt mit der Extension »POS Extension (Point Of Sales) for Magento 2« eine recht einfache und überschaubare Erweiterung im Bereich Point of Sale zur Verfügung. Sie können mit der Extension selbst keine Hardware wie eine Kasse oder einen Scanner steuern. Vielmehr klinkt sich die Erweiterung direkt in das Magento-Backend ein und erlaubt eine einfache Anlage von Bestellungen. Sobald Sie die Erweiterung installiert haben, wird das Magento-Backend durch weitere Navigationseinträge ergänzt. Wenn Sie anschließend unter SALES auf den Link CHECKOUT klicken, öffnet sich, wie Sie in Abbildung 22.7 sehen können, eine komplett neue Eingabemaske, die vor allem auf die Nutzung von Tablets optimiert ist. So haben Sie am unteren Ende der Seite insgesamt vier große Buttons, die Sie problemlos mit den Fingern bedienen können. Mit dem Button SHORTCUTS erreichen Sie beispielsweise mit einem Klick definierte Produkte, die Sie direkt mit einem Klick in den Warenkorb legen können. Dadurch können Sie recht schnell und problemlos den Warenkorb befüllen und somit dem Kunden, angenommen, er steht gerade bei Ihnen am Messestand, die Bestellung vorbereiten. Wenn Sie Kundendaten hinterlegen möchten, können Sie auf den Button GUEST CUSTOMER klicken. Daraufhin öffnet sich ein Overlay, in dem Sie entweder einen bestehenden Kunden auswählen oder einen neuen Kunden anlegen können. Der Button PAY ermöglicht die Bezahlung, wobei Ihnen an dieser Stelle die Zahlungsart »Check/Money Order« oder eben auch die Barzahlung zur Verfügung stehen. Beim Button STORE PICKUP wählen Sie zudem die Liefermethode, entweder das vorausgewählte Store Pickup oder alternativ die Flat- oder Table-Rates. Haben Sie so weit alle Einstellungen vorgenommen und Informationen hinterlegt, können Sie die Bestellung abschließen.

Bei der Lösung von Boost my Shop handelt es sich sicherlich um eine kleine und simple Point-of-Sale-Lösung. Kassensysteme bzw. Hardware können nicht angeschlossen werden, letztendlich fügt die Extension eine auf Tablets optimierte Backend-Ansicht hinzu, mit der Sie recht einfach Produkte zum Warenkorb hinzufügen, Kundendaten hinterlegen und eine Bestellung abschließen können. In einigen Fällen kann dies, bezogen auf den Funktionsumfang, auch schon reichen. Wenn Sie nur Barzahlungen akzeptieren, keine EC-Kartenzahlungen abbilden möchten und einfach eine schnelle und simple Lösung benötigen, sollten Sie definitiv einen Blick auf diese Erweiterung werfen. Weitere Informationen und eine Demo erhalten Sie unter *https://www.boostmyshop.com/magento-2-extension/point-of-sales-magento2.html*.

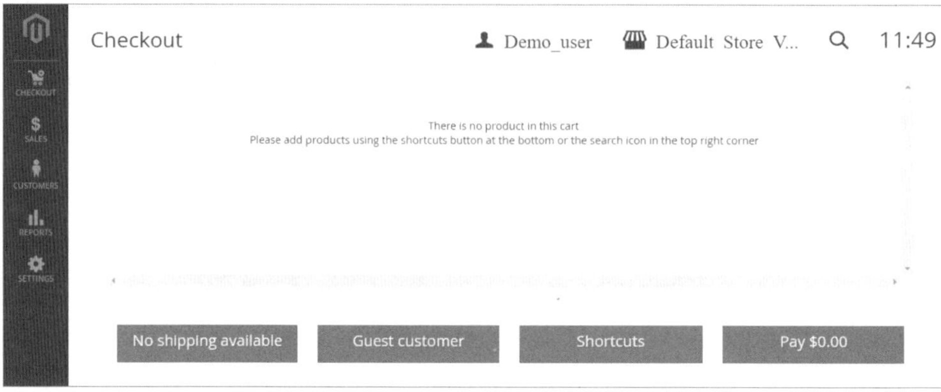

Abbildung 22.7 Die Oberfläche kann problemlos mit einem Tablet genutzt werden.

22.3.2 Magento 2 POS

Ähnlich wie Boost my Shop bietet Magestore ebenfalls eine Erweiterung an, die eine Point-of-Sale-Funktionalität direkt in Magento nachrüstet. Der Fokus liegt bei dieser Erweiterung ebenfalls auf einer optimierten Oberfläche innerhalb des Magento-Backends, mit deren Hilfe schnell und einfach Bestellungen mithilfe eines Tablets erfasst werden können. Nachdem Sie die Extension in Magento installiert haben, stehen Ihnen im Backend weitere Navigationspunkte zur Verfügung. Speziell in Sachen Konfiguration geht diese Erweiterung im Vergleich zu der ersten noch einen Schritt weiter. Sie können innerhalb des Magento-Backends verschiedenste Point of Sales anlegen. Das können verschiedene Filialen oder auch Marktplätze bzw. Messestände sein. Diese wiederum lassen sich auswerten, Sie können Mitarbeiter anlegen und zuweisen sowie die verschiedenen Locations verwalten. Der Backend-Part ist bei dieser Extension daher sehr umfangreich.

Die Durchführung der Bestellung erfolgt zudem im Frontend. Sie haben über einen speziellen Link Zugriff auf eine auf Tablets optimierte Oberfläche, die Sie in Abbildung 22.8 sehen.

Wie Sie sehen, werden die Produkte recht großflächig dargestellt und lassen sich mittels eines Klicks direkt zum Warenkorb hinzufügen. Wenn Sie mehrmals auf ein Produkt klicken, erhöhen Sie automatisch die Menge. Über das Icon in der linken oberen Ecke können Sie die weiteren Einstellungen und Menüpunkte öffnen. So können Sie beispielsweise Lagerbestände einsehen oder auch auf die Kundendaten zugreifen. Sobald Sie eine Bestellung auslösen möchten, müssen Sie nur noch auf den roten Button, der sich in der rechten unteren Ecke befindet und den Namen CHECKOUT trägt, klicken. Daraufhin gelangen Sie zu einer neuen Ansicht, in der Sie die Versandmethode und Zahlungsart auswählen müssen. Bei der Zahlungsart steht an dieser Stelle beispielsweise die Barzahlung zur Verfügung, weitere Zahlungsarten können jedoch bei Bedarf hinzugefügt werden. Interessant ist meiner Meinung nach speziell die Discount-Funktion, die Sie in Abbildung 22.9 sehen. Sie können recht einfach einen prozentualen Rabatt gewähren, ohne zuerst Gutscheincodes oder Regeln anlegen zu müssen. Das ist äußerst praktisch, wenn Sie die Gesamtsumme schnell und einfach reduzieren möchten.

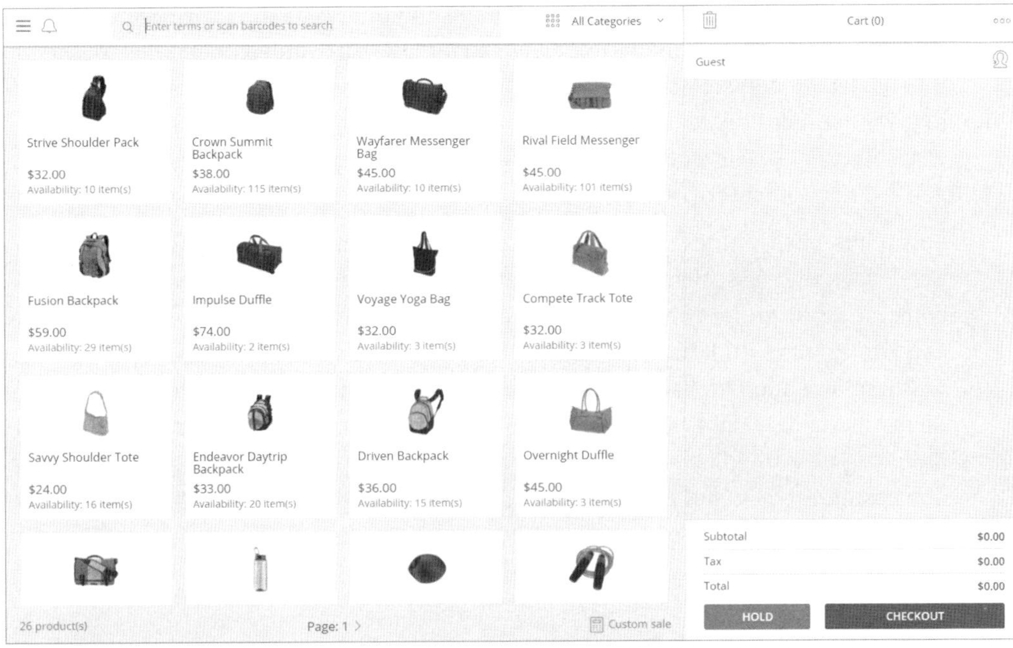

Abbildung 22.8 Produkte können recht einfach anhand großer Icons hinzugefügt werden.

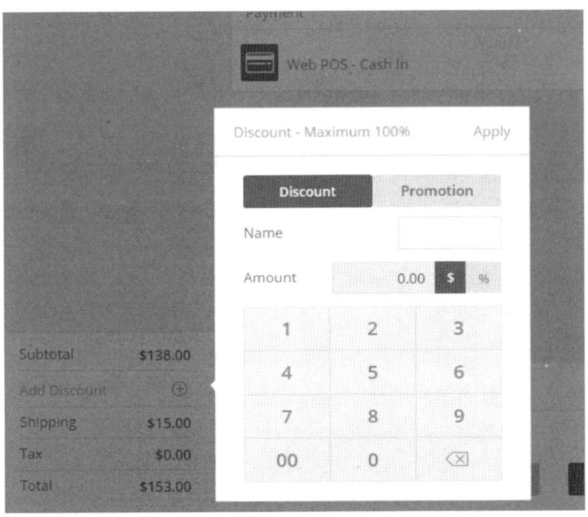

Abbildung 22.9 Ein Rabatt kann ohne Gutscheincode bzw. Preisregel gewährt werden.

Haben Sie sowohl die Versandmethode als auch die Zahlungsart ausgewählt, können Sie die Bestellung aufgeben. Mehr müssen Sie an dieser Stelle gar nicht tun. Abschließend können Sie zudem die E-Mail-Adresse des Kunden hinterlegen, woraufhin ihm nochmals alle Bestellinformationen zugesendet werden. Auch der Druck der Bestellung ist im letzten Schritt möglich.

Zugegebenermaßen liegt bei dieser Erweiterung der Fokus nicht wirklich auf Kunden, d. h., Sie müssen keinen Kunden aus einer Liste auswählen oder anlegen. Die Extension ist auf den schnellen Abverkauf optimiert, das sehen Sie beim Kundenhandling wie bei der Rabattfunktion. Daher eignet sich diese Erweiterung speziell dann, wenn Sie auf Messen und Events unterwegs sind und schnell und einfach Bestellungen erfassen möchten.

Besonders positiv finde ich bei dieser Erweiterung das User Interface. Es wirkt äußerst clean und lässt sich mit einem Tablet sehr gut bedienen. Alle Schaltflächen haben eine vernünftige Größe, wodurch fehlerhafte Klicks vermieden werden können. Die Funktionen sind zudem logisch gruppiert, und auch wenn die Extension im Frontend wie auch im Backend über verschiedenste Möglichkeiten verfügt, wirkt sie nicht überladen. Daher ist diese Erweiterung, möchten Sie einen recht einfachen Point of Sale ermöglichen, meine Empfehlung an Sie. Mit 599 US$ gehört sie zwar zu den kostenintensiveren Erweiterungen, das Geld ist jedoch gut investiert. Weitere Informationen erhalten Sie unter *https://www.magestore.com/magento-2-pos-extension.html*.

22.3.3 ebizmarts POS

Im Gegensatz zu den beiden bereits vorgestellten Extensions bietet der Hersteller ebizmarts mit seiner Erweiterung POS eine recht umfangreiche Point-of-Sale-Lösung, die auch in der Lage ist, z. B. mit Kassen zusammenzuarbeiten. Magento fungiert weiterhin als treibende Komponente, wobei Bestellungen über eine eigens entwickelte App aufgegeben und verwaltet werden. Dadurch steht Ihnen eine für Tablets optimierte Oberfläche bereit, wodurch das Handling äußerst einfach ist. Interessant wird die Lösung jedoch gerade wegen der Hardware, d. h., Sie können eine Kasse, einen Drucker oder auch einen Scanner anschließen und diese Geräte verwenden. Unterstützt werden aktuell folgende Geräte:

- iPad Air 1/2/3
- iPad mini 1/2/3
- iPad 4
- iPad 3
- iPad 2
- Star Micronics TSP143Lan

- Star Micronics TSP700 Series (nur Modelle mit Ethernet-Anschluss)
- Star Micronics TSP650 II BTi
- Star Micronics SM-T300i
- Socket Mobile CX2870-1409
- Socket Mobile CHS 7QI
- Motorola LI4278
- Koamtac KDC425IT
- EC-410 DigiPos Cash Base Drawer

Dadurch können Sie für die Durchführung der Transaktion ein iPad verwenden, Belege können mit einem der aufgeführten Drucker ausgedruckt werden, zur einfacheren Bestellung können Sie zudem auf einen Barcode-Scanner zurückgreifen, und eine Kasse rundet das Gesamtpaket ab. Sprich, Sie können auf jede Art Hardware zurückgreifen, die in einem Point of Sale zum Einsatz kommt.

Magento 1 und Magento 2 Community sowie Enterprise Edition

Ebizmarts unterstützt mit der entwickelten POS-Lösung neben Magento 2 übrigens auch Magento 1. Zudem lässt sich die Lösung sowohl mit der Enterprise Edition als auch mit Magento Open Source (ehemals Community Edition) nutzen. Dadurch deckt ebizmarts die komplette Magento-Produktpalette vollständig ab.

Die in der App implementierte Backend-Oberfläche unterstützt zudem alle Funktionen, die Sie im Alltag benötigen. Angefangen von Bestellkommentaren über Gutscheine bis hin zu Rabatten. In diesen Bereichen dürften keine Wünsche übrigbleiben. Im Gegensatz zu den bereits vorgestellten Lösungen müssen Sie bei ebizmarts POS mit monatlichen Kosten zwischen 44 € und 84 € rechnen. Insgesamt stehen drei verschiedene Tarifstufen zur Verfügung, die sich anhand der angebotenen Funktionalitäten unterscheiden. Ein weiterer Unterschied, ganz unabhängig vom aufgerufenen Preis, besteht zudem in der Demo-Version. Bei den bereits behandelten PoS-Lösungen konnten Sie problemlos auf eine Demo-Version zurückgreifen, was bei ebizmarts leider nicht möglich ist. Das liegt primär an der benötigten App, die Sie sich zu Testzwecken leider nicht einfach herunterladen können. Auf der offiziellen Website, die Sie unter *https://pos.ebizmarts.com* erreichen, erhalten Sie jedoch eine Menge Informationen und können zudem direkten Kontakt zu ebizmarts aufnehmen.

22.3.4 Beurteilung der verschiedenen PoS-Lösungen

Welche Lösung in Ihrem konkreten Fall die sinnvollste ist, lässt sich von außen schwer beurteilen. Wenn Sie Hardware anbinden möchten, beispielsweise eine Kasse oder einen Barcode-Scanner, ist die Lösung von ebizmarts definitiv die ausgereifteste. Müssen Sie hingegen keine Hardware anbinden, so lohnt sich auch ein Blick auf die Erweiterung von Magestore. Hier sparen Sie sich monatliche Kosten und können gegebenenfalls auch selbst Hand anlegen und die Extension selbst erweitern.

22.4 Fazit und Ausblick

Auch wenn Sie mit Magento definitiv in erster Linie Produkte online verkaufen, so kann es ja vielleicht in Zukunft vorkommen, dass Sie auf einer Messe oder einem Event vertreten sind, Produkte verkaufen und diese direkt abrechnen möchten. Hierfür eignen sich PoS-Lösungen, und die populärsten Lösungen aus dem Magento Ökosystem haben Sie in diesem Kapitel kennengelernt. Allgemein haben Sie erfahren, mit welchen Endgeräten Sie auf Magento zugreifen können und worin die Unterschiede zwischen der Nutzung einer App und der eines Responsive Designs liegen.

Im nächsten Kapitel möchte ich Ihnen nun zeigen, was es mit der Magento Enterprise Edition auf sich hat. Denn auch wenn Sie im Buch bislang durchgängig mit Magento Open Source gearbeitet haben, können Sie mithilfe der kommerziellen Variante von Magento den Funktionsumfang Ihres Online-Shops nochmals signifikant erweitern. Doch ob das überhaupt notwendig ist, welche Vor- und Nachteile die Enterprise Edition bietet und mit welchen Kosten Sie rechnen müssen, das erfahren Sie im nächsten Kapitel.

Kapitel 23
Magento Enterprise Edition

Neben der bereits im Detail vorgestellten kostenfreien Edition bietet Magento mit der Enterprise Edition ein kommerzielles Produkt, das sich speziell an größere Unternehmen und komplexere Anforderungen richtet. Ob sich die Enterprise Edition auch für Sie lohnt, erfahren Sie in diesem Kapitel.

Wie Sie bereits im Laufe dieses Buches gesehen haben, bietet die kostenfreie Magento Edition zahllose Möglichkeiten, die Ihnen beim Aufbau Ihres Online-Shops aktiv weiterhelfen können. Vergleicht man die kostenfreie Edition mit anderen E-Commerce-Systemen, beispielsweise Shopware oder OXID, so kann man getrost feststellen, dass Magento den größten Funktionsumfang der erwähnten Systeme aufweist. Die kostenfreie Edition ist daher ein erstklassiges Produkt, was unter anderem durch die enorme internationale Verbreitung dieser Lösung unterstrichen wird. Dennoch setzt Magento mit der Enterprise Edition eine Schippe drauf, und zwar eine enorm große Schippe.

Die Basis für die Magento Enterprise Edition bildet die Ihnen bekannte Edition Magento Open Source. Es handelt sich also nicht um ein komplett neues Produkt, vielmehr ergänzt die Enterprise Edition die kostenfreie Edition um sinnvolle Funktionserweiterungen. Zusätzlich kaufen Sie sich nicht nur zusätzliche Funktionen, sondern auch den direkten Draht zu Magento. Im Gegensatz zur kostenfreien Edition können Sie sich nämlich bei Problemen und Fehlern direkt an Magento wenden und einen direkten Support beziehen. Themen wie Gewährleistung bzw. Garantie spielen eine weitere Rolle, wobei ich Ihnen zu diesem Thema am Ende des Kapitels noch ein paar weiterführende Informationen geben möchte. Stellen Sie sich daher die Enterprise Edition nicht als reine funktionale Erweiterung der kostenfreien Magento Open Source Edition vor, sondern als Gesamtpaket bestehend aus Service, Support und Funktionen, das sich speziell an Enterprise-Kunden richtet bzw. für den Einsatz in Enterprise-Projekten ausgelegt ist.

Da es sich bei der Magento Enterprise Edition um ein kommerzielles Produkt ohne Testversion handelt, haben Sie an dieser Stelle leider nicht die Möglichkeit, selbst ein System aufzusetzen und auf Basis dieses Systems den erweiterten Funktionsumfang nachzuvollziehen. Aus diesem Grund werde ich Sie möglichst praxisnah und im Detail durch die verschiedenen Funktionen und Möglichkeiten führen.

Magento-Enterprise-Edition-Lizenzkosten

Wie Sie im weiteren Verlauf des Kapitels noch sehen werden, gehe ich kurz auf das Thema Lizenzkosten ein. An dieser Stelle sei aber bereits erwähnt, dass Sie in jedem Fall mit einer fünfstelligen bzw. sechsstelligen Summe an jährlichen Lizenzkosten rechnen müssen. Magento lizenziert dabei jedoch äußerst fair, denn je erfolgreicher Sie sind, desto höher sind die Lizenzkosten, und wenn Sie erst im E-Commerce starten, sind die Lizenzkosten auch entsprechend gering.

Wie eingangs erwähnt, enthält die Enterprise Edition im Vergleich zur bekannten kostenfreien Edition Magento Open Source zusätzliche Funktionen, jedoch dieselbe Basis. Dementsprechend werde ich Ihnen an dieser Stelle nicht nochmals alle Details, sondern ausschließlich die zusätzlichen Möglichkeiten vorstellen. Am Ende dieses Kapitels sollten Sie anschließend in der Lage sein zu bewerten, ob sich auch für Sie der Einsatz der Enterprise Edition lohnt oder ob Sie weiterhin auf die kostenfreie Edition setzen werden.

23.1 Features und Möglichkeiten

Der erweiterte Funktionsumfang der Magento Enterprise Edition versteckt sich zum Teil in Details wie zusätzlichen Konfigurationsmöglichkeiten, es gibt jedoch auch komplett neue Möglichkeiten wie die Abwicklung von Retouren, die in der kostenfreien Version komplett fehlen. Magento hat auf einen Mix zwischen vollkommen neuen Möglichkeiten und der Erweiterung bestehender Funktionen gesetzt, und speziell dieser Mix macht die Enterprise Edition aus meiner Sicht so mächtig und auch nützlich. In Beratungsgesprächen kommt in der Regel immer die Frage auf, welche Funktionen die Enterprise Edition zusätzlich mitbringt. Leider gibt es mit Stand von heute hierfür keine einfache Liste, in der man nachschauen könnte. Magento hat unter *https://magento.com/sites/default/files/Magento%20Enterprise%20Edition%202.1%20Full%20Feature%20List.pdf* ein Dokument bereitgestellt, das Informationen zur Enterprise Edition liefert. In diesen Informationen stecken aber auch wahnsinnig viele Funktionen, die bereits in der kostenfreien Edition integriert sind. Magento kommuniziert daher nach außen nur den vollständigen Funktionsumfang der kommerziellen Edition, aber keine separate Liste mit dem Delta der Funktionen. Der Hintergrund hierfür, das ist zumindest meine Meinung, liegt in der einfacheren Vermarktungsmöglichkeit, wenn die zusätzlichen Funktionen nicht individuell sichtbar sind, sondern man das Gesamtpaket Enterprise Edition bewirbt.

Ich möchte Sie in diesem Kapitel aber nicht auf diesen Irrweg führen, sondern Ihnen die zusätzlichen Funktionen und Möglichkeiten durch den Einsatz der Enterprise Edition vorstellen.

Keine offizielle deutsche Übersetzung verfügbar

Wie auch bei der kostenfreien Edition wird die Enterprise Edition nicht mit einem offiziellen deutschen Sprachpaket ausgeliefert. Sie können beispielsweise auf ein Sprachpaket der kostenfreien Edition aus der Magento-Community zurückgreifen und Übersetzungen nachpflegen. Im Verlauf der nächsten Seiten kann es daher leider passieren, dass an der einen oder anderen Stelle englische Begriffe auftauchen, da ich an dieser Stelle auch nur auf ein Sprachpaket für die kostenfreien Edition setze.

Da sowohl das Backend als auch das Frontend betroffen ist, werde ich zum Teil zwischen diesen Bereichen springen, was der Übersichtlichkeit aber an dieser Stelle nicht schaden soll.

23.1.1 Erweiterte Benutzerberechtigungen im Magento-Backend

Bei dem ersten interessanten Feature handelt es sich um ein erweitertes Berechtigungsmanagement innerhalb des Backends. Sie haben in den vorherigen Kapiteln bereits einen Einblick bekommen, auf welche Art und Weise Sie Backend-Nutzer einschränken bzw. Berechtigungen gesetzt werden können. Die Basis in der Enterprise Edition ist vollkommen identisch, auch die Funktionsweise entspricht der Ihnen bekannten. Sie haben jedoch die Möglichkeit, wesentlich feiner und granularer Berechtigungen zu vergeben.

Die Berechtigungsverwaltung finden Sie weiterhin unter SYSTEM • BERECHTIGUNGEN. Unter dem Punkt USER ROLES können Sie, das möchte ich Ihnen im ersten Schritt zeigen, die Berechtigungen anlegen und verwalten. Wenn Sie nun eine neue Benutzerrolle anlegen bzw. eine bestehende editieren, werden Sie eine leicht abgewandelte, aber dennoch bekannte Eingabemaske vorfinden. Werfen Sie hierfür einen Blick auf Abbildung 23.1, und achten Sie auf den *Rollenbereich* bzw. die *Rollen-Ressourcen*.

Der ROLLENBEREICH ermöglicht es Ihnen, den Zugriff auf Website-Ebene zu reglementieren. Angenommen, Sie haben mehrere Websites angelegt, beispielsweise eine eigene Website für jedes Land in Ihrem Magento-System. Sollen die Länder nun autark arbeiten können, weil Sie beispielsweise Niederlassungen in den Ländern haben, dann möchten Sie den Nutzern einer Niederlassung auch nur einen Zugriff auf das entsprechende Land in Ihrem Magento-System gewähren. Der Nutzer aus Frankreich sollte also im Backend nicht die Möglichkeit haben, Daten, die für Italien relevant sind, einzusehen bzw. diese zu editieren. In der kostenfreien Edition wäre diese Trennung nicht möglich, d. h., wenn Sie mehrere Websites angelegt haben, dann hat auch jeder Backend-Nutzer grundsätzlich einen website-übergreifenden Zugriff auf die Informationen.

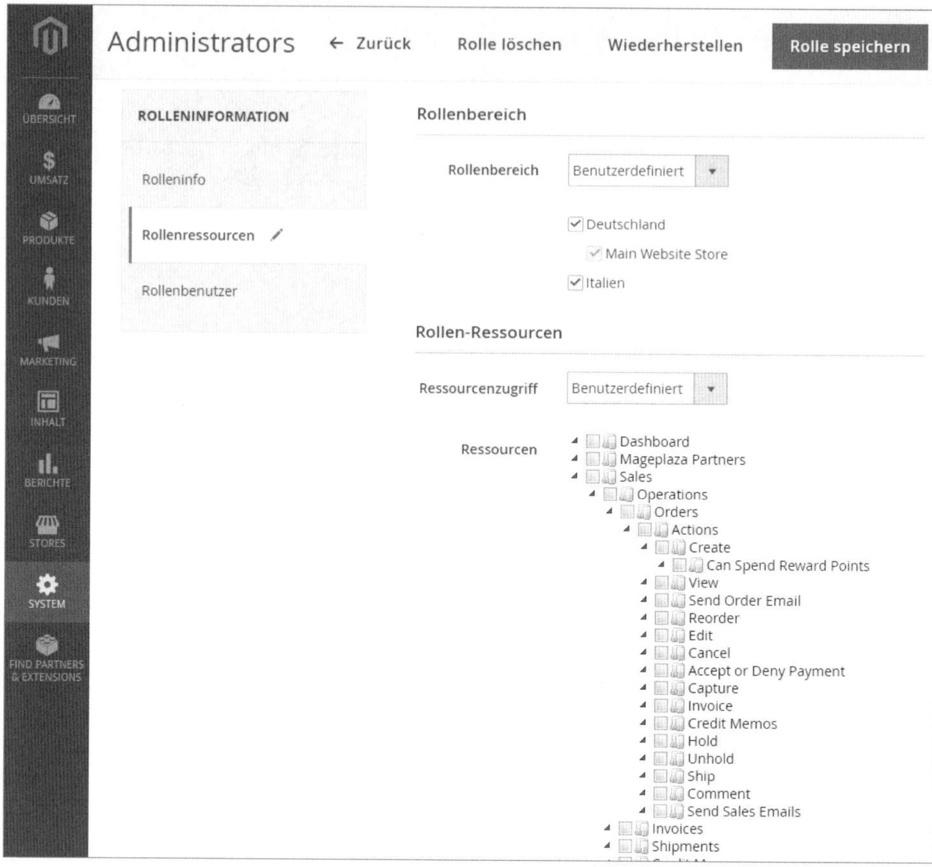

Abbildung 23.1 In der Enterprise Edition lassen sich Berechtigungen wesentlich granularer einstellen.

In der Enterprise Edition können Sie diese Differenzierung hingegen vornehmen, indem Sie die entsprechende Berechtigung setzen. Wie Sie sehen, könnte ich in diesem Fall bei der Benutzerrolle den Haken bei ITALIEN entfernen, und der Nutzer dieser Benutzerrolle hätte im Backend keinen weiteren Zugriff auf die Informationen der italienischen Website.

Parallel hierzu gibt es bei den Rollen-Ressourcen wesentlich mehr Berechtigungseinträge. So können gezielter Aktionen innerhalb von Ansichten unterbunden werden, statt ausschließlich eine Ansicht sperren zu können. Alle Möglichkeiten an dieser Stelle aufzulisten, würde zum einen den Rahmen sprengen, zum anderen aber auch die Übersichtlichkeit negativ beeinflussen. Gehen Sie an dieser Stelle einfach davon aus, dass Sie mit der Enterprise Edition tendenziell eher die Möglichkeit haben, bestimmte Aktionen wie das Löschen von Datensätzen in bestimmten Ansichten zu unterbinden. Magento bietet an dieser Stelle tatsächlich sehr viele Berechtigungseinträge, die Sie ganz individuell setzen können.

Weitere Anpassungen oder Möglichkeiten haben Sie in Bezug auf das Berechtigungskonzept an dieser Stelle nicht. Zusammengefasst haben Sie also die Möglichkeit, Berechtigungen auf Website-Ebene zu setzen und in Summe wesentlich detailliertere Möglichkeiten der Berechtigungsvergabe.

23.1.2 Protokollierung von Benutzertätigkeiten im Backend

Sie kennen sicherlich die Situation, falls nicht, werden Sie diese definitiv noch kennenlernen: Sie arbeiten gemeinsam mit Kollegen im Magento-Backend. Plötzlich fehlt ein Produkt, ein Text wurde geändert, eine CMS-Seite hinzugefügt oder ein Kunde editiert. Wenn Sie Ihre Kollegen nun fragen, wer für die Änderung verantwortlich ist, hat niemand die Änderung durchgeführt. Diese Situation passiert im Alltag von Magento-Nutzern recht häufig, wobei die fehlende Antwort oftmals gar nicht böse gemeint ist. Der Grund: Ein Nutzer hat aus Unachtsamkeit eine Aktion ausgelöst und dies gegebenenfalls gar nicht bemerkt.

Magento bietet in der Enterprise Edition ein Feature namens ACTION LOG, das Ihnen in dieser Situation weiterhelfen könnte. Denn im Action Log werden alle Tätigkeiten aller Magento-Backend-Nutzer protokolliert! Das Action Log können Sie unter SYSTEM • ACTION LOG aufrufen, wobei Ihnen zwei Unterpunkte zur Verfügung stehen. Klicken Sie auf BERICHT, können Sie die aktuellen Tätigkeiten einsehen. Im ARCHIV können Sie hingegen ältere Logs komfortabel als CSV-Datei herunterladen.

Sofern Sie den Link BERICHT aufrufen, werden Sie eine Auflistung wie in Abbildung 23.2 vorfinden. In dieser Listenansicht finden Sie im Prinzip eine Protokollierung aller Aktivitäten innerhalb des Magento-Backends. Neben der Uhrzeit, hierbei handelt es sich um die erste Spalte, wird die Aktion immer einer sogenannten *Aktionsgruppe* zugeordnet. Die Aktionsgruppe ist letztendlich nur der Oberbegriff, dem man die Aktion zuordnen kann, z. B. Systemkonfiguration. In der nächsten Spalte steht die Aktion, d. h., ob der Nutzer sich etwas hat anzeigen lassen oder ob gar etwas gelöscht wurde. Daraufhin folgt in den nächsten Spalten der Nutzer, das Ergebnis, der eindeutige Aktionsname sowie Details. Beim Ergebnis wird letztendlich protokolliert, ob die Aktion erfolgreich durchgeführt werden konnte oder ob es einen Fehler gab. Der Aktionsname, eigentlich zur internen Verwendung gedacht, ist letztendlich die eindeutige Bezeichnung der Aktion, die durchgeführt wurde. Im Prinzip ist diese Information für einen Entwickler relevant, wenn Aktionen beim Ergebnis einen Fehler zurückgemeldet haben, denn so erspart sich der Entwickler die mühevolle Suche nach der ausgeführten Aktion. In der Spalte Details werden je nach ausgeführter Aktion weiterführende Informationen protokolliert.

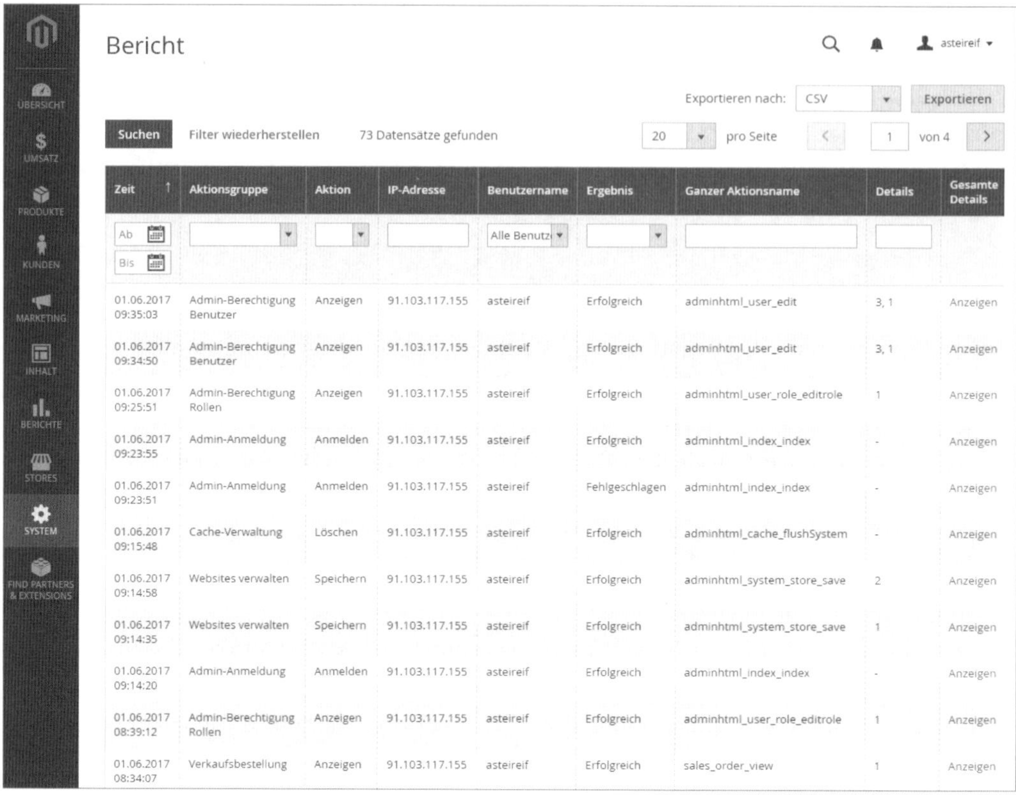

Abbildung 23.2 Im Action Log werden alle Operationen der Backend-Nutzer protokolliert.

Bei jedem Eintrag haben Sie zudem die Möglichkeit, alle Details auf einer separaten Seite anzuzeigen. Klicken Sie hierfür einfach auf den Eintrag in der jeweiligen Zeile, um die Detailansicht zu öffnen.

Abbildung 23.3 Die Detailansicht einer Aktion verrät zusätzliche Details.

Im Beispiel, das Sie in Abbildung 23.3 sehen, habe ich eine bestehende Kategorie editiert. Die Detailansicht verrät Ihnen an dieser Stelle, dass es sich um die Kategorie mit der ID 5 gehandelt hat (Aggregierte Informationen), welcher Benutzer diese Aktion durchgeführt hat (ID 3), wie dieser Benutzer heißt (asteireif) und welche IP-Adresse der Nutzer zum Zeitpunkt der Aktion hatte. Sie haben also, wie Sie auch anhand der Detailansicht erkennen können, die Möglichkeit, alle im System durchgeführten Aktionen anzeigen zu lassen.

Wenn Sie in das Archiv wechseln, können Sie sich die Protokolle bestimmter Zeiträume in Form von CSV-Dateien herunterladen. Die CSV-Dateien enthalten, wie Sie in Abbildung 23.4 erkennen können, alle Informationen, die ich bereits auf den vorherigen Seiten erwähnt habe. Einzig das Ausgabeformat, in diesem Fall als CSV, stellt einen Unterschied dar.

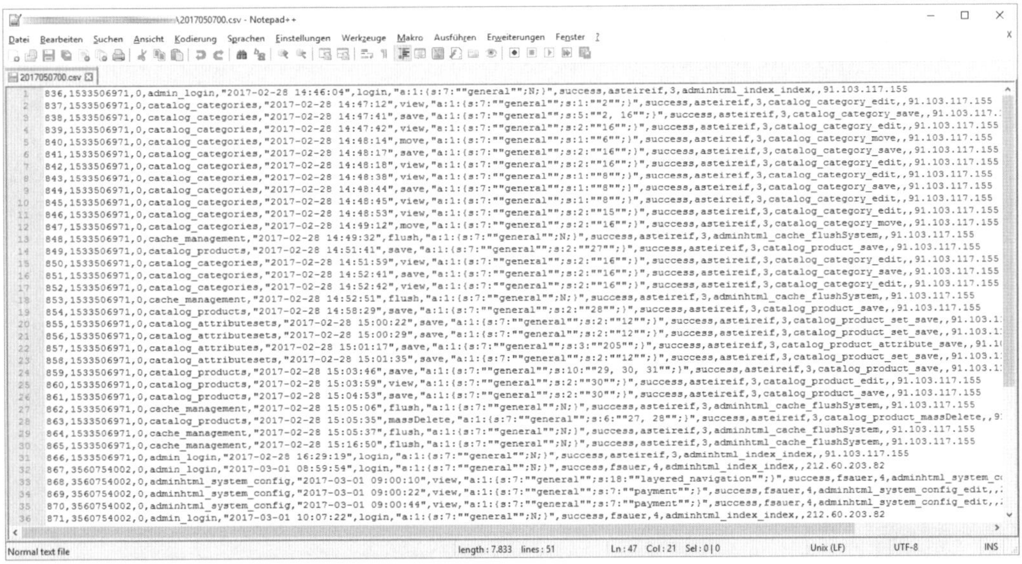

Abbildung 23.4 Im Archiv können Sie sich die Protokollierungen eines bestimmten Zeitraums herunterladen.

Rechtliche Anforderungen bezüglich der Protokollierung

Sollten Sie Ihren Online-Shop in Deutschland betreiben und somit der deutschen Rechtsprechung unterliegen, ist dieses Feature für Sie im Prinzip ein »Must-Have«. Die Einsicht personenbezogener Daten muss protokolliert werden, d. h. wenn Sie mehrere Nutzer im Backend angelegt haben und diese Einsicht in personenbezogene Daten, sprich die Kundeninformationen, haben, müssen Sie in der Lage sein, den Zeitpunkt bzw. die Person, die sich die Informationen angesehen hat, nachzuweisen. Dementsprechend benötigen Sie auch die besagte Funktionalität. Wie bei anderen Themen gilt aber auch an dieser Stelle: Wo kein Kläger, da kein Richter.

Last, but not least können Sie über die Systemkonfiguration im Punkt STORES • KONFIGURATION • ERWEITERT • ADMIN definieren, welche Aktionen tatsächlich protokolliert werden sollen. Im Standard werden alle Aktionen in dem Action Log gespeichert. Die Lebensdauer beträgt 60 Tage, und eine Archivierung wird täglich durchgeführt, zumindest sind das die Standard-Einstellungen, die Sie modifizieren können. Grundsätzlich können Sie zudem bestimmte Aktionen von der Protokollierung ausschließen, beispielsweise die Anpassung der Systemkonfiguration. Auch an dieser Stelle erlaubt Ihnen Magento eine recht granulare Konfigurationsoption, weshalb Sie voraussichtlich ohne zusätzliche Modifikationen die gängigsten Anforderungen abdecken können.

23.1.3 Bestellarchivierung

Apropos Archivierung! Magento bietet in der Enterprise Edition die Möglichkeit, Bestellungen zu archivieren und von der bereits bekannten Bestellübersicht in ein spezielles Archiv zu verschieben. Hintergrund dieser Funktionalität ist ein Performance-Vorteil, den Sie durch die Archivierung erzielen. Haben Sie sehr viele Bestellungen, damit sind mehrere Zehntausend bzw. Hunderttausend gemeint, in Ihrem System, kann Magento in einigen Bereichen etwas träge erscheinen. Archivieren Sie hingegen diese Bestellungen, erzielen Sie eine signifikante Performance-Verbesserung.

Innerhalb des Backends können Sie unter STORES • KONFIGURATION • UMSATZ • UMSATZ im Abschnitt ARCHIVIERUNG VON BESTELLUNGEN, RECHNUNGEN, SENDUNGEN, GUTSCHRIFTEN die Archivierung grundsätzlich aktivieren sowie bestimmen, nach wie vielen Tagen eine Bestellung, abhängig vom definierten Status, archiviert werden darf. Die entsprechenden Einstellungsmöglichkeiten sehen Sie in Abbildung 23.5.

Abbildung 23.5 Innerhalb der Systemkonfiguration können Sie bestimmen, welche Bestellungen abhängig vom Status und Datum archiviert werden dürfen.

Nachdem Sie das Feature in der Systemkonfiguration aktiviert haben, wobei dies im Standard der Fall ist, haben Sie im Punkt UMSATZ, den Sie in der linken Navigationsleiste finden, die Möglichkeit, auf die archivierten Bestellungen zuzugreifen. Parallel zur Bestellung an sich werden übrigens ebenfalls Dokumente wie Rechnungen, Lieferscheine und Gutschriften archiviert. Sprich, Sie können auf alle Informationen einer Bestellung inklusive der erzeugten Dokumente auch innerhalb des Archivs zugreifen. Die Ansichten und Masken innerhalb des Bestellarchivs unterscheiden sich übrigens nur geringfügig von denen der Bestellung bzw. Dokumente, dementsprechend werden Sie mit dem Bestellarchiv auch auf Anhieb problemlos klarkommen.

Manuelles Archivieren von Bestellungen

Sie haben neben der automatisierten Archivierung die Möglichkeit, Bestellungen manuell ins Archiv zu verschieben. Ob dies möglich ist, hängt von den eingestellten Zuständen ab, wann eine Bestellung archiviert werden darf. Liegen eine Rechnung und ein Lieferschein vor, können Sie eine Bestellung jedoch in der Regel immer über die Bestellansicht ins Archiv verschieben.

23.1.4 Berechtigungen für Kategorien

Wenn Sie Kategorien anlegen, das haben Sie bereits im Verlauf des Buches festgestellt, kann grundsätzlich jeder Nutzer im Frontend auf diese Kategorie und ihre Optionen zugreifen. Die einzige Ausnahme bildet die Deaktivierung einer Kategorie, denn wenn Sie eine Kategorie deaktivieren, ist sie für Zugriffe grundsätzlich gesperrt, unabhängig davon, ob Sie als Gast oder angemeldeter Nutzer im Frontend unterwegs sind. Mit der Enterprise Edition haben Sie jedoch die Möglichkeit, Berechtigungslevel für Kategorien zu definieren und auch die möglichen Aktionen pro Kategorie auf Kundengruppenebene zu definieren.

Bitte beachten Sie, dass diese Funktionalität im Standard deaktiviert ist, d. h., bevor Sie mit der Nutzung beginnen können, muss innerhalb der Systemkonfiguration dieses Feature zuerst aktiviert werden. Gehen Sie hierfür in die Systemkonfiguration, die Sie unter STORES • KONFIGURATION finden, und öffnen Sie den Punkt KATALOG • KATALOG. Wenn Sie nach unten scrollen, finden Sie die Option BERECHTIGUNGEN DER KATEGORIE, die für dieses Feature relevant ist. Das Feature können Sie an dieser Stelle aktivieren bzw. deaktivieren sowie verschiedene Einstellungen vornehmen, wie Sie in Abbildung 23.6 erkennen können.

Neben der erwähnten Deaktivierung und Aktivierung der Funktionalität können Sie global für alle Kategorien an dieser Stelle die Berechtigungen für folgende Aktionen definieren:

- Durchsuchen von Kategorie zulassen
- Produktpreise anzeigen
- In den Warenkorb legen zulassen
- Katalogsuche nach folgendem verbieten

Bei allen diesen Optionen können Sie definieren, ob alle Kundengruppen erlaubt sind, d. h. es keine Einschränkung gibt, nur bestimmte Kundengruppen oder gar keine Kundengruppen erlaubt sind.

Abbildung 23.6 Magento unterstützt Berechtigungsoptionen für Kategorien.

Wenn Sie beispielsweise die erste Option »Durchsuchen von Kategorie zulassen« auf NEIN setzen, kann keine Kundengruppe eine Kategorie aufrufen. Die restlichen Punkte funktionieren im Prinzip nach demselben Schema, letztendlich können Sie an dieser Stelle die allgemeingültigen Berechtigungen setzen, die sich immer auf Kundengruppen und niemals auf Segmente, hierzu erfahren Sie gleich mehr, beziehen.

Selbstverständlich können Sie die Berechtigungen, neben der allgemeingültigen Konfiguration, individuell pro Kategorie festlegen. Hierfür müssen Sie in die Kategorieverwaltung, die Sie bereits kennengelernt haben, navigieren und sich eine entsprechende Kategorie heraussuchen bzw. diese öffnen. In der anschließend aufgehenden Konfigurationsmaske gibt es einen neuen Bereich namens BERECHTIGUN-

GEN DER KATEGORIE. Dieser Bereich ist etwas komplexer aufgebaut, werfen Sie daher an dieser Stelle bitte einen Blick auf Abbildung 23.7. Wie Sie dort erkennen können, haben Sie die Möglichkeit, beliebig viele Berechtigungseinträge hinzuzufügen.

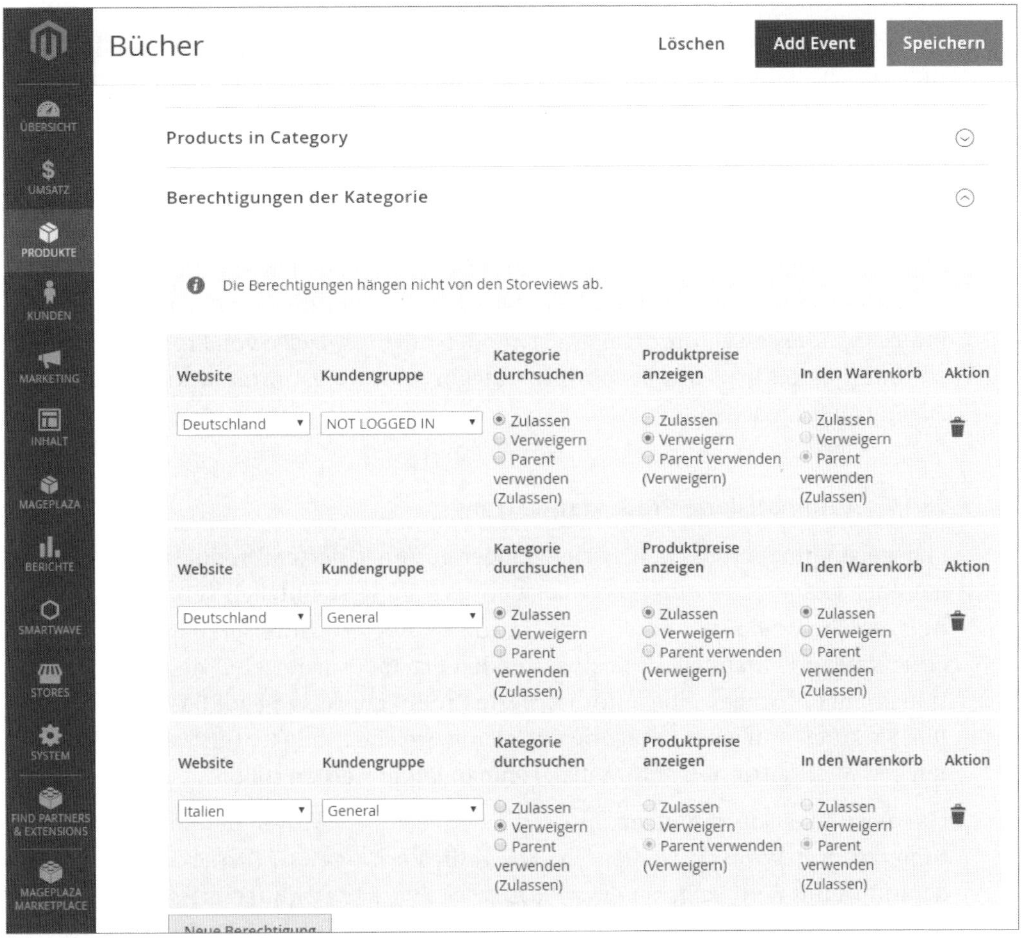

Abbildung 23.7 Zugriffsberechtigungen können Sie individuell pro Kategorie definieren.

Jedem Eintrag müssen Sie anschließend eine Website sowie Kundengruppe zuweisen. In meinem Beispiel habe ich zweimal die Website Deutschland ausgewählt und dabei jeweils den Eintrag NOT LOGGED IN sowie General gewählt. Für Italien habe ich die Website Italien und die Kundengruppe General gewählt. Anschließend können Sie pro Eintrag definieren, wie sich diese Kundengruppe in der jeweiligen Website in folgenden Bereichen verhalten darf:

- Kategorie durchsuchen
- Produktpreise anzeigen
- In den Warenkorb

Mit KATEGORIE DURCHSUCHEN ist das reine Öffnen bzw. Browsen der Kategorie gemeint. Wählen Sie an dieser Stelle den Eintrag ZULASSEN, darf ein Nutzer diese Kategorie ansehen. Sie können dem Nutzer auch den Zugriff untersagen bzw. ihn den Wert der übergeordneten Kategorie erben lassen. Neben dem reinen Zugriff können Sie zudem definieren, ob Nutzer der jeweiligen Kundengruppe Preise sehen dürfen und, falls Sie diese Option aktivieren, ob Artikel in den Warenkorb gelegt werden dürfen. Das sind sozusagen die zwei nächsten Stufen, die im Berechtigungskonzept berücksichtigt wurden. Sollten Sie die Darstellung der Preise unterbinden, erübrigt sich die »In den Warenkorb«-Berechtigung, denn ohne Preise dürfen Nutzer keine Artikel zum Warenkorb hinzufügen.

Mit diesem Feature haben Sie ein sehr einfaches und effizientes Mittel an der Hand, um Berechtigungen im Frontend auf Basis der Nutzergruppe einzuschränken. In der Praxis wird dieses Feature oftmals verwendet, um die Anzeige von Preisen bei Gästen zu unterbinden bzw. um bestimmte Kategorien nur bestimmten Kundengruppen zugänglich zu machen.

23.1.5 Automatisierte Produktzuweisung

Zugegebenermaßen handelt es sich bei der automatisierten Produktzuweisung um ein eher kleineres Feature, das aber dennoch äußerst nützlich sein kann. Bislang mussten Sie Produkte immer manuell einer Kategorie zuweisen bzw. alternativ in einer Kategorie manuell die zuzuweisenden Produkte ermitteln. Die Enterprise Edition erlaubt hingegen eine automatisierte Produktzuweisung auf Basis von Attributen. Sie können in jeder Kategorie definieren, welche Produkte mit welchen Attributen bzw. Attributwerten automatisiert hinzugefügt werden sollen.

Um diese Funktion zu nutzen, müssen Sie im ersten Schritt in der Kategorieverwaltung eine Kategorie auswählen. Im Abschnitt PRODUCTS IN CATEGORY können Sie daraufhin mit dem Schieberegler PRODUKTE MIT REGEL ABGLEICHEN die Funktion aktivieren. Haben Sie dies getan, erscheint ein Button namens BEDINGUNG HINZUFÜGEN, wie Sie in Abbildung 23.8 sehen können.

Mithilfe dieses Buttons können Sie nun beliebig viele Regeln anlegen. Eine Regel besteht dabei immer aus einem Attribut, einem Operator, einem Wert und einer Logik. In meinem Beispiel habe ich zwei Attribute ausgewählt, zum einen PRICE und zum anderen QUANTITY. Bei PRICE lautet der Operator GREATER THAN, d. h., es werden nur Artikel berücksichtigt, die einen Preis von mehr als – jetzt kommt der Wert ins Spiel – 20 € haben. Anstelle von GREATER THAN können Sie alternativ andere Operatoren wie KLEINER GLEICH, GLEICH, NICHT NULL etc. verwenden. Die Logik in der letzten Spalte definiert, ob die folgende Bedingung verknüpft (AND) oder nicht verknüpft (OR) wird. Durch meine AND-Verknüpfung müssen beide Bedingungen erfüllt sein, sonst wird der Artikel aus dem Produktsortiment nicht dieser Kategorie zugewiesen. In der zweiten Zeile lautet die Bedingung QUANTITY GLEICH 5, d. h., nur Artikel mit einem Lagerbestand von exakt 5 werden berücksichtigt.

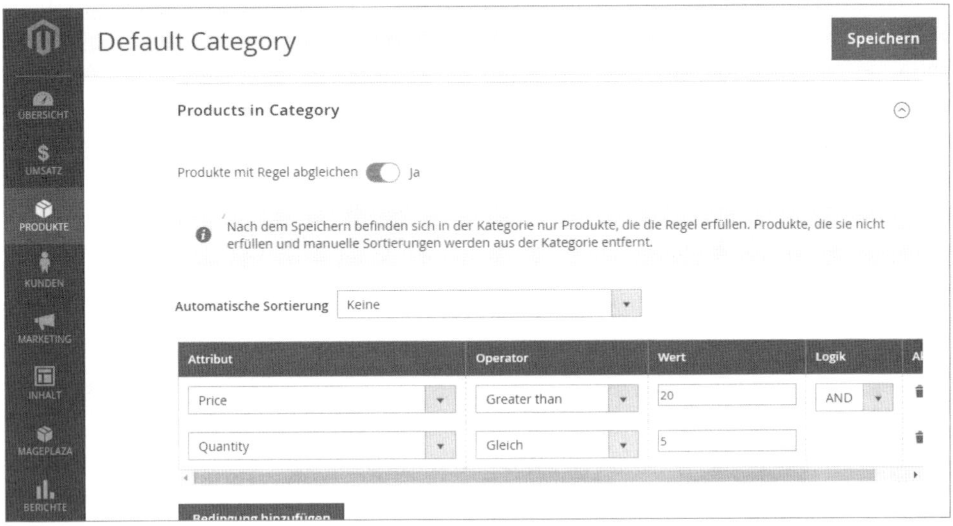

Abbildung 23.8 Produkte können dank dieses Features automatisiert einer Kategorie zugewiesen werden.

Auch wenn mein Beispiel inhaltlich nicht den größten Sinn ergibt, haben Sie jetzt sicherlich ein Gefühl dafür, wie mächtig dieses Feature ist. Nachdem Sie die Bedingungen angelegt und die Kategorie gespeichert haben, weist Magento alle Artikel aus Ihrem Produktsortiment, bei denen die Bedingungen zutreffen, dieser Kategorie zu. Magento tut dies regelmäßig, d. h., durch einen CronJob wird kontinuierlich geprüft, welche Artikel den Kategorien zugewiesen werden müssen. Hiermit können Sie wunderbar Rabatt-Kategorien bzw. Kategorien mit Sale-Artikeln, Kategorien mit neuen Artikeln, Marken-Kategorien etc. abbilden. Ihrer Kreativität sind keine Grenzen gesetzt, denn Sie können an dieser Stelle auf alle verfügbaren Artikelattribute zurückgreifen.

23.1.6 Automatisiertes Up- und Cross-Selling sowie Zubehör

Automatisierte Produktzuweisungen können Sie in der Magento Enterprise Edition nicht nur auf Kategorie-Ebene aussteuern, sondern auch direkt bei Produkten. Durch die regelbasierte Zuweisung von Artikeln können Sie speziell bei einem großen Produktsortiment sehr viel Zeit sparen, da Sie nicht mehr manuell die Cross-Selling-, Up-Selling- und Zubehör-Artikel zuweisen müssen. Magento unterstützt Sie bei der Zuweisung, da Sie letztendlich nur Regeln definieren müssen, welche die Relationen zwischen den Produkten abbilden.

Auch wenn man diese Funktion vermutlich in der Produktverwaltung vermutet, befindet sie sich an einer komplett anderen Stelle innerhalb des Magento-Systems. Rufen Sie im Backend den Punkt MARKETING und anschließend den Link VERWANDTE PRODUKTREGELN auf. Da es sich um Regeln handelt, ist diese Funktion innerhalb des Backends bei den Warenkorb-Preisregeln bzw. Katalogpreisregeln gelandet. Sobald Sie den Menüpunkt aufgerufen haben, können Sie über den Button REGEL HINZUFÜGEN eine neue Regel anlegen. Auch hier gibt es nun wieder Parallelen zu den Warenkorb-Preisregeln bzw. Katalogpreisregeln, wie Sie in Abbildung 23.9 erkennen können.

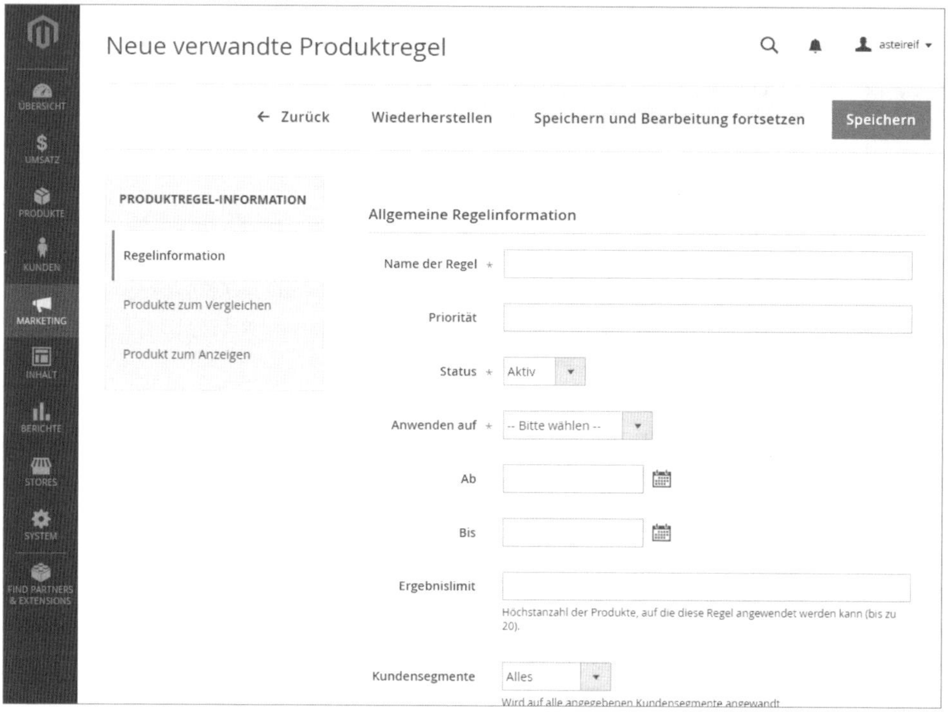

Abbildung 23.9 Bei der Anlage einer neuen Regel müssen Sie zuerst ein paar allgemeingültige Informationen ausfüllen.

Zuallererst müssen Sie einen Namen für die Regel angeben, beispielsweise »Zubehör bis 20 Euro«. Die Priorität, Sie haben diese bereits im Verlauf des Buches kennengelernt, definiert, welche Regel greift, sollten mehrere Regeln zutreffen. Magento springt hierbei vom kleinsten Wert zum größten, d. h., sobald sich Regeln überschneiden, wird die Regel mit der kleinsten Priorität zuerst angewandt. Der Status gibt an, ob die Regel aktiv bzw. inaktiv ist. Das nächste Feld ist hingegen wieder etwas spannender. Denn Sie können dort bestimmen, um welche Art Produktrelation es sich handelt. Neben dem Cross-Selling und Up-Selling steht auch die Option Zubehör zur Verfügung. Cross-Selling-Artikel werden im Standard immer nur im Warenkorb ausgegeben, Zubehör- sowie Up-Selling-Artikel hingegen auf der Produktdetailseite. Das Verhalten kann jedoch gegebenenfalls je nach eingesetztem Theme variieren. Die Felder AB sowie BIS grenzen einen möglichen Zeitraum ein, d. h., nur innerhalb dieses Zeitraums werden die entsprechenden Relationen hergestellt und die Produkte im Frontend ausgegeben. Mithilfe des Ergebnislimits können Sie zudem definieren, wie viele Produkte maximal ausgelesen werden sollen. Die Kundensegmente ignorieren Sie bitte an dieser Stelle, da ich auf der nächsten Seite hierauf nochmals im Detail eingehe. Nachdem Sie in dieser allgemeinen Maske definiert haben, welche Art von Relation Sie möchten und in welchem Zeitraum die Regel greift, müssen Sie in den nächsten Reiter namens PRODUKTE ZUM VERGLEICHEN springen. In dieser Ansicht können Sie, ähnlich wie bei den Katalogpreisregeln und Warenkorb-Preisregeln, mithilfe von Bedingungen definieren, welche Produkte verwendet werden sollen. In diesem Fall müssen Sie zuerst definieren, bei welchen Produkten die Cross-Selling-, Up-Selling- bzw. Zubehör-Artikel angezeigt werden sollen. So können Sie beispielsweise, wie in Abbildung 23.10 zu sehen ist, alle Produkte aus einer bestimmten Kategorie, in diesem Fall Kategorie 5, auswählen.

Abbildung 23.10 Im ersten Schritt müssen Sie definieren, bei welchen Artikeln die Cross-Selling-, Up-Selling- und Zubehör-Artikel dargestellt werden sollen.

Mit dieser Regel würden Sie Magento mitteilen, dass bei allen Produkten, die der Kategorie 5 zugewiesen sind, automatisiert Artikel dargestellt werden sollen. Welche Artikel aber dargestellt werden, definieren Sie im nächsten Tab namens PRODUKT ZUM ANZEIGEN. Auch hier steht Ihnen wieder eine Auswahlmaske zur Verfügung, mit deren Hilfe Sie auf Basis von Attributen Artikel definieren können. So können Sie beispielsweise wie in Abbildung 23.11 eine Regel anlegen, die besagt, dass der Hersteller übereinstimmen muss.

Abbildung 23.11 Mithilfe dieser Maske definieren Sie die darzustellenden Produkte.

Konkret bedeutet dies nun Folgendes: Als Nutzer rufen Sie einen Artikel aus der Kategorie mit der ID 5 auf. Bei diesem Artikel ist als Hersteller beispielsweise der Wert »Apple« hinterlegt. Auf Basis der Regel, die Sie in Abbildung 23.11 sehen, werden nun bei Up-Selling- bzw. Zubehör-Artikeln Produkte dargestellt, die ebenfalls den Wert Apple beim Hersteller besitzen. Ob es sich bei den jeweiligen Artikeln um Up-Selling- bzw. Zubehör-Artikel handelt, haben Sie im ersten Schritt im Dropdown-Menü »Anwenden auf« bereits definiert.

Für Sie als Shop-Betreiber bzw. Produktmanager bedeutet dieses Feature eine enorme Arbeitserleichterung. Denn Sie klicken im Vorfeld Regeln zusammen, die auch aus mehreren Bedingungen und Bedingungskombinationen bestehen dürfen. Magento errechnet anschließend für jeden Artikel Zubehör-Artikel sowie Up-Selling- und Cross-Selling-Produkte und stellt diese beim Aufruf der Produktdetailseite bzw. des Warenkorbs dar. Ein weiterer »Killer« dieses Features ist die Möglichkeit, die Produkte in Abhängigkeit zum Kundensegment zu steuern, d. h., Sie können bei jeder Regel definieren, für welches Kundensegment diese gilt. Um nun zu verstehen, warum dies aus meiner Sicht so interessant ist, möchte ich Ihnen im nächsten Schritt die Kundensegmente im Detail erklären.

23.1.7 Kundensegmente

Der Trend im E-Commerce geht immer stärker in Richtung Segmentierung bzw. Personalisierung. Denn wenn Sie Ihre Kunden individuell bzw. möglichst individuell ansprechen, steigern Sie die Wahrscheinlichkeit eines Kaufabschlusses erheblich. Das Gießkannen-Prinzip, bei dem Sie allen Nutzern und Kunden dieselben Informationen in derselben Art und Weise präsentieren, ist nicht mehr zeitgemäß. Magento bietet für eine individuellere Ansprache von Kunden zwei mögliche Ansätze. Mithilfe der Kundengruppen, die Sie im Verlauf des Buches bereits ausführlich kennengelernt haben, können Sie beispielsweise Berechtigungen bei Kategorien setzen. Dadurch kommen Kunden einer bestimmten Kundengruppe in den Genuss von Produkten, die anderen Kunden verborgen bleiben. Aber auch eine individuelle Preisgestaltung lässt sich auf Basis der Kundengruppe regeln. Neben der Möglichkeit der Einordnung von Kunden in Kundengruppen gibt es zudem die Möglichkeit der Segmentierung. Die Segmentierung schließt die Verwendung der Kundengruppen dabei nicht aus, es ist vielmehr ein feinerer Einordnungsmechanismus.

Kundensegmente geben Ihnen grundsätzlich die Möglichkeit, verschiedenste Segmente anzulegen, denen automatisiert Kunden zugewiesen werden. Im Gegensatz zur Kundengruppe kann ein Kunde mehreren Segmenten zugeordnet sein. Ein Premiumkunde, der beispielsweise durch den Jahresumsatz bestimmt wird, kann ja ebenfalls zum Segment »Kunden über 50 Jahre« passen. Die Kundensegmente sind daher viel flexibler als die Kundengruppen und erlauben eine Mehrfachzuweisung. Ein weiterer Unterschied besteht in der Zuweisungslogik. Kundengruppen, sofern Sie in Magento die Automatismen nutzen, arbeiten primär mit Stammdaten. Das heißt, wenn ein Kunde sich in einem bestimmten Store View bzw. Store oder einer bestimmten Website registriert, landet er in einer bestimmten Kundengruppe. Hinterlegt der Kunde eine gültige Umsatzsteuer-Identifikationsnummer, kann er in der Kundengruppe »Unternehmen« landen. Im Vordergrund der Kategorisierung stehen daher Stammdaten, die sich in der Regel eher selten ändern, eine Änderung der Kundengruppe ist daher auch tendenziell eine Seltenheit.

Bei den Kundensegmenten stehen dynamische Informationen im Vordergrund, d. h., die Art und Weise, wie ein Kunde einkauft, verursacht eine Zuweisung zu einem bestimmten Segment. Gekaufte Produkte, die Höhe des Warenkorbs oder das Alter bestimmen maßgeblich, in welchem Segment der Kunde landet. Dadurch erfolgt häufiger eine Verschiebung des Kunden in ein anderes Segment bzw. andere Segmente, was wiederum eine Auswirkung auf die Inhalte in Magento haben kann. Es ist eine wesentlich größere Dynamik in den Segmenten, die Sie sich zunutze machen sollten.

Werfen Sie gemeinsam mit mir einen Blick in die Verwaltung der Kundensegmente innerhalb der Magento Enterprise Edition. Melden Sie sich hierfür, sofern das noch nicht der Fall sein sollte, im Backend an, und navigieren Sie in den Punkt KUNDEN • SEGMENTE. An dieser Stelle, vorausgesetzt, Sie haben bereits Segmente definiert, erhalten Sie eine Auflistung aller bereits angelegten Segmente. Zusätzlich haben Sie die Möglichkeit, ein neues Segment hinzuzufügen. Klicken Sie auf diesen Button, erhalten Sie eine Maske, wie in Abbildung 23.12 zu sehen ist.

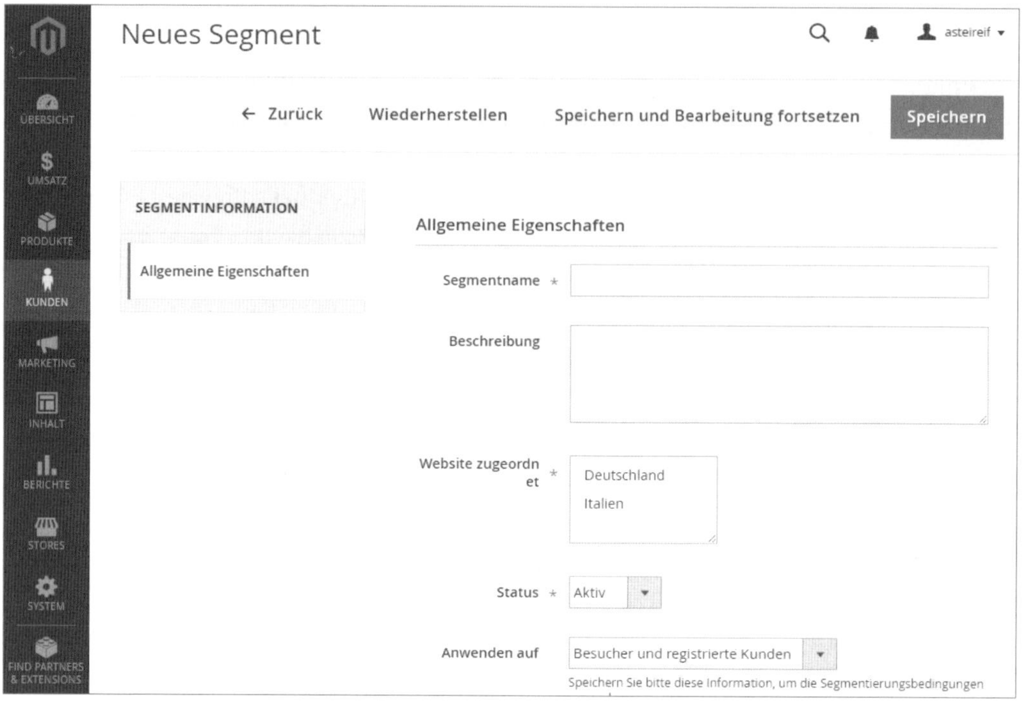

Abbildung 23.12 Bevor Sie Regeln anlegen können, müssen Sie zuerst allgemeine Informationen hinterlegen.

Bevor Sie definieren können, welcher Kunde in dem angelegten Segment landet, müssen Sie zuerst ein paar allgemeinere Informationen ausfüllen. Beim Segmentnamen verwende ich exemplarisch den Wert »Premiumkunden«. Die Beschreibung müssen Sie nicht ausfüllen, wenn Sie es doch tun, wird der Wert ausschließlich im Backend angezeigt, d. h., dieses Feld ist eher als interne Merkhilfe gedacht und wird nicht nach außen kommuniziert. Da Segmente immer an einer Website hängen, können Sie zudem definieren, für welche Website das Segment gilt. Abschließend müssen Sie noch den Status, sprich aktiv oder inaktiv, auswählen und können entscheiden, ob das Segment für registrierte Nutzer, Gäste oder für beide Nutzertypen gelten soll. Ich wähle an dieser Stelle REGISTRIERTE KUNDEN, da ich nicht auch Besucher als Premiumkunden einordnen möchte. Sind diese Informationen ausgefüllt, muss das Segment gespeichert werden. Nach dem erfolgreichen Speichern stehen Ihnen im linken Bereich plötzlich weitere Reiter zur Verfügung.

Spannend ist vor allem der Reiter Bedingungen, denn in dieser Ansicht können Sie definieren, welche Eigenschaften ein Kunde haben muss bzw. welche Bedingungen erfüllt werden müssen, um diesem Segment zugeordnet zu werden. Die Art und Weise der Definition ist recht ähnlich wie die einer Preisregel, d. h., Sie haben auch an dieser Stelle die Möglichkeit, verschiedene Bedingungen zu verwenden, um daraus eine

Regel abzuleiten. Zur Verfügung stehen Ihnen dabei Attribute/Eigenschaften aus folgenden Bereichen:

- Kunde
- Warenkorb
- Produkte
- Umsatz

Ohne auf alle möglichen Eigenschaften im Detail eingehen zu wollen bedeutet das für Sie, dass Sie sowohl auf Kundeneigenschaften als auch auf Werte aus dem Warenkorb, Produkteigenschaften bzw. Umsatzkennzahlen zurückgreifen können. Um das Beispiel mit den Premiumkunden etwas weiterzuspinnen, wähle ich an dieser Stelle aus dem Bereich »Umsatz« die Attribute »Umsatzbetrag« und »Bestellmengen« aus. Bei diesen beiden Attributen erlaubt Magento daraufhin die Definition einer Zeitspanne, d. h. in welcher Zeitspanne muss der Kunde einen bestimmten Umsatz bzw. eine bestimmte Anzahl an Bestellungen generiert haben. Sie müssen die zeitliche Eingrenzung aber nicht nutzen, auch wenn diese meiner Meinung nach oftmals Sinn ergibt. Bei der Definition der Zeitspanne stehen übrigens unterschiedliche Möglichkeiten zur Verfügung. So können Sie eine fixe Zeitspanne angeben, aber auch eine Zeitspanne in Tagen. Sie können genau diese Möglichkeiten in Abbildung 23.13 nachvollziehen, da ich sie exemplarisch angelegt habe.

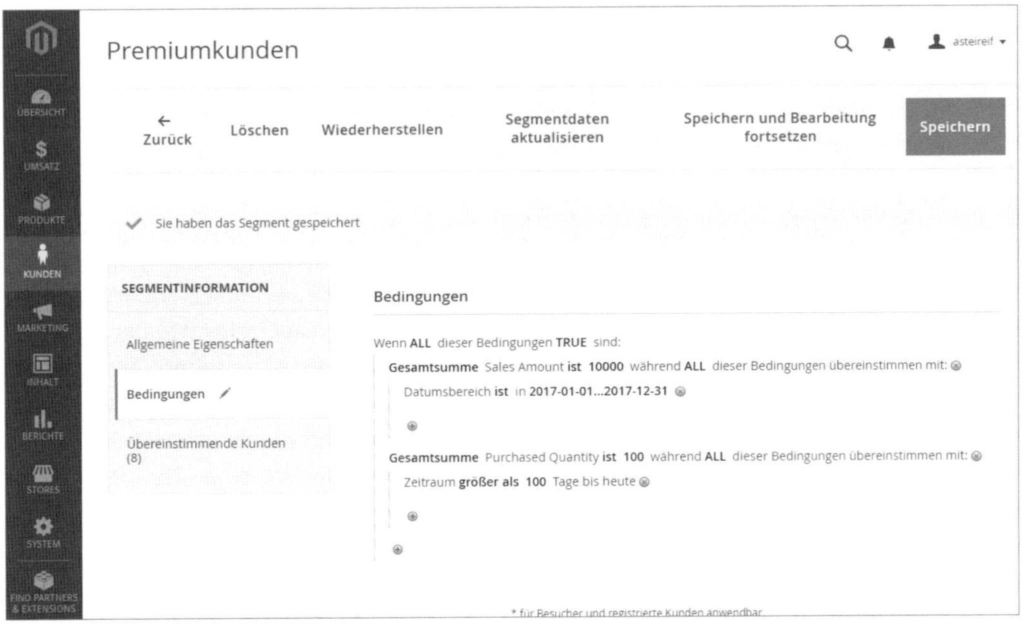

Abbildung 23.13 Für die Definition einer Regel stehen Ihnen unterschiedlichste Attribute zur Verfügung.

Bei der Gesamtsumme habe ich den Zeitraum 2017 hinterlegt, sprich den Zeitraum vom 1.1.2017 bis zum 31.12.2017. In diesem Zeitraum muss ein Kunde einen Umsatz von 10.000 € generiert haben, damit diese Bedingung erfüllt ist. Zudem muss ein Kunde 100 Bestellungen aufgegeben haben, und zwar in einem Zeitraum von mehr als 100 Tagen, gerechnet ab dem heutigen Datum. Gerade dieser Punkt ist meiner Meinung nach durch die Formulierung etwas schwer zu verstehen, letztendlich definieren Sie einfach den Zeitraum und gehen vom heutigen Tag aus. Wenn Sie größer als 100 Tage bis heute hinterlegen, zählen nur Bestellungen ab dem 101. Tag ab dem aktuellen Datum. Hinterlegen Sie beispielsweise kleiner als 7 Tage, so würden nur Bestellungen der letzten 7 Tage berücksichtigt werden.

Sobald Sie die Regel erfolgreich konfiguriert haben, müssen Sie diese speichern, Magento errechnet daraufhin Kunden, die in dieses Segment fallen. Diese Kunden können Sie sich daraufhin im dritten und letzten Reiter namens ÜBEREINSTIMMENDE KUNDEN anzeigen lassen. Magento stellt Ihnen an dieser Stelle stets eine aktuelle Auflistung der dem Segment zugeordneten Kunden zur Verfügung. Sollten Sie diese Informationen in einem anderen Programm, beispielsweise in einer E-Mail-Marketing-Lösung benötigen, können Sie die Segmentdaten zudem als CSV-Datei exportieren. Somit kann Magento Segmente errechnen, Sie können die errechneten Informationen aber natürlich auch in weiteren Lösungen weiterverwenden.

Bericht für Kundensegment

Sie können alternativ die Kundensegmente auch über den Bereich »Berichte« erreichen. In der Enterprise Edition gibt es einen weiteren Bericht namens Segmente, der aber im Prinzip dieselben Informationen liefert, wie wenn Sie auf KUNDEN • SEGMENTE klicken würden. Der Unterschied besteht letztendlich darin, dass Sie innerhalb der Berichtsansicht keine Einstellungen bzw. Regeln editieren können, sondern nur das Ergebnis, d. h. die einem Segment zugewiesenen Kunden, sehen.

Apropos weiterverwenden! Sie haben auch in Magento die Möglichkeit, mit den errechneten Segmenten zu arbeiten. Der Fokus liegt aktuell auf dem CMS-Bereich, d. h., was das Produktmanagement betrifft, werden Segmente aktuell ignoriert. Sie können auf Basis der Segmente keine Preisgestaltung durchführen, einzig die Warenkorb-Preisregeln bilden hier eine Ausnahme, oder Kategorien eingrenzen. Innerhalb der Warenkorb-Preisregeln können Sie nämlich auf das Segment als Kundenattribut zugreifen und somit eine Rabattierungsregel für ein bestimmtes Segment erstellen.

Primär aber haben Sie im Bereich des Content-Managements die Möglichkeit, mit den Segmentinformationen zu arbeiten. Wie Ihre Möglichkeiten im Detail aussehen, möchte ich Ihnen im nächsten Abschnitt aufzeigen.

23.1.8 Banner

Magento unterstützt in der Enterprise Edition sogenannte Banner, die als Teil des Content-Management-Systems anzusehen sind. Banner haben den großen Vorteil, dass sie in Abhängigkeit vom Kundensegment dargestellt werden können. Dadurch haben Sie die Möglichkeit, Inhalte personalisiert bzw. segmentbezogen auszuspielen. Banner können schlussendlich nicht nur für die Ausgabe von Grafiken, also als Grafik-Banner, verwendet werden, sondern in der Welt von Magento auch für die Ausgabe von Text, also als Text-Banner.

Die Banner-Funktion befindet sich im Backend innerhalb des Oberpunktes INHALT • ELEMENTS. Klicken Sie anschließend auf den Link BANNER, gelangen Sie zur Übersicht. In der Übersicht, das ist ganz Magento-typisch, erhalten Sie eine Auflistung aller im System vorhandenen Datensätze, also eine Liste aller bereits angelegten Banner. Zudem haben Sie die Möglichkeit, ein neues Banner zu erstellen, indem Sie auf den Button BANNER HINZUFÜGEN klicken. Bei der Anlage eines Banners, Sie sehen die Eingabemaske in Abbildung 23.14, müssen Sie ein paar wenige Informationen hinterlegen, um das Banner zu erstellen. Zuerst benötigen Sie einen Namen für das Banner.

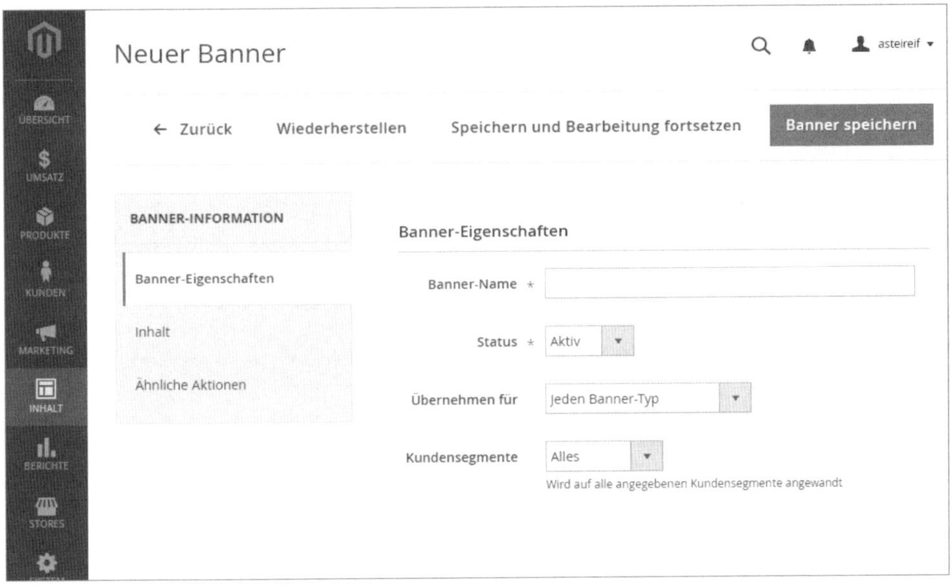

Abbildung 23.14 Bei der Anlage eines Banners können Sie direkt das Kundensegment auswählen.

Hier können Sie eine beliebige Bezeichnung wählen, damit Sie das Banner intern entsprechend zuordnen können. Angenommen, Sie möchten in Ihrem System ausschließlich Neukunden begrüßen bzw. informieren. Als Name würde sich dann »Neukundenbegrüßung« anbieten. Der Status wiederum gibt an, ob das Banner aktiv oder inaktiv ist. Der nächste Konfigurationspunkt namens »Übernehmen für« ist etwas tricky. Ein Banner kann, wie Sie auf den nächsten Seiten noch sehen werden, an vielen Stellen innerhalb des Magento-Frontends eingebunden werden. Wenn Sie dies unterbinden möchten, können Sie bei ÜBERNEHMEN FÜR die Option FESTGELEGTE BANNER-TYPEN auswählen. Daraufhin öffnet sich ein weiteres Auswahlfeld mit dessen Hilfe Sie definieren können, ob das Banner in der Kopfzeile, Fußzeile, Content Area, Left Column bzw. Right Column auftreten darf. Diese Begriffe definieren grob die Bereiche, die innerhalb des Frontends existieren. Wenn Sie keine entsprechende Einschränkung vornehmen möchten, können Sie die Option auf JEDEN BANNER-TYP belassen.

Abschließend haben Sie in dieser Eingabemaske noch die Auswahl, für welche Segmente Sie das Banner freigeben möchten. Entweder wählen Sie alle Segmente aus oder ein spezifisches. Da ich in diesem Beispiel ausschließlich Neukunden ansprechen möchte, wähle ich das von mir im Voraus erstellte Segment NEUKUNDEN, wie Sie in Abbildung 23.15 sehen können.

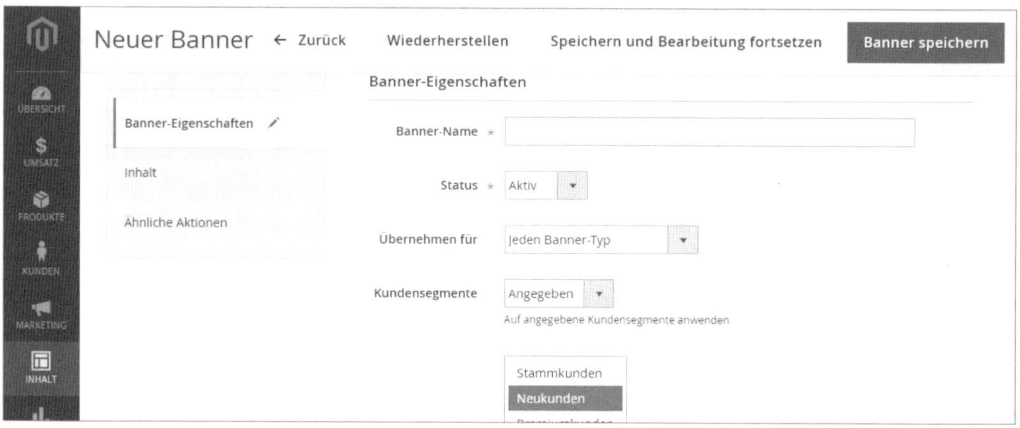

Abbildung 23.15 Banner lassen sich in Abhängigkeit eines Kundensegments anzeigen.

Neben diesen allgemeinen Informationen müssen Sie im nächsten Schritt den Inhalt definieren. Aktuell wissen Sie nur, dass es ein neues Banner namens »Neukundenbegrüßung« gibt, das ausschließlich bei Kunden bzw. Besuchern mit dem Segment »Neukunden« ausgegeben werden darf, wobei es keine Einschränkung bei den möglichen Layout-Bereichen im Frontend gibt.

Um die Inhalte zu definieren, müssen Sie in den Tab INHALT wechseln. Die nun folgende Maske ist etwas komplexer aufgebaut, weswegen Sie an dieser Stelle bitte zuerst einen kurzen Blick auf Abbildung 23.16 werfen.

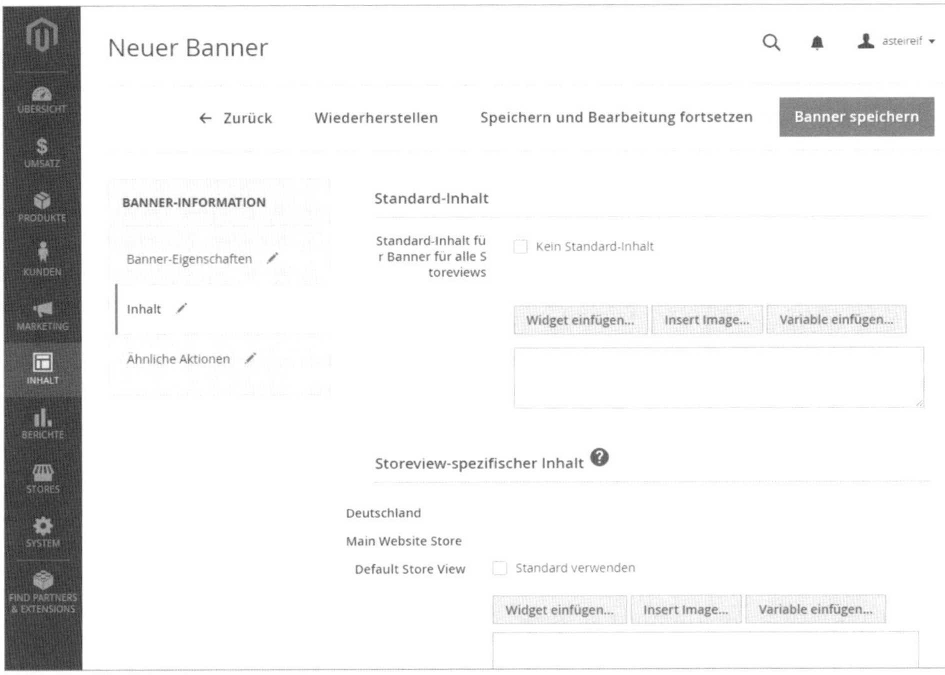

Abbildung 23.16 Im Tab »Inhalt« können Sie den eigentlichen Inhalt des Banners definieren.

Die erste Option trägt den Namen STANDARD-INHALT FÜR BANNER FÜR ALLE STOREVIEWS und definiert, ob es unabhängig von einem Store-View-spezifischen Inhalt einen Standard-Inhalt gibt. Angenommen, Sie haben mehrere Store Views, d. h. mehrere Sprachen, so können Sie an dieser Stelle einen allgemeingültigen Inhalt definieren. Hinterlegen Sie etwas weiter unten bei dem Store-View-spezifischen Inhalt keinen Inhalt, so würde Magento im Frontend den Inhalt aus dem Textfeld bei der Option STANDARD-INHALT FÜR BANNER FÜR ALLE STOREVIEWS auslesen. Sie können aber dieses Verhalten auch deaktivieren, indem Sie den Haken in der Checkbox oben setzen. Dann müssten Sie tatsächlich bei jedem Store View, den Sie etwas weiter unten sehen, einen Inhalt hinterlegen. Kurz gesagt, definieren Sie, ob Sie einen Fallback-Wert hinterlegen möchten oder auch nicht.

Beim Inhalt an sich, den Sie in dem großen Freitextfeld hinterlegen, haben Sie alle Möglichkeiten, die Sie auch schon im Content-Management-System bei den Seiten bzw. statischen Blöcken kennengelernt haben. So können Sie auch an dieser Stelle Widgets, Bilder, Variablen oder eben Freitext, der gern auch HTML-Elemente enthalten darf, einfügen. Sie sehen also, dass die Banner-Funktion weitaus mehr kann, als nur ein Banner darzustellen. Dadurch, dass Sie Widgets ansprechen können, haben Sie letztendlich so viele funktionale Möglichkeiten, dass Sie Ihrer Kreativität freien Lauf lassen können. Beispielsweise können Sie Bestandskunden mithilfe eines Banners auf der Startseite eine Schnellbestellfunktion anbieten, Neukunden aber nicht. Sie können auch unterschiedliche Grafiken je nach Segment einblenden oder unterschiedliche Texte ausgeben. Der große Benefit liegt an dieser Stelle aber tatsächlich in der Freiheit, Widgets anzusprechen und zu laden, das ist zumindest meine Meinung. Übrigens können Sie über das Widget »Statischer CMS Block« an dieser Stelle ganz klassisch einen statischen Block inkludieren.

Da sich die Inhalte in Abhängigkeit von der Sprache innerhalb des Frontends unterscheiden können, haben Sie auf dieser Seite die Möglichkeit, das Banner individuell pro Store View zu definieren. Auch hier besteht eine sehr große Flexibilität und Freiheit, da Sie den gesamten Banner-Inhalt in Abhängigkeit zum Store View komplett individuell definieren können.

Abgesehen von der Definition der Inhalte, können Sie ein Banner zudem mit einer Kampagne, sprich Preisregel, verknüpfen. Wechseln Sie hierfür in den dritten und letzten Tab auf der linken Seite mit dem Namen ÄHNLICHE AKTIONEN. Sofern Sie den Filter kurz zurücksetzen, werden auf dieser Seite alle Preisregeln angezeigt, und Sie haben die Möglichkeit, das Banner mit einer entsprechenden Preisregel zu verknüpfen. Mit dieser letzten Aktion können Sie das Banner speichern und haben erfolgreich ein Banner angelegt.

An dieser Stelle wird von Ihnen sicherlich die Frage kommen, wo genau denn jetzt der im Banner definierte Inhalt angezeigt wird. Letztendlich wurde im Banner selbst doch nur definiert, in welchen Bereichen das Banner auftauchen darf, aber nicht genau, an welcher Stelle. Um das Banner jetzt auszugeben, haben Sie mehrere Möglichkeiten. Theoretisch können Sie bei der Template-Entwicklung ein Banner direkt ansprechen und sozusagen die Ausgabe über das Template steuern. Hierfür müssen Sie aber gewisse Entwicklerfähigkeiten haben, weswegen diese Option an dieser Stelle entfällt. Alternativ hierzu können Sie auch ein Widget anlegen, welches das Banner an einer definierten Stelle lädt, und das ist an dieser Stelle auch meine Empfehlung.

Um ein Widget anzulegen, müssen Sie den Navigationspunkt INHALT öffnen und anschließend auf WIDGETS klicken. Da ich Ihnen die Widgets bereits in Kapitel 11, »Content Management mit Magento«, recht ausführlich erklärt habe, möchte ich an dieser Stelle redundanten Inhalt vermeiden und gehe davon aus, dass Sie die wichtigsten Funktionsweisen und Möglichkeiten noch im Hinterkopf haben. Falls nicht, ist dies auch nicht tragisch, dann sollten Sie nochmals einen kurzen Abstecher in das Content-Management-Kapitel machen. Wenn Sie anschließend ein neues Widget anlegen, können und sollten Sie den Typ BANNER-ROTOR wählen. Daraufhin haben Sie die bekannten Einstellungsoptionen, nämlich an welcher Stelle das Widget nun geladen werden soll. Darüber können Sie jetzt steuern, an welcher Stelle Sie das Banner ausgeben möchten!

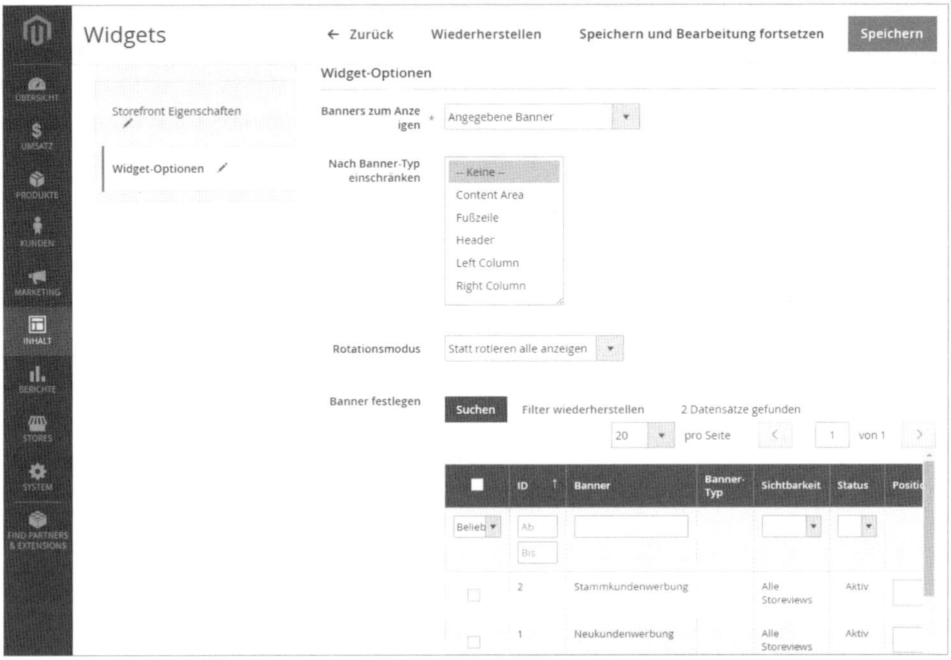

Abbildung 23.17 Mithilfe eines Widgets lassen sich Banner an bestimmten Stellen innerhalb des Frontends ausgeben.

Mithilfe der Widget-Optionen, die Sie in Abbildung 23.17 sehen, definieren Sie zudem, welches Banner Sie an dieser Position ausspielen. Zuallererst fragt Sie Magento, ob Sie das bzw. die Banner manuell angeben möchten. Sie haben die Möglichkeit, an der Banner-Stelle, die Sie über das Widget definieren, mehrere Banner auszugeben. Sie müssen also an dieser Position nicht nur das Banner »Neukundenbegrüßung« ausgeben, sondern können mehrere Banner definieren. Alternativ hierzu können Sie auf die manuelle Zuweisung verzichten und auf Basis der Preisregeln einen bzw. mehrere Banner ausgeben. Sie erinnern sich noch an die Relation zwischen Banner und Preisregel, die Sie bei der Bannererstellung herstellen können? Diese Funktionalität zielt genau auf die automatische Bannerausgabe ab. Sobald eine Preisregel bei einem Kunden greift und bei dieser Preisregel ein Banner hinterlegt ist, wird das Banner ausgegeben.

Die nächste Option, die übrigens kein Pflichtfeld ist, überlässt Ihnen die Einschränkung zugewiesener Banner auf Basis des Anzeigebereichs. Sprich, wenn Sie hier in dem Banner selbst Einschränkungen vorgenommen haben, können Sie diese mit dieser Option abgleichen. Sollte ein Banner also nur für die Fußzeile freigeschaltet sein und Sie wählen an dieser Stelle Kopfzeile, wird das Banner nicht dargestellt.

Mithilfe des Rotationsmodus, hierbei handelt es sich um die nächste Konfigurationsmöglichkeit, definieren Sie das Verhalten, falls mehrere Banner angezeigt werden.

Sie können beispielsweise alle Banner untereinander darstellen. Alternativ hierzu haben Sie aber auch die Möglichkeit, dass Magento bei jedem Aufruf der Seite ein anderes Banner darstellt. Dadurch bekommen Sie eine gewisse Dynamik in Ihr Frontend, denn je nach Aufruf variiert der Inhalt. Hierfür bietet Magento ebenfalls unterschiedliche Verfahrensweisen an: Zufällig, Shuffle oder Serie. Damit können Sie das Verhalten bei der Ausgabe entsprechend beeinflussen, in allen dieser drei Fälle wird jedoch immer nur ein Banner dargestellt, es erfolgt keine Darstellung untereinander bzw. nebeneinander.

Schließlich haben Sie im letzten Konfigurationspunkt die Möglichkeit, ein oder mehrere Banner diesem Widget zuzuweisen. Magento bietet Ihnen, wie Sie bereits aus anderen Eingabemasken kennen, die Möglichkeit, beliebig viele Tabelleneinträge anzuhaken bzw. diese im ersten Schritt zu filtern und dadurch eine Relation herzustellen. Wenn Sie auf die manuelle Zuordnung der Banner setzen, müssen Sie an dieser Stelle aber mindestens einen Eintrag auswählen.

Nachdem Sie das Widget vollständig konfiguriert und gespeichert haben, wird darüber im nächsten Schritt die Ausgabe der Banner im Frontend gesteuert. Aufgrund der granularen Platzierung des Widgets im Frontend mithilfe der Widget-Optionen können Sie, wie Sie sehen, relativ einfach und mittels einer grafischen Oberfläche die zuerst definierten Banner über die Widget-Funktion aussteuern.

Die Kombination von Banner und Widget öffnet Ihnen Tür und Tor, wenn es um die Auslieferung von personalisierten bzw. segmentabhängigen Inhalten geht. Aus diesem Grund ist die Banner-Funktion meiner Meinung nach einer der großen Benefits der Magento Enterprise Edition, da das Feature eine Basis für sehr mächtige und komplexe Funktionen darstellt.

23.1.9 CMS-Hierarchien

Eine weitere interessante Enterprise-Funktion befindet sich ebenfalls im Bereich INHALT und ist somit dem Content-Management-System von Magento zuzuordnen. Die Enterprise Edition ermöglicht das Strukturieren von CMS-Seiten. Sie können, ähnlich wie in der Kategorieverwaltung, einen Baum anlegen und beliebige Verzweigungen erstellen. Dadurch bekommen Sie auch im CMS-Bereich eine Struktur abgebildet. Um dies praxisnah zu erklären: Mit dieser Funktion können Sie beispielsweise einen Bereich namens »Über uns« anlegen und diesem die CMS-Seiten Impressum, Datenschutz und AGB zuweisen. Diese Strukturierung ermöglicht Ihnen nicht nur die einfachere Verwaltung der Inhalte im Backend, sondern Sie können auch direkt innerhalb des Frontends ein Navigationsmenü abbilden. Sofern Sie über viele Inhalte verfügen, ist diese Funktion sicherlich auch für Sie eine interessante Option, die Ihnen im Zweifelsfall sogar die Einführung eines separaten Content-Management-Systems ersparen kann. Tauchen Sie daher gemeinsam mit mir kurz in die Details der CMS-Hierarchien ab.

Wie eingangs erwähnt, finden Sie im Backend die CMS-Hierarchien unter INHALT • ELEMENTS. Wenn Sie dort den Link HIERARCHIE aufrufen, lädt die Maske, die Sie ebenfalls in Abbildung 23.18 sehen. Die geladene Ansicht ist, zumindest ist das meine persönliche Meinung, etwas wild und entspricht nicht ganz den restlichen Magento-Workflows und -Layout-Ansätzen, daher möchte ich die Funktionen und Möglichkeiten mit Ihnen Schritt für Schritt durchgehen. Vereinfacht gesagt, ist die Ansicht zweigeteilt. Sie haben im oberen Bereich die Möglichkeit, den Seitenbaum einzusehen, gemeint ist der Bereich in Abbildung 23.18, in dem Sie das Root-Verzeichnis / sowie die Seite DIREKTBESTELLUNG sehen. Dem Seitenbaum können Sie, das zeige ich Ihnen gleich, sowohl Seiten als auch Ordner zuweisen. Magento bzw. die Magento-Übersetzung verzichtet an dieser Stelle jedoch auf das Wort *Ordner* und verwendet stattdessen das Wort *Knoten*. Über den Button KNOTEN HINZUFÜGEN können Sie also eine weitere Untergliederung vornehmen. In der unteren Bildschirmhälfte stellt Magento alle CMS-Seiten dar, die zuvor angelegt wurden. In der oberen Bildschirmhälfte sehen Sie also die Struktur, in der unteren Bildschirmhälfte die Inhalte.

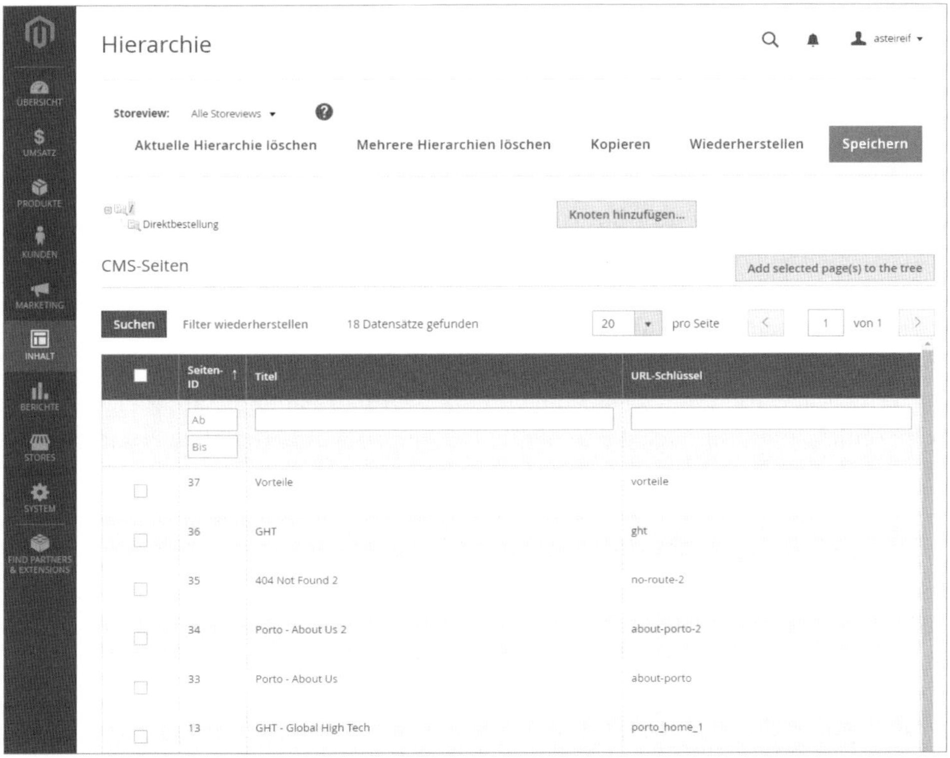

Abbildung 23.18 Die Enterprise Edition erlaubt die Strukturierung von CMS-Seiten.

Wenn Sie sich um die Struktur der Seite kümmern, können Sie im einfachsten Schritt direkt eine Seite aus der unteren Bildschirmhälfte dem Baum zuweisen.

Hierfür setzen Sie in der Seitenauflistung einen Haken in die Checkbox bei der entsprechenden CMS-Seite, und klicken Sie auf den Button ADD SELECTED PAGE(S) TO THE TREE. Dadurch erweitert sich der Baum entsprechend den hinzugefügten Seiten wie in meinem Beispiel in Abbildung 23.19.

Abbildung 23.19 Sie müssen nicht zwangsläufig einen Ordner anlegen, sondern können Seiten direkt unter der Root-Kategorie hinzufügen.

Wie Sie sehen, habe ich einige CMS-Seiten aus der unteren Bildschirmhälfte der Root-Kategorie zugewiesen. Mit der Root-Kategorie ist die oberste Ebene in der Hierarchie gemeint, die durch ein Slash gekennzeichnet wird. Wenn Sie CMS-Seiten zum Strukturbaum hinzugefügt haben, können Sie zudem das Verhalten der CMS-Seiten im Frontend beeinflussen. Hierfür müssen Sie zwangsläufig aus dem Strukturbaum einen Eintrag auswählen, wodurch eine weitere Ansicht wie in Abbildung 23.20 erscheint.

In dieser Ansicht können Sie nun die verschiedensten Einstellungen vornehmen. Neben der Steuerung der Metadaten-Ausgaben können Sie zudem definieren, ob innerhalb dieser CMS-Seite ein Navigationsmenü angezeigt werden soll. Das Navigationsmenü bildet die Struktur ab, die Sie angelegt haben, ähnlich dem Kategorie-Baum bzw. der Kategorie-Navigation. Zudem können Sie hinterlegen, ob die CMS-Seite in der Hauptnavigation, in der sich auch die Kategorien befinden, angezeigt werden soll. Somit können Sie auch direkt die Hauptnavigation innerhalb des Frontends um CMS-Seiten erweitern.

Hierarchie kann direkt in CMS-Seiten definiert werden

Abgesehen von der Kategorisierung über den Baum wie in Abbildung 23.20, können Sie direkt bei der Editierung oder Erstellung einer CMS-Seite bereits dort den übergeordneten Knoten/Menüpunkt zuweisen. Dadurch müssen Sie nicht in die Maske springen, sondern können die Strukturierung direkt innerhalb der jeweiligen CMS-Seiten-Ansicht vornehmen.

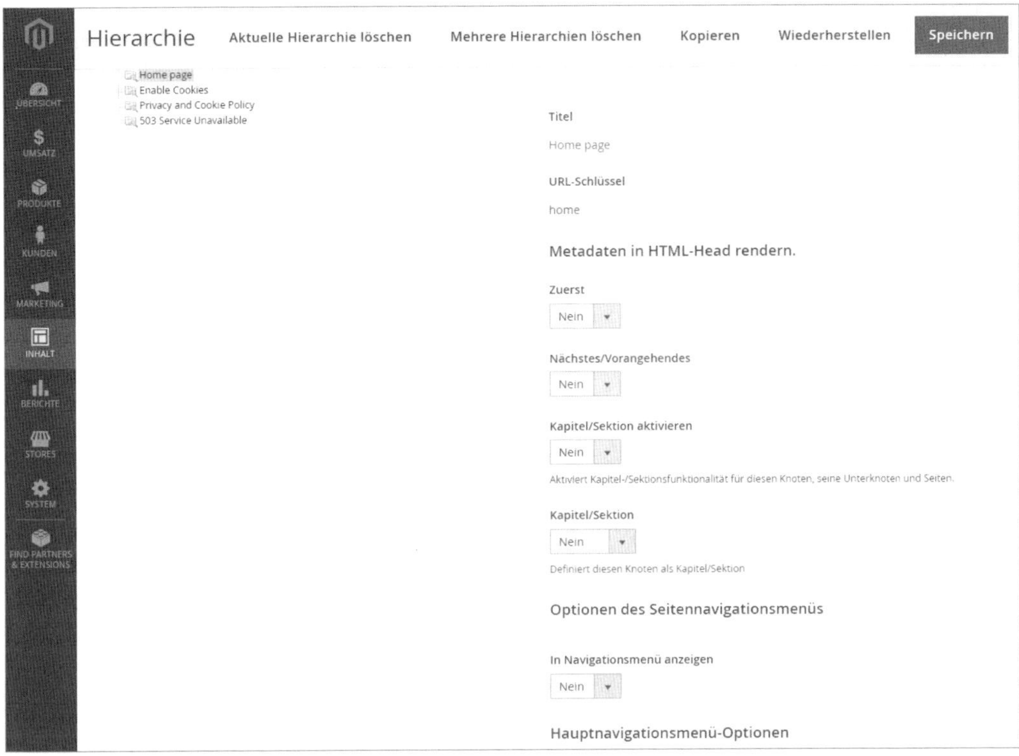

Abbildung 23.20 Das Verhalten der CMS-Seiten bzw. Kategorien können Sie granular steuern und beeinflussen.

Neben reinen CMS-Seiten können Sie in der Struktur zudem Verzeichnisse bzw. Oberpunkte einführen. Hierfür markiert man die entsprechende Stelle, in diesem Fall die Root-Kategorie, und klickt auf KNOTEN HINZUFÜGEN. Daraufhin öffnet sich eine ähnliche Ansicht wie in Abbildung 23.20. Der Unterschied besteht darin, dass Sie dem Knoten, also dem Oberpunkt, noch einen Namen sowie einen URL-Schlüssel geben müssen. Der Knoten verhält sich anschließend ähnlich wie eine CMS-Seite oder Kategorie. Es handelt sich um ein Element, das eine eigene URL hat und direkt aufgerufen werden kann. Wie auch bei den CMS-Seiten können Sie anschließend noch das Verhalten der Meta-Tag-Ausgabe definieren, die Navigation im Frontend auf dieser Seite aktivieren bzw. deaktivieren und festlegen, ob der Knoten in der Hauptnavigation auftauchen soll. In der Praxis wird der Knoten, also der Oberpunkt, für die Untergliederung der Inhalte verwendet. Wenn Sie mehrere FAQ-Seiten haben, können Sie einen Knoten namens FAQ anlegen und diesem anschließend die verschiedensten FAQ-Seiten zuweisen. Ruft man als Nutzer den Knoten auf, können Sie alle Unterseiten mithilfe einer Navigation ansteuern, d. h., Sie müssen nicht direkt auf die Unterseiten zugreifen, sondern der Knoten verweist letztendlich auf alle Kind-Elemente.

Speziell wenn Sie über viele CMS-Seiten verfügen, macht Ihnen dieses Feature der Enterprise Edition sicherlich Freude. Sie haben die Möglichkeit, Ihre Inhalte besser zu strukturieren und im Frontend direkt ein Navigationsmenü rein für CMS-Inhalte darzustellen. Gegebenenfalls können Sie schon allein aufgrund dieses Features auf ein externes und zusätzliches CMS-System verzichten und Ihre Anforderungen allein mit Magento abdecken!

23.1.10 Individuelle Kundenattribute

Die in Magento vorhandene Möglichkeit, beliebig viele Artikelattribute anzulegen, gehört sicherlich zu einem der wichtigsten Features der E-Commerce-Lösung. Da Ihnen hierfür eine grafische Oberfläche bereitsteht, haben Sie eine enorme Flexibilität und können Änderungen selbst vornehmen. Was im Standard für Produkte möglich ist, geht leider für Kunden nicht. In der Enterprise Edition haben Sie jedoch die Möglichkeit, mithilfe einer grafischen Oberfläche Kundenattribute anzulegen, genauso wie Sie es in der kostenfreien Edition auch mit den Attributen für Produkte machen können. Die Funktionsweise ist dabei sehr ähnlich, weswegen ich an dieser Stelle gar nicht so stark auf die Details eingehen möchte, immerhin haben Sie in diesem Buch bereits sehr viel über den Umgang mit Attributen erfahren.

Die Verwaltung der Kundenattribute finden Sie innerhalb des Backends unter STORES • ATTRIBUTE. In diesem Bereich haben Sie anschließend zwei weitere Möglichkeiten. Zum einen können Sie im Punkt KUNDE die klassischen Kundenattribute verwalten. Hierbei handelt es sich vereinfacht gesagt um Stammdaten wie den Namen, die E-Mail-Adresse etc. Zum anderen haben Sie die Möglichkeit, die Adressattribute zu verwalten. Diese Funktion finden Sie im Menüpunkt ADRESSE DES KUNDEN. Falls Sie daher die Eigenschaften einer Rechnungs- bzw. Lieferadresse bearbeiten möchten, müssen Sie in diesen Bereich wechseln.

Angenommen, Sie möchten die klassischen Kundenstammdaten editieren, dann klicken Sie bitte auf KUNDE. Sie sehen daraufhin eine Auflistung aller im System angelegten Kundenattribute, so wie dies beispielsweise auch bei den Artikelattributen der Fall ist. Wie auch bei den Produkten können Sie über den Button NEUES ATTRIBUT HINZUFÜGEN beliebig viele Attribute anlegen und natürlich auch wieder löschen.

Ein Kundenattribut (siehe Abbildung 23.21) besteht aus vielen verschiedenen Eigenschaften, die sich zum Teil auf das Frontend, zum Teil aber auch nur auf das Backend auswirken. Lassen Sie mich Ihnen daher einen kurzen Überblick über die verschiedenen Einstellungsmöglichkeiten geben.

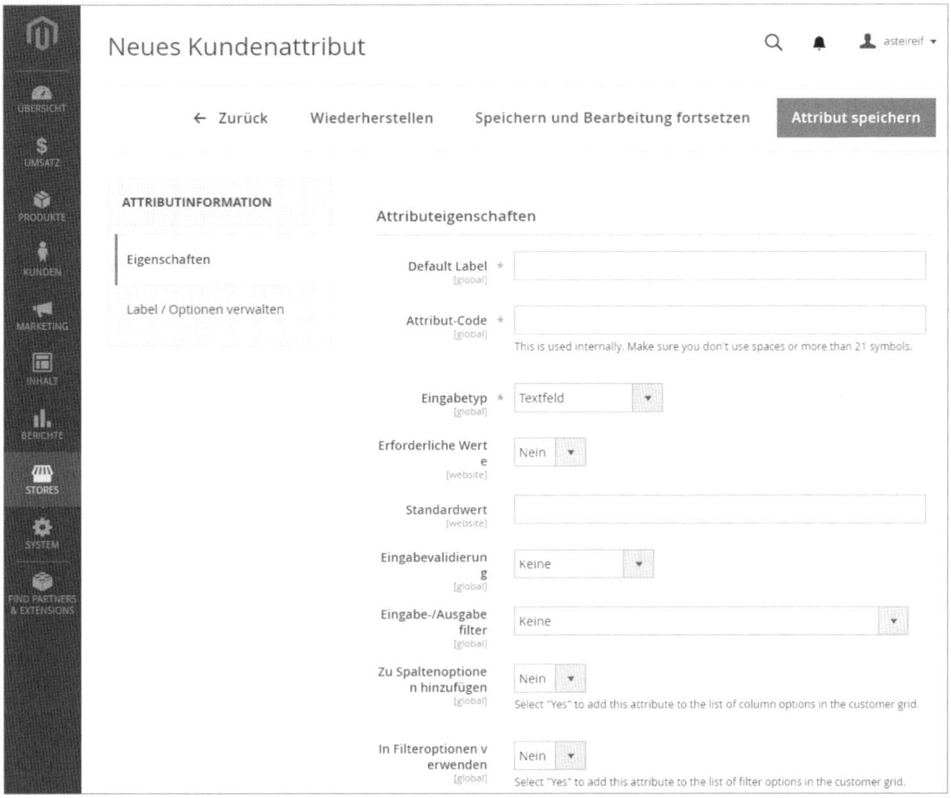

Abbildung 23.21 Mithilfe des Backends lassen sich spielend einfach neue Kundenattribute anlegen.

Das Default Label definiert, speziell im Backend, den Namen des Attributs. Hier könnte, angenommen Sie möchten die Bonität bei einem Kunden speichern, das Wort Bonität hinterlegt werden. Der Attribut-Code kann ebenfalls frei gewählt werden, wird jedoch nicht im Frontend ausgegeben und dient ausschließlich der internen Verwendung. Der Attribut-Code ist beispielsweise für Entwickler relevant, sofern innerhalb eines Moduls das Attribut angesprochen werden soll. In einem solchen Fall wird man das Attribut immer über den Attribut-Code und niemals über den Attribut-Namen, also das Default Label, ansprechen, da sich dieses theoretisch ändern könnte. Ist hingegen der Attribut-Code hinterlegt, so kann dieser nachträglich nicht mehr geändert werden. Sie müssten in einem solchen Fall das Attribut löschen und ein komplett neues anlegen. Die Art und Weise, wie Sie im Attribut einen Wert speichern möchten, bestimmen Sie im Feld Eingabetyp. Hier stehen Ihnen Optionen wie Dropdown, Textfeld etc. zur Verfügung, Sie kennen diese bereits von den Produkten. Interessant ist an dieser Stelle jedoch die Möglichkeit, eine Datei bzw. einen Anhang als Eingabetyp zu bestimmen. Damit hätten Ihre Besucher bzw. Kunden im Frontend die Möglichkeit, relativ einfach und ohne Entwicklungsaufwand auf Ihrer Seite Dateien hochzuladen. Denken Sie beispielsweise an einen B2B-Online-Shop, in dem bei der Registrierung eines Kunden ein Gewerbeschein hochgeladen werden soll. Diese Anforderung, in der kostenfreien Edition mit Entwicklungsaufwand verbunden, lässt sich in der Enterprise Edition mithilfe eines zusätzlichen Attributs vom Eingabetyp DATEI (ANHANG) ganz einfach abbilden. Nachdem Sie sich für einen Eingabetyp entschieden haben, definieren Sie im nächsten Schritt, ob das Attribut ein Pflichtfeld ist, sprich ob es ausgefüllt werden muss. Ebenso können Sie in diesem Zuge einen Standardwert hinterlegen, in meinem Fall beispielsweise eine Standard-Bonität, die vor der Prüfung hinterlegt wird. Mithilfe der Eingabevalidierung können Sie die Eingabe nochmals prüfen. Wenn Sie ein neues Attribut anlegen und hierin eine E-Mail-Adresse speichern möchten, können Sie bei der Eingabevalidierung einen entsprechenden Typ auswählen, und Magento prüft bei der Eingabe direkt, ob es sich um eine gültige E-Mail-Adresse handelt oder nicht. Einfachere Validierungsregeln können zudem die Prüfung nach Zahlen bzw. die Prüfung nach Buchstaben sein.

Das Feld EINGABE-/AUSGABEFILTER regelt, wie mit HTML-Code im Eingabefeld umgegangen werden soll. Grundsätzlich ist es immer etwas heikel, wenn in Eingabemasken HTML-Code eingegeben wird, denn dies kann Angriffen Tür und Tor öffnen. Dementsprechend wird in der Regel HTML-Code automatisiert entfernt. An dieser Stelle überlässt Magento jedoch Ihnen die Entscheidung, wie Sie mit HTML-Code umgehen möchten, sprich ob dieser herausgefiltert oder gespeichert werden soll. Sinnvoll kann die Speicherung von HTML-Code tatsächlich dann sein, wenn Sie ein Freitextfeld haben und Ihren Kunden die Formatierung der Texte erlauben möchten. Ansonsten würde ich Ihnen tendenziell dazu raten, den HTML-Code immer automatisiert entfernen zu lassen.

Die nächste Option namens ZU SPALTENOPTIONEN HINZUFÜGEN bezieht sich wiederum nur auf das Magento-Backend, denn sie bestimmt, ob Sie das neue Attribut in der Kundenansicht innerhalb des Backends als Spalte hinzufügen können. In meinem Fall bei der Bonität würde ich die Option auf JA stellen, da ich in der Kundenübersicht im Magento-Backend dann sofort sehen könnte, welcher Kunde über eine gute bzw. schlechte Bonität verfügt.

Die beiden nächsten Optionen IN FILTEROPTIONEN VERWENDEN sowie IN SUCHOPTIONEN VERWENDEN gehen in eine ähnliche Richtung und sind wiederum ausschließlich für die Backend-Nutzer interessant. Sofern Sie die Nutzung des Attributs in den Kundensegmenten erlauben, was Sie über das nächste Dropdown-Menü namens IN KUNDENSEGMENT VERWENDEN steuern, können Sie Segmente auf Basis dieses Attributs bilden. Bleiben wir beim Beispiel mit der Bonität. Sofern ich dieses

Attribut in den Segmenten verwende, kann ich beispielsweise ein Segment bilden, in dem Kunden mit einer sehr schlechten Bonität landen. Diesen Kunden würde ich anschließend andere Zahlungsmethoden als Kunden mit einer sehr guten Bonität, die sich wiederum in einem anderen Segment befinden, anbieten. Letztere Kunden erhalten die Möglichkeit, per Rechnung zu bezahlen, die Kunden aus dem ersten Segment nicht. Wenn Sie in diese Richtung denken, kann die Verwendung eigener Attribute in den Segmenten daher sehr sinnvoll und nützlich sein.

Im nächsten Abschnitt mit der Überschrift STOREFRONT EIGENSCHAFTEN definieren Sie nochmals explizit das Verhalten des Attributs im Frontend. Werfen Sie hierfür bitte einen Blick auf Abbildung 23.22.

Abbildung 23.22 In den »Storefront Eigenschaften« definieren Sie das Verhalten des Attributs innerhalb des Frontends.

Im ersten Schritt haben Sie die Möglichkeit, das Attribut im Frontend anzuzeigen bzw. auszublenden. Sicherlich gibt es Kundenmerkmale, beispielsweise ein Notizfeld, das Sie im Frontend nicht darstellen möchten, da hierin interne Informationen hinterlegt werden. Magento ermöglicht es Ihnen daher, zwei unterschiedliche Arten von Attributen zu verwenden: interne Attribute, die nur über das Backend eingesehen werden können, und externe Attribute, die von Kunden im Benutzerkonto oder bei der Registrierung eingesehen und ausgefüllt werden können. Die Sortierreihenfolge ermöglicht Ihnen wiederum, die Position des Attributs in den jeweiligen Masken zu definieren, im Prinzip genauso wie bei den Artikelattributen, die Sie bereits kennengelernt haben. Spannend ist die nächste und letzte Option namens FORMULARE ZUR VERWENDUNG IN, denn Magento erlaubt Ihnen an dieser Stelle, recht granular die Möglichkeit einzustellen, wo genau dieses Attribut dargestellt werden soll. Sie haben die Wahl, das Attribut in der Kundenregistrierung, im Admin-Checkout sowie im Kundenkonto darzustellen. Da es sich um eine Mehrfachauswahl handelt, bedeutet das für Sie, dass Sie das Attribut theoretisch überall darstellen können, aber nicht müssen. In der Praxis empfiehlt es sich, zumindest ist das meine Meinung, bei der Registrierung selbst möglichst wenig Informationen abzufragen, da Sie möglichst viele Registrierungen anstreben und Nutzer bei zu vielen Eingabefeldern tendenziell von einer Registrierung absehen. Im Benutzerkonto kann man hingegen weiterführende Informationen hinterlegen, was Kunden nach der Hürde der Registrierung anschließend auch gern machen. Dementsprechend halte ich persönlich die Registrierung gern möglichst kurz, im Benutzerkonto hingegen stelle ich weitere Eingabefelder dar. Mit dieser Konfigurationsoption erlaubt Ihnen Magento, genau dieses Verhalten entsprechend zu konfigurieren.

Wie auch bei der Anlage bzw. Verwaltung von Artikelattributen haben Sie an dieser Stelle noch den zweiten Reiter namens LABEL / OPTIONEN VERWALTEN. In diesem Reiter können Sie sprachenabhängige Labels hinterlegen, d. h. Ihr Attribut übersetzen. Verwenden Sie beim Eingabetyp das Dropdown, ist diese Maske auch der Platz, an dem Sie die Dropdown-Werte hinterlegen können. Werfen Sie hierfür einen Blick auf Abbildung 23.23. Wie Sie sehen, haben Sie die Möglichkeit, Store-View-spezifische Werte zu hinterlegen, sowohl für den Namen des Attributs als auch für die möglichen Optionen, wenn Sie dem Nutzer die Auswahlmöglichkeit mithilfe eines Dropdown-Menüs bzw. einer Mehrfachauswahl ermöglichen.

Ich hatte Ihnen bereits berichtet, dass Magento die Kundenattribute in zwei große Bereiche aufgeteilt hat. Dabei handelt es sich zum einen um die Attribute, die sich direkt auf die Stammdaten eines Kunden beziehen und die ich Ihnen auf den vorherigen Seiten bereits gezeigt habe. Zum anderen um die Attribute, die sich auf die Kundenadressen beziehen, mit der Möglichkeit, diese zu verwalten und neue hinzuzufügen. Da die Vorgehensweise und die möglichen Konfigurationsoptionen, abgesehen von zwei bis drei kleinen Ausnahmen, identisch mit denen der Attribute für die Kundenstammdaten sind, möchte ich Sie an dieser Stelle nicht mit einer Wiederholung langweilen.

Sie finden die Adressattribute unter STORES • ATTRIBUTE. Über den Link ADRESSE DES KUNDEN können Sie dann in die Verwaltungsmaske springen und anschließend neue Attribute anlegen bzw. bestehende Attribute speichern.

In Zeiten, in denen Kundeninformationen immer wichtiger werden, spielt Ihnen diese Funktion der Enterprise Edition natürlich in die Karten. Sie haben die Möglichkeit, mittels einer grafischen Oberfläche Kundenattribute hinzuzufügen, und Ihre Kunden können diese direkt im Frontend ausfüllen und auf diese Werte zurückgreifen. Was in der kostenfreien Edition tatsächlich entwickelt werden muss, d. h., jedes neue Attribut bedeutet einen gewissen Aufwand, steuern Sie in der Enterprise Edition ganz einfach innerhalb des Backends und müssen sich somit keine Gedanken über anstehende Entwicklungsaufwände machen. Dieses Feature ist meiner Meinung nach ein Grund, der für den Einsatz der Enterprise Edition spricht.

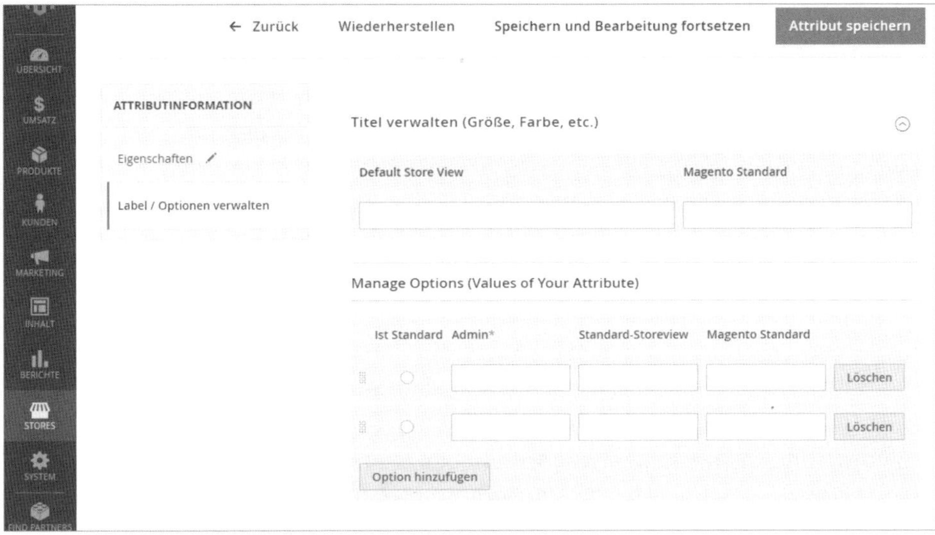

Abbildung 23.23 Mögliche Werte und Store-View-spezifische Werte lassen sich im Reiter »Label / Optionen verwalten« hinterlegen.

23.1.11 Automatisierte E-Mail-Erinnerung

Sofern Sie ab und an in anderen Online-Shops einkaufen bzw. sich die Produkte anschauen, wird Ihnen sicherlich die eine oder andere E-Mail mit dem Inhalt Ihres Warenkorbs und der Bitte um Bestellung zugesendet worden sein. Diese Trigger-E-Mails sind vor allem in den USA recht beliebt, oftmals führen solche E-Mails auch zu sehr ansehnlichen Conversion Rates. Zumindest geht es mir so, dass ich, wenn ich einen Warenkorb befülle und, aus welchen Gründen auch immer, in dem Moment den Warenkorb nicht bestelle, ein paar Tage später aufgrund einer solchen Erinnerungsmail dann doch kaufe. Denn ich habe schlicht vergessen, wofür ich mich da eigentlich interessiert habe, und eine gut formulierte E-Mail treibt mich in einem solchen Moment tatsächlich zurück zum Online-Shop.

In der Enterprise Edition haben Sie die Möglichkeit, genau solche E-Mails automatisiert zu versenden. Sie müssen diese Funktion jedoch nicht nutzen und können diese grundsätzlich deaktivieren. Hierfür müssen Sie sich in die Systemkonfiguration zum Punkt Aktionen begeben, der sich unterhalb des Oberpunktes Kunden befindet. Abgesehen von der grundsätzlichen Aktivierung der Funktion können Sie einen Absender sowie mögliche Intervalle des E-Mail-Versands bestimmen. Nachdem Sie an dieser Stelle allgemeine Konfigurationsparameter definiert haben, müssen Sie im Anschluss Regeln anlegen. Die Regelverwaltung befindet sich im Menü Marketing innerhalb des Oberpunktes Communications und trägt den Namen E-Mail-Erinnerung. Ähnlich wie bei den Warenkorb-Preisregeln bzw. Katalogpreisregeln können Sie basierend auf Regeln definieren, in welcher Situation eine E-Mail versendet werden soll. Die Einstellungsmöglichkeiten sind dabei jedoch nicht ganz so komplex wie bei den Preisregeln.

Zuerst müssen Sie einen Namen für die Regel hinterlegen, optional können Sie eine Beschreibung ergänzen. Diese beiden Werte sind primär für den internen Gebrauch relevant. Ein Kunde wird diese beiden Informationen nicht sehen, dafür aber die Nutzer des Backends. Im nächsten Schritt können Sie eine Warenkorb-Preisregel mit Ihrer Erinnerungsregel verbinden. Wenn Sie eine Warenkorb-Preisregel mit Gutscheincodes angelegt haben, so kann die Erinnerungsregel beim E-Mail-Versand auf diese Gutscheincodes zugreifen und die Codes in die E-Mail integrieren. Hierbei handelt es sich um eine Option, d. h., Sie können, aber müssen nicht zwangsläufig eine Warenkorb-Preisregel auswählen. Im nächsten Feld, dem Status, definieren Sie, ob die Regel aktiv ist, wobei Sie zudem eine zeitliche Einschränkung in den beiden folgenden Feldern vornehmen können. Abschließend haben Sie zudem die Möglichkeit, die Wiederholungsrate zu definieren. Die Wiederholungsrate ist aus dem Grund wichtig, da Sie sicherlich einen Kunden nicht jeden Tag mit einer E-Mail zumüllen möchten. Dementsprechend haben Sie an dieser Stelle die Wahl, in welchem zeitlichen Abstand ein Kunde die E-Mail erhält. Hinterlegen Sie beispielsweise den Wert 7,14 so erhält ein Nutzer nach 7 bzw. 14 Tagen eine E-Mail, die durch diese Regel ausgelöst wird.

Im Reiter BEDINGUNGEN haben Sie die Möglichkeit, die Regel, bestehend aus mehreren Bedingungen, anzulegen. Die Funktionsweise entspricht der der Ihnen bereits bekannten Regelerstellung, beispielsweise bei den Warenkorb-Preisregeln bzw. Katalogpreisregeln. Der größte Unterschied besteht letztendlich in den zur Verfügung stehenden Optionen, da diese sich natürlich unterscheiden. Werfen Sie hierfür bitte einen Blick auf Abbildung 23.24.

Abbildung 23.24 Mithilfe eines Regelwerks lassen sich automatisiert E-Mails versenden.

Im ersten Schritt definieren Sie im Regelwerk, ob Sie auf den Warenkorb oder die Wunschliste zurückgreifen möchten. Selbstverständlich ist auch eine Kombination aus beidem möglich, d. h. ein Nutzer muss einen bestimmten Aufbau des Warenkorbs und einen bestimmten Aufbau der Wunschliste haben. In der Praxis werden Sie diese beiden Optionen jedoch nicht vermischen, sondern vermutlich zwei Regeln anlegen. Eine Regel erinnert Ihre Benutzer an Artikel auf der Wunschliste, die zweite Regel ist hingegen etwas aggressiver und basiert auf den Produkten, die der Nutzer im Warenkorb hat. Da im letzteren Fall die Kaufwahrscheinlichkeit etwas höher sein dürfte, können Sie im E-Mail-Marketing ruhig etwas aggressiver agieren.

Unabhängig davon, ob Sie auf die Wunschliste oder den Warenkorb gehen, können Sie im weiteren Schritt nun auf die Werte des Warenkorbs bzw. der Wunschliste zurückgreifen. In meinem Beispiel, Sie sehen das in Abbildung 23.24, muss der Warenkorbwert mindestens 200 € betragen und die Anzahl der im Warenkorb enthaltenen Artikel muss kleiner als 5 sein. Nur wenn diese Bedingung erfüllt ist, würde ein Nutzer eine E-Mail erhalten. Nageln Sie mich an dieser Stelle nicht auf die Sinnhaftigkeit dieser Regel fest, denn in der Praxis hängt das genaue Regelwerk speziell von Ihrer Zielgruppe und Ihren Produkten ab. Sie sehen aber anhand dieses Beispiels, dass Sie eine gewisse Flexibilität haben. Selbstverständlich stehen weitere Werte aus dem Warenkorb bzw. der Wunschliste zur Verfügung, Sie müssen also nicht unbedingt auf den Warenkorbwert oder die Anzahl der Artikel gehen. Letztendlich können Sie neben allgemeinen Warenkorb- und Wunschlistewerten auch direkt auf Artikelattribute zugreifen. Speziell diese Möglichkeit erlaubt Ihnen die Entwicklung komplexer Regelwerke und die gezielte Ansprache bestimmter Kunden.

Sobald Sie das Regelwerk definiert haben, können Sie im nächsten Reiter namens E-MAILS UND LABELS definieren, welche E-Mail versendet werden soll. Die E-Mails lassen sich dabei in Abhängigkeit vom jeweiligen Store View definieren, wodurch Sie die Möglichkeit der Lokalisierung und Individualisierung je nach Sprache haben. Weiterführende Informationen wie ein Name und eine Beschreibung lassen sich ebenfalls hinterlegen.

Nachdem Sie die Regel gespeichert haben, kümmert sich Magento zukünftig um die automatisierte Ermittlung der Kunden und den E-Mail-Versand. Das heißt, Magento prüft konstant, welcher Kunde angeschrieben werden darf, und versendet im definierten zeitlichen Rhythmus automatisch die E-Mails.

Kein Reporting vorhanden

So schön die beschriebene Funktion zur automatisierten Versendung von E-Mails ist, desto unerfreulicher ist die Tatsache, dass kein Reporting für diese Funktion zur Verfügung steht. Sie werden ganz große Probleme haben, den Erfolg dieser automatisierten E-Mails nachzuverfolgen. Letztendlich benötigen Sie einen Report, der unter anderem darstellt, wie hoch der generierte Umsatz dieser E-Mails ist und welche Regel bei welchem Segment am besten performt. Auf diese Berichte müssen Sie aber leider verzichten.

Aufgrund des fehlenden Reportings bin ich persönlich bei dieser Enterprise-Funktion nicht ganz so euphorisch wie bei den bereits vorgestellten Funktionen. Letztendlich müssen alle Aktionen, die Teil Ihres Marketings sind, gemessen und analysiert werden können. Sie müssen sofort sehen, wie gut oder wie schlecht eine E-Mail-Erinnerung performt. Leider kann Magento im Standard diese Fragen nicht beantworten, weswegen ich diese Funktion, außer Sie wollen sehr klein starten, tendenziell eher bei einem spezialisierten Dienstleister beheimatet sehe.

23.1.12 Retourenmanagement

Produkte können Sie mit Magento problemlos verkaufen, aber was bietet Magento eigentlich in Bezug auf Retouren? In der kostenfreien Edition stehen für die Bearbeitung von Retouren leider keinerlei Funktionen zur Verfügung, d. h., Magento kann Sie bei der Bearbeitung von Retouren leider nicht im Geringsten unterstützen. Das Retourenmanagement ist voll und ganz in die Magento Enterprise Edition gewandert und bietet Ihnen an dieser Stelle auch sehr viele Möglichkeiten. Welche Möglichkeiten das genau sind, möchte ich Ihnen im Detail präsentieren. Eines sei Ihnen aber vorweg gesagt: Magento hat sich äußerst große Mühe gegeben, eine sinnvolle und vollständige Retouren-Funktionalität zu implementieren und Ihnen ein Tool an die Hand zu geben, mit dem Sie auf Drittsoftware bzw. externe Services verzichten können.

Aufgabe von Retouren in Magento Open Source möglich

In der kostenfreien Edition haben Kunden und Nutzer innerhalb des Frontends die Möglichkeit, Rücksendungen anzumelden, eine nachgelagerte Bearbeitung innerhalb des Backends ist jedoch nicht vorgesehen. Dementsprechend ist zwar ansatzweise eine ähnliche Funktionalität vorhanden, aufgrund des Umfangs lässt sich diese aber nicht mit der Funktionsweise der Enterprise Edition vergleichen.

Werfen Sie im ersten Schritt einen Blick in das Frontend. Wenn Sie sich als Benutzer in Ihrem Benutzerkonto angemeldet haben, finden Sie in der linken Navigationsleiste einen weiteren Menüpunkt namens MEINE RÜCKSENDUNGEN. Hier werden alle Rücksendungen aufgelistet, die Sie getätigt haben. Da ich aktuell noch über keinerlei Rücksendungen verfüge, ist dieser Menüpunkt leer. Um nun ein Produkt zurückzusenden, muss ich innerhalb des Benutzerkontos auf den Punkt MEINE BESTELLUNGEN klicken und die entsprechende Bestellung auswählen. Sobald Sie die Detailansicht der Bestellung aufgerufen haben, finden Sie im oberen Bereich des Bildschirms den Link ZURÜCKGEBEN.

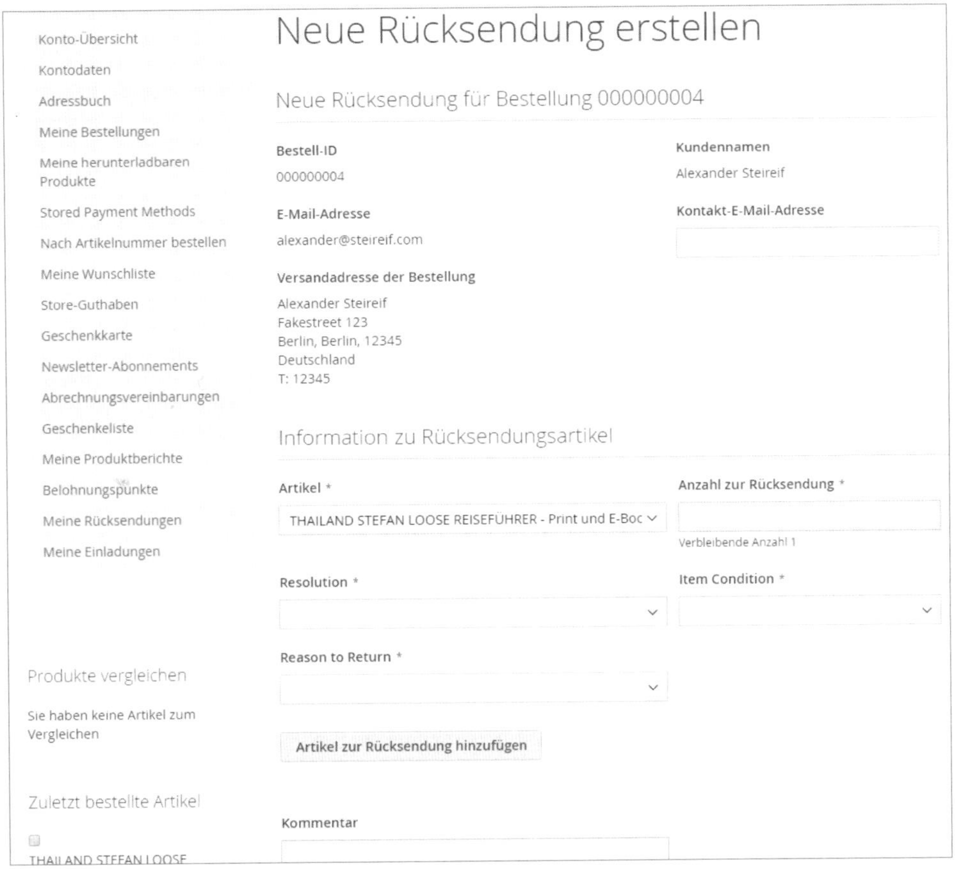

Abbildung 23.25 Rücksendungen können direkt über das Magento-Backend ausgelöst werden.

Wenn Sie auf diesen Link klicken, öffnet sich anschließend die erste Maske des Rücksendeprozesses, wie Sie in Abbildung 23.25 sehen. In dieser Maske können Sie Ihre Kontakt-E-Mail-Adresse sowie Informationen und Hintergründe der Rücksendung hinterlegen. Die Gründe für die Rücksendung, die vorhandenen Auswahloptionen und den Aufbau der Maske können Sie übrigens frei definieren, Näheres hierzu werde ich Ihnen noch innerhalb des Backends zeigen. Die Felder, die Sie aktuell sehen, sind schlicht Standardfelder, die Sie natürlich übersetzen, erweitern oder auch entfernen können. Abschließend haben Sie zudem die Möglichkeit, einen Kommentar zu hinterlegen. Abschicken können Sie die Rücksendung, indem Sie auf den Button SENDEN klicken. Magento hat an dieser Stelle selbstverständlich eine entsprechende Logik hinterlegt, sodass Sie nur Artikel der Bestellung zurücksenden können und auch nur die maximale Anzahl bei einem bestellten Artikel. Diese Logikprüfungen werden im Vorfeld bereits durchgeführt, wodurch Sie nur valide, bezogen auf die hinterlegten Informationen, Rücksendungen erhalten sollten. Ist die Rücksendung abgeschickt, landen Sie in der eingangs erwähnten Ansicht namens MEINE RÜCKSENDUNGEN, die Sie in Abbildung 23.26 sehen.

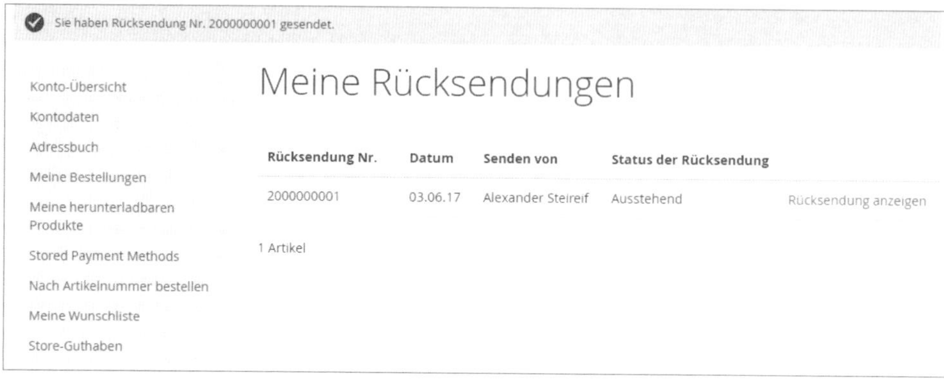

Abbildung 23.26 Innerhalb des Benutzerkontos können Sie sich alle Rücksendungen anzeigen lassen.

Im Prinzip verhält sich diese Ansicht, aber auch die Detailansicht, die Sie öffnen können, wie die Bestellübersicht. Sie erinnern sich bestimmt noch an die Funktionsweise, die Sie bereits im Laufe des Buches kennengelernt haben. Neben der Auflistung aller Einträge, in diesem Fall Rücksendungen, haben Sie die Möglichkeit, die Detailansicht zu öffnen, indem Sie einen entsprechenden Datensatz aus der Liste der Einträge auswählen. Innerhalb der Detailansicht sehen Sie nochmals alle hinterlegten Daten bei der Rücksendung, auch können Sie Kommentare hinterlegen und somit in Kontakt mit dem Shop-Betreiber treten. Auch diese Ansicht ähnelt der Detailansicht einer Bestellung, dementsprechend sollten Sie mit dieser Ansicht keine Probleme haben.

Zusätzlich zu den Möglichkeiten im Frontend bietet Magento ebenso Backend-Masken, die Ihnen bei der Bearbeitung von Retouren weiterhelfen. Im Backend gibt es im Hauptpunkt UMSATZ den Unterpunkt RÜCKSENDUNGEN, der Ihnen alle im System vorhandenen Rücksendungen auflistet. Um eine Rücksendung zu bearbeiten, müssen Sie, genau wie bei einer Bestellung, einen Eintrag auswählen, um die nachgelagerte Bearbeitungsmaske zu öffnen. In der sich nun öffnenden Bearbeitungsmaske bekommen Sie nochmals alle Details und Informationen zur Rücksendung dargestellt. Dazu zählen die Information, welcher Kunde bzw. Gast die Rücksendung initiiert hat, Informationen zur Rechnungs- und Lieferadresse sowie alle vom Kunden bzw. Besucher hinterlegten Kommentare. Um die Rücksendung zu bearbeiten, müssen Sie zuerst in den Tab RETURN ITEMS wechseln, der sich in der linken Bildschirmhälfte befindet. Anschließend erhalten Sie eine Auflistung aller in der Rücksendung angegebenen Artikel, wie Sie in Abbildung 23.27 sehen können.

Abbildung 23.27 Die Bearbeitung einer Rücksendung erfolgt mehrstufig und kann innerhalb des Backends erledigt werden.

Bei jedem Artikel, in diesem Beispiel handelt es sich nur um einen, sehen Sie die gewünschte Anzahl der Rücksendungen. In meinem Beispiel steht daher der Wert in der Spalte GEWÜNSCHT auf 1. Um die Rücksendung zu bearbeiten, muss ich im nächsten Schritt in der Spalte GENEHMIGT den Wert 1 hinterlegen sowie den Status auf »genehmigt« setzen. Theoretisch können Sie an dieser Stelle die Rücksendung auch ablehnen, d. h. zurückweisen. Sind diese Werte hinterlegt, können Sie die Rücksendung speichern. Daraufhin lädt die Ansicht neu, und Sie müssen wieder in den Tab RETURN ITEMS. Jetzt haben Sie die Möglichkeit, in der Spalte ZURÜCKGEGEBEN den Wert 1 zu hinterlegen und den Status auf »Rücksendung erhalten« zu setzen. Anschließend muss die Rücksendung erneut gespeichert werden. Die Ansicht lädt neu, und Sie müssen wieder in den Tab RETURN ITEMS navigieren. Um die Rücksendung komplett zu finalisieren, müssen Sie in der Spalte GENEHMIGT den Wert 1 hinterlegen und den Status auf »genehmigt« setzen. Sobald Sie jetzt die Rücksendung speichern, ist diese als bearbeitet und freigegeben markiert.

Zugegebenermaßen klingt das im ersten Moment vermutlich viel komplexer, als es in der Praxis wirklich ist. Beachten Sie vorweg, dass eine Rücksendung kein Prozess ist, der innerhalb weniger Minuten durchläuft. Wenn Ihr Kunde etwas zurücksenden möchte und dies tut, vergehen schon allein aufgrund der Versandzeit Tage. Daher erfordert Magento bei jeder Statusänderung das Speichern der Ansicht, da zwischen den verschiedenen Schritten Tage liegen. Im ersten Schritt, wenn die Rücksendung über das Frontend aufgegeben wird, können Sie entscheiden, ob Sie die Rücksendung überhaupt annehmen möchten. Sollte das der Fall sein, können Sie die Annahme auf Artikelebene definieren. Auf Basis dieser Information sendet Ihr Kunde die Artikel zu Ihnen. Dementsprechend müssen Sie in der Rücksendung daraufhin hinterlegen, wie viele und welche Artikel tatsächlich angekommen sind. Ist diese Information hinterlegt, prüfen Sie die Qualität der Artikel bzw. den Reklamationsgrund. Auch hier haben Sie wieder die Möglichkeit, die Menge zu variieren. Wenn von fünf Artikeln nur drei tatsächlich kaputt sind, können Sie auch nur die drei Artikel akzeptieren. Haben Sie diese Information hinterlegt und die Rücksendung gespeichert, ist der Prozess als solcher abgeschlossen.

Was Sie mit dieser Information, d. h. dem Datensatz der Rücksendung, anfangen, bleibt übrigens Ihnen überlassen. Magento löst im Standard beispielsweise keine Gutschrift aus und erzeugt auch keinen Rücksendeschein. Die Verwaltung der Rücksendung innerhalb des Backends bezieht sich tatsächlich nur auf die Erfassung der jeweiligen Schritte und die Kommunikation mit dem Kunden. Weiterführende Möglichkeiten und Features sind im Standard nicht implementiert.

Übrigens, wie eingangs erwähnt, können Sie innerhalb des Magento-Backends problemlos die Attribute einer Rücksendung konfigurieren. Unter STORES • ATTRIBUTE • RÜCKSENDUNG haben Sie die Möglichkeit, zusätzliche Attribute anzulegen. Diese werden innerhalb des Frontends und des Backends anschließend entsprechend dargestellt und können sowohl durch den Kunden als auch durch den Backend-Nutzer mit Informationen gefüttert werden. Die Funktionsweise der Attribute entspricht exakt der Funktionsweise, die Sie bereits bei den Artikeln, Kunden bzw. Bewertungen kennengelernt haben, weswegen ich an dieser Stelle nicht explizit darauf eingehe. Abschließend möchte ich Ihnen noch die Möglichkeiten innerhalb der Systemkonfiguration aufzeigen. Im Punkt STORES • KONFIGURATION • UMSATZ • UMSATZ haben Sie die Möglichkeit, Sie sehen diese in Abbildung 23.28, die Rücksendefunktionalität grundsätzlich zu aktivieren bzw. zu deaktivieren. Auch können Sie die Rücksendung auf Artikelebene deaktivieren, in diesem Fall können nur vollständige Bestellungen als Rücksendung markiert werden. Die letzte Option bezüglich der Store-Adresse erlaubt Ihnen an dieser Stelle, eine abweichende Rücksendeadresse zu hinterlegen, beispielsweise wenn ein anderes Unternehmen unter einer anderen Adresse Ihre Rücksendungen annimmt.

Speziell für Ihre Kunden dürfte die Rücksende-Funktion äußerst interessant sein, lassen sich doch damit Rücksendungen problemlos aus dem Benutzerkonto anstoßen. Auch Sie als Shop-Betreiber profitieren von diesem Feature, da Sie Rücksendungen strukturiert und zentral innerhalb des Backends verwalten und bearbeiten können. Insgesamt handelt es sich daher um ein sehr interessantes und gut implementiertes Feature, das in der Regel in allen Enterprise-Edition-Projekten auch eingesetzt wird.

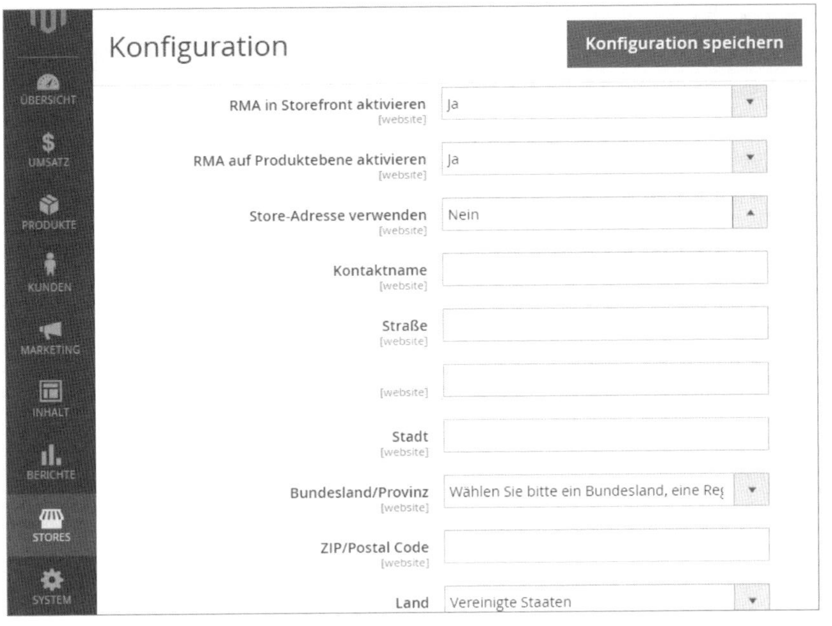

Abbildung 23.28 Bei Bedarf lässt sich die Rücksende-Funktion komplett deaktivieren.

23.1.13 Private Sales

Hinter der Private-Sales-Funktion versteckt sich ein äußerst interessantes Feature, wenn Sie eine gewisse Exklusivität in Ihrem Online-Shop kreieren möchten. Magento erlaubt es Ihnen, dass Sie Ihren Online-Shop in ein geschlossenes System transformieren, das nur über Einladungen zugänglich wird. Ganz im Sinne von Vente Privee oder Brands4Friends lässt sich damit eine Art Shopping-Club aufsetzen, wobei von Ihrer Seite aus keinerlei Entwicklungsaufwände notwendig sind. Magento erlaubt es, das Verhalten des Systems rein durch Konfigurationsmaßnahmen entsprechend stark zu verändern.

Im ersten Schritt müssen Sie in der Systemkonfiguration das Berechtigungssystem aktivieren. Das Berechtigungssystem finden Sie unter STORES • KONFIGURATION • ALLGEMEINES • ALLGEMEINES. Im Punkt WEBSITE RESTRICTIONS, den Sie in Abbildung 23.29 sehen, können Sie die Zugriffsbeschränkung aktivieren, in diesem Moment wird das Frontend für alle unberechtigten Zugriffe gesperrt.

Beim Beschränkungsmodus, also der Art der Sperre, haben Sie unterschiedliche Möglichkeiten. Entweder Sie sperren das System komplett, oder Sie erlauben ausschließlich den Login bzw. Login und Registrierung. Erlauben Sie ausschließlich den Login, können Neukunden ausschließlich durch Einladungen Zugriff auf das System erhalten. Im weiteren Schritt können Sie noch weiterführende Informationen hinterlegen, beispielsweise die Startseite, d. h., welche CMS-Seite aufgerufen wird, sofern man nicht angemeldet ist. Auch können Sie die 404-Fehlerseite und die HTTP-Antwort definieren, wobei Sie sich vor allem mit letzterer Option nicht aufhalten sollten. Abschließend, aber diesen Punkt können Sie gedanklich ebenfalls überspringen, können Sie in den Formularen die Autovervollständigung aktivieren bzw. deaktivieren.

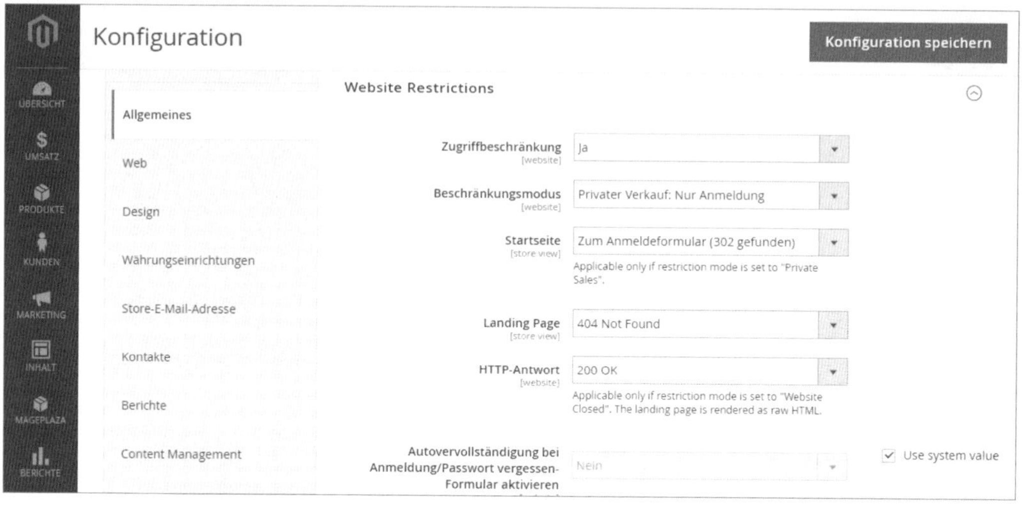

Abbildung 23.29 Sie können Ihr Magento-System recht einfach in einen geschlossenen Shopping-Club transformieren.

Wie erwähnt, können Sie Nutzern das Magento-System ausschließlich auf Einladung zugänglich machen. Innerhalb der Systemkonfiguration finden Sie die entsprechenden Konfigurationsparameter, hierfür müssen Sie nur in den Konfigurationsabschnitt STORES • KONFIGURATION • KUNDEN • EINLADUNGEN navigieren. An dieser Stelle haben Sie die Möglichkeit, Einladungen grundsätzlich zu aktivieren und zu definieren, in welcher Gruppe eine eingeladene Person nach einer Registrierung landet, wie viele Personen eingeladen werden können etc. Die Konfigurationsparameter sind relativ selbsterklärend, weswegen ich Sie an dieser Stelle damit gar nicht belästigen möchte. Sobald die Einladungsfunktion aktiviert ist, können Kunden innerhalb des Benutzerkontos weitere Benutzer einladen, Sie sehen dies exemplarisch in Abbildung 23.30.

Magento versendet in diesem Fall eine E-Mail an die hinterlegten E-Mail-Adressen, und anschließend landen diese in einem Registrierungsprozess, sofern die Empfänger auf den Link in der E-Mail klicken. Kunden haben also die Möglichkeit, auf relativ einfache Art und Weise andere Kunden zu werben und für Ihr System zu gewinnen.

Eine weitere und damit auch die letzte Funktion, die zum Oberpunkt Private Sales zählt, nennt sich Events. Im Magento-Backend können Sie im Hauptpunkt MARKETING • EVENTS neue Events anlegen bzw. bestehende Events verwalten. Bei einem Event wählen Sie immer eine Kategorie sowie ein Start- und Enddatum aus. Außerdem können Sie ein Bild hochladen und haben die Möglichkeit, auf dieser Kategorieseite bzw. auf den Detailseiten der Produkte, die der ausgewählten Kategorie zugewiesen wurden, einen Countdown darzustellen. Im Frontend wird anschließend auf der Kategorieseite bzw. den Produktdetailseiten der Countdown bzw. das hinterlegte Bild ausgegeben. Damit Sie sich die Visualisierung, auf die Sie übrigens Einfluss haben und die Sie entsprechend Ihren Bedürfnissen anpassen können, vorstellen können, habe ich Ihnen einen kurzen Auszug aus dem Countdown in Abbildung 23.31 beigefügt.

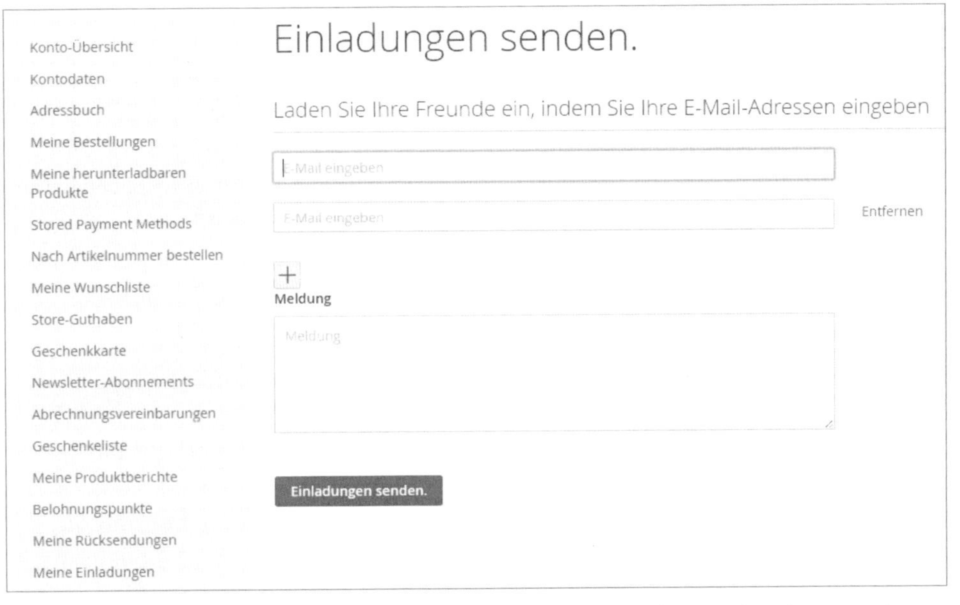

Abbildung 23.30 Kunden können andere Kunden einladen und so Neukunden generieren.

Zusammengefasst besteht die Private-Sales-Funktion genau genommen aus den drei vorgestellten Funktionen.

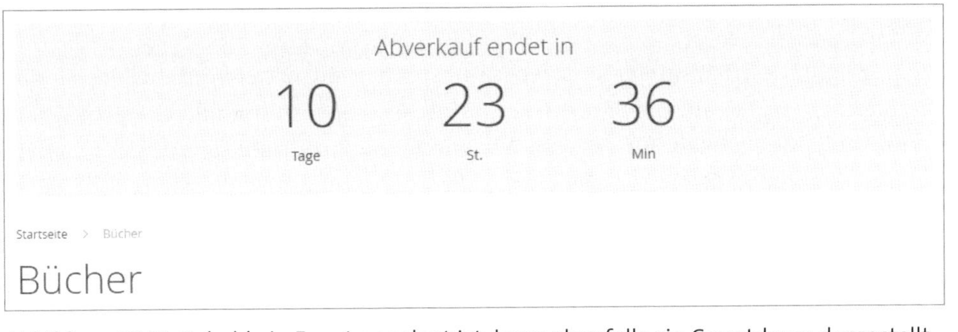

Abbildung 23.31 Sobald ein Event angelegt ist, kann ebenfalls ein Countdown dargestellt werden.

Zum einen können Sie den Zugriff auf den Online-Shop reglementieren, zum anderen können Sie Einladungen aktivieren und sogenannte Events verwalten. Sollten Sie den Aufbau eines Shopping-Clubs bzw. eines geschlossenen Systems planen, so wird Ihnen die Private-Sales-Funktion sicherlich zugutekommen. In der Praxis, hier bin ich an dieser Stelle ehrlich und nehme die rosarote Magento-Brille ab, wird das Private-Sales-Feature jedoch äußerst spärlich eingesetzt und dient im besten Fall als Basis für individuelle Weiterentwicklungen.

23.1.14 Belohnungspunkte

In der Enterprise Edition unterstützt Magento zusätzlich zu den bereits vorgestellten Funktionen sogenannte Belohnungspunkte, wobei ich an dieser Stelle die Übersetzung Bonuspunkte als etwas schärfer erachte. Sobald ein Nutzer eine bestimmte Aktion durchführt, kann er mit Bonuspunkten belohnt werden, die später wiederum eingelöst werden können. Durch die Belohnungspunkte haben Sie die Möglichkeit, Ihre Kunden zu gewissen Aktionen zu drängen, da Sie bei der erfolgreichen Durchführung auch ein gewisses Goody, im Fall von Magento Belohnungspunkte, erhalten.

Magento ermöglicht auch bei diesem Feature eine recht feine Konfiguration, d. h., als Shop-Betreiber haben Sie weitreichende Möglichkeiten, ein eigenes Belohnungspunkteprogramm zu erstellen. Wechseln Sie hierfür in das Backend, und navigieren Sie zu dem Punkt STORES • KONFIGURATION • KUNDEN • BELOHNUNGSPUNKTE. Innerhalb dieser Konfigurationsansicht können Sie zuerst definieren, ob Sie das Feature grundsätzlich aktivieren möchten. Falls nicht, lassen sich die Belohnungspunkte an dieser Stelle mit einem Knopfdruck im gesamten System deaktivieren.

Weitere Konfigurationseinstellungen erlauben die Aktivierung der Funktion im Frontend oder auch die Anzeige der Historie. Die weiteren Konfigurationsoptionen, Sie sehen diese in Abbildung 23.32, befassen sich mit dem Verhalten der Punkte, d. h. in welchem Zeitraum diese ablaufen, wie hoch der Höchstsatz an Belohnungspunkten ist etc.

Die Konfigurationsparameter sind recht selbsterklärend, daher können Sie sich diese, sofern Sie später auf die Enterprise Edition setzen, gern in Ruhe ansehen. Spannend ist die Möglichkeit, für gewisse Aktionen eine Punktzahl festzulegen. So können Sie für einen Kauf, eine Registrierung, die Anmeldung zum Newsletter oder auch für das Werben eines neuen Kunden auf Basis einer Einladung Belohnungspunkte vergeben.

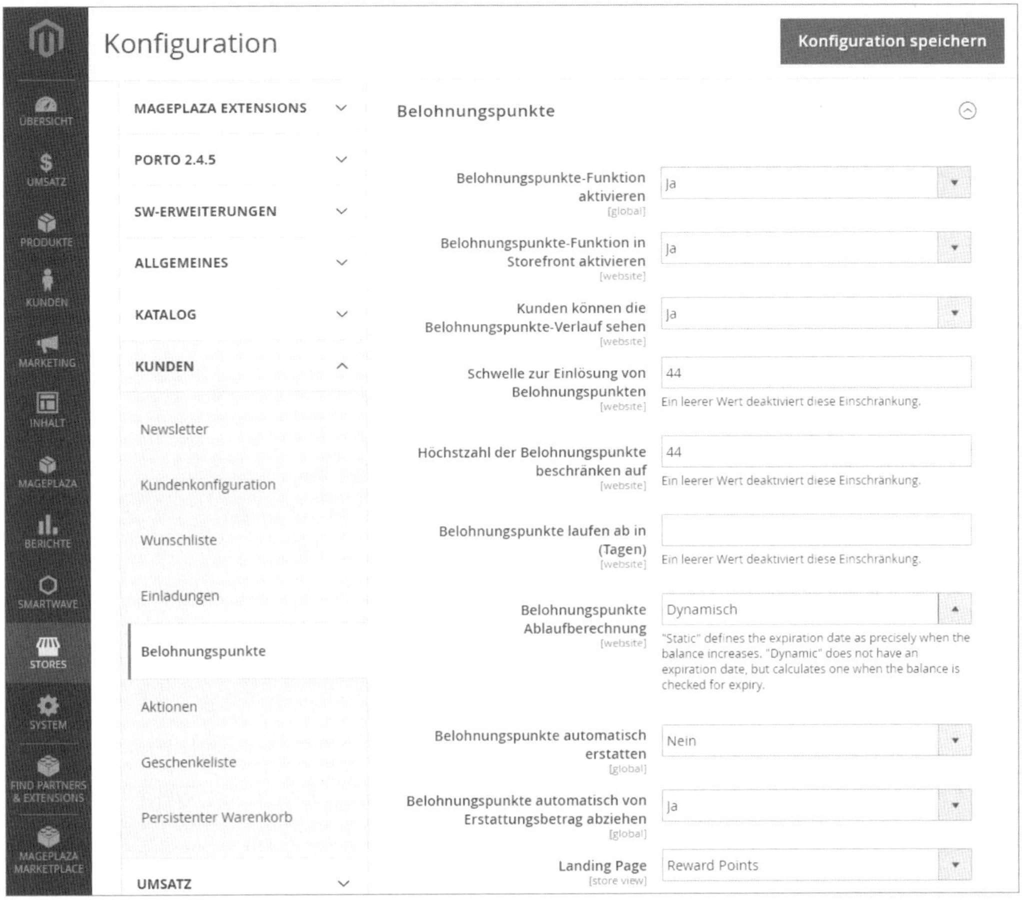

Abbildung 23.32 Die Konfiguration der Belohnungspunkte ist recht komplex und erlaubt verschiedenste Einstellungen.

Als Gegenstück zum Backend steht Nutzern im Frontend ebenfalls eine Ansicht bezüglich der Belohnungspunkte zur Verfügung. Diese Ansicht befindet sich im Kundenkonto und trägt den Namen BELOHNUNGSPUNKTE. In dieser Ansicht sehen Sie alle Ihnen zur Verfügung stehenden Belohnungspunkte sowie den kompletten Verlauf, wann Sie für welche Aktion Punkte erhalten haben. Ebenso haben Sie die Möglichkeit, vorhandene Belohnungspunkte einzulösen. Magento legt für weitere Informationen im Frontend übrigens extra eine CMS-Seite an, die Ihren Nutzern im Detail erklärt, wie die Belohnungspunkte verwendet werden können. Sie erreichen die CMS-Seite unter der URL */reward-points*, werfen Sie an dieser Stelle aber auch gern einen Blick auf Abbildung 23.33, die speziell das Einlösen der Belohnungspunkte im Checkout-Prozess darstellt.

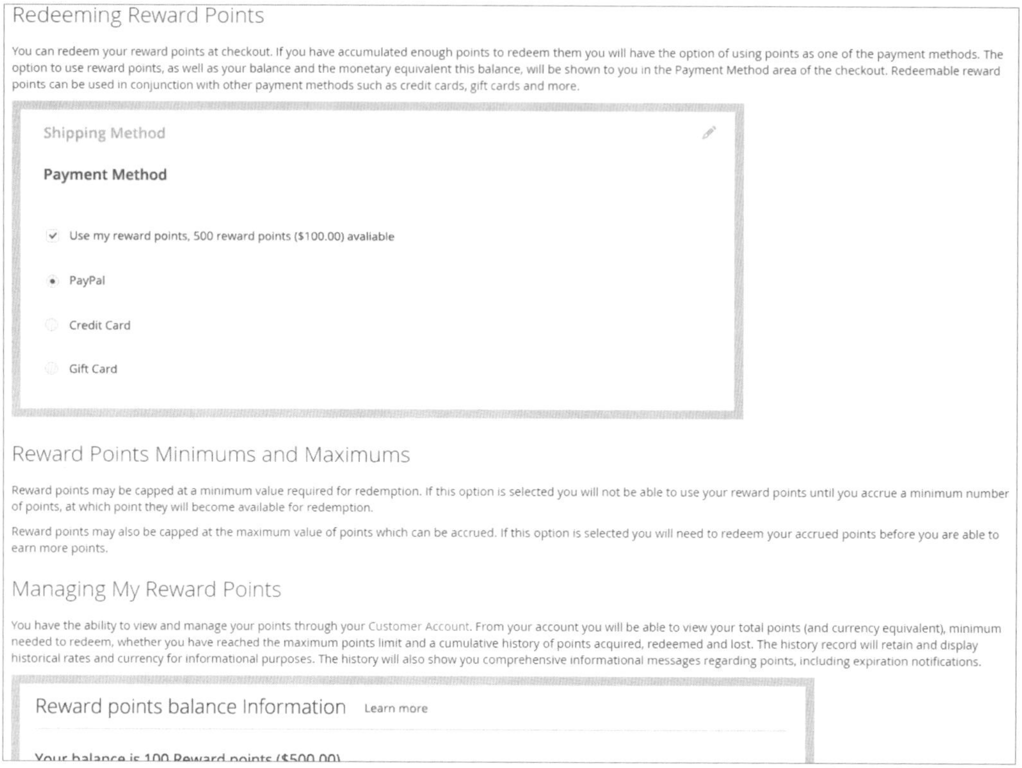

Abbildung 23.33 Magento liefert eine umfangreiche CMS-Seite mit aus, welche die Funktionsweise der Belohnungspunkte erklärt.

Damit die Belohnungspunkte im Checkout-Prozess eingelöst werden können, müssen Sie als Shop-Administrator noch einen Umrechnungskurs definieren. Die Tatsache, dass Sie beispielsweise 1.000 Belohnungspunkte besitzen, sagt letztendlich noch nichts über den monetären Wert aus. Innerhalb des Backends unter STORES • OTHER SETTINGS • BELOHNUNGS-AUSTAUSCHRATE können Sie aber genau diese Umrechnungsrate festlegen. Die Rate lässt sich dabei in Abhängigkeit zur Website und Kundengruppe definieren, sprich, Sie können beispielsweise Premiumkunden eine bessere Rate hinterlegen als Neukunden. Haben Sie eine oder mehrere Umrechnungsraten hinterlegt, können Kunden im Checkout-Prozess vorhandene Belohnungspunkte einlösen und damit bares Geld sparen.

Speziell um die Bindung der Kunden an den eigenen Online-Shop zu stärken, sind Belohnungspunkte ein gutes Mittel. Belohnen Sie ruhig Ihre Kunden bei jedem Einkauf, und animieren Sie dadurch Ihre Kunden, verstärkt bei Ihnen zu bestellen. In der Regel gehen solche Belohnungssysteme auf. Der Umfang, den Magento im Standard mitbringt, ist zumindest eine sehr gute Basis, die Sie von Anfang an ohne Customizing einsetzen können.

23.1.15 Geschenkkarten und Guthaben

Bei den Geschenkkarten handelt es sich um einen neuen Artikeltyp, der ausschließlich in der Enterprise Edition vorhanden ist. Die Anlage eines Artikels vom Typ »Geschenkkarte« unterscheidet sich nicht von beispielsweise der Anlage eines Simple Products. Der Unterschied besteht in den Optionen, die Sie innerhalb des Artikels hinterlegen können. Wie Sie in Abbildung 23.34 erkennen können, haben Sie unter anderem die Möglichkeit, verschiedene Beträge zu hinterlegen, aus denen der Kunde im Frontend auswählen kann. Sie kennen das Prinzip ja z. B. von Amazon, wo Sie eine Geschenkkarte (Gutschein) im Wert von 25 €, 50 € etc. kaufen können.

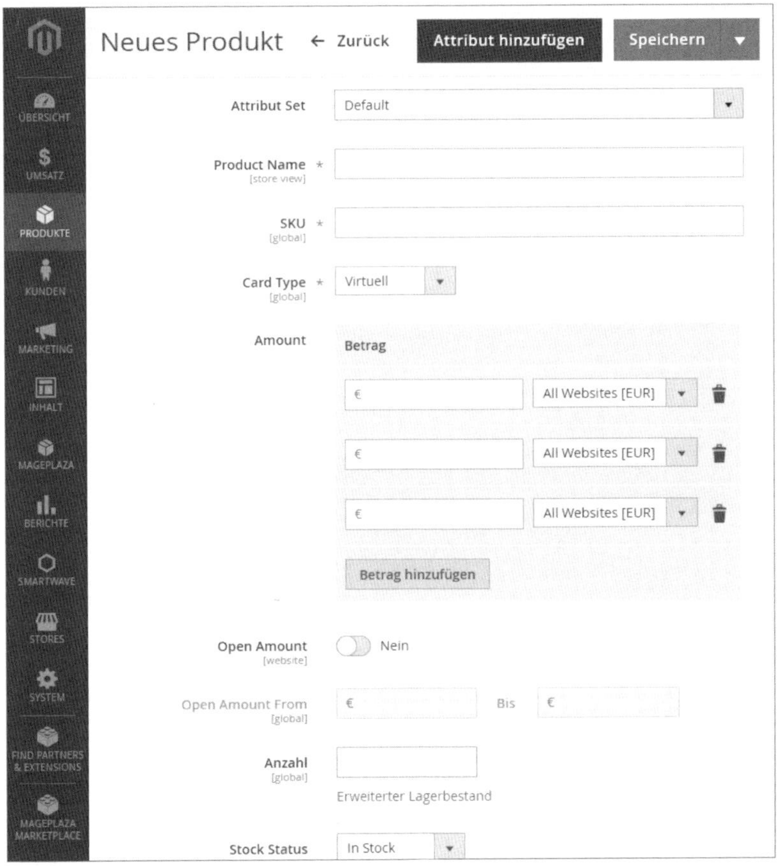

Abbildung 23.34 Magento unterstützt den Verkauf von virtuellen bzw. physischen Geschenkkarten ab der Enterprise Edition.

Alternativ hierzu können Sie den Betrag auch frei lassen, sodass im Frontend selbst die Höhe angegeben werden kann. Möchte anschließend ein Kunde eine Geschenkkarte in Höhe von 227,50 € kaufen, so wäre das ebenfalls möglich. Neben der eigentlichen Höhe der Geschenkkarte können Sie zudem weitere Einstellungen vornehmen, beispielsweise, ob das Guthaben als Store-Guthaben behandelt werden soll und wie lange das Guthaben gültig ist. Auch haben Sie die Möglichkeit, ein E-Mail-Template auszuwählen, da beim Kauf der Gutscheinkarte direkt ein Empfänger angegeben werden kann. Dementsprechend unterscheidet sich die Artikeldarstellung im Frontend im Vergleich zu anderen Artikeln. In Abbildung 23.35 sehen Sie das von mir exemplarisch angelegte Produkt vom Typ Geschenkkarte.

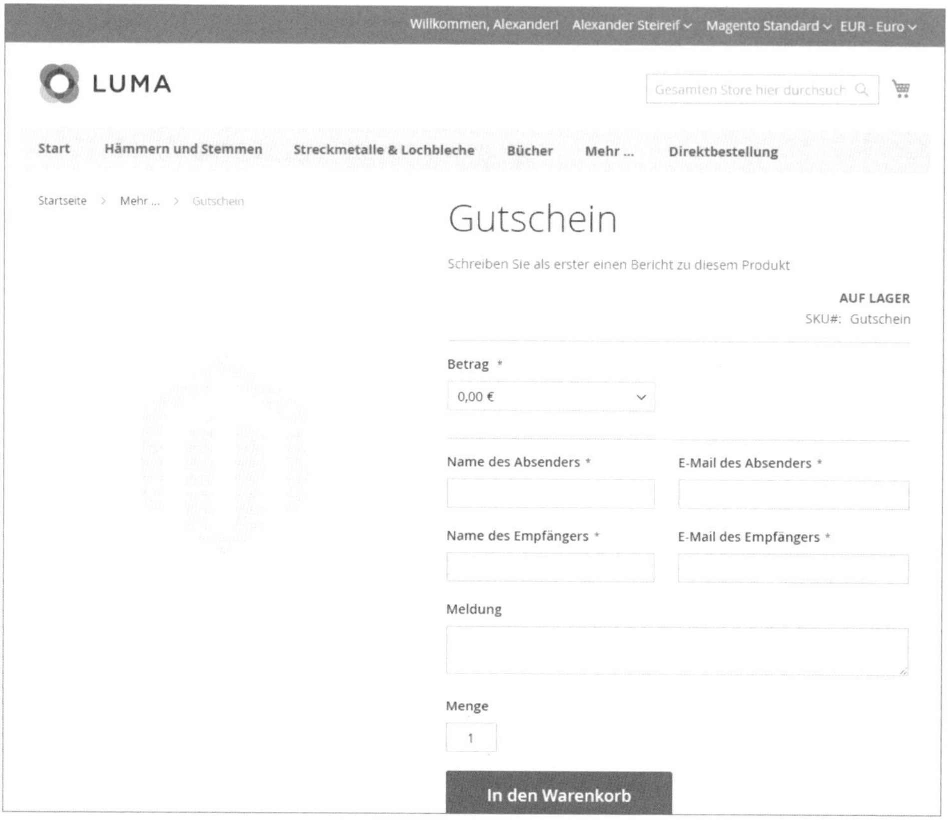

Abbildung 23.35 Beim Kauf einer Geschenkkarte müssen Sie direkt einen Empfänger und Absender ausgeben.

Da ich feste Beträge definiert habe, muss zuerst der Betrag der Geschenkkarte ausgewählt werden. Anschließend sind ein Empfänger und ein Absender zu hinterlegen. Ebenso besteht die Möglichkeit, eine Meldung zu hinterlegen, die ebenfalls dargestellt wird. Kaufen Sie im Anschluss die Geschenkkarte, wird Magento automatisch den Empfänger informieren und ihm anschließend den Betrag in Form eines Store-Guthabens gutschreiben, sofern Sie dies bei der Konfiguration des Geschenkkarten-Artikels eingestellt haben. Sollte keine automatische Aufstockung des Store-Guthabens erfolgen, können Sie innerhalb des Benutzerkontos durch die Eingabe des Geschenkkarten-Codes das Store-Guthaben erhöhen.

Auch wenn ich an dieser Stelle etwas schneller über die Funktionsweise der Geschenkkarten geflogen bin, so sollten Sie sicherlich einen guten Überblick darüber erhalten haben, was diese Funktion in Magento selbst leisten kann. Letztendlich haben Sie die Möglichkeit, Geschenkkarten zu verkaufen, die anschließend vom Empfänger direkt eingelöst und für eine Bestellung verwendet werden können. Magento hat zudem die Möglichkeit, ähnlich wie einem Bankkonto, die Buchungen zu verwalten, d. h., Sie können mehrere Geschenkkarten pro Benutzerkonto einlösen und müssen auch nicht beim ersten Einkauf Ihr gesamtes Guthaben verprassen. Je nachdem welche Werte Sie in der Konfiguration hinterlegt haben, können Sie Ihren Nutzern das Guthaben eine sehr lange Zeit zur Verfügung stellen.

23.1.16 Sonstiges

Die Möglichkeiten und Funktionen der Enterprise Edition sind riesig, das haben Sie sicherlich auf den vorherigen Seiten gesehen. Tatsächlich gibt es sogar noch weitere, wenn auch kleinere Besonderheiten, die speziell in der Konfiguration liegen. Sie haben also an der einen oder anderen Stelle nochmals Konfigurationsoptionen, die Sie in der kostenfreien Edition nicht haben. Die hier nicht erwähnten Punkte sind aber meiner Meinung nach nicht ausschlaggebend, daher habe ich mich primär auf die großen und wichtigen Features konzentriert und Ihnen diese im Detail erläutert. Mir ist es an dieser Stelle nur im Sinne der Vollständigkeit wichtig, dass ich Ihnen die Info mitgebe, dass noch weitere, wenn auch kleinere Erweiterungen in der Enterprise Edition vorhanden sind.

23.2 Kosten und Lizenzierung

Im Gegensatz zur kostenfreien Edition, gemeint ist Magento Open Source, ist die Magento Enterprise Edition ein lizenzpflichtiges und kommerzielles Produkt. Sie müssen daher im ersten Schritt eine Lizenz erwerben, um die Enterprise Edition nutzen zu können. Ich kann mir vorstellen, dass Sie sich sicherlich im Laufe dieses Kapitels gefragt haben, wie viel denn die Magento Enterprise Edition kostet.

Magento selbst verwendet Abstufungen, die sich nach dem Umsatz richten. In der Vergangenheit wurde die Enterprise Edition beispielsweise anhand der Frontend-Server lizenziert, d. h., je mehr Server Sie eingesetzt haben, desto teurer wurde die Lizenz. Magento hat aber festgestellt, dass diese Lizenzierung nicht ganz fair ist. Denn warum sollten sich die Lizenzkosten erhöhen, nur weil Sie eine redundante Hosting-Infrastruktur betreiben?

Basierend auf dieser Erkenntnis, wird die Enterprise Edition zukünftig auf Basis des generierten Umsatzes lizenziert. Sind Sie sehr erfolgreich und machen viel Umsatz, zahlen Sie mehr, als wenn Sie gerade erst ein Startup gegründet haben und noch keine großen Umsätze vorweisen können. Magento setzt meiner Meinung nach also auf ein sehr faires Lizenzmodell, denn je erfolgreicher man ist, desto besser kann man auch die Lizenzkosten stemmen.

Die Lizenzkosten beispielsweise der kleinsten Lizenz hängen zum Teil von Ihrem Verhandlungsgeschick, aber auch dem Verhandlungsgeschick Ihres Magento-Partners ab. Auch wenn es offizielle Listenpreise gibt, so bietet Magento doch oftmals Specials und Aktionen an, wodurch ansehnliche Rabatte entstehen. Gehen Sie, damit Sie an dieser Stelle eine grobe Hausnummer haben, im kleinsten Fall von ungefähr 16.000 € pro Jahr für die Magento-Lizenz aus. Inkludiert sind hierin die Software, die Updates sowie der Support durch Magento. Letztendlich ist es das Rundum-sorglos-Paket, das Magento Ihnen für diesen Pauschalbetrag anbietet.

23.3 Fazit und Ausblick

Die Magento Enterprise Edition bietet fantastische Möglichkeiten und ergänzt den bereits sehr großen Funktionsumfang von Magento Open Source sinnvoll. Neben all den Features erhalten Sie zudem als Enterprise-Edition-Kunde einen direkten Support durch Magento. Durch diesen Mix aus Funktionen und Service wird die Enterprise Edition vor allem für größere Online-Shops eine interessante Option, die letztendlich auch kein Problem damit haben, die jährlichen Lizenzkosten zu stemmen. Ob die Enterprise Edition auch für Sie interessant ist, sollten Sie nach diesem Kapitel bewerten können.

Neben der Enterprise Edition gibt es mittlerweile auch eine B2B-Edition, die speziell auf die Bedürfnisse und Anforderungen im Business-to-Business-Geschäft ausgerichtet ist. Was sich hinter dieser Edition verbirgt und worin die Unterschiede zur Enterprise Edition bestehen, erfahren Sie im nächsten Kapitel.

Kapitel 24
Magento B2B Edition

Geschäftskunden stellen Sie vor Herausforderungen, die Sie im klassischen B2C-E-Commerce nicht haben. Dies gilt sowohl für Prozesse als auch für Funktionen, die Sie im B2B-E-Commerce unbedingt berücksichtigen müssen. Magento hat mit der B2B Edition für diese Anforderungen eine passende Lösung, die ich Ihnen in diesem Kapitel vorstellen möchte.

Magento verfügt, Sie haben das in den letzten Kapiteln bereits gesehen, über mehrere Editionen, die aber allesamt auf Magento Open Source basieren. Magento Open Source, übrigens die einzige Edition, die kostenfrei bezogen werden kann, ist sozusagen das Fundament der gesamten Magento-Produktfamilie. Im vorherigen Kapitel habe ich Ihnen bereits die Enterprise Edition im Detail vorgestellt. Die Enterprise Edition ist eine kommerzielle Version von Magento, die den Funktionsumfang um viele nützliche Enterprise-Funktionalitäten, sprich Funktionen und Möglichkeiten, die sich speziell für größere Online-Shops lohnen, erweitert.

Parallel zur Enterprise Edition existiert die seit Magento 2.2 sogenannte *B2B Edition*. Bei der B2B Edition handelt es sich im Prinzip um die Magento Enterprise Edition, die zusätzlich um nützliche Funktionen, die sich speziell an Geschäftskunden richten, erweitert wurde. Beim B2B-E-Commerce, d. h. Business-to-Business-E-Commerce, können in der Regel nur Unternehmen innerhalb des Online-Shops bestellen. Unternehmen verhalten sich von Haus aus jedoch anders als Endkunden, haben komplexere Informationsstrukturen und benötigen zusätzliche Funktionen. Magento vereint diese Anforderungen in der B2B Edition und stellt somit ein Produkt zur Verfügung, das Unternehmen im B2B-E-Commerce gezielt unterstützt.

In diesem Kapitel möchte ich Ihnen die Funktionen der B2B Edition im Detail vorstellen und erklären. Die ebenfalls enthaltenen Funktionen der Magento Enterprise Edition hebe ich in diesem Kapitel nicht explizit hervor, sollten Sie sich für die reinen Enterprise-Features interessieren, empfehle ich Ihnen Kapitel 23, »Magento Enterprise Edition«.

Keine kostenfreie Installation der B2B Edition möglich

Da es sich bei der Magento B2B Edition um ein kommerzielles Produkt von Magento handelt, haben Sie an dieser Stelle leider nicht die Möglichkeit, die Software lokal zu installieren und zu testen, da zudem keine Testversion verfügbar ist. Aus diesem Grund können Sie in diesem Kapitel nicht selbst mitarbeiten, ich hoffe aber, dass Ihnen meine Erklärungen und die enthaltenen Abbildungen dennoch einen guten Überblick vermitteln.

24.1 Funktionen im Überblick

Da Sie sich die B2B Edition leider nicht installieren können, da keine Testversion verfügbar ist, möchte ich Ihnen auf den folgenden Seiten die wichtigsten Funktionen im Detail vorstellen. Bitte beachten Sie, dass für die B2B Edition zum Zeitpunkt des Buches noch keine deutsche Lokalisierung vorlag. Dadurch sind die Begriffe auf der Oberfläche ausschließlich englisch. Lassen Sie sich davon aber nicht irritieren, wie Sie in den vorherigen Kapiteln gesehen haben, sind oftmals die englischen Originalbegriffe aussagekräftiger und verständlicher.

24.1.1 Advanced Reporting

Die erste Auffälligkeit finden Sie, wenn Sie einen Blick auf Abbildung 24.1 werfen, direkt im Dashboard. Mit der Magento B2B Edition bzw. der Magento-Version 2.2 können Sie relativ einfach die Business-Intelligence-Lösung Magento BI anbinden.

Mithilfe von Magento BI können Sie wesentlich einfacher Reports erstellen und sich vor allem umfangreichere Reports darstellen lassen. Die Reporting-Funktionalität war in den letzten Jahren, auch schon zu Zeiten von Magento in der Version 1, mehr oder weniger die Achillesferse des Systems. Denn Auswertungen sind für Sie als Shop-Betreiber ein wichtiges Mittel, um den Erfolg zu steigern. Nur wenn Sie auf Basis von Zahlen und Fakten sehen, welche Produkte sich gut verkaufen und welche Kundensegmente Umsätze erzielen, können Sie mit der Optimierung starten. Die Standard-Reporting-Funktionalitäten sind und waren jedoch mehr als rudimentär. Mit der komplett neuen Lösung Magento BI stehen Ihnen jedoch weitaus mehr Möglichkeiten zur Verfügung. Da Magento BI als eigenständiges Produkt jedoch nicht innerhalb von wenigen Sätzen erklärt und beschrieben werden kann, finden Sie nähere Informationen hierzu in Kapitel 15, »Mit Magento Business Intelligence umfangreiche Berichte und Analysen erstellen«. An dieser Stelle sei daher nur erwähnt, dass zukünftig eine direkte und tiefe Integration in das Magento-Dashboard vorhanden ist und genutzt werden kann. Hierbei handelt es sich aus meiner Sicht um einen weiteren genialen Schachzug von Magento, ähnlich wie bei der Integration des Bluefoot-CMS-Systems, die den Funktionsumfang nochmals enorm aufgewertet hat.

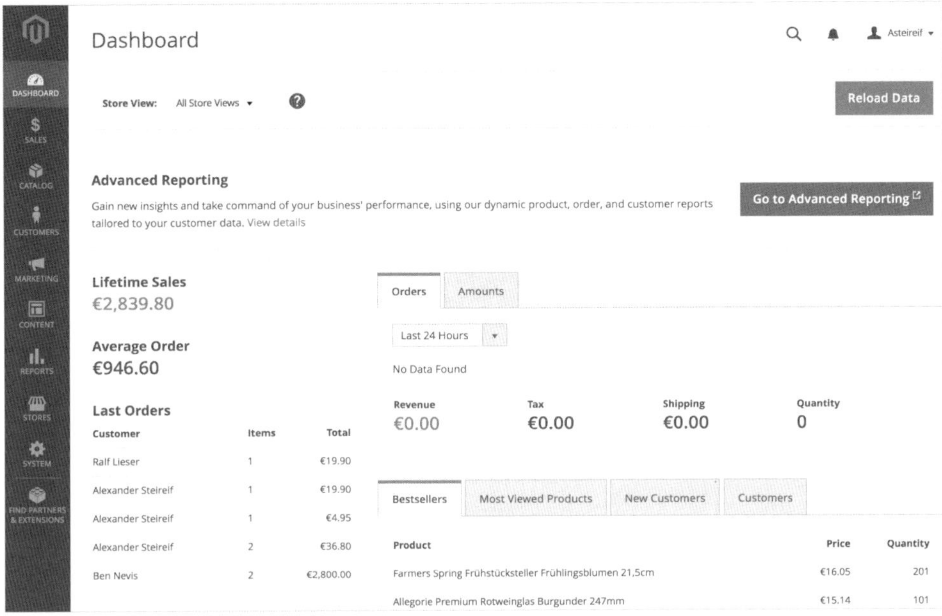

Abbildung 24.1 In der B2B Edition ist Magento BI ein fester Bestandteil.

24.1.2 Quick Order

Geschäftskunden kaufen in der Regel Produkte, um einen Bedarf zu decken. Oftmals werden dabei Verbrauchsmaterialien bestellt, denken Sie beispielsweise an Druckerpatronen, Papier oder Kugelschreiber. Es wird daher weniger gestöbert als dies im B2C üblich ist. Geschäftskunden wissen oftmals genau, was sie benötigen, und der schnelle und einfache Einkaufsprozess steht im Vordergrund. Magento möchte genau diesem Anspruch mit der sogenannten Quick Order gerecht werden.

Die Quick Order ist eine separate Seite innerhalb des Systems, auf der Sie mittels CSV-Datei oder direkter Eingabe der Artikelnummer bestellen können. Ich habe Ihnen in Abbildung 24.2 einen Screenshot genau dieser Seite beigefügt. Wenn Sie die vorherigen Kapitel sorgfältig gelesen haben, werden Sie sich an dieser Stelle vermutlich die Frage stellen, ob denn die Quick Order nicht bereits in Magento Open Source (ehemals Community Edition), also in der kostenfreien Version von Magento enthalten ist. Denn genau dies ist der Fall, auch wenn die Funktionen nur einen ähnlichen Namen besitzen. In der Tat gibt es innerhalb der kostenfreien Version ein CMS-Widget, das Ihnen das einfache Hinzufügen von Produkten mittels Artikelnummer ermöglicht. Dieser Funktionsumfang ist jedoch recht überschaubar und hat mit der Quick-Order-Funktionalität der Magento B2B Edition wenig gemeinsam.

Wie im bereits erwähnten Screenshot zu sehen ist, können Sie auf einer separaten Seite, die von Haus aus im Header des Standard-Themes verlinkt ist, beliebig viele Artikel zum Warenkorb hinzufügen. Hierfür stehen Ihnen insgesamt zwei Möglichkeiten zur Verfügung.

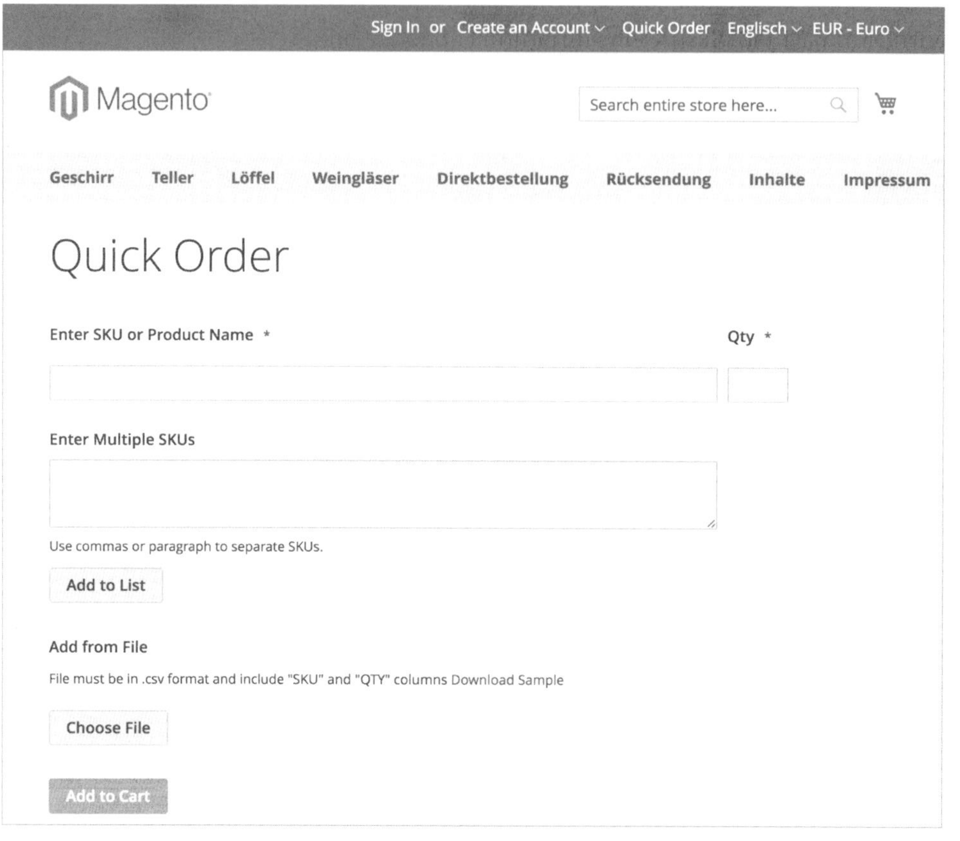

Abbildung 24.2 Mithilfe der Quick Order können auf einer Seite beliebig viele Artikel direkt in den Warenkorb gelegt werden.

Sie können zum einen über ein Eingabefeld die Artikelnummer (SKU) bzw. den Namen des Artikels sowie die gewünschte Menge eingeben. Magento lädt anschließend automatisch die Produktdaten nach und zeigt Ihnen die Produkte an, die Sie zum Warenkorb hinzufügen können. Sie sehen dieses Verhalten in Abbildung 24.3.

Neben einem einzeiligen Eingabefeld steht Ihnen zudem eine Textarea zur Verfügung, mit deren Hilfe Sie direkt mehrere Artikelnummern gleichzeitig eingeben können. Sofern der Nutzer über eine Liste an Artikelnummern verfügt, die er einfach nur noch hineinkopieren möchte, wäre er in der Textarea besser aufgehoben. Hierbei muss ausschließlich die Trennung der Artikelnummern durch Kommata beachtet werden, weitere Hürden stehen einer Nutzung nicht im Wege.

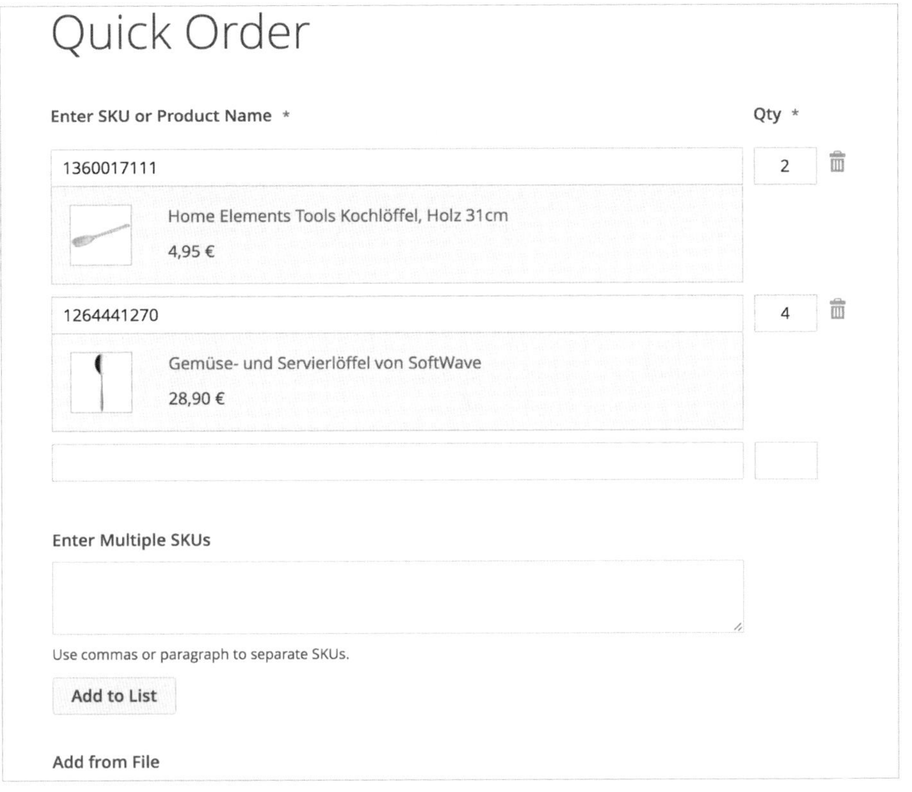

Abbildung 24.3 Nach Eingabe der Artikelnummer bzw. des Produktnamens werden Informationen wie Preis und Bild automatisch nachgeladen.

Neben der manuellen Eingabe der Artikelnummern unterstützt die Quick Order zum anderen den Upload einer CSV-Datei. Die CSV-Datei muss dabei recht simpel aufgebaut werden, sie muss nur die Artikelnummer und die Menge enthalten:

```
sku,qty
10001,1
1002,2
```

Listing 24.1 Für den CSV-Upload benötigen Sie nur eine Datei bestehend aus Artikelnummer und Menge.

Über einen Datei-Upload kann die CSV-Datei anschließend hochgeladen werden. Nachdem Magento die CSV-Datei validiert hat, können die Produkte, sofern bei der Validierung keine Fehler festgestellt wurden, zum Warenkorb hinzugefügt werden.

Zugegebenermaßen handelt es sich bei der Quick Order um keine besonders komplexe oder imposante Funktionalität. Dennoch sollten Sie den Nutzen dieser Funktion an dieser Stelle nicht unterschätzen, denn es handelt sich, das kann ich Ihnen aus meiner eigenen Erfahrung in Projekten mitteilen, um eine Funktion, die in so gut wie jedem B2B-Projekt gefordert wird. In der Vergangenheit musste man hierfür auf eine Eigenentwicklung oder Erweiterung zurückgreifen, zukünftig könnte Magento dankt der B2B Edition diesen Funktionsbaustein jedoch out of the box abbilden. Selbst wenn es nur ein kleiner Bestandteil ist, so lohnt sich die B2B Edition schon fast allein aufgrund dieses Features.

24.1.3 Requisition Lists

Stellen Sie sich vor, Sie betreiben einen Online-Shop, der Bedarfsartikel an Handwerker verkauft, unter anderem an Maler. Dadurch hätten Sie eine Zielgruppe, die ganz stark in Projekten denkt. Ein Malerunternehmen hat verschiedene Häuser bzw. Wohnungen, die gestrichen werden müssen, und genau für diesen Einsatzzweck benötigt das Malerunternehmen die Produkte, die Sie in Ihrem Online-Shop verkaufen. In einer solchen Konstellation, die im B2B-E-Commerce übrigens häufig vorkommt, möchte der Kunde, in diesem Fall das Malerunternehmen, für jedes Projekt eine eigene Einkaufsliste führen und sozusagen projektbezogen einkaufen. Ein einziger Warenkorb, in dem alle Bedarfsartikel für alle Projekte gesammelt werden würden, würde nicht gerade zur Übersichtlichkeit während des Bestellprozesses führen. Vielmehr möchten der Kunde, also unser Malerunternehmen, jedes Projekt mit Produkten planen und anschließend die für die Projekte benötigten Produkte bestellen.

Exakt für dieses Szenario hat die Magento B2B Edition ein Feature namens Requisition Lists. Requisition Lists verhalten sich ähnlich wie der Warenkorb, denn Sie können Produkte zu diesen Listen hinzufügen. Der große Vorteil und auch Unterschied zum Warenkorb besteht nun darin, dass Sie mehrere dieser Listen anlegen und verwalten können. Die Verwaltung Ihrer Requisition Lists können Sie in Ihrem Benutzerkonto vornehmen. Nachdem Sie sich mit Ihrem Benutzer-Account angemeldet haben, müssen Sie im Benutzerkonto auf den Punkt REQUISITION LISTS klicken, um zur Verwaltungsmaske zu gelangen, die Sie in Abbildung 24.4 sehen.

Neben einem Namen können Sie darüber hinaus eine Beschreibung, d. h. einen beliebigen Freitext, hinterlegen. Abgesehen von der Möglichkeit, eine neue Liste anzulegen, haben Sie in dieser Ansicht noch die weitere Option, sich die der Liste hinzugefügten Produkte anzeigen zu lassen.

Sobald Sie Produkte einer Requisition List hinzugefügt haben, stehen Ihnen verschiedene Aktionen zur Verfügung. Sie können Artikel auf eine andere Requisition List verschieben, Artikel auf eine weitere Liste kopieren, Artikel von der Liste löschen oder auch Artikel direkt zum Warenkorb hinzufügen. Selbstverständlich können Sie die Liste zudem ausdrucken, wobei der Ausdruck in einer optimierten Druckansicht abgebildet wird. Um ein Verständnis für die zur Verfügung stehenden Aktionen zu erhalten, werfen Sie bitte einen Blick auf Abbildung 24.5.

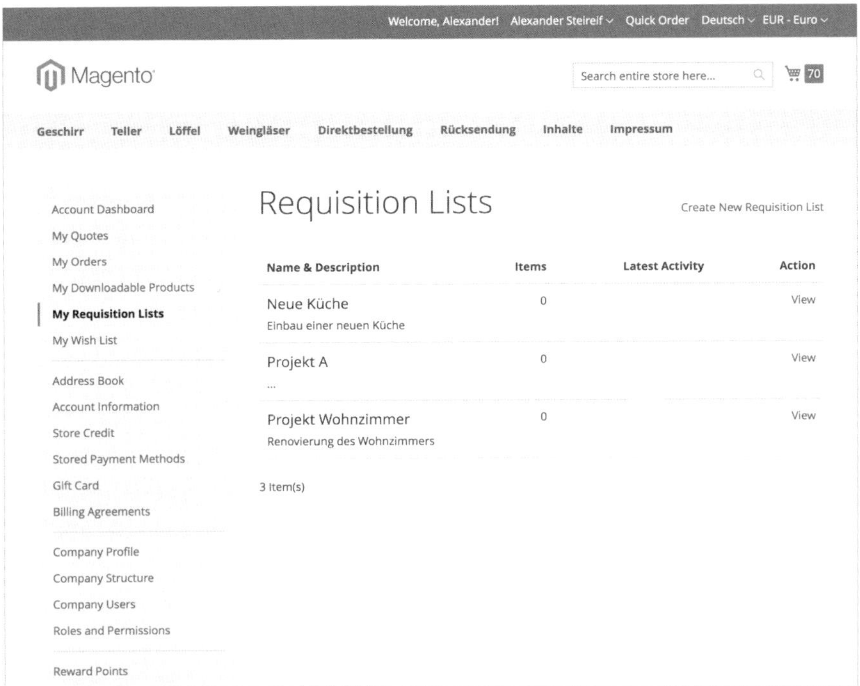

Abbildung 24.4 Im Benutzerkonto können beliebig viele Requisition Lists angelegt bzw. verwaltet werden.

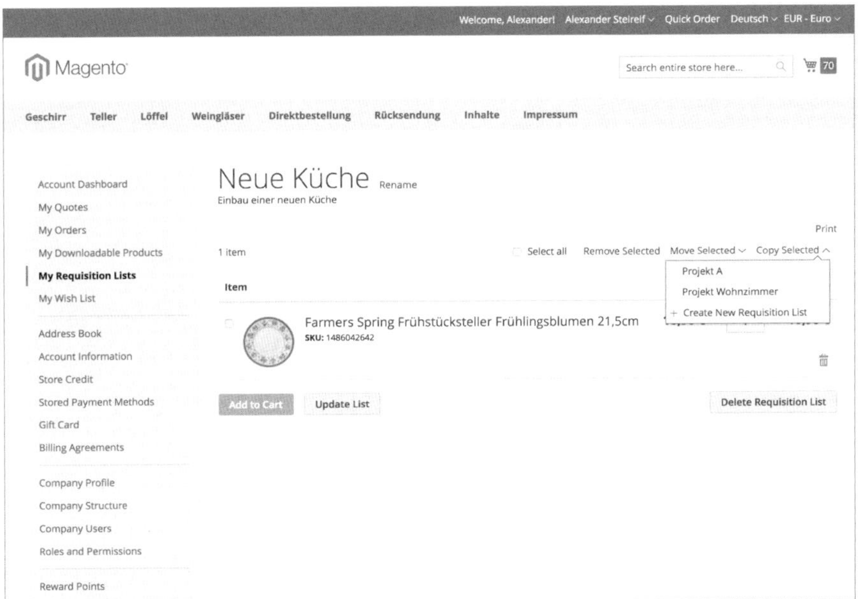

Abbildung 24.5 Innerhalb einer geöffneten Requisition List stehen Ihnen verschiedene Möglichkeiten zur Verfügung.

Neben den verschiedensten Möglichkeiten, die innerhalb des Benutzer-Accounts zur Verfügung stehen, klinkt sich diese Funktionalität zudem in die Produktdetailansicht innerhalb des Frontends ein. Neben der Möglichkeit, einen Artikel in den Warenkorb zu legen, besteht zudem die Möglichkeit, den Artikel einer der angelegten Requisition Lists hinzuzufügen, wie Sie in Abbildung 24.6 sehen können. Magento liest alle angelegten Listen aus, der Nutzer hat anschließend die Möglichkeit, eine dieser Listen auszuwählen. Als Nutzer muss man jedoch nicht erst auf die Produktdetailseite, um einen Artikel zur Requisition List hinzuzufügen. Auch innerhalb der Kategorieseite können Artikel zur Requisition List hinzugefügt werden. Hier steht ähnlich wie auf der Produktdetailseite bei jedem Artikel ein Dropdown-Menü zur Verfügung, über das die Zuordnung erfolgt. Im Prinzip verhält es sich ähnlich wie bei der Möglichkeit, Artikel zum Warenkorb hinzufügen, denn diese Funktionalität ist sowohl auf der Kategorie- als auch auf der Produktdetailseite verfügbar. Immer wenn Sie im Frontend einen Artikel sehen, das gilt auch für die Darstellung von Up-Selling- und Cross-Selling-Artikeln, können Sie den Artikel auch zur Requisition List hinzufügen. Die Verantwortlichen von Magento haben, das ist zumindest meine Meinung, penibel darauf geachtet, diese Funktionalität an jeder Stelle bereitzustellen, wo eine Verwendung auch nur annähernd Sinn ergeben könnte.

Abbildung 24.6 Innerhalb der Produktdetailansicht kann ein Artikel direkt zu einer Requisition List hinzugefügt werden.

Die Requisition Lists spielen jedoch nicht nur im Frontend eine Rolle, sondern auch im Magento-Backend. Natürlich haben Sie die Möglichkeit, das Feature global zu deaktivieren, d. h., Sie müssen es nicht nutzen, wenn es in Ihrem Projekt bzw. Kontext wenig sinnvoll bzw. nützlich ist. Die Deaktivierung bzw. Aktivierung können Sie innerhalb der Systemkonfiguration im Reiter GENERAL • B2B FEATURES vornehmen. Die maximale Anzahl an Requisition Lists können Sie im Reiter CUSTOMERS • REQUISITION LISTS steuern, wobei der Standardwert 999 beträgt. Die Zahl sorgt de facto für eine fehlende Limitierung der Anzahl der Listen, selbstverständlich können Sie aber auch einen anderen Wert hinterlegen.

Deaktivierung der Requisition Lists möglich

Auch wenn es sich bei den Requisition Lists um ein interessantes und mächtiges Feature handelt, so muss dieses nicht unbedingt bei jedem Projekt auch einen Sinn ergeben bzw. sinnvoll genutzt werden können. Daher erlaubt Magento die Deaktivierung der gesamten Funktionalität direkt innerhalb des Backens. Eine Deaktivierung bzw. Aktivierung kann innerhalb der Systemkonfiguration im Reiter GENERAL • B2B FEATURES durchgeführt werden.

Zusammengefasst erlaubt dieses Feature Ihren Kunden eine sehr gute und einfache Strukturierung möglicher Einkäufe und sorgt letztendlich für eine gewisse Übersicht, da Artikel nicht erst im Warenkorb gesammelt werden müssen, sondern im Vorfeld auf verschiedene Listen verteilt werden können.

24.1.4 Payment Methods

Zahlungsmethoden nehmen im B2B-E-Commerce ebenfalls eine besondere Rolle ein. Gerade in Deutschland erlaubt man Geschäftskunden gern die Bezahlung per Rechnung. Jedoch wird in der Praxis nicht tatsächlich jeder Kunde per Rechnung beliefert. Je nach Bonität und Historie möchte man die Bezahlung per Rechnung verbieten und nur alternative Zahlungsmethoden wie die Vorkasse, Lastschrift oder Bezahlung per Kreditkarte aktivieren. Die Magento B2B Edition unterstützt von Haus aus die Möglichkeit der Einschränkung der Zahlungsmethode je Kunde.

Im ersten Schritt lassen sich in den B2B Features, die Sie in Abbildung 24.7 sehen, global Zahlungsmethoden aktivieren bzw. deaktivieren.

Innerhalb dieser Konfigurationsansicht können Sie die erste Einschränkung vornehmen. Verfeinern lassen sich die möglichen Zahlungsmethoden im nächsten Schritt auf Kundenebene bzw. auf Unternehmensebene. Die Unternehmensebene haben Sie bislang noch nicht kennengelernt, da es sich hierbei ebenfalls um ein Feature der B2B Edition handelt. Weitere Informationen hierzu finden Sie in Abschnitt 24.1.7, »Company«. Sobald Sie sich als Administrator bzw. Nutzer mit entsprechenden Rechten im Magento-Backend anmelden und ein Unternehmen öffnen, können Sie speziell für dieses Unternehmen Zahlungsmethoden aktivieren bzw. deaktivieren (siehe Abbildung 24.8). Dadurch können Sie, ganz individuell und abgestimmt, auch nur ausschließlich den Kunden den Kauf auf Rechnung oder natürlich eine beliebige andere Zahlungsart aktivieren, die in den Genuss dieser Zahlungsmethode kommen sollen.

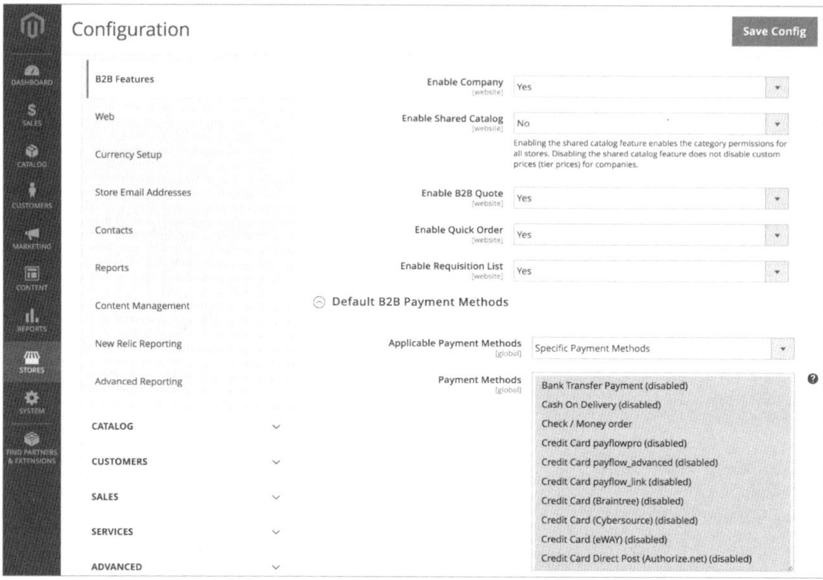

Abbildung 24.7 Innerhalb der Systemkonfiguration können Zahlungsmethoden aktiviert bzw. deaktiviert werden.

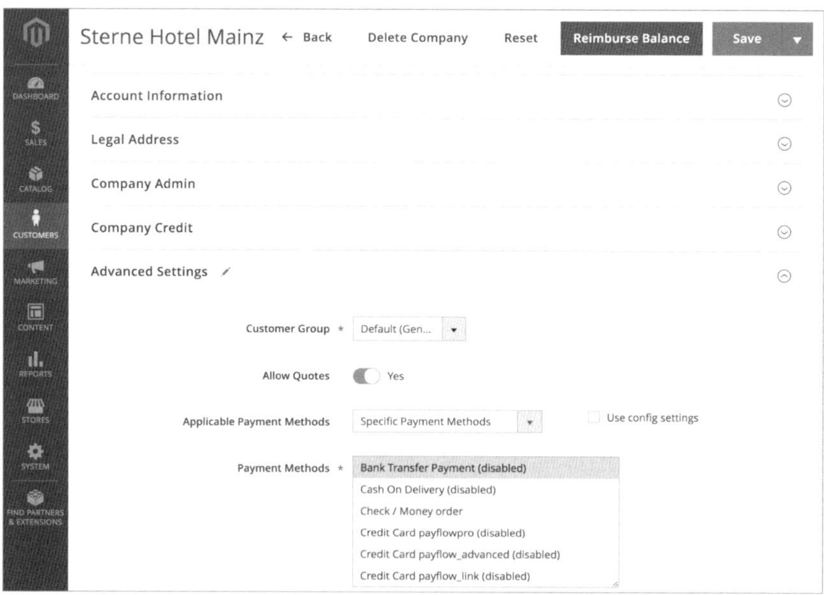

Abbildung 24.8 Zahlungsmethoden lassen sich individuell pro Kunde aktivieren bzw. deaktivieren.

Basierend auf den hier getätigten Einstellungen, kann anschließend im Frontend nur diejenige Zahlungsmethode ausgewählt werden, die für den Kunden freigeschaltet ist. Für die Abbildung dieser Funktionalität, die in klassischen B2B-Projekten recht häufig vorkommt, musste bislang immer eine Erweiterung installiert bzw. entwickelt werden. Auch hier hat die B2B Edition wieder ein nützliches Feature mit an Bord, das auch Sie in einem B2B-Projekt mit sehr großer Wahrscheinlichkeit einsetzen werden.

24.1.5 Quotes

Müssen Warenkörbe immer gekauft werden? Was im B2C recht einfach mit »ja« beantwortet werden kann, ist im B2B keine Selbstverständlichkeit. Denn in einer Geschäftsbeziehung mit einem Unternehmen wird nicht zwangsläufig direkt eine Bestellung ausgelöst. Oftmals fordern Unternehmen im ersten Schritt ein Angebot an, verhandeln dieses, und erst dann, wenn die Konditionen als passend empfunden werden, wird aus dem Angebot eine Bestellung. Bislang konnten Sie genau diesen Prozess nicht mit Magento abbilden, da Warenkörbe entweder gekauft oder auch stehen gelassen werden konnten. Das Anfordern eines Angebots war hingegen nicht möglich.

Wenn Sie in der B2B Edition als Kunde einen Warenkorb befüllt haben, können Sie durch einen Klick auf REQUEST A QUOTE den Angebotsprozess starten. Letztendlich handelt es sich, wie Sie in Abbildung 24.9 sehen können, um einen weiteren Button, der nicht ganz so prominent wie der Button PROCEED TO CHECKOUT daherkommt.

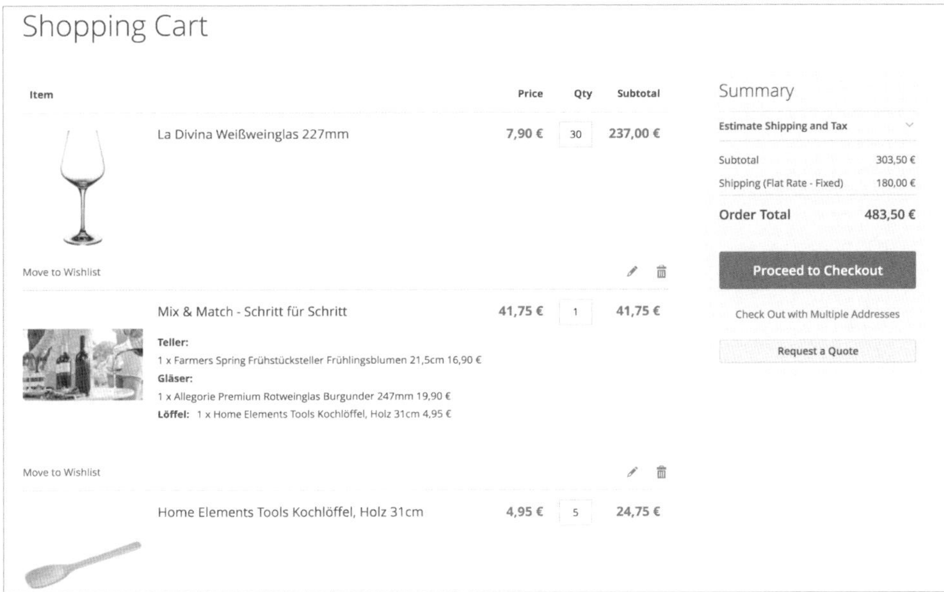

Abbildung 24.9 Der Angebotsprozess kann direkt aus dem Warenkorb gestartet werden.

Nachdem Sie auf den Button REQUEST A QUOTE geklickt haben, öffnet sich ein Dialogfenster, in dem Sie einen Kommentar sowie einen Namen für das Angebot hinterlegen können. Beim Kommentar könnten Sie beispielsweise die Information hinterlegen, dass Sie 10 % Rabatt wünschen. Ergänzend haben Sie die Möglichkeit, Dateien hochzuladen, die dann später von dem Angebotsbearbeiter eingesehen werden können. Sobald Sie die Angebotsanfrage abgesendet haben, wird im Magento-Backend ein neuer Datensatz ähnlich wie bei einer Bestellung angelegt.

Innerhalb des Benutzerkontos werden alle Angebote des Benutzers übersichtlich dargestellt. Ein eigener Menüpunkt namens MY QUOTES erlaubt den Aufruf der Angebotsübersicht. Unabhängig vom Status des Angebots, können die Details durch einen Klick auf VIEW eingesehen werden. In der Detailansicht haben Sie die Möglichkeit, alle hinterlegten Informationen zu prüfen, Kommentare sowie Datei-Uploads zu übermitteln und dadurch in Kontakt mit dem Shop-Betreiber bzw. dem Ansprechpartner auf Seiten des Shop-Betreibers zu treten. Ein History Log informiert Sie außerdem darüber, zu welchem Zeitpunkt der Status des Angebots geändert wurde und was die jeweiligen Gründe hierfür waren. Ebenso könnten Sie, wenn kein Interesse an einem Angebot mehr besteht, die Angebotsanfrage beenden. Vom Look & Feel, das können Sie in Abbildung 24.10 sehen, ähnelt die Maske der Detailansicht einer Bestellung. Der Aufbau ist recht ähnlich, dementsprechend sollten Kunden mit der Angebotsanfrageverwaltung auch problemlos klarkommen.

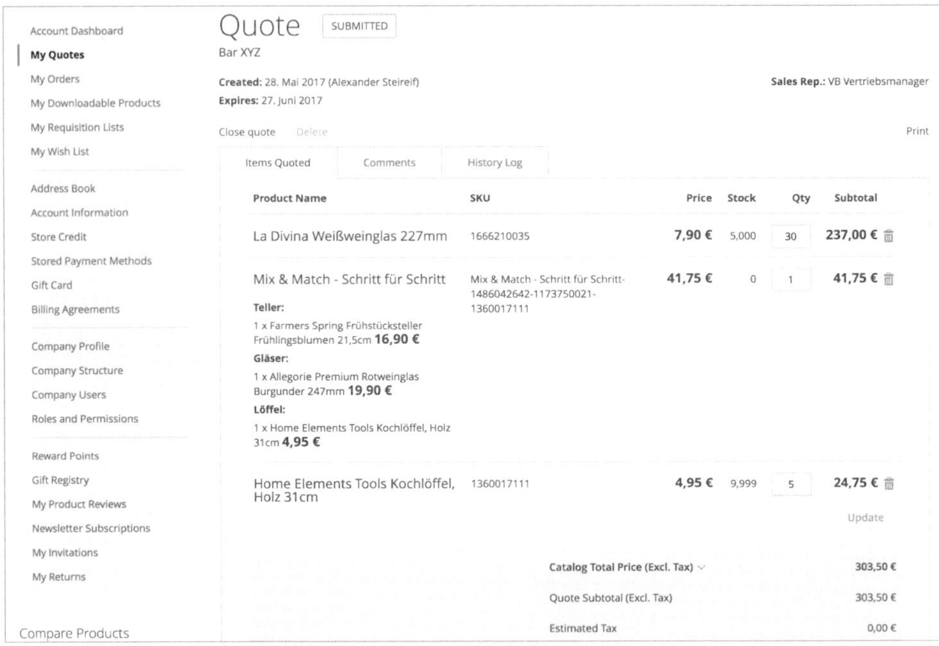

Abbildung 24.10 Angebotsanfragen können bequem über das Benutzerkonto verwaltet werden.

Neben den Funktionen im Frontend existieren zudem im Backend spannende Optionen, die bei der Bearbeitung von Angebotsanfragen nützlich sind. Im Magento-Backend befindet sich in der Magento B2B Edition innerhalb des Menüpunktes SALES ein neuer Eintrag namens QUOTES. Ruft man diesen Menüpunkt auf, gibt Magento eine Liste aller im System befindlichen Angebote aus. Wie auch bei den Bestellungen, Rechnungen, Lieferscheinen und Gutschriften haben Sie verschiedene Möglichkeiten der Filterung und Sortierung und können zudem die Spalten flexibel anpassen, d. h. neue Spalten hinzufügen oder bestehende Spalten löschen.

Um ein Angebot zu bearbeiten, genügt ein Klick auf das Angebot in der angesprochenen Übersichtsseite. Innerhalb der Detailansicht stehen Ihnen anschließend verschiedene Möglichkeiten zur Verfügung. So können Sie zuerst das Gültigkeitsdatum des Angebots anpassen. Im Standard wählt Magento an dieser Stelle stets eine Gültigkeit von 30 Tagen aus, aber Sie können natürlich den Zeitraum verkürzen bzw. verlängern. Die angefragten Artikel können Sie, das sehen Sie in Abbildung 24.11, ergänzen, konfigurieren oder löschen.

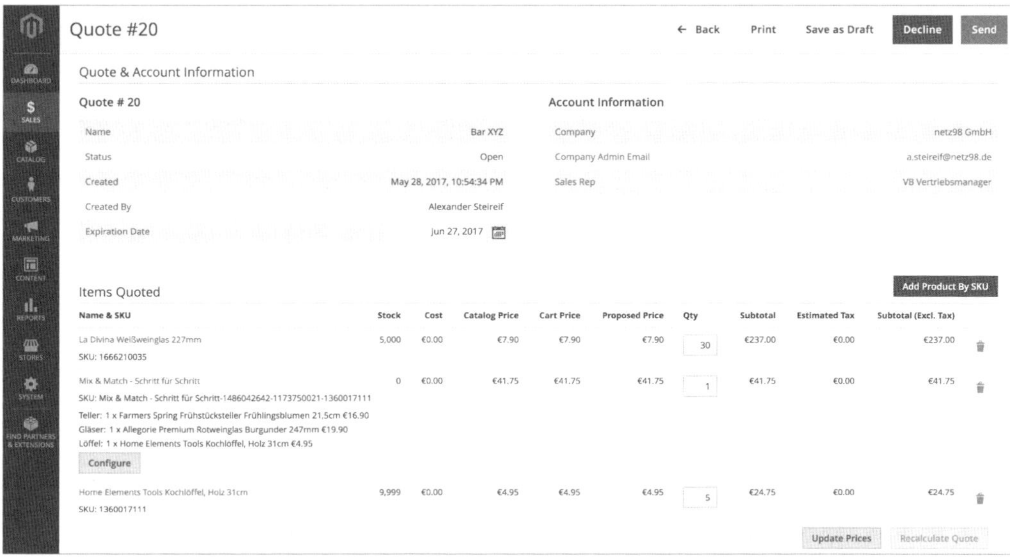

Abbildung 24.11 Ähnlich wie beim Warenkorb können Sie Anpassungen vornehmen und neue Artikel hinzufügen oder bestehende Artikel editieren.

Sollte also der potenzielle Kunde im Kommentar erwähnt haben, dass er noch gern einen zusätzlichen Artikel haben möchte, diesen aber nicht gefunden hat, können Sie an dieser Stelle diesen Artikel hinzufügen. Neben der Möglichkeit, auf Kommentare zu antworten und ebenfalls Datei-Uploads bereitzustellen, ist das entscheidende Feature sicherlich das Pricing. Denn Sie können in dieser Ansicht nun einen Rabatt auf das angefragte Angebot gewähren, wie Sie in Abbildung 24.12 sehen.

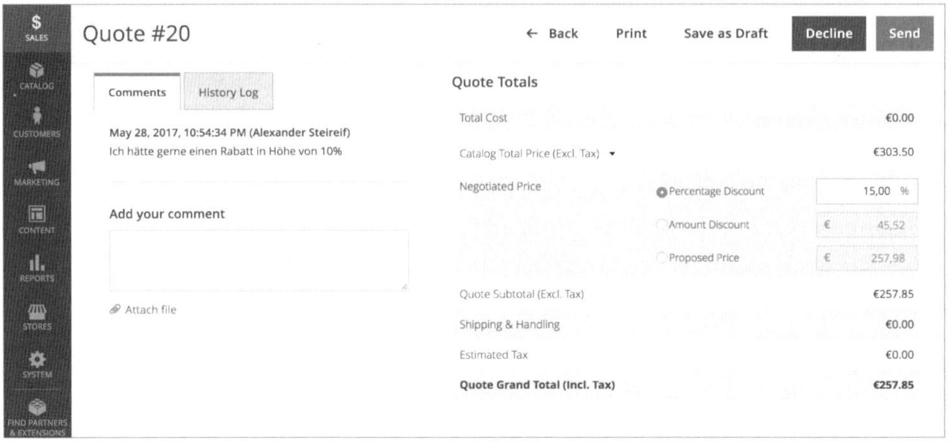

Abbildung 24.12 Verschiedene Rabatt-Möglichkeiten erlauben, den Preis des Angebots zu optimieren.

Sobald Sie das Angebot angepasst haben, können Sie dieses übermitteln. In diesem Moment wird der Kunde, der das Angebot angefragt hat, informiert und hat nun die Möglichkeit, innerhalb seines Benutzerkontos das Angebot zu akzeptieren. Durch das Akzeptieren des Angebots werden die Artikel in den Warenkorb übertragen, wobei Rabatte und sonstige Anpassungen, die durch den Bearbeiter des Angebots getätigt wurden, natürlich übernommen werden.

Sie haben übrigens noch die Möglichkeit, innerhalb der Systemkonfiguration gewisse Rahmenparameter zu konfigurieren. Hierzu zählen beispielsweise die akzeptieren Formate beim Upload von Dokumenten, aber auch ein minimaler Warenkorbwert, ab dem Angebotsanfragen möglich sein sollen. Auch die Standard-Laufzeit eines Angebots lässt sich innerhalb der Systemkonfiguration definieren.

Deaktivierung der Angebotsfunktion möglich

Selbstverständlich können Sie, ähnlich wie bei den Requisition Lists, die Funktion global deaktivieren bzw. aktivieren. Diese Einstellung können Sie auf Website-Ebene vornehmen und haben dadurch eine enorme Flexibilität. Das bedeutet, dass Sie natürlich die Angebotsfunktion nicht anbieten müssen, sofern diese in Ihrem speziellen Projekt keinen Mehrwert bietet oder sogar schädlich sein kann.

Besonders positiv an der Angebotsfunktion ist der meiner Meinung nach sehr einfache Prozess, mit dem ein Kunde sicherlich keine Probleme haben dürfte. Nachdem ein Warenkorb zusammengestellt wurde, kann alternativ zum Checkout ein Angebot angefragt werden. In diesem Moment erhält der zuständige Mitarbeiter eine Information und kann das Angebot innerhalb des Magento-Backends bearbeiten, Produkte hinzufügen oder löschen sowie die Konditionen anpassen. Ist diese Anpassung erfolgt, erhält der Kunde wiederum eine Rückmeldung und kann das Angebot akzeptieren. Der Anfrageprozess ist daher sowohl für den Kunden als auch für den Bearbeiter sehr einfach, schlicht und dadurch effizient gehalten.

24.1.6 Shared Catalogs

Die Differenzierung des Produktkatalogs nach Benutzern bzw. Benutzergruppen ist eine weitere gängige Anforderung innerhalb von B2B-Projekten. Es ist eher ungewöhnlich, allen Ihren Kunden dieselbe Kategorie-Struktur und dasselbe Produktsortiment anzubieten. Mit Magento Open Source bekommen Sie jedoch eine Verfeinerung des Sortiments im Standard nicht wirklich abgebildet, im weitesten Sinne könnten Sie die Websites-, Store- bzw. Store-View-Struktur verwenden und mit Hilfe der Stores verschiedene Kategorie-Bäume abbilden. In der B2B Edition von Magento wird die Anforderung hingegen auf clevere Art und Weise gelöst.

Innerhalb des Magento-Backends gibt es im Menüpunkt CATALOG einen neuen Eintrag namens SHARED CATALOGS, in dem Sie sogenannte Shared Catalogs anlegen und verwalten können. Einem *Shared Catalog* können Sie nun Unternehmen und Produkte zuweisen. Sobald Sie einen Shared Catalog angelegt haben, steht Ihnen ein Menübaum, wie in Abbildung 24.13 zu sehen ist, zur Verfügung, mit dem Sie Ihrem *Shared Catalog* Produkte sowie ganze Kategorien zuweisen können.

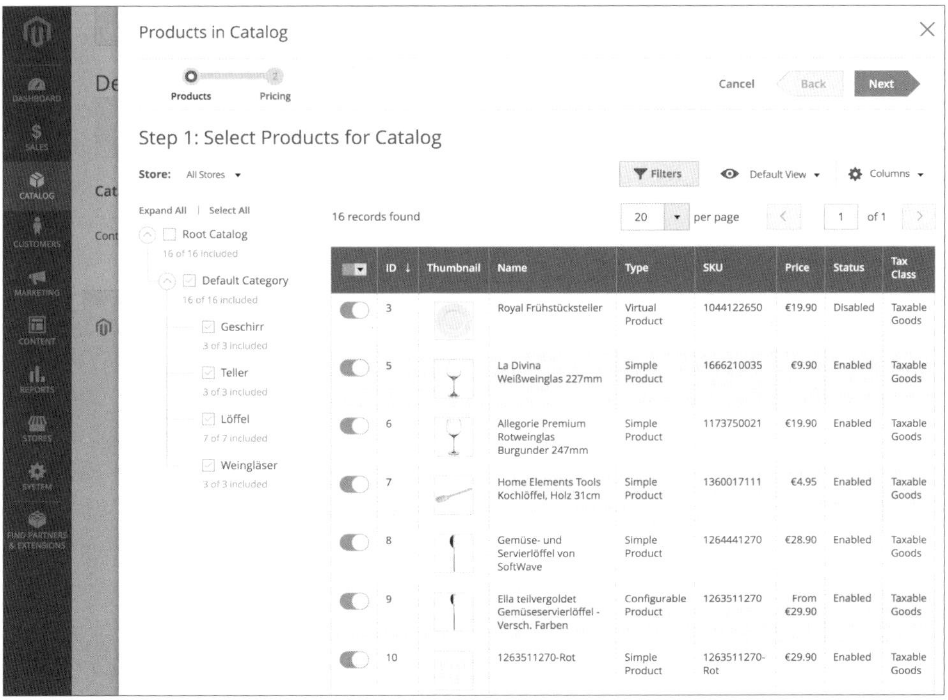

Abbildung 24.13 Einem Shared Catalog können beliebig viele Artikel zugewiesen werden.

Nachdem Sie sich für die Artikel entschieden haben, die Sie dem *Shared Catalog* zuweisen möchten, können Sie im nächsten Schritt diesen Artikeln einen alternativen Preis zuweisen. So haben Sie beispielsweise die Möglichkeit, die zugewiesenen Artikel um einen bestimmten prozentualen Betrag zu rabattieren bzw. einen fixen Rabatt anzuwenden. Sobald Sie die Artikelzusammensetzung sowie die Preisgestaltung definiert haben, erlaubt Magento Ihnen die Zuweisung von Unternehmen. Sprich, Unternehmen, die Sie dem *Shared Catalog* zuweisen, haben innerhalb des Frontends Zugriff auf die zugewiesenen Artikel und bezahlen auch nur die durch die Preisgestaltung festgelegten Artikelpreise.

Magento erlaubt Ihnen grundsätzlich, beliebig viele *Shared Catalogs* anzulegen, sprich, hierbei gibt es keine Limitierungen. Jedem *Shared Catalog* können Sie beliebig viele Artikel mit komplett individuellen Preisen zuweisen. Durch die Zuweisung von Unternehmen zu den existierenden *Shared Catalogs* wird schlussendlich gesteuert, welche Artikel zu welchen Preisen im Frontend dargestellt werden.

24.1.7 Company

Das letzte und vermutlich interessanteste Feature der Magento B2B Edition sind die Companies. Eine spezielle B2B-E-Commerce-Herausforderung ist die Abbildung der Benutzerkonto-Struktur, denn diese ist in der Regel weitaus komplexer als im B2C-E-Commerce. Im letzteren Fall registriert sich ein Kunde und verfügt über ein personalisiertes Benutzerkonto, in dem alle relevanten Daten wie Bestellungen, Rechnungen etc. bereitgestellt werden. Im B2B-E-Commerce registriert sich in der Regel jedoch kein Benutzer, sondern ein ganzes Unternehmen. Dieses Unternehmen verfügt wiederum über Mitarbeiter, die einen Benutzer-Account innerhalb des Online-Shops erhalten. Hier spielen zudem Berechtigungen eine Rolle, denn nicht jeder Benutzer-Account innerhalb des Unternehmens sollte zwangsläufig die Möglichkeit haben, alles zu tun. In der Praxis haben Sie beispielsweise immer einen Benutzer-Account, der letztendlich eine Bestellung durchführen darf, und einen Benutzer-Account, der rein Produkte zum Warenkorb hinzufügen kann. Weitere Abstufungen innerhalb der Berechtigungen sind natürlich möglich und auch nicht unüblich, pauschal gesagt lassen sich die Anforderungen an das Berechtigungskonzept aber exakt so unterteilen. Magento Open Source, Sie haben diese Edition in den vorherigen Kapiteln im Detail kennengelernt, bietet keinerlei Features, um diese Anforderungen abzudecken, die Magento B2B Edition hingegen schon. Damit Sie einen guten Einblick in diese Funktionalität erhalten, möchte ich Ihnen auf den folgenden Seiten am Beispiel einer Unternehmensregistrierung innerhalb des Online-Shops die Möglichkeiten im Detail vorstellen.

Innerhalb des Frontends wird bereits beim Weg zur Benutzer-Account-Registrierung zwischen einem Kunden und einem Unternehmen unterschieden, wie Sie in Abbildung 24.14 sehen können.

Abbildung 24.14 Magento bietet in der B2B Edition zwei unterschiedliche Registrierungsmöglichkeiten.

Klicken Sie auf Customer, lädt Magento die klassische Registrierungsmaske, die Sie bereits kennengelernt haben. Wenn Sie hingegen auf CREATE NEW COMPANY ACCOUNT klicken, gelangen Sie zu einer neuen Registrierungsmaske.

Diese Registrierungsmaske ist weitaus komplexer als die klassische, da weitaus mehr Informationen abgefragt werden. Im ersten Abschnitt bei COMPANY INFORMATION müssen Sie allgemeine Informationen zum Unternehmen hinterlegen, beispielsweise eine Umsatzsteuer-Identifikationsnummer, den Namen der Firma etc. Der darauffolgende Abschnitt beschäftigt sich mit der Adresse des Unternehmens, weshalb Sie eine Straße, PLZ, Stadt hinterlegen müssen. Besonders interessant ist der letzte Abschnitt, denn dieser befasst sich mit dem COMPANY ADMINISTRATOR und benötigt, wie Sie in Abbildung 24.15 erkennen können, unter anderem eine E-Mail-Adresse sowie einen Namen.

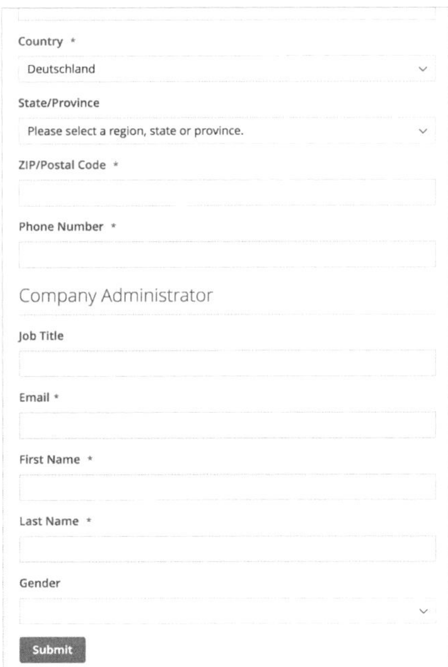

Abbildung 24.15 Der Company Administrator ist später für die Verwaltung des Accounts verantwortlich

Der Company Administrator ist daher so wichtig, weil dieser Nutzer später die Verwaltungsrechte des angelegten Unternehmens hat. Dieser Nutzer kann also weitere Nutzer anlegen, Berechtigungen verwalten und Nutzer zudem löschen. Speziell aus diesem Grund sollten Sie daher an dieser Stelle auch nicht die E-Mail-Adresse einer bestimmten Person hinterlegen, sondern eine allgemeingültige wie eine info@-Adresse bzw. eine Adresse, die auch nach dem Ausscheiden des zuständigen Mitarbeiters abgerufen und verwendet werden kann. Nachdem Sie ein Unternehmen samt Company Administrator angelegt und die Registrierung abgesendet haben, erhält der hinterlegte Company Administrator weiterführende Informationen per E-Mail, unter anderem einen Link, unter dem ein Passwort gesetzt werden kann. Sobald dies geschehen ist, kann sich der Company Administrator innerhalb des Frontends anmelden.

Freischaltung des Unternehmens notwendig

Im Standard müssen Sie als Online-Shop-Betreiber das registrierte Unternehmen zuerst freischalten, damit dieses aktiv werden kann. Geschieht dies nicht, kann sich auch der Company Administrator nicht im Frontend anmelden und erhält bei einem Login-Versuch eine entsprechende Fehlermeldung. Durch diesen Mechanismus können Sie sicherstellen, dass sich ausschließlich Unternehmen registrieren, denen Sie einen Zugang zum System geben möchten.

Meldet sich der Company Administrator nun innerhalb des Frontends an und öffnet sein Benutzerkonto, werden mehrere neue Menüpunkte sichtbar. Das Company Profile, Sie sehen dieses in Abbildung 24.16, erlaubt die Verwaltung der Stammdaten des Unternehmens.

Letztendlich handelt es sich hierbei um diejenige Maske, die Sie bereits bei der Registrierung gesehen haben. Außerdem, diese Information befindet sich ganz am Ende der Seite, sehen Sie alle Ihrem Account zugewiesenen Zahlungsmethoden, die Sie innerhalb des Checkout-Prozesses nutzen können. Auf den vorherigen Seiten habe ich Ihnen bereits die Möglichkeit gezeigt, wie Sie Unternehmen individuelle Zahlungsarten zuweisen können, im Prinzip ist das Company Profile genau die Stelle, an der diese Information für das Unternehmen dargestellt wird.

Im nächsten Menüpunkt namens COMPANY STRUCTURE können Sie, wie der Name bereits impliziert, die Unternehmensstruktur abbilden. Magento erlaubt an dieser Stelle das Anlegen von sogenannten Teams sowie Usern. Ein Team könnte beispielsweise eine Abteilung oder Filiale darstellen. Jedem Team können Sie zudem weitere Teams unterordnen, d. h., Sie haben an dieser Stelle tatsächlich die Möglichkeit, komplexe Verschachtelungen anzulegen. Nachdem Sie die Teams angelegt haben, weisen Sie diesen im nächsten Schritt noch Benutzer zu, wobei sich ein Nutzer ausschließlich einem Team unterordnen lässt. Als Ergebnis erhalten Sie anschließend eine Company Structure wie in Abbildung 24.17.

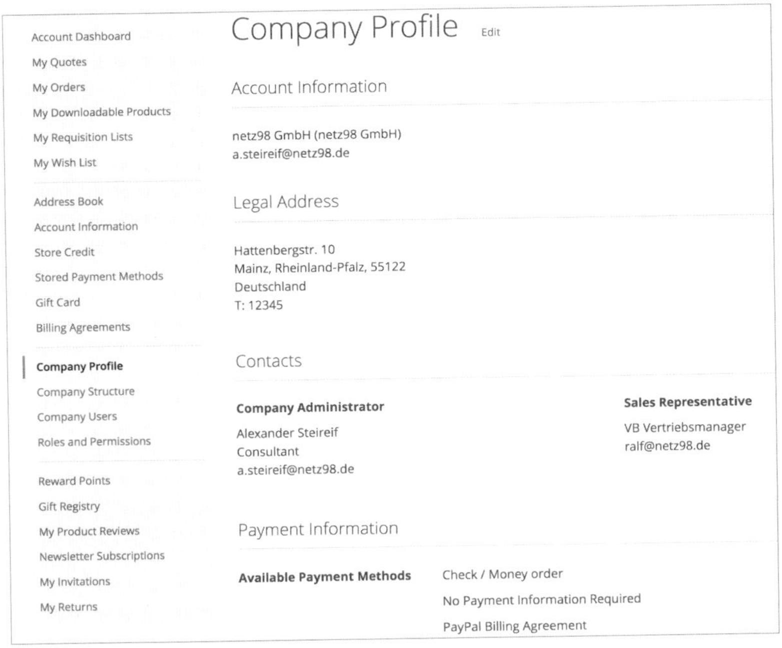

Abbildung 24.16 Innerhalb des Company Profiles können die Unternehmensstammdaten eingesehen und editiert werden.

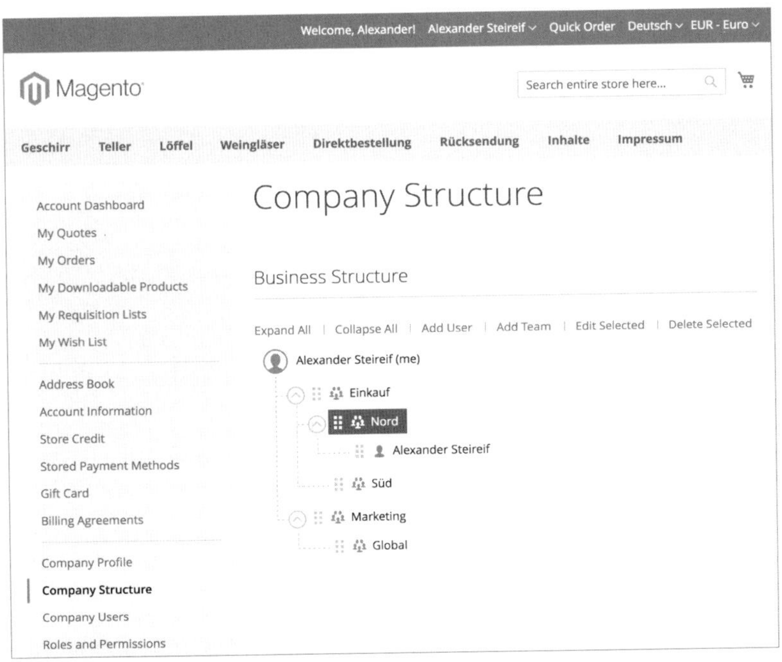

Abbildung 24.17 Mithilfe der Company Structure können Sie verschiedene Teams bzw. Abteilungen anlegen und diesen Nutzern zuweisen.

24

In diesem Beispiel habe ich sowohl die Abteilung »Einkauf« als auch die Abteilung »Marketing« angelegt. Der Einkauf untergliedert sich in die Unterabteilungen »Nord« bzw. »Süd«, das Marketing hat nur die Unterabteilung »Global«. Zudem habe ich dem Einkauf (Nord) einen Benutzer zugewiesen.

Einen neuen Nutzer können Sie übrigens auf zwei Arten anlegen: Zum einen haben Sie im Bereich »Company Structure« die Möglichkeit, ein Team auszuwählen und anschließend auf ADD USER zu klicken. Daraufhin öffnet sich ein Dialog, und Sie haben die Möglichkeit, innerhalb dieses Fensters einen neuen Nutzer anzulegen. Zum anderen können Sie in der linken Navigationsleiste auf den Punkt COMPANY USERS klicken. In dieser Ansicht erhalten Sie eine Auflistung aller Benutzer, die Ihrem Unternehmen zugewiesen sind. Innerhalb dieser Ansicht können Sie einen neuen Nutzer anlegen, aber auch bestehende Nutzer löschen bzw. editieren, wie Sie exemplarisch in Abbildung 24.18 sehen.

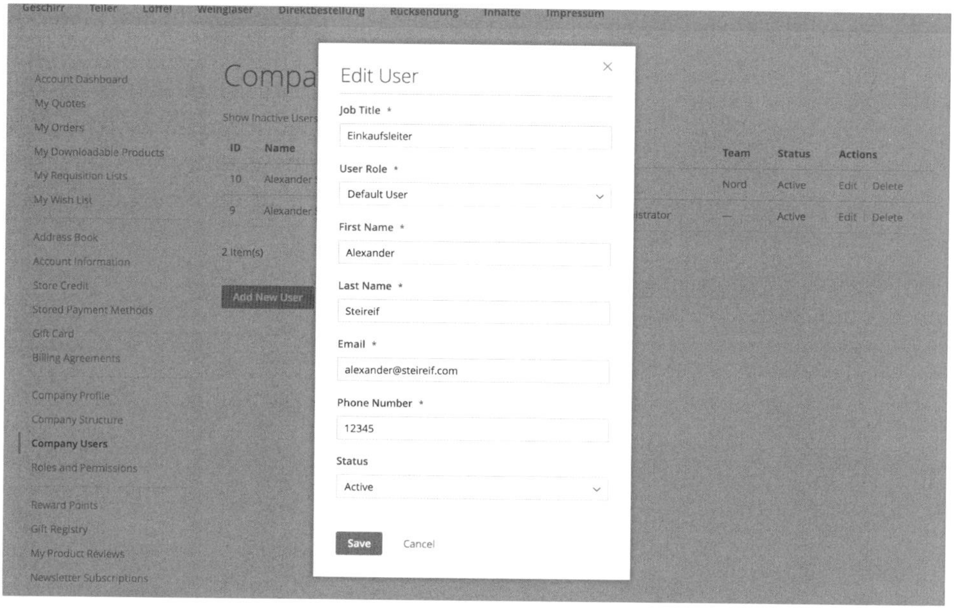

Abbildung 24.18 Der Company Administrator darf bestehende Nutzer editieren.

Nutzer können Sie übrigens nur dann editieren, wenn Sie über die notwendigen Rechte verfügen. Als Company Administrator haben Sie von Haus aus die benötigten Berechtigungen, um andere Nutzer zu löschen bzw. zu editieren. Sollte ein Nutzer diese Berechtigungen jedoch nicht haben, sind die entsprechenden Optionen an dieser Stelle selbstverständlich deaktiviert.

Die Rechte und Berechtigungen können Sie übrigens in einem separaten Menüpunkt namens ROLES AND PERMISSIONS verwalten. Sie finden diesen Menüpunkt direkt unter dem Eintrag *Company Users* in der linken Navigationsleiste, gleichzeitig ist dies der letzte Menüeintrag dieses Features. Ähnlich wie für das Magento-Backend können Sie im ersten Schritt eine Rolle anlegen und dieser Rolle Rechte zuweisen. Anschließend weisen Sie den Nutzern die Rolle zu, woraus sich letztendlich die Rechte und Möglichkeiten ergeben. Sprich, Sie geben einem Nutzer nicht direkt Berechtigungen, sondern bilden über ein Rollenkonzept die Möglichkeiten eines Nutzers ab. Neben der Angabe des Namens können Sie innerhalb einer Rolle verschiedene Optionen aktivieren bzw. deaktivieren, um somit die Berechtigungen zu verteilen. In Abbildung 24.19 sehen Sie einige der Möglichkeiten, die innerhalb des Berechtigungskonzepts zur Verfügung stehen.

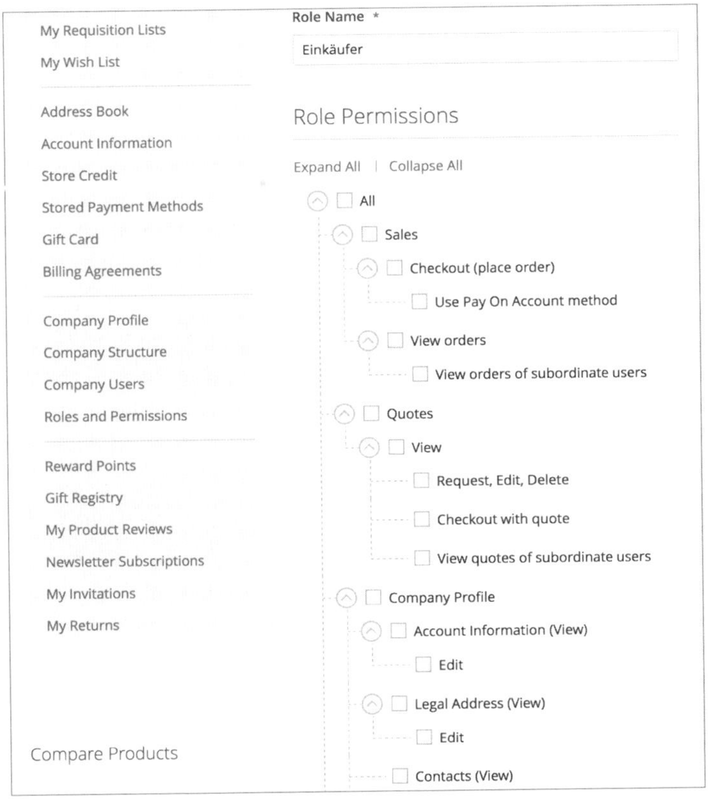

Abbildung 24.19 Berechtigungen lassen sich über verschiedene Checkboxen steuern.

Die einzelnen Optionen sind relativ selbsterklärend benannt und einfach strukturiert, weswegen Sie bzw. der Nutzer sich an dieser Stelle schnell zurechtfinden werden. Sobald Sie die Rolle angelegt haben, können Sie Ihren Nutzern diese oder natürlich auch eine andere Rolle zuweisen, wodurch die Berechtigungen entsprechend gesetzt werden.

Wie auch bei den auf den vorherigen Seiten erwähnten Features existieren für das »Company-Feature« Masken und Funktionen innerhalb des Magento-Backends. Wie auch die Benutzerverwaltung im Backend haben Sie für die Companies eine Verwaltungsoberfläche, mit deren Hilfe Sie Unternehmen freischalten, editieren wie auch löschen können. Im Prinzip ist diese Maske das Äquivalent zur Benutzerverwaltung, die Möglichkeiten sind recht ähnlich. Innerhalb der Systemkonfiguration haben Sie zudem die Möglichkeit, das Feature zu aktivieren bzw. zu deaktivieren. Ebenso lassen sich weitere Feineinstellungen vornehmen, unter anderem die verwendeten E-Mail-Templates.

Mit dem Company-Feature hat die B2B Edition definitiv ein großes, mächtiges und oftmals in B2B-Projekten gefordertes Feature mit an Bord, das sich nahtlos in den Magento-Shop integriert und von den Nutzern im Frontend sehr einfach verstanden werden kann.

24.2 Lizenzkosten und Verfügbarkeit

Zum Zeitpunkt, als ich dieses Kapitel geschrieben habe, befand sich die Magento B2B Edition noch im Alpha- bzw. Beta-Stadium, wobei die Stabilität der verwendeten Version bereits sehr gut war. Laut offiziellen Angaben plant Magento die Veröffentlichung der B2B Edition in der zweiten Jahreshälfte des Jahres 2017, weshalb von einem Release gegen Ende des Jahres 2017 auszugehen ist. Bei der Lizenzierung gibt es keinerlei Unterschiede zur Magento Enterprise Edition. Auch bei der B2B Edition gibt es Listenpreise, die sich anhand des generierten Umsatzes der E-Commerce-Plattform ergeben. Zudem spielt das Verhandlungsgeschick der betreuenden Magento-Agentur ebenso eine wichtige Rolle. Wie auch bei der Enterprise Edition können Sie, grob geschätzt, von etwa 13.000 € pro Jahr an Kosten für die kleinste Variante ausgehen, d. h., wenn Sie einen Umsatz von weniger als eine Million Euro pro Jahr über die Plattform generieren.

24.3 Fazit und Ausblick

Lange Zeit mussten in B2B-Projekten, bei denen Magento zum Einsatz kam, wichtige Funktion in Form von Erweiterungen bzw. Eigenentwicklungen nachgereicht werden. Magento hat jedoch erkannt, dass das B2B-E-Commerce immer mehr an Bedeutung gewinnt und sich die Anforderungen in diesen Projekten in der Regel stark von denen in B2C-Projekten unterscheiden. Genau aus diesem Grund hat Magento mit der B2B Edition eine Version geschaffen, die oftmals benötigte B2B-Features inkludiert und zudem alle Funktionen der Magento Enterprise Edition enthält. Dadurch entstand ein recht rundes und interessantes Produkt, das in B2B-Projekten, bei denen Magento zum Einsatz kommt, definitiv eingesetzt werden sollte.

Kapitel 25
Weiterführende Themen und Troubleshooting

Auch wenn Sie in den vorhergegangenen 24 Kapiteln sehr viele Informationen zu Magento 2 sowie zum Magento-Ökosystem erhalten haben, gibt es noch ein paar Tipps, Hinweise und Empfehlungen, die ich Ihnen in diesem letzten Kapitel mit auf den Weg geben möchte.

In den vorherigen 24 Kapiteln habe ich Ihnen gezeigt, wie Sie Schritt für Schritt den eigenen Online-Shop auf Basis von Magento 2 aufbauen können und welche Dinge Sie hierbei beachten müssen. Dabei haben Sie gemeinsam mit mir alle Schritte durchlaufen, angefangen von der Installation bis hin zur Konfiguration, dem Produktmanagement, der Kundenverwaltung, der Abarbeitung von Bestellungen sowie der Installation von Erweiterungen und Themes. Sie sollten daher zum jetzigen Zeitpunkt einen äußerst guten und präzisen Überblick über Magento 2 haben und auch entscheiden können, ob sich die Software in Ihrem konkreten Projekt lohnt oder ob Sie Ausschau nach Alternativen halten sollten. Auch wenn ich nicht denke, dass Letzteres eintritt, da es sich bei Magento 2 doch um die momentan ausgereifteste und vollständigste Open-Source-E-Commerce Lösung handelt, die Sie komplett kostenfrei beziehen können.

Dieses letzte und abschließende Kapitel möchte ich dazu nutzen, Ihnen nochmals in kompakter und komprimierter Form wichtige Hinweis, Tipps und Empfehlungen mit auf den Weg zu gehen. Auch finden Sie in diesem Kapitel die Antworten auf häufige Fragen, die im Alltag eines Magento-Shop-Betreibers auftauchen. Abrunden möchte ich das Kapitel zudem mit den wichtigsten Erweiterungen, Seiten, Portalen, Foren und Blogs zu Magento. Denn wenn Sie dieses Buch zu Ende gelesen haben, wird es definitiv Neuerungen, welcher Art auch immer, neu entwickelte Erweiterungen und Themes sowie Möglichkeiten im Magento-Kosmos geben, die aufgrund der Aktualität keinen Platz in diesem Buch gefunden haben. Für einen Stillstand ist die Dynamik viel zu hoch und die Magento-Community zu aktiv, daher ist es meiner Meinung nach enorm wichtig, immer am Ball zu bleiben. Damit Sie die Aktualität nie aus den Augen verlieren und auf dem Laufenden bleiben, nenne ich Ihnen die wichtigsten Quellen und Ressourcen. Nutzen Sie dieses letzte Kapitel daher auch gern als eine Art Nachschlagewerk bzw. Verzeichnis.

Werfen Sie auf den nächsten Seiten zuerst einen Blick auf die wichtigsten Konfigurationseinstellungen, sodass Sie verifizieren können, ob Sie diese Einstellungen bereits vorgenommen haben oder ob Sie nochmals Hand anlegen müssen.

25.1 Empfohlene Konfigurationseinstellungen

Die Magento-Konfigurationseinstellungen haben Sie im Verlauf des Buches recht gut und ausführlich kennengelernt. An dieser Stelle möchte ich Sie nicht mit Details langweilen, sondern auf die wichtigsten Einstellungen eingehen, die in der Praxis, speziell vor einem Going-Live, gern vergessen bzw. übersprungen werden. Bevor Sie mit Ihrem Magento-Shop live gehen, sollten Sie speziell auf die nun aufgeführten Einstellungen achten und nochmals validieren, ob die entsprechenden Optionen korrekt gesetzt und hinterlegt sind.

25.1.1 Flat Catalogs aktivieren

Die Flat Catalogs helfen Ihnen dabei, die Performance von Magento zu verbessern, da diese sowohl Kategorien als auch Produkte in Meta-Tabellen zusammenfassen. Dadurch kann Magento auf wesentlich performantere Datenbankabfragen zurückgreifen, weshalb speziell die Performance im Frontend verbessert wird. Dementsprechend sollten Sie die Flat Catalogs immer aktivieren, außer es entstehen bei der Nutzung von Extensions bzw. Modifikationen Probleme, was theoretisch sein kann.

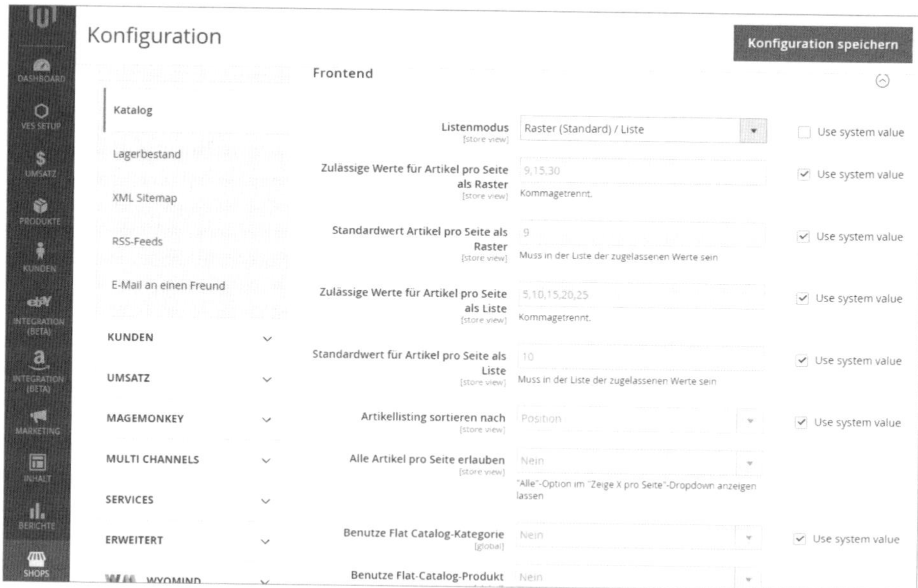

Abbildung 25.1 Die Flat Catalogs lassen sich im Abschnitt »Frontend« im Punkt »Katalog« aktivieren bzw. deaktivieren.

Um die Flat Catalogs zu aktivieren, öffnen Sie das Magento-Backend, und klicken Sie auf SHOPS • EINSTELLUNGEN • KONFIGURATION • KATALOG • KATALOG. Scrollen Sie anschließend zum Abschnitt Frontend, den Sie auch in Abbildung 25.1 sehen, und aktivieren Sie die Optionen BENUTZE FLAT CATALOG-KATEGORIE sowie BENUTZE FLAT-CATALOG-PRODUKT. Speichern Sie anschließend die Konfiguration, und leeren Sie den Cache. Anschließend müssen Sie zudem die Indexe erneut aufbauen.

25.1.2 Double-Opt-in-Verfahren nutzen

Sofern Sie in Deutschland mit Ihrem Online-Shop aktiv sind, wovon ich an dieser Stelle ausgehe, müssen Sie das Double-Opt-in-Verfahren für die Kundenkontoregistrierung sowie die Newsletter-Anmeldung aktivieren. Das heißt, ein Nutzer muss die Registrierung mittels eines Bestätigungslinks, der per E-Mail versendet wird, bestätigen. Tut der Nutzer dies nicht, wird auch das Kundenkonto bzw. die Newsletter-Registrierung nicht aktiviert.

Die für das Double-Opt-in-Verfahren notwendigen Konfigurationseinstellungen finden Sie im Magento-Backend unter SHOPS • KONFIGURATION • KUNDEN • KUNDEN-KONFIGURATION sowie unter SHOPS • KONFIGURATION • KUNDEN • NEWSLETTER. Klicken Sie bitte zuerst auf KUNDEN-KONFIGURATION und scrollen Sie zum Abschnitt NEUE KONTOOPTIONEN ERSTELLEN. Aktivieren Sie, in diesem Abschnitt angekommen, die Option ERFORDERT E-MAIL-BESTÄTIGUNG. Wenn sich nun ein Kunde in Ihrem Online-Shop registriert, muss er der Registrierung durch Klick auf den Bestätigungslink in der Bestätigungs-E-Mail zustimmen. Dadurch erfüllen Sie die Anforderungen, zumindest in Bezug auf die Kundenkontoregistrierung. Parallel dazu müssen Sie jedoch das Double-Opt-in-Verfahren auch bei der Anmeldung zum Newsletter anwenden. Klicken Sie hierzu auf NEWSLETTER (s. o.) und aktivieren Sie im Bereich »Abonnenten-Optionen« die Option MUSS BESTÄTIGT WERDEN. Dadurch wird bei der Anmeldung zum Newsletter ebenfalls eine E-Mail samt Bestätigungslink versendet, auf den der Nutzer anschließend klicken muss, um die Anmeldung zum Newsletter abzuschließen.

25.1.3 E-Mail-Absender definieren

Auch wenn es sich hierbei um eine wirklich einfache Einstellung bzw. Konfiguration handelt, wird diese in der Praxis ganz gern übersehen bzw. ignoriert. Jedes Mal, wenn Magento eine E-Mail versendet, werden bei dieser E-Mail ein Absendername sowie eine Absenderadresse angegeben. Magento unterstützt von Haus aus mehrere Absender, die Sie aber im ersten Schritt definieren müssen.

Klicken Sie hierzu im Magento-Backend auf SHOPS • KONFIGURATION • ALLGEMEIN • STORE-E-MAIL-ADRESSEN. Daraufhin gelangen Sie zu einer Eingabemaske, die Sie in

Abbildung 25.2 sehen, in der Sie insgesamt fünf Absender bestehend aus Name und E-Mail-Adresse definieren können. Prüfen Sie bitte vor dem Going-Live nochmals, ob alle dort hinterlegten Adressen und Namen tatsächlich valide sind und auch genutzt werden können.

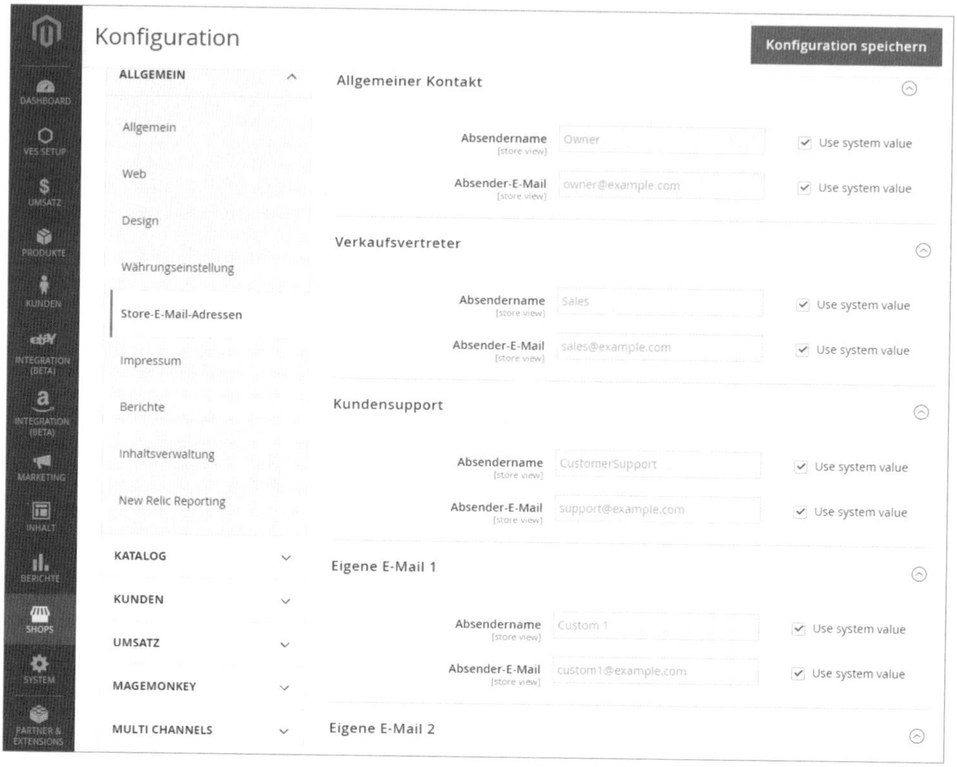

Abbildung 25.2 Magento unterstützt verschiedenste Absender, die bei den Transaktions-E-Mails hinterlegt werden können.

25.1.4 Caches aktivieren

Wenn Sie mit Ihrem Magento-Shop live gehen bzw. diesen auf Ihrem Testsystem betreiben, sollten Sie immer die Caches aktivieren. Der Cache ist eine Art Zwischenspeicher, der die Ladezeiten enorm verbessert und die Belastung des Servers reduziert. Auf einem recht gut frequentierten Live-System werden Sie Magento niemals ohne aktivierte Caches betreiben können, außer, Sie haben eine enorm starke Hosting-Infrastruktur im Hintergrund, wofür Sie aber Unsummen an Geld bezahlen müssten. Behalten Sie daher die Caches im Auge, und prüfen Sie, ob diese tatsächlich aktiv sind.

Klicken Sie hierzu im Backend auf System • Werkzeuge • Cache-Management, anschließend erhalten Sie eine Auflistung der in Ihrem System vorhandenen Caches inklusive des Status. Im Idealfall haben alle Caches einen grünen Eintrag, in dem das Wort AKTIVIERT steht. Sollte dies nicht der Fall sein, wählen Sie die Einträge aus, indem Sie die Checkbox in der ersten Spalte aktivieren, und klicken Sie im Dropdown-Menü auf AKTIVIEREN. Äquivalent hierzu können Sie die Caches mit derselben Vorgehensweise auch deaktivieren, Sie müssen dazu im Dropdown-Menü nur den Eintrag DEAKTIVIEREN auswählen. Um den gesamten Cache zu leeren, klicken Sie auf die Buttons CACHE-SPEICHER LEEREN bzw. MAGENTO-CACHE LEEREN. Ersterer Button leert alle verwendeten, zum Teil auch externen Caches. Letzterer Button hingegen leert nur den Magento-Cache.

25.1.5 Demo-Hinweis entfernen

Wenn Sie Ihr Testsystem für andere Nutzer zugänglich machen, sprich es über eine öffentliche URL erreichbar ist, sollten Sie den Demo-Hinweis aktivieren. Dadurch kennzeichnen Sie Ihren Online-Shop eindeutig als Testsystem, und auch ein verirrter Nutzer glaubt nicht, tatsächlich beliefert zu werden, wenn er eine Bestellung aufgibt.

Um den Demo-Hinweis zu entfernen bzw. einzublenden, klicken Sie im Magento-Backend auf INHALT • DESIGN • KONFIGURATION. Wählen Sie anschließend den relevanten Store View aus, und klicken Sie bei diesem Eintrag auf BEARBEITEN. Scrollen Sie nun bis zum Abschnitt HTML-Kopf, den Sie durch einen Klick auf den Titel öffnen können. Am Ende des Abschnitts befindet sich anschließend die Konfigurationsoption DEMOSHOP-NACHRICHT ANZEIGEN, die Sie auf NEIN setzen, um den Hinweis zu entfernen. Sollten Sie die Option auf JA belassen, wird weiterhin der Demo-Hinweis, den Sie in Abbildung 25.3 sehen, eingeblendet.

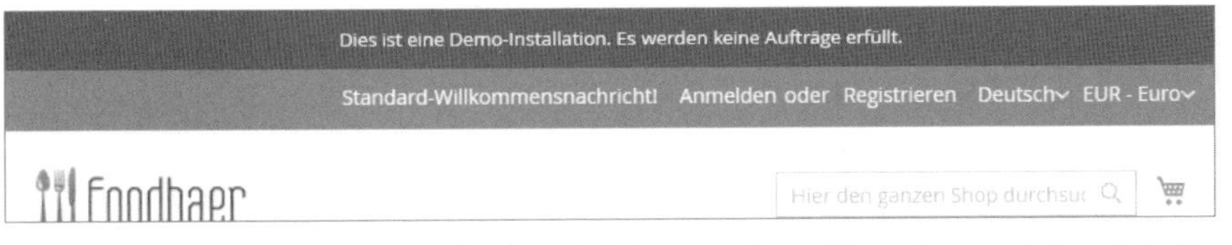

Abbildung 25.3 Magento erlaubt die Aktivierung eines Hinweises mit dem Inhalt »Dies ist eine Demo-Installation. Es werden keine Aufträge erfüllt.«.

Bevor Sie live gehen, müssen Sie unbedingt diesen Hinweis editieren, wobei Ihnen dieser zugegebenermaßen recht schnell auffallen sollte. Sollten Sie sich jedoch nicht mehr sicher sein, wo genau Sie den Hinweis deaktivieren können, müssen Sie nur die Anleitung in diesem Abschnitt befolgen.

25.1.6 Länder und Regionen ausschließen

Magento ist ein von Haus aus sehr international ausgerichtetes System, was Sie unter anderem anhand der Vielzahl von Sprachpaketen und unterstützten Währungen sehen. Aber möchten Sie, dass sich ein Nutzer in Ihrem Magento-Shop ein Kundenkonto anlegt, der aus Nordkorea stammt? Speziell wenn Sie überhaupt keinen Versand nach Nordkorea anbieten? Vermutlich nicht, denn auch wenn Ihnen Magento alle Möglichkeiten bietet, so werden Sie bestimmt nur Kunden aus bestimmten Ländern ansprechen wollen, und die Anzahl wird am Anfang gering sein.

Grundsätzlich müssen Sie in Magento zwischen erlaubten Ländern und den Ländern mit Versandmethoden differenzieren. Auch wenn Sie alle Länder erlauben bzw. aktivieren, könnte ein Kunde keine Bestellung dorthin liefern lassen, wenn es für das Zielland keine hinterlegte und konfigurierte Versandmethode gibt. Auch aus diesem Grund ist es sinnvoll, nur die Länder zu erlauben bzw. zu aktivieren, die überhaupt von Ihnen beliefert werden.

Öffnen Sie an dieser Stelle bitte das Backend, und melden Sie sich mit Ihren persönlichen Zugangsdaten an. Klicken Sie anschließend auf SHOPS • KONFIGURATION • ALLGEMEIN • ALLGEMEIN. Im oberen Bereich (Abbildung 25.4) sehen Sie eine Liste mit erlaubten Ländern.

Abbildung 25.4 Auf Website-Ebene können Sie bestimmte Länder erlauben bzw. ausschließen.

Bevor Sie jedoch Änderungen vornehmen können, müssen Sie den Konfigurationsbereich wechseln. Klicken Sie auf das Dropdown-Menü STANDARDKONFIGURATION, und wechseln Sie auf das Website-Level, indem Sie auf MAIN WEBSITE klicken. Daraufhin lädt die Ansicht neu, und Sie können den Haken bei STANDARD VERWENDEN entfernen. Sobald Sie den Haken bei der Checkbox entfernt haben, können Sie in der Mehrfachauswahl alle erlaubten Länder auswählen und anschließend die Konfiguration speichern. Sollte sich nun ein Kunde registrieren und eine Rechnungs- bzw. Lieferadresse anlegen, so werden ihm nur die von Ihnen erlaubten bzw. aktivierten Länder zur Verfügung gestellt. Bevor Sie mit Ihrem System live gehen, sollten Sie unbedingt nochmals prüfen, in welche Länder Sie Lieferungen erlauben, für welche also Versandmethoden inklusive Kosten vorliegen, und welche Länder Sie in der Mehrfachauswahl Erlaubte Länder ausgewählt haben. Letztendlich sollten anschließend beide Bereiche deckungsgleich sein, ansonsten verursachen Sie eventuell nur eine unnötige Irritation bei Ihren potenziellen Kunden innerhalb des Frontends.

25.1.7 URL-Rewrites nutzen

Zwecks Suchmaschinenoptimierung sollten Sie im Live-System immer die URL-Rewrites nutzen. Bei aktivierten URL-Rewrites erzeugt Magento automatisch sprechende URLs, d. h., eine Produktdetailseite hat beispielsweise eine URL namens *http://www.foodbaer.de/jamie-oliver-tefal-premium-edelstahl-topfset.html*, in der Keywords enthalten sind und die dadurch für den Nutzer einfach zu verstehen und zu lesen ist. Würden Sie die URL-Rewrites nicht aktivieren, hätten Sie hingegen eine recht kryptische URL, die primär aus einem Parameter besteht.

Um URL-Rewrites zu aktivieren bzw. zu deaktivieren klicken Sie im Backend bitte Auf Shops • Einstellungen • Konfiguration • Allgemein • Web. Im Abschnitt Suchmaschinenoptimierung finden Sie anschließend die Option Verwenden Sie Webserver-Rewrites, die Sie auf Ja stellen. Anschließend speichern Sie die Konfiguration. Magento wird daraufhin bei der Generierung von URLs sprechende URLs erzeugen.

25.1.8 WYSIWYG-Editor aktivieren

Wenn Sie eine Seite, einen Produkttext oder eine Kategoriebeschreibung erstellen bzw. überarbeiten, wird Ihnen definitiv der WYSIWYG-Editor ans Herz gewachsen sein, den Sie zudem in Abbildung 25.5 sehen.

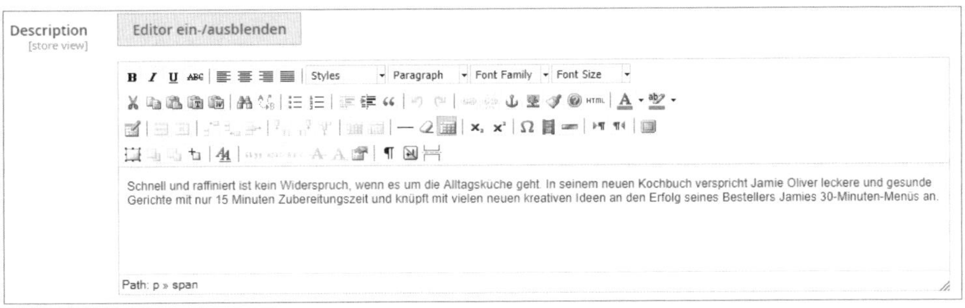

Abbildung 25.5 Mithilfe des WYSIWYG-Editors können Sie spielend einfach Texte erstellen und formatieren.

Denn mithilfe des WYSIWYG-Editors können Sie ähnlich wie in Word Texte erstellen und diese direkt formatieren, wobei Sie zu jedem Zeitpunkt sehen, wie sich die Formatierung auf den Text auswirkt. Sie haben somit also eine Art Mini-Word-Applikation als direkten Bestandteil von Magento. Da es sich jedoch um eine Konfigurationseinstellung handelt, ob Sie den WYSIWYG-Editor verwenden können, möchte ich Ihnen an dieser Stelle nochmals die Stelle, an der Sie die Konfiguration durchführen können, zeigen. Prüfen Sie im Idealfall auch vor dem Going-Live, ob der WYSIWYG-Editor zur Verfügung steht und aktiviert ist.

Klicken Sie im Magento-Backend auf Shops • Einstellungen • Konfiguration • Allgemein • Inhaltsverwaltung. Daraufhin gelangen Sie in den Konfigurationsabschnitt WYSIWYG-Optionen, in dem Sie mittels der Option WYSIWYG-Editor aktivieren den Editor aktivieren bzw. deaktivieren können.

25.1.9 Mailversand-Einstellungen prüfen und gegebenenfalls aktivieren

Sie können den Versand von E-Mails in Magento an zentraler Stelle deaktivieren. Speziell wenn Sie sich mit Ihrem System in der Entwicklung befinden, kann dies von Vorteil sein, denn Sie vermeiden den sinnlosen Versand von E-Mails, die Sie sowieso löschen würden. Auch ist die Option bei Testsystemen interessant, denn Sie verhindern, dass aus Versehen E-Mails an Kunden versendet werden. Vor einem Going-Live sollten Sie jedoch unbedingt prüfen, ob Sie den Mailversand aktiviert haben. Ansonsten würde Ihr Live-System keine E-Mails beim Eingang einer Bestellung oder einer Registrierung eines Kundenkontos versenden.

Die Mailversand-Einstellungen finden Sie unter Shops • Einstellungen • Konfiguration • Erweitert • System im Abschnitt Mailversand-Einstellungen. Um den reibungslosen Versand von E-Mails zu gewährleisten, deaktivieren Sie an dieser Stelle bitte die Option E-Mail-Kommunikation deaktivieren, d. h., wählen Sie den Eintrag Nein aus. Sofern Sie dieselben Einstellungen wie in Abbildung 25.6 hinterlegt haben, wird Ihr Magento-System alle E-Mails wie gewohnt versenden.

Abbildung 25.6 In Magento lässt sich an zentraler Stelle der Versand von E-Mails unterdrücken.

25.1.10 Kunden-IPs verbergen

Zugegebenermaßen kann dieser Punkt recht schlecht durch Externe überprüft werden, aber an und für sich dürfen Sie in Deutschland keine IP-Adressen von Kunden und Besuchern speichern. Genau das tut jedoch Magento im Standard, weswegen ich Ihnen empfehle, diese Option zu deaktivieren.

Melden Sie sich hierzu im Backend an, und klicken Sie auf SHOPS • EINSTELLUNGEN • KONFIGURATION • UMSATZ • UMSATZ. Im ersten Abschnitt namens ALLGEMEIN finden Sie die Option KUNDEN-IP VERBERGEN, die Sie unbedingt auf JA stellen sollten. Anschließend wird Ihnen Magento im Backend die IP-Adressen der Kunden und Besucher nicht mehr darstellen.

25.1.11 Canonical Tags

Da eine Produktdetailseite über mehrere URLs aufrufbar sein kann, besteht die Gefahr von Duplicate Content. Duplicate Content ist vor allem aufgrund der Suchmaschinen ein großes Problem, da diese doppelte Inhalte abwerten, was sich wiederum auf die gesamte Seite bzw. auf Ihren Online-Shop auswirkt. Aus diesem Grund müssen Sie Duplicate Content vermeiden, was jedoch in einem Online-Shop alles andere als einfach ist. Denn ein Produkt kann nun mal in verschiedenen Kategorien stecken und dadurch, abhängig von Ihrer Magento-Konfiguration, über unterschiedliche URLs aufgerufen werden.

Abhilfe schaffen die sogenannten Canonical Tags, denn diese definieren die Master-URL und referenzieren auf allen Seiten, die denselben Inhalt haben, innerhalb des Quelltextes auf die Master-URL. So haben Sie zwar identische Inhalte, die über verschiedene URLs aufgerufen werden können, Sie geben aber Google direkt die Master-URL mit und geben Google auch zu verstehen, dass Sie sich der Situation bewusst sind, es sich aber nicht wirklich um Duplicate Content handelt.

Standardmäßig sind die Canonical Tags in Magento immer deaktiviert, daher müssen Sie diese explizit über die Systemkonfiguration aktivieren. Klicken Sie hierzu auf SHOPS • EINSTELLUNGEN • KONFIGURATION • KATALOG • KATALOG. Wenn Sie zum Abschnitt SUCHMASCHINENOPTIMIERUNG scrollen, werden Sie bezüglich der Canonical Tags zwei Optionen vorfinden. Hierbei handelt es sich um die Optionen VERWENDEN SIE DEN CANONICAL LINK-META-TAG FÜR KATEGORIEN sowie VERWENDEN SIE DEN CANONICAL LINK-META-TAG FÜR PRODUKTE, die Sie beide aktivieren. Wie Sie sehen, unterstützt Magento Canonical Tags sowohl für Kategorien als auch für Produkte, wobei mir ein Duplicate Content bei Kategorien bislang noch nicht untergekommen ist. Sicherheitshalber sollten Sie aber auch diese Option aktivieren, negativ wirken sich beide Optionen in keinem Fall aus.

25.1.12 Preisdarstellung

Ein weiterer wichtiger Punkt ist die Darstellung der Preise im Frontend. Wenn Sie an Endkunden verkaufen, müssen Sie unbedingt Preise inklusive der gesetzlichen Mehrwertsteuer ausgeben. Sollten Sie das nicht tun, laufen Sie Gefahr, eine Abmahnung zu erhalten. Magento unterstützt die Darstellung von Brutto- sowie Netto-Preisen, dementsprechend kann die Gefahr bestehen, aus Versehen die falsche Option ausgewählt zu haben. Um zu prüfen, ob Sie im Frontend die Preise inklusive oder exklusive Steuer ausgeben, rufen Sie bitte im Backend den Menüpunkt SHOPS • EINSTELLUNGEN • KONFIGURATION • UMSATZ • STEUER auf. Scrollen Sie nach unten zu den Anzeigeeinstellungen, die sich in PREIS-ANZEIGEEINSTELLUNGEN, WARENKORB-ANZEIGEEINSTELLUNGEN sowie ANZEIGEEINSTELLUNGEN FÜR BESTELLUNGEN, RECHNUNGEN, GUTSCHRIFTEN untergliedern. Prüfen Sie anschließend bei allen der drei genannten Optionen, ob die Option PREISE ANZEIGEN auf INKLUSIVE STEUER steht. Tun Sie dies zudem bei den Optionen ZWISCHENSUMME ANZEIGEN sowie ANZEIGE VON VERSANDKOSTEN. Wenn Sie in diesem Abschnitt überall, wo möglich, die Option INKLUSIVE STEUER wählen, geben Sie sowohl im Frontend als auch in den PDF-Dokumenten konsequent die Brutto-Preise aus und erfüllen somit die rechtlichen Anforderungen.

25.1.13 Steuerkonfiguration prüfen

Abschließend möchte ich Ihnen noch den Tipp geben, vor dem Going-Live die Steuerkonfiguration final zu prüfen. Wie Sie im Verlauf des Buches erfahren haben, lassen sich unter SHOPS • TAXES sowohl die Steuerregeln als auch die Steuerzonen definieren. Stellen Sie zuerst im Backend sicher, dass beides richtig hinterlegt wurde. Anschließend gehen Sie bitte in das Frontend, und legen Sie sich zwei bis drei Produkte in den Warenkorb. Rufen Sie anschließend den Warenkorb auf, und scrollen Sie nach unten, bis Sie auf der rechten Seite die Zusammenfassung wie in Abbildung 25.7 sehen.

Abbildung 25.7 Magento weist im Warenkorb die MwSt. sowie die Brutto-Gesamtsumme aus.

Diese Zahlen sollten Sie unbedingt nochmals nachvollziehen und auf Basis der Bestellsumme die Steuer nachrechnen. In diesem Beispiel beträgt die Bestellsumme 111,80 €. Daraus ergibt sich eine Netto-Summe von 93,95 € ((111,80 / 119) * 100). Wenn Sie von der Bestellsumme nun die errechnete Netto-Summe abziehen, erhalten Sie die 17,85 €, die mir Magento auch im Feld »Steuer« in Abbildung 25.7 ausweist.

Idealerweise überprüfen Sie die Steuer nicht nur an dieser Stelle, sondern auch in den PDF-Dokumenten, d. h. in den Rechnungen und Gutscheinen. Hier könnte die Ausweisung der MwSt. tatsächlich im Vergleich zum Warenkorb bzw. Checkout-Prozess abweichen. Sollten Sie jedoch an diesen Stellen die Steuerberechnung überprüft und keine Fehler festgestellt haben, können Sie davon ausgehen, dass Magento soweit die Mehrwertsteuer vollkommen korrekt errechnet.

25.2 Typische Alltagsprobleme und passende Lösungen

Im Leben eines Magento-Shop-Betreibers bzw. Magento-Administrators gibt es typische Alltagsprobleme, zumindest bezeichne ich sie so. Damit meine ich Tätigkeiten, die Sie mal regelmäßiger, mal unregelmäßiger ausführen müssen, die aber definitiv auf Sie zukommen. Damit Sie bestmöglich vorbereitet sind, möchte ich in diesem Abschnitt genau auf diese Tätigkeiten und Vorgehensweisen eingehen und Ihnen somit einen kurzen, aber dennoch hilfreichen Leitfaden an die Hand geben.

25.2.1 MySQL-Verbindungsdaten zum Datenbankserver anpassen

Wenn Sie Ihr Magento-System zu einem neuen Webhoster übertragen bzw. intern bei Ihrem bestehenden Webhoster umziehen, erhalten Sie in der Regel neue Verbindungsdaten zum MySQL-Datenbankserver. Sofern Sie über neue Zugangsdaten verfügen, müssen Sie die Magento-Konfiguration anpassen, da ansonsten keine Verbindung zur Datenbank hergestellt werden kann. Wenn Sie die Zugangs- bzw. Verbindungsdaten zum MySQL-Datenbankserver anpassen möchten, gehen Sie bitte wie folgt vor.

Öffnen Sie im ersten Schritt die Datei *env.php*, die sich im Verzeichnis */app/etc* befindet. Die Datei env.php enthält alle relevanten Konfigurationseinstellungen, die mehr oder weniger mit Ihrem Hosting-Setup zusammenhängen. In der Datei *env.php* scrollen Sie bis zur Zeile 21, in der sich das folgende Array befindet:

```
array (
        'host' => 'localhost',
        'dbname' => 'dbxxxyyyy-10',
        'username' => 'dbxxxyyyy-10',
        'password' => IrgendeinPasswort',
```

```
        'active' => '1',
        'model' => 'mysql4',
        'engine' => 'innodb',
        'initStatements' => 'SET NAMES utf8;',
    ),
```

Listing 25.1 Die Verbindungsdaten zum MySQL-Datenbankserver befinden sich in einem Array in der Datei »env.php«.

In diesem Array können Sie den Host, den Datenbanknamen sowie den Benutzernamen und das Passwort definieren. Speichern Sie, nachdem Sie die Verbindungs- bzw. Zugangsdaten geändert haben, die Datei, und öffnen Sie die Kommandozeile. Navigieren Sie zum Hauptverzeichnis Ihrer Magento-Instanz und führen Sie folgende Befehle aus:

```
rm -r var/cache
rm -r var/di
rm -r var/generation
rm -r var/page_cache
```

Da Magento unter anderem die Verbindungsdaten zwischenspeichert, müssen Sie den gesamten Cache Ihrer Magento-Instanz leeren, sodass Magento auf die neuen Verbindungsdaten zugreifen kann.

Anschließend können Sie sowohl das Magento-Backend als auch das -Frontend problemlos aufrufen, da Magento auf Basis der neu hinterlegten Zugangsdaten erfolgreich eine Verbindung zum MySQL-Datenbankserver herstellen kann.

25.2.2 Cache per Kommandozeile leeren

Wenn Sie weiterreichende Änderungen vorgenommen oder gar eine Extension installiert haben, müssen Sie anschließend den Cache löschen. Tun Sie dies nicht, laufen Sie Gefahr, dass Magento noch veraltete Informationen ausliest und somit die Darstellung bzw. das Verhalten nicht wirklich korrekt ist. Um den Cache zu löschen, haben Sie zwei Möglichkeiten. Sie können diesen per Kommandozeile oder innerhalb des Magento-Backends löschen bzw. leeren. Letztere Option ist aber eigentlich nicht die beste, denn wenn Sie beispielsweise die Zugangsdaten zur MySQL-Datenbank abändern, werden Sie im ersten Moment gar nicht mehr in das Magento-Backend kommen. Das Leeren bzw. Löschen des Caches empfiehlt sich daher, da Sie dies immer und zu jedem Zeitpunkt tun können, egal, ob Ihr Magento-System korrekt funktioniert oder aktuell noch mit Fehlern zu kämpfen hat.

Um den Cache per Kommandozeile zu leeren, rufen Sie diese auf, und navigieren Sie in das Hauptverzeichnis von Magento. Führen Sie anschließend folgenden Befehl aus: `php bin/magento cache:clean`. Theoretisch könnten Sie an dieser Stelle auch nur beliebige Caches leeren bzw. löschen. Fügen Sie keine Parameter hinzu, wird der gesamte Cache geleert. Sollten Sie beim Leeren des Caches Probleme haben, können Sie alternativ direkt die vorhandenen Cache-Verzeichnisse löschen. Führen Sie hierfür folgende Befehle innerhalb der Kommandozeile aus:

```
rm -r var/cache
rm -r var/di
rm -r var/generation
rm -r var/page_cache
```

Das sollte jedoch nur Ihr Plan B sein. Um den Cache zu leeren, verwenden Sie in erster Linie bitte `bin/magento` mit dem Parameter `cache:clean`.

25.2.3 Indexe per Kommandozeile erneuern

Ein Index hat gewisse Ähnlichkeiten mit einem Cache, nur dass ein Index keine Dateien auf dem Dateisystem anlegt. Wenn die verschiedenen Indexe, die in Magento existieren, nicht aktuell sind, kann das zu veralteten Ausgaben oder zu Problemen im Front- sowie Backend führen. Dementsprechend müssen Sie stets für aktuelle Indexe sorgen. Um die Aktualisierung kümmert sich eigentlich Magento, da ein Index, je nach Einstellung, entweder beim Speichern eines Datensatzes oder in zeitlich definierten Abständen aktualisiert wird. Jedoch kann es bei der Aktualisierung zu Problemen kommen, wodurch Sie den Index oder die Indexe manuell aufbauen müssen.

Im Gegensatz zum Cache-Management stellt Magento bei der Index-Verwaltung, die Sie in Abbildung 25.8 sehen, keine Möglichkeit zur Aktualisierung innerhalb der Web-Oberfläche zur Verfügung.

In Magento 1 konnten Sie die Indexe noch innerhalb des Backends neu aufbauen. Das hat jedoch regelmäßig zu »toten« Magento-Systemen und Performanceeinbrüchen geführt. Der Aufbau der Indexe ist je nach Datenmenge enorm rechenintensiv und sollte daher nur zu bestimmten Zeiten mittels Kommandozeile ausgeführt werden. Im Backend hätten Sie sofort Probleme mit dem PHP Memory_Limit bzw. Timeouts, aus diesem Grund hat Magento diese Funktionalität auch aus dem Backend entfernt.

Sie können jedoch die Indexe, wie ich bereits erwähnt habe, ganz bequem per Kommandozeile aktualisieren bzw. neu aufbauen. Sobald Sie sich im Hauptverzeichnis Ihrer Magento-Instanz befinden rufen Sie zwecks Aktualisierung einfach den folgenden Befehl auf: `php bin/magento indexer:reindex`. Daraufhin baut Magento alle Indexe neu auf bzw. aktualisiert diese. Sie haben übrigens auch die Möglichkeit, nur bestimmte Indexe aufzubauen, indem Sie die Namen der Indexe als Parameter übergeben. Führen Sie den Befehl hingegen ohne weitere Parameter aus, so aktualisiert Magento alle im System vorhandenen Indexe.

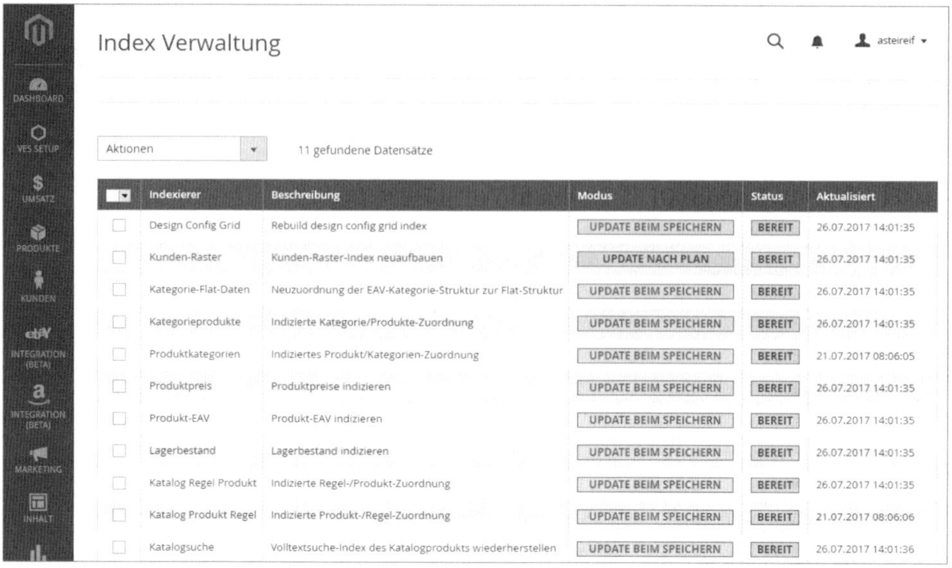

Abbildung 25.8 Innerhalb des Backends sehen Sie ausschließlich den Status der Indexe, können diese aber nicht neu aufbauen bzw. aktualisieren.

25.2.4 Admin-Passwort per SQL-Statement zurücksetzen

Leider passiert es mir doch ab und an, dass ich das Passwort für meinen Backend-Nutzer verlege und auch die »Passwort vergessen«-E-Mail nicht ankommt. Denken Sie nur an ein Entwicklungssystem, bei dem der E-Mail-Versand deaktiviert ist. In diesen Fällen können Sie jedoch direkt über die Datenbank das Passwort Ihres Nutzers zurücksetzen, was ich als äußerst praktisch erachte.

Um das Passwort per Datenbank zurückzusetzen, benötigen Sie einen Zugriff bzw. Zugang zur Datenbank, beispielsweise mittels phpMyAdmin. Auch könnten Sie direkt auf die Datenbank per SSH verbinden oder mit einem externen Client wie Sequel Pro auf die Datenbank zugreifen. Sobald Sie mit Ihrer Magento-Datenbank verbunden sind, führen Sie bitte den folgenden Befehl aus, wobei Sie gewisse Parameter und Variablen noch anpassen müssen: `UPDATE admin_user SET password = CONCAT(SHA2('xxxxxxxYourNewPassword', 256), ':xxxxxxx:1') WHERE username = 'admin';`

Anstelle von 'xxxxxxxYourNewPassword' müssen Sie Ihr gewünschtes Passwort hinterlegen. Auch müssen Sie den Wert xxxxxxx durch den Crypt Key, den Sie in der Datei *app/etc/env.php* finden, ersetzen. Abschließend müssen Sie dem SQL-Statement noch den zu ändernden Benutzer mitteilen. Im obigen Beispiel würde der Benutzer mit dem Namen ADMIN abgeändert werden, vermutlich haben Sie für Ihren Nutzer aber einen anderen Namen definiert. Dementsprechend müssen Sie diese Stelle anpassen. Sobald Sie diese Änderungen vorgenommen haben, können Sie das

SQL-Statement ausführen, wodurch das Passwort des ausgewählten Benutzers geändert wird. Anschließend können Sie sich mit Ihrem neuen Passwort am Magento-Backend anmelden.

25.2.5 Wartungsmodus per Kommandozeile steuern

Ab und an kann es recht nützlich sein, auf dem Live- wie auch auf dem Testsystem den Wartungsmodus zu aktivieren. Am schnellsten können Sie den Wartungsmodus definitiv per Kommandozeile aktivieren. Navigieren Sie in das Hauptverzeichnis Ihrer Magento-Instanz, und führen Sie den Befehl `php bin/magento maintenance:enable` bzw. `php bin/magento maintenance:disable` aus, um den Wartungsmodus zu aktivieren bzw. zu deaktivieren.

25.2.6 Fehlende Dateien? Statische Inhalte per Kommandozeile deployen

Es hängt zugegebenermaßen vom Setup Ihres Magento-Systems ab, ob Sie die statischen Dateien deployen müssen oder nicht. In der Regel müssen Sie dies jedoch auf Live-Systemen tun. Statische Dateien sind CSS- bzw. JavaScript-Dateien und Bilder, auf die Magento zurückgreift. Stehen diese Dateien nicht zur Verfügung, kommt es im Frontend und auch im Backend zu Fehlern. Die statischen Dateien können Sie ebenfalls mittels der Kommandozeile erstellen. Navigieren Sie ins Hauptverzeichnis Ihrer Magento-Instanz, und führen Sie den folgenden Befehl aus: `php bin/magento setup:static-content:deploy`. Gegebenenfalls werden Sie Probleme bezüglich des Memory Limits bekommen, wobei Sie den Parameter `-d memory_limit=2048M` ergänzen können. Auch sollten Sie den Sprachcode, für den Sie die Dateien erzeugen möchten, angeben. Das wäre in Ihrem Fall vermutlich `de_DE`. Dadurch ergibt sich der folgende Befehl, den Sie verwenden können: `php -d memory_limit=2048M bin/magento setup:static-content:deploy de_DE`. Wenn Sie diesen Befehl ausführen, erzeugt Magento alle statischen Dateien für die deutsche Sprachversion Ihres Systems.

25.2.7 Backup per Kommandozeile erstellen

Auch wenn die Backup-Strategie sicherlich Sache des Webhosters und somit des Systemadministrators ist, so ist ein kurzes und schnelles Backup, das Sie selbst anlegen können, in der Praxis recht nützlich. Das Backup können Sie dann für das lokale Test- bzw. Entwicklungssystem verwenden, oder es dient einfach als Sicherheit, wenn Sie im Live-System eine Konfigurationsanpassung vornehmen.

Der beste Weg, eine Sicherung zu erstellen, führt über die Kommandozeile. Navigieren Sie zum Hauptverzeichnis Ihrer Magento-Instanz, und führen Sie den Befehl `php bin/magento setup:backup --code --media --db` aus. Durch die drei Parameter am Ende des Befehls definieren Sie, welche Elemente Sie sichern möchten. In diesem Beispiel werden sowohl der komplette Code als auch die Datenbank und das Medienverzeichnis gesichert. Sobald Sie den Befehl ausgeführt haben, startet Magento den Backup-Prozess und informiert Sie, sobald die Sicherung zum Download sowie zum Restore zur Verfügung steht.

Speziell den Aufbau der Caches sowie den Neuaufbau der Indexe werden Sie in der Praxis sicherlich häufiger benötigen, daher empfehle ich Ihnen auch die Nutzung und Einarbeitung in das Magento CLI-Tool, mit dem Sie per Kommandozeile recht viel steuern können. Sollten Sie sich bei der Nutzung des CLI-Tools noch nicht ganz sicher fühlen, werfen Sie doch noch mal einen Blick in Kapitel 19, »Magento per Kommandozeile administrieren«, denn dieses befasst sich ausschließlich mit diesem Thema.

25.3 Interessante und empfehlenswerte Erweiterungen

Magento besitzt bereits im Standard einen enorm umfangreichen Funktionsumfang und bietet Ihnen als Nutzer die verschiedensten Möglichkeiten. Dennoch haben sich, getrieben durch die Magento-Community, Erweiterungen und Modifikationen ergeben, die Sie meiner Meinung nach zusätzlich zum Magento-Standard einsetzen sollten. Es handelt sich bei diesen Extensions um die klassischen Erweiterungen, die in keinem Magento-Shop fehlen dürfen und den bereits sehr breiten und umfangreichen Funktionsumfang nochmals stark ergänzen. Unabhängig davon, wie Ihr Magento-System im Detail aussieht, welche Zielgruppe Sie ansprechen und welche Produkte Sie vertreiben, bin ich mir sicher, dass die nun aufgeführten Magento-Erweiterungen auch für Sie interessant sein könnten! Schauen Sie sich daher die Erweiterungen im Detail an, und evaluieren Sie, ob der Einsatz nicht auch bei Ihnen sinnvoll wäre.

25.3.1 Advanced Invoice Layout für Magento 2

Ob Sie diese Erweiterung benötigen, hängt ganz davon ab, ob Sie die Rechnungs-, Lieferschein- und Gutschriften-Erstellung über Magento abbilden oder diese Tätigkeiten an eine externe ERP-Lösung auslagern. Nutzen Sie ein ERP-System, so ist dieses in der Regel für die gesamte Dokumentengenerierung verantwortlich, und Anpassungen an Magento müssen nicht mehr durchgeführt werden. Wenn Sie jedoch mit Magento PDF-Dokumente erstellen möchten, rate ich Ihnen zum Einsatz dieser Erweiterung. Magento kann zwar im Standard PDF-Dokumente generieren, diese sehen jedoch, ich muss es an dieser Stelle mit aller Deutlichkeit sagen, furchtbar aus und entsprechen auch nicht dem deutschen Standard bzw. der deutschen Gesetzgebung. Die Modifikation der PDF-Dokumente ist recht aufwendig, auch wenn Sie diese natürlich selbst auf Basis von PHP anpassen könnten. Eine gute Alternative, die

Ihnen Zeit und somit Geld spart, ist die hier aufgeführte Erweiterung namens Advanced Invoice Layout für Magento 2, die von Vianetz entwickelt wird. Vianetz entwickelt bereits seit Jahren Erweiterungen für Magento und zählt zu den qualitativ hochwertigeren Anbietern in diesem Segment.

Wenn Sie diese Extension einsetzen, haben Sie innerhalb des Backends, wie Sie ansatzweise in Abbildung 25.9 sehen, umfangreiche Konfigurationsmöglichkeiten hinsichtlich der PDF-Erstellung. Das heißt, wenn Sie Anpassungen vornehmen möchten, müssen Sie nicht auf die Code-Ebene springen und mittels PHP Änderungen durchführen, sondern können die Änderung bequem über die grafische Oberfläche innerhalb des Magento-Backends vornehmen.

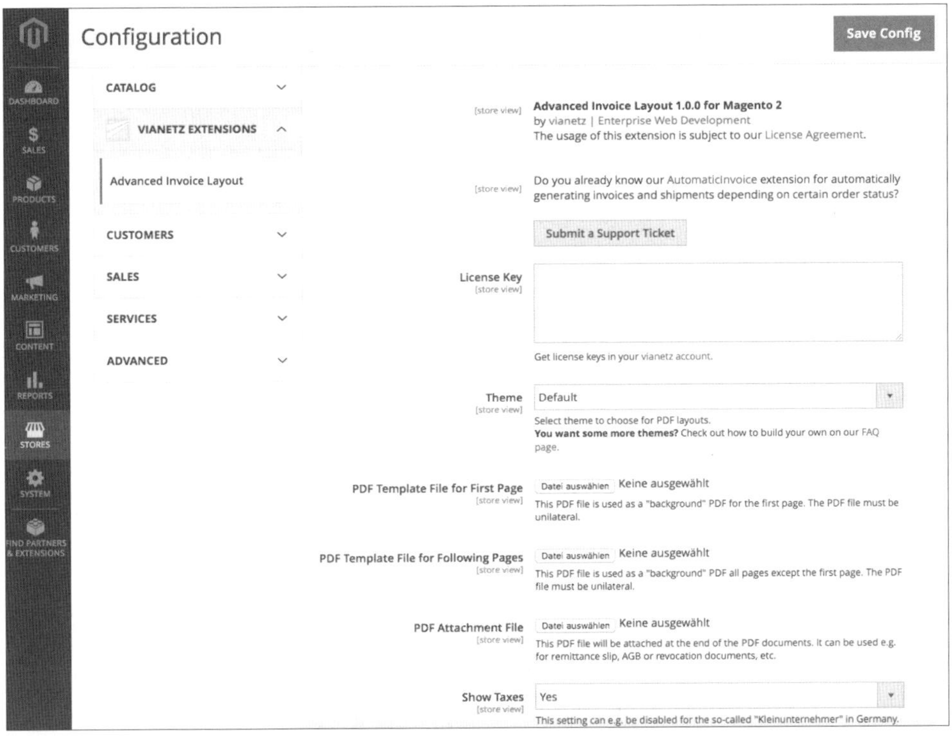

Abbildung 25.9 Wenn Sie PDF-Dokumente im Backend anpassen und konfigurieren möchten, hilft Ihnen diese Extension weiter.

Zudem überarbeitet diese Erweiterung grundsätzlich den Look & Feel der PDF-Dokumente, wodurch Sie bereits nach der Installation über eine optisch ansprechende und vernünftige Basis verfügen. Oder anders formuliert: Nachdem Sie die Erweiterung installiert haben, sehen alle PDF-Dokumente im Standard bereits optisch ansprechend und vernünftig aus und entsprechen, sofern Sie fehlende Daten ergänzen, dem deutschen Recht.

Mit 89 €, es handelt sich um eine einmalige Gebühr, ist die Erweiterung zudem bezahlbar. Weitere Informationen und die Kaufoption finden Sie unter *https://www.vianetz.com/de/magento-extensions/advancedinvoicelayout-magento-2.html.*

25.3.2 Fooman Email Attachments

Wäre es nicht schön, wenn Sie Ihrem Kunden direkt beim Versand der Rechnungs-E-Mail das Rechnungs-PDF mitsenden könnten? Oder die AGB bzw. Widerrufsbedingungen in PDF-Form beim Versand der Bestellbestätigung? Leider unterstützt Magento den Versand von Anhängen im Standard nicht, weswegen Sie auf eine Erweiterung zurückgreifen müssen.

Für dieses Szenario kann ich Ihnen die von Fooman entwickelte Extension namens »Email Attachments« empfehlen. Fooman entwickelt bereits seit Jahren Erweiterungen für Magento 1, die ich bislang auch immer sehr empfehlen konnte. Speziell die »Email Attachments«-Erweiterung ist durchaus sinnvoll, und für die Nutzung fallen nicht einmal Lizenzkosten an, d. h., Sie können die Erweiterung vollkommen kostenfrei nutzen.

Weitere Informationen sowie den Download-Link finden Sie direkt bei Fooman unter *http://store.fooman.co.nz/magento-extension-email-attachments-m2.html.*

25.3.3 Blog for Magento 2

Inhalte spielen eine immer wichtigere Rolle im E-Commerce. Auf der einen Seite unterstützen umfangreiche Inhalte bei der Suchmaschinenoptimierung, auf der anderen Seite benötigen Sie jedoch auch Content, um Nutzer zu überzeugen und an sich zu binden. Denn Produkte können heutzutage in der Regel in vielen Online-Shops gekauft werden, dafür ist das Produktportfolio vieler E-Commerce-Plattformen einfach zu ähnlich. Dementsprechend ergibt es durchaus Sinn, im eigenen Online-Shop ebenfalls einen ausgeprägten Content-Bereich aufzubauen.

Damit Sie nicht auf externe Anwendungen wie Wordpress oder Typo3, bei beiden Lösungen handelt es sich um Content-Management-Systeme, setzen müssen, empfehle ich Ihnen die Nutzung der Extension »Blog for Magento 2« von Aheadworks. Aheadworks zählt zu den bekanntesten Unternehmen, die Erweiterungen für Magento entwickeln. Als Magento Technology Partner, hierbei handelt es sich um ein offizielles Magento-Partner-Level, können Sie sich zudem sicher sein, dass die Qualität der Extensions und der Support überzeugend sind. Mithilfe der Extension »Blog for Magento 2« können Sie umfangreiche Content-Bereiche aufbauen. Der Name der Extension impliziert zwar, dass es sich um einen Blog handelt, letztendlich ermöglicht die Erweiterung aber die Anlage von Kategorien und die Erstellung von dynamischen Inhalten. Ob Sie diese für einen Blog, ein News-System, einen FAQ-Bereich etc. verwenden, bleibt Ihnen überlassen. Neben der einfachen Möglichkeit, innerhalb des Backends die Kategorien und Beiträge zu erstellen, haben zudem die Nutzer im Frontend die Möglichkeit, Kommentare bzw. Feedback zu hinterlassen. Hierfür integriert die Extension den populären Kommentardienst DISQUS. Auch innerhalb des Frontends macht die Erweiterung bereits im Standard eine sehr gute Figur, wie Sie in Abbildung 25.10 sehen. Neben der klassischen Kategorie-Navigation unterstützt die Erweiterung zudem Tags, auch werden die zuletzt veröffentlichten Beiträge prominent eingeblendet, wobei Sie diese Information auch beispielsweise auf der Startseite integrieren könnten.

Abbildung 25.10 Mithilfe dieser Erweiterung können Sie dynamische Inhalte (beispielsweise Blogbeiträge) in Ihrem Magento-System abbilden.

Die Feature-Liste dieser Extension ist so lang, dass ich mir eine Aufzählung aller Möglichkeiten an dieser Stelle erspare. Lassen Sie mich Ihnen aber sagen, dass Sie mit dieser Erweiterung alle Anforderungen in Sachen dynamische Inhalte abdecken werden, die in 99 % aller Fälle benötigt werden.

Die Anzahl der Features hat aber auch einen gewissen Preis. Mit 349 US$ handelt es sich um eine der teureren Erweiterungen von Magento, auch wenn der Preis meiner Meinung nach definitiv gerechtfertigt ist. Überzeugen Sie sich aber selbst, und nutzen Sie auch die bereitgestellte Demo, die Sie unter *https://ecommerce.aheadworks.com/magento-2-extensions/blog* finden.

25.3.4 RMA for Magento 2

Retouren sind je nach Branche ein wichtiges Thema. Verkaufen Sie Modeprodukte, werden Sie eine recht hohe Retourenquote haben. Wenn Sie hingegen Lebensmittel verkaufen, werden wohl die wenigsten Bestellungen retourniert, denn an sich gäbe es in diesem Fall gar keinen rechtlichen Anspruch. Es ist daher gar nicht so tragisch, dass Magento von Haus aus über keine Möglichkeiten hinsichtlich des Retourenmanagements verfügt, da dieses gar nicht für alle Shop-Betreiber ein wichtiges Thema ist. Wenn Sie jedoch mit vielen Retouren rechnen, empfehle ich Ihnen die Nutzung der Extension »RMA for Magento 2«. Diese wird ebenfalls von Aheadworks entwickelt, weswegen ich mir die weiteren Lobhudeleien für Aheadworks an dieser Stelle spare. ;)

Die Erweiterung setzt direkt an zwei Stellen an, was äußerst clever ist. Zum einen ermöglicht die Erweiterung die Anlage von Retouren im Frontend. Das heißt, Ihre Kunden müssen keine Dokumente ausdrucken und ausfüllen bzw. Ihnen eine E-Mail bezüglich des Retourenprozesses schreiben. Sobald ein Kunde ein Produkt oder die ganze Bestellung retournieren möchte, kann er dies im Frontend machen, wie Sie in Abbildung 25.11 sehen.

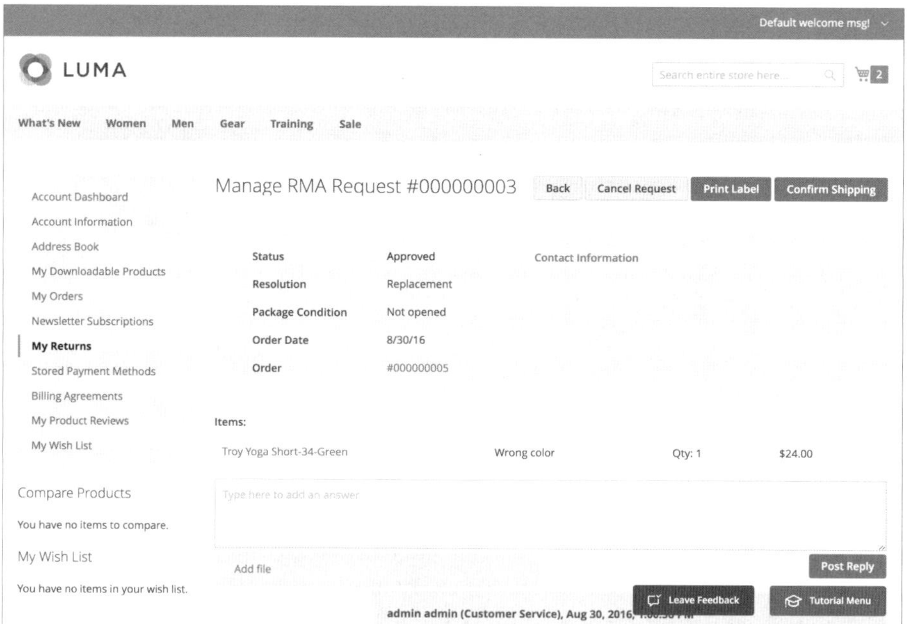

Abbildung 25.11 Retouren können mit dieser Erweiterung im Frontend angelegt und im Backend verarbeitet werden.

Wann ein Kunde welche Produkte retournieren darf und welche Informationen hierbei angegeben werden müssen, bestimmten Sie über die umfangreichen Konfigurationsmöglichkeiten innerhalb des Magento-Backends. Nachdem ein Kunde eine Retoure im Frontend erstellt hat, haben Sie zudem im Backend die Möglichkeit, den gesamten Retourenprozess durchzuspielen. Das heißt, Sie können die Retoure akzeptieren, eine Gutschrift bzw. eine neue Sendung auslösen, in Kontakt mit dem Kunden treten etc. Alles, was für die Bearbeitung einer Retoure notwendig ist, lässt sich über das Magento-Backend steuern, und Ihnen stehen eine Vielzahl von Möglichkeiten zur Verfügung. Der aktuelle Bearbeitungsstatus, der von Ihren Tätigkeiten im Backend abhängt, kann übrigens zu jeder Zeit im Frontend eingesehen werden. Dadurch geben Sie Ihren Kunden stets einen aktuellen Überblick hinsichtlich des Status der Retoure.

Mit ebenfalls 349 US$, die einmalig bezahlt werden müssen, gehört auch diese Erweiterung zu den teureren Magento-Extensions. Der Funktionsumfang und die Qualität rechtfertigen meiner Meinung nach aber sehr wohl diesen Preis. Weitere Informationen, eine Frontend- und Backend-Demo sowie die Kaufmöglichkeit erhalten Sie unter *https://ecommerce.aheadworks.com/magento-2-extensions/rma*.

25.3.5 Data Feed Manager

Den Data Feed Manager habe ich Ihnen bereits in Kapitel 21, »Zusätzliche Absatzkanäle wie Google Shopping, Amazon und eBay nutzen«, das sich mit der Multi-Channel-Distribution beschäftigt, vorgestellt. Er soll jedoch auch an dieser Stelle nochmals Erwähnung finden, da es sich um eine überaus praktische und empfehlenswerte Erweiterung handelt. Qualitativ ist die Extension ebenfalls vollkommen in Ordnung, und der Support von Wyomind, dem Unternehmen hinter dem Data Feed Manager, ist grandios. In der Regel erhalten Sie innerhalb eines Werktags eine zielführende Rückmeldung.

Sofern Sie den Data Feed Manager einsetzen, können Sie im Magento-Backend verschiedene Profile anlegen. Jedes Profil verfügt über unterschiedlichste Konfigurationsmöglichkeiten wie ein Ausgabeformat, einen Generierungszeitpunkt und berücksichtigte Produkte. Innerhalb des Profils definieren Sie zudem die Datenstruktur, d. h. welche Informationen in welcher Form Sie exportieren möchten. Dadurch können Sie im Prinzip jeden benötigten Produktdatenexport im CSV- oder XML-Format anlegen. Für die Anbindung von Preissuchmaschinen oder Portalen ist das letztendlich die Basis, theoretisch könnten Sie damit aber auch automatisierte Lagerbestandsexporte abbilden. Immer dann, wenn Sie Produktdaten automatisiert exportieren möchten, sollten Sie zum Data Feed Manager greifen.

Mit 95 € handelt es sich zudem um eine der günstigeren Erweiterungen, weitere Informationen sowie die Möglichkeit zum Kauf finden Sie unter *https://www.wyomind.com/magento2/data-feed-manager-magento.html*.

25.3.6 M2E Pro

Auch die Erweiterung M2E Pro hatte ich Ihnen bereits in Kapitel 21 im Detail gezeigt, daher möchte ich Ihnen an dieser Stelle die Erweiterung nur nochmals ins Gedächtnis rufen. Mithilfe von M2E Pro können Sie direkt aus Magento heraus Amazon sowie eBay anbinden und Ihre Produkte auf diesen beiden Marktplätzen verkaufen. Weitere Extensions sind nicht notwendig, Sie müssen nur über ein M2E Pro-, eBay- bzw. Amazon-Konto verfügen. Das M2E Pro-Konto ist bis zu einem gewissen monatlichen Umsatz kostenfrei, wenn Sie jedoch nennenswerte Umsätze über eBay und Amazon generieren, müssen Sie eine monatliche Gebühr an M2E Pro abführen. Das Kostenmodell ist jedoch recht flexibel, d. h., Sie gehen keine langjährigen Verträge ein, sondern sind recht flexibel und können auch wieder ziemlich schnell aussteigen.

Informationen zu M2E Pro finden Sie unter *https://m2epro.com/*, werfen Sie jedoch auch noch mal einen Blick in Kapitel 21, »Zusätzliche Absatzkanäle wie Google Shopping, Amazon und eBay nutzen«, in dem die Erweiterung recht gut und ausführlich beschrieben ist.

25.3.7 Magento 2 SEO Suite Ultimate

Je besser Sie bei Google ranken, desto mehr organischen Traffic erhalten Sie. Auch wenn Magento von Haus aus recht optimiert daherkommt, können Sie mit der Extension »Magento 2 SEO Suite Ultimate« nochmals nachhelfen. Ihnen werden verschiedenste Möglichkeiten zur Verfügung gestellt, bei denen es sich sowohl um Frontend- als auch um Backend-Anpassungen handelt. Beispielsweise erzeugt die Extension eine umfangreiche XML-Sitemap, die Sie wesentlich granularer konfigurieren können als die im Magento-Standard vorhandene Sitemap. Ergänzend zur XML-Sitemap können Sie zudem eine HTML-Sitemap erstellen, die alle CMS-Seiten, Produktseiten und Kategorieseiten enthält. Bei der Layered Navigation klinkt sich die Magento 2 SEO Suite Ultimate ebenfalls ein und ermöglicht die Ausgabe von NOINDEX, NOFOLLOW-Attributen beim Blättern durch die verschiedenen Seiten. Hierbei erzeugt die Extension zudem suchmaschinenfreundliche URLs, d. h., der klassische Seitenparameter gehört der Vergangenheit an. Ebenso werden im Frontend die Rich-Snippets erweitert, und das hreflang-Tag wird eingeführt, das Sie über das Backend steuern und konfigurieren können. Allgemein können Sie alle relevanten Optionen und Einstellungen innerhalb des Backends vornehmen, wie Sie in Abbildung 25.12 sehen.

Auch erlaubt die Erweiterung einen stärkeren Eingriff in die Canonical-URLs und ermöglicht Ihnen die Nutzung von Templates bei den Metainformationen. Dadurch können Sie z. B. für die Description ein Template, das aus Variablen und Text besteht, anlegen, und dieses würde in Zukunft auf die Produkte angewendet werden.

Alles in allem bietet die Extension viele verschiedene Möglichkeiten, die Ihnen in Summe bei der Optimierung der Auffindbarkeit in Google helfen. Mit 299 US$ gehört die von mageworx entwickelte Extension sicherlich zu den kostenintensiveren, ein Blick lohnt sich meiner Meinung jedoch definitiv. Sie finden alle relevanten Informationen unter *https://www.mageworx.com/magento-2-seo-extension.html.*

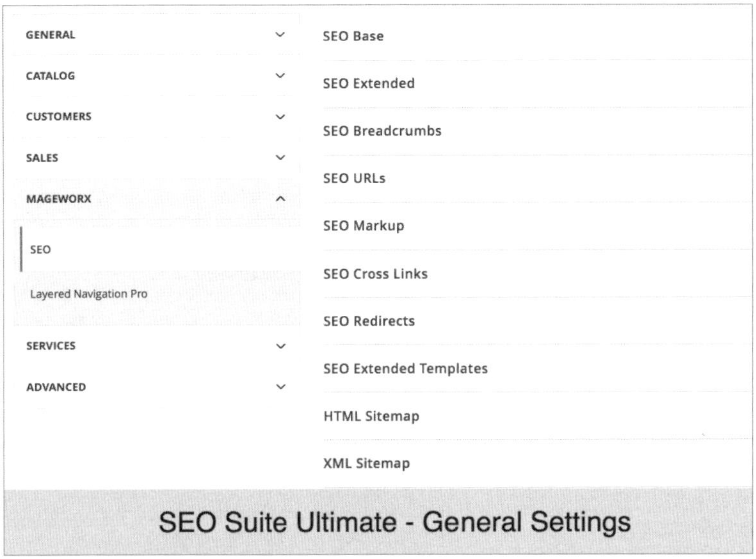

Abbildung 25.12 Nach der Installation dieser Extension stehen Ihnen umfangreiche Konfigurationsmenüs im Backend zur Verfügung

25.3.8 Multiple Coupons for Magento 2

Zu guter Letzt möchte ich Ihnen noch eine kleine, aber feine Erweiterung vorstellen. Ich höre öfters die Frage, ob man nicht mehrere Gutscheine im Warenkorb einlösen kann. Im Standard geht dies leider nicht, Magento erlaubt nur die Anwendung eines Gutscheincodes. Dennoch, so scheint es zumindest, möchten Shop-Betreiber Ihren Nutzern ermöglichen, mehr als einen Code einzugeben. Was im Standard nicht geht, kann jedoch mit der Erweiterung »Multiple Coupons for Magento 2« nachgerüstet werden. Amasty, das Unternehmen hinter dieser Erweiterung, ist ebenfalls seit Jahren für Magento-Extensions bekannt und zählt zu den alten Hasen der Magento-Extension-Entwickler. Mittlerweile ist Amasty zudem als Premier Magento Extension Builder ausgezeichnet, dadurch unterliegt der Hersteller auch gewissen Qualitätskriterien, die von Magento vorgegeben werden.

An und für sich ist die Extension recht unspektakulär, da sie einfach das Einlösen mehrerer Gutscheincodes ermöglicht. Die Darstellung an sich verändert sich nicht, wie Sie in Abbildung 25.13 sehen. Darauf können sowohl Gäste als auch registrierte Kunden zurückgreifen. Sie haben jedoch weiterhin die Möglichkeit, die Verwendung von bestimmten Gutscheincode-Kombinationen auszuschließen und diese zu verbieten. Darüber hinaus haben Sie noch ein paar wenige Konfigurationsmöglichkeiten innerhalb des Backends, die an dieser Stelle jedoch nicht explizit erwähnt werden müssen.

Sollten Sie sich für diese Erweiterung interessieren, können Sie diese zum Preis von 139 US$ erwerben. Amasty gewährt 60 Tage lang eine Geld-zurück-Garantie und unterstützt Sie ebenfalls bei der Installation der Extension. Der allgemeine Support ist übrigens innerhalb der ersten 90 Tage komplett kostenfrei. Das heißt, wenn Sie Fragen zur Extension haben, werden diese in den ersten drei Monaten komplett ohne zusätzliche Kosten beantwortet, bzw. Sie können in diesen drei Monaten komplett kostenfrei auf den Amasty-Support zurückgreifen.

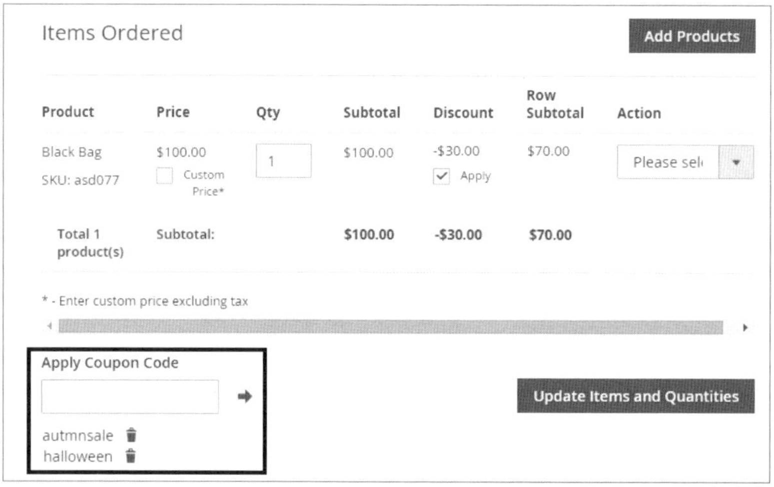

Abbildung 25.13 Die Extension erlaubt das Einlösen mehrerer Gutscheincodes.

Weitere Informationen sowie die Kaufmöglichkeit finden Sie direkt bei Amasty unter *https://amasty.com/multiple-coupons-for-magento-2.html.*

25.4 Blogs, Hilfeseiten und weitere Ressourcen

Die Magento-Community ist enorm groß, zudem bietet Magento seit dem Launch von Magento 2 wesentlich bessere Hilfe- und Informationsseiten im Vergleich zur Epoche von Magento 1 an. Ich möchte Ihnen in diesem Abschnitt kurz die, zumindest meiner Meinung nach, wichtigsten Ressourcen und Anlaufstellen zeigen. Enthalten sind neben den offiziellen Ressourcen zudem Seiten, Blogs und Portale aus dem Magento Ökosystem. Denn auch bei Magento 2 ist die Community die treibende Kraft, die mit Informationen, Erweiterungen und weiteren Inhalten enorm viel Know-how bereitstellt.

25.4.1 Offizielle Magento-Ressourcen

Die erste und zentrale Anlaufstelle ist sicherlich die Website von Magento, die Sie unter *https://magento.com/* erreichen. Auf dieser Seite sind alle weiterführenden Links, die ich im Folgenden aufführe, enthalten, bzw. verweisen die Links auf die von mir genannten Websites bzw. Unterseiten.

Magento U

Wenn Sie Trainings in Anspruch nehmen bzw. eine Zertifizierung ablegen möchten, ist Magento U die zentrale Anlaufstelle. Es gibt eine Vielzahl von Online-Kursen sowohl für Entwickler als auch für Designer oder Administratoren. Selbst für die sogenannten Business Analysts stehen Kurse und Trainingsmöglichkeiten zur Verfügung. Ich selbst habe einige Kurse auf Magento U durchgespielt und muss sagen, dass die Qualität und Tiefe, abhängig von dem jeweiligen Kurs, gut bis sehr gut ist. Der Großteil der Kurse ist jedoch kostenpflichtig, auch wenn es ein paar kostenfreie Kurse gibt. Weitere Informationen zu Magento U erhalten Sie direkt unter *https://u.magento.com*.

Magento Masters

Magento Masters sind Personen, die ein sehr hohes Engagement in der Magento-Community aufweisen und über eine gewisse Expertise verfügen. Wenn auch Sie Magento Master werden möchten oder sich einfach nur für die Magento Masters interessieren, sollten Sie der Seite *https://magento.com/community/magento-masters* einen Besuch abstatten.

Magento Marketplace

Den Magento Marketplace habe ich Ihnen bereits im Detail vorgestellt. Dieser dient als zentrale Plattform für Extensions sowie Themes. Sie erreichen den Marketplace direkt unter der URL *https://marketplace.magento.com*.

Magento-Community

Unter *https://community.magento.com* können Sie auf die offiziellen Foren und Diskussionsplattformen von Magento zugreifen. Neben den großen internationalen Kategorien, in denen jede Menge Diskussionen stattfinden, gibt es jedoch auch je Land eine eigene Kategorie. Sie können daher auch direkt in das deutschsprachige Forum eintauchen und sich mit Personen aus Deutschland austauschen. Das ist speziell bei allgemeinen Fragen, die auch eine rechtliche Komponente haben, praktisch. Bei allgemeinen Fragen zur Nutzung bzw. bei Bugs empfehle ich Ihnen jedoch die internationalen und somit englischsprachigen Kategorien, da hier wesentlich mehr Personen aktiv sind.

Magento-Blog

Um immer auf dem aktuellsten Stand der Dinge zu sein, sollten Sie im Idealfall den Blog *https://magento.com/blog* abonnieren. Darin veröffentlicht Magento stets Neuigkeiten, ganz gleich, ob es sich um Projekte, Case Studies, Events oder Trainings handelt. Als zentrale Anlaufstelle bei der Informationsbeschaffung sollten Sie daher den offiziellen Magento-Blog definitiv auf Ihrer Liste haben.

Security-Center

Im E-Commerce ist die Sicherheit des eigenen Systems enorm wichtig, denn Sie möchten sicherlich keine entwendeten Kundendaten oder gehackte Online-Shops. Magento hat ein eigenes Security-Center, das Sie unter *https://magento.com/security* erreichen. In diesem Security-Center werden Sicherheitslücken bzw. die dafür bereitgestellten Fixes publiziert. Ein regelmäßiger Blick in das Security-Center ist daher ratsam.

Tech Resources

Bei dem mit Abstand größten Bereich handelt es sich definitiv um die Tech Resources. Unter *https://magento.com/resources/technical* (siehe Abbildung 25.14) finden Sie die gesamte Dokumentation des Magento-Systems. Diese untergliedert sich wiederum in die Developer Documentation und den User Guide. Ersteres benötigen Sie dann, wenn Sie Magento-Module bzw. -Themes entwickeln und sich auf einer technischen Ebene informieren möchten. Der User Guide hingegen richtet sich primär an Administratoren und Backend-Nutzer und erklärt Optionen innerhalb der Oberfläche.

Abbildung 25.14 Bei den »Tech Resources« finden Sie Informationen für Entwickler, Administratoren und Nutzer.

Die Tech Resources bündeln also recht viel Wissen und Know-how, weswegen Sie bei Fragen und Problemen auch immer einen Blick in die dort vorhandenen Dokumentationen werfen sollten. Auch ich greife regelmäßig auf die Tech Resources zurück, wobei ich in erster Linie den User Guide verwende, um Funktionen und Features nachzuschlagen.

Die Tech Resources verweisen zudem auf die Blogs von Ben Marks (*http://bhmarks.com/blog/*) sowie Alan Kent (*https://alankent.me/category/magento/*). Die Blogs sind interessant, da Ben als Magento-Community-Evangelist speziell über Features, Events und den Weg von Magento berichtet, Alan Kent hingegen den technischen Blick auf die Magento-Plattform vertritt. Wenn möglich, sollten Sie daher regelmäßig in beiden Blogs vorbeischauen, um immer auf dem Stand der Dinge zu bleiben.

25.4.2 Community-Ressourcen

Die Community ist definitiv das Rückgrat des Magento Ökosystems. Viele Personen engagieren sich freiwillig und unentgeltlich, um das gesamte Magento-System weiterzuentwickeln und nach vorn zu bringen. Die Community-Arbeit ist daher eine meiner Meinung nach sehr wichtige Komponente in der Erfolgsstory von Magento. Im Folgenden möchte ich Ihnen die wichtigsten Anlaufstellen und Ressourcen der Community auflisten. Die Liste erhebt keinen Anspruch auf Vollständigkeit, dafür sind auch der Markt und die Community viel zu agil. Sollten Sie daher auf eine tolle Seite oder einen interessanten Blog gestoßen sein, der in dieser Liste fehlt, schreiben Sie mir gern eine E-Mail!

FireGento e. V.

Der Verein FireGento leistet eine ganze Menge an Community-Arbeit und stellt beispielsweise kostenfrei Extensions zur Verfügung. FireGento veranstaltet zudem unregelmäßige Events (Hackathons) und vermittelt Coaches und Trainer für Magento-Projekte. Die bei FireGento aktiven Mitglieder sind zudem recht stark in der gesamten Magento-Community involviert, betreiben zum Teil eigene Blogs und sind auf GitHub aktiv. Weitere Informationen zu FireGento erhalten Sie direkt unter *https://firegento.com* bzw. *https://shop.firegento.com*.

Matthias Zeis

Matthias Zeis zählt zu den Urgesteinen der Magento-Community und hält die virtuelle Magento-Fahne in Österreich hoch. In seinem Blog *http://www.matthias-zeis.com* berichtet er regelmäßig über interessante Themen aus dem Magento-Kosmos. In erster Linie richtet sich der Blog an Magento-Entwickler, da Matthias Zeis selbst als Magento-Entwickler bzw. -Architekt in einer Agentur tätig ist.

Magenerds

Neben der Entwicklung von Extensions, die kostenfrei heruntergeladen werden können, betreiben die Magenerds zudem einen eigenen Blog. Gebloggt wird in erster Linie auf Englisch, und zur Zielgruppe gehören definitiv die Entwickler. Speziell aufgrund der Extensions sollten Sie den Magenerds aber einen Besuch unter *http://www.magenerds.com* abstatten.

Christian Münch

Ausdrücklich empfehlen möchte ich auch den Blog von Christian Münch, dem Vater des Magerun CLI-Tools. Christian ist als Entwicklungsleiter bei der Agentur netz98 tätig, die ausschließlich E-Commerce-Projekte auf Basis von Magento realisiert. Christians Magento-Wissen ist fast unerschöpflich, und in seinem Blog berichtet er ab und an sowohl über Events als auch über technische Themen. Christians Blog erreichen Sie unter *https://blog.muench-worms.de*.

Regalsprecher

An sich bin ich kein großer Fan von Blogs, die von Agenturen gepflegt werden, da der Anteil an Eigenwerbung in der Regel viel zu hoch ist. Eine Ausnahme möchte ich an dieser Stelle jedoch machen. Beim Regalsprecher, dem Blog von netz98, handelt es sich um einen äußerst aktiven Blog, der sich zu 99 % mit Themen rund um Magento beschäftigt. Der Blog richtet sich primär an Entscheider und E-Commerce-Verantwortliche, die sich auf einer nicht technischen Ebene mit Magento beschäftigen möchten. Ein Abonnement des Blogs ist daher definitiv zu empfehlen! Sie erreichen den Blog unter *https://www.netz98.de/blog*.

Magento Explorer

Bei der Seite Magento Explorer handelt es sich um eine englischsprachige Informationsseite, welche die verschiedensten Tutorials und Informationen zu Magento anbietet. Für Magento 2-Tutorials gibt es mittlerweile eine eigene Sektion, die Sie unter *https://magentoexplorer.com/magento-2-tutorial* erreichen. Die Tutorials sind recht verständlich geschrieben und enthalten in der Regel einen sehr hohen Bildanteil, sprich, auch bei englischen Fachbegriffen werden Sie keinerlei Probleme haben, die Anleitungen durchzugehen. Ich nutze speziell diese Seite ganz gern, um mich hinsichtlich neuer Funktionen und Möglichkeiten in Magento inspirieren zu lassen.

Google

Als letzter Punkt sei Ihnen an dieser Stelle die allmächtige Suchmaschine Google ans Herz gelegt. Die Magento-Community ist enorm aktiv und schnelllebig. Gegebenenfalls gibt es bereits, wenn Sie dieses Buch in den Händen halten, noch mehr und noch bessere Blogs bzw. aktuellere Informationsquellen. Idealerweise nutzen Sie daher regelmäßig Google – nicht nur zur Lösung konkreter Probleme, sondern auch, wenn Sie auf der Suche nach Blogs und Informationen sind.

25.5 Fazit – der eigene Shop auf Basis von Magento 2

Magento ist eine enorm umfangreiche, komplexe, flexible und interessante E-Commerce-Lösung. Zumindest hoffe ich, dass ich Ihnen dieses Bild in den 25 Kapiteln dieses Buches vermitteln konnte. Sie haben nun Schritt für Schritt einen eigenen Online-Shop auf Basis von Magento 2 aufgebaut und zudem gesehen, welche Möglichkeiten darüber hinaus bestehen. Sie kennen die Leitplanken von Magento, wissen, was möglich ist, wofür Sie Erweiterungen benötigen und welche Lösungen Magento neben Magento Open Source bzw. den kommerziellen Versionen bestehend aus der B2B Edition bzw. der Enterprise Edition anbietet. Dadurch sollten Sie nun ein recht umfangreiches und scharfes Bild haben.

Wenn Sie sich vor dem Kauf des Buches bereits für Magento entschieden haben, so hoffe ich, haben Sie nun alle Informationen, um den eigenen Online-Shop aufzubauen und diesen weiterzuentwickeln. Sie haben sowohl die Installation von Magento im Detail durchgespielt als auch den Aufbau des Produktsortiments, haben einen Einblick in die Kunden- und Bestellverwaltung erhalten, sind Schritt für Schritt durch die gesamte Konfiguration von Magento gestiegen und haben zudem einen tiefen Einblick in alle Komponenten, angefangen von den Marketingaktionen bis hin zum Content-Management-System, erhalten. Alles das, was Magento an Funktionen und Eigenheiten bietet, habe ich Ihnen in diesem Buch im Detail gezeigt.

Sollten Sie vor dem Buch noch nicht sicher gewesen sein, ob es sich bei Magento um eine in Ihrem konkreten Fall sinnvolle Lösung handelt, so hoffe ich, Ihnen mit diesem Buch eine Entscheidungsgrundlage gegeben zu haben. Denn jetzt wissen Sie, worin die Stärken und Schwächen von Magento liegen, mit welchen Eigenheiten Sie sich beschäftigen müssen und für welche Einsatzwecke sich das System am besten eignet.

Nachdem Sie dieses umfangreiche Buch durchgearbeitet und viele Stunden an Zeit investiert haben, wünsche ich Ihnen abschließend viel Glück und Erfolg bei Ihrem Engagement im E-Commerce. Ich bin mir sicher, dass auch in Ihrem konkreten Fall Magento einen Pfeiler für den Erfolg im E-Commerce darstellen kann, und drücke Ihnen die Daumen, dass auch Sie mit Magento so glücklich werden wie ich es in den letzten Jahren bei einer Vielzahl von Projekten geworden bin.

Index

C

D

H

I

J

K

N

O

P

Q

R

S

X

Y

Z

Michael Rohrlich

Recht für Webshop-Betreiber

Das umfassende Handbuch

Kompetente Hilfestellung bei allen juristischen Fragen, die beim Betreiben eines Webshops auftreten können: AGB, Impressum, Fragen der Haftung und des Urheberrechts, Fragen zu Datenschutz, Domainrecht, Umgang mit Abmahnungen und vieles mehr. Mit vielen Mustertexten und Checklisten.

560 Seiten, gebunden, 49,90 Euro
ISBN 978-3-8362-4264-6
www.rheinwerk-verlag.de/4199

Daniel Nögel

Shopware

Das Handbuch für Entwickler

Schritt für Schritt führt Sie dieses Buch in die grundlegenden Funktionsweisen von Shopware ein – auch unter Berücksichtigung der Erweiterung des Shopsystems. Übergreifende Beispiele zeigen Ihnen praxisnah worauf es ankommt. Ideal für Agenturen, Shopware-Partner und alle Webentwickler im Bereich von Online-Shop-Systemen.

466 Seiten, gebunden, 49,90 Euro
ISBN 978-3-8362-4243-1
www.rheinwerk-verlag.de/4185

Rheinwerk